상·하수도공학

공학박사/정교수 이 양 규 저

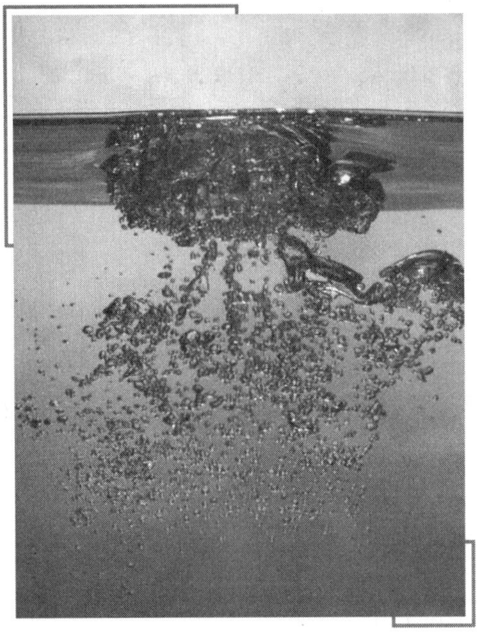

普 文 堂

상 · 하수도공학

초　판 발행　1995년 9월　1일
개정판 발행　1996년 3월 21일
제 3 판 발행　2000년 8월 15일
제 4 판 발행　2004년 3월 20일
제 5 판 발행　2012년 3월 15일
제 6 판 발행　2015년 3월 25일
제 7 판 발행　2018년 3월　5일
제 8 판 발행　2023년 3월 15일

지은이 | 이 양 규
발행인 | 김 병 계
발행처 | 도서출판 보문당
등　록 | 1990년 6월 15일(제 1－1066호)
주　소 | 서울시 마포구 토정로 15길 32(신수동)
전　화 | 704－7025 / 704－0635
팩　스 | 704－2324
홈페이지 | http://www.bomoondang.co.kr
전자우편 | bmdpub@naver.com

값 33,000 원

ISBN : 978-89-8413-243-6(93530)

이 도서의 국립중앙도서관 출판예정도서목록(CIP)은
서지정보유통지원시스템 홈페이지(http://seoji.nl.go.kr)와
국가자료공동목록시스템(http://www.nl.go.kr/kolisnet)에서
이용하실 수 있습니다. (CIP제어번호: CIP2018004610)

머리말

물 부족국가란 하천으로 유출되는 물의 양을 인구로 나누면 1인당 재생 가능한 수자원량이 1,700m^{3}에 미달하는 국가를 의미한다. 1인당 수자원량을 구분하는 기준은 기근국가(water scarcity region)는 1,000m^3 이하, 물 부족국가(water stress region)는 1,000~1,700m^3, 물 풍요국가(water sufficiency region)는 1,700m^3 이상으로서 우리나라 수자원량은 1,453m^{3}로 세계 129위이다. 이는 국제인구활동연구소(personal accident insurance) 기준은 1,700m^{3}에 미달하여 물 부족국가군에 해당된다.

또한 중수도시설은 1991년 12월 14일 법률 제4429호로 전문개정된 수도법에서 실정법상 용어로 정의하고 있으며, 『물의 재이용 촉진 및 지원에 관한 법률』 시행규칙 제4조 1항3호에 따라 빗물이용시설 설치 시에는 지붕의 빗물 집수면적에 따라 적정용량의 저류탱크를 설치하여 생활용수, 조경용수, 공업용수로 사용할 수 있는 시설을 말하며, 추가적인 물 자원을 확보함으로서 앞으로 물 부족사태에 대비할 수 있도록 하였다.

그러나 아직도 물에 대한 인식은 "물 값을 지불할 능력이 되니 많이 쓰자, 안되니 아껴 쓰자"는 개념이 아니라 『물은 인류에게 가장 소중한 것이니 아껴 사용하여야 한다.』 라는 것이 인식되어야 물을 절약할 수 있다.

최근 상·하수도에 대한 각종 처리시설에서는 시스템의 복잡화, 대규모화 등으로 인해 기존의 시스템관리를 재정비, 새로운 공법 및 신기술 시스템으로 변모해 수요 증대와 처리능력에 따른 관리능력 향상 및 개선이 효율적으로 진행되고 있다. 현재 국내 상하수도시설의 자동화, 정보화를 통하여 시설의 통합관리 등 시설관리의 효율을 증대하고 있다.

그리하여 이 도서는 12장으로 구성되어 있으며, 상·하수도에 대한 사용용어 정리를 통일하였으며, 이해하기 쉽게 한문과 영어를 병기하였다. 그리고 전반적으로 이론 및 기술적인 면과 연습문제와 예제를 대폭 수록하였으며, 최근에 개정된 상·하수도의 시설기준 및 시방서 규정에 맞도록 새로운 방향으로 구성하였습니다.

끝으로 이 도서의 출판에 자료정리에 도움을 준 이종문 선생님께 감사드리며, 출판을 맡아주신 도서출판 보문당 김병계 사장님, 김태우 실장님 이하 여러분의 노고에 감사드립니다.

2023년 2월

연구실에서 이양규 저자

Contents

4장 수 원 / 197

5장 집수와 취수 / 235

12장 유지관리 / 823

Chapter 1

총 론

1.1 상수도의 중요성

1.1.1 서설

(1) 물과 생활

물은 산소와 더불어 인간생활 및 동물식물에 있어서 가장 중요한 요소이다. 사람의 인체조직은 중량비로서 약 70% 정도가 물로 구성되어 있다. 인간이 형성되는 최초의 시기인 수정란 때는 99%, 막 태어났을 때는 90%, 성인이 되었을 때는 70%, 죽음을 가질 때는 50% 정도가 된다. 혈액, 림색액(淋色液)을 비롯하여 세포나 조직의 활동을 위해 빼놓을 수 없는 체액으로서 중요한 역할을 담당하고 있다. 폐부(肺腑)에서는 수분이 공기 중의 산소를 녹여 체 내로 순환시키며, 섭취한 식물은 물에 용해하여 흡수되고 영양분을 혈액으로 체 내에 공급하는 것도 물의 작용이고 노폐물(老廢物)을 체 외로 배출하는 것도 물의 작용이다. 그러므로 인체에 10%의 수분을 상실하면 신체에 이상이 생기고 20~22% 정도를 상실하면 생명에 위험을 미치는 현상까지 나타난다. 사람이 음용수(飮用水, drinking water)로 직접 섭취하는 수량은 기후, 기상의 환경조건에 의하여 달라지나 식품에 함유되어서 섭취되는 수분은 약 $1.5\ kg_f$이고 깨끗한 음용은 1일 2~3ℓ 정도가 필요하다. 하루에 인체에서의 물의 대사량은 2,600~2,900 g이므로 이것에 해당하는 수분의 보급이 필요하기 때문이다. 그러므로 사람은 태어날 때부터 물을 음용하고 죽을 때까지 남녀 평균수명 83.5세(남자 : 80.5, 여자 : 86.5)로 본다면 약 76톤(1일 : 음용, 음식물 섭취 등으로 2.5ℓ 정도)의 물을 마신다. 이중 약 37톤이 대소변으로 배설되고 약

14톤 이상은 땀으로 배출된다. 그리고 임종 때 다시 물을 사용하여 입관하는 것을 마지막으로 물과 이별하고 한줌의 흙으로 돌아가면서 사람은 평생 동안 소중한 물의 혜택을 받으면서 사는 것이다.

허준 선생님은 동의보감 수부(水部)에 물을 33가지로 나누어 기록하고 있다. 음력 설날 처음 길은 우물물을 정화수, 찬 샘물을 한천수, 동지설날 눈 녹은 물을 뇌설수, 정월 처음 온 빗물을 춘량수, 가을 이슬 물을 추로수, 겨울에 온 서릿 물을 동남, 지붕에서 흘러내린 물을 옥류수 등 각각의 효능과 용도를 설명하고 물은「일상생활에 자주 쓰이는 것인지라 사람들은 흔히 물을 소홀하게 생각하고, 그 중요함을 잘 알지 못한다.」하여 물의 소중함을 강조하고 있다.

사람은 생존에 필요한 물외에 생활을 위하여 요리, 세수, 세탁, 목욕, 수세식 화장실, 청소 등 물을 필요로 하고 환경위생(環境衛生)이 높을수록 문화수준 정도가 향상할수록 물의 사용량이 매우 증가한다.

사람은 하천이나 용천(湧泉) 근처에서 자연수를 수원으로 하였다. 물을 얻을 수 있는 근처에서 생활하여 농경문화의 발달과 더불어 장착하여 취락(聚落)을 이루게 되었다. 그 다음 시대의 발달은 자연수원의 이용뿐만 아니라 우물 등으로 인공적인 물을 얻을 수 있는 수단을 개발하였다. 취락이 도시형태로 발전하면서 물은 도시발전을 제약하는 조건이 되고 있다.

또한 이 때문에 대도시는 하천(河川), 호소(湖沼)의 근처에 입지하여 발달하여 사람은 생활에 필요한 물과 같이 살아왔다. 최근에는 대도시의 광역화와 인구의 집중은 대량의 식수와 각종 용수를 요구하게 되었고, 자연수만으로 충족할 수 없게 되어 인공적으로 수질을 개선하고 공급망을 확대하는 상수도관리 행정을 필요로 하게 된 것이다.

(2) 상수도의 필요성

과거 상수도시설의 근본 목적은 처리하지 않은 물을 그대로 공급하였으나, 산업혁명을 거치면서 물을 여과(濾過)하여 정화(淨化)해서 공급하기 시작하였다. 그 후 정화수공급으로 소화기계통 전염병(傳染病)을 현저하게 감소시킬 수 있는 것이 확인되어 대부분 도시의 소화기계통 전염병을 막기 위한 위생시설로서의 수도의 평가가 정립되었다. 대도시에 있어서 수도는 급속히 보급되기 시작하여 수도는 없어서는 안될 필수 불가결한 것으로서 도시공공시설 중에서 최우선으로 취급되었다.

또한 도시에서 수노의 급속한 보급 이유로는 도시 내의 지하수오염을 들 수 있다. 일반도시에서는 우물 등에 의한 지하수(地下水)의 이용이 과거로부터 행하여져 왔으나 도시의 인구 과밀화(過密化)에 따라 지하수는 하수 등의 침투(浸透)때문에 오염을 받게 된다. 또한 전염병의 매개(媒介)로서 시민을 위협하는 한편 지하수는 수량적으로도 대량 양수(揚水)하면 때로는 고갈(枯渴)하여 많은 인구의 안정성 있는 수원(水源)으로 되지 못한 것도 수도부설을 필요하게 한 원인이다. 수도는 방역(防疫)과 더불어 소방상 없어서는 안될 시설이 되었다. 도시가 과밀할수록 정화용수는 다른데서 구하기 힘들게 되어 소방용수량도 높아져서 수도가 소방용 주력용수로 되어서 현재에 사용되고 있다.

도시 내에 수없이 존재하는 공업용수(工業用水)의 대부분은 수돗물을 공업용에 의존하고 있다. 특히 양호한 수질을 필요로 하는 공업용수는 모두 수도에 의존하게 되었고 수도는 방역, 소방의 목적이란 사명도 가지게 되었다.

이 밖에 가로청소, 하수관, 분수(噴水) 등 도시의 활동에서 수도용수의 수요는 도시의 팽창 및 고도화에 따라서 비약적으로 증대하고 있다. 옛날에는 거의 필요치 않았던 냉난방용수(冷煖房用水)나 자동차 세차용수도 오늘날 없어서는 안될 수량이다.

(3) 상수도와 보건

비위생적인 물로 인하여 여러 가지 질병이 발생하지만 수도에 의하여 위생적인 물이 공급되면 수질의 불량에서 기인하는 만성병충(慢性病蟲)이나 물을 매개체로 하는 소화기계통 전염병 등의 발병률을 격감시킬 수 있다. 전염병중 물에 의해 전파되는 것은 다음과 같다.

적리(赤痢, dysentery : 법정 전염병의 하나임), 장티푸스(腸-, typhoid fever), 파라티푸스(paratyphoid), 콜레라(cholera), 아메바적리(amoeba dysentery), 급성회백(急性灰白), 소아마비(小兒痲痺), 유행성간염(流行性肝炎), 천열(泉熱), 전염성 설사증, 설사장염 등이 있다. 또한 음용수에 의한 것은 아니나 물을 매개로 하는 전염병으로서는 와일씨병, 혈흡충(血吸蟲) 등을 들 수 있다.

1.1.2 우리나라의 상수도 연혁

우리나라의 지세는 북부나 동부의 급한 산악지대에 비해 상대적으로 큰 하천이 많은 서부 및 남부에 비옥(肥沃)한 평야가 많은 이유로 산업발전과 함께 인구가 집중되고 나아가서는 도시를 형성하여 생활에 불가결한 음용수 등 생활용수(生活用水)를 하천수와 우물물에 의존하여 왔다. 한편 삼면이 바다로 둘러싸인 반도국으로 해양성 기후와 대륙성 기후의 교차점으로 장마철과 가뭄철이 있어서 물 자원(資源)의 계절적 편차가 심하고 하계, 추계, 갈수기(渴水期)가 있어서 특히 5~6월경의 갈수기에는 우물까지 고갈되어 심한 음용수부족으로 생활에 위협

(威脅)을 받을 때가 있다. 특히 최근에 인구가 급격히 증대한 광역시 등 대도시는 때때로 물 부족현상을 일으키고 있다.

우리나라에서 처음 상수도시설에 의한 급수가 시작된 곳은 1895년 부산이다. 서울에는 1908년에 상수도시설이 외국 시설기준으로 준공된 것이 한국 상수도의 시초이다. 이와 같이 조선 말기인 1910년까지 서울, 인천, 부산, 목포 및 평양의 5대 도시에 건설되었다. 조선말기(朝鮮末期)의 수도시설현황은 표 1.1과 같다.

표 1.1 조선 말기의 수도시설현황

지역명	계획급수 인구 [인]	1일 최대급수량 [kN]
서 울	122,500	12,500
인 천	70,000	7,800
부 산	45,000	5,000
목 포	5,000	417
평 양	66,000	6,678
계	302,500	32,395

한일합병 이후 조선총독부는 상수도건설을 위한 도시 선정과 급수구역을 엄격히 제한하면서 주로 일본인 기술자들에 의하여 건설되었으며 1975년 8.15 해방까지의 전국 총 83개 도시에 계획급수인구 200만 명, 1일 최대급수량이 272톤에 이르렀다. 8.15 해방과 함께 해외동포의 귀환 및 남북분단에 의한 월남 동포 등에 의하여 인구의 도시 집중현상이 두드러져 상대적으로 부족한 기존 수도설비로 인해 각 도시의 급수가 어려워져 대다수 시민이 우물물과 천수(天水)에 의존하였다.

1947년 남북의 총인구 1780만명에 급수인구 328만명으로 상수도시설용량은 24만 m^3/d로서 1인 1일당 66 ℓ의 급수량의 공급상태였다. 1950년 6.25 동란은 40개 도시의 급수시설의 기능을 상실하게 하였다. 1954년부터 FOA(foreign operation administration)나 ICA(international cooperative alliance)의 원조로 상수도설비의 확장 및 신규공사가 시행되었으나 점차 도시의 발달과 시민의 생활수준의 향상으로 수요의 증대는 급증하였다. 1960년대에 공업화와 함께 도시화 현상의 급증으로 상수도의 확장은 필연적 현실로서 제1차 경제개발계획(1962~1966)에서는 시설용량을 배정하고 급수보급률을 22%로 확대되었다.

제2차 경제개발계획에 있어서도 계속적인 투자로 급수보급률을 36.4%로 향상과 아울러 공익사업으로 독립채산제(獨立採算制)로 하여 경영의 합리화를 도모하였다. 서울특별시의 상수도는 창설당시 전체시설용량 12,500 m^3/d와 해방 당시의 최대생산량 150,000 m^3/d에 비추어

볼 때 매우 증가하였다.

이어서 제3차 경제개발계획에서도 계속적인 투자로 급수보급률이 1976년에 50%로 향상되었으며, 공익사업으로서 독립채산제로 하여 경영의 합리화를 도모하였으며, 미국 · 독일 등의 차관에 의한 정부재정융자로 서울을 비롯한 부산 · 대구 · 광주 · 인천 · 청주 등 7개 도시의 수도시설을 개선하였다. 또한 중소도시의 수도사업은 지방교부금에 의하여 시설의 확장 및 개량을 보게 되었고, 1970년대에 접어들면서 국민총생산(gross national product, GNP)의 성장에 따른 생활수준의 향상으로 대도시 인구의 과도한 집중현상과 생활용수 수요의 증가를 초래하였다.

한강 하류에 미처리된 하 · 폐수의 유입으로 서울시의 수도원인 한강이 오염되어 정부에서는 시민보건을 위하여 수원(水源)을 한강상류의 광암 저수지로 이설(移設)하였다. 1981년도 서울시의 급수인구는 8,135천명으로서 1일의 급수량이 258만 8,639톤, 1일 1인당 급수량은 318 ℓ로 보급률은 93.7%, 1992년도의 서울시 급수인구는 10,964천명으로 1일 급수량은 약 520만톤, 1일 1인당 급수량은 456ℓ, 보급률은 99.9이었다.

현재 우리나라 전체로 볼 때, 2002년 12월말 급수인구는 43,021천명, 1일 1인당 급수량은 349ℓ, 보급률은 88.7%, 2021년 12월말 급수인구 5,264천명, 1일 1인당 급수량은 335ℓ, 보급률은 99.4%이다. 과거 1992년보다 급수보급률이 낮은 이유는 최근 상수관 정비공사, 교체공사 및 신기술 · 신공법 적용 등으로 과거에 누수율이 20% 이상이 현재는 10%에 머물고 있기 때문이다.

(1) 상수도보급현황 및 수준

급수량은 도시의 규모, 성질 및 제반조건에 따라 변화되므로 이에 대한 분석이 필요하다. 도시의 규모가 커질수록 대체로 급수량은 증가된다. 상수도시설기준(上水道施設基準)에서 가정용수는 수세식 화장실이 없을 때 1인 1일당 60～100ℓ, 수세식 화장실이 있을 때는 100～250ℓ로서 일반적으로 도시규모에 비례한다. 또한 1인 1일 평균급수량은 농어촌의 100ℓ로부터 대도시의 450ℓ까지 범위가 크고 생활정도의 향상에 따라 계획할 수도 있다.

2015년 12월말 우리나라에서는 전국 162개 지방상수도사업지(특 · 광역시 7, 특별자치도 1, 시 73, 군 81) 및 1개 광역상수도사업자로부터 전체인구의 97.9%인 약 50,638천명이 상수도를 공급받고 있으며, 전용공업용수를 제외한 1인 1일당 급수량은 335ℓ로 2010년(333ℓ/인 · d)보다 다소 감소하였다.

1인 1일당 급수량은 2001년 이후 계속 감소하는 추세인데 이는 설수기 설치와 중수도 재활용 등으로 물 사용량이 줄고, 유수율 제고사업의 지속적인 추진결과 누수량이 감소하고 있기 때문인 것으로 분석된다.

1) 상수도 관리체계

상수도는 일반수도와 공업용수도, 전용수도로 구분된다. 일반수도는 지방자치단체가 공급주체가 되는 지방상수도와 마을상수도 그리고 국가(한국수자원공사에 위탁)가 공급하는 광역상수도로 구분되며, 지방상수도는 지방자치단체가 관할 지역주민 인근 지방자치단체 또는 그 주민에게 원수 또는 정수를 공급하는 일반수도이고, 광역상수도는 둘 이상의 지방자치단체에 원수 또는 정수를 공급하는 일반수도를 말한다.

국가는 수도에 관한 종합적인 계획수립과 시책강수 그리고 수조사업자에 대한 기술 및 재정적 지원의 역할을 한다. 통상 수조사업은 지방상수고와 광역상수도로 구분되는데 공급체계를 그림 1.1과 같다.

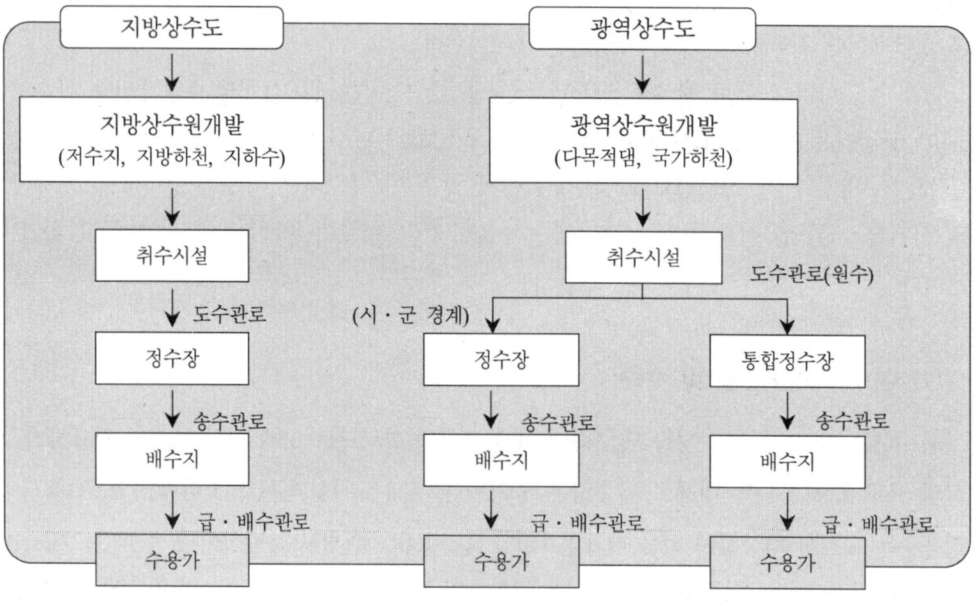

그림 1.1 상수도 공급체계도

2) 상수도 보급률 현황

2020년 말 급수인구는 51,646천명으로, 이를 총인구 52,975천명으로 나눈 상수도 보급률은 97.5%로 1999년 이후 약 11.4% 가량 증가하였으며, 상수도 보급률 현황은 아래 표 1.2와 같다.

표 1.2 상수도 보급률 현황

연도	총인구[천명]	급수인구[천명]	상수도 보급률[%]
1999	47,543	40,948	86.1
2000	47,977	41,774	87.1
2001	48,289	42,402,	87.8
2002	48,518	43,021	88.7
2003	48,824	43,633	89.4
2004	49,053	44,187	90.1
2005	49,268	44,671	90.7
2006	49,599	45,270	91.3
2007	50,034	46,057	92.1
2008	50,394	46,733	92.7
2009	50,644	47,336	93.5
2010	51,435	48,395	94.1
2011	51,717	48,938	94.6
2012	51,881	49,354	95.1
2013	52,127	49,910	95.7
2014	52,419	50,373	96.1
2015	52,672	50,804	96.5
2016	52,858	50,971	96.4
2017	52,950	51,247	96.8
2018	53,073	51,499	97.0
2019	53,122	51,667	97.3
2020	52,975	51,646	97.5

※ 마을상수도 및 소규모 급수시설 이용인구 제외

3) 우리나라 수돗물 요금현황

2020년 전국 평균 수도요금은 718.3원/ m^3으로 생산원가 976.6원/ m^3의 73.6% 수준으로 전년대비 4.6% 감소하였으며, 아래 표 1.3과 같다

표 1.3 우리나라 수돗물 요금현황

연도별	2008	2009	2010	2011	2012	2013	2014	2015	2016	2017	2018	2019	2020
생산원가(원/m^3)	730.7	761.6	777.2	813.4	814.7	849.3	876.5	881.7	867.7	898.2	914.3	944.6	976.6
요금[원/m^3]	609.3	609.9	610.2	619.3	649.1	660.4	666.9	683.4	703.4	723.3	736.9	738.6	718.9
현실화율(%)	83.4	80.1	78.5	76.1	79.7	77.8	76.1	77.5	81.1	80.5	80.6	78.2	73.6

4) 외국 수돗물 요금현황

외국의 상수도 1톤당 상수도요금현황을 나타내면 표 1.4와 같으며, 우리나라와 비교해 보면 오래 전에 이미 보급률과 상수도요금이 매우 높게 나타나고 있다. 또한 2020년 전국 평균상수도요금은 718.9원/m^3으로 생산원가 976.6원의 73.6% 수준이다.

표 1.4 선진 외국과 수돗물 값 비교

구 분	독일	일본	덴마크	영국	미국	한국
요금[원/톤]	3,431	1,174	4,108	2,957	2,178	719
대비[한국기준]	4.8	1.6	5.7	4.1	3.0	1.0

출처) GWI(Global Water Intelligence, 글로벌 물 전문 조사기관)

1.2 하수도의 목적 및 정의

인간이 생활하고 생산활동을 영위하는 곳에서는 대량의 물이 사용되고 있으나 대부분은 물의 형태 그대로 배출되고 있다. 그 속에서 생활하고 생산활동에 수반되는 배출물질(排出物質)이 부유(浮游) 또는 용존(溶存)하고 있다. 배수는 처리하지 않으면 환경위생상 유해하기 때문에 분리배출하고 이를 수집하여 정화(淨化)한 후에 방출하거나 재이용하는 것이 바람직하다.

한편 시가지 등에 내린 우수도 직접 이용하기는 어렵고 그대로 유출(流出)해서 범람(汎濫)이나 침수로 인한 피해를 초래한다. 우리나라는 강우가 계절적으로 편중되어 있어 집중호우가 발생하기 때문에 우수를 원활하게 배제(排除)하는 것도 하수도계통의 중요한 역할이며, 하수도의 규모는 입지적 여건에 따라서 크게 또는 작게도 할 수 있다. 합류관(合流管)으로 유송하는 경우와 분류관(分流管)으로 구분한다. 어느 경우든 도시활동이나 산업활동이 발달하면 하수도의 역할은 매우 중요한 것으로 도시환경 조성에서 필수적인 시설이다.

하수(下水, sewage)란 상수(上水, water supply)에 대한 반대어이다. 오수(汚水, sanitary sewage), 우수(雨水, storm sewage) 및 공장폐수(工場廢水, industrial wastewater) 등으로 구성된다. 하수도(sewerage)란 오수 또는 우수를 배제하기 위하여 설치되는 도관(道管), 기타의 공작물(工作物)과 시설의 총체를 말한다고 규정하고 있다(하수도법 제2조 1항). 여기서 도관이란 하수관로를 말하며 기타의 공작물과 시설이란 관로(管路),공공처리시설(公共

處理施設), 펌프시설, 부대설비 등을 말한다.

하수도시설의 목적은 합리적인 건설비(建設費)와 유지관리비(維持管理費)를 투자하여 도시의 건전한 발전과 공중위생의 향상에 기여하며, 공공수역(公共水域)의 수질을 보존하여 쾌적한 생활환경을 조성하도록 규정되어 있다. 인간의 사회생활에서 필연적으로 배출되는 생활하수, 공장폐수를 배제처리하고 건강한 생활환경을 조성하여 시민생활의 복지를 도모하는 것이 목적이라 할 수 있다.

최근 도시의 급속한 팽창으로 시가지 및 그 주변에서 발생하는 오탁부하(汚濁負荷)는 공공용수원의 오탁원으로서 절대적인 영향을 주고 있다. 한편 공업의 급진으로 공장폐수의 증가가 가세되어 하천의 수질오탁(水質汚濁) 현상은 매년 증대하고 수자원의 질적 가치가 감소되어 인간의 생활환경에 큰 위협이 되어가고 있는 실정이다. 또한 생활오수는 물론 개별적으로 처리하는 것이 기술적·경제적으로 곤란한 많은 공장폐수를 포함해서 하수도의 시설에 의해 일괄처리 한다는 것은 지역사회의 오탁대책으로서 기본적인 방향이라 할 수 있다. 특히 앞으로 연구 개발되어야 할 영역이다.

따라서 하수도는 토지의 청결유지나 국지적인 생활환경을 개선하는 시설만이 아니라 하천의 유역(流域) 및 하류수역(下流水域)이란 광역적인 견지에 입각해서 수자원의 개발과 질적 보전의 일환으로서의 성격을 인식하고 다루어져야 할 것이다. 표 1.5은 시대적 변화에 따른 하수도의 구분과 정비 상황을 나타낸 것이다.

표 1.5 하수도의 세대론적 구분과 정비상황

구 분	정비목적	정비내용
제1세대 하수도	·생활환경 개선 및 침수방지 (우수 및 오수의 배제)	·하수관로 시설
제2세대 하수도	·공공수역의 수질보전 (오수처리)	·하수처리시설
제3세대 하수도	·폐자원 회수 및 개발 (처리수 및 슬러지의 자원화)	·고도처리 시설 ·슬러지자원화 시설
제4세대 하수도	·하수도의 다용도화	·처리 시설 공간의 휴식공간화 ·골프 시설 ·하수관로의 통신관로화 ·도시 치수사업과의 연계된 대심도 하수도 터널 등

(1) 하수도의 의의와 연혁

1) 하수도의 의의

우리나라는 산업 · 경제의 발전에 의한 급격한 도시화 현상은 생산과 소비의 양면에서 도시의 오수배출량을 현저히 증가시켜 도시환경의 악화와 하천, 공공수역의 수질오염에 의한 자연환경의 파괴를 초래하게 되었다. 이와 같이 생활이나 사업에 기인하여 발생하는 우 · 오수를 배제(排除) 또는 처리하기 위하여 설치되는 도관(導管) 및 기타의 공작물과 시설의 총칭을 **하수도**라고 한다. 하수는 우리 일생생활에 불결함으로 배수불량 상태인 경우에는 전염병(傳染病)의 원인이 되며 주민 생활환경에 각종 장애를 일으키는 원인이 되기 때문에 신속하게 배제시키는 것이 좋다.

하수도라고 하면 보통 **공공하수도**를 말한다. 하수도관 · 공공처리시설 · 유수지 배수펌프장이 있다. 하수도관은 시가지내 땅 속에 관망이 깔려 있는 관을 말하며, 공공처리시설은 하수도관의 맨 끝에 설치되는 시설물로서 오수를 정화하여 하천으로 방류하는 시설물을 말한다. 또한 유수지 배수펌프장은 직접하천으로 방류되지 못하는 저지대의 우수를 배제하기 위하여 설치되는 시설물로 우수를 모아 펌프로 하천으로 방류하는 것이다. 이들 하수도는 지방자치단체에서 설치하며, 이를 총칭하여 **공공하수도**라고 한다. 이는 각 가정의 주방 · 목욕탕 · 수세식 화장실 등에서 발생하는 오수 또는 사업장에서 사업에 기인하여 생긴 하수를 공공하수도에 내보내기 위하여 설치되는 배수설비와는 구분된다. 공공하수도는 지방자치단체가 설치하지만 사유지 안에서는 개인이 배수설비를 설치하며, 서로 그 기능을 유지한다. 이러한 배수설비를 **사설하수도**라고도 부른다. 건축물 내의 오수를 배제하는 시설인 수세식 화장실 등도 이 배수설비의 범위 안에 속한다.

이와 같이 공공하수도를 설치하는 데는 물론이고 이를 유지관리(특히 공공처리시설)하는데 상당한 유지관리비가 소요되기 때문에 하수도를 사용하는 자로부터 사용료를 징수하여 경비를 충당하고 있다. 하수도사용료는 일반적으로 공공하수도에 흐르는 하수량이 그 사용자에게 공급된 상수도급수량과 거의 같기 때문에 상수도계량기에 의해서 계량된 수량에 따라 사용료를 정하고 있다. 하수도가 완비되어 있지 않으면 우수는 저지대에 위치한 기존 주택가의 침수를 유발하게 하고 오수는 그대로 하천에 흘러 들어가 수질오염 문제를 일으켜 하류 쪽의 물이용에 중대한 장애를 주게 된다. 이는 하천수질보전에 있어 하수도가 커다란 기능을 수행한다는 것을 보여주는 것이다.

도시 안에서는 물의 유통을 인체의 혈액순환에 비유하여 상수도는 동맥, 하수도는 정맥이라고 하는데 하수도는 한 도시 내의 정맥일 뿐만 아니라 하천유역 내의 하류 쪽에 있는 도시에 대해서는 동맥의 역할을 가지고 있다. 최초로 하수처리의 필요성을 인식한 국가는 영국이며,

하수의 방류에 의하여 테임즈 강이 현저히 오염되었던 시절인 1859년에 그 양안에 큰 차집관로를 축조하여 하류 약 19 km 지점까지 운반하여 방류하였다. 이것은 하수를 정화 처리한 것은 아니지만 테임즈 강의 오염방지를 위한 광의의 하수처리로 볼 수 있다. 특히 하수를 하천과 바다에 희석방류(稀釋放流)하여 자정작용에 의하여 처리하는 것도 하수처리의 한 방식이다.

다음으로는 관개법(broad irrigation)이며, 하수를 황야지에 유입시켜 관개처분을 함과 동시에 토지를 옥토화하는 방법이다. 하수를 하천과 바다에 방류하는 것이 비료가치가 있는 하수를 버리게 된다는 이유에서 1870년 영국 및 유럽 대륙에서 크게 성행하였던 처리방법이다. 현재에도 베를린 및 파리에는 상당히 광대한 하수처리용지를 가지고 있으나 이것은 과거의 유물에 지나지 않는다. 그 후 접촉여상(接觸濾床, contact bed), 살수여상(撒水濾床, trickling filter), 부패탱크(腐敗槽, septic tank) 등이 1890년을 전후하여 발달되었으며, 살수여상은 현재도 많이 사용되고 있는 방법이다.

그리고 1903년 영국에서 Travis Tank, 1907년 독일에서 Imhoff Tank의 2층 탱크가 부패탱크를 개량하여 고안되었다. 현재 약품침전 혹은 하수처리 부산물인 슬러지의 처리에 대한 연구 등 하수처리방법의 발달은 계속 진행될 것이다.

2) 하수도의 연혁

우리나라의 본격적인 하수도사업은 1960년 후반부터이다. 그 이전의 하수도는 빗물배제를 주목적으로 단지 도시 가로정비의 일환으로 설치되었다. 1970년대에 한강의 수질오염에 대처하기 위하여 서울특별시에서 하수처리장 건설과 함께 신시가지 건설시에 분류식 하수도를 도입하기 시작하였다. 또한 1976년에는 우리나라 최초로 시설용량 하루 15만 톤의 청계천 하수처리장이 완공되었고 1978년에는 시설용량 하루 21만 톤의 중랑천 하수처리장이 완공됨으로써 하수처리 시대로 접어들게 되었다.

하수도 행정도 역할과 중요성이 높아져 1978년 6월에는 중앙정부가 전담기구로서 국토교통부 도시국에 상하수도과로부터 분리 설치되었다. 이어서 1979년 6월 18일에는 상하수도국이 신설되면서 중앙정부의 행정조직으로서 체제를 갖추게 되었다. 1980년대에 들어와서는 본격적인 하수도사업이 추진되었으며, 공공하수처리시설 건설에 필요한 재원과 가동중인 공공하수처리시설의 유지운영비 조달을 위하여 1982년 하수도법을 개정하여 하수도사용료 징수의 근거를 마련하였다. 이에 따라 1983년 10월부터 서울, 인천, 울산, 경주 등 4개시에서 하수도사용료를 징수하기 시작하였다. 1987년 4월에는 보조금의 예산 및 관리에 관한 법률시행령을 개정하여 직할시, 도청소재지 도시, 기타 도시로 구분하여 보조율을 달리하는 하수처리장에 대한 국고지원의 법적 근거를 마련하였다.

(2) 하수도보급 추이

하수도는 크게 공공하수도와 개인하수도로 구분된다. 2019년 말 기준 하수도 보급률이 90%를 상회하고 있어 개인하수도의 비중은 지속적으로 축소되고 있다. 최근 기후변화로 인한 지붕호우 빈도가 증가하면서 도심침수 예방 등 공공하수도의 기능 중 우수배제기능이 강화되고 있으며, 연도별 보급률 추이는 표 1.6과 같다.

표 1.6 연도별 보급률 추이

구분	2014	2015	2016	2017	2018	2019	2020
총인구[천명]	52,419	52,672	52,858	52,950	52,073	53,122	52,974
처리인구[천명]	48,506	48,925	49,275	49,546	49,834	50,075	50,081
처리시설[개소]	597(3,160)	625(3,282)	649(3,314)	660(3,412)	671(3,440)	681(3,535)	698(3,583)
보급률[%]	92.5	92.9	93.2	93.6	93.9	94.3	94.5
시설용량[천톤/일]	24,999	25,398	25,671	26,107	26,124	26,360	26,543

※ ( )는 500톤/일 미만 시설수임.

2020년 12월 말 규모별 하수도보급률 현황은 표 1.7과 같고, 외국의 하수도보급률은 표 1.8과 같다.

표 1.7 규모별 하수도 보급률 [단위: %]

구분	2019년 하수도 보급률					2020년 하수도 보급률				
	시군 전체	시지역	군지역			시군 전체	시지역	군지역		
			전체	읍	면			전체	읍	면
총계	94.3	96.2	73.3	88.3	56.1	94.5	96.4	74.6	88.7	57.5
특광역시	99.1	99.5	86.6	–	–	99.1	99.5	87.4	–	–
도지역	90.5	93.3	70.7	88.3	56.1	90.9	93.6	72.0	88.7	57.5

표 1.8 외국의 하수도보급률 [%]

캐나다	미국	오스트리아	영국	독일	네덜란드	스위스	스웨덴	한국	일본
78.0	70.8	100	88.0	100	100	94.0	100	94.5	78.3

자료 : 1) OECD ENVIRONMENTAL DATA CONPENDIUM, 2016) 한국, 2020.

(3) 하수관로 현황

우수배제를 주목적으로 설치된 하수관로(“관로시설”이란 계약에 따라 하수도시설 확충공사를 위해서 제공하여야 할 모든 오수관로(지선, 간선, 주간선), 배수시설(배수관, 받이, 연결관 및 중계펌프장 등을 의미한다.)는 공공하수처리시설건설과 병행하여 현재 우리나라 전역에 대대적으로 교체, 신설 실시하고 있다. 막대한 시설비 소요와 거미줄처럼 얽힌 지하매설물(地下埋設物)을 시공하여야 하는 난점을 지형공간정보체계(geographic information system, GIS)의 체계적인 정비가 이루어지고 있다.

하수처리시설 건설에 비해 상대적으로 투자가 적었던 하수관로는 2002년 ‘하수관로 정비원년’을 기점으로 정비와 함께 관로 신설에 많은 투자와 정책적 지원이 되었다. 1980년 시설연장 1만 6,182km, 보급률 55.9%에 그쳤던 하수관로는 2014년 기준 시설연장 13만 2,680km로 8배 이상 증가했고 보급률도 77.8%로 나타내고 있으며, 하수도정비기본계획 상 · 하수관로 설치계획은 196,960km인데 2020년 말 기준 163,099km가 설치되어 계획대비 관로보급률이 82.8%를 나타내고 있다. 광역자치단체를 기준으로 할 때 서울시의 화수관로 보급률은 100%인 반면, 농어촌지역이 많은 전라남도의 경우 78.3%로 지역별로 차이가 있다.

한편 기후변화에 기인한 집중호우 빈도가 증가하는 등 기상재해가 번번히 발생하여 공공하수도의 빗물관리기능 강화 필요성이 대두됨에 따라, 공공하수도의 빗물관리기능을 강화한 「도시침수예방 하수도정비 종합대책」을 수립하였다. 종합대책에 따라 시설설치 및 정비에 연도별로 국고룰 지원하고 있으며, 하수저류시설 및 대심도 하수저류터널 설치 등 시설릭 확충, 빗물배제를 위한 첨단 설계 운영기법의 도입, 침수예방을 위한 제도개선 방안 바련, 하수도정비 중점관리지역 지정제도 도입(하수도법 개정, 2012) 등 하수관로 우수관리기능을 강화하고 있으며, 연도별 하수관로 보급현황은 표 1.9와 같다.

하수관망체계(下水管網體系)와 각 지역의 공공하수처리사설이 건설되면 과거와는 달리 관로내로 흐르는 하수가 지하로 침투되거나 지하수가 하수관 내로 역류함으로써 건기(乾期)에는

표 1.9 연도별 하수관로 보급현황 [단위: km]

구분		2014	2015	2016	2017	2018	2019	2020
계획연장		170,472	171,803	178,951	184,770	191,025	194,547	196,960
시설연장	총계	132,680	137,193	143,168	149,029	156,258	160,093	163,099
	합류식	44,601	44,228	43,738	43,210	43,826	43,376	42,137
	분류식	88,079	92,966	99,430	105,819	112,432	116,717	120,962
하수관로 보급률[%]		77.8	79.9	80.0	80.7	81.8	82.3	82.8

설계하수량보다 적은 하수량이 하수관로 내를 흐르고 우기에는 설계하수량보다 많은 하수량이 흐르는 것을 방지할 수 있다. 또한 지하수의 유입으로 공공하수처리시설 유입하수의 유기물농도가 높아지고 있는 실정이다.

(4) 우리나라 수질환경기준

우리나라 환경보전법규(環境保全法規)에서 살펴보면 공공하수처리시설에서 처리한 방류수(放流水)의 수질은 하수도법(제16조와 수질환경보전법 시행령 제24조 및 동법 시행규칙 제40조)에 의거 BOD 10 mg/ℓ 이하, TOC 25 mg/ℓ 이하, SS 10 mg/ℓ 이하로 강화하고 있다. 또한 총질소 20 mg/ℓ, 총인 2 mg/ℓ 이하를 이 규제항목으로 추가되고 있으며, 방류수수질기준을 초과하는 주된 이유는 다음과 같다.

① 유입하수량에 비하여 공공하수처리시설의 용량이 부족한 경우
② 하수관로 정비 불량에 기인하여 지하수, 계곡수의 유입으로 하수처리효율이 떨어지는 경우
③ 분뇨의 정화 탱크 슬러지의 연계처리 시 유입수량과 수질관리가 제대로 이루어지지 못하는 경우
④ 전문기술 인력의 부족 등

1) 하 · 폐수 처리시설의 방류수수질기준

공공수역의 수질오염방지를 위해 지자체가 운영하는 하 · 폐수종말처리시설, 폐기물처리시설 등에서 배출되는 물에 대한 수질환경보전법 제32조 제2항의 규정에 의해 방류수수질기준을 설정해 규제하고 있다. 방류수수질기준은 1980년 BOD와 SS에 대한 규제치만을 설치하였

표 1.10 공공하수처리시설 방류수수질기준 [2021년 1월 1일부터 적용]

<table>
<tr><th colspan="2">구 분</th><th>생물화학적 산소요구량 (BOD) [mg/ℓ]</th><th>총유기 탄소량 (TOC) [mg/ℓ]</th><th>부유물질 (SS) [mg/ℓ]</th><th>총질소 (T-N) [mg/ℓ]</th><th>총인 (T-P) [mg/ℓ]</th><th>총대장균 군수 [개/mℓ]</th><th>생태 독성 [TU]</th></tr>
<tr><td rowspan="4">1일 하수 처리용량 500 m³ 이상</td><td>Ⅰ 지역</td><td>5 이하</td><td>15 이하</td><td>10 이하</td><td>20 이하</td><td>0.2 이하</td><td>1,000 이하</td><td rowspan="6">1 이하</td></tr>
<tr><td>Ⅱ 지역</td><td>5 이하</td><td>15 이하</td><td>10 이하</td><td>20 이하</td><td>0.3 이하</td><td rowspan="5">3,000 이하</td></tr>
<tr><td>Ⅲ 지역</td><td>10 이하</td><td>25 이하</td><td>10 이하</td><td>20 이하</td><td>0.5 이하</td></tr>
<tr><td>Ⅳ 지역</td><td>10 이하</td><td>25 이하</td><td>10 이하</td><td>20 이하</td><td>2 이하</td></tr>
<tr><td colspan="2">1일 하수처리용량 500 m³ 미만 50 m³ 이상</td><td>10 이하</td><td>25 이하</td><td>10 이하</td><td>20 이하</td><td>2 이하</td></tr>
<tr><td colspan="2">1일 하수처리용량 50 m³ 미만</td><td>10 이하</td><td>25 이하</td><td>10 이하</td><td>40 이하</td><td>4 이하</td></tr>
</table>

표 1.11 폐수종말처리시설 방류수수질기준[2019년 1월 1일부터 적용]

구 분	수질기준			
	Ⅰ 지역	Ⅱ 지역	Ⅲ 지역	Ⅳ 지역
생물화학적 산소요구량 (BOD)[mg/ℓ]	10(10) 이하	10(10) 이하	10(10) 이하	10(10) 이하
총유기 탄소량 (TOC)[mg/ℓ]	15(25) 이하	15(25) 이하	25(25) 이하	25(25) 이하
부유물질(SS) [mg/ℓ]	10(10) 이하	10(10) 이하	10(10) 이하	10(10) 이하
총질소	20(20)	20(20)	20(20)	20(20)
(T-N) [mg/ℓ]	이하	이하	이하	이하
총인(T-P) [mg/ℓ]	0.2(0.2) 이하	0.3(0.3) 이하	0.5(0.5) 이하	2(2) 이하
총대장균 군수 [개/mℓ]	3,000(3,000) 이하	3,000(3,000) 이하	3,000(3,000) 이하	3,000(3,000) 이하
생태독성 (TU)	1(1) 이하	1(1) 이하	1(1) 이하	1(1) 이하

으며, 2004년 1월 1일부터 총인(T-P), 총질소(T-N) 항목이 추가되어 6개의 규제항목이 설정되어 있다. 또한 2021년 1월 1일부터 수질환경기준이 강화되어 적용되고 있으며, 공공하수처리시설 및 폐수처리시설 방류수수질기준은 표 1.10 및 표 1.11과 같다.

2) 분뇨처리시설 및 축산폐수처리시설의 방류수수질기준

공공수역의 수질오염방지를 위해 수질기준을 정하고 있다. 분뇨처리시설의 방류수수질기준은 BOD, SS와 대장균군수 및 총질소, 총인에 대한 기준이 설정되고 있다. 그러나 2004년 1월 1일부터 적용되는 기준에는 화학적 산소요구량을 포함하여 두 시설 모두 6개의 강화된 기준이 적용되며, 축산폐수정화시설의 방류수수질기준은 허가 대상시설과 신고 대상시설에 의해 규제기준을 달리하고 있다. 분뇨처리시설 및 축산폐수처리시설의 방류수수질기준은 표 1.12와 같다.

표 1.12 분뇨 · 축산 폐수처리시설의 방류수수질기준[2023.1.1]

항 목 구 분	생물화학적 산소요구량 [BOD, mg/ℓ]	총유기 탄소량 [TOC, mg/ℓ]	부유물질량 [SS, mg/ℓ]	대장균군수 [개/mℓ]	총질소 (T-N) [mg/ℓ]	총인 (T-P) [mg/ℓ]
공공처리시설	30 이하	55 이하	30 이하	3,000 이하	60 이하	8 이하
가축분뇨처리 업자가 설치한 처리시설	30 이하	55 이하	30 이하	3,000 이하	60 이하	8 이하

3) 오수정화 시설 및 정화 탱크의 방류수수질기준

공공수역의 수질오염방지를 위해 오수 · 분뇨 및 축산 폐수처리에 관한 법률 제5조 제1항의 규정에 의해 방류수수질기준을 정하고 있다. 오수정화 시설에 대한 기준은 시설의 용량에 따라 배출대상 공공수역을 특정지역과 기타지역으로 분류해 규제기준을 달리하고 이때 특정지역이란 수도법 제5조에 의한 상수원보호구역, 환경정책기본법 제22조에 의한 특별대책지역 및 수질환경보전법 제33조 규정에 의한 특정 호소수질관리구역을 말한다. 기준은 BOD농도와 함께 BOD 처리효율을 규제기준으로 설정함이 특이하다. 오수정화 시설 및 정화 탱크의 방류수수질기준은 표 1.13과 같다.

표 1.13 오수정화 시설 및 정화 탱크의 방류수수질기준

구 분	1일 처리용량	지역	항목	방류수수질기준
오수처리시설	$50m^3$	수변구역	생물화학적 산소요구량[mg/ℓ]	10 이하
			부유물질[mg/ℓ]	10 이하
		특정지역 및 기타지역	생물화학적 산소요구량[mg/ℓ]	20 이하
			부유물질[mg/ℓ]	20 이하
	$50m^3$	모든 지역	생물화학적 산소요구량[mg/ℓ]	10 이하
			부유물질[mg/ℓ]	10 이하
			총 질소[mg/ℓ]	20 이하
			총인[mg/ℓ]	2 이하
			총대장균군수[개/ℓ]	3,000 이하

정화조	11인용 이상	수변구역 및 특정지역	생물화학적 산소요구량 제거율(%)	65 이상
			생물화학적 산소요구량 제거율[mg/ℓ]	100 이하
		기타지역	생물화학적 산소요구량 제거율(%)	50 이상

토양침투처리방법에 따른 정화조의 방류수수질기준은 다음과 같다.
가. 1차 처리장치에 의한 부유물질 50% 이상 제거
나. 1차 처리장치를 거쳐 토양 침투시킬 때의 방류수의 부유물질 250㎖ 이하

골프장과 스키장에 설치된 오수처리시설은 방류수수질기준 항목 중 생물화학적 산소요구량은 10㎎/ℓ 이하, 부유물질은 10㎎/ℓ 이하로 한다. 다만 숙박시설이 있는 골프장에 설치된 오수처리시설은 방류수수질기준 항목 중 생물화학적산소요구량은 5㎎/ℓ 이하, 부유물질은 5㎎/ℓ 이하로 한다.

(5) 하수도의 효과

1) 보건위생 상의 효과

하수도시설을 함으로써 질병의 발생과 유행을 방지하며 전염병 특히 장티푸스와 이질에 의한 사망률의 감소, 모기 및 파리의 발생을 방지할 수 있다. 하수의 정체에 의한 각종 전염병의 위협과 불결한 생활을 영위하였던 경험이 하수도의 신설후 완전히 개선되는 것은 누구든지 느끼는 사실이다. 또한 불결한 재래식 화장실은 냄새로 인하여 항상 불쾌감을 유발하며 지하침투 및 누출에 의한 토양의 오염, 파리, 모기 등의 매개에 의한 병균의 전파 등 여러 폐단 때문에 도시생활에서는 특히 하수도의 시설이 필요하다.

2000년대 들어와서 하수관로에 대한 민간투자방식(build transfer lease, BTL) 및 하·폐수처리시설을 함으로써 국토오염을 방지하고 깨끗하고 쾌적한 생활환경개선을 위해 실시된 것으로 합류식 관로를 통해 하천으로 방류되던 하수를 오수와 우수를 95% 이상 분리하는 사업으로 관로를 정비하고, 각 가정의 정화 탱크 폐쇄 및 배수설비를 설치해 하수를 하천에 방류하지 않고 하수처리시설에 모아 처리함으로써 도로변 하수구의 악취 저감, 하수의 지하유출로 인한 지하수 및 토양 오염방지, 파리·모기, 해충의 감소가 해결되었다.

2) 우수로 인한 침수, 범람의 방지

침수란 자연재해로 건물, 도로, 지반이 물에 잠기는 것을 말한다. 호우(豪雨)로 인한 시가지 침수(沈水, inundation), 범람 때문에 교통의 정체(停滯), 재산의 손실을 비롯해서 장기간의 대수(帶水)로 인한 위생상의 재해(災害), 생산시설의 능력저하 등 하수도의 유무에 따라 유수지(遊水池) 역할을 해오던 토지의 감소와 불투수층(콘크리트·아스팔트 포장, 광범위한 아파

트 및 백화점 밀집지역, 주차장 등)이 되어 강우 때마다 침수횟수, 침수깊이 및 체류시간(滯留時間)이 길어지는 경향이 자주 일어나고 있다.

또한 하수도시설은 어떤 일정의 계획강우에 대한 유출량을 배제할 수 있도록 설계되는 것이기 때문에 계획을 초과하는 강우유출량(降雨流出量)에 대해서는 완전배제를 할 수 없는 경우도 있으나 대부분의 시간은 단시간(短時間)이며, 하수도시설이 없는 지역에 비해서 월등하게 경미한 피해로 끝날 수 있는 것이다. 따라서 하수도사업은 일종의 도시의 수해방지기능(현재 지하공간 침수방지를 위한 수방기준(소방방재청고시 제2009-31호))을 가진다고 할 수도 있다.

최근 기후변화 가속화에 따라 강우강도 · 집중호우 일수가 증가하고 도시침수지역 피해가 자주 발생함으로 우수관로 정비, 도시침수 대응의 예방적 투자가 미흡하고 빗물 침투면적 또한 부족한 실정이므로 하수관거 확충과 하수저류시설 및 빗물펌프시설 설치를 지속적으로 추진하고 있는 실정이다. 이를 통해 기후변화 및 기상이변에 선제적으로 대응이 가능한 침수예방체계를 구축하고 도시지역의 홍수위험을 경감시켜 안전한 도시생활 기반을 조성할 수 있다. 한국형 합류식 하수도 특성을 감안한 우천 시 방류오염 부하 저감사업이 필요하며, 우천 시 분류식 하수도 방류 부하량과 동등한 수준으로 관리가 필요하다. 또한 분류식 하수관 정비도 지속적으로 추진해야 하며, 우수토실 방류 부유물질을 감소시키기 위해 우수토실 및 토구를 정비하고 협잡물 및 부유물질 제어기술을 도입하여야 한다. 침수 및 관로의 월류수(combined sewer overflows, CSOs) 대응이 연계된 다기능 하수저류시설을 확충하고 차집관로 용량을 증대시킴으로써 차집관로 · 우수토실 · 토구의 적정한 정비로 건전한 수생태계를 유지시킬 수 있고, 합류식 관로의 월류수 대책으로 방류수역 수생태계에 기여할 수 있다.

3) 토지(土地, land)이용의 증대

하수도 도시계획시설 관련법규(하수도법) 제2조 및 154조는 생활이나 사업에 기인하거나 부수되는 오 · 우수를 배제 또는 처리하기 위하여 설치되는 관로를 말하며 또한 하수도법에 위한 하수도는 하수와 분뇨를 유출 또는 처리하기 위하여 설치되는 하수관로, 공공하수처리시설, 공공처리수 재이용시설, 분뇨처리시설, 중수도, 배수설비, 개인하수처리시설, 그 밖의 공작물시설 총체를 말하고 있다.

하수도의 시설은 지하수위를 저하시키며, 습지를 개량하여 건설부지와 공장부지를 조성하여 도시의 발전을 촉진시킴으로써 부지를 다른 용도로 이용할 수 있다. 또한 부근의 지가(地價)도 급등시킨다. 그리고 서울특별시의 토지이용별로 살펴보면 주거지가 전체면적의 32~37%, 자연지가 19~22%, 교통 및 상공업지가 13~18%, 공공용지가 13~17%를 점유하였다. 거주와 활동의 중심이 되는 도심주거지 및 상업지에서의 녹지면적은 단지 20~30%에 불과하였다. 불투수성 면적의 최소화를 통한 도심 내 녹지면적의 증대, 과도한 전정(집채 앞에 있는 뜰)의 회피 및 가공선의 지하매설 등으로 구성되어 있다.

4) 도로비 및 하천 준설비의 절감

지반의 개량에 의하여 노면의 손상을 경감시키며 재래의 도랑을 콘크리트 측구, 석축 등으로 축조함으로써 유지수선비를 감소시키고, 수로측구(水路側溝) 등을 암거(暗渠)로 함으로써 도로의 축조비를 절감하는 등 일반도로 비용의 절감에 상당히 큰 효과를 가져 온다. 또한 하수관로로부터 완전 차집함으로 하천에 유출되는 부유물이 현저히 감소되고, 하천정화와 하도정비를 통한 유량확보 그리고 범람확률을 낮춤으로써 토사량을 감소시켜 하천의 준설비(浚渫費)를 절감한다.

5) 하천정화

생하수(生下水)가 직접하천에 유입하면 하천은 오염이 되나 하천자체의 유량이 풍부히 흐른다고 가정하면 자정작용에 의하여 점차 맑은 물로 되며, 하천은 오염되지 않는다. 그러나 도시하천은 맑은 물이 풍부하지 못하며, 도시발전에 따라 점차로 오염되어가고 있으므로 하수를 처리하지 않고 방류하는 것은 피하여야 하고 정화하여 방류할 필요가 있다.

치수(治水) 및 이수(利水) 위주로부터 하천의 생태환경적 가치와 기능을 중시하는 정책으로 전환하고, 생태적 복원을 통해 하천의 자연적 구조와 기능을 되살리는 사업을 추진하여야 한다. 특히 하천이 가지고 있는 생육환경을 고려하고, 생태계 보전환경조성 및 하천변 식생과 하천경관의 향상을 위한 정비와 관리가 매우 필요하다. 또한 하천의 기초유량 자료 확보 및 수질, 생태계 조사데이터를 구축하고 기후변화 시나리오에 따른 기상예측 등 기후변화 대응 기술력 향상이 필요하다. 즉 하수도에 의하여 하천정화 및 항만의 정화, 수도수원의 보호 혹은 양어장, 실외 수영장, 유람선 등에 관한 효과는 상당히 크다고 볼 수 있다.

6) 도시미관의 증대

국민소득 증대에 따라 하수도의 완성으로 인한 도시미관을 증대시키며, 도시의 품위를 높이고 문화시설에 의하여 살기 좋은 생활을 영위할 수 있으므로 정신적 효과는 상당히 크다고 볼 수 있다. 또한 삶의 질에 대한 욕구는 깨끗한 물과 맑은 공기, 수려한 경관, 하·폐수 및 폐기물처리를 위한 청결 등 쾌적하고 지속가능한 환경조성에 대한 기대가 높아지고 있다.

그러므로 도시에서는 차집관로거를 통해 완전 차집함으로써 녹지, 습지, 하천은 생물다양성 등 자연생태계의 보전이 높아지고 개발위주의 가치관에서 환경보전 우선의 가치관이 중시되고 있다. 또한 하수도의 질적 공급 확대뿐만 아니라 질적 향상에 대한 관심이 높아지고 국민의 정신적인 효과도 매우 큰 것이다.

Chapter 2

상 · 하수도의 기본계획

2.1 계획목표와 대상

2.1.1 계획년도

상 · 하수도와 같은 영구적인 시설로서 인구의 변동이 일어나고 수량의 수요변동이 생길 경우에는 현재의 대상만을 생각하면 공급능력에 대한 부족이 발생하므로 충분히 장래의 수요를 산정하여 계획을 수립하는 것이 필요하다.

앞으로 어느 연차를 산정해서 처음으로 시설의 공급능력이 충만 되도록 미리 광대한 능력을 시설하는 경우의 연도를 **계획년도**(計劃年度, period design)라고 한다. 또한 수도시설의 규모는 계획급수량에 기초로 하여 다음과 같이 결정한다.

계획급수량=(계획급수구역 내의 인구)×(계획년차에 있어서 1인 1일 급수량)×(계획년차에 있어서 급수보급률)

계획년차를 결정할 때 고려해야 할 점은 다음과 같다.

① 채용하는 구조물이나 기계의 내구년수(耐久年數)
② 시설확장의 난이(難易)
③ 도시발전의 예상은 인구의 증대, 상 · 공업의 발전 등
④ 자금취득의 난이와 차입금의 이율
⑤ 차입금의 상환기간에서 화폐가치의 변동은 상환기간 내에 인플레이션이 발생하면 차입금의 지출이 용이하다.

⑥ 시설능력에 여유가 있는 기간사업의 경영면 등

목표년도는 자금사정, 건설비, 유지관리비, 시설의 내구년수 등에 대하여 산정하며, 설계시부터 15~20년간을 고려하여 계획한다. 또한 단기계획을 목표년도로 하여 시설하는 경우에는 준공과 함께 확장공사를 시행하게 되어 비경제적이 될 수 있으므로 되도록 장기계획을 수립하는 것이 좋으며 30년간의 장기계획을 세우는 것은 건설비의 추정이 어렵고, 설치한 시설의 노후로 계획상의 결함이 많으므로 비경제적이 될 수도 있다.

계획년도는 전체시설에 일률적으로 취하는 것이 아니며, 시설의 내용과 공사의 난이도를 고려하여 서로 다른 계획년도를 설정할 수 있다. Fair와 Geyer는 상수도시설물에 대한 계획년차는 표 2.1과 같고, 상 · 하수도의 기본계획 수립과정은 그림 2.1(a, b)와 같다.

표 2.1 상수도 시설물의 계획년도

구 조	특 징	계획기간 [year]
큰 댐 및 큰 지름관, 도 · 송수관	확장이 어렵고 비싸다.	25~30
정호(井戶), 배수관로 및 여과지	확장이 용이하나 이자율이 ① 3% 이하인 경우 ② 3% 이상인 경우	 20~25 10~15
지름 300 mm 이상인 관	더 작은 지름으로 대체는 비경제적	20~25
지름 300 mm 이하인 관	장기적으로 필요한 크기로 시설한다.	개발 완료

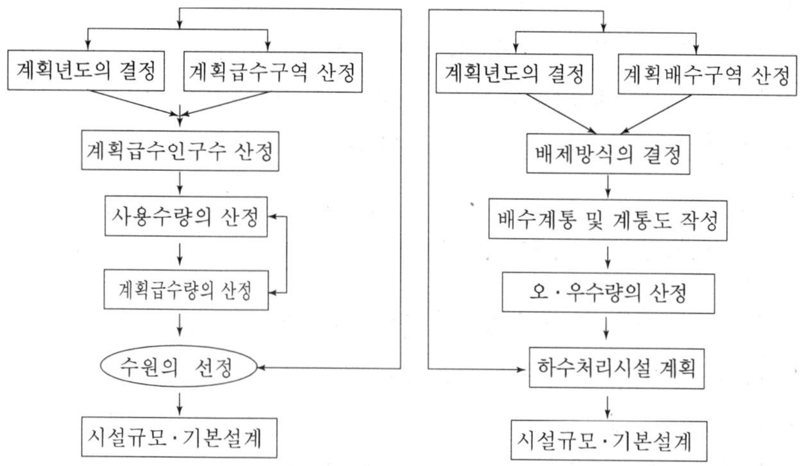

(a) 상수도의 기본계획 수립과정 (b) 하수도의 기본계획 수립과정

그림 2.1 상 · 하수도의 기본계획 수립과정

2.1.2 급수구역

급수구역(給水區域, area to be served)이란 배수관을 부설해서 급수하는 구역이다. 우리나라의 수도법에서는 구역에 대해서 수도사업자가 급수의 의무를 가지도록 규정되는 것이 필요하다. 급수지역을 정할 때는 기술적 · 경제적으로 충분히 검토하여야 한다. 예를 들면 표고가 매우 높은 고지대는 펌프로 가압하고 격리된 도시주변의 위치에 산재한 취락은 채산성이 나쁜 배수관을 연장하지 않으면 안된다.

그러나 수도의 광역적(廣域的) 운영, 지역주민의 복지를 생각하면 채산성이 나쁜 지역도 포함하여야 한다. 이들의 지구에 별개의 소규모수도가 난립하는 것은 장래 도시가 발전했을 때 좋지 못한 현상이 된다. 그러므로 도시계획상 장래발전 예상을 참고로 해서 기술적 · 정치적 · 경제적인 각종 요소를 고려해서 신중히 결정해야 한다.

2.1.3 급수인구

수도로부터 급수를 받을 급수인구(water supplying population)는 급수구역 내의 상주인구에 한하고 비상주인구와 여행자의 유입인구 등은 포함하지 않는다. 상주인구 외의 유동인구도 수돗물을 소비하지만 대상의 실태를 파악하기가 곤란하므로 제외한다. 또한 과거 추세에 의하는 방법으로서는 등차증가법, 등비증가법, 최소자승법, 지수함수법, 로지스틱곡선법이 있으며 사회경제적 요인에 의한 방법으로는 취업인구에 따른 예측, 비교유추에 의한 방법, 토지이용계획에 의한 방법 등이 있다.

(1) 장래인구의 예측

도시인구의 추정은 현저한 사회변동이 예상되지 않는 비교적 안정된 발전을 하고 있는 경우에는 다음과 같은 방법으로 계산할 수가 있다. 그러나 사용하는 과거 실적은 장기간(20년 정도)의 기록으로부터 이상 증감을 제외하여 사용한다. 또한 고도의 산업개발이 행하여져 인구의 대표적인 팽창이 예상되는 도시나 기타의 사회변동에 의하여 인구의 증감이 현저할 것 같은 도시에서는 특수성을 충분히 고려하여 추정할 필요가 있다.

1) 연평균 인구증가 수를 기준으로 하는 방법

$$P_n = P_0 + n \cdot a \qquad (2\text{-}1)$$

여기서, P_n : n 년 후의 추정인구

P_0 : 현재인구

n : 현재로부터 계획년차까지의 경과년수

a : 연평균 인구증가 수($a = \dfrac{P_0 - P_t}{t}$)

P_t : 현재로부터 t 년 전의 인구

등차증가법(等差增加法, arithmetical progression)이란 인구예상이 과소 추정할 우려가 있으므로 발전이 거의 끝난 도시 또는 발전할 가능성이 없는 도시에 적용된다.

2) 연평균 인구증가율을 기준으로 하는 방법

$$P_n = P_0 (1 + r)^n \tag{2-2}$$

여기서, r : 연평균 증가율, $r = \left(\dfrac{P_0}{P_t}\right)^{\frac{1}{t}} - 1$

등비증가법(等比增加法, geometrical progression)이란 상당한 기간 같은 인구증가율을 지속한 발전적인 도시에는 적용되나 발전이 둔화하여 인구증가율이 체감하는 경향이 있는 경우에는 과대한 추정이 된다. 발전 가능성이 있는 도시나 발전 중인 도시에 적용하고 이것을 나타내면 그림 2.2와 같다. 연평균 인구증가율의 값은 대도시의 경우는 2~3%, 소도시는 0.5~1%, 읍·면은 0~0.3%이다.

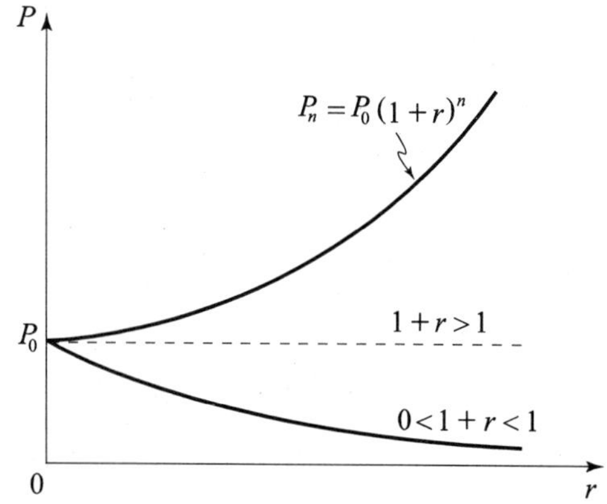

그림 2.2 연평균 인구증가율에 의한 영향선

3) 지수곡선에 의한 방법

$$P_n = P_0 + A \cdot n^a \tag{2-3}$$

여기서, P_n : 계획년도에서의 인구지수(人口指數)

P_0 : 현재인구를 100으로 할 경우의 실적 초년도의 인구지수

n : 실적 초년도로부터 계획년도까지의 경과년수

A, a : 정수

A, a을 구하기 위해서는 식 (2-3)에서

$$\log(P_n - P_0) = \log A + a \log n$$

여기서, $\log(P_n - P_0) = Y$

$\log n = X$

$\log A = b$ 라 하면

$$\therefore Y = aX + b \tag{2-4}$$

로 되고 Y 및 X에 관한 과거의 자료에 의하여 최소자승법을 사용하여 a와 b(이것에 의하여 A가 정해진다)의 정수를 정해서 산출한다. 지수곡선법은 많은 도시에 적용되며, 이것을 나타내면 그림 2.3과 같다.

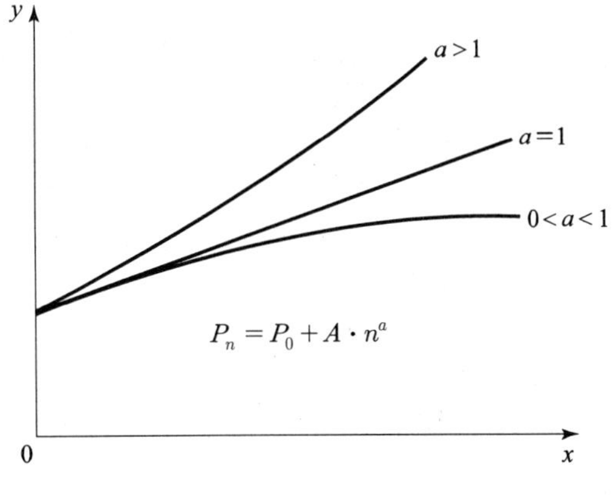

그림 2.3 지수곡선에 의한 방법

4) 논리곡선

논리곡선법(S曲線, logistic curve)이라고 하며, **포화인구 추정법**이라고도 한다. 인구증가에 대한 저항은 인구의 증가속도에 비례한다는 통계학자 Gedol의 식이며, 인구의 최소인구가 0으로서 세월의 경과와 더불어 점증(漸增, increase gradually)하고 중간에 증가율이 가장 현저하고, 다음에 증가율이 절감하여 무한 연 후에 일정한 포화인구에 도달하는 모양의 변화를 하

는 함수이다.

$$y = \frac{K}{1+e^{(a-bx)}} \tag{2-5}$$

여기서, y : 추정인구

e : 자연대수의 밑(=2.7182⋯)

a, b : 정수

x : 기준년도로부터의 경과년수

K : 포화인구

정수를 산정하는데는 최소자승법 또는 3점법이 사용된다. 포화인구를 가정하는 점에 어려움이 있으나 도시의 인구측정에 적합하여 널리 사용되며, 이것을 나타내면 그림 2.4와 같다.

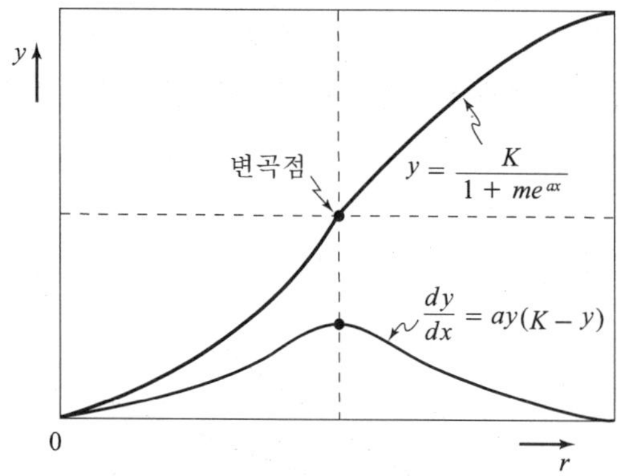

그림 2.4 논리곡선

식 (2-5)을 변형하면 다음과 같다.

$$bx \log e - a \log e = \log y - \log(K-y)$$

여기서 $x \log e = X$

$-a \log e = c$

$\log y - \log(K-y) = Y$

$$\therefore bX + c = Y \tag{2-6}$$

이에 의하여 최소자승법으로 b, c(이에 의하여 a가 구하여진다.)의 각 정수를 구하면 다음과 같다.

$$a=-\frac{c}{\log e}=-\frac{1}{\log e}\cdot\frac{\sum X^2\cdot\sum Y-\sum X\cdot\sum XY}{N\sum X^2-\sum X\cdot\sum X}$$

$$b=\frac{N\sum XY-\sum X\cdot\sum Y}{N\sum X^2-\sum X\cdot\sum X}$$

여기서, N : 인구의 자료수

예제 2.1

다음 인구통계(예제표 2.1.1 참조)를 기준으로 할 때 이 도시의 2023년의 인구를 추정하시오. 기준년도 2016년으로 하고 포화인구 K를 350,000인으로 한다. 최소자승법으로 계산하면 예제표 2.1.2와 같이 된다.

풀이

예제표 2.1.1 인구통계

연 도	인구 [인]	연 도	인구 [인]
2013	177,800	2017	194,500
2014	182,500	2018	199,200
2015	187,000	2019	203,700
2016	192,300		

예제표 2.1.2 최소자승법에 의한 계산

연도	X	X^2	y	$K-y$	$\log y$	$\log(K-y)$	$Y=\log y$ $-\log(K-y)$	XY
2013	−3	9	177,800	172,200	5.24993	5.23603	0.01390	−0.04170
2014	−2	4	182,500	167,500	5.26126	5.22401	0.03725	−0.0745
2015	−1	1	187,000	163,000	5.27184	5.21219	0.05965	−0.05965
2016	0	0	192,300	157,700	5.28398	5.19783	0.08615	0
2017	1	1	194,500	155,500	5.28892	5.19173	0.09719	0.09719
2018	2	4	199,200	150,800	5.29929	5.17840	0.12089	0.24178
2019	3	9	203,700	146,300	5.30899	5.16524	0.14375	0.43125
계	0	28	–	–	–	–	0.55871	0.59436

$\sum X=\log e\cdot\sum x=0$이므로

$$a=\frac{-1}{\log e}\cdot\frac{\sum X^2\cdot\sum Y-\sum X\cdot\sum XY}{N\sum X^2-\sum X\cdot\sum X}=\frac{-1}{\log e}\cdot\frac{0.55877}{7}=-0.18380$$

$$b=\frac{N\sum XY-\sum X\cdot\sum Y}{N\sum X^2-\sum X\cdot\sum X}=\frac{\log e\times 0.59436}{(\log e)^2\times 28}=+0.04888$$

따라서 포화인구 추정법의 일반식은 다음과 같다.

$$y = \frac{350{,}000}{1 + e^{-0.18380 - 0.04888x}}$$

그러므로 2023년의 인구는 $x = 7$이므로

$$y = \frac{350{,}000}{1 + e^{-0.52596}} \fallingdotseq 219{,}989 \text{ 인}$$

---

5) 최소자승법을 사용하는 방법

연평균 증가인구수를 기본으로 하고 몇 개의 자료에서 최소자승법(最小自乘法)을 사용하여 추정하는데는 다음 식 (2-7)을 사용한다.

$$Y = aX + b \tag{2-7}$$

여기서, X : 기준년도로부터의 경과년수
$a,\ b$: 정수
Y : (n년 후의 인구수)

식 (2-7)에서 정수 $a,\ b$는 다음과 같다.

$$a = \frac{N \cdot \sum XY - \sum X \cdot \sum Y}{N \cdot \sum X^2 - \sum X \cdot \sum X}$$

$$b = \frac{\sum X^2 \cdot \sum Y - \sum X \cdot \sum XY}{N \cdot \sum X^2 - \sum X \cdot \sum X}$$

여기서, N : 인구의 자료수

예제 2.2

2019년부터 2023년까지 인구 통계표(예제표 2.2.1 참조)는 아래와 같다. 2032년의 인구를 등차급수법과 등비급수법, 최소자승법(예제표 2.2.2 참고)을 아래 식을 사용하여 추정하시오.

1) $P_n = P_0 + n \cdot a$

2) $P_n = P_0(1 + r)^n$

3) $Y = aX + b$

예제표 2.2.1 인구통계

연 도	인구[인]
2019	20,483
2020	22,317
2021	22,891
2022	23,566
2023	24,272

풀이

1) 등차급수법

$P_0=24,272$, $P_t=20,483$, $t=4$로 하면 연평균 인구증가 수는

$$a=\frac{24,272-20,483}{4}=947$$

따라서 2032년, 즉 현재보다 $n=9$년 후의 인구 P_n은 식 (2-1)에 의하여

$$P_n=24,272+9\times 947=32,795\text{인}$$

2) 등비급수법

식 (2-2)을 사용하면

$$r=\left(\frac{24,272}{20,483}\right)^{\frac{1}{4}}-1=0.0433$$

$$P_n=24,272(1+0.043)^9=24,272\times 1.465=35,558\text{인}$$

3) 최소자승법

예제표 2.2.2 최소자승법

연도	인구(Y)	X	X^2	XY
2019	20,483	−2	4	−40,966
2020	22,317	−1	1	−22,317
2021	22,891	0	0	0
2022	23,566	1	1	23,566
2023	24,272	2	4	48,544
계	113,529	0	10	8,827

$\sum X=0$, $\sum X^2=10$, $\sum Y=113,529$, $\sum XY=8,827$이므로 이 값을 식 (2-7)에 대입하면

$$a=\frac{5\times 8827}{5\times 10}\fallingdotseq 883,\quad b=\frac{10\times 113,529}{5\times 10}\fallingdotseq 22,706$$

따라서 일반식은 다음과 같다.

$$Y=aX+b=883X+22,706$$

2032년은 기준년이 2021년부터 $X=11$이므로

$\therefore Y = 883 \times 11 + 22{,}706 = 32{,}419$ [인]

2.2 상수도시설의 계통

2.2.1 상수도시설의 계통

상수도시설의 계통(上水道施設系統, water supply system)은 일반적으로 다음과 같은 7대 시설로 구성된다.

(1) 집수시설

집수시설(集水施設, collection water works)은 수도의 수원으로는 하천, 호소, 저수지, 지하수, 복류수 등이 이용된다. 수원은 필요한 수량과 수질을 안정하게 확보하여야 한다. 즉 수량이 풍부하며, 연간수량의 변동이 적고 수질변화가 적어야 한다. 우리나라의 취수상황을 보면 하천의 의존도가 높고 대도시에서도 수질변화가 적어야 한다. 그러나 수질의 변동이 심하고, 특히 홍수 때에는 탁도가 수백~수천 탁도(nephelometric turbidity unit, NTU) 이상이 되며, 또한 생활하수나 공장폐수에 의하여 오탁되기 쉬운 것이 결점이다.

이에 대한 호소나 저수지는 수량 · 수질이 안정되어 있으므로 상수도의 수원으로 매우 적합하다. 그러나 플랑크톤이 번식하여 정수처리에 장애를 일으키는 경우가 있으며, 또한 여름철의 저층수에는 철 · 망간이 용출하여 장애를 일으키는 경우가 있다.

지하수는 일반적으로 수질이 양호하고 안정되어 있으나 다량의 물을 얻기는 어렵고 또한 장래의 취수량확보에 대한 예측이 곤란하다는 결점이 있다. 따라서 지하수는 주로 소규모수도의 수원으로 이용되고 있다. 그러나 대도시에서는 지하수를 이용하고 있는데 이것은 지세나 지질상 다량의 지하수를 얻을 수가 있는 반면 지표수가 많이 오탁되어 있기 때문이다. 지하수, 특히 깊은 우물물은 수질이 양호하나 때로는 철 · 망간이 다량으로 함유되어 있는 경우가 있는데 이런 성분을 제거하기 위해서는 특별한 처리를 해야 한다.

복류수는 극히 얕은 지하수이므로 수질은 지표수의 영향을 받기 쉽지만 지표수에 비해 많은 양질이며, 안정되어 있다. 그러나 취수량은 지세나 지질에 의해 크게 좌우된다는 점과 장래의 예측을 하기가 어렵다는 점 등은 지하수와 같다.

(2) 취수시설

취수시설(取水施設, intake water works)은 자연에 존재하는 물을 필요한 양만큼 확보하기 위하여 취수를 하여야 한다. 취수대상이 하천수, 지하수, 호소 및 저수지수 인가에 따라 각각 다른 특징을 가진 취수시설을 사용한다.

보통 하천일 경우에는 취수문, 취수관, 취수탑 등을 사용하여 취수한다. 취수문은 하천을 가로질러 댐을 만들고, 하천의 수위를 상승시켜 취수문으로 유도된다. 취수문에는 철격자(screen)를 끼워 다른 물질의 유입을 방지함과 동시에 수량을 조절하는 제수밸브를 장치한다. 취수관은 하안(河岸)에서 가로방향으로 또는 하상에서 위쪽으로 향해서 개구부(開口部)를 부설한다.

취수탑은 원래 호소나 저수지에서 취수하는데 이용되는 것이며, 하천에서는 수심이 충분한 하류부에 이용된다. 콘크리트제로서 원형 또는 타원형의 단면을 가지고 있고, 주위의 적당한 위치에 적당한 높이로 인입구를 설치한다. 물은 인입구로 유입하여 탑의 저부에 접속된 철관이나 수저터널을 통하여 호안으로 유도된다. 또한 인입구에는 수량조절을 위한 게이트(gate) 조작 등의 작업용 통로로 이용된다. 취수의 조건으로서는 계획취수량이 최대갈수기에서도 확보될 수 있어야 한다. 가능한 한 수질이 양호하여 정수처리가 용이하여야 하며, 물고기나 모래 · 자갈 등 다른 잡물의 유입을 방지하여야 하고, 수량을 자유롭게 조절할 수 있어야 한다.

(3) 도수시설

도수시설(導水施設, conveying raw water works)은 일반적으로 무개 배수로(開渠) 및 암거(暗渠)가 사용된다. 무개 배수로에는 도랑과 같이 뚜껑이 없으며, 자유수면이 있는 수로이고 뚜껑이 있는 것이 암거이다. 암거 대신에 콘크리트제의 관을 이용하기도 한다. 개수로에는 외부로부터의 오염을 받기 쉬울 뿐 아니라 벽의 주위에 조류(藻類, algae)가 발생하여 여러 가지 장애를 일으키므로 최근에는 관수로로 설계한다.

도수방식에는 자연유하식(自然流下式)과 가압식(加壓式)이 있는데 특수한 지형여건을 제외하고는 대부분 가압식이다. 물을 퍼올리기 위해서는 양수장을 시설하여야 한다. 지형에 따라 물을 양수하는 높이 즉 양정이 다르며, 양정을 총양정(total dynamic head, TDH)로 나타내면 다음의 관계식이 성립한다.

여기서, h_l 은 총정수두(total static head) 또는 고저차를 말한다. h_f 는 총마찰손실수두이고, h_v 는 유속수두로 $\dfrac{V^2}{2g}$ 로 표시된다(V : 유속, g : 중력가속도).

예를 들면 가정에서 지하실의 저장탱크로부터 옥상의 물탱크로 물을 퍼올리고자 하면 펌프의 선택에 있어서 지하실과 옥상 물탱크와의 고저차 만큼 계산하기 쉬운데 이럴 경우 물이 올라가지 않게 된다. 그러므로 마찰수도 h_f 와 유속수도 h_v 를 계산하지 않았기 때문이다.

물을 퍼올리는 장치를 양수기라 하는데 펌프와 그 펌프를 회전시켜 주는 모터로 구성되어 있다. 양수시설의 구조는 물이 들어와 차있는 곳으로 습정(wet well)이 있으며, 양수기가 설치되는 건정(dry well)이 있고, 원동기와 개폐기 박스가 있다. 펌프의 종류는 다양하나 원심펌프(centrifugal pump)가 많이 사용된다.

(4) 정수시설

정수시설(浄水施設, purification water works)은 수질이 좋은 지하수나 용출수는 염소소독만을 하여 급수하는 경우가 많으나 하천이나 호소를 수원으로 하는 수도에서는 탁도와 세균류 등의 유해불순물을 완벽하게 제거하지 않고서는 음용수로서 공급할 수 없다. 이와 같이 물을 정화하는 것을 **정수**라고 하며, 정수를 하는 장소를 **정수시설**이라 한다. 현재 정수시설에서 가장 많이 이용되고 있는 정수시스템은 소독만인 방식(그림 2.5 참조)의 완속여과법, 급속여과법, 막여과방식과 고도정수처리가 있다.

1) 소독만인 방식

원수수질이 양호하고 대장균군 50MPN(100mℓ) 이하이며, 일반세균 500CFU(1mℓ) 이하이고, 그 외의 수질항목이 먹는물수질기준 등에 상시 적합한 경우에는 간이처리방식으로 처리할 수 있다. 일반적으로 이 방식은 수질이 양호한 지하수를 수원으로 하는 경우에 적용하는 방식으로 정수처리방식 중에서 가장 단순하며, 처리공정은 그림 2.5와 같다.

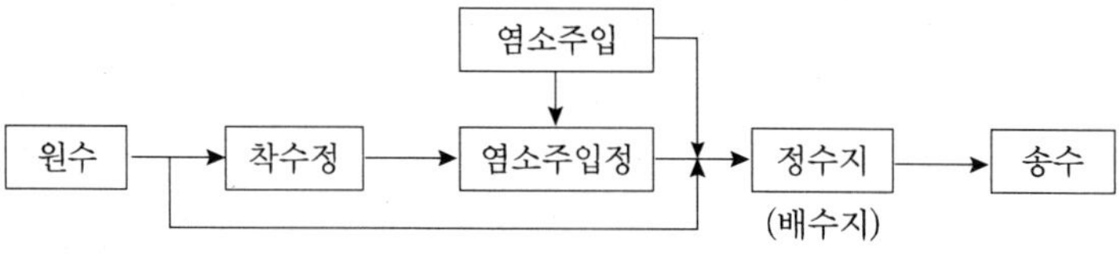

그림 2.5 염소소독만의 방식

원수가 깨끗하더라도 크립토스포리디움에 오염될 우려가 있는 경우에는 이 방식을 채택할 수 없다. 따라서 소독만의 방식을 채택할 수 있는 경우로는 상류유역에 오염발생원이 없으며, 지표세균이 검출되지 않고 탁도관리가 시행되어 일반적으로 원수가 분변으로 오염되지 않았다는 조건을 확인해야 한다.

2) 완속여과법

완속여과법(緩速濾過法, slow filtration system)은 유럽에서 2세기 이상의 역사를 가지고 있으며, 그 효과가 인정되어 온 재래식 여과시스템이다. 보통침전지는 수심을 약 4 m로 한 철근콘크리트 못에 원수를 유입시킨 후에 약 8시간 만에 유출시켜 모래 및 비교적 거친 점토 등을 침전시키는 곳이다. 침전이 끝난 물은 완속여과지에 유입되어 모래층(두께 70~90 cm)을 4~6 m/d 정도의 여과속도로 여과되는데 탁도 · 세균 등은 거의 완전히 제거되며 암모니아 · 철 · 망간과 같은 용해성 물질들도 잘 제거된다.

여과의 지속시간이 길어지면 모래층의 표면에 많은 세균과 조류를 포함하는 젤라틴(gelatin)상의 생물막이 형성되는데 여과사면 이하 수 cm까지 적갈색의 점착성 물질이 부착되어 있다. 또한 완속여과에서는 여과막과 사립을 내포한 점질막이 발생하여야 정화력을 발휘하게 된다. 여과가 계속되면 생물막이 점점 두껍게 되어 통상 20~30일이 되면 모래의 공극이 폐쇄되어 여과능력이 저하된다. 이런 경우 모래층 표면을 1~2cm정도 깎아내어 여과기능을 회복시켜야 한다. 그리고 여과기능을 유지하기 위해서는 여과사 층의 두께는 최소 60 cm 이상 유지하여야 한다.

완속여과지에서 여과된 물은 세균의 98~99.5%가 제거되어 있으므로 염소소독을 하여 정화의 목적을 달성할 수 있다. 완속여과법은 안전하며, 맛이 좋은 양질의 물을 얻을 수 있을 뿐 아니라 관리하기 편하고 약품이나 동력이 필요하지 않은 장점이 있으나 반면에 넓은 면적이 필요하며 또 오사삭취작업 등을 위한 인력이 필요하고, 그림 2.6과 같다.

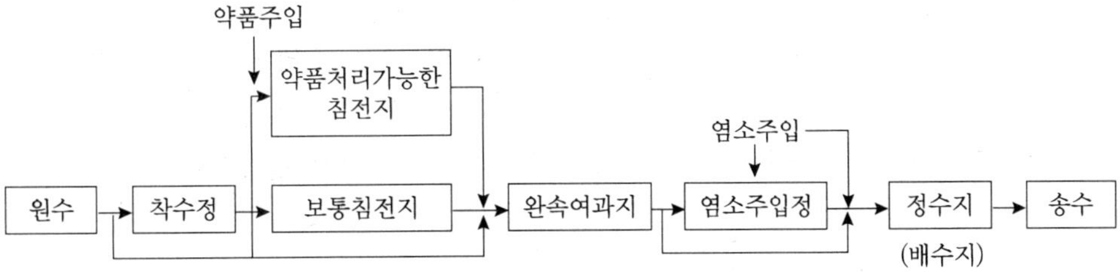

그림 2.6 완속여과방식

3) 급속여과법

급속여과법(急速濾過法, rapid filtration system)은 현재 가장 일반적으로 사용되고 있는 정수방식으로 완속여과 시스템의 결점을 보완하려는 의도로 19세기말 미국에서 개발된 것이다. 응집(coagulation), 플록형성(flocculation), 침전(sedimentation), 급속여과(그림 2.7 참조) 및 살균(disinfection)의 5가지 과정으로 이루어지고 있으며 부유물질과 콜로이드의 제거 및 세균 등의 살균을 주된 가능으로 하고 있다. 물 속에는 여러 가지 부유물질이 함유되어 있는데 입자의 크기가 크며, 무거운 모래 등은 침사지에서 제거된다. 그러나 미세한 입자나 유기물 등은 물 속에서 자유롭게 부유하고 있다. 장마철에 탁도가 높은 물이 취수되어 정수장으로 들어올 경우 이러한 물질을 제거하지 않으면 안된다. 입자의 크기가 $0.001\mu \sim 0.1\ m\mu$ 사이의 콜로이드 입자와 용해성 물질은 보통침전으로 침전되지 않는다. 1μ의 크기는 1/1000 mm의 작은 입자를 말한다. 우기시 탁도가 높은 물에는 미세한 점토입자나 콜로이드 입자가 많으며, 이러한 입자는 자연상태로는 침전하지 않는다.

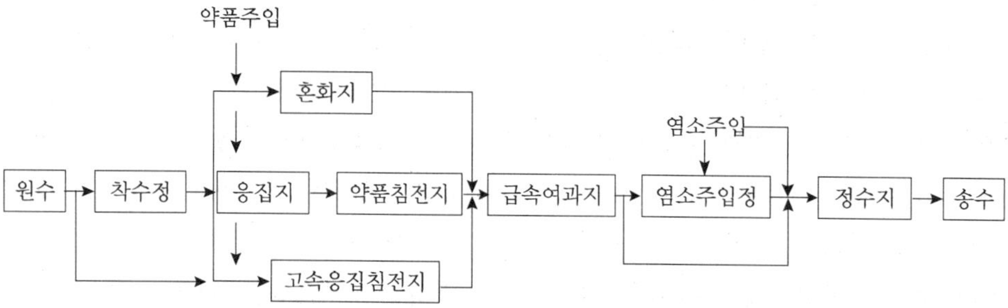

그림 2.7 급속여과방식

콜로이드 입자의 특성은 브라운운동(brownian movement)을 하며, 전하를 띠고 있기 때문에 입자와 입자가 결합되지 않는다. 이러한 입자를 제거하기 위해서는 전하를 중화시켜 입자와 입자를 서로 뭉치게 하여 큰 입자를 만들면 중력침전이 가능하게 된다. 전기적으로 부하되어 있는 기전력의 크기를 **제타포텐셜**(zeta potential)이라고 하는데 제타포텐셜을 줄이기 위해서 응집제를 사용한다.

모든 물질은 서로 끌어당기는 인력을 가지고 있다. 이것이 뉴턴의 만유인력의 법칙이다. 미세한 입자도 서로 방해되는 힘이 없다면 인력의 법칙에 의해서 뭉치게 된다. 그리고 콜로이드 입자는 동일한 전하를 띠고 있어 물 속에서 분산되어 있다. 이러한 상태를 입자간의 안정된 상태라고 하는데 이 안정된 상태를 응집제를 투입하여 불안정한 상태로 만들어 서로 응집하도록 만든다. 예를 들어 응집제로 황산알루미늄(aluminum sulfate)을 사용한 경우 콜로이드와 반응하여 응집이 일어나게 되는데 반응과정은 Al^{+} 이온이 전하를 띠는 콜로이드와 서로 엉겨붙게 되며, 결국 제탈포텐셜은 감소하게 된다.

일반적으로 많이 사용되는 응집제는 황산알루미늄($Al_2(SO_4)_3 \cdot 18H_2O$)과 폴리염화알루미늄(poly aluminum chloride, PAC)이며 PAC는 고탁도시 · 저수온시 · 저알칼리도일 때 응집효과가 우수하여 널리 보급되고 있다.

대도시 정수장은 단시간에 대량의 물을 정수시켜야 함으로 약품침전지와 급속여과지를 시설한 곳이 많다. 이 때 약품의 선택으로는 여러 가지 조건이 검토되어야 하며, 약품값에서 오는 경제성과 응집효과 등이 검토되어야 한다. 약품에 따라서 응집효과가 다르므로 가능한 한 물에 대한 용해도가 크고 이온가가 큰 것일수록 응집효과가 크다. 약품주입량은 약품교반시험(jar test) 의하여 결정된다.

응집침전에 의하여 물 속의 미세한 입자를 제거하는 것은 실제로는 상당히 복잡하여 고도의 기술을 요하고 있다. 이에 필요한 충분한 기술습득이 없으면 좋은 수질의 물을 만들어 낼 수가 없다. 응집제와 콜로이드입자의 접촉이 단시간에 이루어지느냐 하는 것은 응집효과에 큰 영향을 주며, 전하가 중화되어 입자간에 불안정한 상태가 되었다 하더라도 입자와 입자와의 거리를 단축시켜 입자간의 인력에 의하여 뭉칠 수 있도록 입자 사이의 충돌을 효과적으로 만들어 주어야 한다. 입자가 서로 충돌하여 뭉치는 현상을 **플록형성**(flocculation)이라 한다.

응집침전지는 급속혼화지(rapid mixing basin)와 플록형성지, 침전지로 구성되어 있다.

혼화지는 주입된 약품과 원수를 급속히 교반시킴으로써 제타포텐셜을 감소시켜 입자간에 뭉칠 수 있는 상태를 만들어 주는 시설이다. 이 경우 혼화는 1~5분 안에 일어나도록 설계되어야 하며, 급속혼화를 위해서 프로펠러형 또는 터빈형 혼화기가 사용된다.

플록을 형성하기 위해서는 20~40분 정도의 체류시간이 필요하며, 플록이 잘 형성되도록 패들(paddle)을 설치하여 서서히 교반하여 준다. 이때 교반하는 속도가 플록형성에 영향을 미치게 된다. 플록형성이 효과적으로 이루어지기 위해서는 가능한 한 입자간의 충돌횟수를 높여주어야 한다. 이를 위해서는 교반을 해주어야 한다. 그러나 교반이 너무 빠르면 형성된 플록입자에 전단력이 발생하여 깨어지게 되고, 교반이 너무 느리면 플록형성 효과가 낮거나 플록형성지에 플록이 침전되는 경우가 있다. 그러므로 시설물의 설치나 운전에 고도의 기술을 요하는 것은 당연하다.

플록형성지에서 플록이 형성된 물은 침전지로 흘러가게 된다. 여과속도는 120~150m/d 이며 침전지의 유효수심은 3~4 m 정도이다. 이와 같이 지의 형상은 장방형이 좋으며, 폭과 길이의 비를 **장폭비**(帳幅比)라고 한다. 수류의 안정을 유지하기 위해서 장폭비는 5 : 1 정도가 적당하다고 침전지에서 물이 체류되는 시간은 보통 3~5시간 정도면 충분하다.

응집침전지에서 침전처리된 물은 여과지로 흘러가게 된다. 여과지는 정수처리과정에서 제일 중요한 역할을 하는 공정이다. 여과는 부유물 특히 침전으로 제거 되지 않은 미세한 입자의 제거에 가장 효과적이다. 여과지에 사용되는 여과재의 종류는 모래 · 무연탄 · 규조토 등이 있으며 한 가지 또는 두 가지를 복합사용하는 경우가 있다.

또한 플랑크톤이나 기타 부유물을 제거할 목적으로 미세한 강철망이 여과재로 사용되는 미세여과가 있으며, 다공성인 규조토를 여과지에 사용함으로써 여과율을 높이는 규조토여과도 있고, 철제탱크를 이용하여 고압으로 물을 통과시켜 여과속도를 120~240 m/d 정도로 운전하는 압력여과도 있다.

대도시의 정수장에서는 단시간에 대량의 물을 생산하기 위한 목적으로 대부분 급속여과지로 물을 정수하고 있다. 급속여과지는 40~60cm 정도의 자갈층 위에 60~70cm의 모래층으로 구성되어 있다. 여과사의 경우 유효경은 0.45~1.0mm의 범위이며, 가장 많이 사용되는 것은 0.60mm이다. 또한 균등계수는 1.7 이하가 기준인데 흔히 1.4 이하의 것이 가장 많이 사용된다.

급속여과는 단시간에 대량의 물을 생산하므로 완속여과에 비해 여과지의 수두손실이 크다. 즉 여과지가 막혀 물이 통과하지 않는다. 그러므로 인위적으로 여과지를 세척하는데 이를 **역세척**(back washing)이라 한다. 여과지의 손실수두가 보통 2.0~2.5m에 달하면 여과를 중지하고 역세척을 실시한다. 역세척의 횟수는 원수수질에 따라 하루에 2~3회 역세척하는 경우도 있으나 1~2일에 1회씩 보통 실시한다.

급속여과 시스템은 완속여과 시스템과 같이 미량의 금속성분 · 맛과 냄새 · 암모니아 등에 이르는 광범위한 성분에 대처할 수 있는 장점을 갖지 못한다. 따라서 이들 용해성의 유기 · 무기의 여러 성분에 대응하기 위해서는 별도의 처리시설을 설치하여야 한다.

4) 막여과방식

이 방식은 현탁물질이나 콜로이드를 제거하기 위한 경우에 사용된다. 정밀여과막(MF), 한외여과막(UF) 등의 막을 사용하며, 막의 공경(pore size)보다 큰 입경의 현탁입자를 물리적으로 제거한다.

막여과의 성능을 효율적으로 발휘시키기 위하여서는 협잡물 등을 제거하기 위한 전처리가 필요한 경우가 있으며, 막여과로는 제거하기 어려운 용해성유기물, 냄새와 맛, 망간을 제거하기 위해서는 후처리를 해야 한다.

이 방식은 수개월 간격으로 막을 약품세척해야 하고 수년 간격으로 막을 교환해야 하지만, 기기의 수나 가동부분이 적고 또한 일반적으로 자동화나 원격제어 등이 가능하며 운전관리도 용이하다.

또한 에너지절약형인 막분리에 의한 정수처리기술이 채택되고 있다. 소독부산물, 농약, 맛 및 냄새물질 등 용해성 미량유기물질을 막처리로 제거하기 위하여 나노여과막(nano filter : NF)의 연구도 진행되고 있으며 막여과방식의 공정도는 그림 2.8과 같다.

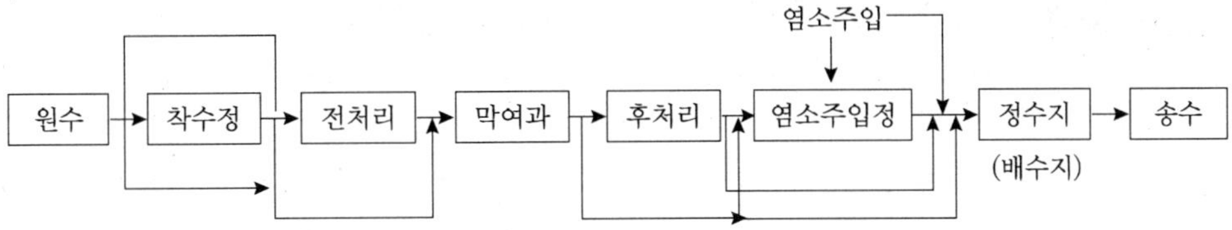

그림 2.8 막여과방식

5) 특수처리법

물 속에 유기 · 무기의 용해성분이 허용량 이상 존재하는 경우 급속여과 시스템에 용해성분의 제거과정을 시스템의 앞이나 뒤에 부가하는 것이 보통이다. 이러한 경우 시스템의 결합방법은 크게 나누어 두 가지가 있는데 용해성 분량의 다소와 허용화의 난이도에 따라서 결정된다.

제1방법은 원수 중의 용해성 불순물을 우선 허용화하고 분리하는 방법으로 허용화가 가능하고 농도가 비교적 높은 성분에 대하여 사용한다.

제2방법은 용해성분의 농도가 낮은 경우에 주로 쓰이는 방법으로 급속여과 시스템에 의하여 부유물과 콜로이드 성분을 제거한 후에 남는 용해성분을 활성탄흡착, 역삼투, 이온교환 등의 여러 과정에서 제거 · 조정하는 방법이다.

즉 철 · 망간을 다량으로 함유할 경우에는 물은 적갈색이나 흑갈색이므로 제거해야 한다. 그러기 위해서 먼저 포기(曝氣, aeration)를 하거나 염소 · 과망간산칼륨 · 오존 등을 사용하여 산화시키고 모래나 특수한 여재를 사용한 여과처리에 의해서 제거하는 것이 일반적이다. 그러나 철이나 망간을 좋아하는 박테리아를 이용하여 제거하는 방법도 있다. 또 경도가 높은 물은 보일러의 내부에 스케일(scale : 겉 표면에 생긴 이물질)을 생기게 하므로 소석회나 소다회를 가하여 칼슘이나 마그네슘을 침전시켜 제거하거나 이온교환수지법을 사용하여 제거한다.

물의 냄새를 제거하는 것은 매우 어려운데 현재로서는 활성탄에 흡착시키거나 오존으로 분해하는 이외에 다른 확실한 방법에 의존하고 있다. 보통 조류 등의 플랑크톤이 다수 발생하면 물의 냄새나 색은 여과지에서는 제거하기가 어렵다. 그러므로 일반적으로 황산구리($CuSO_4$)나 염소 등을 사용하여 사멸시키거나 마이크로스트레이너(microstrainer)를 사용하기도 한다.

한편 급속여과 시스템 뒤에 완속여과지를 설치하여 여러 가지 미량의 유기 · 무기성분을 제거하는 2단 여과와 같은 방식이 장차 사용될 것이며, 이러한 방법도 제2방법에 속하는 우수한 용해성분 처리법이라 할 수 있다.

(5) 송수시설

송수시설(送水施設, transmission water works)은 송수관, 송수펌프, 조정지 및 밸브 등의 부속설비로 되어 있다. 송수시설에는 정수의 안정성을 확보하기 위하여 관수로에 의한 것을 원칙으로 하고 있으며 송수방식에는 정수시설과 배수시설과의 수위관계, 정수처리시설과 배수지 사이의 지형과 지세에 따라 자연유하식, 펌프가압식 및 병풍식이 있다.

(6) 배수시설

배수시설(配水施設, distribution water works)은 급수구역 내의 모든 수요자에게 적절한 수질과 수량의 물을 수요자에게 적절한 방법으로 공급하는 것이다. 수요자는 항상 필요한 수질과 수량의 물을 필요한 시간에 가장 간편하게 얻기를 바란다. 물의 사용량은 조석(朝夕)으로 많고 야간은 적다. 따라서 사용량이 많을 때를 위하여 저수하는 설비가 필요한데 이것이 **배수지** 또는 **배수탑**(고가탱크)이라 한다. 배수관은 서로 그물 모양으로 연결시켜 전지역의 수압을 균등하게 하고 정체나 고장으로 단수가 되지 않게 한다. 배수관의 재질에는 여러 가지가 있으나 우리나라는 덕타일주철관이 많이 사용하고 있다.

(7) 급수시설

급수시설(給水施設, service water works)은 배수되는 물은 전부 유효하게 사용되지는 못하나 손실이 많은 것은 바람직하지 못하다. 배수관에서 분기하여 각 가정에 물을 공급하는 것을 **급수**라 한다. 또한 이 사이의 관을 **급수관**이라 한다. 배구관에서 분기하기 위한 분수전, 급수 정지시 사용되는 지수전, 수량을 계측하는 계량기 및 기타 부속재료를 총칭하여 **급수장치**라 한다.

과거 고층건물에서는 일단 지하에 있는 급수탱크에 물을 넣은 후 이것을 펌프로 옥상탱크에 퍼올려 급수한다. 급수관은 과거에는 납관을 사용하였으나 지금은 아연도금 강관이나 염화비닐관 · 폴리에틸렌관 · 동관 등 여러 가지를 사용하고 있다. 그리고 수질에 따라서는 강관으로부터 철분이 용해되어 빨간물이 나오는 적수현상(赤水現象)이 자주 일어나므로 특수한 도장이 필요하다.

즉 $Q_1 > Q_2$ 로서 연간강우유출량이 연간상수수요량보다 크므로 이 하천수를 수원으로 하는 경우 1년을 통하여 진체수량에는 부족하지만 이 하선의 월별유출량을 소사한 결과 강우와 유출량이 월별로 고르지 못하고, 갈수기에는 유출량이 수요량이 매우 저하함을 알 수 있다.

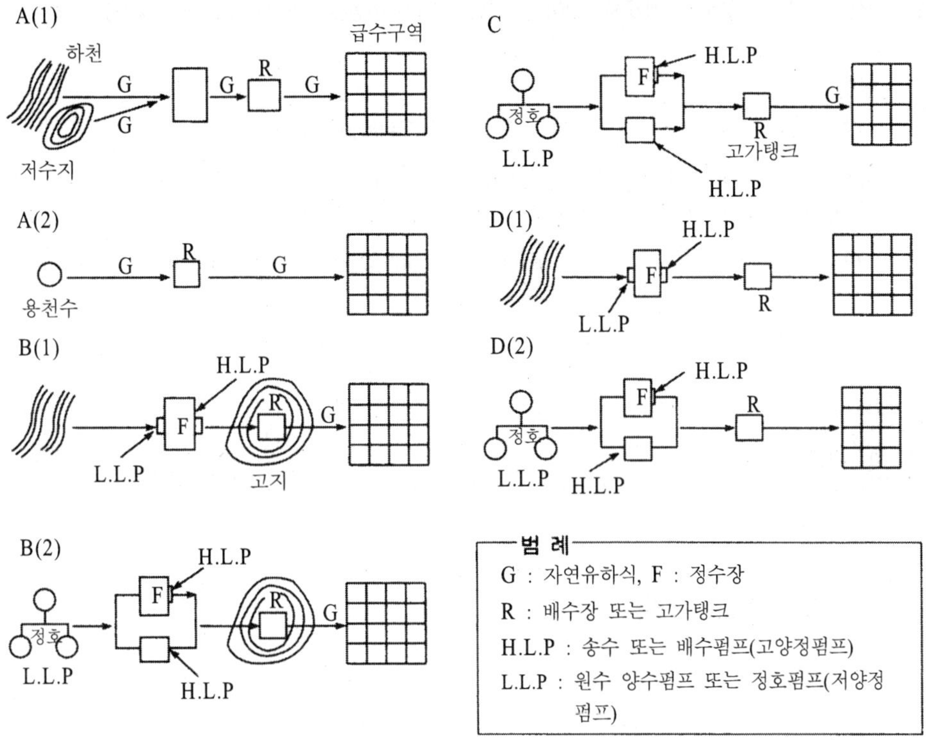

그림 2.9 도수 · 송수 · 배수방법

우기 시에 잉여유출량을 저수하였다가 갈수기에 보통 사용하기 위하여 하천을 횡단하여 댐을 축조하고 저수지를 만든다. 이 저수지는 하천 상류부에 위치하여 하류 연변에 위치한 도시보다 매우 높은 곳에 있기 때문에 저수지 이후의 도 · 송수는 자연유하식으로 한다.

취수 이후의 도 · 송 · 배수방식에는 여러 가지가 있는데, 그 중 대표적인 예를 들면 그림 2.9와 같다. 그림에서 A는 취수지점으로부터 일관하여 자연유하에 의한 방법이며, B는 취수지점으로부터 정수처리시설까지는 자연유하 또는 펌프양수에 의한다. 다음에 정수처리시설부터 고지대에 설치한 배수지까지는 펌프로 양수하며, 그 이후는 자연유하에 의한 방법이다. C는 상기 B의 경우에 구릉 등 적당한 고지대가 없을 때 정수처리시설에서 배수탑 또는 고가수탱크에 펌프로 양수하며, 그 이후는 자연유하에 의하는 방법이고, D는 자세가 완만하여 송 · 배수하는 방법이다.

예제 2.3

상수도계통도(강우, 유출, 수요, 저수지의 관계)와 같은 상수도 시스템에서 유역면적 250 km^2, 유역 내의 연평균강우량이 1,000mm/year, 평균유출율이 0.5라면 하천의 연평균유출량과 상수도사용량을 구하시오.

풀이

$Q_1 = 1,000\text{mm}/\text{year} \times 250\text{km}^2 \times 0.5 = 125,000,000\,[\text{m}^3/\text{year}]$

현재 상수를 공급할 도시의 인구가 500,000명이다. 1일 1인당 연평균급수량이 200ℓ/인 · 일이라면 이 도시의 연간상수수요량은 다음과 같다.

$Q_2 = 200\ell/\text{인} \cdot \text{d} \times 10^{-3}\text{m}^3/\ell \times 500,000\,\text{인} \times 365\,\text{일}/\text{year} = 36,500,000\,[\text{m}^3/\text{year}]$

2.3 수 량

2.3.1 사용목적과 수량

(1) 가정용수

가정용수(家庭用水, domestic use water)란 음용 · 취사 · 목욕 · 세탁 · 청소 · 수세식 화장실 · 살수 등에 사용되는 물이다. 음용으로 사용되는 수량은 성인은 1~1.5 ℓ/d 정도이다.

가정용 수량은 생활양식 · 습관 · 기온 등에 의하여 현저하게 다르며, 수세식 화장실은 없으나 목욕탕은 있다는 조건에서 보통의 생활정도인 경우에 1인당 80~100 ℓ/d가 증가한다.

가정용수의 각 세대별 사용수량의 변화는 각 세대의 생활정도와 소득과 밀접한 관계가 있다. 이 사용수량과 소득과의 관계를 Lorentz 곡선으로 나타내면 그림 2.7과 같다. 횡축에 누적 전수(栓數)의 백분비율을 취하고, 종축에 누적급수량의 백분비율을 취해서 표시한 곡선이 실선으로 나타낸다. 그리고 횡축에 누적 인원수의 백분비율을 취하고 종축에 월간 급여소득 누계의 백분비율을 취해서 표현한 곡선이 파선으로 나타나 있다. 예를 들면 1전당(栓當) 1개월 사용수량이 5 m^3 이하, 전수의 전전수에 대한 비율은 15.6%이고 총사용수량의 가사용수 전체에 대한 비율은 2.7%이므로 15.6%, 2.7%을 좌표로 한 점을 표시한다.

이와 같이 하여 얻어진 곡선이 Lorentz 곡선이다. 만일 모든 급수전이 동일 사용수량이라면 곡선은 45°의 직선이 된다. 곡선과 45°의 직선과의 사이에 포위되는 면적의 대소는 사용 현황의 불균형 척도로 된다. 업종별 수돗물사용량 추이는 표 2.2와 같다.

표 2.2 업종별 수돗물 사용량 추이 [2020년 12월말]

구 분	계	가정용	공공용	일반용	욕탕용
2020[비율]	2,206,835 [100%]	1,923,076 [87.1%]	17,998 [0.8%]	264,954 [12.0%]	807 [0.1%]
2019[비율]	2,184,386 [100%]	1,910,045 [87.4%]	17,778 [0.8%]	255,724 [11.7%]	839 [0.1%]
증감	22,449	13,031	220	9,230	-32
증감율	1.0	0.7	1.2	3.6	-3.8

그림 2.10에서 나타나는 바와 같이 가정용수의 사용실태와 각 세대의 소득현황과는 매우 유사한 관계가 있는 것을 알 수 있다.

용도별로는 2020년 유수수량 기준으로 가정용이 1,923,076천 m^3(87.1%)로 가장 많다. 그리고 일반용 264,954천 m^3(12.0%), 공공용 17,998천 m^3(0.8%), 욕탕용 807천 m^3(0.1%) 순이다.

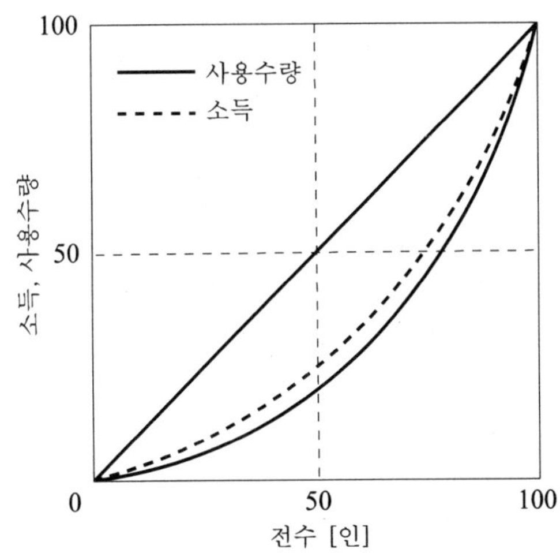

그림 2.10 가정용 사용수량과 소득의 Lorentz 곡선

(2) 공업용수

공업용수(工業用水, industrial use water)란 공업용에 사용하는 곳은 비교적 소규모공장이며, 대규모공장이나 대량으로 물을 사용하는 공장은 공업용수를 별도의 전용수도로 사용하고 있다. 공업의 종류, 규모, 지하수 이용의 유무 등에 의하여 매우 다르다. 공업용수요의 특징으로는 1일 변화가 적고 연평균의 1일 사용수량과 1일 최대사용수량의 비는 1 : 1 정도이다.

그리고 상수도를 가정영업용수와 공업용수로 구분하는 이유는 지역의 공공하수처리시설 건설시 기본이 되는 상수급수량을 가지고 산정하는데 일반적으로 급수량 중 공업용수는 하수처리시설보다는 공장자체의 폐수처리시설로 배출하기 때문에 하수량 산정시 제외된다.

(3) 영업용수

영업용수(營業用水, commercial use water)란 시설의 유형과 수에 영향을 받으며, 영업수량은 총급수량의 10% 이내이다. 영업수의 바닥면적을 기준으로 하며, 대체로 음식점 · 여관 · 호텔 · 유흥장 · 오락장 · 백화점 · 세탁소 · 이발소 · 미용원 · 식료품점 등의 영업용에 사용하는 물을 **영업용수**라 한다.

영업용수는 대규모의 수요자에는 종업원의 가정용수를 포함하지 않으나, 중소규모의 주거와 점포가 겸용으로 되어 있는 경우에는 가정용수를 포함하여 구별할 수가 없다.

(4) 공공용수

공공용수(公共用水, public use water)란 청사 · 사무소, 학교, 병원, 호텔, 음식점, 백화점에서 사용하는 용수이다. 잡용수로서 자가용 우물의 소유여부에 따라서 사용수량이 크게 달라지며, 특히 냉방용의 냉각용수를 우물에 의존하면 여름의 최대사용 시의 수량에 크게 영향을 미친다.

업종별 원단위의 한 예는 부지면적당 사용수량은 차이가 많아서 사용에 적합하지 않으나 건물면적당 · 종업원당과 종업원당 사용수량은 상관성이 있어서 잘 이용될 수 있는 값이다.

(5) 소화용수

소화용수(消火用水, fire fighting water)란 화재 때 필요한 임시의 것으로서 화재장소 부근에서 단시간에 대량의 물을 소비한다. 그러나 일 년간에 사용하는 소화용수량의 전급수량에 대한 비율은 극히 작은 것으로서 문제시되지 않는다.

미국의 화재보험회사(national board of fire underwriters : NBFU)에 의하면 인구 P (1,000인 단위)인 수도의 소화에 필요한 수량분 Q [m^3/min]는 다음 식에 의하여 주어진다.

$$Q = 3.86\sqrt{P}\,(1 - 0.01\sqrt{P}) \qquad (2\text{-}8)$$

1일 분의 급수량에 대해서는 소규모상수도 일수록 소화용수가 차지하는 비율이 높아지므로 배수시설에서 고려할 필요가 없다. 일반적으로 사용수량이 적은 겨울철에 화재가 많은 것은 수도관리 측면에서는 불행 중 다행한 일이다.

표 2.3 실용 소화용수량 [국토교통부 제정]

인구[명]	소화용수량 [m^3/min]	인구 [명]	소화용수량 [m^3/min]
5,000	0.8	184,000	13.6
10,000	1.6	200,000	14.4
15,000	2.4	220,000	15.2
20,000	3.2	240,000	16.0
26,000	4.0	280,000	17.6
34,000	4.8	300,000	18.4
42,000	5.6	325,000	19.2
50,000	6.4	350,000	20.0
64,000	7.2	375,000	20.8
73,000	8.0	400,000	21.6
92,000	8.8	425,000	22.4
106,000	9.6	450,000	23.2
120,000	10.4	475,000	24.0
136,000	11.2	500,000	24.8
152,000	12.0		
168,000	12.8		

소방펌프 1대의 방수능력은 대형펌프로서 2m^3/min, 중형펌프로서 1.5m^3/min이고 고압방수의 경우 효력은 60~70% 이상이 기준이다. 따라서 소화전의 방수능력으로서 1.0~1.5m^3/ min이 필요로 된다. 일본의 소방시설기준으로서는 펌프 1대의 취수가능수량이 1m^3/min 이상이고 동시에 연속 40분 이상의 급수능력을 가지도록 규정하고 있다. 표 2.3은 우리나라 국토교통부에서 제정한 실용 용수량을 나타낸 것으로 계획 1일 최대급수량에 가산해야 할 인구별 소화용수량이다.

예제 2.4

소화용수의 양을 계산하기 위하여 미국소방협회(NBFU)에서는 다음 공식을 추천하고 있다. 인구 160,000명인 도시에서 요구되는 소화용수의 양은(단 $Q=3.86\sqrt{P}(1-0.01\sqrt{P})$이다) 얼마인가?

풀이

소화용수 추정식은 다음과 같다.

1) 미국국립소방협회(NBFU) :

$$\text{소화용수량}(Q_m)=3.86\sqrt{P}(1-0.01\sqrt{P}) \cdots [m^3/min]$$

여기서, P는 인구수를 1,000으로 나눈 값으로 즉 1,000명을 1단위로 한 값이다.

① 위의 식은 인구수가 20만명 이하의 도시에 적용된다.

② 20만명 이상의 도시에 적용할 때는 제2차 화재준비용으로 7.5～30 m^3/min을 가산한 유량으로 한다.

2) Freeman공식 : 소화용수량$(Q_m) = 0.946\left(\frac{P}{5}+10\right) \cdots [m^3/min]$

3) Kuichling공식 : 소화용수량$(Q_m) = 1.7\sqrt{P} \cdots [m^3/min]$

문제의 조건을 ①식에 대입하면 다음과 같다.

$$\therefore Q_m = 3.86\sqrt{\frac{160,000}{1,000}} \times \left(1-0.01\sqrt{\frac{160,000}{1,000}}\right) = 42.65\,[m^3/min]$$

---

(6) 잡용수도

잡용수(雜用水道, water supply system for non-drinking purpose)는 분수 · 살수 · 배수관 세정 · 하수관 세정 · 공중용 수전, 공공용 등에 사용되는 물이다. 도시에 따라서 차이는 있으나 보통 20～30ℓ/인/d 정도로 하면 된다.

(7) 불명수

불명수량(不明水量, unccount for use water)이란 대부분이 배수관(配水管) 또는 급수관(給水管)의 접합부분에서 누수, 시공의 불량, 유지관리(維持管理)의 불완전, 관내 수압의 상승으로 인한 누수 및 소화전 누수(消火栓漏水)와 그 밖의 공공시설(公共施設)에서의 누수 등으로 사용수량이라고는 말할 수 없다. 총급수량의 10%라는 상당한 비율을 차지하고 있기 때문에 무시할 수 없다. 최근에는 누수탐지기(leak detector), 지중관 위치탐지기(pipe locator), 청음봉(stainless steel hanger rod), 지리정보시스템(GIS) 등을 이용하여 과학적이고, 효과적인 지상과 지하의 누수방지와 노후, 부식된 배급수관의 부설교체와 통합공사 및 배수관로 등을 정비하여 불명수량을 감소시키고 있으나 이것을 0%까지 줄인다는 것은 불가능하지만 가능한 한 누수율을 최소로 저하시키도록 노력하여야 한다.

또한 물사용량의 용어 정의는 다음과 같다.

1) 연간총급수량 = 유효수량 + 무효수량 ÷ 유효수량 = 유수수량 + 유효무수수량 ÷ 무효수량 = 조정감액수량 + 누수량

2) 유효수량이란 총급수량 중에서 사용상 유효라고 인정되는 수량, 유수수량과 유효무수수량의 합이다.

3) 유수수량이란 유효수량중 요금으로 징수할 수 있는 수량, 요금이 부과된 수량으로 계량요금수량, 미계량요금수량, 분수량, 기타 부과량의 합이다.

4) 유효무수수량이란 사용상 유효이지만 요금이 부과되지 않는 수량이다.

5) 무효수량이란 사용상 무효라고 인정되는 수량이다.

6) 누수량이란 송수시점 이후 급수사용자의 계량기 이전까지 발생한 손실수량, 즉 수도관 사고, 배수지균열, 배수지월류 등으로 손실된 수량, 누수량은 합리적인 산정이 불가능하므로 다른 모든 성분별 수량이 산정된 후에 총급수량에서 남은 양을 말한다.

(8) 축산용수

1) 축산용수 수질기준

축산위생에 있어 음용수수질기준은 사람의 음용수기준과 동일한 수준이어야 하며, 따라서 지하수를 주로 이용하고 있는 축산농가는 최소한 연 1회 정도는 수질검사를 하여 음용수수질기준에 적합한지 여부를 파악하고, 만약 이에 부적당한 항목 발생시 원인을 제거하거나 소독, 급수라인에 있어 대책을 하여야 한다. 영국의 Ministry of Agriculture, Fisheries and Food의 기준에 의하면 표 2.4와 같다.

표 2.4 축산용수의 단위용수량

구 분	단위용수량	비 고
육용소	50~60ℓ/두 · 일	우유 냉각용 75ℓ/두 · 일
젖소	120~150ℓ/두 · 일	
돼지	20~30ℓ/두 · 일	
닭	0.3~1ℓ/수 · 일	

자료 : 수자원편람, 2006.

2.3.2 사용수량의 정기적 수량

사용수량(使用水量)은 연, 월, 일, 시간 등에 의해 정기적으로 변화하고, 도시의 모든 기온의 영향에 의한 것이다. 여름인 7~8월에 가장 많고 겨울인 1~2월에는 가장 적다. 월변화의 최대값은 평균사용수량의 1.1~2.5배에 달하며, 저수지(貯水池)의 용량은 월최대를 고려하여 결정해야 한다. 통상 월변화가 최대일 때 일변화의 값이 최대로 나타나고 최대값은 평균사용수량의 1.5배나 된다. 일변화의 최대치는 취수(取水), 도수(導水), 정수(淨水), 송수시설(送水施設)의 사용수량이 1.5배이다. 그리고 1일 평균사용수량의 2.25배로 된다.

시간최대치(時間最大値)는 배수시설의 설계시 기준치로서 활용되고 있고 이들의 상호관계를 수식으로 표시하면 다음과 같으며, 표 2.5와 같다.

표 2.5 급수량과 수도시설의 구분계획

구분 / 급수량의 종류	연평균 1일 사용수량에 대한 비	수도구조물 명칭
1일 평균급수량	1	수원지, 저수지, 유역면적의 결정
1일 최대평균급수량	1.25	보조저수지, 보조용수 펌프의 용량 결정
1일 최대급수량	1.5	취수, 정수(여과지 면적), 배수시설(여과지면적, 배수본관의 지름결정
시간 최대급수량	2.25(1.5×1.5)	배수펌프의 용량 결정

① 계획 1일 평균급수량 $= \dfrac{\text{연간총급수량}}{365}$

② 계획 1일 1시간 평균급수량 $= \dfrac{\text{1일 평균급수량}}{24}$

③ 계획 1일 최대급수량 $=$ 1일 평균급수량 $\times 1.5$

④ 계획 1시간 최대급수량 $= \dfrac{\text{1일 최대급수량}}{24} \times 1.5 = \dfrac{\text{1일 평균급수량}}{24} \times 1.5 \times 1.5$

$$= \frac{\text{1일 평균급수량}}{24} \times 2.25$$

⑤ 계획 1일 최소급수량 $=$ 1일 평균급수량 $\times 0.6$

⑥ 월 최대급수량 $=$ 1인 1일당 평균급수량 $\times 30 \times 1.5$

⑦ 연간생산량 $=$ 유효수량 $+$ 무효수량 (2-9)

예제 2.5

계획급수인구 10만인의 도시 경우 1) 계획 1일 최대급수량(m^3) 2) 계획 1일 평균급수량(m^3), 3) 계획 1시간 최대급수량(m^3)을 구하시오(단 계획 1인 1일 최대급수량은 300ℓ로 한다).

풀이

1) 계획 1일 최대급수량 $=$ 계획 1인 1일 최대급수량 $\times$ 계획급수인구

$$= 300\ell \times 100{,}000\text{명} \times \frac{1m^3}{1{,}000\ell} = 30{,}000\,[m^3/d]$$

2) 계획 1일 평균급수량 $=$ 계획 1일 최대급수량 $\times \dfrac{1}{1.5} = 30{,}000 \times \dfrac{1}{1.5} = 20{,}000\,[m^3/d]$

3) 계획 1일 시간 최대급수량 $= \dfrac{\text{계획 1일 평균급수량}}{24} \times 2.25 = \dfrac{20{,}000}{24} \times 2.25$

$$= 1{,}875\,[m^3/d]$$

2.3.3 계획 1일 평균급수량

1년간에 급수되는 총수량을 급수인구와 365로서 나누어 얻어진 수량을 1인 1일 **평균급수량**이라 한다. 따라서 이 수량에는 가정용수는 물론 각종 목적의 수량이나 누수까지도 포함되어 있다. 이 수량은 각종 조건에 의하여 매우 다르지만 대체로 다음과 같은 특징이 있다.

① 대도시는 소도시에 비해서 수량이 크다. 대도시 일수록 공업용 · 사무용 · 학교용을 비롯하여 도시활동 때문에 많은 물이 소비되고 특히 낮에 유입하는 인구에 의한 소비도 크기 때문이다.

② 공업이 번성한 도시는 수량이 크게 나타난다.

③ 고도의 문화도시는 낮은 도시보다 크며, 생활정도가 높고 목욕횟수 · 세탁횟수도 많으며 수세식 화장실의 보급률도 높다.

④ 기온이 높은 지방수량은 추운지방보다 많다. 단 추운지방에서 부동수전을 사용하지 않는 경우 급수전의 동결방지 때문에 소량의 물을 떨어뜨리므로 겨울철에도 여름철과 같은 정도의 수량을 소비할 수가 있다.

⑤ 급수방식에 따라 다르고 정액급수의 수도는 계량급수의 수도보다 현저하게 소비가 큰 것은 낭비 때문이다.

⑥ 관광지, 특히 온천지는 온천의 수온조절용에 많이 소비되기 때문에 소비가 크다. : 수도계획에 있어서는 계획년차에서 장래의 계획 1인 1일 평균급수량을 정하지 않으면 안 된다. 수도를 신설할 경우는 도시성격과 발전상황이 같은 선진도시의 실적을 참고로 하여 결정한다. 또 확장의 경우는 과거의 실적을 바탕으로 추진하여야 한다.

1인 1일 평균급수량에 급수인구를 곱한 수량을 **1일 평균급수량**(proposed mean water consumption per day)이라 한다. 정수를 위한 약품 · 전력 등의 사용량의 산정이나 유지관리비 · 상수도요금의 산정 등의 수도 재정계획에 사용된다.

2.3.4 계획 1일 최대급수량

사용수량은 날짜에 따라 변동이 있으나 연간에 최대사용수량이 나타나는 날의 1인당 급수량을 1인 1일 **최대급수량**이라 한다. 그 날의 1일분 급수량, 즉 1인 1일 최대급수량에 급수인구를 곱한 것을 **1일 최대급수량**(1日 最大給水量, proposed daily maximum consumption)이라 한다. 1일 **최대급수량**은 보통 여름철의 제일 더운날에 나타나며, 장마 후의 개인 날에는 세탁의 영향에 의하여 대량의 급수량이 필요하게 된다.

또한 추운지방에서 부동수전(不凍水栓)을 채용하고 있지 않는 지역에서는 동결방지에 물을 떨어뜨리므로 여름의 1일 최대급수량에 비등한 수량이 겨울에 필요로 하는 경우도 있다. 또한 계획 1일 최대급수량은 수도의 공급능력을 나타냄으로써 수도설계는 저수시설과 배수시설을 제외하고 취수 · 도수 · 정수 · 송수의 각 시설은 이 수량을 기준한다. 1일 최대급수량과 1일 평균급수량 사이에는 많은 실적으로부터 일정한 관계가 있고 대체로 후자는 전자의 70~85% 정도이다. 대도시나 급수량 중에 공업용이 차지하는 비율이 큰 도시나 누수가 많은 도시는 일변동이 적으므로 이 값이 크게 된다.

1) 계획 1일 최대급수량

계획 1일 최대급수량 = 계획 1인 1일 최대급수량 × 계획급수인구

$$= \text{계획 1일 평균급수량} \times \begin{cases} 1.5(\text{중소도시}) \\ 1.3(\text{대도시, 공업도시}) \end{cases}$$

2) $\text{계획 1인 1일 최대급수량} = \dfrac{\text{1일 최대급수량}}{\text{급수인구}}$

2.3.5 계획시간 최대급수량

급수량은 하루에도 시시각각으로 변하므로 보통은 아침, 저녁 식사시간 때에 최고치의 부하를 나타내며, 새벽부터 아침 사이에 최저급수량으로 된다. 하루에 계획시간 최대급수량이라 하여 설계에서 배수관계산에 이것을 사용한다. 1일 최대급수량이 나타나는 날에 반드시 시간 최대급수량이 나타나지는 않지만 가장 많이 사용하는 조건을 예상하기 때문이다.

시간 최대급수량(時間 最大給水量, proposed hourly maximum consumption)과 1일간에 평균 1시간 급수량과의 사이에는 종래의 실적으로부터 다음과 같은 관계가 있다.

$$\text{계획시간 최대급수량} = \frac{\text{계획1일 최대급수량}}{24} \times \begin{cases} 1.3(\text{대도시 및 공업도시}) \\ 1.5(\text{중소도시}) \\ 2.0(\text{농어촌 · 주택단지}) \end{cases} \qquad (2\text{-}10)$$

$$= \frac{\text{1일 평균급수량} \times 1.5}{24} \times 1.5$$

이 계수는 급수량 중에서 공업용의 비율이 큰 도시일수록 또는 누수 등의 손실수량이 많을수록 적다. 반대로 농촌지역이나 주택단지와 같은 각 세대의 생활상태가 유사한 지역에 주로 급수하고 있는 수도에서는 아침, 저녁 식사시간이 일치하기 때문에 동시 개전율(開栓率)이 높아 사용량이 최대로 된다.

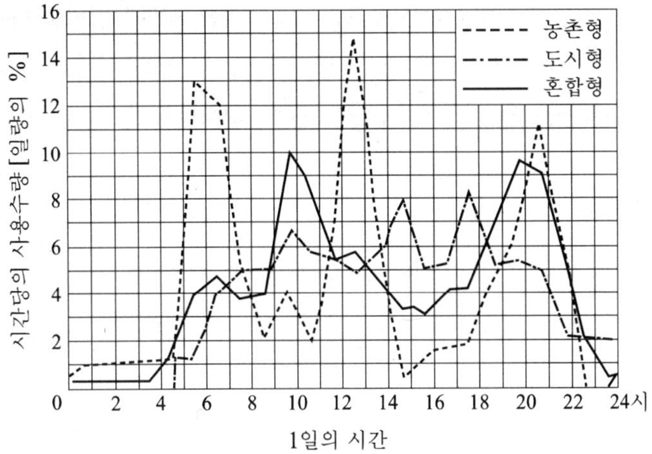

그림 2.11 급수량의 시간변화

그림 2.11은 급수량의 시간변화의 예를 나타내고 있다. 시간변화는 도시에 따라 각각 다른 형태로 되며, 같은 도시에서도 계절·기후 등에 따라 약간 변화한다.

계획시간 최대급수량은 엄밀히 말하면 시간 최대가 일어나는 시간에 화재가 발생해서 소화용수를 필요로 했을 경우의 소화용수를 더한 수량이다. 그러나 이와 같이 양자를 고려하여 배수관의 관지름을 크게 하지 않으면 안 되므로 비경제적이다. 또한 계획 1일 급수량의 출현일에 계획시간 최대급수량이 나타난다고 할 수 없으므로 반드시 양자의 합을 생각할 필요는 없다.

2.3.6 계획의 안정성

(1) 상수도와 단수

우리나라 도시의 경우 수도보급률은 매우 높은 것으로 나타나고 있으나 농어촌에 대해서는 상대적으로 낮게 나타나고 있는 실정이다. 최근 농어촌에서는 간이상수도를 이용하는 것이 보통이다. 도심지의 수도시설과 수도 관세정 및 고장으로 인하여 단수(斷水)되어도 큰 장해는 받지 않는 것으로 본다. 그러나 부설한 후 경과년수가 많을수록 이와 같은 보조적 급수원은 소멸되어 버리고 수도의 급수에만 의존하게 된다. 이와 같은 상태에서 단수는 시민생활에 심각한 타격을 주고 수도에 의존하고 있는 공장의 운영에도 지장을 준다. 또 이밖에 도시생활이 고도화되면 각종의 시설이 수돗물의 상시 보급을 기대해서 만들었으므로 상수도의 단수에 의한 피해는 생각하지 않던 곳까지 미치게 된다.

따라서 단수 때에는 시민생활을 최저한도로 유지할 정도의 물은 급수차 등에 의하여 응급으로 급수하지 않으면 안 된다. 이와 같은 응급급수는 막대한 노력과 경비를 필요로 하고 급수할 수 있는 수량도 한정되어 있다. 그러므로 될 수 있는 한 단수가 발생하지 않아야 하며, 만일 발생해도 극히 단시간으로 회복할 수 있도록 시설을 설계하는 것이 필요하다.

(2) 계획의 안정성

수도시설의 안정성(安定性)을 높이는데 다음과 같은 사항을 기본으로 한다.

① 가급적으로 자연유하방식을 취해서 펌프사용량을 되도록 적게 한다.
② 수원계통을 두 개 이상으로 하면 갈수기에 효과가 크다.
③ 도수관 · 송수관은 각각 두 개 병렬로 하거나 한 개의 경우는 파열 등의 사고 때 복구가 빨리 될 수 있는 노선이나 구조를 선정한다.
④ 정전에 대비해서 전원을 두 계통으로 하고 자가 발전시설을 설치한다.
⑤ 배수지의 용량을 될 수 있는 한 크게 한다.
⑥ 인접한 상수도와 관을 연결해서 지원급수를 받을 시설을 설치한다.

안전성을 높이기 위해서는 공사비의 증대가 따르는 것이 보통이나 같은 공사비라도 설계의 양부(良否)에 의하여 안전성에 차이가 생기는 것이다. 수도와 같은 공공성이 높고, 물이란 대체물이 없는 것을 공급하고 있는 것이 중요하다.

2.3.7 계획의 중요성

(1) 경제성의 검토

모든 계획에서 경제성의 검토가 요구되어야 하며, 상수도와 같은 건설비의 비용과 건설 후의 유지관리 비용이 서로 관계가 있는 시설로서 경영이 요금을 수입원으로 하는 기업인 경우에는 경제성 검토는 더 한층 중대한 문제이다.

수원의 종류나 취수의 위치, 구조물의 재질을 비롯해서 주요시설의 기본설계에서 몇 개의 비교설계가 필요한 것이 보통이다. 시설의 경제성 검토에 있어서 필요한 고려사항을 설명하면 다음과 같다.

① 최초설계 건설비용 : 기본설계 및 실시설계
② 1년간 유지관리비를 이율만으로서 부담할 수 있도록 어떤 원금에 자본환원한 금액
③ 시설의 감가상각을 하기 위해서 필요한 자본

이 세 가지의 비용이 시설을 신축하고, 유지하면 내용년수가 경과되었을 경우 시설을 갱신

하는데 필요한 금액으로서 이것만 있으면 시설은 영구히 기능을 유지하게 되며, 감가상각 때문에 복리계산으로 필요한 자본을 구하면 다음과 같다.

$$P = \frac{C}{(1+r)^n - 1} \tag{2-11}$$

여기서, P : 소요자본액

C : 갱신비용(화폐가치가 변하지 않으면 당초 건설비와 같다.)

r : 금리

n : 구조물의 내용년수

$P(1+r)n = C+P$ (P가 또다시 $2n$년 후의 갱신을 위한 자본으로 된다.)

유지관리비의 연액(年額)을 O으로 하여 이것을 자본환원하면 O/r으로 되므로 필요한 총 자본액 S는 다음 식에 의하여 계산한다.

$$S = C + \frac{O}{r} + P \tag{2-12}$$

여기서, C : 최초건설비

$\frac{O}{r}$: 유지관리를 위한 자본

P : 감가상각 때문의 자본

$$\therefore S = C + \frac{O}{r} + \frac{C}{(1+r)^n - 1} \tag{2-13}$$

만일 영구구조물이면 $P=0$으로 되며, $S = C + \frac{O}{r}$으로 된다.

구조물의 내용년수가 25~30년과 같이 길 때는 C와 O/r에 비해서 P는 작은 값이 되므로 내용년수를 정확히 계산할 필요가 없다.

다음으로 1년간에 필요한 경비는 총자본 S는 영구히 자본으로서 지속된다고 생각하면 S의 1년간 금리분에 대등하다. 즉 $C_r + O + P_r$로 된다. 이 P_r을 **감가상각비**(anual depreciation)라 한다.

$$P_r = \frac{C_r}{(1+r)^n - 1} \tag{2-14}$$

또한 물수요 원단위에 영향을 주는 요인은 크게 자연조건, 사회조건, 설비와 이용, 수도정책 등이며 아래 표 2.6과 같다.

표 2.6 물수요 원단위에 영향을 주는 요인

	항 목	내 용
자연조건	기후 수원	·기온, 강수량, 습도, 일조시간 ·부존량, 종별(種別)
사회조건	가족구성 생활구조 주거형태 산업활동	·가족 수, 연령 ·여성의 사회진출, 생활습관, 노동조건, 수입 ·건축방식, 넓이, 소유관계 ·주간인구비, 인구밀집지구(densely inhabited) 인구비 ·상품판매액, 제품출하액
설비와 이용	수사용 기기의 보급 수사용 기기의 형식 수이용 행동	·세탁기, 목욕탕, 샤워, 급탕 ·수세식 화장실, 자동차(세차), 살수 ·식기세척기, 디스포저
수도정책	수압 수질 절수 요금	·수압조절 ·염소냄새, 곰팡이 냄새, 적수, 흑수 ·PR, 지도 · 규제 ·요금수준, 요금체계

2.4 하수도의 기본계획

2.4.1 기본계획처리의 목표와 방안

(1) 기본계획 목표

하수도의 기본계획은 도시에서 하수도가 충분히 기능을 발휘하고 정상적 발전을 이루게 할 목적으로 계획한다. 하수도의 계획에 있어서는 오수배제(汚水排除)와 처리 및 우수배제(雨水排除)라는 두 기능을 함께 갖도록 하여야 한다. 종합적인 오수처분계획은 방류수역의 수질오염을 초래하지 않도록 하며, 유역별로 하수도 정비종합계획을 세워 각 개별의 하수도계획은 방류별 하수의 우수배제에 관련된 하천, 농업용배수로, 기타의 배수로 등과 하수도를 포함한 종합적인 우수배제계획을 전제로 하여 정한다.

(2) 기본계획

일반적으로 하수도의 건설을 계획 · 입안(立案)하는데 여러 가지 사항을 예측하고 추계하여 결정되어야 한다. 여기에 대해서는 기본계획에 필요한 자료를 수집 · 분석하여야 하며, 예비조사에 필요한 항목으로서는 다음과 같다.

1) 지형의 현황

① 대상구역 및 주변을 포함한 지역 ② 토지 이용상황 및 지반고(地盤高)를 아는 지역 ③ 토질, 지하수위

2) 장래 동향 조사자료

① 인구통계 자료 ② 인구밀도의 지역적인 현황과 예측 ③ 도시계획에 의한 용도지역이 현황과 예측 ④ 수질 및 수량, 공업폐수 종류의 현황과 예측 ⑤ 기존에 설치된 배수시설의 구조(構造), 크기, 계통, 배수능력, 수위 등 ⑥ 기존배수로의 유량조사 실적 ⑦ 상수도의 급수량 및 시간적 변화 ⑧ 강우강도(降雨强度), 강우지속기간, 빈도(頻度) ⑨ 방류수면의 이수(利水)상황, 수위 및 유량자료 ⑩ 지하매설물의 위치, 깊이 및 장래의 계획 등을 면밀히 조사하여야 한다.

3) 경제조사

① 도시계획 및 지적조사 ② 국고보조금의 지출방침 ③ 사업건설자금의 변동금리에 대한 국가방침 및 규칙 ④ 해당 지방공공단체의 세수입 및 투자적 경비의 지출실적조사 자료.

이상의 자료를 분석하여 다음과 같은 항목을 결정하여야 한다.

① 계획목표년도 ② 계획배수구역 ③ 배제방식, 합류식, 분류식, 차집식(遮集式) ④ 강우강도의 확률년 및 빈도 ⑤ 계획인구 ⑥ 계획우수량 ⑦ 계획오수량 ⑧ 시설의 배치, 구조물의 위치 ⑨ 건설비 및 유지비의 제원(諸元) 등이다.

2.4.2 설계기간

하수도계획의 목표년도를 장기적으로 잡으면 초기 축조비가 크므로 경제적이다. 반대로 너무 짧으면 자주 확장공사를 하여야 하는 불합리한 점이 있으므로 도시발전의 추세를 감안하여 결정해야 한다. 설계하는 연도로부터 설계조건이 충족되는 연도까지의 연수를 **설계기간**(設計期間)이라 한다. 이 기간은 하수도시설의 유형에 따라 다르나 일반적으로 적절한 설계기간은 다음과 같다.

① 장비, 축조물 등의 내용년한

② 시설을 확장하게 될 때의 난이도와 위치

③ 도시의 인구증가와 하수량

④ 변동금리에 대한 이자의 증가율

⑤ 최소부하를 받는 초기에 있어서의 공사완료 시기이다. 보통 채택되는 설계기간은 표 2.7 와 같다.

표 2.7 하수도시설의 설계기간 및 대상시설의 표준적 내용년수

시 설	특 징	설계기간
지름 37cm 이하의 부간선	요구도가 빨리 변함	완전 이용에 따른 연수
간선, 토구, 차집관	확장이 어렵고 고가이다.	40~50
처리장	도시 성장률과 금리가 낮을 때 도시 성장률과 금리가 높을 때	20~25 10~15

하수도를 계획하는데 오수 및 우수배제시설의 정비를 필요로 하는 계획배수구역을 정하며 또는 배수구역을 한 개 또는 두 개 이상의 배수계통으로 나누어 어떠한 계통에 의하여 하수를 배제할 것인가를 결정하여야 한다. 또한 계획하수량(計劃下水量), 배수방법(排水方法), 처리방법 등을 정하여 펌프처리시설, 처리시설, 최종방류구(最終放流口)의 위치 등을 정하는 것이 기본적인 계획의 순서이다. 이 때 고려해야 할 점은 다음과 같다.

① 하수도의 배치, 계획배수구역 내의 모든 우수유출량 및 발생 오수량의 배제처리가 가능할 것

② 하수의 배제는 자연유하식(自然流下式)이 되도록 배치계획을 하며, 지형적인 조건으로 펌프배제를 하여야 할 경우는 되도록 범위를 작게 할 것

③ 하수관로, 중간펌프시설, 방류구, 배수펌프시설, 공공하수처리시설 등의 전반적인 배열은 지형, 건설비, 유지관리비 등을 충분히 검토해서 정할 것

④ 하수도시설의 구조도 자중(自重), 적재하중(積載荷重), 적설하중(積雪荷重), 풍압(風壓), 수압(水壓), 토압(土壓), 진동충격(震動衝擊) 등에 대하여 안전하고 누수가 없어야 하고, 특히 하수처리시설이나 펌프시설과 같이 저지대에 설치되어 있는 경우에는 침수로 인한 기능을 잃지 않도록 할 것

⑤ 하수도시설의 계획은 도시의 장래 발전상황을 고려하여 10~15년 후의 목표년도를 생각할 것

2.4.3 하수도의 배제방식

(1) 배제방식의 종류

하수도의 배제방식은 합류식, 완전분류식 이외에 불완전분류식과 합병식이 있다. 불완전분

류식과 합병식은 분류식과 합류식에서 파생된 것으로 배제방식은 표 2.8과 같다.

표 2.8 배제방식의 종류

구분	정의
완전분류식	오 · 우수를 완전 분리하여 오수를 최종처리시설로 배제하는 방식이다.
불완전 분류식	우수와 오수를 분리하여 배제하는 하수도로서 오수는 오수관로에 의해 하수처리사설로 배제하여 처리하며, 우수는 기존의 자연배수로나 측구 등을 최대한 이용하여 배제하고, 기존배수로가 없는 경우에만 우수관로를 매설하여 우수를 배제하는 방식이다.
합류식	오 · 우수를 동일 관로계통으로 배제하는 방식이며, 우천 시에는 차집관로로 일정유량을 차집하여 처리시설로 유입시키고, 그 이상은 월류시켜 방류한다. 청천 시에는 전량의 오수를 처리시설로 이송하여 처리한다.
합병식	한 지역 내에 분류식과 합류식이 혼재하여 있는 것을 말한다. 합류식 지역을 분류식화 할 때 일부지역이 분류식화 힐 수 없는 경우 분류식지역과 합류식지역이 병존하게 되며, 이때 분류식 지역은 차집관로까지 오수관로를 설치하여야 한다.

(2) 배제방식별 장 · 단점 비교

분류식은 오수만을 처리시설로 수송하는 방식으로서 우천 시에 오수를 수역으로 방류하는 일이 없으므로 수질오염방지에 유리하다. 또한 재래의 우수배제시설이 비교적 정비되어 있는 지역에서는 이들의 시설을 유효하게 이용할 수 있기 때문에 경제적으로도 하수도의 보급을 추진할 수가 있다. 합류식은 단일 관로로 오 · 우수를 배제하기 때문에 침수피해 다발지역이나 우수배제시설이 정비되어 있지 않은 지역에서 유리한 배제방식이며, 분류식에 비해 시공이 용이하다. 그러나 우천 시에 관로 내의 침전물이 일시에 유출되어 처리시설에 큰 부담을 주는 경우나 우수토실로부터 어느 일정 비율 이상으로 희석된 하수가 수역으로 직접방류 되어 수질 보전상 바람직하지 않은 문제점이 있다.

국내에서는 오수처리의 목적 이외에 저습지대의 침수를 방지할 목적으로 하수도사업을 실시해 온 지역이 많기 때문에 대부분이 합류식으로 계획되어 있다. 최근에는 합류식 하수도의 결합이 지적되어 분류식 하수도를 채택하는 도시가 대부분이며 방류수역의 수질오염방지 면에서도 유리하나 지역마다 특수성이 있으므로 일률적으로 어느 방법이 좋다고 단정하기 곤란하다. 따라서 어느 방법을 채택하든지 각 방식의 문제점을 감안한 계획 · 설계 · 시공 및 유지관리에 대한 대팩이 필요하다. 합류식, 분류식 하수도의 특징은 표 2.9와 같고, 하수배제방식의 장 · 단점 비교는 표 2.10과 같다.

표 2.9 합류식, 분류식 하수도의 특징

구 분		분류식	합류식
개념도		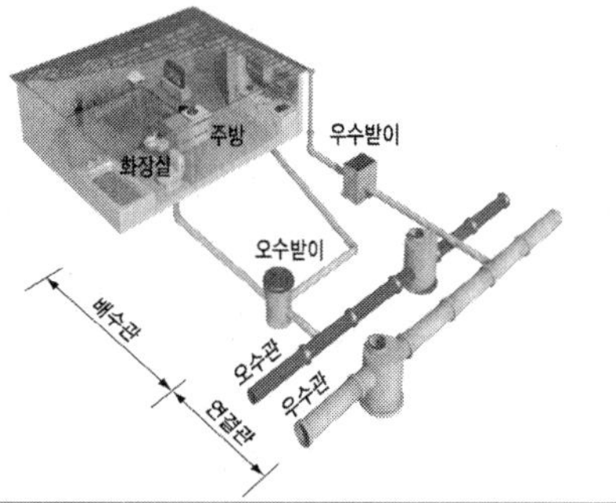	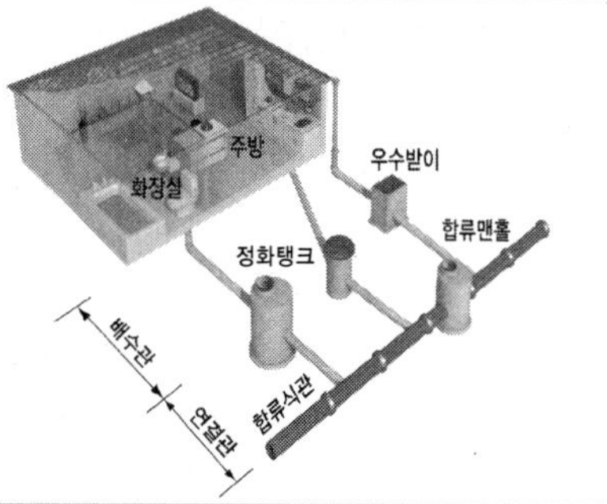
건설면	관로 계획	오 · 우수를 별개의 관로에 배제하여 오수의 배제계획이 합리적으로 된다.	우수를 신속히 배제하기 위한 지형조건에 적합한 관로 망이 된다.
	시공	오수관로는 작은 관로를 매설하므로 시공이 용이하지만, 관로경사가 급하면 매설 깊이가 크게 된다.	큰 관로가 되면 좁은 도로의 시공이 어렵다.
	건설비	오수관로와 우수관로의 2계통을 건설하는 경우는 비싸지만 오수관로만을 건설하는 경우는 저렴하다.	큰 관로가 되면 계통을 건설하여 오수관로와 우수관로릐 2계통보다 저렴하지만 오수관로만을 건설하는 것보다 비싸다.
유지관리면	관로 오접	철저한 감시가 필요하다.	없음
	관로 내의 퇴적	관로 내의 퇴적이 적다. 수세효과는 기대할 수 없다.	청천 시에는 수위가 낮고 유속이 적어 오물이 침전하기 쉽다.
	처리장의 토사유입	토사의 유입이 있지만 합류식 정도는 아니다.	우천시 다량의 토사가 유입하여 장기간에 걸쳐 수로바닥, 침전지 등에 퇴적한다.
	관로 내의 보수	오수관로에서는 작은 관로에 의한 폐쇄 우려 있으나 청소는 비교적 용이하다.	폐쇄의 염려가 없다. 검사 및 수리가 비교적 용이하다.
수질보전면	우천시 월류	없음	일정량 이상이 되면 우천시 우수가 월류한다.
	청천시 월류	없음	오수량의 증가가 있으면 발생한다.
	강우 초기의 노면세 정수	노면의 오염물질이 포함된 세정수가 직접 하천으로 유입된다.	시설 일부를 개선 또는 개량하면 강우 초기 오염된 우수를 처리할 수 있다.

표 2.10 하수배제방식의 장 · 단점 비교

구분	분류식	합류식
장점	• 오 · 우수가 분리해서 배제되기 때문에 모든 오수를 하수종말처리시설로 수송한 후 처리하여 방류할 수 있다. • 분류식의 오수관은 유량이 합류식에 비해 일정하므로 유속도 빠르고 관 내에 침적물이 적게 발생한다. • 상류에 있는 하수관은 일반적으로 유속이 작아 고형물이 침전되기 쉬우나 분류식에서는 단면이 작기 때문에 세척수로 세척하기가 용이하다. • 하천을 횡단하는 경우나 중계펌프시설을 설치하는 경우에 우수는 모두 방류하고, 오수만을 처리시설로 수송하면 되기 때문에 펌프시설과 역사이편 등의 시설이 작게 된다. • 하수종말처리시설로 유입되는 하수의 수질변동이 비교적 적다.	• 오 · 우수관을 각각 매설하는 완전한 분류식에 비하여 하나의 관로로 오 · 우수를 모두 수송하므로 건설비가 적게 소모된다. • 하수관로가 1개이기 때문에 도시가스관이나 수도관, 전화 케이블 등 다른 지하 매설물과 저촉되는 경우가 적고, 분류식에 비하여 시공이 비교적 용이하다. • 강우초기 우수에 포함되어 있는 지상의 먼지나 지면상의 오염물질(비점오염물질) 등을 하수종말처리시설로 운반하여 처리할 수가 있다. • 관로단면이 크므로 경사가 완만, 작은 관로가 많은 분류식보다 매설깊이가 작아도 설치가 가능하다. • 우천 시에는 대량의 우수에 의하여 관세정이 자연적으로 이루어진다. • 관 지름이 크므로 점검 및 청소가 용이하다. • 사설 하수도를 연결하기가 용이하다.
단점	• 오 · 우수관을 따로 매설하므로 합류식에 비해서 건설비가 많이 들고 시공도 곤란하다. • 오수관은 비교적 작은 관로가 많이 있으므로 관로경사가 급하여 평탄한 지형에 있어서는 하수관로의 매설깊이가 매우 크게 된다. • 분류식에 있어서는 강우초기에 비점오염 물질 또는 우수관로에 부착된 오염물질 등이 빗물과 함께 처리되지 않고 그대로 방류 된다. • 오 · 우수관에 연결하거나 우 · 오수관에 연결하는 오접할 우려가 있다.	• 우수토실에서 모래나 쓰레기 등이 침적되어 있어 하수의 흐름을 방해하는 경우에 우수토실에서 오수가 방류수역으로 유출될 가능성이 있다. • 관로의 단면이 크기 때문에 경사가 완만하여 관내에 오물의 침전 우려가 있다. • 강우초기 시에는 관로 내의 퇴적물이나 도로면의 오염물로 하수의 수질이 가장 악화되나 희석배율을 초과하여 우수가 유출되는 경우에는 매우 오염된 하수가 우수토실인 펌프시설로부터 수역으로 방류되어 수질오염의 원인이 된다.

최근 공공수역의 수질오염방지 상 · 하수도의 역할이 커지고 있기 때문에 공공수역의 수질오염방지를 위해서는 원칙적으로 분류식으로 하는 것이 바람직하다. 이미 조성된 기존시가지 지역에 대한 오수배제를 위해 합류식과 분류식 배제방식의 장 · 단점을 일본 건설성 토목연구소의 「하수관로 시설설계의 합리화에 관한 조사」를 인용하여 여러 가지 측면에서 비교 검토한 결과는 표 2.11과 같다.

표 2.11 기존시가지역의 하수배제 방식 비교

검토사항		합류식		분류식			
				불완전 분류식		완전 분류식	
건설	관로계획	○	• 지형에 좌우	○	• 노선선정이 용이하고 오수의 중계가 쉬우므로 유역이 다른 지역으로 배제가 가능하다.	●	• 좌 동
	시공	○	• 관 지름이 커지므로 좁은 도로에서 시공이 곤란하다.	○	• 관 지름이 적으므로 시공이 용이하나 경사가 커지므로 매설깊이가 깊어진다.	△	• 우 · 오수가 별도 계통이므로 도로매설이 곤란하고 오수관은 매설심도가 깊어진다.
	공사비	○	• 고가	○	• 저렴	△	• 가장 고가
유지관리	연결관	●	• 문제 없음	△	• 가정오수가 우수관로에 오접될 우려가 있다.	△	• 복잡한 장소에서는 오 · 우수관의 연결에 유의하여야 한다.
	관내퇴적	△	• 청천시 유속이 적어 오물퇴적 우려가 있으나 우천시 수세효과로 관내청소의 빈도가 적을 수도 있다.	△	• 우수관에 토사퇴적 된다.	●	• 문제 없음
	토사유입	△	• 관로내 퇴적 및 처리시설로 토사유입된다.	○	• 우수관에 토사유입 된다.	○○	• 좌 동
	관로보수	○	• 막힐 염려가 있으며 점검 및 보수가 용이하다.	△	• 작은 오수관은 막힐 염려가 있으나 청소는 비교적 용이하다.	△	• 좌 동
	기존관로의 관리	●	• 관리가 용이하다.	△	• 관리자가 불확실하여 방치하게 되므로 관리 및 미관상 문제가 있다	●	• 관리를 통폐합함으로 관리상 문제가 없다.
수질 및 환경	우천시의 월류	△	• 일정량 이상의 하수는 방류된다.	●	• 없음	●	• 없음
	청천시의 월류	△	• 관로가 막히거나 오수량이 증가하면 월류가 가능하다.	●	• 없음	●	• 없음
	쓰레기 등의 투기	●	• 없음	△	• 측구 등 무개배수로에 쓰레기 투기시 불결하고 오수가 정체하기 쉽다.	△	• 없음
	강우초기의 노면세정수	●	• 처리시설에 유입되어 처리된다.	△	• 직접 방류된다.	△	• 좌 동
	토지이용	○	• 기존관로의 복개 또는 암거화에 따라 도로 등으로 이용 가능하다.	○	• 기존의 수로를 뚜껑이나 상판의 보수후 토지 이용이 가능하다.	○	• 대부분이 지하 구조물로 토지 이용이 가능하다.

주) ● : 유리 ○ : 다소 유리 △ : 불리

2.4.4 하수관로의 침입·유입수(Infiltration/Inflow, I/I)

(1) 개요

하수도는 국민의 환경권보장에 있어서 매우 중요한 기반시설이며, 국내의 하수도시설은 오수처리 중심의 하수관로 시스템과는 달리 우수배제 기능 위주의 우·오수 배제시스템을 기반으로 하는 합류식 시스템에서 1980년대 중반부터 분류식을 위주로 하는 공공처리시설과 하수처리율에 치중한 나머지 상대적으로 하수관로에 대한 인식이 부족하여 결과적으로 하수관로 정비가 소홀해 지고 침입·유입수(I/I)가 증가하여 관로의 부하증가와 공공처리시설 비효율성의 원인이 되고 있다.

(2) 침입·유입수의 영향 및 조서

① 침입·유입수는 유량을 증가시켜 통수능을 저하시키고, 맨홀 밖으로 월류(sanitary sewer overflows, SSOs)되어 침수지역을 발생시킨다.

② 처리시설의 하수농도를 저하시켜 하수처리시설 효율을 크게 저하시키는 악영향을 주며, 누수는 지하수위가 하수관보다 낮게 내려갈 때 관로의 불량부위로부터 하수가 누수되는 현상으로 주변 토양의 지하수를 오염시키는 원인이 된다.

③ 분류식 하수관로 체계에서 분뇨처리의 이중구조, 하수관로의 구조적 문제에 의한 침입·유입수는 하수관로의 유지관리문제 등 많은 문제점을 도출시키고, 따라서 이러한 문제점들을 정확히 파악하고 적절한 대책을 마련하기 위하여 대상 하수관로에 대한 침입·유입수의 조사가 필요하다.

(3) 침입·유입수 원인과 종류

1) 하수관로에 부실로 인한 침입·유입수의 원인

① 침입수는 관에 파손이 생기거나, 관 이음부 불량, 연결관 접속 불량 등의 관로 부실을 통하여 관 내로 주로 지하수가 침입하는 것이다.

② 유입수는 맨홀부의 봉합불량이나 우수받이, 지붕홈통, 지하실 배수구 등이 하수관로로 연결되어 관 내로 우수, 지표수가 유입되는 것을 의미한다.

2) 침입·유입수 종류

① 침입수(infiltration)

파손된 관, 연결부 또는 맨홀벽을 통하여 지하에서 하수관로로 유입되는 물을 말한다.

② 지속적 유입수(steady inflow)

지하실, 기초 배수구, 냉각수 배출, 샘이나 습지의 배수구 등에서 배출되는 물로 강우와 무관하게 지속적으로 유입되며, 침입수와 같이 인식되고 측정된다.

③ 직접유입수(direct inflow)

강우 유출수가 하수관로에 직접연결된 형태로 하수량을 증가시킨다. 발생원은 지붕물받이, 정원 및 마당의 배수구, 맨홀 뚜껑, 우수관로와 집수관로의 교차 연결부와 합류식 하수관로이다.

④ 총유입수(total inflow)

하수관로의 어느 지점에서 직접유입수와 그 지점 상류에서의 유출수량, 양수장으로 우회 유량 등을 합한 값이다.

⑤ 지연유입수(delayed inflow)

하수관로를 통해 배출되기까지 며칠 간 지속 또는 그 이상이 필요한 우수를 말한다. 이것은 연못이 있는 지역에서 맨홀을 통하여 서서히 유입되는 지표수뿐만 아니라, 지하실 배수구에서 양수되는 물도 포함할 수 있다.

(4) 침입·유입수 발생원인

1) 침입수

① 관로 불량

㉠ 연결관 : 접합 불량, 파손 및 균열 등

㉡ 본관 : 이음부 이완 및 어긋남, 관 파손 및 균열, 맨홀접합부 불량 등

㉢ 맨홀 : 저부쇄굴, 파손 및 균열 등

② 지하수위 상승

③ 상수관의 누수 등

④ 맨홀 및 관로의 부식

2) 유입수

① 맨홀 불량 : 뚜껑파손, 슬래브 및 벽면 시공불량 등

② 배수설비 불량

㉠ 배수관 : 접합불량, 파손 및 균열

㉡ 오수받이 : 파손 및 균열, 뚜껑 파손 등

③ 우 · 오수관 오접

(5) 침입·유입수 분석 흐름도

기초현황자료	·인구 ·하수배제방식	·면적 ·상수사용량	·관로 연장, 제원 ·평균 지름
↓			
현장자료조사	·유량	·수질	·강우량
↓			
침입·유입수 산정	침입수	·물사용량 평가법 ·일최대 유량 평가법 ·유량수질 평가법	·일최대 최소유량 평가법 ·야간 생활하수 평가법 ·일평균 최저유량 · 수질 평가법
	유입수	·강우시 하수관로 유입수	
↓			
원단위 분석	·하수량 원단위(ℓ/인 · 일) ·오염부하량 원단위(g/인 · 일) ·생활오수농도(mg/ℓ)		

(6) 침입·유입수 분석방법

1) 침입 · 유입수 산정방법 중 물사용량 평가법>일최대 최소유량 평가법>일최대 유량 평가법>야간 생활하수 평가법 순이며, 보통 최종침입수량 계산은(일최대 최소유량 평가법+일최대 유량 평가법)/2로 산정한다.

2) 침입수(Infiltration) 분석방법

① 물사용량 평가방법(water use evaluation)

㉠ 분류식 하수관로에 배출되는 생활하수량을 측정하기 위하여 상수급수량을 이용하여 오수발생량을 계산하여 침입수량을 산정하는 방법

㉡ 침입수량(m^3/d)=건기평균유량(m^3/d)－물사용량(m^3/d)×오수전환율(%)

㉢ 침입수량 추정 : 유역면적에서 발생된 총유량－(가정오수+산업 및 상업오수)

㉣ 일반적으로 물사용량은 월별 자료를 사용

㉤ 평균오수관로에 이르는 비율 : 하절기 약 70%, 동절기 약 90%

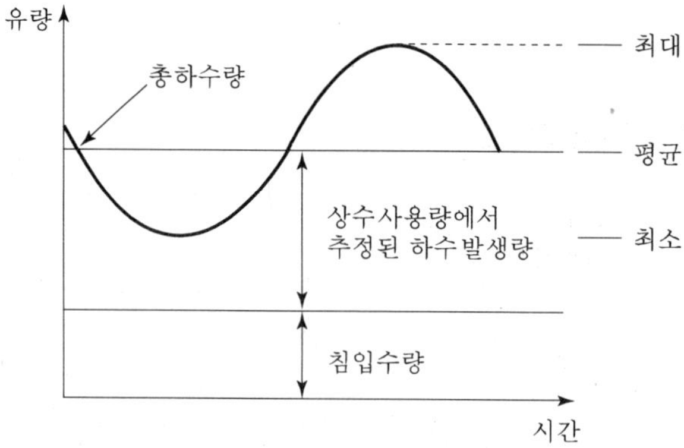

그림 2.12 물사용량 평가법

② 일최대-최소유량 평가법(maximum-minimum daily flow)

㉠ 침입수는 일중 항상 일정하다는 이론을 기초로 만일 강우가 없다면 일중 유량의 증가는 전적으로 생활하수 유량에 기인함을 전제로 추정하는 방법

㉡ 침입수량(m^3/일)$= \frac{1}{n}\sum_{i=1}^{n} Q_{min-i}$

여기서, Q_{min-i} = 일최소유량(m^3/d)

㉢ 산업폐수 유량은 일중 중요하다고 가정

㉣ 일최대와 최소유량 사이의 변화량을 생활하수 유량으로 간주

㉤ 침입수 추정치 : 측정지점의 총유량－(생활하수량＋산업폐수량)

㉥ 상기 과정은 연간침입수 추정치를 얻기 위하여 월간평균치를 구한다.

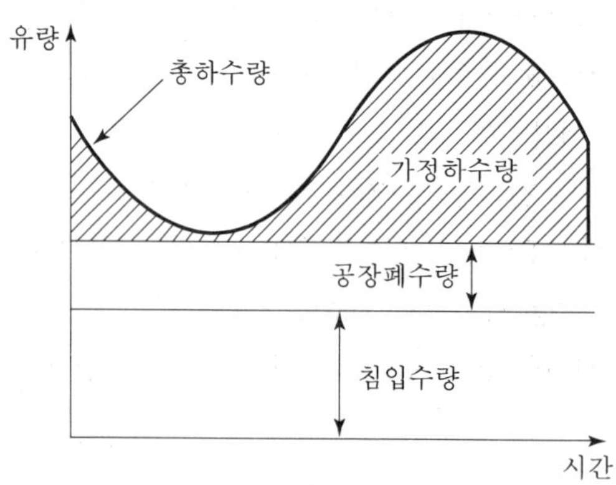

그림 2.13 일최대-최소유량 평가법

③ 일최대 유량 평가법(maximum daily flow comparison)

㉠ 침입수도 연중 계속변화하는 것을 감안한 방법

침입수량(m³/일)= $\min Q_{\max} - \min Q_{\min}$

여기서, $\min Q_{\max}$ = 일최소 유량중 최대값(m³/d)

$\min Q_{\min}$ = 일최소 유량중 최소값(m³/d)

㉡ 측정지점의 유량자료를 이용하여 월간 최소유량의 평균이 아닌 월간 측정된 자료 중 가장 최소인 유량으로 그래프를 작성하는 방법이다.

㉢ 이들 그래프 포인트가 해당년의 각 주별 또는 월별에 해당되는 자료로 이 그래프 곡선에서의 최대치와 최소치의 차이가 해당년의 연간침입수량이 된다.

㉣ 곡선의 최대치는 지하수위가 높은 시기의 침입수량이며, 최소치는 지하수위가 가장 낮을 때를 의미한다.

㉤ 지하수위가 낮을 때의 침입수량이 0에 가까울수록 본 추정방법은 더 정확하다.

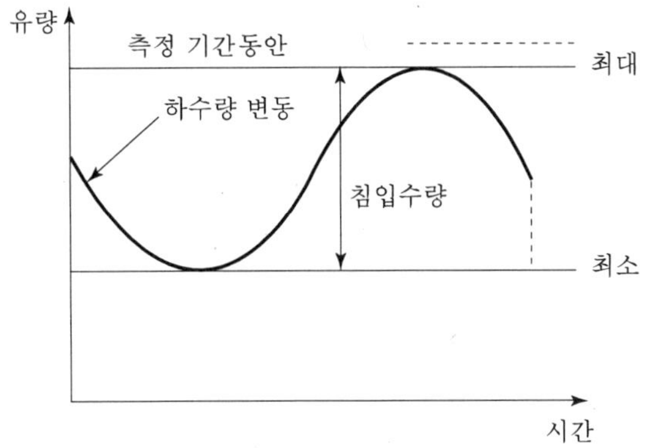

그림 2.14 일최대 유량 평가법

④ 야간 생활하수 평가법(night-time domestic flow evaluation)

㉠ 침입수, 산업폐수 및 야간 생활하수(night-time domestic flow, NDF)는 일정하다라는 가정으로, 인구에 대한 일최대, 일최소 유량과 일평균 유량과의 유량 예측 관계성에 근거하고 이들 관계성은 생활하수에 한정된다.

㉡ 침입수량(m³/일)= $\frac{1}{n}\sum_{i=1}^{n}(Q_{\min-i} - Q_{ndf})$

여기서, $Q_{\min-i}$ = 일최소 유량(m^3/d)

Q_{ndf} = 야간생활유량(m^3/d)

㉢ 신뢰도가 높은 방법으로 야간 생활하수(NDF)는 총 최소유량에서 생활에 기인한 부분이다(그림 2.15 참조).

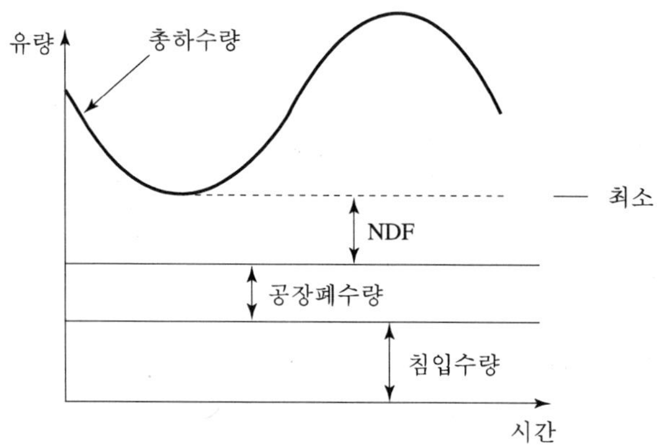

그림 2.15 야간생활하수 평가법

3) 유입수(Inflow) 분석방법

① 유입수량과 강우유발 침입수 분석방법

㉠ 유입수량과 강우유발 침입수 분석방법은 강우시 유량과 일반적인 건기시 유량 간의 차이를 통해 산정하게 된다(그림 2.16 참조).

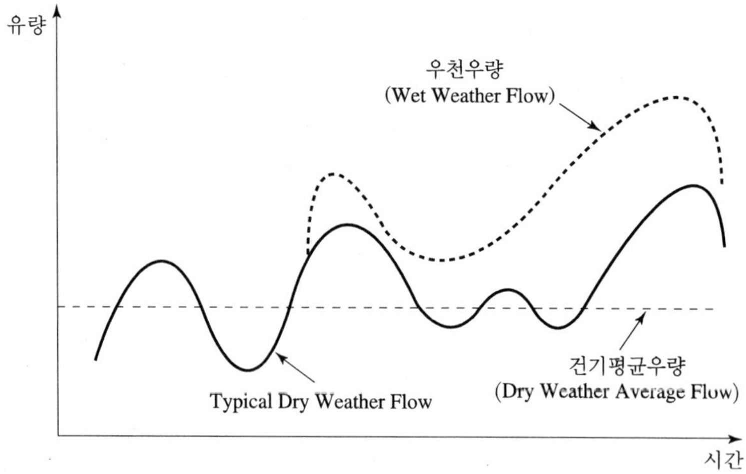

그림 2.16 유입수 산정방법

㉡ 강우자료와 강우 시의 유량 데이터를 추출

㉢ 강우 전 건기시 동일한 요일의 2~3일 간의 유량 데이터를 추출하여 건기 유량의 일반화

㉣ 산정된 강우 시와 건기시 유량 데이터를 중첩하여 강우 전 건기유량과 강우유량의 차감량을 적산 유입수량(Q_{INFW}) 및 강우유발 침입수량(Q_{RH})의 합으로 산정한다.

(7) 침입수 분석방법별 문제점

침입수의 평가법, 중요인자, 문제점, 해결방안은 아래 표 2.12와 같다.

표 2.12 침입수 분석방법별 문제점

평가법	중요인자	문제점	해결방안
물사용량 평가법	·일평균 유량 ·물사용량	·물사용량 산정 오차 ·오수전환율의 부정확 이론적으로 가장 정확한 방법이나 실제적으로 많은 오차를 방생하고 있음.	·지하수 사용량에 대한 표본조사로 오차발생 최소화 ·소방용수, 청소용수 등에 대한 통계 및 자료조사로 오차 최소화 ·도시화 정도에 따른 오수전환율 차등 적용
일최대-최소유량 평가법	·일최소 유량 ·상시 발생폐수량	·처리구역내 상시 폐수배출업소 및 발생량에 대한 상세조사 필요 ·야간 생활하수 발생량이 반영되지 않음. ·도시지역에 적용시 실제보다 과대산정	·공장폐수량 상세조사 ·야간 활동인구가 없는 지역(농촌 등)에 적용
일최대유량 평가법	·일최소 유량	·야간 생활하수 발생량 및 상시 폐수발생량이 반영되지 않음. ·실제보다 과대산정	·야간 활동인구 및 상시 폐수발생 업체가 없는 지역에 적용
야간생활하수 평가법	·일최소 유량 ·야간 활동인구 ·상시 발생폐수량	·미국 대도시에 대한 설계 기준값 ·국내 하수발생 특성이 반영되지 않음.	·미국 대도시에 대한 설계기준값 ·국내 하수발생 특성이 반영되지 않음.

(8) 침입·유입수 유지관리의 필요성

하수관로의 관리 소홀은 침입·유입수 발생과 이로 인한 통수능력 저하, 하수처리시설 효율 저하, 토양오염과 인근 환경오염 등으로 직결되며 장기적으로는 상수를 오염시키는 요인으로 작용하므로 침입·유입수에 대한 체계적인 방법과 장기적인 안목을 가지고 명확한 분석을 시행할 수 있는 시스템을 가지고 최적으로 유지관리 되어야 한다.

(9) 하수관로 유량측정 방법

침입 · 유입수 분석을 위해서는 하수관로의 필요위치마다 유량계를 설치하여 유량을 계측하고 데이터를 저장 분석할 수 있는 시스템을 갖추어 관리함으로써 하수관로 내의 오접, 파손, 노후 등의 원인으로 인한 침투수량과 누수량 등을 찾을 수 있다. 전자식, 초음파식 유량계는 위에서 언급한 조건들을 상당부분 충족하고 있으며 사용성과 경제성, 정밀성 등의 장점을 가지고 있어, 유량관로에 설치하여 하수관로 내의 유량측정작업에 사용되고 있다.

(10) 유량계실의 현황과 문제점

① 유량계실이 관리자의 접근이 불편하고 지하수 침투로 침수되어 유지관리가 어렵다.

② 주로 이용하는 전자식과 초음파식의 특성상 만수상태를 만들기 위해 관로를 인위적으로 조작하여 만수상태를 만들고 이 부분에서 정체에 의한 슬러지 퇴적 등 문제 발생

③ 하수 특성상 슬러지 퇴적 등으로 계측부가 오염되어 유량 측정치의 신뢰성이 부족하다.

④ 유량계 부위에서 야간등에 거의 정체 상태로 저유량에 의한(전자식, 초음파식에서 1 m/s 이하인 경우 정밀도 저하) 에러 발생이 잦으며, 관로 여건과 하수특성에 알맞은 최적의 유량계가 적은 편이다.

⑤ 하수 이물질에 의한 오염을 주기적으로 청소해야 하는 인력 투입의 문제

⑥ 전반적으로 원격 계측의 편리성이 목표한대로 이루어지지 않는 편이다.

⑦ 정밀한 침입 · 유입수 분석을 위해서는 많은 수의 유량계를 설치해야 하며 충분한 검토 없이 무분별한 유량계와 침입 · 유입수 분석 프로그램 적용으로 경제적 낭비 요인이 된다.

(11) 침입 · 유입수 분석 현황과 문제점

① 우기시 또는 건기시에도 하수관로의 불량으로 인한 침입 · 유입수의 영향으로 하수처리시설로 최종 유입되는 하수의 수질이 불량하여 하수처리시설의 효율과 운영, 유지관리 등에 많은 문제점이 있다.

② 이런 문제를 해결하고자 하는 노력으로 하수관로 정비가 가장 적절하고 시급하다는 판단 아래 하수관로의 정확한 문제점과 우선정비 구역 선정을 위한 관로 내 침입 · 유입수 조상방법의 적용이 시도되고 있다.

③ 최근 들어 이러한 하수도시설을 효율적으로 관리 및 개신하기 위해 내도시를 중심으로 관로조사와 정비사업이 활발히 시행되고 있다. 그러나 사업효과를 검증하거나 관로의 유지관리를 위하여 국내 실정에 맞지 않는 외국 하수관망 흐름해석 프로그램을 그대로 사

용하고 있고 정확한 해석이 이루어지지 않고 있어 효율적인 유지관리가 어렵다.

④ 이와 같은 문제점을 해결하기 위하여 하수관망 해석이나 하수관망 정비시 필요한 불명수 산정이 가능하고 국내 실정에 맞는 프로그램개발이 시급한 실정이며, 아울러 프로그램을 효율적으로 운영하고 관리하는 제어관리기술을 개발보급해야 한다.

2.4.5 하수계통의 선정요령

하수도시설의 배치, 구조 및 기능은 유지관리상의 조건 · 지질 등의 자연적 조건, 방류수역의 상황, 주변의 환경조건, 시공상의 조건, 공사비 등을 충분히 고려하여 정해야 한다.

배수계통은 하수도계획의 기본이 되는 것으로 관로매설(管路埋設)에 있어 큰 영향을 주며 배수구역 내의 지형, 인구의 분포상태, 배수로의 상태 및 유수의 원근지속(遠近遲速 : 멀고가깝고 느리고 빠르게) 등을 고려하여 이해득실을 비교하고 기술적으로 결정해야 한다. 먼저 합류식 및 분류식으로 할 것인가를 결정하고 지형에 따라 직각식, 차집식, 선형식, 방사식, 고저단식, 집중식, 기타 적절한 배수관망의 형식을 결정한 다음 토구(吐口), 펌프시설, 하수처리

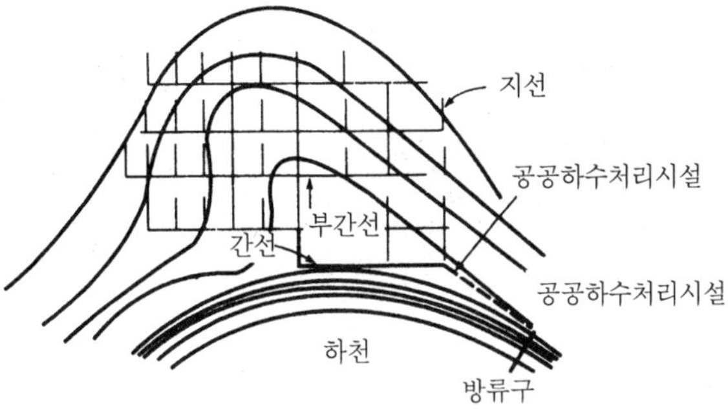

(a) 오수관로 계통 분류식

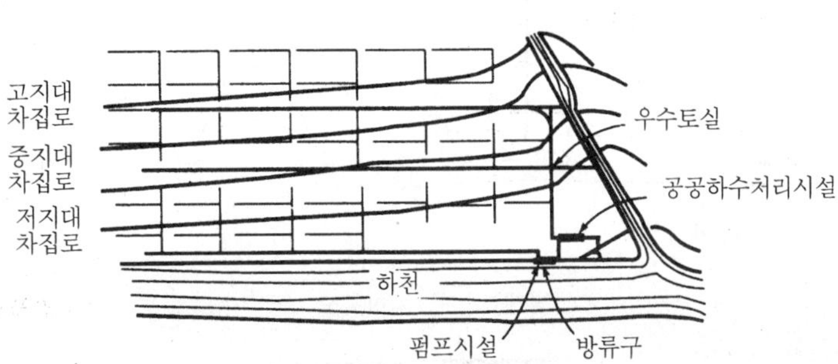

(b) 합류식 하수계통

그림 2.17 하수도관로 계통의 평면도

시설 등의 위치를 그림 2.17과 같이 선정한다. 이와 같은 여러 하수관로가 지형에 따라 적절히 배치됨으로써 여러 가지 형식의 하수도관망이 구성된다. 그림 2.18의 여러 가지 배수형식에 대하여 설명하면 다음과 같다.

(1) 직각식

직각식(直角式, rectangular system)이란 시가지 중앙에 큰 하천이 흐를 때 양단의 하수를 하천에 직각인 간선하수로에 의하여 배출시키는 방식이다(그림 2.18(a) 참조). 이 방식은 하수관로를 방류수면에 직각으로 배치하는 방식으로 하천유량이 풍부할 때 하수배제가 신속하고 경제적이며, 관로연장이 짧아지나 토구 수가 많아서 시가지 하천의 수질오염이 일어나기 쉽고 하천이 도시의 중심을 지나갈 때 적당한 방식이다. 그러나 이 방법은 비교적 토구의 수가 많으며, 하해(河海)의 수위가 높고 간만(干滿)의 차가 심할 때는 이곳에 방조문(防潮門)을 설치해야 되는 결점이 있다.

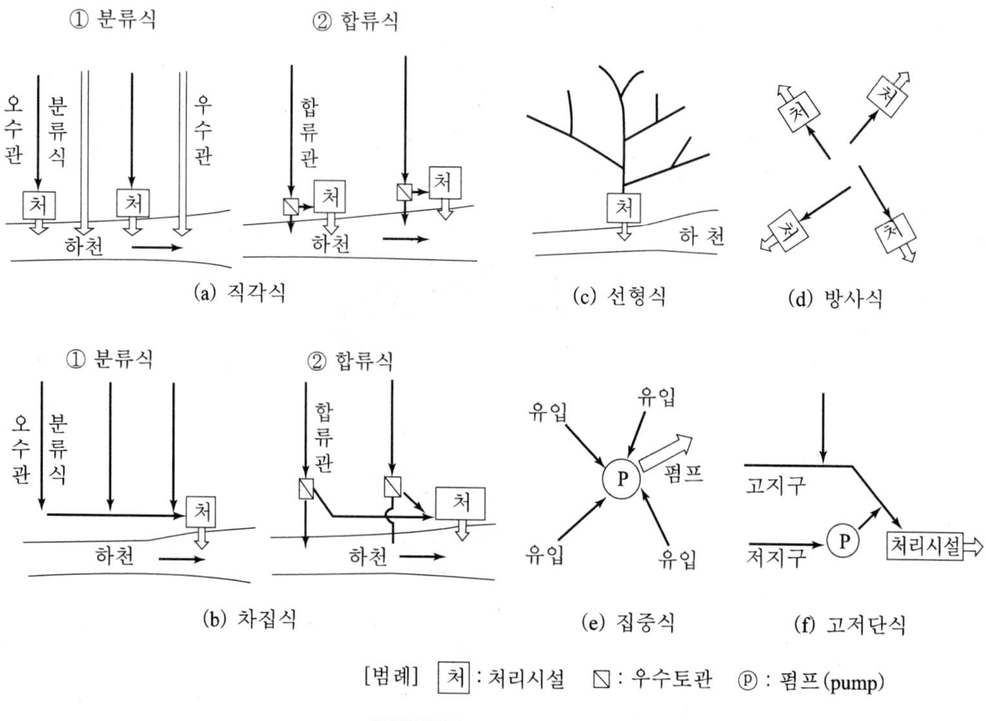

그림 2.18 배수계통방식

(2) 차집식

직각식에서 방류되는 오수량이 증가하면 그대로 방류할 수 없게 되므로 각 토구에 차집로를 설치하여 간선 하수로로 유하한 하수를 차집로로 차집하여 하수종말처리시설에 유하하도록 한다. 이 방법을 **차집식**(intercepting system)이라 한다. 이 때 하수배제방식은 합류식인 경우가 많으며, 하천부근에 우수토실을 만들어 우수는 오수를 수집하여 월류하여 하천에 방류시키고 차집거로 하수종말처리시설에 유입되도록 한다(그림 2.18(b) 참조).

(3) 선형식

대체로 지형이 한쪽방향으로 경사진 경우 혹은 하수처리 관계상 전지역의 하수를 한 개의 어떤 한정된 장소로 집중시켜야 하는 경우에 배수계통을 나뭇가지형(樹枝型)으로 배치하는 방식을 **선형식**(扇形式, paraller system)이라 한다. 지세가 단순하여 쉽게 한지점으로 하수를 집중할 수 있는 경우는 매우 좋으나, 시가지 중심의 밀집지역에 하수간선이나 펌프시설 등이 집중되어 있을 때는 건설이 곤란한 경우가 많다(그림 2.18(c) 참조).

(4) 방사식

지역이 광대해서 하수를 한 곳으로 모으기 힘들 때 배수구역을 수개 또는 그 이상으로 나누어 중앙으로부터 방사형(放射形, radial system)으로 배관하고 각 분할구역별로 배수와 하수처리를 하는 것이 좋다. 이 경우 관로의 최대연장이 짧으며, 작은 관로이므로 경비를 절약할 수 있으나 펌프시설이나 처리시설이 많아져서 비경제적인 결점이 있다. 그 외에 작업의 연락통제가 복잡하여 중소도시에는 부적당한 경우가 많다(그림 2.18(d) 참조).

(5) 집중식 또는 펌프 양수식

집중식(集中式, contralization system)이란 한 지역의 하수가 방류될 수면과의 고저차가 충분하지 못할 때 또는 주위 지대보다 낮을 때, 그 지역이 가장 낮은 곳으로 하수가 흐르도록 배치한 다음 그 곳에서 어떤 간선하수관로나 하천토구나 처리시설 등으로 하수를 펌프로 압송하는 방식이다(그림 2.18(e) 참조).

여러 가지 배수관망의 형식에 있어 간선 및 지선하수관로의 배치를 합리적으로 하는 것이 필요하다. 하수는 자연하수를 하는 것이 좋으며, 간선은 필연적으로 연장이 길어지고 유하에서는 단면이 커지므로 인해 매설심도가 깊어져서 토공사비가 높아진다. 또한 간선하수관로는 지형을 충분히 고려하여 가급적 재래의 자연수로에 연결하여 선정함이 좋다. 간선하수관은 각

가로에 반드시 매설하여 택지의 배수와 노면의 배수를 함께 할 수 있도록 한다. 지선이라도 큰 관로가 되며, 간선과 같은 방법으로 자연수로를 따라 선정하거나 되도록 굴곡을 피하는 것이 좋다. 지선하수관로를 선정하는 방침은 다음과 같다.

① 신속히 간선에 유입되도록 한다.
② 굴곡(屈曲)을 피한다.
③ 분수령(分水嶺)을 고려한다.
④ 교통이 빈번한 가로나 지하매설물이 많은 곳, 유지관리가 어려운 곳은 피한다.
⑤ 폭원이 넓은 가로에서는 유지관리상 지선하수관을 두 조로 하여 양측의 보도 밑에 매설한다.
⑥ 지형의 경사가 급한 곳에서는 관을 단계 상으로 설치하며, 특히 큰 관의 매설은 급경사를 피하도록 한다.

토구(吐口)의 위치는 구역 내의 물이 자연스럽게 모이는 곳에 선정함이 좋으며, 재래 존재하는 배수계통을 참작하여 최적의 토구위치를 선정할 수 있을 때가 많다. 관계수면의 성질, 즉 유속, 조류(潮流)의 간만 등과 방류수역의 이수(利水)상황 및 하수의 유입능력을 잘 조사하여 불합리한 점이 없도록 선정하고, 방류의 방향은 방류되는 하수가 신속히 유하되도록 하해(河海)의 유형을 고려하여 정한다. 방류수면에 이상수위의 발생이 예상되는 곳에서는 토구에 문비를 설치한다.

펌프시설계획의 기본적 방향은 다음 각 항을 고려해서 결정해야 한다.

① 펌프시설의 수는 유지관리상 되도록 적게 한다.
② 펌프시설은 침수하지 않는 구조로 한다.
③ 오수펌프는 분류식의 경우는 계획시간 최대오수량, 합류식의 경우는 우천 시의 계획오수량에 기준해서 계획한다.
④ 펌프시설은 주위 환경조건을 고려해서 위치선정 및 시설계획을 해야 한다.

하수처리시설계획에 있어서는 하수의 처리와 최종의 처분을 포함한 일련의 종합계획으로 다루어야 함으로 시설의 유지관리에 대해서 충분히 고려해야 한다. 또한 처리의 정도는 하류측 처리용량을 감안해서 수질오탁방지에 역점을 두고 계획하며, 기본계획의 수요는 다음과 같다.

① 처리시설은 방류수역의 수질보전의 효과 및 유지관리상 되도록 광역적으로 계획한다.
② 처리시설의 위치는 가급적 시가지를 피해야 한다. : 간선의 유입에 지장이 없도록 하며, 시공상 애로가 없고, 또한 처리수 처분에 적당한 장소를 선택하고 방류수역의 이수상황 및 주변의 환경조건을 선정한다.

③ 처리시설의 부지는 장래의 확장 고도처리 등을 예상해서 여유를 두어야 한다.
④ 처리시설은 계획 1일 최대오수량을 기준해서 계획한다.
⑤ 처리시설은 이상수위에 의한 침수가 없는 지반고에 선정 또는 보호시설을 한다.
⑥ 처리시설은 주변의 환경이 악화하지 않도록 배려한다.
⑦ 처리시설은 기능이 확실하고 유지관리에 불편이 없도록 계획한다.

(6) 고저단식

고저단식(高低單式, zone system)이란 높이가 다른 일련의 제방 혹은 층계위에 한 도시가 위치하는 경우는 각 층계를 각기 다른 하수계통으로 하고, 각 층계의 계통에서는 직각식 또는 선형식 등을 채택함이 좋은 경우가 많다. 이 형식의 이점은 하수와 우수가 각 지역에 설치된 하수로를 통하여 따로 방류되는 것이며, 따라서 높은 지역으로부터 낮은 지역으로 우수가 범람할 위험이 제거되는 점이다(그림 2.18(f) 참조).

2.5 오수량

상수도의 급수량은 시간에 따라 변화하며, 오수량(汚水量)도 변화하지만 시간은 대체로 급수량의 변화보다 조금 늦어진다. 이와 같은 변화는 도시의 규모와 하수관 길이가 작을수록 크게 나타나는 경향이 있다. 하수도계획에 있어서는 오수량은 위와 같은 변화를 고려하여 하수도 각 부분의 시설을 정하는데 그때의 기준이 되는 오수량에 따라 계획 1일 최대오수량, 계획 1일 평균오수량, 계획시간 최대오수량, 시설계획의 기초가 되는 계획오수량 등의 구분이 있다.

1) 가정오수량

가정오수량의 1인 1일 최대오수량은 계획목표년차에 의하며, 지역의 상수도계획의 1인 1일 최대급수량을 감안하여 결정한다. 또한 용도지역별로 기초 가정오수량과 영업오수량과의 비율을 고려한다.

2) 공장배수량

공장용수 및 지하수 등을 사용하는 공장 및 사업소중 폐수량이 많은 업체에 대해서는 개개의 폐수량 조사를 기초로 장래의 확장이나 신설을 고려하며, 그 밖의 업체에 대해서는 출하액당 용수량 또는 부지면적당 용수량을 기초로 결정한다.

3) 지하수량

지하수량은 1인 1일 최대오수량의 10~20%(평균 15%)이며, 환경관리공단의 임대형 민간투자사업(build transfer lease, BTL) 등에서는 대부분 10%로 설계하고 있다.

4) 계획 1일 최대오수량

계획 1일 최대오수량은 1인 1일 최대우수량에 계획인구를 곱하고 공장배수량, 지하수량 및 기타 배수량을 가산하는 것으로 한다.

계획 1일 최대오수량=1인 1일 최대오수량×계획인구수+공장배수량+지하수량

5) 계획 1일 평균오수량

계획 1일 평균오수량 계획 1일 최대오수량의 70~80%를 표준으로 한다.

6) 계획시간 최대오수량

계획시간 최대오수량은 계획 1일 최대오수량의 1시간당 오수량의 1.3(중소도시)~1.8(대도시 및 공업도시) 및 마을의 하수도는 2.0~2.5배를 표준으로 한다. 일반적으로 1.5의 계수를 곱한다.

7) 우천시 계획오수량

합류식 하수도에 있어서 우천시 계획오수량은 원칙적으로 계획시간 최대오수량의 3배 이상으로 한다.

8) 시설계획의 기초가 되는 계획오수량

계획오수량과 시설계획과의 관계는 표 2.13과 같다.

합류식 하수도에 있어서 오수관로(汚水管路)에 의하여 배제할 계획오수량은 다음과 같이 구분하여 정한다.

표 2.13 시설계획을 위한 오수량

구분	처리시설			펌프장	관로	차집관
	도수관로, 침사지	최초침전지 소독설비	포기탱크, 최종침전지			
분류식	시간 최대	1일 최대	1일 최대	시간 최대	시간 최대	–
합류식	시간 최대×3	시간 최대×3	1일 최대	시간 최대×3	시간 최대	시간 최대×3

① 생활오수량 : 생활오수량의 1인 1일 최대오수량은 계획표준년도에서 계획지역내 상수도계획의 1인 1일 최대급수량을 감안하여 결정하며, 용도지역별로 가정오수량과 영업오수

량의 비율을 고려한다.

② 영업 및 공장배수량 : 공장용수 및 지하수 등을 사용하는 공장 및 사업소중 폐수량이 많은 업체에 대해서는 출하액당 용수량 또는 부지면적당 용수량을 기초로 결정하여야 한다.

③ 지하수의 침투량 : 하수관로가 매설되는 지역에서의 지하수위가 높으며, 지하수가 하수관로의 연결부나 파손된 부분으로 침투(infiltration)하여 하수량을 증가시킴으로 하수도 시설의 규모를 결정할 때 이 점을 고려하여야 한다. 지하수의 유입률은 길이 1 km당 2,400∼9,500 ℓ/d 이상이 될 수도 있다.

지하수유입률은 하수관로의 길이, 배수면적, 토양과 지형, 길이와 이음(joint)수를 결정하는 인구수에 의해서 좌우되며, 그 양의 추정은 매우 곤란하나 다음과 같은 가정이 널리 이용되고 있다.

① 하수관로 길이 1 km당 : 0.2∼0.4 ℓ/s로 가정

② 지하수량 : 10∼20%(평균 15%)

③ 1인 1일당 : 17∼25 ℓ

④ 배수면적 1 ha당 : 17,500∼36,000 ℓ/d/ha로 가정

그러나 지하수의 유입은 하수관로의 접합불량(接合不良), 관재질(管材質)의 투수성(透水性), 관에 발생한 균열 등에 기인하며 지하수의 침투량을 적게 하기 위해서는 합리적인 관접합 방식을 채용한다. 그리고 되도록 밀도가 크며, 투수성이 작은 재질의 관을 사용하고, 토압(土壓)이나 교통하중에 대하여 안전한 관을 설계하여 관을 매설할 때 적절한 기초공을 해야 한다.

2.6 우수유출량 산정

우수는 합류관 또는 우수관로에 유입하기까지는 여러 형태의 영향을 받아 관로로 유입된다. 이 때문에 하수관에 유출하는 우수량은 강우량보다 상당히 적은 양이 되는 것이며, 관로설계에 있어서는 이와 같은 여러 인자를 고려해서 최대우수유출량에 따라 관로단면을 결정한다. 우수유출량 산정(雨水流出量算定, calculation of storm sewage)에는 합리식과 경험식이 주로 사용되고 있다.

2.6.1 합리식

합리식(合理式, rational formula)은 강우강도공식 또는 강우강도곡선에서 우수의 유달시간에 상당하는 강우지속기간과 대응하는 강우강도를 구하고, 강도의 비가 유달시간 내에 유집할 수 있는 배수구역 전체에 균등하게 내린다는 가정과 지체현상이 생기지 않는 최대한도의 경우에 최대유출이 생기는 것으로 해서 우수유출량을 산정한다.

$$Q = \frac{1}{360} C \cdot I \cdot A \tag{2-15}$$

여기서, Q : 첨두유출량[m^3/s], C : 유출계수
I : 강우강도[mm/hr], A : 유역면적[ha]

식 (2-15)를 적용하는 과정은 그림 2.19와 같다. 계획대상지역의 도시계획이나 강우특성 등을 정확히 계산과정에 포함시켜 최대우수유출량의 산정에 많이 사용되고 있다.

(1) 경험식

경험식(empirical method)은 특정지역의 우수유출 관측에 의해 얻어진 것으로 강우강도 및 관측지역의 지세(地勢)가 유사하다는 점과 풍부한 경험을 활용하여 많은 지자체(地自體)에서 사용되어 왔다.

그러나 실험식의 사용 시에는 성격상 상세한 관측 또는 실적을 기초로 충분한 검토를 추가하여 그 지역의 우량이나 토지의 경사를 고려하여야 한다.

실험식은 식 (2-16)과 같이 표시된다.

1) Burkli식(스위스) $$Q = C \cdot r \cdot A \cdot \left(\frac{S}{A}\right)^{1/4} \tag{2-16}$$

2) Brix식(독일) $$Q = C \cdot r \cdot A \cdot \left(\frac{S}{A}\right)^{1/6}$$

여기서, Q : 우수유출량[m^3/s]
C : 유출계수
r : 강우량[$m^3/ha \cdot s$]
A : 유역면적[ha]
S : 지표평균경사[‰]

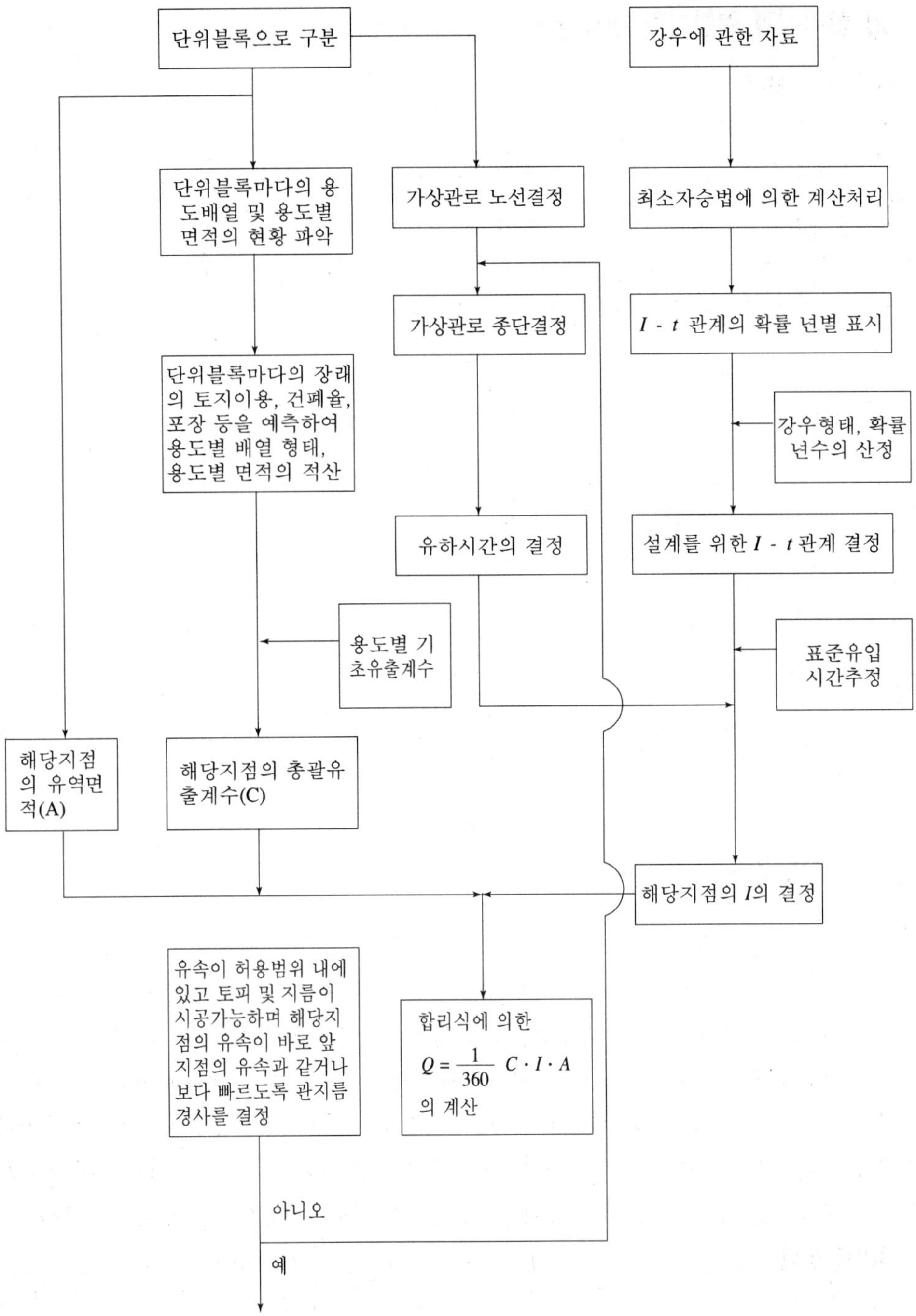

그림 2.19 계획우수량 산정과정

(2) 합리식과 경험식의 채용기준

1) 경험식 채용기준

① 유역면적 100 ha 이하의 소도시

② 유역면적 100 ha 이상이라도 강우기록이 잘되어 있는 도시

③ 재래도로 측구를 우수관로로 이용할 수 있는 도시로서 분류식을 채용하는 경우

④ 지표평균경사 10% 이하는 Bürkli식, 10% 이상은 Brix식을 사용한다.

⑤ 강우량은 15~20분의 단기간의 것을 채용한다.

2) 합리식 채용의 기준

장기간에 걸쳐 강우강도공식을 산출할 수 있는 도시로서는 식 (2-17)과 같다.

$$Q = q \cdot C \cdot A \qquad (2\text{-}17)$$

여기서, Q : 첨두유출량 [m^3/s]

q : ha당 매초유출량 [m^3/ha · s]

C : 유출계수

A : 유역면적 [ha]

여기서, q는 강우강도 i [mm/hr] 및 유달시간 [T], 즉 유입시간과 유하시간을 고려해서 산출한다.

2.6.2 강우강도

하수관로설계에서 문제시 되는 것은 그 대상이 비교적 단시간에 유출되는 도심지이기 때문에 전체의 우수량보다 단시간 집중호우에 의한 강우량이다. 하수도계획에서는 강우량이 가장 중요한 인자로서 단위시간당의 강우량, 즉 강우강도를 채용하고 있다. 보통 1시간에 몇 mm (mm/hr)로 표시하며, 또한 이 시간을 **강우지속기간**(降雨持續期間, duration)이라 한다.

즉 강우강도(降雨强度, rainfall intensity) 측정에는 자기우량계에 의한 단시간의 기록을 지속시간 5분, 10분, 15분, 20분, 30분, 60분 등으로 구분하여 강우량을 그래프에 산출하고 이들의 강우강도를 알기 쉽게 하기 위하여 강우지속기간을 1시간으로 환산한 강우강도 식은 (2-18)과 같다.

$$I = R \times \frac{60}{t} \qquad (2\text{-}18)$$

여기서, I : 강우강도[mm/hr]

R : t분간의 유효우량[mm]

t : 지속시간[min]

일반적으로 강우강도가 클수록 지속시간은 짧으며, 또한 강우강도가 큰 강우일수록 빈도가 작다. 우리나라에서는 하수관로의 크기 결정은 5~10년에 한번 발생하는 비의 강도를 대상으로 하고 있으며, 이 연수를 **확률년**(確率年)이라고 한다. 강우지속기간 t로서 5, 10, 20, 30, 40, 60, 80, 120분의 등을 선택하여 각각의 강우지속기간에 대응하는 우량 R을 N연간의 강우자료로부터 N개씩 수집하여 각 t에 대한 강우강도 I를 식으로부터 구할 수 있다.

다음은 각 t별로 I를 크기별로 배열에는 두 가지 방법이 있다. 그 첫 번째는 각 연도의 I의 최대치를 추출하여 한 개에서 순차적으로 N개 나열하는 방법으로서 이것은 **매연 최대치법**이라고 한다. 두 번째 I가 최대인 것으로부터 순차적으로 통계년 수개(N)를 나열하는 방법으로서 이것은 **비매연 최대치법**이라고 한다. 또한 I가 최대인 것으로부터 순차적으로 통계년 수개(N)를 나열하는 방법으로서는 Thomas Plot, Hazen Plot, 암정(岩井)법 등이 있다. 이중 Thomas Plot이 가장 많이 이용되고 있다.

Thomas Plot은 각 t별로 다음 식으로부터 구해진 P와 여기에 대응하는 I를 대수확률지 상에서 Plot하여 확률강우강도를 구하는 방법이며, 이때 I는 대수눈금 상에서 취한다.

$$p = \frac{J}{N+1} \tag{2-19}$$

여기서, P : Thomas Plot

J : 강우강도의 순위(1, 2, 3, ……, N)

N : 자료의 개수

이로부터 n년 확률강우강도를 구하려면 $P=1/n$(매년 최대치법의 경우는 $P=(n+1)$)에 대응하는 경향선 상의 I를 그림(그림 2.20 참조)으로부터 구하면 좋다. 각 지속시간 t에 대응하는 n년 확률강우강도 I가 각각 얻어진다. 그리고 횡축에 지속기간, 종축에 확률강우강도를 취해 도시하면 곡선을 얻을 수 있다. 이 곡선을 **강우강도곡선**이라 한다. 이러한 곡선형을 나타내는 I와 t의 관계식을 **강우강도공식**이라고 한다. 강우강도공식은 다음과 같은 것이 있다.

1) Talbot 형

$$I = \frac{a}{t + b} \tag{2-20}$$

2) Sherman 형

$$I = \frac{c}{t^n} \tag{2-21}$$

3) Japaness 형

$$I = \frac{e}{\sqrt{t} + d} \tag{2-22}$$

여기서, I : 강우강도 [mm/hr]

t : 강우 지속기간 [min]

a, b, c, d, e, f, g, n : 지역에 따른 상수

식 (2-20), (2-21), (2-22)에 대하여 실측자료와의 적합도를 검정해 보면 Talbot형은 곡선의 굽은 정도가 적은 성질을 가지고 있으며, Sherman형은 굽은 정도가 심하고, Talbot형은 지속기간 5~120분 사이에는 sherman형보다 약간 안전한 값을 얻을 수 있다. 보통규모의 하수도계획에서는 Talbot형을 사용하는 것이 바람직하다.

강우강도공식에서의 정수결정을 위한 엄밀한 계산은 강우지속기간으로 5, 10, 15, 30, 60, 120분에 대응하는 최저강우자료를 N년간(20년간 이상) 수집해 확률계산을 통해서 동일 확률 년치를 5, 10, …… 120분부터 한개씩 취하는 최소자승법에 의해 정수를 결정하는 방법이나 자료가 충분치 못한 경우에는 특성계수법에 의해서 결정해도 된다. 특성계수법이란 10분 우량과 60분 우량만을 이용하여 강우강도곡선 식을 결정하는 방법이다. 계산은 식 (2-23)과 같다.

$$\begin{aligned} I_N &= R_N \cdot \beta_N^{10} = R_N \cdot \frac{a'}{t + b} \\ \beta_N^{10} &= I_N^{10} / I_N^{60} \\ I_N^{60} &= R_N \\ a' &= b + 60 \\ b &= (60 - 10 \cdot \beta_N^{10}) / (\beta_N^{10} - 1) \end{aligned} \tag{2-23}$$

여기서, β : 특성계수, R : 60분 우량, N : N년 확률

즉 10분과 60분 우량으로부터 β_N^{10}은 쉽게 결정되며, β_N^{10}으로부터 a', b가 구해지므로 I_N은 간단히 구할 수 있다.

예제 2.6

아래와 같은 도시의 경우, 강우기록으로부터 각 지속기간별로 우량을 최대치 순서로 10년치 통계를 취하여 배열하였다. 이것으로부터 7년간의 확률강우강도공식을 구하시오.

예제표 2.6.1 지속기간별 우량 최대치 순위

순위 \ 강우계속시간	5분	10분	20분	30분	40분	60분	80분	120분
1	12.0	20.0	32.0	40.0	50.0	70.0	83.0	111.8
2	11.0	18.0	30.0	39.0	49.0	64.0	71.7	98.0
3	11.0	16.0	27.1	39.0	44.8	53.5	58.5	63.5
4	10.0	16.0	27.0	34.8	40.5	51.0	55.5	62.9
5	10.0	16.0	24.0	32.5	39.5	49.5	50.0	62.0
6	9.0	15.5	22.5	31.1	37.0	42.0	43.1	50.0
7	8.5	15.0	22.0	30.0	33.6	38.9	42.3	49.5
8	8.0	14.5	21.0	27.5	31.5	36.3	41.2	49.5
9	8.0	14.0	20.6	25.0	29.3	36.3	40.6	48.5
10	8.0	13.5	20.0	24.1	29.0	35.0	40.5	48.2

풀이

(1) Thomas Plot

식 (2-15) 및 (2-16)으로부터 각 지속기간별로 강우강도를 구하면 $I = R60/t$로부터 다음과 같이 된다.

예제표 2.6.2 지속시간별 강우강도 [단위 : mm/hr]

강우강도순위	5분	10분	20분	30분	40분	60분	80분	120분
1	144	120	96	80	75	70	62	56
2	132	108	90	78	74	64	54	49
3	132	96	81	78	67	54	44	32
4	120	96	81	70	61	51	42	31
5	120	96	72	65	59	50	38	31
6	108	93	68	62	56	42	32	25
7	102	90	66	60	50	39	32	25
8	96	87	63	55	47	36	31	25
9	96	84	62	50	44	36	30	24
10	96	81	60	48	44	35	30	24

$N = 10$이므로 Thomas Plot은 다음과 같다.

$$P = \frac{J}{10+1} = \frac{J}{11}$$

이로부터 P를 구하면 다음과 같다.

예제표 2.6.3 P값

J	1	2	3	4	5	6	7	8	9	10
P	0.091	0.182	0.273	0.364	0.455	0.545	0.636	0.727	0.818	0.909

예제표 2.6.4 지속시간이 5분인 경우

P	0.091	0.182	0.273	0.364	0.455	0.545	0.636	0.727	0.818	0.909
강우강도	144	132	132	120	120	108	102	96	96	96

P와 강우강도와의 관계를 대수확률지에 도시(plot)하면 다음 그림과 같다.

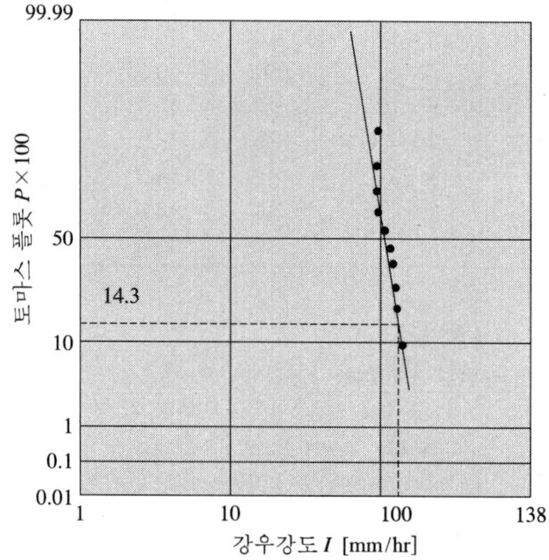

예제그림 2.6.1 P**와 강우강도의 관계**

확률년은 7년이므로, P=1/7=0.143에 대응하는 I_t'는 그림에서 138 mm/hr가 구해진다. 이것이 5분의 7년 확률강우강도이다.

예제표 2.6.5 지속시간이 10분인 경우

P	0.091	0.182	0.273	0.364	0.455	0.545	0.636	0.727	0.818	0.909
강우강도	120	108	96	96	96	93	90	87	84	81

P와 강우강도의 관계를 똑같은 식으로 플롯하여 P=0.143에 대응하는 I_t를 구하면 115 mm/hr가 된다. 이것이 10분의 7년 확률강우강도가 된다. 다음 20분, 30분, 40분, 60분, 80분, 120분에 대해서 같은 수법에 의해 각각의 7년 확률강우강도를 구한다.

이상의 결과를 정리하면 다음과 같다.

예제표 2.6.6 7년 확률강우강도 결과

계속시간 t [mm]	5	10	20	30	40	60	80	120
7년 확률강우강도 I [mm]	138	115	86	74	71	67	53	42

Talbot형의 강우강도공식은 다음과 같다.

$$I=\frac{a}{t}+b$$

를 이용하면

$$\frac{1}{I}=t+\frac{b}{a}=\frac{1}{a}t+\frac{b}{a}$$

$1/I=Y,\ t=X,\ 1/a=A,\ b/a=B$라 하면

$$Y=AX+B$$

$A,\ B$를 최대자승법으로 구한다.

예제표 2.6.7 최대자승법

	$X=t$	X^2	I	$Y=1/I$	XY
	5	25	138	0.00725	0.03625
	10	100	115	0.00870	0.08700
	20	400	86	0.01163	0.23260
	30	900	74	0.01351	0.40530
	40	1,600	71	0.01408	0.56320
	60	3,600	67	0.01493	0.89580
	80	6,400	53	0.01887	1.50960
	120	14,400	42	0.02381	2.85720
Σ	365	27,425	–	0.11278	6.58695

자료수 N=8이므로

$$\therefore A=\frac{8\times 6.8695-365\times 0.11278}{8\times 27{,}425-365\times 365}=0.0001338$$

$$B=\frac{27{,}425\times 0.11278-365\times 6.58695}{8\times 27{,}425-365\times 365}=0.0079925$$

따라서

$$a=\frac{1}{0.0001338}=7{,}473.8$$

$$b=0.0079925\times 7{,}473.8=59.73$$

그러므로 구하는 강우강도공식은 다음과 같다.

$$I=\frac{7{,}500}{t}+603$$

(2) 특성계수법

특성계수법은 10분 우량과 60분 우량만으로 강우강도공식을 산정하는 방법이다. 기상대 또는 측우소에서는 과거부터 반드시 10분간 우량과 60분간 우량을 기록하도록 되어 있다.

기초식으로부터

$$I_N = R_N \cdot \beta_N$$

이며, 여기서 I : 강우강도 식 [mm/hr]
R : 60분 강우강도 [mm/hr]
β : 특성계수
N : 각각 N년 확률을 나타낸다.

β_N은 기존의 각 식형과 동형이므로 Talbot형을 채용하는 경우

$$I_N = R_N \cdot \frac{a'}{t} + b$$

이 된다.

위 식의 계수 a', b는 지속시간 t=60분일 때 β_N=1이란 조건에 따라 다음식으로 산출할 수 있다.

$$a' = 60 + b$$

$$b = \frac{60 - \beta_N^{10} \cdot 10}{\beta_N^{10} - 1}$$

$$\beta_N^{10} = \frac{I_N^{10}}{I_N^{60}}$$

여기서, β_N^{10} : N년 확률 10분 특성계수치, I_N^{10} : N년 확률 10분 강우강도, I_N^{60} : N년 확률 60분 강우강도를 의미한다.

예제에 있어서 10분의 7년 확률강우강도와 60분의 7년간 강우강도는 앞의 표 2.6.6으로부터 각각

$$I_7^{10} = 115\,\mathrm{mm/hr},\ I_7^{60} = 67\,[\mathrm{mm/hr}]$$

$$\therefore \beta_7^{10} = \frac{115}{67} = 1.72$$

$$b = \frac{60 - 1.72 \times 10}{1.72 - 1} = 59.4$$

$$a' = 60 + 59.4 = 119.4$$

따라서,

$$I_7 = R_7 \cdot \frac{119.4}{t + 59.4}$$

또는 R_7은 60분의 7년 확률강우강도이므로 I_7^{60}에 근접하다.

그러므로

$$I_7 = \frac{67 \times 119.4}{t + 59.4} = \frac{7{,}999.8}{t + 59.4}$$

구하는 강우강도공식은 다음과 같다.

$$\therefore I = \frac{8{,}000}{t+60}$$

계산의 결과와 모두 일치하고 있다.

2.6.3 강우의 빈도

일반적인 확률년수는 5~10년을 원칙으로 하며, 다음과 같이 고려하기도 한다.

① 간선(幹線)의 경우 10년, 지선(支線)의 경우는 5년

① 주거지역 내의 하수도 : 보통 5년을 채택

② 상업지역 혹은 경제적 가치가 높은 지역 : 10~15년

③ 홍수방지가 중심이 되는 간선하수도 : 50년 이상

④ 합류식의 경우는 분류식 우수관의 경우에 비해서 범람 시에 오수를 포함한 하수가 범람하기 때문에 그 피해가 크게 되고 빈도(頻度)년수도 길게 한다.

⑤ 고속도로, 중요 교통노선의 배수를 감당할 펌프시설 같은 특수시설은 우수배제 능력에 여유를 둔다.

2.6.4 설계 강우강도곡선

강우강도산정은 도로의 암거(暗渠), 배수시설, 비행장, 도시지역의 하수관로 등의 설계에 필요하다. 확률강우량은 강우강도(rainfall intensity)-지속기간(duration)-재현빈도(frequency) 곡선을 얻게 되면 그 지역에 대한 최량의 확률강우량을 얻게 된다. 아래 그림 2.20은 서울지점의 I-D-F곡선으로 하수도계획 우수량을 위한 확률년수는 10~30년, 빗물펌프시설의 계획우수량 결정을 위한 확률년수는 30~50년을 사용한다. 지역의 중요도나 배수구역의 크기 등 여러 가지 여건을 고려하여 확률년수를 다르게 하거나 근간적인 시설에 대해 확률년수를 크게 취하는 것은 방재상 필요하며 가능한 경제적인 면과 방재적인 면을 고려하여 설정하는 것이 좋다. 시설의 설치 및 운영의 소요비용에 따르는 경제적 효과와 침수피해에 대응하는 방재적 편익을 편익-비용분석(BCA) 또는 비용-편익분석(CBA)을 통하여 편익-비용비(B/C), 순현가(HPV), 내부수익율(IRR)과 같은 경제성 평가지표로 환산하여 대상지역의 적정 확률년수를 산정함이 가능하다.

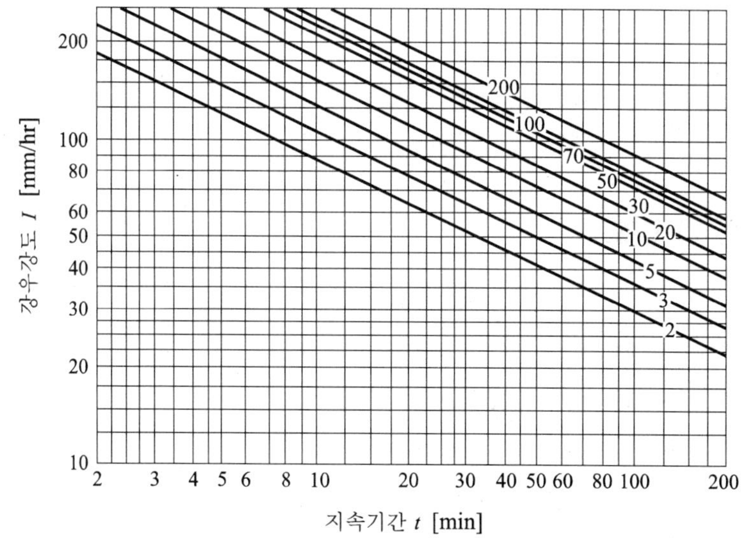

그림 2.20 서울지점의 확률년별 강우강도곡선

2.6.5 강우분포

호우는 광대한 배수구역에 같은 강도로 동시에 발생하는 경우는 거의 없으며, 이것은 동일 시가지에서 몇 개소의 관측기록을 조사하면 알 수 있다. 따라서 배수구역 내의 어느 지점에서 최대강우강도를 주는 강우가 있었다 하여도 강우강도는 중심부분의 것이며, 전배수구역 내에 걸쳐 최대강도의 강우가 균등하게 분포되어 내렸다고는 할 수 없다.

대체적으로 강우중심의 강도에 대하여 중심에서 멀어짐에 따라 강도는 약해지는 것이 일반적인 강우현상이다. 또한 강우중심은 이동하며, 중심의 이동방향에서는 강도의 변화가 없고, 직각방향으로 중심부터 거리에 따라 강우강도의 저하가 있다. 강우의 성질이 지방에 따라 다르기 때문에 그 지방특유의 강우분포(降雨分布, distribution of rainfall) 특성에 대해서 조사하여야 한다.

독일의 Frühling 교수는 Breslau시에서 9년간에 걸친 관측결과 강우강도의 감소율은 중심으로부터 3 km 거리에서 반감(半減)하는 것과 같은 일종의 포물선으로 표시된다고 발표하였다. 그림 2.21의 경우 이 법칙 따라 강우의 체감비율(遞減比率)을 산정하면 다음과 같다.

$$y^2 = (i - i_x)^2 = px$$

여기서, p : 상수

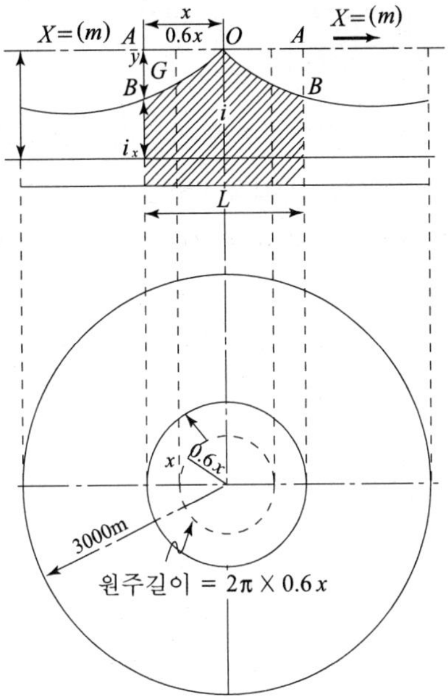

그림 2.21 강우강도 체감비율

그런데 $x = 3{,}000\text{m}$ 일 때 $i_x = \dfrac{i}{2}$ 이므로

$$\left(i - \frac{i}{2}\right)^2 = 3{,}000p$$

$$\frac{i^2}{4} = 3{,}000p$$

$$i^2 = 12{,}000p$$

$$p = \frac{i^2}{12{,}000} \text{ 이므로}$$

$$(i - i_x)^2 = \frac{i^2}{12{,}000}x$$

$$i - i_x = i\sqrt{\frac{x}{12{,}000}}$$

$$i_x = i\left(1 - \sqrt{\frac{x}{12{,}000}}\right)$$

따라서 호우 시의 수량이 하수로에 가장 많이 모이는 것은 그 중심이 관로의 길이 L[m]의 중앙에 있을 경우이므로 $x = L/2$이라 하면 다음과 같다.

$$i_x = i\left(1 - \sqrt{\frac{L}{24,000}}\right)$$

지금 형선의 한부분을 중심축 주위로 회전하여 생기는 회전의 높이를 i, 반지름 x로 하면 원주체 내에서 OAB가 회전해서 생긴 체적을 감한 것과 같다.

그런데 OAB의 중심은 O에서 $0.6x$의 곳에 있으므로 형선부분의 회전체적은 다음과 같다.

$$\pi x^2 i - \frac{2}{3}xy \times 2\pi \times 0.6x = \pi x^2 (i - 0.8y)$$

이다. 따라서

$$\frac{\pi x^2 (i-0.8y)}{\pi x^2 i} = 1 - 0.8\frac{y}{i}$$

$$= 1 - 0.8\sqrt{\frac{L}{24,000}}$$

$$= 1 - 0.00516\sqrt{L}$$

이 값은 호우중심으로부터 반지름 $L/2$의 원 내의 평균강우강도와 중심강도와의 비로서 중심강도에서 산출한 유량에 이것을 곱한 것이 실제의 평균유량이 되는 것이다. 이 값을 평균강도계수 또는 강우평균율 ϕ는 식 (2-24)와 같이 표현할 수 있다.

$$\phi = 1 - 0.005\sqrt{L} \tag{2-24}$$

L과 ϕ의 관계를 표시하면 다음 표 2.14와 같다.

표 2.14 평균강도 계산도 [ϕ]

L[m]	ϕ	L[m]	ϕ	L[m]	ϕ	L[m]	ϕ
20	0.98	400	0.90	1,600	0.80	5,500	0.62
40	0.97	500	0.88	1,800	0.78	6,000	0.60
60	0.96	600	0.87	2,000	0.77	6,500	0.58
80	0.95	700	0.86	2,500	0.74	7,000	0.57
100	0.95	800	0.85	3,000	0.72	7,500	0.55
150	0.94	900	0.85	3,500	0.70	8,000	0.54
200	0.93	1,000	0.84	4,000	0.67	8,500	0.52
250	0.92	1,200	0.82	4,500	0.65	9,000	0.51
300	0.92	1,400	0.81	5,000	0.63	10,000	0.48

식 (2-24)는 관로의 길이에 따라 변화하는 수이며, 이것을 사용시 사언(便宜)을 위해서 유역면적에 따라 변화하는 식으로 변경한다. 지금 유역면적을 긴축이 짧은 축의 두 배되는 타원형의 면적과 같다고 가정하여 긴축을 L로 표시하면 다음과 같다.

$$L = \sqrt{\frac{A \times 10,000}{\pi / 8}} = 100 \sqrt{\frac{A}{0.3927}} \tag{2-25}$$

여기서, A : 유역면적[ha], 이것을 식 (2-24)에 대입하면 식 (2-26)과 같다.

$$\phi = 1 - 0.05 \sqrt[4]{\frac{A}{0.3927}} \tag{2-26}$$

독일 Hannover에서 관측한 결과에 의하면 40 ha/s의 강우가 있을 때 70% 정도는 중심에서 지름 1,200 m의 범위 내에서 오고, 15%는 지름 2,200~6,400 m 범위 내에서 내린다는 것을 관측하였다.

2.6.6 유출계수

강우량에 대한 유출량의 비율, 즉 유출계수(流出係數, runoff coefficient)는 지표의 경사 및 상태, 강우강도, 지속시간, 유역면적, 배수시설, 도로의 포장상태, 주택의 밀집 등에 따라 다르다.

일반적으로 하수도계획에서 유출계수는 강우량에 대해 하수관로에 유입하는 유입량의 비율로 정의되며, 장시간의 강우강도보다 단시간의 유출을 대상으로 한다. 이 때 사용되는 유출계수는 우수유출량 산정을 위한 합리식에 사용할 수 있다.

대도시는 총유출계수가 거의 일정하며, 중소도시와 같은 개발과정에 있는 매년 시가지화에

표 2.15 토지 이용별 총괄유출계수의 범위

공 종		유출계수
상업지역	도심지역	0.70~0.95
	근린지역	0.50~0.70
주거지역	단독주택단지	0.30~0.50
	독립주택단지	0.40~0.60
	연립주택단지	0.60~0.75
	교외지역	0.25~0.40
	아파트	0.50~0.70
산업지역	산재지역	0.50~0.80
	밀집지역	0.60~0.90

자료 : 하수도시설기준, 2011.

따라 일정치에 접근하게 되고, 유출계수의 변화과정은 도시의 조건에 따라 다르게 된다(표 2.15 참조). 하수도시설기준에서는 합리식을 사용할 때 유출계수의 표준치는 표 2.16과 같이 규정하고 있으며, C는 다음 식과 같이 구한다.

$$C = \frac{\text{최대우수유출량}}{\text{강우강도} \times \text{배수면적}} \tag{2-27}$$

표 2.16 토지 이용별 기초유출계수의 표준치

공종	유출계수	공종	유출계수
지붕	0.85~0.95	공지	0.10~0.30
도로	0.80~0.90	잔디, 수목이 많은 공원	0.05~0.25
기타 불투수면	0.75~0.85	경사가 완만한 산지	0.20~0.40
수면	1.00	경사가 급한 산지	0.40~0.60

공종을 크게 나누면 침투역 및 불투수역의 두 가지가 있으며, 전자는 토질이나 식생 등에 의하고 후자는 관로와의 접촉정도에 의해서 유출계수가 달라진다. 따라서 공종(工種)은 다시 세분화되며, 세분화된 기초공종의 유출계수를 **기초유출계수**라 부른다. 공종별 기초유출계수의 표준치는 표 2.14와 같다. 그리고 공종구성은 불투수역에 대하여 용도지역별 건폐율(建蔽率), 도로율 및 포장률 등에 의해 엄밀하게 결정될 수 있다. 이와 같은 공종구성을 기초로 하여 모든 기초공종으로부터의 유출을 합하여 구하는 유출계수는 아래 식 (2-28)과 같다.

$$C = \frac{\sum_{i=1}^{n} C_i \cdot A_i}{\sum_{i=1}^{n} A_i} = \frac{C_1A_1 + C_2A_2 + C_3A_3 + \cdots}{A_1 + A_2 + A_3 \cdots} \tag{2-28}$$

여기서, C : 총괄유출계수, C_i : 공종의 기초유출계수

A_i : 공종의 총면적, n : 공종의 수

2.6.7 유달시간과 지체현상

우수가 배수구역의 최원격지점에서 하수관로에 유입할 때까지의 시간을 **유입시간**(流入時間, time of inlet)이라 한다. 이 시간은 지표상황, 경사, 토지의 성분 등에 따라서 다르나 대체로 5~10분 정도이다.

미국에서는 상업지역은 10분, 주택지역은 20분으로 하고 있다. 다음 하수관로에 유입한 우

수가 L[m]인 거리를 흘러가는 시간을 **유하시간**(流下時間, time of flow)이라 한다. 관로 내의 평균유속을 V[m/sec]라 할 때 L/V이다. 이 두 시간의 합을 **유달시간**(流達時間, time of concentration)이라 한다.

$$T = t_1 + \frac{L}{60 \times V} \tag{2-29}$$

여기서, T : 유달시간[min]

t_1 : 유입시간[min]으로 표시할 수 있다.

또한 유달시간의 특성은 ① 유역면적이 작을수록 짧다 ② 경사가 급할수록 짧다 ③ 비투수성 지표일수록 짧다 ④ 형상계수는 급할수록 짧다.

유달시간 T와 강우지속시간 t와의 관계는 다음과 같다.

(1) $T \leq t$ 인 경우

전 유역면적에서의 비가 동시에 방류구지점으로 모일 때가 있다.

(2) $T > t$ 인 경우

각 유역의 우수가 동시에 하수구의 시작인 점에 유집되지 않는 현상으로 같은 강도의 강우지속시간에 비하여 관로 내의 유하시간이 길거나 동일시간에 우수의 유하거리에 비하여 관로의 최장길이가 길게 될 때 발생되는 현상을 **지체현상**(遲滯現象, retardation)이라 한다.

특히 광대한 배수구역의 최대우수유출량은 산출할 경우에는 지체현상을 고려하는 것이 단시간의 최대유출량이 될 때가 있고, 유달시간을 강우지속시간으로 하여 지체현상을 고려하지 않는 편이 최대유출량을 표시할 때가 있으므로 이 양자를 비교해서 큰편을 채택하는 것이 좋다.

도식에 의한 지체현상을 구하는 방법을 설명하면 다음과 같다. 그림 2.23과 같이 유출량을 Y축에 유달시간을 X축으로 하고 $t_1 = t_r$ 시간(유입시간) 동안 강우가 계속되었다면 강우 시초에는 길이 l의 하수관로 종단에서의 유출량은 0이 되나 $t_1 = l/v$ 만한 시간 후에는 하수관 시단의 유출량이 종단에 도착하기 때문에 그 때의 유량은 최대에 달한다.

그리고 시간 t_r이 지나면 최하단의 면적에서는 유입량이 없어지기 때문에 유출량은 점점 줄어들며 $T = t_1 + \dfrac{l}{v} = t_r + t_l$ 시간 후에는 유량은 다시 0으로 된다.

이 때 시간 t_1 동안의 유출량의 증가와 t_r에서 T까지의 감소를 직선변화로 가정하면 그림

2.23의 하수관선에 대한 범람곡선은 그림 2.22에서와 같이 평행사변형이 된다. 다음 그림 2.23에 있는 하수관로에 대하여는 그림 2.24에서와 같이 상류에서부터 점차적으로 각 선의 범람곡선을 종합함으로써 지체도를 얻을 수 있다. 이 때 주의할 점은 두 개 이상의 하수관거가 한점에서 만나는 경우[그림 2.23에서 ①과 ②, ③과 ④ 등] 이들의 범람곡선의 시작이 일직선상에 오지 않으면 안 된다. 또한 그 교점사이에 있는 하수관로는 $t_m = \dfrac{l_n}{v}$ 만큼 좌로 이동하여 계산한다. 예로서 ③의 경우 $t_3 = \dfrac{l_3}{v}$ 만큼 좌로 이동한다.

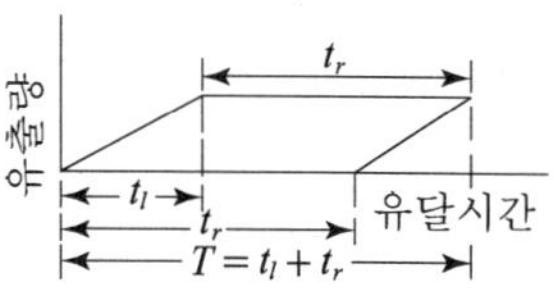

그림 2.22 범람곡선

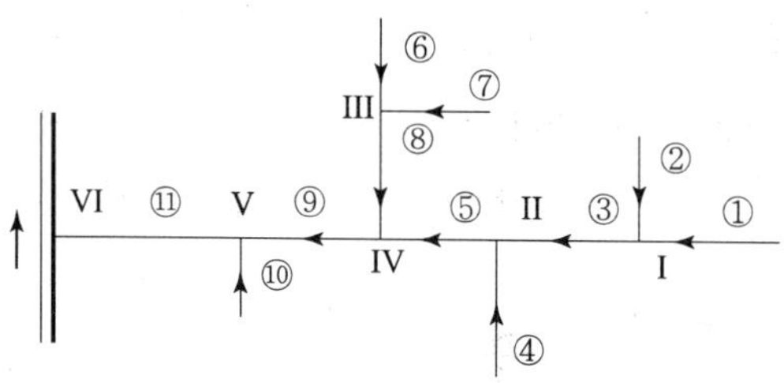

그림 2.23 하수관로의 집합

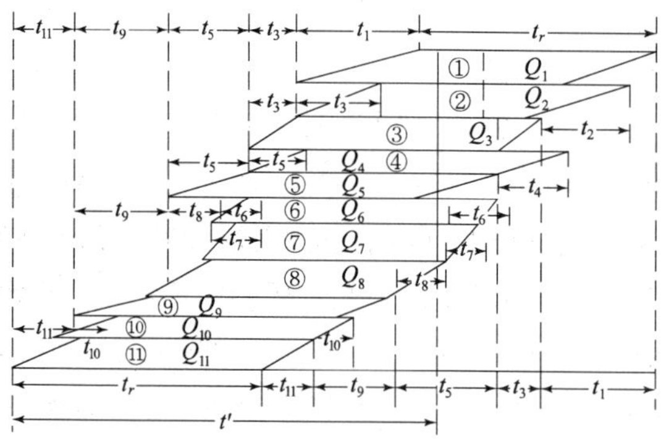

그림 2.24 지체도

그림 2.24의 지체도는 그림 2.23의 VI점에서 우로 t'의 지점에서 수직선을 그어 평행사변형의 부분과 끊는 선의 합이 구하는 유출량이 된다. 이 때 구한 유출량이 최대이면 단면 VI의 계산에 사용한다. 그림 2.24의 평행사변형의 좌우의 첨단을 상하에 연결시키면 그림 2.25와 같이 되며, 이 때 VI와 V에 대한 계산을 하면 최대유출량은 LN으로 된다. 지체현상에 의해 VI점에서는 (MP-LN)반한 수량, V섬에서는 (MO-LN)만한 수량이 감소한다. 또한 VI점의 지체 영향은 대단히 적어지며, 이렇게 지체도에 의해 단면을 가정하였을 경우 가정된 유속이 정확한가는 재조사 해보지 않으면 안 된다. 가정과 계산 시에 큰 차이가 있으면 계산방법을 재차 되

풀이해야 한다.

이 때 유속이 증가하면 지체현상은 감소하고 유속이 감소하면 지체현상은 증가한다. 또 유속 V는 시종 일정한 것에서는 비교적 커지므로 지체는 보통 계산처럼 그렇게 크지는 않다. 이상의 지체도는 강우지속기간 t_r 동안 일정한 강우가 계속되는 것으로 가정한다. 그러므로 강우강도가 변하면 Q가 $Q_{\max}$로 변한다. 이러한 변화는 강우강도와 강우지속기간 t_r에 대한 지체도를 그려서 최종적인 $Q_{\max}$를 구한다.

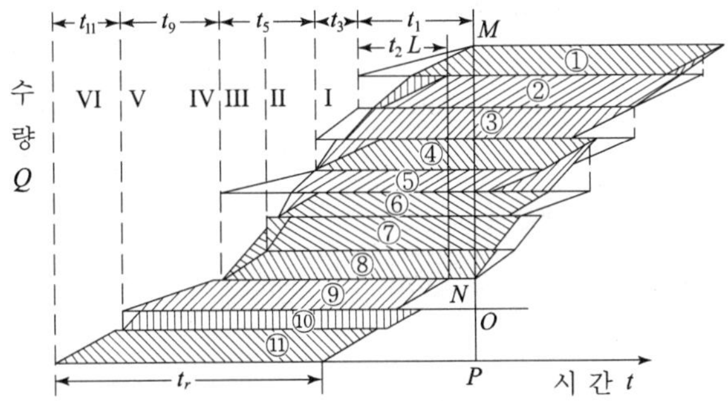

그림 2.25 정정 지체도

1) 유입시간(t_1)

유입시간의 표준치는 표 2.17의 값이 사용되는 것이 보통이나 유입시간은 최소단위 배수구의 지표면 거리, 경사(傾斜) 및 조도계수(粗度係數) 등에 의해서 변한다.

표 2.17 유입시간의 표준치

대한토목학회[KSCE]		미국토목학회[ASCE]	
인구밀도가 큰 지역	5분	완전포장 및 하수도가 완비된 밀집 지역	5분
인구밀도가 적은 지역	10분		
평균	7분	비교적 경사도가 적은 발전지구	10~15분
간선 오수관로	5분		
지선 오수관로	7~10분	평지의 주택지구	20~30분

한편 유입시간을 산출하는 산정식으로서 Kerby의 부르는 식 (2-31)은 비교적 많이 사용되고 있으며, 조도계수에 유사한 지체(遲滯)계수는 표 2.18과 같고 계산 예는 표 2.19와 같다.

$$t_1 = 1.44\left(\frac{n \cdot l}{\sqrt{S}}\right)^{0.467} \tag{2-30}$$

표 2.18 Kerby식의 n값

표면형태	n
매끄러운 불투수표면(smooth impervious surface)	0.02
매끄러운 나지(smooth, bare packed soil)	0.10
경작지나 기복이 있는 나지 (poor grass, cultivated row crops, or moderately bare surfaces)	0.20
활엽수(deciduous timberland)	0.50
초지 또는 잔디(pasture of average grass)	0.40
침엽수, 깊은 표토층을 가진 활엽수림지대 (conifer timbverland, deciduous timberland with deep forest of dense grass)	0.80

표 2.19 Kerby식에 의한 유입시간의 계산 예

I[m]	n_e	S	t_1[min]	I[m]	n_e	S	t_1[min]
50	0.02	1/100	4.2	150	0.02	1/100	7.1
		1/500	6.1			1/500	10.3
		1/1000	7.2			1/1,000	12.1
	0.05	1/100	6.4		0.05	1/100	10.8
		1/500	9.4			1/500	15.8
		1/1,000	11.1			1/1,000	18.5
	0.10	1/100	9.0		0.10	1/100	15.0
		1/500	13.0			1/500	21.8
		1/1,000	15.3			1/1,000	25.6
	0.20	1/100	12.4		0.20	1/100	20.7
		1/500	18.0			1/500	30.1
		1/1,000	21.2			1/1,000	35.4
100	0.02	1/100	5.8	500	0.02	1/100	12.4
		1/500	8.5			1/500	18.0
		1/1,000	10.0			1/1,000	21.2
	0.05	1/100	9.0		0.05	1/100	19.0
		1/500	13.0			1/500	27.7
		1/1,000	15.3			1/1,000	32.5
	0.10	1/100	12.4		0.10	1/100	26.2
		1/500	18.0			1/500	38.2
		1/1,000	21.2			1/1,000	44.9
	0.20	1/100	17.1		0.20	1/100	36.3
		1/500	24.9			1/500	52.8
		1/1,000	29.3			1/1,000	62.1

이론적으로 유입시간을 구하는 방법은 특성곡선법에 의해 근사적으로 구하면 식 (2-31)에 나타낸 스에이스(末石)식에 의한다.

$$t_1 = \left(\frac{n_e \cdot l}{S^{1/2} \cdot I^{2/3}} \right)^{3/5} \tag{2-31}$$

여기서, n_e : 최소단위 배수구의 조도계수, I : 설계강우강도

유입시간은 최소단위 배수구역의 특성을 파악하여 이상과 같은 계산식에서 구하는 것을 원칙으로 한다.

2) 유하시간(t_2)

유하시간은 관로구간마다의 거리와 계획유량에 대한 유속으로부터 구한 구간당 유하시간을 합계하여 구한다. 이를 위해서는 가상적인 관로의 배치와 크기가 필요하다. 이 배치와 크기는 평균유속이 0.8~3.0 m/s 이하가 되도록 하며, 하류로 갈수록 완만하고 유속은 빠르고 소류력(掃流力)을 크게 할 수 있도록 결정하고, 이 계산을 반복하여 계획관로를 결정한다.

그리고 관로 내의 유수는 등류로서 계획유량에 대응한 유속에 의해 산정하는 것을 원칙으로 하나 관로 내의 유수(유량 및 수위)는 시간에 따라 변동하므로 계획유량에 대응한 유속보다 첨두유량(尖頭流量)의 이동속도를 이용하면 유하시간의 산정은 식 (2-32)와 같다.

$$t_2 = \frac{L}{60 \cdot \alpha \cdot V} \tag{2-32}$$

여기서, t_2 : 유하시간 [min], L : 관로길이 [m]

V : Manning공식에 의한 평균유속 [m/s]

α : 홍수의 이동에 대한 보정계수이며, 이것을 나타내면 표 2.20과 같다.

표 2.20 보정계수

단면 형상	수 심 [%]	보정계수	비 고
정사각형	80	1.25	·Manning식을 이용하여 Kleitz · Seddon의 이론식에서 횡유입이 없는 것으로 하여 수치계산을 할 것 (n=일정)
	50	1.38	
	20	1.48	
원형	80	1.03	
	50	1.33	
	20	1.42	

예제 2.7

다음 그리에 나타난 배수구역의 II점 및 III에 있어서 지체현상을 고려하지 않은 경우의 최대우수 유출량을 합리식을 사용하여 산출하시오. 단 유입시간은 어느 배수구역에서도 3분, 강우강도식은 $I=5{,}000/(t+40)$으로 하고, 각 배수구역의 관로 등의 조건은 아래 표와 같다.

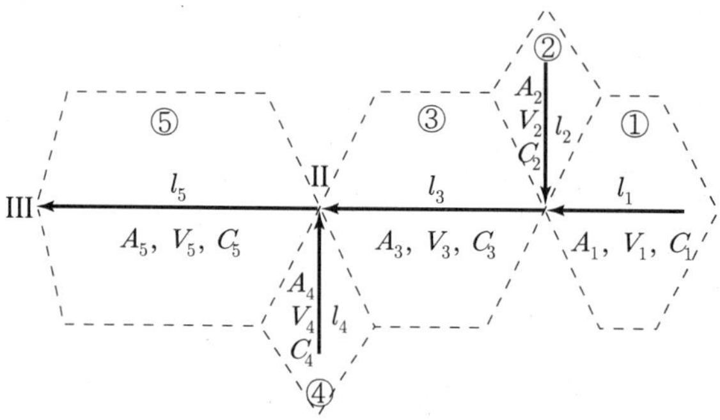

예제그림 2.7.1 배수구역과 관거의 조건

예제표 2.7.1 하수관로 등의 조건

배수구역 No.	배수면적 [ha] $A_1 \sim A_5$	관거길이 [m] $l_1 \sim l_5$	평균유속 [m/s] $V_1 \sim V_5$	유출계수 [무차원] $C_1 \sim C_5$
1	0.5	40	1.0	0.8
2	0.5	30	1.0	0.7
3	0.7	60	1.0	0.8
4	0.5	40	1.0	0.7
5	0.8	80	1.0	0.8

풀이

(1) II점에 있어서 최장 유달시간 t는, (l_1+l_3)의 관로 계통에서 생기므로,

$$t=3+\frac{l_3}{60V_1}+\frac{l_3}{60V_3}=3+\frac{40}{60}+\frac{60}{60}=4.67[\text{분}]$$

$$I=\frac{5{,}000}{(4.67+40)}=111.9[\text{mm/hr}]$$

총괄유출계수

$$C=\frac{\sum_{i=1}^{4}C_i\cdot A_i}{\sum_{i=1}^{4}A_i}=\frac{(C_1A_1+C_2A_2+C_3A_3+C_4A_4)}{(A_1+A_2+A_3+A_4)}$$

$$=\frac{(0.8\times0.5+0.7\times0.5+0.8\times0.7+0.7\times0.5)}{(0.5+0.5+0.7+0.5)}$$

$$=\frac{1.66}{2.2}=0.75$$

배수면적 $A=\sum_{t=1}^{4}A_i=2.2\,[\text{ha}]$

따라서, 유량 $Q_{\text{II}}=\frac{1}{360}C\cdot I\cdot A=\frac{1}{360}\times 0.75\times 111.9\times 2.2=0.51\,[\text{m}^3/\text{s}]$

(2) III점에 있어서 최장 유달시간 t는, $(l_1+l_2+l_3)$의 관로 계통에서 생기기 때문에,

$$t=4.67+\frac{l_5}{60\,V_5}=4.67+\frac{80}{60\times 1.0}=6.0[\text{분}]$$

$$I=\frac{5{,}000}{(0.6+40)}=108.8[\text{mm/hr}]$$

$$C=\frac{\sum_{i=1}^{5}C_i\cdot A_i}{\sum_{i=1}^{5}A_i}=\frac{2.3}{3.0}=0.77$$

따라서, 유량 $Q_{\text{III}}=\frac{1}{360}C\cdot I\cdot A=\frac{1}{360}\times 0.77\times 108.8\times 3.0=0.70\,[\text{m}^3/\text{s}]$

예제 2.8

유출량을 구하는 경험식 $Q=CrA^n\sqrt{\frac{S}{A}}\cdots\,[\text{m}^3/\text{s}]$에서 $\sqrt[n]{\frac{S}{A}}$ 가 뜻하는 것은 다음 중의 지체계수를 설명하시오.

풀이

유출량을 구하는 각종 경험식은 아래와 같이 표현이 가능하다.

$$Q_L=\frac{1}{360}CrA\times\sqrt[n]{\frac{S^a}{A}}$$

여기서, Q_L : 유수유출량 [m³/s], C : 유출계수

r : 강우강도 [mm/hr]

A : 유역면적 [ha], 지체계수 : $\sqrt[n]{\frac{S}{A}}$

예제 2.9

아래 그림과 같이 어떤 지점에 위치한 세 개의 주차시설로부터 우수를 배제하기 위하여 우수관로를 설계하고자 한다. 재현기간 10년인 호우에 대하여 설계하면 우수거 ab, cd의 설계유량은 얼마인가? 재현기간 10년에 해당하는 강우강도식은 $I=\frac{6{,}630}{t+37}$ mm/hr이다. 각 주차시설의 유역면적, 유출계수 및 유달시간은 그림에 표시되어 있다. 우수관로 내 유속은 2 m/s로 가정한다.

풀이

(1) ab의 설계유량

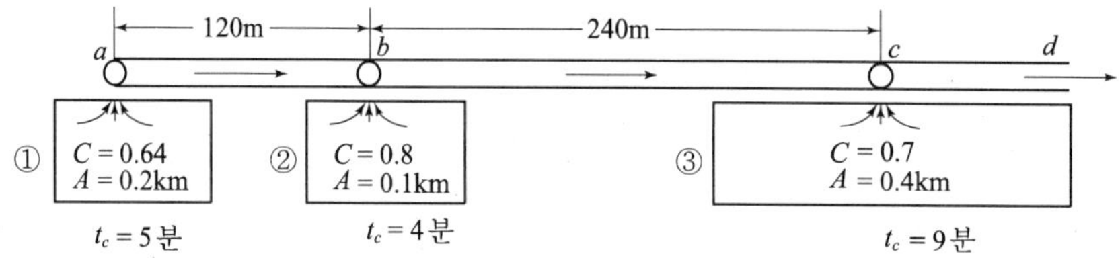

예제그림 2.9.1

a점까지의 도달시간 $t_c = 5\,\text{min}$이므로

$$I = \frac{6{,}630}{5+37} = 158\,[\text{mm/hr}]$$

따라서 식 (2-15)로부터

$$\therefore Q = \frac{1}{3.6} \times 0.6 \times 158 \times 0.2 = 5.27\,[\text{m}^3/\text{s}]$$

(2) 우수관로 bc의 설계유량

b점까지의 도달시간 $t_c = 5 + \dfrac{120}{2 \times 60} = 6\,[\text{min}]$

따라서 $I = \dfrac{6{,}630}{6+37} = 154\,[\text{mm/hr}]$

평균유출계수를 ①, ②번 주차시설의 면적비를 고려하여 계산하면

$$C_{1-2} = \frac{0.6 \times 0.2 + 0.8 \times 0.1}{(0.2 + 0.1)} = 0.67$$

식 (2-15)를 사용하면

$$\therefore Q = \frac{1}{3.6} \times 0.67 \times 154 \times 0.3 = 8.60\,[\text{m}^3/\text{s}]$$

(3) 우수관로 cd의 설계유량

c점까지의 도달시간은

$$t_c = 6 + \frac{120}{2 \times 60} + \frac{240}{2 \times 60} = 6 + \frac{360}{120} = 6 + 3 = 9\,[\text{min}]$$

$$I = \frac{6{,}630}{9+37} = 144\,[\text{mm/hr}]$$

평균유출계수를 ①, ②, ③번 주차시설의 면적비를 고려하여 계산하면 다음과 같다.

$$C_{1-2-3} = \frac{0.6 \times 0.2 + 0.8 \times 0.1 + 0.7 \times 0.4}{(0.2 + 0.1 + 0.4)} = 0.68$$

식 (2-15)를 사용하면 다음과 같이 나타낼 수 있다.

$$\therefore Q = \frac{1}{3.6} \times 0.68 \times 144 \times 0.7 = 19.0\,[\text{m}^3/\text{s}]$$

예제 2.10

아래 그림은 어떤 도시의 분류식 하수도계획 구역이다. 다음과 같은 조건이 주어진 경우에 대하여 값들을 산출하시오.

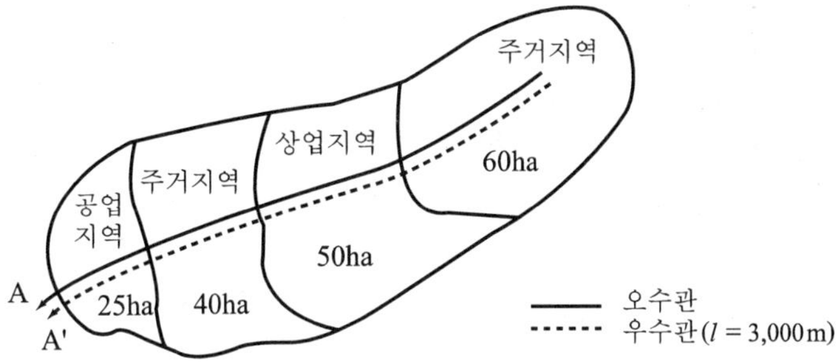

예제그림 2.10.1 하수도의 계획구역

예제표 2.10.1 하수도계획 구역조건

구분	인구밀도 [인/ha]	1인 1일 최대급수량 [ℓ]	영업용수율	평균유출계수
주거지역	100	300	0.2	0.5
상업지역	200	300	0.6	0.7
공업지역	40	300	0.3	0.4

조건 : 공장폐수량이 1,800 m^3/d=0.021 [m^3/s], 지하수 침입수량 10%, 시간변동률 1.8배, 유입시간 5분, 강우강도식 I=5,500/(t+50) [mm/hr], 관내 평균유속 1.2 [m/s]

(1) A점에 있어 계획 1일 최대오수량 및 계획시간 최대오수량은 얼마인가?

(2) 합리식으로 A점에 있어 우수유출량은 얼마인가?

풀이

(1) 먼저 각 지역별로 인구를 구하면 다음과 같다.

① 주거지역 인구 = (60+40)×100 = 10,000 [인]

② 상업지역 인구 = 50×200 = 10,000 [인]

③ 공업지역 인구 = 25×40 = 1,000 [인]

그러므로 각 지역의 오수량은 다음과 같다.

주거지역 오수량 = 10,000×0.3×1.1×(1+0.2)=3,960 [m^3/d]

상업지역 오수량 = 10,000×0.3×1.1×(1+0.6)=5,280

공업지역 오수량 = 1,000×0.3×1.1×(1+0.3)= 429

공장배수량 =1,800

계획 1일 최대오수량 11,469 [m^3/d]

$$\therefore \text{계획시간 최대오수량} = \frac{(3{,}960 + 5{,}280 + 429)}{24 \times 60 \times 60} \times 1.8 + 0.021 = 0.222\,[\text{m}^3/\text{s}]$$

(2) $t = 5 + \dfrac{3{,}000}{60 \times 1.2} \fallingdotseq 47\,[\text{min}]$

$$\therefore Q = \frac{1}{360} CIA$$

$$= \frac{1}{360} \times \frac{(100 \times 0.5 + 50 \times 0.7 + 25 \times 0.4)}{(0.5 + 0.7 + 0.4)} \times \frac{5500}{47 + 50} \times (0.5 + 0.7 + 0.4)$$

$$\fallingdotseq 15\,[\text{m}^3/\text{s}]$$

2장

연습문제

1. 계획년도(period of design)를 설명하시오.

2. 상수도의 급수량에 대하여 설명하시오.

3. 상수도시설계획 시 기본 개념에 대하여 설명하시오.

4. 수도권 광역상수도사업에 대하여 설명하시오.

5. 하수도 기본계획의 목표 및 목표연도에 대하여 설명하시오.

6. 하수도사업에 있어서 에너지 절감방안에 대해 설명하시오.

7. 하수도의 배제방식중 합류식 하수관로 및 분류식 하수관로의 장·단점을 설명하시오.

8. 합류식 하수도와 분류식 하수도와의 차이에 따른 하수처리의 영향에 대해 설명하시오.

9. 지체현상(retardiation)에 대하여 설명하시오.

10. 인구추정 방법에 대하여 설명하시오.

11. 상수도의 누수발생원인과 대책에 대하여 기술하시오.

12. 우수의 유달시간(time of concentration)에 대해 설명하시오.

13. 광역상수도의 개념, 계획수립시 포함되어야 할 사항 및 이점을 기술하고, 광역상수도의 문제점과 그 해결책에 관하여 설명하시오.

14. 하수관로에 유입되는 불명수의 종류, 원인, 영향 및 그 방지대책을 기술하시오.

15. 우수유출량 산정과 우수관로의 설계를 설명하시오.

16. 아래 표는 A도시의 인구조사 결과이며 A도시에는 이제까지 상수도시설이 없었는데 앞으로 신설하고자 한다. 상수도계획년도를 20년 후로 잡으면 계획년도의 총인구는 얼마인가(여러 가지 인구추정방법으로 비교하시오)?

연 도	1999	2000	2001	2002	2003	2004	2005	2006	2007	2008	2009
인 구	49,214	51,384	52,763	52,982	53,462	54,340	55,154	55,462	57,462	57,962	58,532

17. 계획인구 150,000인의 도시의 상수도계획에 있어서 상수도보급률이 97%일 때의 계획급수인구 및 계획 1인 1일 최대급수량이 430ℓ일 때의 1일 최대급수량을 계획하시오.

18. 전 문제의 A시에 있어 급수보급률 90%, 1인 1일 평균급수량 340ℓ/인 · d이라면 A시의 1일 평균급수량과 1일 최대급수량 및 시간 최대급수량은 각각 얼마가 되는가?

19. 합류식 하수관로에서 합류식 하수월류수(combined sewer overflow, CSOs)의 종류와 특징에 대하여 논하시오.

20. 물관리조직의 업무에는 운영관리, 시설관리 및 물관리의 업무로 구분된다. 각 업무에 따른 문제점과 개선대책을 기술하시오.

21. 현행 하수처리시설에서 방류수수질기준에 대해 설명하고 현재의 수질기준이 내포하고 있는 문제점 및 개선방안에 대해 기술하시오.

Chapter 3

수질보전과 수처리

3.1 수질오염

3.1.1 수질오염과 발생원

(1) 수질오염의 정의

수질오염(水質汚染)의 정의는 현행 환경보전법상의 정의가 되어 있지 않으나 일반적으로 수질오염은 물의 자연적인 정화능력을 초과하는 오염물질이 천연(天然)의 자연수역(自然水域)에 인위적(人爲的)으로 배출되어 이용목적에 적합하지 않는 상태를 말한다.

(2) 수질오염물질

수질오염물질(水質汚染物質, water pollutant)이란 수질오염의 원인이 되는 물질로서 중금속류 및 그 화합물(Hg, Ni, Cr, As, Cu, Cd, Pb, Fe, Mn, Se, Zn 등), 유기물질(有機物質), 부유물질(浮游物質), 유기용제류(有機溶劑類), 유류(油類), 색소, 세제류, 대장균군(大腸菌群), 페놀류, 산, 알칼리류, 기타 화합물(CN, N, P, S, F, Cl) 등이 있다.

(3) 오염물질 발생원

수질오염물질의 발생원은 가정하수(생활하수)와 산업 및 농·축산폐수, 특수폐수(特殊廢水) 등으로 구분하고 있다.

1) 점오염원(點汚染源 : point source)

가정하수, 산업폐수, 축산폐수 등이 특정 지역에 집중되어 대량으로 배출되는 배출원으로 배출구 및 배출단위의 파악이 가능한 오염원을 말한다.

가. 가정하수

1) 구성

가정하수(家庭下水, domestic wastewater)는 도시의 하수관로(下水管路)를 통하여 배출되는 생활오수로서 주택과 상업용, 공용(학교, 병원 등) 또는 이와 유사한 시설에서 배출되는 하수를 말하며, 발생원은 주거지구와 상업지구이다.

2) 성상

가정하수의 성상은 발생원의 종류, 주민의 생활습관, 도시의 성격 등에 따라 달라질 수 있으나 일반적인 성상은 다음과 같다.

① 색깔 : 회색 또는 황색

② 유기물 : 탄수화물, 지방, 단백질 등

③ 무기물 : Fe, Na, Mg 등의 금속산화물, 염화물, 탄산염, 황산염 등

④ 고형물 : 500~15,000 mg/ℓ(70~80% 용해성)

⑤ COD : 150~300 mg/ℓ

⑥ 부유물질(SS) : 200~1,000 mg/ℓ

⑦ pH : 7~7.5

3) 분뇨

① 분뇨(糞尿)의 정의 : 화장실에서 수거되는 액체성 또는 고체성의 오염물질(정화 탱크 청소시 발생하는 오니를 포함)을 말한다(단 수세식 화장실에서 발생되는 액체성 · 고체성의 더러운 물질이 혼합된 물을 오수라 한다).

② 분뇨의 성상

ⓐ 비중 : 1.02

ⓑ 분과 뇨의 비율 : 1 : 10이다.

ⓒ 분과 뇨의 고형질 비 : 7 : 1이다.

ⓓ 협잡물의 함량은 4~7% 및 토사류는 0.3~0.7% 함유

ⓔ 수거분뇨의 성상은 발생원의 종류, 주민의 생활습관, 도시의 성격 등에 따라 달라진다.

③ 일반적 특성

ⓐ COD 함량 : 총 COD로서 평균 64,000 mg/ℓ

ⓑ 부유물질(SS)의 함량 : TSS로서 평균 35,000 mg/ℓ이며 COD의 약 1/2

ⓒ BOD의 함량 : 총 BOD로서 평균 22,000 mg/ℓ이며 COD의 약 1/3

ⓓ 염소이온의 함량 : 약 4,000 mg/ℓ

ⓔ TKN(有機性窒素, total kjeldahl nitrogen)의 함량 : 약 4,300 mg/ℓ

ⓕ 인산염(PO_4^{-P})의 함량 : 약 650 mg/ℓ

④ 분뇨내 질소화합물의 거동

ⓐ 분뇨는 많은 양(量)의 질소화합물을 함유한다(분은 VS의 12~20%, 뇨는 VS의 80~90%).

ⓑ 분뇨 중의 질소화합물은 탄산수소암모늄(NH_4HCO_3) 또는 $(NH_4)_2CO_3$ 형태로 존재하며, 소화과정에서 중탄산이온(HCO_3^-)로 전환되어 알칼리도를 높게 하여 줌으로써 pH의 강하를 막아주는 완충작용을 한다.

4) 가정하수의 발생량

일반적으로 소도시 일수록 수량이 적은 반면 오염부하(汚染負荷)는 크다. 특히 가정폐수의 수량은 주민의 생활수준에 따라 변화되며, 생활양상에 따른 수량의 변화는 다음과 같다.

① 생활수준 : 생활수준이 높을수록 하수발생량은 증가한다.

② 주거환경 : 아파트지역은 저층(底層)일수록 발생량이 증가하며, 아파트보다 단독주택이 발생량이 많다.

③ 주간변화 : 주초(週初)와 주말(週末)에는 수량과 오염도가 증가하고, 일요일과 공휴일은 감소된다.

④ 일간변화 : 야간에는 수량이 낮고, 낮에는 많다. 특히 한낮(점심 시간)이 가장 높게 나타난다.

⑤ 일기에 따른 변화 : 지하수 또는 우수(雨水)는 일반적으로 하수오염을 희석시키나 강우(降雨)에 의한 초기유출 시는 오염부하가 증가되는 수가 있다.

나. 산업폐수

1) 산업폐수의 극성

산업폐수(industrial wastewater)는 화학공업을 포함한 각종 산업체의 제조, 가공, 재생, 처리 등의 생산공정에서 발생하는 폐수로 구성되며 냉각수는 제외한다.

2) 산업폐수의 성상

각종 산업활동에 수반되어 발생되는 폐수로서 가정하수와는 달리 일반적으로 고농도(高濃度)이며, 중금속 등 유해물질을 많이 함유하고 있는 것이 특징이고, 산업폐수의 성상 및 오염물질별 발생원은 표 3.1 및 표 3.2와 같다.

표 3.1 산업폐수의 성상

발 생 원	BOD농도 [mg/ℓ]
도시폐수	100～400
축산폐수	2,000～4,000
식품공업폐수(주정, 유지 등)	1,200～2,000
의약품 제조업폐수	50～2,500
피혁공업	50～2,500
펄프공업	150～1,500

표 3.2 수질오염 물질별 발생원

오염물질	관련 발생원의 종류
수은[Hg]	·화력 발전소, 금속제련, 화학공업(전해)
크롬[Cr]	·도금공업, 금속제련, 무기안료공업, 피혁공업
비소[As]	·무기안료공업, 농약
아연[Zn]	·전지제조업, 광산, 도장공업, 섬유공업
동[Cu]	·도금공업, 농약공업, 금속제련, 섬유공업
시안[CN]	·화학공업(아크릴), 철강업, 가스공업, 코크스공업
페놀류	·가스 및 코크스제조, 합성수지제조, 피혁공업, 철강업
색도[色度]	·도금공업, 제지공업, 피혁공업, 염색공업
데트라클로로에틸렌, 트리클로로에틸렌	·세탁공업

다. 특수폐수

1) 배출원

특수폐수는 화력 발전소, 제철소, 석유화학공업 등에서 배출되는 온열폐수(溫熱廢水) 또는 원자력과 연관된 발전소, 병원 등에서 배출되는 방사성 폐액(放射性廢液) 등이 여기에 속한다.

2) 온열폐수의 영향

온배수(溫排水)는 주변 수온을 상승시키는 열오염(熱汚染, thermal pollution)의 원인이 되며, 수중생태계에 지대한 영향을 미치게 된다.

① 수온을 상승(3~5℃)시켜 물고기 및 수중생태계에 큰 영향을 준다.

② 수초의 이상 번식과 성장으로 인한 항해장애(航海障碍)

③ 선박 · 구조물에 부착하는 오손생물(汚損生物) 또는 천공생물(穿孔生物)의 증가로 인한 손상

④ 겨울철의 안개발생으로 인한 선박의 항해장애

⑤ 온도증가는 산소용해도를 저하시키고 수중의 산소결핍을 유발한다.

⑥ 독성 화합물질의 작용력이 증가되고, 세균의 번성에 따른 해태(海苔) 양식장의 피해가 증가된다.

⑦ 남조류(藍藻類)가 번성하고 미생물에 의한 분해작용이 활발하여 물을 부패(腐敗)시킨다.

⑧ 양식어업에 폐열(廢熱)을 이용할 경우 새우, 굴같은 생물의 성장을 증진시킬 수 있다.

⑨ 폐열을 이용한 난방시스템은 화석 연료의 사용량을 줄여 지구온난화 방지에 기여할 수 있다.

3) 방사성 폐액의 영향

하천이나 해역으로 방류된 방사성 폐액으로 인하여 물고기나 수초(水草)에 다량의 방사능이 축적될 가능성이 있으며, 따라서 사람이 이를 지속적으로 섭취함으로써 인체(人體) 내에 다량의 방사능이 축적되어 각종 악영향을 일으킬 수 있다.

2) 비점오염원(非點汚染源, non-point source)

가. 비점오염원의 정의

비점오염원(非點汚染源, non-point source)이란 강우유출수, 농경지배수, 지하수 등이 광역지역에 분산되어 있는 배출원으로 배출구 및 배출단위의 파악이 불가능한 오염원을 말한다. 또한 비점오염에는 농경지의 비료와 농약, 초지의 가축 배설물, 미처리 축산폐수, 도로노면의 퇴적물, 합류식 하수관로에서 강우시 설계량을 초과하여 하천으로 흘러드는 오·하수와 빗물의 혼합수 등이 있다.

나. 비점오염원의 특성

비점오염원의 경우 오염물질의 유출 및 배출경로가 명확하지 않아 수집이 어렵고, 배출지점이 유역전체에 걸쳐 있으므로 관리와 일정한 처리효과를 얻기 위해 장시간이 소요된다. 또한 강수 시에 유입량이 크게 변동되어 일정한 처리효율과 수질관리 정책의 측면에 많은 어려움이 있다. 비점오염원은 일반적으로 강우시 유출되기 때문에 일간 및 계절간 배출량 변화가 크고, 예측 정량화가 어려우며, 인위적 조절이 불가능한 기상조건, 지질, 지형 등에 영향을 많이 받는다. 비가 올 때 도로, 농경지, 주차장 등에 쌓여 있던 비료, 농약, 먼지, 기름성분 등에 의해 오염된 빗물은 지표면을 따라 흐르므로 발생지점이 분명하지 않으며, 초기 빗물에는 오염도가 높지만 나중에는 농도가 떨어지고, 수질처리를 하기 위해 한 곳으로 모으기가 매우 어려운 특성이 있다.

점오염원과 비점오염원은 상대적 개념으로서, 공장을 예로 들면 관로를 통해 수집되어 수질오염방지시설을 통해 처리되는 공장폐수를 배출하는 공정시설은 점오염원인데 반해, 그 외 처리를 거치지 않고 하천으로 유입되는 강우유출수를 배출하는 야적장 등 공장 부지는 비점오염원으로 분류된다. 따라서 상수원수 보호와 수생태계의 건전성 확보를 위해서는 폐수처리시설 · 공공하수처리시설 등 점오염원을 관리하기 위한 대책을 지속적으로 추진하는 동시에 토지개발 계획수립 단계에서부터 비점오염물질 저감방안을 마련하여야 하며 점오염원과 비점오염원의 비교는 표 3.3과 같다.

표 3.3 점오염원과 비점오염원의 비교

구 분	점오염	비점오염
배출원	·공장, 가정하수, 가두리양식장 ·축산폐수처리시설 ·하수종말처리시설	·논, 밭, 임야, 대지, 도로 등 ·대기 강하 물질
특 징	·인위적 ·배출지점이 특정 · 명확 ·관로를 통해 한 지점(주로 처리장)으로 집중적 배출 ·자연적인 영향을 적게 받아 연중 배출량의 차이가 일정함 ·차집이 용이하고 처리효율이 높음	·인위적 및 자연적 ·배출기능과 흡수정화 능력의 양면성이 있음 ·배출지점이 불특정 · 불명확 ·희석, 확산되면서 넓은 지역으로 배출 ·강우 등 자연적 요인에 따른 배출량의 변화가 심하여 예측이 곤란함 ·차집이 어렵고 처리효율이 일정치 않음

다. 비점오염원의 종류

비점오염원을 발생시키는 주요 토지이용 행위를 크게 농업지역(축산지역 포함)과 도시지역(공업지역 포함)으로 구분할 수 있으며, 토지이용별 비점오염 발생원은 표 3.4와 같다.

표 3.4 토지이용별 비점오염 발생원

토지이용		세부 발생항목
농업지역	농경지역	·농작물, 밭작물, 과수 및 묘목, 양어장, 제방침식 등 자연적 원인
	축산지역	·초지, 목축지, 축분저장 및 이용
도시지역	일반도시지역	·도로 및 교량건설, 토지형질변경, 우수관로, 합류식 하수관로, 지표면유출수, 하수의 현지처리(정화 탱크 등), 대기강하물, 하수저장/조정 탱크 누출, 도로유출수
	개발사업지역	·깎쌓기 등의 토목공사 시 유출되는 토사, 방치된 폐건축자재 및 공사폐기물
	공업지역	·우수관로, 합류식 하수관로, 지표면 유출수, 공업폐기물의 토지처리, 폐수의 현지처리, 사고누출

3.2 용도별 수질

인간에게 있어 물은 내용면에서 생명유지와 문화생활을 영위하는데 필요하고, 생명과 문명을 지배하고 있는 지구환경을 구성하는데 필요한 것이다. 물의 사용내용을 작용과 기능에 따라 분류하면 생명유지용수, 물질의 용해 운반용수, 온도조절용수, 경관유지용수 등이 있다. 물론 생명유지나 경관유지의 기능도 엄밀하게 말하자면 운반용해, 온도조절 등의 제반기능과 추상화한 감각적인 것을 내포하고 있지만 여기서는 이를 포함하지 않는다. 이들 제반용도는 물은 다량의 물질을 용해시키는 매우 다목적 용매이다. 또한 고밀도, 고비열의 유체이며 지상에서는 가장 보편적으로 다량 존재하는 무해물질이라는 성질의 한 가지 혹은 몇 가지를 이용함으로써 성립하는 것이다.

일반적으로 화학·생물학적으로 불순물의 혼재량과 수온 등과 같은 물리적 요소를 대상으로 한 좁은 의미의 질을 **수질**이라고 한다. 물의 사용목적에 따라 요구되는 급수의 수질은 **수질기준**(水質基準, water quality standard)의 형태로 설명되고 있다.

물의 용도에 따른 수질의 정도는 표 3.5와 같다. 이 표에서 알 수 있는 바와 같이 모든 용도 가운데 가장 높은 수질이 요구되는 것은 음용(飮用)에 필요한 물이다. 따라서 현재의 상수도와 같이 일원화된 급수방식을 채택하고 있는 수도에서는 곧 음용수로서 적합 한지의 여부가 전체 용도의 수질한도가 된다.

표 3.5 물의 용도별 요구수질

구 분	특상질수	상질수	중질수	저질수
생활용수	음용(수돗물)	주방용수	목용용수 세탁용수 수세용수 청소용수	수세 청소용수 세차용수 살수용수 화장실용수
업무용수	음용 (수돗물 및 지하수)	주방용수	에어컨용수	수세·청소용수 세정·세차용수 살수용수
공업용수	수돗물 및 지하수	원료용수 보일러용수 제품처리용	냉각용수	세정용수

구 분	특상질수	상질수	중질수	저질수
도시기능용수	수돗물 및 지하수	–	–	도로청소용수 소화용수 수목살수용수 조경용수
수질	Mineral Water 고도 정수처리수	고도정수처리수	고도정수처리수	하수처리수 오탁하천수 지하수 우수

3.3 수질환경기준

우리나라는 수역별, 항목별로 수질환경기준(水質環境基準)이 설정되어 있는데 수역별로는 하천, 호소, 농업용수로 구분하고 항목별로는 생활환경기준인 pH, BOD, COD, TOC, DO, SS, 대장균군수(MPN), 총질소(total nitrogen, T-N), 총인(total phosphorus, T-P) 등 11개 항목과 사람의 건강보호기준인 카드뮴(Cd), 비소(As), 시안(CN), 수은(Hg), 유기인, 납(Pb), 6가크롬(Cr^{+6}), 폴리 클로리네이티드 비페닐(PCB), 음이온 계면활성제(ABS) 등 20개 항목으로 구분하고 있다.

이용목적에 따른 하천 및 호소의 수질환경기준은 각각 표 3.6 및 표 3.7과 같다.

표 3.6 하천 수질환경기준

구분	등급		기준								
			수소이온 농도[pH]	생물 화학적 산소 요구량 [BOD, mg/ℓ]	화학적 산소 요구량 [COD, mg/ℓ]	총 유기탄소 량 [TOC,mg/ℓ]	부유물 질량 [SS, mg/ℓ]	용존 산소량 [DO, mg/ℓ]	총인 [T-P, mg/ℓ]	대장균군수 [MPN/100mg/ℓ] 총대장균군	대장균군수 [MPN/100mg/ℓ] 분원성 대장균군
생활 환경	매우 좋음	Ⅰa	6.5–8.5	1 이하	2 이하	2이하	25 이하	7.5 이상	0.02 이하	50 이하	10 이하
	좋음	Ⅰb	6.5–8.5	2 이하	4 이하	3 이하	25 이하	5.0 이상	0.04 이하	500 이하	100 이하
	약간 좋음	Ⅱ	6.5–8.5	3 이하	5 이하	4이하	25 이하	5.0 이상	0.1 이하	1,000 이하	200 이하

구분	등급		기준							대장균군수 [MPN/100mg/ℓ]	
			수소이온 농도[pH]	생물 화학적 산소 요구량 [BOD, mg/ℓ]	화학적 산소 요구량 [COD, mg/ℓ]	총 유기탄소량 [TOC,mg/ℓ]	부유물 질량 [SS, mg/ℓ]	용존 산소량 [DO, mg/ℓ]	총인 [T-P, mg/ℓ]	총대장균군	분원성 대장균군
	보통	Ⅲ	6.5-8.5	5 이하	7 이하	5 이하	25 이하	7.5 이상	0.2 이하	5,000 이하	1,000 이하
	약간 나쁨	Ⅳ	6.0-8.5	8 이하	9 이하	6 이하	100 이하	5.0 이상	0.3 이하	-	-
	나쁨	Ⅴ	6.0-8.5	10 이하	11 이하	8 이하	쓰레기 등이 떠있지 아니할 것	2.0 이상	0.5 이하	-	-
	매우 나쁨	Ⅵ	-	10 초과	11 초과	8 초과	-	2.0 미만	0.5 초과	-	

구분	등급	항목	기준
사람의 건강 보호	전 수역	카드뮴(Cd)	0.005 이하
		비소(As)	0.05 이하
		시안(CN)	검출되어서는 안됨(검출한계 0.01)
		수은(Hg)	검출되어서는 안됨(검출한계 0.01)
		유기인	검출되어서는 안됨(검출한계 0.01)
		폴리클로리네이티드비페닐(PCB)	검출되어서는 안됨(검출한계 0.01)
		납(Pb)	0.05 이하
		6가크롬(Cr6+)	0.05 이하
		음이온 계면활성제(ABS)	0.5 이하
		사염화탄소	0.004 이하
		1,2-디클로로에탄	0.03 이하
		테트라클로로에틸렌(PCE)	0.04 이하
		디클로로메탄	0.02 이하
		벤젠	0.01 이하
		클로로포름	0.08 이하
		디에틸헥실프탈레이트(DEHP)	0.008 이하
		안티몬	0.02 이하
		1,4-다이옥세인	0.05 이하
		포름알데히드	0.5 이하
		헥시클로로벤젠	0.00004 이하

주) 가. 매우 좋음: 용존산소가 풍부하고 오염물질이 없는 청정상태의 생태계로 여과, 살균 등 간단한 정수처리 후 생활용수로 사용할 수 있음.

나. 좋음: 용존산소가 많은 편이고 오염물질이 거의 없는 청정상태에 근접한 생태계로 여과, 침전, 살균 등

일반적인 정수처리 후 생활용수로 사용할 수 있음.

다. 약간 좋음: 약간의 오염물질은 있으나 용존산소가 많은 상태의 다소 좋은 생태계로 여과, 침전, 살균 등 일반적인 정수처리 후 생화용수 또는 수영용수로 사용할 수 있음

라. 보통: 보통의 오염물질로 인하여 용존산소가 소모되는 일반 생태계로 여과, 침전, 활성탄 투입, 살균 등 고도의 정수처리 후 생활용수로 이용하거나 일반적 정수처리 후 공업용수로 사용할 수 있음.

마. 약간 나쁨: 상당량의 오염물질로 인하여 용존산소가 소모되는 생태계로 농업용수로 사용하거나 여과, 침전, 활성탄 투입, 살균 등 고도의 정수처리 후 공업용수로 사용할 수 있음.

바. 나쁨: 다량의 오염물질로 인하여 용존산소가 소모되는 생태계로 산책 등 국민의 일상생활에 불쾌감을 유발하지 아니하며 활성탄 투입, 역삼투압 공법 등 특수한 정수처리 후 공업용수로 사용할 수 있음.

사. 매우 나쁨: 용존산소가 거의 없는 오염된 물로 물고기가 살기 어려움.

아. 용수는 당해 등급보다 낮은 등급의 용도로 사용할 수 있음.

자. 수소이온농도(pH) 등 각 기준항목에 대한 오염도 현황, 용수처리방법 등을 종합적으로 검토하여 그에 맞는 처리방법에 따라 용수를 처리하는경우에는 당해 등급보다 높은 등급의 용도로도 사용할 수 있음.

표 3.7 호소 수질환경기준

구분	등급		기준									
			수소이온농도 [pH]	화학적 산소요구량 [COD, mg/ℓ]	총 유기탄소량 [TOC, mg/ℓ]]	부유물질량 [SS, [mg/ℓ]	용존산소량 [DO, mg/ℓ]	총인 (T-P, mg/ℓ]	총질소 [T-N, mg/ℓ]	클로로필-a [Ch1-a,mg/m³]	대장균군수 [MPN/100mℓ] 총 대장균군	대장균군수 [MPN/100mℓ] 분원성 대장균군
생활환경	매우 좋음	Ia	6.5-8.5	2 이하	2 이하	1이하	7.5 이상	0.01 이하	0.2 이하	5 이하	50 이하	10 이하
	좋음	Ib	6.5-8.5	3 이하	3 이하	5 이하	5.0 이상	0.03 이하	0.3 이하	9 이하	500 이하	100 이하
	약간 좋음	II	6.5-8.5	4 이하	4 이하	5 이하	5.0 이상	0.03 이하	0.4 이하	14 이하	1,000 이하	200 이하
	보통	III	6.5-8.5	5 이하	5 이하	15 이하	5.0 이상	0.05 이하	0.6 이하	20 이하	5,000 이하	1,000 이하
	약간 나쁨	IV	6.0-8.5	8 이하	6 이하	15 이하	2.0 이상	0.10 이하	1.0 이하	35 이하	-	-
	나쁨	V	6.0-8.5	10 이하	8 이하	쓰레기 등이 떠있지 아니할 것	2.0 이상	0.15 이하	1.5 이하	70 이하	-	-
	매우 나쁨	VI	-	10 초과	8 초과	-	2.0 미만	0.15 초과	1.5 초과	70 초과	-	

주) 가. 총인, 총질소의 경우 총인에 대한 총질소의 농도비율이 7미만일 경우에는 총인의 기준을 적용하지 않으며, 그 비율이 16이상일 경우에는 총질소의 기준을 적용하지 않.

나. 등급별 수질 및 수생태계 상태는 하천수와 같다.

다. 상태(캐릭터) 도안 모형 및 도안 요령은 하천수와 같다.

라. 화학적 산소요구량은(COD) 기준은 2015년 12월31일까지 적용한다.

표 3.8 농업용수 수질환경기준

수질항목	하천	호소	지하수	비고
수소이온농도 [pH]	6.0-8.5	6.0-8.5	6.0-8.5	
생물화학적산소요구량 [BOD,mg/ℓ]	8 이하	-	-	
화학적산소요구량 [COD, mg/ℓ]		8 이하	8 이하	
총 유기탄소량 [TOC, mg/ℓ]	6 이하	6 이하	-	
부유물질 [SS, mg/ℓ]	100 이하	13 이하	-	
용존산소량 [DO, mg/ℓ]	2 이상	2 이상	-	
염소이온[CI-)	-	-	250 이하	
대장균군수[T-Coli, MPN/100mℓ]	-	-	-	
질산성질소 [NO3-N, mg/ℓ]	-	-	20 이하	
총질소 [T-N, mg/ℓ]	-	1.0 이하	-	
총인 [T-P, mg/ℓ]	0.3 이하	0.1 이하	-	총인, 총질소비에 따라 7이하는 총인, 16이상은 총질소를 적용하지 않음

또한 정수처리방법의 선택은 수원의 수질과 밀접한 관계를 가지고 있다. 즉 I 급 상수원수는 간이처리로서 만족할 만한 정수를 얻을 수 있으나 III급의 경우에는 전처리를 겸한 고도정수처리를 거치지 않으면 안된다.

3.3.1 하천수

하천수(河川水)의 수질은 기상, 기후의 영향을 받으며 수온은 여름과 겨울의 수온차가 매우 크고 수원부근에 호우가 발생하면 단시간 내에 탁도(濁度, turbidity)가 현저하게 증가하는 특성을 가지고 있다.

상류에 댐이 있는 경우에는 정체수역에서 발생한 플랑크톤, 조류(藻類, algae), 냄새가 발생하며 성층기에 저층에서 용출(湧出)하는 망간 등이 정수처리과정에서 장애를 일으키며, 조류의 동화작용에 의해 수중의 이산화탄소가 소모되어 수소이온농도(pH)가 상승하면 응집공정에 영향을 미치게 되나 알칼리성분이 특별히 증가하는 것은 아니므로 큰 지장은 없다.

하천유역에 도시, 주택단지, 분뇨처리시설이 있는 경우는 수중의 암모니아성 질소, 음이온계면활성제(界面活性劑), BOD, COD, 염소이온, 철, 망간, 일반세균, 대장균군 등의 농도가 매우 높게 나타난다. 또한 산업폐수가 유입되면 시안, 수은, 철, 망간, 크롬, 비소, 카드뮴, 아연, 페놀 등이 존재하고 있다.

취수지점에 수질측정계기를 설치하여 수질을 연속적으로 감시하는 것이 바람직한데 측정항목으로는 수온, pH, 탁도, 용존산소(DO), 전기전도도(EC), 유분, 시안, 6가 크롬, 암모니아성 질소, 화학적 산소요구량(COD), 전유기탄소(total organic carbons, TOC), 총질소요구량(total oxygen demand, TOD) 가운데 필요성이 큰 항목을 몇 개 선택하여 측정한다.

3.3.2 호소수·저수지수

호소수(湖沼水)가 하천수와 다른 성질은 유동(流動)이 거의 없다는 점에 있다. 즉 호소수를 하천수와 비교하여 살펴보면 다음과 같다.

① 침전(沈澱, sedimentation)에 의한 자정작용(自淨作用, self-purification)이 크다.
② 오염을 멀리까지 운반하지는 않는다.
③ 수질변화가 거의 없다.
④ 미생물의 번식이 용이하다.
⑤ 봄, 가을 순환기에 수질이 현저하게 악화된다는 결점이 있다.

이와 같은 호소수의 수질특성을 이해하기 위해서는 먼저 호수의 성층(成層, stratification)과 순환(循環, circulation)현상, 부영양화(富營養化, eutrophication) 현상 등을 파악해 두어야 한다. 수원으로서 호소를 이용할 경우에 문제가 되는 점은 부영양화가 일어난 호소에서 조류 가운데 보편적으로 오수와 영양염의 유입이 없도록 충분한 유역관리가 필요하다. 또한 수시로 저수지나 호소의 플랑크톤 수를 검사하여 수가 급증하면 살조제(殺藻劑)의 살포가 허용되는 경우에는 직접필요한 양($CuSO_4$, 1 mg/ℓ)을 살포하여 초기에 제거할 필요성이 있다.

3.3.3 지하수

수원으로서 지하수(地下水)가 갖는 특징은 수온의 변동이 연간을 통하여 가장 적고 탁도나 그 밖의 항목에 대한 수질도 안정하다. 그러나 지하수가 갖는 특유한 수질 상의 문제도 무시할 수 없다. 즉 알칼리도가 높을 지라도 이산화탄소를 다량 함유하고 있으며, 철(Fe)이나 망간(Mn)이 많이 포함되어 있을 경우 금속미(金屬味) 혹은 적수(赤水, red water : 지하수나 수돗물에 철분을 많이 함유하고 있어 적갈색을 띠고 금속 맛을 가지는 물을 말한다) 또한 흑수(黑水)의 원인이 되기도 한다. 특히 망간은 일반적인 정수처리만으로는 제거되지 않는데 염소소독(鹽素消毒)으로 서서히 산화되어 물에 다갈색(茶葛色)의 착색을 일으키거나 석출(析出)된 산화물이 배수지나 배수관의 넓은 범위에 걸쳐 퇴적하게 되며, 망간의 산화물은 흑색이지만 철의 산화물이 섞여 있으면 갈색이 나타난다. 이와 같은 산화물이 어느 한계 이상으로 퇴적하면 소류력(掃流力)에 의해 유출하게 되는데 단수후 소화전을 열 때 관내 유속이 급격하게 변화하는 경우에도 유출되기 쉽다.

또한 취수를 시작했을 때에는 철, 망간이 미량이라도 수년이 경과함에 따라 점차 증가하여 장해를 일으키는 수도 있다. 심층수에는 산소가 부족하기 때문에 질산성 질소(NO_3-N) 및 아질산성 질소(NO_2-N)가 환원되어 암모니아성 질소를 함유하게 되는 수도 있으며, 이 경우에는 세균시험의 결과가 양호하면 오염되지 않은 것으로 판단할 수 있다.

약간의 유기물이 존재하는 물에는 철박테리아가 번식하게 되며, 철박테리아는 수중에 녹아 있는 철이나 망간을 산화시켜 균체내 또는 표면에 침착(沈着)하는 성질을 갖는 분열균류(分裂菌類)로 알려져 있다. 이것이 대수층(帶水層), 우물의 케이싱(casing)이나 철관 내면에 착생하여 집락을 형성하게 되며, 수 cm 두께에 달하는 경우도 있다. 철박테리아는 종류에 따라 수중의 철분제거에 이용될 수는 있지만 일반적으로 여과층을 폐쇄(閉鎖)시키며, 철관을 부식시키고 플록(floc) 모양의 집락이 유출하는 수가 있기 때문에 물에 불쾌한 취미를 유발시키고 적수의 원인이 된다.

심정호(深井戶)에서는 경우에 따라 계란썩는 냄새를 발생하는 경우가 많은데 이것은 황화수소(H_2S)에서 기인한 것으로 황박테리아가 물 속에 존재하기 때문이며, 철박테리아와 마찬가지로 집락을 형성하여 관의 폐쇄는 물론 부식에도 관계한다.

천정호수(淺井戶水)나 복류수 중에는 물벌레와 같이 육안으로는 식별할 수 없는 작은 지하수성 동물이 존재하는 수가 있는데 이들 작은 동물은 직접적으로 위생상 문제는 없지만 염소소독만으로는 부족하기 때문에 사여과(砂濾過)를 실시하여 제거한다.

지하수는 오염될 가능성은 적지만 공장폐수 및 지하수개발후 사용되지 못하는 구멍(孔)을 되메우기 하지 않으면 지하에 침투하여 크롬, 시안, 농약 등이 검출되는 경우도 있다. 따라서 정기적으로 수질시험을 실시하여야 하며 수온, 외관(濁度, 色度), 냄새, pH, 전기전도도(EC) 등이 이러한 목적으로 이용될 수 있는 시험항목이다.

3.4 하수의 수질

하수는 여러 가지 물질이 혼입한 것으로서 혼입물질량은 보통의 도시하수에서 청정 시는 1/1,000~3/1,000 g/ℓ 정도의 미소한 양이다. 이 이상이 되는 것은 강우 시에 혼입하는 토사류, 파손개소에서 침입하는 조수, 혼입물질이 많은 공장폐수의 유입 등에 의한 것이다. 이들 혼입물질은 복잡다양하며, 상호반응하여 더욱 질적 복잡성을 증가시킨다.

3.4.1 생하수의 조성

도시의 하수관로(下水管路)를 통하여 배출되어 하수처리시설로 유입되는 하수는 가정생활하수, 공장의 폐수, 노면배수, 지하수 등을 함유한 오수와 강우 시는 여기에 우수가 합쳐서 발생한다. 또한 가정생활하수 성상은 발생원의 종류, 주민의 생활습관, 도시의 성격 등에 따라서 달라질 수 있으나 일반적으로 생하수의 조성 예는 표 3.9와 같다.

표 3.9 우리나라 생하수의 조성 예 [단위 : mg/ℓ]

TOC	비여과 BOD_5	비여과 COD	총질소 [T-N]	총인 [T-P]	염화물
100 200 300 이상	100~200 200~400 400 이상	150~250 250~500 500 이사	20 40 85	6 10 20	30 50 100
성상	·색깔 : 회색 또는 황색 ·pH : 7~7.5 ·COD : 150~300 [mg/ℓ] ·SS : 200~1000 [mg/ℓ] ·고형물 : 500~15000(70~80%는 고형물임) ·유기물 : 탄수화물, 지방, 단백질 등 ·무기물 : Fe, Na, Mg 등의 금속산화물, 염화물, 황산염 등				

가정하수와 분뇨는 다함께 인간이 생활하는 곳에서 반드시 배출되는 것으로 성분의 대부분은 유기물이다. 이 유기물은 부패세균에 의해서 분해되기 때문에 하수는 불안정하고 분해하기 쉬우며, 황화수소(H_2S) 등에 의한 악취를 발산할 뿐만 아니라 병원균을 함유하고 있어서 매우 비위생적이다. 최근 우리나라 공공하수처리시설을 급증하게 보급되어 가고 있는 현실에서 볼 때 분뇨가 직접하수도로 유입되어 하수의 수질악화와 방류수면의 수질오탁을 더욱 가중시키고 있는 실정이다. 수거식 화장실에서의 분석 예를 보면 표 3.10과 같다.

표 3.10 분뇨의 분석 예

성 분	함유량 [mg/ℓ]
pH	7.5
증발잔류물	38,530
부유물질	30,000
작열감량	24,940
COD	50,684
BOD	24,000
총질소	4,300
Albuminoid 질소	1,158
Ammonia성 질소	3,036
염소이온	4,112

3.5 하수의 성질

3.5.1 물리적 분류와 성질

콜로이드(colloid)는 특정물질을 말하는 것이 아니라 물질의 분산(分散)상태를 나타내는 것으로 수중에 존재하는 광물질, 유기물, 단백질, 플랑크톤, 조류, 박테리아 등으로 구성된다. 표 3.11과 같이 나타낼 수 있으며, 이것을 나타내면 그림 3.1 및 그림 3.2와 같다.

표 3.11 콜로이드의 분류

구분	특성
소수성 콜로이드	·물과 반발(反撥)하는 현상이 있다. ·매우 작은 미세한 입자로 존재한다. ·물 속에 현탁상태(suspension)로 존재한다. ·염(鹽)에 대하여 아주 민감하다. ·소량의 염을 첨가하여도 응결·침전한다. ·점토, 석유, 작은 금속류의 입자
친수성 콜로이드	·물과 강하게 반응하는 성질이 있다. ·물 속에서 유탁상태(emulsion)로 존재한다. ·매우 큰 분자 또는 이온상태로 존재한다. ·염(鹽)에 대해서는 큰 영향을 받지 않는다. ·많은 염을 첨가하여야 응결·침전된다. ·단백질, 합성된 고단위 중합체 등
회합성 콜로이드 (association colloid)	·물 속에 녹아 작은 분자·이온으로 존재한다. ·회합성 콜로이드를 형성하는 대표적인 물질은 비누와 합성세정제이다. ·미세용해성 입자들이 응결 부유입자를 형성한다.

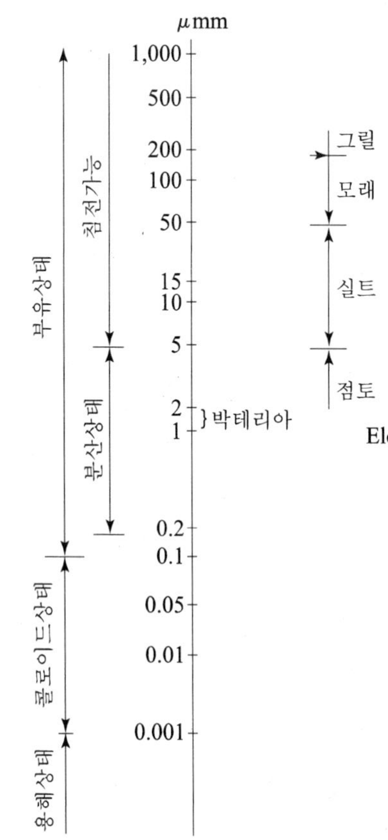

그림 3.1 수중입자의 크기와 성질

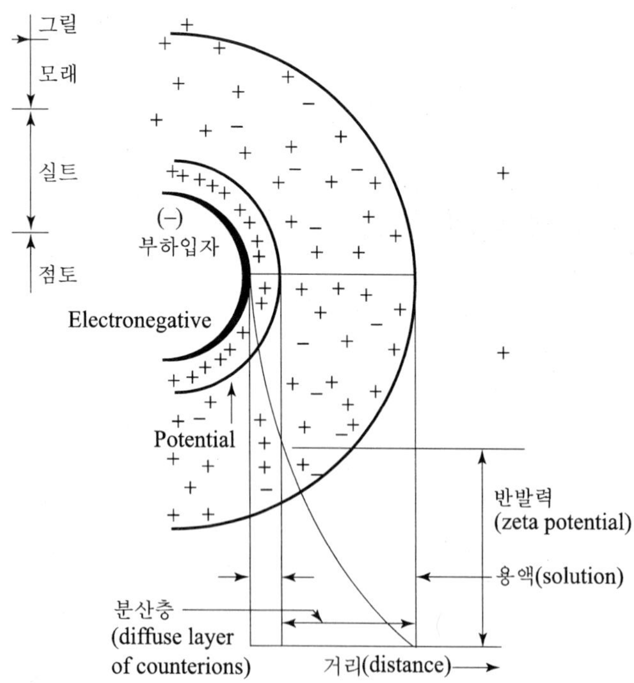

그림 3.2 콜로이드와 전기부하

(1) 부유물질

부유상태의 물질인 부유물질(suspended solid)은 지름이 0.001~0.1μm 이상의 입자들을 말한다. 침전 가능한 물질과 침전 불가능한 물질로 구분되며, 탁도(turbidity)를 유발시킨다. 한편 지름 0.1μ에서 0.001μ까지의 물질은 **콜로이드 상태의 물질**이라고 한다. 그 이하의 크기를 가지고 있는 물질을 **용존물질**(dissolved solids)이라고 부른다. 침전 가능물질은 침전지에서 쉽게 제거되는 물질을 말하며, 도시폐수에 있어서 전체 부유물질의 50~60%가 침전 가능한(settleable) 부유물질(SS)이다. 분산상태(dispersed)의 부유물질(SS)은 화학적으로 침전시킬 수 있으며, 또한 생물학적인 처리로 침전가능하다.

부유물질은 침전지나 활성슬러지법의 응집・흡착작용에 의해 제거되고 또 살수여상에 생기는 생물막에 의해 분해되어 용존물질과 물 및 가스체로 변화해서 제거된다. 약 0.1~1.0μ으로 입자나 밀도에 따라 다르다. 이것은 세균의 보통 크기에 해당하고 가시광선의 파장 0.4~0.8μ과 같은 정도이며, 현미경적 가시도의 하한에 가깝다.

1) 영향

부유물질은 수질의 물리적 주요지표로 이용되고 있으며, 또한 SS가 수질환경에 미치는 영향은 다음과 같다.

① 수질의 탁도나 색도를 유발시키는 원인물질이 된다.

② 햇빛의 투과량을 감소시킴으로써 수생식물(水生植物)의 광합성(光合成)을 저해한다.

③ 어류(魚類)의 아가미에 부착하여 호흡기능을 저하시킨다.

④ 물맛을 나쁘게 하며, 각종 용수로서의 가치를 저하시킨다.

⑤ 유기성부유물질은 하천과 해저(海底)에 침적하여 부패함으로써 수질을 악화시킨다.

2) 수처리공정

수처리공정의 SS 의의는 다음과 같다.

① 유기성고형물의 입경분포와 비표면적은 BOD, COD, TOC 등에 대한 SS의 기여도와 가수분해속도에 크게 영향을 미친다.

② 부유고형물의 농도는 1차 침전지의 소요여부를 판단하는데 이용된다.

③ 휘발성고형물의 함량은 1차 슬러지의 처리방법을 결정하는데 기초자료로 이용되고 있다.

④ 활성슬러지의 휘발성고형물은 세포질량(細胞質量)을 나타내는 파라미터로 사용되

고 있다.

3) 고형물의 상호관계

고형물의 용어와 상관관계를 정리하면 식 (3-1)과 그림 3.3과 같다.

$$TS = TDS + TSS = VDS + FDS + VSS + FSS$$
$$FS = FDS + FSS$$
$$VS = VDS + VSS$$
$$TS = VS + FS \tag{3-1}$$

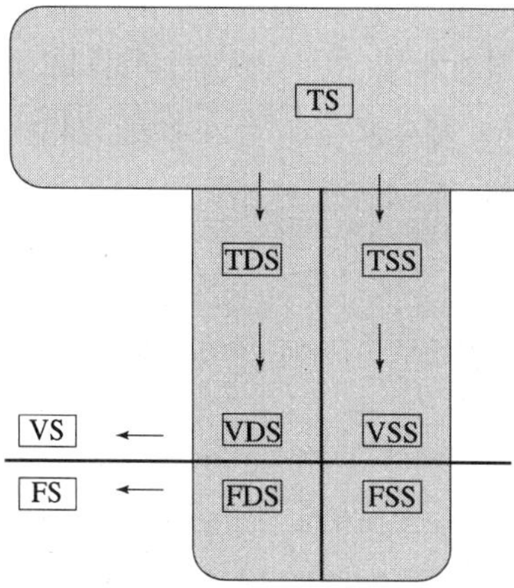

그림 3.3 고형물의 상호관계

① 총고형물(Total Solids, TS) : 시료를 여과하지 않고 105℃로 가열하여 수분을 증발시킨 후의 잔류물을 말하며, **총증발잔류물**이라고 한다. 총부유물질(TSS)과 총용존고형물질(TDS)를 합한 것을 말한다.

② 총부유고형물(Total Suspended Solids, TSS) : 시료를 표준여과판에 거른후 여과된 고형물을 105℃에서 1시간 이상 건조시켰을 때 잔류하는 고형물을 말한다.

③ 총용존고형물(Total Dissolved Solids, TDS) : 표준여과판(D : 47 mm)을 통과한 용액을 접시에 받아서 105℃에서 1시간 이상 건조시켰을 때 잔류하는 증발잔류물을 말한다.

④ 휘발성부유물(Volatile Suspended Solids, VSS) : 총부유물질중 열작감량을 뜻하며, 총용존고형물(TSS)를 550℃에서 15분간 태웠을 때 휘산된 물질을 말한다.

⑤ 휘발성용존고형물(Volatile Dissolved Solids, VDS) : 총용존고형물중 열작감량을 뜻하

며, 총용존고형물(TDS)를 550℃에서 15분간 태웠을 때 휘산된 물질을 말한다.

⑥ 강열잔류고형물(Fixed Dissolved Solids, FDS) : 총용존고형물 중에서 잔류하는 고형물을 뜻하며, 총용존고형물(TDS)을 550℃에서 15분간 태웠을 때 남는 물질을 말한다.

⑦ 휘발성고형물(Total Volatile Solids, TVS) : 총고형물질중 휘발성물질을 총칭하며, VSS와 VDS를 합한 것으로 VS라고도 한다.

⑧ 강열잔류부유물(Fixed Suspended Solids, FSS) : 총부유물질중 잔류하는 부유물질을 뜻하며, TSS를 550℃에서 15분간 태웠을 때 남는 물질을 말한다.

⑨ 강열잔류고형물(Total Fixed Solids, TFS) : 총고형물질중 강열잔류고형물질을 총칭하며, FSS와 FDS를 합한 것으로 FS라고도 한다.

3.5.2 화학적 분류와 성질

하수의 함유물질을 화학적으로 분류하면 무기물질과 유기물질로 대별된다. 하수처리처분에서 하수의 화학적 성질을 파악하는 것은 매우 중요한 일이다.

(1) 무기물질

무기물질(inorganic matter)은 하수나 분뇨 중에 유기물질과 함께 반드시 함유되는 것으로 발생요인은 다음과 같다.

① 모든 음식물에 유기물과 함께 함유되는 것으로 생활폐수 중의 오수 및 분뇨로부터 방출되는 것

② 회·마분 등의 무기물질 폐액(廢液)에 의한 것

③ 공장폐수 중에 부유·용해·콜로이드 상으로 함유된 무기물질

④ 노면배수의 토사를 주로 하는 무기물질 등의 경우에 의한 것이다.

(2) 유기물질

하수 중의 유기물질(organic matter)에는 식물성과 동물성이 있으나 분뇨와 주방이 주된 발생원이다. 함유물질의 대표적인 것은 다음과 같다.

① 탄소함유 화합물질 : 전분·당류·섬유소 등

② 지방・단백질물질 : 질소무기물 함유

③ 세균 및 원생동식물, 플랑크톤, 조류, 원생동물 등

이중 탄소함유 화합물질은 하수관을 유하하거나 펌프시설에서 미생물이 되고, 혐기성균의 작용에 의해 메탄(CH_4)가스 및 탄산가스를 발생한다. 즉 섬유소는 간균(桿菌, bacillus), 건락간상균(乾酪桿狀菌, amylobacter)이란 세균의 작용으로 메탄가스와 탄산가스로 분해한다.

$$C_6H_{10}O_5 + H_2O \rightleftarrows C_6H_{12}O_6 \tag{3-2}$$

$$C_6H_{12}O_6 \rightleftarrows 3CH_4 + 3CO_2 \tag{3-3}$$

콜로이드 혹은 용해물로 존재하는 함수탄소 화합물은 살수여상법(tricking filter process) 또는 활성오니법(activated sludge process)의 포기탱크에서 호기균의 매식에 의해 생물화학적 산화, 즉 습식연소(수중에서의 화학적 산화)를 일으켜서 갈색의 부식토질의 물질이 되며, 다시 물 및 탄산가스를 발생하고, 미량의 알코올(alcohol)도 발효 제조한다. 이 부식토질의 물질은 활성슬러지법에서의 활성슬러지를 형성하며, 살수여상법에서는 여재의 쇄석에 피막(皮膜, film)을 형성하고 남은 가스류를 발산하는 것이다.

지방(脂肪)은 침전지에서 스컴(scum)으로서 제거되고 활성슬러지나 피막에 흡착시킨다. 또 물에 분해(hydrolysis)해서 지방산 및 글리세린류(glycerin)로 변화하기도 한다. 그리고 이들의 변화는 상당한 시간이 소요된다.

단백질은 주로 주방배수 및 분뇨가 발생원이 되지만 도살장(屠殺場), 제혁공장, 식품가공공장의 배수에 함유되기도 하며, 처리장에 도달할 때까지 다른 하수와 혼합해서 양은 비교적 적고, 질소화합물은 종래 하수오염도의 지표로 사용하였으나 유황화합물이나 유지류 쪽이 더 곤란하다.

즉 침전방류의 경우는 단백질에 유사한 물질이 많을 때는 세균배양원이 될 뿐만 아니라 다량의 용존산소를 소비하고 용존산소가 적을 때는 부패하여 하수도를 오염시키나 처리기술의 진보로 이들 질소화합물은 물론 유기물의 암모니아도 쉽게 산화처리하게 되었다. 그러나 황화수소나 지방류의 해는 제거할 수 없다. 따라서 최근의 처리능력은 질소화합물의 양적 변화보다도 생물화학적 산소요구량에 중점을 둔다. 그러나 질소화합물은 쉽게 변화해서 암모니아・아질산・질산염이 되어서 정화의 지표가 되므로 무시할 수 없으며, 처리작업의 효과에 대한 지표적 요소가 된다.

일반적으로 유기물질의 분해에는 다량의 산소가 필요하며, 하수 중의 산소가 소모되면 악취를 발산하는 화합물이 생긴다. 이 현상이 부패인 것이다. 이와 같은 이유로 하수 중의 유기물

질 함유량, 특히 산소의 공급이 하수처리에서는 중요시되는 것이다. 또한 하수 중의 총고형물에서 각 입자에 함유된 유기물량비(有機物量比)는 약 30~40%이며, 침전처리되는 유기물량은 약 30%이다. 따라서 잔류유기물에 대해서는 생물처리 등의 방법으로 처리하는 것이 좋다.

3.6 수질의 생물

미생물(微生物)의 종류를 분류하는 학문을 **분류학**(taxonomy)이라고 한다. 최근에는 환경공학자는 미생물의 분류에 관하여 다각적으로 흥미를 가지고 있으며 연구조사·실험하고 있는 미생물은 박테리아, 푼지, 조류, 원생동물 그리고 고등동물인 슬러지벌레(sludge worms) 등이다.

3.6.1 미생물의 종류와 특징

(1) 바이러스

살아있는 숙주(宿主) 세포 내에서만 자기복제와 증식이 가능한 『세포내 기생체』이다. 따라서 바로 증식하지 못하고 숙주 세포 내에 기생하여야만 증식이 가능하다. 바이러스는 숙주에 매우 잘 감염하여 동물 바이러스가 식물에 감염하지는 않으며, 같은 동물 바이러스라도 감염할 수 있는 동물의 종류가 매우 제한적이다. 사람에게 감염하여 질병을 일으키는 병원바이러스 역시 대부분 사람에게만 제한적으로 감염한다.

또한 바이러스는 생물과 무생물의 중간체로서 가장 미세한 미생물이다. 그 크기는 세균여과기의 구멍을 통과함으로 여과법, 초원심분리법, 전자현미경법 등으로 측정할 수 있으며 대개 20~250 mμ이다. 바이러스는 중심부가 RNA(ribonucleic acid) 또는 DNA(desoxyribonucleic acid)의 핵산의 심(core)으로 되어 있으며, 주위는 단백질의 각(殼, capsid)으로 둘러싸인 형태로 되어 있고, 각은 단백질입자와 생체입자(고분자)를 구성하는 기본단위가 되어 규칙적으로 배열되어 있으며 그림 3.4와 같다.

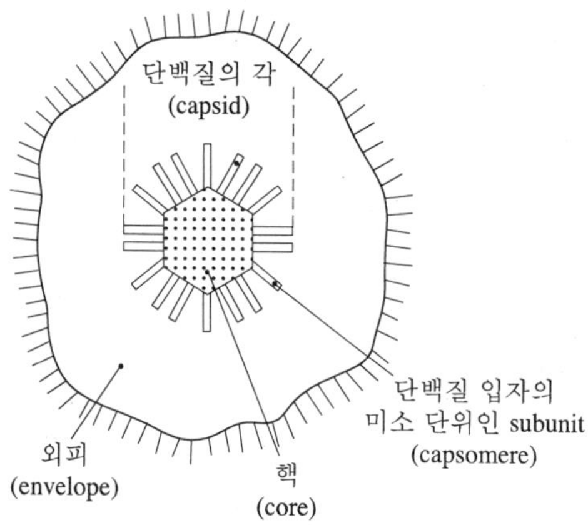

그림 3.4 바이러스의 입자

바이러스는 대부분 스스로 대사기능을 가지고 있지 못하므로 일반적으로 동 · 식물 또는 미생물의 세포 내에서 기생하면서 증식하고 있다. 또한 미생물에 기생하여 용균현상을 일으키는 바이러스를 **박테리오파지**(bacteriophage) 또는 **파지**(phage)이라고 한다. 남조류(藍藻類)에 기생하는 것을 **시아노파지**(cyanophage)라 하고, 파지를 균체 내에 존재시켜 증식을 계속하는 세균을 **용원균**(lysogenic bactetia)이라고 한다. 용균((溶菌)을 일으키는 파지를 **독성파지**(virulent phage)라고 부른다.

장바이러스(enteric virus)는 자연계에 110여종이 존재하고 있다. 비병원성 바이러스가 많고 병원성 바이러스는 종류에 따라서 간염, 소아마비, 무균성 뇌수막염, 위장병 등을 유발할 수 있다. 특히 장바이러스가 인체에 미치는 영향은 표 3.12와 같다.

표 3.12 장바이러스가 인체에 미치는 영향

종 류	병 명
플리오 바이러스(polio virus)	·소아마비, 무균성 수막염
콕사키 A군 바이러스(coxsackie virus type A)	·무균성 수막염, 호흡기질환, 열성마비
콕사키 B 바이러스(coxsackie virus type B)	·흉통, 무균성 수막염, 심막염, 심근염, 선천성 정신이상, 신장염
에코 바이러스(echo virus)	·호흡기질환, 눈병
A형간염 바이러스(Hepatitis A virus)	·감염성간염
로타 바이러스(Rota virus)	·소아위장염
아데노 바이러스(Adeno virus)	·급성감염성장염

모든 종류의 동물바이러스를 포함할 수 있으며 토양, 지표수 및 대기등의 자연환경에 노출될 때는 여러 물리 · 화학적 손상요인들에 강한 내성을 나타낸다. 특히 물에서 인체의 영향을 미치는 바이러스는 사람의 장기관에 감염하여 분뇨(糞尿)로 배출되는 장관계 바이러스이다. 이들 바이러스는 대부분『분변, 구강(口腔) 전파』경로를 거쳐 사람끼리의 직접접촉을 통하여 감염된다. 바이러스에 대한 수질기준을 보면 세계적으로 수돗물에 대한 바이러스 검사규정은 규정되어 있지 않으나 세계적으로 권장하고 있는 사항을 국가별로 보면 프랑스 10ℓ당 불검출, 미국은 99.99%를 제거 하며, 한국 · 일본 · 영국 · WHO · 유럽 등은 아직 검사기준이 없다. 자연생태계에서의 장바이러스의 감염경로는 그림 3.5와 같다.

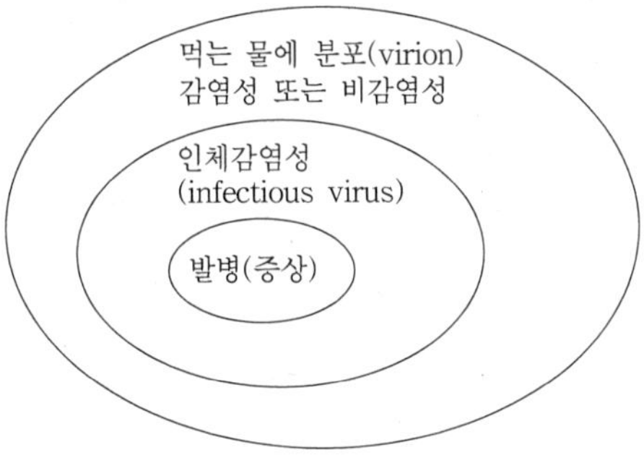

병명	유형	전염경로	증상
콜 레 라	세균	·1차 음료수가 매개 ·2차 음식물과 파리의 접촉에 의해 전염	·구토, 설사, 탈수, 치료가 늦을 경우 사망할 수 있음
장티푸스	세균	·음식물과 음료수에 의해 전염	·구토, 설사, 장내 염증, 치료가 늦을 경우 사망
파라티푸스	세균	·배설물로 오염된 음료수나 음식물을 통해 전염	·심한 구토와 설사, 사망하는 경우는 드물다
세균성이질	세균	·배설물로 오염된 음료수나 음식물, 우유, 파리와의 직접적인 접촉에 의해 전염	·심한 설사, 사망하는 경우는 드물다.
간염(肝炎)	바이러스	·음료수나 조개류를 함유한 음식물을 통해 전염	·황달증상, 구토, 복통유발, 영구적인 간 손상
아메바성이질	원생동물	·조개류 등의 음식물을 통해 전염	·장기간의 설사
와일(Well)병	세균	·쥐나 돼지 등의 오줌으로부터 배균(排菌)되어 물을 통해 인체에 감염	·살모넬라증(식중독)을 나타냄

그림 3.5 자연생태계의 장바이러스의 감염경로

(2) 박테리아

박테리아(bacteria)는 아주 작으며, 형태학적 특징이 많지 않기 때문에 형태 관찰만으로 분류하기는 매우 어렵다. 다양한 생리활성(生理活性)을 갖는 세균이 발견됨에 따라 분류되는 형태보다도 생리 · 생화학적 특징이 중요시 되고 있다. 박테리아는 가장 간단한 식물로서 용해된 유기물(soluble organics)을 섭취한다. 박테리아의 크기는 대략 0.8~5.0μ이며, 막대기모양(rod), 공모양(spherical), 나선모양(spiral) 등이 있다. 박테리아는 폐수처리에 있어서 가장 중요한 미생물로서 그 구조를 보면 그림 3.6과 같다.

박테리아의 내부는 여러 가지 유기물로 구성되어 있으며, 경험적으로 $C_5H_7O_2N$을 화학적 분자식으로 사용한다. 박테리아의 약 80%는 물이며, 20%가 고체물질이다. 이 중에서 90%가 유기물이면 나머지 10%가 무기물이다. 유기물을 다시 분석하면 탄소 53%, 산소 29%, 질소 12%, 수소 6%이다. 또한 무기물을 분석하면 P_2O_5 50%, K_2O 6%, Na_2O 11%, MgO 8%, CaO 9%, SO_3 15%, 그리고 Fe_2Cl_3 1%이다. 미생물을 이용해서 폐수를 처리할 경우 성장시키려는 미생물 즉 박테리아를 잘 자라도록 하자면 상기 박테리아의 구성물질을 폐수 내에 충분히 있도록 해야 하며, 충분하지 않을 경우에는 박테리아의 성장이 느리거나 다른 미생물이 번식하게 되어 폐수처리과정에서 큰 문제가 되기도 한다.

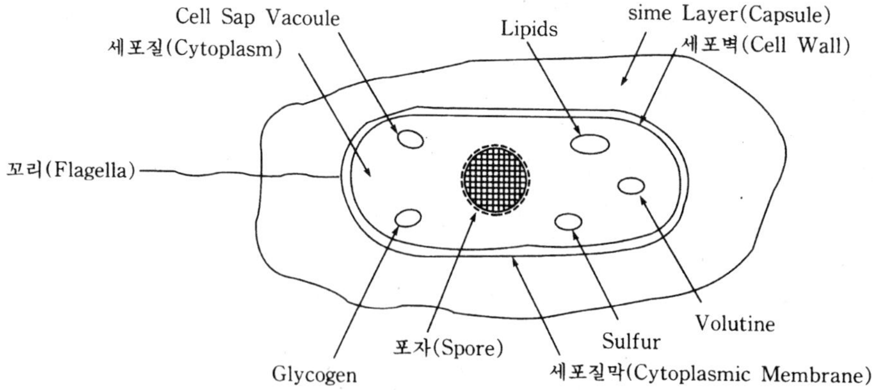

그림 3.6 박테리아의 구조

(3) 곰팡이류

곰팡이류(fungi)는 탄소동화작용(炭素同化作用, photo synthesis)을 하는 식물로서 유기물질을 섭취하는 매우 중요한 미생물이다. 이 미생물의 특징은 폐수 내에 질소(N)와 용존산소

(DO)가 부족한 경우에도 잘 성장하며, pH 3~5의 낮은 경우에도 잘 성장한다. 만약 곰팡이가 폐수처리과정에서 많이 발생하면 유출수로부터 분리가 안된다. 이를 **슬러지팽화**(sludge bulking : 폐수처리과정에서 균류가 많이 발생하면 유출수로부터 분리가 잘 안됨)라고 한다.

곰팡이는 폭이 약 5~10μ로서 현미경으로 쉽게 식별되며, 다른 섬유성 미생물인 분열균류(分裂菌類, actinomycetes)와도 쉽게 구별된다. 즉 곰팡이류는 가지가 선명히 나타나지만 분열균류는 가지가 없다. 곰팡이류는 대부분 호기성이며, 구성물질의 75~80%가 물로서 경험적 화학분자식 $C_{10}H_{17}O_6N$을 사용한다. 이 분자식을 박테리아와 비교해 보면 질소함량에 큰 차이가 있다는 것을 알 수 있다.

분열균류는 생물학적 폐수처리과정에서 잘 발생하지만 아직 많이 알려지지는 않았다. 곰팡이류나 분열균류는 보통 백색이며, 초록색이나 분홍색인 경우도 있다. 분열균류의 구성분자식에 대해서는 많은 연구가 활발히 진행되어야 한다.

조류는 흔히 **플랑크톤**(plankton)이라고도 한다. 엄격한 의미에서 조류는 특정 식물의 이름이며, 플랑크톤은 물에 떠있는 식물과 동물의 집단을 뜻한다. 조류는 엽록소를 가지고 있는 단세포 혹은 다세포 식물이며, 환경공학자가 중요시 하는 조류의 성질은 탄소동화작용을 하고 무기물을 섭취한다는 것과 다양한 맛과 냄새(異臭味)를 물에 나타낸다는 것이다. 흔히 사용되는 조류(alage)라는 화학분자식은 $C_5H_8O_2N$이다. 조류의 광합성(photosynthesis)과 호흡작용(respiration)을 화학방정식으로 나타내면 각각 식 (3-4) 및 (3-5)와 같다.

$$\text{광합성(Photosynthesis)} : CO_2 + 2H_2O \rightarrow (CH_2O) + O_2 + H_2O \qquad (3\text{-}4)$$

$$\text{호흡작용(Respiration)} : CH_2O + O_2 \rightarrow CO_2 + H_2O \qquad (3\text{-}5)$$

식 (3-4)에 나타낸 바와 같이 조류는 광합성시 물 속의 탄산가스를 섭취함으로써 물 속의 탄산가스농도가 알칼리도(alkalinity)에 영향을 미치며, 산소를 생산함으로써 산화지(oxidation pond)에 의한 폐수처리시 산소원으로 이용된다. 그러나 밤이 되어 햇빛이 없는 경우에는 반대로 물 속의 용존산소를 소모시킴으로써 부작용이 생길 수도 있다.

원생동물도 박테리아나 곰팡이류, 조류와 같이 여러 종류가 있으며, 그림 3.7과 같이 위족류(僞足類, sarcodina), 편모충류(鞭毛蟲類, mastigophora), 섬모충류(ciliates), 흡관충류(吸管蟲類, suctoria) 등이다. 육질충류는 그림 3.8에 표시된 바와 같이 화살표 방향으로 몸체를 움직여 운동하며, 고형물을 섭취한다. 편모충류는 꼬리가 있는데 동물성 편모충류는 식도(gullet)를 가지고 있어 고형물을 먹을 수 있으나 식물성 편모충류는 식도가 없어 용존상태의 유기물

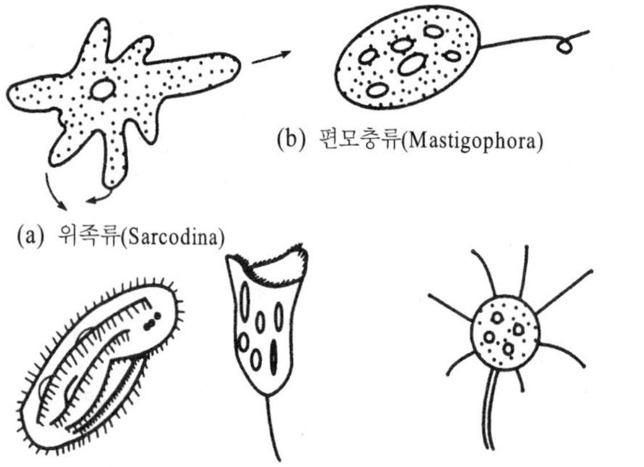
(a) 위족류(Sarcodina) (b) 편모충류(Mastigophora) (c) 짚신벌레 (d) Stalked Ciliates (e) 흡관충류(Suctoria)

그림 3.7 원생동물

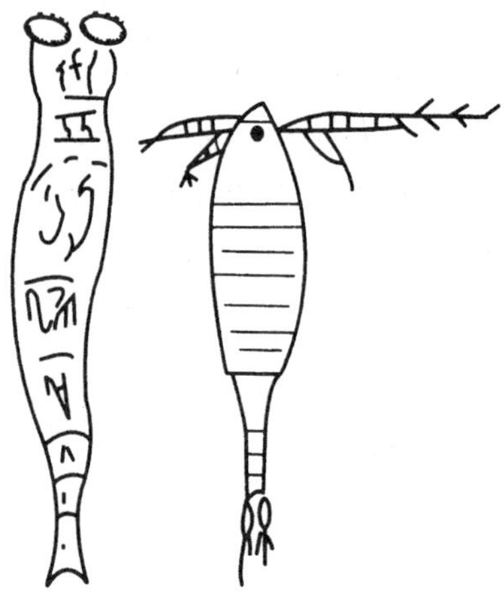
윤충류(Rotifer) 갑각류(Crustaceans)

그림 3.8 윤충류와 갑각류

을 먹는다. 섬모충류는 몸전체에 털이 많은 것이 특징인데 자유유영형(free swimming) 섬모충류와 어느 곳에 붙어서 나팔꽃모양을 가진 유영형(stalked ciliates)이 있다. 이 섬모충류는 매우 중요한 원생동물이며, 고형물을 먹는다. 즉 유영형은 나팔꽃모양의 입에 물을 넣었다가 입을 다물고 물만 보내고 고형물만 걸러 먹는다. 자유롭게 수용하는 섬모충류의 대표적인 것은 짚신벌레(paramecia)이다. 흡관충류는 인공위성 형상으로 안테나 같은 것이 달려 있으며, 유영형과 같이 어느 곳에 줄기를 통해 붙어있다. 원생동물(sarcodina, mastigophora, ciliates, suctoria)은 모두 호기성이며, 탄성동화작용을 하지 않고 박테리아 같은 미생물을 잡아먹는다. 경험적인 화학식은 $C_7H_{14}O_3N$이며, 박테리아와 비교하여 보면 질소함량에 큰 차이가 있다는 것을 알 수 있다.

고등동물로서 흔히 볼 수 있는 것은 그림 3.8에 도시된 윤충류(rotifer)와 갑각류(crustaceans)이다. 윤충류는 몸통이 자유자재로 움직일 수 있다. 위에 붙어 있는 두 입으로 먹이를 취한다. 갑각류는 거미모양으로 생겼는데 박테리아 및 원생동물로 구성되어 있는 슬러지를 먹는다. 이와 같이 원생동물과 슬러지벌레들은 약육강식을 하며, 폐수를 처리시킨다. 생물학적 폐수처리과정이나 하천과 같은 자연계에서 많이 관측된다.

(4) 균류

균류는 **진균류**(eumycetes)라고 한다. 하등식물의 일부분이며, 균류는 종속영양성이고 형태학적 및 생식방법도 고등동물과는 현저하게 다르다. 주로 균사를 늘려서 영양을 취하고 곰팡이, 버섯, 효모전부를 포함하여 세균과 함께 미생물군으로 나타내고 있다.

균류는 포자(胞子)의 발아에서 시작되며, 발아관(發芽管)은 서서히 길게 자라서 실모양의 균사가 되고 다수는 더 분지(分枝)하여 균사의 망상집합(網狀集合), 즉 균사체로 된다. 균사는 어느 정도 성장하면 포자를 형성하는 생식기관이 만들어지며, 생식기관의 형상 및 포자형성의 방법은 균류분류의 중요한 기준이 되고, 곰팡이는 균류 중에서 효모와 버섯류를 제외한 균체(菌體)가 사상(絲狀)을 나타낸다. 균류의 분류는 다음과 같다.

① 균사는 전혀 격벽이 없다. : 조균류

② 유성포자(有性胞子)는 자낭(子囊)에서 내생한다. : 자낭균류

③ 유성포자는 인정되지 않고 무성(無性)포자에 의해 증식한다. : 불완전한 균류

(5) 조류

1) 조류의 발생

조류는 일년중 어떤 일정한 시기에 발생하는데 온대지방에서는 겨울철에도 나타나며, 분류학적 측면에서 조류를 분류하여 보면 봄의 경우에는 규조류(珪藻類)가 생성되고 초여름의 경우에는 쌍편모조류(雙編毛藻類) 또는 녹조류(綠藻類)가 생기고, 늦은 여름이나 가을철에는 남조류(藍藻類)가 발생한다. 조류는 수중의 탄산가스 및 기타 유기염류를 섭취하며 빛에너지를 흡수하여 생활하는 생물로서 빛이 없는 지하에서 번식하는 것은 없으나 지하수가 흐르는 경우 이것에 포함되어 있는 풍부한 탄산가스와 무기염류를 영양원으로 번식을 하기도 한다. 그 결과 육안적으로 큰 조류 집괴(集塊)의 유출에 의한 수화현상(water bloom, 水華現象)과 미세한 조류에 의해 물이 녹색화되거나 또는 조류가 생산하는 물질 또는 부패에 따라 여러 가지 장해가 발생한다. 즉 수화현상은 일명 **물꽃현상**이라 부른다. 호소에서 특정 조류가 과잉번식하여 물의 색이 조류의 특유한 색으로 변하며, 수면에 얇은 피막 또는 괴상(塊狀)의 조류가 부상하는 현상을 말하는 것으로 해수에 있어서는 적조현상(red tied, 赤藻現象)에 해당된다.

조류에 대한 연구를 보면 Bays(1969)는 수처리가 끝난 후에도 여과지를 통과한 작고 둥근 황조류(黃藻類)인 Monodus를 4×10^5 cells/ml 정도의 높은 농도로 발견되었으며, 수처리시 여과공정을 통과한 대표적인 종(種)은 Oscillatoria와 Microcystis 등으로 보고하였다.

Reynolds(1972)에 의하면 영국 Shropshire 호수에서 수화현상이 일어났을 때 Anabaena Circinalis의 농도가 약 1,600 cells/ml로 측정되었고 남조류의 수화현상이 발생할 경우에도 녹

조류와 규조류가 섞여서 출현하였다고 보고하였다.

Collingwood(1977)는 완속여과와 급속여과를 통한 응집실험의 두 가지 수처리공정을 통하여 조류제거율을 실험하였다. 화학적인 정수처리 후에 완속여과가 더 많은 조류세포를 제거시킬 수 있었지만 동일한 시수에 대한 실험은 아니어서 두 가지 실험방법을 비교하기는 어렵다.

물리학·생물학적 여과방법으로 조류침투를 억제시킬 수 있는데 Collingwood(1970)가 급속여과와 안트라사이트(anthracite)층을 복합적으로 사용하여 수처리함으로써 조류의 개체수를 많이 감소시켰음을 보고하였다. 또한 화학적인 염소처리 전에 저수지에서 이들을 전처리하면 몇몇 조류의 개체 수를 대폭 감소시킬 수 있다.

영국 Grafham 정수장의 실험결과 프라질라리아(fragilaria), 아스테리오넬라(asterionella), 트리보네마(tribonema)와 같은 조류가 저수지에 다량 존재하게 되면서 정수처리능력이 2/3로 저하됨을 발견하였고 Farmoor 정수시설의 경우에도 멜로시아 조직(melosira granulata)이 정수효과를 저하시켰는데 Melosira 개체 수의 증가로 여과지속시간이 44시간에서 24시간 정도로 급속히 감소되었다. 국내 정수시설에서도 프라질라리아(fragilaria), 시네드라(synedra), 멜로시라(mellosira) 등의 조류 과잉번식으로 침전지 효율저하, 여과지속시간 단축 등 문제가 발생하고 있다.

조류에 대한 장해를 방지하기 위해서는 우선 빛을 차단하여 번식을 억제하는 것이 필요하나 구조상 불가피한 경우 처음에 염소를 주입하는 것이 조류발생을 어느 정도 억제할 수 있으나 염소의 과잉투입에 의한 트리할로메탄(THM)의 생성, 빛에 의한 잔류염소의 손실이 커지고 염소에 강한 종류의 조류가 발생할 수도 있다.

2) 발생 조류조사

국내 수도권의 상수원수로 사용하고 있는 팔당원수에서 발생된 조류를 관찰하여 본 결과 그 형태는 그림 3.9(a~f)와 같으며, 발견 조류의 특징은 표 3.13과 같다.

표 3.13 조류의 분류와 특징

조류의 종류	특 징
시크로텔라 (Cyclotella sp.)	·세포는 북모양 ·실모양의 군체 ·피각면은 원형 ·가장자리 근처는 방사상의 줄무늬가 배열 ·해수와 담수 그리고 기수에 널리 분포 ·여과지로부터 누출
멜로시라 (Melosira sp.)	·흙 냄새 발생 ·염소분해 어려움 ·비중이 물보다 가벼워 부상 ·여과지(막) 폐쇄

조류의 종류	특 징
프라질라리아 (Fragilaria sp.)	·곰팡이 냄새 ·부유성 조류 ·점액성 조류 ·급속여과지 폐쇄 ·호소와 저수지에서 사계절 번식 가능 ·호기성 조류 ·세포의 길이 40~170μm, 폭은 2~3μm ·완속여과지를 막히게 하는 일이 많다.
심벨라아 (Symbella sp.)	·세포길이 100~300μm 정도 ·과대하게 번식 ·여과지 폐쇄 ·응집방해
시네드라 (Synedra sp.)	·부유성 조류 ·참빗모양의 군체 ·세포길이 100~300μm 정도 ·응집침전에 의한 제거가 힘듬 ·심한 여과지 폐쇄

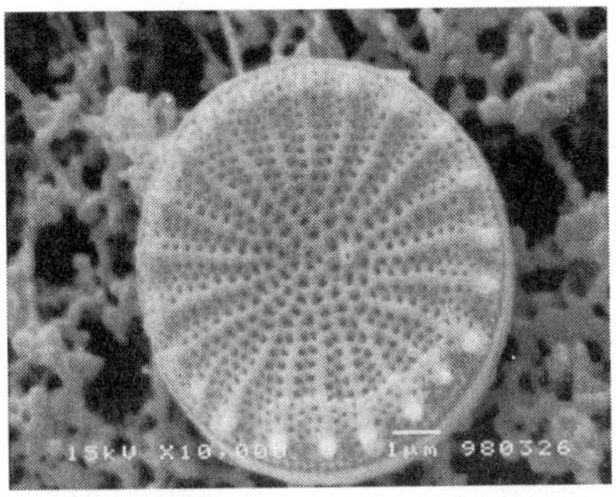

사진 (a) Cyclotella sp.(15kV×10,000)

사진 (b) Mellosira sp.(15kV×3,500).

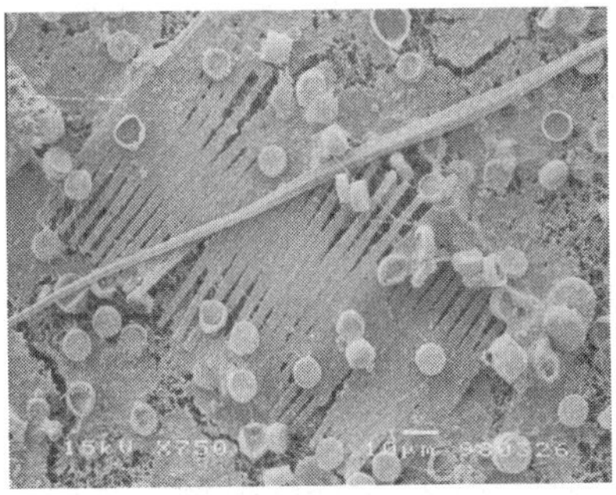
사진 (c) Fragilaria sp.(15kV×750).

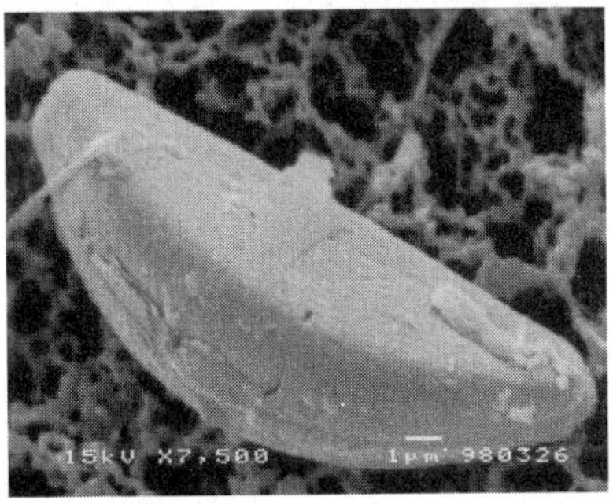

사진 (d) Symbella sp.(15kV×7,500).

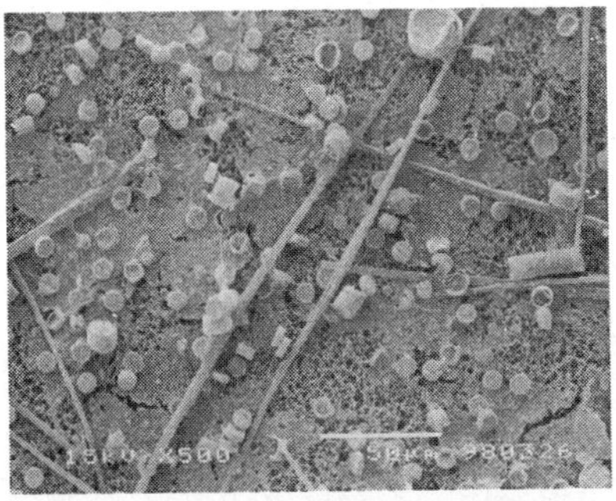
사진 (e) Synedra sp.(15kV×500).

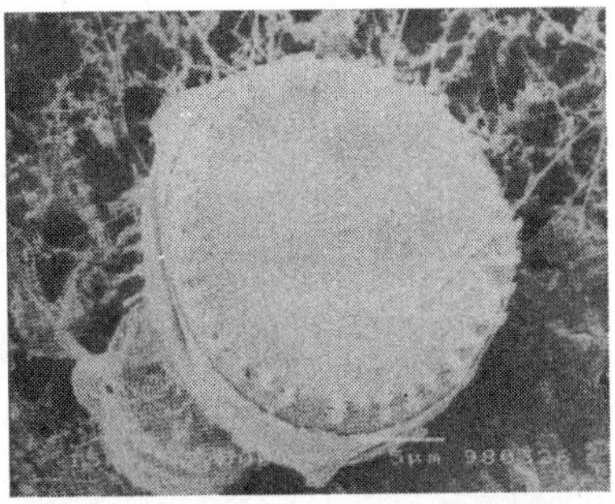
사진 (f) Cyclotella sp.(15kV×3,500).

그림 3.9 팔당호의 대표적인 조류(a~f)

그림 3.9(a, f)은 Cyclotella sp.는 규조(硅藻)류에 속한다. 세포는 작은 북같은 모양이며 단독성(單獨性)이고, 사상군체(絲狀群體)를 이루는 경우도 있다. 껍질은 원형으로 안쪽으로 방사상의 이중실선이며, 중앙부에는 조각 또는 반점이 있다. 증식기에 모(毛)가 나는 경우가 있다. 부착(附着)성 조류이며 보통 플랑크톤에 속하며 담수, 해수, 기수(汽水) 등에 널리 분포되어 있다. 이 속은 소형이므로 대량 증식하면 여과지에서 누출하는 경우도 있다.

그림 3.9(b)의 Mellosira sp.의 세포는 원통형으로 긴 사상(絲狀)의 군체를 형성한다. 세포의 길이는 10~36μm, 지름 5~21μm 정도이며, 말단세포에는 긴 편이다. 호소 등에 널리 플랑크톤으로 출현하며, 대량 증식하면 다갈색(茶褐色)의 수화현상(水華現象)을 유발한다.

그림 3.9(c) Fragilaria sp.은 호소의 플랑크톤으로 하천의 부착성 조류로 널리 분포되어 있다. 세포의 길이는 40~170μm, 폭은 2~3μm이며 절정선문(切頂線紋, 빗살무늬)은 10μm으로 15~18본(本)이다. 보통은 세포의 껍질에 치상(齒狀)돌기가 있는 것처럼 보이지만 자세히 살펴보면 조밀하게 연결된 긴 대상(帶狀)의 군체를 형성한다. 봄에서 여름철에 걸쳐 증식하는 경우가 많고 대량 발생하면 다갈색의 수화현상(水華現象)을 유발한다.

그림 3.9(d) Symbella sp.는 부유성 조류이며, 대량 증식하면 수화현상을 유발한다. 끝으로 그림 3.9(e)에서 Synedra sp.는 부유성 조류로서 세포의 길이가 100~300μm 정도이며, Synedra ulna.는 50~400μm 정도의 크기이다. 또한 Synedra sp.는 응집방해를 일으키는 것으로 알려져 있으며, 과대하게 번식하는 경우 여과지를 폐쇄시키는 경우도 있다.

또한 조류는 남조식물문(藍藻植物門), 녹조식물문(綠藻植物門), 규조식물문(珪藻植物門), 황색편모식물문(黃色鞭毛植物門), 와편모식물문(渦鞭毛植物門) 등이 있다. 조류의 세포 크기는 5~50μ 전후의 것이 많다.

녹조류(綠藻類, green algae)란 세포막이 보통 2층으로 되어 내측은 셀룰로오스(cellulose), 외측은 펙토오스(pectose)이다. 세포 내에는 핵과 여러 개의 색소가 있고 색소체는 클로로필(chlorophyll) a, b 외에 카로틴(carotene)을 함유한다. 녹조류의 몸체는 선명한 녹색을 나타내며, 황색편모조류는 보통 한 개 또는 두 개의 편모를 가지고 운동한다. 색소체는 클로로필 외에 피코크리신(phycochrysin)을 함유한다. 이 때문에 조체는 황갈색 또는 황록색을 나타낸다.

와편모조류는 길이가 다른 두 개의 편모를 세포의 막층(膜層)에 가지며 셀룰로오스의 단단한 껍질을 가지는 것이 많고 조체는 황갈색을 나타낸다. 적조현상을 나타내는 조류는 와편모조류에 속한다.

남조류(藍藻類, blue-green algae)란 단세포 또는 세포가 여러 개 모여 사상체(絲狀體)를 이루거나 또는 한천질피막(寒天質被膜)에서 군체를 만들며, 사상체를 만드는 종류에서는 영양세포 외에 이형세포(異型細胞)나 휴면포자(休眠胞子)를 생성한다. 이것이 분류하는 하나의 기준으로 되며 클로로필 a, b 외에 남조소(藍藻素), 때로는 홍조소(紅藻素)를 포함한다. 이들 색소 때문에 청록색 또는 청자색을 나타낸다. 호소에서 수화현상(水華現像)을 만드는 조류는 남조류에 속하는 것이 많다.

규조류(珪藻類, diatoms)란 세포의 외막이 딱딱한 두장의 규산질 껍질로 되고 덮개를 한 상자모양을 하고 있다. 양면 모두 점 또는 선의 모양이 있고 이 모양의 형태가 분류의 한가지 기준이 된다. 규조류는 클로로필 a 외에 엽황소(葉黃素), 규조소 등의 색소체를 갖는다. 이 때문에 조체는 황갈색 또는 황록색을 나타낸다.

3.6.2 용존산소와의 관계

지구는 미생물로 가득차 있어서 공기, 물, 흙 속 어디에서나 미생물을 발견할 수 있다. 미생물(micro organism : microbes)은 환경조건에 따라 종류가 다르며, 성장속도도 변화한다. 미생물을 용존산소와 관련하여 호기성(好氣性, aerobic), 혐기성(嫌氣性, anaerobic), 임의성(任意性, facultative) 미생물로 분류할 수 있다.

1) 호기성

공기를 좋아 한다는 뜻이다. 여기서 공기는 용존산소이며 사람은 대기 중의 산소를 섭취하지만 미생물은 물 속에 녹아 있는 산소, 즉 용존산소(溶存酸素, dissolved oxygen, DO)를 섭취(攝取, intake)한다. 물 속에 충분한 먹이(food)와 용존산소가 존재하면 호기성 미생물이 번식할 수 있다. 미생물이라도 환경조건에 적응할 수 있는 미생물만이 성장할 수 있다.

2) 혐기성

공기를 싫어 한다는 뜻이다. 여기서 공기는 물론 용존산소를 뜻하며, 어느 미생물이나 호흡을 위해서는 산소가 꼭 필요하고, 따라서 혐기성 환경에서 성장하는 미생물도 반드시 산소를 섭취해야 한다. 이 경우 미생물은 용존산소가 아닌 화학적으로 결합되어 있는 산소를 이용한다. 따라서 황산이온(SO_4^{2-}), 질산이온(NO_3^-) 등과 같은 산화물에서 산소를 탈취하고 황화수소(H_2S)나 암모니아(NH_3)같은 물질을 생성시킨다.

3) 임의성

환경조건이 호기성인 경우와 혐기성인 경우에 따라 임의로 변화하는 상태를 말한다. 즉 호기성 환경이나 혐기성 환경에 구애받지 않고 성장할 수 있는 미생물을 **임의성**이라 한다. 예를 들면 깊은 연못을 들 수 있으며, 연못의 수면 부근은 대기 중의 산소와 항상 접촉함으로 용존산소가 충분히 존재해서 호기성이나 연못바닥은 여러 가지 유기물질이 침전되어 있어서 상당량의 용존산소가 소모되므로 혐기성이 된다. 따라서 연못의 중간 깊이는 호기성도 아니고 혐기성도 아닌 상태이며, 이 상태에서 자라는 미생물을 임의성 미생물이라고 한다. 호기성, 혐기성, 임의성 미생물은 각각 호기성, 혐기성 및 임의성 환경에서 성장하는 미생물이라고 할 수 있다. 즉 혐기성 미생물은 호기성 환경 아래에서 성장시킬 수는 없으며, 마찬가지로 호기성 미생물은 혐기성 환경에서 성장할 수 없다. 그러나 임의성 미생물은 호기성이나 혐기성 환경에서 성장할 수 있다.

3.6.3 먹이와의 관계

미생물의 섭취대상은 먹이(food)가 되는 유기물과 무기물로 분류될 수 있다. 유기물을 주로 섭취해서 성장하는 미생물을 **종속영양 미생물**(從屬營養微生物, heterotrophic)이라고 부른다. 또한 무기물을 주로 섭취하는 미생물을 **독립영양 미생물**(獨立營養微生物, autotrophic)이라고 한다. 종속영양 미생물은 사실상 유기물을 대량 섭취하고 소량의 무기물을 영양소로 섭취하며, 적정 pH는 6.5~7.5이며, pH 9.5 이상 4.0 이하에서는 사멸한다.

또한 폐수처리를 위해서 종속영양 미생물이 많이 이용되는데 환경에 있어서 먹이인 유기물 F와 미생물 M과의 관계를 표현하면 그림 3.10과 같다. 즉 유기물 F는 미생물의 성장과 함께 급속도로 감소되며, 미생물의 증가율은 변곡점까지의 미생물의 성장을 **대수성장기**(log growth phase)라고 한다. 그리고 변곡점 이후를 **감소성장기**(declining growth phase)라고 부른다. 미생물은 복잡한 효소반응(enzyme reaction)을 통해서 유기물을 분해시켜 세포를 합성하는데 미생물을 이용해서 폐수를 처리할 경우 최대의 효율은 사실상 변곡점에 있다.

대수성장 상태에서 미생물은 서로 엉키지 않고 자라는 분산성장(dispersed growth) 상태인데 감소성장 상태로 갈수록 미생물들이 서로 엉키는 성질을 가지고 있다. 이를 **생물학적 플록**(biological flocculation)**형성**이라고 한다.

미생물을 이용한 폐수처리시 폐수 내의 유기물을 일단 미생물의 세포로 합성시키고, 이 세포를 유출수(流出水, effluent)로부터 제거시키는 방법을 택하고 있다.

그림 3.10에서 미생물의 양 M은 최고점에 도달하여 점차 감소하게 되며 끝장(終局)에 가서는 더 이상 감소되지 않는다. 이 감소되지 않는 미생물의 부분은 생물학적으로 분해 불가능한 유기물(nonbiodegradable organic matter)로 구성되어 있다. 미생물이 유기물 및 무기물을 섭취해서 세포를 증식시키는 과정을 **합성**(synthesis)이라고 한다. 영양소가 없거나 불충분해서 합성된 세포가 소모되는 과정을 **내호흡**(endogenous respiration)이라고 한다. 합성과 내호흡

을 식으로 표시하면 다음과 같다.

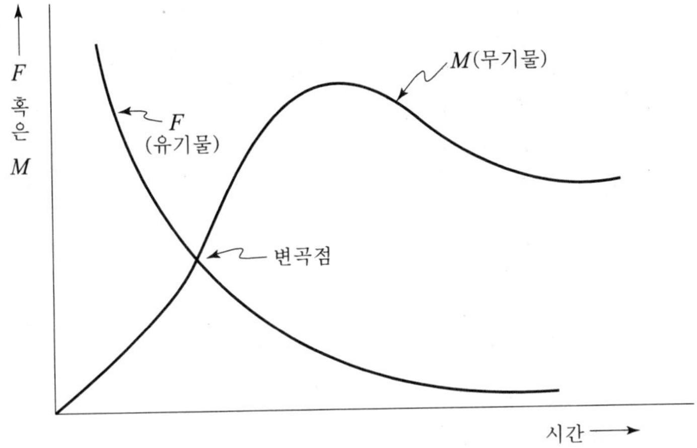

그림 3.10 미생물의 성장과 유기물간의 관계

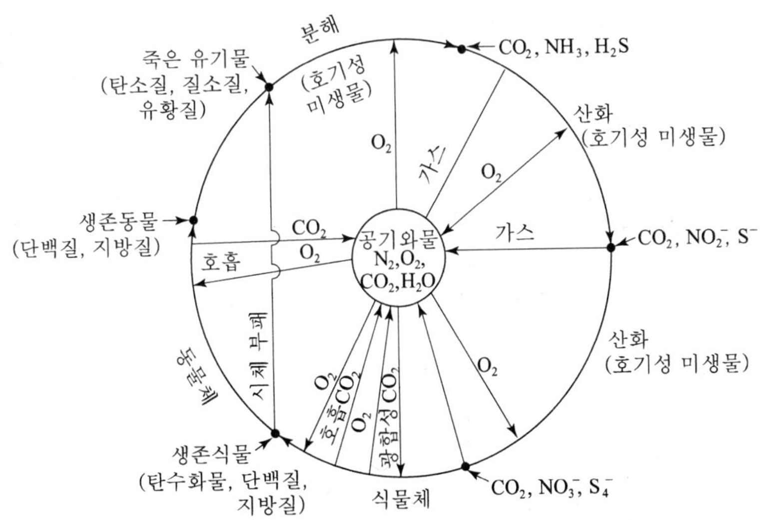

그림 3.11 호기성 환경에서의 탄소, 질소 및 유황의 순환

유기물 = 합성된 미생물의 세포 + 세포합성에 소모된 에너지(CO_2 + 열)

생식된 세포 = 합성된 세포 − 내호흡에 의한 감량

즉 유기물은 미생물의 세포를 합성시키기 위해 필요한 에너지로 변형되며, 이러한 과정으로 합성된 세포는 내호흡에 의해 감소되어 실제로 측정할 수 있는 세포량은 합성된 양보다 적다.

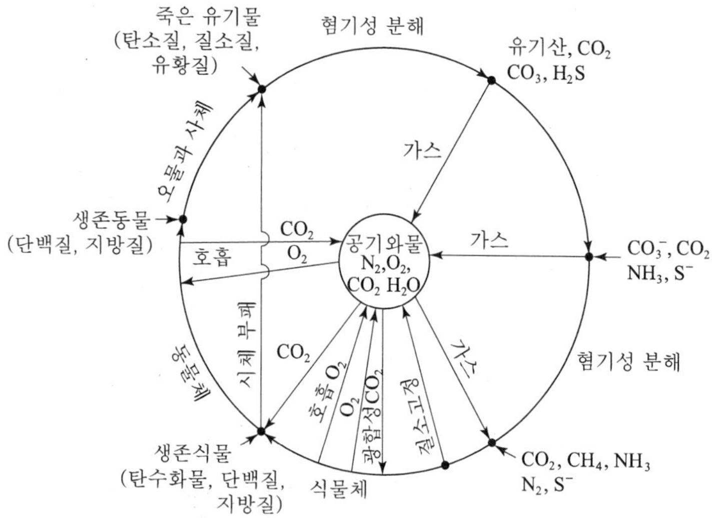

그림 3.12 혐기성 환경에서의 탄소, 질소 및 유황의 순환

미생물과 산소 및 먹이와의 관계는 그림 3.10 및 그림 3.11과 같이 탄소, 질소 그리고 유황의 순환으로 요약할 수 있다. 이들 미생물의 주요 구성성분은 자연계에서는 미생물에 의하여 호기성 환경에서는 그림 3.11과 같고, 그리고 혐기성 환경에서는 그림 3.12와 같이 순환과정을 반복하게 된다.

3.6.4 온도와의 관계

미생물과 온도(溫度)는 매우 밀접한 관계가 있다. 대체적으로 약 5~35℃에서 온도가 10℃

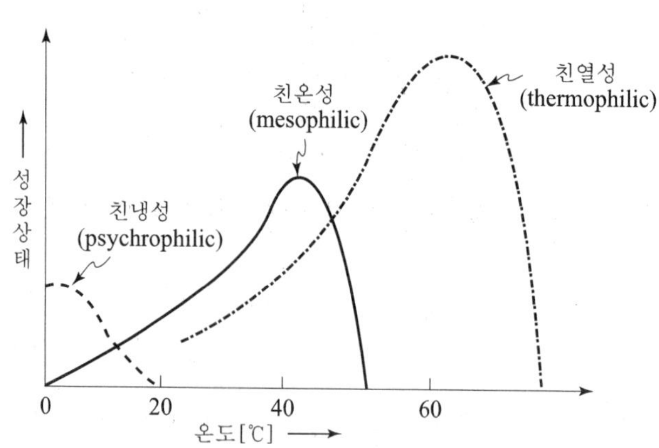

그림 3.13 미생물과 온도와의 관계

증가함에 따라 미생물의 성장속도는 약 2배로 증가되며, 이 온도 범위 내에서 잘성장하는 미생물을 **친온성**(親溫性, mesophilic) **미생물**이라고 한다. 만약 온도가 35℃ 이상이라면 효소(酵素, enzyme)가 분해되어 버린다. 따라서 35℃ 이상의 환경에서는 친온성 미생물이 성장할 수 없다. 반면 55℃나 70℃까지 잘성장하는 미생물은 **친열성**(親熱性, thermophilic) **미생물**이라고 하며, 0℃ 부근에서 잘성장하는 미생물을 **친냉성**(親冷性, psychrophilic) **미생물**이라고 한다. 이를 그림으로 나타내면 그림 3.13과 같다.

3.6.5 생물의 종류와 변화

박테리아, 원생동물, 유기물 그리고 용존산소 사이에는 매우 밀접한 관계가 있다. 즉 유기물이 많으면 박테리아가 급속히 증가하게 되며, 박테리아가 증가하면 박테리아를 먹이로 하는 원생동물이 성장하게 된다. 박테리아가 많이 성장하면 폐수 내에 있던 유기물은 많이 제거되어 있는 상태이다. 따라서 원생동물이 발견되면 폐수는 이미 처리 되었다고 간주할 수 있다. 미생물의 성장도를 고려해 볼 때 박테리아는 용존산소의 농도에 거의 영향을 받지 않으며, 원생동물이 발견되면 대체로 호기성 상태라고 할 수 있다. 이러한 상관관계는 그림 3.14와 같다.

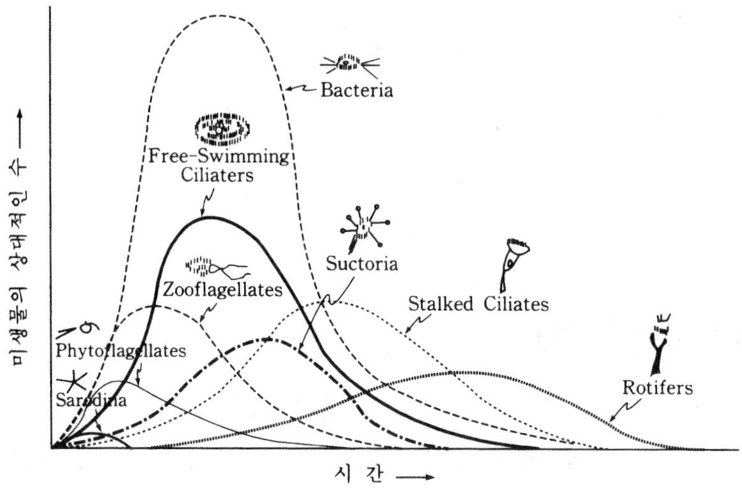

그림 3.14 미생물의 종류와 변화

그림 3.14와 같이 식물성 편모충류(Phytoflagellate)와 박테리아는 먹이를 놓고 서로 경쟁을 하게 되는데 식물성 편모충류는 박테리아를 먹이로 취하므로 어느 정도까지 잘 성장하지만 Zooflagellate와 달리 운동을 하지 못하므로 Zooflagellate보다 먼저 성장하게 된다.

Zooflagellate는 자유유영형 섬모충류가 성장한다. 자유유영형 섬모충류는 운동에 따른 에너지 소모가 많아져서 Stalked Ciliates가 결과적으로 증가하게 되며, 나중에는 윤충과 갑각류가 번식하게 된다. 윤충과 갑각류는 박테리아나 원생동물을 잡아 먹는다. 이러한 상관관계를 이해하게 되면 어느 시스템이 어떠한 상태에 있는가를 화학적인 분석 없이도 판단할 수 있다.

이와 같은 평형은 일반적인 하천에서 나타나며, 윤충이 관측되면 하천은 다른 화학성분을 조사하지 않더라도 깨끗한 상태라고 판단할 수 있다. 그림 3.15에서 먼저 성장하는 미생물 일수록 용존산소에 덜 민감하고 늦게 성장하는 미생물일수록 매우 민감하다. 박테리아와 조류는 원생동물의 먹이가 되며, 원생동물은 작은 물고기들의 먹이가 되고 작은 물고기는 다시 큰 물고기에게 잡아 먹히게 된다. 큰 물고기는 다시 인간의 음식물로서 이용되며, 인간의 배설물은 폐수로서 방출된다.

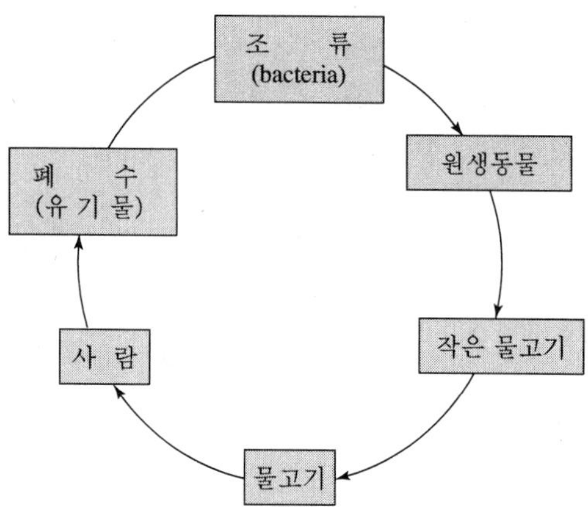

그림 3.15 하천의 순환상태

3.6.6 하수정화의 역할

하수를 정화(淨化)하기 위해서는 하수 중에 함유되고 있는 불순물질, 특히 대부분을 차지하는 불안정한 유기물질을 제거하거나 또는 안정한 형태로 변화시켜야 한다. 유기물질은 콜로이드 혹은 용해성 물질로 존재하는 것이 많고 이를 침강제거 할 수 없으므로 생물학적인 산화분해법을 적용한다.

호기성 분해(aerobic mineralization)와 혐기성 분해(anaerobic mineralization)는 다함께 하수정화에 응용되는 원리이다. 그러나 혐기성 분해를 단시간에 완료하기 위해서는 많은 제약이 있고 대량의 오수를 효과적이고 위생적으로 처리하는데는 여러 가지 어려운 문제가 따르기 때문에 부적당하다. 따라서 일반적으로 호기성 분해에 의한 정화를 채용한다. 또한 호기성 분해를 응용하는 경우 호기성 미생물과 대상이 되는 유기물질 그리고 용존산소 또는 자유산소가 필요하며, 이들의 상호접촉방법 · 공급방법 · 액중 농도 등을 적당히 조합해야 한다.

하수의 수질은 끊임없이 변화해서 유입수 중에 유기물의 조성이나 농도는 변동하기 때문에 이에 따라서 조작조건을 변화시키는 것은 쉽지 않다. 그래서 일정용량을 가진 반응탱크 중에 수질의 양적 · 질적변화에 대응할 능력이 있는 호기성 미생물을 배양하고 충분한 용존산소를 공급하면서 하수와 반응시킨다. 이와 같은 공정(process)에서 필요한 사항은 다음과 같다.

① 연속적인 운전이 가능할 것
② 호기성 미생물의 활력이 감소되지 않도록 신진대사를 도모할 것
③ 산화 · 안정화가 필요한 유기물질 전체를 산화시키든지 혹은 미생물에 섭취될 것
④ 시설용량은 가급적 작고 건설 · 유지비가 합리적일 것
⑤ 조작 · 유지관리가 쉬울 것

혐기성 분해는 분뇨나 오탁도가 높은 오수 및 부패성이 강한 오수에 대해서 응용하는 것도 좋으나 도시하수의 경우는 일단 농축분리의 조작을 행한 후에 하는 것이 유리하다. 현재 하수처리에서 분리한 슬러지나 잉여슬러지(剩餘汚泥, excess sludge)에 대해서 주로 사용되고 있다.

3.7 수질관리 이론

3.7.1 수질관련 기초용어

(1) 수소이온농도

1) 정의

용액 내의 수소이온[H^+]농도의 역수 상용대수 값을 그 용액의 pH(potential hydrogen)라고 한다. 물에는 염류, 유리탄산, 광산, 유기물 등이 여러 가지 비율로 함유되어 있으므로 그 비율에 따라 중성, 산성 또는 알칼리성을 나타낸다. 이 때 산성은 [H^+]가 [OH^-]에 비하여 크고, 알

칼리성은 [OH⁻]가 과잉이라는 것을 의미한다.

2) pH 관계식

$Kw=[H^+][OH^-]=$물의 이온화상수$=10^{-14}$

$\log Kw=\log[H^+]+\log[OH^-]$

$-\log Kw=-\log[H^+]-\log[OH^-]$

$pH=-\log[H^+]$

$pOH=-\log[OH^-]$

① $pH<7$이면 산성, $pHG=7$이면 중성,$pH>7$이면 알칼리성이다.

② $pH+pOH=14$

3) 수원별 pH의 범위

① 음료수 수질기준 5.8~8.5.

② 자연수의 pH는 수중에 용해되어 있는 CO_2의 양에 따라 영향을 받으며 보통 7.0~7.2 정도이며, CO_2가 많을수록 pH 값은 작아진다.

③ 지표수는 CO_2를 적게 함유하여 7 이상의 약알칼리성이다.

④ 우물물은 유기물의 분해로 CO_2가 많이 포함되어 있어 7 이하이다.

⑤ 조류가 번성하여 부영양화된 물은 CO_2가 소모되어 pH 9~10 정도이다.

⑥ 지하수는 토양 중의 생물작용에 의하여 발생된 CO_2에 의하여 6.0~6.8 정도이다.

⑦ 강우는 이론적으로 pH 5.67 이상이다.

⑧ 물을 끓이거나 포기하면 CO_2가 발산되므로 pH가 높아진다.

⑨ 산성비는 SO_2와 NO_2의 영향으로 pH 5.6 이하를 말하며 보통 3.5~5.5 정도이다.

(2) 색도

1) 정의

색도(色度, chromaticity)란 색의 정도를 표시하는 것으로 백금(Pt) 1mg을 포함한 색도표준액을 증류수 1ℓ 중에 용해시켰을 때의 색상을 1도라 한다. 물은 무색이지만 수층이 깊으면 빛의 분산으로 푸른색으로 보인다.

2) 색도유발물질

원수 착색의 최대 원인은 Humic Sunstance에 의한 것으로 식물의 부패, 분해로 생기며 콜로이드로 착색된다. 그러므로 물의 색도가 높으면 수층이 두꺼운 것으로 볼 수 있다. Humic Sunstance는 황갈색으로 색도표준액도 이와 비슷한 색을 나타낸다.

3) 진색도와 외양색도

지표수는 유색 부유물로 인해 색도가 높은 것처럼 여겨지나 실제와는 다르다. 이와 같이 콜로이드질인 식물성 또는 유기성 압출물에서 기인하는 색도를 진색도(true colour)라고 부르며, 적색 점토양 지대를 유출되어 나오는 물처럼 부유물질에 기인하는 색도를 외양색도(apparent colour)라 한다.

4) 색도표준액

물의 색도를 측정하는 색도표준액은 백금-코발트법으로 염화 백금산칼륨(K_2PtCl_6) 2.49g(Pt 1.0g)을 염산으로 용해시켜 물을 가한 전량을 1ℓ로 하여 이 표준액 1mℓ를 가했을 때의 빛을 색도 1도라 하는데 색도표준액 1mℓ/ℓ = Pt1.0mg = 색도 1도가 된다.

5) 색도의 제거

자연색도는 물속에서 음대전된 콜로이드 입자로서 존재하며 보통 알루미늄염 또는 철염을 첨가하여 응집, 참전제거한다.

6) 색도의 평가

국내 수도수의 기준은 5도 이하인데 자연물질에서 유래되는 색도물질은 독성이나 유해성을 가졌다기보다는 미관상의 문제로 소비자에게 혐오감을 줄 수 있기 때문에 정한 것으로 볼 수 있다.

(3) 탁도

1) 정의

탁도(turbidity)란 물의 흐림 정도를 나타내는 것으로 투시도와 같은 목적으로 사용되는 지표로서 물의 탁도는 무기, 유기성 고형물 및 토사류 등이 주원인 물질로서 이외에도 조류의 과대 성장이 원인이 되는 경우도 있다.

탁도의 표시는 물 1ℓ 중에 백도토(정체카올린 : SiO_2를 주성분으로 함) 1 mg을 함유할 때 나타나는 흐림의 정도를 탁도 1도 또는 1 mg/ℓ으로 표시한다.

2) 탁도의 원인

물의 혼탁은 토사나 부유물질의 혼입, 용존성 물질의 화학적 변화에 의한 것이 원인이 되나 점토질 토양이 대부분이므로 표준을 점토인 백도토로 한다.

탁도를 유발하는 물질은 점토, 실트 및 유기물, 무기물과 같은 부유물질과 색을 가지는 용해성 유기물질, 조류와 수중생물 같은 물질 등이다. 지하수에서 천정호는 강우의 침수가 혼탁의 원인이고 심정호는 세사를 흡입하므로 탁하게 된다.

3) 탁도의 영향

① 심미감: 공급용수를 받는 소비자는 탁도가 없는 깨끗한 물을 기대한다.
② 여과성: 탁도가 높아지면 여과지속시간이 단축되어 역세척 빈도가 증가하므로 경제적 부담이 증가한다.
③ 소독성: 탁도가 높으면 방원성 미생물이 입자에 둘러싸여 소독제로부터 보호될 수 있다.

4) 정수시설의 영향

① 탁도가 높은 원수가 정수시설로 유입되면 침전에 다량의 약품이 소요되고, 여과지의 여과지속시간도 단축되므로 가능한 탁도는 낮을수록 좋다.
② 완속여과지는 탁도 30도 이하, 급속여과지는 틱도 5도 이하로 유입시에 정상적으로 운전되며, 그 이상의 수질에서는 여과지의 폐색이 빨라지거나 여과수가 혼탁하게 된다.
③ 약품침전시에 탁도가 너무 낮으면 플록의 형성이 어렵고, 너무 높이 1,000도를 넘을 경우는 약품처리가 곤란하게 된다.
④ 혼탁이 되어 있으면 세균이 탁질의 피막에 싸여서 염소소독시에도 죽지 않으므로 탁도가 높은 물에 주의하여야 한다.
⑤ 수도수의 틱도기준은 0.5NTU(먹는물 수질기준 1 NTU) 이하이다.

5) 탁도는 1NTU(nephelometric turbidity unit)를 넘지 않아야 하며, 광역상수도 및 지방상수도 수돗물의 경우에는 정수처리에 관한 기준에서 정하는 기준을 적용하고, 기타 수돗물의 경우에는 0.5NTU를 넘지 않아야 한다.

(4) 일반세균

일반세균(general oliform, GC)이란 검수 1mℓ 중에 함유된 균으로서, 보통 한천배지에 집락(潗落)을 형성할 수 있는 세균을 말한다.

음용수수질기준은 검수 1mℓ 중 100을 넘지 않아야 한다.

(5) 대장균군

대장균(coliform group : E-Coil)이란 그람음성 무앞성 간균으로 유당(lactose)을 분해하여 산과 가스를 생성하는 호기성 또는 임의성균으로서 인체의 대장에 기생하는 균이다.

대장균군은 주로 음료수의 오염지표로 많이 사용한다.

1) 대장균군의 검출 의의

① 대장균 자체가 병원성균은 아니나, 분변 오염지표로서 그 분포가 항상 오염원과 공존하므로 배설물에 의한 오염의 정도를 파악할 수 있다.

② 소화기계통의 전염 병원균보다 살균에 대한 저항력이 크므로 대장균의 유・무로서 다른 세균의 유무를 추정할 수 있다.

③ 검출방법이 간편하고 정확하다.

2) 최적확수

대장균군의 정량법으로 검수 100 mℓ당 이론상 있을 수 있는 대장균수를 확률적으로 예상한 수치를 말하며, 최적확수(most probable number, MPN)표를 이용하거나 또는 다음의 Tornas 근사식으로 산정한다.

$$MPN = \frac{100 \times 양성수}{\sqrt{음성[ml] \times 전시료[ml]}}$$

음용수수질기준은 검수 50 mℓ에 대하여 검출되지 않아야 한다.

(6) 경도

경도(hardness)란 물의 거센 정도를 나타내는 것으로 수중에 용해되어 있는 Ca^{2+} 및 Mg^{2+}, Sr^{2+}, Fe^{2+}, Mn^{2+} 등 2가의 금속 양이온에 기인하며, 이 중 Ca^{2+}과 Mg^{2+}을 $CaCO_3$값으로 환산하여 ppm 단위로 표시한다.

1) 경도의 구분

수중의 경도성분을 표시하는 방법에는 금속이온에 대한 방법, 금속이온과 결합된 음이온에 의한 방법의 두 가지로 분류할 수 있다.

가) 칼슘경도와 마그네슘경도 : 자연수에 있어서 경도의 대부분은 Ca^{2+}에 기인함으로 금속 양이온에 의한 경도는 Ca^{2+}, Mg^{2+}의 경도로 표시한다.

① 칼슘경도(Ca hardness) : Ca^{2+}이 탄산 또는 비탄산과 결합되어 경도를 유발하는 것을

말한다.

② 마그네슘경도(Mg hardness) : Mg^{2+}이 탄산 또는 비탄산과 결합되어 경도를 유발하는 것을 말한다.

나) 탄산경도와 비탄산경도

① 탄산경도(carbonate hardness) : 수중에 존재하는 탄산염과 중탄산염에 의한 알칼리도에 대하여 화학적으로 동등한 경도성분을 탄산경도라 하며, 이 성분은 물을 끓일 때 침전 제거되므로 **일시경도**(temporary hardness)라고도 한다.

② 비탄산경도(non carbonate hardness) : 탄산경도 이외의 황산이온(SO_4^{2-}), 염화이온(Cl), 인산이온(PO_4^{3-}), 질산이온(NO_3)의 음이온을 **비탄산경도**라 하며, 물을 끓여도 쉽게 침전 제거되지 않는 성분으로 **영구경도**(permanent hardness)라고도 한다. 비탄산경도는 경질의 스케일을 생성시키는 주요한 요인이 된다.

2) 경도의 계산

수중에 함유되어 있는 2가 금속 이온의 양을 당량수로 환산하여 $CaCO_3$ 1당량에 해당되는 50으로 곱하여 산정한다.

가) $\text{경도(as } CaCO_3) = M^{++}[mg/\ell] \times \dfrac{50}{M^{++}\text{당량}}$

나) 총경도 = Mg^{2+}경도 + Ca^{2+}경도 = 탄산경도 + 비탄산경도

3) 경도성분의 영향

① 공업용수로 사용될 경우 관내 스케일 및 슬러지를 생성시킨다.

② 음료수로 사용할 경우 위장 장해, 설사 등을 유발한다.

③ 세탁시 세제 사용량을 증가시키며, 비누의 작용을 방해한다.

4) 경수의 분류

① 경도 0~7 mg/ℓ : 단물(軟水, soft water)

② 경도 75~150 mg/ℓ : 비교적 센물(적수)

③ 경도 150~300 mg/ℓ : 센물(硬水, hard water)

④ 경도 300 mg/ℓ 이상 : 아주 강한 센물

(7) 알칼리도

물의 알칼리도(alkalinity)란 산을 중화할 수 있는 능력으로 이 때 소비된 산의 양을 mg/ℓ으로 표시하거나, 이 양에 대응하는 탄산칼슘의 mg/ℓ으로 환산하여 나타낸다. 일반적으로 물의 알칼리도는 약산의 염이나 강염기의 염에 기인하는 것으로 자연수에 있어서는 수산화물(hydroxide), 탄산염(carbonate), 중탄산염(bicarbonate) 세 가지가 알칼리도를 유발하는 것으로 이외의 것은 무시할 정도다.

1) 페놀프탈레인 알칼리도(Phenolphthalein Alkalinity)

pH가 11~13인 물에 0.02N 황산(H_2SO_4)를 가할 경우에 Phenolphthalein 지시약을 사용하면 분홍색에서 무색으로 된다. 이 때의 pH는 약 8.3으로 이 값은 수산화이온(OH^-), 탄산이온(CO_3^{2-})과 반응하는데 소요되는 산의 양으로 그 값은 다음 식으로 계산한다.

$$\text{P.alk} = N \times a \times \frac{1,000}{V}$$

단, a는 pH 8.3까지의 0.02N H_2SO_4의 소요 mℓ, V는 시료수 mℓ이다.

2) 메틸오렌지 알칼리도(Methyl Orange Alkalinity)

P.alk의 end point인 상태에서(즉 pH 8.3인 상태) 계속하여 0.02N H_2SO_4와 Phenolphthalein를 주입하면 주황색에서 분홍빛 주홍색으로 된다. 이 때의 pH는 약 4.5로서 이 단계는 OH^-, CO_3^{2-}, 중탄산이온(HCO_3^-)과 반응하는데 소요되는 산의 양으로서 **총알칼리도**(total alkalinity)라 하며, 그 값은 다음 식으로 계산한다.

$$\text{총알칼리도(M.alk)} = N \times a \times \frac{1,000}{V}$$

단, a는 pH 4.5까지의 0.02N H_2SO_4의 소요 mℓ, V는 시료수 mℓ이다.

3.7.2 생화학적 산소요구량

생화학적 산소요구량(biochemical oxygen demand, BOD)은 유기물에 의한 수질오염도이며, 미생물이 유기물의 분해에 의한 산소의 양으로 표시한 것이다. 즉 호기성 세균에 의해서 수중유기물이 산화분해될 때 소비되는 산소의 양 PPM(part per million, 즉 ppm은 따로 표시가 없는 한 액체일 때는 중량대 중량 mg/kg≒mg/ℓ으로 기체일 때는 용량 대 용량 mℓ/m^3으로 표시한다)으로 표시한다.

폐수 내에 존재하는 유기물의 종류는 매우 많으며, 각 유기물의 농도를 일일이 구하는 것은 매우 어렵다. 또한 유기물이 수계(水界)에 유입되면 수계에 서식하는 미생물은 용존산소를 부족시킴으로 유입된 양이나 종류보다는 오히려 용존산소를 부족시키는 잠재능력의 평가가 중요하게 된다.

실험실에서는 일반적으로 20℃에서 5일간 시료(sample)를 배양했을 때 소모된 산소량을 측정하는데, 그 값을 5일 BOD 또는 BOD_5라고 한다. BOD 측정실험 결과를 그래프로 나타내면 그림 3.16과 같다.

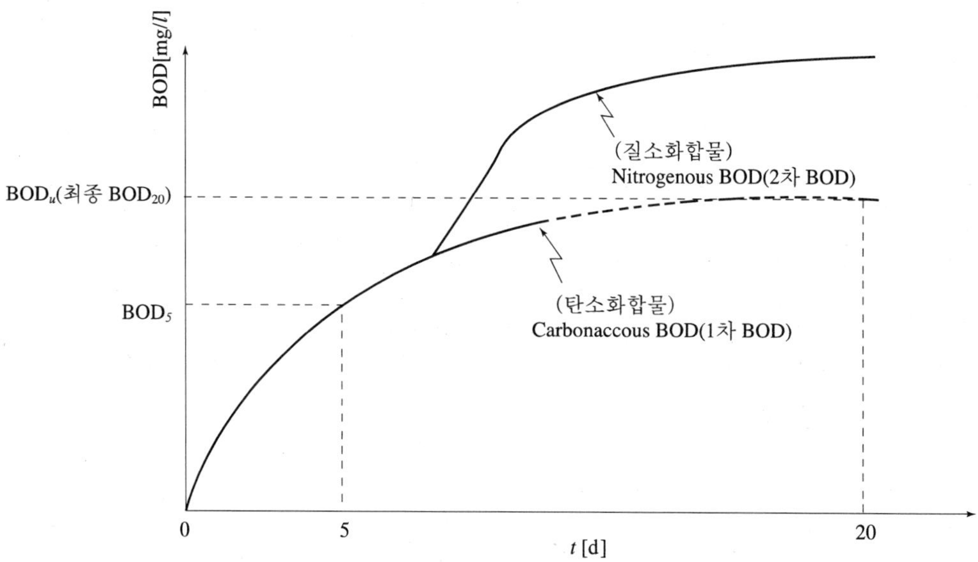

그림 3.16 BOD의 시간적 변화곡선

즉 유기물이 미생물에 의해서 분해 섭취되므로 산소소비량은 시간에 따라 증가하게 된다. 그림 3.16에서 산소소비누적곡선은 다음과 같이 유도할 수 있다. BOD 반응은 1차 반응이며, 반응속도는 최소한의 미생물이 존재한다면 남아 있는 유기물의 양에 비례한다. 따라서 반응속도는 미생물에 유용한 유기물의 양에 따라 조절되는데 일반적으로 유기물의 제2단계 산화가 일어나기 전에 하수가 호소 · 저수지 · 바다에 유입하므로 제1단계 BOD 값이 1차 반응으로 표시된다.

$$\frac{-dC}{dt} \propto C \quad \text{또는} \quad \frac{-dC}{dt} = kC \tag{3-6}$$

여기서, C : t 시간 후의 유기물질농도

k : 반응속도상수

위의 식에서 C(유기물)가 감소함에 따라 반응속도가 점차 감소한다는 것을 알 수 있다. BOD에 있어서는 C 대신 L을 사용하여 나타내면 다음과 같다.

$$-\frac{dL}{dt} = kL \rightarrow \frac{dL}{dt} = -kL \rightarrow \frac{dL}{L} = -k\,dt \tag{3-7}$$

위의 식을 적분하면

$$\int_{L_o}^{L} \frac{dL}{L} = -k\int_{0}^{t} dt$$

$$\ln L - \ln L_o = -k(t-0)$$

$$\ln \frac{L}{L_o} = -kt$$

$$L = L_o \cdot e^{-kt} \tag{3-8}$$

여기서, L : t 시간후의 BOD[remaining BOD]

L_o : 최초의 전BOD, 최종BOD[ultimate BOD : BODu]

k : 탈산소계수[BOD 감소속도 정수[d^{-1}], t : 분해기간[d]

BOD 1차 반응을 도시하면 그림 3.17과 같다.

그림 3.17에서 보면 $E = L_o - L$ 관계가 성립되고 식 (3-8)을 대입하면 식 (3-9)과 같다.

$$E = L_o - L_o e^{-kt}$$

$$E = L_o(1 - e^{-kt}) \tag{3-9}$$

식 (3-8)과 식 (3-9)에서 L을 L_t로 표시하고 L_o를 L_a로 표현하는 경우

$$\text{식 (3-8)} \rightarrow L_t = L_a \cdot e^{-kt} \tag{3-8)'}$$

$$\text{식 (3-9)} \rightarrow E = L_a(1 - e^{-kt}) \tag{3-9)'}$$

식 (3-8)과 식 (3-9)을 상용대수로 표현하면 다음과 같다.

$$\text{식 (3-8)}'\ L_t = L_a \cdot 10^{-kt} \tag{3-10}$$

$$\text{식 (3-9)}'\ Y = L_a(1 - e^{-kt}) \tag{3-11}$$

여기서, Y는 t일 동안 소비(분해)된 BOD이다.

위 식에서 k_1은 산소제거 상수 혹은 탈산소계수(deoxygenation constant), L_a는 최종산소소모량, 즉 최종BOD(BODu)이다. 또한 t는 일로 표시한 시간이다. 도시하수인 경우 t가 20일정도 되면 L_t 값이 L_a와 거의 같게 되므로 BOD_{20}이 BODu로 사용되고 k_1의 값은 유기물의 종류에 따라 변한다.

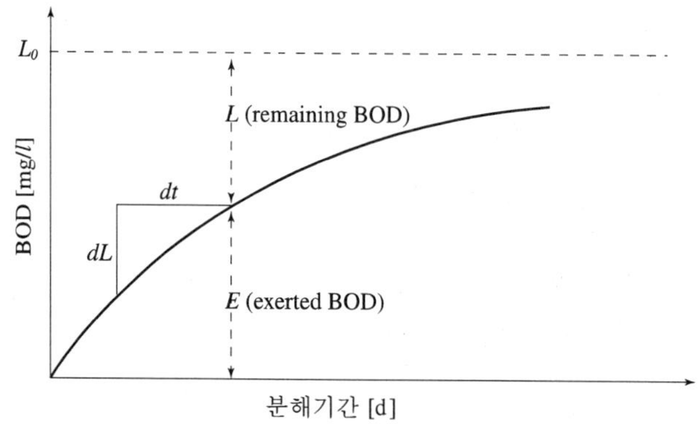

그림 3.17 제1단계 잔류BOD(L)와 E와의 관계

예제 3.1

어느 폐수 BODu가 300 mg/ℓ이며, k_1값이 0.2/d라면 BOD_5는 얼마인가?

풀이

$$L_t = L_a(1-10^{-k_1 t}) = 300(1-10^{-0.2\times5}) = 300(1-10^{-1}) = 300\times0.9 = 270\text{mg}/\ell$$

대체적으로 일반적인 도시하수의 최종BOD의 값은 5일 BOD의 1.72배이다. 5일 BOD는 약 200 mg/ℓ이다. 이 경우에 있어서 k_1의 값을 구하면 다음과 같다.

$BOD_u = 1.72\times200 = 344\,[\text{mg}/\ell]$

$200 = 344(1-10^{-k_1\times5})$

$\therefore k_1 = 0.076/\text{d}$

k_1의 값에 대한 온도보정이 때에 따라 필요한데 그 계산은 산소전달계수에 사용된 방법과 같으며, 식 (3-12)과 같다.

$$k_1 = k_{20}\times1.047^{(T-20)} \tag{3-12}$$

식 (3-11)에서 k_t는 임의의 온도에 대한 k_1의 값이며, k_{20}은 20℃에 있어서 k_1의 값이다.

T는 섭씨로 나타낸 온도이며, BOD시험은 300 mg/ℓ의 부피를 가진 BOD병을 사용하여 시행하는데 BOD병에 적당한 양의 시료와 충분한 용존산소가 있는 증류수를 첨가한다. 이 때 증류수를 **희석수**(dilution water)라고 한다. 또한 충분한 용존산소를 가지도록 장시간(보통 24시간 정도)은 영양소인 철, 칼슘 등을 충분히 첨가해서 사용한다.

시료를 BOD 희석수와 배합한 후의 용존산소의 농도를 DO_i라 하고 5일 후의 용존산소의 농도를 DO_f라 하면 식 (3-13)을 이용하여 BOD_5을 구하면 다음과 같다.

$$BOD_5 = \frac{(DO_i - DO_f) \times 300}{\text{시료의 크기}[m\ell]} \tag{3-13}$$

BOD측정을 위해서 시료 한 개당 최소한도 세 개의 BOD병을 사용해야 한다. 그 시험절차는 다음과 같다.

① 시료 내의 용존산소를 측정한 후 기록해 둔다.

② 희석수만 넣은 BOD병을 Blank로 하고 20℃에서 5일간 배양시킨다.

③ 시료의 크기를 서로 다르게 하여 BOD병에 희석수와 함께 넣은 후 20℃에서 5일간 양생시킨다.

④ 5일 후에 Blank병과 시료를 넣은 병 내의 용존산소를 측정한다. Blank병 내의 용존산소는 희석수 내의 용존산소이며, DO_i는 아니다. 시료를 넣은 병의 용존산소는 DO_f이다.

⑤ Blank병 내의 용존산소, 시료의 크기, 시료 내의 용존산소를 고려하여 DO_f을 산출한다.

⑥ 식 (3-13)을 이용하여 시료의 BOD를 계산하면 된다.

BOD시험은 희석수 내에 공기방울이 있어서는 안되며, 희석수를 BOD병에 넣을 때 넘치거나 포기되어서도 안되고, DO_f와 DO_i의 차이가 적어도 그 결과가 좋지 않다. 이 차이가 적으면 시료의 크기가 작다는 뜻이며, 결국 희석률의 증가로 오차가 커진다. 대체로 DO_f가 DO_i보다 2 mg/ℓ 이상 작으며, DO_f가 최소한 0.5 mg/ℓ 이상인 경우에 좋은 결과를 얻을 수 있다. 이러한 여러 조건에서 시료 크기를 결정하는 방법은 표 3.14에 주어져 있으며 여기서 두 가지의 희석방법을 나타내고 있는데 BOD병 내에서 직접 희석시키는 경우와 다른 용기에서 희석시킨 후에 BOD병에 채우는 방법이다. 외부에서 희석시켜서 BOD를 측정하는 경우에는 식 (3-13)을 사용할 수 없다. 경우에 따라 시료 내에 미생물이 없는 경우가 있는데 이 때에는 미생물이 존재하지 못하는 조건을 제거시킨 후에 미생물을 섞어서(seeding) BOD시험을 하여야 한다.

BOD를 정확히 측정하기는 어려우며, 따라서 BOD값은 대체로 10 mg/ℓ 이상인 경우에는

표 3.14 BOD 측정을 위한 희석률

혼합시		300 mℓ BOD병 직접주입시	
혼합비 [%]	BOD농도 범위	mℓ	BOD농도 범위
0.01	20,000~70,000	0.02	30,000~105,000
0.02	10,000~35,000	0.05	12,000~42,000
0.05	4,000~14,000	0.10	6,000~21,000
0.1	2,000~7,000	0.20	3,000~10,500
0.2	1,000~3,500	0.50	1,200~4,200
0.5	400~1,400	1.0	600~2,100
1.0	200~700	2.0	300~1,050
2.0	100~350	5.0	120~420
5.0	40~140	10.0	60~210
10.0	20~70	20.0	30~105
20.0	10~35	50.0	12~42
50.0	4~14	100	6~7
100	1~7	300	

소수점 이하의 값은 반올림하여 사용하고 10 mg/ℓ 이하라도 소수점 이하 한자리면 충분하다.

그림 3.16과 같이 7~10일 후에는 탄소화합물에 의한 BOD 이외에 질소화합물의 산화, 즉 질산화(nitrification)가 발생하는데 이를 **질소성 산소요구량**(nitrogenous oxygen demand, NBOD)라고 한다. 혹은 **NOD**(nitrogenous oxygen demand)라고 부르기도 한다. 즉 BOD시험에서는 BOD병 내에 질산화를 일으키는 미생물이 존재하면 탄소화합물에 의한 BOD보다 크게 나타난다. 도시하수와 같이 BOD가 높은 하수에서는 질산화가 보통 일어나지 않지만 처리된 폐수에서는 경우에 따라 질산화가 일어난다. 질산화는 질소화합물일 질산화 미생물(nitrifying microorganism 혹은 nitrifier)에 의해서 산화되는 과정을 말한다. 이 과정을 다음과 같이 두 개의 과정으로 구분될 수 있다.

$$2NH_3 + 3O_2 \longrightarrow 2NH_2^- + 2H^+ + 2H_2O$$

$$2NO_2^- + O_2 \longrightarrow 2NO_3^- \tag{3-14}$$

즉 암모니아가스(NH_3-N)가 니트로소모나스(nitrosomonas : 니트로박테리아 족의 1속으로 암모니아를 아질산염으로 또는 아질산염을 질산염으로 산화하는 것)의 작용에 의해서 아질산이온 질소(NO_2-N)으로 되고 다시 Nitrobacter에 의해서 질산이온 질소(NO_3-N)으로 변환된다. 상기 두 방정식에서 볼 때 NO_3-N에서 NO_2^-가 되기 위해서는 세 개의 산소원자가 요구되나 NO_2^-에서 NO_3^-가 되는 경우에는 한 개의 산소원자가 필요하기 때문이다. 즉 산화시키는데 적은 양의 에너지(energy)가 소요되며, 또한 니트로소모나스는 니트로박테리아보다 매우 환경조건에 민감하므로 NO_2^-가 생성되면 비교적 쉽게 NO_3^-로 산화된다.

질산화는 반대로 NO_3^-가 미생물에 의하여 NO_2^- 그리고 다시 N_2로 환원되는 것을 탈질소화(denitrification)라고 하는데 질산화와 함께 매우 중요한 현상은 그림 3.18과 같다. 또한 대기 중의 질소가 특정한 미생물에 의해서 세포 내의 유기질소로 합성된다. 합성된 질소는 세포가 죽을 경우에 다시 자연계로 방출된다. 즉 무기질소가 일단 세포 내의 유기질소로 합성되어 그대로 자연계에 남는 생태계의 변화로서 무기탄소가 유기탄소로 변환되는 것과 같은 생태계의 일종의 순환작용이다.

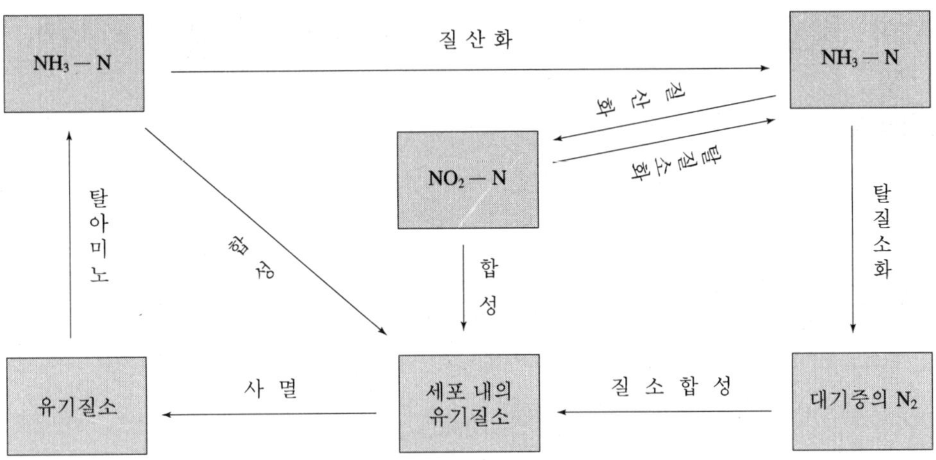

그림 3.18 자연계에서의 질소의 변화

유기질소는 동식물의 세포를 구성하고 있으며, 이 유기질소가 자연계에서 미생물에 의하여 분해 합성된다. 즉 미생물이 유기질소를 암모니아성 질소로 분해시켜서 세포합성에 필요한 부분만큼 먹어버린다. 이것은 필요한 양만큼 질소가 세포 내로 합성되는 셈이다.

대기 중의 질소가 세포 내로 합성되는 현상은 어떤 특정한 미생물에 의해서만 가능하다. 유기질소가 암모니아성 질소로 되는 탈아미노(deamination)와 암모니아성 질소가 세포로 합성되는 현상은 흔히 폐수처리시설에서 발견되는 미생물에 의해서도 가능하다.

질산화시키는 미생물은 호기성 미생물이며, 자양성 미생물(autotrophic microorganism)이다. 따라서 세포를 합성시키기 위해서 무기탄소와 용존산소가 충분히 있어야 하는데 무기탄소는 알칼리도를 이루는 탄산염에서 얻을 수 있다. 질산화 미생물은 보통 미생물보다 성장속도가 매우 느리므로 폐수처리시설에서 질소를 질소화시키려면 질산화 미생물이 성장할 수 있는 긴 체류시간이 필요하다. 하천의 폐수를 처리하는 경우에는 질산화가 잘 일어나지 않는데 그 이유는 다른 미생물이 성장할 수 있는 충분한 체류시간이 주어지지 않기 때문이다.

만약 폐수처리공정에서 공기주입 시에 중단하면 미생물들이 화학적으로 결합되어 있는 산소를 이용한다. 이 때 다원자 이온은 NO_3^- 나 NO_2^- 가 용존하면 산소가 소비되어 N_2로 발생하는데 질소가스는 물에 잘 녹지 않으므로 대기 중으로 날아간다. 이것이 탈질소화의 원리이며, 이러한 현상은 침전지에서 발생하면 슬러지가 상승하는 즉 슬러지현상(rising sludge)이 발생한다.

이상 설명한 내용을 토대로 BOD자료를 어떻게 분석해야 할 것인가를 알 수 있다. 즉 호기성처리를 받는 폐수의 유출수의 BOD시점에 있어서 질산화를 방지시켜야 한다. 한강과 같은 강에서도 질산화작용이 일어날 수 있는데 하류방향으로 갈수록 가능성이 점점 커진다.

예제 3.2

탈산소계수(k_1)가 0.1/d인 오염물질의 BOD_5가 800 mg/ℓ이라 할 때 3일 BOD는 얼마인가(단 상용대수를 적용한다)?

풀이

3일 BOD는 다음과 같이 소모 BOD계산 식을 적용할 수 있다.

소모 BOD(BOD_y)=$BOD_u \times (1-10^{-kt})$에서

$$800(\text{mg}/\ell)=BOD_u \times (1-10^{-0.1\times5}),\ BOD_u=1169.98[\text{mg}/\ell]$$

$$\therefore\ BOD_3=1169.98\times(1-10^{-0.1\times3})=583.6[\text{mg}/\ell]$$

예제 3.3

BOD시험을 하기 위해 20℃에서 7일 BOD 값이 208 mg/ℓ이었다. 다음 물음에 답하시오(단 k_1=0.15/d).

1) 최종BOD(BODu)를 계산하시오.
2) 5일간 BOD를 계산하시오.
3) 10일간 BOD를 계산하시오.
4) 5일 후에 남은 BOD를 계산하시오.

풀이

1) $Y=L_a(1-10^{-kt})$에서 $t=7$일 때 $Y=208\text{mg}/\ell$이므로

$$208=L_a(1-10^{-0.15\times7})$$

$$\therefore L_a=228.4[\text{mg}/\ell]\cdots\cdots \text{BODu}$$

2) $t=5$일에서

$\therefore Y_5 = 228.4 \times (1-10^{-0.15\times5}) = 187.8[\text{mg}/\ell] \rightarrow \text{BOD}_5$

3) $t=10$일에서

$\therefore Y_{10} = 228.4 \times (1-10^{-0.15\times10}) = 221.2[\text{mg}/\ell] \rightarrow \text{BOD}_{10}$

4) $L_t = L_a 10^{-k_1 \times t}$

$t=5\,[\text{d}]$

$L_a = 228.4[\text{mg}/\ell]$

$\therefore L_5 = 228.4 \times 10^{-0.15\times5} = 40.6[\text{mg}/\ell]$

예제 3.4

산업폐수의 5일 BOD가 235 mg/ℓ이며 1단계 최종산소요구량이 350 mg/ℓ이다(단 온도는 20℃다).

1) 이 때 5일 동안 산화되는 비율은 얼마인가?

2) 최종산소요구량의 50%에 도달하는 시간은 얼마인가?

3) 25℃로 환산한 산화반응률 k_r은 얼마인가(단 온도보정계수 $\theta=1.047$이다)?

풀이

1) $\dfrac{235}{350} = 0.671$

2) $Y = L_a(1-10^{-k_1 t})$에서

$235 = 350(1-10^{-k_1\times5})$

$k_1 = 0.097/\text{d}$

BOD_u의 $50\% = 350 \times 0.5 = 175[\text{mg}/\ell]$

$175 = 350(1-10^{-0.097\times t})$

$\therefore t = 3.103[\text{d}]$

3) $k_r = k_{20} \times 1.047^{t-20}$

$= 0.097 \times 1.047^{25-20} = 0.122[\text{d}^{-1}]$

예제 3.5

하천의 길이가 500km이며, 유속이 100km/d이다. 하천상류 100km 지점에 오염물이 유입되어 BOD가 30mg/ℓ라고 하면 하류 400km 지점의 BOD는 몇 mg/ℓ인가? (단 하천에 다른 오염물질유입은 없고 탈산소계수=0.12 d(20℃), 하천수온 26℃, $k_1(t) = k_1(20℃) \times 1.047^{t-20}$이다.)

풀이

먼저 주어진 조건에서 26℃의 k_1을 구하면 다음과 같다.

$$k_1 = 0.12 \times 1.047^{26-20} = 0.158$$

유하기간=분해기간$[t]$이므로

$$t = \frac{300\,\text{km}}{100\,\text{km/d}} = 3\,\text{d}$$

$$\therefore L_3 = 300 \times 10^{-0.158 \times 3} = 101[\text{mg}/\ell]$$

3.7.3 화학적 산소요구량

화학적 산소요구량(chemical oxygen demand, COD)은 산화제를 사용하여 수중의 유기물을 산화했을 때 소비되는 산소의 양을 mg/ℓ으로 표시한 것으로서 산화제는 보통 중크롬산칼륨($K_2Cr_2O_7$)과 망간산칼륨(KMn_4)이 사용된다. 우리나라에서는 흔히 과망간산칼륨의 산소소모량을 COD_{Mn}로 사용하고 있는데 중크롬산칼륨을 이용한 COD_{Cr} 처럼 설계에 이용되지 못하고 있다.

COD는 BOD시험이 5일이나 소요되는 것에 비하여 2시간 측정이 가능하며, 오늘날 실험 대상은 어느 장소에서나 측정 가능한 기기들이 개발되어 기본적인 값을 현장에서 얻을 수 있다. 따라서 BOD의 값을 모르는 폐수를 위하여 COD 값으로부터 BOD를 산출하여 이용할 수도 있다. COD는 화학적으로 산화 가능한 유기물을 산화시키기 위한 산소요구량이며, BOD는 미생물에 의해서 산화시키기 위한 요구량이다. 유기물질을 화학적으로 산화시키기 위해 필요한 산소량은 미생물에 의해서 산화시키기 위한 산소요구량보다 크기가 같거나 커야 한다. 같은 경우 유기물질은 생물학적으로 완전히 미생물에 의해서 분해가능한 경우이며, COD가 BOD보다 큰 경우에는 유기물이 생물학적으로 분해 불가능한 물질을 어느 정도 함유한다는 것을 말해 주고 있다. 여기서 BOD는 그림 3.16에서 설명한 시간에 대한 함수이므로 최종BOD를 말한다.

어느 폐수의 COD에 비해 BOD가 매우 적은 경우에는 폐수가 생물학적으로 분해 불가능한 유기물로 구성되어 있거나 미생물에 독성을 끼치는 물질을 함유한 상태라고 할 수 있다. 만약 BOD가 COD보다 큰 경우에는 BOD시험 중에 질산화가 발생하였거나 혹은 COD시험에 방해되는 물질이 폐수 내에 존재함을 뜻한다. 이러한 방해물질은 대부분의 폐수에는 없으며, 방향족(aromatic) 화합물이나 피리딘(pyridine)이 함유된 공장폐수 같은 경우이다.

중크롬산칼륨($K_2Cr_2O_7$)으로 유기물을 완전히 산화시키기 위해서 시료를 강한 황산에 처리한 후 고온에서 가열시킨다. 가열 도중 휘발성물질이 외부로 빠져나가지 않도록 냉각기를 부착시켜서 가열시킨다. 또한 분자량이 적은 지방산은 잘 산화되지 않으므로 수은이온을 미리 강한 황산에 가하여 사용한다. 또한 염소이온에 의한 방해를 감소시키기 위해서 황산은 (Ag_2SO_4)을 가한다. COD는 처음에 가한 중크롬산의 농도에서 잔류농도를 감하여 소모된 산소값을 측정한 결과이다. 과망간산칼륨$(KMnO_4)$으로 측정된 COD_{Mn} 값은 중크롬산칼륨에 의한 COD_{Cr} 값보다 매우 낮다. COD의 계산법으로는 다음과 같은 방법이 있다.

(1) 산성 $KMnO_4$법의 계산식

$$\mathrm{COD}\,[\mathrm{mg}/\ell] = (b-a)\times f \times \frac{1,000}{V}\times 0.2 \qquad (3\text{-}15)$$

여기서, b : 적정량에 필요한 총 0.025N-$KMnO_4$ 용액[mℓ]
a : 공정시험에 필요한 0.025N-$KMnO_4$ 용액[mℓ]
f : 0.025N-$KMnO_4$ 용액의 역가
V : 시료량[mℓ]

(2) 알칼리성 $KMnO_4$법의 계산식

$$\mathrm{COD}\,[\mathrm{mg}/\ell] = (a-b)\times f \times \frac{1,000}{V}\times 0.2 \qquad (3\text{-}16)$$

여기서 a : 공정시험에 필요한 0.025N-NaS_2O_4 용액[mℓ]
b : 적정량에 필요한 총 0.025N-NaS_2O_4 용액[mℓ]
f : 0.025N-NaS_2O_4 용액의 역가
V : 시료량[mℓ]

예제 3.6

어떤 공장의 폐수중 COD를 측정하기 위해 검수 10 mℓ에 증류수 90 mℓ를 가하여 100에서 과망간산칼륨 및 산소소비량법에 의해 시험한 결과 0.025N-$KMnO_4$의 적정량 6.4 mℓ가 소비되었으며, 공정시험의 적정량에 필요한 0.025N-$KMnO_4$ 0.4 mℓ가 소비되었을 때 이 공장폐수의 COD치는 얼마인가(단 0.025N-$KMnO_4$의 역가는 1.0이며, 이 용액 1 mℓ는 0.2 mg의 산소에 대응한다)?

풀이

100에서 과망간산칼슘에 의한 COD공식에서 계산할 수 있다.

$\mathrm{COD} = (\mathrm{b}-\mathrm{a})\times \mathrm{f} \times \frac{1,000}{\mathrm{V}}\times 0.2$에서

$$COD = (6.4-0.4) \times 1 \times \frac{1,000}{10} \times 0.2 = 120[mg/\ell]$$

3.7.4 BOD, COD 및 SS와의 관계

그림 3.19와 같이 TS(total solids, TS)는 총고형물 혹은 증발잔류물, VS는 휘발성고형물(volatile solids), TDS는 총용존성고형물(total dissolved solids), VSS는 휘발성부유물(volatile suspended solids), FSS는 강열잔류부유물(fixed suspended solids), VDS는 휘발성용존고형물(volatile dissolved solids) 그리고 FDS는 강열잔류용존물(fixed dissolved solids)를 의미한다.

TS	→	VS	+	FS
	↓	↓		↓
TSS	→	VSS	+	FDS(불용성)
+		+		+
TDA	→	VDS (유기물)	+	FDS(부존성) (무기물)

그림 3.19 고형물 성분간의 관계

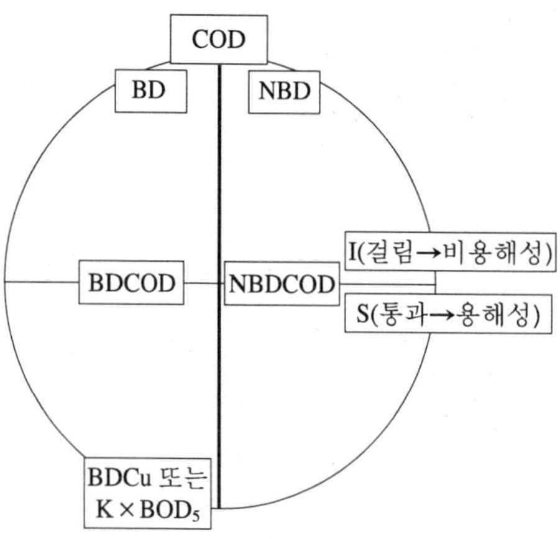

ÁÖ)
- I : 비용해성(insoluble)
- S : 용해성(soluble)
- BD : 생물분해가능한(biodegradable)
- NBD : 생물분해가 불가능한 (non-biodegradable)

그림 3.20 COD와 BOD의 관계

그림 3.20과 같이 BOD 및 COD시험에서 시료의 분석을 여과된 것과 여과되지 않은 것으로 구분하면 여과를 거친 시료의 BOD와 COD를 **용해성**(soluble)이라고 한다. 따라서 여과를 거

치지 않은 원래의 시료로부터 얻은 BOD와 COD에서 용해성 BOD와 COD를 빼면 휘발성 부유물에 의한 BOD와 COD가 된다. 즉 용해성 BOD와 COD를 SBOD 및 SCOD로 표시하면 다음과 같은 식이 성립된다.

$$BOD = IBOD + SBOD$$
$$COD = ICOD + SCOD \quad (3\text{-}17)$$

여기서, I : 비용해성=여과판을 통과하지 못하는 것

S : 용해성=여과판을 통과한 것

또한 최종 BOD를 BODu, 5일 BOD를 BOD5, 생물학적으로 분해 가능한(biodegradable) COD를 BDCOD, 분해가 불가능한(non-biodegradable) COD를 NBDCOD라고 한다. 또한 다음 관계가 성립한다.

$$COD = BDCOD + NBDCOD$$
$$BDCOD = BODu = k \times BOD_5$$
$$NBDCOD = COD - BODu \quad (3\text{-}18)$$

여기서, BD : 생물분해 가능한 것

NBD : 생물분해가 불가능한 것

k : (BOD_u/BOD_5) 실험에 의해 결정되어지는 상수(도시하수 ≒ 1.5이다)

식 (3-17)를 식 (3-18)에 적용하면 다음과 같이 식 (3-19)이 성립된다.

$$ICOD = BDICOD + NBDICOD$$
$$BDICOD = IBODu = k \times IBOD_5$$
$$NBDICOD = ICOD - IBODu$$
$$ICOD : NBDICOD = VSS : NBDVSS \quad (3\text{-}19)$$

즉 생물학적 분해 불가능한 휘발성부유물질의 양 =

$$\text{휘발성부유물질} \times \frac{\text{생물학적 분해 불가능한 COD}}{\text{불용성 COD}}$$

$$\therefore NBDVSS = VSS \times \frac{NBDICOD}{COD} \quad (3\text{-}20)$$

식 (3-18)와 식 (3-19)에서의 k는 상수이다. 결과적으로 ICOD는 VSS와 동일한 유기물을 나타내는 것이지만 상이한 단위로 표시한 것이다. 즉 VSS는 휘발성부유물 그 자체를 의미한 것이며 ICOD는 VSS를 산화시키는데 소모되는 산소량으로 나타낸 것을 말한다.

예제 3.7

어떤 공장의 폐수를 채취해서 부유물질을 시험하여 다음과 같은 결과를 얻었다. 이때의 부유물질량은 얼마인가(단 시료의 용량 : 80mℓ, 여지의 무게 : 22.2547g, 시료여과 후에 여지의 무게 : 22.2571g, 회화(灰化)시킨 후의 여지의 무게 : 22.2553g이다).

$$SS[mg/\ell] = (b-a) \times \frac{1,000}{V}$$

여기서, a : 시료여과 전의 유리섬유 여지무게 [mg]

b : 시료 여과 후의 유리섬유 여지무게 [mg]

V : 시료 [mℓ]

풀이

$$SS = (22.2571 - 22.2541)g \times 10^3 \times \frac{1,000}{80} = 30[mg/\ell]$$

예제 3.8

어느 폐수의 시료를 분석한 결과 k=1.72이다. 총COD=427 mg/ℓ, SCOD=180 mg/ℓ, TSS=192 mg/ℓ, VSS=159 mg/ℓ, BOD_5=234 mg/ℓ, SOD_5=107 mg/ℓ이었다. ICOD, $IBOD_5$, FSS, BOD_u, NBD COD, NBD SS 등을 구하시오.

풀이

$ICOD = 총\ COD - SCOD = 427 - 180 = 247[mg/\ell]$

$IBOD_5 = 총\ BOD_5 = 224 - 107 = 127[mg/\ell]$

$FSS = TSS - VSS = 192 - 159 = 33[mg/\ell]$

$BOD_u = K \times bBOD_5 = 1.72 \times 234 = 402[mg/\ell]$

$SBOD_u = k \times SBOD_5 = 1.72 \times 1.7 = 184[mg/\ell]$

$IBOD_u = k \times IBOD_5 = 1.72 \times 127 = 218[mg/\ell]$

혹은 $IBOD_u = BOD_u - SOD_u = 402 - 184 = 218[mg/\ell]$

$NBDCOD = 총\ COD - BOD_u = 427 - 402 = 25[mg/\ell]$

$NBD\ SCOD = SCOD - SBOD_u = 184 - 184 = 0$

$NBDICOD = IBOD_u = 247 - 218 = 29[mg/\ell]$

혹은 $NBD\ ICOD = NBD\ COD - NBD\ SCOD = 25 - 0 = 25[mg/\ell]$

$$\text{NBD VSS} = \frac{\text{VSS} \times \text{NBD ICOD}}{\text{ICOD}} = 159 \times \frac{25}{247} = 16\,[\text{mg}/\ell]$$

$$\text{NBD SS} = \text{FSS} + \text{NBD VSS} = 33 + 16 = 49\,[\text{mg}/\ell]$$

3.8 물의 자정작용

호소수나 하천수는 급수를 위한 수원이므로 수질은 매우 중요하다. 호소나 하천의 오염을 방지하기 위해서 폐수를 처리해서 방출하며, 또 이를 수원으로 하는 경우에 수질이 급수용으로 부적당하게 되면 용도에 따라서 처리하고 호소나 하천의 수질은 폐수의 특성과 마찬가지로 시시각각으로 변한다. 예를 들면 하천인 경우 유량은 항상 변화하며 강우가 내리는 경우 하천의 수질은 상류지방의 지표에 있는 오염물질과 지형 및 지표구성에 따라 변한다.

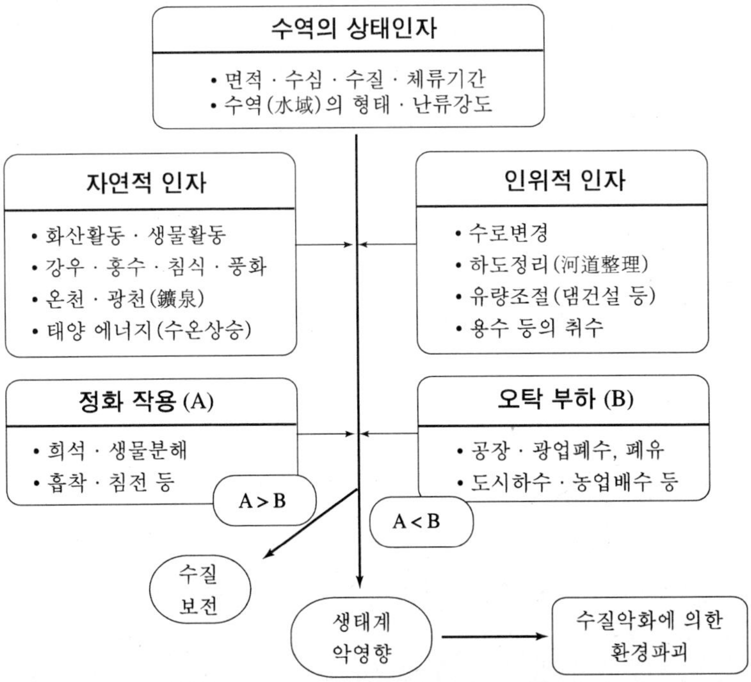

그림 3.21 수질오염이 생태계에 미치는 영향

특히 우리나라 하천의 경사는 비교적 급한 편이므로 하천의 난류가 크게 되며 산소전달률은 크게 되고 결과적으로 자정능력도 일반적으로 크다고 볼 수 있다. 수중에 오염물질이 유입될 경우 물은 자연상태로 회복되려고 하는 기능을 가지며, 이러한 물의 자연적 제어기능을 **자정작용**(自淨作用, self-purification)이라고 한다. 자정작용에도 정화기능의 한계가 있는데 이 한계를 능가하여 오염된 경우는 자정작용이 일어날 수 없으므로 인해 오염이 심화된다. 자정작용은 근본적으로 물리적(物理的) · 화학적(化學的) · 생물학적(生物學的)인 세 가지 작용이 상호 밀접하게 관련하여 장시간, 장거리 또는 넓은 공간에 있어서 정화가 이루어지는 것이다. 이러한 수질오염이 생태계에 미치는 영향은 그림 3.21과 같다.

(1) 물리적 작용

물리적 작용으로는 오탁물질의 희석(稀釋), 확산(擴散, dilution), 혼합(混合, diffusion), 흡착(吸着), 침전(沈澱), 여과(濾過) 등으로 수중오염물질의 농도가 저하하거나 포기에 의해서 공기 중의 산소가 용해하여 유기물의 분해가 촉진되는 것은 다음과 같다.

1) 침전

침전(sedimentation)은 물보다 비중이 큰 부유물은 중력에 의해 침강한다.

2) 여과

여과(filtration)는 물을 여과재를 사용하여 거르는 것

3) 포기

포기(aeration)는 대기로부터 공기를 흡수하며, 수중에 탄산가스 등을 방출한다. 이것은 수면이 대기와 접촉하여 일어나는데 계류부(溪流部)나 급류부(急流部)에서는 매우 잘 일어난다. 또한 파랑(波浪)에 의해서도 작용은 크게 일어난다.

(2) 화학적 작용

1) 산화(酸化, oxidation)

수중의 용존산소에 의해 유기물이 비교적 안정된 유기물이나 탄산가스로 변화됨으로 인하여 용존하는 철이나 망간 등이 수산화물(水酸化物)로 생성되어 자연적으로 응집된 후에 침전된다.

2) 중화

중화(中和, neutralization)는 산(酸)과 염기(鹽基) 등 성질이 서로 다른 물질이 서로 화합

하여 서로의 특징이나 작용을 잃는 현상을 말한다.

3) 응집

응집(凝集, coagulation)은 액체 또는 액체 중에 분산되어 있는 콜로이드 입자가 조밀한 집합상태를 이루는 현상을 말한다. 일반적으로 콜로이드 입자가 응집하면 탁해지거나 또는 I침전이 일어난다.

(3) 생물학적 작용

물의 자정작용 중에서 가장 중요한 위치를 차지하고 있는 것으로 자정작용의 진행을 좌우하는 것은 생물상(生物相)에 영향을 미치는 외적 환경조건으로 온도, pH, DO, 햇빛 등이 중요한 요인이다.

1) 분해

분해(分解, decomposition)는 세균이나 미생물의 영양원(營養源)인 유기물이 이들 미생물에 의해서 호기성 분해(酸化) 혹은 혐기성 분해(還元)되어 안정된 무기물이나 가스로 변한다.

2) 광합성

광합성(光合成, photosynthesis)은 플랑크톤은 햇빛의 존재하에서 탄수화물이나 단백질을 합성하여 탄산가스나 질소를 흡수하고 산소를 방출한다.

3) 생존경쟁

생존경쟁(生存競爭)은 원생동물(原生動物)이 세균 등을 포식한다. 즉 자정작용의 진행에 대해서는 재포기(再曝氣), 탈산소(脫酸素 : 산소가 소비되는 것)에서 일어나는 산소량의 수지(收支)라는 점에서 보아 산소평형(酸素平衡)에 대한 유지문제가 된다. 재포기가 탈산소보다 우세하면 산소평형이 보전되어 자정작용이 진행되지만 이것과 반대이면 평형이 깨어져서 물이 부패상태로 되어간다.

3.8.1 하천수의 자정작용

호소나 저수지처럼 물이 정체되어 있는 곳에서는 변화는 그림 3.22에 주어진 바와 같이 물이 흘러내리는 하천에서는 쉽게 관찰할 수 있어서 변화가 일어나는지 지역 오염원으로부터의 거리 및 시간을 알 수 있다. 따라서 하천수의 자정작용(self purification)은 분해지대(分解地帶), 활발한 분해지대, 회복지대(回復地帶) 그리고 정수지대(淨水地帶)인 Whipple의 4지대로 구분할 수 있다.

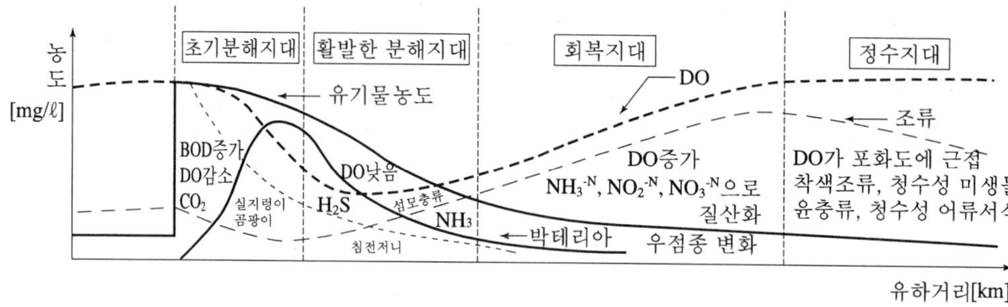

그림 3.22 하천의 오염과 자정작용

(1) 분해지대

분해지대(zone of degradation)에서는 오염된 물의 화학적·물리적 성질이 저하되며, 오염에 약한 고등생물은 오염에 강한 미생물에 의해서 교체된다. 이 지대는 유기물 혹은 기타 오염물을 운반하는 하수거(下水渠)의 방출지점과 가까운 하류에 위치하며, 최하류단은 거리로 볼 때 여름철 온도에서 용존산소의 포화치의 45%에 해당하는 용존산소를 가지는 하천의 지점이 된다.

분해지대에서는 세균의 수가 증가하고 유기물을 많이 함유하는 슬러지는 침전이 많아지며, 용존산소의 양이 크게 줄어드는 대신에 탄산가스의 양은 많아진다. 분해가 심해짐에 따라 오염에 잘 견디는 곰팡이류가 녹색 수중식물이나 고등생물(amoeba·euglypha)을 대신해서 번식하고 이 곰팡이류(fungi)는 대단히 심하게 번식해서 하천바닥의 바위나 수중의 식물줄기를 덮는다. 물이 고요히 흐르는 곳에서는 공모양을 형성하고 조금 세게 흐르는 곳에서는 털모양을 형성한다. 새로 생긴 곳은 때때로 백색을 나타내지만 오래된 것은 붉은 색을 띤 녹색 혹은 회색빛깔을 보이게 되며 더 시간이 경과하면 녹슨 갈색을 띤다.

이들 푼지는 분해된 폐기물과 용존산소를 섭취하면서 자라며, 용존산소의 농도가 포화치의 45% 이하로 떨어지면 다른 미생물이 번식하게 된다. 이들 푼지 외에도 스페로틸루스 유영(sphaerotilus natans), Leptamitus, 각막범(角膜帆, achlya) 같은 하수 내에 번식하는 분열균류(分裂菌類, schizomycetes)나 조균류(藻菌類, phycomycetes)들이 이 지대에서 자란다. 이들은 실같이 길게 자라며, 물가의 돌이나 기타 막대기 같은 것에 붙어서 산다.

하천바닥의 슬러지 침전물 내에 번식하는 생물로서는 실지렁이과(tubifex, 투비펙스속의 실지렁이 총칭)나 Limnodrilus종에 속하는 여러 종류의 붉은 색을 때는 벌레들이 있다. 이들 생물은 슬러지 침전물을 흡수해서 작은 구슬모양으로 슬러지를 배설하며, 이들 배설물은 주위에 있는 다른 생물들에 의해서 더 잘 분해된다. 분해지대는 희석이 잘되는 큰 하천에서 보다 희석이 덜되는 하천에서 더 뚜렷이 나타나며, 큰 하천에서는 물이 원상으로 재빨리 회복되기 때문에 분해지대의 식별이 어렵게 된다.

(2) 활발한 분해지대

활발한 분해지대(zone of active decomposition)에서는 용존산소가 없게 되어 부패상태에 도달하게 된다. 물리적으로 이 지대는 회색 또는 흑색으로 나타나며, 암모니아 냄새나 황화수소에 의한 썩은 달걀냄새가 나게 되고 흑색 및 점성질의 슬러지 침전물이 생기고 기체방울이 수면으로 떠오른다. 혐기성 분해가 진행되어 수중의 탄산가스농도나 암모니아성 질소의 농도가 증가한다. 혐기성 세균이 번식해서 호기성 세균을 교체시켜 시간당 생화학적 산소요구량이 재 포기량보다 적어질 때까지 번식한다. 상류에서는 푼지의 수가 감소하므로 혐기성 상태로 변한다는 것을 알 수 있다. 첫 부분에서는 상류의 분해지대에서 처럼 푼지의 수가 대단히 많지만 이들은 더욱 실모양으로 길어지며 분홍, 회백색, 회색을 나타내기 시작하여 결국은 흑색으로 변한다. 완전히 부패상태가 되면 푼지는 사라진다.

또한 이 지대는 자유유영성(自由遊泳性, *Free Swimming Ciliate*) 섬모충류가 우점종으로 나타난다.

(3) 회복지대

회복지대(zone of recovery)에서는 분해지역에서 일어나는 현상과는 반대되는 현상이 일어나며, 장거리에 걸쳐서 일어난다. 물리적으로 회복지대에서는 물이 깨끗해지며, 점성질이 슬러지 침전물이 구상으로 변하고 기체방울의 발생이 중단된다. 용존산소의 농도가 포화될 정도로 증가하고 가스의 농도는 감소하며, 아질산염이나 질산염의 농도가 증가한다. 영양분의 공급이 줄어들어 감에 따라 세균의 수가 감소하며 원생동물, 윤충, 갑각류가 번식하기 시작한다. 곰팡이가 다시 나타나기 시작하고 같은 정도로 청록색 또는 녹색조류가 번식하며, 하류로 내려 갈수록 많은 규조류(diatom)가 성장한다. 큰 수중식물이 다시 나타나며 막대기, 식물 혹은 자갈에 붙어 있는 이끼벌레 등을 볼 수 있게 된다. 이 지대의 상류부분에서는 Tubifex종의 수중벌레가 바닥의 진흙층 내에 서식하며, 빨강 지렁이 종류도 함께 자란다. 바닥의 침전물 속에는 조개류나 벌레의 유충이 번식하고, 견디는 힘이 강한 생무지, 황어, 은빛 담수어 등의 물고기도 번식한다. 수중미생물의 변화는 자유유영성(自由遊泳性) 섬모충류에서 → 흡관충류(*Suctoria*) → 고착성 섬모충류(*Stalked Ciliat*)로 서서히 우점종이 변화된다.

(4) 정수지대

정수지대(zone of clear water)는 오염되지 않은 자연수처럼 보인다. 보기에도 깨끗할 뿐만 아니라 용존산소의 양도 많아서 자연적으로 오염된 물 속에서 살 수 있는 식물이나 동물이 번식한다. 이 지대에서는 다른 미생물과 마찬가지로 호기성 세균이 나타나며, 낚시를 할 수 있을 만큼 많은 종류의 물고기가 다시 번식하기 시작한다.

위에서 설명된 4가지 정수과정 도중에 대장균과 병원균은 부적합한 경우에 의하거나 혹은 다른 미생물에 잡아 먹혀서 수가 줄어든다. 그러나 일부는 계속 남아 있기 때문에 비록 깨끗한 하천 물이라도 한번 오염된 물은 적당한 처리를 하지 않고서는 음용수로서 사용될 수 없다고 생각하는 것이 좋다.

3.8.2 호소수의 자정작용

호소(湖沼)에서는 일정한 방향을 가진 흐름이 없기 때문에 하천과 같이 분명한 지대(zone)구분은 생기지 않게 된다. 호소 내에서는 수심에 따른 온도의 차이 때문에 물의 밀도가 변화하게 되어 수직방향으로 물의 운동이 생길 수 있다. 따라서 자정작용이 발생한다. 저수지에 오염물이 유입되었을 때 오염물은 수중미생물에 의해서 섭취분해되거나 기타 작용에 의해서 자정작용이 일어난다. 이 때 수직방향의 물운동이 없다면 즉 저수지가 변천대(表水層, thermocline)를 중심으로 상부의 순환대(変水層, epilimnion), 하부의 정체대(深水層, hypolimnion)로 분명히 분리될 경우 수면 가까운 곳에 위치하는 순환대층에서는 공기 중의 산소가 재포기됨으로 용존산소농도가 높아져 호기성 상태가 되지만 변천대층 하부의 정체대층에서는 용존산소가 부족하거나 완전히 없어져 결국 혐기성 상태가 된다. 이런 경우 호소바닥에 침전된 유기물 순환대층과 변천대층은 각각 7 m 정도의 수심을 차지하며, 그 하부는 정체대층이 생기고 바닥에는 침전물층이 형성된다.

이 현상은 그림 3.23과 같이 물의 수직운동이 없는 겨울이나 여름에 일어나며, 봄과 가을에는 호소 물의 수직혼합이 활발히 진행되어 분명한 열-밀도층의 구별은 없어지게 된다. 즉 겨울에 수면이 얼게 되면 얼음 표면과 그 상부의 대기온도는 0℃보다 낮아져도 얼음 밑의 물은 실제로 0℃에 가까우며 더 깊은 곳의 물은 4℃ 정도에서 최대밀도를 갖게 된다.

이러한 상태에서 물은 비교적 안정된 평형상태에 있고, 수직적인 혼합이 없게 된다. 그러나 봄이 되어 얼음이 녹으면 표면부근의 수온이 높아지기 시작하여 4℃가 되면 밀도가 최대가 되므로 밑으로 운동하게 되고, 밑부분의 물이 상부로 이동하게 된다. 봄에서 여름이 되면 물은 점차 따뜻해져서 가벼운 물이 밀도가 큰 물위에 놓이게 되며, 온도차가 커져서 순환현상, 즉

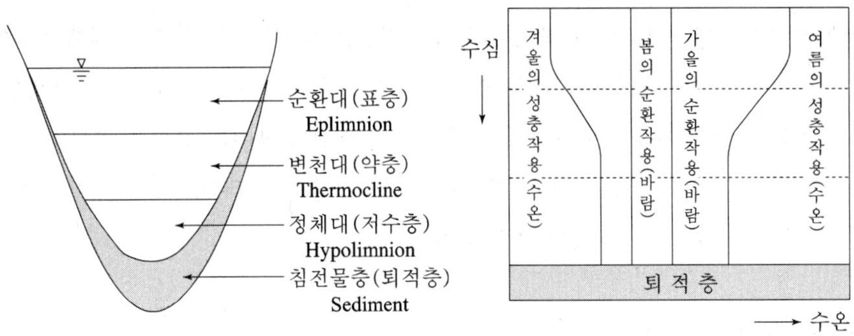

그림 3.23 **호소의 성층현상**

수직운동은 점점 상부층에만 국한된다. 가을이 되어 표면의 수온이 내려가면 수직적인 정체현상은 파괴되고 물은 다시 수직적인 혼합을 이루게 된다. 다시 말해서 겨울과 여름에는 수직운동이 없어서 정체현상이 생겨 수심에 따라 온도와 용존산소농도의 차가 크지만 봄과 가을에는 순환현상이 발생하여 수심에 따른 온도나 용존산소농도에는 변화가 적다. 겨울과 여름의 정체현상 중에서 여름의 정체가 더 뚜렷이 생긴다. 이와 같이 호소의 물이 수심에 따라 여러 개의 층으로 분리되는 현상을 **성층현상**(成層現象, stratification)이라고 한다. 그 결과 생기는 순환대, 변천대 그리고 정체대층들을 **열밀도층**(熱密度層, thermal-density layers) 혹은 **열층**(熱層, thermal layers)이라고 한다.

봄과 가을철의 호소 물의 수직운동은 대기 중의 바람에 의해서 더욱 가속되며, 이러한 수직운동을 **전도현상**(轉倒現象, turn over)이라고 한다. 호소의 물이 급수원으로 이용될 경우 전도현상은 매우 위험한 결과를 초래한다. 이것은 혐기성 상태에 있는 정체대층의 물이 전도하면 수질이 악화된 저수지 물이 취수되기 때문이다.

일반적으로 호소의 자정작용 결과는 유기물의 제거로서 희석, 재포기, 침전 그리고 생화학적 작용을 위한 시간에 의해서 결정된다. 그러나 하수와 함께 호소로 유입된 세균은 다른 인자들의 영향을 받아 죽게 된다. 즉 수온, 가용된 영양소, 일광의 살균효과, 침전 그리고 원생동물의 활동 등에 의해서 세균제거율이 통제를 받으며 비율이 깨끗하게 보일지라도 세균에 의한 오염은 존재할 수 있다.

일반적으로 물이 호소 내에 오래 정체하면 자정이 일어나서 수질이 좋아질 것이라고 생각하기 쉬우나 사실은 그렇지 않다. 오염물이 계속 호소로 유입되어 호소의 자정능력을 초과할 때 호소의 수질은 점차로 악화된다. 이 현상은 호소의 물이 성층현상에 의해서 더 박차를 받게 된다. 비록 장기간에 걸친 저수결과 오염물로서 유입된 유기물이 분해제거 된다 하더라도 수중

미생물의 번식에 영양소가 될 무기물은 축적될 수도 있기 때문이다. 그 결과 인체에 질병을 일으키거나 수중에 맛과 냄새를 초래하는 각종 조류가 번식하게 되며, 조류가 사멸되면 호소의 바닥에 침전되어 다른 미생물에 의해서 분해되고, 분해결과 생기는 물질은 다시 다른 조류의 번식을 초래할 수 있는 영양소가 된다. 이러한 순환을 거듭하게 되면 호소의 수질은 점점 악화되어 앞으로 쓸모 없는 늪으로 변모하게 된다.

3.8.3 부영양화 현상

(1) 부영양화의 정의

부영양화(富營養化)란 영어로는 Eutrophication이라고 한다. 그리스어의 어원에 따르면 Eu의 뜻은 Well로서 많음을 의미하며, Trope는 영양분이라는 것을 의미하므로 부영양화를 간단히 표현하면 어떤 특정한 수계(水系)에 영양분이 많이 함유되어 있음을 나타낸다고 볼 수 있다. 또한 영양단계에 따라서 Oligotroph는 빈영양으로 Mesotroph는 중영양으로 Hypertroph는 과영양으로 정의하고 있다.

부영양화는 영양분이 많이 함유된 수계에는 대부분 무기영양분을 영양원으로 하는 조류(藻類)의 증식이 수반된다. 그러므로 부영양화란 무기영양분이 풍부하다는 것을 의미하는 동시에 조류로 인한 유기물이 풍부해지는 현상을 뜻한다. 또한 호소에 조류가 많이 번식한다는 것은 호소가 부영양화 과정 중에 있다는 것을 뜻하며, 표 3.15는 부영양화 현상과 빈영양화일종의 순환작용이다.

표 3.15 부영양화 현상과 빈영양화 현상의 비교

특징	빈영양화	부영양화
수색(水色)	·감색 또는 녹색	·녹색 내지 황색, 수화(水華) 때문에 때로는 현저하고 착색될 경우가 있다.
투명도	·크다(5m 이상).	·적다(5m 이하).
반응	·중성부근	·중성 또는 알칼리성, 하계에 표층은 가끔 강알칼리성이 된다.
영양염류 [mg/ℓ]	·소량(N<0.05, P<0.02)	·다량(N<0.15, P<0.02)
현탁물질	·소량	·플랑크톤 및 현탁물질이 다량 존재.
용존산소	·전층에 걸쳐 포화에 가깝다.	·표수층은 포화 또는 과포화 심수층에서는 항상 현저하게 감소한다. 소모는 주로 플랑크톤 유해(遺骸)의 산화에 의한다.

특징	빈영양화	부영양화
저생동물	·종류는 많다. 산소부족에는 견디지 못하는 종류	·산소부족에 견디는 종류
식물 플랑크톤	·빈약, 주로 규조(硅藻)로 구성된다.	·풍부, 여름에는 남조(藍藻)의 수화(水華)를 만든다. 규조, 충조(虫藻)도 많다.
어류	·양은 적다. 냉수성(冷水性)의 것이 있다(송어, 황어).	·양은 많다. 난수성(暖水性)의 것이 많다(잉어, 붕어, 뱀장어 등).

(2) 부영양화의 원인

① 하폐수, 축산폐수 및 비점오염원에 의한 오염물질이 호소로 유입하면서 질소와 인같은 영양염류 농도가 증가한다.

② 호소 내의 영양염류 농도가 높으면 조류가 번성하게 되고, 이들 조류가 죽어 바닥에 퇴적되어 미생물에 의하여 분해되면 영양염류가 다시 조류의 영양소로 사용되어 부영양화가 심화된다.

③ 기후조건은 일조량, 일조시간, 수온 등과 같은 기상조건이 조류의 광합성에 영향을 미치므로 조류의 성장에 알맞은 봄부터 가을까지 부영양화가 발생한다.

(3) 부영양화의 진행

체류시간이 긴 호소나 정체해역에 질소, 인 및 탄소 등의 증가로 조류가 번성하여 수질이 악화되고, 이들 조류가 사멸하게 되면 미생물에 의한 분해의 결과로 생기는 물질이 다시 다른 조류의 영양소가 되어 호소의 수질이 점점 악화되고, 결국은 못 쓰는 늪으로 변화하며, 부영양화를 나타내는 질소와 인의 농도는 0.2mg/ℓ, 0.02mg/ℓ 정도이다.

(4) 부영양화의 영향인자

① 물리적 인자: 온도, 일조량, 체류시간, 물질순환

② 화학적 인자: 탄소, 질소, 인의 농도

③ 생물학적 인자: 조류, 수초(광합성 작용)

④ 영양염류의 한계 농도 N : P = 16 : 1

질소 0.2mg/ℓ, 인의 농도는 0.02mg/ℓ 이상, 클로로필a 0.12mg/ℓ 이상

(5) 부영양화의 현상

1) 물리적 현상

① 물색: 녹색이나 갈색

② 투명도: 5m 이하

2) 수질

① pH: 중성에서 약알칼리성(여름철의 표층은 강알칼리성)

② 용존산소농도: 표층은 포화 또는 과포화, 심층은 현저히 감소한다.

③ 산소의 소비는 주로 플랑크톤 사체의 산화에 의한 것이다.

④ 현탁물질: 플랑크톤 및 그 사체에 의한 현탁물질이 많다.

⑤ 영양염류: 다량 존재, 질소 > 0.2mg/ℓ, 인 > 0.02mg/ℓ

3) 생물상

① 클로로필a: 20~140mg/m^3

② 식물성 플랑크톤: 풍부, 여름철의 남조류에 의한 수화 현상 발생

③ 동물성 플랑크톤: 풍부해진다.

④ 저서생물: 종류수 감소, 산소부족에 내성이 강한 종류가 증가한다.

⑤ 어류: 양이 많다. 특히 붕어, 잉어, 장어 등이 증가한다.

⑥ 연안식물: 연안식물이 풍부해지나 얕은 곳에만 생긴다.

(6) 부영양화 지수

지수는 투명도(SD: 25cm 흰색 원반 식별 깊이로 표시하며 64m인 경우 100으로 본다), 총인농도(TP), 클로로필a(chl) 등으로부터 영양 상태를 종합적으로 평가하며

① 30 이하: 빈영양

② 40~60: 중영양

③ 60 이상: 부영양

④ 80 이상: 죽은 늪으로 평가한다.

(7) 부영양화의 증상 및 피해

부영양화가 발생되면 유기물 부하의 증가, DO 저하, 저질 내의 철과 망간의 용출, 맛과 냄새, THM 전구물질의 생성, 정수시설에서의 장해 유발 등

1) 수질악화

① 남조류나 규조류의 수화발생, 식물성 플랑크톤의 개체수가 증가한다.

② 수중의 현탁물질량이 증가한다.

③ 이취미를 방출하는 유기물을 생성한다.

④ 수중에서 생성되기도 하고 외부에서 유입한 유기물에서의 부식물질을 생성한다.

⑤ 식물성 플랑크톤에 의한 물의 착색아 나타난다.

⑥ 투명도가 저하된다.

⑦ 대형수생식물이 번성한다.

⑧ 수소이온 농도 pH가 상승한다.

⑨ 지질표면 부근 및 심수층의 용존산소농도가 저하, 특히 용존산소농도가 0에 가까워지면 저층 부근이 환원되어 메탄가스 발생, 인의 용출. 철. 망간이 용출한다.

2) 성수에 주는 영향

① 원수의 유기물량의 증가로 인한 과다한 염소처리로 THM이 생성된다.

② 킬레이트(chelate) 물질의 증가로 인한 응집처리가 저해된다.

③ 조류 때문에 완속 및 급소여과지나 스크린이 폐쇄된다.

④ 소독과정에서 장해된다.

⑤ 조류의 대량증식에 의한 이취미가 발생한다.

⑥ 심층의 산소 고갈로 인한 철, 망간이 용출한다.

⑦ 조류가 생산하는 독소에 의한 건강상의 장해가 발생한다.

3) 농림수산업에 주는 영향

① 조류의 호흡, 분해에 의한 용존산소의 부족 및 유독물질의 방출에 따른 어류가 폐사된다.

② 부영양화한 호소수나 하천수를 관개용수로 이용할 경우 고농도의 질소에 의해 경작 장해가 발생한다.

4) 생활환경에 대한 영향

① 물의 착색으로 미관상의 불쾌감을 유발한다.

② 남조류의 수화가 발생한 경우 수영, 보트놀이 등 물과 접촉하는 활동에서 불쾌감을 유발한다.

③ 이취미가 발생하려 수변의 산책에도 불쾌감을 유발한다.

(8) 부영양화 대책

1) 유입 영양염류의 부하량 감소

① 호소내 조류의 영양물질인 질소와 인의 유입을 감소시킨다.

② 질소와 인을 제거하기 위한 고도처리시설의 적용을 확대한다.

③ 인을 사용하는 합성제의 사용을 줄이고, 인의 함유량이 적은 세재를 개발한다.

④ 가두리 양식장의 철거 및 설치를 억제한다

⑤ 호소 인근 지역에 음식점, 숙박시설 등의 오염 유발시설의 설치를 억제한다.

⑥ 상류지역의 농약 사용 규제 및 유기농을 권장해야 한다.

⑦ 비점 오염물질 저감대책을 강구해야 한다.

2) 호수내의 대책

① 호수 내의 퇴적물 준설

② 호수 내 조류, 갈대. 수초 등의 제거

③ 긴급조치 수단으로 황산동을 조류 발생 초기에 일시에 대량 투여

④ 저층에 공가 주입

⑤ 호소 내 알루미늄 염을 첨가하여 인산염을 침전시켜 불활성화

⑥ 외부의 수류를 유입시켜 물 교환율을 높임

⑦ 심층수의 방류

⑧ 저질토를 합성수지로 도포하여 용출 물질 차단

3.8.4 적조현상

(1) 적조의 정의

적조(赤潮, red tide)현상은 해수 중에 플랑크톤이 급격히 증식함으로써 해수(海水)의 색이 황 · 적갈색으로 변화되는 현상을 말한다. 최근에 호소나 댐에서 편모조류의 이상증식으로 물의 색이 적색 또는 갈색으로 변화는 경우가 있는데 이를 **부영양화 현상** 또는 **적조현상**이라고 한다.

(2) 발생요인

① 자연적인 공급원

② 인간의 활동과 관련된 집약된 형태의 오염원, 즉 점오염원(點汚染源)

③ 수괴(水塊 water mass)의 연직안정도(鉛直安定度)가 크고 독립해 있을 때 발생한다.
④ 해저에 빈산소층(貧酸素層)을 형성할 때 적조가 발생한다.
⑤ 강우에 따른 하천수가 유입됨으로써 염소량이 낮아지고 물리적 자극물이 보급될 때
⑥ 비타민 B1, B2 등의 자극성 물질과 미량요구 원소가 유입되거나 펄프(pulp)폐액, 단백질의 분해로 인한 영양염류, 미생물이 대사산물(代謝産物) 등이 유입될 때 적조가 발생한다.
⑦ 연체동물들은 다량의 칼슘을 필요로 하며, 마그네슘은 엽록소의 필수요소이다.

(3) 적조의 미생물

특히 바다에 이러한 미생물이 발생함으로써 적조현상이 발생하며, 그 조류는 다음과 같다.

① 남조류(biue green algae) : Trichodesmium 등
② 규조류(diatoms) : Coscinodicus, Chaetocerus, C.debilis, Biddulphia 등
③ 녹조류(green algae) : Asteromonas, Pyramimonas 등
④ 황색 편모조류 : Dictyocha
⑤ 쌍편모조류 : Amphidinium, Ceratium, Cochlodinium, Heterosig, Gymnodinium 등
⑥ 유글레나류(euglenophyceae) : Euglena, Eutreptiella 등

(4) 적조의 영향

① 해수 용존산소감소에 의한 어패의 폐사(斃死)
② 적조생물이 아가미에 부착되어 일어나는 호흡장해을 일으킨다.
③ 적조가 사멸할 때 나타나는 산소감소나 황화수소(H_2S) 등의 유해물질의 발생
④ 적조조류의 독소(toxin)에 의해 어패류의 피해를 입는다.
⑤ 적조생물 그 자체가 생산하는 유독물질의 작용한다.
⑥ 유독편모원생동물(有毒鞭毛原生動物, Gonyaulax)속이 생산하는 페놀설폰프탈레인(phenolsulfonphthalein, PSP : pH 6.8 황색, pH 8.4 적색)처럼 패류(貝類)에 축척되어 인간의 신경을 마비시키는 중독의 원인이 된다.
⑦ 해풍에 기인한 인체 및 동물의 호흡점막 자극과 호흡장애를 일으킨다.

(5) 적조의 대책

① 과도한 영양소 차단, 질소(N), 인(P) 부하규제와 유기성 침전물을 제거하여야 한다.

② 적조 미생물의 회수 및 제거(황토살포 및 황산동 0.12~0.5 mg/ℓ)

③ 준설 등에 의한 연안수역(沿岸水域)의 저질정화를 하여야 한다.

④ 해양투기 매립을 규제하여야 한다.

⑤ 감시체계 확립과 조기발견 시스템화 되어야 한다.

⑥ 피해기구의 규명과 차단방법이 개발되어야 한다.

3.9 수질 모델

3.9.1 용존산소 수지모델

용존산소는 자연계수에 있어서 가장 중요한 성분 중의 하나이다. 하천이나 호수로부터 소모된 용존산소는 보충되어져야 하며, 지표수에 대한 산소의 공급에는 두 가지의 메카니즘이 있다. 즉 대기로부터의 산소용해인 재포기와 조류의 광합성에 의한 산소의 생성이며, 용존산소의 평형농도는 다양한 온도 및 염화물의 함수로서 용존산소의 농도가 평형값 이하로 내려가면 산소는 대기로부터 물 속으로 이동된다.

평형농도와 실제농도의 차이를 **산소부족량**(酸素不足量, oxygen deficiency)이라 한다. 수학적으로 표시하면 다음과 같다.

$$D = C_s - C \tag{3-21}$$

여기서, D : 용존산소부족량[mg/ℓ]

C_s : 평형 산소농도[mg/ℓ]

C : 실제 산소농도, DO농도[mg/ℓ]

C_s 가 변하지 않을 때 산소부족량의 변화율은 다음과 같다.

$$\frac{dD}{dt} = -\frac{dC}{dt} \tag{3-22}$$

용존산소의 부족량은 재포기의 추진력이 되며, 식 (3-22)와 같이 용존산소 농도가 감소할수록 재포기속도는 증가하게 된다.

DO모델에는 다음과 같은 두 가지의 기본적인 가정이 따른다.

① 하천이나 호소의 어느 지점에서도 산소는 분포되어 있다.

② 산소수준에 의한 폐수의 영향은 미생물에 의하여 소모된 산소량과 대기로부터 수중에 녹은 산소량에 의해 결정된다.

산소소모율은 다음과 같은 관계식으로 계산할 수 있다.

$$\text{산소소모율} = k_1(L_o - y) \tag{3-23}$$

여기서, L_o : 유기물질을 분해하는데 필요한 총산소량, 즉 BOD_u(최종BOD)

y : 시간 t동안 소모된 산소량

k_1 : 탈산소계수[1/d]

분해될 과량의 유기물이 있다면 산소소모율은 증가하고 한정된 시간동안 아주 적은 산소가 소모된다. 유기물이 분해됨에 따라 산소소모량은 감소하게 되며, 산화율과 재포기율은 다음과 같은 식으로 표현된다.

$$\text{산소공급율} = k_2 D \tag{3-24}$$

여기서, D : 시간 t에서 용존산소의 부족량[mg/ℓ]

k_2 : 재포기계수[1/d]

최근 사용하고 있는 대부분의 용존산소 모델은 1925년 Streeter와 Phelps가 개발한 모델과 어느 정도 관계가 있다. 이 모델은 BOD의 손실과 하천의 재포기의 함수의 산소부족량의 변화를 예측하는 것이다.

(1) 용존산소 소비속도

폐수에서 탄산화합물의 산소요구량(C-BOD)과 질소화합물의 산소요구량(N-BOD)은 구별할 필요가 있다. 그림 3.24는 질소화합물을 포함한 미처리 폐수의 전형적인 산소요구량 곡선을 나타내고 있다. 질소화합물이 산화하는데 필요한 질산화 세균은 성장이 늦기 때문에 일반적으로 탄소에 의한 산소요구량이 먼저 나타난다.

소모된 산소량이 y라면 $y = L_o - L$이다. L_o는 최종BOD이며, 고정값으로써

$$\frac{dy}{dt} = -\frac{dL}{dt} \tag{3-25}$$

여기서, L : 산화 가능한 유기물의 양

하천으로부터 용존산소가 감소되는 속도는 BOD 소비속도와 관계가 있다.

$$\frac{dy}{dt} = -\frac{dC}{dt} \tag{3-26}$$

이것을 식 (3-25)에 대입하면 다음과 같다.

$$\frac{dy}{dt} = -\frac{dD}{dt} \tag{3-27}$$

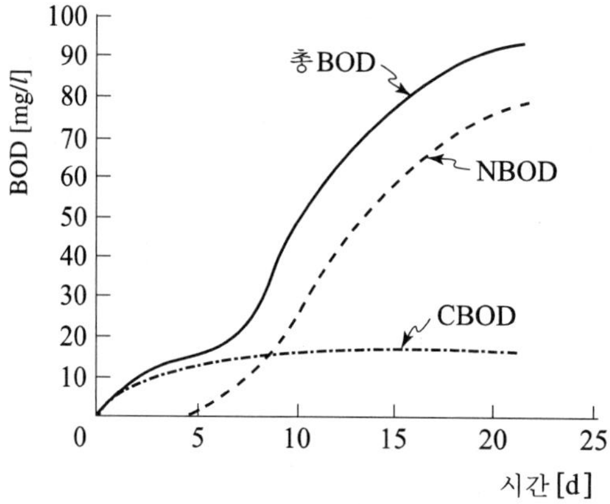

그림 3.24 CBOD와 NBOD의 2단계 산소요구량 상승곡선

이것으로 BOD 소비속도의 증가는 산소부족으로 변화속도를 증가시킨다는 것을 알 수 있다. 미생물에 의한 유기물소비속도는 그 양에 비례하며, 이를 1차 반응으로 가정하면 다음과 같다.

$$\frac{dL}{dt} = -kL \tag{3-28}$$

여기서, k : 반응상수

적분하여 L을 구하면 다음과 같다.

$$L = L_o e^{(-kt)} \tag{3-29}$$

또 $y = L_o - L$이

$$y = L_0 (1 - e^{-kt}) \tag{3-30}$$

가 된다.

식 (3-28)를 식 (3-24)과 (3-26)에 대입하면 다음과 같은 식을 얻을 수 있다.

$$\frac{dD}{dt} = kL \tag{3-31}$$

이것을

$$\gamma_D = k_1 L \tag{3-32}$$

로 놓을 수 있다. 여기서 γ_D는 산소소비에 따른 산소부족량 변화율이며, 반응속도상수 k_1은 매개변수로서 폐수시험 결과로부터 구할 수 있다. 속도상수는 온도변화에 따라 조정하나 기타 하천수의 희석효과 등에 대해서는 보통 보정하지 않는다.

(2) 재포기와 산소첨가 속도

재포기 식은 기체교환 현상은 2중 경막론으로 설명할 수 있다. 이 이론에 따르면 대기-액체 경계면을 기준으로 대기층 쪽으로는 기체막이 수체 쪽으로는 액체막이 형성된다고 가정할 때 대기 중의 산소가 수체로 전달되기 위해서는 이 두 막을 통과해야 한다. 기체막은 액체막에 비해 약한 저항력을 가지고 있으며, 액체막은 이러한 산소전달을 조절하는 것이다.

액체막을 통과하는 산소의 이동량은 DO의 시간변화율과 같다.

$$V\frac{dC}{dt} = k_L A(C_s - C) \tag{3-33}$$

여기서, C : DO농도, V : 수체의 부피
A : 대기와 수체의 접촉면적
k_L : DO 접촉면 전달계수

이 식에서 수중으로 전달되는 산소의 양은 시간 t에서의 용존산소농도와 포화농도 값의 차이에 비례하는 것을 알 수 있다. 그러므로 이 식을 다음과 같이 표현한다.

$$\frac{dC}{dt} = k_2(C_s - C) \tag{3-34}$$

여기서, k_2는 재포기계수$[T^{-1}]$로서 다음과 같이 이루어진다.

$$k_2 = K_L \cdot \frac{A}{V} \quad \text{또는} \quad k_2 = \frac{K_L}{H}$$

여기서, H : 평균수심[m]

식 (3-21)을 식 (3-33)에 대입하면 다음 식으로 표현할 수 있다.

$$\frac{dD}{dt} = -k_2 D + \frac{dC_s}{dt} \tag{3-35}$$

C_s가 일정하다면 $dC_s / dt = 0$이다. 그러므로

$$\frac{dD}{dt} = -k_2 D \tag{3-36}$$

그리고 $D = D_o$, 즉 시간 $t = 0$에서의 초기부족량은 $C_s - C$이므로 식 (3-37)는 다음과 같이 된다.

$$D = D_o e^{(-k_2 t)} \tag{3-37}$$

또는

$$C = C_s - D e^{(-k_2 t)} \tag{3-38}$$

재포기계수 k_2는 수중의 용존산소를 포화 용존산소 값과 같이 평형상태로 도달하는데 걸리는 시간을 감소시키거나 증가시키는데 영향을 미친다. 재포기계수 값이 높다는 것은 용존산소 농도가 빠르게 회복된다는 것을 나타내며 반면에 낮은 것은 용존산소농도가 느리게 회복된다는 것을 의미한다. 식 (3-33)의 산소교환 관계식은 일반적인 모든 수계에 적합한데 특별한 강과 하구, 호소와 같은 경우 각각의 재포기 특성을 고려할 필요가 있다.

재포기속도는 산소부족량에 대한 1차 반응이다. 이것을 수식으로 표현하면 다음과 같다.

$$\gamma_R = -K_2 D \tag{3-39}$$

여기서, γ_R : 산소가 대기로부터 용해되는 속도

D : 산소부족량

K_2 : 시스템 고유의 재포기상수

(-)부호는 재포기에 의한 산소공급기의 증가로 산소부족이 감소된다는 사실을 나타낸다.

(3) BOD농도의 시간적 변화

하천에서의 산소부족은 산소소비와 재포기의 함수이다. 식 (3-32)과 식 (3-39)에서의 보는 바와 같이 이러한 두 가지의 과정은 부족에 대해 반대의 효과가 있다. 이를 나타낸 것이 그림 3.25이다. 이 반응을 수식으로 나타내면 식 (3-40)과 같다.

$$\frac{dD}{dt} = \gamma_D + \gamma_R$$
$$= K_1 L - K_2 D \tag{3-40}$$

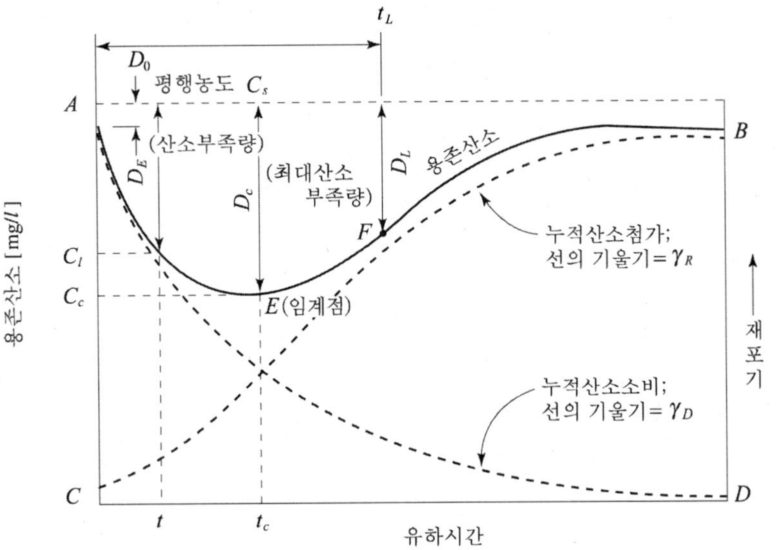

그림 3.25 산소하락 곡선의 특징

하천에 유입된 오염물질은 조류의 영향을 받지 않을 경우 물의 흐름에 따라 유하방향으로 이송 확산한다. 하천에서 BOD농도를 예측하는 경우 ① 수심방향과 횡방향을 무시하여 하천수의 유하방향만의 확산이 이루어지고 ② 하천수의 규칙적인 흐름에 따라 오염물질이 이동하며 ③ 유하하는 사이에 생물학적인 산화분해 및 침강, 흡착작용에 의하여 오염물질이 감소하며 ④ 하천바닥에서 용출 등에 의한 오염물질이 첨가된다는 현상을 가정하면 BOD농도의 시간적 변화에 대한 기본 식은 다음과 같다.

$$\frac{\delta L}{\delta t} = D_z \frac{\delta^2 L}{\delta x^2} - u\frac{\delta L}{\delta x} - (k_1 - k_3)L + P \tag{3-41}$$

여기서, L : 오염물질량

D_z : 하천수의 유하방향 x 에 대한 확산계수 [m^2/d]

u : 평균유속 [m/d], k_1 : 탈산소계수 [1/d]

k_3 : 침강, 흡착 등에 의한 오염물질의 감소계수 [1/d]

P : 저질에서의 용출 등에 의한 오염물질의 증가계수 [1/d]

정상상태 ($\delta L/\delta t=0$) 즉 유하방향에 대한 확산을 무시할 경우 식 (3-42)은 다음과 같이 간단하게 표시할 수 있다.

$$u\frac{\delta L}{\delta x} = -(k_1 - k_3)L + P \qquad (3\text{-}42)$$

식 (3-42)을 적분하면 다음과 같다.

$$L = \left(L_o - \frac{P}{k_1 + k_3}\right)\cdot e^{-k_1 + k_3\frac{x}{u}} + \frac{P}{k_1 + k_3} \qquad (3\text{-}43)$$

여기서, L_o : $x=0$에서의 오염물질농도

$\frac{x}{u}$: 유하시간

식 (3-43)에서 저질(低質)의 영향을 무시하면

$$L = L_o\, e^{-[k_1 + k_3]t} \qquad (3\text{-}44)$$

이와 같이 미생물에 의한 유기물의 분해(BOD의 저하)와 유기물의 산화분해과정에서 필요한 산소의 소비(DO 저하)가 이루어지는데 용존산소의 변화에 대한 미분방정식은 다음과 같다.

$$\frac{\delta D}{\delta t} = D_z\frac{\delta^2 D}{\delta x^2} - u\frac{\delta D}{\delta x} + k_1 L - k_2 D \qquad (3\text{-}45)$$

한편 식 (3-40)을 정리하면 다음 식을 얻을 수 있다.

$$\frac{dD}{dt} + k_2 D = k_1 \cdot L_o \cdot e^{-k_1 t} \qquad (3\text{-}46)$$

이 식은 1차 미분방정식으로 다음과 같은 형태로 나타낼 수 있다.

$$\frac{dy}{dx} + Py = Q$$

여기서, P와 Q는 x의 함수이다. 이러한 형태의 식은 적분인자인 $\exp\left[\int P dx\right]$를 이용하여 풀 수 있다. 식 (3-46)에 대한 적분인자는 다음과 같다.

$$e^{\int k_2 dt} = e^{k_2 t} \qquad (3\text{-}47)$$

이다. 식 (3-46)의 양변을 식 (3-47)의 우변항으로 곱하면 다음과 같다.

$$e^{k_2 t} \cdot \frac{dD}{dt} + k_2 \cdot De^{k_2 t} = k_1 \cdot L_o \cdot e^{(k_2 - k_1)t} \tag{3-48}$$

이 식의 우변은 다음과 같이 나타낼 수 있다.

$$e^{k_2 t} \cdot \frac{dD}{dt} + k_2 \cdot D \cdot e^{k_2 t} = \frac{d(D \cdot e^{k_2 t})}{dt}$$

적분하면

$$\int d(De^{k_2 t}) = k_1 L_o \int e^{(k_2 - k_1 t)} dt$$

$$De^{k_2 t} = \frac{k_1 L_o}{k_2 - K_1}[e^{(k_2 - k_1 t)}] + C \tag{3-49}$$

적분상수 C는 경계조건으로부터 구할 수 있다. $t = 0$에서 $D = D_o$이므로

$$D_o = \frac{k_1 L_o}{k_2 - k_1} + C$$

$$C = D_o - \frac{k_1 L_o}{k_2 - k_1}$$

최종 해는

$$De^{k_2 t} = \frac{k_1 L_o}{k_2 - k_1}\left[e^{(k_2 - k_1)t} + D_o - \frac{k_1 L_o}{k_2 - k_1}\right]$$

$$D = \frac{k_1 L_o}{k_2 - k_1}\left[\frac{e^{(k_2 - k_1)t}}{e^{k_2 t}}\right] - \frac{k_1 L_o}{(k_2 - k_1)e^{k_2 t}} + \frac{D_o}{e^{k_2 t}}$$

이며 최종 형태로서

$$\therefore D = \frac{k_1 L_o}{k_2 - k_1}(e^{-k_1 t} - e^{-k_2 t}) + D_o e^{-k_2 t} \tag{3-50}$$

가 된다.

여기서, L_o : 최종BOD [mg/ℓ]

k_2 : 재포기계수 [d^{-1}]

D_o : 최종산소부족량 [mg/ℓ], 즉 $t = 0$

이 식에서 t는 배출지점으로부터의 하천 이동시간을 나타내며, 식에서의 유일한 독립변수이

다. 배출지점으로부터 주어진 임의의 하류지점까지의 이동시간은 다음과 같다.

$$t = \frac{x}{u}, \ (t = day) \tag{3-51}$$

여기서, x는 하천을 따라 흘러간 거리이며 u는 유속이다.

식 (3-51)에서 t대신 x/u를 대입하면 하천의 그 시점에 대한 용존산소의 부족량을 얻을 수 있다. 그림 3.25에서 가장 중요한 지점은 가장 낮은 농도 지점인데 이는 이 지점이 용존산소에 최대의 영향을 주고 있기 때문이다. 이 지점을 **임계부족량**(critical deficit, D_c)이라 한다. 이 지점까지의 이동시간을 **임계시간**(critical time, t_c)이라고 한다.

부족량의 변화율 $\frac{dD}{dt}$가 0인 지점이 최대부족을 나타내고 있으므로 식 (3-46)으로부터 D_c를 구한다.

$$0 + k_2 D = k_1 L_o e^{-k_1 t_c}$$

$$k_2 D_c = k_1 L_o e^{-k_1 t_c}$$

$$D_c = \frac{k_1}{k_2} L_o e^{-k_1 t_c} \tag{3-52}$$

이 식의 해는 t_c에 대한 수치에 좌우되며, 식 (3-50)을 미분하고 이를 0으로 놓으면 D_c가 t_c에서 최대값이 된다.

$$0 = \frac{k_1 L_o}{k_2 - k_1}(-k_1 e^{-k_1 t_c} + k_2 e^{-k_2 t_c}) - k_2 D_o e^{-k_2 t_c}$$

$e^{-k_2 t_c}$로 전체를 나누면 다음과 같다.

$$0 = \frac{k_1 L_o}{k_2 - k_1}(-k_1 e^{(-k_2 - k_1) t_c} + k_2) - k_2 D_o$$

이것을 정리하면 다음과 같다.

$$k_2 D_o \frac{k_2 - k_1}{k_1 L_o} = k_2 - k_1 e^{(-k_2 - k_1) t_c}$$

$$k_1 e^{(-k_2 - k_1) t_c} = k_2 - D_o \frac{k_2}{k_1} \frac{k_2 - k_1}{L_o}$$

이것을 k_1으로 나누고 양변에 ln을 취하면 다음과 같다.

$$(k_2 - k_1)t_c = \ln\left(\frac{k_2}{k_1} - D_o \frac{k_2}{k_1^2}\frac{k_2 - k_1}{L_o}\right)$$

이것을 정리하면 다음과 같다.

$$t_c = \frac{1}{k_2 - k_1}\ln\left[\frac{k_2}{k_1}\left(1 - D_o \frac{k_2 - k_1}{k_1 L_o}\right)\right] \quad (3\text{-}53)$$

식 (3-52), (3-53)를 이용하여 하천에서의 한계 산소수준과 발생하는 시점을 결정할 수 있다. 유기물의 호기성 분해속도(BOD 반응속도)계수를 나타내는 k_1은 조건에 따라 크게 변하는 양이며 20℃의 하수 때 $k_1 = 0.07 \sim 0.25\text{d}^{-1}$이다.

Streeter는 k_1값으로 다음과 같이 제안하였다.

① 오탁이 생기고 있는 얕은 하천 : $0.2 \sim 0.3\text{d}^{-1}$

② 하수슬러지를 주로 하는 퇴적층 : $0.01 \sim 0.05\text{d}^{-1}$

한편 하천의 재포기계수 k_2는 차식의 관계로부터 구할 수 있다.

$$\frac{\Delta D}{\Delta t} = K_1 L_m - k_2 D_m$$

따라서 $K_2 = K_1[L_m / D_m - \Delta D/(\Delta t \cdot D_m)]$ (3-54)

$k_2 = k_1[L_m / D_m - \Delta D/(2.3\Delta t \cdot D_m)]$ (3-55)

용존산소의 부족과 BOD 평균을 각각 D_m, L_m으로 Δt을 A, B간의 유하시간으로 나타내면 식 (3-54) 또는 식 (3-55)에 의하여 재포기계수 K_2 또는 k_2을 실험적으로 구할 수 있다.

재포기계수를 실험적으로 구할 수 없을 때는 식 (3-56)과 같은 일반식으로 표시할 수 있으며 표 3.16의 계수값을 사용할 수 있다.

20℃(base 10) 때, $k_2 = C\dfrac{U^n}{H^m}$ (3-56)

여기서, k_2 : [d^{-1}], U [평균유속, m/d], H [평균수심, m]

표 3.16 하천의 재포기계수

C	n	m	발표자
5.6	0.5	1.5	Commor와 Dobbins
5.0	1.0	1.67	Churchill 등
3.3	1.0	1.33	Langgbein와 Durum
9.41	0.67	1.85	Owens 등
4.67	0.6	1.4	Bansal 등
2.83	1.0	1.5	Isaacs 등
2.53	0.92	1.71	Kothandaraman Ewing
4.74	0.85	0.85	Negulescu와 Rojanski

T℃ 인 경우의 재포기계수 k_{2T}는 다음 식으로 표시한다.

$$k_{2T} = k_2(20℃) \times 1.024^{(T-20)} \tag{3-57}$$

예제 3.9

어떤 시에서 115,000 $m^3/d(=1.33\ m^2/s)$의 하수를 갈수유량 8.5 m^3/s인 하천에 방류하고자 한다. 하천의 유속은 약 3.2 km/hr이다. 하수의 온도는 20℃이고, 하천수의 온도는 15℃이다. 20℃에 대한 BOD_5는 200 mg/ℓ이며, 하천수의 BOD는 1.0 mg/ℓ이다. 하수의 DO는 0이고, 하천수는 상류부에서 90%의 포화용 재산소농도를 갖는다. 20℃에서 $k_1 = 0.3\ [d^{-1}]$이고 $k_2 = 0.7\ [d^{-1}]$다. 최대 산소부족량과 그 지점을 산출하라. 또 한계점에서 취수한 시료수에 대한 20℃ BOD_5을 추정하시오(단 k_1과 k_2에 대한 온도계수는 각각 1.135 및 1.024이다). 또 용존산소곡선을 그리시오.

풀이

1) 하수방류 전의 DO를 결정 : 15℃때의 포화 DO는 10.2[mg/ℓ]이다.
   따라서 하천의 DO= 0.9×10 mg/ℓ= [9.2 mg/ℓ]

2) 혼합수의 온도, DO, BOD_5, L_o의 결정

   $$온도 = \frac{1.33 \times 20 + 8.5 \times 15}{1.33 + 8.5} = 15.7[℃],\ DO = \frac{1.33 \times 0 + 8.5 \times 9.2}{1.33 + 8.5} = 8.0[mg/ℓ]$$

   $$BOD_5 = \frac{1.33 \times 200 + 8.5 \times 1}{1.33 + 8.5} = 27.7[mg/ℓ],\ L_o = \frac{27.9}{1 - e^{[-0.3(5)]}} = 35.9[mg/ℓ]$$

3) 처음의 DO부족량 결정
   15.7℃에서의 포화 DO는 10.1[mg/ℓ]
   ∴ 처음으로 DO부족 D_o= 10.1 − 8.0 = 2.1[mg/ℓ]

4) 15.7℃에서 반응속도
   $k_1 = 0.3 \times 1.135^{(157-20)} = 0.174/[d^{-1}],\ k_2 = 0.7 \times 1.024^{(15.7-20)} = 0.63/[d^{-1}]$

5) 한계시간 t_c와 한계점 x_c의 산정

$$t_c = \frac{1}{0.63-0.174}\left[\frac{0.63}{0.174}\left(1-\frac{2.1(0.63-0.174)}{0.174(35.9)}\right)\right] = 2.46[\mathrm{d}]$$

$$x_c = v \cdot t_c = (3.2\mathrm{km/hr}) \times (24\mathrm{hr/d}) \times (2.46\mathrm{d}) = 188.9[\mathrm{km}]$$

6) x_c에서의 D_c 및 DO_c 산정

$$D_c = \frac{K_1}{K_2} \cdot L_o \cdot e^{-kt(x_c/v)} = \frac{0.174}{0.63} \times 35.9 \times e^{-0.174(2.46)} = 6.5[\mathrm{mg}/\ell]$$

$$DO_c = 10.1 - 6.5 = 3.6[\mathrm{mg}\ell]$$

예제표 3.9.1 용존산소계산

거리 [km]	0	60	120	188.9	240	300
DO [mg/ℓ]	② 8.0	5.2	4.0	⑥ 3.6	3.8	4.1

7) x_c에서의 Sample BOD_5

$$L_t = 35.9e^{-0.174(2.46)} = 23.4[\mathrm{mg}/\ell],$$

$$\therefore 20℃\ \mathrm{BOD}_5 = 23.4[(1-\mathrm{e}^{0.3(5)})] = 18.2[\mathrm{mg}/\ell]$$

8) 몇 개점에 대한 부가적 계산과 용존산소의 플롯트

즉 60 km, 120 km, 240 km, 300 km 점에 대하여 그에 대응하는 t을 구하고 식 (3-50)을 이용하여 D_t을 구하고 다시 용존산소를 구하면 예제표 3.9.1과 같이 되며, 이것을 표현하면 예제 그림 3.9.1과 같이 된다.

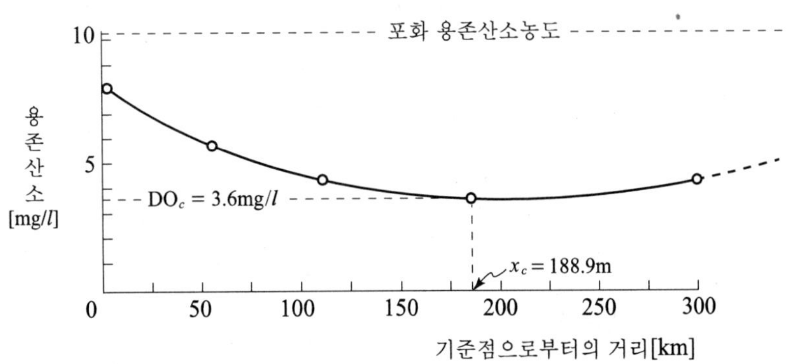

예제그림 3.9.1 용존산소곡선

3.9.2 물의 허용BOD와 물의 처리의 정도

(1) BOD의 희석혼합에 의한 방법

하 · 폐수처리가 하천, 호소, 해안 등에 방류되면 각각 독특한 오탁기구에 따라 방류수역에서 혼합, 희석, 확산된다. 이 때 우기성 폐수는 방류수역 중의 용존산소를 소비하는 한편 난류에 의한 난류확산(亂流擴散)이 있으나 일반적으로 난류확산이 지배적이다. 또한 혼합농도에 있어서는 하천의 연안(沿岸)으로부터 방류 · 유입된 오염물질은 하천을 유하하면서 서서히 혼합되면서 특정지점에 도달하게 될 때 완전히 혼합되는 완전혼합지점(完全混合地點)에 도달하게 된다. 이 지점 이후부터 하천에 의한 희석효과(稀釋效果)가 거의 정지되기 때문에 이때의 농도를 **희석한계농도**(稀釋限界濃度) 또는 **완전혼합농도**(完全混合濃度)라 한다.

수역의 난류유동의 영향이 커서 폐수가 수역에서 환전혼합 된다고 가정할 때 방류폐수의 개략적인 허용BOD는 방류를 각각 L_2 및 Q_2, 환경기준에 의한 방류수역의 허용BOD를 L_a라 하면 다음과 같은 식으로 표시할 수 있다.

$$L_a = \left(\frac{Q_1 x + Q_2 L_2}{Q_1 + Q_2} \right) \bigg/ \alpha$$

$$\therefore x \leq \frac{1}{Q_2} [\alpha L_a (Q_1 + Q_2) - Q_2 L_2] \tag{3-58}$$

여기서, α는 완전혼합수가 하류의 한계점까지 흐르는 사이에 하천의 용존산소를 소비함을 감안한 계수로서 1보다 작은 정수이며, 방류할 원폐수를 L_1이라 할 때 $L_1 > x$이면 방류수역의 수질보전을 위하여 폐수를 처리한다. 이 때 요구되는 BOD제거율 y는 식 (3-59)로 표시된다.

$$y = \frac{L_1 - x}{L_1} \times 100\% \tag{3-59}$$

위 식에 의하여 x와 y을 구하면 이에 따라 적절한 처리방법을 선정할 수 있다. BOD제거

표 3.17 처리방법별 제거율

처리정도	처리방법	BOD [%]	SS [%]
	침전법	25~25	20~40
간이처리	고속살수여상법	65~75	65~75
중급처리	표준살수여상법	75~85	70~80
고급처리	표준활성오니법	85~95	80~90

표 3.18 각종 처리법의 제거율[%]

처리방법	부유고형물질	BOD	세균
Rack Screen	2~20	5~10	10~20
생하수 또는 침전하수의 염소처리	-	15~30	90~95
보통침전법	30~40	25~35	25~75
약품침전법	70~80	60~70	40~80
이층탱크	35~60	25~50	-
간헐사여과법	85~95	90~95	95~98
완속살수여상법(전후에 보통 침전이 있음)	70~80	90~95	90~95
고속살수여상법(상동) 1단 여상	70~80	75~85	80~95
2단 여상	75~85	75~85	80~95
활성오니법(상동)	80~95	80~90	90~98
고속활성오니법	65~95	85~95	80~95
생물학적 처리수의 염소처리	-	65~95 -	98~99

율 y가 정해진 다음 처리법을 선택하는 것은 가장 제거효율이 좋은 것으로 하면 된다. 기술적인 견지에서 보면 표 3.17과 표 3.18을 참고로 하여 선택할 수 있다.

예제 3.10

어떤 하천의 한계조건은 한계유량 $60\,m^3/s$, 그 용존산소는 포화상태에서 $8.4\,mg/\ell$, 한계온도 25℃, $f=2.5$, 유지할 용존산소는 $36.0\,mg/\ell$이다. 하수의 방류량이 $6.88\,m^3/s$, 그 용존산소부족은 $6.4\,mg/\ell$일 때 최대 허용부하는 얼마인가?

풀이

25℃일 때 포화 용존산소는 $C_s=8.4mg/\ell$, 따라서 한계조건에서 용존산소부족은 $D_c=8.4-3.0=5.4mg/\ell$, 하천수와 하수의 혼합[mg/ℓ] 직후의 용존산소부족 D_A는 다음과 같이 구해진다.

$$D_A=\frac{60\times 0+6.88\times 6.4}{60+6.88}=0.66\,[mg/\ell]$$

$$\therefore \log L_A=\log 5.4+\left[1+\frac{1}{2.5-1}\left(1-\frac{0.66}{5.4}\right)^{0.418}\right]\log 2.5$$

$$=0.732+[1+0.677(0.878^{0.418})]\times 0.398=1.381$$

$$\therefore L_A=24.04\,[mg/\ell]$$

예제 3.11

A시가 계획년도에 30,000명이 되었는데 하수의 1인당 오탁원 전입은 BOD=50 g/인 · d, 하수량 200ℓ/인 · d로 결정된다. A시 근처를 유하하는 하천의 계획유량은 Q_2=10 m³/min, BOD는 L_2=2 mg/ℓ이다. A시에서 도시하수를 처리하여 하천에 방류할 때 하천의 수질을 II수역으로 보전하고자 한다. A시 하수처리장의 BOD제거율은 얼마인가?

풀이

A시의 계획수량 $Q_1 = 200\ell/\text{인} \cdot \text{d} \times 30{,}000\,\text{인} = 6{,}000{,}000\,\ell/\text{d} = 6{,}000\,[\text{m}^3/\text{d}]$

하수의 BOD $50\text{g}/\text{인} \cdot \text{d} \times 30{,}000\,\text{d} = 1{,}500{,}000\,[\text{g/d}]$

$\therefore L_1 = 1{,}500{,}000\text{g/d} \div 6{,}000\,\text{m}^3/\text{d} = 250\,\text{g/m}^3 = 250\,[\text{mg}/\ell]$

하천유량 $Q_2 = 10\text{m}^3/\text{min} = 14{,}400\,[\text{m}^3/\text{d}]$

II수역 BOD는 표 3.21에 의하여 $L_a = 3[\text{mg}/\ell]$

식 (3-58)에 의하여 $x = \dfrac{1}{6{,}000}[3(6{,}000 + 14{,}400 \times 2] = 5.4[\text{mg}/\ell]$

식 (3-59)에 의하여 $y = \dfrac{250 - 5.4}{250} \times 100 = 98\,[\%]$

BOD제거율 98%에 해당하는 처리법은 표 3.17, 표 3.18에서 볼 수 없다. 따라서 고도처리를 하든가 그렇지 아니하면 하천수질을 III수역으로 보존하는 문제에 대하여 고려할 필요가 있다.

예제 3.12

수온(水溫) 20℃, 유량 10 m³/s, BOD_5 5 mg/ℓ인 하천에 점오염원으로부터 유량 2 m³/s, 수온 20℃ 부하량 520 g, BOD_5/s의 오염물질이 유입될 때 0.5일 유하 후의 최종BOD는 얼마인가(단 하천의 20℃의 탈산소계수는 0.2 d⁻¹(자연대수)이고 BOD분해에 필요한 만큼의 충분한 용존산소가 하천 내에 존재한다)?

풀이

주어진 조건을 토대로 도시(圖示)하면 다음과 같다.

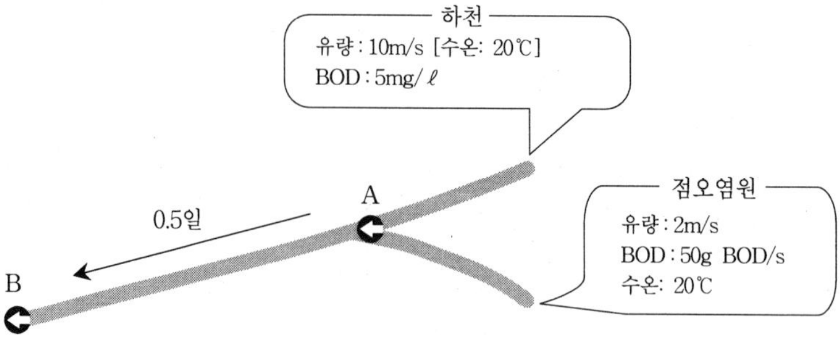

예제그림 3.12.1 오염원의 도시

1) 오염원에서 하천으로 방류되는 BOD농도를 구하면 다음과 같다.

$$C_1(mg/\ell) = \frac{50\,g}{s}\left|\frac{s}{2\,m^3}\right|\frac{m^3}{1{,}000\,L}\left|\frac{10^3 mg}{g}\right. = 25$$

2) A점에서의 혼합농도(BOD_5)와 최종 BOD농도(mg/ℓ)를 구하면 다음과 같다.

$$C_m(mg/\ell) = \frac{5\times10+25\times2}{10+2} = 8.333[mg/\ell\,as\ \ BOD_5]$$

$$8.33(mg/\ell) = BOD_u \times (1-e^{-0.2\times5})$$

$$\therefore BOD_u = 13.178[mg/\ell]$$

3) 잔류 BOD계산 식을 활용하여 0.5일 유하한 후의 B지점에서 BOD_u를 구하면 다음과 같다.

$$BOD_t = BOD_u \times e^{Kt} = 13.178 \times e^{0.2\times0.5} = 11.92[mg/\ell]$$

---

(2) 산소평형을 고려하는 방법

위의 희석혼합법은 개략적인 방법이며, 유기물부하에 따른 산소소비를 고려하지 않고 있다. 보다 합리적인 방법으로 다음과 같이 한계조건 하에서의 하천 내의 산소평형을 고려하여 방류수의 허용BOD를 정해야 한다.

1) 제1단계

다음 식에 의하여 하천의 탈산소계수를 결정한다.

$$k_1 = \frac{1}{\Delta t}\cdot\log\frac{L_A}{L_B} \tag{3-60}$$

위 식에서 A, B는 오염물방류점 하류의 정해진 두 점으로서 AB간에는 방류하수가 하천수와 잘 혼합되고 Δt는 A, B간의 유하시간, L_A, L_B는 A점과 B점에서 채취한 하천수의 극한 BOD(20℃)이다. B점을 여러 가지로 취하여 위와 같은 계산을 하면 더욱 정확한 값을 얻을 수 있다.

2) 제2단계

한계조건(critical conditions)을 결정하는데 보통 10년 만에 1회의 확률빈도로 7일간 계속 일어나는 유량을 최소유량으로 채택하여 7일간의 평균온도를 선정한다. 또 그 기간 중에 1년 중 다른 기간과 최소한 같은 정도의 폐수부하가 발생하는지 검토한다.

3) 제3단계

한계조건 때의 온도(T)에 대한 탈산소계수 k_1을 계산한다.

$$k_1 = k \times 1.407^{T-20} \tag{3-61}$$

4) 제4단계

하천의 재포기계수를 다음 식중 하나를 사용하여 계산한다.

$$\text{실측이 가능할 때 } k_2 = k_1 \frac{L_m}{D_m} - \frac{\Delta D}{2.3\,\Delta t \cdot D_m} \tag{3-62}$$

$$\text{실측을 없을 때 } k_2 = 5.026\,\frac{U^{0.969}}{H^{1.673}} \tag{3-63}$$

5) 제5단계

k_2을 실측했을 때 하천의 해당구간에 있어서 한계조건과 실측한 현재조건에서의 유황을 비교 검토하여 현재의 실측치로부터 한계조건에서의 k_2을 결정한다. 또 실측 시의 수온과 한계조건의 수온이 다를 때를 다음 식에 의하여 한계온도에 대한 k_2을 정정한다.

$$k_2(T\,℃) = k_2(20℃) \times 1.0241^{(T-20℃)}$$

6) 제6단계

다음 식에 의하여 최대허용 BOD부하(L_A)를 산정하면 다음과 같다.

$$\log L_A = \log D_c + \left[1 - \frac{k_1}{k_2 - k_1}\left(1 - \frac{D_A}{D_C}\right)^{0.418}\right] \log \frac{k_2}{k_1} \tag{3-64}$$

위 식에서 k_1은 탈산소계수[d^{-1}], k_2는 한계조건 하에서의 하천의 재포기계수[d^{-1}]이며 D_A는 하천수와 하수의 혼합수에 대한 처음 DO부족[mg/ℓ]이고 D_C는 한계조건하에서 유지하는 한계점의 용존산소부족이며, 식 (3-62)은 다음 식으로 표기하기도 한다.

$$\log L_A = \log D_c + \left[1 + \frac{1}{f - 1}\left(1 - \frac{D_A}{D_C}\right)^{0.418}\right] \log f \tag{3-65}$$

위 식에서 자정계수 $f = k_2 / k_1$이다.

7) 제7단계

식 (3-64) 또는 식 (3-65)로 계산한 최대허용 L_A값이 실제의 방류혼합 하수의 계획 L_A치가 정해지면 그에 상응하는 하수처리방법을 정할 수 있다.

(3) 오탁유출 및 오탁유달률

하·폐수가 방류된 오탁물질은 먼저 하수도를 통과하여 하천에 도달되며, 따라서 하천을 유하하여 하류지점에 도달된다. 이러한 경로를 통하여 오탁이 어떤 점에 유달하는 비율을 **유달률**이라 한다. 또한 오탁물이 발생원으로부터 하천에 유출하는 비율을 **유출률**이라 한다.

어떤 오염발생원이 있어 단위시간(t)에 $L_1(t)$의 오탁이 발생되고 있으며, 이 오탁이 하수 등을 통하여 하천에 유출할 때는 $L_2(t)$가 되므로 이때의 오탁유출을 C_r이라면 다음과 같이 나타낼 수 있다.

$$C_r = \frac{L_2(t)}{L_1(t)},\ L_2(t) = L_1(t)\, C_r \tag{3-66}$$

또한 하천에서는 상류에서 $L_o(t)$의 오탁이 유하하고 있다. 이것이 $L_2(t)$와 합류하여 하천을 유하하여 목표지점에서는 $L(t)$가 된다면 오탁감쇄율을 $\alpha(t)$라면 다음 식으로 표현한다.

$$L(t) = [L_2(t) + L_o(t)]\,\alpha(t) \tag{3-67}$$

한편 오탁유달률을 R이라 하면 다음과 같이 정리할 수 있다.

$$R = \frac{\int L(t)\,dt}{\int L_1(t)\,dt} \tag{3-68}$$

하천의 오탁감쇄율은 단시간에 변동하는 것이 아니므로 어느 정도 상수로 취급을 하여도 좋으므로 $\alpha(t) \fallingdotseq \alpha$라 하면 위의 식 (3-68)에 (3-67) 및 (3-66) 식에 대입하여 합류점에서의 사간을 t_1, B점에 도달할 때를 t_2라 하면 다음과 같다.

$$R = C_r \cdot \alpha + \frac{\int_{t_1}^{t_2} L_o(t) \cdot \alpha \cdot dt}{\int_{t_1}^{t_2} L_1(t)\,dt} \tag{3-69}$$

위의 식에서 상류로부터 오탁부하가 없을 경우에는 제2항을 생략할 수 있으므로,

$$R = C_r \cdot \alpha \tag{3-70}$$

즉 오탁유달률은 오탁유출률과 오탁감쇄율과의 적으로 표시한다.

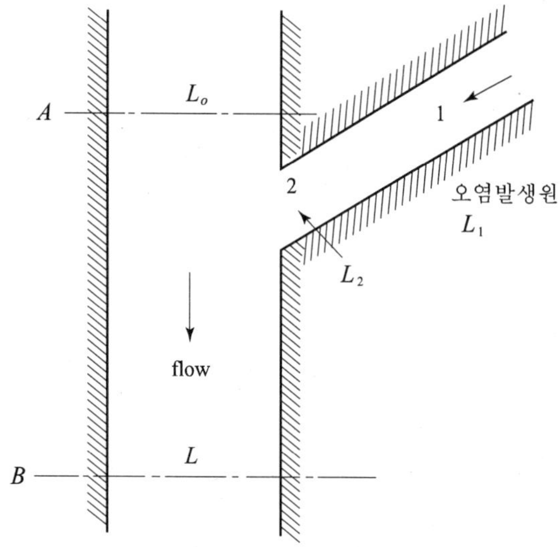

그림 3.26 하천오염의 모델

3.10 생태학적 하천의 수질지표

생태학적 오염분석이란 하천바닥에 사는 무척추동물을 이용한 수질분석법으로 하천유역 지천의 수질을 측정한 경우 대다수 하천구역이 고도의 오염수에 해당한다. 생물지수란 담수무척추동물이 오염에 견디는 정도와 출현빈도 등을 수량화한 것으로 수질 뿐만 아니라 환경의 상태와 변화까지 파악할 수 있어 미국이나 일본 등 선진국에서는 공식 수질측정법으로 활용되고 있다.

3.10.1 생물학적 오탁지표

하천의 수질조사는 대부분 화학적인 방법에만 의존하여 왔으며, 이에 따른 평가와 대책수립도 이 측정결과를 토대로 하여 왔다. 하천의 수질을 보다 정확하게 측정하기 위해서는 장기간에 걸쳐 많은 횟수의 측정이 시행되어야 한다. 이러한 측정에는 시간과 비용 및 수질측정의 방법 등에 많은 어려움이 따르고 있는 실정이다. 그러나 하천의 생태학적인 조사방법을 시행하게 되면 일정기간의 수질변화를 단시간에 측정할 수 있는 것은 물론이고, 보다 연속적이고 신뢰성이 있는 하천수질을 예측할 수 있다.

즉 BIP(Biological Index of Pollution)와 BP는 수중의 생물상(生物相)을 조사분석함으로써 수질오염도를 판정하는 지표로 이용되고 있으며, BIP는 현미경적인 생물을 대상으로 판단하고 BI(Biotic Index)는 육안적 동물을 대상으로 판정하는 방법이다. 생물지표로는 담수어류, 저서성동·식물(底棲性動·植物) 등이고, 이러한 생태학적 지표(다양도 지수, 우점도 지수, 균등도 지수, 종풍부도 지수 등) 및 생물지수와 하천자정단계 수질오염도를 파악할 수 있다.

(1) BIP

대부분 현미경적인 생물을 대상으로 전생물(全生物) 수에 대한 동물성 생물수의 백분율로 표시한 것을 말한다. BIP 판정으로서는 깨끗한 하천은 0~2, 약간 오염된 하천은 10~20, 심하게 오염된 하천은 70~100으로서 BIP값이 클수록 오염도가 심한 것으로 판정된다.

$$\mathrm{BIP}\,[\%] = \frac{\text{동물성 생물수}}{\text{전생물수}} \times 100 = \frac{B}{A+B} \times 100 \tag{3-71}$$

여기서, A : 엽록체 생물수[조류]

B : 엽록체가 없는 생물수[무색 생물수]

(2) 생물지수

이것은 주로 육안적으로 전생물 수에 대한 청수성(淸水性) 및 광범위한 출현 미생물의 백분율로 표시한다. BI 판정으로서는 깨끗한 하천은 20 이상, 약간 오염된 하천은 11~19, 심하게 오염된 하천은 10 이하로서 BI값이 클수록 청정수로 판정된다.

$$\mathrm{BI}\,[\%] = \frac{2A+B}{A+B+C} \times 100 \tag{3-72}$$

여기서, A : 청수성 미생물

B : 광범위 출현동

C : 오수성 미생물

(3) 생물학적 수질판정

수질판정은 화학적 분석에 의한 판정과 생물학적 분석에 의한 판정법이 사용되고 있다. 이 화학적 수질오염의 지표는 대부분 BOD, COD, DO, SS, pH, EC, T-N, T-P 및 기타 유독물질 등을 실험분석하는 것이다. 그러나 생물학적 수질판정은 수질계급별 수질지표에 적당한 생물을 선정하여 그 수역의 수질을 판정하는 방법이다.

생물학적 수질판정방법은 Marson과 Kolkwitz(1982)는 하천자정단계를 강부수성, α-중부수성 수역, β-중부성 수역, 빈부수성 수역으로 구분하고 있다. 그리고 조사지역에 따른 내용과 각 수질계급의 Saprobien system은 표 3.19와 같다. 또한 수질 및 수성태계 상태별 생물학적 특성은 표 3.20과 같다.

표 3.19 하천의 자정단계에 따른 수역구분

구 분	강부수성 수역	α-중부수성 수역	β-중부수성 수역	빈부수성 수역
화학적과정	환원, 부패현상 심함	수중, 저니에서 산화과정 발생	산화과정 활발	산화, 무산화의 완성된 단계
BOD	10 mg/ℓ 이상	5~10 mg/ℓ	2.5~5 mg/ℓ	2.5 mg/ℓ 이상
COD	10 mg/ℓ 이상	4~10 mg/ℓ	2~4 mg/ℓ	2 mg/ℓ 이하
DO	2 mg/ℓ	2~6 mg/ℓ	6~8 mg/ℓ	9 mg/ℓ 이하
H_2S 형성	강한 황화수소 냄새 발생	심한 황화수소의 냄새 없어짐	없음	없음
유기물	유기질소 화합물, 단백질 등의 고분자 분해산물이 풍부	고분자 화합물의 분해에 의한 아미노산이 존재	지방산의 암모니아 화합물이 많다.	유기물 분해
저니	때로 흑색의 황화철이 존재, 저니흑색	황화철이 산화되어 저니는 흑색이 아님		저니는 대부분 산화
수생 세균	100만cells/mℓ 이상	10만cells/mℓ 이상	10만cells/mℓ 이하	100cells/mℓ 이하
NH_4-N	0.2 mg/ℓ	-	0.1~0.2 mg/ℓ	0.1 mg/ℓ 이하
NO_3-N	1.0 mg/ℓ	0.7~1.0 mg/ℓ	-	0.7 mg/ℓ 이하
대장균	10^3cells/mℓ 이상	10^3cells/mℓ 이하	10^3cells/mℓ 이하	50cells/mℓ 이하
서식생물 특징	pH의 변화에 강하고 소량의 산소에도 잘 견디는 혐기성 생물, H_2S 및 NH_3에 강한 저항성을 가지고 있음.	육식동물 증가, pH, O_2변화에 대한 적응력이 크며, H_2S에 비교적 약함.	pH의 변동과 O_2는 변화에 약하다. 부패독에 장시간 견디기 힘들다.	부패성 오염에 약하고 pH의 변동, DO의 변동에 약하다. 부패산물인 H_2S에 견디기 어렵다.

* 생물의 지표 : 저생동물의 종류수가 1 m^2당 출현하는 빈도를 의미하며, 다양성 지수와 유사하다.

표 3.20 수질 및 수생태계 상태별 생물학적 특성

생물등급	생물지표종		서식지 및 생물 특성
	저서(著書) 생물	어류	
매우 좋음~좋음	옆새우, 가재, 뿔하루살이, 민하루살이, 강도래, 물날도래, 광택날,도래, 띠무늬우묵날도래, 바수염염날도래	산천어, 금강모지, 열목어, 버들치 등 서식	-물이 매우 맑으며, 유속은 빠른 편임. -바닥은 주로 바위와 자갈로 구성됨. -부착조류가 매우 작음.
좋음~보통	다슬기, 넓적거머리, 강하루살이, 동양하루살이, 등줄하루살이, 등딱지하루살이, 물삿갓벌레, 큰줄날도래	쉬리, 갈겨니, 은어, 쏘가리 등 서식	-물이 매우 맑으며, 유속은 약간 빠르거나 보통임. -바닥은 주로 자갈과 모래로 구성됨. -부착조류가 약간 있음.
보통~약간 나쁨	다슬기, 넓적거머리, 강하루살이, 동양하루살이, 등줄하루살이, 등딱지하루살이, 물삿갓벌레, 큰줄날도래	쉬리, 갈겨니, 은어, 쏘가리 등 서식	-물이 맑으며, 유속은 약간 빠르거나 보통임. -바닥은 주로 자갈과 모래로 구성됨. -부착조류가 약간 있음.
약간나쁨~매우 나쁨	다슬기, 넓적거머리, 강하루살이, 동양하루살이, 등줄하루살이, 등딱지하루살이, 물삿갓벌레, 큰줄날도래	쉬리, 갈겨니, 은어, 쏘가리 등 서식	-물이 맑으며, 유속은 약간 빠르거나 보통임. -바닥은 주로 자갈과 모래로 구성됨. -부착조류가 약간 있음.

(4) 부영양화도 지수와 조류 잠재생산능력

1) 부영양화 지수

부영양화도 지수(富榮養化度指數, trophic state index)는 Carlson에 의해 개발되어 Carlson 지수라고도 한다. Carlson 지수는 경험적으로 만든 연속적인 부영양화도 지수로서 투명도(透明度)에 대한 부영양화도 지수[TSI(SD)]와 투명도(SD)-클로로필(Chl-a)농도의 상관관계에 의한 부영양화도 지수[TSI(Chl-a)]와 클로로필(Chl-a)농도-총인(T-P)의 상관관계를 이용한 영양화도 지수[TSI(T-P)]가 있다.

$$\mathrm{TSI\,[SD]} = 10\left(6 - \frac{\ln(SD)}{\ln^2}\right)$$

또한 $$\mathrm{SD} = \frac{\ln\left(\dfrac{I_t}{I_0}\right)}{\sigma_D + \sigma_P \times C_P}$$

$$\text{TSI [Chl-a]} = 10\left(6 - \frac{2.04 - 0.68\ln(C_P)}{\ln^2}\right)$$

$$\text{TSI [T-P]} = 10\left(6 - \frac{\ln(48/C_{TP})}{\ln^2}\right) \quad (3\text{-}73)$$

여기서, SD : 투명도[secchi depth]

I_t : 투명도에 대응하는 일정 수심에서의 빛의 강도

I_0 : 수면에서의 빛의 강도

σ_D : 물과 용존물질에 의한 빛의 감쇄계수

σ_P : 식물 플랑크톤에 의한 빛의 감쇄계수

C_P : 식물 플랑크톤(Chl-a)의 농도[mg/m^3]

C_T : 총인의 농도[mg/m^3]

2) 조류 잠재생산능력

조류 잠재생산능력(algae growth potential)의 포텐셜을 평가하기 위한 지표로 사용되고 있다.

① 일정 배지(培地)에서 식종조류, 녹조류, 클로렐라 등을 배양하여 검수에 식종(植種)한다.

② 일정한 온도 20℃와 광도 4,000 Lux 하에서 일정기간 배양한 다음 조류의 증식량을 판정한다.

③ 조류 잠재생산능력은 검수 1ℓ당 조류의 건조중량(mg)으로 단위는 mg/ℓ을 사용한다.

3.10.2 수생생물의 군집분석

수생생물의 종에 따른 군집(群集) 분석을 실시하기 위하여 종의 동정은 McCafferty, Kawai, Merrit & Cummins 등을 참고로 하였으며, 정량채집된 각 종의 개체수 현존량을 1 m^{2}로 환산하여 산출한다. 또한 군집분석은 주로 정량채집된 자료를 이용하여 산출한다.

(1) 우점도 지수

우점종은 개체수를 고려하여 2종씩 선정하여 우점도 지수(dominance index)는 Naughton의 Dominance index(DI)에 의하여 제시된 공식을 이용하여 산출한다.

$$DI = \frac{n_1 + n_2}{N} \tag{3-74}$$

여기서, n_1 : 제1 우점종의 개체수

n_2 : 제2 우점종의 개체수

N : 총개체수

(2) 다양도 지수

다양도 지수(diversity index)는 Margalef의 정보이론(information theory)에 의하여 유도된 공식에서 Shannon-Weaver Function을 사용하여 산출하였으며, 이는 군집의 종풍부도 정도와 균형성을 의미하고 군집의 복잡성을 나타내고 있다.

$$H' = \sum_{i=0}^{S} P_i (\ln P_i) \tag{3-75}$$

여기서, H' : 다양도

S : 전체 종수

P_i : i 번째 속하는 개체수의 비율

$P_i = \frac{n_i}{N}$

n_1 : 각 종의 개체수

N : 군집 내의 총개체수

(3) 균등도 지수

균등도는 각 지수의 최대 값에 대한 실제 값으로 표현된다. 각 다양도 지수는 군집내 모든 종의 개체수가 동일할 때 최대가 되므로 균등도 지수(evenness index)는 군집내 종구성의 균일한 정도를 나타내는 것으로 Pielou의 식을 사용한다.

$$E = \frac{H'}{\ln(S)} \tag{3-76}$$

여기서, E : 균등도

H' : 다양도

S : 전체 종수

(4) 종풍부도 지수

종풍부도 지수(richness index)는 총 개체수와 총 종수만을 가지고 군집의 상태를 표현하는 지수로서 지수값이 높을수록 종의 구성이 풍부하게 되므로 환경의 정도가 양호하다는 것을 전제로한다. 그리고 대표적인 지수인 Margaref의 지수를 사용한다.

$$RI = \frac{(S-1)}{\ln(N)} \tag{3-77}$$

여기서, RI : 풍부도

S : 전체 종수

N : 총개체수

3장

연습문제

1. 호소의 부영양화 현상을 설명하고 원인물질과 영양 및 대책에 대하여 설명하시오.

2. 우리나라의 상수원에서 나타나는 조류의 종류와 특징을 설명하시오.

3. 하천의 자정작용(self-purification)에 대하여 설명하시오.

4. 호소의 온도성층 및 물의 전도현상을 설명하시오.

5. 저수지의 성층현상에서 수온약층(thermocline)에 대하여 설명하시오.

6. 수계에 대한 비점오염원(non-point pollutant, 분산오염)에 대해 설명하시오.

7. 호소에서의 녹조류발생원인과 저감대책에 대해 논하시오.

8. 용존산소처리곡선(oxygen sag curve)의 정의 및 용도에 대해 농하시오.

9. 호소의 부영양화 관리방안중 부영양화 원인에 대한 사전대책에 대해 설명하시오.

10. 적조현상에 대해 논하시오.

11. Streeter-Phelp의 용존산소소비곡선 방정식에 관하여 설명하시오.

1) 폐수가 유입하는 하천의 오염 시점에서 곡선이 수직으로 하강한다면 원인은 무엇인가?

2) 유입폐수가 하천에 미생물이 전혀 없다면 곡선이 어떤 모양으로 되겠는가?

3) 정상적인 산소소비곡선을 그림으로 나타내고 방정식을 쓰시오.

12. BOD 850 mg/ℓ 배수 500 m^3/d을 하천 BOD 2 mg/ℓ, 유입량 5 m^3/s에 대하여 방류하고자 한다. 이 때 하천 BOD를 3 mg/ℓ 이하로 유지하고자 할 때 공장배수의 BOD를 몇 % 제거하면 되는가?

13. 미생물의 성장에 영향을 미치는 중요한 환경요소에 관하여 설명하시오.

14. 합성세제에 관한 다음 문제에 대하여 답하시오.

1) 합성세제의 종류, 특징 및 오염발생원
2) 합성세제가 폐수처리에 미치는 영향
3) 합성세제가 수중생태계에 미치는 영향
4) 합성세제가 용수이용에 미치는 영향

15. 생태학적 하천의 수질지표에 대해 기술하시오.

16. 비점오염물질 저감시설의 종류 및 특징을 설명하시오.

17. 국내 상수원수 조류발생에 대해 기술하시오.

18. 조류로 인해 정수시설에서 발생하는 스컴제거 기술에 대해 설명하시오.

Chapter 4

수 원

4.1 유역의 개념과 현황

(1) 유역의 개념

유역(流域, catchment area)이란 하늘에서 내린 비가 하나의 수계로 모아지는 영역을 말한다. 강의 물이 모여서 흘러드는 주위의 지역을 말하므로 **집수구역**(集水區域, watershed)이라고도 한다. 모든 물은 가장 낮은 지점인 하천, 강 그리고 호소로 흘러 들어간다. 이 물길을 따라 지표면을 흘러서 농지, 산림, 도서지역, 도로를 거쳐가게 되거나, 땅 속으로 스며들어 지하수가 되어 이동하게 된다. 유역이란 이와 같이 비나 눈이 떨어지며 습지대, 하천, 강, 호수나 지하수로 흘러가거나 스며드는 지역을 말한다. 유역에는 주거지, 농장, 목장, 산림, 마을 도시 등이 유역을 구성할 수 있다. 유역은 모양과 규모가 다양하고 특정면에서도 서로 차이가 많다. 유역은 언덕이나 산을 포함하기도 한다. 어떤 유역은 특정한 나무, 식물, 야생동물만이 살 수 있는 산악지역일 수도 있고, 늪지대일 수도 있다. 유역은 모양과 규모에서 단위지자체 내에 포함되는 소규모에서부터 한강 전체유역과 같이 수천 km까지 다양하다.

(2) 우리나라의 유역현황

우리나라의 유역은 크게 5개의 대권역으로 구분할 수 있다. 또한 국토교통부, 환경부, 농림수산식품부 세 개 부처는 표준화를 통하여 117개 공통구역을 다 지정하여 이를 활용하도록 하고 있다.

표 4.1 우리나라 수계별 하천 현황

구 분	주요 수계	간선유로 연장	유역면적 [km^2] (중심수계)	지방 2급 하천
한강권역	북한강, 남한강, 안성천, 동해연안 수계	499.44	25,953	685
낙동강권역	낙동강, 태화강, 형산강	510.36	23,384	770
금강권역	금강, 만경강, 동진강, 삽교천	397.79	9,912	461
영산강권역	영산강, 탐진강	129.50	3,468	164
섬진강권역	섬진강	226.86	4,912	280

주) 중심수계란 각 권역의 대표하천(한강, 낙동강, 금강, 영산강, 섬진강)을 지칭한다.

4.2 물의 종류

4.2.1 자연수의 순환

지구상의 물을 크게 나누면 대기권에 수증기로 존재하는 기권수(氣圈水, atmospheric water)와 바다나 호소(湖沼)와 같은 수역에 존재하는 수권수(水圈水, hydrospheric water) 및 지각 중에 지하수로서 존재하는 암권수(岩圈水, lithospheric water)로 분류된다. 이들의 물은 항상 순환하고 있으며, 그 사이에 기체(수증기) · 액체(물) · 고체(눈 · 얼음)의 삼태(三態)의 변화를 계속하고 있다. 이 순환을 물을 **수문순환**(水文循環, hydrologic cycle)이라 한다. 그림 4.1과 같다.

지구상 물의 총량은 약 1.46×10^9 km^3 정도이다. 그 중에서 93.9%는 바다에 있고 인간이 사용 가능한 하천의 지표수(地表水)나 호소 혹은 지하수(地下水) 등 담수(淡水)는 수자원 총량의 0.6%에 지나지 않는다. 또한 이용할 수 있는 양은 지구상의 물 총량의 0.01% 이하이다.

지구상에 존재하고 있는 물들은 수권 내에서 순환하고 있다. 이것을 순환일수, 즉 물이 한번 순환하는 시간은 다음과 같이 구할 수 있다. 하천의 지표수에서 연간총량은 1.2×10^3 km^3이며, 순환일수는 연간하천유출량 38×10^3 km^3으로 나누게 되면 0.032년이 되므로 약 12일이라는 순환일수가 된다. 순환일수는 표 4.2는 인간이 가장 이용하기 쉬운 하천의 지표수는 순환일수가 12일이며, 호소수의 1사이클은 시간은 10년, 지하수는 1사이클이 끝나는 기간이 5,000~10,000년이 된다. 따라서 하천의 지표수에서 순환과정을 교란하더라도 영향은 단기간에 끝나지만 호소에서는 하천에 비해 310배나 순환일수가 커지며, 지하수의 개발 및 이용을 급격하게 추진하

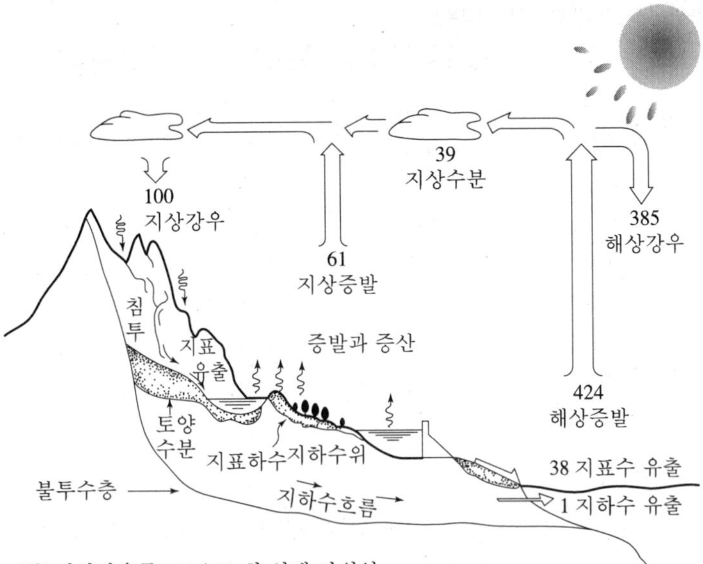

(주) 지상강우를 100으로 한 상대 단위임.
자료 : Applied hydrology(Macgraw-hill, 1988)

그림 4.1 지구의 물순환도

표 4.2 물의 순환년수

구 분	총량 [km^3]	연순환령 [km^3/year]	순환년수 [year]
해양	1,370×10^6	525×10^5	2,600
양극의 얼음	24×10^6	2.4×10^5	10,000
지하수	64×10^6	6.4×10^3～13×10^5	5,000～10,000
지표수	1.2×10^6	38×10^5	0.032
호소	0.23×10^6	23×10^5	10.0
토습량	0.075×10^6	276×10^5～2,000×10^5	0.038～0.96
대기중의 수분	0.014×10^6	500×10^5	0.034

였을 때 영향은 길게 남을 위험을 가지게 된다. 따라서 장기적인 관점에서 지하수의 개발 및 이용은 신중하게 고려할 필요가 있다.

세계의 각 지역별 강수량 및 유출량은 남미대륙의 강수량이 특히 높은 것을 제외 하고는 각 대륙이 큰 차이는 없다. 대체적으로 600～800 mm 정도이며, 세계 연평균강수량은 880 mm 정도로서 내륙의 연평균강수량은 750～800 mm, 해안의 연평균강수량은 1,100～1,200 mm 정도이다. 또한 강우유출은 전세계 연총유출량이 40～47×10^3 km^{3}이므로 연간총강수량 111～119×10^3 km^{3}의 36～40%에 해당하는 유출률을 나타내고 있으며, 우리나라의 전국 용수수급전망은 표 4.3과 세계 각 국별 수자원 부존량은 표 4.4와 같다.

표 4.3 우리나라의 용수수급전망 [단위 : 억톤]

구분			2016년		2020년		2025년		2030년	
합계	기준수요	고수요	245	고246	247	고249	247	고251	245	고249
		저수요		저245		저244		저243		저241
생활용수	기준수요	고수요	74	고75	75	고76	75	고76	76	고77
		저수요		저74		저74		저74		저75
공업용수	기준수요	고수요	25	고25	29	고29	31	고31	30	고30
		저수요		저25		저28		저31		저30
농업용수	기준수요	고수요	146	고146	143	고145	140	고143	139	고142
		저수요		저145		저141		저138		저137

표 4.4 세계 각국의 수자원 부존량

나라	연평균강수량 [mm]	연평균유출고 [mm]	연평균유출량 [mm]	유출률
말레이시아	2,850	1,370	456	0.48
필리핀	2,360	1,076	323	0.45
인도	1,170	543	1,780	0.47
이란	250	67	118	0.25
한국	1,245	701	70	0.55
중국	627	–	–	–
일본	1,718	1,190	449	0.67
아시아	726	293	13,200	0.40
미국	736	231	2,460	0.35
캐나다	537	363	3,122	0.60
파나마	3,300	1,896	144	0.58
니카라과	2,140	1,339	174	0.63
북아메리카	670	287	6,000	0.43
영국	220	506	122	0.48
프랑스	750	305	168	0.41
독일	803	310	77	0.39
네덜란드	750	294	10	0.39
벨기에	850	361	11	0.42
핀란드	550	297	100	0.54
불가리아	672	162	18	0.24
체코	717	219	28	0.30
헝가리	640	65	6	0.10
폴란드	583	157	49	0.27
루마니아	700	156	37	0.22
유럽	734	319	3,100	0.43
탄자니아	930	120	113	0.14

나라	연평균강수량 [mm]	연평균유출고 [mm]	연평균유출량 [mm]	유출률
아프리카	686	139	4,200	0.20
호주	460	45	343	0.10
오세아니아	736	226	2,000	0.31
러시아	500	198	4,350	0.40

4.2.2 강수의 종류

자연계에 존재하는 물의 상태를 크게 나누면 대기 중의 물로서 수증기와 구름·안개·비·눈, 지표수로서 하천수·호소수·저수지수·해수로서 흡착수·모관수·지하수로 나눌 수 있으나 이들 상태는 대기 중의 수증기는 냉각되면 과포화 상태로 되어 구름이 되며, 비·눈·싸락눈·우박·진눈깨비 등이 지표에 내린다. 이들이 지표에 내리는 물을 총칭하여 **강수**(降水, precipitation)라 한다. 이 중에서 비·눈을 각각 **강우·강설**이라 한다.

기상조건에 따라서 여러 가지 종류의 강수가 발생하게 되는데 그 종류는 다음과 같다. 비는 지름이 약 0.5 mm 이상인 물방울로 형성되며, 지름이 큰 빗방울이 공기 중을 강하하게 되면 그 무게에 대한 대기의 마찰력(摩擦力) 때문에 중도에서 파양되는 경우도 있다. 눈은 수증기가 직접 얼음으로 변화여 생성되며 설편(雪片)은 여러 개의 얼음결정이 동시에 엉켜서 이루어진 것이고 우박(hail)은 지름 5~125 mm의 구형(球形) 또는 덩어리 모양의 얼음상태의 강수이다. 부슬비는 지름 0.1~0.5 mm의 물방울로 형성되며, 강우강도는 보통 1 mm/hr 이하이고, 우박(glaze)은 비나 부슬비가 강하하여 지상의 차가운 것과 접촉하면서 얼어버린 것을 말하고 진눈개비(sleet)는 빗방울이 강하하다가 빙점 이하의 온도를 만나 얼어버린 것을 말한다.

위와 같은 방법으로 지구의 수자원의 총량을 살펴보면 지구표면의 약 71% 정도가 바다로 덮여 있으며, 바닷물의 양을 세계인구 80억 명으로 나누면 1인당 약 1,980억ℓ나 되지만 우리가 사용할 수 있는 물은 대부분 담수(淡水)이다. 담수의 양은 물중 약 3.5%인 3,960만 km^{3}이다. 이것은 지구상 담수의 69%는 얼음으로 되어 있고 이중 90%는 남극대륙에 있으며, 나머지 절반정도는 그린랜드와 높은 산, 북극 섬 등에서 빙하와 빙산으로 떠 있는 것이다. 얼음을 뺀 나머지 물은 대부분 지하나 대기층에 있어 실제로 사용할 수 있는 수자원이란 48만 km^{3}에 미치지 못하고 있다.

남미의 아마존강은 세계담수량의 15%를 가지고 있지만 강유역의 95%가 접근이 어려워 이 강물을 이용하는 인구는 2,500만 명 정도에 불과하다. 세계 각 국가별 수자원 부존량은 표 4.5와 같다.

표 4.5 지구상의 물 부존량

항 목	총 량 [10^3 km^3]	총부존량[%]	
		전 체	담 수
해 수	1,33,000	96.5	–
지하수	23,400	1.7	–
담 수	10,530	0.76	30.15
연 수	12,870	0.94	–
빙 설	24,064	1.74	68.7
남 극	21,600	1.56	61.7
그린랜드	2,340	0.17	6.68
북 극	83.5	0.006	0.24
산 악	40.6	0.003	0.12
지하빙하/동토	300	0.022	0.86
호 소	176.4	0.013	–
담수호	91	0.007	0.26
염수호	85.4	0.006	–
늪 지	11.47	0.0008	0.03
하 천	2.12	0.0002	0.006
생물내	1.12	0.0001	0.003
대기중	12.9	0.001	0.04
총부존수	1,385,984	100	–
총담수부존	35,029	2.53	100

최근 유엔(UN)이 후원하는『세계수자원개발』보고서에서 현재 세계인구 약 80억 명(아시아 52억 명) 인구 중 22억 명이 안전한 물을 확보하지 못하고 있다고 발표하였다. 그리고 25억 명이 비위생적 환경에서 살아가고 있으며 콜레라, 간염 등 수인성 질병(疾病)으로 매년 340만 명 이상이 숨지고 있다고 보고하고 있다.

앞으로 2030년 85억 명, 2050년 97억 명, 2100년 104억 명 등 증가세는 80년간 이어질 것으로 보여진다. 또한 증가하는 인구를 위한 농작물재배에 17% 이상의 물 수요가 증가될 것이나 생태계 악화와 빈민국들의 수질악화 등으로 물이 더 공급될 전망은 없다.

현재 세계수자원의 약 70% 정도가 농업용수로 사용되고 있으며 관개시설의 미비로 인해 비, 눈 등 물의 46%는 그대로 버려지고 있는 것이다. 특히 아프리카 북부와 동부의 경우 가장 큰 수원인 나일강의 유량의 감소와 연간 3%가 증가하고 있는 인구로 물 부족현상을 겪고 있다. 그리고 요르단강에 의존하고 있는 이스라엘, 요르단, 시리아도 사막개발에 따른 관개(灌漑)면적의 급속한 증가로 심한 물 부족현상을 겪고 있으며 미국에서도 전반적인 지하수 과잉

이용으로 지반의 침하현상이 일어나고 캘리포니아, 애리조나, 네브래스카주 등은 이미 심한 물 부족현상을 겪고 있다고 보고하고 있다.

또한 물 부족국가란 하천으로 유출되는 물의 양을 인구로 나누면 1인당 재생 가능한 수자원량을 말한다. 우리나라는 1인당 재생 가능한 수자원량은 1,453 m^3로 세계 129위이며, 국제인구활동연구소(personal accident insurance, PAI) 기준은 1,700 m^3에 미달하여 물 부족국가군에 포함된다.

최근에는 1인당 수자원량만 아니라 접근률, 사회경제 요소, 물 이용량, 환경을 고려하여 측정하는 물 빈곤지수(water poverty index, WPI)를 활용하여 우리나라는 1인당 수자원량이 부족한데도 수자원 접근률, 사회경제 요소가 높아 전체 147개국중 43위 수준이다.

그리고 1인당 수자원량을 구분하는 기준은 물 기근국가(water scarcity region)는 1,000 m^3 이하, 물 부족국가(water stress region) 1,000~1,700 m^3, 물 풍요국가 1,700 m^3 이상이다.

물 기근・부족・풍요 국가를 살펴보면 첫 번째 물 기근 국가는 알제리, 바레인, 바베이도스, 부룬디, 카포베르데, 이집트, 이스라엘, 요르단, 쿠웨이트, 리비아, 몰타, 오만, 카타르, 사우디아라비아, 싱가포르, 튀니지, 아랍에미리트 연방, 예멘이다. 두 번째 국가는 벨기에, 코모로스, 키프로스, 아이티, 케냐, 모로코, 폴란드, 르완다, 소말리아, 남아프리카공화국, 영국, 한국이다. 세 번째 물 풍요 국가로서는 미국, 일본, 캐나다 등 131개국이다.

4.3 수원의 관리

4.3.1 수자원 이용

수원의 근원이 되는 강수는 강우, 강설, 우박, 서리 등을 총칭하는 것이다. 수원을 확보하기 위해서는 우리나라의 강수실태를 파악하는 것이 필요하며, 우리나라의 연간평균강수량은 1,283 mm로서 세계평균치의 1.4배 정도이고, 인구 1인당 강수량은 세계평균치의 13% 수준에 불과하므로 물 수요관리 등 효율적인 물 이용에 관심이 필요하다.

우리나라 강수량(과거 평균치)의 특성을 보면 하천유역별로 한강이 1,287 mm, 낙동강 1,167 mm, 금강 1,268 mm, 섬진강 1,416 mm, 영산강 1,320 mm, 안성천 1,278 mm, 삽교천 1,255 mm, 만경강 1,278, 형산강 1,087 mm, 동진강이 1,314 mm로 섬진강 유역이 가장 많은 1,416

mm이고, 낙동강 및 형산강 유역은 가장 적은 1,087~1,167 mm 정도이다.

강수량은 지역적으로 많은 편차가 있을 뿐 아니라 하천유역의 형태상 수계의 분수령이 동쪽에 치우쳐 있어서 동해안의 하천은 급경사로 강수가 일시에 바다로 유출되고 서남해안의 하천들도 상류부는 급경사로 강수가 일시에 유출되어 완만한 중 · 하류부에 이르러 홍수피해를 가중시키게 된다. 그리고 강수량의 연도별 편차를 보면 갈수년인 1939년에 770 mm, 예로서 풍수년인 6월~8월 사이에 내린 서울특별시의 강우량 역대 1위는 1998년 2,042 mm, 2011년 1,902 mm, 1940년 1,670 mm, 1990년 1,503 mm, 2006년 1,500 mm로 기록되어 변화폭이 크고 대체로 연간강수량의 3분의 2가 6, 7, 8, 9월에 편중되고 있으나, 최근의 경우에는 편차가 넓어지고 있다.

따라서 계절적으로 편중되는 경향이 있으므로 안정된 급수를 확보하기 위해서는 연간을 통하여 계획취수량을 안정적으로 취수할 수 있는 수원을 확보하는 것이 기본으로 되고 있으며, 환경을 파괴하지 않으면서 가능한 한 많은 저수시설을 각 지역별로 확보해야 한다.

수량이 풍부한 지하수나 하천표류수(河川漂流水)를 수원으로 이용할 수 있는 경우에는 저수시설을 설치할 필요는 없지만, 일반적으로 신규로 지표수를 취수하고자 하는 경우에는 기존의 수리권과 경합되기 때문에 저수시설을 건설하여 수자원을 개발할 필요가 있다. 즉 자적으로 전용댐을 설치하거나 또는 다목적댐의 건설계획에 참여함으로써 필요한 취수량을 확보할 수 있다.

최근에 수자원종합개발이 크게 진척되어 과거보다는 재해피해의 정도가 완화되었으나 이상기온에 의한 집중호우(集中豪雨)나 국지적(局地的)으로 발생하는 무강우현상의 장기화로 막대한 피해를 입고 있다. 우리나라의 수자원의 부존량과 이용현황은 그림 4.2와 같다. 또한 홍수를 막는 한강의 댐의 예는 그림 4.3과 같다.

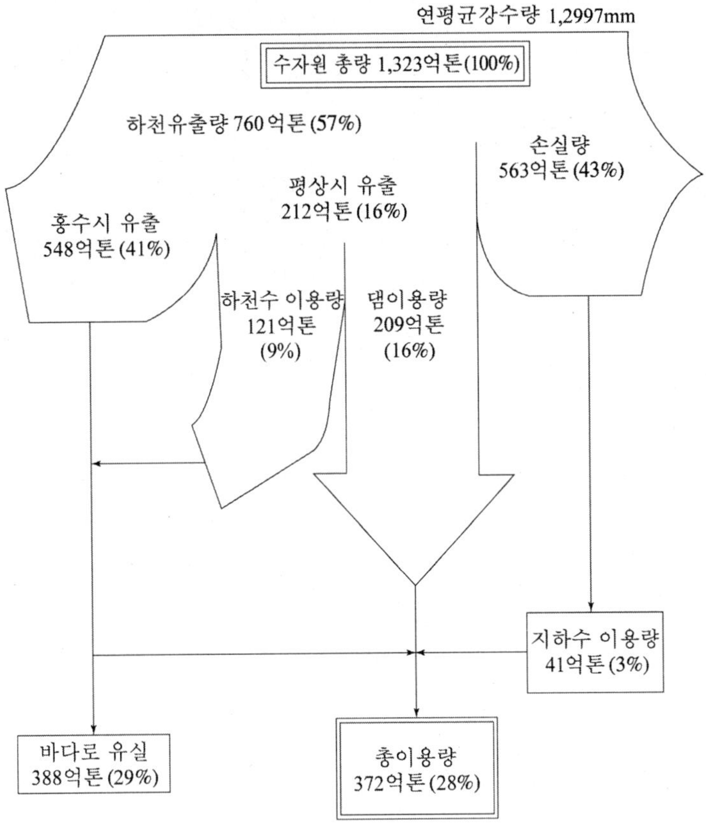

구분	이용량 [억m³]	비율 [%]
생활용수	76	20
공업용수	23	6
농업용수	152	41
유지용수	121	33
계	372	

자료 : 수자원 장기종합계획(2001~2020).

그림 4.2 수자원의 부존량 및 이용현황

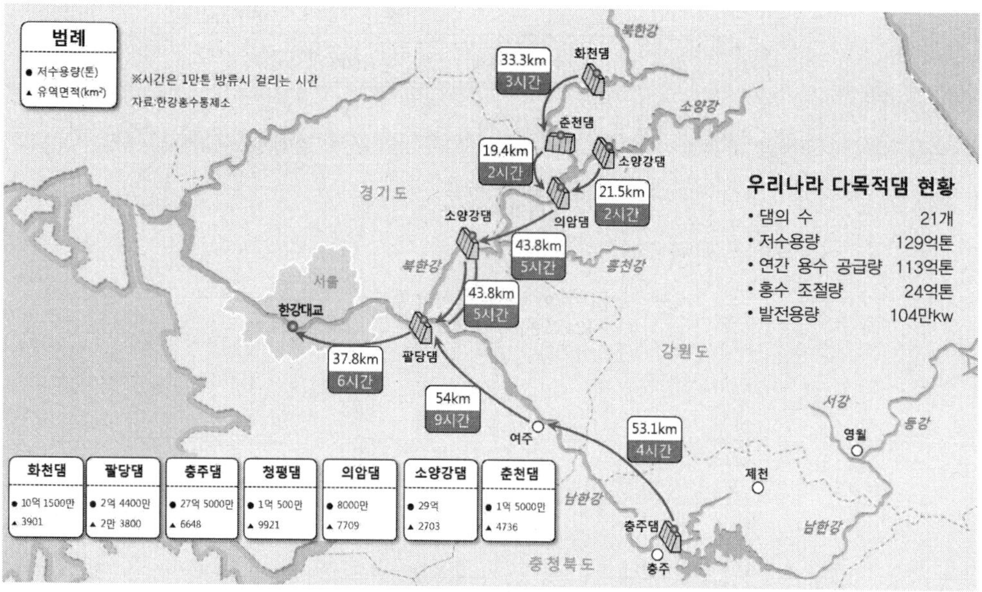

그림 4.3 한강 댐의 예

4.3.2 수원으로서 천수이용

천수(天水)는 지면에 강하해서 증발, 침투, 유출의 세부분으로 나누며 천수를 집수하는 경우는 저수탱크를 사용한다. 이용 가능량은 강우량과 집수면적의 용량으로 결정되지만 강우량의 시기적변화에 따라서 연간수요수량의 1/2~1/3 정도를 저류(貯留)할 필요가 있으며, 저류량은 다음과 같은 식으로 구할 수 있다.

$$Q = C \cdot A \cdot H \qquad (4\text{-}1)$$

여기서, Q : 연간저수량 [mm^3/year]
C : 저수계수 [0.5~0.7]
A : 집수면적 [mm^2]
H : 연강수량 [mm/year]

C의 값은 증발이 클수록 적은 양의 비(小雨)의 횟수가 많을수록 집수지역의 침투성이 클수록 작게 취한다. 저수탱크는 완전히 방수하고 탱크(槽) 내는 청소하기 편리하도록 하여 뚜껑을 설치해서 외부의 불순물이 유입되지 않도록 한다.

정수법으로서는 일반적으로 완속사여과법(緩速砂濾過法)이 사용되며, 저수탱크는 동시에 정수되므로 저수탱크가 커야하고 초기의 강우는 다량의 불순물을 함유하고 있으므로 초기의 유출부분을 버리고 우수를 받는 것이 좋다.

4.4 수원의 종류

지구상의 물의 종류중 상수도수원으로서 일반적으로 이용되고 있는 것은 다음과 같다. 실제로 우리들이 비교적 대량으로 이용할 수 있는 것은 지표수(surface water)중 하천수(河川水, river water)와 저수지수(貯水池水, reservoir water), 지하수(地下水, ground water)중 복류수(伏流水, river bed water) 정도이다. 각 수원에는 수질・수량적 특성이 있으며, 수도수원으로서 이용할 때는 특성을 충분히 이해하여 수자원으로 청정(淸淨)하고 앞으로 오염의 우려가 적고 계획취수량의 확보가 가능한 수원을 선택하여야 한다.

4.4.1 수원의 선정과 구비조건

(1) 수원의 선정

수량이 풍부한 지하수나 하천 표류수를 수원으로 이용할 수 있는 경우에는 저수시설을 설치할 필요는 없지만, 일반적으로 신규로 지표수를 취수하고자 하는 경우에는 기존의 수리권과 경합되기 때문에 저수시설을 건설하여 수자원을 개발할 필요가 있다. 독자적으로 전용댐을 설치하거나 또는 다목적댐의 건설계획에 참여함으로써 필요한 취수량을 확보할 수 있다.

수원의 종류에 따른 취수지점을 선정하기 위해서는 다음에 열거된 각 항목을 비교 조사하면 다음과 같다.

① 수원으로서의 구비요건을 갖추어야 한다.

② 수리권 확보가 가능한 곳이어야 한다.

③ 상수도시설의 건설 및 유지관리가 용이하며 안전하고 확실해야 한다.

④ 상수도시설의 건설비 및 유지관리비가 가능한 저렴해야 한다.

⑤ 앞으로의 확장을 고려할 때 유리한 곳이어야 한다.

⑥ 상수원보호구역의 지정, 수질의 오염방지 및 관리에 무리가 없는 지점이어야 한다.

- 수원
  - 천수(meteoric water)
  - 지표수
    - 하천수
    - 호소수
    - 저수지수
  - 지하수
    - 용출수
    - 우물물(지하수)
      - 천층수(천정호)
      - 심층수(심정호)
    - 복류수
  - 기타 – 해수, 빗물 등

수원의 종류나 위치는 정수방식(淨水方式)이나 수도시설의 전반적인 배열을 결정하여야 한다. 이것은 건설비 및 유지비에 직접적인 영향을 줌으로 수원의 선정은 수도계획 중에서 가장 중요하며, 어려운 사항이다. 그러므로 수원선정의 목표는 필요한 수량과 수질을 안정하게 확보하는데 있으며, 일반적으로 수원이 갖추어야 할 구비요건을 다음과 같다.

(2) 수원의 구비조건

1) 수량이 풍부해야 한다.
2) 수질이 좋아야 한다.
3) 가능한 한 높은 곳에 위치해야 한다.
4) 수돗물 소비지에서 가까운 곳에 위치해야 한다.

4.4.2 천수

빗물 · 눈 등 강수를 총칭해서 **천수**(天水, meteoric water)라고 하며, 대부분이 빗물이다. 대규모 상수도의 수원으로서는 첫 번째 수원의 구비요건이 수량을 만족시키지 못하므로 부적합하지만 지표수나 지하수를 구할 수 없으면 강수가 많은 지역에서는 개인 및 가정의 음용수원 정도로서는 이용될 수 있을 것이다.

원래 자연수는 화학적으로 순수한 상태로 존재하지 않으며, 자연수 중에서 가장 깨끗한 것이 천수일 수도 있다. 빗물은 최초에는 증류수로 매우 깨끗하지만 응결핵으로서 미세 부유물질을 갖게 되며, 지상으로 떨어지는 동안 산소 · 탄산가스 등의 각종 기체와 대기 중에 분산부유하는 세균 · 매연 · 먼지 등으로 오염되어 지상에 도달할 때에는 이미 증류수가 아닌 오염된 물이 된다. 따라서 대도시에 떨어지는 천수는 심한 대기오염(air pollution)으로 매우 불순하며,

아황산가스의 존재 때문에 산성이 된다. 그러나 지하수에 비해서 광물질을 적게 함유하므로 연수(軟水)이다.

천수는 지면에 강하하면 증발(蒸發), 침투(浸透), 유출(流出)의 세부분으로 분류할 수 있다. 천수를 직접수원으로 이용할 경우에는 저수탱크(貯水槽)가 필요하다. 저수탱크에 의존하는 경우 주된 요소는 집수면적(集水面積)과 저수탱크의 크기이다. 집수면적 및 저수탱크의 크기 결정은 연강우량과 사계절 또는 월별분포에서 사용수량을 구한다. 저수탱크는 누수를 방지하기 위해서 콘크리트 또는 벽돌탱크의 모르타르 등으로 시공하는 것이 보통이며 저수탱크 내부의 청소를 편리하도록 설비하고 뚜껑을 설치해서 오염을 방지해야 한다. 저수탱크는 동시에 정수탱크를 겸용하는 것이 좋다. 이 경우 저수탱크 상부에 여과탱크를 설치해서 지붕에서 집수된 천수가 물통을 흘러서 여과탱크를 먼저 들어가게 하면 된다.

4.4.3 지표수

빗물이 지표면에 떨어져서 하천, 호소, 저수지 혹은 바다로 흘러들어 간다. 눈은 조금 증발하지만 온화한 기후에서는 대부분이 봄에 녹아서 하천이나 호소로 흘러서 지표수(地表水, surface water)가 된다. 높은 산악지대에서의 눈은 천천히 녹아서 흘러내림으로써 하천의 유량을 유지시키며, 봄인 경우에는 얼음이 녹으면서 지표에 있는 부유물(浮遊物)을 함유하여 운반하기도 하고 건기(乾期)인 여름에는 약간의 수량을 얻을 수 있도록 한다.

지표수원으로부터 취수된 물의 수질은 분수계의 특성과 면적, 지질, 지형, 사람에 의해서 개발된 정도와 종류, 시기 그리고 기후상태에 따라서 변한다. 하천에서 취수된 물의 수질은 보통 호소나 저수지에서 취수된 물의 수질보다 많이 사용하여 보다 만족스럽지 못하다. 또한 석회석지대로부터 흘러오는 물의 수질은 화강암지대의 수질보다 경도가 높으나 반면 부식성(腐蝕性)은 약하다. 인구밀도가 높은 지역에 위치하는 지표수원은 가정하수와 공장폐수(工場廢水)에 의해서 영향을 많이 받는다.

(1) 하천수

지표수의 성립을 고려하여 볼 때 지표·지중 및 천수 중의 물질을 성분으로써 함유하고 있다. 지표의 물질로는 휴믹산(humic acid : 토양에 포함되어 있는 산성유기물)이나 지질에 의한 무기질이 있으며 지중의 물질로는 Fe나 Mn, 유기물이 분해해서 생기는 CO_2, 이 외에 생물작용에 의하여 생기는 질소가스 등을 다량으로 용존하는 것 등이 있다.

일반적으로 하천수(河川水, river water)는 보통 다소의 오탁(汚濁)을 가지지만 그 비율은 유역의 토질과 혼입하는 하수 등의 정도에 따라 다르다. 수질은 지류의 유입 등의 영향에 의해서 점차로 변화한다. 또 하천의 한 점에 있어서는 예를 들면 하구(河口)부근의 감조부(感潮部) 등에서는 1일에 2회씩 주기적으로 해수의 혼합에 의해서 수질의 변화를 되풀이 하지만 일반적으로는 하천수질의 1일 변화는 뚜렷하지 않다. 또 수질은 유량과 밀접한 관계가 있으며, 후자의 경우에는 성분의 유출량이 많이 증가하기 때문에 하천수의 성분은 유량의 증가율 만큼 희석되지 않고 강우유출의 초기에는 지표의 오염물이나 바닥(河底)에 퇴적(堆積)된 오염물(汚染物, pollutant)이 변화한다. 또한 유역의 소하천(小河川)에서는 명백하게 나타나지만 유역이 광대하여 지류가 합류하고 있는 곳과 큰 하천에서는 명백하게 나타나지 않는다.

오염물질이 하천에 유입하면 수질은 악화되며, 오염도가 낮은 다른 하천이나 지류의 유입에 의해서 희석(稀釋)되든지 자연침전이 행하여지는 경우에는 수질은 약간 좋아지고 하천의 한 지점에 유입한 오염물질이 하류로 이동하는 것이 하천수원의 특징이다. 이와 같은 호소의 오염과 형태는 명확히 구분하고 있다. 하천의 오염도는 유역의 주택 · 공장의 밀도와 병행하고 오염형식은 유속 · 유량 · 수질, 기타의 요소에 의해서 변형하나 오염수와 청정수가 합류해도 청정수가 즉시 오염수의 영향을 전적으로 받는 것은 아니다. 하류까지 양자는 혼합하지 않고 흐른다고 하는 것은 하천수의 혼합은 난류에 의해서 이루어지나 하폭전체에 걸치는 횡방향의 혼합은 매우 행하여지기 힘들기 때문이다. 이 횡방향의 혼합은 하천의 만곡부(滿曲部)에서 물의 나선운동이나 보통 하천의 중앙에 향하는 나선운동에 관계된다. 그러나 오염원과 취수지점의 거리가 짧으면 오염의 영향을 많이 받게 된다. 하천의 오탁은 갈수기(渴水期)에서는 하천유량의 감소 때문에 희석도가 저하하므로 충분히 경계할 필요가 있다.

도시하수가 혼합되는 하천의 수질에는 육수(陸水)에 비해서 BOD · COD 및 질소분의 함유량이 매우 크며, 분뇨가 유입하면 대장균이 검출되고, 또 음이온 계면활성제(界面活性劑, anionic surfactant)가 혼입되어 있는 특징이 있다. 특히 주의해야 할 것은 댐건설, 하천유로의 변경에 따라서 하천의 수질이 큰 영향을 받는다. 즉 댐의 출현에 의한 물의 운동형태나 태양에너지의 수용량변화의 결과 하천에서는 보이지 않았던 현탁물질의 퇴적, 하저수질의 평균화, 새로운 물질변화나 순환이 생긴다. 예를 들면 어떤 댐건설에 의한 하류의 탁도 분포형식의 변화 등이 있다. 이것은 하류에서의 물 이용방법에 큰 영향을 주는 것이 된다. 또한 댐에 의해서 저수지가 되면 플랑크톤의 증식이 증가하고 하류에 운반되어서 수질에 변화를 일으킬 뿐만 아니라 저수지의 순환정체현상이 저수지의 수질에 영향을 준다.

수량은 하천수가 지하수보다는 풍부하며, 유량의 변동도 크다. 이것은 하천수원의 한 특색이다. 그러나 상수도의 수원으로서는 저수지에 의해서 최소유량을 이용한다면 문제되지는 않는다. 하천유량의 대부분이 지하수에 의해서 함양되어 있는 경우에는 유량이 안정되어 있어 갈수기에도 유지될 수 있는 장점이 있다.

(2) 호소수

호소(湖沼, lakes)는 원칙적으로 바다와 직접 연결되지 않은 지표의 와지(窪地, wodge : 오목하게 패어 웅덩이가 된 땅)에 위치하는 정수과의 총칭으로 대부분 담수로 되어 있지만 사해나 볼리비아의 우유니호는 염수로 되어 있는 것도 있으며, 담수와 염수가 혼합되어 있는 것도 있다. 육수학적으로 호소는 스위스의 호수학자 포렐(F.A Forel, 1892)이 식생과 수심에 착안해서 구분한 방법이 널리 이용되고 있다.

1) 호소(湖沼, lake)

대형 수생식물이 연안에만 자라며, 중앙부가 5 내지 6 m 이상의 수심을 유지하여 연안식물이 침입하지 못한 못을 말한다.

2) 늪(沼, bogged)

침수식물이 호심까지 침입하고 심부의 깊이는 5 m 이하이며, 깊이가 1~3 m인 곳을 말한다.

3) 소택(沼澤, swamp)

도처에 정수식물이 무성하며, 최심부는 1 m 이하인 곳을 말한다.

4) 습원(濕原, moor)

수채라고도 할 수 없을 정도로 습지식물에 뒤덮여 있는 곳을 말한다.

호소수(湖沼水, lake water)나 저수지의 물은 연간 각 계절에서의 물의 온도·밀도 및 바람의 상호작용에 의해서 여러 가지의 특징적인 형의 온도성층(溫度成層, stratification)을 나타내며 그림 4.4와 같다.

겨울철 수면이 얼면 얼음 그 자체의 온도는 0℃ 이하로 되어도 얼음의 바로 밑의 수온은 실제로 0℃에 있고 동시에 바닥의 온도는 물의 최대밀도의 온도 4℃로부터 그다지 떨어져 있지 않다. 이 상황에서는 물은 비교적 안정한 온도적 성층상태에 있다(겨울의 정체기). 이른 봄이 되어 하강하는 경향을 나타내지만 온도가 다시 상승하면 밀도는 작게 되므로 가볍게 되어 차가워서 무거운 중층 이하의 물위에 안정한다. 그러나 주간·야간의 온도변화나 바람 등에 의해서 안정이 파괴되어 연직방향(鉛直方向)의 순환으로 된다. 이 현상은 수온이 균일하게 수직

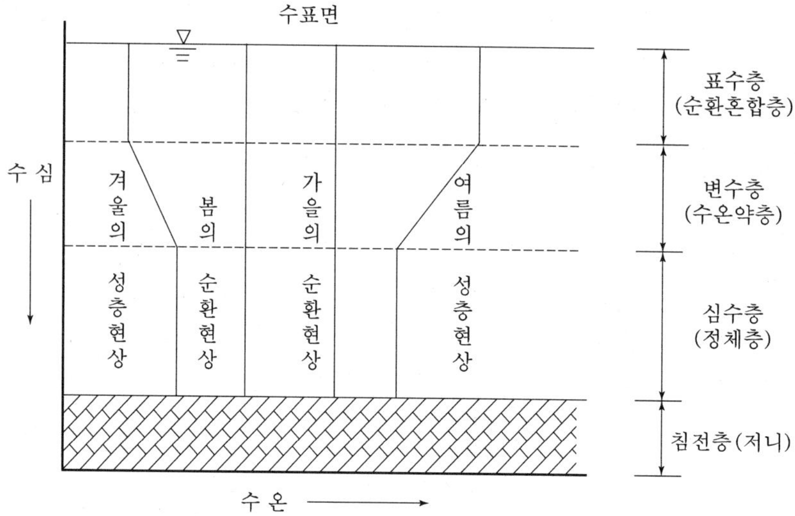

(중위도 지대의 호소에서 수심 10m 정도 이상, 저부의 수온은 4℃부근)

그림 4.4 호소의 온도성층

방향(成層狀態 또는 垂直方向)으로 4℃ 부근일 때 특히 현저하게 나타난다(봄의 순환기). 표면온도가 다시 높아지면 한층 더 안정도를 증가하여 연직방향의 순환은 극히 표층에서만 발생한다.

여름이 되어서 표층수가 따뜻해도 물의 전도율은 낮으므로 심층의 수온은 봄의 수온 그대로 거의 변화하여 있지 않다. 즉 가벼운 물(高溫層)이 무거운물(低溫層)위에 차례로 쌓여 있는 성층상태로 되어서 제2의 안정평형기가 나타난다(여름의 정체기). 가을이 되면 표층수온이 내려가서 밀도가 크게 되므로 하강하여 재차 파괴되어 물이 교란된다. 가을이 되면 따라서 점점 깊은 곳까지 교란되어 저층까지 도달하여서 전층수가 혼합순환을 완료해서 등온으로 된다. 이와 같은 상태는 수온이 4℃로 내려갈 때까지 계속되나 4℃ 이하로 되면 점차 밀도가 낮아지기 때문에 표층에 멈추는 경향을 나타낸다. 그러나 저온에서 밀도차는 극히 작으므로 태풍 등에 의해서 혼합하고 결빙에서부터 저온수가 상층에 위치하는 상태(逆列成層)를 보이는 것이 많다.

초여름에 온도가 상승하면 봄 순환기에 들어가서 여기에 주년변화(周年變化)가 끝나는 것이 된다. 그림 4.5는 온대의 중위도 지방의 호소·저수지 등의 연직방향의 온도경사를 나타낸 것이다.

여름철에 수심에 따라서 수온을 측정하면 정열된 성층이므로 물밑 일수록 저온으로 되는 것은 당연하나 그간에 급격하게 수온이 저하하는 얇은 수층이 발견된다. 이 층을 **변화수층**(變化水層) 또는 **약층**(躍層, discontinuty layer, thermocline)이라 하고 약층위의 수층을 표수층(表水層, epilimnion), 약층밑의 수층을 **심수층**(深水層, hypolimnion)이라 한다. 표수층에서는 물은 바람의 영향이나 대류 때문에 수평이나 수직으로 움직이지만 심수층에서는 물은 정지하고 있다. 약층의 형성에 대해서는 확실히 알려져 있지 않으나 물 속에서의 열교환상태에 관계 한다고 본다.

(3) 저수지수

수원은 저수지(貯水池, reservoir)나 호소나 큰 차이가 없으며, 강우출수(降雨出水)의 수질에 미치는 영향에 대해서 일본의 고오다(合田)박사는 하천 댐형 저수지에서는 정체기로부터 순환기로 옮길 때의 수질이 중요성을 발표하였다.

대부분 9~10월의 출수영향이 남아 있으며, 각종 순환에 의해서 전지역에 분포하고 장기간에 걸쳐서 지수에 영향을 미치고, 저수량에 대해서는 하천유량의 변동에 따라서 변동하는 점에 불안이 있을 뿐만 아니라 보통 유입토사에 의한 매몰 때문에 저수용량의 감소를 초래한다는 결점이 있다. 이러한 결점이 있다 해여도 하천유효 이용의 입장에서 보면 의의는 매우 크다.

보통 저수지에서의 수질이 가장 좋은 곳은 수심의 중간부분이다. 수면에 가까운 물은 조류가 많고 바닥의 물은 탄산가스, 철, 망간 그리고 때로는 유화수소의 함유도가 매우 높다. 수심이 깊은 호수나 저수지의 바닥물은 연중 낮은 온도를 가지며, 수심 약 7 m 이상인 깊은 곳에서는 비교적 정체하는 층이 존재하기 쉽다.

4.4.4 지하수

지하수(地下水)는 강수에 기인하며, 지표수가 일부 땅 속으로 침투(浸透, infiltration)해서 생기는 물이다. 일부는 토사나 사력(砂礫)의 공극 혹은 암석의 빈틈이나 절리층(節理層)에 저장되고 나머지 부분은 하강하여 불투성 지층의 위에 정체하며, 혹은 측방으로 흐르게 된다. 땅 속의 공극이 물로서 채워진 부분을 포화대(飽和帶) 그 부분의 물을 포화대수(飽和帶水)라 한다. 또한 정수압을 가지고 있다. 포화대의 위쪽에 있어서 땅 속의 공극의 일부가 물로서 채워진 부분을 통기대(通氣帶) 그 물을 **통기대수**라 한다. 포화・통기 양대의 경계면을 포화대면이라 한다. 포화대면으로부터 모관작용(毛管作用)에 의해서 상승한 물이 통기대의 최하부를 채운부분을 모관수 연층 그 물을 **모관수**(毛管水)라 한다.

포화대수중 공극성 지층의 공극이 채워진 물을 공극수(空隙水, pore water), 암석의 절리 · 빈틈 등에 채워져 있는 것을 암하수(岩下水)라 하고 이들 빈틈이나 공극이 동혈상을 나타내고 있는 경우에는 그 속의 물을 **동혈수**(洞穴水)라 한다. 동혈수는 용해성 암석(석회암 · 백운암 등)이 탄산가스를 물에 용식되어서 생긴 동혈 내에 고이거나 흐르는 것으로 산지에 많다. 공극수는 우물물로서 지하수중 가장 중요한 것이다. 지하의 포화대면이 자유 지하수면이고 포화대의 지하수 증감에 따라서 변화하므로 이 종류의 지하수를 자유수면(自由水面) 지하수, 이것을 포함하는 대수층을 **자유수면 지하수층**이라 한다.

상하의 불투수층(不透水層)에 끼어 있는 포화수대의 지하수층을 자유면 지하수층에 대해서 피압면 지하수층, 그 속의 물을 **피압면(被壓面) 지하수**라 한다. 피압면 지하수층 중에 판 우물의 수면으로부터 추상되는 연속수면을 **피압 지하수면**이라 한다. 자유 지하수면과 함께 넓은 의의는 지하수면으로서 취급되고 있으며, 피압 지하수면이 지표면 이상에 있을 경우에는 지하수는 우물로부터 자분수(自噴水 : 출구를 통하여 솟아 나오는 현상)한다. 이상의 지하수 연직분포를 나타내면 그림 4.5와 같다.

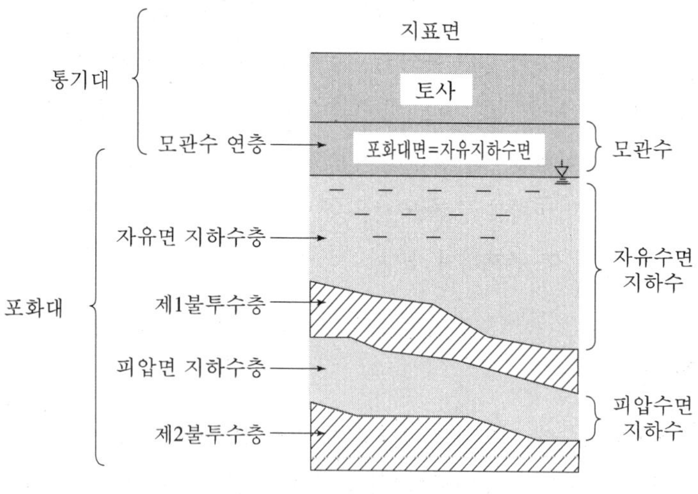

그림 4.5 지하수의 연직분포

(1) 지하수의 수질

지하수는 지표수가 침투하여 포화대에 도달한 것으로 그 과정에서 대지의 정화작용을 받기 때문에 지하로 계속 침투될수록 오염물질은 정화되어서 양질의 물을 얻을 수 있다. 한편 지하수는 유리탄산을 많이 함유하기 때문에 물질을 용해하는 힘이 크므로 무기질을 다량 용해해서 칼슘이나 마그네슘의 중탄산염·염화물·황산염을 많이 함유함으로써 경도(硬度, hardness)가 높은 물이 많다. 또 철분이나 망간을 함유하는 것도 많고, 이와 같은 물에서는 철분박테리아가 많이 서식하고 있다.

지표에서 오염을 받은 지표수는 지층을 통과할 때 정화되므로 정수에서 여과작용과 같으므로 상수도의 모래여과는 이 작용을 이용한 것이다.

부유물질은 대부분이 지층에 의해 물리적으로 제거된다. 지층의 상층에서는 유기질이 토양 중의 세균작용으로 분해해서 탄산가스·물·암모니아 화합물 등으로 된다. 암모니아 화합물은 다시 아초산생성균·초산생성균의 작용을 받아서 초산으로 되어 안정된다. 이들 작용은 산소가 풍부한 표층에서 성행되고 있다. 소택지에서는 대량의 부식토를 함유하여 물이 강한 산성을 나타내고 초산균의 성장을 방해하는 결과 질소화합물은 암모늄화합물로서 잔류(殘留)한다. 세균도 지층을 통과하면서 흡착에 의거하여 제거되며, 정화는 지층토질이 세밀할수록 잘 행해지고, 온도는 높은 쪽이 생물의 활동이 활발해진다. 이와 같은 정화작용을 받으면서 지표수는 지중에 침투하는 한편 유리탄산이 증가하기 때문에 용해력을 더하고 지층으로부터 무기질을 잘 용해한다. 부식토가 많은 지방에서는 휴믹산을 녹여서 물이 빛깔을 띠게 된다. 무기질이 물에 녹는 순서는 암석 중의 염화물이 우선 녹고 다음에 알칼리 금속의 황산염, 칼슘 및 마그네슘의 탄산염, 철분 및 망간화합물, 최후에 난용성(難溶性)의 규산염(硅酸鹽)이다.

천층수(淺層水)는 지층이 얕아서 위와 같은 정화가 불충분한 상태이므로 수질은 위생상 위험할 때가 있으며, 대장균이 나타나는 경우도 있다. 심층수(深層水)는 대지의 정화작용이 왕성하여 균이 없던가 이에 가까운 상태의 양질의 물이다. 수온도 사계절을 통해서 대체로 일정하고 물의 성분변화도 적다. 심층수에서는 산소가 부족되기 때문에 오히려 환원작용을 받을 수가 있다. 황산염이 황화수소(H_2S)로, 초산이 암모니아로 환원되는 경우가 있다.

대지의 정화작용에는 한계가 있기 때문에 오염수가 계속해서 통과하면 정화능력을 상실하므로 인구밀도가 높은 도시에서는 지하수는 점차 악화되고 있다.

지하수의 수온은 지표수에 비해서 계절적변화(일반적으로 2℃ 내외)가 적기 때문에 사용하기에 좋다. 지하수의 연평균온도는 토지의 연평균기온보다 1~2℃ 높고, 지표 밑 극히 얕은 곳에 있는 지하수의 온도는 기온변화에 따라 변하지만 10~20 m 이하의 깊은 곳에서는 대체로 연중 온도가 변하지 않는다. 심층지하수는 동일 대수층에서는 하류일수록, 또 깊을수록 고온으로 되는 경향이 있다.

강우가 없을 때의 하천수는 지하수가 원천이므로 주성분도 둘다 비슷하지만 염류농도가 비교적 낮은 지하수에서는 하천수의 평균 30% 이상 크며, 하천수와 지하수의 수질차이는 다음과 같다.

1) 하천수는 광역적 물의 수질을 나타내며, 지하수의 수질은 포장되어 있는 지하수층의 지질이나 지표로부터의 오염영향을 국부적로 강하게 받는다.

2) 하천수에는 대기 중의 각종 불순물이 수면으로부터 녹아서 들어가지만 지하수는 대기와 차단되어 있기 때문에 유기물의 분해에 의해 용존산소가 소비되어도 보충되지 않고 발생한 탄산가스는 지표보다도 고압의 지하수 중에서는 한층 녹기 쉽다.

3) 지하수는 일광을 받지 않으므로 유기물의 분해는 광화학작용에 의하지 않고 박테리아에 의한 생물작용이 대부분이다.

도시의 전층 지하수는 오염위험이 많지만 심층지하수, 특히 피압면 지하수는 세균이 없어 수질이 좋다. 니탄지대(泥炭地帶)나 초탄지대(草炭地帶)의 지하수나 지표수에는 부식물질이 많이 포함되어 있기 때문에 pH가 낮고 증발잔류물이 극히 많고, 철분도 많으므로 상수나 공업용으로 바로 사용하는 것은 적당하지 못하다.

(2) 용도별 지하수 이용현황

지하수 시설수는 생활용(49.4%), 농 · 어업용(49.6%), 공업용(0.8%), 기타(0.2%)의 순으로 사용하는 것으로 집계되었으며, 생활용이 가장 큰 비중을 차지하는 것으로 나타났다. 이용량은 농 · 어업용 15.8억m^3/년(53.0%), 생활용 12.1억m^3/년(40.5%), 공업용 1.7억m^3/년(5.7%), 기타 0.2억m^3/년(0.8%)의 순으로 집계되었으며, 농·어업용이 가장 큰 비중으로 차지하는 것으로 나타나고 있으며, 용도별 지하수 이용현황은 표 4.6과 같다.

표 4.6 용도별 지하수 이용현황

구 분		계	생활용수	공업용수	농 · 어업용수	기타
시설	관정[공]	1,687,515	834,086	13,508	836,834	3,087
	비율[%]	100	49.4	0.8	49.6	0.2
이용량	연이용량 [백만 m^3/년]	2,978	1,206	171	1,577	24
	비율[%]	100	40.5	5.7	53.0	0.8

※ 2021 지하수조사연보(환경부 · 한국수자원공사, 2021).

생활용 세부용도에 대하여 설명하면 다음과 같다.

① 가정용이란 개인집에 설치된 시설로서 일반가정에서 가정생활을 영위하기 위하여 사용하는 시설을 말하며, 시지역에서 하수세를 부과하는 경우에는 가정용으로 분류된 시설을

말한다.

② 일반용이란 식당, 여관, 목용탕, 세차장, 수영장 및 소규무 사업체 등에서 영업용 목적으로 사용하는 시설과 빌딩, 공공시설(공원, 병원)등에서와 같이 여러사람이 이용하는 곳에 설치된 시설을 말한다. 또한 시지역세어 하수세를 부과하는 경우에는 영업용, 공공용, 공중용 및 이시용으로 분류된 시설을 말한다.

③ 학교용이란 유치원, 초등학교, 중·고등학교, 대학교 등 학교에 설치된 시설을 말한다.

④ 민방위용이란 민방위용 비상급수 시설 및 소방용수 등으로 설치되거나 지정되어 관리되는 시설을 말한다. 민방위기본법에 의거하여 설치, 지정된 시설을 포함한다.

⑤ 공동주택용이란 아파트, 빌라, 연립주택 등 대규모 주거시설에 비상용 또는 상시용으로 설치되어 공동으로 이용하도록 설치된 시설을 말한다. 주택건설기준 등에 관한 규정에 의거하여 설치된 시설을 포함한다.

⑥ 간이상수도용이란 광역 또는 지방상수도 비보급지역에서 공동마을용으로 설치된 시설을 말한다.

⑦ 상수도용이란 광역상수도 또는 지방상수도의 수원으로 설치된 시설을 말한다.

⑧ 농업·생활겸용이란 농번기에는 농업용으로 사용하고 농한기에는 생활용으로 사용하는 시설을 말한다. 농어촌지역의 생활·농업 겸용으로 개발한 시설을 포함한다.

⑨ 기타용도는 상기 세부용도로 구분이 불가능한 경우를 말한다.

(3) 지하수의 장점

1) 수질이 양호하다. : 오염되지 않은 국토에서 개발된 지하수를 관찰한 결과이며, 토양과 암반이 지하수함량에 적합함으로써 양질의 지하수를 생성하기 때문이다.
2) 지하수는 지표하의 모든 곳에 존재한다. : 물을 필요로 하는 지역의 가장 가까운 곳에서 개발할 수 있으며, 이 경우는 지표수 사용보다 지하수이용 시의 비용이 매우 경제적이다.
3) 증발중 가장 비중을 많이 차지하는 것은 해수면 증발이므로 지하수는 증발로 인한 소실이 거의 없다.
4) 일정 깊이 이상에서 존재하는 지하수는 수온이 일정하다.
5) 물을 운반하는 시설이 필요 없으며, 양수를 위한 펌프와 파이프가 필요하다. : 집수지, 정수지, 배수시설 등 시설비가 절약되고 특수 약품처리가 필요하지 않으므로 여러 가지 용도의 용수로 사용하기에 적합하다.
6) 구멍을 뚫은 후 완전 차수(遮水) 시는 오염물질이 유입되지 않는다.
7) 직접적인 방사능물질의 낙진(落塵)으로부터 안전하다.

8) 정해진 채수량(採水量) 내에서 지하수를 사용할 경우 안정적이다.

① 생활용, 공업용 목적으로 일 양수능력 100톤(또는 토출관 안지름 40mm)을 초과하여 지하수를 개발 · 이용하는 경우

② 농업목적으로 일 양수능력 150톤(또는 토출관 안지름 50mm)을 초과하여 지하수를 개발 · 이용하는 경우

③ 지하수 보전구역 안에서 일 양수능력 30톤(또는 토출관 안지름 32mm)을 초과하여 지하수를 개발 · 이용하는 경우 지하수법으로 규정하고 있다.

9) 유입유동(流入流動)속도가 느리기 때문에 저류성이 매우 크다.

(4) 지하수 수질오염 현황

우리나라는 물공급을 대부분 지표수에 의존하고 있으나 지표수의 오염, 댐에 의한 용수공급의 한계 및 물소비량의 증가로 점차 심화되고 있는 물수요공급의 불균형을 해소하기 위하여 지하수의 이용량이 증가하고 있다. 지하수의 사용과 수질문제는 최근까지 지표수에 의해 관심을 받지 못했으며, 지하수의 축적량과 유출량에 대한 자료로 신뢰하기 어렵다. 그러나 유럽의 경우에는 많은 정착민들이 지하수에 의존하기 때문에 지하수수질에 대한 많은 관심을 가지고 왔다.

또한 오랜 기간동안 지하수의 사용량이 자연적으로 재충전되는 것보다 많을 경우 지하수의 수위가 떨어진다. 인도, 중국, 서아시아, 러시아, 미국 서부, 아랍반도의 일부에서는 지하수 수위가 낮아지고 있어 용수량이 줄어들고 농촌에서는 양수비용도 늘어나고 있다. 지하수를 과대사용하면 해안지역에 염수침해(鹽水侵害)를 일으키게 된다. 예를 들면 인도의 마드라스에서는 염수가 10 km 내륙까지 침입하여 오염시킨 경우가 있다. 지하수 수질오염문제의 원인은 표 4.7 및 오염경로는 그림 4.6과 같이 제시할 수 있다.

지하수는 일반적으로 두 가지로 구분되고 있다. 그 중 하나는 충적층이나 풍화대에 부존되이 있는 전층지하수이며, 다른 하나는 심부암반층 내의 암석의 절리, 층리, 파쇄대 내에 부존되어 있는 암반지하수로 구분할 수 있다.

특히 도심의 아파트나 아스팔트 밑에 분포하고 있는 지하수는 천부지하수와 암반지하수로 이루어져 있으며 이들 지역 내의 지하수는 불과 십수년 전까지만 해도 식수, 목욕탕 및 세차장 등에서는 수돗물값보다 저렴한 이유로 지하수이용이 성행되었고 공단지역에서는 공업용수, 농작물을 하는 농가에서는 재배용수로서 필수적인 역할을 해왔다.

표 4.7 지하수의 수질오염 문제

문제	원인	주의
사람에 의한 오염	·도시와 산업활동, 농업경작 등에 취약한 대수층을 인공 방출수와 침출수로부터 적절하게 보호하지 못하여 생긴다.	·병원균, 질산염, 염화암모늄, 염소, 황산염, 붕소, 중금속, BOD, 방향족과 할로겐화 탄화수소, 농업의 경우는 질산염, 염소, 살충제 등
자연적인 발생	·지하수의 수소이온농도 진전과 광물질 융해(인간활동에 의한 오염과 통제되지 않은 방출로 더욱 악화됨)	·철, 불소, 비소, 요오드, 망간, 알루미늄, 마그네슘, 황, 셀레늄, 질산 등
수원 오염	·잘못된 수원계획과 오염된 지표수나 얕은 지하수가 바로 침투할 수 있도록 이어진다.	·대부분 병원균

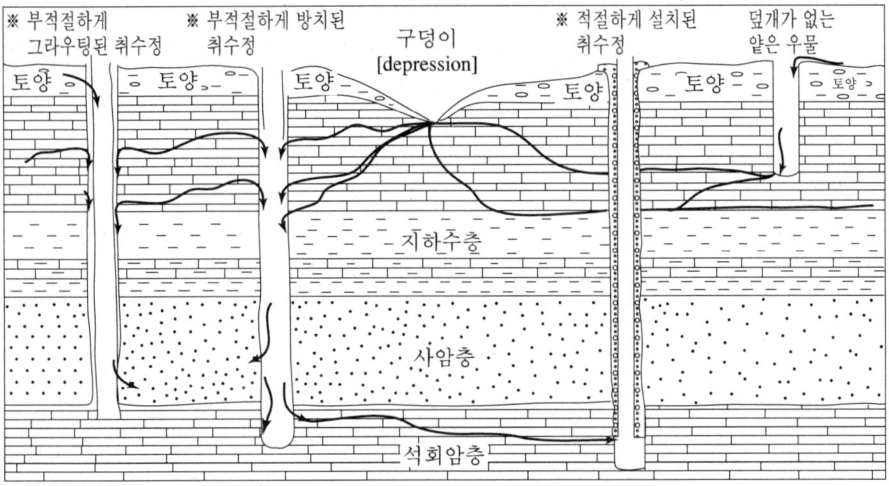

그림 4.6 지하수의 오염경로

그러나 이들 지하수 공(孔)들은 아무런 법적·제도적규제 없이 무절제하게 개발되어 오다가 불과 몇 년전 지하수법제정(2013년 5월 22일)으로 신고되어 법개정을 통해 허가제로 정부의 통제를 받기까지는 전국토에 144만 7천개 이상의 시추공이 이미 개발되었고, 이중 많은 시추구멍이 폐공(廢孔)되거나 방치되어져 이들 방치된 구멍을 통한 지하수의 심부오염(深部汚染)이 날로 촉진되고 있는 실정이다.

이들 지하수의 생성은 일반적으로 강우가 도심주변 녹지나 산지로부터 충진되어 도시중심으로 아주 느린속도로 이동하는데 이때 도심지 내의 수돗물누수와 하수도관누수로 인한 하수가 지하수로 스며들어 양적으로 지하수량이 증가하게 된다. 따라서 심부지하수를 제외하고는 깊이 약 30~50 m 사이에 부존되어 있는 지하수는 질적으로 음용이 불가능하다.

(5) 지하수 수질검사

지하수의 개발・이용을 허가받거나 신고한 자는 지하수의 수질보전 등에 관한 규칙 제6조 규정된 지하수수질기준에 적합한지 여부를 판정하기 위해 지하수 관련 전문기관의 수질검사를 받아야 한다. 지하수 수질검사기준 항목은 용수의 종류에 따라서 조금씩 다르다. 지하수수질기준에 불합격할 경우 지하수개발・이용시설에 오염을 방지할 수 있도록 필요한 조치를 취하도록 하고 있다 우리나라 지하수 수질검사기준은 표 4.8과 같다.

표 4.8 우리나라 지하수 수질검사기준 항목 [단위 : mg/ℓ]

구분		생활용수	농・어업용수	공업용수
일반 오염물질 (4개)	pH	5.8~8.5	6.0~8.5	5.0~9.0
	총대장균군	5,000 이하 [군수.100mL]	-	-
	질산성질소	20 이하	20 이하	40 이하
	염소이온	250 이하	250 이하	500 이하
특성 유해물질 (16개)	카드뮴	0.01 이하	0.01 이하	0.02 이하
	비소	0.05 이하	0.05 이하	0.1 이하
	시안	0.01 이하	0.01 이하	0.2 이하
	수은	0.001 이하	0.001 이하	0.001 이하
	다이아지논	0.02 이하	0.02 이하	0.02 이하
	파라티온	0.06 이하	0.06 이하	0.06 이하
	페놀	0.005 이하	0.005 이하	0.01 이하
	납	0.1 이하	0.1 이하	0.2 이하
	크롬	0.05 이하	0.05 이하	0.01 이하
	트리클로로에틸렌	0.03 이하	0.03 이하	0.06 이하
	테트라클로로에틸렌	0.01 이하	0.01 이하	0.02 이하
	1,1,1-트리클로로에탄	0.15 이하	0.3 이하	0.5 이하
	벤젠	0.015 이하	-	-
	톨루엔	1 이하	-	-
	에틸벤젠	0.45 이하	-	-
	크실렌	0.75 이하	-	-

4.4.6 해수담수화 공정

담수화(desalination)란 바닷물에서 염분(鹽分, salinity)을 제거하여 먹는 물을 생산하는 것으로 염수(鹽水)중에 용해되어 있는 염분을 제거하는 공정을 말하며, 초기의 해수담수화는 열을 이용하여 염수를 증발시키고 다시 이를 응축시켜 담수(淡水, freshwater)를 생산하던 것으로 최초의 담수화 공정이다.

현대의 담수화기술은 해수 또는 반염수(brackish water)로부터 염분 및 기타 화학물질을 제거하는 것으로 대표적인 염수의 담수화 방법으로는 증발법(증발법)과 막여과법(막여과법)으로 구분할 수 있으며, 이들 중 증발법으로는 다단플래쉬법(multiple stage flash distillation, MSF), 다중효용법(multiple effect, ME)및 증기압축법(vapor compression, VC)이 있다. 또한 막여과법에는 압력을 이용하는 역삼투법(reverse osmosis, RO)과 전기를 이용하는 전기투석법(electrodialysis, ED)이 있으며, 그 외에 냉동법(freezing process)과 이온교환수지(ion exchange)등이 있다.

담수화 방법을 상변화(고체, 액체, 기체 상태로 존재하며 조건에 따라 상태는 변할 수 있는데 이러한 변화를 상변화하라고 한다)의 유무에 따라 분류할 수도 있으며, 액상에서 기상으로 상변화를 이용하면 증발법, 상변화가 없는 막여과법으로 분류할 수 있다. 또한 필요한 에너지의 사용형태에 따라 열을 이용하는 방법, 전기에너지를 이용하는 방법으로도 구분할 수 있다. 다음의 도표는 해수담수화 방법을 분류하면 그림 4.7과 같다.

(1) 해수담수화의 분류

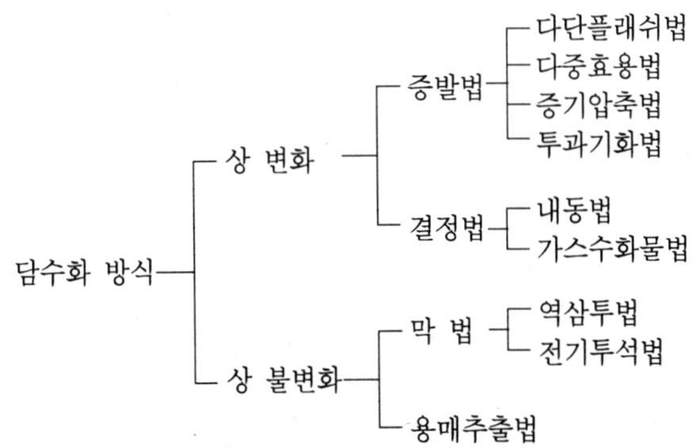

그림 4.7 해수담수화의 분류

(2) 해수담수화 공정

1) 증발법

증발법은 해수를 담수화 기술로 1960년대부터 조작방법의 차이에 따라 2~3개의 단을 갖는 다단플래쉬법, 높은 성능과 증발용량을 갖는 다중효용법 및 증기압축법 등으로 발전하며 대규모 해수담수화 공장은 중동에서부터 시작되었으며, 해수담수화 방법들 중 60%이상으로 가장 널리 사용되는 방법이다. 증발법은 막여과법, 전기투석법 등과 비교하여 순도가 높은 담수를 얻는 것이 가능하나 단위생산수당 에너지 소비량이 높은 단점이 있다.

증발법에 의한 가장 경제적은 해수담수화 방법은 물의 끓는 온도를 낮추기 위해 기압을 감소시키는 것이다. 끓는점을 낮추는 기술은 증발공정에서 두 가지 이유로 매우 중요한데, 이것은 여러 온도에서 물을 끓게 하는 것과 스케일을 방지하기 위한 것이다. 대부분의 물질이 따뜻한 물에 잘 녹게 되는데 특히 해수에 존재하는 탄산칼슘이나 황산칼슘은 스케일을 일으키게 된다. 황산칼슘은 95도 이상이면 석출되기 시작하여 스케일을 형성하게 되는데 이를 방지하기 위하여 해수의 끓는점을 낮추는 것이 매우 중요하다.

2) 다단플래쉬(Multiple-stage Flash Distillation, MSF)법

다단플래쉬 공정을 유입된 해수원수를 예열시키고, 온도와 압력이 낮아지는 여러 단의 방법을 통과하면서 증발된다. 증발된 수증기는 열교환기를 통하여 응축되어 담수를 얻게 되며, 농축된 염수는 배출된다. 다단플래쉬 공정은 이러한 반복되는 증발-응축과정을 통하여 해수를 담수화시키는 공정으로 약 4~40개의 단으로 구성된다.

3) 다중효용(Multiple-effect Distillation, MED)법

다중효용법은 증기에 의해 미리 가열된 증발관에 유입된 해수를 분사하여 증발시키고, 증발된 증류수는 다시 압력과 온도가 낮아진 다음 단의 증발관에 분사된다. 이러한 반복되는 증발-응축 과정을 통하여 해수를 담수화시키는 공정으로, 보통 8~16개의 증발관으로 구성되며, 다단플래쉬 공정에 비해 설치사례가 적은 편이다.

4) 증기압축(Vapor Compression Distillation, VC)법

증기압축법은 우선 외부의 열원에 의해 발생된 증기를 증기압축기를 이용해 온도를 상승시킴으로써 해수의 증발에 필요한 열에너지를 제공한다. 유입된 해수는 압축된 증기관 위로 분사되고 증발-응축됨으로써 담수화되고, 증발되니 않은 해수는 유입하는 해수와 혼합되어 다시 온도가 증가하게 되며, 이러한 과정을 반복적으로 거치면서 담수를 생산하는 방법이다. 증기압축법은 대규모 공정으로는 사용하지 않으며, 일반적으로 20~2,000m³/d의 소규모 담수화 공정에 사용된다.

5) 투석증발(Prevaporation)법

투석증발은 같은 막을 사이에 두고 한쪽은 가열된 해수, 다른 한쪽은 냉각수를 두어 온도차에 의해서 막표면으로 물이 증발되어 담수를 얻는 방법으로 1850년대 액체 혼합물의 분리를 위해 제안되었다. 이러한 투석증발법의 기본원리는 증발법과 비슷하여 상용화된 시설에서는 막모듈을 사이에 두고 한쪽에는 가열된 해수를 통과시키고, 다른 한쪽에는 냉각된 해수를 연속적으로 통과시키면 온도차에 의해 막을 중심으로 고온으로부터 수증기가 확산. 투과되어 막의 표면으로부터 증발되고, 증발된 수증기는 냉각수에 의해 냉각. 응축되어 담수를 얻는 방법이다.

투석증발법에 의한 해수담수화는 운전관리가 용이하며, 막을 투과하기 때문에 순수한 물을 얻을 수 있고, 전처리의 생략가능, 폐열 또는 태양열을 이용할 수 있으므로 비용이 절가하는 등의 장점을 가지고 있다. 따라서 이 방법은 구조가 간단하고 저렴하기 때문에 해안 열대사막 지역에서는 에너지원으로 태양열을 이용한 투석증발법으로 담수를 생산하여 식물재배에 이용하기 한다.

(3) 막여과법

자연에서 막(Membrance)은 염(Salts)을 분리하는데 매우 중요한 역할을 하고 있으며, 이것은 우리 몸에서도 마찬가지로 삼투(Osmosis)와 투석(Dialysis)현상이 함께 이루어지고 있다. 해수담수에 상업적으로 사용되는 막여과법은 전기투석법과 역삼투법이다. 이 두가지 방법은 모두 막을 이용하나, 전기투석법은 선택성을 가진 막의 화학적인 전위를 이용하여 염분을 제거하는 방법이고, 역삼투법은 압력을 이용하여 염분을 제거하는 차이점이 있다.

1) 전기투석(Electrodialysis, ED)법

수중에 용해되어 있는 무기물은 거의 대부분이 이온화되어 있다. 여기에 전극을 삽입하여 직류전류를 흐르게 하면 양이온은 음극으로 음이온은 양극으로 이동하게 된다. 이 때 양이온 또는 음이온을 선택적으로 통과시키는 양이온 및 음이온 교환막을 이용하면 이온성분과 물을 분리할 수가 있는데 이러한 단위조작을 전기투석(ED)이라고 한다. 즉 이온의 선택투과성 막에 의해, 막의 한쪽은 염성분이 희박해지고, 다른 쪽은 염성분의 농도가 증가하게 되는데 이러한 선택투과성의 막은 주로 이온교환수지를 이용한다. 그러나 전기투석법에서는 전기적인 전하(charge)를 가진 물질(주로 이온성분)만 제거되기 때문에 비교적 전처리가 엄격하지 않아도 된다는 장점이 있다.

2) 역삼투(Reverse Osmosis, RO)법

반투막(semipermeable membrance)사이에 농도가 높은 용액과 낮은 용액이 존재할 때 용매, 즉 물은 농도가 높은 용액으로 이동하여 용액의 농도가 평형을 이루려고 하는데, 이를 **삼투현상**이라고 하며, 이때의 압력차른 **삼투압**이라고 한다. 만일 삼투압 이상의 높은 압력을 농도가 높은 용약에 가한다면 물은 반대로 농도가 높은 용액에서 낮은 용액으로 이동하게 된다. 이러한 현상을 역삼투라하며, 해서담수화를 위해 이용되고 있는 기술이다.

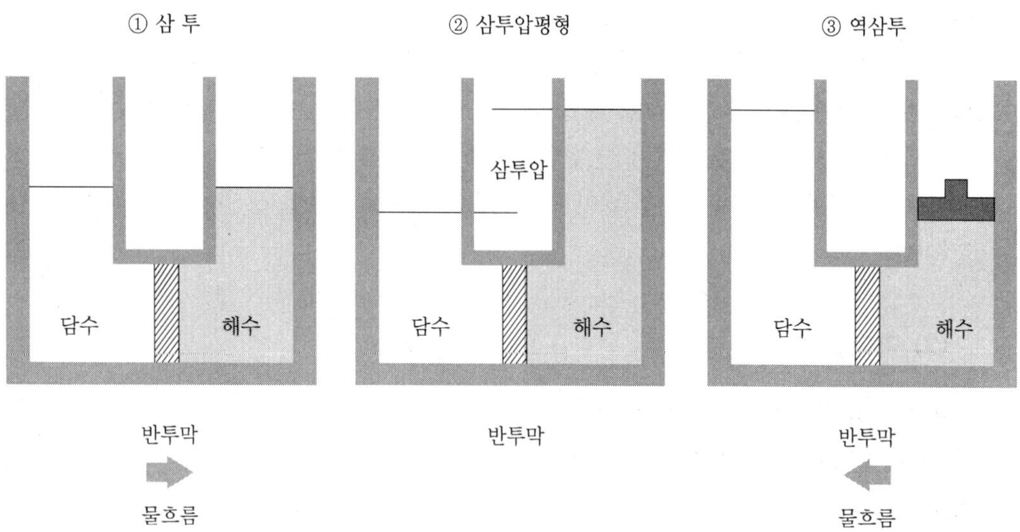

그림 4.8 역삼투압 원리

역삼투압은 상태변화를 동반하지 않기 때문에 에너지 비용이 저렴하며, 열에 의한 변성이나 재질의 부식을 방지할 수 있고, 장치 및 조작이 간단하기 때문에 1970년대 이후 소규모 및 대규모의 해수담수에 사용되어 왔다. 그러나 역삼투법에 사용되는 막은 물리. 화학적인 강도가 약하며, 막오염이라는 문제점을 안고 있다. 역삼투법의 원리는 그림 4.8과 같고, 해수담수화 공정별 특성 비교 및 증발법과 막분리 및 장.단점을 표 4.9 및 표 4.10과 같다.

표 4.9 해수담수화 공정별 특성 비교

구분	증발법	역삼투압법	전기투석법
실적	• 해수담수화 기술로 가장 먼저 실용화된 방식으로 대규모 설비에 적용됨	• 염수 및 해수의 담수화 실적이 급격히 증가하고 있음	• 염수의 담수화 적용예가 많지만 해수담수화의 실적은 적은 편임
유지관리	• 온도, 진공도 및 해수수질의 조성, 해수의 탈기 및 약품주입에 의한 수질 조정 전열관의 세정이 필요함	• 해수의 여과 및 약품의 주입에 의한 해수수질 조정, 막 모듈의 세정 및 교환이 필요함	• 해수의 여과 및 약품의 주입에 의한 해수수질 조정, 막 모듈의 세정 및 교환이 필요함
경제성	• 증발잠염 이상의 열에너지가 필요하기 때문에 에너지 소비량이 큼 • 발전소와 조합한 폐열을 이용 등 에너지 사용의 효율성을 높이기 위한 노력 중임	• 에너지 소비량이 가장 적은 담수화 방식임 • 대형 설비시에는 농축배수의 압력에너지 회수가 가능하여 에너지 절약이 가능함	• 염분의 농도가 적은 염수의 담수화에서는 비교적 에너지 소비량이 적음
생산수질	• 증류수가 얻어짐	• 1단 탈염으로 음용수가 얻어지고, 2단 탈염으로 순수에 가까운 수질을 얻을 수 있음	• 운전조건에 의해 염수로부터 음용수까지 비교적 용이하게 생산우의 농도를 변화시키는 것이 가능함
환경영향	• 다량의 온배수 배출로 그 영향은 발전소의 냉각수 배수와 같은 수준임	• 농축배수가 배출됨 환경영향은 비교적 적음	• 농축배수가 배출됨 환경영향은 비교적 적음

표 4.10 증발법과 막분리법의 원리 및 장·단점

상변화	종별	방식	원리	에너지 소비량 (kw/m³)	장·단점
유	증발법	다단 플래쉬법 (MSF)	• 순차적으로 감압상태에 있는 일련의 관내에 과열 해수를 주입하여 자기 증발시켜 발생하는 수증기를 해수의 가열에 사용하여 응축시킨다.	약 25	• 장점: 대규모 장치에 많은 실적이 있다. 생산수의 순도가 높다. 2중목적의 장치에 유리하다. • 단점: 에너지 소비량이 많고, 부식방지가 필요하며 부분부하 운전이 곤란하다.
		다중 효용법 (ME)	• 연결되어 있는 각 증발장치 내에 해수로부터 발생하는 수증기를 순차 감압상태에 있는 다음 증발장치의 해수를 가열, 증발에 사용하고 응축시킨다.	약 23	• 장점: 중규모 장치에 많은 실적이 있다. 생산수의 순도가 높다. 폐열이용이 유리하다. • 단점: 에너지 소비량이 많다. 부식방지가 필요하다. 최대 12중 효용장치까지가 한도이다.

상변화	종별	방식	원리	에너지 소비량 (kw/m^3)	장 · 단점
		증기 압축법 (VC)	• 증발장치 내의 해수로부터 발생하는 수증기를 압축에 의해 온도를 높인 후 같은 장치 내에서 해수의 가열 증발에 사용하고 응축시킨다.	약 18	• 장점: 소규모장치에 많은 실적이 있다. 기동시 이외에는 열원이 필요 없다. 장치의 이동설계가 용이하다. • 단점: 에너지 소비량이 많다. 대형장치에는 대형의 증기 압축기가 필요하다.
무	막법	역삼투법 (RO)	• 반투막을 사이에 두고 해수의 삼투압보다 높은 압력을 가하여 담수를 얻는다.	약 7	• 장점: 최근에는 실적이 급증하고 있다. 에너지 소비량이 적다. 조작이 용이하다. • 단점: 막의 내구성에 문제가 있다. 압력용기, 내압배관이 필요하다. 해수의 충분한 전처리가 필요하다.
		전기 투석법 (ED)	• 음과 양으로 하전된 두전극 사이에 교대로 배치한 양이온 교환막과 음이온 교환막의 사이에 해수를 통과시켜 해수 중의 이온을 분리 · 제거한다.	약 18	• 장점: 내압용기, 내압매관이 불필요하다. 온도변화에 대응이 용이하다. • 단점: 에너지 소비량이 많다. 대규모장치에 실적이 없다. 해수담수화에 실적이 적다.

4.4.7 해 수의 침입방지

해수가 주변 연안(沿岸)으로 유입되는 경우 지하수 및 담수의 오염과 토양의 해수오염으로 농작물의 생육(生肉)에 중요한 영향을 미치게 된다. 이러한 해수를 방지하기 위해서는 철저한 해수침입(海水浸入, seawater intrusion)에 관한 대책을 강구하여야 한다. 그 대책을 살펴보면 다음과 같다.

(1) 해수와 지하수의 관계

해안(海岸)의 지하수에 적용되는 기본법칙은 임해지역의 육지에서 바다를 향하여 유출하는 담수층(淡水層)과 바다에서 육지로 침입하는 염수층(鹽水層)과의 비중관계를 고려하여 보면 Ghyben-Herzberg의 법칙은 다음 식과 같이 평형을 이루게 된다. 해수와 지하수의 관계는 그림 4.9와 같다.

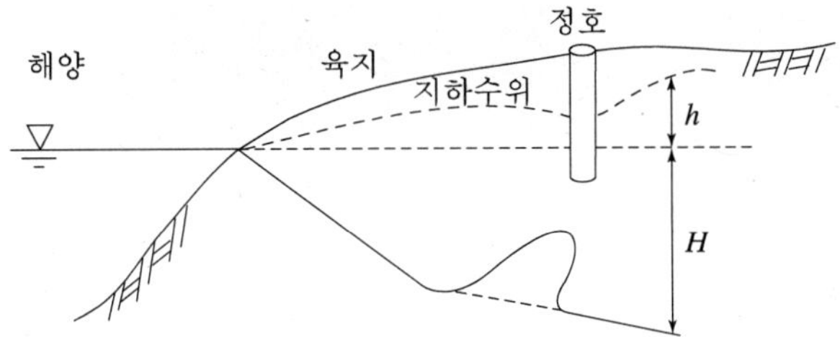

그림 4.9 해수와 지하수의 관계

$$H = 42h$$

이때 $h = 0$이며 즉 해수와 지하수의 수두차가 0이 되면 $H = 0$이 되어 해수가 침투하게 된다.

1) 양수량 제한법

양수량(揚水量)을 제한하여 지하수가 해수위(海水位)보다 높게 유지함으로써 지하수로의 해수의 침입을 억제하는 방법이다.

2) 대수층의 물주입법

대수층(帶水層)에 인공적으로 물을 다량으로 주입하여 지하수위를 해수위 보다 증가시킴으로써 해수의 침입을 억제하는 방법이다.

3) 양수정 또는 주입정의 설치

해안선(海岸線)을 따라 인공적인 양수정 또는 주입정을 설치하는 방법으로써 건설비가 많이 든다.

4) 차수막설치

해안선을 따라 시트파일, 아스팔트, 콘크리트, 점토 등으로 차수막(遮水膜)을 설치하여 해수의 지하수침입을 방지하는 방법으로써 건설비가 많이 든다.

4.5 중수도

4.5.1 중수도의 정의

빗물은 수질이 양호하여 간단히 수처리하여 잡용수로 사용할 수 있으며 용도는 배수재이용과 동일하게 화장실 변기 세척용수, 조경용수, 세차 및 살수용수 등으로 주로 사용할 수 있다. 또한 중수도(中水道, wastewater reclamation and reusing system, 1991년 12월 14일 법률 제4429호로 전문개정된 수도법에서 실정법상의 용어로 정의)란 마시기에 적합한 상수도와 사용하고 버린 오수를 모아 들이는 하수도의 중간에 위치하고 주로 수질에 착안하여 분류하는 형태로 해석할 수 있다. 잡용수도(雜用水道)는 용도에 따라 구분하는 방식으로써 원수수질 및 사용용도 등의 의미를 지니고 있으며, 이러한 용수로서 수도수원의 확보가 곤란한 지역의 급박한 수도수공급대책과 하수도의 수량부하 경감을 들 수 있다. 또한 경제성 문제와 물 공급제도에 있어서의 위치상, 보건위생 및 환경보전 상의 해결해야 할 문제점들이 많이 있다.

또한 수도용수에 대한 수요증가는 산업의 발달, 도시화의 진행, 생활수준의 향상 등으로 인하여 상승하고 있다. 지금까지 일반적으로 사용하였던 댐건설 중심의 수자원개발 촉진은 점차로 적지가 감소하게 되어서 앞으로는 수량확보가 곤란하게 될 것이다. 이러한 시점에서 수요가 증가될 수자원을 유용하게 이용할 수 있는 방법이 검토되어야 한다.

4.5.2 중수도설비

(1) 중수도시설기준

중수처리시설은 송 · 배수시설 및 이용설비에 대해 부식 스케일 등에 의한 기능장해를 주지 않으며, 이용자에게 이용 상의 지장을 주지 않을 뿐만 아니라 중수를 항상 안전하게 공급할 수 있는 구조와 재질을 가져야 한다.

또한 시설총체로서 합리성, 안전성, 경제성이 있을 뿐 아니라 유지관리에 대해서도 충분한 고려를 하고 오염방지 및 인체의 위생측면도 감안하여야 한다.

(2) 중수도의 용도

일상생활에 있어서 필수적인 물은 주로 수돗물로서 소비자에게 공급된다. 도시에서 물의 용도를 크게 분류하면 생활용수, 업무용수, 공업용수, 도시의 기능용수로 구분한다. 전체 수돗물 중에서 음용, 취사, 목욕, 세탁, 세면용과 변기세정, 청소, 세차 등의 가정용이 70%로서 대부분을 차지하고 있으며 영업용으로 20%, 기타 목욕탕, 공공용수, 소방용 등은 약 10%가 소비되고 있다. 따라서 더욱더 많은 종류로 구분할 수 있다.

인체에 대한 안정성은 재생수와의 접촉 가능성이 어느 정도인가에 따라서 좌우된다. 이중에서 음용을 제외한 전용도에 중수도를 도입할 수 있으나 음료용수, 주방용수, 목욕용수, 세탁용수, 세수·세면용수 등은 심리적 문제점과 세균(細菌) 혹은 바이러스(virus) 등의 공중위생 안전성 때문에 이를 대상으로 하는 것은 곤란하며, 표 4.11의 중수도의 용도는 다음과 같은 범위로 한정할 수 있다.

표 4.11 접촉의 가능성으로 본 급수용도 구분

용도 \ 접촉 가능성	반드시 접촉 [경구적]	반드시 접촉 [경피적]	비교적 접촉 가능성이 높은 것	접촉 가능성이 낮은 것
생활용수	음용수, 주방용수	목욕용수, 세탁용수 수세용수, 청소용수	세차용수, 살수용수	수세식 화장실용수
업무용수	음용수, 주방용수	수세용수, 청소용수	세차용수, 살수용수	수세식 화장실용수 냉난방 용수
공업용수	원료용수	–	세정용수, 제품처리용수	수보일러용수 냉난방용수
농업용수	–	–	–	관개용수
도시기능용수	–	–	수목살수용수, 하천유지용수, 공원유지용수 (조경용수)	도로청소용수 소화용수

① 수세식 화장실용수 ② 에어컨 냉각용 보급수 ③ 세차용수 ④ 살수용수, 가로청소용수 ⑤ 조경용수 ⑥ 소화용수 등이며 이중에서 비교적 많은 것은 ①, ②, ③, ④이고 또 이중에서 비교적 통제하기 쉬운 것은 ①, ②라고 할 수 있다. 그러므로 재이용 용도는 수량이 많고 이용자와 접촉을 피하기 쉬운 수세식 화장실용수 혹은 에어컨 냉각용수로 하는 것이 좋다. 일반 가정에서의 물사용 용도별 구성비는 표 4.12와 같고 용도별 수질기준은 표 4.13과 같다.

표 4.12 용도별 물사용 구성비

용 도	물사용 구성비 [%]
음용 · 취사용수	20～30
목욕용수	15～20
세면 · 세수용수	5～15
세탁용수	25 전후
청소용수	4～8
수세식 화장실용수	20 전후
세차용수	–
살수용수	2～5

표 4.13 중수도의 용도별 수질기준[2018년]

구분	청소 · 화장실용수	세척 · 살수용수	조경용수	친수용수	하천 등 유지용수	공업용수
총대장균순수 [개/100mℓ]	불검출	1.000 이하	1.000 이하	불검출	1.000 이하	수요자와 공급자 간 협의에 따라 정하되, 비고 2의 기준을 따를 것
결합잔류염소 [mg/ℓ]	0.2 이상	–	–	0.1 이상	–	
탁도 [NTU]	2 이하	2 이하	2 이하	2 이하	–	
생물화학적 산소요구량 [BOD, mg/ℓ]	5 이하	5 이하	5 이하	3 이하	5 이하	
냄새	불쾌하지 않을 것	불쾌하지 않을 것	불쾌하지 않을 것	불쾌하지 않을 것	불쾌하지 않을 것	
색도 [도]	20 이하	–	–	10 이하	–	
총질소 [T-N, mg/ℓ]	–	–	–	10 이하	20 이하	
총인 [T-P, mg/ℓ]	–	–	–	0.5 이하	0.5 이하	
수소이온농도 [pH]	5.8~8.5	5.8~8.5	5.8~8.5	5.8~8.5	5.8~8.5	
염화물 [mgCI/ℓ]	–		250 이하	–	–	

(3) 중수도방식

1) 개별순환방식

이 방식은 단일건물이나 시설물에서 발생하는 오수를 자체 정화하여 중수도 용수로 순환 이용하는 것을 말한다. 원수로서는 배출되는 전오수가 되지만, 수량이 충분할 경우에는 위생적 관점에서 수세식변수의 오수는 제외하는 것이 일반적이다.

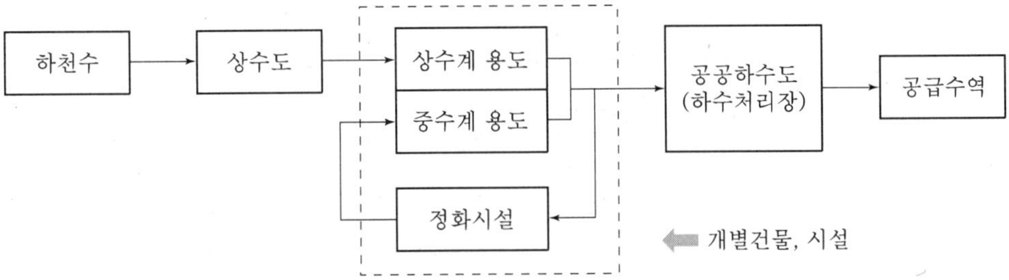

그림 4.10 개별순환방식 계통

개별순환방식은 단일건물이나 시설물 단위로 중수도가 채택되므로 설치 및 관리의 주체도 당연히 건물이나 시설물의 소유자 또는 관리자가 되며, 그림 4.10과 같다.

2) 지구순환방식

지구순환방식은 주택단지나 재개발지구 등과 같이 일정한 지역을 대상으로 중수도 시설을 갖추는 것을 말함. 이 경우의 원수는 그 지역에서 발생하는 하수처리수 이외에 하천수나 우수 등이 사용된다.

지구순환방식의 중수도를 설치할 때에는 주택단지나 재개발사업자와 건축물의 소유자가 공동으로 중수도를 설치, 운영되며 그림 4.11과 같다.

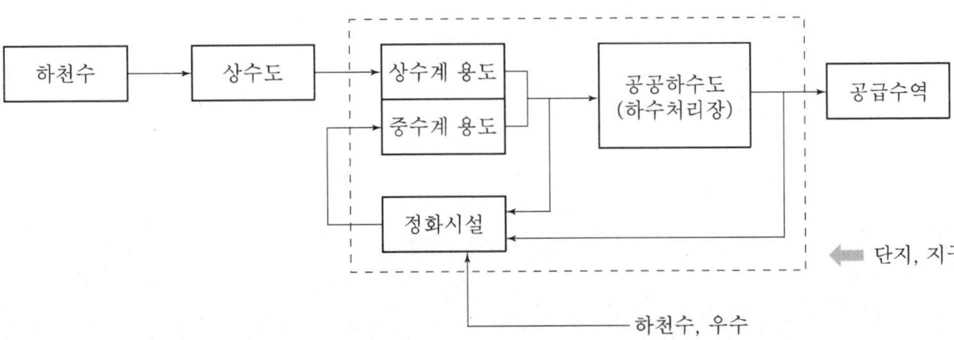

그림 4.11 지구순환방식 계통

3) 광역순환방식

광역순환방식(그림 4.12 참조)은 일정 지역이나 도시에서 광역적, 대규모적으로 중수도를 채택하는 방식으로 원수로서는 하수처리수, 하천수, 공장배수, 우수 등이 사용된다. 이 경우의 중수도는 국가, 지방자치단체가 직접 설치, 운영하는 것이 바람직하며 신도시, 신시가지개발 시에는 비교적 용이하게 이러한 방식의 채택이 가능하나, 기존 시가지에는 모든 도로와 건물에

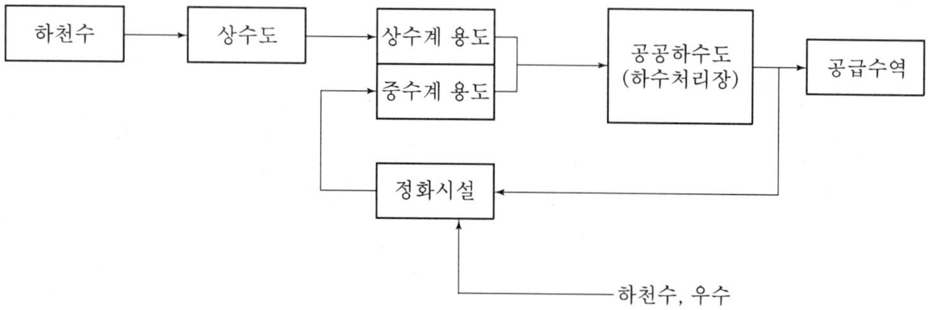

그림 4.12 광역순환방식 계통

중수도배관을 새로이 추가하여야 하므로 현실적으로 채택이 거의 불가능하다.

(4) 중수도설비의 설치시 고려사항

① 수질이 위생상 문제가 없을 것(피부접촉에 의한 건강 상의 영향)

② 불쾌감 및 이용하는데 지장이 없을 것(용도의 적합성)

③ 수질이 시설이나 기구의 기능에 악영향이 없을 것(배관, 기구의 부식, 스케일, 찌꺼기의 영향)

④ 수질이 안정적이고, 수처리시설의 운전이 용이할 것

4장

연습문제

1. 각 수원별 수질적 특성을 논하시오.

2. 수원의 선정과 구비요건에 대하여 설명하시오.

3. 하천수의 수질기준(환경정책기본법의 환경기준에 규정된 것)에 대해 설명하시오.

4. 하천 및 호소에 대하여 조사사항을 설명하시오.

5. 상수원의 종류 및 원수의 수질과 정수시설과는 밀접한 관계가 있다. 이에 대하여 아는바를 논하고 현재 우리나라의 경우에 적합하다고 생각되는 정수처리시설을 제시하여 보시오.

6. 하천표류수와 저수지수를 상수도수원으로 하는 경우, 이들 각각의 오염원인과 영향 및 대책방안에 대하여 기술하시오.

7. 하천표류층의 원수 중에 다량의 암모니아 질소가 검출되는 경우 주요 원인물질, 검출되는 시기의 계절적 특성과 이유, 오염의 영향과 이의 규제의 필요성 또 대표적인 처리방법 몇 가지를 간단히 기술하시오.

8. 중수도의 용도, 정의, 수원, 이점 및 개발시 해결해야 할 문제점을 기술하시오.

9. 조사된 상수원에서 중금속(납, 수은 및 카드뮴)이 발견되었다. 이들의 추정되는 오염원, 예상되는 피해 및 방지대책에 대하여 논하시오.

10. 앞으로 물수요증대에 대처하기 위해 수자원의 확보 및 효율적 이용에 관한 기술적 · 제도적인 문제에 대해 설명하시오.

11. 빗물이용과 처리에 대해 설명하시오.

12. 중수도의 처리방법에 대해 논하시오.

13. 앞으로 우리나라의 수자원 부존량(賦存量)에 대하여 포괄적으로 설명하시오.

14. 지하수수질에 관하여 설명하시오.

15. 용천수, 복류수의 수원에 대하여 설명하시오.

16. 우리나라의 수자원수급(水資源需給)과 문제점 및 대책을 기술하시오.

17. 해수의 수원과 해수침입에 대해 설명하시오.

18. 해수담수화 공정에 대해 설명하시오.

19. 해수담수화 공정별 특성을 비교 설명하시오.

20. 증발법과 막여과법의 원리 및 장 · 단점을 설명하시오.

Chapter 5

집수와 취수

5.1 서 설

5.1.1 수원의 선정

수원(水原)의 종류에는 지표수(地表水 : 하천수, 호소수 및 저수지수)와 지하수(地下水)로 나누어진다. 지표수는 다시 하천표류수, 호소수, 저수지수로 나누어지고 지하수는 우물물(淺層水와 深層水), 용천수(湧泉水), 복류수(伏流水)로 분류된다. 미래에는 해수의 담수화(淡水化, seawater desalination)가 대규모로 사용될 것이다. 이들의 수원은 두 종 이상이 동일한 지점에 서로 병행하여 존재하고 있는 것도 있으며, 수질이 대개 양호하지만 부존량(賦存量)은 지층구조와 지표로부터의 공급원에 의하여 매우 다르다. 부존량이 많아도 급수사용량이 공급량을 상회하면 지하수위가 저하하고 지반의 부등침하와 같은 재해에도 주의하지 않으면 안된다. 또 지하수에는 지표수와 같은 수리권의 제약이 없기 때문에 자유롭게 취수할 수 있지만 수도로서 독점적으로 이용될 수 없고 다른 공업·농업용수로 급상하게 되어 수원의 고갈(枯渴)이 일어나기 때문에 지하수는 수도원으로 영구적으로 안전한 것이라고 말할 수 없다.

대체로 지하수는 인구 10만명 이하 정도의 중소도시의 수원에 적합하며, 큰 도시에서는 지하수의 의존하지 않는 경우가 많으나 오늘날 수돗물의 불신과 더불어 매우 많은 지하수를 개발하고 있다.

수원이 지표수인가 지하수인가에 따라 정수법이 결정된다. 또 취수지점의 선정 여하에 따라서 수도시설 전반의 배열이 결정되므로 수원의 종별, 취수지점의 위치와 표고는 건설비·유지비의 우열에 직접관계가 있으므로 종합적인 판단이 필요하다. 또한 수도시설 전반의 계획 중에서 더욱더 중요하고 어려운 점이다. 수원의 선정에 있어서는 여러 조건에 대하여 비교 조사하면 다음과 같다.

① 수원으로서 필요한 요건은 계획취수량이 최대갈수기에서도 확보될 수 있어야 하고, 수질도 경제적으로 처리되는 범위 내에서 될 수 있는 대로 양호하여야 할 것이며, 앞으로 사용량이 증가될 것이다.

② 수리권(水利權)의 확보가 될 수 있어야 한다. 수리권은 농업용수, 상수도용수, 공업용수, 발전 등 복잡다양하여 분쟁을 일으키기 쉬우므로 충분한 사전조사와 관계자와의 협의를 하여야 한다.

③ 수도시설의 건설 및 유지관리가 용이하며, 안전하여야 한다.

④ 수도시설의 건설비 및 유지관리비가 되도록 저렴하여야 한다.

⑤ 앞으로 확장에 있어서 같은 장소로부터 다시 수량을 증가해서 취수할 수 있는 것이 가능해야 한다.

그러나 실제로는 수원을 선정할 수 있는 도시는 수원의 혜택을 받은 곳이라고 말할 수 있지만 수리권 등의 제약으로 자연히 한정된 수원으로 될 수 밖에 없다. 또 계획취수량이 최대갈수기에도 확보될 수 있는 것이 가장 좋으나 수자원의 부족현상으로 오늘날 여유를 가진 물배분이 허용될 수 없으므로 5~10년에 한번 정도 다소의 취수에 제한을 받는 것은 피하여야 할 것이다.

수도시설의 유지관리가 쉽고 안전 · 확실해야 하며, 자연유하식 도수방식이면 좋지만 도수로(導水路)의 거리가 길면 건설비는 증가하게 된다.

5.1.2 계획취수량

계획취수량은 계획 1일 최대급수량과 취수에시부터 정수처리할 때까지의 손실수량을 고려하여 정한다. 손실수량으로서는 취수지점에서 정수장에 이르는 도수시설에의 누수나 정수시설에서의 작업용수 등이 있다. 이들 수량은 도수방법이나 정수처리방법 등에 따라 다르다. 이 때문에 이들 내용을 감안하여 계획 1일 최대급수량의 10% 정도 증가된 수량으로 계획취수량을 정하고 있다. 다만 정수장의 배출수처리시설에서 처리수를 착수정으로 되돌려 재이용하는 경우에는 정수처리시설 내에서의 손실수량이 줄어들기 때문에 상기 비율을 어느 정도 감소시킬 수 있다.

상수원이 지하수로서 소독만으로 급수할 수 있는 경우에는 작업용수를 필요로 하지 않으며,

도수에 따른 손실수량도 거의 무시할 수 있는 경우가 많다. 이러한 경우에는 계획취수량과 계획 1일 최대급수량이 거의 동일하다.

5.2 표류수의 취수시설

5.2.1 하천표류수의 취수시설

(1) 취수지점의 선정

하천표류수(河川漂流水)의 취수지점(取水地點)은 다음과 같이 선정하여야 한다.

① 앞으로 일어날 수 있는 수심의 변화, 하상의 상승 혹은 저하에 대비하여 유속이 완만한 지점을 선택하여야 한다.
② 취수지점과 주위 지역은 지질이 견고한 상태여야 하며, 홍수나 산사태에 의해서 취수가 방해를 받거나 취수시설이 피해를 받지 않는 지점이어야 한다.
③ 취수지점은 하수에 의한 오염이 생기지 않는 곳이어야 하며, 바닷물의 역류에 의한 영향이 없는 곳이어야 한다.
④ 앞으로 하천개수계획을 고려해서 시설에 지장이 생기기 않는 지점이어야 한다.

(2) 하천표류수 취수시설

취수시설을 설계할 때는 정확한 최대갈수위, 최대홍수위 뿐만 아니라 설치지점의 하상에 적합하도록 위치, 방향, 높이, 단면 및 구조를 결정하여야 한다. 그리고 최대홍수위에서도 수문을 안전하게 조작할 수 있어야 한다. 또한 동절기의 유빙(遊氷) 때문에 계획취수량의 취수가 곤란할 경우에는 얼음을 제거하여야 한다.

취수시설은 최대홍수 시의 수압, 세굴 그리고 유목, 유빙 등의 유하물에 충분히 견디는 구조이어야 하며, 장애가 일어날 가능성이 있는 경우에는 특별한 보호시설을 갖추도록 하여야 한다. 또한 하천표류수를 취수하는 취수시설로는 취수언(取水堰, intake weir), 취수탑(取水塔, intake tower), 취수문(intake gate) 및 취수관로(intake pipe) 등이 있다. 그 특징은 표 5.1과 같다.

표 5.1 하천표류수의 취수시설 선정

	항목 \ 취수시설	취수언[둑]	취수탑	취수문	취수관로
1	개략도	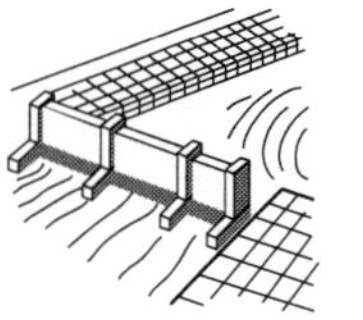	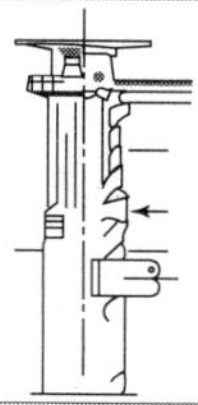	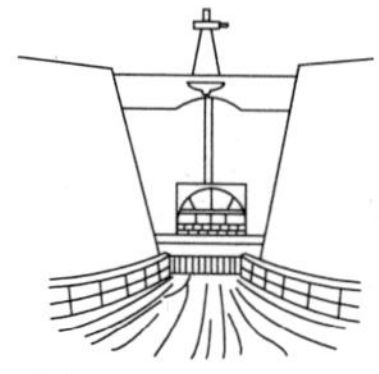	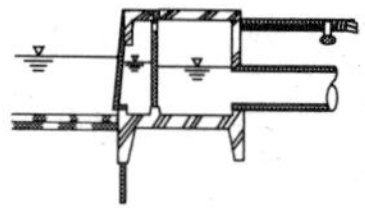
2	기능 · 목적	·하천을 막아 계획취수위를 확보하여 안정된 취수를 가능하게 하기 위한 시설로서 둑의 본체 · 취수구 · 침사지 등이 일체가 되어 기능을 한다.	·하천의 수심이 일정한 깊이 이상인 지점에 설치하면 연간 안정적인 취수가 가능함. 취수구를 상하에 설치하여 수위에 따라서 좋은 수질을 선택, 취수할 수 있다.	·취수구시설에서 스크린, 수문 또는 수위조절관(stop log)을 설치하여 일체가 되어 작동하게 된다.	·취수구부분을 복단면 하천의 바닥호안에 설치하여 표류수를 취수하고 관로부를 통해서 제내지로 도수하는 시설이다.
3	특징	·안정된 취수와 침사효과가 큰 것이 특징, 개발이 진행된 하천 등에서 정확한 취수조정이 필요한 경우, 대량 취수할 때, 하천흐름이 불안정한 경우 등에 적합하다.	·대량취수시 경제적인 것이 특징, 유황이 안정된 하천에서 대량으로 취수할 때 특히 유리하다. 취수보에 비하여 일반적으로 경제적이다.	·유황, 하상, 취수위가 안정되어 있으면 공사와 유지관리도 비교적 용이하고 안정된 취수가 가능하나, 갈수시, 홍수시, 결빙시에는 취수량 확보 조치 및 조정이 필요하다.	·유황이 안정되고 수위의 변동이 적은 하천에 적합하다. 시설은 지반 이하에 축조되므로 하천흐름이나 치수, 선박의 운항 등에 지장이 없다.
4	기본적 요인 – 취수량의 대소	·보통 대량취수에 적합, 그러나 간이식은 중 · 소량취수에도 사용된다.	·보통 대 · 중용량 취수에 쓰인다. 특히 대량취수의 경우 우수하다.	·보통 소량취수에 이용된다. 그러나 보에 비해서는 대량취수에도 쓰인다.	·보통 중규모 이하의 취수에 사용되며, 보완 병용해서 대량취수도 가능하다.
5	기본적 요인 – 취수량의 안전상황	·안정된 취수가 가능하다.	·보통 안정된 취수가 가능하다.	·하천유황의 영향을 직접 받으므로 불안정하다. 그러나 하천유황이 안정되고 관리가 잘되는 소규모에서는 안전성이 높다.	·보통 안정된 취수가 가능하다. 그러나 하천의 변동이 큰 곳에서는 취수에 지장이 발생될 경우도 있다.
6	법적 요인 – 하천법에 의한 제한	·하천에 대해 직각으로 설치해야 한다. 가동보의 본체는 소규모인 것 또는 홍수의 영향이 적은 것 이외에는 인양식 수문으로 해야 한다.	·취수탑의 형상은 타원형으로시 장축방향을 유향과 일치시켜야 한다.	·계곡이나 소하천에서 홍수의 영향이 없는 경우 이외에는 「하천법」의 제약을 받는 경우가 많다.	·관로의 매설깊이는 원칙으로 2m 이상으로 할 것. 부득이한 경우에는 계획하상 이하로 해야 한다.
7	취수시설	·양안이 평행하고 또한 직선부가 하천 폭의 2배 정도이며, 유로부가 안정되어 있는 장소가 바람직하다. 취수구는 가능한 한 유심부가 하안	·하천유황이 안정되고 또한 갈수수위가 2m 이상인 것이 필요하다. 하천의 중하류부에 예가 많다.	·일반적으로 상류부의 소하천에 사용하고 있다. 또 하상이 안정되어 있는 지점에서 특히 취수문의 저년이 매몰되지 않는 지점을 선정해야 한다.	·유황이 안정되어 있고 또한 취수구가 매몰될 우려가 없는 지점이 바람직하다.

항목 \ 취수시설			취수언[둑]	취수탑	취수문	취수관로
7	외적요인	취수시설	가까이에 있는 장소를 선정한다.			
8		제외지의 상황	·하천유황이 크게 변하는 장소에서는 취수구가 매몰되는 경우가 많아서 적당하지 않다.	·하천유황이 크게 변하는 장소에서는 취수구가 매몰되거나 노출되므로 적당하지 않다.	·하상변동이 작은 지점에서만 취수할 수 있다. 하상이 저하되는 지점에서는 취수불능으로 된다. 또한 복단면의 하천에는 적당하지 않다.	·하상변동이 큰 지점에서는 취수구가 매몰되거나 관로가 노출될 우려가 있으므로 적당하지 않다.
9		하천의 대소	·일반적으로 큰 하천에 적당하다.	·일반적으로 큰 하천에 사용하고 있다.	·중·소 하천의 상류부에 적당하다.	·일반적으로 큰 하천이나 중규모 하천에 사용하고 있다.
10		하천의 유황	·유황이 불안정한 경우에도 취수가 가능하다.	·비교적 유황이 안정된 하천에 적당하다.	·유황이 안정된 하천에 적당하다.	·비교적 유황이 안정된 하천에 적당하다.
11		토사유입 등의 상황	·배사기능을 적절하게 유지하도록 취수구를 기능적으로 설계함으로써 상시 토사유입은 매우 적다. 따라서 정수장의 부하는 적어진다. 다만, 하천표면의 쓰레기가 스크린에 걸리기 쉬우므로 그 대책을 검토해야 한다.	·취수보와 달리 어느 정도의 토사유입은 피할 수 없다. 그러나 하천유량에 따라 수문을 조작함으로써 상당히 방지할 수 있다. 쓰레기 대책은 유입속도에 비하여 하천유속이 빠른 경우도 많아서 취수보 등보다 비교적 용이하다.	·토사유입을 방지하는 것은 거의 불가능하고 쓰레기 대책도 상당히 곤란하다.	·어느 정도의 토사유입은 피할 수 없다.
12		하천유심상황	·유심이 안정된 곳이어야 취수구가 매몰된 우려가 없다. 단지 배사문을 설치함으로써 매몰을 방지할 수 있다.	·유심이 불안정한 곳에는 취수구가 매몰되거나 노출될 우려가 있으므로 적당하지 않다.	·유심이 안정된 하천에 적당하다.	·왼쪽과 같다.
13		수심상황	·일반적으로 영향이 적다.	·갈수기에 일정수위 이상의 수심을 확보할 수 없는 곳에서는 취수불능으로 된다. 수심은 2m 이상 필요하다.	·갈수 시에 일정한 수위 이상의 수심을 확보할 수 있지 않은 곳에서는 취수가 불가능한 경우도 있다.	·갈수기에 일정한 수위 이상의 수심을 확보할 수 없는 곳에서는 취수 곤란으로 된다. 일반적으로 관거 내면의 상단이 갈수수위 보다 30 cm 밑으로 되도록 낮게 부설한다.

항목 \ 취수시설			취수언[둑]	취수탑	취수문	취수관로
14	외적요인	지질조건	·기초공법의 선택 등에 따라 대개 지반에 설치할 수 있지만 안전성·경제성 측면에서 가능한 한 양질인 지반이 바람직하다.	·왼쪽과 같다.	·왼쪽과 같다.	·왼쪽과 같다.
15	외적요인	기상조건	·보(위어)를 올림으로써 하천의 유속이 작아지므로 결빙의 영향을 받기 쉽다. 이러한 경우에는 수중보에 의한 취수도 검토해야 한다.	·취수구가 상하 두 개소 이상인 경우에는 수문조작에 의하여 파랑이나 결빙의 영향을 최소한으로 방지할 수 있다. 일반적으로는 자연하천 상태로 취수하기 때문에 취수보에 비하여 결빙의 영향은 적다.	·파랑에 대하여 특히 고려할 필요는 없다. 또한 결빙에 대하여서는 특별한 대책이 필요하다.	·조절용의 수위조절판(stop log)을 설치하기 때문에 파랑에 대하여서는 영향이 적다. 결빙에 대해서도 특별한 대책이 필요하다.
16	내적요인	공사비	·일반적으로 크다.	·일반적으로 크다. 그러나 취수보에 비하면 경제적인 경우가 많다.	·일반적으로 크다.	·일반적으로 경제적이지만 하천의 상황에 따라 방호시설 등 부대공사비가 커지는 경우도 있다.
17	내적요인	관리조건	·안정된 취수를 하기 위해서는 토사구(土砂吐) 가능을 적절하게 유지해야 한다.	·취수탑 내의 퇴적토사를 해마다 1회 이상 조사하고 필요에 따라 배사(排砂)작업을 해야 한다.	·강바닥의 변동이나 홍수의 영향을 직접 받아 취수구가 매몰되거나, 노출될 우려가 있는 것으로 적절한 유지관리가 필요하다.	·강바닥의 변동이나 홍수의 영향을 받기 쉽기 때문에 적절한 유지관리가 필요하다.
18	시공요건	시공조건	·일반적으로 대규모공사로 되며, 하천의 수로변경(spot removal)이나 물막이(締切:shut-off)를 필요로 한다.	·가물막이(假締切: cofferdam) 등 가설공사는 비교적 소규모로 할 수 있지만, 유수를 저해하지 않도록 고려해야 한다.	·일반적으로 가물막이를 하고 임시하도록 설치하는 등을 고려해야 한다.	·가물막이공사가 저수로 밖으로 튀어나와 하천의 유수단면에 영향이 크기 때문에, 임시하도록 설치하는 등을 고려해야 한다.
19	시공요건	시공시기	·하천의 대소에 따라 다르지만, 일반적으로 비가 많은 시기(7월~9월)에는 시공이 곤란하므로 비가 적은 시기(10월~6월)에 시공하는 것이 바람직하다.	·왼쪽과 같다.	·왼쪽과 같다.	·왼쪽과 같다.

(3) 하천표류수의 유량과 수위

하천표류수를 수원으로 하는 경우, 계획취수지점에 대하여 다음에 열거되는 항목은 장기적으로 조사하여야 한다.

1) 갈수량(渴水量), 갈수위(渴水位)

1년 중에 355일 동안 이보다 내려가지 않고, 이것 보다 작은 일 수는 초과하지 않는 하천유량을 말하며, 수량과 그 때의 수위를 말한다.

2) 최대갈수량, 최대갈수위

하천의 유량과 수위에 관한 자료 중에서 가장 낮은 값을 말하며, 이들에 관한 자료는 계획취수량과의 비교를 위한 기준이 되므로 수도시설의 계획상 대단히 중요한 위치를 차지한다.

3) 평수량(平水量), 평수위(平水位)

1년 중에 하천의 유량과 수위가 185일 이상 유지될 때의 유량과 수위를 말한다.

4) 홍수량(洪水量), 홍수위(洪水位)

1년에 1회 혹은 2회 발생할 정도의 유량을 말하며, 또는 홍수기간 중에 유지되는 유량과 수위로서 댐이나 취수시설 등의 수중구조물의 설계에 영향을 미치므로 수원의 수문자료로서 중요한 의미를 가진다.

5) 최대홍수량, 최대홍수위

최대홍수위에서 취수시설이 침수 또는 파손되지 않는 높이에 위치해야 함으로 취수시설물의 설계에 필요한 자료이다.

6) 풍수량(豊水量)

연간을 통하여 95일간은 이것을 내려가지 않는 하천의 유량을 말한다.

7) 저수량(低水量)

연간을 통해서 275일간은 이것을 내려가지 않는 하천의 유량을 말한다.

예제 5.1

A도시의 인구 5,000명인 도시에 1일 1인 최대급수량이 200ℓ일 때 취수시설용량을 결정하시오.

풀이

계획취수량은 계획 1일 최대급수량을 기준으로 하여 도수 및 송수, 배수시설에서의 손실과 정수장에서의 슬러지·배출수·세척수 등의 생산용수를 포함하는 1일 최대급수량에 5~10% 정도의 여유율을 증가하여 두는 것이 좋다. 따라서 10%의 여유율을 감안하여 취수시설의 용량을 다음과 같이 결정하면 된다.

$$\text{취수량} = 200\left[\frac{\ell}{\text{인}\cdot \text{d}}\right]\times 5{,}000\text{ 명}\times 1.1\times 10^{-3}\left[\frac{\text{m}^3}{\ell}\right]\times 1\left[\frac{\text{ton}_\text{f}}{\text{m}^3}\right] = 1{,}100\,[\text{m}^3/\text{d}]$$

5.2.2 호소 및 저수지의 취수시설

취수시설을 선정할 때에는 수원의 종류, 취수지점의 상황, 취수량의 대소, 시공조건 및 「하천법」 등에 의한 제한 등에 관하여 조사하고 검토해야 한다. 취수시설은 표 5.1을 기초로 선정하는 것이 좋다.

취수량 구분은 대량취수는 10만 m^3/d 이상, 중량취수는 수만 m^3/d 정도, 소량취수는 1만 m^3/d 이하를 기준으로 한다. 하천 등의 부분 명칭은 그림 5.1과 같다.

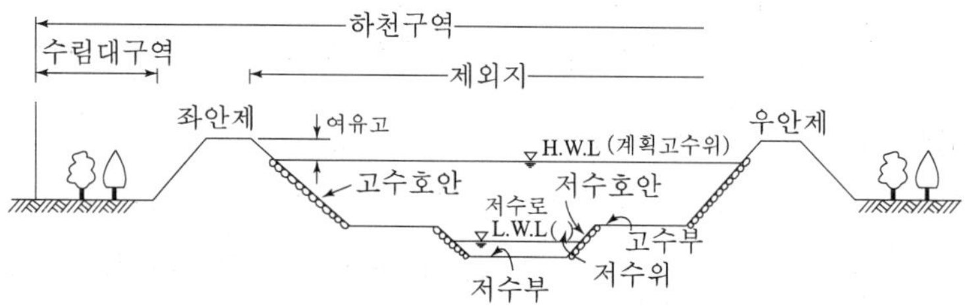

그림 5.1 하천 등의 부분 명칭

(1) 호소 및 저수지 취수지점의 선정

호소(湖沼)를 수원으로 하는 경우 취수지점은 다음과 같이 선정하여야 한다.

① 하수가 유입되는 지점은 피하여야 하고, 바람이나 흐름에 의하여 호소바닥의 침전물이 교란될 가능성이 적은 지점을 선택하여야 한다.

② 항로(航路)에 가까이 위치하는 지점은 피해야 한다.

③ 취수지점은 갈수기의 계획저수위에서도 계획취수량을 확보할 수 있어야 한다.

④ 취수시설(取水施設)의 축조를 위해서 양호한 기초지반을 가진 지점이어야 한다.

저수지(貯水池)를 수원으로 하는 경우 취수지점은 다음과 같이 선정하여야 한다.

① 파랑, 산사태 등에 의하여 수원의 탁도가 커지거나 부유물이 떠내려 오는 지점은 피해야 한다.

② 취수시설을 안전하게 축조할 수 있는 견고한 지반이어야 한다.

③ 갈수기의 계획저수위에서도 계획취수량을 확보할 수 있어야 한다.

④ 다목적 저수지의 경우에는 관계자간의 협의 조정하여 취수시설의 위치를 결정하여야 한다.

(2) 호소 및 저수지의 취수시설

호소 및 저수지의 취수시설을 계획할 때에는 계획최고수위와 계획중간수위 뿐만 아니라 계획최저수위에서도 계획취수량을 확실히 취수할 수 있는 구조이어야 한다. 여러 종류의 미생물과 조류가 발생하며, 홍수 시에는 탁도가 증가함으로 여러 지점의 수위에서도 취수할 수 있도록 취수구의 배치를 고려하여야 하고, 조류가 많이 발생할 경우에는 중간수위 이하에서 취수가 가능하도록 하여야 한다. 또한 전도현상(turn over)이 일어날 경우에는 표층수(表層水)를 취수할 수 있는 구조로 하여야 한다.

취수방법은 취수탑(取水塔), 취수문 및 취수틀(intake crib)이 있다. 일반적으로 취수틀은 취수탑보다 공사비가 저렴하며, 취수유입구는 수심이 6~9 m 정도이면 어름에 의한 영향을 최소화할 수 있고, 선박운항 등에 의한 영향은 거의 받지 않는다. 호소와 저수지의 취수시설에 대한 특징은 표 5.2와 같다.

표 5.2 호소·댐의 취수시설의 선정

취수시설 / 항목		취수탑		취수문	취수틀
		고정식	가동식		
1	개략도	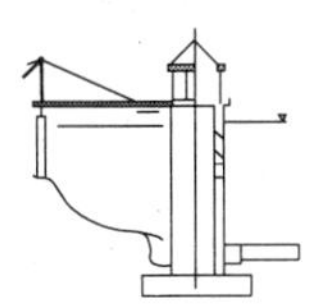	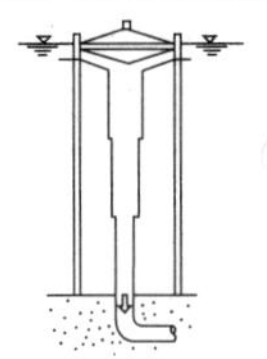	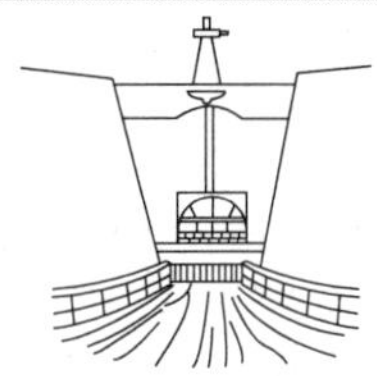	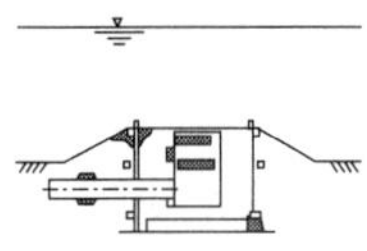
2	기능·목적	·호소나 댐의 대량취수시설로서 많이 사용된다. 취수구의 배치를 고려하면 선택취수가 가능하다.	·저수지 등 수심이 특히 깊고, 일반적인 철근콘크리트탱크의 취수탑을 축조하기 곤란한 경우에 많이 사용된다.	·취수구시설에는 스크린·수문 또는 수위조절판(stop log) 등으로 구성되며, 유사시설 등과 일체가 되어 작동한다.	·호소의 중·소량 취수시설로 많이 사용된다. 구조가 간단하고 시공도 비교적 용이하다. 수중에 설치되므로 호소의 표면수는 취수할 수 없다.
3	특징	·수위변화가 많은 저수지 등에서도 계획취수량을 안정되게 취수할 수 있는 것이 특징이다.	·수위의 변동에 따라 표면수를 취수하는 것이 특징이다. 필요에 따라 임의의 수심에서도 취수할 수 있다.	·호소상황, 취수위가 안정되어 있으면 공사 및 유지관리도 비교적 용이하여 안정취수가 가능하나 갈수시, 홍수시, 결빙 시에는 취수량 확보조치 및 조정이 필요하다.	·단기간에 완성되며, 또한 안정된 취수를 할 수 있다.

항목		취수시설	취수탑		취수문	취수틀
			고정식	가동식		
4	기본적요인	취수량의 대소	·일반적으로 대량취수에 적합하다.	·취수량의 대소에 관계없이 이용되고 있다.	·일반적으로 중 · 소량 취수에 사용된다.	·비교적 소량취수의 경우에 쓰인다.
5	기본적요인	취수량의 안전상황	·안정된 취수가 가능하다.	·왼쪽과 같다.	·갈수기에 호소에 유입되는 수량 이하로 취수할 계획이면 안정 취수 가능.	·비교적 안정되게 취수할 수 있다.
6	외적요인	취수시점	·취수할 때에는 수심이 큰 지점 쪽이 유리하지만, 유지관리 상으로는 만수 시에도 물가에서 비교적 가까운 거리가 바람직하다.	·수심이 깊은 지점 쪽이 유리하다.	·호소 등의 안정되어 있는 지점에서 특히 취수문의 전면이 매몰되지 않는 지점이 바람직하다.	·매몰 등을 고려하여 기반이 안정되어 있고, 또한 유지관리 상으로 너무 수심이 깊지 않은 지점이 바람직하다.
7	외적요인	호소등의 규모	·일반적으로 대규모인 호소 등에 사용된다.	·왼쪽과 같다.	·일반적으로 소규모 호소 등에 사용된다.	·호소 등의 대소에는 영향을 받지 않는다.
8	외적요인	수위변화	·비교적 영향이 적다.	·왼쪽과 같다.	·비교적 수위변동이 작은 호소 등에 알맞다.	·비교적 영향이 작다. 다만 틀이 노출되지 않도록 한다.
9	외적요인	수질상황	·수문조작으로 선택 취수할 수 있으므로 비교적 양질의 원수를 취수할 수 있다.	·선택취수가 가능하므로 수온과 수질에 따라 취수할 수 있다.	·왼쪽과 같다.	·호소 등의 수질변화에 직접영향을 받는다.
10	외적요인	수심상황	·대개는 영향을 받지 않으나 수심이 너무 깊은 경우에는 탑의 안정성을 확보하는 면에서 적당하지 않다.	·수심이 깊은 장소에 적합하다.	·거의 영향이 없다.	·영향없이 취수할 수 있지만, 일반적으로는 수심이 깊은 경우에는 유지관리가 곤란하므로 비교적 얕은 장소에 적합하다.
11	외적요인	수위상황	·거의 영향이 없다.	·왼쪽과 같다.	·왼쪽과 같다.	·수위가 크게 변화하는 곳에는 알맞지 않다.
12	외적요인	지질조건	·양호한 지반이 바람직하다. 부득이 연약지반에 시공하는 경우에는 기초공사를 충분히 할 필요가 있다.	·형식에 따라서는 거의 영향이 없는 경우도 있다.	·양호한 지반이 바람직하다.	·연약한 지반에는 알맞지 않지만 취수틀을 고정시킬 수 있는 지반이면 좋다.

항목 \ 취수시설			취수탑		취수문	취수틀
			고정식	가동식		
13	내적요인	기상조건	·수문조작에 의하여 파랑·결빙의 영향을 어느 정도 방지할 수 있다.	·표면수를 취수하는 형식의 경우에는 파랑·결빙의 영향을 직접 받기 때문에 충분한 검토를 요한다.	·파랑·결빙의 영향을 직접 받는다. 특히 결빙에 의하여 취수가 불가능해지는 경우가 있기 때문에 주의를 요한다.	·거의 영향이 없다.
14	내적요인	선박운항과의관계	·항로를 피하면, 수면 상에 노출되어 있기 때문에 위험은 적다.	·항로를 피하면서 동시에 위치를 명시하는 등의 대책이 필요한 경우도 있다.	·거의 영향이 없다.	·항로는 피해야 하지만, 수면아래에 묻혀 있으므로 표시등을 설치하는 것이 필요하다.
15	내적요인	공사비	·비교적 대규모공사이고, 특히 수심이 깊은 경우에는 공사비도 커진다.	·일반적으로 공사비는 크다.	·왼쪽과 같다.	·비교적 경제적이다.
16	내적요인	관리조건	·탑 내에 퇴적된 토사를 해마다 1회 이상 조사하고, 필요에 따라 배사작업을 해야 한다.	·취수구의 활동(滑動)이 취수법의 생명이므로, 충분히 관리할 필요가 있다.	·간단한 수문조작으로 충분하기 때문에 유지관리가 비교적 용이하다.	·갈수기를 중심으로 정기적인 점검이 바람직하다. 퇴적토사가 많은 호소 등에서는 폐색에 의한 취수불량이 생기기 쉬우므로 주의를 해야 한다.
17	시공요건	시공조건·시기	·신설 댐에 동시에 설치하는 경우에는 제약을 받지 않는다. 기존의 호소나 댐에 설치하는 경우에는 시공하기 위하여 댐의 수위를 필요한 수위까지 내리는 것이 조건으로 되며, 특히 다목적댐 등에 설치하는 경우에는 그 조정이나 시공 시기에 제약을 받는다.	·왼쪽과 같다.	·일반적으로 가물막이(cofferdam)를 필요로 한다.	·비교적 소규모이기 때문에 시공은 용이하지만 수중공사나 가물막이를 필요로 하는 경우가 있다.

(3) 저수지의 유출량 결정

저수지의 유효용량은 매일 변화하는 하천유량의 저류에 의해 얻어지도록 할 것이며, 댐하류의 기득(旣得) 수리권의 수량, 저수지의 자체의 증발 및 침투에 의한 손실수량 등을 고려해서 결정하여야 한다. 하천으로부터 저수지유입량의 결정은 저수지계획 상에서 볼 때 시설규모에 따라서 30년~50년 정도의 댐 예정지점에서의 유량기록을 자료로 하는 것이 이상적이다.

댐 계획지점의 유량기록이 없어도 동일 하천에서 다른 지점에서의 자료가 있다면 강우량 · 유역상황 · 유역면적비 등을 비교 검토하고 유량의 동시 비교 관측을 해서 그 지점의 유량을 추정할 수가 있다. 이와 같은 장기간의 관측자료가 얻어지지 않는 경우도 있고 강우기록과 유역의 유출률로부터 유출량을 추정할 수 밖에 없다. 강우량은 상류의 집수구역을 대표할 수 있는 것이라야 한다. 또한 유출률은 댐을 만들 수 있는 산간부에서는 연유출률이 70% 전후의 것이 많다. 단 계절적인 유출률로서는 연속강우나 호우에서는 80%이나 소량의 강우에서는 50% 이하이므로 주의해야 한다.

저수지의 용량을 결정하기에 앞서 우선 유역 내에서 얼마 만큼의 수량을 얻을 수 있는가를 검토하여야 한다. 일정시간 내에 유역으로부터 하천으로 유출하는 수량의 총합을 유출량이라고 한다. 이 때 시간을 가로축으로 유출량을 세로축으로 하여 그림 곡선을 유출량**누가곡선**(流出量累加曲線, run-off mass curve)이라고 한다. 유출량 누가곡선은 상수도 뿐만 아니라 수력발전에서도 저수지의 용량을 결정하는데 필요하다.

한 하천에 강우가 집중하는 구역을 **집수구역**(集水區域) 또는 **하천의 유역**(流域)이라고 한다. 이 유역의 외곽선을 **분수계**(分水界, water shed)라고 한다. 이 분수계 내의 면적을 **유역면적**이라고 한다. 매월 유출량의 산출은 과거 수십년간에 걸친 매월 강우량을 조사한 후 증발과 삼투에 의한 손실량을 보정하여 유출량으로 한다. 이때 총유출량은 분수계의 유역면적 (A)과 유역 내의 월평균 강우량(I), 월평균 유출량(C)을 구하면 다음과 같다.

$$Q = \frac{1000 \times CIA}{360 \times 24 \times 30} \ (\text{m}^3/\text{s}) \qquad (5\text{-}1)$$

(4) 저수지의 용량결정

1) 경험법

하천을 횡단하여 댐을 축조하고 저수지를 만수시키면 갈수기에 취수되어 저수량이 점차 감소하며, 새로운 강우유입에 의하여 저수량이 증가한다. 이와 같이 강우의 유입량, 용수의 취수량에 따라 취수지의 취수량은 심하게 변동하는데 이들 3자간에는 일정한 균형이 이루어져야 한다. 따라서 저수용량은 10년 빈도의 갈수년으로 산정하고 있으며, 하천표류수를 수원으로 하는 경우도 갈수량이 기준이 된다.

저수지의 용량은 대체로 강우량이 많은 지방에서는 급수량의 120일분, 강우량이 적은 지방에서는 200일분을 저장할 수 있는 저수용량으로 결정한다.

2) 가정법

연평균 강우량을 1일 계획급수량의 배수(倍數)를 산정하여 저수용량으로 한다. 또한 가정법에서는 mm 단위로 나타낸 연평균강우량 R로부터 1일 계획급수량의 배수로 표현되는 저수용량을 결정하며, 계산법은 식 (5-2)와 같다.

$$C = \frac{5,000}{\sqrt{0.8R}} \tag{5-2}$$

여기서, C : 용량[1일 계획급수량의 배수]

R : 연평균강우량[mm/y]

예제 5.2

어떤 지역의 연평균강우량을 조사한 결과 1,264 mm이었다. 저수지의 용량을 결정하시오.

풀이

연평균강우량을 토대로 하여 가정법에 의한 저수지용량을 산정하면 다음과 같다.

$$C = \frac{5,000}{\sqrt{0.8 \times 1,264}} = \frac{5,000}{32} = 157\,[일]$$

∴ 저수용량(Q)은 157일분이 필요하다.

3) 유량도표에 의한 방법

이 방법은 매월 또는 매 분기마다 하천유량의 변화를 그려 넣고, 이것에 매월 또는 매 분기마다 계획취수량을 기입하여 이들에 둘러싸인 면적중 최대(b)를 구하는 방법이다. 이것이 그

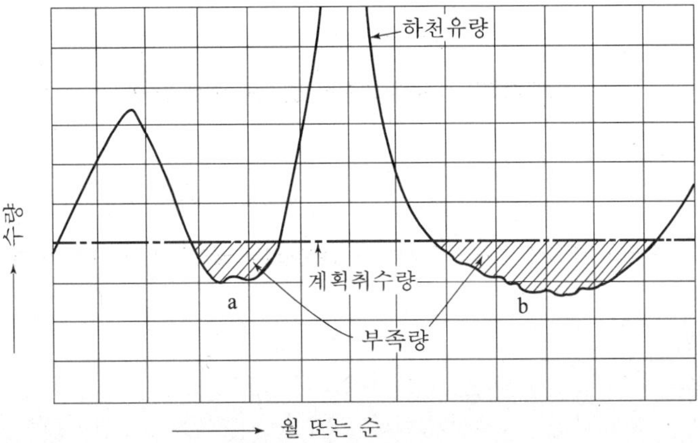

그림 5.2 유량도표에 의한 방법

기간에 있어서의 총공급량, 즉 필요 저수용량이라 하며, 그림 5.2와 같다.

4) 유량누가곡선 도표에 의한 방법(Ripple법)

이른 법에서는 그림 5.3과 같이 급수량 및 하천유량의 누가곡선(mass curve) OB 및 OA를 그린 다음 OA곡선의 극대점에서 OB곡선에 평행선을 그려 이들 평행선과 OA곡선과의 수직 차이가 최대되는 것이 **저수용량**이라고 하며, **리플방법**이라고도 한다.

이 방법은 매월 또는 매 분기마다 하천유량 및 계획취수량을 누가하고 각각의 유량누가곡선 도표를 작성하여 비교하고 하천 유량누가곡선(그림 5.3 참조)이 계획취수량곡선보다 완만한 부분(MQ 또는 RU)의 기점(M 또는 R)에서 계획취수량누가곡선(OB)에 평행한 선(MN 또는 RS)을 긋고 하천 유량누가곡선과의 종축의 거리(PQ 또는 TU) 중에서 최대를 구하는 방법으로 이 최대치가 그 기간의 필요저수용량이다. 여기에 계획취수량누가곡선이 매월 변화하는 경우에는 곡선으로 된다.

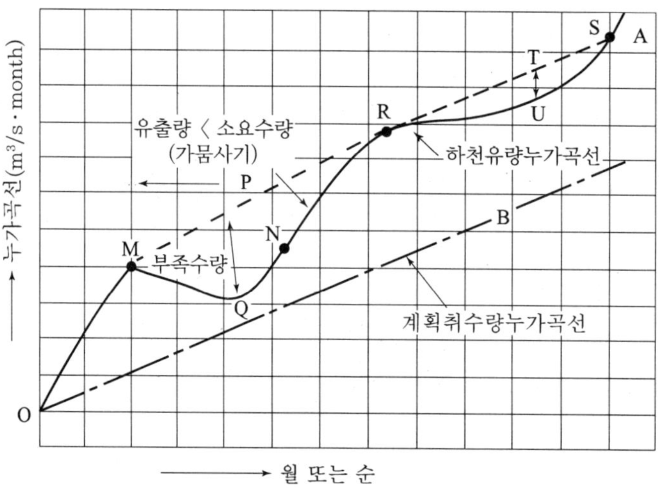

그림 5.3 **유량누가곡선 도표에 의한 방법**

예제 5.3

다음 그림은 유효저수량을 결정하기 위한 Ripple's method의 곡선도이다. 그림 5.3에 대해 다음을 설명하시오.

1) 유효저수량은?

2) 계획취수량은?

3) MQ구간은?

4) 저수지 하류로 유하시킬 수 있는 하천 유지용수량은?

풀이

1) 유효저수량 : PQ이다.
2) 계획취수량 : 매월 일정하다.
3) MQ구간 : 갈수기로서 저수지의 수위가 감소하게 된다.
4) 저수지 하류로 유하시킬 수 있는 하천 유지용수량 : 계획취수량보다 적게된다.

5.2.3 취수관로

취수관로(取水管路, intake pipe)는 복단면 하천의 저수호안에 취수구를 설치하고, 직접관내에 표류수를 취수하여 자연유하로 제내지(堤內地)에 도수하는 시설이다.

일반적으로 유황(流況, flow regime)이 안정하고 연간갈수량, 갈수위가 일정 이상이며 변화가 작은 하천에 적합하고 평상 시의 유지관리도 비교적 쉽고 계획취수량을 안전하게 취수할 수 있는 시설이며, 취수구 하류측에 고정언(固定堰) 등을 설치하여 수위를 안정시키면 대량취수도 가능하다.

그러나 하상변동이 크고 유심(流深)이 불안정한 하천에서는 취수구(取水口, intake : 하천, 수로 또는 저수지 등에서 취입하는 설비를 한 장소)의 매몰이나 관리부의 세굴 등 위험이 있으므로 위치선정에 주의하고 홍수 등에 의한 쓰레기 때문에 취수구가 막히지 않도록 대책을 세울 필요가 있다.

겨울철 결빙(結氷)의 우려가 있을 때는 취수구의 설치위치나 구조 등에 대하여 충분히 배려해야 하며, 취수구 전면에는 조절용 각락(各落, stop log)을 설치하여 하상변화에 대응하여 취수구 높이를 조절함으로써 하상으로부터의 토사유입을 방지한다. 각락 뒤부분에 스크린은 평강(平鋼) 또는 환강(丸鋼, round bar)을 5~10 cm 간격으로 배열하고 유사(留砂)시설의 깊이는 30~50 cm, 길이는 3 m 정도가 보통이며, 상단은 관리상 홍수위와 같은 높이로 하여 맨홀(manhole)을 가진 슬래브구조로 하여야 한다. 관로면의 상단고는 갈수위보다 약 30 cm 정도 낮고, 관로 저면고는 바닥높이 이하가 되도록 포설(鋪設)한다. 각락부분에 있어서의 유수단면적은 갈수위에 있어 관로단면적의 2~3배로 한다. 관로의 상류부 또는 하류부에 제수비(制水扉) 또는 제수밸브(制水 valve : 통수량을 가감하거나 통수의 개폐를 위하여 관로에 설치하는 기기)를 설치하고 취수관로의 상단에는 스트레이너(strainer : 펌프의 흡입관의 하단 또는 관정의 측벽 채수부에 장치하여 자갈과 모래 또는 기타 잡물을 들어오지 못하게 하는 장치 및 급속여과지의 여층하부상에 설치하여 여과수, 세척수를 균등하게 유출시키려는 장치)를 설치한다.

관로의 구조는 내압과 외압에 잘 견딜 수 있게 하며, 관로를 제외지(堤外地) 포설할 때는 계획하상고 보다 2 m 이상 낮게 매설하고, 세굴의 우려가 있을 때는 관로주위의 하상에 적당한 보호공을 하여 사고에 대비하여 관로를 2조로 부설함이 바람직하다.

취수관로시설의 주요부는 관로단의 스트레이너, 취수관로, 제수밸브, 흡수정(吸水井), 풋밸브(foot valve : 흡입관 하단에 붙어 있는 펌프 또는 우물물이 역류하는 것을 방지하는 밸브), 저양정 펌프의 흡입관 등이다.

취수관로용 스트레이너에는 종구형(鍾口型)과 원통형(圓筒型)이 사용된다. 스트레이너 구멍을 통과하는 유속은 0.15~0.3 m/s, 스트레이너 구멍의 지름은 6~12 mm로 스트레이너 상으로 높은 수두가 있을 때 사용하며 정부(頂部)에 구멍(孔)이 없을 때는 최저수위의 0.6~1 m 이하에 스트레이너를 설치하고 정부에 구멍이 있는 스트레이너는 최저수위의 1 m 이하에 설치해야 한다.

최저관로 내의 유속은 침전과 침식을 방지하기 위하여 0.6~1.5 m/s로서 관로내 평균유속의 1/2~1/3이 되도록 한다.

흡수정은 유지관리상 2정(井) 이상이 바람직하고 체류시간(滯留時間, detention time : 못의 유효용량을 단위시간당 유량으로 나눈 값)이 20분 이상, 들어가서 청소를 할 수 있을 정도로 커야 한다. 흡수정 바닥은 하저(河底)의 1 m 이하 또는 최저수위의 1.5 m 이하에 있어야 하고 정저(井底)로부터 펌프의 풋밸브까지의 높이는 0.6 m 이상이어야 한다.

흡수정은 두께 20 cm 이상의 수밀성 철근콘크리트구조이며, 취수관시설예는 그림 5.4와 같다.

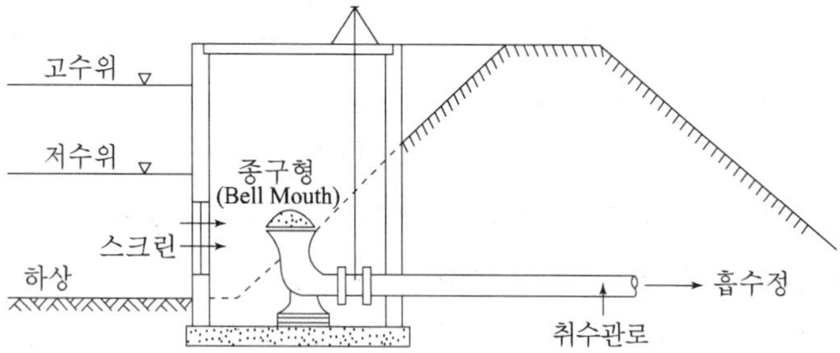

그림 5.4 취수관로의 구조

5.2.4 취수틀

취수틀(intake crib)은 하상(河床)이나 호소저부의 수중에 설치되는 상상(箱狀) 또는 원통 모양의 취수시설로서 전술의 취수관로 단부를 변형시킨 것이다. 취수틀을 하천에 설치할 경우에는 유실·매몰(埋沒)의 우려가 없는 지점에 설치하며, 호소에 있어 부득이 선로에 근접하여 설치할 때는 최소수심이 3 m 이상일 것이 바람직하다. 취수틀은 철근콘크리트 또는 목틀 등의 본체를 견고하게 하상 또는 호소바닥에 고정하고 취수구 주위에는 각재 또는 콘크리트블록((concrete block)으로 틀을 설치하고, 틀 내외부(內外部)에는 석축(石築)이나 콘크리트말뚝으로 보호한다. 취수틀의 구조도는 그림 5.5와 같다.

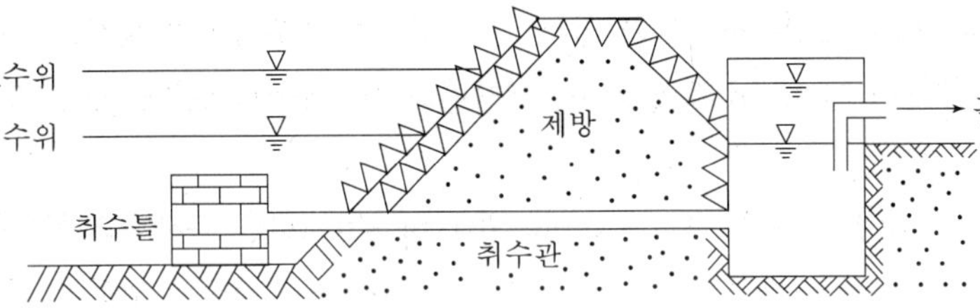

그림 5.5 취수틀의 구조

위치 및 구조에 대해서는 하천이나 호소의 바닥이 변화가 심한 곳은 파손이나 매몰 등이 우려되기 때문에 안정된 장소에 설치하는 것이 필요하고, 항로에 가까운 경우에는 취수틀 주위의 일정한 범위에 출입을 금지하는 부포(buoy) 등을 설치하는 것이 바람직하며, 선박의 항행에 장애를 받지 않도록 최소수심이 3 m 이상인 곳에 설치하는 것이 바람직하다.

또한 개구가 손상되지 않도록 토사 등으로 쉽게 폐색되지 않도록 개구의 주위는 견고한 나무틀, 콘크리트틀 등으로 방호하고, 더욱 틀의 내외에 사석, 콘크리트타설을 한다. 취수틀 내의 유입속도는 0.5~1 m/s를 표준으로 한다.

5.2.5 취수언

취수언(取水堰, intake weir)은 하천의 방향에 직각으로 견고한 지반 상에 낮은 취수댐을 축조하고, 필요에 따라 슬루스 게이트(sluice gate)나 테인터 게이트(tainter gate) 등의 가동웨어(weir)를 축조하여 하천의 수위를 높임으로써 계획취수위를 확보하여 안정된 취수를 가능하게 하며, 취수언 본체와 부근에 설치한 취수구 및 침사지 등이 일체가 되어 기능을 발휘한다.

취수탑의 형상은 그림 5.6 및 5.7과 같다. 암반 이외의 지반에 취수탑을 설치할 때는 월류수

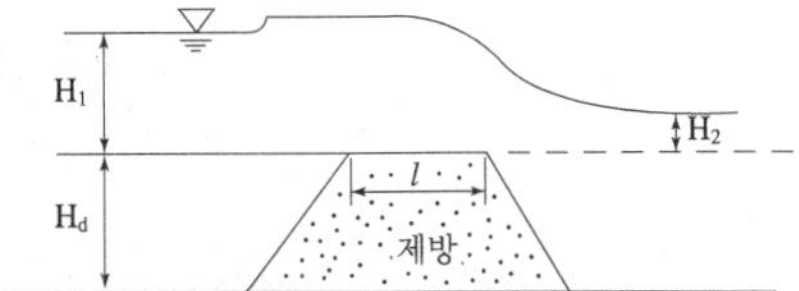

그림 5.6 취수언의 구조

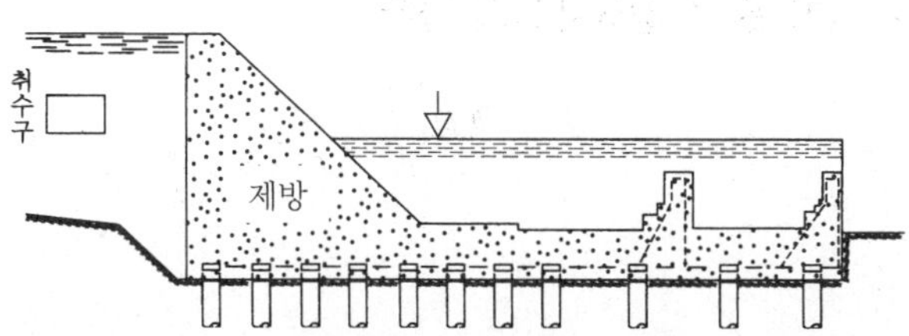

그림 5.7 취수댐의 구조

에 의한 세굴을 방지하기 위하여 물받이(apron)에 접하는 하류측 및 상류측에 사석공(捨石工), 콘크리트블록, 철사 돌망태 등 호상공(護床工)을 설치한다.

취수언에 가동웨어를 사용할 때는 계획취수량의 확보, 하천수심의 유지, 토사의 배제(排除), 빗물의 소통 등 기능을 충분히 발휘하도록 하여야 한다. 가동웨어는 배사문(排砂門) 및 홍수문으로 구성되며, 중소규모는 배사문만 있는 것도 있으며 가동웨어의 형식은 슬루스 게이트, 테인트 게이트, 로울러 게이트(rolling gate), 케터필러 게이트(cuterpillar gate) 등이 사용되고 있다.

배사문은 하천유심(河川流心, rivers center line of stream)을 유지하고 취수구 전면에 쌓인 토사를 소류(掃流)하고 취수 시에 수로 내에 토사유입을 방지하기 위하여 설치한다. 배사문의 위치는 유심위치의 취수구 쪽에 잡고 바닥높이는 홍수문 바닥높이보다 낮게 한다. 홍수문은 전면가동의 것과 고정탑 상에 있어 부분적으로 가동하는 것이 있으며, 홍수문은 배수문에 인접하게 하여 계획취수위를 확보함과 우기 시에 의한 유심의 이동을 방지하고 배수의 영향을 방지하기 위하여 설치한다. 월류수심과 월류공식의 계수값은 표 5.3과 같다.

표 5.3 월류공식의 계수

구분	단면형태	완전 월류계수[m]	경계의 $\frac{H_2}{H_1}$값	불완전 월류 $\frac{\alpha}{C}$	불완전 월류 $\frac{\beta}{C}$	경계의 $\frac{H_2}{H_1}$값	잠수웨어 $\frac{C'}{C}$
1	하류측 경사 3/5 이하 (상류측은 수직~3/4)	$0.31+0.23\frac{H_1}{H_d}$	0.60	0.030	1.018	0.7	2.6
2	하류측 경사 1/1정도 (상류측은 수직~3/2)	$0.29+0.32\frac{H_1}{H_d}$	0.45	0.200	1.090	0.8	2.6
3	하류측 경사 3/2 이하 (상류측은 수직~3/1)	$0.38+0.37\frac{H_1}{H_d}$	0.25	0.124	1.032	0.8	2.6
4	장방향단면 $\frac{H_1}{L}<\frac{1}{2}$	0.35	2/3	-	-	2/3	2.6

(1) 완전 월류웨어의 경우

$$Q = CbH_1\sqrt{2gH_1} \tag{5-3}$$

(2) 불완전 월류웨어의 경우

$$\frac{Q}{bH_1}\sqrt{2gH_1} = a\frac{H_2}{H_1} + \beta \quad (5\text{-}4)$$

(3) 잠수(수중)웨어의 경우

$$Q = CbH_2\sqrt{2g}\,(H_1 - H_2) \quad (5\text{-}5)$$

여기서, Q : 유량[m^3/s], b : 유효폭[m], C : 유량계수

H_1 : 상류수두, H_2 : 하류수두

취수구는 계획수량을 항시 취수할 수 있어야 하며, 취수구에 토사가 퇴적(堆積)되거나 유입되지 않는 구조이고, 유지관리에 편리해야 한다. 취수구에는 계획취수량을 취수하기 위하여 스크린, 제수문, 문주(門柱, gate chamber), 취수정 등을 설치한다. 취수구의 위치는 배수원은 바닥높이, 유입속도를 표준치의 범위로 유지하도록 정한다. 취수정이란 취수구에서 유입한 수류(水流)를 원활하게 도수로에 유도하기 위한 도수로까지의 점차 축소되는 부분을 말하는데 취수정의 길이는 점축(漸縮)의 형상을 설치할 수 있는 길이로 하고, 점축부의 유적이 같아지도록 설계한다. 또 계획취수량을 안전하게 취수하여 도수로에 유도하기 위하여 계획취수위는 취수구에서 도수로기점까지의 각종 손실수두를 계산하여 정한다.

취수탑에는 침사지(沈砂池), 관리교(管理橋), 어도(魚道), 주로(舟路) 등의 부대시설을 하고 하수근처에서 해수가 역상(逆上)할 우려가 있는 곳에는 방호탑을 설치하고 높이는 최고조위 이상으로 한다.

5.2.6 취수문

취수문(取水門, intake gate)은 하천수나 호소 등의 표층수를 취수하기 위하여 하천측면에 설치되는 취수시설로서 취수문을 통하여 취수된 원수는 접속되는 관로에 의하여 도수된다. 일반적으로 문주(門柱)의 구조는 콘크리트, 철근콘크리트, 돌, 벽돌 등의 재료로 축조되어야 한다. 정방형 또는 마제형(馬蹄形)의 유입구에 취수량을 조정하기 위한 문비 또는 각락을 설치하고 전면에는 유목(流木) 등의 유입을 방지하기 위한 스크린을 설치한다.

취수문을 수위 및 하상(河床) 등이 안정된 지점에서의 중·소규모의 취수에 적합하며, 평상시의 유지관리도 비교적 쉽고 계획수량을 안정하게 취수할 수 있는 시설이나 추운지방에서는

적설, 결빙 등에 의한 취수불능을 초래하는 경우도 있으므로 충분한 검토가 필요하다. 또 유형변화 등에 대비하여 취수문은 하류에 간이탑을 만들어 취수량의 확보를 하여야 한다.

취수문은 양질의 견고한 지반에 설치하며, 문주에는 문비(門扉, gate) 또는 각락(角落)을 설치하고 수문을 끼우는 홈은 파손의 우려가 없도록 수밀하게 만들어야 한다. 문주의 구조는 철근콘크리트를 원칙으로 하고 겨울철의 적설, 결빙 등에 의하여 케이트의 개폐에 지장이 없도록 하여야 한다.

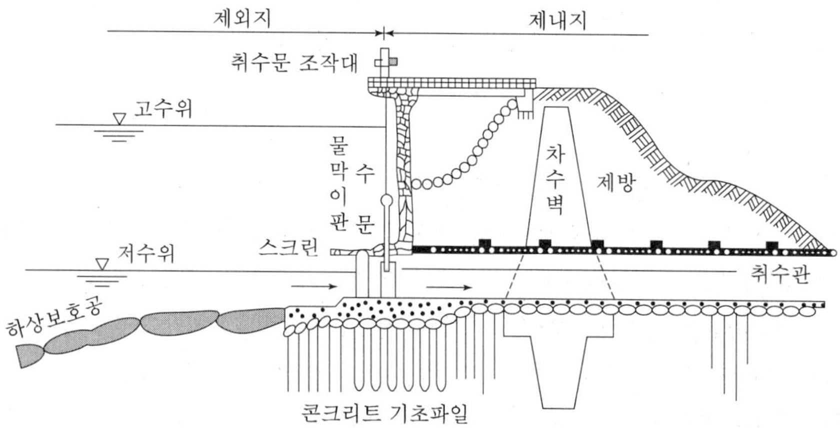

그림 5.8 취수문의 구조

문비는 수문으로서의 수밀성을 유지하도록 제조하며, 동력으로 개폐하는 장치의 경우에는 수동으로도 개폐할 수 있도록 해야 한다. 수문의 크기는 모래의 유입을 작게 하도록 설계하고, 수문에의 유입속도를 1.0 m/s 이하로 한다. 취수문은 그림 5.8과 같고, 이것을 각각의 강철제(鋼鐵製) 및 목제(木製)의 문비도 사용된다. 또한 취수문을 통한 유입속도가 0.8 m/s 이하가 되도록 취수문의 크기를 정한다.

5.2.7 취수탑

취수탑(取水塔, intake tower)은 하천이나 호소 내에 설치하는 탑모양의 구조물로서 측벽에 설치한 취수구로부터 직접 탑 내에 취수하는 시설이다. 일반적으로 다단 게이트형식의 취수구를 적당히 설치한 철근콘크리트구조이다. 특히 호소, 저수지에서 수심이 크고 철근콘크리트구조로는 구조상, 시공상 부적당한 경우에는 철골구조의 부상(float)형식 취수탑이 채용되기도 한다.

유량이 안정되어 갈수기에 있어서도 일정 이상의 수심이 있으면 연간수위변화가 큰 하천이나 호소, 저수지에도 적합하고 유지관리도 비교적 저렴하여야 하며, 계획수량을 안정하게 취수할 수 있는 시설이고, 대량취수나 수질 상의 선택도 가능하다. 또 제내지의 도수는 자연유하나 펌프압송이 가능하므로 제내지의 지형적인 제약을 받지 않는 이점도 있다.

취수탑의 위치는 연간을 통하여 최고수심이 2.0 m 이상이고, 하천에 설치할 때는 유심이 제방(堤防)에 근접한 지점이 좋으며, 저온의 경우에는 수면이 결빙할 우려가 있으므로 취수에 지장을 주지 않는 위치이어야 한다.

취수탑의 횡단면은 원형 또는 타원형으로 하고 하천에 설치할 때는 장축방향 유황(流況)과 일치시킨다. 탑의 안지름은 소요의 취수구를 적당히 배치할 수 있는 크기로 하고, 바깥지름은 구조상의 소요 벽두께에 의하여 결정한다. 취수탑의 상단은 하천, 호소 및 저수지의 계획최고수위보다 높게 하여 그 위에 취수탑 상가를 설치하고 하안(河岸) 또는 호안(湖岸)에서 탑 상에 이르는 관리교의 하단은 계획최소수위 이상으로 한다.

우물통침하공법(井筒沈下工法, sinking well method)으로 시공할 경우에는 탑벽의 하단에 강판제의 커브 슈(curb shoe)를 부착시켜야 하며, 철근콘크리트벽의 두께를 두껍게 함과 동시에 배력철근(配力鐵筋)을 충분히 배치한다. 세굴(洗掘)의 위험성이 있을 때는 탑주위에 석장공(돌붙임) 또는 콘크리트공 등을 하여 탑기초를 방호한다. 하천에 설치하는 취수탑의 경우에는 하상하의 부분에서 직접취수하면 하상의 저하를 초래할 우려가 있으므로 하상하의 직접취수는 피함을 원칙으로 한다.

취수구의 설치위치는 계획최저수위의 경우에도 계획취수량을 안전하게 취수할 뿐만 아니라 각 수위마다 취수할 수 있도록 수단(數段)으로 나누어 설치하며, 취수탑의 강도가 감소치 않도록 주의한다. 취수구의 형상은 장방형 또는 원형으로 한다. 단면적은 하천의 경우 유입속도가 15~30 cm/s, 특별한 경우 및 호소, 저수지의 경우에 1~2 m/s 정도가 되도록 정한다. 취수구 전면에는 스크린을 설치하고 각 취수구에는 취수탑 내측이나 외측에 슬루스 게이트, 버터플라이밸브(butterfly valve) 등의 제수밸브를 설치한다. 수면의 결빙에도 취수에 지장이 없도

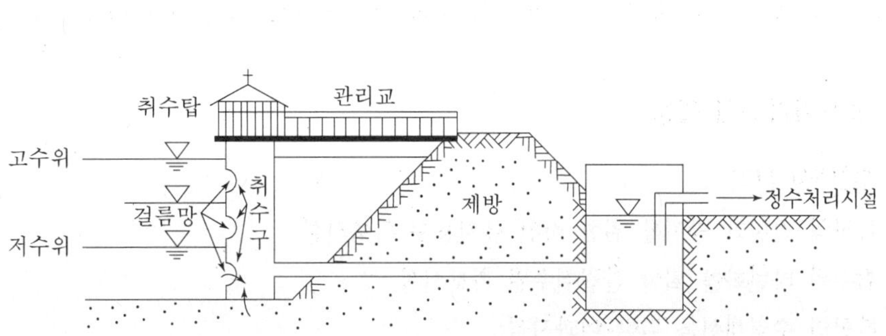

그림 5.9 취수탑의 구조 예[단위 : mm]

록 유의해야 한다. 취수탑의 구조를 나타내면 그림 5.9와 같다.

취수탑에는 관리교(管理橋), 조명설비(照明設備), 유목방지책(流木防止柵), 피뢰침(避雷針), 수위표고(水位標高) 등의 부대설비를 설치함이 바람직하다.

5.2.8 하상여과의 취수시설

하천 인근에 하상여과(河床濾過) 집수정을 설치하여 양수함으로써 수직집수정 수위를 낮춤으로써 발생하는 수위 차에 의하여 수평집수관(水平集水管)으로 하천표류수를 유도하여 취수하는 방식으로 하천표류수가 충적층을 통과하면서 여과되는 이점을 활용하는 것이다. 즉 하천의 충적층을 통과하여 수질이 개선된 하천수를 하천의 수변(shoreline)에 설치된 수평집수관을 연결한 수직집수관(垂直集水管)을 통해 양수하여 하천에 재투입함으로써 하천수질개선 및 하천유지용수, 간접취수원으로 활용하는 공법이다.

우리나라에서도 1990년대 초반부터 하상여과가 많이 고려되어 있으며, 실제로 시공 및 운영되는 곳도 있다. 그러나 우리나라의 강변여과에서는 유럽에서와는 달리 생산유량이 적고, 여과수에는 질산성 질소, 철과 망간의 농도가 높아 후처리가 필요한 경우가 대부분이다. 이들 오염물의 농도가 높아 후처리가 필요한 경우 간접취수는 그 의미가 크게 줄어들며, 간접취수의 설비에 필요한 많은 비용에 대한 정당성을 상실할 수 있다. 이와 같은 문제점은 유럽과 우리나라의 기후나 지질 등의 자연환경 그리고 사회적 환경의 차이에서 기인되는데, 우리나라의 하천은 하상계수가 크므로 인해 치수(治水, river)와 이수(利水, irrigation)에 모두 불리하며, 자연지하수가 빈약, 지층의 특수계수가 작고, 두께는 얇은 지역이 많다. 이러한 문제점에도 불구하고, 국내에서 적용되고 있는 강변여과 등은 외국의 사례를 그대로 적용하여 집수유량 및 수질에서 설계치에 미달되는 결과도 있다.

또한 선진국외의 하상여과 기술을 국내 실정에 접합하도록 이론적 정립을 통한 최적설계를 바탕으로 효율적인 관리 시스템을 구축하여 지표수질에 비해 매우 우수하고 안정적인 수량을 확보할 수 있는 특징을 가지며, 이러한 기술축적으로 국내에도 적용하고 있다.

(1) 하상여과수의 활용

1) 적용대상 분야

① 하천의 건천화 방지를 위한 하천 유지용수 확보시설

② 취수원 다변화를 위한 간접취수원 확보시설

③ 하천의 수질개선을 위한 여과시설

④ 습지, 실개천, 분수, 관개 등의 여가 및 미관을 위한 조경시설

2) 환경적 개선효과

① 하천의 건천화를 방지할 수 있으며, 그로 인한 수질악화 개선
② 수원확보를 위해 댐과 같은 거대한 시설로 인한 환경파괴 최소화
③ 하상의 자정능력을 활용한 여과로 슬러지와 냄새의 발생 최소화
④ 유기오염물질 및 질소를 처리할 수 있고, 병원성 미생물 등의 처리
⑤ 기존 및 강화되는 수질기준 만족효과
⑥ 실시간 모니터링을 기반으로 한 시스템도입을 통해 문제 발생시 대처능력 향상 및 수질 사고 방지

3) 기술특성의 효과

① 하상여과의 이론적 정립을 통해 시설의 최적설계와 충적층의 투수계수와 여과수의 수질에 대한 여과기술 향상
② 하천주변의 부지정밀조사로 인한 하천의 지질특성 및 수질분석을 통해 우리나라 하천의 특성을 파악하는데 기여
③ 하천의 유지유량 확보를 위한 용수공급을 통해 수질향상과 인구 및 산업밀집지역의 물 부족현상을 개선
④ 하상여과시설을 활용한 하천주변 환경정비사업에 기여

4) 기술적용의 직·간접효과

① 타 취수시설 및 정수처리시설과 비교하여 처리비용과 유지관리비용의 절감효과
② 댐건설 등의 대규모사업을 줄일 수 있어 환경단체 및 주민들과의 마찰 최소화
③ 처리시설의 외부와의 노출을 최소화 할 수 있고, 하천을 정화하는데 있어 하상의 자정능력을 활용
④ 하상여과를 통해 유해성물질(병원성 미생물 : 지아디아, 살로넬라균, 쉬겔라균 등) 제거를 기대할 수 있으므로 간접취수원으로 활용할 경우 효과적인 정수처리가 가능하여 국민의 보건 및 건강증진에 기여

(2) 하상여과의 원리

하상여과(河床濾過)시설은 원통형 수직집수정과 수평집수관 그리고 기계 및 전기·계장시설로 구성된다. 수직집수정은 콘크리트나 강재 등을 사용할 수 있으며, 기반암에 지지되도록 설치하여 침하에 따른 수평집수관의 파손을 방지한다. 수평집수관은 충적하상의 깊이에 따라

높이를 조절하여 한 층 또는 여러 층으로 설치하며, 그림 5.10과 같이 한 층에는 보통 설계유량에 따라 하천방향으로 펼쳐진 형태(부채살형)로 여러 개가 비굴착(非掘鑿)으로 시공되어 하상충적층의 교란이나 미생물의 영향을 최소화 한다.

하상여과수의 수질에 영향을 미치는 인자는 크게 수평집수관의 위치, 양수율 등이며 수평집수관의 위치가 하상표면에서 멀수록 하천수에 포함된 유기오염물질은 많이 제거되지만 이에 따라 전자수용체(電子受容體, electron acceptor : 생체 산화환원반응에서 전자공급체로부터 전자를 받아들이는 분자 또는 이온의 총칭을 말함)도 많이 소모된다. 전자수용체는 산소와 질산성 질소가 먼저 소모된 뒤 철과 망간이 환원되므로 유기물의 산화가 많아질 경우 질산성 질소의 제거에는 유리하지만 철과 망간이 용출되어 새로운 오염원이 될 수 있으므로 하상에서의 이동거리 및 체류시간 등을 고려하여 최적의 위치에 수평집수관을 설치한다. 또한 하상층 내부에서의 유속은 수직집수정 내부수위에 의해 조절되므로 수질에 따라 양수율을 조절이 가능하다.

따라서 이 원리는 시공정비의 성능을 향상시켜 국내의 일반적 형태인 모래(실트)와 자갈층(호박돌층)이 혼합된 지층에서도 효율이 뛰어난 이중관 회전추진식공법의 적용과 유럽 · 미국의 강변여과수는 하천에서 20 m 이상 떨어진 지점에 위치하여 투수계수가 작은 우리나라에 그대로 모방하여 적용할 경우 지하수의 유입과 철과 망간의 용출 그리고 취수량 산정에 많은 문제점을 야기시킬 수 있으므로, MOC(method of characteristics)를 적용한 모델해석과 칼럼실험에 의한 모델검증을 통해 하상여과가 가능한 최소하상두께와 오염물의 농도변화에 영향을

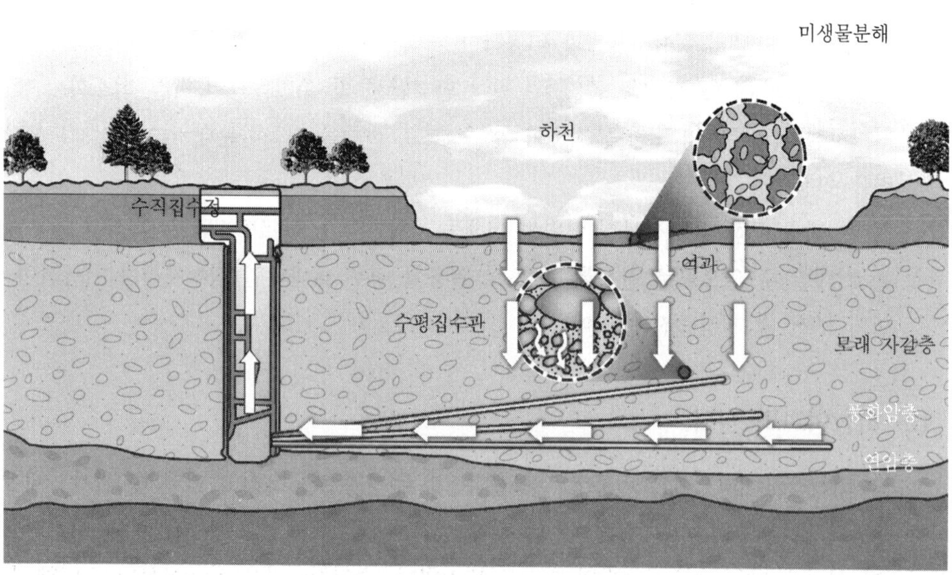

그림 5.10 하상여과 개요도

끼치는 하상에서의 체류시간을 고려한 수평집수관의 지름 그리고 대수층의 투수계수에 따른 기울기의 증감을 통해 지하수유입률 산정, 하천수에 유기오염물이나 하상충적 층에 유기물이 많을 경우에는 하천수에 포함된 전자수용체가 고갈되어 하상으로부터 철과 망간이 용출될 수 있는데, 현장 지질조사를 통해 얻은 인자를 Modflow 모델링을 통한 적정취수량 산정 등의 공학적인 요소를 바탕으로 현장의 충적 하상깊이와 그 투수능력 등의 자연적인 조건을 활용하여 유량변화를 통해 유기물과 질산성 질소를 최대한 소모시켜 철과 망간의 용출을 최소화하여 하천수로부터 양질의 하상여과수를 목적으로 하는 하상여과수의 원리이다.

(3) 제거효율의 비교

하상여과는 기존의 하천 정화공법에서 처리할 수 없는 인과 유해성 물질(병원성 세균 : 지아디아, 살로넬라균, 쉬겔라균 등)을 처리할 수 있으며 SS, BOD, N, 대장균 등의 처리효율에서도 우수한 것으로 나타나고 있다. 특히 총질소(T-N)와 총인(T-P)을 처리할 수 있으며 총질소는 40~55%, 총인은 60~80%, 대장균은 95% 이상의 높은 처리효율을 보이고 있다(표 5.4 참조).

표 5.4 각 하천 정화공법과 하상여과 비교

구 분	토양침투법	역간접촉산화	끈상접촉산화	하상여과
원리	·3~5일 정도로 빠르게 통수하여 토양에 의한 흡착과 여과로 정화	·여과후 미생물에 의한 산화작용	·접촉면을 증가시킨 미생물 산화작용	·자연 충적층을 활용한 자연정화
여재	·토양(토양미생물)	·자갈+폐자재	·섬유형 끈상	·자연 충적층
종요수질 정화항목	·SS, BOD, P, 대장균	·SS, BOD	·SS, BOD, 대장균	·SS, BOD, N, P, 대장균
제거율[%]	·SS : 70~90 ·BOD : 60~90 ·T-P : 70~90	·SS : 70~90 ·BOD : 65~70	·SS : 80~90 ·BOD : 70~80	·SS : 90 이상 ·BOD : 75~85 ·T-N : 40~55 ·T-P : 60~80 ·대장균 : 95 이상
비고	-	표류수를 원수로 하여 원수수질조건에 제약을 받음.		-

5.2.9 침사지

(1) 서설

침사지는 원수와 동시에 유입된 모래를 침강, 제거하기 위한 시설이며, 치사지의 형상이나 구조 및 지내의 유속은 치사효율의 양부에 영향을 미치며 나아가서는 펌프 등 각종 기기나 설비의 유지관리에 크게 영향을 미친다. 따라서 연간을 통하여 하천의 유황에 따라 원수 중에 포함된 모래의 양, 입도분포, 밀도 등을 조사하여 지의 형상, 치수 및 구조 등을 적절한 것으로 하고 일반적으로 치사지의 단. 평면도는 그림 5.11과 같다.

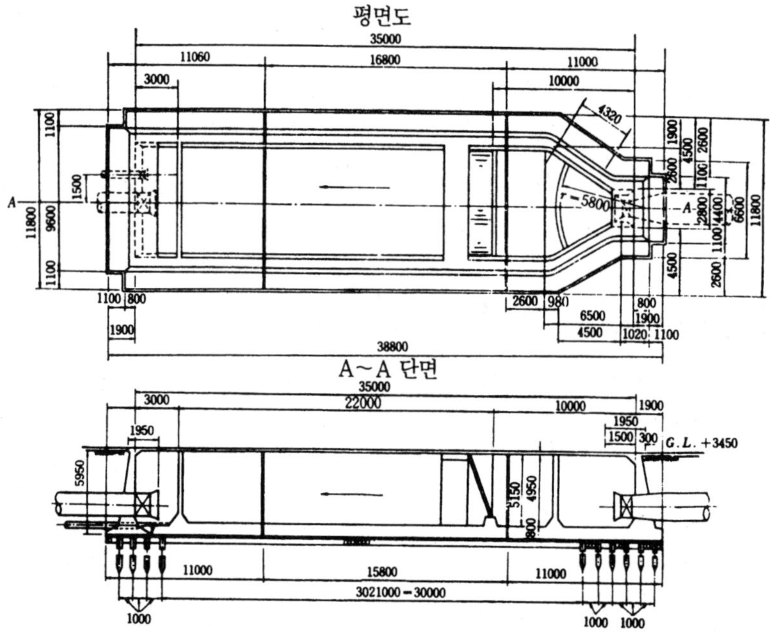

그림 5.11 침사지의 예

(2) 위치 및 형상

침사지의 위치 및 형상은 다음에 따른다.

1) 위치는 가능한 한 취수구에 근접하여 제내지에 설치한다.

침사지는 유입되는 모래를 신속하게 침전, 제거하기 위하여 취구수에 근접한 제내지에 설치한다.

2) 지의 형상은 장방형으로 하고 유입부 및 유출부를 가각 점차 확대.축소시킨 형태로 한다.

수로단면이 갑자기 확대되면 편류나 역류가 생기게 되고 침사지의 효율을 감소시키며, 침사효과가 저하된다. 이 때문에 지내에서 와류가 생기지 않도록 유입부나 유출부의 폭을 자차 확대.축소시키는 것이 좋다. 일반적으로 유입확대이행부의 확대각은 가능한 작게 하는 쪽이 좋다. 확대각이 40∘이상으로 되는 경우에는 유입확대이행부에 적절한 정류장치를 설치한다. 도류벽이나 정류벽을 설치하거나 또는 지의 수위가 일정하게 유지하는데는 유입확대이행부의 유적이 유입도수로의 유적과 갈도록 정류역경사(정류역경사)부분을 확대이행부의 종단까지 설치하는 정류방법이 있다.

3) 지수는 2지 이상으로 한다.

청소, 점검, 수리 등을 고려하여 지수는 2지 이상으로 한다. 용지면적이나 그 밖의 제약으로 1지로 하는 경우에는 칸막이벽을 사용하여 2부분으로 나누거나 우회관(by-pass)을 설치하여 청소나 보수를 할 수 있도록 해 둔다.

(3) 구조

침사지의 구조는 다음 각 항에 따른다.

1) 원칙적으로 철근콘크리트구조로 하며 부력에 대해서도 안전한 구조로 한다.

침사지는 원칙적으로 철근콘크리트 구조로 하며 충분한 강도를 가져야 한다. 침사지를 설치하는 제내지의 지하수위가 높은 경우에는 청소, 점검, 보수 등을 위하여 침사지를 비 때에 부력에 의하여 지가 부상될 우려가 있다. 이 때문에 지의 저판이나 벽의 두께를 두껍게 하여 비중을 크게 하는 등 부력에 대하여 구조상으로 안전하도록 고려해야 한다.

2) 표면부하율은 200~500mm/min을 표준으로 한다.

침사지의 표면부하율은 침전되는 입자의 침강속도 및 침사지의 정류정도 등을 고려하여 정한다(5.5 침전지 참조). 여기서는 실적 등으로부터 표면부하율은 200~500mm/min을 표준으로 하였다. 또 체류시간은 계 취수량의 10~20분을 표준으로 한다.

3) 지내평균유속은 2~7cm/s를 표준으로 한다.

경험으로는 평균유속을 2~7cm/s로 하면 침강된 모래가 재부상되어 움직이지 않는다.

4) 지의 길이는 폭의 3~8배를 표준으로 한다.

침사지의 길이는 다음 식으로 산출한다. 또 폭은 길이의 1/3-1/8 표준으로 한다.

$$L = K\left(\frac{H}{U}V\right)$$

여기서,

L : 지의 길이[m]

H : 유효수심[m]

U : 제거할 모래의 침강속도[cm/s]

V : 지내의 평균유속[cm/s]

K : 계수(안전율) 1.5~2.0

모래입자의 침강속도는 표 5.5와 같다.

침전되는 입자의 직경은 0.1~0.2mm 정도가 보통이다.

표 5.5 모래입자의 침강속도(비중 : 2.65인 경우)

입자의 지름[mm]	0.30	0.20	0.15	0.10	0.08
침강속도[cm/s, 10 ℃]	3.2	2.1	1.5	0.8	0.6

5) 지의 고수위는 계획취수량이 유입될 수 있도록 취수구의 계획최저수위 이하로 정한다.

지의 고수위는 취수하천의 수위가 계획최저취수위의 경우라도 계획취수량을 취수할 수 있도록 정한다.

6) 지의 상단높이는 고수위보다 0.6~1m의 여유고를 둔다.

침사지에는 일반적으로 취수구로부터 관로를 거쳐 자연유하식으로 하천에서 유입되고 있다. 따라서 치사지의 월류수를 하천에 자연유하로 방류하는 것이 곤란하기 때문에 월류설비를 설치하기 어려운 경우가 많다. 월류설비가 없는 경우에는 여유고를 크게 잡는 것으로 한다.

7) 지의 유호수심은 3~4m를 표준으로 하고, 퇴사심도를 0.5~1m로 한다.

침사지의 유효수심은 경험적으로 사용되는 것이 3~4m를 표준으로 한다. 퇴사심도는 퇴사량과 배사의 회수에 따라 결정되는 것이지만, 0.5~1m로 한다.

8) 바닥은 모래배출을 위하여 중앙에 배수로(pitt)를 설치하고, 길이방향에는 배수구로 향하여 1/100, 가로방향은 중앙배수로를 향하여 1/50정도의 경사를 둔다.

바닥경사는 배사 및 방류의 편리를 위하여 설치하는 것으로, 표준적인 값을 이용하고 있다.

9) 한랭지에서 저온으로 지의 수면이 결빙되거나 강설로 수중에 눈얼음 등이 보이는 곳에서는 기능장애를 방지하기 위하여 지붕을 설치한다.

한랭지의 경우에서는 지의 수면이 결빙되거나 적설 때문에 지의 기능이 현저히 저하되는 경우가 많다. 이러한 장애를 방지하기 위하여 지에 지붕을 설치하여 외기온도를 차단하고 동결을 가능한 한 방지한다.

(4) 부대설비

침사지의 부대설비는 다음 각 항에 따른다.

1) 유입구와 유출구에는 제수밸브 또는 슬루스게이트 등을 설치한다.

침사지의 유입구와 유출구에 설치하는 제수밸브나 슬루스게이트는 지수 외에 유량의 조절에 사용되는 경우도 있다. 따라서 월류 등의 사고가 생기지 않도록 조작이 확실한 것을 설치할 필요가 있다.

2) 지하수위가 높은 지점에 설치하는 경우에는 안전을 위하여 부상방지설비를 설치한다.

부상방지설비로서는 지의 부근에 배수정(排水井)을 설치하고 수중모터펌프 등에 의하여 배수(배수)하여 지하수위를 낮춤으로써 부력을 낮추는 방법이나 지의 상관에 소구경의 평저밸브를 적절히 설치하고 지가 비워질 경우나 지하수위가 급격하게 상승하는 경우에 수압에 의하여 작동하도록 하여 부력을 감소시키는 방법 등이 있다.

3) 필요에 따라 제진설비로서 스크린 및 제거기를 설치한다.

침사지에 설치하는 스크린은 취수구 스크린을 통과한 쓰레기들을 다시 한번 억류시키기 위한 것이다. 스크린 바는 취수구와 같이 평강 또는 환강을 사용하고 간격을 2.0~2.5cm로 하는 것이 일반적이다.

4) 필요에 따라 침사탈수설비를 설치한다.

침사지 내의 퇴사를 배사한 다음 탈수하는 것이다. 이 경우에 침사지의 구조, 퇴사의 성상 등을 고려하여 적절한 배사방법과 탈수방법을 선정한다. 침사지내에 유입된 기름 등을 제거하기 위하여 월류설비를 설치하는 경우가 있다.

5.3 지하수의 취수

5.3.1 취수지점의 선정

지하수는 지층수(formation water)와 암장수(fissure water)의 두 가지 형태로 존재한다.

물이 포화되어 있는 틈이 흙입자의 틈인 경우를 **지층수**(formation water or pore water)라고 한다. 그 틈이 암석의 균열(cracks), 공극(fissure) 및 틈새(gaps) 등인 경우를 **암장수**(fissure water)라고 한다.

지층수에 자유지하수(free groundwater)와 피압지하수(confined groundwater)로 구분된다. 자유지하수는 지하의 가장 얕은 부분에 있는 모래나 자갈 등의 지층 중에 함유되어 있는 지하수로서 강수량의 변동에 따라 수위가 오르내리며 수량자체도 증감한다. 또한 대수층이 지표로부터 얕으며, 지상으로부터의 오염을 받기 쉽고, 자유지하수의 취수시설로서는 얕은 우물이 일반적으로 사용된다.

복류수는 하천수(호소수)가 하상(호소상) 또는 그 부근에 잠류(潛流, undercurrent)하는 자유지하수의 일종이다. 복류수의 취수시설로는 집수매거, 얕은 우물(천정호) 등이 사용된다.

피압지하수는 대수층이 불투수성의 지층에 의하여 눌려있기 때문에 압력을 갖는 상황에 따라서는 지상으로 스스로 분출되는 것도 있다. 피압지하수는 주로 모래나 자갈과 같은 틈새를 갖는 지층 중에 존재하며, 수온은 연간을 통하여 거의 일정하고 일반적으로 수질은 양호하다. 피압지하수의 취수시설로서는 깊은 우물(심정호)이 사용된다. 또한 용천수는 지층수나 암장수가 지표로 용출되는 것이다.

지하수는 일반적으로 함양속도가 지극히 느리기 때문에 과잉으로 퍼 올리게 되면 지하수에서 물수지의 균형이 무너져서 지반침하를 야기하며, 해안부에서는 지하수의 염수화 등을 야기한다. 따라서 항상 적정한 양수량의 범위 내에서 취수하는 것이 필요하다. 지하수는 주로 용해성의 무기질과 지하에 생식하는 생물을 함유한다. 이것은 지질이나 그 밖의 환경에 의한 것으로 무기질로서 칼슘이나 마그네슘의 중탄산염, 염화물 및 황산염 등이 용해되어 있으며, 철이나 망간 등도 용해되어 있는 경우가 많고 생물로서 철세균(bacteria)이나 유황세균 등이 검출되는 경우도 있다.

지하수 중의 유기계 질소는 분해되어 암모니아 질소로 되며 더욱 아질산성 질소, 질산성 질소로 산화되어 간다. 유기물 중의 탄소는 분해되어 CO_2로 되며, 일부는 용존하고 또한 일부는 탄산수소염 또는 유리탄산을 형성한다.

지하수를 수원으로 하는 경우에는 다음 조건을 만족시킬 수 있는 취수지점(取水地點)을 선정하여야 한다.

① 해수의 영향을 받지 않는 지점이어야 한다.
② 부근의 우물이나 집수매거(集水埋渠)에 되도록 영향을 적게 미치는 지점을 선정하여야 한다.
③ 얕은 층의 물이나 복류수(伏流水)의 경우에는 오염원으로부터 15 m 이상 떨어져서 오염

원의 영향을 받지 않아야 한다.

④ 복류수의 경우에 앞으로 일어날 수 있는 유로변화 혹은 하상의 저하 등을 고려하여 하천 개수계획에 지장이 없는 지점을 선택하여야 하고, 하상 원래의 지질이 니토질(泥土質)인 지점은 피해야 한다.

5.3.2 우물의 수리

우물(井戶)의 양수량을 결정하는 공식에는 여러 가지가 있으나 Darcy의 공식을 사용하여 분류하면 평형공식(平衡公式, equilibrium formular)과 비평형공식(non-equilibrium formular)의 두 종류로 나눈다. 평형공식은 흡출정호(吸出井戶)의 둘레에 생기는 수위의 원추상 저하(圓錐上低下)는 평형상태에 있다는 가정에서 유도되고 있으며, 티엠(Thiem)식은 이에 해당한다.

비평형공식은 열전도와 지하수류와의 상사성(相似性)에서 열전도 이론을 도입한 것으로서 타이스(C. V. Thies), 야콥(jacob) 등의 방법이 사용되고 있다. 이 이론은 우물수원 대수층(帶水層) 중의 저류(貯留, storage)로부터 보급된다고 생각하여 양수를 계속하는 한 이 저류는 소모되어 영향원(影響圓)이 확대되면서 멈추지 않는다.

(1) 평형공식

1) 자유수면

지하수는 수두가 높은 곳으로부터 낮은 곳으로 유동하므로 양수하여 우물의 수위를 내리면 주위로부터 우물로 향하는 동수경사(動水傾斜)가 생겨서 지하수는 우물 속으로 유입한다. 이 경우에 지질이 균일하고 함수층이 무한히 넓고 양수개시 전의 지하수면이 수평이라고 가정하면 지하수는 모든 방향으로부터 대등하게 우물로 유입하게 된다. 즉 우물주위의 동심원통(同心圓筒)을 통과하는 수량은 양수량과 같다.

그림 5.12와 같이 우물(r) 밑은 불침투수층은 수평이라고 가정한다. 양수하였기 때문에 당초의 수위 H가 h로 저하했다고 하면 이 수면강하는 우물의 거리가 떨어져 있으면 감소하고 거리 R에서는 0으로 된다. 이 R을 반지름으로 하는 원을 **영향원**(影響圓, influence cycle)이라고 부른다. Darcy의 법칙으로부터 표현된다.

$$Q = A \cdot V = A \cdot KI \qquad (5\text{-}6)$$

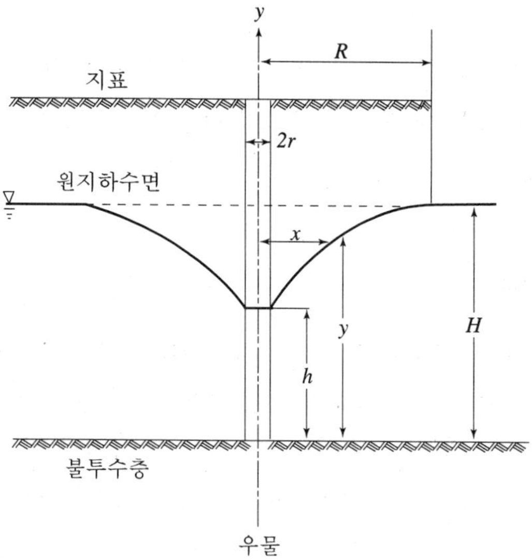

그림 5.12 **자유수면 우물**

여기서, Q : 양수량 [m³/s]

A : 물의 유입단면적 [m²]

V : 물의 유입속도 [m/s]

K : 침투계수 [m/s],

I : 동수경사 [−]

따라서

$$A = 2\pi xy,\ \ V = KI = K\frac{by}{dx}$$

그러므로

$$Q = 2\pi xy \cdot K\frac{dy}{dx}$$

$$Q\frac{dx}{x} = 2\pi Ky\,dy$$

적분하면 다음과 같다. 적분구간 $x = r$ 일 때 $y = h$, $x = R$ 일 때 $y = H$ 이므로

$$\int_r^R \frac{Q}{x}dx = \int_h^H 2\pi Ky\,dy$$

$$Q\left[x\right]_r^R = 2\pi K\left[\frac{y^2}{2}\right]_h^H \tag{5-7}$$

즉

$$Q = \frac{\pi K(H^2 - h^2)}{\ln\left(\frac{R}{r}\right)} = \frac{\pi K(H^2 - h^2)}{2.3\log\left(\frac{R}{r}\right)} \tag{5-8}$$

식 (5-8)으로부터 우물의 반지름 r와 영향원 R는 대수로 포함되어 있으므로 그 영향이 비교적 작게 되는 것이다. 그러나 수면저하 $(H-h)$는 수량 Q와 직접비례하는 것으로 된다. 또 실제 값을 구할 수가 없기 때문에 $R=150 \sim 500\,\mathrm{m}$로 가정할 때도 있다. 이 식의 이론상 결함으로서는 유입속도가 연직단면의 깊이와 같다고 하는 것은 잘못이며, $h=0$일 때 Q가 최대로 되나 이 경우는 우물에 물이 유입하지 않는다.

예제 5.4

지하수 상・하류 두 지점의 수두차 1.6 m, 두 지점 사이의 수평거리 520 m, 투수계수 300 m/d일 때 대수층의 두께 3.8 m, 폭 1.5 m인 지하수의 유량은 얼마인가?

풀이

다르시의 법칙(Darcy's Law)은 동수경사가 평균유속에 비례하는 것을 나타내는 것으로 지하수의 흐름이 층류인 경우에 적용할 수 있으며, 양수 등으로 유속이 빨라지는 경우는 난류상태로 되어 Darcy 법칙을 적용할 수 없게 된다.
일반적으로 지하수는 동수경사가 대단히 작아 대부분의 흐름은 층류가 된다.

$$\begin{aligned} \text{유량}(Q) &= K \cdot I \cdot A \\ &= K \times \left(\frac{\Delta H}{L}\right) \times A \\ &= 300\left(\frac{\mathrm{m}}{\mathrm{d}}\right) \times \frac{1.6}{520} \times 3.8 \times 1.5(\mathrm{m}^2) = 5.26\,[\mathrm{m}^3/\mathrm{d}] \end{aligned}$$

2) 피압수 우물

그림 5.13에 나타낸 것은 두 개의 불투수층의 사이에 있는 피압지하수 중에 파놓은 우물의 경우이다. 압력이 크면 지상으로 자분(自噴)하나 작을 경우 물은 우물 속에서 대수층 이상으로 상승한다. 이 경우는 H를 대수층 하단으로부터 최초의 수압면까지의 높이로 취하고 대수층의 두께를 b로 하면 자연수면 정호(井戸)의 경우와 동일하게 해서 다음 식을 구한다

(Thieme 식).

$$Q=\frac{2\pi Kb(H-h)}{\ln\left(\frac{R}{r}\right)}=\frac{2\pi Kb(H-h)}{2.3\log\left(\frac{R}{r}\right)} \tag{5-9}$$

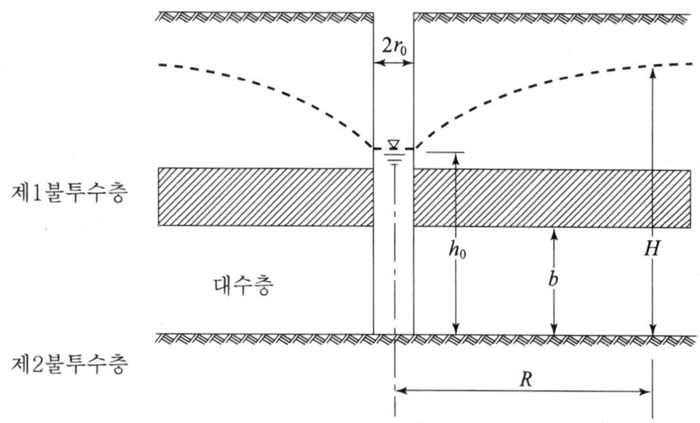

그림 5.13 피압수 우물

예제 5.5

다음 그림과 같은 굴착정에서 우물의 취수량을 구하시오(단 주어진 식을 사용하시오).

(단, $Q=2\pi Kb\frac{H-h_0}{\ln\left(\frac{R}{r_0}\right)}=\frac{2\pi Kb(H-h_0)}{2.3\log\left(\frac{R}{r_0}\right)}$)

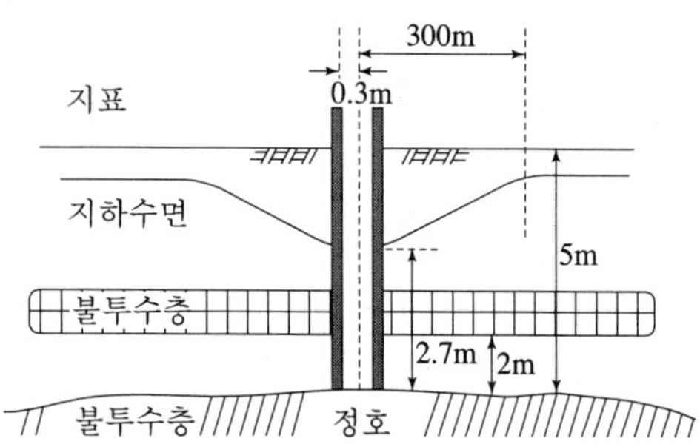

예제그림 5.6.1 굴착정

풀이

굴착정은 피압 대수층의 피압수 우물로서 Thiem식에서 계산하면 다음과 같다.

$$Q=2K\pi b\times\frac{(H-h_o)}{\ln(R/r_o)}=2\times0.04\pi\times2\times\frac{(5-2.7)}{\ln(300/0.3)}=0.168[\mathrm{m^3/s}]$$

3) 수위 관측정을 이용해서 K를 구하는 방법

식 (5-8), 식 (5-9)에 의하여 H, h_0, b, r_0, Q가 관측되므로 R만을 알면 K를 계산할 수

가 있다. 그러나 R을 구하는 것은 곤란하므로 ϵ 해법이 고안되어 앞의 식과 같이 Thieme에 의거 유도된 것이다.

그림 5.14와 같이 양수정(揚水井) 부근에 수위관측용의 타입정호(打入井戶)를 중심으로부터 r_1, r_2, …의 거리에 두 개 이상 만든다. 양수를 계속해서 평형상태가 성립했을 때 r_1 우물, r_2 우물에서의 대수층 두께를 h_1, h_2로 하면 식 (5-8)으로부터 다음 식을 구할 수 있다.

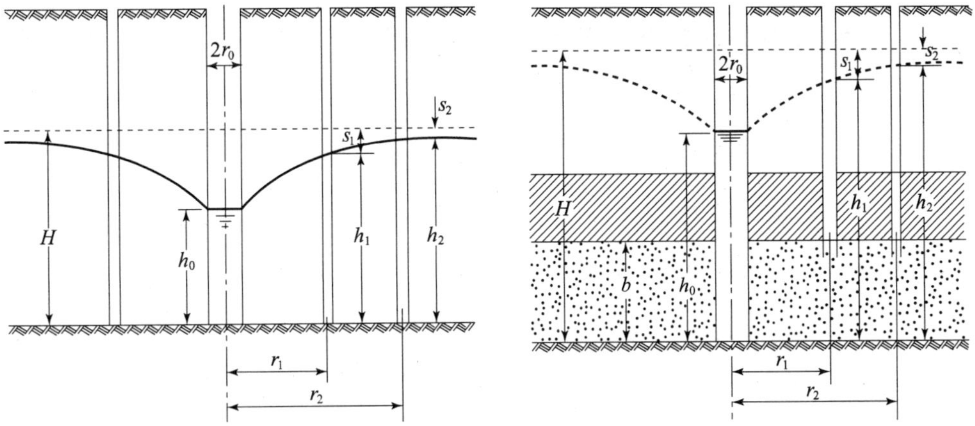

그림 5.14 관측정을 설치해서 K를 구하는 법

$$K = Q\frac{(\ln r_2 - \ln r_1)}{\pi(h_2^2 - h_1^2)} \tag{5-10}$$

따라서 $h_2^2 - h_1^2 = (h_2 + h_1)(h_2 - h_1)$에서 $h_2 - h_1$은 각 관측정의 수위강하량의 차 $s_1 - s_2$와 같으므로 자연수면 정호의 경우는 다음과 같이 나타낼 수 있다.

$$K = \frac{Q\ln(r_2 - r_1)}{\pi(h_2 + h_1)(s_1 - s_2)} = \frac{0.732\,Q(\log r_2 - \log r_1)}{(h_2 + h_1)(s_1 - s_2)} \tag{5-11}$$

식 (5-11)에 의하여 각 정호의 관측값을 넣으면 K를 계산할 수가 있다. 동일하게 해서 피압(被壓)지하수에서는 다음 식을 얻을 수 있다.

$$K = \frac{Q(\ln r_2 - \ln r_1)}{2\pi b(s_1 - s_2)} = \frac{0.336\,Q(\log r_2 - \log r_1)}{b(s_1 - s_2)} \tag{5-12}$$

관측정을 한 개만 만들고 양수정의 수위 h_0를 $x = r'$일 때의 $y = h'$로 된다.

$$K = \frac{Q(\ln r' - \ln r)}{\pi(h'^2 - h_0^2)} \quad (5\text{-}13)$$

위 식 (5-13)으로부터 K를 계산하는 것은 우물의 유입손실의 차이가 있으므로 쓰지 않는 편이 좋다.

4) 우물바닥이 불투수층으로 도달하지 않는 경우

이 경우는 대수층이 두껍고 우물의 둘레가 불투수층(不透水層), 콘크리트벽 등에 의해서 측면으로부터 취수하지 않는 경우로서 지하수는 우물바닥만으로부터 유입하는 경우에 사용되고 이와 같은 경우에는 우물바닥의 구조에 의해서 용수량이 달라진다.

① 우물바닥이 평탄(平坦)한 경우(그림 5.15 참조)

$$Q = 4Kr_0(H - h_0) \quad (5\text{-}14)$$

② 우물바닥이 구면(球面)인 경우(그림 5.16 참조)

$$Q = 2\pi Kr_0(H - h_0) \quad (5\text{-}15)$$

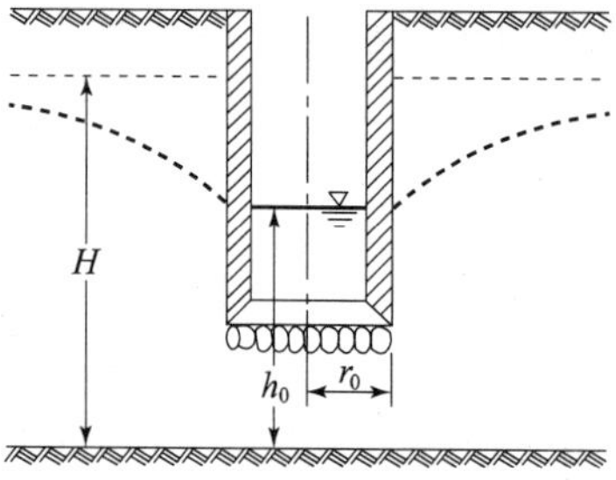

그림 5.15 우물바닥이 평탄한 경우

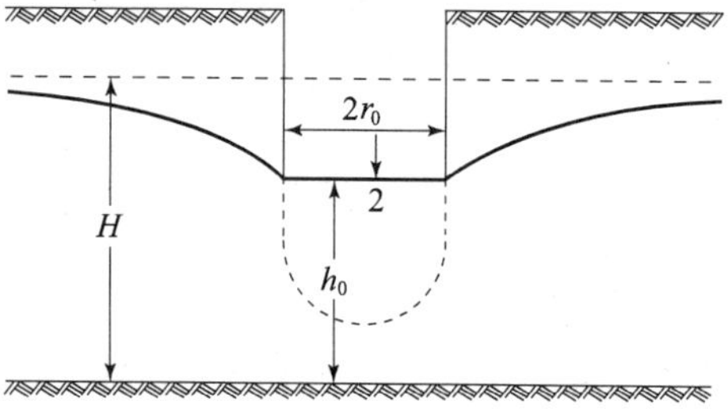

그림 5.16 우물바닥이 구면(球面)인 경우

다음에 대수층이 별로 두껍지 않을 때 우물바닥 및 측벽으로부터 취수하는 경우에는 다음의 폴히하이머(Forchhrimer)식이 적용된다(그림 5.17 참조).

$$Q = \frac{\pi K}{2.3\log\left(\dfrac{R}{r_0}\right)} \cdot \frac{H^2 - h^2}{\left(\dfrac{h_0}{t + 0.5r_0}\right)^{0.5}\left(\dfrac{h_0}{2h_0 - t}\right)^{0.25}} \quad (5\text{-}16)$$

식 (5-16)은 대수층이 매우 두꺼울 때는 k가 과소하게 되므로 주의를 요하며, 영향원 반지름 R이 들어난 점이 있다.

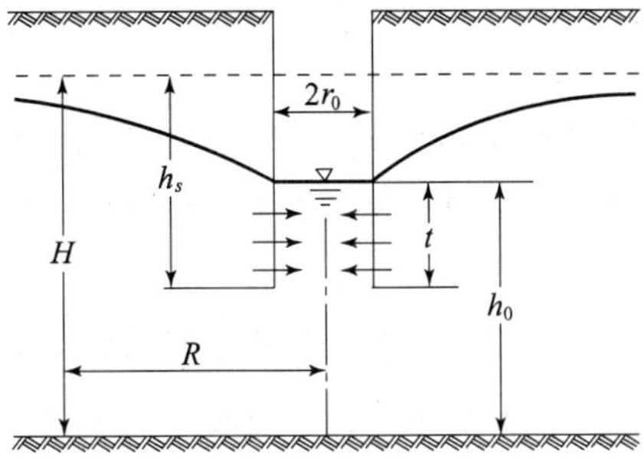

그림 5.17 우물바닥과 측벽으로부터 취수하는 경우

(2) 비평형 공식

Thieme가 제창하여 그 후에 일본인 야만(野蠻)이 독자적 입장에서 이 공식을 이론적으로 유도했다. 비평형 이론에서는 자연수면 우물 및 피압수 우물은 같은 식으로 표현된다.

$$s = \frac{Q}{4\pi T}\int_0^{\infty}\frac{e^{-u}}{u}du \quad \text{또는} \quad s = \frac{Q}{4\pi T}W(u) \tag{5-17}$$

여기서, $u = r^2 S/4Tt$

s : t 식간 양수한 후의 수위저하량[m]

Q : 양수량[m^3/hr],

T : 침투량 계수로서 대수층의 두께에 침투계수를 곱한 것이며, 자유수면일 때는 KH로 나타내고 피압수면일 때는 Kb로 나타낸다[m^3/hr].

r : 양수정호로부터의 거리[m], S : 저류계수(무차원)

t : 양수시간[hr], $W(u)$는 Wenzel의 **정호함수**라고 부른다.

$u < 1$일 때, 즉 수위강하가 완만해진 시점 이후에서는 다음과 같은 Tayler 급수로 전개된다.

$$W(u) = -0.5772 - \ln u + u - \frac{u^2}{2 \cdot 2!} + \frac{u^3}{3 \cdot 3!} - \frac{u^4}{4 \cdot 4!} \cdots\cdots$$

이 함수는 계산되어 있는 Wenzel의 정호함수 수치표를 이용한다.

양수조사에 의해서 얻은 자료를 상기 이론 식에 넣어서 수리적 제성질을 수치적으로 구하는 것은 실제로는 극히 복잡하므로 실용상은 Thieme의 식은 임의 시간에서의 임의의 수위저하를 알면 침투계수를 알게 되므로 편리하다.

(3) 집수매거의 취수량

집수매거(集水埋渠, infiltration galleries)는 하천부지의 하상밑이나 구 하천부지 등의 땅속에 매설하여 집수기능을 갖는 관로이며, 복류수나 자유수면을 갖는 지하수(자유지하수)를 취수하는 시설이다.

자갈, 모래 등 투수성이 양호한 대수층을 선정하여 만들며 유황(硫黃)이 좋으면 안정되게 취수할 수 있다. 지상구조물을 축조할 수 없는 장소에도 설치가 가능한 이점이 있다.

제외복류수를 취수하는 경우 또는 제내복류수에 관해서도 그 취수에 의하여 하천 유량에 영향이 현저한 경우에는 「하천법」의 규정이 적용되는 경우가 있다. 하천구역이나 하천보전구역의 복류수를 취수하는 경우에는 하천관리자와 협의해야 한다.

1) 위치 및 구조

집수매거의 위치 및 구조는 다음 각 항에 따른다.

① 집수구멍의 지름은 10~20mm로 $1m^2$당 20~30개 정도로 하며, 집수구멍이 막히는 것을 방지하기 위하여 집수구멍의 지름이 외측은 작고 내측은 크게 유지하고, 유입속도는 3cm/s 이하로 한다.

② 집수매거 방향은 복류수의 흐름방향에 직각이 되도록 한다. 많은 양의 물을 취수할 때는 본관에 수개의 지관을 분리하여 사용할 수 있으며, 집수매거는 1/500 이하로 매설한다.

③ 집수매거 유출단의 평균유속은 1m/s 이하로 한다.

④ 집수매거의 깊이는 직접표류수의 영향이 없도록 5m를 표준으로 하나, 지질이나 지층의 제한으로부터 부득이한 경우에는 그 이하로 한다.

⑤ 집수매거는 노출되거나 유실될 우려가 없도록 충분한 깊이로 매설한다.

⑥ 집수매거의 길이는 시험우물 등에 의한 양수시험결과에 따라 정한다. 이 때에 집수 개구부지점에서의 유입속도는 모래의 소류한계속도 이하를 표준으로 한다.

⑦ 철근콘크리트탱크의 유공관 또는 권선형 스크린관을 표준으로 한다.

⑧ 세굴의 우려가 있는 제외지에 설치할 경우에는 철근콘크리트틀 등으로 방호한다.

많은 공식이 있으나 계산 결과가 실제와 잘 맞지 않는 경우가 많다. 공식의 적용에 있어서는 유도된 조건을 검토할 필요가 있다.

2) 지하수가 측벽으로부터만 유입하는 경우(그림 5.18 참조)

$$Q = \frac{KL(H^2 - h^2)}{R - r} \fallingdotseq \frac{KL(H^2 - h^2)}{R} \tag{5-18}$$

여기서, Q : 양수량 [m^3/s], K : 투수계수 [m/s]

H : 대수층의 두께 [m], L : 암거의 길이 [m]

R : 영향원의 반지름 [m]

h : 집수암거 내의 수면과 불투수층간의 높이 차 [m]

집수암거는 보통 자유수면을 갖지 않으므로 이와 같은 상황은 갈수기에 많이 나타난다.

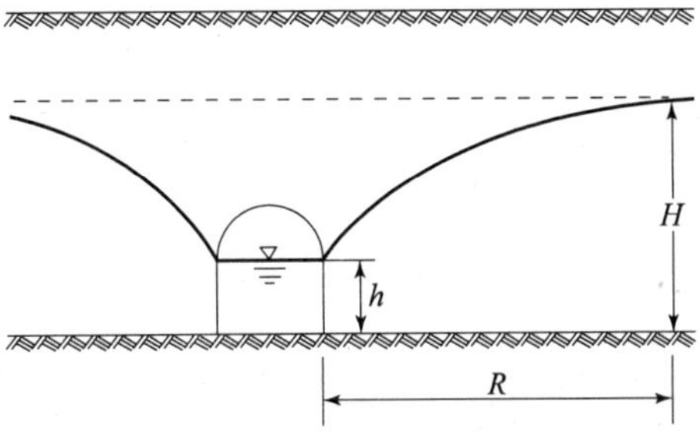

그림 5.18 지하수가 측벽으로 유입하는 경우

예제 5.6

그림 5.18의 집수매거에 의한 복류수를 취수할 경우 취수량은(단, 반지름 R은 2 m, 원지하수심 H가 5 m, 암거수심 h는 3 m, 암거길이 L가 100 m이며, 투수계수 K는 2.5×10^{-5} m/s이다)?

풀이

$$Q = \frac{KL(H^2 - h^2)}{R} = \frac{2.5 \times 10^{-5} \times 200(5^2 - 3^2)}{2}$$

$$= 0.02\,\mathrm{m^3/s} = 20\,[\ell/\mathrm{s}]$$

3) 불투수층까지는 깊지 않고 암거바닥(渠底)은 불투수층에 달해 있지 않는 경우(그림 5.19 참조)

$$Q = \frac{KL}{R} \cdot \frac{(H^2 - h^2)}{\left(\frac{h}{t + 0.5 r_0}\right)^{0.5} \left(\frac{h}{2h_0 - t}\right)} \tag{5-19}$$

이 식은 불투수층이 암거바닥으로부터 집수거 지름 5~6배 정도에 있을 경우에 쓰여진다.

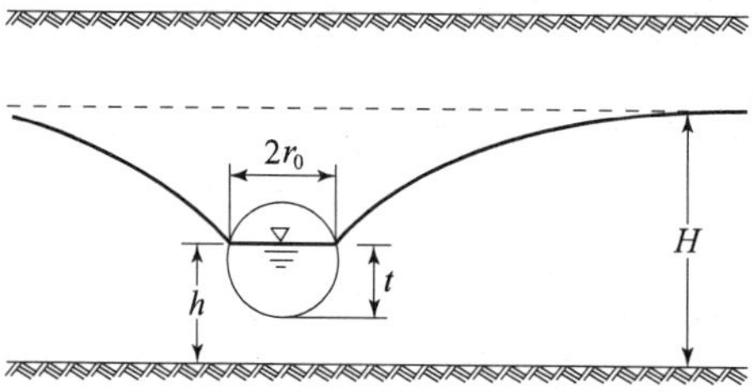

그림 5.19 암거바닥이 불투수층에 미치지 않을 경우

4) 불투수층이 깊고 암거바닥은 불투수층에 달해 있지 않는 경우로 밑 부분만 유입되는 경우 (그림 5.20 참조)

$$Q = \frac{\pi KL(H-h)}{2.3\log(2R/r)} \tag{5-20}$$

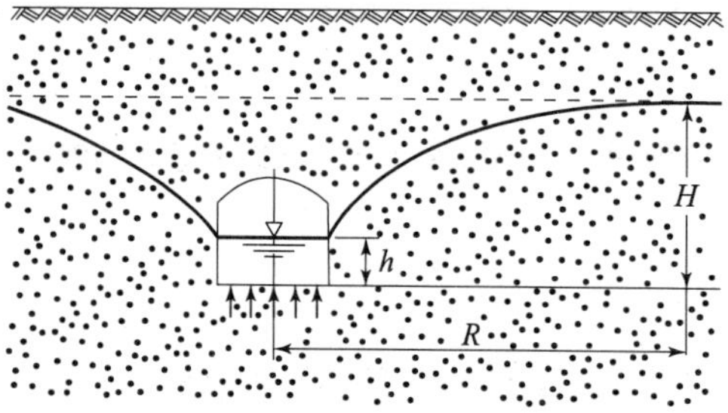

그림 5.20 암거바닥 밑으로만 유입하는 경우

5) 하상 중의 암거(그림 5.21 참조)

$$Q = \frac{2\pi KL\left[(H+a-p_0/w)\right]}{2.3\log(4a/d)} \tag{5-21}$$

여기서, Q : 암거 단위길이당 유입량 [m³/s/m]

d : 암거의 반지름 [m]

P_0 : 암거 내의 압력강도 [N/km²]

a : 하상으로부터 암거 중심까지의 깊이 [m]

w : 물의 단위중량 [N/m³]

이 공식은 하폭이 충분히 넓다. 그리고 대수층은 충분히 깊은 것으로서 Muskat가 경상법(鏡像法)을 응용해서 유도한 것이다.

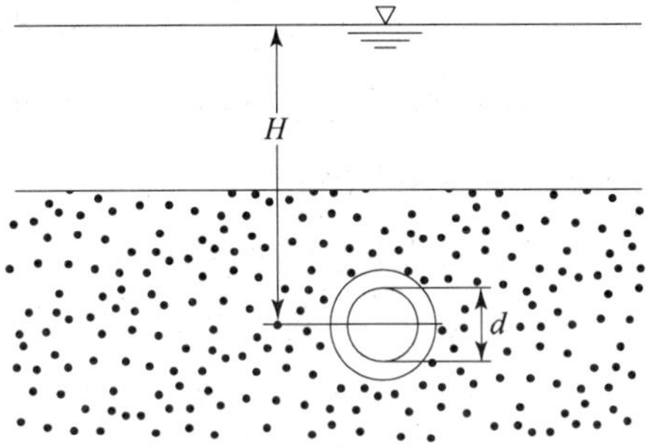

그림 5.21 하상 중의 암거

5.3.3 우물

우물(well, 지하의 천층수와 심층수를 취수하기 위하여 설치하는 구조물)에는 구조의 차이에 따라 통정호(筒井戶, pit well)와 관정호(管井戶, tubular well)로 구분한다. 또 약 30 m보다 얕은 지층수, 결국 천층수를 취수하를 취수하는 우물을 **얕은 우물**(淺井戶, shallow well)라 하고 그보다 깊은 심층수를 취하는 우물을 **심정호**(深井戶, deep well)라 부른다.

(1) 얕은 우물

얕은 우물(shallow wells)은 자유지하수 또는 복류수를 취수하는 우물로, 일반적으로 철근콘크리트제의 우물통을 지하에 설치하고, 그 바닥(井底) 또는 측면에서 우물통 내로 집수하며, 그 물을 수중 모터펌프 등으로 양수하는 시설이다.

우물통 외에 강제의 케이싱을 설치하고, 측면의 스크린으로 집수하는 경우도 있다.

우물통의 벽면에 있는 대수층에 수평방사상으로 집수관을 삽입하여 우물통 내로 집수하는 방사상 집수정도 있다. 수량·수질 모두 양호한 대수층이면 비교적 간단히 안정되게 취수할 수 있다.

얕은 우물에서 안정되게 취수하기 위하여서는 양호한 대수층을 선정한 다음 우물통의 구조, 우물바닥의 깊이, 양수펌프의 능력 등을 적절히 결정해야 한다. 또한 지표로부터의 수질오염을 방지하기 위하여 필요한 조치를 취할 필요가 있다.

1) 형상 및 구조

표층에는 다량의 지하수를 갖는 모래자갈층이 풍부함으로 얕은 우물이 많이 사용된다. 깊이 8~20 m의 비교적 얕은 우물은 굴착하면서 우물통을 설치해 나간다. 그 이상 깊은 우물은 무너지기 쉬운 모래층이 많으므로 강관 등을 박아 넣는 케이싱에 의한 방법이 일반적이다.

우물통인 경우에는 취수량과 대수층의 두께에 의하여 저면(底面) 또는 측면으로부터 취수하고 케이싱인 경우에는 측면으로부터 취수한다.

얕은 우물은 지표로부터의 수질에 영향을 받기 쉽기 때문에 가능한 한 깊게 하는 편이 좋지만, 8~20 m의 것이 많다. 우물통의 형상은 원형을 표준으로 한다.

구조는 철근콘크리트탱크나 철근콘크리트블록 조립탱크로 하며, 측벽은 파괴될 우려가 없는 충분한 강도를 갖는 것이 필요하다(그림 5.22 참조).

우물통 침하공법에 의하여 얕은 우물을 설치하는 경우에는 우물통 하단에는 강판제의 커브슈(curb-shoe of steel plate)를 부착하고 더욱이 시공 중에 부등침하 등으로 인하여 우물통이 기울어져서 예측하지 못하였던 응력이 생길 수 있으므로 우물통의 벽부두께를 두껍게 해야 하며 철근을 충분히 배근하여야 한다.

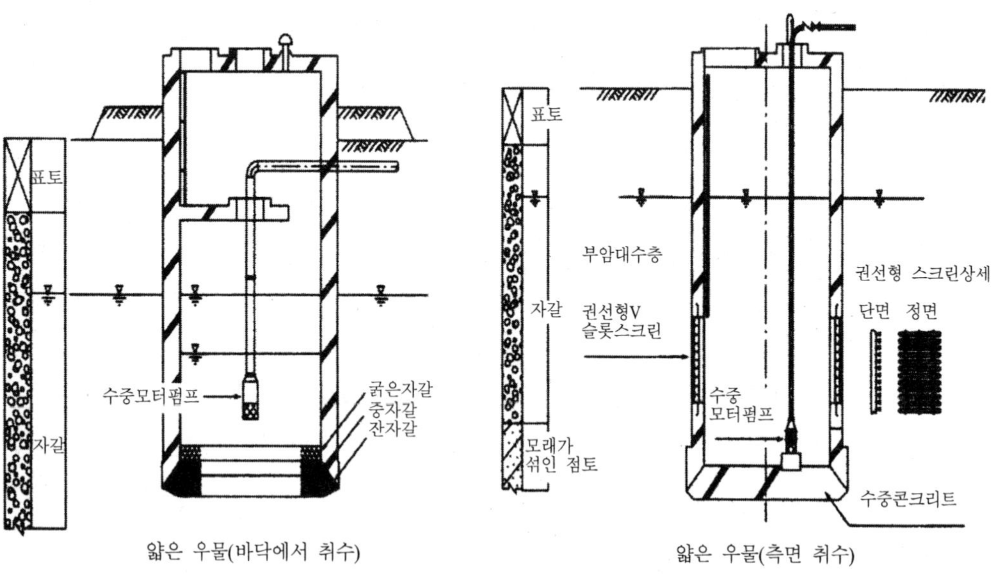

그림 5.22 얕은 우물의 구조

(2) 통정호

지름이 비교적 크고 연직으로 파내려서 우물벽을 끼운 구조의 우물을 **통정호**라 한다. 또한 **굴착정호**라고도 하며, 대개의 우물은 이에 해당한다. 통정호는 깊이가 5~15 m 정도의 범위로 천층수(자유지하수)를 취수하는데 적합하다.

물은 저부로부터만 우물에 유입하는 구조의 것이 많으나 측벽에 작은 구멍에 많이 뚫어서 바닥과 양쪽으로부터 유입되도록 하는 것이 있다. 우물의 구조는 대부분 원형 혹은 타원형 단면에 철근콘크리트탱크로 최하단에 커브 슈를 붙여 침하법(well sinking)에 의하여 침하시킨다. 웰 침하법에서 우물안에 사람이 들어가서 인력으로 굴착하는 경우는 강력한 펌프로 배수하거나 잠수부를 넣어서 굴착하며, 기계로 굴착할 경우는 버킷 등의 굴착기계를 사용한다. 우물통의 자중으로 침하하지 않을 경우 레일 등의 하중을 가하여 침하시킨다. 침하가 균등하게 되지 않고 우물통에 불측의 응력이 생길 수가 있기 때문에 우물통의 벽두께의 배근은 충분히 고려하여야 한다.

우물의 바닥만으로 집수할 경우 우물바닥과 투수층 사이의 지하수유입 저항을 감소하기 위해서 우물통 바깥지름의 1/4 이상 간격을 불투수층과의 사이에 유지한다. 또 우물의 바닥으로부터 대수층의 모래가 우물안으로 유입하지 않도록 하부로부터 순차로 잔 자갈(지름 2~3 cm), 자갈(지름 3~4 cm), 큰 자갈(지름 4~5 cm)을 각각 30 cm 정도 두께로 깔아야 한다. 또한 전체 자갈층 두께는 90 cm 정도이다.

우물통의 측벽으로부터 집수할 경우는 집수구멍(集水孔)을 우물의 최저수위 이하가 되도록 배치한다. 이것은 최저수위보다 위에 있으면 유입속도도 크게 되고, 지표에 가까운 곳의 오염된 물이 유입하기 쉽기 때문이다.

우물바닥으로부터 모래가 유입하지 않는 한도의 유입속도는 3 cm/s 이하이므로 우물의 단면은 이 조건을 고려해서 결정된다. 우물경은 유입속도, 시공의 난이, 흡수관의 장치 등의 조건에서 결정되는 수가 많다.

통정호에는 집수량을 증가하기 위해서 우물바닥으로부터 심정호공법에 의한 관정호를 아래쪽으로 더 깊게 내린 구조의 것도 있다. 이것은 천층수의 아래에 피압수층이 있고, 이 피압수와 천층수를 동시에 취수하려 할 때는 효과적이다. 또 측벽으로부터 집수할 경우에 집수용 강관을 방사상으로 측방에 넣은 만주정호라고 부르는 공법도 있다. 자갈섞인 지층에서는 시공이 잘 안되고 스트레이너가 폐쇄(閉鎖)하기 쉬운 결점이 있는 것 같다. 통정호의 우물벽은 지표면보다 적어도 30 cm 이상 높게 해서 오수(汚水) 등이 유입하지 않도록 한다. 홍수의 피해를 받기 쉬운 곳에서는 홍수위보다는 더 높게 해둘 필요가 있다. 우물의 마루부는 복개를 하여 통기공이나 인공을 장치하고 수위계에도 설치한다. 우물의 둘레는 배수가 잘 되어야 하며, 그리고 지표수가 침입하지 않도록 점토층이나 콘크리트층으로 불투수층을 형성시킨다.

우물을 두 개 이상 설치할 경우의 우물간격은 우물의 수리에서 기술한 바와 같이 우물상호간의 간섭이 적도록 하여야 하며, 지하수의 흐름방향이 판명되어 있을 때에는 유향(流向)에 직각방향이 되도록 배치하는 것이 유리하다.

통정호의 양수용펌프는 일반적으로 원심펌프, 터빈펌프가 사용되며, 펌프실을 우물 바로 위에 설치하는 수도 있으나 이 경우는 펌프실 내의 배수가 우물안에 들어가지 않도록 고려하여야 한다.

(3) 관정호

우물의 구경은 통정호보다 작으며, 우물 내벽구조에 강관을 사용하여 깊은 우물을 만드는데 적합하다. 심층수를 취수하는데 일반적으로 사용되고 천층수의 경우에도 사용된다.

관정호(管井戶)를 **굴착정**(掘鑿井)이라고 한다. 또한 피압수층의 정호로 자분(自噴)하는 것을 굴천(掘泉, artesian well) 또는 **굴발정**(掘拔井)이라 한다.

1) 관정호의 굴착

관정호의 굴착법에는 충격식(衝擊式, percussion)과 회전식(回轉式, rotary boring)의 두 방법이 있다. 충격식의 경우가 많으며 충격식은 지층에 각종 굴착공구를 반복해서 떨어뜨려 그 충격에 의하여 파들어가는 방법이다. 이 방식은 점토 · 사력 · 연암과 같은 비교적 연약한 지층의 굴착에 적합하다. 충격식에도 여러 가지 종류가 있으며, 일반적으로 사용되고 있는 것은 **로핑**(roping)이라 한다. 또 로(櫓)로부터 공구를 단 와이어 로프가 기계에 장치되어 있는 몇 개의 활차(滑車)를 지나서 드럼에 감겨져 있다. 활차의 하나가 동력에 의하여 상하로 움직이는 보에 고정되어 있으므로 보의 상하 움직임에 의해서 와이어도 상하로 움직이고 그 선단에 붙어 있는 비트(bit)가 지층을 굴진하게 된다. 굴진과 더불어 드럼의 와이어가 송출된다.

지층은 공구로 파쇄되므로 지질학상의 시료를 취하는데는 적합하지 않으나 회전식에 비하면 매우 좋다. 완전한 지실시료를 취하는데는 코어보링 등의 다른 방법도 필요하다.

공구로서는 점토나 사력층에 대해서는 그림 5.23과 같은 일반적으로 샌드펌프(sand pump)라고 하는 굴관(掘管, tube bit)을 사용하여 상하로 움직여 중량에 의해 충격을 가함과 동시에 토사를 펌프안으로 취입해서 굴진한다. 샌드펌프는 때때로 지상에 당겨 올려서 바닥밸브를 열고 토사를 배제한다. 샌드펌프는 두꺼운 철관으로 만들어져 충분한 중량을 가지며, 길이 4~5 m으로서 밑에는 밸브를 갖추어서 토사의 아래로부터의 침입은 허용하나 펌프를 올리면 밸브가 닫혀져 토사가 떨어지지 않는 구조로 되어 있다.

견고한 지층에 도달하면 샌드펌프로는 굴착되지 않으므로 일자 또는 십자 등의 칼날이 붙은

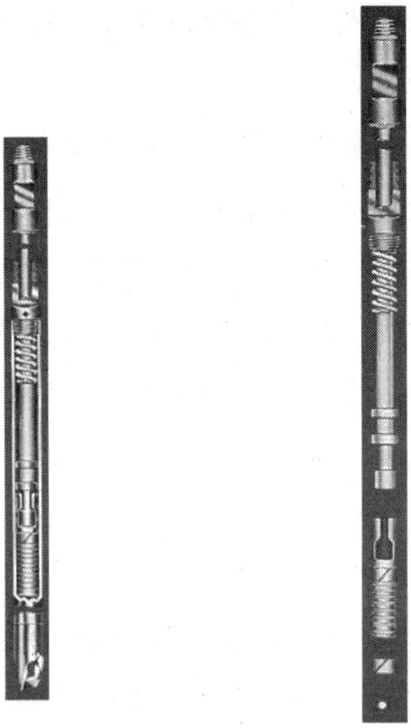

그림 5.23 샌드펌프

비트를 사용하여 암반을 파쇄하고 베일러(bailler)라는 샌드펌프와 같은 구조로서 버력(muck)을 제거한다.

굴진(掘進)중에 옹벽(擁壁)이 허물어지는 것을 방지하기 위해서는 벤토나이트(bentonite : 굴착식공법에 의하여 시공할 때 굴착한 구멍 속에 벤토나이트 용액을 주입하면 벤토나이트가 토사의 간극 속에 주입하여 옹벽을 안전하게 유지하고 주벽의 붕괴를 방지할 수 있음) 또는 점토를 진하게 녹인 물을 주입해서 옹벽을 점토로 굳힌다. 굴진 중에 구멍 속의 니수(泥水)가 급격히 감소하는 수가 있으나 이것은 일수(逸水)라 해서 대수층에 다 다른 것을 나타내는 한 징후이며, 일수가 심할수록 좋은 대수성(帶水性)을 나타내고 있다.

회전식은 각종의 경강제 비트를 하단에 장치한 보링로드를 지상에 설치한 기계로 회전시켜서 굴진을 한다. 이 때에 관 내부보다 고압의 점토수를 비트로부터 분출시켜서 지반을 연하게 함과 동시에 깎여진 동시에 토사를 함유한 점토수를 로드와 옹벽과의 공극을 지나서 지상에 압상한다.

최근 미국에서 사용되고 있는 것은 벽로타리법에서는 니수의 순환이 역으로 되어 있어서 니수는 옹벽과 로드의 공극으로부터 아래로 내려가서 로드안을 지나서 지상에 나온다. 큰 쇄편이 흡출되는 것과 암석이 곧바로 취출되어서 지질판정의 시료가 정확하는 특징을 가지고 있다.

점토는 토사의 침전물을 제거하여 순환 사용한다. 또 단단한 암반에 대해서는 숏로타리

(shot rotary)라 해서 지름 2 mm 정도의 산탄(散彈)을 비트와 암반 사이에 넣어서 산탄에 의해 암석을 원통상으로 끊는 방법도 있다.

회전식은 굴진속도가 크므로 심도가 깊은 우물에 적합하나 결점으로서는 수직으로 파는 것이 어려운 것과 굴진 중에 9~20 mm^3/hr의 물을 필요로 하는 것이다. 회전식에서는 앞에 기술한 바와 같이 지질판정이 힘들므로 전기검층법에 의해서 대수층의 위치를 구할 필요가 있다.

소정의 깊이까지 굴진이 끝나면 케이싱을 구멍 내에 삽입하는 작업이 필요하다. 대수층의 위치는 굴진 중에 얻어지는 지질시료나 점토수의 일수 등으로부터 판정이 되나 정확히 판정하는데는 전기검층법에 의하는 것이 좋다.

케이싱으로서는 일반적으로 인발강관 또는 용접강관이 사용되며, 최근에는 경질염화비닐관이 사용되기도 한다. 취수하려는 대수층이 위치에는 그림 5.24와 같이 스트레이너 또는 스크린을 삽입해서 지하수가 우물안으로 유입하도록 함과 함께 모래침입을 저지한다. 스트레이너의 위치는 될 수 있는 대로 제1대수층을 피해서 제2대수층 이하로 하며, 가장 깊은 곳의 스트레이너 하부에는 유사 시설용으로 길이 5~10 m인 장심관을 하부에 붙여 사용한다.

스트레이너는 간단한 것은 케이싱 파이프(casing pipe)에 직접종방향으로 또는 원주방향으

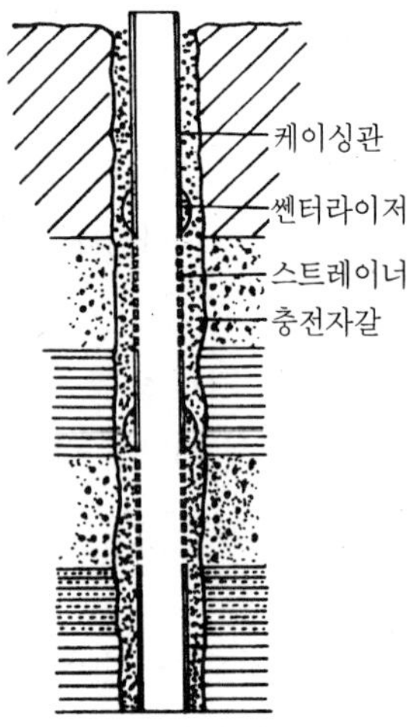

그림 5.24 스트레이너와 케이싱

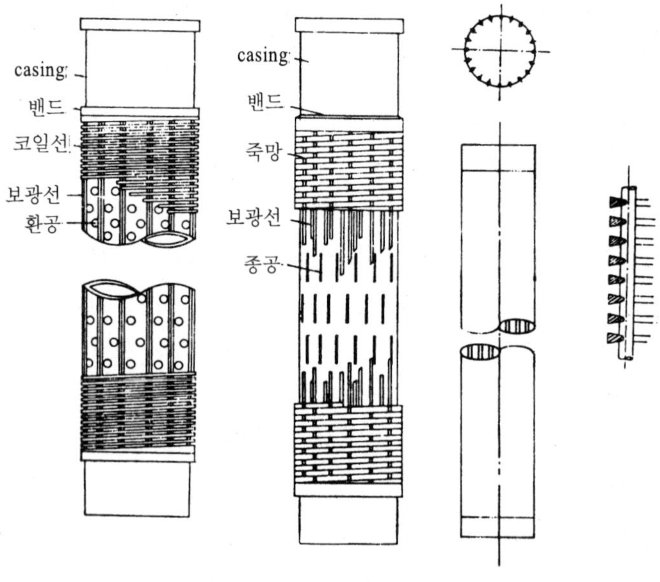

(a) 권선 스트레이너의 구조 (b) 권죽 스트레이너의 구조 (c) 수평 V연속 슬롯의 구조

그림 5.25 스트레이너의 예

로 긴 구멍을 많이 뚫은 구조의 것이 사용되어 녹슬면 폐쇄가 생기기 쉽다. 케이싱 파이프에 특별히 제작된 스트레이너를 삽입할 경우에는 아연도금, 스테인리스 스틸 등으로 녹슬지 않는 재료를 사용한 스트레이너를 사용한다.

그림 5.25는 스트레이너의 종류를 나타낸 것이다. 또 스트레이너 주위에 철강·금속선·대바구니·종려나무피 등을 감는 것을 스크린 자켓이라고 하며, 모래의 침입을 방지하는 것이 목적이지만 오히려 자켓에 물때나 녹이 부착해서 우물손실이 증가하거나 부식되므로 모래의 침입을 생기게 하는 경우도 있으므로 주의를 하여야 한다. 스트레이너의 구비조건은 다음과 같다.

① 집수면적(集水面積, catchment area : 강수가 집중되는 구역의 면적)이 충분히 커서 유입하는 물의 속도는 대수층의 모래를 유동시키지 않을 정도로 작게 할 것
② 집수층 폭(슬로트 사이즈)이 주위 대수층의 입자에 적합한 크기일 것
③ 사력입자에 의한 눈막힘을 방지할 수 있는 형상일 것
④ 우물의 공사 마무리 및 스케일 슬라임·모래 등이 집수구의 폐쇄를 방지할 수 있어야 하며 쉽게 제거할 수 있는 구조일 것
⑤ 강도 및 내식성이 큰 것 등의 요건을 채울 수 있는 재질, 구조의 것이 바람직하다.

대수층이 토질과 모래인 경우에는 스트레이너의 주위에 가는 사력을 충진해서 모래의 침입을 막는 공법을 취해야 한다. 이와 같은 우물을 사력충전 우물(gravel-wall well)이라 하여 이중 케이싱공법 등의 특수한 착정기술(鑿井技術)을 이용하여서 스트레이너의 주위만을 자갈로 충진한다. 이 경우에는 자갈의 입경이 모래의 유동을 일으키지 않는 것을 선정함과 함께 슬로트 사이즈를 그 자갈이 슬로트에 끼이지 않을 것을 선택하지 않으면 안 된다. 이중 케이싱의 시공법은 그림 5.26과 같다.

케이싱과 스트레이너의 설치가 끝나면 우물의 마무리를 한다. 마무리는 스트레이너 주변의 니토벽(泥土壁)이나 미세한 대수층의 모래를 제거하여 지하수의 유통이 잘 되도록 하는 것으로서 스와빙(swabbing), 역과대양수(back over pumping), 역세척(逆洗滌, back washing) 등의 방법을 사용한다.

스와빙은 케이싱 안지름보다 약간 작은 지름의 철구(鐵球, swedge ball)를 와이어 로프에 의해 스트레이너의 조금 상부까지 달아내려 급속히 당겨 올린다. 철구의 아래쪽에 심한 감압이 되므로 스트레이너 부근에 부착해 있는 가는 모래가 우물안에 딸려 나오게 된다.

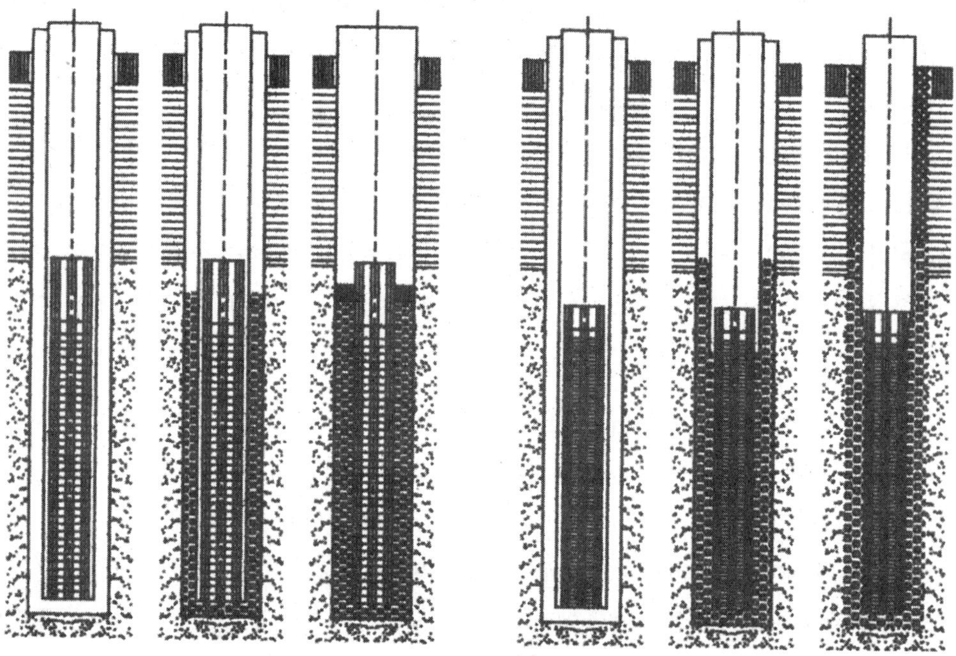
(a) (b)

그림 5.26 이중 케이싱공법

우물안에 딸려 나와서 부양(浮揚) 또는 침전한 가는 모래는 뒤에 베일러(bailler)에 의하여 배설된다. 스웨지 볼(swedge ball) 대신으로 베일러에 고무를 감아서 사용할 수도 있고 swabbs란 전용공구를 쓸 수도 있다.

고속분사(jetting)는 스트레이너의 내부로부터 외부를 향해 물을 분사시켜 스트레이너의 눈을 깨끗이 함으로써 지하수를 유도하는 방법이다. 역세척은 에어 리프트펌프(air lift pump : 압축공기를 우물안에 혹은 유리한 곳에 도입하여 물과 혼합시켜 물의 비중을 가볍게 하여 양수하는 펌프)를 사용하는 것으로서 케이싱을 뚜껑으로 밀폐하고 양수관의 밸브를 막은 그대로 압축공기를 보내고 압력계의 눈금이 기동압력 보다도 매우 크게 되었을 때 밸브를 갑자기 열어서 한꺼번에 양수하는 것이다. 이 조작을 되풀이함에 따라서 스트레이너 외주의 지층교란과 부착한 모래의 배설을 동시에 한다. 뒤에 베일러로 다시금 배설을 행하게 할 필요가 없는 것도 특징이다.

과대양수(over pumping)는 강력한 펌프로 한번에 다량으로 양수하며, 펌프를 정지하여 물에 진동을 주어서 동일한 목적을 달성하는 방법이다. 역세척은 케이싱을 뚜껑으로 밀폐해서 강력한 펌프로 우물안으로 물을 보내고 스트레이너로부터 대수층에 거꾸로 물을 넣어 가는 모래를 삽입하는 작용을 하는 것으로서 왕복유동이 없기 때문에 효과는 떨어진다. 이와 같은 방법에 의하여 우물의 마무리가 끝나면 양수시험을 행하게 되므로 이 시험에 의해서 우물의 적정양수량 내지는 경제양수량이 정하여진다.

2) 관정호의 펌프

관정호의 펌프로서는 다단펌프(bore hole pump)와 수중모터펌프(submergible pump, 그림 7.9 펌프장 참조) 등이 있다. 이 밖에 에어 리프트펌프란 압축공기를 우물 속에서 분출시켜 기포를 함유한 물과의 비중을 이용해서 양수하는 방식도 있으나 최근에는 이용되는 경우가 적다. 다단펌프는 다원심력펌프가 우물안에 장치되어 우물의 지상부에 종형모터를 설치해서 긴 회전 샤프트를 내장한 토출관이 양자를 연결해서 펌프를 운전하는 기구로 되어 있다. 이 때문에 우물의 케이싱은 연직으로 되어있지 않으면 회전 샤프트에 마찰이 생겨서 고장의 원인이 생겨서 원인으로 된다. 모터가 지상에 장치되어 있기 때문에 소음을 피할 수가 없다. 또한 장치에 고도의 기술을 필요로 하는 점이나 긴 샤프트로서 기계적으로 무리가 있는 점도 결점이라 할 수 있을 것이다. 이에 대하여 수중모터펌프는 다단펌프의 결점을 개선하여 모터나 펌프가 일체로 되어 있어서 양수관의 하단에 장치되어 있다. 이 때문에 펌프의 회전에 따른 소음이 거의 없으며 지상에 펌프실 설치나 급유(給油)를 필요로 하지 않는 등의 이점이 있다.

다단모터의 회전수가 큰 것과 윤활용으로 우물물을 여과해서 사용함으로써 미세한 모래에 의하여 축이나 축수부의 마모가 생기기 쉬운 결점이 있다. 그림 5.27에는 수중모터펌프를 설치한 관정호를 나타내고 있다. 수중모터펌프는 소형은 안지름 100 mm의 우물에 설치되는 것으로부터 대형은 400 mm 이상도 있으며, 사용전압도 200V부터 3,000V급까지 있다.

다단펌프에서는 펌프실을 필요로 하며, 펌프실은 우물의 지붕을 개방할 수 있는 구조로 한다. 이것은 수리할 때 양수관이나 펌프의 교체・이동 등의 작업상 공간을 필요로 하기 때문이다. 또 우물 속에 오수가 흘러 들어가지 않도록 우물의 케이싱은 펌프실의 바닥면보다 30 cm 정도 높게 한다. 수중모터펌프의 우물의 경우도 동일하다. 케이싱의 마루부는 밀폐될 수 있도록 뚜껑을 정차해야 한다.

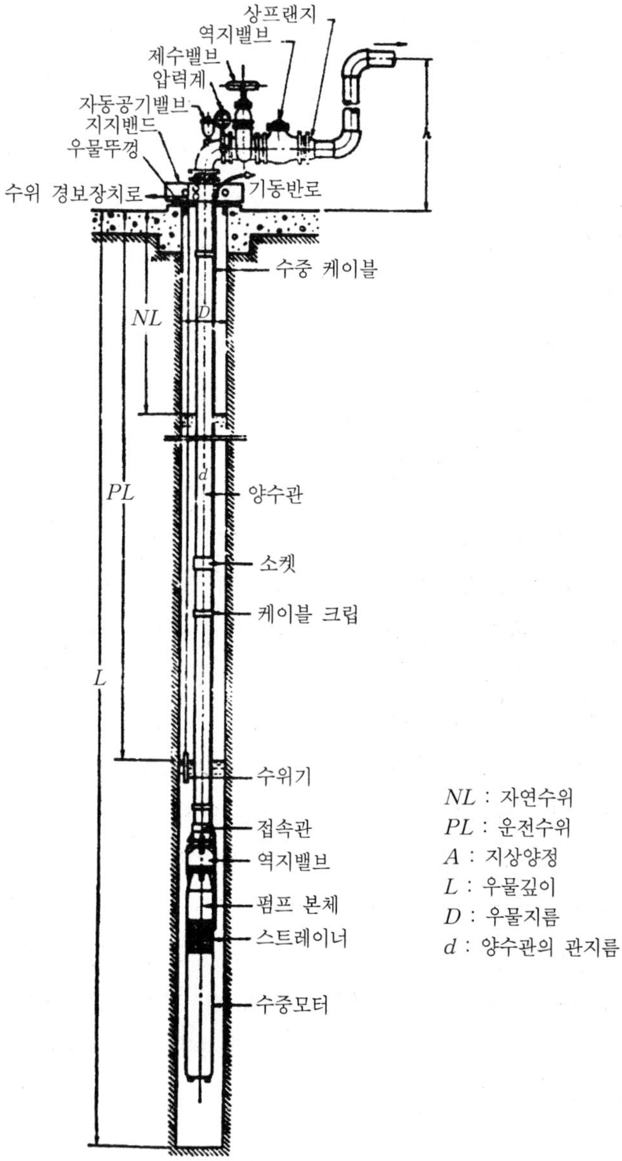

그림 5.27 **수중모터펌프의 설치도**

(4) 적정양수량

적정양수량이란 어떤 우물에서 현저한 우물손실의 증가나 지하수층의 물리적 성질에 이상

변화를 생기게 하지 않는 범위의 양수량을 말한다. 이와 별도로 적정채수량이란 그 우물에 속하는 지하수층의 지하수 포장량을 심하게 소모하지 않는 범위의 급양량(汲揚量)을 말하는 것으로써 수층의 안전함양량(安全涵養量, stable recharge)과 일치한다.

적정양수량의 이론과 결정방법은 다음과 같다. 한 우물로부터 급상되는 지하수량은 대수층의 투수계수와 동수경사에 의해서 정해지는 것으로서 우물의 반지름을 더해도 펌프의 용량을 크게 해도 자연히 모여드는 수량에는 한계가 있다.

만일 한계 이상으로 양수하면 스트레이너 부근의 대수층에서의 물의 유속이 빨라져서 모래가 유동해서 폐쇄가 되고 다량의 배사(排砂) · 지반의 매몰 · 이상적 수위강하 혹은 악수의 혼입 등을 유발하는 결과로 된다. 일본의 사까이(酒井)에 의하면 양수시 우물이 모여드는 지하수에는 다음과 같이 4종이 있다.

① 대수층의 공극(空隙) 중의 지하수
② 자연상태하에서 흐르고 있는 지하수
③ 양수(揚水)에 의해 생긴 동수경사 때문에 유동하는 지하수
④ 대수층의 상위에 있는 지층으로부터 흘러나오는 지하수

일반적으로 양수에 의해서 우물로부터 유입하는 지하수는 주로 ② 및 ③의 항목이다.

지하수의 흐름은 Darcy의 공식은 다음과 같다

$$V = K\frac{h}{l} \tag{5-22}$$

위와 같을 경우는 층류(層流)이나 이 흐름이 빨라져서 난류(亂流)상태로 되면 이미 Darcy의 공식은 적용할 수 없게 되고, 다음과 같은 형의 공식이 적용된다(단 $n < 1$).

$$V = K\left(\frac{h}{l}\right)^n \tag{5-23}$$

이것은 양수정의 경우에도 적용되고, 층류에서의 양수량과 수위강하와의 관계(층류)는 Darcy식에 의하면 다음과 같다.

$$\frac{q_1}{q_2} = \frac{h_1}{h_2} \tag{5-24}$$

여기서, q_1 : 수위강하 h_1일 때의 양수량

q_2 : 수위강하 h_2일 때의 양수량

유속이 크게 되어 난류의 영역에 들면 다음과 같다(단, $n < 1$).

$$\frac{q_1}{q_2} = \left(\frac{h_1}{h_2}\right)^n \tag{5-25}$$

지금 양수시험에서 양수량을 단계적으로 높여가서 각 단계에서 수위가 안정됐을 때의 수위를 측정하여 양수량과 수위강하와의 관계를 양대수 그래프에 나타내면 그림 5.28과 같이 된다. 또한 층류 OB사이는 $n = 1$이므로 x축과 OB와의 각도는 45°이나 난류로 되면 BC는 x축과 45° 이상의 각도로 된다.

일반적으로 OA범위의 양수량이 ②, ③의 지하수이다. 그러나 실제양수량이 극히 적을 때 혹은 양수량이 ②, ③의 지하수보급량을 넘는 상태로 되면 ①의 지하수가 보급된다. 또한 45° 이하의 각도가 될 경우에는 스트레이너보다 상위의 지층이 가는 모래 혹은 점토가 섞인 모래로 된 우물에서 볼 수 있고 ②, ③의 지하수 외에 ④의 지하수가 상위의 지층으로부터 양수하기 때문이다.

양수량이 B점보다 많게 되면 지층 중의 난류로 되어서 수위강하가 크게 되는데 비해 양수량은 크게 증가하지 않게 된다. 이 상태에서는 가는 모래나 점토가 움직여서 지하수와 함께 우물에 들어가서 배사(排砂)의 현상을 일으키게 된다.

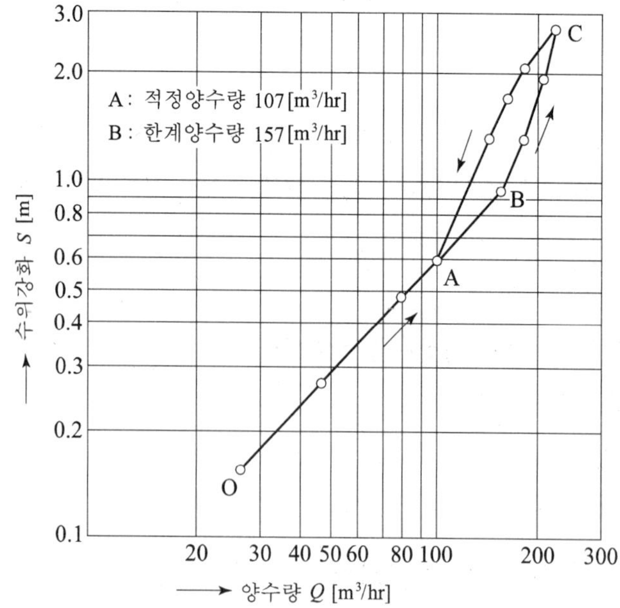

그림 5.28 스탭프식 양수시험에 의한 S-Q곡선

여기서 중요한 것은 지하수의 흐름이 층류로부터 난류로 옮기는 부근에서 대수층이 물리적 변화를 받게 된다. C점에 도달한 뒤에 역으로 양수량을 감소시켜서 동일하게 S-Q곡선을 그리면 CB로 되돌아오지 않고 CA로 된다. A점 이후는 본래의 OA에 연해서 감소한다. 이 A점에서의 양수량을 적정양수량 또는 적정한계 **양수량**이라고 부른다. 이 때의 동수위를 **적정한계 수위**라고 부른다.

많은 실측치에 의하면 난류의 경우의 $1/n$ 값은 각도로 고치면 대수층이 사력의 경우에서는 58~63°, 모래의 경우에서는 50~54°로 되어 있다. 즉 △ABC의 면적은 사력층에서는 대개 크고, 사층에서는 작다.

지층은 불안하지만 탄성체로 본다. 양수하면 대수층의 압력이 감소하므로 압축되며 양수를 중지하면 대수층이 팽창(膨脹)하는 것은 실험에 의하여 보고되고 있다. △ABC는 대수층의 탄성과 이력현상(履歷現象, hysteresis : 어떤 물리량이 현재의 물리조건으로만 결정되지 않고, 그 이전에 그 물질이 경과해 온 변화과정에 의존하는 현상을 말한다.)를 나타내고 있다고 생각되어 $S-Q$의 관계는 탄성체의 응력(應力)-변형(變形)의 관계와 같다. B점에서의 양수량을 탄성한계(彈性限界) 양수량 그 때의 동수위를 **탄성한계 수위**라고 부르는 것이 이 때문이다. C점은 정확한 뜻에서는 아니지만 응력-변형 곡선에서의 항복점(降伏點)에 상당 한다고 생각된다.

유입하는 지하수의 흐름이 층류인 영역에서는 대수층의 탄성한계 내의 외압이 가해져 있는 것으로 양수를 중지하면 대수층은 본래의 형태로 되돌아 오지만 난류의 경우에는 대수층에 탄성한계를 넘는 외압이 가해지므로 대수층은 탄성체로서의 성질을 상실해서 항복점을 넘는 상태로 되면 외압을 제거해도 본래의 대수층 상태로 회복하기 힘들고 마침내 비탄성체로서의 성질을 나타나게 된다.

이와 같은 중요한 의의를 가진 적정양수량도 우물부근에 새로운 우물이 된다 든가 주변 우물의 양수량이 증가해서 영향이 이쪽 우물까지 미치게 되면 변화해서 값이 감소하게 된다. 이 경우는 새로운 조건에서의 적정양수량을 이용하여 구해야 하고, 적어도 1년에 1회는 적정양수량의 진단하여 꼭 검정할 필요가 있다.

다음으로 경제양수량과 적정양수량과의 관계에 대해서는 일본의 조천(早天)은 배사(排砂)를 수반하지 않는 최대양수량이 거의 적정양수량에 상당한다고 생각해서 큰 차이는 없는 것으로 본다.

단 경제양수량을 적정양수량의 몇 %로 해야 되는가에 대해서는 양수의 계속기간과의 관계도 있고 관개용이면 휴지기간이 긴 것에 의하여 90%, 냉방용은 80%, 냉난방 겸용은 70%, 또한 연간 계속사용되는 상수도 · 공업용 수도에서는 50% 정도가 좋다. 상수도시설기준으로는 적정양수량을 한계수량의 약 80%로 하고 있으며, 경제양수량은 적정양수량보다도 약 10% 적게 해서 한계양수량의 약 70%로 하는 것이 좋다.

이와 같은 합리적 취수가 실시되면 관정호의 수명을 현저하게 길게 할 수가 있으며, 수질도 양호하다.

(5) 우물의 유지관리

관정호도 통정호와 같다. 우물의 유지관리로서 가장 중요한 것은 양수량을 항상 적정양수량 이하로 무리한 양수를 하지 않아야 하며, 무리한 양수는 우물에 지하수의 유입속도가 크게 되고 모래가 유동하기 때문에 스트레이너 주변의 눈막힘이 생기게 하기 때문이다.

관정호의 경우는 모래에 의한 눈막힘 외에 스트레이너의 부식이나 철분박테리아에 의한 슬라임의 부착 등에 의한 스트레이너의 폐쇄가 생기며, 과잉양수에 기인하는 대수층의 탈수압밀이 발생해서 용수량이 감소한다.

관정호의 용수량이 감소하였을 때는 우물을 검사해서 원인이 지하수의 감소에 있는가 스트레이너의 폐쇄에 있는지를 결정하지 않으면 안 된다. 최근에는 우물지름이 150 mm 이상의 경우는 수중카메라를 내려서 스트레이너를 직접적으로 촬영해서 스트레이너의 폐쇄상태를 확인할 수가 있도록 되어 있다.

우물에 생기는 각종 사고와 원인에 대해서 표 5.6과 같이 분류하였다. 우물의 수명은 대수층의 포장량의 감쇠란 외적인 문제를 제외하면 스트레이너의 폐쇄와 스트레이너의 파단(破斷, rupture : 응력 집중의 현상에 의하여 이음매 볼트부근에서 발생하는 방사선형 균열)이란 두 가지 문제가 제기되고 이에 대한 대책으로써 우물의 갱생공법(更生工法)이 있다.

스트레이너의 파탄은 지하수의 수질에 관계하는 것이 크다. 케이싱과 스트레이너의 재질이 다른 경우에는 양자 사이에 전식작용(電蝕作用)을 일으켜서 부식을 생기는 경우도 있다. 또한 배사(排砂)가 많은 우물에서는 슬로트가 마모에 의하여 확대하는 경우도 간혹 생긴다. 이와 같은 스트레이너가 파탄한 우물을 갱정하는 것은 극히 곤란하며, 공사에 의해 악화되는 것도 있다.

대수층의 포장량 감쇠(包藏量減殺)는 일반적으로 우물수위의 저하형으로 나타난다. 그 결과로서 펌프의 양정증가 펌프의 반지름 확장, 펌프자리 위치의 변경 등의 조처를 해야 한다. 이 현상은 우물 자신의 과잉양수에 의하여 생기고 지역적인 양수량의 증가에 의하는 것이 많

표 5.6 우물에서 발생하는 사고의 종류와 원인

사고의 종류	원 인	
1. 양수량의 감소	1-1 수수공의 눈막힘	토사에 의한 경우
		화학적 스케일에 의한 경우
	1-2 인위적 배수	인접성의 증설
		광산, 토목공사 등에 의한 대량의 배수
	1-3 지역적 포장량의 감쇠	장기의 광잉채수(1-2)와도 연관
		수원지대(지수구역을 포함)의 수문적 변화
	1-4 수수층의 구조적 파괴	과잉양수에 의한 경우
		지진에 의한 경우
2. 배사량의 증가	2-1 수수관 및 우물 철관의 파단	부식(전식을 포함)의 경우
		지진에 의한 경우
	2-2 래커의 부후	수수층의 공동화와 붕락(1-4와도 연관)
3. 우물수위의 저하	3-1 자연수위의 경우는 (1-2)와 (1-3)에 연관	
	3-2 동수위의 경우는 (1-1)과 (1-4)에 연관	
	3-3 양자가 동시인 경우는 (3-1)과 (3-2)와의 조합에 연관	
4. 수질의 악화 (1-3), (1-4), (2-1), (2-2) 등의 어느 것인가에 연관	4-1 해수의 침입	
	4-2 유전, 가스전의 함수 침입	
	4-3 광산 및 공장의 폐액의 침입	
	4-4 광천수(온천수를 포함)의 침입	
	4-5 하수 및 지표수의 침입	

다. 또 지역적인 포장량의 감쇠까지는 안되어 있지만 근접해서 우물이 설치되면 상호간섭의

현상에 의해 우물수위의 저하가 일어난다. 우물의 수위저하상황에 의하면 그 원인을 추정할 수가 있다. 즉 상수위는 거의 변화되지 않는데 같은 양수량에 대하는 양수위가 세월의 경과와 함께 저하를 계속할 경우는 대개 스트레이너의 눈막힘이다. 상수위가 저하를 계속할 경우는 대개 그 지역에서 지하수 포장량의 감소이다.

이 경우는 양수량을 일정하게 가져도 양수위는 저하를 계속한다. 만일 양수위의 저하비율이 상수위의 저하비율보다도 크게 될 경우는 스트레이너의 눈막힘도 함께 발생한다. 다음 양수량의 감소상황에 의하여 그 원인을 추정하면 다음과 같다.

① 양수량의 감소는 대개 우물수위의 저하와 병행해서 발생하지만 수위의 저하 때문에 펌프의 양수능력이 대응되지 않는 경우

② 펌프의 회전부 등이 모래 때문에 마모하고 양수능력이 저하하는 경우로 양수에 의한 수위강하는 작게 된다.

③ 스트레이너의 파단에 의해서 수수부(收水部)가 확대되면 우물손실이 감소해서 양수량이 증대하는 것이 있다. 이 경우는 배사량도 급격히 증대하는 것이 보통이다.

다음에 배사량(排砂量)의 증가현상 원인으로서는 다음과 같다.

① 배사량이 급격히 증가하며, 일정기간이 지나면 배사는 없어진다. 이는 지진 등의 심한 진동에 의한 것이다.

② 때로는 급격히 배사량이 증가하여 곧 배사가 그치고 시간이 경과하면서 급격히 배사량이 증가한다. 이 종류의 사고는 스트레이너가 대수층의 두께의 전장에 미치지 않고서 상부에 스트레이너가 없는 부분이 남아 있는 경우에 발생하는 경향이 있다. 소량의 모래가 장기간에 걸쳐서 유출되므로 스트레이너부에 공동(空洞)이 되어 혹은 상부지층이 붕락(崩落)하는 것으로써 지표에까지 함몰(陷沒)이 일어나기도 한다.

③ 배사량이 점증적으로 증가하는 경우는 스트레이너의 판단에 의한 것으로 부식이나 전식(電蝕)에 의하는 것이 많다.

다음 수질의 악화현상(惡化現象) 원인으로서는 다음과 같다.

① 해안지역의 우물에서 과잉양수(過剩揚水)에 의해 해수가 침입하는 경우

② 과잉양수의 결과 대수층의 수압이 감소해서 악수(惡水, water pollution)가 침입해오는 경우

③ 선택적으로 취수하기 위해서 우물벽에 끼움재(packer)가 부식하는 것 등으로써 나쁜 대수층의 물이 침입하는 경우

④ 주변우물에 ①~③의 사고가 일어나 대수층을 통해서 영향을 미친 경우

⑤ 오수를 지하로 주입하고 있는 우물로부터 오염이 영향을 미쳐오는 경우

이상과 같은 각종 우물의 장애와 원인의 추정에는 올바른 기록이 있어서 비로소 가능하게 되는 것으로 우물의 관리에는 수위 · 배사량 · 수질 등의 정기적인 검사를 실시하여 기록을 남겨둘 필요가 있다.

(6) 우물의 준설

우물의 스트레이너 부분에서 외측의 여과층은 새로운 우물 내측으로부터 외측으로 향해서 잔자갈・왕모래・보통모래・잔모래의 순서로 되어 있으며 연수를 통과하면 여과층의 간극 중에 잔모래가 교착해서 투수성을 감소시키는 것이 많다. 이와 같은 우물은 준설을 해서 재사용할 수가 있다. 준설을 행하면 파손을 증대시켜서 우물을 폐공(廢工)시키지 않으면 안되는 사항도 있으므로 주의한다.

준설은 매년 1회, 적어도 2년에 1회 시기를 정해야 한다. 그러나 일본의 후구다(剛田)가 조사한 바에 의하면 우물 완성후 4년 후에 하는 것이 많으며, 3년 정도가 적당하다. 우물의 준설에 의한 효과 판정에는 우물의 비용량(比容量, specific capacity)에 의한 것이 좋다. 비용량이란 단위의 수위강하에 대하는 양수량을 말하며, 비용량이 우물의 준공당시 비용에 대등하게 되면 효과는 100% 정도이다.

스트레이너에 녹덩어리가 생기며, 석회분이 침착(沈着)했을 경우에는 대량의 염산을 우물에 주입해서 산에 의해서 고착물을 용출시키는 방법을 취한다. 이것을 **산세**(酸洗, acidizing, acidification)라 한다. 또 철녹을 제거하는 경화연화제(sodium hexametaphosphate)을 사용해도 좋으며, 점토를 세척하지 않으면 효과가 적다. 스트레이너가 철분박테리아 등의 생물슬라임에 의해서 폐쇄되는 것도 일어나지만 준설에 의한 심한 유통으로 박리(剝離)될 것이다. 관정호가 갱생되지 않고 폐공되는 경우가 있으나 이와 같은 경우에는 이 폐공으로부터 오수가 지하에 침입해서 지하수를 오염하지 않도록 밀폐한다.

5장

연습문제

1. 지표수의 취수방법을 열거하고 각각에 대하여 설명하시오.

2. 하천표류수의 취수시 유의할 점을 설명하시오.

3. 기존 취수방법에 대한 개선책으로 강변여과 적용시 개발부지선정 시의 주의할 사항과 강변여과수의 취수시 수질상의 이점을 설명하시오.

4. 침사지의 시설기준에 대하여 설명하시오.

5. 지하수 대수층의 결정에 대하여 설명하시오.

6. 지하수 정호의 적정양수량의 결정방법을 설명하시오.

7. 집수암거의 길이와 양수량공식을 유도하시오.

8. 저수지의 유효저수량을 결정하는 방법을 설명하시오.

9. 양수시험의 종류와 목적 방법에 대하여 기술하시오.

10. 관정굴착에 있어 파쇄된 토사를 제거하고 케이싱을 집어넣는 방법에 대해 설명하시오.

11. 집수암거에 대하여 다음을 설명하시오.

1) 집수암거에 의하여 복류수를 취하면 하천수를 직접취수하는 것에 비하여 어떤 이점이 있는가?
2) 집수암거에 의하여 소요의 취수량을 얻기 위하여 어떤 구조로 하는가?
3) 집수암거에 토사가 유입하는 것을 방지하기 위하여 어떤 조치를 취하는가?
4) 집수암거에 우기 때 유실(流失) 또는 파손되는 것을 막기 위하여 어떤 조치를 취하는가?

12. 모래의 두께가 2 m, Darcy법칙에 따른 투수계수 K= 0.080(cm/s)인 단층이 있다. 이 단층을 통하여 1일 600 m^3의 복류수가 취수되고 있을 때 단층의 여과면적을 계산하시오(단 상 · 하류측의 수위차는 50 cm이다).

13. 자유지하층에 지름 0.6 m의 우물을 굴착하였다. 양수전의 지하수위는 불투수층위로 30 m인 곳에 있으며, 160 m^3/hr로 일정양수할 때 양수정으로부터 15 m와 30 m 떨어진 관측정의 수위저하는 3 m와 1 m이다. 이 투수층의 투수계수와 양수정에서의 수위저하를 구하시오.

14. Q=550 m^3/d의 유량으로 수위관측중인 정호에서 500 m 떨어진 관측정의 수위저하는 시간관계로 아래 표와 같이 나타내고, 이것에 대하여 T 및 S를 구하시오.

시간 [d]	수위저하 [m]
0.1	0.50
1.0	1.70
10.0	2.91

15. 천정호(자연수면 우물)의 경우 $Q = \frac{\pi K}{2.3} \cdot \frac{H^2 - h^2}{\log(R/r)}$로 표시되며, 우물반지름 0.6 m의 천정호 시험정에서 H=6.0 m, h=5.0 m, R=100 m의 경우에 Q=20ℓ/s의 양수량을 얻었다. 이 조건에 의하여 투수계수 K를 구하시오.

16. 지름이 2 m이며, 영향권의 반지름이 800 m이다. 원지하수의 수위(H)는 8 m, 집수정의 수위(h_0)가 5 m인 심정호의 취수량(m^3/s)을 구하시오(단 K= 0.0038 m/s).

$$Q = \frac{\pi K(H^2 - h^2)}{\ln\left(\frac{R}{r}\right)} = \frac{\pi K(H^2 - h^2)}{2.3\log\left(\frac{R}{r}\right)}$$

Chapter 6

도수 및 송수

6.1 서 설

상수도나 하수도계통에 있어서 원수, 정수(淨水) 또는 하수를 한곳에서 다른 곳으로 유송(流送)시키는 과정이 필요하다. 상수도 수원에서 취급한 원수는 도수로(導水路, head race)를 통하여 정수장까지 유송되고 정수장에서 처리된 정수는 송수로(送水路, transmission race)를 통하여 배수지(配水池, distribution reservoir) 또는 배수탑(配水塔, water tower) 등에 송수되며, 다시 배수지에서 배수관과 급수관망을 통하여 각 수용가에 급수된다. 우수나 하수는 하수관로(下水管路)를 통하여 유집(流集)되어 하류(下流)로 방류되고, 차집관로(遮集管路, intercepting sewer)에 의해서 하수처리시설까지 유송된다. 이들 모든 수로(水路, channel)는 수리학적으로 보면 관수로(管水路, pipe line)와 개수로(開水路, open channel)로 대별되고, 유송방식에 따라 자연유하식과 펌프압송식으로 분류된다.

6.2 관수로의 마찰손실수두와 평균유속 공식

6.2.1 관수로

관수로는 가압식(加壓式) 또는 **펌프압송식**이라고 한다. 관로 내에 자유수면이 없이 만수(滿

水)상태의 물이 관로 상단과 하단의 압력차에 의하여 흐르는 수로를 말하는데 이러한 관로의 재료로는 수압에 견딜 수 있는 주철관(鑄鐵管)이나 강철관(鋼鐵管)이 사용되고 있다.

(1) 윤변과 경심

$$R = \frac{A}{P} \tag{6-1}$$

여기서, P : 윤변(潤邊)

A : 단면적

R : 경심(徑深)

지름 D인 원관의 경심 $R = \frac{D}{4}$

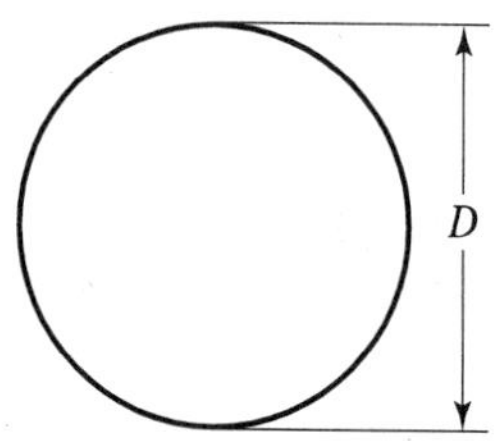

그림 6.1 원형관 단면

(2) 층류와 난류

$$R_e = \frac{v \cdot D}{\nu} \text{(원형 단면의 경우)} \tag{6-2}$$

여기서, R_e : Reynolds수, D : 관지름

v : 유속, R : 경심

ν : 물의 동정성계수

$R_e > 4{,}000$ 난류

$R_e < 2{,}000$ 층류

$2{,}000 < R_e < 4{,}000$ 한계류

(3) Hazen-Poiseuille의 법칙

$$Q = \frac{\pi w_o}{8\mu} I a^4 \tag{6-3}$$

여기서, μ : 점성계수(粘性係數)

a : 관의 반지름

I : 동수경사

예제 6.1

동점성계수 $\nu = 2.15\times10^{-4}\,m^2/s$의 기름을 25/1,000의 동수경사 22.5 l/s의 비율로 송유함에 필요한 관지름을 구하라.

풀이

흐름은 층류로 가정한다.

$$Q = \frac{\pi w_o}{8\mu}Ia^4 = \frac{\pi\rho g}{8\rho\nu}I\left(\frac{D}{2}\right)^4 = \frac{\pi D^4 g}{128\nu}I$$

$$\therefore D = \left(\frac{128\nu Q}{\pi g I}\right)^{1/4} = \frac{128\times2.15\times10^{-4}\times0.0225}{\pi\times9.8\times25\times10^{-3}} = 0.169\,[\mathrm{m}]$$

그런데 흐름의 종류가 층류인지 난류인지 검토해 보아야 한다.

$$v_m = \frac{Q}{A} = \frac{4\times0.0225}{\pi\times0.169^2} = 1.0\,[\mathrm{m/s}]$$

$$R_e = \frac{v\cdot D}{\nu} = \frac{1\times0.169}{2.15\times10^{-4}} = 786 < 2,000$$

∴층류흐름이다. 따라서 $D = 0.17\,[\mathrm{m}]$

(4) 마찰손실수두

$$h_l = f\cdot\frac{l}{D}\cdot\frac{v^2}{2g} \tag{6-4}$$

여기서, h_l : 마찰손실수두, f : 마찰손실계수

R : 경심, D : 관지름

l : 관의 길이

1) 층류인 경우

f는 R_e만의 함수이다. 즉 $f = \phi(R_e)$

$$f = \frac{64}{R_e} \tag{6-5}$$

예제 6.2

관지름이 0.2 cm인 고른 관 내를 0.8 m^3/s의 물이 흐른다. 이 때 관길이 1 m당의 손실수두는(단 $\nu_{15} = 1.2\times10^{-2}\,cm^2/s$이다)?

풀이
이 흐름이 층류인가, 난류인가를 검토하면 다음과 같다.

$$v = \frac{Q}{A} = \frac{0.8}{3.14 \times 0.1^2} = 25.46\,[\mathrm{cm/s}]$$

$$R_e = \frac{v \cdot D}{\nu} = \frac{25.46 \times 0.2}{1.12 \times 10^{-2}} = 455 < 2{,}320$$

∴ 흐름은 층류이다.

$$h_l = \frac{64}{R_e} \cdot \frac{l}{D} \cdot \frac{v^2}{2g}$$
$$= \frac{64}{455} \times \frac{100}{0.2} \times \frac{25.42^2}{2 \times 980} = 23.3\,[\mathrm{cm}]$$

---

2) 난류인 경우

f는 R_e수와 상대조도의 함수이다.

$$즉,\quad f = \phi\left(R_e \cdot \frac{\epsilon}{D}\right) \tag{6-6}$$

미끄러운 원판 $f = 0.316\,R_e^{-\frac{1}{4}}$

내면이 거치른 원판

$$R_e > 4{,}000,\ f = 0.0096 = \sqrt{\frac{32k}{D}} + \sqrt{\frac{2.88}{R_e}}$$

$$R_e \fallingdotseq 2{,}000,\ f = \left(0.0096 + \sqrt{\frac{32k}{D}}\right)\left(1 - \frac{2{,}000}{R_e}\right) + \sqrt{\left(1 - \frac{2{,}000}{R_e}\right)\frac{2.88}{R_e} + \frac{64}{R_e}}$$

k : 관벽의 조도계수

(5) Darcy-Weisbach의 마찰손실수두공식

$$h_l = f \cdot \frac{l}{D} \cdot \frac{v^2}{2g} \tag{6-7}$$

관수로에서 손실수두는 다음과 같다.

① 관로길이에 비례한다.

② 관로유속 v의 n승에 비례한다.

③ 관지름 D의 m승에 반비례한다.

④ 물의 점성에 비례한다.

⑤ R_e 에 반비례한다.

(6) 관수로의 손실수두

① 관마찰에 의한 손실 … 제일 크다.

② 관로의 유입구에 있어서의 손실

③ 관로의 단면적의 변화에 의한 손실
관로의 방향변화에 의한 손실

④ 관로도중의 각종 부속품에 의한 손실

⑤ 관로 유출구에 있어서의 손실

(7) 평균유속 공식

1) Chezy 공식

$$v = C\sqrt{RI} \tag{6-8}$$

$C = \sqrt{\dfrac{2g}{f}}$: 유량계수

R : 경심

$R = \dfrac{D}{4}$ (원관인 경우)

$I = \dfrac{h_l}{l}$ (동수경사)

h_l : 관 길이 l에 대한 손실수두

2) Manning 공식

$$v = \frac{1}{n} R^{\frac{2}{3}} I^{\frac{1}{2}} \tag{6-9}$$

n : Manning의 조도계수(표 6.1 참조)

$C = \dfrac{1}{n} R^{1/8}$

$$f = \frac{124.5n^2}{D^{1/3}} \tag{6-10}$$

3) Ganguillet-Kutter 공식

$$v = C\sqrt{RI} \quad (6\text{-}11)$$

$$C = \frac{23 + \frac{1}{n} + \frac{0.00155}{I}}{1 + (23 + \frac{0.00155}{I})\frac{n}{\sqrt{R}}} \quad (6\text{-}12)$$

여기서, I : 수면경사(≒에너지경사)

R : 동수반지름

n : kutter조도계수(표 6.2 참조)

표 6.1 Manning공식의 조도계수 n 값

관의 종류	n 값		관의 종류	n 값	
	최소	최대		최소	최대
주철관[신품]	0.012	0.014	나무	0.010	0.013
주철관[구품]	0.014	0.018	콘크리트	0.010	0.017
도금 주철관	0.010	0.013	타일	0.011	0.017
용접, 강관	0.013	0.017	주름진 금속배수관	0.020	0.024
연철관	0.012	0.014	매끈한 하수관	0.010	0.017
도금한 연철관	0.013	0.015	유리관	0.010	0.012
아스팔트 라이닝	0.011	0.015	플라스틱관	0.011	0.015
벽돌관	0.013	0.017	주름형 금속관	0.018	0.026

표 6.2 Kutter의 조도계수 $[n]$

관의 종류	n 값	관의 종류	n 값
주철관[신품]	0.011～0.012	목관(매끈한 것)	0.010～0.011
주철관[보통]	0.012～0.013	목관(거친 것)	0.012～0.015
주철관[구품]	0.014～0.015 이상	콘크리트관	0.011～0.013

4) Hazen-Williams공식

Hazen-Williams공식은 관수로 흐름의 에너지손실을 계산하기 위하여 많이 사용되고 있다. 이 공식은 비교적 지름 5 cm 이상, 유속이 3 m/s 이하의 경우에 개발되어 상수도설계에 많이 사용되고 있다. Hazen-Williams공식은 다음과 같다.

$$f_f = \frac{133.7}{D^{0.167}\ C^{1.85}\ V^{0.15}} \tag{6-13}$$

① 수도관에 대하여

$$V = 0.84935\ CR^{0.63}\ I^{0.54}\,[\mathrm{m/s}] \tag{6-14}$$

$$h_L = \frac{133.7}{D^{0.167} C^{1.85} V^{0.15}} \frac{L}{D} \frac{V^2}{2g} \tag{6-15}$$

② 안지름 D인 원형관에 대하여

$$V = 0.35464\ CD^{0.63}\ I^{0.54} \tag{6-16}$$

여기서, V : 관 내의 평균유속[m/s]

C : 조도계수[표 6.3 참조]

R : 동수반지름

I : 에너지선의 경사[m/m]

표 6.3 Hazen-Williams공식의 C값

재료	C	재료	C
주철관[신품]	130~140	유리관	140~150
주철관[구품]	80~100	목관	120
연철관	110~120	흄관	120~150
토관	110	콘크리트관	120~140
리벳철관	95~110	소화용관[고무]	110~140

Hazen-Williams 식 Q, D, I를 구할 때는 다음 식을 사용한다.

$$\left.\begin{aligned} Q &= 0.27853\ CD^{2.63}\ I^{0.54} \\ D &= 1.6258\ C^{-0.38}\ Q^{0.38}\ I^{-0.206} \\ I &= 10.666\ C^{-1.85}\ D^{-4.87}\ Q^{1.85} \end{aligned}\right\} \tag{6-17}$$

특히 $C = 100$에 대한 V, Q, I의 상호관계는 그림 6.2를 사용하여 V, Q, D, I의 4개 중에서 두 개를 주고 남은 두 개를 구하는 것이 보통이다. 만일 C가 100이 아니면 그림 6.2에서

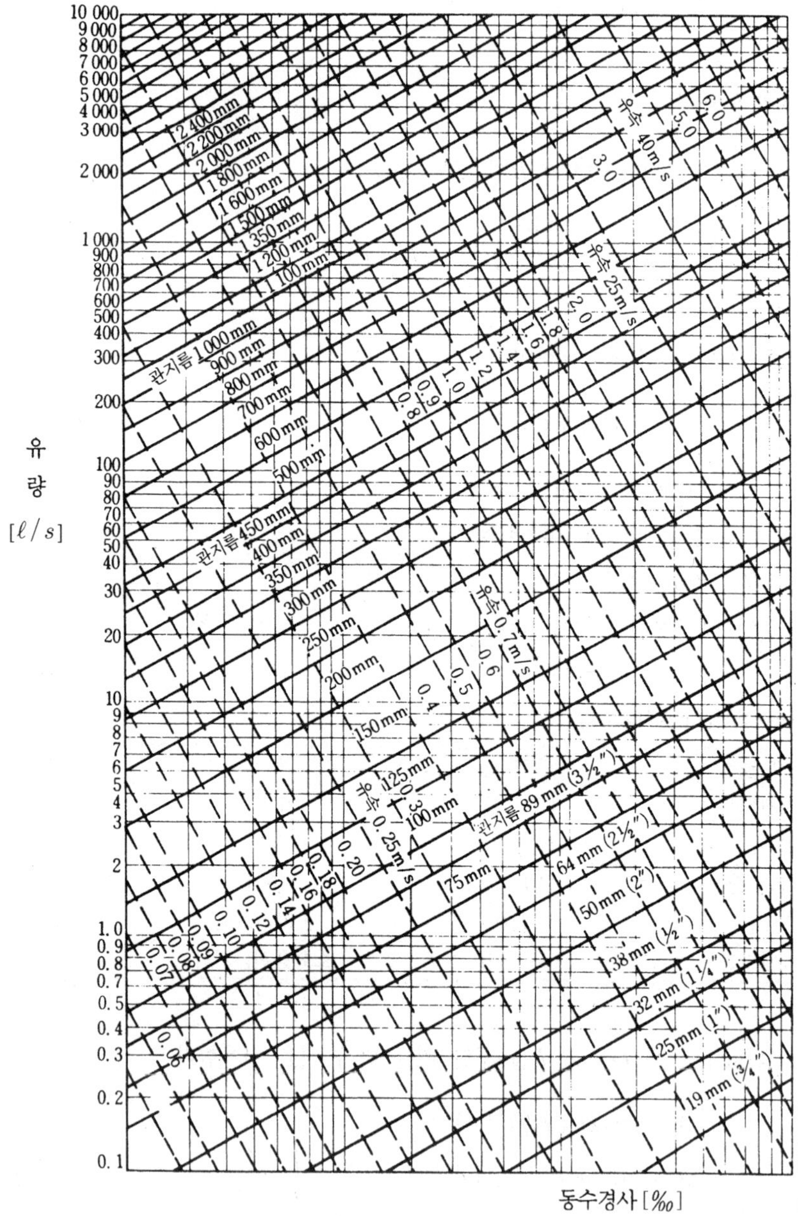

그림 6.2 Hazen-Williams공식 도표

구한 값을 다음과 같이 환산하면 된다.

$C=100$일 때의 값을 V, Q, D, I라 한다. 그리고 $C=C_1$때의 값을 V_1, Q_1, D_1, I_1이라 하면 식 (6-14)에서

$$\frac{V_1}{V}=\frac{0.84935\,C_1\,R^{0.63}\,I^{0.54}}{0.84935\,CR^{0.63}\,I^{0.54}}=\frac{C_1}{C}=\frac{C_1}{100} \tag{6-18}$$

$$\therefore V_1=0.01\,C_1 V$$

같은 방법으로 하여 식 (6-18)을 사용하면 Q_1, D_1, I_1을 구할 수 있다.

$$Q_1=0.02\,C_1 Q,\;D_1=5.7544\,C_1^{-0.38}D,\;I_1=5011.9\,C_1^{-1.85}I$$

예제 6.3

어떤 도시에 상수도수를 취수하고 있는데 관수로와 정수장 침사지의 수위관계는 아래 그림과 같다. 계획 1일 최대급수량이 7,740 m³/d일 때 취수구로부터 침사지에 이르는 도수관(보통주철관 $C=100$)을 설계하면 다음과 같다.

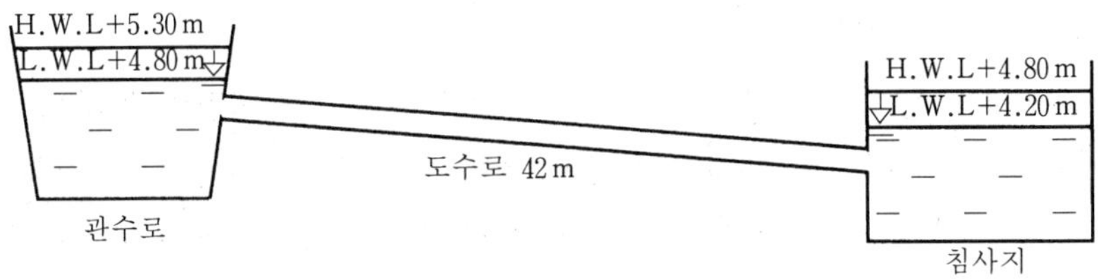

예제그림 6.3.1 수위관계도

풀이

도수로는 계획 1일 최대급수량을 기준으로 설계하면 다음과 같다.

$$Q=7{,}740\text{m}^3/\text{d}=\frac{7{,}740}{3{,}600\times 24}=0.0895\,\text{m}^3/\text{s} \fallingdotseq 0.09\,[\text{m}^3/\text{s}]$$

위의 지형적 조건하에서 Hazen-Willams공식에 의하여 도수관의 소요 관지름을 결정하면 다음과 같다.

$$D=1.6258\,C^{-0.38}\,Q^{0.38}\,I^{-0.206}$$

$$=1.6258\times 100^{-0.38}\times 0.09^{0.38}\times[(4.80-4.69)/42]^{-0.206}$$

$$\therefore D \fallingdotseq 0.385\text{m} \rightarrow 0.40\,\text{m}$$

이 때의 유속 V는 $R=0.4/4=0.1$이므로 식 (6-14)에 의하면 다음과 같다.

$$V = 0.84935 \times 100 \times 0.1^{0.63} \times (0.11/42)^{0.54} = 0.803\,[\mathrm{m/s}]$$

따라서 유속이 허용범위가 0.3～1.6 m/s이므로 도수관으로서 지름 40 cm, 길이 42 m의 주철관을 사용하면 된다.

6.2.2 개수로

개수로(開水路, open channel)란 유수의 표면이 직접대기에 접해 있으며, 즉 자유수면(自由水面, free surface : 대기와 접하는 물 표면)을 가지고 물이 흐르는 수로를 **개수로**(또는 開渠, open ditch)라고 한다. 흐름의 어느 단면에서 유속(流速), 수심(水深), 유량(流量) 등의 수리적 특성이 시간에 따라 변화하지 않는 흐름을 **정류**(定流, steady flow)라고 한다. 어느 단면에서 유속(V), 수심(h), 유량(Q) 등이 시간에 따라 변화하면 **부정류**(不定流, unsteady flow)라고 한다.

또한 정류중 모든 단면에서 유속, 수심 등이 같으면 **등류**(等流, uniform flow)라 하고, 이것이 같지 않으면 **부등류**(不等流, nonuniform flow)라고 한다. 등류는 단면과 경사가 일정한 개수로에서 볼 수 있으며, 부등류는 경사나 단면형이 변하는 수로나 하천구조물(河川構造物), 가속류(加速流) 또는 배수(排水)가 생길 때 볼 수 있다.

그림 6.3에서 A는 물이 가득 차서 흐르는 횡단면으로 **유수단면적**(流水斷面積, water section) 또는 **유적**(流積)이라 한다. 또한 윤변(潤邊, wetted parameter) P는 횡단면과 물이 접촉하고 있는 수로변면(水路邊面) 및 하상(河床)의 길이를 말한다. 또한 수로의 한 단면에서 윤변 P로 유수단면적 A를 나눈 값을 **수리평균수심**(水理平均水深, hydraulic mean depth) 또는 **동수반지름**(動水半徑, hydraulic radius)이라고 한다.

(1) 수리상 유리한 단면

Manning공식의 평균유속공식을 사용하면 수로를 흐르는 유량은 식 (6-3)으로 표시할 수 있다. 수로의 단면적, 경사 및 조도계수가 주어지면 이 식으로부터 유량을 구할 수 있는데 유량은 수리평균심(水理平均深)에 비례해서 커진다는 것을 알 수 있다. 인공수로를 만들 때 주어진 유수단면적이 최소가 되는 수로로 설계하든지 주어진 단면적으로 최대의 유량이 흐르도록 단면형을 결정하는 것이 좋다. 이와 같은 수로를 **수리학상 유리한 단면**(水理學上有利한斷面, best hydraulic section)이라 한다.

수리학상 유리한 단면은 주어진 단면적으로 최대의 유량이 흐르는 단면형이므로 Manning

(1890년 아일랜드의 공학자)공식에서와 같이 수리평균심이 최대가 되든가 또는 윤변(潤邊)이 최소가 되는 단면형을 구하면 된다. 일반적으로 많이 사용되는 장방형 단면(長方形斷面)과 사다리꼴형 단면(梯形斷面)에 대해 고려하면 다음과 같다.

1) 장방형 단면

그림 6.3의 장방형 수로에서 수심을 h라 하고, 수로 폭을 b라 하면 유수단면적 A와 윤변 P는 다음과 같이 표현된다.

$$
\begin{aligned}
A &= bh \\
P &= b + 2h
\end{aligned}
\tag{6-19}
$$

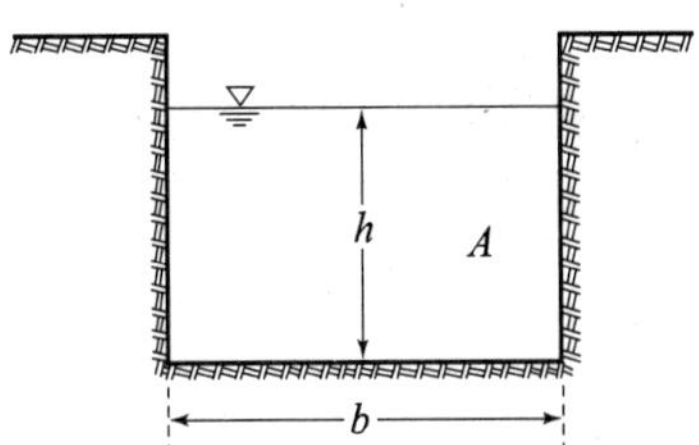

그림 6.3 장방형 수로

수리평균수심이 최대가 되든가 또는 윤변 P가 최소가 되는 단면형이 수리상 유리한 단면이므로 여기서는 P가 최소가 되는 단면형을 구하면 다음과 같다.

$$
\begin{aligned}
&\frac{\partial S}{\partial h} = \frac{\partial}{\partial h}\left(2h + \frac{A}{h}\right) = 2 - \frac{A}{h^2} = 0 \\
&\therefore h = \sqrt{\frac{A}{2}} = \sqrt{\frac{bh}{2}} \\
&\therefore b = 2h
\end{aligned}
\tag{6-20}
$$

따라서 장방형 수로는 수로 폭이 수심의 두 배가 되는 단면형이 가장 수리상 유리한 단면이다. 또한 이 때 동수반지름은 다음과 같이 나타낼 수 있다.

$$
R = \frac{A}{P} = \frac{bh}{2h+b}[\mathrm{m}] \tag{6-21}
$$

2) 사다리꼴형 단면

사다리꼴형 단면수로의 수심을 h, 수심의 저면 폭을 b, 측벽의 경사를 $1:m$이라고 하면 단면적 A와 윤변 P는 다음과 같이 구할 수 있으며 그림 6.4와 같다.

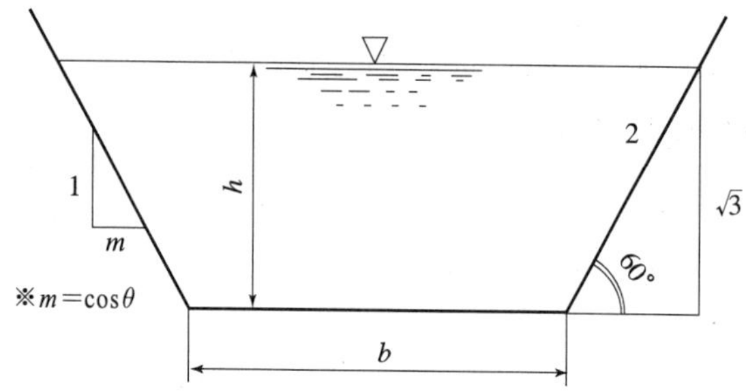

그림 6.4 사다리꼴형 단면

$$A = bh + mh^2 = h(a + mh) \tag{6-22}$$

$$P = b + 2h\sqrt{1+m^2} \tag{6-23}$$

위에서 윤변을 나타내는 식 (6-23)을 b에 관해 정리하면

$$b = P - 2h\sqrt{1+m^2} \tag{6-24}$$

식 (6-24)를 유수단면적 A를 나타내는 식 (6-22)에 대입하면 식 (6-25)와 같다.

$$A = (P - 2h\sqrt{1+m^2})h + mh^2 \tag{6-25}$$

유수단면적 A가 일정하게 주어짐으로 m을 상수로 보고 식 (6-25)를 수심 h에 관하여 미분하여 다음과 같이 구할 수 있다.

$$\frac{dA}{dh} = (P - 2h\sqrt{1+m^2}) + \left(\frac{dP}{dh} - 2\sqrt{1+m^2}\right)h + 2mh \tag{6-26}$$

윤변 P가 최소가 되려면 $\frac{dP}{dh} = 0$이어야 한다. 따라서 식 (6-26)으로부터 다음과 같이 얻을 수 있다.

$$P = 4h\sqrt{1+m^2} - 2mh \tag{6-27}$$

윤변 P를 최소로 하는 m를 구하기 위해서는 위의 식 (6-27)에서 h를 상수로 보고 m에 관하여 미분한 것을 0으로 놓고 다음과 같이 구할 수 있다.

$$\frac{dP}{dm} = \frac{4hm}{\sqrt{1+m^2}} - 2h = 0 \tag{6-28}$$

$$\therefore m = \frac{1}{\sqrt{3}} \tag{6-29}$$

식 (6-29)를 식 (6-27)에 대입하면 윤변 P는 다음과 같다.

$$P = 4h\sqrt{1+\left(\frac{1}{\sqrt{3}}\right)^2} - 2\cdot\left(\frac{1}{\sqrt{3}}\right)\cdot h = 4h\sqrt{\frac{4}{3}} - \frac{2h}{\sqrt{3}}$$

$$= 2h\sqrt{3} \tag{6-30}$$

식 (6-30)을 식 (6-24)와 식 (6-25)에 대입하면 수리학상 유리한 단면을 갖는 수로 폭 b와 단면적 A를 가질 수 있다.

$$b = P - 2h(\sqrt{(1+m^2)}) = 2h\sqrt{3} - 2h\sqrt{1+\left(\frac{1}{\sqrt{3}}\right)^2}$$

$$\therefore\ b = 2h\sqrt{3} - \frac{4h}{\sqrt{3}} = \frac{2h\sqrt{3}}{3} \tag{6-31}$$

$$A = (P - 2h\sqrt{1+m^2})h + mh^2$$

$$= \left(2h\sqrt{3} - 2h\sqrt{1+\left(\frac{1}{3}\right)^2}\right)h + \frac{1}{\sqrt{3}}h^2$$

$$A = \left(2\sqrt{3} - \frac{4}{\sqrt{3}}\right)h^2 + \frac{1}{\sqrt{3}}h^2 = \sqrt{3}h^2 \tag{6-32}$$

식 (6-29)에서 $\theta = 60°$, 식 (6-30)과 식 (6-31)에서 $P = 3b$라는 것을 알 수 있으므로 이 조건에서 구한 동수반지름 R은 다음과 같이 구할 수 있다.

$$R = \frac{A}{P} = \frac{\sqrt{3}h^2}{2\sqrt{3}h} = \frac{h}{2} \tag{6-33}$$

(2) 평균유속공식

하수관로는 보통의 물에 비하여 부유물이 많이 포함되어 있으나 수리계산에 지장을 줄 정도는 아니므로 보통의 방법으로 수리계산을 한다. 따라서 하수도에서도 일반적으로 사용하는 수리 계산식 Manning공식, Kutter공식 및 Bazin공식을 사용한다. 아래 식 (6-34), (6-35) 및 식 (6-36)에서는 각 계산인자에 대하여 고려하면 다음과 같다.

1) Manning공식

$$Q = A \cdot V$$

$$V = \frac{1}{n} R^{2/3} I^{1/2} \qquad (6\text{-}34)$$

여기서, Q : 유량[m^3/s], A : 유수의 단면적[m^2]
V : 유속[m/s], n : 조도계수
R : 경심[m], P : 윤변[m]
I : 동수경사

2) Ganguillet-Kutter공식

$$Q = A \cdot V$$

$$V = \frac{23 + \frac{1}{n} + \frac{0.00155}{I}}{1 + \left(23 + \frac{0.00155}{I}\right)\frac{n}{\sqrt{R}}} \cdot \sqrt{RI} \qquad (6\text{-}35)$$

여기서, n : Kutter의 조도계수(Kutter's coefficient of roughness)

3) Bazin공식

개수로의 평균유속공식은 여러 가지가 있으나 Bazin(1897년 프랑스의 공학자)공식은 다음 식으로 표시된다.

$$V = C\sqrt{RI}$$

$$C = \frac{87}{1 + (\gamma / \sqrt{R})} [\mathrm{m/s}] \qquad (6\text{-}36)$$

여기서, r : Bazin의 조도계수

예제 6.4

아래 그림과 같은 인공 사다리꼴형 수로를 등류수심(h)은 3 m으로 흐를 때의 Bazin과 Manning공식으로부터 유량을 계산하시오(단 수로의 경사 I : 0.0003이다).

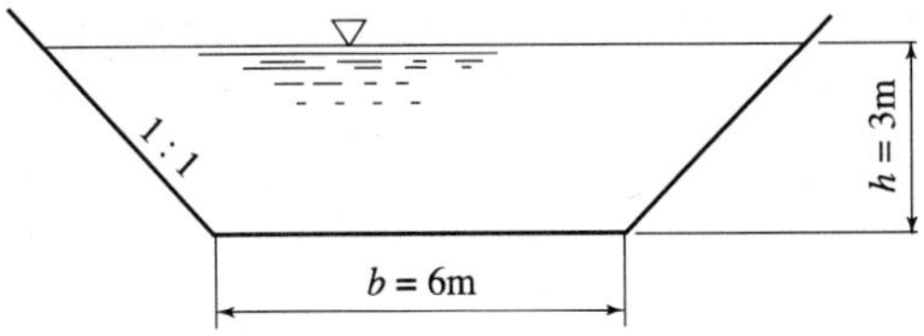

예제그림 6.4.1 사다리꼴형 수로

풀이

단면적 : $A=\frac{h}{2}(B+b)=\frac{3}{2}(12+6)=27[\mathrm{m}^2]$

윤변 : $P=b+2\sqrt{2h^2}=6+2\sqrt{2\times3^2}=14.48[\mathrm{m}]$

수리평균심 : $R=A/P=27/14.48=1.86[\mathrm{m}]$

(1) Bazin공식에서 $\gamma=0.85$라고 하면 다음과 같다.

$$V=C\sqrt{RI},\ C=\frac{87}{1+\frac{\gamma}{\sqrt{R}}}[\mathrm{m/s}]$$

$$C=\frac{87}{1+\frac{0.85}{\sqrt{1.86}}}=1.28[\mathrm{m/s}]$$

$$Q=AV=27\times1.28=34.56[\mathrm{m^3/s}]$$

(2) Manning공식에서 $n=0.025$라고 하면

$$V=\frac{1}{0.025}\times1.86^{2/3}\times0.0003^{1/2}=1.05[\mathrm{m/s}]$$

$$Q=27\times1.05=28.35[\mathrm{m^3/s}]$$

---

(3) 수리특성곡선

관로 내의 유속은 경심에 정비례함으로 하수관로의 단면을 정할 때 최소윤변으로 최대유수단면을 얻을 수 있는 형상을 선정하여야 한다. 하수관로의 단면은 일반적으로 원형, 장방형, 사다리꼴형이 사용되고 있다. 관로의 유수상태는 수심에 따라 변화함으로 임의의 수심에 대한 유속 및 유량 또는 임의의 유량에 대한 수심 등을 알 수 있다. 또한 각 수심마다 경심, 유속, 유량을 계산하여 이들의 비를 도식화하여 나타낸 관계곡선을 **수리특성곡선**(水理特性曲線, hydraulic characteristic curve)이라고 한다.

각 수심별로 유속 및 유량 등은 수리특성곡선을 통해 알 수 있으며 원형 관로, 장방형 관로, 폭과 높이가 같은 사다리꼴형 관로 등의 수리특성곡선은 그림 6.5와 같다. 각 관거의 단면형의 수리특성은 다음과 같다.

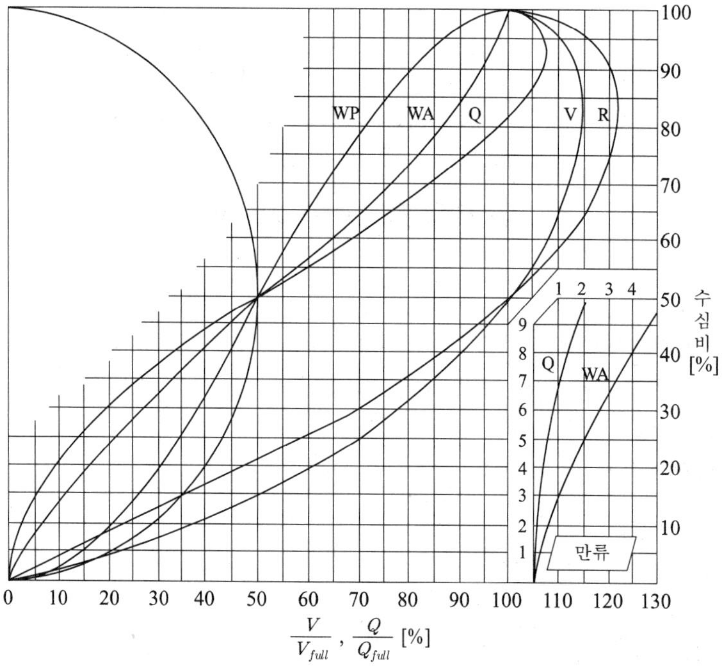

(a) 원형 관로의 수리특성곡선(Kutter공식)

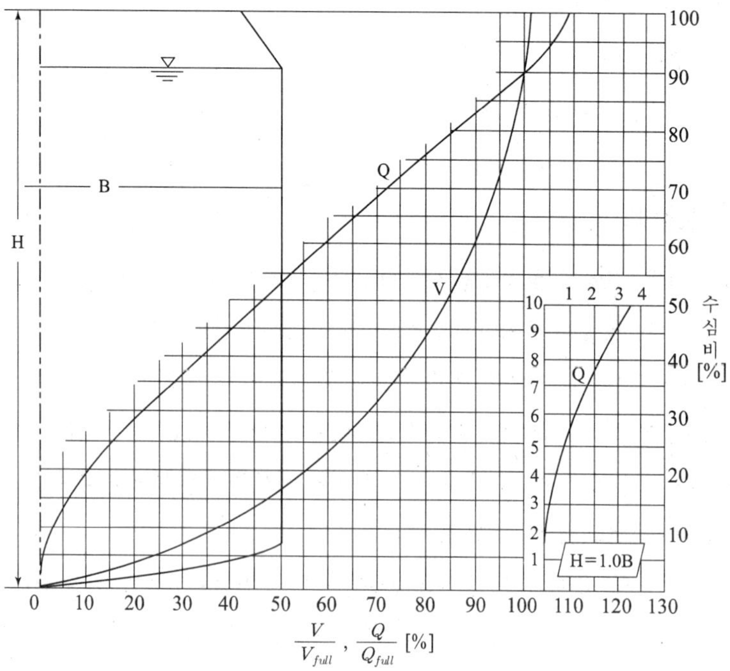

(b) 장방형 관로의 수리특성곡선(Kutter공식)

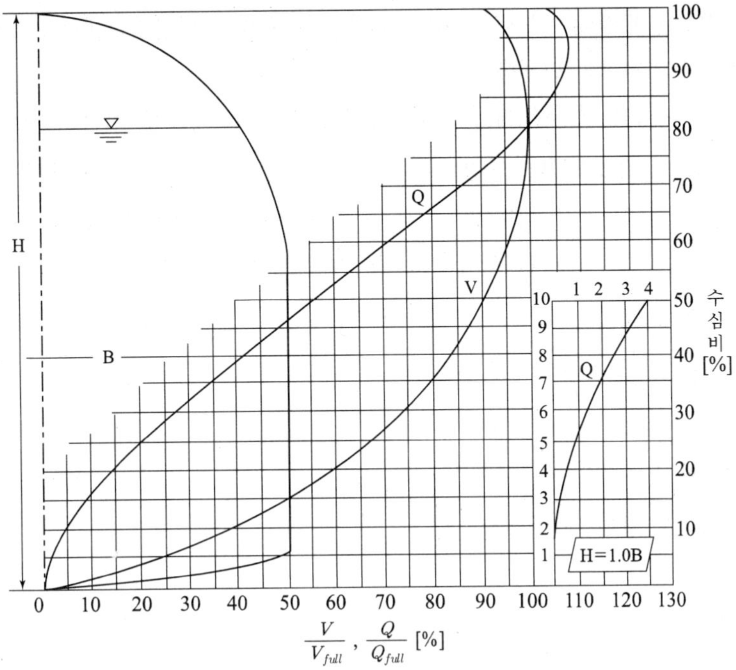

(c) 사다리꼴형 관로의 수리특성곡선(Kutter공식)

그림 6.5 원형, 장방형, 사다리꼴형 관로의 수리특성곡선

1) 원형 관로

유속은 수심이 81%일 때 최대가 되며, 수심이 93%일 때 유량은 최대가 되고, 수심 100%일 때 1.07배로 된다. 또한 수심 100%에서 유속과 유량곡선은 일치한다.

2) 장방형 관로

만수가 되기 직전일 때 유속과 유량은 최대로 되고, 만류와 동시에 윤변이 크게 되기 때문에 유속과 유량도 감소한다. 또한 상부 헌치부분에 도달할 때는 약 90% 수심에 달하며, 유속과 유량곡선이 일치한다.

3) 사다리꼴형 관로

유속은 수심이 81%일 때 최대가 되며, 수심이 93%일 때 유량은 최대에서 수심 100%일 때 1.09배로 된다. 또한 수심 80%에서 유속과 유량이 일치한다.

(4) 관로의 단면형상

단면의 형상으로는 작은 수로(小水路)나 암거의 경우에는 보통 장방형이 사용되고 대수로

(大水路)인 경우는 무개배수로 또는 사다리꼴형을 사용하며, 터널부분에서는 토압에 견딜 수 있도록 원형이나 마제형의 단면을 사용한다.

개수로의 단면형상을 결정할 때는 일정한 동수경사와 단면적으로 최대유량이 흐를 수 있도록 단면을 선정함이 경제적이다. 그림 6.6은 원형, 장방형, 사다리꼴형 단면에서 단위면적당 최대통수량을 갖는 단면조건을 나타낸다. 그러나 무개배수로의 단면형은 유량, 유속, 수로용지 및 호안의 종류 등에 따라 다음 사항을 고려하여 결정한다.

① 수리학적으로 유리할 것
② 하중에 대해 경제적일 것
③ 시공비가 저렴할 것
④ 유지관리가 용이 할 것
⑤ 시공장소의 상황에 잘 적응될 것

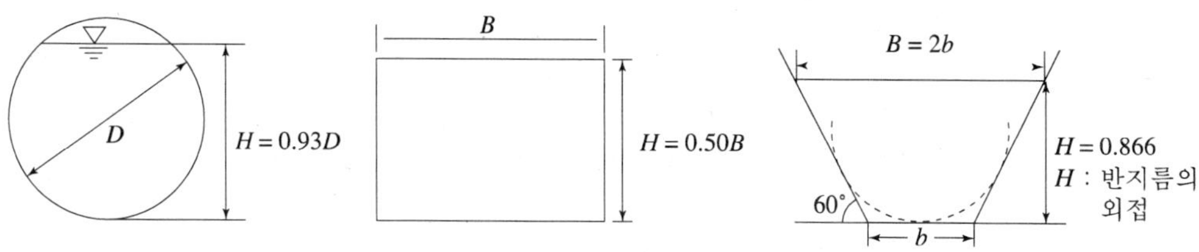

(a) 원형 단면 (b) 장방형 단면 (c) 사다리꼴형 단면

그림 6.6 최대 통수단면

일반적으로 사용되는 관로 단면형의 장・단점은 표 6.4와 같다.

표 6.4 관로단면형의 장단점

구분	장 점	단 점
원형	① 수리학적으로 유리하다. ② 역학계산이 간단하다. ③ 일반적으로 안지름 3,000 mm 정도까지 공장제품을 사용함으로 공사기간을 단축할 수 있다. ④ 중규모 경우는 1,500 mm 미만의 시설에 유리하다. ⑤ 휨모멘트가 작기 때문에 작은 부재로 큰 하중에 견딜 수 있다. ⑥ 재료비가 적게들고 대량생산이 용이하며 제작비를 절감할 수 있다.	① 안전하게 지지시키기 위해서 모래기초 외에 별도로 기초공을 필요로 하는 경우가 있다. ② 공장제품이므로 연결부가 많아져 지하수의 침투량이 많아진다. ③ 수량의 변화에 따라 수심이 현저히 변화한다.

구분	장 점	단 점
장방형 및 구형	① 대규모공사 1,500 mm 이상 시설에 유리하다. ② 시공장소의 토피 및 폭원에 제한을 받는 경우에 유리하며 공장제품을 사용할 수도 있다. ③ 시공장소의 제약을 받는 경우 유리하다. ④ 역학계산이 간단하다. ⑤ 관로의 두께를 자유로이 할 수 있어 각종 하중조건에 적합하게 제작할 수 있다. ⑥ 만류가 되기까지는 수리학적으로 유리하다.	① 철근이 해를 받을 경우 상부하중에 대하여 대단히 불안하게 된다. ② 현장타설의 경우에는 공사기간이 지연되며, 공사의 신속을 도모하기 위해 상부를 따로 제작해 나중에 매설하는 방법을 사용한다. ③ 만수일 때는 윤변이 급속히 증가하여 유속과 유량이 급속히 감소하는 특징이 있다.
사다리꼴형	① 큰관에 유리하며 경제적이다. ② 수리학적으로 유리하다. ③ 상반부의 아치작용에 의해 역학적으로 유리하다. ④ 개수로터널에 가장 많이 채용된다.	① 단면형상이 복잡하기 때문에 시공성이 열악하다. ② 현장타설의 경우는 공사기간이 길어진다.

예제 6.5

장방형 수로에 있어서 유수단면적 A 및 수면경사 I를 일정하다고 하면 최대유량이 흐를 수 있는 단면의 폭 B와 깊이 H와의 비를 구하시오(단 유량은 같다).

풀이

$$V=\frac{1}{n}R^{2/3}\,I^{1/2}$$

$$Q=A\cdot V=BH\cdot V$$

$$R=\frac{BH}{2H+B}$$

$A=BH$이므로

$$Q=\frac{I^{1/2}}{n}\cdot A\cdot\left[\frac{A}{(2H+A/H)}\right]^{2/3}=\frac{I^{1/2}}{A}\cdot\left(\frac{AH}{2H^2+A}\right)^{2/3}$$

$$\therefore\frac{dQ}{dH}=\frac{I^{1/2}}{n}A^{5/3}\cdot\frac{2}{3}\cdot\left(\frac{H}{(2H^2+A)^2}\right)^{-1/3}\cdot\frac{A-2H^2}{(2H^2+A)^2}$$

$dQ/dH=0$에서 $A=2H^2$, 따라서 $BH=2[H^2]$

$\therefore B/H=2$

예제 6.6

취수시설 A와 정수처리시설 착수정 B와의 계획고수위 HWL와 계획저수위 LWL는 각각 그림에 나타나 있다. 이들 양 시설간의 거리는 10 km로 한다. AB간을 장방형 수로에 의해서 유량 $Q=3.0\,\mathrm{m^3/s}$를 자연유하로 도수할 때, 필요한 장방형 수로의 단면(폭과 수심)과 평균유속 $v\,[\mathrm{m/s}]$를 정하시오(단 평균유속 공식으로서는 Manning 공식($n = 0.014$)을 사용).

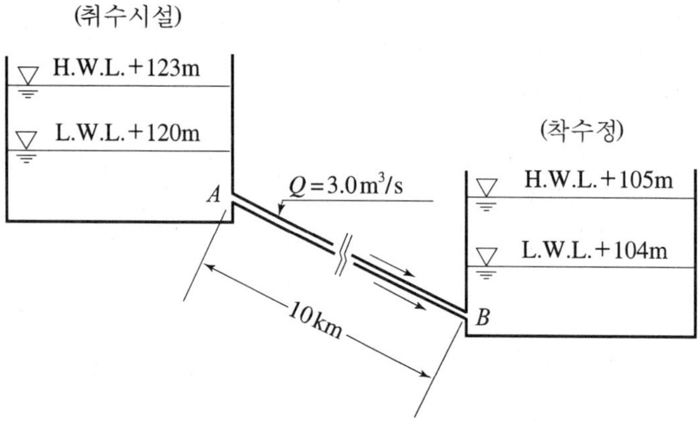

예제그림 6.6.1 취수시설과 착수정의 수위와의 거리

풀이

이 경우 경사가 완만하게 되는 조건(취수시설의 계획저수위, 착수정의 계획고수위)으로 계산한다. 이때 동수경사는 $I = \Delta h / L = (120 \sim 150)/1{,}000 = 1.5 \times 10^{-3}$이다.

장방형 수로의 최대통수능력의 단면은 수심을 H로 하면 수심 폭 $B = 2H$이기 때문에 유수단면은,

$$A = BH = 2H^2 \qquad (1)$$

$$\text{경심 } R = \frac{\text{단면적}}{\text{윤변}} = \frac{A}{(B+2H)} = \frac{2H^2}{2H+2H} = H/2$$

$Q = Av = 3.0\text{m}^3/\text{s}$ 에서

$$v = \frac{3.0}{A} = \frac{3.0}{2H^2} = 1.5H^{-2} \qquad (2)$$

Manning 공식에 식(1)의 관계를 대입하여 정리하면,

$$v = \frac{1}{n} \cdot I^{\frac{1}{2}} \cdot R^{\frac{2}{3}} = \frac{1}{0.014} \cdot (1.5 \times 10^{-3})^{\frac{1}{2}} \cdot (\frac{H}{2})^{\frac{2}{3}} \fallingdotseq 1.7427H^{\frac{2}{3}} \qquad (3)$$

식(2)와 식(3)으로부터 수심 H를 구하면

$$1.5H^{-2} = 1.7427H^{\frac{2}{3}}$$

$$\therefore H = (\frac{1.5}{1.7427})^{\frac{3}{8}} = 0.945 \fallingdotseq 0.95\,[\text{m}]$$

또한 수로 폭은

$$B = 2H = 1.9\,[\text{m}]$$

식(2) 또는 식(3)에 $H = 0.95\,[\text{m}]$를 대입하면

평균유속 $v = 1.5 \times 0.95^{-2} \fallingdotseq 1.7427 \times 0.95^{\frac{2}{3}} \fallingdotseq 1.67859 \fallingdotseq 1.68\,[\mathrm{m/s}]$

또한, 수로의 깊이에 대해서는 수면으로부터 천단까지의 여유를 50[cm]로 예상하여 1.45[m]로 한다.

6.3 도수 및 송수

6.3.1 유송방식

도수방식(導水方式)은 수로의 시·종점의 수위관계 및 수로 도중의 지형에 따라 자연유하식과 펌프가압식, 수리학적으로 개수로와 관수로, 지표면과의 관계에 의하여 지하식(地下式)과 지표식(地表式)으로 각각 나눈다. 일반적으로 자연유하식을 채용함이 유지관리상 안전하지만 시점수위(始點水位)가 종점수위(終點水位)보다 낮을 때는 펌프가압식에 의한다. 관수로 및 개수로의 어느 것을 채용할 것인가는 설정수로(設定水路)의 동수경사와 지표면과의 관계나 경제성에 의하여 결정되나 동수경사가 지표면보다 높을 때는 일반적으로 개수로를 채용한다. 개수로는 수면경사(보통 1/1,000~1/3,000)와 같은 경사로 도수로를 만들어야 되므로 산이나 계곡이 있으면 대략 등고선에 따른 우회로를 만들거나 수로교(水路橋)나 터널 또는 역사이펀 등을 적절히 만들어야 한다. 무개배수로, 암거터널의 어느 것을 채택할 것인가는 주로 지표면으로부터의 수로 부설깊이에 의한다. 무개배수로(蓋渠, covered comduit)는 증발에 의한 물 손실, 식물의 번성, 수질오염, 재해에 의한 매몰(埋沒) 등의 문제가 있으며, 도수구간의 손실수두를 작게 하고자 할 때 적합하고 수량이 크고 터널시공에 적당할 때는 관로에 비하여 연장이 짧아진다.

송수방식(送水方式)도 시·종점의 수위관계에 따라 자연유하식과 펌프가압식으로 나누며, 자연유하식을 채용함이 유지관리상 안전하다. 송수관으로부터 배수관을 직접분기(直接分岐)시키는 것은 유지관리상 좋지 않으나 부득이 분기시킬 때는 계획급수구역의 동수압(動水壓)도 고려하여 결정해야 한다. 송수로는 수질오염을 방지하기 위하여 관수로로 함이 보통이나 수량이 많고 터널시공이 적당한 노선에서는 터널송수로를 채용함으로써 관로에 비하여 짧아지는 이점이 있다. 이 경우 터널송수로 단면을 크게 하여 배수지로 겸용하는 경우도 있다. 그림 6.7에는 지형에 따는 여러 가지 도송수로가 제시되어 있다.

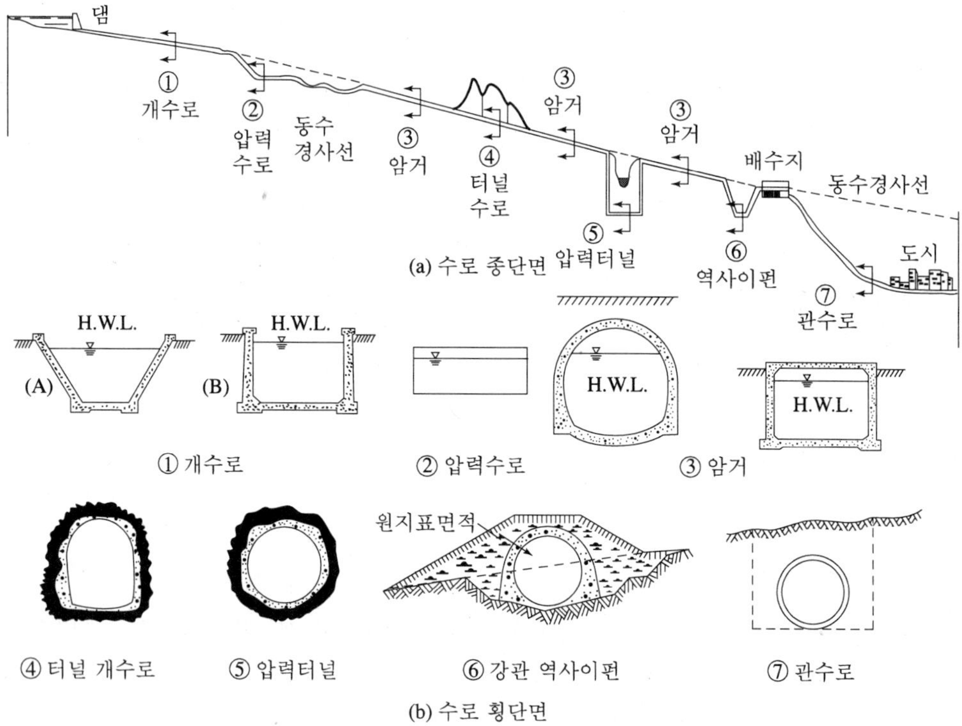

그림 6.7 상수도의 도 · 송수로의 종단면도(a)와 횡단면도(b)

6.3.2 도수로

(1) 도수로

도수로(導水路)의 노선결정에 있어서는 현장답사를 하여 수리, 경제성, 유지관리, 기타 여러 가지 관점에서 종합적으로 판단하여 정해야 한다. 도수로는 관수로와 달라서 경사가 일정하므로 다소 우회하여 되도록 평탄지를 선택함이 경제적인 경우가 많다. 사면부(斜面部), 쌓기 등 지반이 불안정하여 수로의 매몰, 침하 등의 우려가 있는 곳은 피해야 하며, 도수로의 형식과 구조는 다음과 같다.

지반이 양호하며 깎기(切土, cutting) 또는 쌓기(盛土, banking), 구릉(丘陵)을 횡단하거나 깎기토량이 많을 때는 터널, 하천, 계곡을 횡단할 때는 수로교, 역사이펀 등을 가설한다. 도수로는 필요량의 원수를 확실하게 유송할 수 있어야 한다. 또한 형태, 단면의 크기는 재해(災害)에 대한 안정성과 유지관리 및 건설비 등을 종합적으로 고려하고 지형, 계획도수량에 응하여 결정해야 한다. 그리고 구조상 안전하고 충분한 수밀성과 내구성을 갖도록 하고, 양호한 지반상에 구축해야 한다. 도수로는 추운지방에서는 반드시 암거로 하고 부득이 무개배수로로 할 때는 오염 및 위험방지대책을 강구한다. 무개배수로 및 암거에는 10~20 m 간격에 시공이음을 겸하여 신축이음을 설치하며 지질이 연약한 곳이나 접합정(接合井, junction well), 교량, 맨홀(人孔, manhole), 탑(塔), 문비(門扉) 등의 전후에서는 부등침하를 일으키기 쉬우므로 유연성이 큰 신축이음을 설치한다. 또 신축이음의 재질은 충분한 수밀성이 있고 신축에 대하여 그 기능을 충분히 발휘할 수 있어야 한다.

도수로 내의 평균유속의 최대한도는 수로 내면이 마모되지 않도록 표 6.5의 값으로 하여야 한다. 또 토사가 수로 내에 침전되지 않도록 최소한도를 0.3 m/s로 한다. 도수시설의 계획수량은 계획수량을 기준으로 한다.

표 6.5 도수로내 평균유속의 최대한도

수로 내면 상태	최대유속 [m/s]
모르타르 또는 콘크리트	3.0
강철, 주철 또는 경질염화비닐	6.0

도수로의 단면결정에 있어서는 먼저 취수시설의 최저수위와 정수장내 착수정의 최고수위로부터 최소동수경사를 구한 다음에 단면을 가정하며, 평균유속공식에 의하여 평균유속을 계산하고, 그것에 가정단면을 곱하여 유량을 구한다. 유량이 계획수량이 될 때까지 단면을 몇 번 다시 가정하여 계산하면 된다. 만일 평균유속이 최대계획한도 이상이 되면 적당한 곳에 접합정 또는 급수로의 설비를 만들고 0.3 m/s 이하인 경우는 펌프사용을 고려해야 한다.

(2) 부대시설

도수로의 분기점(分岐點), 합류점 및 관수로로 변하는 곳에는 접합정이나 인공을 설치한다. 그 유출입구에는 필요에 따라 제수문비(制水門扉) 또는 각락(各落) 등을 설치한다. 제수문비는 하중에 대하여 안전하고 충분한 수밀성과 내구성이 있고 개폐(開閉)가 쉽고 확실해야 한다. 접합정 및 인공은 콘크리트탱크 또는 철근콘크리트탱크 또는 구조상 안전하고 충분한 수밀성과 내구성이 있는 것이어야 한다. 접합정의 크기는 도수거의 크기, 사람이 출입할 수 있는 크기에 따라서 정해지며 필요에 따라서 양수장치나 여수토(餘水吐)를 설치할 때는 설치공간도 고려해야 한다. 여수토는 접합정의 수위를 일정하게 유지할 뿐만 아니라 접합정의 하류층에 사고가 생긴 경우 유입량의 조절 또는 차단을 할 수 있도록 계획도수량 전량을 유하시킬 수 있는 크기로 함이 바람직하다.

도수로연장이 길 경우 그 도중에서 사고가 생기면 무개배수로는 월류(越流)하여 부근에 피해를 주고 암거는 압력수로로 되어 구조물에 나쁜 영향을 주므로 도수로에 여수토를 설치함이 안전하며, 또한 니토구(泥吐口)도 함께 설치하면 편리하다. 여수토의 하류부에는 제수문비 또는 제수밸브 등을 설치해야 한다. 사고 오염 등을 조기에 발견하기 위하여 순시 도로를 전 도수로 통하여 설치할 필요가 있다. 여수토의 유량은 계획도수량을 기준으로 하여 수로의 단면, 연장, 여유고 및 사고발생 후의 유입구에서의 제수문비 또는 재수밸브의 조작에 요하는 시간, 정수장 내의 여수토 설비능력 등을 고려하여 결정한다.

(3) 특수 구조물

1) 터널

터널은 수로연장을 매우 단축할 수 있다. 손실수두가 작고 용지비가 작으며, 관로에 비해서 공사비가 저렴하게 된다. 터널은 지형, 지질 및 환경조건 등에 좌우되는 일이 많으므로 조사, 계획, 설계 및 시공에 있어서는 주의가 필요하다.

터널의 단면형은 보통 3심~5심원으로 되는 사다리꼴형 단면이 사용되나 지반이 나쁜 곳에서는 원형 단면이 사용되며, 터널시공이 가능한 흙 두께는 지질에 따라 다르나 암반을 제외 하고는 약 5 m 이상이어야 한다. 터널 내공단면(內孔斷面)은 수심이 터널 높이의 약 80%때 계획도수량을 유송시킬 수 있는 크기로서 터널 높이는 시공상 1.8 m 이상이어야 한다. 도수터널은 수로로서 이용되므로 누수가 되지 않는 수밀구조로 하기 위하여 콘크리트복공을 하며, 그 복공두께는 터널의 크기, 흙덮기 두께, 토압 등에 따라 결정된다.

또한 콘크리트의 시공임을 특히 주의하여 시공하고 경우에 따라서는 지수판을 삽입한다. 콘크리트복공(覆工)과 지반사이에는 공극이 생기므로 모르타르나 시멘트풀로 그라우팅(grouting)하여 메운다. 또 안전을 위하여 터널입구부터 5m 정도는 특히 견고한 콘크리트복공을 하고 깎기 경사면을 무너지지 않도록 충분히 방호한다.

2) 수로교

도수로가 깊은 계곡이나 하천을 횡단할 때는 수로의 손실수두를 작게 하기 위하여 상부구조를 수로로 한 다리를 가설한다. 교각(橋脚)이 낮고 경간이 짧을 때는 철근콘크리트탱크로 하고 교각이 높고 경간이 길 때는 강철탱크나 프리스트레스트 콘크리트(prestressed concrete)탱크로 시공함이 안전하다. 형식은 단순보, 라멘, 연속보 등이 있으나 이들 모두 수로를 보(beam)로 생각함의 원인이 많으므로 이를 줄이기 위해 경간을 비교적 길게 하는 방법도 있다.

수로교는 자중, 수하중, 풍압 및 지진 등의 하중에 대하여 안정성이 있도록 해야 한다. 수로교의 교대 및 교각의 설계시공에 있어서는 지질조사, 지내력시험을 하고 지내력이 부족한 경우에는 말뚝기초, 기타 적절한 기초공을 해야 한다. 상부구조는 수로를 보로 함이 보통이므로 온도변화, 기초의 부등침하, 기타에 대비하여 필요한 곳에 수밀성이고 이완성(異緩性)이 큰 신축이음을 설치해야 한다.

6.3.3 도수관

(1) 도수관

도수관은 취수지점으로부터 정수시설까지 원수를 관수로로 도수하는 시설로서 도수관 본체, 펌프설비, 차단・제어용밸브, 공기밸브 및 유량계, 배수(排水)설비, 접합정, 압력조절탱크, 감압밸브, 그 외 부속설비로 구성된다(그림 6.8 참조).

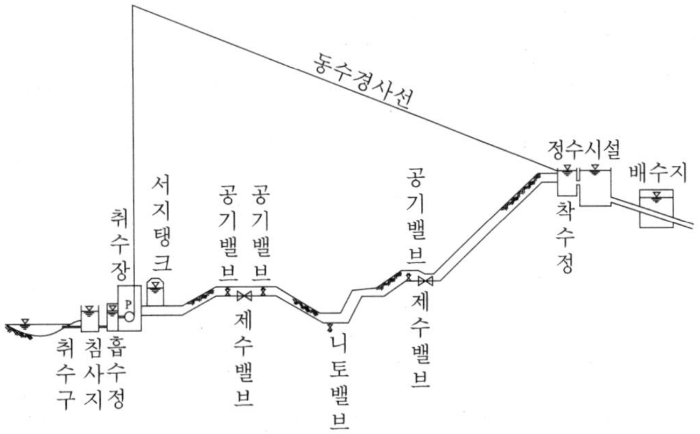

그림 6.8 도수관로도

도수관의 부속설비를 배치할 때에는 관수로로서의 수리조건에 적합하며, 유지관리를 고려하여 적절한 것을 선택하고 적재적소에 배치해야 한다.

도수관(導水管)은 원수를 관수로 유송시키는 관으로서 그 관의 종류는 배수관으로 사용되는 주철관, 덕틸주철관(ductile cast iron pipe), 강관, 석면시멘트관 및 경질염화비닐관 외에 PSC관, 철근콘크리트관, 원심력철근콘크리트관(hume 管) 등이다.

도수관은 배수관과 다르므로 급수분기를 행하지 않고 또 최저수압의 제한이 없으므로 배수관으로서는 부적당한 PSC관이나 철근콘크리트관, 흄관 등을 사용할 수 있다. 이들은 다른 관의 종류에 비하여 내식성이 좋으나 중량이 크고 내진상 기초를 튼튼히 해야 한다.

도수로는 주로 전용노선이나 공공도로에 개삭(開削)공법에 의하여 동결심도(凍結深度)보다 깊게 매설되는데 지반, 지형, 지층 등을 사전 검사하여 관의 종류의 선정을 신중히 함과 동시에 적절한 기초공, 이형관 방호공 등을 시행해야 한다. 또 하천, 궤도 및 주요도로 등을 횡단하거나 지역적으로 최소동수경사선 위로 올라가는 산악, 구릉 등을 횡단(관수로는 최소동수경사선 이하로 매설되어야 한다)할 때는 수관교의 가설, 추진공법, 터널공법 또는 실드(shield)공법 등 비개삭(非開削)공법을 채용하며 보통의 개삭에 의한 지중매설에 비하여 3~4배의 공사를 요하고 사고발생 때는 복구가 곤란하므로 되도록 최단거리로 횡단하도록 배려하고 연장, 지형, 지질, 재해에 대한 안정성 및 공사비 등을 종합적으로 고려하여 채택할 구조와 공법을 결정한다.

도수관의 노선선정에 있어서 관로의 수평 및 연직방향의 급격한 굴곡은 손실수두를 크게 하고 수압과 유속에 의하여 관로를 외방(外方)으로 밀어내는 작용을 하여 구조상의 약점이 되므로 피하여야 한다. 만일 관로의 동수경사선 위로 관로가 올라가면 관내압이 대기압보다 작게 되어 수중의 용해공기가 분리되어 관로의 최상부에 모임으로써 통수를 방해할 뿐만 아니라 만일 관이음의 이완이나 관의 균열이 생기면 주위로부터 관 내에 오수가 흡입되어 비위생적이므로 관로는 반드시 최소동수경사선 밑으로 매설되도록 노선을 선정해야 한다. 선정된 관로가 최소동수경사선 위로 올라가게 되는 경우에는 단일 동수경사에 대한 지름에 비하여 상류측의 관지름을 크게 하고, 하류측의 관지름을 작게 함으로써 동수경사선을 올려야 한다. 이 경우에 접합정을 설치하는 수도 있으나 접합정을 생략하고 관지름변화에 의하여 동수경사선을 조절함이 경제적이고 유지관리도 편리하다.

관로에 미치는 최대정수두(最大靜水頭)는 사용하는 관의 종류는 최대사용정수두 이하 이어야 되나 부득이한 경우는 특수 고압관을 사용하든지 그 지점의 상류측 적당한 위치에 접합정을 설치하여 최대정수두를 감소시키도록 하여야 하며, 이것을 나타내면 그림 6.9, 그림 6.10 및 그림 6.11과 같다.

도수관의 지름은 어떤 경우에도 안전하게 계획수두량을 유송할 수 있도록 최소동수경사에 대하여 산정한다. 관로의 손실수두를 계산할 때 관로연장이 길고 곡관(曲管), 기타의 이형관(異形管)이나 밸브류(弁類)가 작을 때는 마찰손실만을 고려하면 된다. 자연유하식의 관로의 경우에는 주어진 시·종점간의 낙차(落差)를 최대한으로 이용하여 유속을 허용범위 내에서 되도록 크게 함이 관지름이 최소로 되고 따라서 관의 포설비가 최소로 되어 가장 경제적인 설계가 된다. 펌프도수의 경우는 도수관의 관지름과 도수펌프 양정과의 조합은 매우 많으며, 관지름을 작게 할수록 관의 포설비는 저렴하나 통수저항(通水抵抗)이 커져서 펌프관계 비는 작아지나 관의 포설비가 증가한다.

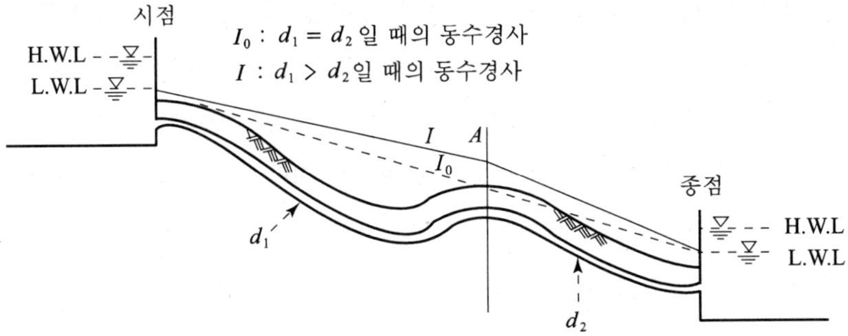

그림 6.9 관지름의 변화에 의한 동수경사의 상승법

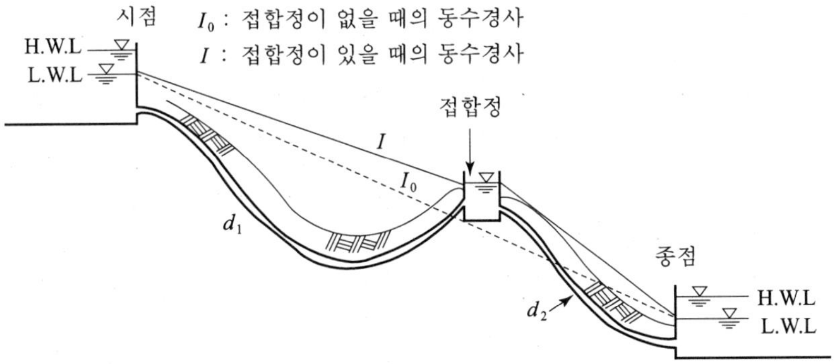

그림 6.10 접합정에 의한 동수경사 상승법

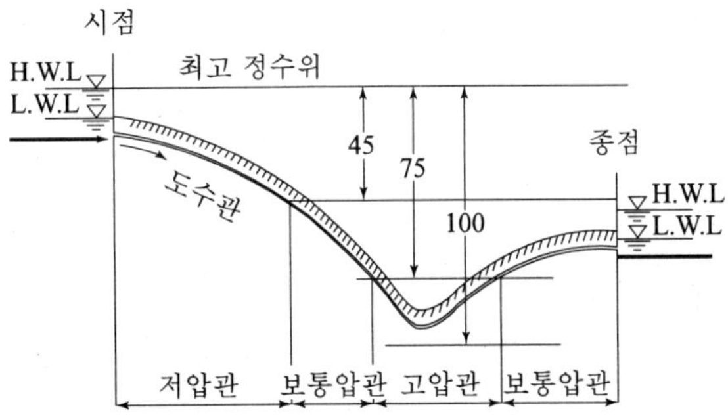

그림 6.11 최대사용 정수두(주철관, 단위 : m)

(2) 관의 종류

수도관으로는 덕타일주철관, 강관, 스테인리스강관, 경질염화비닐관 및 수도용 폴리에틸렌관 등의 관의 종류를 사용한다. 이 관들은 각각 재료, 제조방법, 규격치수, 강도 및 내외면 도장

등이 다르기 때문에 다음 각 항에 의하여 위생성, 호환성, 내구성, 유지관리의 용이성 등을 고려하여 최적의 것을 선정한다. 실제로는 한국산업규격(KS) 또는 한국상하수도협회규격(KWWA) 등의 규격이 있으므로 규격에 맞는 관의 종류 및 관두께의 제품을 사용한다.

도수관로가 자연유하식으로 수압이 낮고 수압변동도 적다. 또한 지반이 견고하고 부등침하 등도 없으며, 지진 시의 지반변동에 의한 관체 및 조인트에의 영향이 없는 경우에는 프리스트레스트 콘크리트관 및 원심력 철근콘크리트관 등을 사용할 수도 있다.

수도사업자 법령에 정해진 시험을 실시하여 기준에 접합하다는 것을 확인한 다음 관의 종류 및 내·외부의 도장방법을 선정해야 한다[표 6.6, 표 6.7, 표 6.8 참조].

표 6.6 국내 상수도용 관의 종류

관의 종류	규격	관지름[mm]	비 고
덕타일주철관	KS D 4311	80~2,600	·수도용 강관 콜타르에나멜
덕타일주철이형관	KS D 4308	80~2,600	(coaltar enamel) 도복장방법
상수도용 도복장강관	KS D 3565	80~3,000	(KS D 8307)
상수도용 도복장강관이형관	KS D 3578	80~3,000	·수도용 강관 아스팔트도복장
일반 배관용 스테인리스강관	KS D 3595	8~300	방법(KS D 8306)
수도용 에폭시수지 분체내외면 코팅강관	KS D 3608	6~500	
수도용 폴리에틸렌 분체라이닝강관	KS D 3619	15~100	·수도용 타르에폭시수지도료
프리스트레스트 콘크리트 실린더관	KS F 4406	500~2,000	및 도장방법(KS D 8501)
이음매 없는 동 및 동합금관	KS D 5301	8~150	·수도용 액상 에폭시수지도료
원심력 철근콘크리트관	KS F 4403	150~3,000	및 도장방법(KS D 8502)
수도용 경질염화비닐관	KS M 3401	13~300	·덕타일주철관의 모르타르라이
수도용 경질염화비닐이음관	KS M 3402	13~300	닝(KS D 4316)
수도용 폴리에틸렌관	KS M 3408	16~300	·덕타일주철관 내면에폭시수지
수도용 폴리에틸렌관의 이음관	KS M 3411	16~150	분 체도장(KS D 4317)

표 6.7 수도관으로 사용되는 관종의 특징

재질별	장 점	단 점
덕타일 주철관	·강도가 크고 내구성이 있다. ·강인성이 뛰어나고 충격에 강하다. ·이음에 신축 휨성이 있고 관이 지반의 변동에 유연하다. ·시공성이 좋다. ·이음의 종류가 풍부하다.	·중량이 비교적 무겁다. ·이음의 종류에 따라서는 이형관 보호공을 필요로 한다. ·내외의 방식면이 손상되면 부식되기 쉽다.

재질별	장 점	단 점
강관	·강도가 크고 내구성이 있다. ·강인성이 뛰어나고 충격에 강하다. ·용접이음에 의해 일체화가 가능, 지반의 변동에는 장대한 관로로서 유연하다. ·가공성이 좋다. ·라이닝(lining)의 종류가 풍부하다.	·용접이음은 숙련공이나 특수한 공구를 필요로 한다. ·전식에 대하여 고려해야 한다. ·내외의 방식면이 손상되면 부식되기 쉽다.
경질염화 비닐관	·내식성이 뛰어나다. ·중량이 가볍고 시공성이 좋다. ·가공성이 좋다. ·내면 조도가 변화하지 않는다. ·고무윤형은 조인트의 신축성이 있고, 관이 지반변동에 유연하게 대응할 수 있다.	·저온 시에 내충격성이 저하된다. ·특정 유기용제 및 열, 자외선에 약하다. ·표면에 상처가 생기면 강도가 저하된다. ·조인트의 종류에 따라 이형관 보호공을 필요로 한다.
수도용 폴리에틸렌관	·내식성이 우수하다. ·중량이 가볍게 시공성이 좋다. ·융착접속으로 일체화할 수 있고, 관체에 유연성이 있으므로 관로가 지반변동에 유연하게 대응할 수 있다. ·가공성이 좋다. ·내면 조도가 변하지 않는다.	·열이나 자외선에 약하다. ·유기용제에 의한 침투에 조심해야 한다. ·융착접속으로는 우천 시나 용천수지반에서의 시공이 곤란하다. ·융착접속은 컨트롤러나 특수공구를 필요로 한다.
스테인리스 강관	·강도가 크고 내구성이 있다. ·내식성이 우수하다. ·강인성이 뛰어나고 충격에 강하다. ·라이닝이나 도장을 필요로 하지 않는다.	·용접접속에 시간이 걸린다. ·이종금속과의 절연처리를 필요로 한다.

표 6.8 관종류별 시험수압

관의 종류 \ 지름 및 시험방법	호칭지름[mm]	시험수압[MPa]			
		1종관	2종관	3종관	4종관
덕타일주철관 [KS D 4311]	300 이하	7	6	5	-
	350~600	6	5	4	3.2
	700~1,000	5	4	3.2	2.5
	1,100~2,000	4	3.2	2.5	1.8
	2,100~2,600	3.2	2.5	1.8	1.1
덕타일주철이형관 [KS D 4308]	호칭지름[mm]	수압시험[MPa]			
	300 이하	3.0			
	350~600	2.5			
	700~1,200	2.0			
	1,400~2,600	1.5			
상수도용 도복장강관 [KS D 3565]	종류의 기호	수압시험[MPa]			
	STWW 290	2.5			
	STWW 370	3.5			

<table>
<tr><th>지름 및 시험방법
관의 종류</th><th colspan="3">호칭지름[mm]</th><th>시험수압[MPa]</th></tr>
<tr><td rowspan="2">상수도용 도복장강관
[KS D 3565]</td><td rowspan="2">STWW
400</td><td rowspan="2">호칭
두께</td><td>A</td><td>2.5</td></tr>
<tr><td>B</td><td>2.0</td></tr>
<tr><td rowspan="4">상수도용 도복장강관이형관
[KS D 3578]</td><td colspan="3">종류의 기호</td><td>최고허용압력[MPa]</td></tr>
<tr><td colspan="3">F 12</td><td>1.2</td></tr>
<tr><td colspan="3">F 15</td><td>1.5</td></tr>
<tr><td colspan="3">F 20</td><td>2.0</td></tr>
<tr><td>수도용 폴리에틸렌분체 라이닝강관
[KS D 3619]</td><td colspan="4">정수두 100 m 이하</td></tr>
<tr><td>수도용 폴리에틸렌관
[KS M 3408]</td><td colspan="4">사용압력 0.8 MPa
수압시험 3 MPa</td></tr>
<tr><td>산업용 경질폴리염화비닐관
[KS M 3411]</td><td colspan="4">수압시험 2.5 MPa</td></tr>
<tr><td>압력용 경질폴리염화비닐관
[KS M 3401]</td><td colspan="4">-</td></tr>
<tr><td>압력용 경질폴리염화비닐이음관
[KS M 3402]</td><td colspan="4">-</td></tr>
<tr><td>일반배관용 스테인리스강관
[KS D 3595]</td><td colspan="4">사용압력 3.5 MPa</td></tr>
</table>

(3) 부대시설

1) 접합정

도수관의 접합정은 구조상 안전한 것으로서 충분한 수밀성과 내구성을 가져야 한다. 원형 또는 장방형의 콘크리트 또는 철근콘크리트로 축조(築造)하여야 할 것이다. 유입속도가 클 경우는 접합정 중에 저류벽(低流壁)을 설치하여 유속을 감소시킨 후에 유출관으로 유출시키는 구조로 한다. 접합정의 용량은 수압을 조절하여야 하며, 수면의 동요를 흡수하고 원활하게 도수할 수 있는 깃으로써 보통 계획도수량의 1.5분 이상으로 한다. 또한 수심은 3.0~5.0 m을 표준으로 하며, 계획도수량이 작을 때에는 수면의 면적이 작아져서 수면동요를 흡수할 수 없기 때문에 수면의 최소면적을 10 m^3 정도가 좋고, 접합정의 예는 그림 6.12와 같다. 그리고 유출관의 유출구 중심높이는 저수위로부터 관지름의 두 배 이상 낮게 하여야 한다. 또한 필요에 따라 양수장치, 니토관(泥吐管), 월류장치를 설치하고 유출구와 니토관에는 제수밸브(sliuce valve) 또는 제수문을 설치한다.

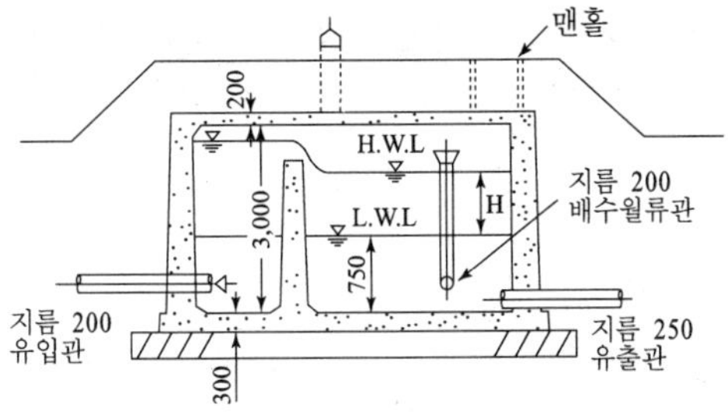

(a) 단면도

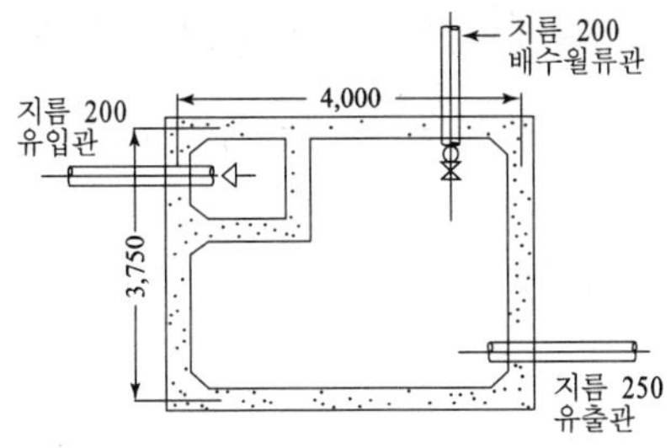

(b) 평면도

그림 6.12 접합정의 예[단위 : mm]

2) 제수밸브

도·송수관의 시점, 종점 분기장소(分岐場所)의 연결과 중요한 니토관에는 제수밸브(gata valve)를 설치하고 중요한 역사이펀부, 교량, 궤도(軌道)횡단 등으로 사고발생시 복구가 곤란한 곳에서는 전후에 설치한다. 그 외에도 도·송수관로에는 1~3 km 간격(배수관로에는 500~1,000 m 간격)에 제수밸브를 설치한다.

제수밸브는 그림 6.13과 같은 밸브가 상하로 움직여 수류를 완전히 차단하거나 일부 억제하는 기능을 갖는다. 수두가 40 m 이상으로 관지름 400 mm 이상인 제수밸브에서는 개폐시 상하류의 수압차가 매우 커서 조작이 곤란하므로 측관에 부제수밸브(副制水弁)를 부착한다. 먼저 부제수밸브를 개폐하여 상하류 수압차를 작게한 후 밸브를 개폐한다. 이것은 동시에 수격압을 격감시키는 작용도 가지며, 작은 수량조절에도 편리하다.

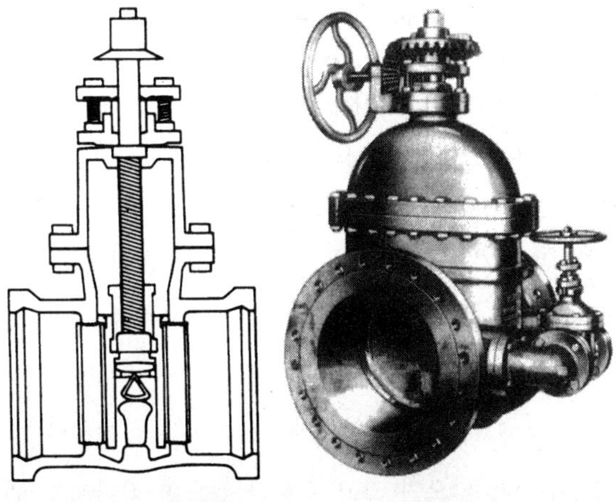

그림 6.13 수도용 제수밸브

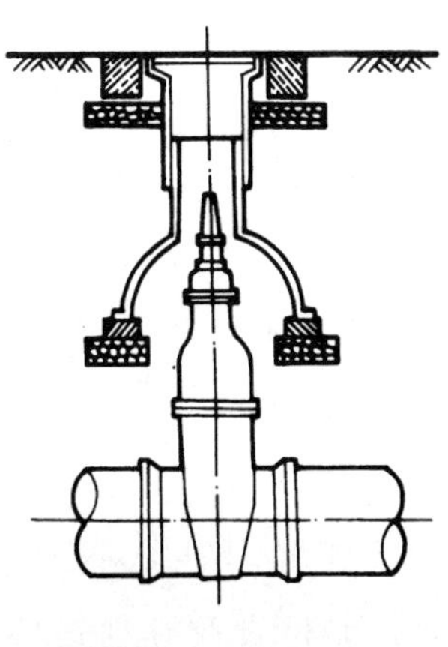

그림 6.14 제수밸브관로

지름 600 mm 이상의 개폐장치는 감속장치를 설치한다. 제수밸브의 접합부분은 누수에 안전한 고무링(packing)이 사용된다.

(4) 공기밸브

관로의 종단도 상에서 상향 돌출부의 상단에 설치해야 하지만 제수밸브의 중간에 상향 돌출부가 없는 경우에는 높은 쪽의 제수밸브 바로 밑에 설치한다.

공기밸브(air valve)의 설치목적은 관 내에 공기를 배제하거나 흡입하기 위한 것이며, 관로의 종단도 상에서 상향 돌출부의 상단에는 물 속에 용해되어 있는 공기가 유리되고 축적되어 에어포켓(air pocket)을 형성하고, 이 에어포켓부분을 제거하지 않으면 통수단면적을 감소시켜서 원활한 통수를 방해하며, 때로는 관로사고를 유발하는 경우도 있으므로 적절하게 자동적으로 배제시켜야 한다. 또 관을 부설할 때나 단수 후에 물을 다시 채울 때에는 관 내의 공기를 배제하면서 충수해야 하며, 또 공사할 때나 작업상 필요에 따라 단수하고 관 내의 물을 빼내는 경우에는 관 내가 진공에 가깝게 되어 외압에 의하여 관이 변형될 우려가 있다. 이런 경우에는 관의 변형을 방지하기 위하여 공기를 자동적으로 관 내에 빨아 들어야 한다. 이러한 목적을 달성하기 위하여 관로에는 적당한 장소에 공기밸브를 설치한다.

관로에서 공기가 가장 모이기 쉬운 부분인 관로의 종단도 상에서 상향 돌출부의 상단은 전체 관로를 통하여 최고부가 아니더라도 국부적인 그 부근에서 가장 높은 지점이며, 이러한 지점들은 관로의 종단도 상에서의 모든 상향 돌출부의 상단을 말한다. 예로서 수관교의 돌출부 상단(top)도 이에 해당된다.

관로 연장이 길고 또한 관로의 종단도에 돌출부가 없는 경우에는 충수 또는 배수(排水)에 요하는 시간을 적절하게 하도록 제수밸브와 제수밸브 사이에 공기밸브를 설치한다. 관로연장이 긴 경우에는 유지관리를 위하여 1~3 km의 간격으로 제수밸브를 설치하기 때문에 공기밸브는 이들 제수벨브중 위치가 높은 쪽 제수밸브의 바로 밑의 가까운 곳에 설치한다.

배수지관에는 급수관이 분기되며, 관 내의 공기는 급수장치를 통하여 배출되기 쉽다. 배수지관을 신설할 때 및 유지관리를 위한 충수 · 배수(排水) 시에는 흡 · 배기에 소화전을 이용할 수 있다.

또한 배수로(排水路)가 작은 하천인 경우에 배수(排水) 시에 그 수위가 일정하다고는 할 수 없으며, 단위시간 당의 배수가능량은 수위가 낮으면 크고 수위가 높으면 작아지기 때문에 지금까지의 경험에 근거하여 관지름 400 mm 이상의 본관에는 급속공기밸브 또는 쌍구공기밸브를, 관지름 350 mm 이하의 본관에는 단구공기밸브를 설치한다.

관지름 800 mm 이상의 대구경관에는 맨홀용의 T자관 뚜껑을 이용하여, 그 뚜껑의 상부에 공기밸브를 설치하면 공기밸브실과 맨홀을 겸할 수 있으므로 유지관리상으로 편리하다.

특히 동수경사선 상에 설치된 터널 입·출구 등에는 공기배제용의 입상관(stand pipe)을 설치하는 것이 바람직하다. 관지름에 따른 공기밸브의 적용지름은 다음 표 6.9와 같다.

표 6.9 쌍구 및 급속공기밸브 적용지름

쌍구공기밸브		급속공기밸브	
지름 [mm]	관지름 [mm]	지름 [mm]	관지름 [mm]
80	400~600	80	400~600
100	600~900	100	600~1,200
150	900 이상	150	900 이상
200	1,600 이상	200	1,600 이상

급속공기밸브, 단구공기밸브 및 쌍구공기밸브는 아래 그림 6.15, 그림 6.16 및 그림 6.17과 같다.

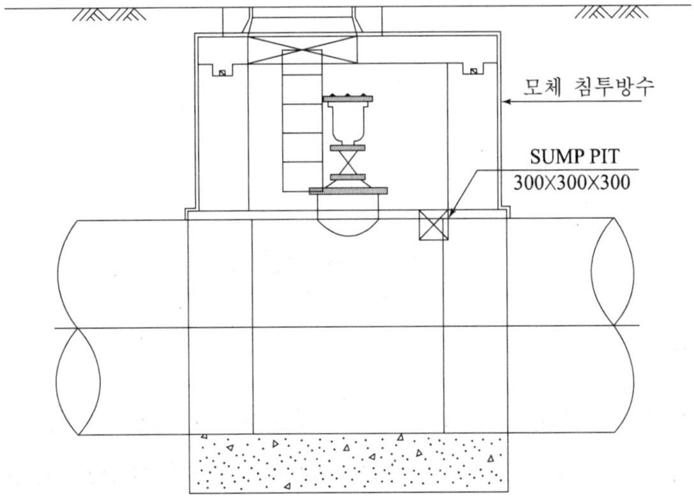

그림 6.15 급속공기밸브의 구조

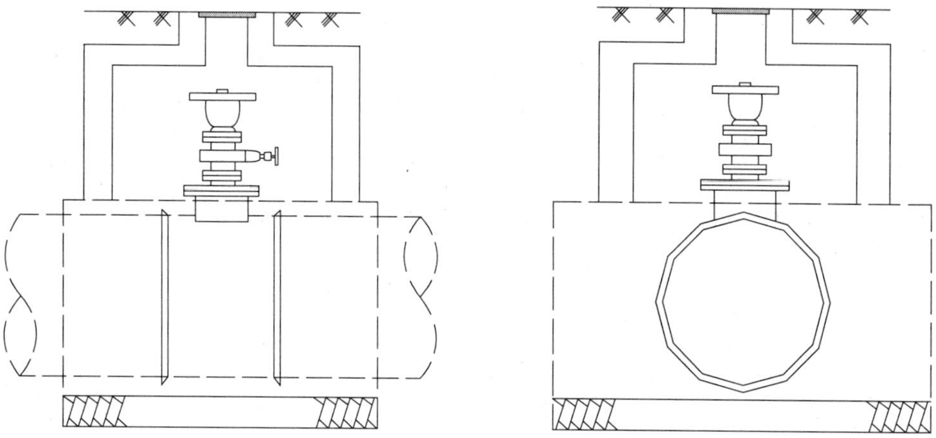

그림 6.16 단구공기밸브의 구조

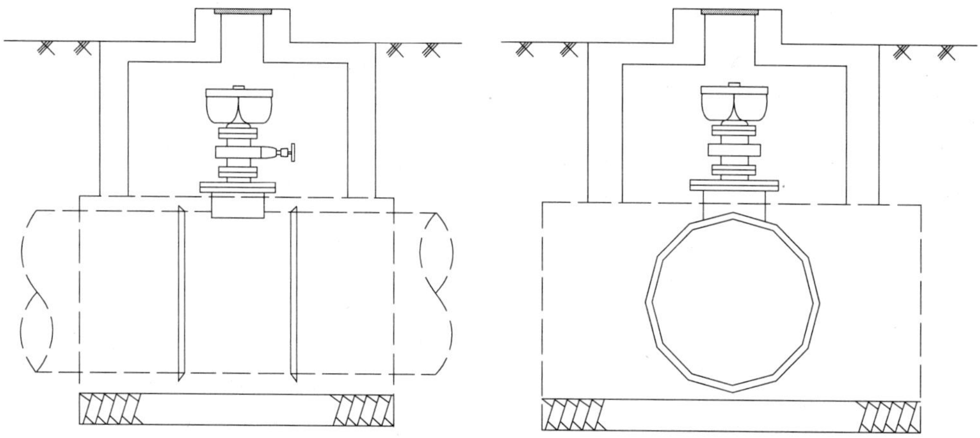

그림 6.17 쌍구급속공기밸브

(5) 니토밸브

니토(泥土)의 용도는 관저에 침전한 니토와 모래를 제거하고, 유지관리상 관내 청소와 정체수의 배제 등에 사용한다. 설치장소는 관로의 요부(凹部)부근에 적당한 배출수로 또는 하천이 있는 곳이 좋다.

또한 니토관의 관지름은 도수 및 송수 관지름의 1/4~1/2로 하고, 가능하면 큰 것을 택한다.

1) 니토밸브의 주의사항은 다음과 같다.

① 니토관의 토구는 반드시 방류수로의 고수위 보다 높게 설치하여 하수가 관 내에 유입하

지 못하도록 한다.

② 방류수면이 토구보다 높은 경우에는 니토간 도중에 배니실(排泥室)을 두어 펌프로 배출이 가능하도록 한다.

③ 토구부근이 방류로 인하여 침식 또는 파괴될 우려가 있는 곳은 반드시 보호공을 해야 한다.

(6) 역지밸브

관파열로 대량의 물이 역류하게 되는 곳에 역지밸브(check valve)를 설치한다(배수지로 연결된 송수관의 말단부, 긴 상향경사의 시점, 펌프유출관의 시점 등).

또한 큰관(지름 600 mm)에 부설하는 것은 급폐로 인한 수격작용을 방지하도록 여러 개의 소변이 점차로 닫히는 구조로 하여야 한다.

6.4 배수시설

6.4.1 배수구역의 설정

배수구역은 배수지 및 관망 등을 중심으로 하여 형성되는 것이 일반적이며, 배수구역을 설정할 때의 기본은 평상시의 수요량 변동에 따라 적정한 수압으로 연속적이고, 안정적으로 급수할 수 있어야 한다. 또한 비상시에도 급수에 대한 영향을 최소한으로 한정할 수 있도록 설정되어야 하며, 이러한 이 유로 배수구역은 전체 급수구역을 알맞게 분할하여 적당한 넓이를 가지도록 하는 것이 필요하다. 특히 단독 배수구역은 물론 배수구역 상호 간에도 합리적이고 경제적인 수운용 및 시설관리를 할 수 있도록 설정한다. 배수구역을 설정할 때에는 물수요의 실태 등 사회적 조건, 지세 등의 자연조건 및 수원이나 정수장의 위치 등을 배려하여 배수구역 상호간에 합리적이고 경제적으로 수운용 및 시설관리를 할 수 있도록 한다. 지형적으로 기복이 심한 경우에는 표고에 따라 고구, 중구, 저구 등의 구역을 설정한다.

이러한 것들을 해결하는 방안으로서 배수구역을 더욱 작게 분할하여 관리하는 블록화가 필요하다. 일반적으로 블록이라고 하는 것에는 배수구역을 평면 및 표고에 따라 분할한 배수본관으로 구성되는 배수블록과 이것을 세분한 배수지관으로 구성되는 배수지관망 블록은 그림

6.18과 같다. 급수체계조정 등과 같이 광역적인 블록화(또는 블록시스템 구축사업)시에는 블록화를 하는 기본방향과 기본목적 등이 지역적인 상황에 따라 상블록이므로 이에 대한 충분한 조사와 관망 기술진단과 등과 같은 평가 등에 의해 구체적인 계획을 통해 블록화 사업의 목표 달성을 위해 노력해야 한다.

블록화의 구체적인 이점은 다음과 같다.

(1) 현황파악의 용이성

① 감시시기를 적절하게 설치할 수 있으므로 수운용정보(유량, 수압, 유향, 수질 등)를 쉽게 파악할 수 있다. 쪼한 정보수집과 관리 및 분석 등이 용이하다.

② 물의 수요변동을 지역별로 파악할 수 있으므로 수요예측이 용이하다.

③ 신설, 개량, 교체 등의 배수관 정비를 계획적이고 합리적으로 할 수 있다.

(2) 평상시의 배수관리와 유지관리의 수준향상

① 수압관리, 수량관리, 수질관리가 용이하다.

② 감압구역이나 가압구역을 합리적으로 설정할 수 있고, 감압이나 가압에 필요하여 설치된 설비들을 효율적으로 운용하며 에너지를 절약할 수 있다.

③ 누수지점과 누수량 파악이 용이하며, 효율적으로 누수를 조사할 수 있다. 특히 누수수리에 따른 단수구역을 최소화할 수가 있다.

(3) 비상시의 대응능력 향상

① 블록 간에 상호 융통할 수 있으므로 재해나 사고 등에 대퍼하기 쉽다.

② 재해나 사고 등의 영향 범위를 극소화할 수 있으며 그 영향범위도 쉽게 파악할 수 있다. 또한 미리 재해나 사고시의 영향을 예측할 수 있다.

③ 재해나 사고 등을 조기에 복구할 수 있다.

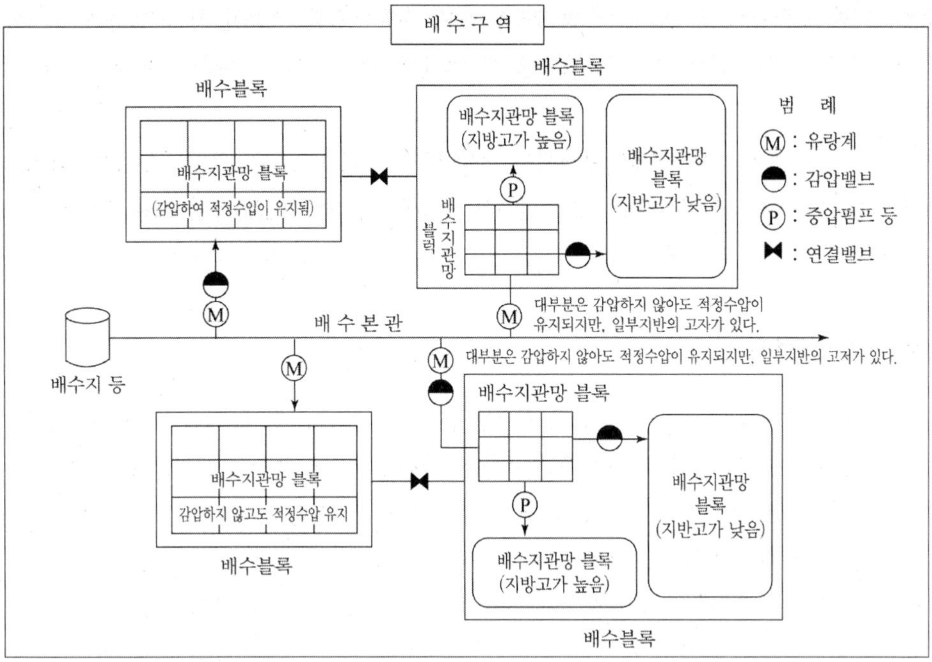

그림 6.18 블록화의 개념도

6.4.2 계획배수량

계획배수량은 1시간당 수량으로 나타내며, 각각의 배수관이 담당하는 계획배수구역의 계획1일최대급수시에 시간최대배수량이다. 계획시간최대배수량은 그 배수구역내의 계획급수인구가 그 시간대에 최대량의 룽을 사용한다고 가정하여 계획1일최대급수량일 때의 시간평균배수량에 시간계수를 곱하여 결정하며, 계획시간배수량은 식 (6-37)과 같다.

$$q = K \times \frac{Q}{24} \qquad (6\text{-}37)$$

여기서,

q: 계획시간최대배수량[m3/h]

Q: 계획1일최대급수량[m3/h])

$\frac{Q}{24}$ 시간평균배수량[m3/h]

K: 시간계수(계획시간최대배수량의 시간평균배수량에 대한 비율)

계획시간최대배수량은 배수관의 관지름결정에 기초가 되는 수량이고, 위의 식에 따라 수리

계산하여 적정한 관내 동수압이 확보되도록 하며, 수압분포를 가능한 한 균등하게 유지할 수 있도록 하고 적정한 관내 유속도 확보할 수 있도록 유의하여 배수관의 관지름을 설정해야 한다.

급수관을 분기하는 배수지관 대해서는 원칙적으로 분기개소의 관내동수압을 150kPa(약 1.53kgf/cm^2) 이상으로 유지하는 것이 필요하며, 3층 이상에 직결급수를 하는 경우에는 보다 높은 관내 동수압을 필요로 한다.

6.4.3 시간계수

시간계수는 급수구역 내에 주야간의 인구변동, 공장, 사업소 등에 의한 사용형태, 또한관광지 증의 계절적 인구이동에 의하여 변화하며 1일최대급수량이 클수록 시간계수는 작아지는 경향이 있다. 따라서 각 도시나 배수블록의 물 사용실태를 조사한 실적이나 유사한 도시의 실적을 근거로 하여 시간계수를 적용하는 것이 바람직하다.

1일 배수량과 시간계수와의 관계 그래프를 참고하여 그림 6.19에 나타내었다. 이와 같은 시간계수와 배수량과의 관계는 해당지역 또는 유사지역에서의 실측조사에 의한 결과를 반드시 비교, 검토하여 결정해야 한다.

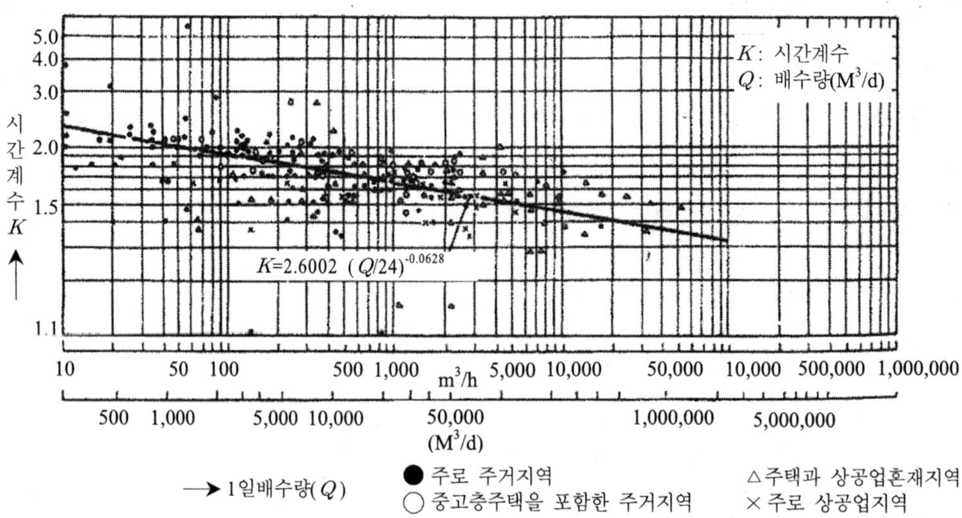

그림 6.19 1일 배수량과 시간계수의 관계 예[일본]

6.4.4 소화용수량

소화용수량은 다음 각 항을 기준으로 한다.

1) 도시의 성격, 소방시설, 인구밀도, 내화성 건축물의 비율, 기상조건 등을 고려한다.
2) 배수지가 담당할 계획급수구역내의 계획급수인구가 5만 명 이하일 때에는 원착적으로 배수지 용량 설계시에 소화용량을 표 6.10에 표시한 수량 이상으로 가산하며, 상수도 이외에서 소화용수 공급이 가능한 경우는 예외로 한다.
3) 배수관이 담당할 계획급수구역내의 계획급수인구가 10만 명 이하일 때에는 원칙적으로 배수관의 관지름 설계시 소화용량을 표 6.11에 표시한 수량 이상을 가산하여 검토하며, 상수도 이외에서 소화용수공급이 가능한 경우에는 예외로 한다.
4) 소화전 한 개의 방수량은 1㎥/min 이상을 기준으로 하고, 동시에 개방하는 소화전의 수는 표 6.12를 기준으로 정한다.

표 6.10 배수지 용량에 따른 가산할 인구별 소화용수량

인구[만명]	소화용수량[m^3]	인구[만명]	소화용수량[m^3]
0.5 이하	50	3 이하	300
1 이하	100	4 이하	350
2 이하	200	5 이하	400

표 6.11 계획1일최대급수량에 가산할 인구별 소화용수량량

인구[만명]	소화용수량[m^3]	인구[만명]	소화용수량[m^3]
0.5 이하	1 이상	6 이하	8 이상
1 이하	2 이상	7 이하	8 이상
2 이하	4 이상	8 이하	9 이상
3 이하	5 이상	9 이하	9 이상
4 이하	6 이상	10 이하	10 이상
5 이하	7 이상		

표 6.12 소규모수도에서 사용하는 소화전 및 사용수량

사용하는 소화전[mm]	사용수량[m^3/min]
단구소화전 65	0.50
소형소화전 50	0.26
소형소화전 40	0.12

예제 6.7

화재시 확보해야 할 소화용수량의 예를 제시하면 다음과 같다.

- 계획년도의 급수인구: 15,000명
- 계획1인1일 최대급수량: 500ℓ/d
- 가산할 소화용수량: $4m^3$/min(표 6.11에시)

풀이

이 때의 계획배수량을 계산은,

① 계획1일 최대급수량 = 500 ℓ × 15,000명
= 7,500[m^3/d]

② 시간평균배수령 = 7,500[m^3/d] ÷ 24h
= 312.5[m^3/h]
≒ 312[m^3/h]

③ 화재시 계획배수량 = 312[m^3/h] + (4m^3/min × 60)
= 552[m^3/h]

비교를 위하여 시간계수를 1.5로 가정한 경우에 계획시간최대배수량을 계산하면,

④ 시간최대배수량 = 312[m^3/h] × 1.5
= 468[m^3/h]

위에 의하면, 배수관의 관지름을 설계할 때에 화재시의 배수량을 사용하고 가장 배수량이 많은 하절기의 시간최대배수시에 화재가 발생하였을 경우에 급수에 약간의 영향이 있지만, 충분히 소화목적을 이루고 있다.

6.4.5 배수시설의 배치

배수시설의 배치는 다음과 같다.

1) 배수구역 내의 지형과 지세에 적합하게 된다.
2) 관망을 정비하기 위하여 배수관 및 부속설비를 적정하게 배치한다,
3) 합리적이고 경제적으로 시설을 운용할 수 있도록 한다.
4) 유지관리가 용이하고 관리비가 경제적이어야 한다.
5) 인접하는 다른 수도사업자 등의 배수본관이나 송수관과 비상연결관을 연결하는 것이 바람직하다.

6.4.6 배수방식의 선정

배수방식은 배수지 등과배수구역의 표교에 따라 자연유하식과 펌프가압식 및 병용식으로 나누어진다. 배수구역 내에 또는 인근에 적당한 높은 장소가 있는 경우에는 배수지 증을 설피하여 자연유하식으,로 하며, 적당한 높은 장소가 없는 경우에는 펌프가압식으로 한다.

자연유하식은 펌프가압식에 비하여 정전에 의한 영향이 거의 없고 급수의 안정성 면에서 우수하며 배수구역 내에 또는 그 가까이 적당한 높은 장소를 얻을 수 있을 때에는 건설비와 유지관리비 등의 경제성을 고혀하여 자연유하식으로 하는 것이 원칙이다.

그러나 자연유하식에서는 배수본관의 파손 등의 경우에 단수조치를 지체하게 되면, 배수지 증에서는 지내의 물리 유출되어 필요저수량이 없어지는 경우가 있거나, 배수본관에 접해 있는 가옥에 2차 재해를 발생시킬 우려도 있으므로 긴급차단밸브를 설치하는 등 적절한 대책을 강구한다.

자연유하식이나 펌프가압식의 어느 경우라도 배수구역내의 한정된 높은 곳에 대해서는 별도 가압펌프를 설치하여 배수하는 방법이 유효하다.

한편, 낮은 곳에 대해서는 수압이 과대해지는 경우도 있어서 급·배수관의 파손이나 누수가 많아지는 경향이 있기 때문에 감압밸브 등을 설치하여 수압을 조정하는 방식이 효과적이다.

병용식은 배수구역에 대하여 자세를 이용할 수 있는 지역에 대해서는 자연유하식으로 공급하고 수압이 부족한 지역에 대해서는 배수지 등에 펌프설비를 설치하여 펌프가압식으로 공급하는 방식이며, 또한 펌프가압식이라도 야간 등 사용량이 적은 시간대에는 자연유하식의 공급은 그림 6.20과 같다.

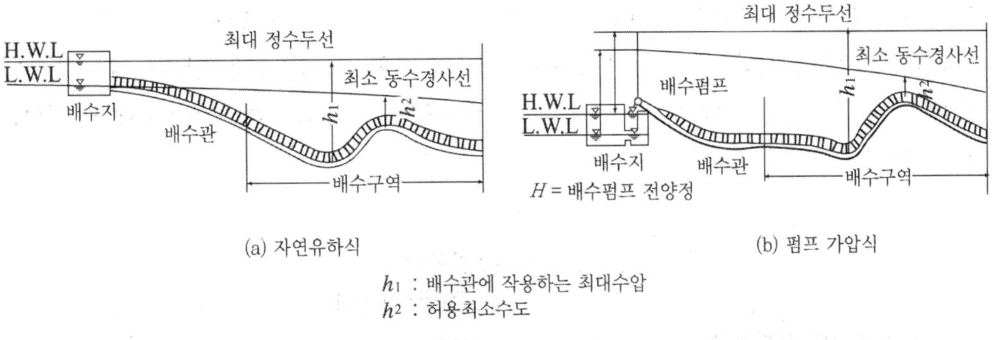

그림 6.20 배수방식

6.4.7 배수시설의 개량과 갱신

배수시설의 기능과 능력을 일상적인 보수점검 및 유지관리만으로 정상으로 유지할 수 없는 경우에는 시설을 개량하거나 갱신 예시는 다음과 같다.

1) 시설의 갱년화 등에 따라 기능이 현저하게 열화된 경우
2) 수요증가에 따라 시설능력을 증강해야 할 경우
3) 내진진단 등에 의하여 내진성능상의 문제가 생긴 경우
4) 계측제어설비에 새로운 기술을 필요로 하는 경우
5) 보수점검 및 유지관리의 효율성이나 용이성이 현저히 저하된 경우
6) 기타, 각 수도사업자의 실정에 의한 것

배수지 등은 필요한 강도, 내구성, 내마모성 및 수밀성, 내진성, 위생성 등이 부속설비를 포함한 시스템으로서 잘 성립되었는지를 평가하고 진단하여 개량하고 갱신할 목표를 정하고 계획적으로 한다. 배수관은 주로 누수, 파손사고, 적수·탁수, 통수능력, 내진성 등을 평가하고 진단하며 유효율 등의 목표를 정하고 계획적으로 개량하고 교체할 필요가 있다.

배수시설은 배수지와 배수관뿐만 아니라 밸브를 비롯한 부속설비, 펌프설비 등의 종합체이므로 배수시설을 구성하는 개체에만 착안하지 말고 전체 시스템으로서의 기능과 능력에 착안하여 평가하고 진단하는 것도 중요하다.

시설을 개량하거나 교체할 때에는 많은 비용을 요하기 때문에 단기간에 집중하는 것은 곤란한 경우가 많으며, 따라서 시설정보를 집약하여 평가하고 진단하는 기초조사를 먼저 한 다음 우선순위를 결정하는 기본계획 및 공법 등을 결정하는 실시계획을 거치며, 그 위에 재정상황 및 예산제도 등을 고려하여 계획적으로 사업을 추진하는 것이 필요하다. 특히 관망진단을 적용함에 있어서는 다양한 기술과 적용수준이 있으므로 환경부의 「관망진단기술 매뉴얼」로부터 배수시설의 개량 및 갱신이 적용기술의 효율성을 높일 수 있도록 하고, 관로교체 및 갱생공법이 대표적인 종류는 다음과 같다.

- 관로교체 및 갱생공법
  - 교체공법
    - 부설관공법
    - 기존관내부설공법
  - 갱생공법
    - 합성수지관삽입공법
    - 피복재관내장착공법
    - 모르터라이닝공법
    - 에폭시수지도로라이닝공법

6.4.8 직결급수

직결급수는 급수시의 위생 및 유지관리 등의 여러 측면에서 급수서비스를 향상시키는 방안의 일환으로 저수조 급수방식을 직결급수방식으로 전환하고 있다. 직결급수에는 배수관으로부터 직접급수하는 직결직압식과 가압급수설비에 의하여 가압하여 급수하는 직결가압식이 있다.

직결직압식 급수에 의하여 중층건물에 급수하기 위해서는 급수관을 분기하는 배수관 내의 최소동수압은 150kpa 이상을 확보하고, 최대 정수압은 700kpa를 초과하지 않아야 한다.

직결직압식에 의한 직결급수의 범위확대에는 배수시설이나 배수방식에도 큰 영향을 미치기 때문에 다음과 같은 사항에 고려하여야 한다.

(1) 배수압력의 증가

직결급수를 채택할 경우에 현행의 배수압이 부족한 경우에는 부족수압을 보강해야 한다. 중앙 방법으로서는 다음과 같은 방법들이 있으며 배수방식과 대상 층수 등의 조건을 감안하고 조합하는 방법도 고려하여 판단한다.

1) 배수지에서 펌프 가압하는 경우: 이 방식은 배수펌프 양정을 상승시키는 방식이다. 시점의 수압 증가는 용이하지만, 배구수역 전체의 배수압이 상승되기 때문에 배수관의 파손이나 누수량이 증가되는 경우가 있다.
2) 배수지에서 자연유하식인 경우 또는 배수펌프의 양정을 변경할 수 없는 경우: 이 방식은 시점의 압력을 증가시킬 수 없는 경우로서 배수관을 개량하거나 교체함으로써 손실수두를 줄여서 동수압을 확보하는 방법이다. 배수압이 부족한 지역을 대상으로 가압할 수 있는 이점이 있지만, 상당량의 관로를 신설하거나 교체 부설해야 하는 경우도 예상되므로 공사기간이나 재정상의 문제가 생긴다.
3) 배수관로의 도중에 가압설비를 설치하여 특정지역을 가압하는 경우: 블록별로 직결직압식으로 급수하는데 유효한 방법이지만, 1)과 같이 기존관로의 배수압력 대책이 필요하다.

(2) 노후관의 개량과 교체

노후관에 대해서는 부식으로 생성된 관석(녹혹, tubercle)등으로 인하여 통수단면이 축소되었기 때문에 최소동수압이 확보되지 않는 경우가 있다. 또한 수압변화로 인하여 탁질수가 발생하는 경우도 있다. 더욱이 배수압력의 증가로 누수량이 증가할 가능성이 크기 때문에 계획적으로 관로를 개량하거나 교체해야 할 필요가 있다.

(3) 배수블록이 적정화

배수구역을 구성하는 블록이 과대하거나 지형의 표고차가 크면 수압과 수량 등의 관리가 곤란하다. 이 때문에 평면적으로 또한 지형적으로도 적정한 규모의 배수블록을 설정하여 수압이나 수량의 변동 범위가 작도록 배수를 제어한다. 특히 부분적이나 단계적으로 직결직압식의 급수를 도입하는 경우에 유효한 방법이다.

(4) 소구경배수지관이 개량이나 교체

소구경 배수지관(일반적으로 50mm 이하의 것)에서는 급수관의 분기가 늘어나면 손실수도 증가하고 동수압이 부족한 경우도 있다. 또한 급수관 구경이 제약되는 경우가 있으므로 필요에 따라 관경을 증대시켜야 한다.

(5) 안정급수의 확보

직결급수에서는 단수나 급수제한시에는 수요자에게 미치는 영향이 크다. 이러한 사태를 방지하는 방책으로서 수원의 안정화와 시설의 예비력확보 외에 배수관이 복수화, 관망의 정비 및 인접한 수도사업자와의 상호융통 등에 의한 안정급수대책이 중요하다.

6.4.9 유속과 경사의 결정

유속이 작으면 관로의 저부에 오물이 침전하여 항상 준설작업이 필요하며, 유지관리비가 들고 반대로 유석이 너무 므면 관로를 손상시키고 내용년수를 줄어들게 한다.

일반적으로 관로의 경사는 지표경사에 따라 결정하며, 경제성 등을 고려하여 적당한 경사를 정하여야 한다.

즉, 하수 중의 오물이 차례로 관로에 침전되는 것을 막기 위하여 하류방향으로 내려감에 따라 유속을 점차 증가하도록 하여야 하며, 경사는 하류로 갈수록 감소시켜야 한다. 결국 하류로 갈수록 하수량은 증가되어 관로는 커지므로 경사가 감소되어도 유속을 크게 할 수 있다. 또한 유속울 너무 크게 하면 경사가 급하게 되어 굴착깊이가 점차 깊게 되므로 시공이 곤란하게 되고 공사비용이 증대된다.

(1) 오수관로의 유속

오수관로의 유속은 다음사항을 고려한다.

1) 자연유하인 경우

오수관로 유속은 유량변동이 있더라도 오물이 침전되지 않을 정도의 유속을 갖도록 해야 하나, 지표의 경사가 없어서 불가피한 경우에는 계획하수량에 대해 최소유속이 0.6m/s가 되도록 한다. 오수의 최소유속이 유지되지 않으면 오물이 침전되고 관로 내의 유하시간이 길어져 침전물 부패로 인한 황화물질 및 악취 등이 발생될 수 있다. 또한, 유속이 지나치게 크게 되면 관로를 손상시키므로 최대유속은 3.0m/s로 한다. 지표경사가 심하면 관로경사가 급하게 되어 최대유속이 3.0m/s를 넘게 될 때에는 적당한 간격으로 단차(段差)를 설치하여 경사를 완만하게 하고 유속을 작게 해야 한다. 또 지형 등에 따라서 단차의 설치가 곤란한 경우에는 급경사에서 완경사로 변화하는 구간에 월류수나 감압에 대처하기 위해 감세공(減勢工)의 설치, 관지름이나 맨홀의 종별을 1단계 올리는 등의 감세 조리하여야 하며, 또 맨홀에 수격(水擊)에 의한 파손을 방지하기 위한 조치를 고려할 필요가 있다.

2) 처리구역이 큰 경우

관망정비에 시간을 요하는 경우에는 사용개시후도 유량이 적기 때문에 간선관로내는 최소유속을 유지하지 못하므로 침전물이 퇴적하기도 하고, 유하시간이 길어짐에 따라 침전물의 부패에 의해 관로내에 취기(황화물 등)가 발생하기 쉽다.

따라서 간선관로는 적당한 유속을 유지하도록 복단면의 구조로 하거나, 관을 2개로 분할하여 단계시공하는 방법 등을 검토할 필요가 있다. 단, 이 경우에는 시공성 및 경제성 등을 종합적으로 판단하여 결정한다.

3) 압송인 경우

관로 내 유속은 침전물이 퇴적되지 않도록 최소유속을 0.6m/s로 하며, 관로내면이 모르터라이닝, 도장 등에 손상을 일으키지 않도록 최대유속은 3.0m/s 정도로 한다. 또 유속의 증가에 따라 관내 마찰손실수두가 증가하므로 경제적인 압송펌프의 선정을 위해 압송관경와 유속과의 관계를 고려할 필요가 있다.

(2) 우수관로 및 합류관로의 유속

우수관로 및 합류관로에서 오수관로보다 최소유속이 더 큰 이유는 토사류 등의 유입에 따라 침전물의 비중이 오수관로보다 크기 때문이다. 특히, 합류관로에서 청천시 또는 계획기간이 긴 경우 목표연도의 계획하수량에 대하여 최소유속을 만족하도록 계획하면 건설초기년도에는 최소유속을 유지못하는 경우가 있으므로 적당한 유속을 유지하도록 하여야 한다. 한편 급경사지 등에서 유속이 크면 관로의 손상뿐만 아니라 유수의 유달시간이 단축되어 하류지점에서이 유량이 크게 되므로 단차 및 계단을 두어 경사를 완만하게 하여 유속을 작게 하여야 한다. 우수관로 및 합류관로 최소유속은 0.8m/s가 되도록 하고, 최대유속은 3.0m/s 이내로 한다. 그리고 가장 이상적인 유속은 1.0~1.8m/s정도이다.

(3) 하수관로의 경사

① 하수관로의 일반적인 평탄지 경사: $\frac{1}{\text{관지름(mm)}}$

② 적당한 경사의 토지: $\frac{1}{\text{관지름(mm)}} \times 1.5$

③ 급경사의 토지: $\frac{1}{\text{관지름(mm)}} \times 2.0$

6.5 하수관로의 응력

관로는 적절한 깊이로 매설(埋設)하고, 관이 내외에 작용하는 하중(荷重, load)에 대해서 안전하고 경제적으로 설계되어야 하며, 관로에 작용하는 각종 하중(土壓 · 路面荷重 · 軌度荷重 · 管路의 自重 · 管內水 무게 · 基礎反力 · 內水壓 · 기타 荷重)을 적절히 결정하여야 한다.

매설관로에 작용하는 하중은 지형 · 지반의 상태 · 기초의 구조 · 횡단매설의 상태 · 수리조건 · 사용하는 관의 종류 · 관지름 · 이음의 구조 · 시공방법 등에 따라서 정해진다.

하수관로 처럼 노면을 굴착하고 다음에 뒤채움을 하는 경우 구조물에 미치는 압력의 추정은 설계상 매우 중요하다. 특히 뒤채움을 한 직후에 토사가 인정하지 못하면 흙의 응집력(凝集力, cohesion)이나 마찰력(摩擦力, friction)이 작아서 뒤채움 한 흙의 압력은 매우 크게 된다. 이 경우에 다시 우수에 의한 습윤재료(濕潤材料)의 퇴적으로 인한 상재하중(上載下重, surcharge), 윤하중(輪荷重)의 통과가 있을 때는 더욱 크게 된다. 또 흙덮이가 얕고 준공 후 큰 윤하중이 직접작용하는 경우도 압력은 크게 되어 하수관로는 위험한 상태가 된다.

오수관로 및 차집관로 최소관지름 200mm의 경우 관로의 최소토피는 1.0m로 하며, 우수관로 및 합류관 최소 관지름 250mm의 경우 최소트피는 차도 1.2m, 보도 1.0m이상, 보통은 1.5~2.0m 정도로 배설한다.

6.5.1 토압

토압(土壓, earth pressure)은 기초지반의 상태, 뒤채움 토사의 성질, 뒤채움 후의 상태, 관의 종류의 조건 등에 따라 다르기 때문에 정확하게 토압을 결정한다는 것은 곤란하다. 특히 뒤채움 직후나 큰관 하수관로의 시공에서 양편에 가설했던 시트파일(sheet pile)을 철거할 때 매우 위험한 상태가 된다.

매설관로에는 연직토압(鉛直土壓)과 수평토압(水平土壓)이 작용하나 수평토압은 연직토압의 1/3 정도에 불과한 관로에 대해서 안전측으로 작용하기 때문에 특별한 큰 관로 이외는 고려하지 않는 것이 보통이다. 다음 연직토압을 구하는 식은 다음과 같다.

(1) Fruhling공식

Fruhling공식은 굴착벽에 되메우기할 때의 흙 사이의 마찰력을 무시하고 있다. 벽체의 토압이 전중량의 관에 걸리는 것으로서 같은 두 가지방식으로 나타낼 수 있으며, 아래 그림 6.21과 같다.

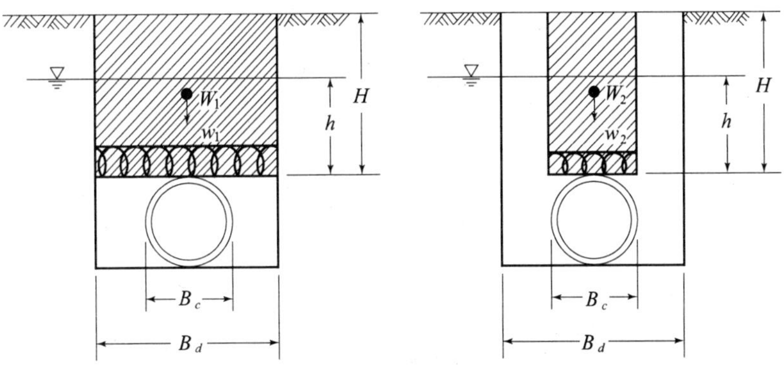

(a) 식 W_1 (b) 식 W_2

그림 6.21 수직토압식의 이론

$$W_1=(\gamma\cdot H-\gamma_w\cdot h)B_d,\quad w_1=(\gamma\cdot H-\gamma_w\cdot h)\frac{B_d}{B_c} \tag{6-38}$$

또 수직 상의 흙중량이 관에 걸린다고 해석하면 다음과 같다.

$$W_2 = (\gamma \cdot H - \gamma_w \cdot h) B_c, \quad w_2 = (\gamma \cdot H - \gamma_w \cdot h) \tag{6-39}$$

여기서, γ_w : 물의 단위체적중량[N/m³]

h : 관정에서 지하수위까지의 높이[m]

이 공식은 토압증가 범위가 5 m이다. 즉 토압의 증가는 두 개의 포물선에 둘러싸인 면적으로 표시되고, 깊이 5 m 이하에서는 연직하중은 불변하게 된다. 이 식은 계산이 간단하며 실제와도 비교적 잘 적합되는 점도 있으나 이론적으로 불합리한 점이 많다.

(2) Yanessen공식

굴착한 도랑에 관을 부설할 경우 굴착도랑과 매설토 사이의 전단마찰력과 매설토 자체가 가지고 있는 점착 저항력에 의해 상쇄되는 중량을 도랑내 흙기둥의 전중량에서 뺀 중량이 도랑 폭에 작용한다고 가정해서 구하는 방식이다. Yanessen공식은 관측의 매설토가 충분히 다져지므로 굴착도랑 폭 전체에 하중이 균등하게 분포한다는 가정에서 식이 성립하며, 이와 같은 조건을 만족하기 위해서는 다짐 등의 공정에 세심한 주의가 필요로 한다.

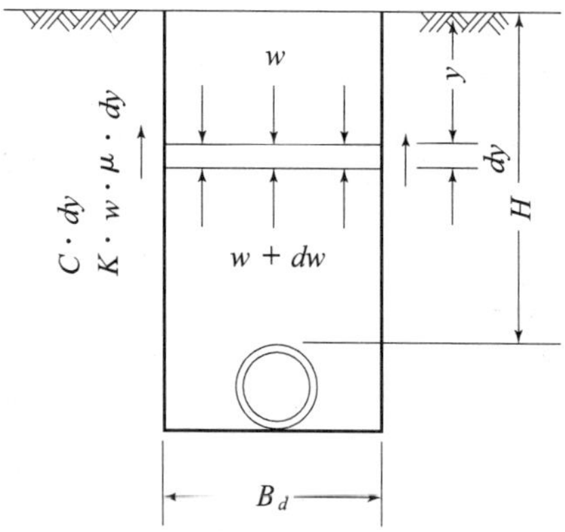

그림 6.22 Yanessen식의 이론

그림 6.22와 같으며, 굴착구에 되메우기를 행한 경우 벽체 내에 있어서 관정 상부의 토주(土柱)의 전중량으로부터 벽체와 되메우기 흙과의 마찰력($K \cdot w \cdot u \cdot dy$)과 점착력($C \cdot dy$)을 뺀 중량이 굴착 폭 전체에 등분포하는 것으로 가정한다. 폭 B_d의 굴착구 내에 임의의 심도 y의 점에서 두께 d_y, 이 단위길이 흙의 박판(薄板)을 가정하고, 이 부분 힘의 합력을 고려하면

다음과 같다.

· 하향의 힘$= w \cdot B_d + \gamma \cdot B_d \cdot dy$

· 상향의 힘$= (w + dw) \cdot B_d + 2 \cdot K \cdot w \cdot \mu \cdot dy + 2 \cdot C \cdot dy$

이므로

$$w \cdot B_d + \gamma \cdot B_d \cdot dy = (w + dw) \cdot B_d + 2 \cdot K \cdot w \cdot \mu \cdot dy + 2 \cdot C \cdot dy$$

$$(\gamma \cdot B_d - 2K \cdot w \cdot \mu - 2C) \cdot dy = B_d \cdot dw \qquad (6\text{-}40)$$

여기서, w : 심도 y에 있어서 연직등분포하중 [kN/m^2],

K : 되메우기 흙의 주동토압계수

$$K = \frac{1 - \sin\phi}{1 + \sin\phi}$$

ϕ : 되메우기 흙의 내부마찰각

μ : 되메우기 흙과 구벽과의 마찰계수

$\mu = \tan\phi'$, ϕ' : 되메우기 흙과 구벽과의 사이의 마찰각

C : 되메우기 흙과 구벽과의 점착력 [kN/m^2],

γ : 되메우기 흙의 단위체적중량 [kN/m^3]

H : 매설관의 토피 [m]

식 (6-39)를 적분하면 다음과 같다.

$$\int dy = \int \frac{dw}{\gamma - \dfrac{2Kw\mu}{B_d} - \dfrac{2C}{B_d}}$$

$$y + \alpha = \frac{-B_d}{2K \cdot \mu} \log\left(\gamma - \frac{2K \cdot \mu}{B_d}\right)$$

$y = 0$, $w = 0$으로부터

$y = H$에 있어서는

$$w = \frac{(B_d - \gamma - 2C)}{2 \cdot K \cdot \mu} \times \left(1 - \frac{1}{e^{\dfrac{2K \cdot \mu \cdot H}{B_d}}}\right) \qquad (6\text{-}41)$$

여기서, $$C_d = \frac{1}{2K \cdot \mu}\left(1 - \frac{1}{e^{\frac{2K \cdot \mu \cdot H}{H_d}}}\right) \tag{6-42}$$

로 하면

$$w = C_d \cdot (\gamma \cdot B_d - 2C) \tag{6-43}$$

실용으로는 C를 무시하면 다음과 같다.

$$w = C_d \cdot \gamma \cdot B_d \tag{6-44}$$

여기서 C_d는 주압하중계수로서 식 (6-42)에 나타낸 것 같이 H, B_d, K, u의 함수이다.

실제의 설계에 있어서 되메우기 흙으로는 일반적으로 양질토가 사용되는 것으로, ϕ의 변동은 C_d의 값에 큰 영향을 주기 않으며 ϕ에 따라 다르지만 실제 설계에서는 습윤상태로서 $\gamma = 180\ \mathrm{N/m^3}$을 적용되고 있다. 또한 지하수위에 의한 영향은 고려하지 않으며 Yanssen's식은 되메우기 흙에 의한 연직토압이 굴착 폭 전체에 등분포하고 관측면의 되메우기 흙도 관부분과 동등하게 등분포하중을 받는 것으로 가정하고 있다.

(3) Marston's Formula

상 · 하수도관이 매설되는 상부로부터 받는 하중은 마스톤에 의해서 계산할 수 있다. 그림 6.23에서 보인 바와 같이 관의 상부 90°부분에서의 도랑의 폭 B를 **폭요소**라고 하며, 관의 반지름이 d인 경우 B가 $3/2d + 30\mathrm{cm}$가 되도록 도랑을 파악하며 이 때 매설된 관에 받는 하중의 크기는 다음 공식에 의해서 계산된다.

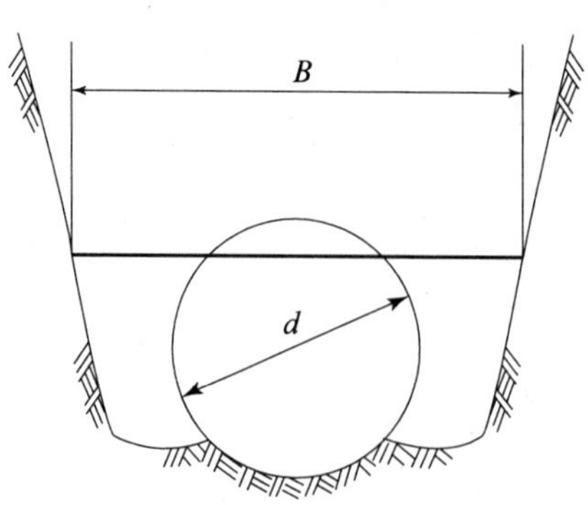

그림 6.23 폭소요 설명도

$$W = \gamma \cdot C_1 \cdot B^2 \quad (6\text{-}45)$$

여기서, W : 관이 받는 하중[kN/m],

γ : 매설흙의 단위중량[kN/m³]

B : 요소폭(要素幅, width factor)로서 관의 상부 90°부분에서의 관매설을 위하여 굴착한 도랑의 폭[m]

$$B = \frac{3}{2}d + 30[\text{cm}] \quad (6\text{-}46)$$

C_1 : 지표에서 관상단까지, 즉 토피의 두께와 토피의 종류에 의하여 결정되는 상수는 표 6.13과 같다.

또한 상・하수도관은 토피 외에도 지표면상에 존재하는 물체에 의하여 하중을 받게 되는데 상재하중이 관로에 주는 하중은 식 (6-46)으로 계산한다.

표 6.13 Marston공식의 C_1값

토랑의 폭[B] 토피 두께	젖은 사질의 표토	물로 포화된 표토	젖은 진흙	물로 포화된 진흙
0.5	0.46	0.46	0.47	0.47
1.0	0.85	0.86	0.88	0.90
1.5	1.18	1.21	1.24	1.28
2.0	1.46	1.50	1.56	1.62
2.5	1.70	1.76	1.84	1.92
3.0	1.90	1.98	2.08	2.20
3.5	2.08	2.17	2.30	2.44
4.0	2.00	2.33	2.49	2.66
4.5	2.34	2.47	2.65	2.87
5.0	2.45	2.59	2.80	3.03
5.5	2.54	2.69	2.98	3.19
6.0	2.61	2.78	3.04	3.33
6.5	2.68	2.86	3.14	3.46
7.0	2.73	2.93	3.22	3.57
7.5	2.78	2.98	3.30	3.67
8.0	2.81	3.03	3.37	3.76
8.5	2.85	3.07	3.42	3.85
9.0	2.88	3.11	3.48	3.92
9.5	2.90	3.14	3.52	3.98

토랑의 폭 [B] 토피 두께	젖은 사질의 표토	물로 포화된 표토	젖은 진흙	물로 포화된 진흙
10.0	2.92	3.17	3.56	4.04
11.0	2.95	3.21	3.63	4.14
12.0	2.97	3.24	3.68	4.22
13.0	2.99	3.27	3.72	4.29
14.0	3.00	3.28	3.75	4.34
15.0	3.01	3.30	3.77	4.38
대단히 큰 경우	3.03	3.38	3.85	4.55

$$L_p = C_2 \cdot L \tag{6-47}$$

여기서, L_p : 상재하중의 토피 상당하중 [kN/m]

L : 상재하중의 무게 [kN/m]

C_2 : 상재하중의 종류(長期荷重 및 短期荷重)에 따라 결정되는 계수는 표 6.14 및 표 6.15와 같다.

① 장기하중 : 하중의 길이가 관로 매설용 도랑의 폭보다 긴 하중

② 단기하중 : 도랑을 횡단하는 차륜 등과 같이 분포폭이 짧은 하중

표 6.14 장기하중을 위한 C_2값

도랑의 폭 [B] 토피 두께	젖은 사질의 표토	물로 포화된 표토	젖은 진흙	물로 포화된 진흙
0.0	1.00	1.00	1.00	1.00
0.5	0.85	0.86	0.88	0.89
1.0	0.72	0.75	0.77	0.80
1.5	0.61	0.64	0.67	0.72
2.0	0.52	0.55	0.59	0.64
2.5	0.44	0.48	0.52	0.57
3.0	0.37	0.41	0.45	0.51
4.0	0.27	0.31	0.35	0.41
5.0	0.19	0.23	0.27	0.33
6.0	0.14	0.17	0.20	0.26
8.0	0.07	0.09	0.12	0.17
10.0	0.04	0.05	0.07	0.11

표 6.15 단기하중을 위한 C_2값

도랑의 폭 [B] 토피 두께	젖은 사질의 표토		물로 포화된 표토		젖은 진흙		물로 포화된 진흙	
	최대	최소	최대	최소	최대	최소	최대	최소
0.0	1.00	1.00	1.00	1.00	1.00	1.00	1.00	1.00
0.5	0.77	0.12	0.78	0.13	0.79	0.13	0.81	0.13
1.0	0.59	0.02	0.61	0.02	0.63	0.02	0.66	0.02
1.5	0.46	-	0.48	-	0.51	-	0.54	-
2.0	0.35	-	0.38	-	0.40	-	0.44	-
2.5	0.27	-	0.29	-	0.32	-	0.35	-
3.0	0.21	-	0.23	-	0.25	-	0.29	-
4.0	0.12	-	0.14	-	0.16	-	0.19	-
5.0	0.07	-	0.09	-	0.10	-	0.13	-
6.0	0.04	-	0.05	-	0.06	-	0.08	-
8.0	0.02	-	0.02	-	0.03	-	0.04	-
10.0	0.01	-	0.01	-	0.01	-	0.02	-

예제 6.8

지름 2,000 mm 하수관이 습한 진흙 3 m 아래에 매설되어 있다. C_1 =1.36, 습한 진흙의 밀도를 1.92 [kN/m^3]라 할 때 이 관이 받는 하중을 Marston의 공식으로 구하시오.

풀이

Marston's공식에 의하면 다음과 같다.

$$B = \frac{3}{2}d + 30$$

$$= \frac{3}{2} \times 200 + 30\,\text{cm}$$

$$= 330\,\text{cm} = 3.3\,[\text{m}]$$ 이므로

$$W = C_1 \cdot \gamma \cdot B^2$$ 에서

$$\therefore W = 1.36 \times 1.92 \times 3.3^2 = 28.4\,[\text{kN/m}]$$

6.5.2 관로에 작용하는 수압

땅 속에 매설된 관로에 작용하는 수압은 정수압(靜水壓, hydrostatic pressure), 수격압(水擊壓, water hammer pressure), 동수압(動水壓, dynamic water pressure)이 있다. 이들을 원활한 물의 이송과 이용 그리고 매설된 관로의 안정성을 확보하기 위해 적정하게 유지할 필요성은 다음과 같다.

(1) 정수압

정지해 있는 물 속에는 상대적인 마찰운동이 없기 때문에 마찰력이 작용하지 않는다. 내부의 어떤 면에 따른 성분을 가진 힘은 작용하지 않으며, 또한 표면을 제외하고는 인장력에 저항하지 않기 때문에 정지해 있는 물의 내부에 작용하는 힘은 압력뿐이다. 이것을 정수압(靜水壓, hydrostatic pressure)이라 하며, 정수압의 세기는 단위면적당 수압의 크기로서 식(6-48)과 같다.

$$P = P_a + \sigma g z \tag{6-48}$$

여기서, P : 압력P_d

P_a : 수면에 작용하는 대기압,

σ : 물의 밀도]

g : 중력가속도

z : 생각하고 있는 점의 수면으로부터의 깊이 이므로 방향에 상관없이 일정하다.

따라서 수평면에 작용하는 수압분포는 직사각형이 연직면과 경사면에 작용하는 압력분포는 3각형 또는 사다리꼴이 된다. 여기에 사용되는 관로는 재질에 따라서 허용정수압이 정해져 있으며, 관로를 설치할 때는 원칙적으로 사용하는 관의 종류에 따른 최대정수두 이하로 하며 관 종류별 최대사용 정수두는 표 6.16과 같다.

표 6.16 관종류별 최대사용 정수두 [단위 : m]

관의 종류	고압관	보통압관	저압관
주 철 관	100	75	45
주 철 이 형 관	100	75	45
강 관	100	-	-
경질 염화비닐관	-	75	-

(2) 수격압

수격압(水擊壓, water hammer pressure)은 관의 길이, 관의 지름, 관재료의 탄성률, 밸브 등의 폐쇄시간에 따라서 다르며 KS규격이 정하는 닥타일주철, 도복장관 등 규격관의 두께는 관로상 각 지점에 실제로 작용하는 최대정수두를 산정하고 그 위에 2.5~5배의 안전율을 고려하여 산정하고 있다. 특히 원심력 철근콘크리트관은 다른 관종류와 달라 시험수압(0.1, 0.2, 0.3, 0.4, 0.5, 0.6, 0.8, 1.0 MPa)과 최대사용 정수두가 표시되며, 수격압은 가산하지 않으므로 이관을 펌프 압송관과 같은 충격을 받을 염려가 있는 장소에 사용하는 경우에는 시험수압에서 수격압을 공제한 수치의 1/2를 최대사용 정수압으로 하여야 한다.

수격압을 다른 관과 같이 길이 50 m 정도로 하면 시험수압 0.5 MPa 이하의 관은 사용할 수 없다. 그러므로 일반적으로 0.55 MPa를 기준으로 설계하고 있다.

(3) 동수압

동수압(動水壓, dynamic water pressure)이 높으면 배수관의 누수량이 많아지고 관파열(管破裂)현상에 문제점을 초래 할 수도 있으므로 국부적인 고지(高地帶)나 원격지(遠隔地)의 수압을 유지하는데 증압펌프를 채용하도록 하여야한다. 또한 배수관의 경우 동수압은 평상시와 화재 시로 나누어 수리계산을 하고 설계상 동수압이 큰쪽을 선택하도록 하는데 이때 배수압이 너무 높으면 만수상태가 자주 일어나 효율이 저하되고 반대로 너무 낮으면 원활한 급수를 하기에는 어려운 상태가 됨으로 다음과 같은 적절한 범위 이내로 선택하는 것이 좋다.

① 배수관의 동수압의 범위 : 0.15～0.4 MPa

② 관말지역 기준으로 하여 최소동수압 : 0.15～0.2 MPa

③ 배수관의 최대동수압 : 0.4 MPa

④ 소화용수를 배수압만으로 이용하면 : 40～70 m의 수두가 소요된다.

6.5.3 관의 두께 결정

미국수도협회(AWWA manual M11)에 의한 상수도용 도복장강관의 두께 결정방법은 다음 관외압력(管外壓力) 또는 관내수압(管內水壓)의 크기에 따라 결정한다. 매설강관 두께는 내압, 외압, 부등침하, 지진하중 등의 조건을 충분히 반영하여 안전하도록 결정하여야 한다.

관의 두께 결정은 대표적으로 덕타일주철관, 강관의 두 종류에 대해 설명하면 다음과 같다.

(1) 덕타일주철관의 관두께 계산식

정수압, 수격압, 토피에 의한 토압, 덤프트럭하중에 의한 토압을 전부 동시에 고려하여 유도한다. 정수압을 P_s, 수격압을 P_d로 나타내면 내압에 의하여 발생하는 인장응력 σ_t은 식 (6-49)와 같다.

$$\sigma_t = \frac{(P_s + P_d)d}{2t} \tag{6-49}$$

이다.

또한 토피에 의하여 발생하는 힘모멘트(bending moment)를 M_f, 덤프트럭하중에 의하여 발생하는 힘모멘트를 M_t라고 하면, 외압에 의해 발생하는 힘응력(bending stress) σ_b는 식 (6-49)와 같다.

$$\sigma_b = \frac{M_f + M_t}{Z} \tag{6-50}$$

여기서, $Z = \frac{bt^2}{6}$

b : 단위길이

$$\therefore \sigma_b = \frac{6(M_f + M_t)}{t^2} \tag{6-51}$$

가 된다.

토피에 의한 토압을 W_f, 덤프트럭하중에 의한 토압을 W_t로 나타내면,

$$M_f = K_f \cdot W_f \cdot R^2$$

$$M_t = K_t \cdot W_t \cdot R^2$$

이므로, 이것을 위의 식에 대입하면 식 (6-51)과 같다.

$$\sigma_b = \frac{6(K_f W_f + K_t W_t)R^2}{t^2} \tag{6-52}$$

그런데 σ_b는 힘응력이므로 인장응력(tensile stress)으로 환산하기 위하여 0.7을 곱하고, 허용응력(allowable stress)을 σ_s라고 하면, 관두께는 다음 식을 만족하도록 결정하면 된다(그림 6.24 참조).

$$\sigma_t + 0.7\sigma_b = \sigma_{ts} + \sigma_{td} + 0.7\sigma_b = \sigma_s \tag{6-53}$$

여기서, 정수압에 대한 안전율 2.5
수격압에 대한 안전율 2.0
토피에 의한 토압안전율 2.0
노면하중에 의한 토압안전율 2.0

을 적용하고 허용응력 σ_s를 관재질의 인장강도 S라고 하면, 계산은 식 (6-54)과 같다.

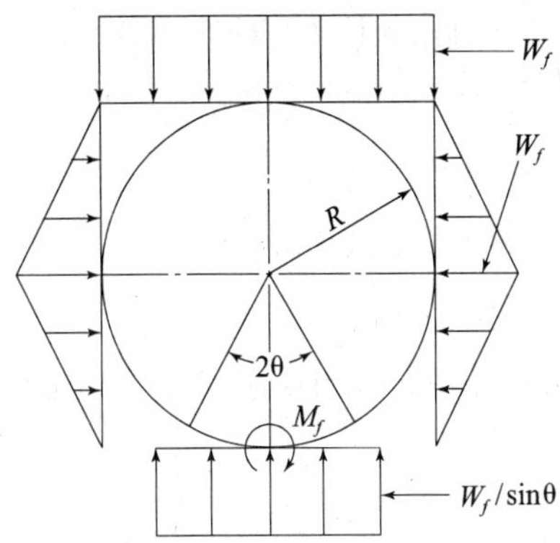

그림 6.24 토피에 의한 하중분포

$$2.5\sigma_{ts} + 2.0\sigma_{td} + 1.4\sigma_b = S \tag{6-54}$$

여기서, σ_{ts} : 정수압에 의한 발생응력

σ_{td} : 수격압에 의한 발생응력

$R \fallingdotseq D_m^2$ 로 놓고 풀면

$$S_t^2 - (1.25P_s + P_d)dt - 2.1(K_f W_f + K_t W_t)D_m^2 = 0$$

$D_m \fallingdotseq d$ 로 두고 t 에 대하여 풀면

$$t = \frac{(1.25P_s + P_d) + \sqrt{(1.25P_s + P_d)^2 + 8.4(K_f W_f + K_t W_t)S}}{2S}d \tag{6-55}$$

으로 된다(그림 6.25 참조).

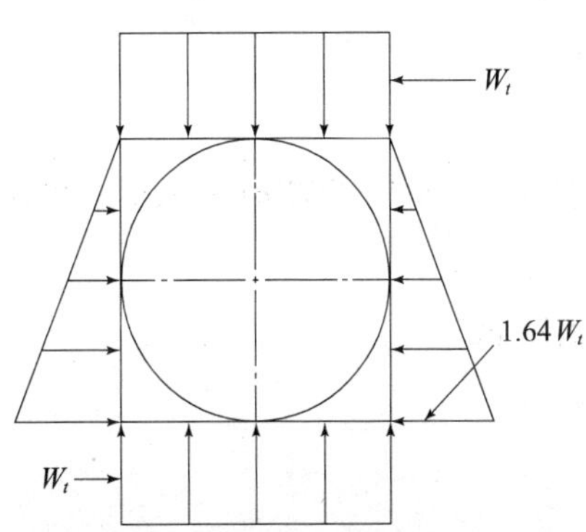

그림 6.25 노면하중에 의한 하중분포

여기서, t : 계산하는 관의 두께[mm], d : 관의 지름[mm]

P_s : 정수압[MPa], P_d : 수격압[MPa]

W_f : 토피에 의한 토압[kN/mm^2]

W_t : 노면하중에 의한 토압[kN/mm^2]

S : 관재의 인장강도[N/mm^2]

K_f : 관의 밑바닥(bottom) 지지각에 의하여 정해지는 계수이며, 아래 표 6.17과 같다.

K_t : 관의 상단 76×10^{-6}, 관의 밑바닥 11×10^{-6}

그 위에 공칭관 두께 T는

$$T = (t+2)\times1.1(\mathrm{mm}),\ (t+2 \geq 10\mathrm{mm}\text{ 인 경우에 적용})$$
$$T = (t+2)\times1(\mathrm{mm}),\ (t+2 < 10\mathrm{mm}\text{ 인 경우에 적용})$$

관의 상단과 밑바닥의 양자에 관하여 계산하여 큰 쪽을 채택한다.

표 6.17 관의 밑바닥 지지각에 의하여 정해지는 계수치 [덕타일주철관]

위치 \ 밑바닥지지각	40°	60°	90°	120°	180°
관의 상단	140×10^{-6}	132×10^{-6}	121×10^{-6}	108×10^{-6}	96×10^{-6}
관의 밑바닥	281×10^{-6}	223×10^{-6}	$1,640\times10^{-6}$	122×10^{-6}	96×10^{-6}

(2) 강관의 관두께 계산식

1) 내압에 의한 강도

$$\sigma_t = \frac{PD}{2t} \tag{6-56}$$

여기서, σ_t : 내압에 의한 원주방향의 응력도[circumferential direction stress, N/mm^2]

P : 내압[MPa]

D : 관의 안지름[mm]

t : 관두께[mm]

2) 외압에 의한 강도(그림 6.26 및 그림 6.27 참조)

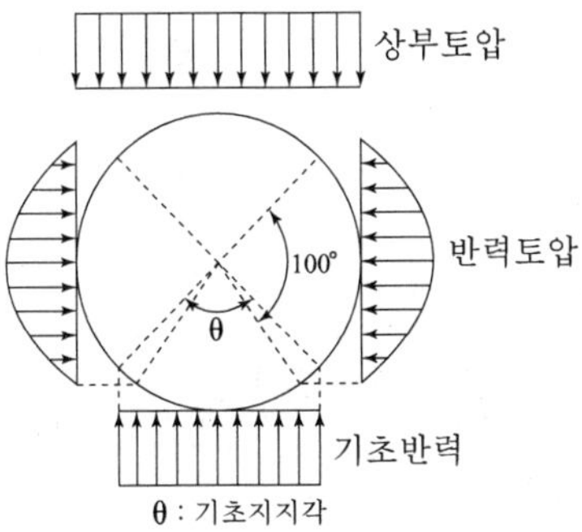

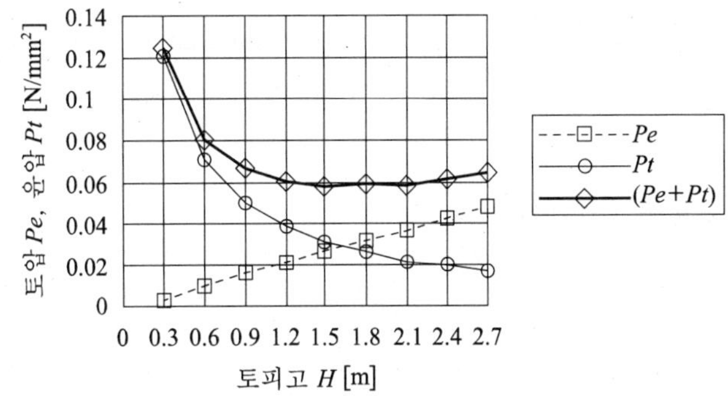

그림 6.26 토양분포의 모델

그림 6.27 매설관에 미치는 토압 · 윤압[25톤 트럭]

① 변형량(deformation)

$$\triangle X = \frac{2 \cdot K_x \cdot (W_v + W_t) R^4}{E \cdot I + 0.06146 \cdot E' \cdot R^3} \quad (6\text{-}57)$$

② 힘응력도(bending stress)

$$\sigma_b = \frac{2}{f \cdot Z}(W_v + W_t) \times \frac{K_b \cdot R^2 EI + (0.06146 K_b - 0.08303 K_x) E' R^5}{E \cdot I + 0.06146 \cdot E' \cdot R^3} \quad (6\text{-}58)$$

여기서, σ_b : 외압에 의한 관 밑바닥의 힘응력도[N/mm^2]

f : 형상계수 1.5

Z : 관단위폭의 단면계수

$Z = t^2/6$[mm^2], t는 관두께[mm]

W_v : 연직토압하중 강도[kN/mm^2]

W_t : 차륜하중[kN/m^2]

R : 관의 평균반지름(계산을 간략하게 하기 위하여서는 호칭지름을 사용함, mm)

E : 강재의 탄성계수 $E = 200,000$[N/mm^2]

I : 관의 단위폭의 단면 2차모멘트 $I = t^3/12$[mm]

E' : 흙의 반력계수[N/mm^2](표 6.18 참조)

K_b : 관 밑바닥에서의 힘모멘트 계수(표 6.19 참조)

K_x : 수평방향 변형계수(표 6.19 참조)

$\triangle X$: 수평방향의 변형량(지름분) [mm]

흙의 반력계수 E'가 표준치일 때의 다짐정도(degree of compaction)와 시공방법의 관계는 통상(표 6.20 참조)와 같다. 설계에 사용하는 E'는 일반적으로 가벼운 다짐을 사용한다. 다만 토질, 토류공법 등에 따라서는 E'값을 저감시켜도 된다.

표 6.18 흙의 반력계수 [E']

흙의 종류	다짐 정도에 의한 E' [N/mm^2]		
	다지지 않음	가벼운 다짐 플록타밀도로 85% 미만 상대밀도로 40% 미만	중간정도의 다짐 플록타밀도로 85~95% 이상 상대밀도로 40~70% 이상
세립토(fine grained soil)(LL>50 이상) 중정도의 소성(plasticity)에서 높은 소성까지의 흙 CH, MH, CH-MH	이용할 데이터가 없음 : 유자격의 토질기술자에게 상담하고, 기타의 경우에는 $E'=0$을 사용할 것		
세립토(LL≤50) 중정도의 소성에서 소성이 없는 흙까지 CL, ML, ML-CL(조립부분 25% 이하)	0.35	1.4	2.8
세립토(LL≤50) 중정도의 소성에서 소성이 없는 흙까지 CL, ML, ML-CL(조립부분 25% 이하) 세립토를 포함한 조립토(coarse grained soil) GM, GC, SM, SG(12% 이상의 세립토를 포함)	0.7	2.8	7.0
세립토를 거의 포함하지 않거나 전연 포함하지 않은 조립토 GM, GP, SW, SP(12% 이하의 조립토를 포함)	1.4	7.0	14.0

표 6.19 관의 밑바닥 지지각에 의해 정해지는 계수치

기초 지지각	K_b	K_x	$[0.06K_b - 0.083K_x]$
60°	189×10^{-6}	103×10^{-6}	3.07×10^{-6}
90°	157×10^{-6}	96×10^{-6}	1.71×10^{-6}
120°	138×10^{-6}	89×10^{-6}	1.07×10^{-6}
150°	128×10^{-6}	85×10^{-6}	0.82×10^{-6}

표 6.20 다짐정도와 시공방법

다짐정도	관체 측면의 다짐에 대한 시공방법
다지지 않음	Punning과 Tamping Rod로 1층의 마감두께 30 cm 정도
가벼운 다짐	Tamper나 Compacter와 Temper Rod로 3회 이상으로 1층의 마감두께 30 cm
중간정도 다짐	과거의 실적이나 현장시험 등에 의한 시험방법과 그에 따른 E′값이 확실하게 기대될 수 있는 경우

3) 허용응력

표 6.21 허용응력

명 칭	종류의 번호	허용응력[kN/mm^2]
상수도용 도복장강관	STWW 290	100
상수도용 도복장강관	STWW 370	125
상수도용 도박장강관	STWW 400	140
일반구조용 강관	SS 400	140
용접구조용 압연강재	SM400	140

4) 허용변형률

표 6.22 허용변형률

내면도장	도 장	모르타르
허용변형률[%]	5	3

예제 6.9

관두께의 결정에 있어서 허용응력도(σ_{sa}) 2.5 MPa, 수압(P) 0.75 MPa, 관의 공칭안지름(D) 500 mm 일 때 관두께 t는 얼마인가?

풀이

$$\sigma_a = \frac{T}{A} = \frac{T}{t \times 1},\ T = \sigma_a \cdot t$$

$$T = \frac{PD}{2} = \sigma_a \cdot t$$

$$\therefore\ t = \frac{PD}{2\sigma_a} = \frac{0.75\,\text{MPa} \times 500\,\text{mm}}{2 \times 2.5\,\text{MPa}}$$

$$= 75\,[\text{mm}] \rightarrow 7.5\,[\text{cm}]$$

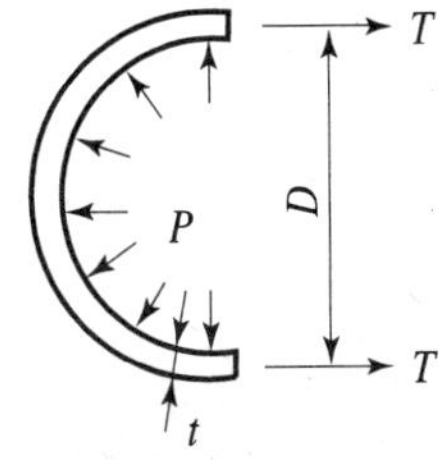

예제그림 6.9.1

6장

연습문제

1. 매설된 금속성 배수관의 외면부식의 원인과 그 방지법에 대하여 설명하시오.

2. 유량 및 유속의 공식을 비교하여 설명하시오.

3. 관의 갱생(cleaning and relining)에 대하여 설명하시오.

4. 다음 용어를 설명하시오.

1) 레이놀즈수(Reynolds Number) 2) 동수반지름(hydraulic redius)

3) 한계수심(critical depth) 4) 속도경사(velocity gradient)

5. 어느 하수관이 철근콘크리트탱크 그 안지름이 1,200 mm이다. 이 하수관의 만류 때 유량이 1.20 m^3/s, 1.0 m^3/s, 이 하수관의 유속, 통수 단면적, 수리경심, 동수경사는 각각 얼마인가?

6. 관수로, 개수로, 무개배수로, 암거의 차이점은 무엇이며 상수도와 하수도의 관로는 어느 것에 속하는가?

7. 도수관로의 노선을 선정하는 요령을 설명하시오.

8. 상수도의 배수관에 사용되는 종류를 열거하고 각각의 특징을 기술하시오.

9. 도수관 설치시 관의 노선선정, 관지름의 결정에 있어서 고려해야 할 사항들을 서술하시오.

10. 송수관과 배수관의 기능을 겸용하는 것과 기능을 분리하는 것에 대해 논하시오.

11. 급수장치에 대하여 설명하시오.

1) 급수장치의 정의

2) 급수장치가 갖추어야 할 구비조건

12. 계획오수량이 0.15 m^3/s이고 계획우수량이 4.8 m^3/s인 오수관로와 우수관로의 단면적을 결정하시오.

13. 하수관의 단면형태에 대하여 설명하시오.

1) 단면형 결정에 있어서 고려할 사항을 열거하시오.

2) 원형 관로, 장방형 관로, 사다리꼴형 관로의 장단점을 기술하시오.

14. 도랑을 파고 하수관을 매설할 경우 도랑의 폭과 도랑안에 관을 매설하는 방법이 관의 하수중 지지강도에 미치는 영향에 대하여 기술하시오.

15. 하수관망에 있어서 합리식 우수배제방식과 관로 흐름추적방식을 비교 설명하시오.

16. 하수도의 유속과 경사의 결정에 대해 설명하시오.

17. 지름 1,500 mm 하수관이 습한 진흙 2 m 아래에 매설되어 있다. $C_1 = 1.36$, 습한 진흙의 밀도를 1.92 [kN/m^3]라 할 때 이 관이 받는 하중을 Marston의 공식으로 구하시오.

18. 관로에 작용하는 수압에 대해 설명하시오.

19. 관두께(내압, 외압) 결정에 대해 설명하시오.

20. 상수도 유수율제고 블록 System에 대해 설명하시오.

21. 밸브종류에 대해 설명하시오.

22. 수리특성곡선에 대해 설명하시오.

Chapter 7

펌프시설

7.1 펌프시설

하수도는 자연유하(gravitation system)가 원칙이므로 평탄지에 있어서는 펌프와 밀접한 관계가 있다. 즉 도시의 지세·지형에 따라 다음과 같은 경우에 펌프시설(pumping system)이 필요하다.

1) 방류하수(放流下水)의 수위가 방류수면의 수위보다 낮은 경우

2) 종말처리시설의 방류구수면을 방류하는 하해(河海)의 고수위보다 높게 할 경우

3) 수면(水面)이 조수(潮水)의 영향을 받아 저수위가 고수위보다 높게 할 경우

4) 저지대(低地帶)에서 자연유하에 의하면 하류의 굴착깊이가 깊어지고 공사비의 증대와 공사의 위험이 따를 때 중계펌프장을 설치하여야 한다.

펌프시설의 주요설비를 열거하면 다음과 같다.

① 펌프설비 : 펌프, 관·밸브(valve) 등

② 침사지 및 부속기계 : 침사지(沈砂池), 제사설비(除砂設備), 침사가치장(沈砂仮置場) 등

③ 스크린설비 : 스크린, 소상장치(搔上裝置, detritor), 스크리닝 찌꺼기(screenings) 탈수기 등

④ 동력설비 : 모터, 수변전설비(收變電設備), 내연기관, 발전기, 연료탱크, 물탱크(水槽)계량, 제어장치 등

⑤ 유입·유출구 : 게이트(gate) 및 게이트실, 유·출입 관로, 방호문비(防護門扉) 등

⑥ 방재시 : 호안, 방화시설 등

⑦ 건물 : 펌프실, 전기실 등을 포함, 천정주행(天頂走行) 크레인 등

⑧ 기타 : 사무실, 휴게실, 공작실, 사택 등

펌프시설은 천재지변 등이 발생한 경우 단시간에 복구할 수 없다. 또한 건설비 · 유지비도 고가이므로 설치에 있어서는 충분한 검토 후에 계획을 세워야 한다.

7.2 펌프시설의 계획

7.2.1 종류와 기능

하수도의 펌프시설은 펌프의 기능(機能)에 따라서 강우 시에 우수의 배제를 목적으로 하는 우수(雨水)펌프시설, 주야(晝夜) 연속적으로 오수를 양수하는 오수(汚水)펌프시설이 있으나 일반적으로 기능상 빗물펌프시설 중계(中繼)펌프시설, 처리시설내 펌프시설로 구분된다.

(1) 빗물펌프시설

빗물펌프시설(rainwater pump station)은 지반이 낮은 지대에서 자연유하식으로 우수를 하해로 방류할 수 없을 때 펌프양수에 의해 침수방지(浸水防止) 및 재해대책을 목적으로 한 펌프시설이며, 되도록 방류수면에 가까운 위치에 설치하는 것이 좋다.

공공하수도에서 빗물펌프시설의 역할은 매우 중요하며, 작동이 불충분하거나 또는 구조 상의 문제가 있으면 원활한 하수배제가 불가능하고, 침수나 환경위생 상의 재해를 초래하기 때문에 빗물펌프시설의 계획 · 설계 · 건설에는 신중한 배려가 있어야 한다. 그러나 빗물펌프는 이동시간이 적은 것이 특징이다. 도시마다 차이는 있으나 실제로 펌프의 운전을 필요로 하는 강우는 매우 적어서 연간가동률(年間稼動率)은 5~10% 미만인 경우가 많다. 따라서 빗물펌프시설의 연간경비는 전기 · 기계설비와 토목 · 건축 공사비에 대한 감가상각비(減價償却費)와 유지관리비가 대부분이고 펌프운전비가 차지하는 비율은 미미한 것이다. 즉 운영비(運營費, running cost)는 설치비(設置費, initial cost)에 비해서 무시할 수 있을 정도로 낮기 때문에 빗물펌프시설을 계획하는 경우는 경비가 비싸고 가동률이 낮은 반면에 중요도가 높은 것임을 인식할 필요가 있다.

(2) 중계펌프시설

자연유하식의 하수도계통은 말단으로 갈수록 관로의 매설깊이가 현저하게 깊어지고 이런 경우는 적당한 유집(流集)지점에서 양수할 필요가 있고 역경사 지형의 경우는 펌프압송도 불가피할 때도 있다. 이와 같이 관로의 매설깊이가 깊어진 곳이나 장거리 관로의 중간에 설치해서 다음 펌프시설 또는 처리시설으로 송수(送水)하는 역할을 하는 것이 중계펌프이다.

또한 중계펌프시설은 관로가 길어 관로의 매설깊이가 깊어져 비경제적으로 되는 경우 처리구역의 오수를 다음의 펌프시설 또는 처리시설로 수송하거나 처리시설내 자연유하 흐름으로 원활한 수처리가 유지될 수 있도록 수두형성을 확보하기 위한 펌프시설로서 다음과 같이 분류한다.

1) 양수펌프시설

비교적 평탄한 지형에 관로를 설치하는 경우 관로의 연장이 길어지면, 필요한 경사에 의해 매설깊이가 현저히 깊어지고, 건설비가 비싸지기 때문에 경제성을 고려하여 적당한 위치에서 양수하여 관로를 얕게 할 필요가 있다. 이때 사용하는 펌프시설을 **양수펌프시설**이라고 한다.

2) 압송펌프시설

비교적 기복이 큰 지형에서 관로를 매설하는 경우이거나, 저지대에서 고지대로 오수를 압송할 필요가 생기는 경우 또는 가까운 거리에서 펌프압송에 의한 방법이 자연유하보다 부득이 많은 경우 등에 사용하며, 오수를 필요한 위치까지 압송하는 펌프시설을 **압송펌프시설**이라고 한다.

(3) 처리시설내 펌프시설

오수를 지상의 처리시설에 송수하는 펌프시설이다. 종말처리시설에서는 유입하수의 수위가 일반적으로 낮고 이것을 자연유하식으로 처리하기 위해서는 매우 깊게 굴착을 하게 되면 막대한 공사비가 증가한다. 이를 방지하기 위하여 분류식의 종말처리시설이면 오수펌프 또는 합류식의 경우는 오수펌프와 우천 시의 잉여유입수(剩餘流入水)를 방류하기 위한 펌프가 필요해진다. 따라서 처리시설내 펌프시설에는 종말처리공정에서의 오수나 슬러지의 반송순환(返送循環), 압력유송(壓力流送) 등을 위해서 반송슬러지펌프와 슬러지펌프(sludge pump) 등이 필요하며, 펌프시설의 배치는 그림 7.1과 같다.

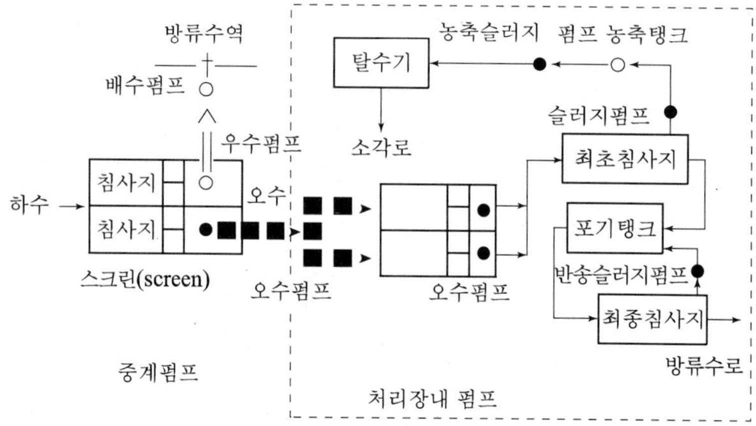

그림 7.1 펌프의 기능상 종류

반송슬러지펌프란 하수처리과정에서 최종침전지에 침강(沈降)한 슬러지를 포기탱크(aeration tank)로 수송하는 펌프를 말하며, 반송량은 처리하수의 20~25% 정도이다. 이 슬러지는 호기성생물의 집락체(集落體)인 다갈색(茶褐色)의 플록(floc)으로 구성되고 있으나 함수율(98%)이 높고 비중도 물과 큰 차이가 없으며, 점도도 크지 않다. 따라서 펌프공학적으로는 물과 마찬가지로 취급해도 좋으며, 하수처리시설 상의 고유명칭은 있으나 펌프 자체에는 보통의 것과 같다. 그러나 이 슬러지는 유기물의 집락체이기 때문에 장시간 체류하면 발효해서 메탄(CH_4)이 발생하는 것으로 운전을 정지하고 장시간 펌프 내에 채워두면 임펠러(impeller)를 부식시킨다.

슬러지펌프는 반송슬러지펌프 이외의 하수처리과정에서 발생한 침전물을 취급하는 펌프를 말한다. 보통의 오수펌프와는 달리 오수 중의 고형물을 쉽게 흡상(吸上)할 수 있으며, 펌프 내의 청소 · 점검 등이 편리하고 해체나 조립이 쉬운 구조로 한다. 슬러지펌프에 생기기 쉬운 문제는 폐쇄, 임펠러의 마모가 빠르다는 것이다.

7.2.2 펌프시설의 계획하수량

하수용펌프에는 청천(晴天)시 하수를 연속운전으로 유송하는 오수펌프와 강우 시에 운전(運轉)하는 우수펌프가 있다. 전자는 운전의 안전성을 고려하고, 후자는 직접침수로 연결되는 위험이 있으므로 재해대책을 위주로 계획한다. 또 처리시설로 가는 양수시설은 운전의 연속성과 위생적 견지에서 특히 시설완비에 유의하여야 하는 것이다.

우수펌프는 관로설계에서 채용한 계획우수량을 대상으로 하며, 관로내의 체류는 고려하지 않는 것을 원칙으로 한다. 또 오수펌프는 분류식의 경우는 계획시간 최대오수량으로 하고, 합류식의 경우는 계획시간 최대오수량에 희석배율(稀釋倍率) 3배를 곱한 것 이상으로 한다. 그러나 우수펌프에서 최대량과 평상 시와는 큰 차이가 있으므로 펌프용량이 필요 이상으로 커지지 않도록 설계한다. 즉 배수구역이 방대한 경우 우수유출속도의 침사지·펌프시설의 저류용량(貯留容量)을 가산해서 관로 계통의 용량을 고려할 필요가 있다. 그리고 관로내의 체류를 고려하면 펌프용량을 20~30% 정도를 감소시킬 수 있다.

오수펌프의 경우 오수가 항상 관거 내에 정체(停滯)없이 계획오수량을 배제할 수 있도록 할 필요가 있으나 고급처리를 할 때에는 처리수량이 때때로 변화하며, 처리작업이 곤란한 경우도 많으므로 어느 정도 관내 저류를 예상하고 단계적인 운전이 필요하다.

우수량이 실험식으로 산정한 경우에는 과소한 경향이 있으므로 우수펌프에 여유를 두는 것이 좋으며, 반대로 합리식(合理式)은 배수면적이 크게 하고 단시간·큰강도의 호우에 대해서는 하류부에서 중강도·장시간 호우에서는 상류부에서는 관단면에 여유가 생기므로 용량을 감소시켜야 할 경우도 있다. 펌프시설의 계획하수량은 표 7.1과 같이 정한다.

표 7.1 펌프시설의 계획하수량

하수배제방식	펌프시설의 종류	계획하수량
분류식	중계펌프시설·소규모 펌프시설 유입·방류펌프시설	계획시간 최대오수량
	빗물펌프시설	계획우수량
합류식	중계펌프시설·소규모 펌프시설 유입·방류펌프시설	강우시 계획오수량
	빗물펌프시설	계획하수량－강우시 계획오수량

7.2.3 펌프시설의 위치

펌프시설의 위치선정은 하수처리시설의 위치(位置)와 더불어 하수도계획의 기본이며, 하수도계획에 큰 영향을 준다. 최근 시가지의 급속한 발전에 따라 펌프시설의 최적조건(最適條件)에 알맞은 위치에서의 부지확보가 점차 어려워지고 있어 하수도기본계획이 수립되면 부지확보에 유의하여야 한다.

펌프시설의 위치는 용도에 적합한 수리조건(水理條件)·입지조건(立地條件)·동력조건(動力條件) 등 공학적조건을 갖추어야 하며, 또한 사회·환경적조건도 고려하여야 한다.

배수를 중심으로 한 펌프시설의 위치 선정조건은 다음과 같다.

(1) 방류구에서 방류수면의 배수조건이 좋을 것

방류수면의 능력이 펌프배수를 수용할 수 있는 넓이 · 유량 · 수질면에서 필요하다. 방류수면이 해면 · 호소 · 큰 하천일 경우에는 넓이 · 유량면에서는 별다른 우려가 없으나 수질면에서 신중한 주의가 필요하며, 평지배수인 경우는 상당한 하류까지 배수능력을 검토할 필요가 있다.

방류수면은 계획고수위가 낮고 수위변동이 적은 것이 바람직하다. 계획고수위가 높으면 배수펌프의 원동기 마력이 증가하고 배수펌프의 건설비와 운전관리비가 증대한다.

그림 7.2는 강우강도 40 mm/hr일 때 양정(揚程)의 변동에 의한 배수펌프의 원동기 축동력의 변화를 나타낸 것이며, 양정과 유출계수가 축동력에 미치는 영향이 매우 큰 것임을 알 수 있다. 또한 방류수면의 수위변동이 심하면 펌프운전 양정의 변동이 커지고 펌프의 운전효율은 저하된다.

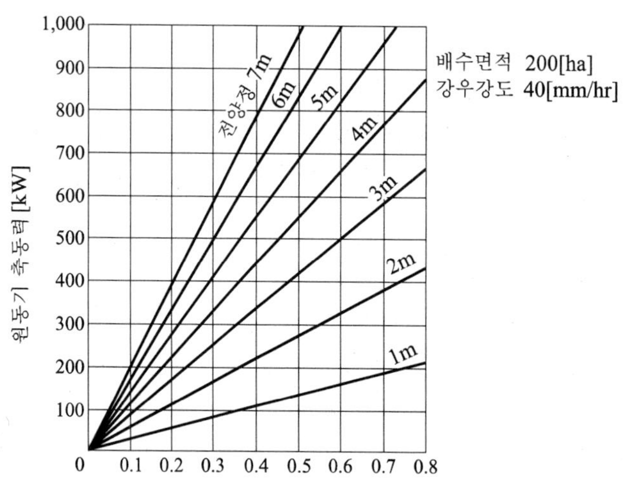

그림 7.2 양정과 축마력의 관계

(2) 하수간선의 연장이 짧을 것

펌프시설은 되도록 방류수면에 근접한 곳에서 직접방류 또는 짧은 방류관거로써 가능한 곳이 바람직하다. 최근 시가지의 용지보상(地價) 및 용지(用地) 취득의 어려움으로 빗물펌프시설이 기술적인 면을 떠나서 원격지(遠隔地)로 가는 경향이 있으며 최적용지의 확보를 위해 상당한 용지수용비를 계상하더라도 하수간선의 공사비 경감, 펌프양정의 감소, 사업효과의 조기

발휘 등을 고려하면 오히려 경제적일 경우도 있으므로 충분한 비교·검토가 필요하다.

(3) 조속한 사업효과를 얻을 수 있을 것

배수구역 내에서 특히 배수조건이 나쁜 지역은 조기에 펌프배수가 가능한 위치를 선정하도록 한다. 대도시와 달리 중소도시에서는 이와 같은 이유로 기술적으로 최적의 위치에 배수펌프시설을 설치할 수 없는 경우라도 사업의 조기효과를 얻기 위해서 부득이 할 때도 있다.

(4) 주변환경에 나쁜 영향이 없을 것

주택·상업지구 등과 같은 밀집지대에 설치되는 중계펌프시설, 특히 오수펌프시설의 경우는 악취·소음 등 환경오염에 유의해야 하며 침사·스크린 찌꺼기의 처분 등에 관한 일련의 배려가 필요하다.

(5) 지질이 양호하고 지하수위가 낮으며 홍수, 침수 피해 등이 없는 위치

펌프시설의 지반은 견고하여야 하며, 최근 집중호우로 인해 하수관로 용량 부족, 빗물펌프시설이나 저류지 현황시설도 면밀히 검토하여야 하고 또한 빗물펌프시설의 배수펌프가동을 늦게 하면 침수피해도 가져올 수 있다.

7.2.4 배수위와 양정

(1) 오수펌프시설 혹은 중계펌프시설의 경우

오수펌프장의 흡수위(吸水位, swell water level)는 자연유하로 관로에 유입되기 때문에 약간의 변동은 있으나 큰 차이는 없으며, 원칙적으로 오수펌프는 유입관로의 허용최저수위(許容最低水位, drainage water level)는 오수를 펌프시설에서는 최초침전지(最初沈澱池)로 수송하기 때문에 거의 변동이 없다. 따라서 오수펌프의 양정(揚程, pump lift)변동은 극히 적으므로 규정양정(規定揚程)은 평균실양정으로 하여도 된다.

(2) 배수펌프시설의 경우

펌프의 양정은 흡수수위와 토출수위에 의해서 결정된다. 우수펌프의 경우는 이 양자가 모두 변동하기 때문에 양정결정은 신중히 하여야 한다. 하수관로는 자연유하(自然流下)를 원칙으로 하고 있어 강우시 시시각각으로 변화하는 유입수량에 대해서 일정수위를 유지한다는 것은 불가능하고 실제로 큰 차이는 없다. 대체로 낮은 수위까지 배수할 수 있도록 흡수탱크(吸水槽) · 흡입관(吸入管)의 깊이를 정해 둔다. 이 때 침사지 스크린의 손실수두를 공제할 필요가 있으며, 토출수위는 방류수면이 하천 또는 해양(海洋, ocean)이기 때문에 수위 차의 변동이 매우 크고, 토출의 계획수위 결정은 경제성과 밀접한 관계를 가진다.

방류수면의 최고수위(high water level)란 하천에서는 작은 빈도(頻度, frequency)의 홍수 때의 수위를 말하고, 해면에서는 이상고조(異常高潮) 혹은 마중물(priming water)인 경우의 수위이다. 하천의 감조부(感潮部)이면 양자가 동시에 일어나는 위험한 상태도 생각할 수 있다. 이와 같은 고수위를 기준으로 펌프양정을 계획하면 안전한 반면에 비경제적이고, 펌프효율도 좋지 못하다.

따라서 홍수와 이상고조가 겹치는 가장 불리한 조건을 피해서 우수관로 또는 합류관로의 계획에서 채용한 강우의 빈도와 같은 정도의 고수위를 토출수위로 하는 것이 일반적인 방법이다. 그러나 방류수면의 고수위와 내수의 펌프시설 도달시간과의 관계 또는 환경의 중요성 등의 이유로 최고수위(H.W.L)와 같은 수위를 채택하는 경우도 있다. 이런 때도 배수가 원만하게 이루어지고 펌프의 효율이 떨어지지 않게 운전하기 위해서는 흡수위를 일시적으로 높여서 펌프의 실양정이 평상 시와 변화되지 않는 방식으로 운전한다.

7.2.5 원동기의 선정

원동기(原動機)의 선정(選定)에 있어서는 오수 또는 우수용 등의 펌프용량, 사용목적, 연간 가동시간 또는 운전조작 및 보수의 용이, 안정성, 경제성 등을 고려한다. 또한 운전시 급정지는 배수구역에 크게 영향을 미치므로 비상용 또는 예비의 동력원을 갖추는 것이 필요하다. 중간 펌프시설 및 처리시설 내 펌프시설의 펌프에는 안정성 및 운전의 저렴한 동력비 등의 관점으로부터 대부분의 경우 원동기로 전동기가 사용되지만 중요도에 따라 정전사고에 대비하여 2회선 또는 지하매설선의 설치를 고려한다.

특히 호우일 때 운전하는 우수펌프는 운전시간이 적고 전력사용이 비경제적이며, 태풍이나 호우 등의 비상 시에는 정전이 발생하는 경우도 있으므로 전동기를 디젤기관 및 가솔린기관으로 하거나 자가발전설비를 갖추는 것이 바람직하다. 이러한 경우 디젤기관 및 가솔린기관은 유지관리상 정기적으로 실부하운전(實負荷運轉)을 할 필요가 있다.

특히 갈수기(渴水期)에는 장기간에 걸쳐 운전정지상태가 지속되므로 이러한 경우에 시운전을 할 수 있는 설비가 바람직하다. 이를 위한 설비로는 토출관에서 펌프흡수정에 이르는 측관을 설치하고 흡수정의 저류수를 순환해서 사용하면 된다. 그러나 중간정도의 강우빈도가 비교적 높고, 즉시 가동할 수 있는 유리한 점이 있으므로 우수용펌프의 일부는 전동펌프로 하고 되도록 유량조절을 할 수 있도록 기종이나 대수를 선정해 두는 것이 필요하며, 원동기와 디젤엔진의 비교는 표 7.2와 같다.

또한 주요 펌프시설에 대하여는 비상용 전원으로서 전동 및 전기설비의 개폐용으로 축전지를 준비하고 기동용펌프, 게이트밸브, 기계스크린 및 기타 필요한 동력을 정전시에도 공급할 수 있는 발전기를 준비해 두는 것이 바람직하다.

표 7.2 펌프시설의 계획하수량

	전동기	디젤기관·가솔린기관
장점	① 조작·관리가 쉽다. ② 운전의 음향이 적고 원활하다. ③ 원동기의 가격이 저렴하다. ④ 연간사용 횟수가 많을 때는 디젤엔진보다 동력비가 저렴하다.	① 펌프시설의 위치에 의한 제약을 받지 않는다. ② 홍수, 재해 시의 신뢰도가 전동기보다 높다. ③ 연간사용 횟수가 적을 때는 전동기보다 동력비가 저렴하다.
단점	① 위치의 제약을 받는다(변전소·배선 등 옥외시설비 관계). ② 단기운전, 불규칙운전은 전기기본요금에 의해 비경제적이다. ③ 홍수, 재해 시의 신뢰도가 낮다.	① 조작·관리가 복잡하다. ② 소음·진동이 심하다. ③ 원동기가 비싸다.

7.3 상·하수도용 펌프

7.3.1 펌프의 분류 및 종류

펌프란 임펠러의 회전에 의해 물의 압력과 속도의 양 에너지를 주고, 동체를 통과하는 사이 그 속도 에너지를 가능한 한 효율적으로 압력 에너지로 바꾸는 것에 의해 물을 낮은 곳에서 높은 곳으로 보내는 설비이며, 표 7.3과 같다.

표 7.3 양수원리에 따른 펌프의 분류와 용도

명 칭	특 징	구조적인 분류 또는 대표적 명칭	용 도	
			하수도용	상수도용
와권펌프 (centrifugal pump)	·원리, 구조 및 운전성능면에서 보면 다른 펌프에 비해 이점이 많다. 광범위한 용도에 적용된다.	·Volute, 터빈, 단흡입, 양흡입, 단단, 다단, Open 임펠러, 수중 모터펌프	·양수, 오수, 배니, 오니반송, 검수채취, 약주, 압력수, 정호	·취수, 배수, 증압, 역세, 표세, 약주, 배니, 검수채취, 정호
사류펌프 (mixed flow)	·고용량, 임펠러 폭이 넓어서 다소의 이물이 혼입된 물에도 사용할 수 있다.	-	·우수, 오수, 오니반송	·저양정 취수 혹은 도수펌프
축류펌프 (mixed flow pump)	·저양정, 고용량	-	·우수	·취수펌프, 배수펌프
스크류펌프 (screw pump)	·구조가 간단하여 이물에 의한 폐쇄가 적다.	·아르키메데스의 펌프	·오수	-
왕복펌프 (reciprocation pump)	·저용량, 고압, 정량성	·planjar펌프, Diaphrame펌프, 계획펌프	·농축오니	·농축오니
회전펌프 (rotary pump)	·저용량, 고압, 정량성	·톱니펌프, 나사펌프, 루트펌프, vane펌프	·농후소석회 등의 이송	·농축소석회
마찰펌프 (cascade pump)	·소용량, 중양정	·우에스토펌프, 선권펌프	·채수, 시설내 압력수	·채수용, 시설내 압력수펌프
분류펌프 (jet pump)	·운동하는 기계부분이 없어서 고장이 적다. 저효율	·Injector 제트펌프(ejector)	·염소주입, 약품주입	·염소주입, 약품주입, 완속여과지의 모래세정
기포펌프 (air lift pump)	·기계부분이 없어서 고장이 적다. 공기원장치가 필요, 저효율	·에어리프트	·배니, 심사배제, 오니반송, 심정호	·오니 또는 침사펌프, 가정용 심정호펌프
수격펌프 (hydraulic pump)	·동력 불필요, 저용량	-	·하천에서 소규모의 취수	·하천에서 소규모의 취수

원심(遠心, centrifugal)펌프는 임펠러(impeller)의 회전에 의하여 생기는 물의 회전력을 케이싱(casing)을 통하여 압력으로 바꾸는 펌프이다. 또한 상하수도에서 가장 많이 사용된다. 용적식(容積式)펌프는 피스톤(piston)이나 플랜저(plunger)의 왕복운동(往復運動)이나 기어

(gear) 등의 회전운동에 의하여 생기는 펌프용적의 변화에 의하여 물이 흡입 또는 토출되는 펌프이다. 용적펌프는 고압을 내는데 적합 하지만 토출량이 작은 경우에는 제트펌프(jet pump), 기포(氣泡, air lift)펌프 등이 있으나 이들은 소토출량의 경우에 사용된다.

7.3.2 펌프형식의 선정

(1) 원심펌프

1) 원심력 펌프의 원리

원심펌프(centrifugal pump)는 물을 회전시키는 임펠러와 물을 임펠러에 유도한 후 토출구 쪽으로 토출시키는 케이싱의 두 주요 부분으로 구성되어 있다. 회전하는 임펠러에서 유출된 물은 케이싱을 지나는 동안에 전보다 높은 압력과 속력으로 변화시킨다. 주로 상・하수도용, 농업용, 공업용 등에 사용된다.

방사류펌프중 임펠러의 출구에 안내익(guide vane)이 있어 그것으로서 물이 갖는 운동에너지의 일부를 압력으로 바꾸는 펌프를 터빈(turbine)펌프, 안내익이 없는 것을 와권(volute)펌프라 하며 그림 7.3과 같다.

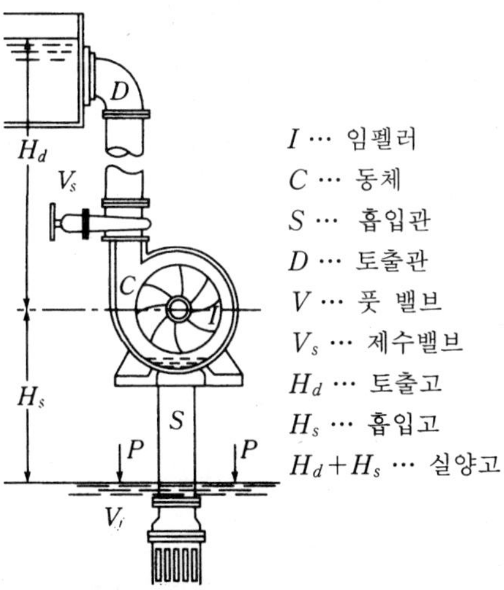

그림 7.3 와권펌프의 구조 예

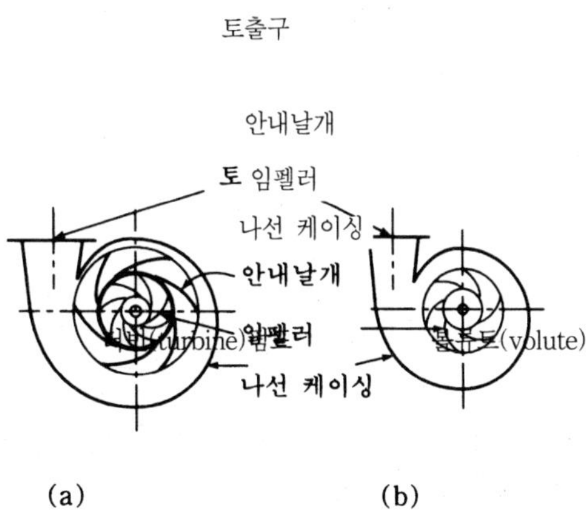

그림 7.4 방사류펌프의 구별

원심펌프는 임펠러와 케이싱의 모양에 따라 달라지며, 방사류(放射流, radial flow)펌프는 물이 임펠러의 축방향(軸方向, axial flow)으로 들어와 케이싱 속에 방사상으로 방류되고, 그림 7.4와 같다. 축류펌프는 물이 축방향으로 들어와 방사와 축이 중간방향으로 방류되며, 그림 7.5와 같다.

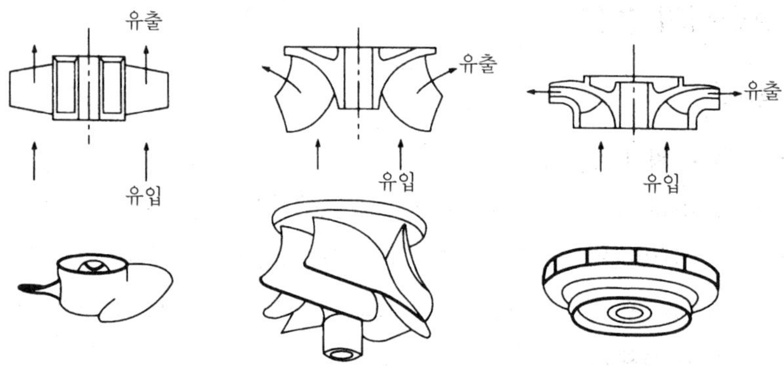

그림 7.5 원심펌프의 임펠러 모양과 물흐름 방향

원심펌프는 흡입관(吸入管, suction pipe)의 수에 따라 편흡입(片吸入)펌프와 양흡입(兩吸入)펌프로 분류된다. 원심펌프는 펌프의 축에 따라 수직형(立軸形) 또는 수평형(橫軸形)으로 분류된다. 원심펌프에서 임펠러 하나로서는 필요한 양정을 얻을 수 없을 때는 임펠러를 두 개 이상 직렬로 연결하여 높은 양정을 얻는데 이것을 **다단**(多段, multistage)펌프라 한다. 또한 임펠러가 1단인 것을 **단단**(單段, single stage)펌프라 한다. 또 임펠러에는 복개형(覆蓋形, closed)과 개방형(開放形, open)이 있다. 그리고 횡축 사류펌프는 그림 7.6과 같다.

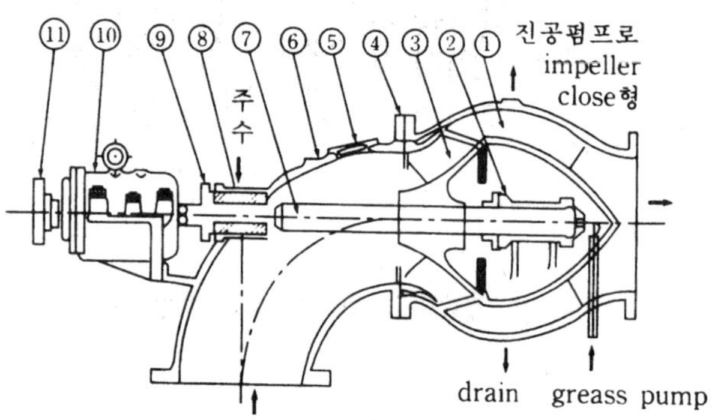

① Diffusion Casing
② 수중 Bearing
③ Impeller
④ Casing Ring (라이나링)
⑤ 정검공
⑥ Suction Casing
⑦ Shaft(주축)
⑧ Groove Ring
⑨ Grand
⑩ Bearing Housing
⑪ Coupling

그림 7.6 횡축 사류펌프

보통의 원심펌프는 기동전에 펌프 및 흡입관을 물로 채워야 한다. 이를 위하여 소형펌프에서는 흡입관단에 풋(foot)밸브를 붙여서 물을 주입하여 만수하도록 하고 대형펌프에서는 진공펌프를 사용하여 펌프 및 흡입관 내의 공기를 배제하여 흡수하도록 한다. 이와 같은 자동적으로 기동할 수 있도록 고안한 것이 **자가공급식 펌프**(自給式, self-primping pump)이며, 그렇지 못한 것이 **수동공급식 펌프**(non self-primping pump)라고 한다.

또 펌프의 선정은 용도・하수의 특성에 따라 펌프의 특성곡선, System-Head곡선 등을 검토하여 선정한다.

2) 원심력 펌프의 특징

임펠러의 회전에 의하여 생기는 물의 회전력(수압력과 속도에너지)을 케이싱(casing)을 통하여 압력으로 바꾸는 펌프이다.

① 효율이 높다.
② 흡수고는 6~7 m, 양정고는 거의 무한정이다.
③ 펌프가 차지하는 면적이 크다.
④ 기동력이 작다.
⑤ 자동운전이 용이하다.
⑥ 유량변화가 심한 곳에 적합하다.
⑦ 왕복운동보다 회전운동을 한다.
⑧ 임펠러의 교환에 따라 특성이 변한다.
⑨ 흡입성능이 우수하고, 공동현상이 적게 발생한다.
⑩ 원심력 펌프에서 양정은 펌프의 특성에 따라 다르다.

(2) 축류펌프(axial flow pump)

1) 축류펌프의 원리

① 원심펌프는 그 형태가 크기 때문에 운반, 설치가 불편하며, 펌프실과 기초공사에 다액의 시설비가 든다.
② 회전차나 나선 케이싱은 물론 통로가 짧으며, 심한 굴곡부가 있고 구조가 간단하다.
③ 축류펌프는 원심펌프에 비해서 회전차의 회전을 약 1.5배 정도 빠르고, 원동기를 직결하는데 용이하다.

2) 축류펌프의 특징

① 형태가 작고 회전차의 회전수(원심펌프의 1.5배)가 빠르다.

② 양정변화에 대해서 수량의 변화가 적고, 효율의 저하도 저양정이므로 양정이 변하는 경우에 적합하다.

③ 3~5매의 소수의 깃을 가진 회전차를 고속도 원동기에 직결하여 소형으로서 대용량의 송수가 가능하다.

④ 비교회전도(상)가 크기 때문에 저양정에 대애서도 비교적 고속이고, 원동기와 직결할 수 있다.

⑤ 회전수를 높게 할 수 있으므로, 사류펌프보다 소형이며, 총양정이 4m 이하인 경우에는 축류펌프가 경제적으로 유리하다.

⑥ 규정양정 이외의 양수에 대해서 그 효율의 변동이 비교적 적다.

⑦ 규정양정의 130% 이상이 되면 소음 및 진동이 발생하여 축동력이 급속하게 증가해서 과부하로 되기 쉬우므로 수위변동이 현저한 경우에는 유의해야 한다.

⑧ 체절운전이 불가능하고, 흡입성능이 낮고 효율폭이 좁다.

(3) 사류펌프(mixed fiow pump)

1) 사류펌프의 원리

① 사류펌프는 원심펌프와 축류펌프의 중간 특성을 택해서 양자의 장점을 고려하여 만든 것으로서 회전차에서 나오는 유수가 방사류나 축류가 아니고 경사방향으로 흐르므로 사류펌프가 한다.

② 사류펌프는 회전차 내의 물흐름이 축에 대해서 경사진 것으로 최전차에서 나온 물의 속도에너지를 압력에너지로 변환하기 위해서 안내날개를 설치한 것이며 N는 700~1,200정도이다.

2) 사류펌프의 특징

① 운전시 동력이 일정하고, 광범위한 양정변화에 대해서도 양수가 가능하다.

② 원심펌프보다 소형이기 때문에 설치면적도 작고, 기초공사비가 절약된다.

③ 흡입양정변화에 대하여 수량이 변동이 적고, 수량변동에 대해 동력이 변화도 적으므로 우수용 펌프 등 수위변동이 큰 곳에 적합하다.

④ 축류펌프보다 공동현상이 적게 일어나며, 같은 양정일 때 흡입양정(Suction Head)를 크게 할 수 있다.

⑤ 흡입성능은 원심펌프보다 떨어지지만 축류펌프보다 우수하다.

⑥ 체절운전이 가능하고, 전동기 등 구동부가 상부에 설치되므로 침수우려가 없다.
⑦ 안내날개, 중간베어링이 있으므로 작은지름에서는 폐쇄될 우려가 있다.
⑧ 회전차가 수중에 있어 기동은 용이하지만, 점검이나 수중베어링의 보수가 어렵다.

(4) 스크루펌프

스크루펌프(screw lift pump)는 스크루형의 날개를 용접한 중공축(中空軸) 상부 베어링(bearing) 및 하부 수중베어링에 의하여 지지되고 수평에 대하여 약 30° 경사인 U자형 드럼통(trough) 중에서 회전시켜 하부로부터 양수하는 펌프이며, 그림 7.7과 같다.

스크루펌프의 양정은 제조 가능한 1본의 스크루의 편향(偏向, deflection)에 의하여 정해진다. 대구경의 스크루일수록 중량에 대한 편향이 유리하므로 보다 높은 양정을 얻을 수 있다. 1본의 스크루에 대하여 가능한 양정의 최대양수량 3 m^3/min까지는 8 m 정도이다. 이보다 고양정일 경우는 2단 혹은 3단의 배열을 하여 양수목적을 달성할 수 있다.

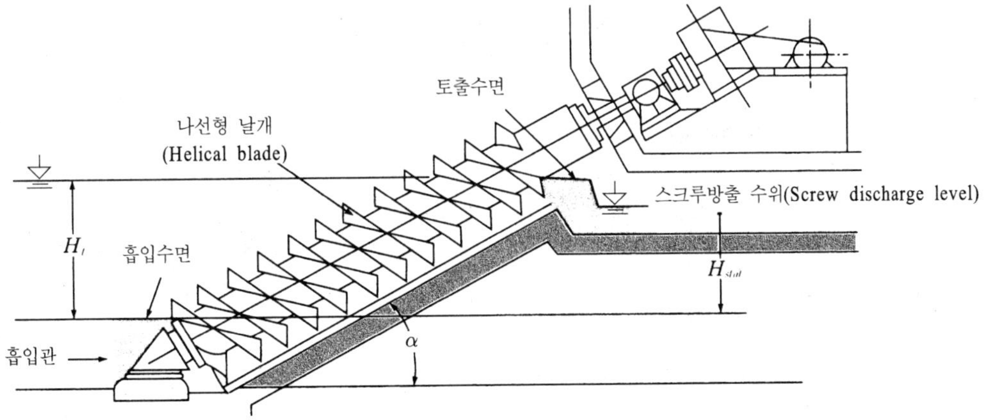

그림 7.7 스크루펌프의 단면도

스크루펌프의 회전수는 다른 펌프에 비하여 매우 작으며 작은 관(小口經)은 85 RPM 정도, 큰관(大口經)은 25 RPM이다. 이와 같은 저속은 모터회전을 감속기(減速機)로 감소시켜 얻는 것이며 경사 감속기와 V벨트에 의한 방법, 탄성(彈性) 연결장치를 부착한 전동기 직결법(直結法), 감속기부 모터에 의한 방법 등이 있다.

스크루펌프의 전동기 및 감속장치 등의 구동장치의 손실을 포함한 총효율은 큰관 스크루펌프일 때 약 80%, 작은 관일 때 약 75% 정도이며, 회전수가 낮아 분당 100회 이하이다. 스크루펌프의 효율상 특히 중요한 장점은 부분부하, 즉 유입수량이 적어진 경우에도 효율의 저하가 매우 적다. 또한 펌프의 특성곡선, System-Head곡선을 검토하여 선정하며, 장 · 단점은 다음과 같다.

1) 장점

① 구조가 간단하고 개방형이어서 운전 및 보수가 용이하다.

② 회전수(100 rpm)가 낮기 때문에 마모가 적다.

③ 수중의 협잡물이 물과 함께 떠올라 폐쇄가 적다.

④ 침사지 또는 펌프설치대를 두지 않고도 사용할 수 있다.

⑤ 기동에 필요한 물채움장치나 밸브 등 부대시설이 없으므로 자동운전이 쉽다.

2) 단점

① 양정에 제한이 있다.

② 일반 펌프에 비하여 펌프가 크게 된다.

③ 토출측의 수로를 압력관으로 할 수 없다.

④ 다름 펌프에 비해 초기투자비가 높다.

⑤ 오수의 경우 양수 시에 개방된 상태이므로 냄새가 발생한다.

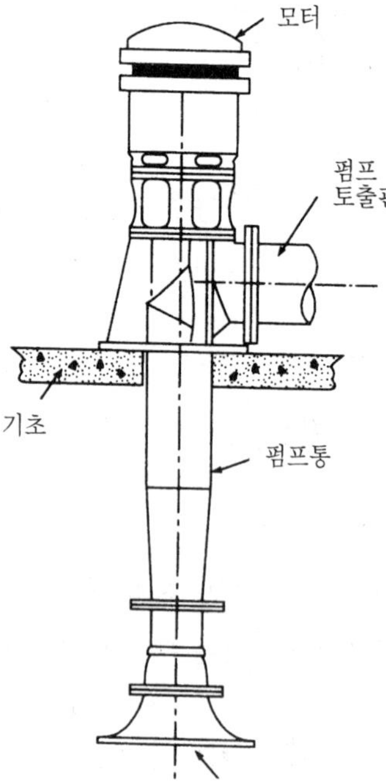

그림 7.8 **축류원심펌프**

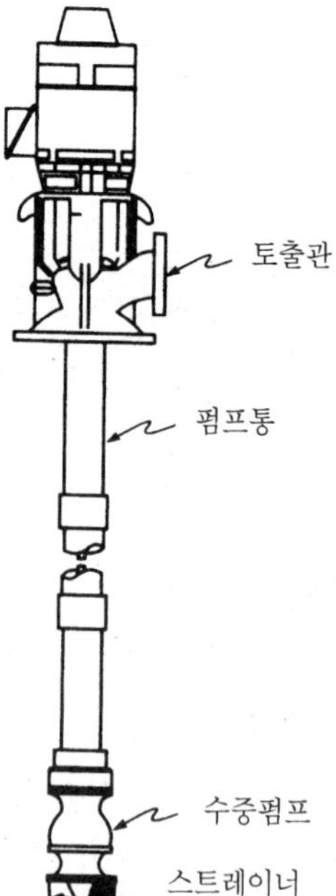

그림 7.9 **수중모터펌프**

(5) 수중모터펌프

수중에서 사용할 수 있는 모터를 사용하고 펌프와 조합하여 우물 또는 흡수탱크 중에 내려 사용하는 펌프를 **수중모터펌프**(submerged motor pump)라 한다. 여기에 사용되는 펌프는 축류, 사류, 방사류 모두 사용된다. 수중모터펌프는 점차 큰관, 작은 관까지 사용범위가 넓어지고 있으며 축류원심 및 수중모터펌프는 그림 7.8 및 그림 7.9와 같다.

1) 수중펌프의 특징

① 펌프와 전동기를 일체로 펌프흡입실 내에 설치한다.

② 펌프실이 작고, 시동이 간단하며, 유입수량이 작은 경우 및 펌프시설의 크기에 제한을 받는 경우 등에 사용한다.

③ 홍수시에 안심하고 사용할 수 있으며, 기동시 만수조작이 필요 없으므로 자동운전이 용이하다.

④ 펌프가 상시 수중에 있기 때문에 기동이 간단하고 소음이 적으며, 토목공사비가 적다.

⑤ 점검에 편리하도록 펌프를 끌어올리거나 점검 후 설치시에 펌프와 토출관이 착탈이 용이하게 행해지도록 고안한 것이 이용된다.

⑥ 긴 중간축 또는 중간축 베어링이 없기 때문에 구조가 간단하고, 설치 분해 및 조립이 용이하다.

⑦ 흡입조건이 양호하여 캐비테이션이 발생할 염려가 없다.

⑧ 펌프의 회전차는 오픈타입 또는 클로즈타입으로 하며, 중소규모처리장 사용에 적합하다.

⑨ 점검과 정비가 용이하므로, 사용할 때는 전원케이블의 손상 등의 방지대책을 고려한다.

⑩ 주요부가 수중에 설치되므로 내식성이 강한 재질의 부품을 사용하여야 한다.

(6) 기포 및 제트펌프

에어리프트(air lift)펌프는 가동부분이 없어 막히는 일이 없다. 압축공기가 양수관의 저부에 주입되면 물과 공기의 혼합물이 대기압에 의하여 상승하며, 실용양정은 1~1.5 m이고, 비율은 30% 정도로서 사용이 제한된다. 제트펌프는 원심펌프나 물받이 펌프의 호수(呼水, priming)에 사용되는 수가 있다. 이 펌프에서는 유체가 벤튜리(venturi)부를 통과할 때 압력이 감소되어 진공을 만들고 물을 끌어올리게 되며 그림 7.10과 같다. 제트펌프를 방사기(放射器, ejector)라 한다.

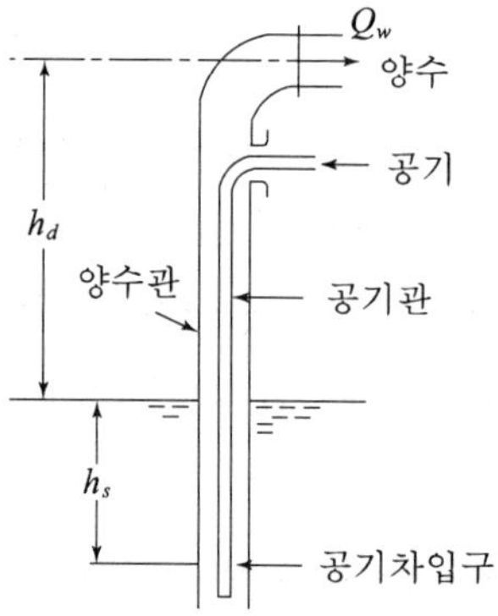

그림 7.10 기포펌프

(7) 용적식펌프

왕복펌프는 피스톤(plunger), 실린더(cylinder), 흡입밸브, 토출밸브가 그 특성 주체이다. 이 밖에 관내 유동의 서징(또는 脈動)을 완화시키기 위하여 실린더와 흡입관 또는 토출관과의 도중에 흔히 공기실(空氣室, air chamber)을 설치한다. 피스톤, 플랜저, 다이어그램(diaphragm) 등의 왕복운동에 의하여 실린더 내에 진공을 만들어 저소(低所)의 물을 흡입하고 이에 압력을 가함으로써 필요한 거리에 송수하는 펌프를 총칭하며 **왕복펌프**라 한다. 또한 피스톤펌프, 플랜저펌프, Diaphragm펌프로 분류된다. 또 왕복펌프의 1행정(1왕복)간에 수행된 토출횟수(吐出回數)에 의하여 단동펌프(single acting pump)와 복동펌프(double acting pump)로 구분된다. 용적식펌프(positive displacement pump)의 공통된 특성 중의 하나는 입구와 출구사이에 직접연결이 없는 것이다. 따라서 이 펌프에서는 역류하는 현상이 없으며 단동펌프는 그림 7.11과 같다.

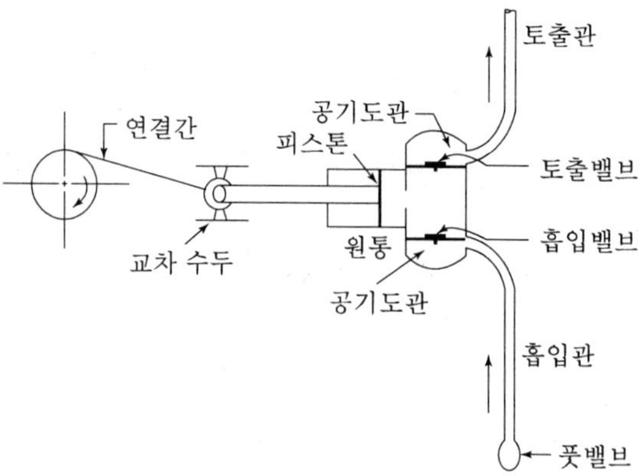

그림 7.11 단동펌프

플랜저펌프는 행정이나 속도를 변화시키거나 간헐적(間歇的) 조업에서 조업시간을 변화 시킴으로써 토출유량을 쉽게 변화시킬 수 있다. 플랜저를 밀봉하기 위하여 확실한 패킹(packing)이 요구되며, 마모가 발생할 수 있다. 만일 행정이 짧으면 국부적인 마모가 플랜저의 생명을 단축시키고 패킹마모와 누수를 가속시킬 것이다. 펌프와 체크(bell check)의 총체적 관리는 실제적으로 가능한 한 느린속도와 긴 행정으로 조업함으로써 최소화할 수 있다. 용적식펌프 중에서 플랜저펌프가 폐수처리시설에서 일반적으로 많이 사용되는데 이 펌프는 약간의 흡입고로서 잘 조업되며, 최고 20~30 m까지 슬러지를 올릴 수 있으나 6.3 ℓ/s 이하의 토출량에 한정된다.

그림 7.12의 플랜저펌프는 흡입 및 토출밸브에 2단식의 벨밸브로 작용하므로 토출량이 정확하다. Diaphragm펌프에서는 비금속제(非金屬製)의 다이어프램을 피스톤 또는 축압으로 왕복시키는데 왕복동작은 체크밸브나 역지밸브를 사용함으로써 흡입과 토출압을 마련한다. 다이어프램펌프는 그랜드(grand)부가 없으므로 왕복부문으로부터 양액(揚液)누설이 전혀 없다. 현탁액(懸濁液), 슬러지 등의 펌핑에 적합하며 그림 7.13과 같다.

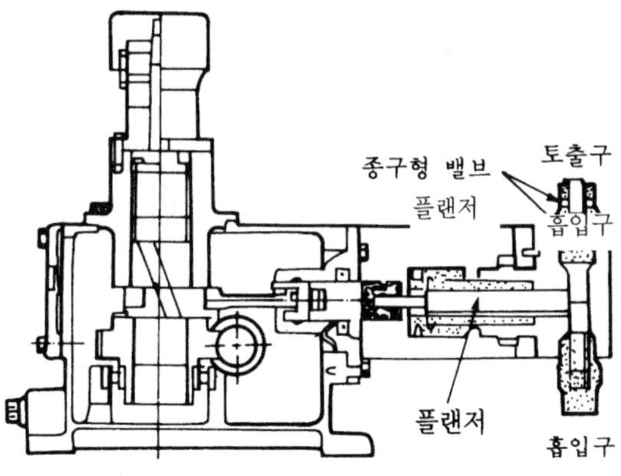

그림 7.12 플랜저펌프

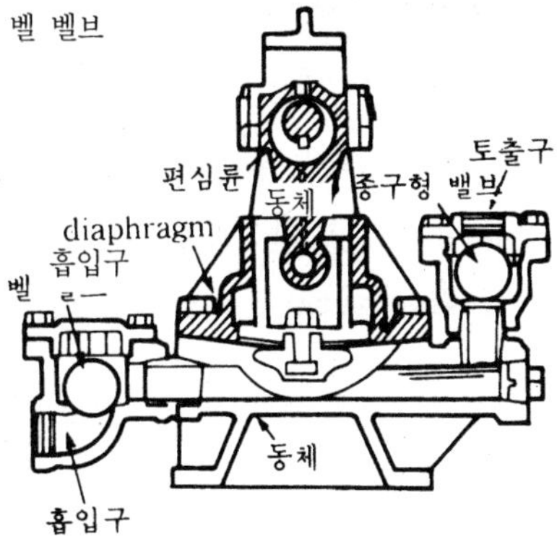

그림 7.13 Diaphragm펌프

회전식펌프에는 여러 종류가 있으며, 그 중에서 스크루펌프(progressing cavity pump)가 가장 많이 사용된다. 타형은 기어, 터빈 및 둥근 돌출부(lobe) 등이 내포되어 있어 마모조건이 유지관리비를 증대시키기 때문에 슬러지 취급에 보다 적게 사용된다. 스크루펌프는 배우고정자(配偶固定子, matching stator)에 꼭 맞게 끼운 연속스크루 회전자를 갖고 있다. 스크루펌프는 양정이 변화해도 거의 일정량의 토출량을 마련한다.

(8) 스컴, 그리트 및 슬러지용의 펌프

스컴(scum), 그리트(grit), 슬러지(sludge) 등에 사용되는 펌프에는 다음과 같다.

Torque-Flow Pump는 임펠러가 용기의 옆쪽에 있어 Flow Steam 밖에 벗어나 있는데 점성저항(viscous drag)에 의하여 펌핑 와동(渦動, vortex)이 생긴다. 이 펌프는 그리트, 스컴, 슬러지, 생하수 등을 펌핑하기 위해서 많은 하수처리시설에서 사용되는데 막히는 일은 거의 없다. 펌프는 고가이고 효율이 낮기 때문에 슬러지나 그리트의 펌핑에만 사용된다.

플랜저 및 회전펌프(plunger and rotary pump)는 플랜저형의 왕복펌프가 하수처리시설에서 1차 침전슬러지를 소화 탱크에 운반하거나 한 소화 탱크에서 다른 소화 탱크로 슬러지를 운반할 때 보통 사용된다. Progressing-Cavity 회전펌프가 고농도 슬러지를 취급하는데 사용되어 왔다. 회전기어(rotary gear)형 펌프가 처리시설의 엔진이나 송풍기 급유장치에 사용된다.

7.3.2 펌프의 계산

(1) 계획수량과 대수

펌프의 설치대수는 계획오수량(計劃汚水量)과 계획우수량(計劃雨水量)의 시간적 변동과 펌프의 성능에서 결정된다. 즉 오수펌프에서는 분류식의 경우 계획시간 최대오수량, 합류식의 경우 최대오수량의 3배 이상을 기준으로 하고 우수펌프에서는 계획오수량을 기준으로 해서 다음 항목에 의해서 결정한다.

① 펌프는 가능한 한 최고효율점(最高效率點) 부근에서 운전하도록 대수 및 용량(容量)을 정한다.
② 펌프의 설치대수는 유지관리상 가능한 한 적게 하고 동일 용량의 것으로 한다.
③ 펌프는 용량이 클수록 효율이 높으므로 가능한 한 대용량의 것으로 한다.
④ 건설비를 절약하기 위해 예비대수는 가능한 한 대수를 적게 하고 소용량으로 한다.
⑤ 건설 중의 일부 통수(通水) 시나 청천(晴天)시 등 수량이 적은 경우 또는 수량의 변화가 현저한 경우는 유지관리상 경제적으로 운전하기 위하여 용량이 다른 펌프를 설치하거나 동일 용량의 펌프회전수를 제어한다.

오수펌프의 설치대수는 분류식의 경우는 계획시간 최대오수량을 기준으로, 합류식의 경우는 강우시 계획오수량을 기준으로 정한다.

오수펌프는 펌프시설 운전초기유입량과 시간변동에 의한 수량변화에 대하여 용량이 다른

2~3종류의 펌프의 설치를 고려한다.

빗물펌프의 설치대수는 빈도가 많고 적은 양의 강우일 때를 고려하면 운전대응의 용이성으로 동일 형식의 대소펌프의 조합이 바람직하다. 그러나 대수가 많은 대규모 배수펌프시설에는 동일 형식, 동일 용량의 것을 설치하는 것이 좋다.

빗물펌프는 예비기를 설치하지 않은 것을 원칙으로 하지만 강우시 펌프의 고장이 발생하여 펌프시설의 기능이 저하하고 그 지역의 특성에서 침수가 일어나 사회적 영향이 크다고 판단되는 경우에는 예비기의 설치를 검토한다.

또한 계획하수량은 장래의 계획년도를 목표로 하고 있고 하수관로가 100% 매설되는 것으로 하고 있기 때문에 펌프시설의 운전개시 후의 상당한 기간에 걸쳐 실제유입량은 계획유입량보다 적다. 따라서 운전개시부터 당분간은 양수능력이 남고 펌프운전은 단속적으로 하게 되며, 고르지 못한 결과 유지관리 면에서 지장을 초래하게 되므로 미리 충분한 검토가 필요하다.

펌프설치대수의 표준은 표 7.4와 같다. 오수펌프에 대해서는 예비용 1대를 설치하는 것이 좋으나 우수펌프에 있어서는 종류에 따라 다르나 원칙적으로 예비는 설치하지 않는다.

표 7.4 합류식 펌프시설의 펌프설치대수

설치대수 \ 펌프능력	Case	소	중	대
2대	1	-	1/2 · Q×2대	-
3대	1	1/4 · Q×2대	-	2/4 · Q×1대
	2	1/6 · Q×1대	2/6 · Q×1대	3/6 · Q×1대
4대	1	1/8 · Q×2대	2/8 · Q×1대	4/8 · Q×1대
	2	1/8 · Q×1대	2/8 · Q×2대	3/8 · Q×1대
5대	1	1/10 · Q×2대	2/10 · Q×2대	4/10 · Q×1대
	2	1/13 · Q×1대	2/13 · Q×2대	4/13 · Q×2대

주 1) 계획오수량을 Q로 한다.
주 2) case1, 2를 유입수량의 변동폭 등에 의해 선택한다.

(2) 펌프의 지름

펌프의 크기는 지름에 의해 표시되어 흡입지름과 토출지름이 다른 경우는 양자를 같이 표기하고, 같은 경우에는 하나의 지름으로 나타낸다. 최근의 경우 와류펌프의 효율을 좋게 하기 위하여 와류(볼류트)실을 적게 해서 실 내의 유속을 빠르게 하고, 양정이 높아지는 만큼 와류실 토출지름을 모두 적게 한다. 따라서 와류펌프에서는 양정이 높을수록 토출지름보다 작게 한다. 또한 와류 및 축류펌프는 낮은 양정에 사용되는 것으로 양쪽지름이 서로 다른 경우는 적고, 같은 경우가 많다. 압축형의 사류 및 축류펌프는 흡입구가 나팔모양으로 되어 있으므로 토출지름으로 표시한다.

와류펌프의 토출지름은 토출량만으로 결정되지 않으며, 흡입지름으로써 토출량을 정한다. 펌프의 흡입지름은 펌프의 토출량을 기준으로 해서 흡입구의 유속에 따라 식 (7-1)에 의해 정한다. 또 펌프흡입구의 유속은 1.5~3.0 m/s를 표준으로 하지만, 흡입실의 양정 또는 흡입측 손실수두가 큰 경우 또는 온도가 높은 물 등의 경우는 흡입조건을 좋게 하기 위하여 유속을 느리게 한다.

또한 원심펌프에서는 토출지름은 토출량 뿐만 아니라 양정에 의해 변하고 흡입지름에 따라 1단 또는 2단의 작은 지름으로 되므로 전양정, 비교회전도 및 제조회사의 제조기준 등을 고려하여 정한다. 토출측 관지름과 펌프의 토출지름이 다른 경우는 확대관으로 접속하는 것이 좋다. 사류 및 축류펌프에서는 일반적으로 토출지름은 흡입지름과 같게 된다.

$$Q = A \cdot V$$

$$A = \frac{\pi D^2}{4} = \frac{Q}{V}$$

$$D = 146\sqrt{\frac{Q}{V}} \tag{7-1}$$

여기서, D : 펌프의 흡입지름 [mm]

Q : 펌프의 양수량 [m^3/min]

V : 흡입구의 유속 [m/s]

펌프의 지름은 반드시 수량만에 의해서 정하는 것이 아니며, 펌프 내부의 손실은 적게 하고, 공동현상(cavitation) 성능을 좋게 한다. 또한 경제적인 치수로 하기 위해서 양정이 높은 펌프는 배출지름이 흡입지름보다 작게 하는 경우도 있다. 이때 흡입지름 400 mm, 배출지름 300

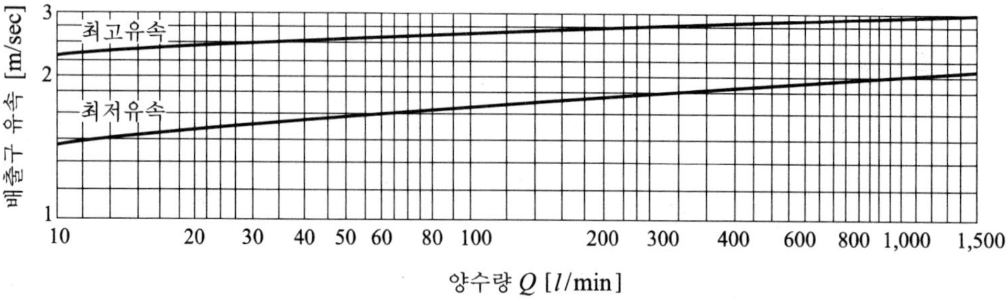

그림 7.14 와권펌프의 배출구 유속

mm라면 400×300 mm로 표시하며 와권펌프의 배출구 유속을 나타내면 그림 7.14와 같다.

예제 7.1

펌프의 토출량이 $0.85\,m^3/min$, 흡입구의 유속을 1.81 m/s로 양수할 때 토출관의 지름은?

풀이

$$D = 146\sqrt{\frac{Q}{V}} = 146\sqrt{\frac{0.85}{1.81}} = 100\,[\mathrm{mm}] = 10\,[\mathrm{cm}]$$

(3) 펌프의 전양정

펌프의 전양정(全揚程, total dynamic head : TDH)은 실제의 양정과 흡입관 · 배출관 · 밸브 등의 손실수두와 관 내의 유속에 의한 마찰손실수두와의 총합으로서 식 (7-2)로 정해야 한다.

$$H = h_a + h_{pv} + h_o \tag{7-2}$$

여기서, H : 전양정 [m]

h_a : 실양정 [m]

h_{pv} : 흡입 및 토출관의 손실수두의 합 [m]

h_o : 토출관 말단의 잔류속도수두[m]

펌프의 토출수면과 흡입수면의 차이를 **실양정**(펌프의 토출수면과 흡입수면의 차이)이라 한다. 펌프의 전양정은 실양정에 펌프에 달린 흡입관, 토출관 및 밸브류 등의 손실수두를 고려하여 식 (7-3)에 의해 결정하며 그림 7.15와 같다.

$$h = f \times \frac{L}{D} \times \frac{V^2}{2g} \tag{7-3}$$

여기서, h : 손실수두 [m]

f : 손실계수

V : 유속 [m/s]

g : 중력가속도 [$9.8\,m/s^2$]

D : 관내 지름[m]

L : 직관길이[m]

중요한 것에 대한 손실계수 f 값은 다음과 같다.

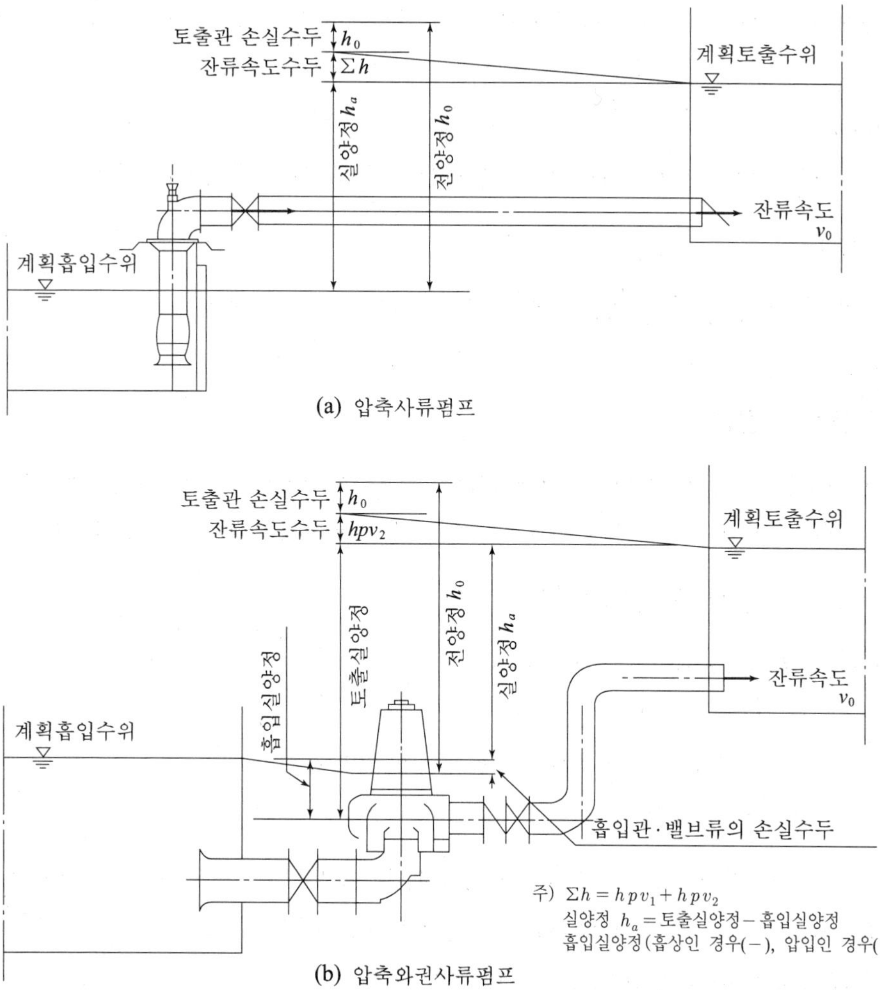

그림 7.15 전양정의 예

1) 흡입구의 손실수두 f_i

f_i는 흡입구 모양에 따라 다르며 값은 그림 7.16과 같다. 지름이 클 때는 작은 값을 취한다.

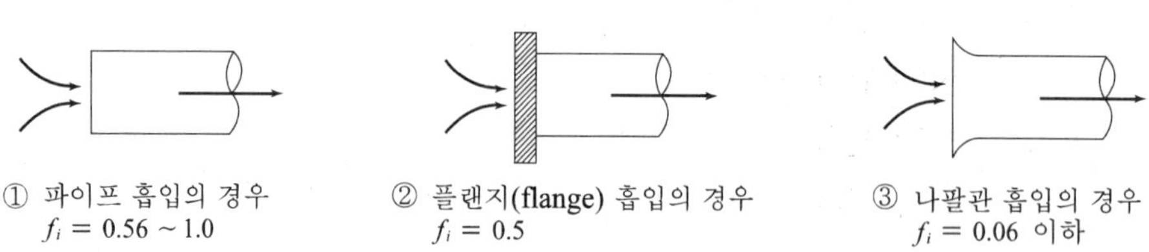

그림 7.16 흡입구의 손실계수 f_i

2) 풋밸브(foot valve, strainer)의 손실계수 f_v

$$f_v = 1.5 \sim 2.0$$

3) 곡관의 손실계수 f_b

$$f_b = f_{b1} \times f_{b2}$$

그림 7.17에서는 f_{b1}, f_{b2}의 값으로 앤더슨(anderson) 및 스트라우브(straub)에 의한 것을 나타내면 마찰손실을 포함하지 않는다. 또 f_{b1}은 곡률반지름과 관지름과의 비 R/D에 의한 계수이며, f_{b2}는 곡관의 중심각에 따른 계수이다(단 곡선의 중심각이 90°인 경우와 손실차이다. R : 곡률반지름, D : 관지름 그리고 θ는 중심각을 의미한다).

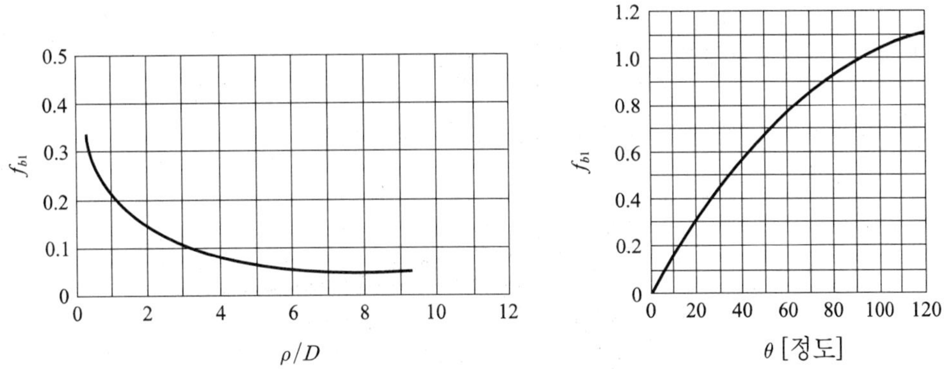

그림 7.17 곡관의 손실계수(f_b)의 값

4) 체크밸브(check valve)의 손실계수 f_{cv}

$$f_{cv} = 0.8 \sim 1.2$$

5) 플랩밸브(flap valve)의 손실계수 f_{fv}

$$f_{fv} = 0.2 \sim 0.5$$

6) 슬루스밸브(sluice valve)의 손실계수 f_{sv}는 표 7.5와 같다.

표 7.5 관지름에 따른 f_{sv}의 값[완전히 열어 놓은 경우]

지름[mm]	50	80	100	150	200	250	300 이상
f_{sv}	0.175	0.169	0.164	0.145	1.103	0.047	0

7) 버터플라이밸브(butterfly valve)의 손실계수 f_{bv}

$$f_{bv} = 0.2 \sim 04(\text{완전히 열어 놓은 경우})$$

8) 직관의 마찰손실수두 h_L

$$h_L = f \times \frac{L}{D} \times \frac{V^2}{2g} \quad (\text{Darcy-Weisbach의 식})$$

여기서, L : 관의 길이[m], D : 관의 지름[m]

9) 확대관(擴大管)의 손실수두 h_{se}

① 점점 확대관인 경우 : $h_{se} = f_{se} \times \dfrac{(V_1 - V_2)^2}{2g}$

② 급 확대관인 경우 : $h_{se} = f_{se} \times \dfrac{(V_1)^2}{2g}$

확대관의 손실계수 f_{se}는 그림 7.18과 그림 7.19와 같다.

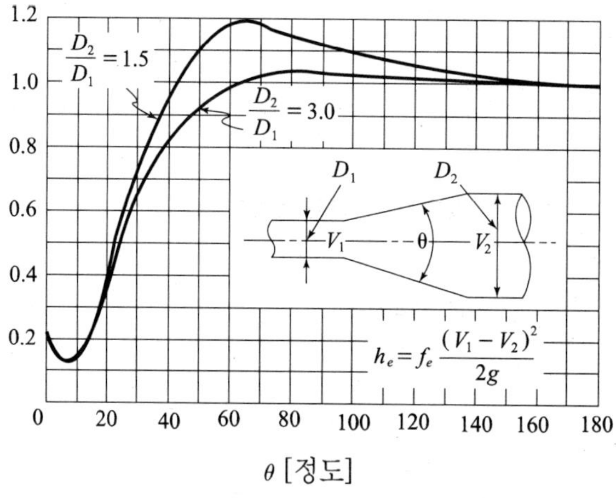

그림 7.18 단면이 완만하게 확대하는 경우의 손실계수(f_{se})

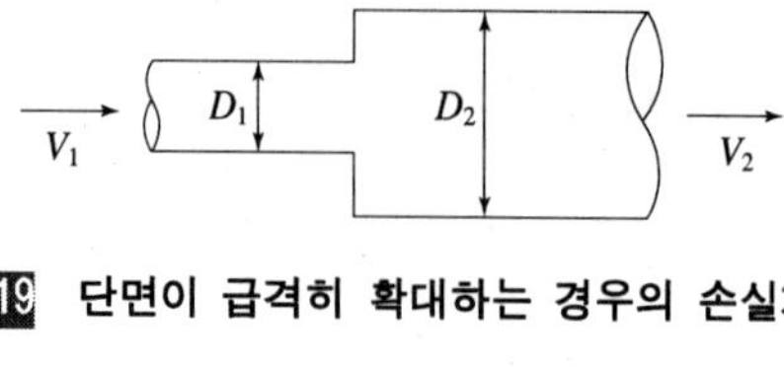

그림 7.19 단면이 급격히 확대하는 경우의 손실계수(f_{se})

10) 축소관의 손실수두 h_{sc}

$$h_{sc}=f_{sc}\times\frac{{V_2}^2}{2g}$$

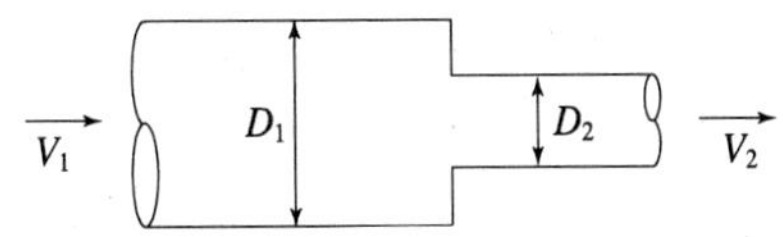

그림 7.20 단면이 급격히 축소하는 경우의 손실계수(f_{sc})

11) 유출손실수두 h_o

$$h_o=f_o\frac{V^2}{2g}$$

(4) 펌프의 수동력

펌프운전시 이론동력을 **수동력**이라 하며, 다음 식 (7-4)로 표시된다. 수동력(펌프의 출력)은 실제 펌프에서 도출되는 동력을 말한다. 비중(kg/m^3)×유량(m^3/s)×양정(m)×중력가속도(9.8m/s^2)/1,000 이다.

$$P_w=0.222\gamma QH\,[\mathrm{PS}]=0.163\gamma QH\,[\mathrm{kW}] \qquad (7\text{-}4)$$

여기서, P_w : 수동력[PS 또는 kW]

γ : 취급액의 비중[g/cm^3]

Q : 펌프의 토출량[m^3/min]

H : 펌프의 총양정[m]

또는 P_w[kW], Q[m^3/min], H[m]라면 아래 식 (7-5)와 같이 표시된다.

$$P_w=9.8\,QH \qquad (7\text{-}5)$$

그리고 HP(Horse Power)와 PS(pferdestarke)를 다음과 같이 표현할 수 있다.

1) HP(Horse Power)란?

① HP는 영국과 미국에서 많이 사용되는 단위이다.

② 1HP=550×0.3048×0.453592×9.8119≒746 [W]

이 수치는 영국의 제임스 와트가 당시 말을 이용해 끄는 힘을 측정한 결과이다.

2) PS(pferdestarke)란?

① 독일 및 프랑스에서도 사용되며, 일본도 이 단위를 사용한다.

② 이는 말이 1초 동안에 75 kg_f의 물건을 1 m 옮기는 힘을 말한다.

③ HP=746 [W]=1 [kW]=1.34 [HP]

④ PS=735.5 [W]=1 [kW]=1.36 [HP]

(5) 펌프의 축동력

펌프의 효율은 오수펌프 및 우수펌프 등에서는 그림 7.21을 표준으로 한다. 동력비의 절감(節減)을 위해 효율을 좋게 하는 것이 중요하지만 하수도용 펌프에서는 회전차가 막히지 않도록 하기 위해 펌프의 구조 등을 고려해서 효율을 다소 낮게 하여도 된다. 또한 무개쇄(無開鎖) 펌프 등 특수구조를 가진 펌프에서는 일반적으로 그림 7.21의 값보다 낮아지므로 그 형식에 따른 효율을 정한다. 펌프의 축동력(axial power)은 식 (7-6)에 의하여 정한다.

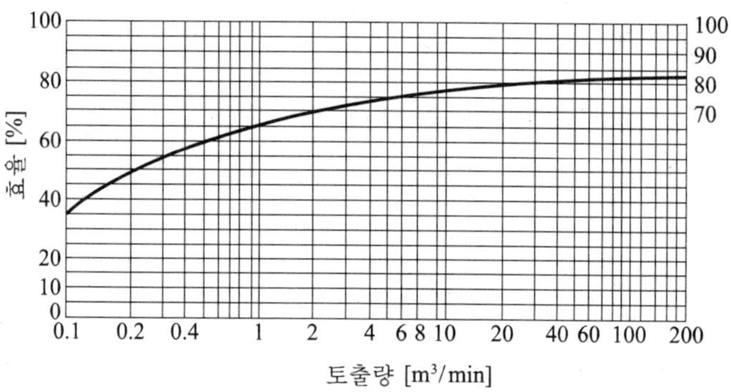

그림 7.21 일반용 펌프의 표준효율

$$P_s = \frac{1}{60 \times 10^3 \times \eta} \times \rho g\, QH \left(P_s = 0.163 \frac{\gamma \times Q \times H}{\eta} \right) \tag{7-6}$$

여기서, P : 펌프의 축동력 [kW]

Q : 펌프의 토출량 [m^3/min]

ρ : 양정하는 물의 밀도 [N/m^3] (단 하수의 경우는 1,000 N/m^3)

g : 중력가속도 [9.8 m/s^2]

H : 펌프의 전양정 [m]

η : 펌프의 효율(소수)

펌프의 축동력은 토출량, 전양정 및 펌프효율에 의해 식 (7-6)의 식으로 구하며, 펌프의 효율은 펌프의 형식과 토출량에 의해 다르지만, 표 7.6을 표준으로 한다. 그리고 큰관의 펌프에서는 그 형식(축형식 및 회전차형식)에 의해 다소 변하기 때문에 주의하여야 한다.

표 7.6 펌프의 효율

(a) 압축축류펌프

지름[mm]	400	500	600	700	800	900	1,000
효 율[%]	70	72	75	76	77	78	79
지름[mm]	1,200	1,350	1,500	1,650	1,800	2,000	
효 율[%]	80	80	81	81	83	83	

(b) 압축사류펌프

지름[mm]	400	450	500	600	700	800	900
효 율[%]	72	74	75	78	79	80	81
지름[mm]	1,000	1,200	1,350	1,500	1,650	1,800	2,000
효 율[%]	82	83	83.5	84	84	84	85

(c) 수중펌프

지름[mm]	300	400	500
효 율[%]	70	73	74

(6) 원동기(모터동력)의 출력

모터동력이란 펌프축력을 위해 모터에 필요한 동력을 말하며, 즉 모터 자체의 동력을 P라 하며 $P_w < P_s < P$가 되어야 한다. 모터동력=수동력/전효율×펌프전달계수이다. 또한 펌프를 운전하는 원동기출력은 다음 식과 같고, 축동력에 대한 여유 α는 펌프의 형식・원동기의 종류・양정의 변동에 따라 다르다.

$$P = \frac{P_s(1+\alpha)}{\eta_b} \qquad (7\text{-}7)$$

여기서, P : 원동기의 출력[kW]

P_s : 펌프의 축동력[kW]

α : 여유율

η_b : 전달효율(직결의 경우 1.0)

단 여유 α는 펌프의 형식 · 원동기의 종류 · 양정의 변동에 따라 다르며 표 7.7의 기준으로 한다.

표 7.7 원동기의 여유[α]

원동기의 종류 / 펌프형식	전동기		내연기관	
	A의 경우	B의 경우	A의 경우	B의 경우
원심펌프	0.10	0.15	0.15	0.20
사류펌프	0.15	0.20	0.25	0.30
축류펌프	0.20	0.25	0.30	0.35

주) A의 경우는 양정의 변화가 비교적 적은 경우(규정양정보다 원심펌프에서는 20% 정도까지 낮게 될 때, 축류펌프에서는 높게 될 때)
B의 경우는 양정의 변동이 비교적 많은 경우(A 이외의 경우)

펌프를 운전하는 경우 전동기는 전압 및 주파수의 변동에 의해 내연기관은 연료 및 취급하는 정도에 따라서 출력이 변동하며, 펌프의 운전상황 변화 등에 따라서도 축동력이 변하는 것이 있으므로 원동기가 과부하로 되지 않도록 여유율을 두어야 한다.

전동기가 다소의 과부하에는 견딜 수 있는 여유율은 적어도 좋으나 내연기관은 과부하로 되면 운전이 불안정하게 되고, 수명이 짧아지므로 여유율을 많이 잡아야 하며, 또 원동기에 내연기관을 채택한 경우 출력의 산출은 감속기 등의 동력전달장치 효율을 고려한다. 감속기 전달효율은 기어(gear)의 종류에 따라 다르나 0.94~0.97 정도의 범위이며, 유체 커플링(coupling)을 사용하는 경우 전달효율은 0.96 정도이다.

또한 펌프의 형식에 따라 여유율(α)이 다른 것은 형식에 따라 축동력의 특성이 다르고 양정의 변화에 대해 축동력의 변동이 다르게 되기 때문에 전동기의 경우 앞의 식 (7-7)로 계산한 P값에 끝수가 있을 때는 반올림하여 사용하고, 전동기는 정격출력 200 kW까지는 가능한 한 KS의 규격품 또는 동등 이상을 사용하도록 한다.

예제 7.2

흡입관의 안지름이 200 mm, 송출관의 안지름이 150 mm인 원심펌프가 있다. 축동력이 30 PS인 이 펌프의 이송 유량은 6 m^3/min이다. 펌프 기준면에서 측정한 흡입압력 진공도 150 mmHg, 기준면에서 상방향으로 1.5 m에 위치한 압력계의 송출압력은 0.15 MPa이었다.

풀이

1) 펌프의 축동력은 다음과 같다.

$$P_s = \frac{1}{60 \times 10^3 \times \eta} \times pg\,QH\left(P_s = 0.163\,\frac{\gamma \times Q \times H}{\eta}\right)$$
$$= \left(P_s = 0.163\frac{1 \times 15.5 \times 24}{0.8}\right) = 75.8\,[\mathrm{kW}]$$

2) 원동기의 출력은 다음과 같다.
원동기의 출력의 여유를 $\alpha = 15$라고 하면,

$$P = P_s(1+\alpha)$$
$$= 75.8\,(1+0.15) = 87.2\,[\mathrm{kW}]$$

예제 7.3

흡입관의 안지름이 200 mm, 송출관의 안지름이 150 mm인 원심펌프가 있다. 축동력이 30 PS인 이 펌프의 이송 유량은 6 m^3/min이다. 펌프 기준면에서 측정한 흡인압력이 진공도 150 mmHg, 기준면에서 상방향으로 1.5 m에 위치한 압력계의 송출압력은 0.15 MPa이었다.
1) 펌프의 양정(TDH)을 구하시오.
2) 펌프의 전효율(%)을 구하시오.

풀이
1) 펌프의 양정

$$\mathrm{TDH} = \left(\frac{P_o - P_i}{\gamma}\right) + \Delta H_m + \left(\frac{V_o^2 - V_i^2}{2g}\right)$$
$$P_o = 1.5(\mathrm{N/cm^2}) \times 10^4(\mathrm{cm^2/m^2}) = 1.5 \times 10^4\,[\mathrm{N/m^2}]$$
$$P_i = \ominus 150(\mathrm{mmHg}) \times \left(\frac{10{,}332(\mathrm{N/m^2})}{760(\mathrm{mmHg})}\right) = \ominus 2{,}039.21\,[\mathrm{N/m^2}]$$
$$V_o = \frac{4Q}{\pi D_d^2} = \frac{4 \times 6}{\pi \times 0.15^2 \times 60} = 5.56\,[\mathrm{m/s}]$$
$$V_i = \frac{4Q}{\pi D_s^2} = \frac{4 \times 6}{\pi \times 0.2^2 \times 60} = 3.18\,[\mathrm{m/s}]$$
$$\Delta H_m = 1.5[\mathrm{m}]$$
$$\therefore \mathrm{TDH} = \left(\frac{1.5 \times 10^4 - 2{,}039.21}{1{,}000}\right) + 1.5 + \left(\frac{5.66^2 - 3.18^2}{2 \times 9.8}\right)$$
$$= 15.58\,[\mathrm{m}]$$

2) 펌프의 효율

$$\eta = \frac{P_o}{P_a} \times 100$$
$$= \frac{\gamma HQ}{75P} \times 100 = \frac{1{,}000 \times 6 \times 15.58}{75 \times 60 \times 30} \times 100 = 69.2\,[\%]$$

예제 7.4

취수관, 취수정 및 취수펌프의 설계는 아래 예제그림 7.4.1과 같을 때 하천의 고수위, 저수위 및 제방높이가 하상높이 보다 각각 6 m, 3.27 m, 6.76 m 정도일 때 취수량 3.79 m^3/min를 취수하는 취수관, 취수정 및 취수펌프를 설계하시오.

풀이

(1) 취수정에서의 체류시간을 10분으로 하면 취수정의 유효용적은 V=3.79×10×3.79 m^3이다. 취수정의 저면(底面) 높이를 하천 저수위보다 2.27 m 낮게 하면 취수정의 저면고는 3.27−2.27 =+1.0 m이고 취수정의 정면(頂面) 높이를 지반고보다 30 cm 높게 하면 6.76+0.30=+7.06 m가 된다. 따라서 취수정의 높이는 7.06−1.0=6.06 m이다. 취수정 내의 수위를 L.W.L=+3.0 m, H.W.L=+5.0 m로 유지하고 취수정의 평면적을 12 m^2로 하면 취수정 내에서의 체류시간은 H.W.L일 때 (12×4.0)/3.79≒13 min, L.W.L때 (12×2.0)/3.79≒6 min이다.

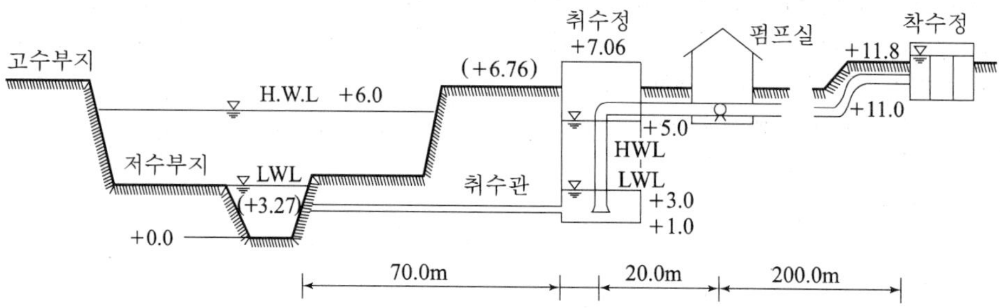

예제그림 7.4.1 취수시설의 설계 예

(2) 하천수위와 취수정수위와의 차는 (6.0−5.0)=1.0 m 또는 (3.27−3.0)=0.27 m이다. Hazen-Williams식을 사용하기로 하면 취수관의 지름은 다음과 같다.

$D = 1.6258\, C^{-0.38}\, Q^{0.38}\, I^{0.54}$에 그림 6.2를 이용하여 D≒320 mm를 얻는다.

(3) 취수펌프는 흡입구의 유속을 2.0 m/s로 하면 다음과 같다.

$$D = 146\sqrt{\frac{Q}{V}} = 146\sqrt{\frac{3.79}{2}} = 201\text{mm} \text{ 이므로}$$

따라서 흡입관과 토출관의 안지름을 210 mm로 하면 관내 유속은 다음과 같다.

$$V = \frac{Q}{\pi D^2/4} = \frac{3.79}{3.14 \times 0.21^2/4} = 109.48\text{m/min} = 1.82[\text{m/s}]$$

취수펌프의 설계에 있어 최저수위(L.W.L)을 기준으로 하여 펌프의 실양정은 h_a=11.8−3.0=8.8 m, 손실수두는 마찰손실 [길이 L=(11−3)+20+200=228 m], 관굴곡에 의한 손실(90° 굴곡 3개소), 밸브손실(풋밸브 1개, 역지밸브 1개, 제수밸브 1개), 흡입구의 손실, 토출구의 손실에 의한 것이며 손실수두의 합계 $\sum h_f$는 다음과 같다.

$$h_f = f_f \frac{L}{D}\frac{V^2}{2g} = 0.03 \times \frac{228}{0.21} \times \frac{1.82^2}{2\times 9.8}$$
$$= 0.03 \times 1,085.7 \times 0.169 = 5.50\,[\text{m}]$$
$$h_b = f_{b1}\cdot f_{b2}\frac{V^2}{2g} = 0.25\times 1\times \frac{1.82^2}{2\times 9.8} = 0.04\,[\text{m}]$$
$$h_f = (f_{b1}+f_{cv}+f_{sl})\frac{V^2}{2g} = (1.5+1.0+0.6)\frac{1.82^2}{2\times 9.8} = 3.1\times 0.619 = 0.53$$
$$h_{in} = f_1\frac{V^2}{2g} = 0.06\times 0.619 = 0.01[\text{m}]$$
$$h_{out} = 1\times 0.619 = 0.17$$
$$\therefore H_t = h_a + \sum h_f + h_0 = 8.8 + (5.50+0.04\times 3+0.53+0.01)+0.17 = 15.12\text{m}$$

(4) 펌프의 소요축동력 P와 모터의 소요출력 P_m은 다음과 같다.

$$P = \frac{9.8\,QH_t}{\eta} = \frac{9.8\times 0.0632\times 15.12}{0.85} = 11.01[\text{kW}]$$
$$P_m = \frac{P(1+\alpha)}{\eta_m} = \frac{11.01(1+0.1)}{1} = 13.2[\text{kW}] \rightarrow 14\,[\text{kW}]$$

예제 7.5

다음과 같은 펌프의 흡입지름 D=600 mm, 흡입구의 유속 2 m/s, 펌프의 전양정 5 m, 펌프의 효율 85%, 원동기의 여유율 15%이다. 이때 펌프의 소요출력을 구하면 몇 kW인가?

풀이

$$Q = A\cdot V$$
$$= \left(\frac{3.14\times 0.6^2}{4}\right)\times 2 = 0.5652[\text{m}^3/\text{s}]$$

펌프의 축동력은 다음과 같다.

$$\therefore P_s = \frac{9.8\,QH}{\eta} = \frac{9.8\times 0.5652\times 5}{0.85} = 32.58\,[\text{kW}]$$

원동기의 출력은 다음과 같다.

$$\therefore P = P_s(1+\alpha) = 32.58(1+0.15) = 37.46\,[\text{kW}]$$

예제 7.6

지름이 200 mm, 길이 60 m의 주철관으로 Q=2.4 m^3/min의 유량을 30 m의 높이까지 양수하려면 몇 HP의 펌프가 필요한가(단 흡입관밸브의 손실계수는 1.7, 마찰손실계수 0.04, 유입손실계수 0.5, 유출손실계수 1.0, 펌프의 효율을 80%로 가정한다)?

풀이

$P_s = \dfrac{\gamma QH}{75\eta} = \dfrac{1{,}000 \times Q \times H}{75\eta}$ 에서

토출량 $Q = 2.4[\mathrm{m^3/min}] = 0.04[\mathrm{m^3/s}]$

유속 $V = \dfrac{Q}{A} = \dfrac{0.04}{\left(\dfrac{3.14 \times 0.2^2}{4}\right)} = 1.274[\mathrm{m/s}]$

전양정 $H = h_a + \sum h = h_a + (h_e + h_v + h_f + h_o)$ 이므로

1) 유입손실수두

$$h_e = f_e \cdot \frac{V^2}{2g} = 0.5 \times \frac{1.274^2}{2 \times 9.8} = 0.041[\mathrm{m}]$$

2) 밸브손실수두

$$h_v = f_v \cdot \frac{V^2}{2g} = 1.7 \times \frac{1.274^2}{2 \times 9.8} = 0.141[\mathrm{m}]$$

3) 마찰손실수두

$$h_f = f \cdot \frac{l}{D}\frac{V^2}{2g} = 0.04 \times \frac{60}{0.2} \times \frac{1.274^2}{2 \times 9.8} = 0.994[\mathrm{m}]$$

4) 유출손실수두

$$h_o = f_o \cdot \frac{V^2}{2g} = 1.0 \times \frac{1.274^2}{2 \times 9.8} = 0.083[\mathrm{m}]$$

따라서 전양정은

$$H = 30 + (0.041 + 0.141 + 0.994 + 0.082) = 31.258[\mathrm{m}]$$

$$\therefore P_s = \frac{1000 \times 0.04 \times 31.259}{75 \times 0.8} = 20.84[\mathrm{HP}]$$

7.3.3 비교회전도와 상사법칙

(1) 비교회전도

비속도는 회전차의 상사성 또는 펌프특성 및 형식결정 등을 논하는 경우에 이용되는 값이다. 회전차의 형상, 치수 등을 결정하는 기본적인 요소는 펌프 전양정, 토출량, 회전수 세 가지가 있으며 비교회전도(比較回轉度, specific speed)는 다음 식 (7-8)로 표시된다.

$$N_s = N \frac{Q^{1/2}}{{H_{sv}}^{3/4}} \tag{7-8}$$

여기서, N_s : 흡입 비교회전도[rpm]

N : 펌프의 회전수[회/min]

Q : 최고효율점의 양수량[m^3/min], 양흡입의 경우는 수량의 1/2로 한다.

H_{sv} : 펌프가 필요로 하는 유효흡입수두[m]

N_s 의 값은 표 7.8과 같이 펌프형식을 구별하며, 대체로 N_s 의 값이 작을수록 소수량 고양정이고 클수록 대수량 저양정펌프가 된다. 또 동일 N_s 의 펌프는 특성이 같고 펌프의 공동현상 성능을 검토하는 경우에 큰 도움이 된다.

표 7.8 흡입 비속도

형 식		N_s(rpm, m^3/min, m)
원심펌프	단단식 편흡입형 단단식 양흡입형 다단식	100～450 100～750 100～200
사류펌프	입축, 횡축	700～1,200
축류펌프	입축, 횡축	1,100～2,000

(2) 상사법칙

상사법칙(相似法則)은 서로 기하학적으로 상사인 펌프라면 회전차부근의 유선방향, 즉 속도삼각형도 상사로 되어 두 개의 펌프의 성능과 회전수, 임펠러 지름과의 사이에 다음 관계가 성립되는데 이를 상사법칙이라고 한다.

1) D가 일정하고 회전수만 변화하는 경우

① 토출량(Q)비 회전수변화에 비례한다.

$$\frac{Q'}{Q}=\frac{n'}{n}\times\left(\frac{D'}{D}\right)^3,\quad Q_2=Q_1 \tag{7-9}$$

② 전양정(H)비 회전수제곱에 비례한다.

$$\frac{H'}{H}=\left(\frac{n'}{n}\right)^2\times\left(\frac{D'}{D}\right)^2,\ \ H_2=H_1(\frac{N_2}{N_1})^2 \tag{7-10}$$

③ 동력(P)비 회전수변화의 세제곱에 비례한다.

$$\frac{L'}{L} = \frac{Q' \times H' \times \eta_P}{Q \times H \times \eta_P'} = \left(\frac{n'}{n}\right)^3 \times \left(\frac{D'}{D}\right)^5 \times \left(\frac{\eta_P}{\eta_P'}\right), \quad P_2 = P_1 \left(\frac{N_2}{N_1}\right)^3 \tag{7-11}$$

여기서, L : 소요동력

n : 펌프의 회전수

D : 대표치수(회전차의 바깥지름)

η_P : 펌프의 효율

2) D 및 n이 변화하는 경우

$D'/D = 1$이고 $\eta_P'/\eta_P = 1$이라 하면 위의 식은 다음과 같다.

① 유량이 변할 경우

$$Q' = Q \times \left(\frac{n'}{n}\right), \quad Q_2 = Q_1 \left(\frac{D_2}{D_1}\right)^3 \left(\frac{N_2}{N_1}\right) \tag*{(7-9)$'$}$$

② 양정이 변할 경우

$$H' = H \times \left(\frac{n'}{n}\right)^2, \quad H_2 = H_1 \left(\frac{D_2}{D_1}\right)^2 \left(\frac{N_2}{N_1}\right)^2 \tag*{(7-10)$'$}$$

③ 동력이 변할 경우

$$L' = L \times \left(\frac{n'}{n}\right)^3, \quad P_2 = P_1 \left(\frac{D_2}{D_1}\right)^5 \left(\frac{N_2}{N_1}\right)^3 \tag*{(7-11)$'$}$$

즉 Q, H, L의 대응점 Q', H', L'는 속도비의 1승, 2승, 3승에 정비례하여 변화한다.

예제 7.7

다음과 같은 토출량(Q)은 14 m/min, 최고효율점의 전양정(H) 100 m, 펌프의 회전수(N) 1,750(rpm)의 펌프의 경우에 대하여 계산하시오.

풀이

1) 편흡입 1단펌프의 경우

$$N_s = \frac{1{,}750 \times 14^{\frac{1}{2}}}{100^{\frac{3}{4}}} = \frac{1{,}750 \times 3.74}{31.62} = 207\,[\mathrm{RPM}]$$

2) 편흡입 2단펌프의 경우

$$N_s = \frac{1{,}750 \times 14^{\frac{1}{2}}}{50^{\frac{3}{4}}} = \frac{1{,}750 \times 3.74}{18.80} = 340\,[\mathrm{RPM}]$$

3) 양흡입 1단펌프의 경우

$$N_s = \frac{1{,}750 \times 7^{\frac{1}{2}}}{100^{\frac{3}{4}}} = \frac{1{,}750 \times 7^{\frac{1}{2}}}{31.62} = 147\,[\mathrm{RPM}]$$

<참고>

① 비교회전도 N_s가 작을수록 수량은 적고 양정이 높은 펌프이다. : 소요양정 20 m 이상의 도수용 또는 취수용에 적합하다.

② 비교회전도 N_s가 클수록 수량은 많고 양정이 작은 펌프이다. : 소요양정 10 m 이하의 도수용 또는 취수용에 적합하다.

예제 7.8

어떤 펌프가 2,000(rpm) 회전하고 있다. 전양정이 100 m에 대해 0.17 m/s의 유량을 방출하고 있을 때 250(PS)이다. 이 펌프의 상사로서 2배인 펌프가 1,500 rpm으로 회전하면서 운전되고 있다면 축동력은 얼마인가?

풀이

펌프의 상사법칙에 의하면 동력은 크기의 5승에 비례하고, 회전수 변화의 3승에 비례한다.

$$\therefore\ P_2 = P_1\left(\frac{D_2}{D_1}\right)^5\left(\frac{N_2}{N_1}\right)^3$$

$$= 250 \times \left(\frac{2}{1}\right)^5 \times \left(\frac{1{,}500}{2{,}000}\right)^3 = 3{,}375\,[\mathrm{PS}]$$

---

(3) 펌프의 특성곡선

펌프 제조회사에서는 제조된 펌프에 대하여 시험을 하는데 펌프의 회전속도를 일정하게 고정하고 토출관의 밸브를 조절하여 펌프용량을 변화시킬 때 나타나는 수두를 측정한다. 또한 펌프의 효율과 동력도 측정한다. 이 실험에 있어 양정(head), 효율(efficiency) 및 축동력이 펌프의 용량(capacity)에 따라 변하는 모습을 나타낸 곡선을 펌프의 **특성곡선**(特性曲線, characteristic curves)이라 한다.

펌프나 펌프군의 회전속도를 고정하고 용량을 변화시키면서 주어진 관로(管路 : piping

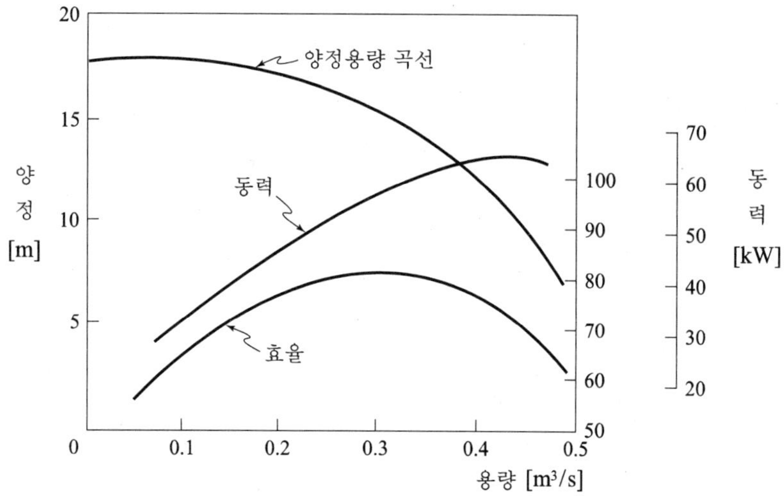

(a) 펌프의 특성곡선 (방사류형)

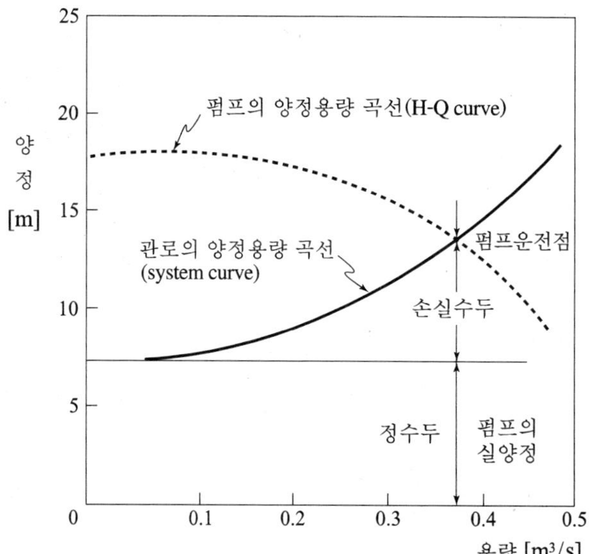

(b) 펌프의 운전점

그림 7.22 펌프의 특성곡선과 운전점

system) 내를 양수할 때 소요되는 총양정을 계산하여 용량과 총양정의 관계는 그림 7.22와 같이 관로의 **양정-용량곡선**(system head-capacity curve) 또는 **저항곡선**(抵抗曲線)이라 한다. 펌프의 양정-용량곡선과 관로의 양정-용량곡선의 교점은 펌프가 주어진 관로 시스템 내에서 운전할 때의 양정과 용량을 나타낸다. 이 교점을 **펌프운전점**(pumping operating point)이라 한다.

일반적으로써 N_s 가 높은 것은 토출량-전양정곡선의 경사가 급하고 토출량이 0일 때의 전양정은 설계점의 전양정에 비하여 그림 7.23과 같이 매우 높게 된다. 이것에 대하여 축동력곡선은 N_s 가 낮을 경우는 토출량의 증가에 따라 증가하나 N_s 가 높아지면 반대로 최절점에서 가장 크고 토출량의 증가에 따라서 축동력이 그림 7.23(b)와 같이 감소한다. 또한 토출량-효율곡선에 대해서는 N_s 가 낮을 때 어느 정도 평탄한 형상이 되나 N_s 가 높아짐에 따라 곡선의 최고점 근처의 곡률반지름이 작아져 토출량이 변할 때 그림 7.23(c)와 같이 효율저하가 크게 된다. 그러므로 펌프선정에 있어서 N_s 에 따른 특성변화에 주의하여야 한다.

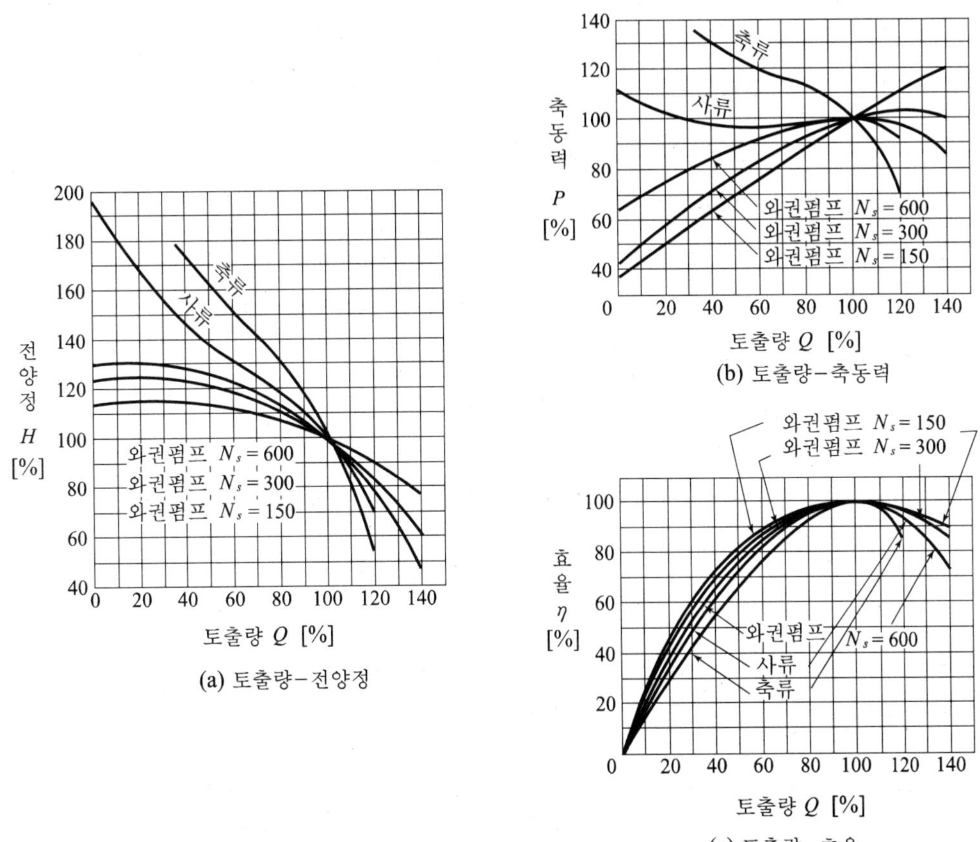

(a) 토출량-전양정

(b) 토출량-축동력

(c) 토출량-효율

그림 7.23 각종 펌프의 백분율 특성

7.3.4 펌프형식의 선정

하수량 펌프는 특수 목적의 것을 제외하고는 와권 · 축류 및 사류펌프가 주로 사용되며, 각각 입축형 · 횡축형이 있고 각각의 특성이 있다. 펌프를 선택할 때는 다음의 각 사항을 충분히 고려한다.

① 양정 ② 양수량 ③ 회전수 ④ 원동기의 종류 ⑤ 설치조건(設置條件) ⑥ 사용목적 ⑦ 전동(轉動)방식 ⑧ 가격(價格) 등이다.

주어진 조건하에서 어느 형식의 펌프를 선정해야 유리할 것인가는 펌프시설의 계획 · 설계에서 가장 중요한 사항이다.

(1) 선정의 일반적 조건

펌프의 선정에 있어서는 일반적으로 다음 조건을 비교 검토하여 가장 효율적이며, 견고하고 가격이 저렴하고 신용있는 제품을 채택한다.

① 계획배수량 · 계획양정에 적합하고 효율이 높을 것

② 양정변화에 적합하고 효율의 저하 및 운전동력의 증감변화가 적을 것

③ 모래나 니토(泥土) 또는 쓰레기가 혼입한 하수라도 취급할 수 있을 것

④ 수질에 의한 화학적 작용을 받아도 부식, 기타에 의한 효율저하가 적을 것

⑤ 펌프 내부의 점검 · 청소가 편리한 구조일 것

⑥ 형태가 작고 기초나 건물면적이 작아도 되는 것

⑦ 구조가 간단하고 취급이 간편한 것

⑧ 고장 및 파손 등이 적고 또한 운전이 확실하고 효율이 높으며, 수명이 길 것

⑨ 고장 등의 경우 수리(修理) · 정비를 쉽게 할 수 있는 것

이상의 ⑥, ⑦은 건설비 ⑧, ⑨는 유지비에 큰 영향이 있다.

(2) 횡축형 및 입축형 펌프

펌프를 횡축형(horizontal type)으로 할 것인가 또는 입축형(vertical type)으로 할 것인가는 각각 장 · 단점이 있어 일률적으로 정하기는 매우 어려운 것이며, 기장(機場)의 내외 상황에 따라 판단하여야 한다. 하수도용의 오수 · 오물펌프는 입축전용(立軸專用)이며 축류 · 사류펌프의 대형(구형 1,500 mm 이상)의 것은 기장(機場)의 거부면적(据付面積)이나 공동현상 등 수력학적(水力學的) 견지에서도 입축형이 좋고 홍수시 침수의 우려가 있는 곳은 입축이 좋다.

대체로 중형펌프(지름 300~1,000 mm)는 어느 쪽이라도 할 수 있는 것으로 장 · 단점을 비교하면 표 7.9와 같다.

표 7.9 횡축형과 입축형 펌프의 비교

<table>
<tr><th></th><th>횡축형 펌프</th><th>입축형 펌프</th></tr>
<tr><td>장점</td><td>① 주요부가 평소 수면상에 있어 부식이 적다.
② 보수 · 점검이 쉽다.
③ 분해 · 조립이 간편하다.
④ 일반 원동기를 사용할 수 있고 간단히 연결할 수 있다.
⑤ 가격은 비교적 비싸다.
⑥ 건물의 높이가 낮다.</td><td>① 설치면적이 작다.
② 임펠러 주변상의 압력차가 없기 때문에 특히 큰 지름에 적합하다.
③ 공동현상의 발생이 어렵고 따라서 고양정을 얻을 수 있다.
④ 가동 시에 수조작(手操作)이 불필요하므로 주수펌프, 진공펌프가 필요치 않다.
⑤ 흡수위의 변화에 따른 자동운전이 쉽다.
⑥ 원동기를 임의 높이에 설치할 수 있으므로 홍수에 대해서 안전하다.
⑦ 매우 깊은 곳에서부터의 양수가 가능하다.
⑧ 방수보호가 쉬우므로 옥외설치를 할 수 있다.</td></tr>
<tr><td>단점</td><td>① 설치면적이 크다.
② 흡입양정이 크면 공동현상의 위험이 있다.
③ 가동 시에 수조작(手操作)장치가 필요하며 따라서 자동운전의 조작이 복잡하다.
④ 홍수위가 높은 곳에서는 모터의 보호를 생각해야 한다.</td><td>① 주요부가 수중에 있어 부식하기 쉽다.
② 보수 · 점검이 불편하다.
③ 분해 · 수리가 거의 곤란하다.
④ 모터는 특수형이 되고 고가이다.
⑤ 횡축 원동기를 사용하는 경우는 특수한 전도장치를 필요로 한다.
⑥ 설치작업에 숙련이 필요하다.
⑦ 가격은 일반적으로 비싸다.</td></tr>
</table>

(3) 편흡입과 양흡입 펌프

와권(渦券, volute)펌프에서 일반적으로 편흡입(single suction type)은 대략 260 mm 이하, 양흡입(double suction type)은 180 mm 이상이나 실제로 이 범위에 가까운 펌프를 선정하는 경우는 충분한 검토가 필요하다. 일반적으로 가격면에서 편흡입이 저렴하고 회전수로는 양흡입이 우수하다. 성능 상으로 양자 사이의 큰 차이는 없으며, 흡입성능에서만 양흡입이 유리하다.

(4) 유사펌프의 비교

1) 와권펌프와 터빈펌프

동일용량에서는 와권펌프가 소형이고 안내차(guide vane)가 없는 만큼 가격도 저렴하다. 하수도용으로 터빈펌프의 용도는 거의 없으며, 와권펌프가 더 많이 사용된다.

2) 와권펌프와 사류펌프

특성 상으로는 와권펌프가 대체로 효율이 좋은 범위가 넓고 또 효율이 높다. 그림 7.24는 동일 용량의 와권과 사류펌프의 치수를 비교한 것으로서 후자가 소형이고, 몇 대를 설치하는 경우 부지면적도 적다.

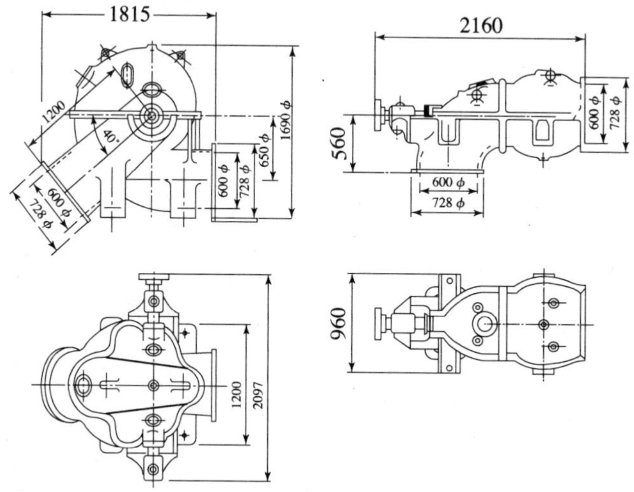

(a) 와권펌프 (b) 사류펌프

그림 7.24 600mm 와권 및 사류펌프의 용적 비교도

수량변동이 큰 경우는 와권펌프가 양정변동이 큰 경우는 사류펌프가 유리하다. 구조 상으로는 사류펌프는 수중 베어링(bearing), 안내차 등이 있어 보수와 유지관리상 다소 불리하다. 저양정이면 양자의 특성상 차이는 거의 없고 이때는 기장(機場)상태만으로 선정하게 된다.

3) 축류펌프와 사류펌프

전양정이 3.5~4.0 m 이하의 경우는 축류펌프 쪽이 회전수를 높게 할 수 있으므로 유리하다. 그러나 흡입성능이 부족할 때는 제한기동을 할 때 또는 대폭적인 수량제한 운전을 행하는 경우는 사류펌프가 적합하다.

축류펌프는 사용양정이 설계 전양정의 약 130% 이상이 되면 소음을 발생하고, 축동력이 급격히 증대하여 과부하가 되기 쉽다. 이 결점을 방지하기 위해 가동의 축류펌프를 채용할 수도 있으나 수질이 나쁜 곳에서는 부적합하다.

표 7.10 전양정에 대한 펌프의 형식

전양정 [m]	형식	펌프 지름 [mm]
4 이하	축류펌프	300 이상
3~12	사류펌프	200 이상
4 이상	와권펌프	80 이상

(5) 형식의 선정요령

간단한 경우에는 양정 · 양수량 · 회전수로부터 비교회전도를 구하고 N_s 에 의해서 펌프형식을 결정할 수 있으나 실제의 경우로서는 우선 기초가 되는 전양정에서 표 7.10을 참고로 대략의 펌프형식을 추정하고 형식에 적합한 비교회전도가 되도록 회전수를 선정한다.

다음 각 펌프의 특성곡선과 펌프의 운전점에 대하여 검토하여야 한다. 실제의 운전상태는 펌프의 특성곡선중 수량-양정곡선과 관로의 저항곡선의 관계를 생각하여야 하며, 펌프는 이 양자의 교점에서 운전되어야 한다.

또한 용량과 양정이 주어졌을 때의 펌프선정은 그림 7.25를 이용하면 편리하며 이 그림에서 얻은 펌프에 대해서도 특성에 관한 검토가 필요하다. 그림에서의 기호는 표 7.11과 같다.

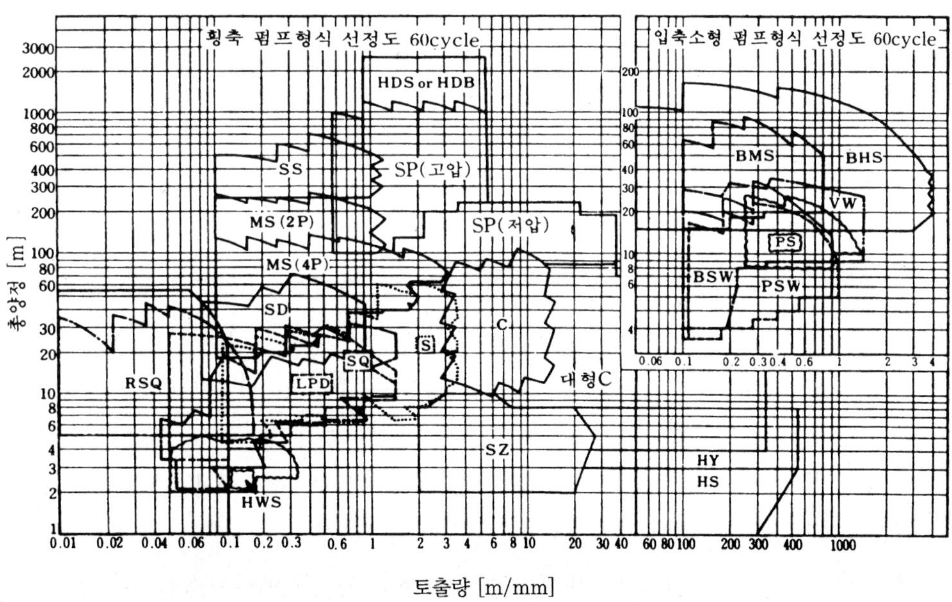

흡인구경 mm	25	35	40	50	70	80	100	130	160	200	260	300	400	500	600	800	1000	1200	1500	2000	2500

그림 7.25 펌프형식의 선정도

예제 7.9

그림 7.25와 같은 특성을 갖는 펌프를 두 대 병렬운전할 때의 양수량을 결정하시오. 단 관로 저항으로서는 400 mm의 주철관($f=0.015$) 1,000 m만을 생각하고 실양정은 15 m로 한다.

풀이

유량을 $Q\,[\mathrm{m^3/min}]$, 관지름을 $D\,[\mathrm{m}]$라면 유속 $V\,[\mathrm{m/s}]$는 $V=\dfrac{Q}{\pi D^2/4}$로 표시되며 직선관의 손실수두 $h\,[\mathrm{m}]$, 직선관의 길이를 $L\,[\mathrm{m}]$라면 다음과 같이 된다.

$$
\begin{aligned}
h &= f\times\frac{L}{D}\times\frac{4^2}{2g}\times\frac{Q^2}{\pi^2 D^4} \\
&= \frac{0.015\times1{,}000\times16}{2\times9.8\times\pi^2\times0.4^5}Q^2 \\
&= 3.37\times10^{-2}Q^2
\end{aligned}
$$

표 7.11 펌프의 선정도 기호

기호	펌프명	기호	펌프평	기호	펌프명
RS	마찰펌프	MS, SS	윤절형 다단펌프	HY	사류펌프
HWS	전동 와권펌프		(2p는 2극 모터 직결)	SZ	사류 와권펌프
S	편흡입 와권펌프	SP	상하 분할형 다단펌프	VW	입축오수펌프
L, C	양흡입 와권펌프	HDS, HDB	이중형 다단펌프	BHS	수중모터펌프
HS	축류펌프	PS, PSW	잡수모터펌프		

7.3.5 흡입양정과 공동현상

펌프는 토출량, 전양정, 회전수에 의해 흡입실양정에 한계가 있다. 한계 이상으로 되면 공동현상이 발생한다. 펌프 내에서 공동현상(空洞現象, cavitation)이 발생하면 성능을 현저하게 저하시켜 소음 · 진동이 발생하고 그 부분의 재료를 침식(侵蝕)하게 되므로 반드시 방지한다. 펌프의 흡입실양정은 가능한 한 작게 하는 편이 좋으므로 원심펌프의 흡입실양은 5 m 이하를 표준으로 하고 될 수 있으면 작게 하는 것이 좋다. 또 사류 및 축류펌프는 원심펌프보다 흡입성능이 떨어지므로 흡입실양정은 사류펌프에서는 4 m 이하, 축류펌프에서는 2 m 이하를 표준으로 한다.

펌프가 공동현상을 일으키지 않으면서 운전하기 위해서는 설비에서 이용할 수 있는 유효흡입수두(net positive suction head, NPSH)가 어느 한도 이상인 것이 필요하다. 설비로부터 이용할 수 있는 유효흡입수두는 식 (7-12)와 같으며, 그림 7.26과 같다.

$$H_{sv} = H_a - H_p \pm H_s - H_l \qquad (7\text{-}12)$$

여기서, H_{sv} : 설비에서 이용 가능한 유효흡입수두[m]

H_a : 대기압수두[m]

H_p : 수온에서의 포화 수량기압을 수두로 나타낸 것이며, 표 7.12와 같다[m].

H_s : 흡입실양정[m](흡상인 경우는 −, 압입인 경우는 +)

H_l : 흡입관 내의 손실수두[m]

표 7.12 수온과 표화 수증기압 [H_p]

수온[℃]	0	5	10	15	20	25	30	35	40	45	50
H_p [m]	0.062	0.089	0.125	0.174	0.238	0.323	0.433	0.573	0.752	0.977	1.258
P_a	608	872	1,225	1,705	2,332	3,165	4,243	5,615	7,370	9,575	12,328

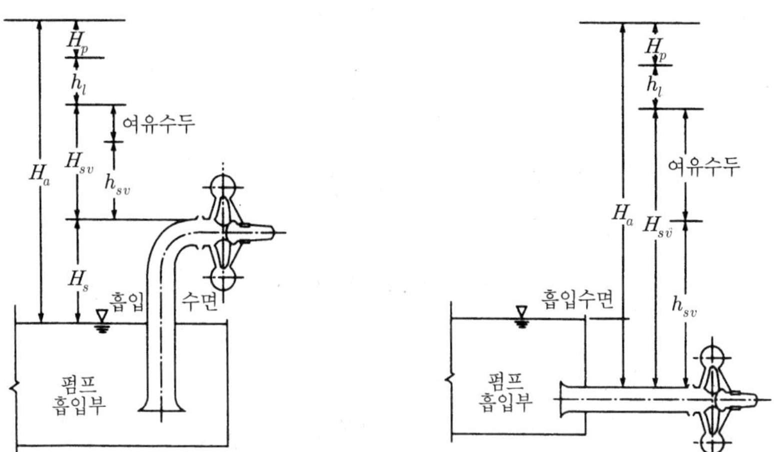

(a) 흡상의 경우 (b) 압입의 경우

그림 7.26 펌프의 유효흡입수두

그리고 식 (7-12)의 계산에서는 흡입실양정 H_s는 흡입수면으로부터 펌프의 회전차 흡입 최상위까지 수직거리를 잡는 것이 좋다. 펌프가 공동현상에 대해 안전하기 위해서는 설비 상으로부터 이용 가능한 유효흡입수두 H_{sv}가 펌프를 필요로 하는 유효흡입수두 H_{sv}보다 커야 한다.

펌프가 필요로 하는 유효흡입수두란 펌프가 공동현상을 일으키지 않으면서 물을 회전차입구의 최상위에 이르는 최소의 수두로서 다음 Thoma의 계수에 의한 방법으로 나타낼 수 있다.

$$h_{sv} = \sigma \times H \tag{7-13}$$

여기서, h_{sv} : 펌프가 필요로 하는 유효흡입수두[m]

σ : Thoma의 공동현상계수

H : 펌프의 전양정(다단펌프의 경우는 제1단의 회전차가 갖는 양정, m)

공동현상계수 σ는 일반적으로는 펌프의 비교회전도 N_s의 함수로 표시된다. 그 관계는 그림 7.27과 같다.

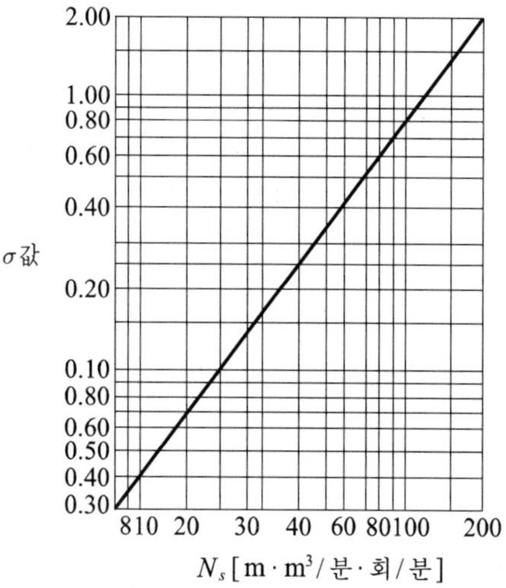

그림 7.27 **비회전도 N_s와 σ 와의 관계**

펌프의 전양정, 토출량 및 회전수가 변하면 h_{sv}값도 다르게 된다. 일반적으로 펌프의 운전은 반드시 계획수량으로 이루어지는 것으로 한정되지 않고 계획수량보다 작든가 또는 큰 수량으로 운전하는 경우가 많으므로 실제계획에서는 1~1.5 m 정도의 여유를 가지도록 식 (7-14)와 같이 한다.

$$H_{sv} - h_{sv} = 1 \sim 1.5\text{m} \tag{7-14}$$

또 펌프의 날개 입구의 형상이 서로 같으면 날개의 바깥지름이 다른 경우에도 같은 수량에서 공동현상이 발생된다고 생각되므로 식 (7-8)에 의해 흡입 비교회전도를 계산할 수 있으며, 실험결과 흡입 비교회전도의 한계는 어떤 펌프에 대해서도 거의 일정해서 약 1,200(전기단위일 때)으로 된다. 그림 7.28은 S을 1,200으로 한 경우 여러 가지의 토출량과 회전량에 대해서 펌프가 필요로 하는 유효흡입수두 H_{sv}를 나타낸다. 이것을 이용하여 H_{sv}를 정하는 경우 식 (7-14)와 같이 1~1.5 m의 여유를 두는 것이 좋다.

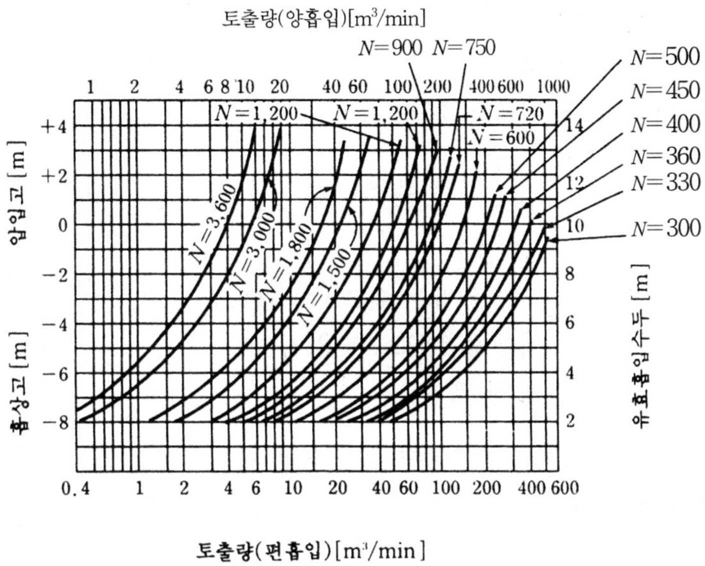

그림 7.28 펌프가 필요로 하는 유효흡입수두

7.3.6 펌프운전 장애현상

(1) 공동현상(Cavitation)

공동현상(cavitation)이란 유체의 속도변화에 의한 압력변화로 인해 유체 내에 공동이 생기는 현상을 **공동현상**이라고도 한다. 공동현상은 빠른 속도로 액체가 운동할 때 액체의 압력이 **증기압** 이하로 낮아져서 액체 내에 증기 기포가 발생하는 현상이다. 증기 기포가 벽에 닿으면 부식이나 소음 등이 발생하므로 공동현상을 피하도록 설계해야 한다.

즉 공동현상이란 물 속에 빈곳(공동(空洞, cavity)이 생긴다는 뜻이며, 물과 수증기의 밀도의 비가 약 1,000 : 1인 것을 감안할 때 공동의 내부는 역학적 관점에서 상대적으로 빈곳이라고 부를 수 있기 때문이다. 또한 공동은 유체의 속도가 빨라지면 관 내의 압력이 낮아지고 유체의 압력이 포화 수증기압 이하로 낮아지게 되어 액체가 기체로 바뀌기 때문에 발생한다. 이 현상은 관내 유로의 지름이 바뀌는 노즐에서 실험적으로 쉽게 확인할 수 있다.

그런데 유체의 속도가 빨라짐으로 인해 발생한 기포가 다시 유체의 압력이 포화 수증기압보다 높아질 경우 급격히 액체로 변하게 되는데 그로 인해 높아진 압력에 의해 배의 프로펠러나 펌프의 임펠러 등에 충격을 주며, 소음 · 진동 및 마모현상을 야기한다. 이러한 현상을 **캐비테이션 부식**(Cavitation Corrosion) 또는 **캐비테이션 손상**(Cavitation damage)이라고도 한다.

1) 공동현상 현상의 발생 조건

① 과속으로 유량이 증대될 때
② 펌프의 흡입관지름이 너무 작을 경우
③ 흡입양정이 지나치게 클 때
④ 흡입관 입구 등에서 마찰저항 증가시(펌프의 마찰손실이 클 경우)
⑤ 펌프의 흡입측 수두가 클 경우
⑥ 이송하는 유체가 고온인 경우 또는 관로 내의 온도가 상승될 때
⑦ 펌프의 흡입압력이 유체의 증기압보다 낮은 경우
⑧ 회전차 속도가 지나치게 클 경우

2) 공동현상 현상의 발생에 따라 일어나는 현상

① 펌프의 회전음이 부드럽지 못하고, 본체가 진동하기 시작하여 소음이 생긴다.
② 깃(Vane)에 시한 침식이 생긴다.
③ 토출량, 양정, 효율이 점차 감소한다.
④ 펌프의 성능은 저하되고 시하면 양수불능의 상태로 된다.
⑤ 심한 경우 회전차나 본체 내면이 깎이고 파여서 운전불능의 상태로 된다.
⑥ 캐비테이션이 장시간 계속되면 기포가 터질 때 생기는 충격의 반복에 의해 재료의 손상 즉 점침식이 발생한다.

3) 공동현상의 방지대책

① 펌프의 설치높이(흡수면에 가깝게)를 낮추어 흡입양정을 짧게 한다.
② 직립축 펌프를 사용하고 회전차를 물 속에 전부 잠기게 한다.
③ 펌프의 회전수를 줄이고 흡입 비교회전도를 작게 한다.
④ 양쪽 흡입펌프를 사용하고, 2대 이상의 펌프를 사용한다.
⑤ 흡입관의 저항(마찰손실)은 가능한 작게 한다.(흡입관 길이는 짧게, 휨은 적게, 관지리은 굵게 선정).
⑥ 회전차 속도는 작게 하고, 지나치게 펌프의 양정을 높게 선정하지 않는다.
⑦ 계획 토출량보다 현저하게 벗어난 운전은 피한다(양정 변화가 큰 경우에는 저양정 영역에서의 NPSHre가 크게 되므로 캐비테이션에 주의해야 한다.)
⑧ 펌프의 흡입측 밸브에서는 절대로 유량조절을 하지 않는다.

⑨ 펌프 설치위치를 낮추어도 흡입관의 손실수두나 흡입관에 부소되는 밸브와 관이음 기타 에 의한 손실수두가 크면 실질상 흡입양정이 별로 짧게 되지 않으므로 이런 때에는 흡입 관의 지름을 크게 하고 밸브·관이음의 수를 될 수 있는 대로 줄이는 배관을 선정하여 손실수두를 작게 할 필요가 있다.

⑩ 외적 조건으로 보아 캐비테이션을 피할 수 없을 때에는 회전차의 재질을 캐비테이션에 의한 괴식(점침식)에 대하여 강한 재질을 택한다.

예제 7.10

예제그림 7.10.1과 같은 펌프설비를 할 때, 캐비테이션이 발생하지 않도록 하려면 펌프의 N_s의 크기는 얼마로 하는 것이 좋은가(단 최대양수량 50 [m^3/min], 전양정 40 [m], 50 [m^3/min], 전양정 40 [m], 온도 20 [℃]로 한다.)?

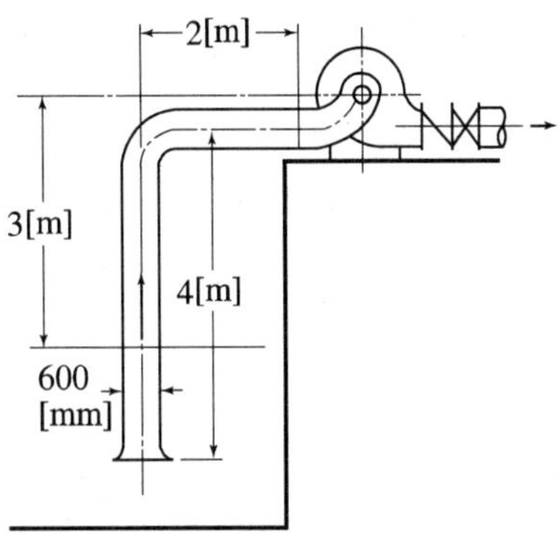

예제그림 7.10.1

풀이

h_s를 계산한다. 입구손실수두계수 $f_i = 0.1$, 굽힘손실 수두계수 $f_b = 0.2$, 직관부 마찰계수 $f = 0.015$로 한다.

$$h_f = \frac{v^2}{2g}\left(f_i + f_b + f\frac{L}{D}\right)$$

$$= \frac{1}{2\times 9.8}\left(\frac{50}{60\times 0.283}\right)^2\left(0.1+0.2+\frac{0.015\times 6}{0.6}\right)$$

$$= 0.20\,[\text{m}]$$

$$\therefore\ H_{sv} = 10.3 - 3.0 - 0.24 - 0.20 = 6.86\,[\text{m}]$$

$H_{sv} > 1.3h_{sv}$이기 위해서는,

$$\sigma H < \frac{H_{sv}}{1.3}$$

$$\therefore\ \sigma < \frac{H_{sv}}{1.3H} = \frac{6.86}{1.3\times 40} = 0.132$$

$\sigma < 0.132$로 되는 N_s의 수치는 $N_s < 250$이다.

2대 이상의 펌프를 사용한다.

유효흡입수두를 필요 흡입수두보다 크게 해야 한다.

$$H_{sv} > 1.3h_{sv}$$

여기서, H_{sv} : 유효 흡입수두[m]

h_{sv} : 펌프가 필요로 하는 유효흡입수두 [m]

(2) 수격작용

펌프로 압력수송하는 경우 운전 중 펌프가 정전 등에 의해 급정지한 경우 관 내를 흐르고 있는 물 등은 갑자기 유속이 떨어져 결국에는 정지상태로 되고 이어 역류하게 되며, 그 사이에 관내 압력은 크게 상승 또는 하강한다. 이러한 과도현상은 **수격작용**(water hammer)이라 하고, 펌프의 급기동 또는 토출측 밸브를 급격히 개폐할 경우에도 일어나는 수가 있다. 수격작용의 분석은 매우 복잡한 작업으로 전문가에 의해 이루어져야 하며, 경험적인 지침서로서 다음의 경우는 반드시 수격작용의 분석을 하는 것이 바람직하다.

1) 관내 유량이 115 m^3/hr 이상이고, 동력학적 수두가 14 m 이상인 경우

2) 역지밸브(check valve)를 가지고 있는 고양정 펌프시스템

3) 수주분리가 일어날 수 있는 시설, 즉 고위점이 있는 시설, 압력관으로 자동공기배출구나 공기진공밸브가 있는 시설과 관길이가 100 m 이상인 경우

수격압작용의 정도는 관내 유속의 시간적변화(펌프의 기동, 정지 및 밸브의 개폐에 필요한 시간), 관로의 기상과 연장, 펌프나 원동기의 회전관성(回轉慣性) 및 펌프의 특성 등에 따라 다르며 그림 7.29와 같다.

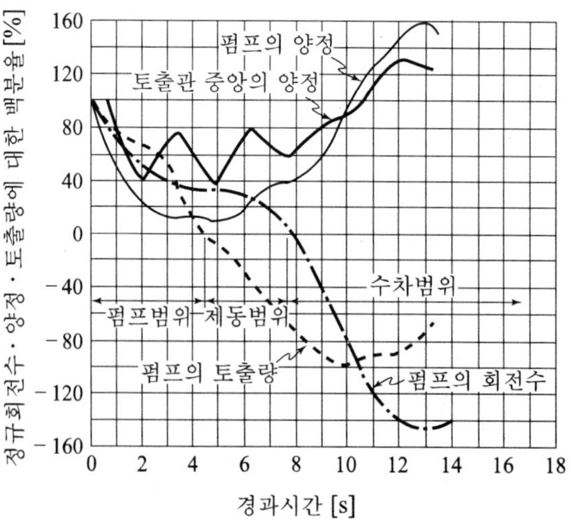

그림 7.29 수격작용

1) 수격작용에 의한 피해

수격작용을 방지하기 위해서는 펌프급정지 후의 관내 유속의 변화가 늦어지도록 하면 좋으

나 그 주된 목적이 압력의 이상저하에 있는지 또는 이상상승에 있는지에 부설계획과 더불어 수격작용의 충분한 검토와 적절한 대책을 세워야 한다.

① 압력상승(壓力上昇)에 의해 펌프, 밸브, 플랜저, 관로 등 여러 가지 파손이 일어난다.

② 압력강하에 의해 관로가 압괴하거나 수주분리가 생겨 재결합 시에 발생하는 격심한 충격파에 의해 관로가 파손된다.

③ 진동, 소음의 원인이 된다.

④ 주기적인 압력변동 때문에 자동제어계 등 압력조절을 하는 기기들이 난조(역회전하는 사고를 일으킨다)를 일으킨다.

따라서 펌프의 설비계획에서 수격작용을 충분히 검토하는 것이 중요하며, 이와 관련한 컴퓨터 프로그램이 개발되어 있으므로 편리하게 프로그램을 이용할 수가 있고 수격작용을 방지(防止) 또는 줄이는데 다음과 같은 방법이 있지만 수격작용의 정도에 따라 설비하기에 적합한 방법을 선택한다.

2) 수주분리 발생의 방지방법

① 펌프에 플라이 휠(fly wheel)을 붙여 펌프의 회전부의 관성효과(GD^2)을 증가시켜 급격한 압력강하를 완화한다. 또한 소용량의 펌프에는 유리하지만 용량이 큰 펌프나 토출측 관로 연장이 긴 경우와 종단면에 요철(凹凸)이 큰 경우에 플라이 휠이 과대하게 된다. 플라이 휠이 큰 때는 베어링을 별도로 설치하고 기동방법도 고려한다.

② 토출측 관로에 압력조절수탱크(surge tank)를 설치해서 부압발생장소에 물을 보급하여 부압을 방지함과 아울러 압력상승도 흡수한다. 압력조절수탱크 설치시 건설비는 커지지만 압력의 급상승 또는 급강하를 방지하는 가장 효과적인 수격작용 방지장치의 하나이다.

③ 토출측 관로에 일방향 압력조절수탱크를 설치하여 압력강하 시에 물을 보급해서 부압발생을 방지한다. 또한 평상 시의 체크밸브는 관로와 분리된다. 압력조절수탱크에 비하여 소형이며, 경제적이나 유효범위가 한정되어 있고, 또 하수의 경우는 체크밸브에 이물질이 낄 우려가 있다.

④ 펌프 토출구 부근에 공기탱크를 두거나 또는 부압발생 지점에 흡기밸브를 설치해서 압력강하 시에 공기를 불어넣는다. 그리고 공기흡입점 보다 하류측이 자연유하로 되는 경우는 좋지만 그 외에서는 공기를 배제하는데 문제가 따른다. 소용량의 펌프에서 사용하고 있다.

⑤ 관로유속을 낮추거나 관로상황(管路狀況)을 변경한다.

3) 압력상승의 방지법

① 펌프의 토출구에 완만히 닫을 수 있는 역지밸브 또는 완만히 닫을 수 있는 바이패스(by pass)가 달린 역지밸브(중급용량 이상의 펌프)를 설치하여 역류하는 물을 서서히 차단해서 압력상승을 적게 한다. 그러므로 관로가 비교적 짧은 경우에 적합하다.

② 역지밸브를 설치하지 않고서 펌프의 토출측에 밸브를 유압 또는 수압에 의해 자동적으로 서서히 폐쇄한다. 고양정, 대용량의 펌프에 적합하다.

③ 급히 폐쇄하는 역지밸브 또는 관로에 안전밸브를 두는 방법이 있지만 하수의 경우 그다지 적당하지 않다. 물을 역류시키는 방법도 있지만 원동기의 역전과 펌프흡입부의 크기를 고려해야 할 필요가 있다.

4) 수격압 계산에 필요한 기본식

① 압력과 전파속도(傳播速度)는 식 (7-15)과 같다.

$$a = \frac{1,425}{\sqrt{1+\frac{k}{E}\cdot\frac{D}{t}}} \tag{7-15}$$

여기서, a : 압력파의 전파속도 [m/s], k : 물의 체적탄성률 2.07×108 [N/m^2]
D : 관의 지름 [mm], t : 관의 두께 [mm]
E : 관재료의 탄성계수(彈性係數)로 다음과 같다.

ⓐ 주철관 $E=1.0\times10^{10}$ [N/m^2]
ⓑ 덕틸관 $E=1.7\times10^{10}$ [N/m^2]
ⓒ 동 관 $E=2.0\times10^{10}$ [N/m^2]
ⓓ 원심력 콘크리트관 $E=2.0\times10^{9}$ [N/m^2]

수력압의 크기는 관수로를 왕복하는 시간과 밸브를 개폐하는데 요하는 시간에 따라서 정해진다. 관수로의 길이는 l, 유속 V, 압력수를 H, 밸브를 여는데 소요되는 시간을 T라고 하면 밸브의 위치에 생기는 수두 h는 다음과 같다.

$$T \leq \frac{2l}{q} \text{ 일 때, } h = \frac{q\cdot V}{g}$$

$$T > \frac{2l}{q} \text{ 일 때, } h = \frac{NH}{2} + \frac{H}{2}\sqrt{(N^2+4H)} \tag{7-16}$$

여기서, $N = \left(\dfrac{lV}{gTH}\right)^2$

② 관로상수

$$\rho = \frac{a V_n}{2 g H_n} \text{ 또는 } \left(2\rho = \frac{a V_n}{g H_n}\right) \tag{7-17}$$

여기서, ρ : 관로상수

V_n : 정상운전시 관내 유속[m/s]

H : 정상운전시 펌프의 양정[m]

③ 관성계수

$$K = (1.79 \times 10^8) \times \frac{H_n \cdot Q_n}{GD^2 \cdot {N_n}^2 \cdot \eta_n} \tag{7-18}$$

여기서, Q_n : 정상운전 시의 펌프토출량[m³/s]

GD^2 : 회전부문의 플라이 휠일 효과[N/m²]

N_n : 정상운전시 펌프의 회전수[rpm]

η_n : 정상운전시 펌프이 효율[%]

④ 파마기안 계수

$$S = k\frac{2L}{a} \tag{7-19}$$

여기서, L : 관로의 길이[m]

(3) 서징현상

펌프운전 중에 압력계기의 눈금이 어떤 주기를 가지고 큰 진폭으로 동시에 토출량도 어떤 범위에서 주기적인 변동이 발생되고, 흡입 및 토출배관의 주기적인 진동과 소음을 수반하게 되는 것을 **서징**(surging)**현상** 또는 **맥동현상**이라 한다.

1) 펌프서징에 따른 발생원인

① 펌프의 양정곡선이 상승부에서 운전할 때

② 스량 조절밸브가 저장탱크 뒤쪽에 있을 때

③ 배관 중에 공기탱크가 물탱크가 있을 때

④ 펌프의 양정곡선이 우향 상승경사일 때

2) 서징의 발생조건

서징은 다음의 조건이 동시에 갖추어졌을 때에 한하여 발생한다.

① 펌프의 $H-Q$ 곡선이 그림 7.30과 같이 오른쪽 위로 향하는 산형(山形) 경사특성을 가지고 있다.

② 펌프의 토출관로가 길고 배관 중간에 물탱크 또는 기상상태의 부분(공기가 고여있는 부분)이 그림 7.31과 같이 존재한다.

③ 기체상태가 있는 부분의 하류측밸브 B에서 토출량을 조절한다.

④ 토출량 Q_1 이하의 범위에서 운전한다.

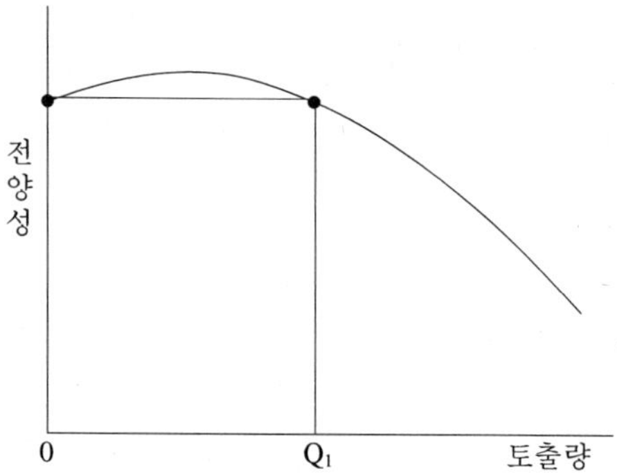

그림 7.30 펌프의 $H-Q$ 곡선

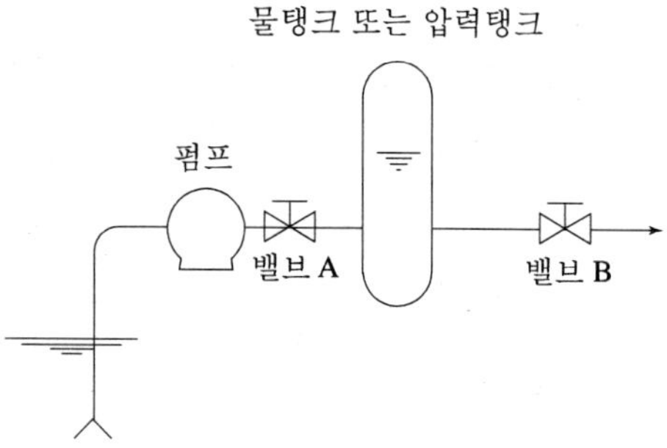

그림 7.31 펌프의 밸브조절

3) 서징의 방지법

① 펌프의 $H-Q$ 곡선이 오른쪽 하향경사 특성을 가진 펌프로 채용하여야 한다.

② 유량조절밸브의 위치를 펌프토출측 직후에 위치시킨다(밸브 A로 조정한다).

③ 바이패스(by-pass)관을 사용하여 운점점이 펌프의 $H-Q$ 곡선이 오른쪽 하향경사 특성 범위에 있도록 한다.

④ 배관 중에 물탱크 또는 기체상태인 부분이 존재하지 않도록 배관한다.

7.3.7 펌프의 운전점과 직 · 병렬운전

(1) 개념

펌프의 단수(Stage)가 1단일 경우는 낮은 출력범위 내에서만 적용이 가능하므로, 필요한 펌프가 대용량의 펌프일 경우는 다단형 펌프(Multi Stage Pump)를 사용하거나 펌프를 2대 이상 연결하여 사용하게 된다. 기술기준 제 80조에 의한 펌프의 겸용시 타 설비의 성능에 지장을 주지 않게 하거나, 옥내 소화전이 많이 설치된 곳 또는 스프링클러의 헤드 기준개수가 많은 곳에서 실제의 화재 진압시는 기준개수의 헤드 또는 방수구의 개방수량이 적어도 되는 경우가 대부분이며, 이 경우 유량 또는 양정을 분할하여 직렬 또는 병력의 설치가 바람직할 때가 있다.

(2) 펌프의 운전점

펌프의 회전속도를 고정하고 용량을 변화시키면서 관로 내의 용량과 총양정 간의 관계를 나타낸 곡선을 관로의 양정. 용량곡선(System Head Capacity Curve)또는 관로의 저항곡선이라 한다. 그리고 펌프의 양정. 용량곡선과 관로의 양정. 용량곡선의 교점을 펌프의 **운전점**(Operating Point)이라 하며, 그림 7.32와 같다.

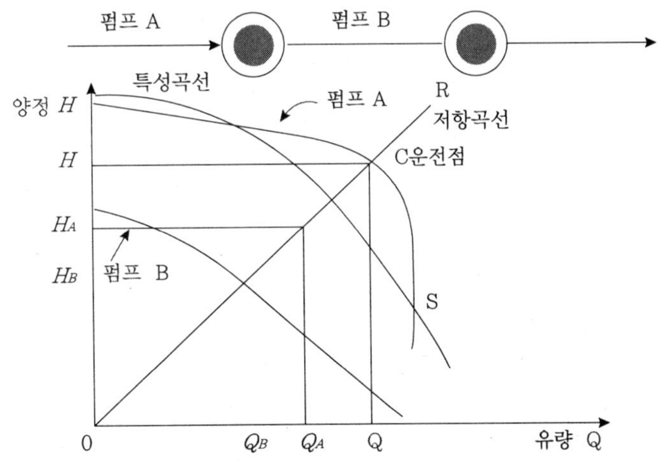

그림 7.32 펌프의 운전점

(3) 펌프의 직렬운전

① 펌프 A의 단독운전시 유량. 양정은 QA, HA.이다.

② 펌프 B의 단독운전시 유량. 양정은 QB, HB이다.

③ 저항곡선 OR과 만나는 점 C가 운전점이며, 유량. 양정은 Q, H이다.

④ 종합특성은 각 펌프의 동일유량에 있어서는 양정을 더한 것으로 나타낸다.

⑤ S점보다 양정이 낮은 구역에서는 다른 1대의 펌프는 필요없이 동작하는 결과가 된다.

⑥ 양정을 높일 필요가 있을 때 사용되며, 그림 7.33과 같다.

(4) 펌프의 병렬운전

① 펌프A의 단독운전시 유량. 양정은 QA, HA.이다.

② 펌프B의 단독운전시 유량. 양정은 QB, HB이다.

③ 저항곡선 OR과 만나는 점 C가 운전점이며, 유량, 양정은 Q, H이다.

④ 종합특성은 각 펌프의 동일 양정에 있어서의 유량을 더한 것으로 나타난다.

⑤ S점보다 유량이 적은 구역에서는 다른 1대의 펌프는 필요없이 움직이는 결과가 된다.

⑥ 유량을 증가시키고자 할 때 사용되며, 그림 7.33과 같다.

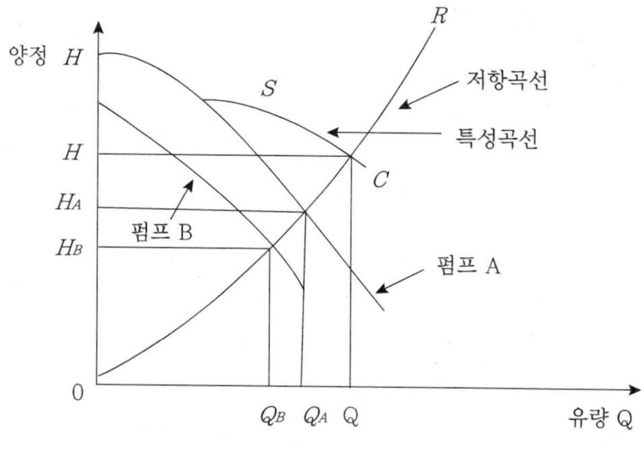

그림 7.33 펌프의 직 · 병렬운전

(5) 펌프의 직 · 병렬운전의 비교

펌프 1대의 양정이나 양수량이 부족한 경우 급수에 있어 수압, 수량에 변동이 요구되는 경우에 펌프 2대 이상을 직렬이나 병렬로 연결하여 운전함으로써 용량의 증가, 수압 및 수량을 조절할 수 있다.

① 펌프의 병렬운전인 경우 펌프의 운전점은 단독운전의 양수량의 2배 이하이다.

② 펌프의 병렬운전은 양정의 변화가 적고, 양수량의 변화가 큰 경우이다.

③ 특성이 서로 다른 펌프를 병렬운전할 때 양정은 거의 같고 펌프의 특성은 하강곡선인 경우가 좋다.

④ 특성이 전혀 다른 펌프의 병렬운전은 어렵기 때문에 펌프의 직렬운전의 경우 펌프의 운전점은 단독운전의 경우 양정을 2배로 하여 구한다.

⑤ 양정의 변화가 크고 양수량의 변화가 적은 경우에 펌프의 직렬연결이 된다.

⑥ 관로의 저항곡선의 비탈이 급한 곳에 사용할 때에는 병렬운전보다 직렬연결이 유리하다.

(6) 펌프의 직 · 병렬운전의 검토

① 직.병렬운전의 경우 토출량의 합산은 유량이 대기로 방출되지 않고 배관 내에서의 마찰저항으로 인하여 병렬로 작동되는 펌프 2대는 더 큰 마찰저항을 갖게 된다.

② 퍼프의 실제 특성곡성은 단형 펌프유량의 2배보다 작게 되고, 직렬로 사용하는 경우도 실제 양정은 단독운전시의 2배보다 작게 되므로, 실제 적용시 배관의 크기 등을 정밀히 검토할 필요가 있다.

7.3.8 흡입관

펌프의 흡입관(吸入管)은 다음 사항에 적합하여야 한다.

1) 흡입관은 각 펌프마다 설치하여야 한다.

2) 흡입관을 수평으로 부설하는 것을 피한다. 부득이한 경우도 수평길이를 최소한으로 단축할 것이며, 펌프를 향해서 1/50 이상의 경사로 한다.

3) 흡입관은 연결부나 기타 부분에 공기가 흡입하지 않도록 한다.

4) 흡입관 속에는 공기가 모여서 고이는 곳이 없도록 하고, 또한 급곡부(急曲部)도 적게 한다.

5) 저수위로부터 흡입구까지의 수심은 흡입 관지름 1.5배 이상으로 하고, 흡입관 단에서 흡입정 바닥까지의 깊이는 0.8배 이상, 스트레이너 하단으로부터 흡수정 바닥까지의 깊이는 0.5배 이상으로 한다.

6) 흡입관이 길 때에는 중간에 진동방지대를 설치할 수도 있다.

7) 흡입관과 흡수정 벽체 사이의 거리는 관지름의 1.5배 이상 두어야 한다.

8) 인접한 흡수관간의 거리는 동일 지름일 때는 관지름의 3배 이상, 다를 때에는 큰 지름이 3배 이상 두어야 한다.

9) 유속은 1.5 m/s 이하로 하는 것이 경제적이다.

10) 횡축펌프의 토출관 끝은 양수를 고려하여 수중에 잠기는 구조로 하여야 하며, 펌프흡입관은 그림 7.34와 같다.

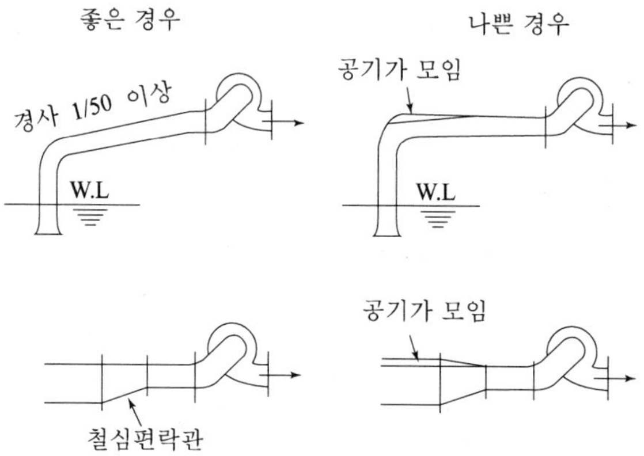

(a) 관 내의 공기모임

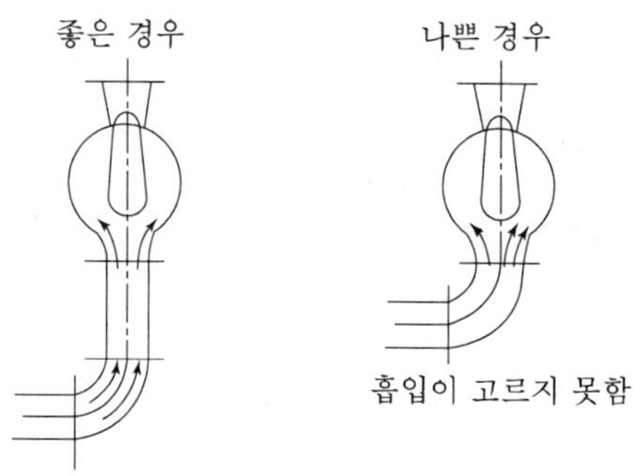

(b) 양흡입펌프에 설치한 곡관

그림 7.34 펌프흡입관 배치

7.3.9 전동기

(1) 종류와 특징

전동기의 종류는 다양하지만 그 중에서도 3상 유도전동기는 구조가 간단하고 운전보수가 용이한 점 등의 이점이 있기 때문에 가장 일반적으로 사용되므로 하수도용 기계의 전동기도 이것을 표준으로 한다.

3상 유도전동기는 회전자(回轉子)의 구조에 따라 다음과 같이 분류되고 있다.

1) 보통 바스킷형 유도전동기

2) 특수 바스킷형 유도전동기

3) 권선형 유도전동기

특수 바스킷형(1종, 2종)이란 기동전류를 제한하거나 또는 기동토크(torque)를 크게 하기 의해 회전자를 특수한 구조로 한 것으로 기동토크가 1종은 전부하토오크의 100% 이상, 2종은 전부하 토오크의 150% 이상의 것이며, 전동기의 정격출력의 정격주파수 및 정격전압은 표 7.13과 같고, 전동기축에 연속발생하는 출력의 표준은 표 7.14와 같다.

표 7.13 정격전압

주파수[Hz]	60
저전압[V]	220 380 440
고전압[V][1]	3,300 6,600

주 1) KS C 4203에서는 고전압으로 3,000V 및 3,300V를 표준으로 하고 있으나 실제로는 3,300V 및 6,600V가 사용되고 있다.

표 7.14 전동기의 정격출력의 표준 [단위 : kW]

KS C 4202	KS C 4203[1]	KS C 4202	KS C 4203[1]
0.2	(37)	7.5	(110)
0.4	40	11	125
0.75	50	15	150
1.5	(55)	22	200
2.2	60	30	
3.7	75	37	
5.5	100		

주) 고전압으로 3,000V 및 3,300V를 기준으로 한 정격출력을 나타낸 것이다.

(2) 형식

전동기의 형식은 설치(지지)장소 및 주위의 상황에 따라 표 7.15를 표준으로 한다.

표 7.15 전동기 형식

설치(지지)장소의 상황	형 식	
	외피형	보호방식
건조하고 한적한 장소	개방형	보호형
물방울을 받을 우려가 있는 장소	개방형	포말보호형
물이 고이거나 습기가 현저한 장소	전폐형	전폐방수형
부식성 가스를 받을 우려가 있는 장소	전폐형	전폐외선형 또는 전폐방식형
옥외에서 설치하는 경우	전폐형	전폐실외형
수중에서 사용하는 경우	전폐형	전폐수중형

전동기의 외피형과 보호방식은 부하의 종류 및 설치장소의 상황에 따라 정해야 하며, 설치장소의 상황에 적합한 형식의 표준을 나타낸 것이다. 습기가 적고 통풍한기가 양호한 환경에서는 저렴한 값으로 보수가 용이한 개방형이 가장 적합하지만, 물방울의 영향을 받을 수 있는 곳에서는 방포말보호형(防泡沫保護形)이 좋다. 물이 스며들거나 습기가 현저한 곳에서는 전폐방수형(全閉防水形), 부식성 가스의 영향을 받을 우려가 있는 장소에서는 전폐외선형(全閉外扇形) 또는 전폐방부식형(全閉防腐蝕形)이 적당하다. 실외에 설치되는 전동기에는 전폐실외형(全閉室外形)이 사용된다. 또 수중에서 사용하는 경우는 전폐수중형(全閉水中形)이 좋다. 더욱이 주택지 또는 시가지 등에서 특히 소음방지를 고려하는 경우는 저소음 전동기를 사용한다.

(3) 전동기 관련의 유용한 공식

번호		전원의 종류		
		직류	단상	삼상
1	HP 구하기	$\text{HP(IP)} = \frac{\text{회전수} \times \text{토르크}}{5{,}250}$ 단 회전수는 RPM, 토르크는 ft-lb 1HP(IP)=550 ft-lb/s=746 [W] 1HP(PS)=75 kg_f-m/s=736 [W]		
2	동기 회전수 구하기	$N_s = \frac{120f}{P}$ 여기서, N_s : 동기회전수 [rpm] f : 주파수 [Hz] N : 전동기의 극수		

번호		전원의 종류		
		직류	단상	삼상
3	Slip 구하기	$S=\frac{N_s-N}{N_s}$ 여기서, S : Slip N_s : 동기회전수 [rpm] N : 임의의 부하에서의 회전수		
4	Power factor 구하기	$PF=\frac{\text{유효전력}}{\text{피상전력}}=\frac{\text{W}}{\text{VA}}$ (100을 곱하는 경우도 있음) 피상전력(apparent power)=VA W(유효전력)=VA $\cos\theta$ 무효전력(reactive power)=VA $\sin\theta$ θ=위상차		
5	HP에서 Ampere 구하기	$A=\frac{HP\times 746}{V\times Eff}$	$A=\frac{HP\times 746}{V\times Eff\times PF}$	$A=\frac{HP\times 746}{1.73\times Eff\times PF}$
6	KW에서 Ampere 구하기	$A=\frac{1{,}000\times KW}{V\times Eff}$	$A=\frac{1{,}000\times KW}{V\times Eff\times PF}$	$A=\frac{1{,}000\times KW}{1.73\times Eff\times PF}$
7	KVA에서 Ampere 구하기		$A=\frac{1{,}000\times KVA}{V}$	

7.4 펌프실

7.4.1 구 조

펌프실의 건물은 펌프관계의 주요 기계 및 전기시설을 수용하고 운전관리의 편리를 도모하기 위하여 설치되는 것으로 다음 각 사항에 적합하도록 계획되어야 한다.

펌프실은 다음 사항을 고려하여 정한다.

1) 펌프실은 가능한 한 철근콘크리트로 하거나 철골콘크리트 등의 불연성 건물로 하고, 지하수의 침투 및 우수의 침입 등이 없는 구조로 한다.

2) 펌프실의 넓이는 펌프, 관, 밸브 및 기타 기계를 분해할 때에 이들을 보관하기에 필요한

여유를 둔 크기로 하며, 높이는 설치되는 펌프의 반입, 반출 및 분해, 조리, 설치 시에 지장을 초래하지 않는 적정한 높이로 한다.

3) 펌프실은 환기와 채광을 좋게 한다.

4) 펌프실의 조명은 조작에 지장을 초래하지 않는 충분한 조명설비로 한다.

5) 기계의 감시에 적당하고 환기가 좋은 곳에 감시실을 설치하고, 이것에 근접하여 채광과 환기가 좋은 곳에 담당자 대기소를 설치한다. 단 무인펌프장에서는 이 제한이 없다.

6) 펌프실에서 소방법 등에 의하여 규제를 받는 것에 대해서는 관계법령에 따르는 구조로 하고 소화설비 등을 설치한다.

7) 펌프실의 벽과 기계의 선단과의 간격은 취급자가 통행하기에 충분한 여유를 갖도록 한다.

8) 펌프실 바닥은 구내 지반면보다 적어도 15 cm 높게 한다. 펌프의 흡입실 양정관계로 바닥을 지반 아래로 하지 않으면 안되는 경우에는 입구부분을 구내 지반면보다 높게 한다.

9) 펌프실에는 기계반입을 위해 필요한 넓이의 반입구를 설치한다.

10) 펌프인양 하중량 3톤 이상의 시설은 천장크레인의 설치를 표준으로 한다.

7.4.2 펌프정

펌프정(pump well)은 침사지에서 토사류(土砂類)를 제거한 하수를 펌프로 양수하기 위해 일시 저류(貯流)의 기능을 가진 시설이다. 물탱크(水槽)의 용량은 펌프의 대수와 용량 등에서 정하며 오수용과 우수용으로 구별해서 설치한다.

펌프시설의 위치는 펌프형식에 따라 다르며, 되도록 펌프에 근접해서 설치하고 손실수두가 적도록 한다. 펌프정의 형상 · 치수는 펌프의 성능이나 운전상태에 직접영향을 줌으로 주의해야 하며, 특히 그 설계가 부당할 때는 물탱크 내부에 와류(渦流)가 발생하여 다음과 같은 피해가 발생한다.

① 펌프흡입관에 선회류가 생겨 펌프성능이 변한다. 즉 양수량의 부족 혹은 과대, 원동기의 과부하(過負荷), 공동현상(cavitation)의 발생 등

② 펌프에 진동 · 소음이 발생하고 수중 베어링(bearing)의 마모촉진(磨耗促進), 공동현상 침식(空洞現像 侵蝕, cavitation erosion)의 발생 등

③ 펌프의 흡입관으로부터 공기가 혼입되어 펌프의 성능저하나 부식작용(腐蝕作用)의 조장 등 펌프정의 형상과 크기의 표준은 그림 7.35와 같다.

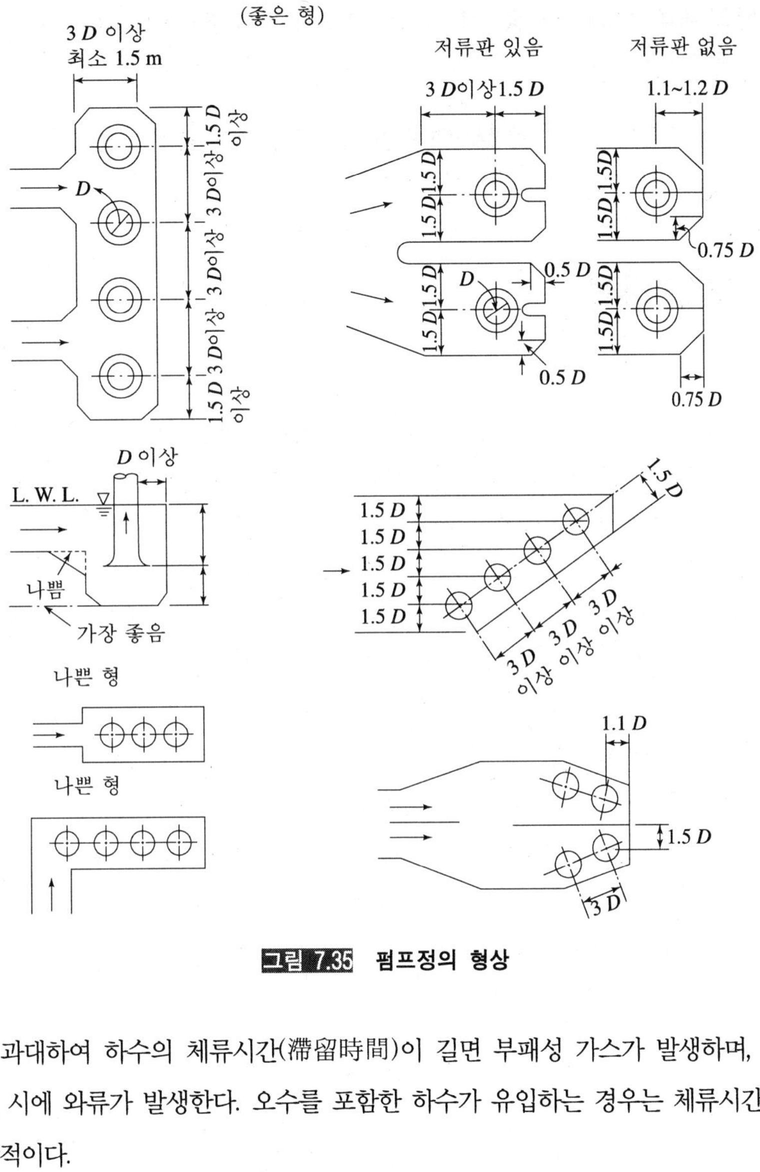

그림 7.35 펌프정의 형상

용적이 과대하여 하수의 체류시간(滯留時間)이 길면 부패성 가스가 발생하며, 과소(過小)하면 운전 시에 와류가 발생한다. 오수를 포함한 하수가 유입하는 경우는 체류시간이 30분 이하가 이상적이다.

와류의 방지방법으로는 다음과 같은 주의가 필요하다.

① 도수로(導水路)에서 흡입탱크(吸水槽)로 유입하는 하수의 흐름은 급격한 방향변화 및 유속변화가 생기지 않는 형으로 한다.

② 흡입탱크 입구부근의 유속은 0.5~0.8 m/s 이하이며, 부득이한 경우라도 1.0 m/s이하로 하여야 한다.

③ 흡입탱크가 너무 과대하면 와류가 발생하기 쉽다.

④ 흡입탱크 내의 흐름은 각 펌프에 균등히 가도록 하여 편류(偏流)나 시회류(施回流)가 발생하지 않도록 한다.

흡수탱크의 상부 슬래브(slab)는 펌프의 설치, 운전으로 인한 변형이 생기지 않는 견고한 구조로 하고 내부점검을 위한 수밀구조의 맨홀을 설치한다.

7.4.3 펌프의 자동운전

(1) 제어방식의 선정

일반적으로 물을 양수하는데 펌프의 기동에 필요한 마중물(priming water), 축봉수, 냉각, 윤활, 원동기의 기동 및 정지, 토출측 밸브의 개폐 등 일련의 조작을 하며 이들의 조작을 현장에서 개별적으로 수동조작하여 왔으나 근래 기술이 진보함에 따라 운전관리를 합리화하기 위해 연동(連動) 또는 자동화하는 것이 일반적이다. 펌프의 운전방식을 선정하는데 있어서는 유입하수량의 변동, 펌프의 형식과 사용빈도, 건설비, 유지관리비, 운전원의 수, 기술수준 및 단계적 시공에 따른 초기대책 등을 종합적으로 검토하지만 제어기술의 진보, 기계화 및 에너지 절약화 등에 따라 자동제어방식이 많이 채용되는 경향이다.

그러나 어떠한 경우라도 시운전과 조정을 위하여 현장에는 단독운전을 할 수 있도록 현장제어반을 설치한다. 또한 안전하게 자동화한 방식에서도 1인 조작제어방식으로 운전이 가능하도록 설치하면 편리하다. 또한 펌프의 자동제어에는 수위와 연관하여 자동적으로 기동 또는 정지하는 간단한 방법에서 대수를 선택하고, 토출량을 제어하는 등 복잡하고 다양하다. 이들 목적에 따라 대별하면 수위제어, 유량제어 및 압력제어로 구분된다. 하수처리시설에서 일반적으로 채용되는 수위 및 유량제어는 다음과 같다.

1) 수위제어

유량의 변동에 따라 펌프정의 수위 또는 그 변화를 검출하여 펌프정의 수위를 일정하게 유지하도록 유입하수량에 비례한 유량을 양수하는 방식이다.

2) 유량제어

펌프정의 수위에 의한 목표토출량을 수위목표 토출량곡선 및 수위변화 보정률로부터 토출량을 제어하는 방식이다.

이러한 수위 및 유량제어는 다음과 같은 방법으로 이루어진다.

① 펌프의 대수제어 : 펌프정수위에 의해 펌프마다 설정수위를 설치하여 수위의 증감에 따

라 펌프의 운전대수를 증감하는 것이다.

② 펌프의 회전수제어 : 펌프의 회전수를 변화시켜 토출량을 조절하는 방식이다. 건설단계의 일부 통수시 또는 청천시 등 수량이 적은 경우와 수량변화가 현저한 경우 유지관리상 경제적으로 운전하기 위하여 용량이 다른 펌프를 설치 또는 동일 용량의 펌프를 설치하여 이를 회전수를 제어함으로써 처리공정의 안정화 및 자동화를 도모한다.

③ 토출밸브의 제어 : 펌프의 토출밸브를 조절하여 토출량을 조절하는 방법으로 밸브를 개방할 때 손실이 크고 운전효율이 나쁘므로 기기에 미치는 영향을 적게 하기 위하여 정격용량의 70% 정도까지 수량조절을 하는 것이 좋다.

④ ①~③을 조합하여 제어할 수 있다.

(2) 자동운전용 기기

펌프를 자동 또는 원격제어하는 경우 기동 및 정지의 작동과정을 자동적으로 진행시키기 위하여 다음 사항에서 필요한 장치를 설치한다.

1) 만수(滿水) 검지장치
2) 토출압력 검지장치
3) 축봉수, 냉각수, 윤활용수 등의 압력 또는 물의 흐름 검지장치
4) 마중물, 축봉, 냉각, 윤활용 등의 소배관에 전기식 또는 압력 개폐식밸브
5) 토출측 밸브에 제한스위치 및 안전장치

펌프의 기동, 정지를 자동적으로 또는 원격제어(1인제어의 경우를 포함한다)로 하는 경우에는 펌프의 형식 및 시설 내용에 따라 다르지만 축봉용, 냉각, 윤활, 마중물(priming water: 시동할 때 미리 펌프동체에 외부로부터 채우는 물), 원동기의 기동 및 정지토출측 밸브의 열림정도 등 일련의 과정을 자동적으로 원활히 진행시키기 위해 필요한 물을 채우는 경우에 대해 설명하면 그림 7.36과 같다.

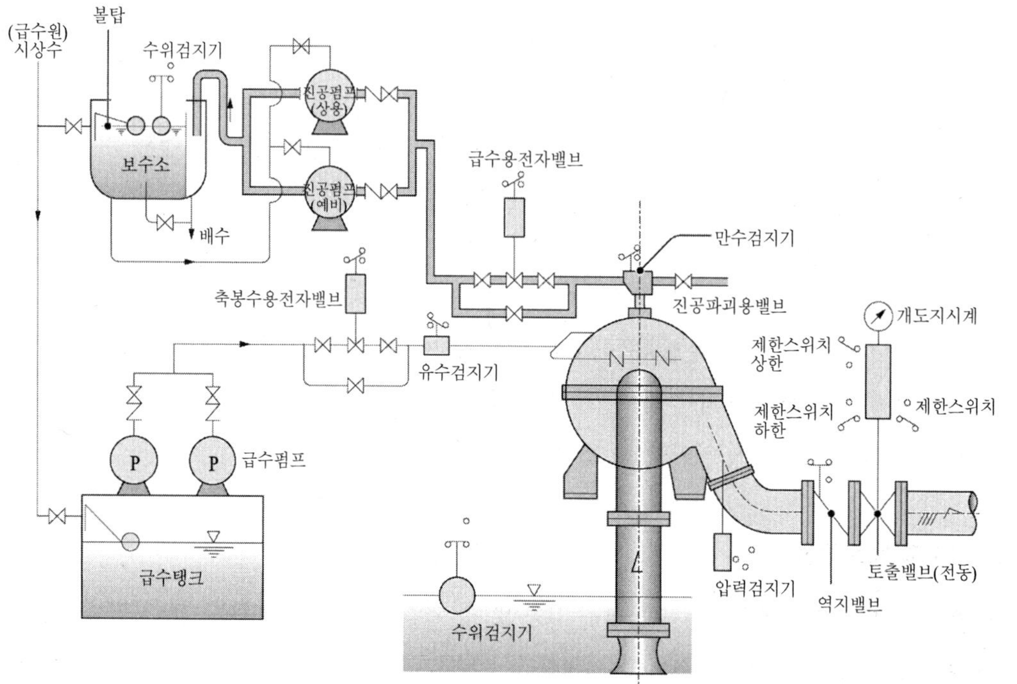

그림 7.36 원심펌프의 자동운전의 예

주조작 스위치를 기동측에 넣든가 또는 다르게 기동지령에 의해 다음의 기동과정이 순차로 자동으로 진행한다.

① 펌프의 축봉수 및 펌프전동기의 축받이 냉각수의 급수펌프 기동
② 급수펌프 토출압력 검지기작동(토출압력이 정상인가 확인)
③ 펌프의 축봉수에 쓰이는 전자밸브 열림(펌프축 채움 개시)
④ 진공펌프 및 진공시설 기동
⑤ 만수검지기 작동
⑥ 기동에 필요한 물채움용 또는 전자밸브(또는 압력 개폐식밸브) 닫힘(기동수 완료)
⑦ 진공펌프 및 진공시설 정지
⑧ 주전동기의 차단기 투입(펌프기동)
⑨ 주펌프의 토출압력 검지기작동(토출압력의 정상확인)
⑩ 토출측 밸브를 열기 시작한다.
⑪ 토출측 밸브를 모두 연다.

단 펌프의 흡입측이 수압에 의해 흡입하는 경우와 입축펌프 등에서 펌프 속이 항시 물이 차 있을 때는 기동에 필요한 물 조작이 필요 없으므로 기동과정이 간단하게 된다. 또 원격제어의 경우는 토출측 밸브의 개폐를 앞서 기술한 일련의 과정으로부터 제외시켜 행한다.

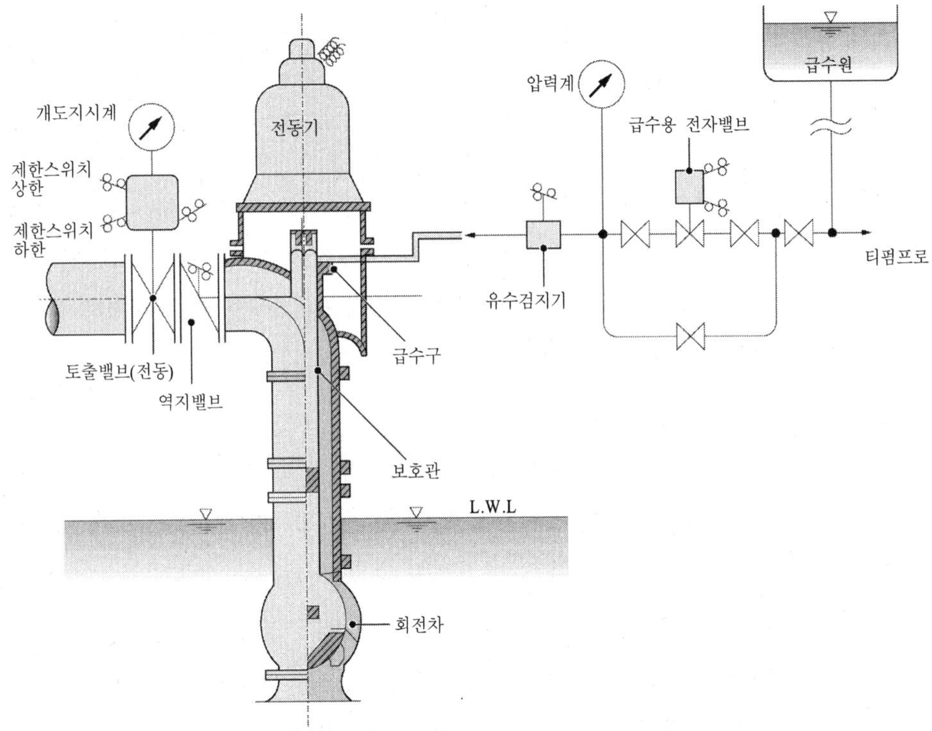

그림 7.37 입축펌프의 자동운전 예

펌프의 정지는 주조작 스위치를 정지측으로 넣든가 또는 다르게 정지명령에 의해 다음의 순서로 행한다.

① 토출측 밸브를 닫기 시작한다.

② 토출측 밸브를 완전히 닫는다.

③ 주전동기의 차단기를 끊는다.

④ 냉각수 급수펌프를 정지시킨다.

사류펌프 및 축류펌프에서 물로 윤활하는 베어링을 사용하고 있는 경우는 이것에 확실하게 급수하는 것을 기동과정의 중점으로 하며, 그림 7.37과 같다.

이상의 기동 및 정지를 자동적으로 행하기 위해 사용하는 기기로서는 자동운전용 기기장치

15가지중 시설에 적합한 것을 선택하면 된다.

1) 만수 검지장치

펌프의 케이싱(casing) 안에 채워진 것을 검지하고 펌프의 기동과정을 진행시키기 위하여 만수 검지장치를 설치하며, 이것에는 전극식(정전용)과 부자식 등이 있지만 양수 중에 협잡물, 비닐, 기름 등에 의해 잘못 작동할 우려가 있으므로 그 대책을 충분히 고려함과 아울러 청소하기 쉬운 구조로 한다.

2) 토출압력 검지장치

펌프의 기동 중에 토출압력이 소정압력으로 된 것을 검지하고, 필요에 따라 토출측 밸브의 열림명령을 내게 하기 위해 압력 검지장치를 설치한다. 또 압력 검지장치는 펌프운전 중의 토출압력 또는 축받이, 냉각수, 마중물 등의 급수압이 비정상으로 저하한 것을 검지하여 경보 또는 고장표시를 하는 보호장치로 사용한다.

3) 축봉수, 냉각수 등의 검지장치

펌프기동 중에 마중물, 냉각수 및 수중베어링의 윤활수가 흐르고 있는 것을 검지하고 기동과정을 진행하기 위해 유수검지장치를 설치한다. 또 유수 검지장치는 펌프운전 중에 있어서 앞서 기술한 급수의 단수(斷水)를 검지하고, 경보 또는 고장표시를 하는 보호장치로서 사용한다.

4) 마중물, 축봉, 냉각 등의 개폐식 방식

마중물, 냉각, 축봉용, 윤활용 등의 작은 배관 중간의 밸브에는 일반적으로 전자밸브 또는 전동밸브를 사용한다. 하수도용 등과 같이 하수를 양수하는 펌프의 마중물이 배관에서는 협잡물이나 불순물 등에 의해 잘못 작동되지 않도록 그 대책을 고려한다. 다이어프램 밸브(diaphragm valve) 또는 벨밸브(ball valve, 공기 또는 수압개폐식)는 그 장해가 적으므로 이를 사용하는 것도 좋다.

5) 토출측 밸브에 제한스위치 및 안전장치

토출측 밸브에는 완전히 열거나 닫거나 또는 어느 정도에서 밸브를 멈출 수 있게 하기 위해 제한스위치를 설치한다. 전동밸브의 경우는 밸브에 이물질이 들어간 경우의 보호장치로서 토크스위치(torque switch)를 설치하여 밸브구동용 전동기를 멈추도록 한다. 또 수동으로 밸브를 개폐할 때는 조작하는 사람의 안전을 위해 전동조작이 되도록 한다.

(3) 보호장치

펌프를 운전하기 위해서는 펌프가 기동중 또는 운전 중에 발생하는 이상을 검출해 내어 감시실 등 필요한 장소로 경보 또는 고장표시를 하기 위한 적당한 보호장치를 설치한다.

펌프가 기동중 또는 운전 중에 일으키는 이상현상은 시설의 내용에 따라 다르지만 일반적으로 다음과 같은 것이 있다.

① 원동기(펌프 및 보조기기)의 과부하
② 펌프토출 수량의 감소
③ 펌프토출 압력의 이상저하
④ 흡입수위의 이상상승 및 저하
⑤ 펌프 및 원동기의 베어링 온도의 이상상승
⑥ 축봉수, 냉각수 및 윤활수(또는 윤활유) 압력의 이상저하와 유량감소
⑦ 진공펌프용 보조 물탱크의 수위 이상
⑧ 기동 및 정지의 지체

이들의 이상현상을 검토하는 기기로 압력 검지장치, 유수 검지장치, 수위 검지장치, 온도스위치, 과전류계전기 또는 과부하계전기 등이 있으며 펌프의 형식, 운전방식 및 사용조건 등에 따라 필요한 것을 사용한다.

이상의 것 이외에 기동과정에 있어서 정해진 조건을 만족하지 못하는 경우 다음의 과정으로 넘어가지 않도록 하는 연동장치를 설치해 두고 또 필요에 따라서는 조작반에 펌프비상용 정지 조작스위치를 둔다.

고장은 그 중요성에 따라 중(重)고장과 경(輕)고장으로 나누고, 중고장의 경우에는 펌프를 정지시킴과 동시에 경보 및 고장표시를 하고, 경고장의 경우는 경보 및 고장표시만으로 한다. 고장표시는 조작반 또는 감시반에 집합 고장표시기에 의해 집중적으로 표시하여 감시하기 쉽도록 하는 것이 좋다.

7.5 펌프시설의 유지관리

펌프시설(pumping station)직무에 종사자는 상 · 하수도 전반에 걸쳐 지식을 넓히는 동시에 펌프시설의 설비를 파악하고 개개의 기기에 대해서 구조(構造) · 성능 · 작용 등을 습득하여야 하며, 펌프시설의 운영이 원활하게 이루어지도록 유지관리를 철저히 해야 한다.

(1) 침사지의 유지관리

1) 인입 · 인출 · 제수 문 및 밸브 등 제수기구는 정기적으로 기능을 점검하여 부식(腐蝕)부분을 교체하고 철제(鐵製)부분은 도장(塗裝)을 하며, 항상 지장이 없도록 하여야 한다.

2) 스크린(screen)은 평상 시에도 격자사이의 작은 돌이나 나무조각(木片) 등이 박혀서 용접한 곳을 파손하는 경우가 있으므로 때때로 점검할 것이며 유수에 지장이 없도록 정기적인 청소를 하여야 하며, 자동 스크린의 저부(低部)까지 완전히 작동하지 않을 때도 있으므로 철저히 조사를 계속해야 한다.

3) 침사지의 사력퇴적(砂礫堆積) 상황을 실측조사하고, 특히 강우 후 토사가 퇴적되어 침사효과가 감퇴(減退)할 우려가 있을 경우는 제거하도록 한다.

4) 구조물 자체(不等沈下, 龜裂 등)에 이상이 발생할 경우도 있으므로 철저히 조사를 계속해야 한다.

(2) 펌프의 유지관리

펌프배수의 유지관리는 기기의 정기적 점검 · 보수와 아울러 설치된 기종에 적합한 운전방식(起動 · 運轉 · 停止 등)의 수칙(守則)을 준수(遵守)함이 무엇보다도 중요하다. 관리상 특기사항을 열거하면 다음과 같다.

① 침사지를 경우해서 천조각(布片) · 나무조각(木片) · 고무(gum)제품 등이 쇳물홈(runner : 청동이나 플라스틱으로 주조)에 걸려서 효율을 저하시키는 경우가 있으므로 정기적으로 쇳물홈의 청소를 한다.

② 펌프배출구의 슬루스밸브(sliuce valve)를 간혹 폐실하여 내부상태를 바꾸어 점검하고 양수량의 저하와 파손을 방지토록 한다.

③ 각종 계기류의 점검과 기록을 충실히 한다.

④ 상시 운전의 경우는 공기가 새는 것에 주의하고 패킹은 3개월에 1회 정도는 바꾼다.

⑤ 쇳물홈은 1.5년에 1회씩 교환한다.

⑥ 슬러지 펌프는 점검을 소홀히 하면 쇳물홈에 쓰레기가 쌓이고, 수명이 보통의 오수펌프보다 2~3배나 단축되므로 주의하여야 한다.

⑦ 이상의 사고에 대비해서 쇳물홈, Shaft, Ball bearing, Grand, 패킹 등의 예비품을 항상 준비해 둔다.

(3) 펌프의 고장과 대책

설계제작(設計製作)된 펌프라도 부품의 수명으로 고장을 일으킬 때도 있으나 보통의 고장은 거치·취급의 부실에서 일어난다. 운전 중의 고장은 원동기의 과부하(過負荷), 양수량의 감소, 압력계의 부당지시, 진동, 음향 등에 의해서 발견할 수 있다.

1) 원동기의 과부하

원동기의 경우는 전류계를 읽음으로서 엔진의 경우는 그 원인은 펌프측에 있을 때와 원동기측에 있을 때의 두 가지 경우이다.

펌프측에 원인이 있는 경우 터빈펌프처럼 고양정펌프가 계획보다 낮은 양정에서 사용될 때나 축류펌프처럼 저양정펌프가 계획보다 높은 양정에서 사용될 때는 어느 경우에서도 축마력이 증가하고 원동기는 과부하가 되기 쉽다. 전자는 배출밸브를 조이면 계획점에 가까이로 가서 운전할 수 있으나 이것은 합리적인 해결방법이 되지 못하며, 일반적으로 와권펌프는 임펠러의 가공에 의해서 축류펌프는 임펠러의 취부 각도를 작게 함으로써 과부하를 피하는 것이 원칙이다.

원동기측에 원인이 있는 경우 전동기에서 전압이 저하하면 전류가 증가하는 수가 있으므로 전류계만으로는 속단할 수 없다. 또 엔진에서도 연료밸브, 흡배기(吸排氣)밸브의 부조작으로 실제는 과부하(過負荷)가 아닌 경우에도 배기가 불량할 경우가 있다.

2) 양수량의 감소

전동기의 경우 주파수(周波數)가 저하하면 펌프의 양수량은 감소한다. 정규주파수일 때 양수량이 계획을 초과해도 무방할 경우는 주파수가 저하했을 때 계획수량이 되도록 임펠러의 가공이 어느 정도까지는 가능하다.

펌프가 노후되어 케이싱 링(casing ring)이 마모하면 누수량이 많아져서 양정곡선은 떨어진다. 또 임펠러 자체가 마모(摩耗)나 부식(腐蝕)을 일으켜서 구멍이 뚫어지고 성능이 저하될 때도 있다. 흡입측에 공기가 새거나 공간부분이 생기면 급격히 양수량이 감소하고 경우에 따라서는 양수불능이 되기도 한다. 또 풋밸브(foot valve), 흡입관 임펠러 입구 등에 이물질이 걸리면 저항이 증가하고 양수량이 감소한다. 이들은 어느 것이나 원인을 제거하면 된다.

3) 압력계의 부당지시

연속운전중 압력계가 이상치를 보이는 것은 위에 기술한 여러 가지 이유에서 양수량이 감소했을 경우일 때가 많다. 즉 펌프의 회전수 저하와 누수량이 많아지면 압력계의 지시는 내려간다. 배출관(排出管)에 Scale이 생기거나 이물질(異物質)이 막히면 압력계의 지시는 올라간다. 또 공기를 흡입한다든가 캐비테이션이 발생하면 압력계의 바늘은 불안정하게 흔들린다.

4) 진동, 음향의 발생

기계적 원인에 의한 것과 수력학적(水力學的) 원인에 의한 것이 있다. 전자는 축이 휘어져 있든지 굴치불량(掘値不良), 베어링(bearing)의 마모 등 때문에 축심이 맞지 않거나 또는 연결기(連結器)의 볼트(bolt)구멍이 맞지 않아 무리를 했을 경우가 많다. 후자는 공동현상이 발생할 때나 공기를 흡입했을 때 또는 이물이 임펠러에 끼었을 때 일어난다.

5) 발열

축심이 불량한 채 운전을 계속하면 베어링 등에서 발열한다. 기타 베어링의 윤활유가 나쁘거나 고르지 않을 때 또는 패킹을 과도하게 조이면 발열한다. 이러한 경우는 즉시 운전을 정지하고 점검・보수가 필요하다.

7 장

연습문제

1. 중계펌프시설, 배수펌프시설의 위치를 선정할 때 필요한 조건을 열거하시오.

2. 하수처리시설에 대한 자동운전하고자 할 때 운영상태의 감시 및 제어에 필요한 주요측정 항목을 설명하시오.

3. 펌프의 양수량을 조절하는 방법과 그 특징을 설명하시오.

4. 하수도시설의 펌프시설의 종류에 대해 설명하시오.

5. 펌프의 지름을 결정하는 방법을 설명하시오.

6. 펌프의 특성에 대하여 기술하시오.

1) 펌프의 수격작용 2) 비회전도 3) 펌프의 상사법칙 4) 펌프의 유효흡입속도
5) 펌프흡입 지름 및 유속

7. 펌프설비 선정시 고려해야 할 사항과 최적시스템을 결정하는 절차에 대하여 흐름도를 이용하여 설명하시오.

8. 펌프의 빨아올리는 탱크의 계획에 있어 주의할 사항을 기술하시오.

9. 펌프의 수격작용에 대하여 설명하고 피해와 그 대책을 기술하시오.

10. 관수로에서 수격압의 발생요인 및 저감대책에 대해 설명하시오.

11. 우수의 임시 저류시설인 유수질을 결정함에 있어서 배수펌프의 용량과 유수지의 규모를 결정하는 방법에 대해 설명하시오.

12. 수차에 있어서 발생하는 출력(out put), 즉 동력을 구하시오.

13. 총수두(낙차) H : 150 m, 송수관의 지름 400 mm, 길이 500 mm일 때 이 관수로에 Q : 1 m^3/s를 송수하면 수차의 출력은 몇 kW인가(단, f : 0.03, f_o : 1.0, η : 0.8이다)?

14. 지름이 150 mm, 관두께 15 mm의 강관 수로에 있어서 습파의 전파속도를 구하시오(단, 물의 탄성계수 2.0×10^4 N/m^2, 강의 탄성계수는 2.0×10^6 N/m^{2}이다).

15. 안지름 2 m, 길이 1,200 m의 강관 내를 유량 10 m^3/s의 물이 흐르고 있을 때 관말단에 있어서 밸브의 닫는 시간이 1초, 3초, 10초일 때에 대하여 답하시오.

1) 압력파의 전파속도는
2) 수격작용에 의한 최대압력은
3) 관벽에 생기는 응력을 구하시오(단 강관의 두께 20 mm, 밸브의 위치에서의 수두를 50 cm, 물의 탄성계수(K)는 2.0×10^5 N/m^2, 관의 탄성계수는 2.1×10^7 N/m^{2}이다).

16. 펌프의 설비에 대해 설명하시오.

17. 펌프지의 침수대책에 대해 설명하시오.

18. 펌프의 공동현상과 유효흡입수두에 대해 설명하시오.

19. 흡입탱크에 펌프를 연결하여 토출 물탱크까지 길이 2,000 m이고 지름 20 cm인 주철관으로 연결하였다. 총손실수두는(단 마찰손실계수 $f=0.02167$이고, 미소손실계수의 합= 10.7)?

20. 그림에서 정흡입수두(h_s)가 10 m, 정방유수두(h_d)는 20 m이며, 연결관은 지름 20 cm, 길이 2,000 m의 주철관으로 연결하였다. 이 계통을 통하여 유량 0.04 m^3/s로 양수할 경우 관로계통의 총양정(H_p)은(단 마찰손실계수 $f=0.02167$이고 미소손실계수의 합 $\sum h_c=$ 10.7이다)?

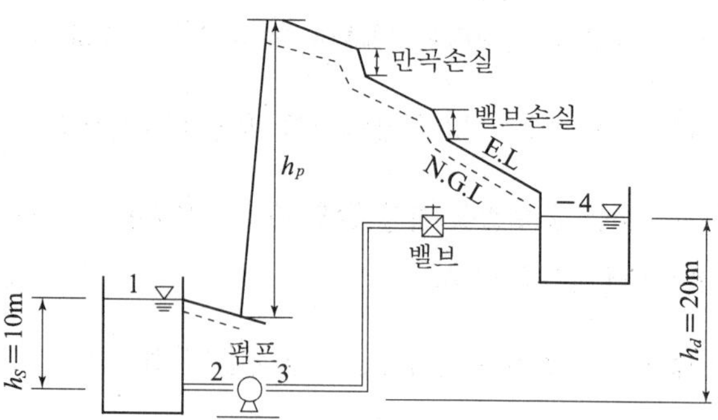

21. 흡입탱크에 펌프를 연결하여 토출 물탱크까지 길이 2,000 m이고, 지름 20 cm인 주철관으로 연결하였다. 미소 손실계수두는(단 마찰손실계수 f : 0.5, 출구손실 f_o : 1.0, 만곡 손실 f_b : 4.0)?

22. 아래 그림과 같이 D=300 m의 주철관이 부설되어 있다. 유량 및 C점의 굴곡 전후의 압력을 계산하시오(단 유입부의 손실계수 0.25, 굴곡부의 손실계수 0.20, n 0.013이다).

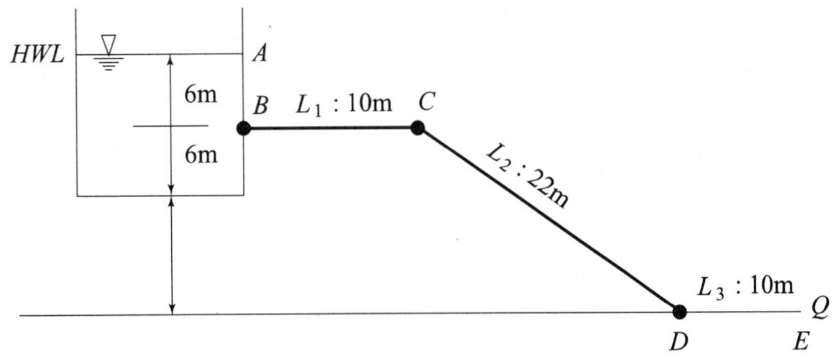

23. 펌프의 직렬운전과 병렬운전의 특성을 설명하시오.

24. 펌프량 수량 조절방법을 설명하시오.

25. 펌프의 특성곡선과 운전점을 설명하시오.

26. 펌프의 사고원인 및 대책을 설명하시오.

27. 비회전도(specific speed)를 설명하시오.

28. 공동현상(cavitation) 대해 설명하시오.

29. 시스템 수두곡선(system head curve)에 대해 설명하시오.

30. 서어징(surging) 현상에 대해 설명하시오.

Chapter 8

물리학적 처리방법

8.1 고액분리

고액분리(高液分離)는 현탄액의 부상(浮上) 또는 침강농축(沈降濃縮), 청징(淸澄)과 농축을 행하기 위한 고액분리면을 각각의 적용조건에 대하여 채용함과 동시에 중력 또는 원심력이나 선회류(旋回流)에 의한 원심효과 등을 이용하는 것이다. 이와 같이 분리면(分離面)을 채용하는 방법과 외력을 부하하는 방법의 조합에 따라 각종의 침강분리장치, 중력침전지(重力沈澱池), 응집침전지(凝集沈澱池), 원심분리기 또는 부상분리장치(浮上分離裝置) 등이 개발되고 있다. 한편 흐르는 물에 여재를 삽입하면 현탄액 속의 고형물은 여재의 표면부에 혹은 내부에서 저지되어 청징수를 얻을 수 있다. 이와 같은 고액분리현상을 일반적으로 **여과**(濾過, filtration)라 한다. 그리고 여재 성상이나 구성방법 및 여과수를 투과하기 위한 외력의 부하방법 등에 따라 스크리닝(screening), 미세망(micro straining), 모래여과(砂濾過), 탈수여과(脫水濾過) 혹은 원심여과 등 여러 가지 방법이 개발되어 있다.

8.1.1 침강분리(沈降分離, Settling Separation)

액체 속에 포함된 고형물질 또는 부유물질을 분리하는 고액분리 가운데 가장 일반적인 방법으로서 물 속의 단일입자가 중력을 받아 침강할 때 그 속도는 초기에 점차 가속되다가 반대방향으로 저항력이 발생하여 입자에 작용하는 중력과 저항력이 같아진 시점에서부터 일정한 속도로 침강하게 된다. 이 속도를 입자의 **침강속도**(沈降速度)라고 한다. 침강분리 조작을 적용목적에 따라 대별하면 다음과 같다.

(1) 청징여과(淸澄濾過, clarifying filtration)

부유물 특히 비교적 농도가 낮은 현탁액(懸濁液) 중의 미세한 입자를 제거하는데 효과가 있는 조작이다. 분류상 청징여과(淸澄濾過)의 범주에 속하는 것으로 조제여과(助劑濾過), 직접여과(直接濾過), 완속여과(緩速濾過) 및 급속여과(急速濾過) 등이 있다.

조제여과(precoat filtration)는 규조토(硅藻土, diatomaceous earth) 등의 여과조제를 포(布) 및 기타 보수재(保持材)에 코팅(coating)하여 이 층을 통하여 부유물을 제거하는 방법이며, 야전용(野戰用)의 급수 Pool의 순환정수(循環淨水)나 특수정수(特殊淨水)에 흔히 사용되고 있다.

직접여과법이란 다공질(多孔質)의 Ceramic이나 소결금속(燒結金屬) 또는 강(鋼)이나 포에 의해서 여과를 행하는 것으로 Micro-strainer가 그 대표적인 예로서 비교적 고농도(高濃度)의 현탁액에도 사용되고 있다.

(2) 침전농축(沈澱濃縮, thickening)

중력을 이용한 침전에 의해 슬러지의 수분을 제거하는 것을 말하며, 슬러지의 고형물질이 침강에 의해 간극수를 분리하고, 압밀작용을 받아 비교적 깨끗한 물이 상징으로 떠오르며 슬러지는 침강한다. 이러한 부류에 속하는 장치들은 중력에 의한 침전(gravity clarifiers and thickeners), 침전 · 농축장치(Clarifiers and Thickeners), 부상시스템(Flotation System), 스크린 장치(Screens), 여과탑형 필터(Deep Bed Filters) 등으로 분류되고 있다.

8.2 스크린과 미세망

8.2.1 스크린

스크린(screen)은 정수시설이나 폐수처리에서 최초의 단위조작(單位操作)이며, 유하하는 원수나 폐수 중에 있는 고형물을 스크린으로 제거하는 처리법이다. 스크린은 일반적으로 침사지에 조합하여 하수침사지 뒤에 설치한다. 스크린에는 긴강봉을 일정한 간격으로 나란히 조립한 봉스크린(bar screen)과 철제를 격자형으로 조립하거나 또는 강판에 구멍을 뚫은 세목스크린(fine screen)이 있다. 스크린에 걸린 고형물을 스크린재(screenings)라고 한다. 그 양은 오수로(汚水路, sanitary sewer)로부터 흐르는 하수 400 m3에 대하여 0.3~0.1 m3 정도이다. 봉스크린에는 저지된 고형물을 기계적으로 제거하는 방식인 그림 8.1과 인력으로 제거하는 방법인 그림 8.2가 있으며, 세목스크린에는 원판형과 원통형의 두 가지가 있는데 저지된 고형물을 소취기(掻取器, rake) 또는 고압수 혹은 압축공기 등으로 제거한다.

스크린 구멍의 유효간격은 처리할 폐수의 성질이나 유지관리의 정도에 따라 결정된다. 어육(魚肉)가공 공장과 같이 어육의 절편 등이 혼입된 폐수의 경우에는 세목스크린을 사용하고 비교적 큰 협잡물(挾雜物)을 제거할 때는 봉스크린을 사용한다. 유효간격은 25~50 mm 정도로 하고, 스크린에 저지된 고형물을 인력으로 올릴 때는 수평에 대하여 45~60° 경사이며, 경사각을 소취기 또는 수평에 대해서는 70° 전후의 경사각도로 스크린을 설치한다. 스크린은 일반적으로 침사지의 전부에 설치하며, 스크린부분을 통과하는 유속을 크게 하면 침사지의 효율을 감소시키고 스크린재를 유실할 우려가 있으므로 0.45~0.90 m/s 정도로 하는 것이 좋다. 또 스크린재의 강도를 전후의 수위차(水位差)를 60 cm 이상으로 한 계산은 다음과 같다.

봉스크린에 의한 손실수두는 Kirschmer에 의한 손실수두계산은 다음 식 (8-1)과 같다.

$$h_L = \beta \sin\alpha \left(\frac{t}{b}\right)^{4/3} \frac{V^2}{2g} \tag{8-1}$$

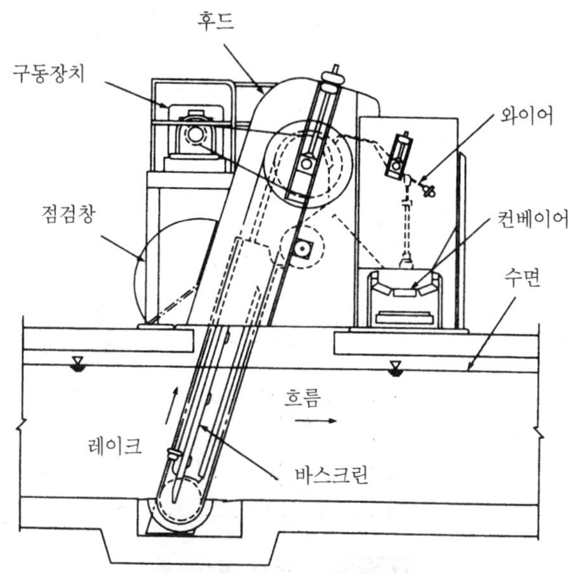

그림 8.1 기계식 봉스크린

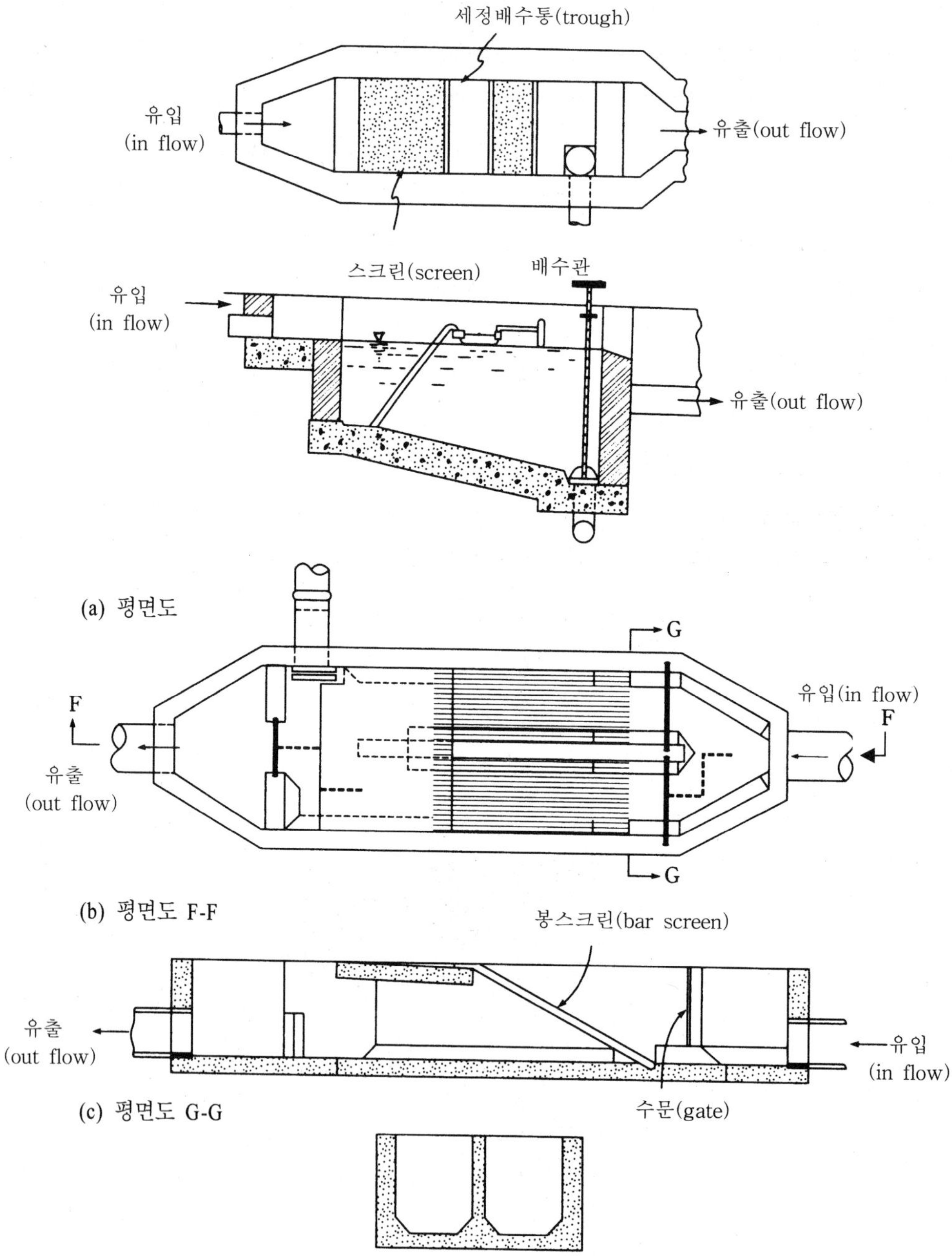

그림 8.2 **수동식 봉스크린**

여기서, h_L : 손실수두, β : 봉형상계수(표 8.1 참조)

b : 스크린의 유효간격[cm], t : 스크린봉의 두께

α : 스크린의 수평에 대한 경사각, V : 통과속도[m/s]

표 8.1 봉스크린의 형상계수 β값

봉형상	β
예단 사각형 [ ]	2.42
상류측이 반원인 사각형 [ ]	1.83
원 형 [ ]	1.79
상하류측이 반원인 사각형 [ ]	1.67

예제 8.1

수로에 스크린을 설치하고자 한다. 아래와 같은 조건일 때 스크린 설치에 따른 손실수두를 구하시오.

조건> ① 수평면에 대한 경사각 60° ② 스크린 막대굵기 2 cm

③ 스크린 유효간격 22 mm ④ 폐수의 유속 0.45 m/s ⑤ 스크린 형상계수 2.34

풀이

$$h_L = \beta \sin\alpha \left(\frac{t}{b}\right)^{4/3} \frac{V^2}{2g} = 2.34 \times \frac{\sqrt{3}}{2} \times \left(\frac{2}{2.2}\right)^{4/3} \times \frac{0.45^2}{2 \times 9.8} = 0.0184 \text{ [m]}$$

식 (8-1)은 스크린에 사용되며, 많은 협잡물이 스크린 구멍에 막히게 되면 손실수두는 증가한다. 미세스크린의 손실수두는 다음과 같은 오리피스공식에 의하여 구할 수 있다.

$$h_L = \frac{1}{2g} \cdot \frac{1}{C} \left(\frac{Q}{A}\right)^2 \tag{8-2}$$

여기서, h_L : 손실수두[m], C : 스크린의 통과계수(0.3~0.6)

g : 중력가속도[m/s^2], Q : 스크린의 통과유량[m^3/s]

A : 스크린이 물에 잠긴부분의 유효면적[m^3]

스크린에 의하여 저지된 협잡물들은 그 성질에 따라 소화(消化), 소각, 매립 등의 방법으로 처분하기도 한다. 또는 파쇄기(破碎機, communiting device)에 의하여 잘게 파쇄하여 다음 처리를 하기도 한다. 파쇄기는 스크린과 조합되거나 혹은 독립적으로 수로에 설치된다. 그림 8.3은 파쇄기의 두 가지형을 제시하였다.

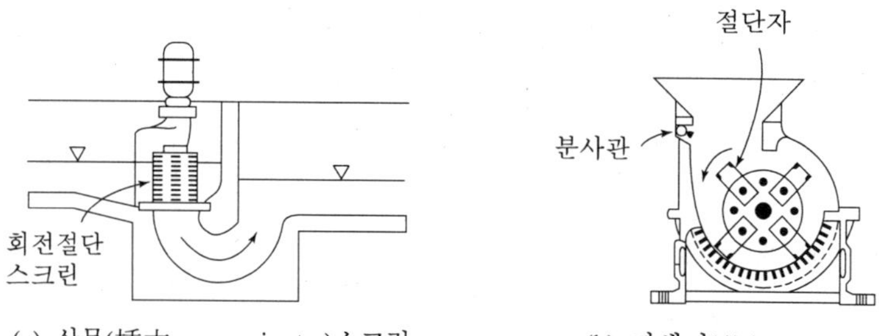

(a) 삽목(揷木, comminuter)스크린 (b) 파쇄기(disintegator)

그림 8.3 파쇄기의 스크린

또한 파쇄기를 설치하고자 할 때에는 설치할 수로의 크기, 유량의 범위, 상하류의 침수심(沈水深), 소요동력 등의 자료를 제작회사에 맞도록 설계를 하여야 한다. 파쇄기 등은 침사지 앞에 설치함이 보통이지만 마모를 작게 하고 수명을 길게 하기 위하여 침사지의 뒤에 설치할 수도 있다. 파쇄기 등을 설치할 때에는 기계고장이나 정전 또는 과부하 시에 대비하여 우회로(by pass)를 설치하여야 한다.

8.2.2 미세망

그림 8.4와 같이 회전원관에 미세망(微細網, micro strainer)을 갖는 망을 붙여 수중에 부유하는 현탁물(懸濁物), 플랑크톤, 조류(藻類) 등의 고정부유물을 여과하는 장치이다. 미세망

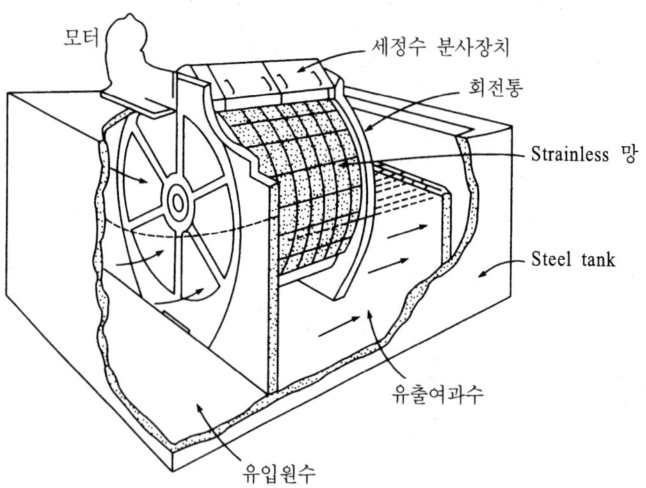

그림 8.4 미세망(micro-strainer)

은 유입원수와 유출여과수와의 수위차에 의하여 물이 흘러가는 동안 회전관(回轉管)에 붙은 미세망에 의하여 부유물을 정지하고, 망의 막힘을 방지하기 위하여 물을 분사하는 망을 세정한다.

미세망은 상수도나 공장용수는 정수과정에 있어 조류 등을 제거하는데 많이 이용되고, 폐수처리에서도 부유물질의 제거에 이용된다.

8.3 침 전

8.3.1 침전이론

침전(沈澱, sedimentation)은 부유물 중에서 중력에 의하여 제거될 수 있는 침전고형물(沈澱固形物, settleable solids)을 제거하는 것으로 침전과 고형물(settling)은 서로 같은 의미로 사용되고 있다. 따라서 침전지란 의미의 영어로서 Sedimentation Basin, Sedimentation Tank, Settling Basin, Settling Tank가 같은 의미로 사용되고 있다.

정수과정에서는 입자(粒子)나 연화(軟化) 또는 철분제거과정에서 생성되는 응결된 불순물이나 침전물을 제거하기 위하여 침전법이 채택되며, 폐수처리과정에서는 침전성이거나 아니면 현재 운용되고 있는 대부분의 침전지는 연속적인 흐름상태이다.

침전과정은 부유물의 농도와 입자의 특성에 따라서 Ⅰ형(type Ⅰ)침전, Ⅱ형(type Ⅱ)침전, 지역(zone)침전 그리고 압축(壓縮, compression)침전의 4종류로 분류된다. Ⅰ형 및 Ⅱ형 침전은 모두 부유물의 농도가 낮은 경우인데 Ⅰ형은 독립입자(獨立粒子, discrete particles)를 취급하고 Ⅱ형은 응결된 부유물을 취급하는데 차이가 있다. 지역침전은 응결물의 농도가 높을 때의 밀집침전을 취급하고, 압축침전은 부유물의 농도가 높아서 입자가 서로 접촉하고 서로 떠받쳐 주는 상태로 침전하는 경우이며 그림 8.5와 같다.

(1) I형 침전(독립입자의 침전)

Ⅰ형 침전은 부유물의 농도가 낮은 상태에서 응결하지 않은 독립입자의 제거이며, 입자상호간의 아무런 방해도 없고 단지 유체나 입자의 특성에 의해서만 영향을 받게 된다. 비중이 큰

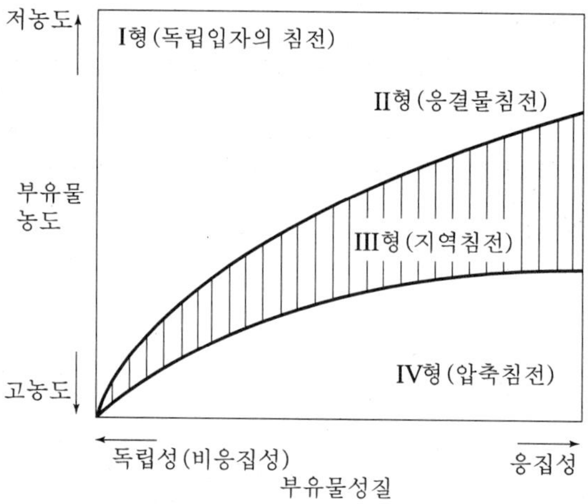

그림 8.5 침전형태의 분류

무기성 입자의 침전이 이 경우에 해당된다.

각각의 특성을 갖는 독립입자가 조용히 정지해 있는 액체 내에 놓여질 때의 입자에 작용하는 중력이 액체의 저항과 같게 될 때까지의 가속도를 받게 되며, 평형상태가 되어 일정한 속도로 침전하게 된다. 대부분 액체 중에서 침전 중에서 침전하는 독립입자는 짧은 시간 내에 평형상태에 도달하게 된다.

1) 입자의 침강속도

입자의 침강속도는 입자의 크기, 형상, 밀도, 점성 등에 의해서 결정된다. 수처리분야에서 취급하는 현탁물입자의 형상은 다양하여 정확한 침강속도를 구하는 것은 매우 어려운 일이며, 현재 가장 많이 이용되고 있는 작은 입자를 구형으로 가정할 때 다음 Stokes식의 유도과정은 다음과 같다.

2) 유체를 통해 움직이는 힘

① 외력(external force, F_e) : 중력(F_g), 원심력(F_R), 전기력(F_c)

② 부력(buoyant force, F_b) : 외력과 평행으로 작용하나 반대방향으로 작용한다.

③ 항력(drag force, F_d) : 입자와 액체의 상대적 움직임으로 작용한다. 또한 이동방향에 평행으로 작동하나 방향은 반대이다.

3) 힘의 평형관계

① 외력(F_e)=중력(F_g)으로 할 경우

$$m\frac{dv}{dt} = F_g - F_b - F_d$$
$$= mg - m'g - \frac{C_D A_p \rho V^2}{2} \quad (8\text{-}3)$$

② 정상상태로 가정할 경우

$$mg - m'g = \frac{C_D A_p \rho V^2}{2} \Rightarrow \frac{\pi d_p^3}{6}(\rho_s - \rho) g = \frac{C_D A_p \rho V^2}{2} \quad (8\text{-}4)$$

③ 입자의 투영면적(A_p)을 식 (8-4)에 대입하여 V를 구하면 식 (8-5)와 같다.

$$\therefore V_s (= V_g) = \sqrt{\frac{8 d_p (\rho_s - \rho_w) g}{6 C_D \rho}} \quad (8\text{-}5)$$

여기서, $A_p = \frac{\pi d_p^2}{4}$

④ 레이놀즈수(Reynolds)에 따른 항력계수(C_D)를 적용

㉮ 입자의 Reynolds 수(R_{cp})$= \frac{d_p V_\rho}{\mu}$

㉯ R_{cp}에 따른 항력계수는 $R_{cp} > 1$일 때 $C_D = \frac{24}{R_{cp}}$

4) 침강속도

$$V_s = \sqrt{\frac{2g(\rho_s - \rho_w) V_p}{C_D A_p \rho}}$$
$$= \sqrt{\frac{4g}{3C_D}\left(\frac{\rho_s - \rho_w}{\rho}\right) d_p} \quad (8\text{-}6)$$

여기서, V_p(구형입자의 부피)$= \frac{\pi d_p^3}{6}$

$$\therefore V_s = \frac{1}{18} \cdot \frac{(\rho_s - \rho_w)}{\mu} g d_p^2 \quad (8\text{-}7)$$

여기서, V_s : 독립입자의 침강속도[cm/s], g : 중력가속도[cm/s^2]
ρ_s : 독립입자의 비중[g/cm^3], ρ_w : 액체의 비중[g/cm^3]
μ : 액체의 점성계수[g/cm · s], d_p : 독립입자의 지름[cm]

식 (8-7)과 같이 침강속도는 입자 지름의 2승에 비례하여 커지므로 입경이 커질수록 침강속도가 커진다. 입자의 침강속도가 크게 되면 Stokes식의 사용이 어려우므로 Allen식이나 Newton식이 사용된다.

$$\text{Allen's 법칙 } 2 < R_e \leqq 500,\ V_s = \left\{ \left(\frac{4}{225} \right) \frac{(\rho_s - \rho)^2 g^2}{\mu \rho} \right\}^{1/3} d \tag{8-8}$$

$$\text{Newton's 법칙 } 500 < R_e \leqq 10^5,\ V_s = \sqrt{\frac{3g(\rho_s - \rho) d}{\rho}} \tag{8-9}$$

그림 8.6은 입자의 지름과 침강속도의 관계를 여러 가지 입자 밀도의 경우에 대하여 나타내고 있으며, 보통 상수도에서는 크고 무거운 입자의 침강을 다루고 있지 않기 때문에 Stokes식이 많이 사용되지는 않는다. 흐름영역에 따른 침강속도계산은 레이놀즈수의 크기에 따라 흐름영역이 경정되며, 이에 따른 저항계수의 변화와 침강속도의 계산방법은 표 8.2와 같이 나타낼 수 있다.

또한 그림 8.7은 밀도가 같은 구형입자의 지름과 침강속도의 관계를 비율로 나타내고 있으며, 플록형성은 입자의 입경을 크게 함으로써 침강속도를 증대시키는 조작이지만 플록입자가 커짐으로서 플록의 공극에 함유되는 물의 비율이 증가함으로 인하여 밀도가 점점 작아진다.

표 8.2 흐름영역에 따른 침강속도 계산

구분	적용식	레이놀즈수	저항계수	중력침강속도 계산식
층류 영역	Stokes식	$R_{cp} < 1$ 점성력이 관성력보다 더 중요시 되는 영역	$C_D = \frac{24}{R_{cp}}$	$V_g = \frac{d_p^2 g(\rho_p - \rho_w)}{18\mu}$
전이 영역	Allen식	$1 < R_{cp} < 500$ 점성력과 관성력이 다같이 중요시 되는 영역	$C_D = \frac{24}{R_{cp}} + \frac{3}{\sqrt{R_{cp}}} + 0.34$	$V_g = \left(\frac{4}{225} \frac{g^2(\rho_p - \rho_w)^2}{\mu\rho} \right)^{1/3} d_p$
난류 영역	Newton식	$500 < R_{cp}$ 관성력이 가장 중요시 되는 영역	$C_D = 0.4$	$V_g = \sqrt{3.3g\left(\frac{\rho_p - \rho}{\rho} \right) d_p}$

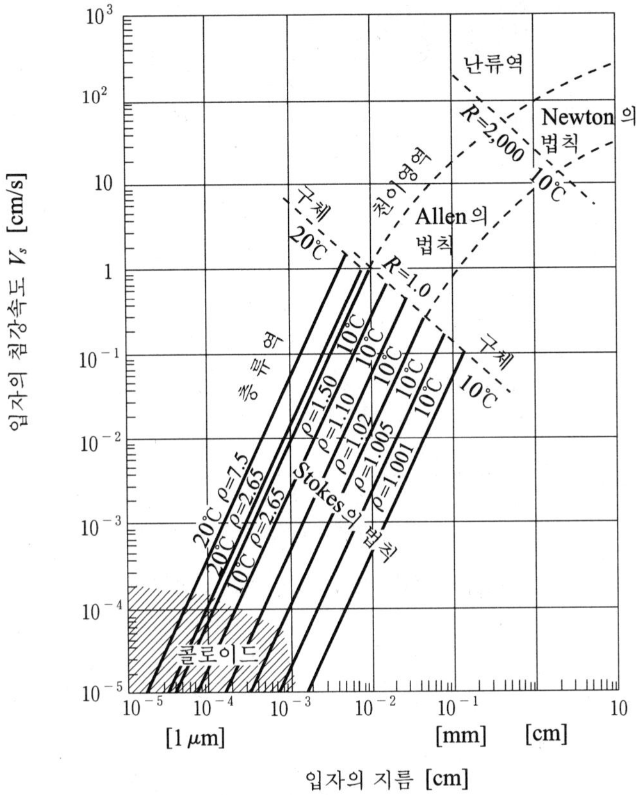

그림 8.6 정수 중의 구형입자의 침강속도

이 관례를 다음 식으로 표현할 수 있으며 그림 8.8과 같다.

$$\rho_s - \rho_w = \frac{1}{d^{K\rho}} \tag{8-10}$$

수처리에 있어서 플록의 경우 $K\rho$ 는 일반적으로 1.2~1.5 범위의 값을 취한다. 따라서 증대하는 플록의 입경은 거의 2승에 역비례하므로 플록밀도는 작아진다. 이 관계를 대입하면 침강속도는 $d^2 \times (1/d^{1.5}) = d^{0.5}$ 로 된다. 즉 밀도가 변하지 않는 모래 등의 입자는 그 지름이 5배로 될 때 침강속도는 $5^2 = 25$ 로 되지만 실제 플록에서는 $5^{0.5} = 2.2$ 배 이다.

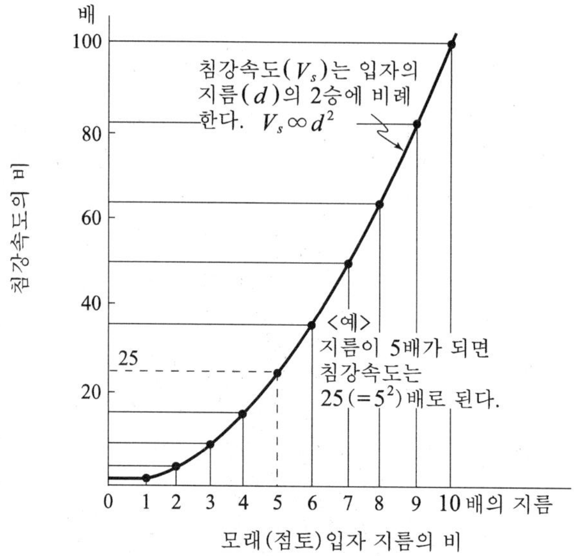

그림 8.7 Stokes식에 의한 입경과 침강속도

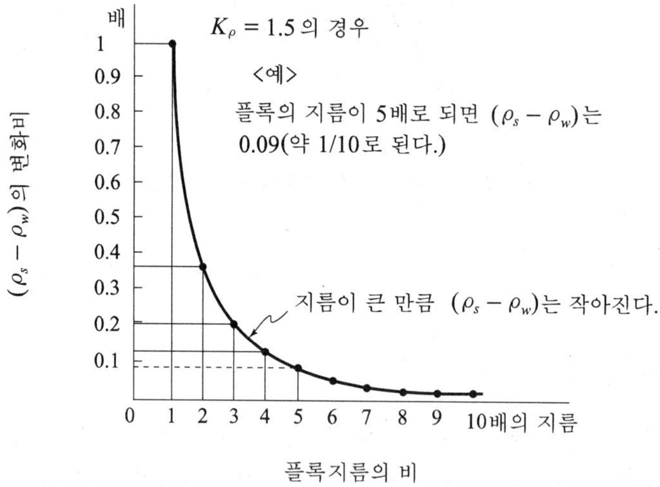

그림 8.8 플록입경과 밀도($\rho_s - \rho_w$)

예제 8.2

비중 1.3, 지름 0.05 mm의 입자가 수중에서 자연적으로 침강할 때의 속도가 Stoke's의 법칙에 따라 0.03 m/hr이라 하면 2.5, 지름 0.1 mm인 입자의 침강속도는 얼마인가(단 물의 비중은 1.0으로 하고 기타 조건은 같다)?

풀이

Stoke's 법칙에 따르는 침강속도를 이용하면 다음과 같다.

$V_s = \frac{1}{18} \cdot \frac{(\rho_s - \rho_w)}{\mu} g d_p^2$ → 다시 쓰면… : $Kd_p^2(\rho_s - \rho_w)$의 식으로서

$0.03(\text{m/hr}) = \text{K} \times (0.05)^2 \times (1.3-1)$, $K = 40$ [일정]

$\therefore\ V_s(\text{m/hr}) = 40 \times (0.1)^2 \times (2.5-1) = 0.6[\text{m/hr}]$

---

5) 침전지의 원리

식 (8-7)과 같이 독립인자의 액체의 온도가 변하지 않는 한 일정한 속도로 침전한다. 그림 8.9와 같이 이상적인 장방형 연속수평류 침전지는 유입부(流入部, inlet zone), 유출부(流出部, outlet zone), 침전부(沈澱部, setlet zone) 및 슬러지부(sludge zone)로 구분할 수 있다. 먼저 침전속도가 V_s 인 독립입자를 가진 균일한 액체의 흐름이라 한다면 최초위치가 h 높이인 입자의 운동경로는 유속 V 와 침전속도 V_s 벡터의 합이다. 이 인자는 침전부를 가로질러 유출부에 도달하는 순간 제거되며, 최초의 입자가 h 보다 낮은 입자는 모두 제거되지만 h 보다 높은 입자는 유출부에 도달할 때까지 슬러지부에 도달하지 못하므로 제거되지 않는다. 그림 8.9는 모든 입자가 최초의 위치에 관계없이 100% 제거될 수 있는 침전속도 V_s 를 보면 입자의 속도가 V_o 보다 적은 경우는 최초의 위치에 따라서 가능성이 결정된다.

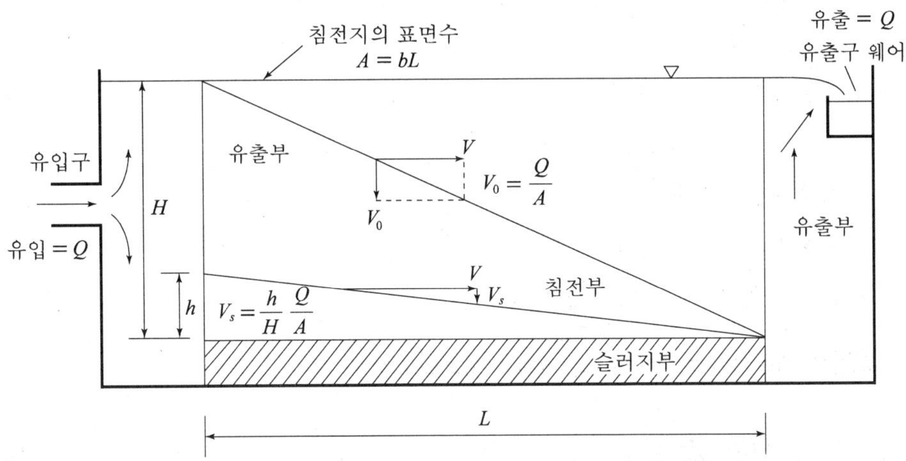

그림 8.9 이론적인 상류침전지

① 침전지에서 100% 제거할 수 있는 입자의 최소 침강속도는 다음과 같다.

$$V_o = \frac{Q}{A}[\mathrm{m^3/d}] \tag{8-11}$$

여기서, Q : 유입유량[$\mathrm{m^3/s}$]

A : 침전지 표면(침전지 폭×유효길이)

따라서 밑변이 L이고 높이가 H인 삼각형의 면적은 100% 제거를 뜻하며, 침전속도가 V_s인 입자들의 제거율은 h/H가 된다. 깊이는 침전속도와 체류시간 t_o의 적이므로 아래와 같다.

② 침전속도가 V_o보다 작은 입자의 평균제거율(침전효율, 침전효과)

$$E(\%) = \frac{V_s}{V_o} \times 100 = \frac{V_s}{Q/A} \times 100 = \frac{V_s}{h/t} \times 100 \tag{8-12}$$

여기서, V_s : 침전속도[m/s]

h : 유효수심[m]

t : 체류시간[hr]

$V_s \geq V_o$: 모든 퇴적부에 침전

$V_s \leq V_o$: 유출부에 유출

위의 ②의 경우 침전효율을 높이는 조건은 다음과 같다.

㉠ 유량을 적게 한다.

㉡ 침전지 표면을 크게 한다.

㉢ 표면부하율을 작게 한다.

㉣ 체류시간을 길게 한다.

㉤ 유효수심을 낮게 한다.

㉥ 플록의 침강속도를 빠르게 한다.

③ 침전지 체류시간(hydraulic retention time, HRT)

$$t = \frac{Q}{V} \tag{8-13}$$

여기서, t : 체류시간[hr], V : 침전지 체적[$\mathrm{m^3}$]

Q : 유입유량[$\mathrm{m^3/d \cdot m^3/hr}$]

④ 표면부하율(表面負荷率, surface loading rate, SLR)

침전지에서 100% 제거되기 위하여 요구되는 침전속도(V_o), 즉 침전지에서 유입구의 최상단으로부터 유입되어 유출구 쪽에서 침전지 바닥에 침강되는 플록의 침강속도를 말하며, 표면부하율($m^3/m^2 \cdot d$)과 침전속도 V_o [m/d]는 동일한 값이다.

$$\text{표면부하율}(V_o) = \frac{\text{유입유량}(Q)}{\text{침전지폭}(b) \times \text{유효수심}(h)} \tag{8-14}$$

$$V_o = \frac{Q}{A} = \frac{h}{t}$$

예제 8.3

계획시간 최대오수량 Q=75,000 m^3/d(0.868 m^3/s)인 중력식 침사지로 만들면, 형상 및 제거율을 계산하시오(단 침사지의 비중은 2.65, 입경 0.2 mm 이상의 토사를 제거할 목적으로 설계한다).

풀이

1) 침사지의 형상

이 대상입자의 침강속도는 Stockes의 법칙에 의하여 계산하면, $v=0.021\,[\mathrm{m/s}]$이므로 이것을 일단위로 환산하면 다음과 같다.

$$v = 0.021\,[\mathrm{m/s}] \times 86{,}400\,[\mathrm{s/d}] = 1{,}812\,[\mathrm{m/d}] \fallingdotseq 1{,}800\,[\mathrm{m/d}]$$

또한 제거대상 입자를 모두 침전시키기 위해서는 그림 8.9 참조하면 다음과 같다.

$$\frac{H}{v} \geqq \frac{L}{V}$$

또한,

$$V = \frac{Q}{H} \cdot B,\ A = B \cdot L\text{에서}$$

$$v \geqq \frac{H \cdot V}{L} = \frac{H \cdot Q}{L \cdot H \cdot B} = \frac{Q}{A}$$

이 되며, 윗 식에 의해 침사지의 면적 A는 다음과 같다.

$$A \geqq \frac{Q\,[\mathrm{m^3/d}]}{v\,[\mathrm{m/d}]}$$

이 얻어지며, 입자의 침강속도 v는 $v \fallingdotseq 1{,}800\,[\mathrm{m/d}]$이므로,

$$A \geqq \frac{Q\,[\mathrm{m^3/d}]}{1{,}800\,[\mathrm{m/d}]}$$

지의 소요 수면적 A는 다음과 같다.

$$A = \frac{75{,}000\,[\mathrm{m^3/d}]}{1{,}800\,[\mathrm{m^3/m^2 \cdot d}]} = 41.6\,[\mathrm{m^2}]$$

침사지의 유효수심은 $H=6.0\,\mathrm{m}$(수리계산 결과)이므로, 지내 평균유속을 $V=0.3\,\mathrm{m/s}$로 하면, 필요한 지폭은 다음과 같다.

$$V=\frac{Q}{V\times H}=\frac{0.868\,\mathrm{m^3/s}}{0.3\,\mathrm{m/s}\times 0.6\,\mathrm{m}}=4.82\,[\mathrm{m}]$$

지를 4지로 하면, 1지당 지폭은 다음과 같다.

$$B=\frac{4.82}{4}\fallingdotseq 1.2\,[\mathrm{m}]$$

침사지의 유효길이(L)은 다음과 같다.

$$L=\frac{A}{B}=\frac{417}{1.2\times 4}=8.6\,[\mathrm{m}/\text{지}]$$

한편 지내 체류시간(T)를 $T=30\sim 60\,\mathrm{s}$로 설정하기 위한 지의 길이는 $L=V\cdot T=0.3\,\mathrm{m/s}\times(30\sim 60\,\mathrm{s})=9\sim 18\,\mathrm{m}$이므로, 지길이를 $L=10\,\mathrm{m}$로 한다.

침사지의 형상은 다음과 같다.

∴폭 1.2 m×길이 10 m×유효수심 0.6 m×4지로 한다.

2) 검토

$$\text{수면적 부하}(OFR)=\frac{75{,}000\,[\mathrm{m^3/d}]}{1.2\,\mathrm{m}\times 10\,\mathrm{m}\times 4\text{지}}=1{,}562\,[\mathrm{m^3/m^2\cdot d}]$$

$$\text{지내 평균유속}(V)=\frac{0.868\,\mathrm{m^3/s}}{1.2\,\mathrm{m}\times 0.6\,\mathrm{m}\times 4\text{지}}=30\,[\mathrm{m/s}]$$

$$\text{체류시간}(T)=\frac{10\,\mathrm{m}}{0.3\,\mathrm{m/s}}=33.3\,[\mathrm{s}]$$

3) 제거율

Hozen의 제거 이론은 다음과 같다.

$$\text{제거율}(E)=1-\frac{1}{1+T/t}$$

T : 체류시간 [s]

t : 대상 입자의 침강시간($t=H/v$)

H : 유효 수심

v : 입자의 침강속도(비중 2.65)의 모래를 대상으로 하면 $v=0.021\,[\mathrm{m/s}]$ 따라서 $t=0.6/0.021=28.6\,[\mathrm{s}]$이므로,

$$E=1-\frac{1}{1+\dfrac{33.3}{28.6}}=0.54$$

∴침사지의 제거율은 $E=54\,[\%]$이다.

그림 8.9의 침전지에서 길이가 $H/2$인 지점에 관을 설치했다면 유량 Q와 속도 V는 변함이 없고, 침전지의 규격도 변함이 없다. 또한 침전속도도 같으므로 V_s/V_o의 두 배가 된다. 즉 입자가 제거되기 위해서는 침전해야 할 깊이는 반으로 줄어드는 대신에 침전지의 유효표면적은 두 배가 된다. 따라서 침전지에서의 침전효율이 침전지의 깊이에는 무관하고 표면적에 의해서 좌우되며, 식 (8-11)에서는 Q/A를 **익류율**(溢流率, overflow rate) 혹은 **표면침전율**(surface settling rate)이라고 부르는데 입자가 100% 제거되기 위해서 요구되는 침전속도 V_o를 뜻한다.

폐수처리인 경우에는 표면침전율은 20~40 m/d 정도가 요구되는 것이 보통이며, 실트(silt)나 점토(clay)입자를 제거하기 위해서는 6 m/d 정도가 보통이다. 표면침전율을 **표면부하율**(surface overflow rate)이라고 한다. 한 침전지의 효율은 익류율 V_o에서 얻을 수 있는 여러 종류의 부유물, 제거물을 합친 것으로 이상적인 침전지의 경우 그 값이 그림 8.10과 식 (8-12)를 사용하여 계산할 수 있다.

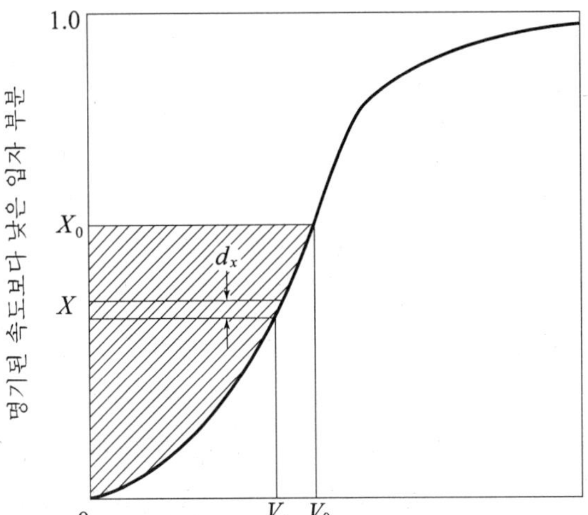

그림 8.10 독립인자 제거효율곡선

표면제거율이 V_o인 경우 침전속도가 V_o와 같거나 큰 독립입자는 완전히 제거되며, 전체입자중에서 제거되는 비율은 침전속도가 V_o보다 낮은 입자의 양 X_o를 뺀 $1 - X_o$와 같다. 침전속도가 $V_s \leq V_o$인 V_s를 가진 입자들의 경우 제거되는 율이 V_s/V_o와 같다고 위에서 설명하였다. 따라서 여러 가지 크기의 입자를 생각할 경우 이들 입자의 제거율은 $\int_0^{X_o}(V_s/V_o)dx$ 와 같고 전체제거율 R은 식 (8-15)로 표현할 수 있다.

$$R=(1-X_o)+\left(\frac{1}{V_o}\right)\int_0^{X_o}V_s\,dx \tag{8-15}$$

식 (8-12)의 2째 항은 그림 8.10의 사선친부분과 같으며, 침전분석곡선을 기하학적으로 적분함으로써 결정할 수 있다.

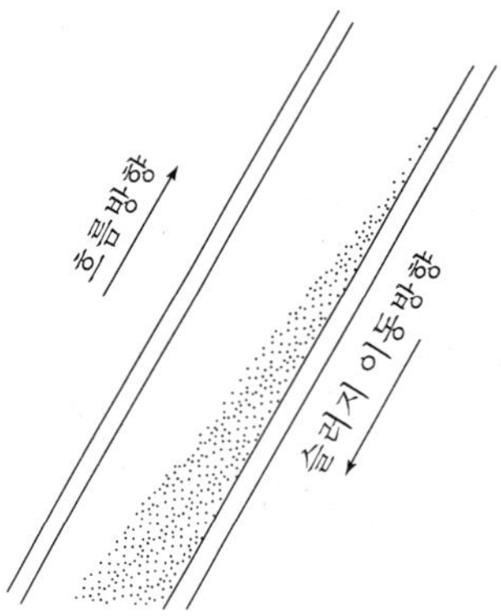

(a) 경사관

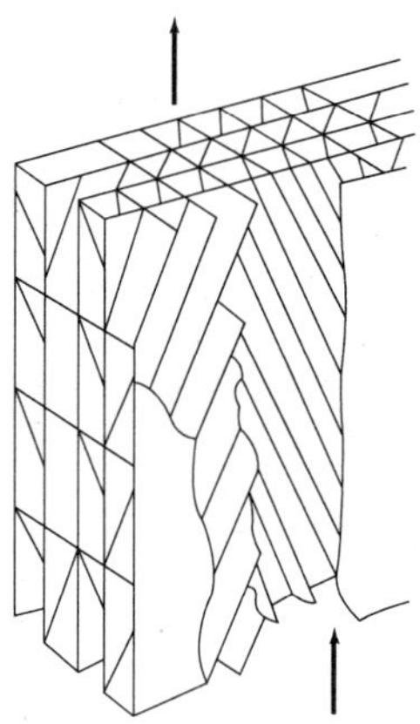

(b) 경사판

그림 8.11 경사관 및 경사판

정수시설 또는 3차 처리에 있어서 침전효과를 증대시키기 위하여 침전지 내부에 경사판이나 경사관(傾斜管)을 설치한다. 이 방법은 1904년 Hazen에 의한 침전지의 효율은 침전속도와 관계되나 체류시간과는 무관하다는 이론에서 시작되며, 캠프(camp)에 의해 불과 15 m의 깊이를 갖는 침전지가 개발되었다. 즉 그림 8.11과 같이 관을 약 60° 기울여 놓으면 침전깊이는 매우 감소하여 입자들의 빠른 시간 내에 바닥에 도달하게 되고 침전된 입자들은 엉켜 큰 덩어리로 하부로 빨리 이동된다. 그림 8.12는 원형침전지와 장방형(矩形) 침전지에서 경사판의 설치도이다. 이 방법의 결점은 판이나 관에 침전된 슬러지가 판의 표면에 붙어서 하부로 이동하지 않고 오히려 관을 폐쇄시키는 역할을 하는 경우이다. 이러한 폐쇄현상은 BOD가 높을 때의 미생물의 성장으로 증대된다.

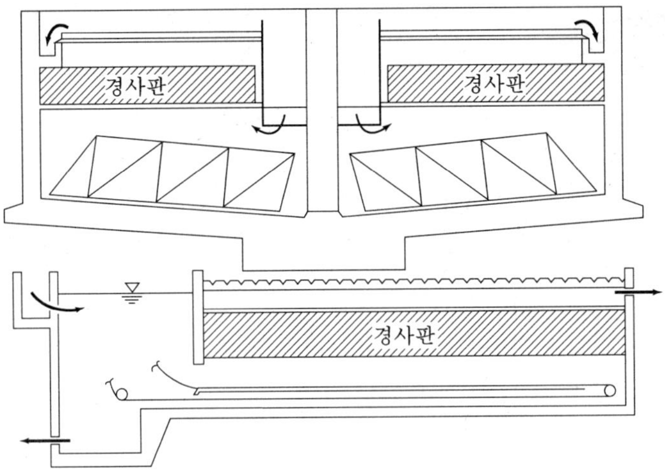

그림 8.12 경사판이 설치된 침전지

(2) II형 침전(응결물 침전)

낮은 농도로 존재하는 응결입자들의 침전 특성은 비응결 입자들의 침전 특성과는 다르므로 입자의 침전 특성과 함께 응결물의 특성을 고려해야 한다. 이런 경우 큰 침전속도를 가진 무거운 입자는 빨리 침전하면서 조그만 입자와 충돌하고 결합하여 더 큰 입자가 되므로 더 빨리 침전하게 된다. 입자들이 서로 충돌할 수 있는 기회는 침전지의 깊이가 깊어짐에 따라 증가하며 침전효율은 표면침전 뿐만 아니라 침전지의 깊이에 의해서도 영향을 받는다. 이 점이 I형과 II형 침전의 큰 차이다. 생하수(生下水, raw sewage) 내의 고형물이 1차 침전지의 수면부근에서 침전할 때가 전형적인 II형 침전에 속한다.

현재로서는 응결이 침전에 미치는 영향을 측정하기 위한 알맞은 수학적인 방법은 없으며, 침전관(setting column) 분석으로 영향을 측정할 수 있고 침전관 분석을 위한 표준방법은 분석용 시료를 여러 깊이에 따라 시료 채취구를 가진 관에 채워져 조용히 침전시키는 것이다. 그리고 정해진 시간간격에 따라 시료 채취구로부터 시료를 취급한 다음 각 시료의 부하물농도를 측정하여 제거율과 침전률을 계산한다. 그 다음에 그림 8.13과 같이 도표를 그린다. 이 때 각 측정된 값은 적당한 깊이 및 시간의 좌표에 따라 그려야 하며, 충분한 자료가 그려진 다음 등농도선(等濃度線, isoconcentration line)을 그린다. 이들 선들은 같은 제거부분을 대표하며, 또한 특정된 응결물농도에서 입자가 침전하는 경로의 최대궤도를 나타내며, 입자들의 45%는 120 cm 깊이에 도달했을 때 평균침전속도가 5.76 cm/min 보다 크지 않다.

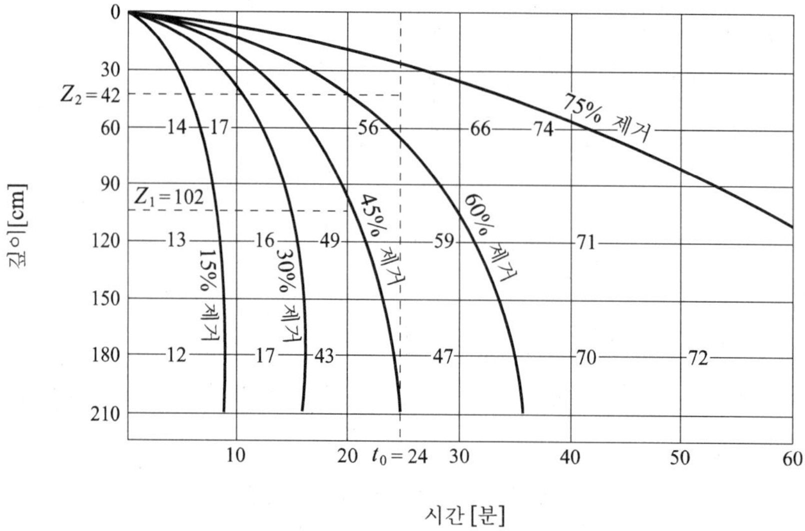

그림 8.13 침전관 분석기법

(3) III형 침전(지역침전)

부유물의 농도가 큰 경우 가까이 위치한 입자들의 침전은 서로 방해를 받으며, 독립입자로서 침전하는 것이 아니고 집합체로서 침전하기 때문에 결국 침전하는 부유물과 상부에 남는 액체간에는 뚜렷한 경계면이 생기게 된다. 그림 8.14는 이러한 경계면의 위치가 시간에 따라

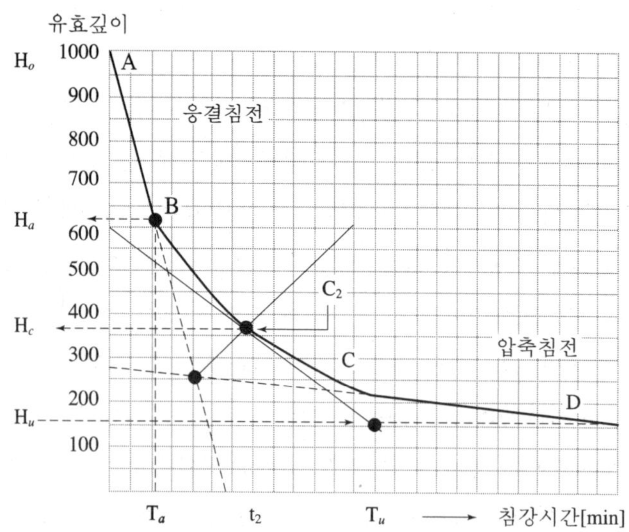

그림 8.14 지역침전시 경계면의 위치와 시간과의 관계

어떻게 변하는 가를 설명한 것이다. A로부터 B까지는 부유물-액체 경계면의 방해침전을 뜻하고 B로부터 C까지는 압축지점으로 들어가지 전의 전이부분으로서 침전속도의 감소가 일어난다. C로부터 D까지는 압축침전으로서 슬러지의 압축에 의해서 결정되며, 지역침전이나 압축침전이 중요한 경우에는 부유물의 침전 특성을 측정하기 위하여 침전시험이 요구된다. 설계 시의 표면침전물은 독립침전에 필요한 표면적, 독립침전과 지역침전의 경계면 그리고 압축침전되는 슬러지의 제거율 등을 모두 고려해야 한다. 그러나 지역침전의 속도가 독립침전의 속도보다 낮기 때문에 지역침전이 설계를 좌우한다. 지역침전을 위하여 필요한 면적은 다음과 같이 계산할 수 있다.

$$A = Q \cdot \left(\frac{t_w}{H_o}\right) \tag{8-16}$$

여기서, Q : 유량[m³/s]

t_w : 요구되는 부유물농도에 도달하는 시간[s]

H_o : 관 내에서 최초의 경계면 높이[m]

한편 슬러지의 취급능력을 지배하는 임계농도(臨界濃度)는 농도가 C_2인 높이 H_2 지점에서 일어난다. 이 점은 그림 8.14와 같이 침전곡선 중의 방해침전 부분과 압축부분을 연장시켜 만난 각을 2등분함으로써 구할 수 있으며, 시간 t_u는 다음과 같은 절차에 의해서 구할 수 있다.

① 요구되는 슬러지농도 C_u로 압축되는 깊이 H_u에 수평인 선을 그으면 다음과 같다.

$$H_u = \frac{C_0 H_0}{C_u} \tag{8-17}$$

② C_2라고 표시된 점에서 침전곡선을 접하는 선을 긋는다.

③ 위 두 교차점에서 수직선을 그어 시간축과 만나는 점이 구하는 t_u이다.

예제 8.4

그림 8.14에서 2,000 m³/d의 유량을 갖는 포기탱크의 MLSS농도가 300 mg/ℓ인 활성슬러지를 침전시험한 결과 다음과 같다. 최종농축된 농도를 2%로 하고자 할 때 다음 물음에 답하시오.

1) 압축되는 깊이 H_u를 구하시오.
2) 그때의 시간 t_w를 구하고 그림에서 어떻게 구하는가?
3) 지역침전을 위해 요구되는 면적 $[A]$은 얼마인가?
4) 방해침전의 침전속도 $[V]$를 구하시오.
5) 침전후 상등액량은 몇 m³/d인가?

풀이

1) $H_u = \dfrac{C_o \cdot H_o}{C_u} = \dfrac{300\,\mathrm{mg}/\ell \times 0.4}{2{,}000\,\mathrm{mg}/\ell} = 0.06\,[\mathrm{m}]$

2) $t_u = 27\,\mathrm{min}$, t_u는 C_2의 접선과 H_u와 접선에서 수직선을 그어 만나는 점이다.

3) $A = Q \cdot t_u / H_o = \dfrac{(2{,}000\mathrm{m}^3/\mathrm{d} \times 1{,}440\mathrm{min/d}) \times 27\mathrm{min}}{0.4\,\mathrm{m}} = 93.75\,[\mathrm{m}^2]$

4) $V = \dfrac{(0.4 - 0.27)\,\mathrm{m}}{8}\mathrm{min} = 0.01625\,\mathrm{m/min} = 0.975\,[\mathrm{m/hr}]$

5) $2{,}000\,\mathrm{m}^3/\mathrm{d} \times \dfrac{(0.4 - 0.06)\,\mathrm{m}}{0.4\,\mathrm{m}} = 1{,}700\,[\mathrm{m}^3/\mathrm{d}]$

---

(4) IV형 침전(압축침전)

침전시험관 내에서 침전이 계속됨에 따라 관의 바닥상부에는 압축된 입자들의 층이 생기기 시작한다. 이들 입자들은 입자간에 물리적인 접촉이 존재하는 구조를 형성하게 되며, 압축층이 생김에 따라 더 낮은 농도의 부유물을 함유하는 층이 상부에 형성된다.

압축침전시 슬러지가 차지하는 부피도 침전시험에 의해서 결정될 수 있다. 압축침전시 슬러지가 압축되는 비율은 식 (8-18)을 사용하여 구할 수 있다.

$$H_t = H_\infty - (H_2 - H_\infty)\, e^{-i(t - t_2)} \tag{8-18}$$

여기서, H_t : 시간 t에서의 슬러지의 높이

H_∞ : 장시간(통상 24시간) 후의 슬러지의 높이

H_2 : 시간 t_2에서의 슬러지의 높이

i : 주어진 한 시료의 특정계수

슬러지의 농축시 교반(stirring)하면 응결물이 파괴되고, 물이 빠져나가게 되어 효율이 좋아진다. 지역침전의 경우에도 교반이 효율을 증가시킨다. 따라서 필요한 경우에는 침전시험을 실시할 때 교반하여 필요한 면적과 슬러지의 부피를 구하여야 한다.

침전의 형식과 그 특성, 적용범위 등을 요약하면 표 8.3과 같다.

표 8.3 침전의 형식과 특성

침전 형식	특징	적용
독립입자 침전	·저농도 현탁입자의 침전 독립인자로서 침전하며, 이웃 입자와의 간섭이 없음	·Grit, 토사 등의 침전침사지, 상수도의 보통 침전지
응결물 침전	·저농도 응집성 입자와의 침전, 침전하면서 응집하여 침강속도가 변함	·상수도, 기타의 약품침전지, 상수도의 최초 침전지, 최종침전지의 상층부
지역침전	·뚜렷한 경계면 형성층을 이루어 짐전	·하수도 최종침전지의 슬러지침적부 상층
압축침전	·슬러지침적층의 압축과 공극수의 상승분리	·하수도 최종침전지의 슬러지침적부 하층, 슬러지농축탱크

8.3.2 상수도의 침전지

침전지의 주요형식을 분류하면 횡류식 장방형 침전지, 상향류식 침전지 및 상향류 접촉반응형 침전지 등의 세 가지가 있으며, 표 8.4와 같다. 이 중 횡류식 장방형 침전지는 수리적으로 안정되어 있고, 또한 수리적인 충격부하에 대해서도 어느 정도 감당할 수 있으므로 침전지의 형상으로서 일반적으로 권장되는 형식이다. 이 형식의 침전지는 일반적으로 설계유량의 두 배의 부하에서도 침전수의 수질을 심하게 저하시키지 않으면서 안정된 운전성능을 발휘할 수 있다. 또한 이 형식은 조작이 간단할 뿐만 아니라 고속침강장치를 쉽게 추가할 수 있다.

표 8.4 침전지의 분류

<table>
<tr><td rowspan="5">횡류식 침전지</td><td colspan="2">단층식</td></tr>
<tr><td rowspan="2">다층식</td><td>2층식</td></tr>
<tr><td>3층식</td></tr>
<tr><td rowspan="2">경사판식 등</td><td>수평류식</td></tr>
<tr><td>상향류식</td></tr>
<tr><td rowspan="3">고속응집침전지</td><td colspan="2">슬러지 순환형</td></tr>
<tr><td colspan="2">슬러지 블랑키트형</td></tr>
<tr><td colspan="2">복합형</td></tr>
</table>

주) 고속응집침전지에 경사판 등의 침강장치를 설치하는 경우도 있다.

또한 전처리공정에서 응집약품을 사용하는지의 여부에 따라 응집처리를 수반하는 약품침전지와 원수를 자연침강으로 현탁물질을 분리시키는 보통침전지가 있다. 보통침전지는 완속여과지의 부담을 경감시키기 위하여 설치하나, 침전효율을 좋게 하기 위하여 침전지의 형상이나 유입부와 유출부, 정류설비 등을 충분히 고려하여 설계해야 한다.

원수의 연간최고탁도가 30 NTU 이상인 경우에는 응집처리할 수 있는 시설을 설치해 두어야 한다. 또 저수지의 물이나 지하수를 상수원으로 하는 경우 등 원수탁도가 대체로 10 NTU 이하인 경우에는 보통침전지를 생략할 수 있다.

원수 중에 다량의 플랑크톤 조류가 포함되어 있으며, 일반적으로 플랑크톤 조류의 번식으로 pH가 올라가고, 저수지 물이 초록~암적색으로 착색되며 냄새가 나는 경우도 있다. 이러한 경우에는 염소처리가 가능한 설비를 고려해 두어야 한다. 다만 이것은 후속되는 완속여과지의 여과막 생물에 미치는 영향을 고려하여 신중하게 해야 한다.

(1) 횡류식 침전지의 구성과 구조

약품침전지의 구성과 구조는 다음과 같다.

① 침전지의 수는 원칙적으로 두 지 이상으로 한다.
② 배치는 각 침전지에 균등하게 유출입될 수 있도록 수리적으로 고려하여 결정한다.
③ 각 지마다 독립하여 사용가능한 구조로 한다.
④ 침전지의 형상은 장방형으로 하고, 길이는 폭의 3~8배 이상으로 한다.
⑤ 유효수심은 3~5.5 m로 하고 슬러지퇴적 심도로서 30 cm 이상을 고려하되 슬러지제거 설비와 침전지의 구조상 필요한 경우에는 합리적으로 조정할 수 있다.
⑥ 고수위에서 침전지 벽체 상단까지의 여유고는 30 cm 이상으로 한다.
⑦ 침전지 바닥에는 슬러지배제에 편리하도록 배수구(排水溝)를 향하여 경사지게 한다.
⑧ 필요에 따라 복개 등을 한다.

(2) 횡류식 침전지의 용량과 평균유속

횡류식 침전지는 다음과 같다.

1) 보통침전지(응집처리를 하지 않은 것)

① 표면부하율은 5~10 mm/min를 표준으로 한다.
② 침전지 내의 평균유속은 0.3 m/min 이하를 표준으로 한다.

2) 약품침전지(응집처리를 수반하는 단층침전지)

① 표면부하율은 15~30 mm/min으로 한다.
② 침전지 내의 평균유속은 0.4 m/min 이하를 표준으로 한다.

(3) 경사판(관) 등의 침전지

1) 원수수질, 처리수질의 목표 및 침전지의 형식 등을 고려하여 침강장치의 종류와 형식을 정한다.

2) 침전지 유입부에는 경사판 등의 침강장치에 균등하게 유입되도록 하고, 단락류를 방지하기 위하여 유효한 조치를 강구한다.

3) 기타 설비에 대해서는 약품침전지의 기준에 준해야 한다.

4) 횡류식 경사판 침전지는 다음을 표준으로 한다.

① 표면부하율은 4~9 mm/min로 한다.

② 경사판의 경사각은 60°로 한다.

③ 침전지 내의 평균유속은 0.6 m/min 이하로 하고, 경사판 내의 체류시간은 경사판의 간격 100 mm인 경우에 20~40분으로 한다.

④ 장치의 하단과 바닥과의 간격은 1.5 m 이상으로 한다.

⑤ 장치와 침전지의 유입부벽 및 유출부벽과의 간격은 1.5 m 이상으로 한다.

5) 상향류식의 경사판을 설치하는 경우에는 다음을 표준으로 한다.

① 표면부하율은 7~14 mm/min로 한다.

② 침강장치는 1단으로 한다.

③ 경사각은 60°로 한다.

④ 침전지 내의 평균상승유속은 80 mm/min 이하로 한다.

⑤ 상승수류를 가능한 한 침강장치 내로 통과시키기 위한 것은 다음과 같다.
침강장치의 설치면적은 침전지에서 상향류부분의 90% 이상으로 하여야 한다. 다만 구조적인 제약 등으로 인하여 불가피한 경우에는 80% 이상으로 하되 저류벽 등을 설치하여 단락류가 생기지 않도록 주의하여야 하며, 침강장치와 침전지 측벽 또는 저류벽과의 간격은 100 mm 이하로 한다.

⑥ 횡류식 침전지에 상향류식 경사판을 설치하는 경우에는 다음과 같다.

ⓐ 장치의 하단과 바닥과의 간격은 1.5 m 이상으로 한다.

ⓑ 장치와 유입부벽과의 간격은 1.5 m 이상으로 한다.

ⓒ 장치 하부의 입구에서 평균유속은 0.7 m/min 이하로 한다.

6) 경사판을 설치할 때에는 경사판에 쌓인 슬러지를 제거하기 위한 장치를 설치하거나 경사

판의 중간에 통로를 두어 청소하는 사람이 통행할 수 있도록 해야 한다.

7) 경사판 등 침강장치는 지진이나 침전지를 비울 때에 경사판에 쌓인 슬러지의 무게로 인하여 경사판이 파손되는 경우가 없도록 적절한 조치를 강구한다.

8) 처리효율을 향상시키기 위하여 기존 침전지에 경사판 등 침강장치를 설치하는 경우에는 부대된 기존 설비능력을 고려한다.

9) 조류가 번성함으로 인한 장애에 대한 대책을 강구한다.

경사판(관)식 침전지는 그림 8.15와 같이 침전지 내에 경사판이나 경사관을 삽입하여 일종의 다층침전지를 구성함으로써 침전효율을 높이고자 하는 것으로 침강장치로는 각종 형상의 것들이 사용된다.

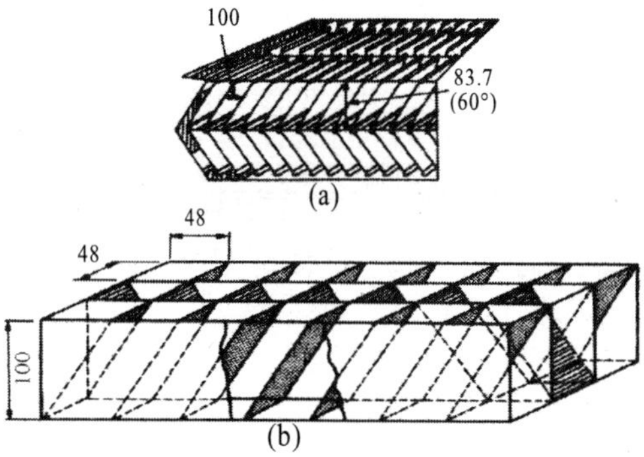

그림 8.15 경사판 침강장치의 예(단위 : mm)

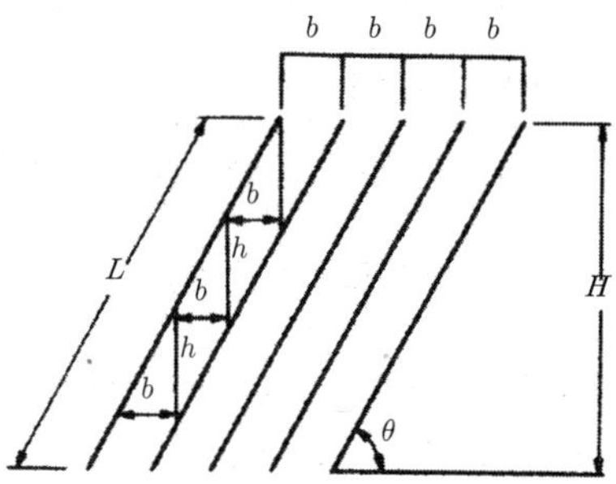

그림 8.16 경사판의 효능

그림 8.16과 같이 수심 H의 침전지에 경사판을 삽입하였을 경우에 침전지 내에서 현탁입자의 최대침강거리는 H에서 h로 짧아지며 침전효율은 H/h배로 증대된다. 이를 다른 방향에서 본다면 H/h층의 다층침전지를 형성하고 있는 것으로 볼 수 있다. 이것은 경사판의 형상에는 관계가 없으며 침전지 내의 수류방향이 횡류이거나 상향류일 경우에도 성립된다.

그림 8.17과 같이 침강장치의 형상에 따라 주로 횡류(수평류)에서 사용되며, 상향류에서 사용되고, 어느 방향의 수류에서나 사용할 수 있는 것 등이 있다. 원리적으로는 동일하나 그 성질에 각각 약간의 차이가 있으므로 이러한 장치를 설치하는 침전지에는 횡류식침전지와 고속응집침전지에서는 플록의 성장이나 완충기능 및 슬러지 배출방법이 다르기 때문에 이들을 고려하여 침강장치의 형상과 배치를 결정해야 한다. 침전지 내에 경사판 등 침강장치를 설치하여 침전효율을 개선하고자 하였을 경우에는 그 효과에 따라 체류시간을 감소시키고 침전지의 처리능력을 향상시킬 수 있다.

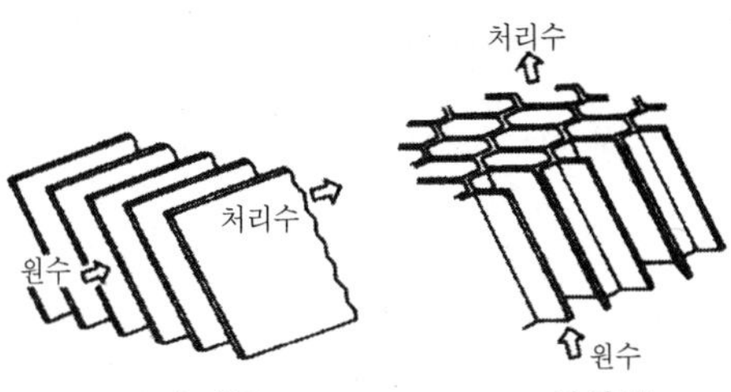

(a) 수평류 (b) 상향류

그림 8.17 침강장치와 흐름방향

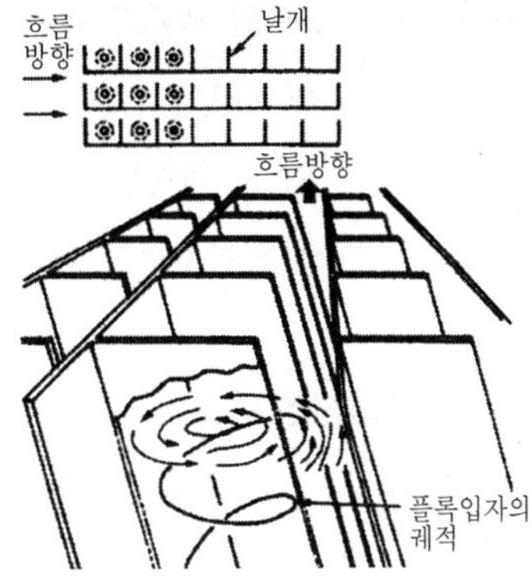

그림 8.18 날개가 부착된 경사판

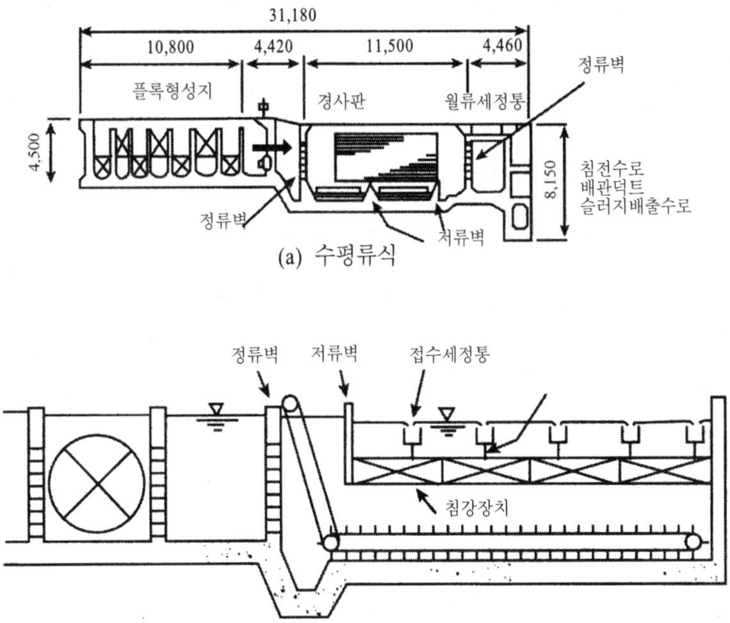

(a) 수평류식

(b) 상향류식

그림 8.19 정류벽 · 저류벽 설치방법의 예[단위 : mm]

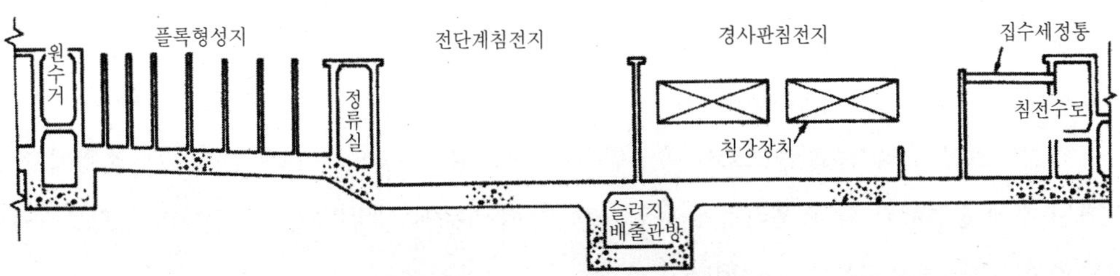

그림 8.20 전단계침전지 설치의 예

경사판 등 침강장치와 외관은 유사하나 원리적으로는 전연 다른 신종의 침강장치도 출현하고 있다. 그림 8.18의 장치는 경사판에 따라 많은 날개(fin)를 부착한 것으로 독립된 침전대를 갖는 구조로 되어 있고, 제거율을 높이고 장치를 축소시키고자 하였다. 또한 정류벽 · 저류벽 설치방법 및 전단계 침전지설치 예는 그림 8.19 및 그림 8.20과 같다.

(4) 고속응집침전지

1) 고속응집침전지를 선택할 때에는 다음 조건을 고려하여 결정한다.

① 원수탁도는 10 NTU 이상이어야 한다.

② 최고탁도는 1,000 NTU 이하인 것이 바람직하다.

③ 탁도와 수온의 변동이 적어야 한다.

④ 처리수량의 변동이 적어야 한다.

2) 고속응집침전지의 지수와 구조는 다음 각 호에 따른다.

① 표면부하율은 40～60 mm/min을 표준으로 한다.

② 용량은 계획정수량의 1.5～2.0시간분으로 한다.

③ 경사관 등의 침강장치를 설치하는 경우에는 슬러지계면의 상부에 설치한다.

④ 슬러지배출설비는 침전지 내의 잉여슬러지를 수시로 또는 상시 연속으로 충분하게 배출할 수 있는 구조로 한다.

⑤ 침전지를 청소하거나 고장인 경우에도 정수처리에 지장이 없는 침전지의 지수로 한다.

고속응집침전지는 기성 플록이 존재하는 중에 새로운 플록을 형성시키는 방식의 침전지로 응집침전의 효율을 향상시키는 것을 목적으로 하는 방식이다.

고속응집침전지는 원리상 또는 기구상으로 슬러리순환형, 슬러지블랑키트형 및 양자의 복합형으로 크게 나눌 수 있으며, 각각 다수의 기종이 있고 원수조건과 사용조건에 대한 적용범위를 가지고 있으므로 계획하는 정수시설의 조건과 각종 고속응집침전지의 특징을 충분히 검토하고 기종을 선정해야 한다. 재질이 강판인 경우에는 유지관리할 때에 부식을 방지하기 위한 도장에 대하여 주의를 기울여야 한다.

그림 8.21은 슬러지순환형으로써 유입원수와 응집제는 순환되는 기존 슬러리와 혼화되고 교반된 후에 순환류와 함께 분리부에 유입되며, 이 분리부에 상징수의 상승수류와 침강분리되어 순환하는 하강슬러리류로 분리된다.

상징수는 수면에 배치된 집수배수통(trough : 모래여과에서 사용되는 세정용 배수 홈통을 말함)를 통하여 유출되고 잉여슬러지는 바닥 또는 순환부에 설치된 슬러지호퍼에서 배출된다. 교반부의 크기와 구조는 기종에 따라 다르며 교반과 순환을 일으키는 방식은 회전날개에 의한 방식 외에 수류에 의한 방식, 공기세척에 의한 방식 등이 있다. 특히 슬러지의 양이 많은 경우에 적합하도록 중심축회전식 슬러지수집기를 갖춘 기종도 있다.

그림 8.22 및 8.23은 슬러지블랑키트형으로써 상승수류로 부유상태인 슬러리의 아래쪽에서 응집제가 혼합된 원수가 통과하면서 현탁물질은 많은 기존 플록과 접촉하여 한 덩어리가 되고,

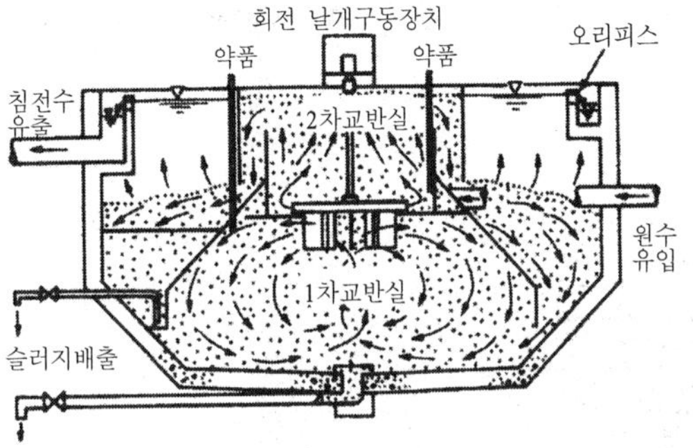

그림 8.21 고속응집침전지(슬러리순환형)

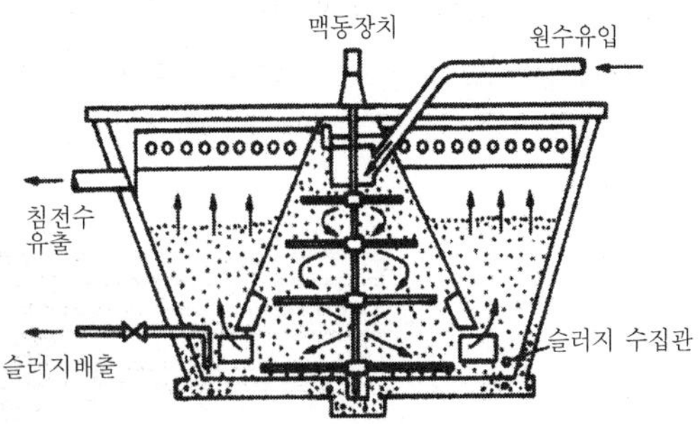

그림 8.22 고속응집침전지(슬러지블랑크트형)

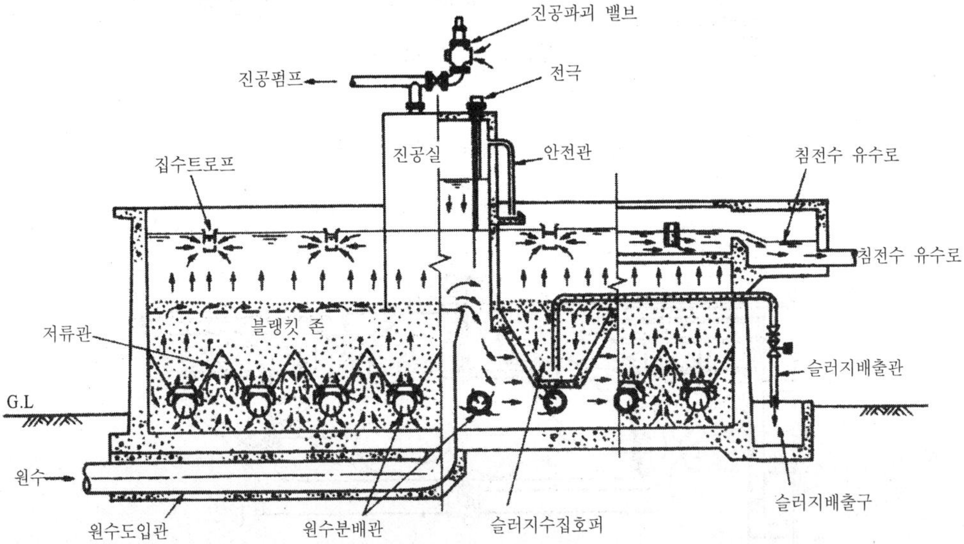

그림 8.23 고속응집침전지(맥동형)

슬러리층(blanket)의 상면에 도달할 때까지 성장하며, 상승수류보다 침강속도가 커진 플록은 상승수류에서 분리되어 기존의 부유슬러리층(blanket)으로 들어간다. 일반적으로 순환류는 없으며 슬러리를 부유시키는 것을 상승수류에만 의존하는 형식들이 많다.

교반은 회전날개에 의한 방식 외에 맥동(脈動, pulsatory motion)에 의한 방식, 펌프가압수류에 의한 살수기의 회전에 의한 방식 등이 있다. 잉여슬러지의 배출은 침전지 바닥에서 이루어지는 경우가 많으나, 맥동형에서는 분리면의 상단에서 월류시킨 다음 슬러지를 배출시키고 있다.

그림 8.24는 복합형으로써 최초의 응집과정을 슬러리순환으로 하고 다음에 플록의 성장과 분리를 슬러지블랑키트로 하는 방식이 많이 사용되고 있다. 슬러리순환을 교반하는 방식에는 회전날개에 의한 방식, 수류 자체에 의한 방식 및 살수기의 회전에 의한 방식 등이 있다.

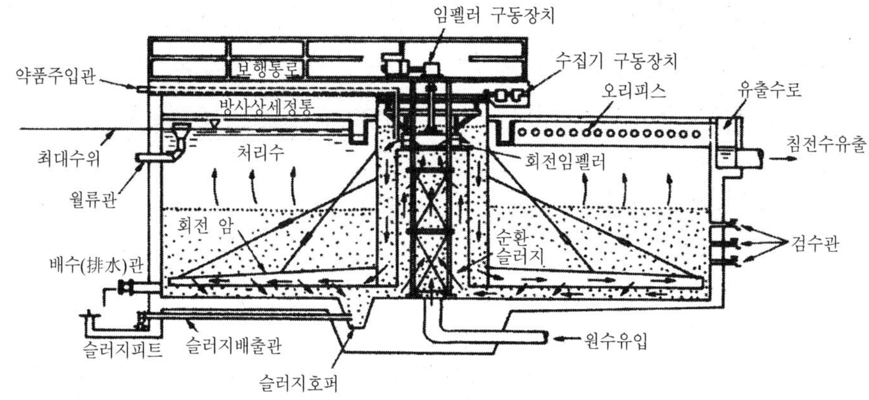

그림 8.24 고속응집침전장치(복합형)

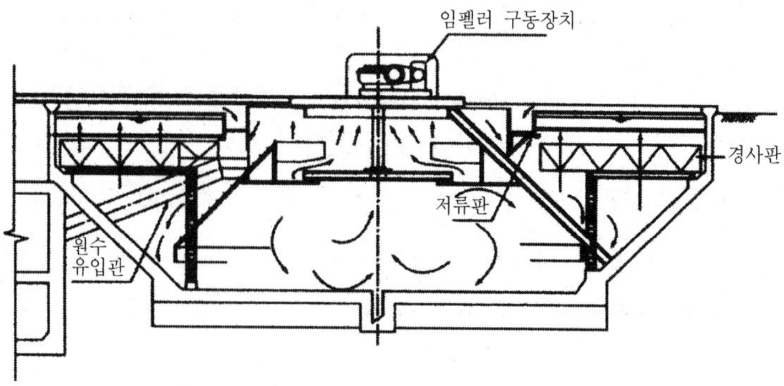

그림 8.25 고속응집침전지에 경사판 설치의 예

또한 그림 8.25는 고속응집침전지에 경사판 등의 침강장치를 설치하면 상승유속을 높이며 생물에 의한 여과장애, 밀도류에 의한 탁질유출(carry over), 분말활성탄 누출 등의 대책에 유효하고 침전처리수의 수질을 개선할 수 있다. 여기서는 슬러리계면의 상부에서 미세한 플록을 포착하도록 침강장치를 계면의 상부에 설치하는 것을 원칙으로 한다.

8.4 여 과

8.4.1 완속여과지

(1) 서설

완속여과법(緩速濾過法, slow filtration)은 모래층의 표면에 증식하는 미생물군으로 수중의 부유물질이나 용해성물질 등 불순물을 포착하여 산화하고 분해하는 방법에 의존하는 정수방법이며, 이 정수방법은 비교적 양호한 원수에 알맞은 방법으로 생물기능을 저해하지 않는다면 완속여과지에서는 수중의 현탁물질이나 세균뿐만 아니라 어느 한도 내에서는 암모니아성질소, 냄새, 철, 망간, 합성세제, 페놀 등도 제거할 수 있다.

이 정화기능을 세분하여 보면, 미여과수가 세밀하게 충전된 고운 모래 사이를 느린 속도로 통과함으로써 모래층의 표면에서 기계적인 체거름작용과 함께 수중의 미립자가 모래입자의 표면에 부착됨으로써 수중의 현탁물질이 모래층의 표면에 억류된다. 이 억류된 물질에 다시 수중의 부식질이나 영양염류가 부착되고 그 위에 조류나 미소생물이 번식하여, 또한 이들을 분해하는 다수의 박테리아가 번식하여, 축적된 현탁물질과 생물군 그리고 그 분비물이 피막을 이루면서 생물여과막이 형성된다.

완속여과에서 현탁물질의 저지는 여과모래층의 표층부에 집중되기 때문에 표층부분에서 큰 여과손실수두가 생긴다. 손실수두의 증가에 따라 유출부의 수위를 낮추어(밸브를 개방하여) 정속여과를 유지한다. 또한 손실수두가 커져서 필요한 통수량이 유지되지 않으면 여과를 정지하고 표층부분 10 mm 정도의 모래를 삭취하여 모래층의 표면을 재생한다.

완속여과의 장점은 약품처리 등을 필요로 하지 않으면서 정화기능을 안정되게 얻을 수 있으므로 완속여과지의 설계는 이러한 장점을 고려해야 한다. 한편 단점은 넓은 부지면적을 필요로 하며, 오래 사용한 여과지의 표층을 삭취해야 한다는 것이다. 완속여과지는 그 기능상 유입되는 원수수질에 대하여 다음과 같은 제약이 있다. 우선 완속여과지에서는 여과모래층의 표층에서만 현탁물질이 억류되기 때문에 탁도(nephelometric turbidity unit, NTU)가 높거나 플랑크톤 조류가 많은 경우에는 표층의 손실수두가 단시간에 높아져서 여과지속시간이 단축되기 때문에 적당하지 않다. 여과지 유입수의 탁도는 연중최고일 때도 10 NTU를 초과해서는 안 된다.

2주 정도의 여과지속일수 밖에 얻을 수 없는 경우에는 탁도와 플랑크톤 조류 등을 미리 전처리하여 농도를 저하시키는 것이 바람직하다. 탁질을 제거하는 방법으로 보통침전과 초벌여과(1차 여과)가, 또 플랑크톤을 제거하는 방법으로서는 저수지에서 처리, 취수수위의 조절, 마이크로 스트레이닝(micro straining), 초벌여과 및 응집침전 등의 방법이 있다. 한편 원수 중의 철 · 망간에 의한 색도는 완속여과지에서 일부를 제거할 수 있지만 휴믹산 등 천연의 안정된 화합물에 의한 색도는 거의 제거할 수 없다.

완속여과의 정화는 주로 생물작용에 의한 것이기 때문에 정상적인 생물기능을 저해할 정도로 오염된 물은 완속여과에는 적당하지 않다. 또한 여과층 내에서 유기물과 철 · 망간이 산화되기 위해서는 여과층 내부가 호기성 상태여야 한다. 만약 여과모래층 내부에서 용존산소가 결핍되면 여과모래층의 내부에서 유기물을 분해하고 질소를 산화시키는 호기성 세균이 기능을 하지 못할 뿐 아니라 여과모래층 내에 축적되어 있는 철 · 망간 등이 용출되기 때문에 용존산소의 농도가 낮은 물은 직접 완속여과하는 것이 적당하지 않다.

그러므로 완속여과는 어느 정도의 오염도까지는 급속여과가 미치지 못하는 광범위한 용해물질을 제거하는 기능을 가지고 있으나, 그 정도를 초과하면 정수기능을 발휘할 수 없다. 이와 같은 경우에는 전처리를 추가하여 수질을 개선하거나 다른 정수방법으로 변경해야 한다.

상수원이 크립토스포리디움(cryptosporidium : 사람이나 동물의 소화기, 호흡기에 기생하는 원생동물로 수질오염에 의한 집단발병원인) 등의 병원성 미생물에 오염될 우려가 있는 경우의 여과지 유출수에 대한 여과수 탁도를 0.1 NTU 이하로 유지해야 하며, 여과수 탁도는 충분히 조정된 탁도계를 이용하여 각 여과지마다 측정하는 것이 원칙이나 불가능한 경우에는 각 처리계통마다 측정하는 것으로 할 수 있다. 또한 고도정수처리를 하고 있는 경우의 탁도는 공정의 최종단계에서 탁도가 0.1 NTU 이하가 유지되도록 운전관리해야 한다.

(2) 구조와 형상

1) 여과지 깊이는 하부집수장치의 높이에 자갈층 두께, 모래층 두께, 모래면 위의 수심과 여유고를 더하여 2.5~3.5 m를 표준으로 한다(그림 8.26 참조).

2) 여과지의 형상은 장방형을 표준으로 한다.

3) 배치는 몇 개 여과지를 접속시켜 1열이나 2열로 하고, 그 주위는 유지관리 공간으로 둔다.

4) 주벽의 상단은 지반보다 15 cm 이상 높임으로써 여과지 내로 오염수나 토사 등의 유입을 방지한다.

5) 추운지방에서 여과지의 물이 동결될 우려가 있는 경우나 또한 공중에서 하강하는 오염물질로 물이 오염될 우려가 있는 경우에는 여과지를 복개한다.

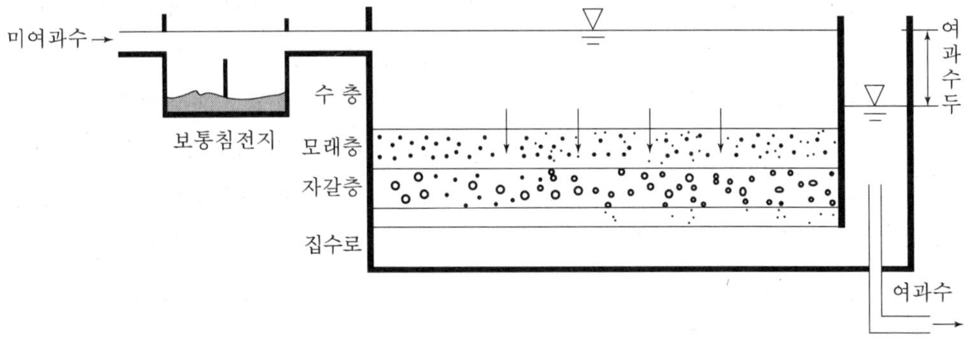

그림 8.26 완속여과지 구조

(3) 여과속도

완속여과는 본질적으로 표면여과이므로 표층을 긁어 냄으로써 여과기능이 재생되기 때문에 여과층 내부로 현탁물질이 침입되도록 하는 조치를 절대로 피해야 한다. 그러므로 여과속도를 너무 빠르게 하면 여과층 전체가 빨리 악화되어 탁질이 누출되고 높은 손실수두가 발생되어서 여과지속일수가 단축되는 등의 단점이 있으며, 여과속도가 느릴수록 완속여과의 정수기능이 우수하게 발휘된다.

경제성까지 포함하여 경험상으로 종합적으로 판단해 볼 때 일반 표류수에서는 4~5 m/d가 적절하므로 이를 표준으로 한다. 다만, 원수수질이 양호하고 특별한 지장이 없을 경우에는 그보다 빠르게 할 수 있다. 그러나 여과속도를 너무 빠르게 하면 여과지속일수가 단축되고 유지관리상 장애가 있으므로 8 m/d까지를 한계로 한다.

상수원이 크립토스포리디움 등의 병원성 미생물로 오염될 우려가 있는 경우에는 여과속도는 5 m/d를 넘지 않도록 한다. 여과모래를 교체한 다음에는 여과수를 배출시키면서 생물막이 다시 형성되어 정수 탁도가 0.1 NTU 이하로 될 때까지 낮은 여과속도로 여과하고 서서히 여과속도를 올리도록 한다(여과기능을 발현하는데는 하절기에 1일 정도, 동절기에 7일 정도를 요한다).

(4) 여과면적과 여과지수

여과지(濾過池)의 총면적은 계획정수량을 여과속도로 나누어 구한다. 또 1지의 면적이나 지수중 어느 하나가 정해지면 총면적으로부터 자연히 구할 수 있다. 여과지 운용은 운전, 정지, 삭취 및 보사작업 등이 순환으로 이루어지고 있으며 이것과 정수시설 규모, 건설비 및 유지관리의 난이도 등을 고려하여 1지의 크기를 적절하게 정한다. 일반적으로 사용되는 여과지의 크기는 큰 것은 4,000~5,000 m^2, 작은 것은 50~100 m^2 정도로 만들고 있다.

또한 계획정수량과 여과속도로부터 구한 필요 여과면적이 작더라도 여과자의 운영상 예비지가 필요하다. 필요한 예비지의 수는 여과지속일수, 오사삭취(汚砂削取) 시간이나 모래를 보충하는 소요일수에 따라 차이가 있으나 적어도 10지마다 1지의 비율로 설치하는 것이 필요하다.

여과지속일수는 주로 유입수의 수질과 여과속도에 따르며, 오사삭취 시간이나 보사 시기는 작업능률이나 여과지면적으로 결정된다.

(5) 모래층두께와 여과모래

여과모래의 품질은 규격으로서 한국상하수도협회규격 KWWA 103(수도용 여과모래시험방법)에 준거하고 판정할 수 있다.

선정표준의 각 항목은 다음과 같다.

1) 외관은 먼지나 점토질 등의 불순물이 적으며, 편평하거나 취약한 모래를 많이 포함하지 않아야 하고, 석영질이 많고 단단하며 균질의 모래이어야 한다.

2) 유효경은 0.3~0.45 mm이어야 한다. 고운 모래일수록 여과층에서 세균과 미립자를 제거하는 효과는 크지만 반면 고운 모래는 폐색되기 쉽고 삭취횟수가 많아져서 비경제적이므로 작업상 및 경제적인 관점에서 완속여과지용 모래의 유효경(有效徑, effective size)은 0.3~0.45 mm가 바람직하다.

3) 균등계수(均等係數, uniformity coefficient)는 2.0 이하이어야 한다. 완속여과는 표면여

과이므로 급속여과와 같이 세척에 따라 굵은입자(組粒子)와 고운입자(細粒子)가 상하로 분리되지 않으므로 균등계수의 상한은 그렇게 중요한 의미를 갖지 않는다. 그러나 균등계수가 너무 크면 세립자와 조립자의 여재가 치밀한 여과층을 구성함으로써 높은 저지율(沮止率)을 나타내는 반면 손실수두가 너무 커진다.

또 오사(汚砂)세척으로 작은 입자들이 유출되므로 전체의 입경분포가 변하며, 유효경을 증대시키게 된다.

4) 최대경은 2 mm 이내, 최소경은 0.18 mm로 하며, 부득이할 경우에도 그 입경을 초과하는 것이 1% 이하라야 한다.

5) 그 외에 세척탁도, 강열감량, 비중, 마모율(磨耗率, wear rate), 염산가용률 등은 급속여과의 여과층의 두께와 여재를 참조한다.

완속여과는 탁질을 제거하는 면에서 보면 표면여과이지만 내부여과층에 용해성 물질을 제거하는 기능을 가지고 있으며, 여과수의 안전을 확보하기 위하여 어느 정도의 여과층 두께가 필요하다. 간단한 삭취만으로 계속하여 여과기능을 재생하기 위하여 모래저장과 여과모래표면의 숙성 등도 겸하여 모래층의 최초두께 또는 보사 후의 두께는 70~90 cm가 적당하다.

삭취를 반복하였을 때 여과수의 수질을 저하시키지 않는 모래층의 최소두께는 원수수질, 여과속도, 모래입자의 오염정도와 모래입경 등에도 관계가 있으나 모래층의 생물기능분포와 경험으로 판단하여 약 40 cm가 한계이다. 실제로 모래층의 두께가 감소됨에 따라 모래층 내의 오염도가 급속히 증가하고 여과수질이 악화되는 경향이 있으므로 모래층 두께를 그 이상 얇게 하는 것은 바람직하지 않다.

(6) 자갈층의 두께와 여과자갈

완속여과지의 여과자갈은 최대경 60 mm, 최소경 3 mm로 하고, 층의 두께는 400~600 mm를 표준으로 하며 일반적으로 4층으로 깔고 있다. 하부집수장치의 구조에 따라서는 자갈층의 두께를 얇게 할 수도 있고 급속여과지에 준하더라도 가능하다.

(7) 하부집수장치

하부집수장치는 여과지의 전면에서 균등하게 여과하기 위하여 설치하는 설비이다. 설계에는 여과지의 모든 부분으로부터 가능한 한 균일하게 집수하면 더구나 적은 손실수두로 물이 흐르도록 하는 연구가 필요하다. 집수로(集水路)는 주거(住渠)와 지거(枝渠)로 구분하고 유속은 지거에서 15 cm/s 이하, 주거에서 20 cm/s 이하로 한다. 하부집수장치의 배치 예(그림 8.27 참조)를 나타내었다. 지거의 간격이 너무 크게 되면, 한 지거가 담당하는 집수면적이 과대해지고 여과가 불균일해지므로 여과지 바닥의 어느 지점에서도 지거까지의 수평거리는 4 m 이하로 한다.

급속여과지와 같이 역세척을 하는 것은 아니기 때문에 일반적으로 하부집수장치는 간단한 구조로 한다. 투수성 콘크리트블록(concrete block)이나 유공블록 등을 한 줄로 세우는 방식으로도 할 수 있다(그림 8.28 참조).

또한 하부집수장치의 바닥경사는 청소나 그 밖에 여과지를 비웠을 경우에 물이 흐르는데 충분한 경사를 둔다. 지금까지의 경험으로 주거에는 1/200, 지거에는 1/50 정도이다.

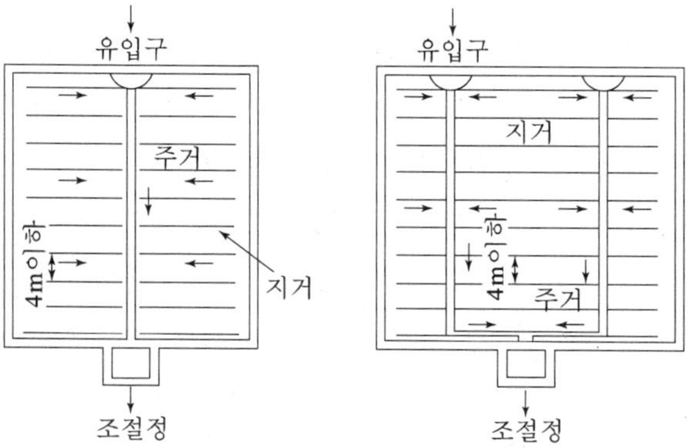

그림 8.27 하부집수로 배치의 예

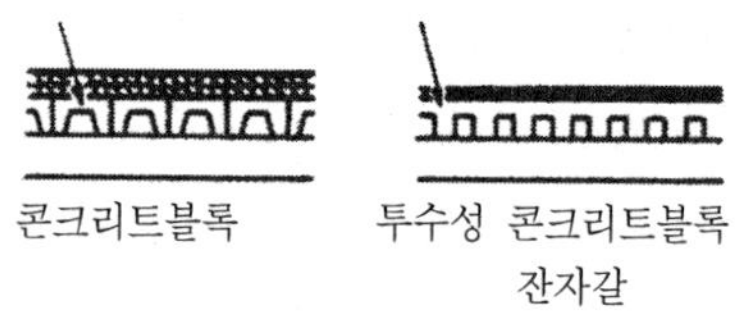

그림 8.28 완속여과지의 지거 단면도의 예

(8) 수심과 여유고

① 여과지의 모래면 위의 수심은 90~120 cm를 표준으로 한다.
② 고수위에서 여과지 상단까지의 여유고는 30 cm 정도로 한다.

(9) 조절정

① 조절정에는 유량조절장치를 설치한다.
② 유량조절장치에는 여과손실수두계, 여과속도 및 여과수량 지시계 외에 필요한 관이나 밸브류를 설치한다.
③ 유량조절장치는 여과지 내에 부(-)수두가 발생하지 않는 구조로 한다.

(10) 여과수의 역송장치

오사(汚砂)삭취작업을 완료한 다음 지 내에 원수를 유입시키기 전에 다른 여과지의 여과수를 조절정을 경유하여 역송시킨다. 이것은 모래면의 하부에 형성된 공기를 서서히 배제하고 여과장애가 되지 않도록 하기 위한 방법이다. 역송시킨 물이 모래면상 10 cm 정도가 충전되었을 때 역송을 중지하고 원수밸브를 열어서 원수를 서서히 유입시킨다. 여과수 역송에서 조절정 내에 장치된 여과수 유출설비중 양수웨어나 사이펀 등으로는 역송할 수 없으므로 별도의 연결용 역송관을 설치해야 한다.

또한 인접한 여과지의 여과수를 이용할 경우에는 특별히 역송장치를 설치하지 않고 유출관 또는 우회관으로 직접 역송시킬 수 있으나, 일반적으로 이러한 조작은 다른 여과지의 여과작업에 지장을 줄 우려가 있으므로 실시하는데는 신중을 기해야 한다.

(11) 유입설비

① 여과지에 접하여 유입측에 유입주관을 설치하고 여기에 연결되는 유입지관에는 제수문이나 제수밸브를 설치한다.

② 유입지관은 여과지의 크기에 따라 1~2개소 설치하고, 그 관지름은 평균유속 50 cm/s 정도가 되도록 한다(그림 8.29 참조).

③ 유입부의 주위에는 모래면 보호설비를 설치한다.

(12) 배수관

① 모래면의 상부에 있는 배수관의 관지름은 배수시간을 3~4.5시간 정도로 하며, 모래면의 하부에 있는 배수관의 관지름은 1~1.5시간 정도로 배수할 수 있도록 정한다.

② 배수관의 토출구는 상시 배수할 수 있으며, 오수가 역류되지 않는 장소에 설치한다.

③ 상시 배수할 수 없을 경우에는 배수펌프와 배수탱크를 설치한다.

④ 펌프를 사용하는 경우 배수탱크의 크기는 배수량의 4분간 분량 이상으로 한다.

(13) 세사설비 등

① 여과지에 가까운 곳으로 모래의 반입과 반출에 편리한 장소에 보충용 깨끗한 모래와 걷어낸 오사(汚砂)를 각각 저장할 수 있는 저장탱크를 설치한다.

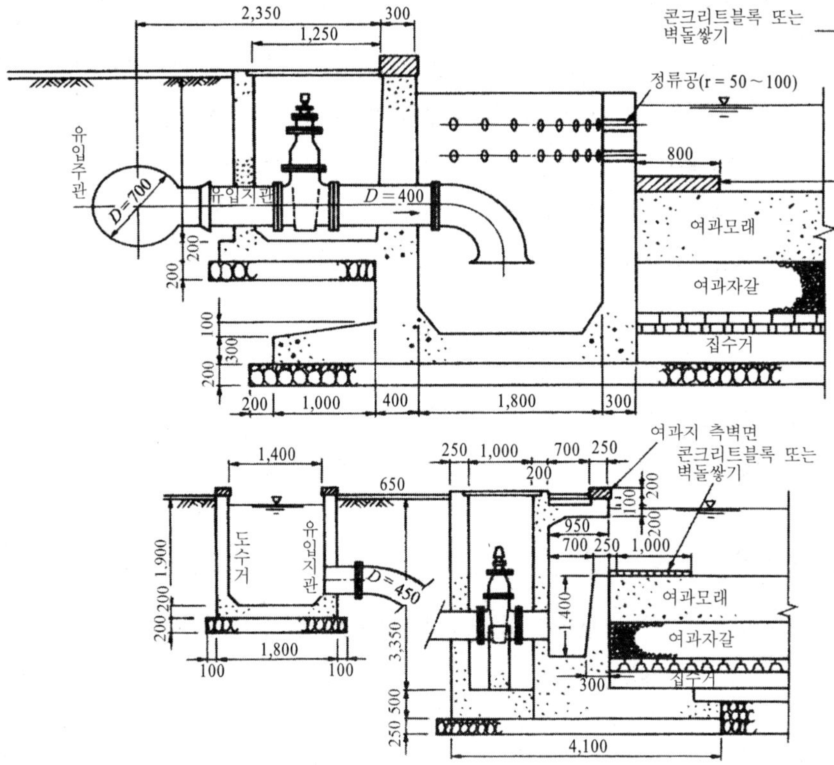

그림 8.29 완속여과지 유입설비(단위 : mm)

② 정수시설 내에서 걷어낸 오사를 세척할 경우에는 세사장치 외에 적당한 수량과 수압을 가진 세척수압관, 세척배출수 침전탱크 등 필요한 설비를 설치한다.

8.4.2 급속여과지

(1) 서설

급속여과(急速濾過, rapid sand filtration)지는 원수 중의 현탁물질을 약품으로 응집시킨 다음 입상층에서 비교적 빠른 속도로 물을 통과시켜 여재에 부착시키거나 여과층에서 체거름 작용으로 탁질을 제거하므로 제거대상이 되는 현탁물질을 미리 응집시켜 부착 또는 체거름되기 쉬운 상태의 플록(floc)으로 형성한다. 또한 원수가 저탁도인 경우라도 급속모래여과지에서 여과하는 것만으로는 크립토스포리디움을 포함한 클로이드와 현탁물질을 충분히 제거할 수 없기 때문에 반드시 응집제를 사용하여 처리하는 것이 바람직하다.

여과층에서 현탁물질의 제거기작은 두 단계로 나눌 수 있다. 제1단계는 현탁입자가 유선(流線)에서 이탈되어 여재표면 근처까지 이송되는 단계로 체거름작용 및 저지작용(straining action)과 중력침강작용이 주로 작용한다. 제2단계는 이송된 입자가 여재표면에 부착되고 포착되는 단계로 이것은 현탁입자와 억류표면(여과초기에는 여재표면이 되고 그 후에는 포획된 현탁입자로 생성된 표면)의 관계에 의존한다고 본다. 이러한 여재표면에서의 부착에 의한 억류(抑留)가 여과작용의 주요인이므로 가능한 한 많은 여재표면이 부착에 사용될 수 있도록 함으로써 여과작용을 유효하게 할 수 있다.

단위여과면적당 여재표면적은 여재입경과 여과층 두께의 함수관계이며, 여재입경을 작게 할수록 억류효과가 높아지고 여과층의 두께가 얇아도 탁질을 억류할 수 있으나 억류물이 특정(표면) 여과층에 집중되어 손실수두가 높아지기 때문에 장기간의 여과지속은 어렵고 얇은 여과층에서 억류되는 탁질량은 한계가 있다. 이에 반하여 여과층 내부로 플록을 침투시켜 여과층 전체를 이용하여 탁질을 포착할 수 있는 여과층을 사용하면 대량의 탁질을 여과층 내에서 억류할 수 있고 손실수두도 작다. 그러나 탁질누출(break through)의 우려가 있으므로 연속적인 감시가 필요하다. 여과층의 두께방향에서 여과기능을 부담하는 방법에 따라 전자를 표면여과(표층여과), 후자를 내부여과(체적여과)라고 한다.

또 여과층에서 플록의 포착상태는 플록의 강도에 따라 달라진다. 일반적으로 탁질당 응집제의 양(Al/T비)이 높은 플록은 강도가 낮고, 일단 여재입자의 표면에 부착되었더라도 수류의 전단력으로 파쇄되어 누출되기 쉽다. 한편, Al/T비가 낮고 강한 교반으로 생성된 플록은 강도가 높고 쉽게 누출되지 않는다.

일반적으로 여재는 굵은 것과 미세한 것들이 혼합된 입경분포를 가지기 때문에 역세척 하면 미세한 여재가 위에 모이고 굵은 여재는 아래에 모여서 나누어지는 경향이 있다. 이것을 모형적으로 나타내면 그림 8.30(a)와 같다. 이 여과층에 하향으로 원수가 흐르면 수중의 플록 대부분은 표층 근처에서 제거되고 억류량은 그림 8.30(a′)와 같은 분포를 갖는다. 따라서 표층의 손실수두가 커지고 여과층 내부의 억류용량을 충분히 이용하지 못한 채 여과를 중단하고 세척해야 한다.

모래만을 여재로 사용하는 단층여과지에서 단점을 보완시키기 위해서는 여재입경의 분포폭을 작게 하고 또 입도를 크게 하여 표층에서 억류량의 집중을 완화시키며, 더 나아가서 여과층을 두껍게 함으로써 탁질누출을 지연시키는 연구가 이루어지고 있다. 이것은 내부여과의 장점을 채택하는 것을 의미한다.

내부여과에서는 공극률이 큰 여재로 비교적 고속으로 여과함으로써 플록을 내부로 침투시켜 내부에 억류시키는 것이지만 플록의 침투가 지나치면 누출되기 쉬우므로 누출이 시작되기 전에 여과를 정지시킬 수 있도록 여과수 탁도를 연속감시하는 등 고도의 기술적인 관리능력을 필요로 한다.

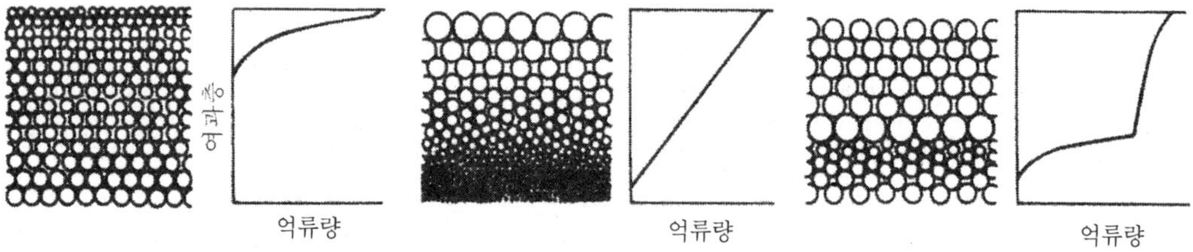

그림 8.30 여과층의 입도분포와 탁질억류량 분포

그림 8.30(b)와 같이 입경과 공극률을 수류방향에 따라 점점 작아지도록 여재를 구성할 수 있으면 고도의 탁질제거능력과 대량 억류기능을 함께 갖출 수 있으며, 역세척하더라도 이와 같은 여과층 구조를 유지하기 위해서는 상층보다 하층을 구성하는 여재의 침강속도를 크게 해야 한다. 이를 위해서는 하층에 밀도가 큰 여재를 사용해야 한다. 그러나 사용할 수 있는 여재의 종류는 한정되어 있으므로 여재의 입경이 상부에서 하부로 향하여 연속적으로 작아지는 급속여과지는 아직 실현되지 못하고 있다.

조립층(組立層)으로부터 세립층(細粒層)으로 물이 흐르도록 하는 여과지를 목표로 하는 하나의 형태로서 밀도가 다른 여러 여재를 이용한 다층여과가 있다. 실제로 많이 이용되는 것은 모래층 위에 안트라사이트를 넣은 이층여과로 모래에 비하여 입경이 크고 밀도가 작은 안트라사이트층에서 탁질의 대부분을 억류하고 나머지를 모래층에서 감당하는 억제기능을 각각 분리하여 실행하는 방법이다. 각 층의 상층에 미세여재가 모이는 경향을 피할 수는 없으나, 이 입경분포는 그림 8.30(c)와 같이 전체적으로 위에서부터 조립여재에서 세립여재의 순으로 여과층을 구성할 수 있다. 2층여과에서는 억류량이 그림 8.30(c′)와 같은 분포가 바람직하다.

일반적으로 단층여과에서 그림 8.30(a)를 상향류(上向流, upflow)로 여과하는 방법(상향류 여과)은 조립으로부터 세립으로 한결같이 고르게 입경이 변화되는 여과층으로 여과할 수 있지만 여과속도를 크게 하면 여과층이 팽창되어 탁질이 누출되기 쉬우며, 또한 여과수가 통과하는 부분에 세척할 때에 세척배출수의 일부가 잔류하는 결점이 있다. 또 일부에 이런 방식을 취한 것으로 여과층의 상부와 하부에서 원수를 유입시키고 여과층 중앙부에서 처리수를 집수하는 상하향류여과가 있으나 상향류여과와 동일한 문제가 있다.

여과지는 정수처리공정에서 탁질을 제거하는 최종단계로 사용하는 경우가 대부분이므로 다음과 같은 기능이 있다.

① 먹는물 수질기준 및 정수처리에 관한 기준을 만족시킬 수 있는 여과수를 얻을 수 있는 정화기능이 필요하다.

② 탁질의 양적인 억류기능이 필요하다.

③ 수질과 수량의 변동에 대한 완충기능이 필요하다.

④ 충분한 세척기능이 필요하다.

(2) 구조와 방식

현재 가장 많이 사용되고 있는 여과지의 형식은 적절한 입도로 체가름(straining)된 자연모래를 여재로 사용하여 중력으로 하향류로 여과하고 세척은 역세척과 표면세척, 또는 역세척과 공기세척을 구비한 형식의 것들이 대부분 사용되고 있다. 급속여과지 구조는 그림 8.31과 같다.

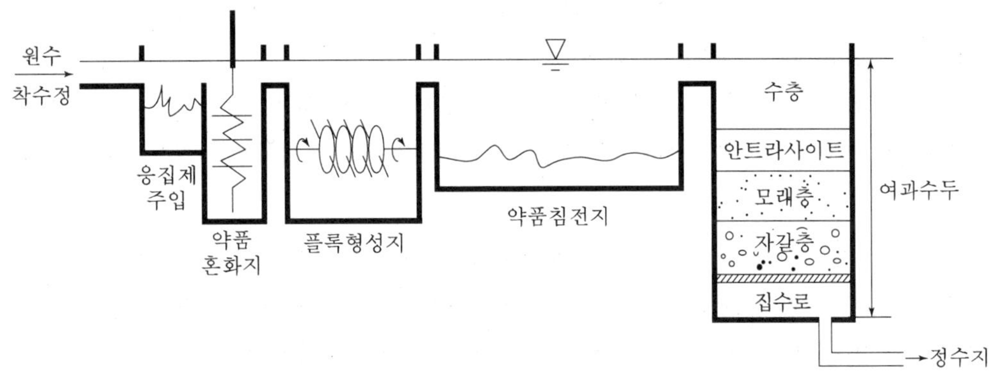

그림 8.31 급속여과지 구조

여과기능은 합리성, 효율성 및 경제성 등을 추구하고, 여과지의 규모와 용도에 따라 많은 형식이 개발되어 있으며, 다음과 같이 분류된다.

① 여과층의 구성에 따라 단층과 다층

② 수류방향에 따라 하향류(下向流, downflow)와 상향류(上向流, upflow)

③ 여재로는 모래와 안트라사이트(각각 단층인 경우와 다층인 경우가 있다.)

④ 여과속도에 따라 단층은 120~150 m/d, 다층인 경우 120~240 m/d를 표준으로 한다.

⑤ 수리적으로 중력식과 압력식이 있다.

⑥ 여과수량의 시간변화에 따라 정속여과와 감쇠여과가 있다.

⑦ 여과수량의 조절방식에 따라 유량제어형, 수위제어형, 자연평형형이 있다.

⑧ 세척수 공급방식으로는 고가세척탱크 또는 세척펌프로 공급되는 방식과 여과지 정수거의 물 또는 다른 여과지의 여과수를 공급하는 형식이다.

⑨ 처리하는 미여과수의 종류로는 응집 · 침전처리한 물을 여과하는 일반적인 여과방식과 응집만을 한 물을 처리하는 직접여과방식이다.

중력식이란 여과지 내에 자유수면을 가지고 있으며, 중력으로 자연유하로 여과하는 방식으로 일반적으로 많은 수도사업체에서 사용하고 있다. 한편 압력식은 강판제 등의 밀폐탱크인 경구가 대부분이며, 토목구조물이 아니기 때문에 현장에서의 공사기간을 단축할 수 있으며, 펌프압력을 이용하기 때문에 정수시설 내의 수리적인 제약을 받지 않고, 운전조작이 간단하다. 또한 소규모 정수시설이나 침전지를 생략할 수 있을 정도의 원수를 대상으로 하는 곳에서 사용되고 있다.

이 「시설기준」에서는 압력식에 비하여 사용빈도가 많은 중력식 여과지를 표준으로 하였으며, 압력식 여과지의 개요도는 그림 8.32와 같다.

압력식 여과지는 강판제 등 밀폐탱크 내의 압력(0.1~0.6 MPa 정도)으로 여과하는 여과지로 형식을 나누면 종형과 횡형의 두 가지가 있다. 전자는 소량의 물을 처리하는데 사용되며, 후자는 비교적 대량의 물을 처리하는 경우에 사용되고 있다.

또한 압력식 여과지는 부압발생을 초래하지 않으면서 높은 손실수두가 될 때까지 여과를 지속할 수 있으며, 여과지에 햇빛이 들어가지 않으므로 조류발생이 적으나 여과층을 감시하기 어렵고 정압여과인 경우에는 여과속도의 변화 폭이 크다는 결점이 있다.

압력식 여과지를 설치하는 경우에는 지수와 여과층 및 세척방식 등은 중력식 여과지에 준하며 점검 · 수리하기 위하여 지름 600mm 이상의 맨홀을 설치하는 것이 일반적이다.

추운지방에서는 중력식이나 압력식을 막론하고 동결을 방지하기 위하여 보온시설을 설치하거나 지붕을 설치하여야 한다.

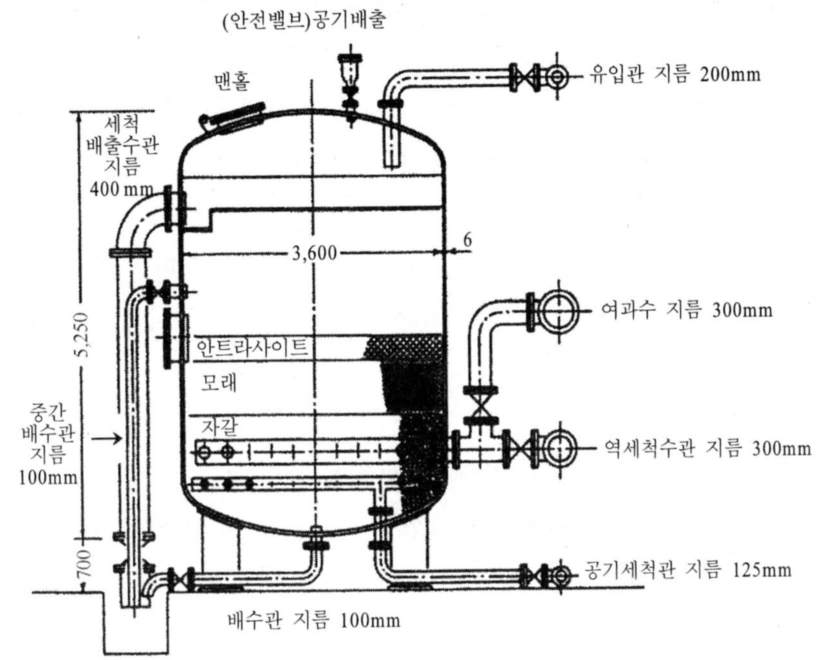

그림 8.32 **압력식 여과장치**

(3) 여과면적과 지수 및 형상

소요여과면적은 계획정수량을 여과속도로 나누어 구하며, 여과지는 세척, 점검, 고장, 여재 교환 등의 경우를 고려하여 예비지를 포함하여 두 지 이상으로 하고, 10지마다 한 지의 비율로 예비지를 설치한다. 이렇게 할 경우 전체로서 여과수량의 생산을 유지할 수 있다. 또한 여과지 한 지의 면적이 너무 크면 여과와 세척의 평면적인 균일성을 확보하기 어려우며, 세척설비도 커져야 하므로 한 지의 최대면적은 150 m^2 이하로 하는 것이 바람직하고, 여과지의 형상은 장방형이 원형이나 부채꼴보다 건설측면에서 유리하고 유지관리 면에서도 문제가 적으므로 이를 표준으로 한다. 단 길이와 폭의 비가 너무 크게 되면 지 내로 유입되는 수류의 균일성이 확보되기 어려워지므로 대개 5 : 1 이하를 목표로 한다.

(4) 여과유량 조절

어떤 형태의 여과지이든 급속여과지에는 유출입유량의 평형을 유지하고 적당한 여재수심을 확보하며, 여과속도의 급속한 변화를 피하기 위하여 반드시 여과수량을 조절하는 기구를 구비해야 한다. 특히 여과를 개시할 때에 급격한 여과속도의 상승은 탁질누출의 문제로 이어지므로 여과유량을 조절할 때에 이러한 현상이 생기지 않도록 배려해야 한다. 대책으로는 여과속도를 단계적으로 증가시키는 슬로스타트(slow start)방식이 일반적으로 사용되고 있으며, 이 방식은 병원성 미생물의 누출방지대책으로도 유효하다.

유량조절기구는 계량장치와 유량조절장치로 이루어지고 있으며, 일반적으로 전자로는 전자유량계나 차압식 유량계, 후자로는 버터플라이밸브가 사용되고 있다. 그러나 자연평형형 여과지와 같이 특히 이러한 장치를 가지지 않고서 제어할 수 있는 방식도 있다.

여과방식과 여과제어방식은 다음과 같다.

1) 정속여과방식

여과층의 폐색이 진행됨에 따라 상류측 수위를 높이거나 또는 하류측 유량제어계의 저항을 낮추어서(밸브를 열어서) 여과층에 걸리는 압력차를 증가시키게 되면 여과수량의 감소를 보충할 수 있어서 일정한 여과유량을 유지할 수 있다. 이 방식을 **정속여과**라 한다. 일반적으로 널리 사용되고 있는 방식은 정속여과이다.

① 유량제어방식

유량제어방식은 여과지유출 측에 계량장치와 유량조절장치를 설치하여 두고, 여과초기에는 조절장치로 큰 손실수두를 발생시켜서 여과유량을 제어한다. 여과가 진행됨에 따라 여과층의 폐색이 진행되면 여과층 내에 증가한 손실수두 만큼 밸브를 열어서 조절장치에서의 손실수두를 감소시키는 것으로 여과유량을 일정하게 유지하는 방식이다. 이 방식에는 여과층 표면에서 유입로의 수위까지 고저차를 비교적 작게 할 수 있다는 장점을 가지고 있는 반면 장치가 비교적 복잡하고 높은 손실수두일 때의 부압발생으로 수질을 약화시킬 가능성이 있다는 단점이 있다.

② 수위제어방식

수위제어방식은 여과지 수위를 검지하고 그 신호를 유량조절기구에 전달하여 정속여과를 유지하는 방식이다. 비교적 얕은 여재표면 위의 수심으로 할 수 있지만 장치가 복잡하다.

③ 자연평형방식

자연평형방식은 유출측 웨어를 여재표면보다 높은 위치에 설치하고 여과층 폐색에 따른 통수량 감소를 방지하도록 여과지의 여재표면 위의 수심이 서서히 높아짐에 따라 일정한 여과유량을 얻는 방법이다. 여재표면 위의 수심이 설정치에 도달하면 여과를 정지하고 역세척하므로 여재표면 위의 수심을 크게 잡을수록 여과지속시간을 길게 할 수 있다. 이 방식은 유출측에

조절방식		유입법	유출법	
			비 캐스케이드(non-cascade)	캐스케이드(cascade)
정속여과법	유량제어형	캐스케이드	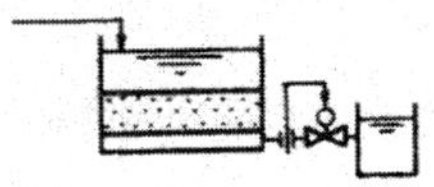	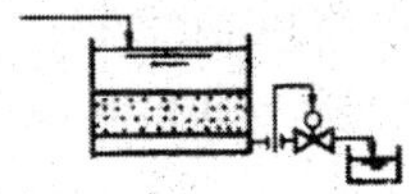
		비캐스케이드	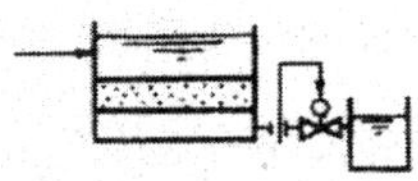	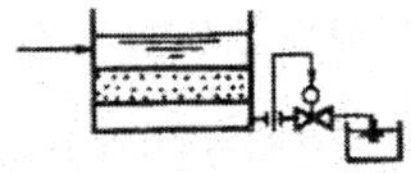
		수위제어	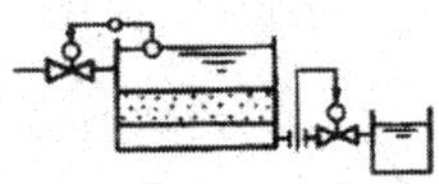	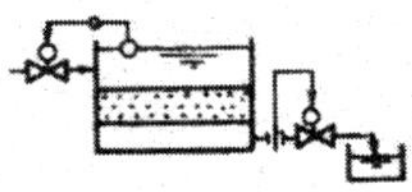
	수위제어형	캐스케이드	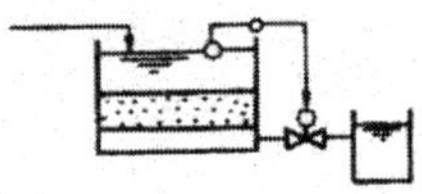	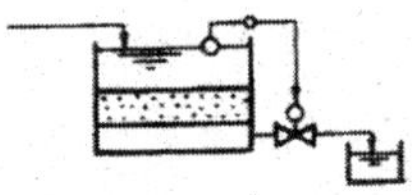
		비캐스케이드	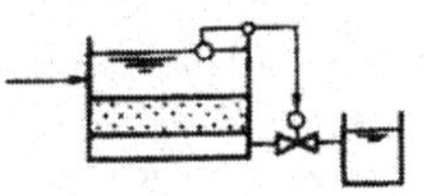	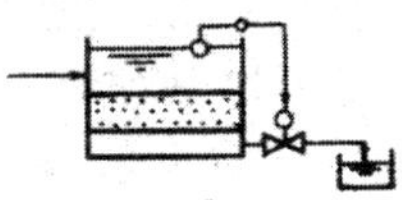
		수위제어	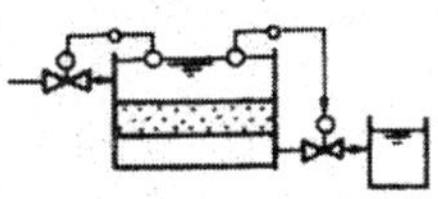	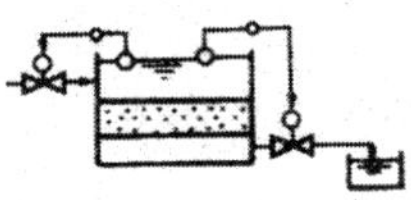
	자연평형형	캐스케이드	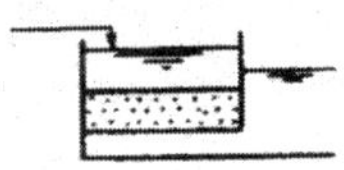	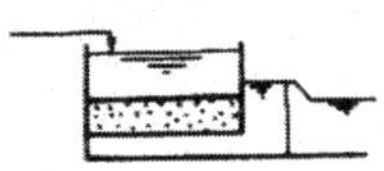
감쇄여과법		비캐스케이드	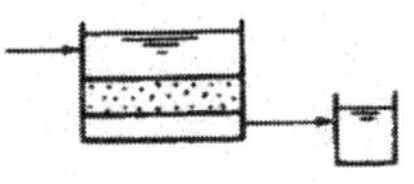	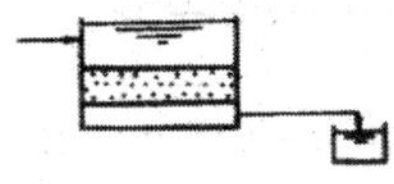
		수위제어	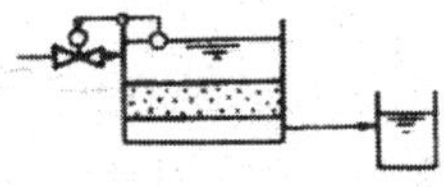	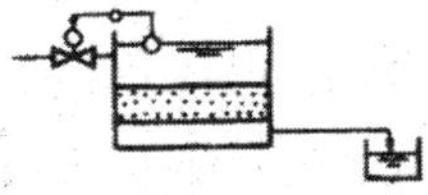

주) 캐스케이드방식이라는 것은 낙하방식으로 유입 또는 유출측이 수면과 떨어져 있는 방식을 말한다.

그림 8.33 유량조절방식과 유출입방식

여과유량조절장치를 설치하지 않고서 정속여과가 가능하며, 여과층 내에 부(-)압발생의 위험이 적다는 장점을 가지고 있으나 여과지의 깊이가 깊어지는 단점도 가지고 있다.

2) 정압여과방식

여과를 지속하면 여과층에 탁질이 억류됨에 따라 여과층 내의 유로단면적이 감소되며, 투수성이 낮아진다. 따라서 여과층의 상류측 수위와 하류측 수위, 즉 여과층에 걸리는 압력차가 일정하면 여과층 폐색에 따라 여과유량은 서서히 감소한다. 이것을 **정압여과**라고 한다.

정압여과는 여과속도가 저하되어 소요수량을 얻을 수 없게 되기까지의 시간을 길게 하기 이하여 여과층, 하부집수장치, 유출측 배관 등에서의 저항을 크게 해야 한다. 이것을 작게 하는 것은 초기의 여과속도가 극단적으로 커지거나 외란에 의한 여과유량의 변화가 크게 되고 탁질이 누출되기 쉽다. 결국은 여과유량이 변동하기 때문에 수량관리가 어렵다. 이 때문에 일반적으로는 유출부에 고정된 조절부를 설치하여 여과속도의 상한을 어느 한도로 억제한다.

감쇠여과방식은 여러 개의 여과지를 가지고 있는 경우에만 적용할 수 있으며, 침전지에서의 유입수량을 그대로 여과하기 때문에 여과층의 저항으로 여과유량이 감소된다. 정압여과라고 하더라도 여과수량이 감소하면서 지 내의 수위는 자연스럽게 상승한다. 여과속도가 떨어져서 수위가 일정 이상으로 상승할 경우에는 여과지를 세척하여 전체로서의 여과능력을 회복시키고 수위를 낮춘다. 또한 이 방식은 기구가 단순하고 필요한 수두가 작으며, 여과층 폐색에 따라 자연적으로 유량이 감소되므로 탁질누출의 위험이 적은 것 등의 장점이 있다.

그러나 여과지의 수가 적은 경우에는 여과속도의 감쇠에 따른 유량관리가 어렵고 여과지의 운전중지와 복귀에 따른 여과속도의 변동이나 수위 변동이 크게 된다는 단점도 있다.

(5) 여과속도

여과속도는 여과유출량을 여과면적으로 나누어서 구한다. 효율적으로 여과하기 위한 여과속도는 유입수의 수질, 여과층의 구성, 여과지속시간 등을 고려하여 결정하여야 한다. 여기서 여과속도를 120~150 m/d로 한 것은 이 「상수도시설기준」에서 나타낸 정도의 응집 · 침전처리, 여과모래의 형질 및 여과모래층으로 여과지를 구성하는 경우에 안정된 여과수와 유지관리상 충분한 여과지속시간을 얻기 위한 것이다. 여과지속시간은 유입수질, 처리목표수질, 가용수두 및 운전관리의 경제성 등을 고려하여 결정한다.

유효경이 큰 여재를 사용하여 여과층 두께를 두껍게 구성한 경우나 또는 응집 · 침전처리가 특히 양호한 경우, 고도정수처리 등으로 특히 양호한 여과지의 유입수를 얻을 수 있는 경우에는 이 여과속도를 초과하는 여과속도를 적용할 수도 있다. 또한 다층여과지와 같이 여재의 여과층 구성을 변경하여 여과수질을 떨어뜨리지 않고서 여과속도를 올리고자 하는 경우나 급속여과지의 다음에 탁질제거에 유효한 다른 처리방법이 있어서 여과수질을 약간 떨어뜨리더라도 되는 경우에 여재 입경을 바꾸는 등으로 여과속도를 상승시키는 방식도 있다. 이러한 경우에는 실제 원수를 사용하여 채택하고자 하는 정수공정을 충분히 고려한 다음에 실험을 하여 결정하는 것이 안전하고 적절하다.

또한 여과를 계속하는 중에 여과속도를 급격하게 변경시키면 여과층 중에 억류되었던 플록이 박리・누출되어 여과수질을 악화시킬 우려가 있으므로 여과속도의 급격한 변경은 피하는 것이 좋다. 여과속도의 변경기준은 각 정수장에서 조사한 다음 충분한 안전율을 고려하여 결정하는 것이 바람직하다.

(6) 여과층의 두께와 여재

여과모래로는 일반적으로 자연모래가 사용되고 있다. 여과모래의 품질은 규격으로서 한국상하수도협회 규격으로 정해져 있으며, 이에 준한 각 항목은 다음과 같다.

1) 여과모래의 외관은 먼지나 점토질 등이 없으며 편평한 모래, 취약한 모래, 불순물 등이 많이 혼입되지 않아야 하고, 석영질이 많고 견고하며 균일한 자연모래가 좋다. 특히 철분의 함량이 적은 것이 바람직하다.

2) 급속여과모래의 유효경은 0.45~1.0 mm 중에서 적정한 입경을 선정하여 사용한다. 여러 가지 입경의 입자들 혼합체인 모래의 입경을 표시하는 방법으로 여러 가지가 있으며, 여기서는 상수도에 관용적으로 사용하는 유효경(모래의 입도가적곡선 상에서 10% 통과입경, 그림 8.34 참조)으로 표시한다. 세립자의 여과모래를 사용할수록 플록저지율은 높지만 표면여과의 경향이 강해진다. 또한 억류탁질량이 적고 머드벌(mud ball)이 생성되기 쉬우며, 손실수두가 빨리 증가하는 등의 단점이 있으나 역세척 유속이 적어도 되고, 여과모래층의 두께를 줄일 수 있는 등의 이점도 있다.

반대로 큰 입경의 여과모래를 사용하는 경우에는 내부여과의 경향이 강하기 때문에 여과모래층을 두껍게 하고, 모래의 균등계수를 작게 한다면 손실수두를 너무 높이지 않고서도 여과지속시간을 길게 유지할 수 있으며, 여과속도를 높일 수도 있다. 이러한 경우에 역세척속도를 높이거나 공기세척을 병용하는 등으로 세척효과를 높일 필요가 있다.

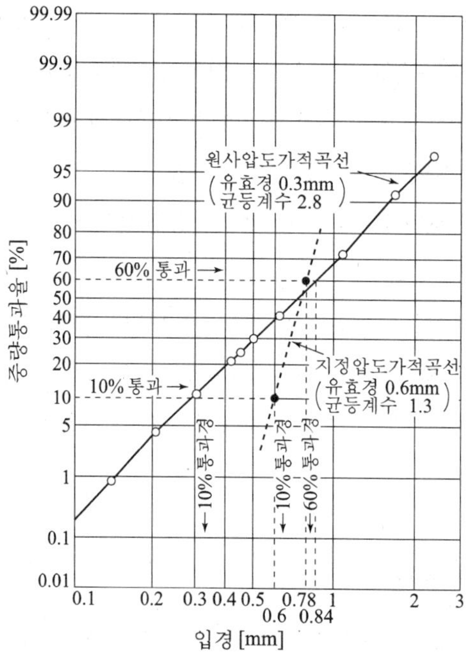

그림 8.34 **입도가적곡선의 예**

여과층의 두께가 60~70 cm인 보통 급속여과지에서는 지지율, 여과지속시간, 역세척속도 및 광범위한 원수수질의 변화 등에 대처하는 관점에서 유효경은 0.45~0.7 mm(여과층 두께의 약 1/1,000 이하의 입경) 내외의 모래가 널리 사용된다. 또한 여과층의 두께를 120 cm까지 두껍게 하고 유효경 1.0 mm 정도의 조립자(組立子)를 사용하는 경우도 있다.

3) 균등계수는 1.70 이하일 것

모래의 입도가적곡선(그림 8.34 참조)에서 60% 통과경과 10% 통과경의 비를 **균등계수**라고 하며, 입경분포의 균일한 정도를 나타내는 지표이다.

자연에 존재하는 모래의 균등계수는 대체로 1.5~3.0의 범위에 있다. 이러한 모래를 그대로 사용하면 역세척 중에 상층의 모래와 하층의 모래는 뒤섞여서 세척되지만 세척을 정지할 때에 조립자의 모래일수록 침강속도가 빠르기 때문에 하층에 모이면 세립자의 모래는 상층에 모인다. 이 때문에 여과에서 탁질억지율은 지극히 높은 반면 폐색되기 쉬우므로 손실수두가 지나치게 커져서 충분한 여과지속시간을 유지할 수 없다.

균등계수가 큰 모래로서는 표층의 고운 모래와 하층의 굵은 모래의 입도경사가 커짐에 따라 밀집된 충전의 경향을 보인다. 따라서 모래층 표면에서의 탁질저지율이 높게 나타나는 것을 완화하고 모래층 내부에 높은 탁질억류능력을 갖게 하기 위해서는 여과모래에 대한 입경의 균일도를 높일 필요가 있다. 그러므로 균등계수의 상한을 1.7로 정하였다.

균등계수는 1.0에 가까울수록 입경이 균일해지므로 모래층의 공극률이 커지고 탁질억류가능량은 증가한다. 그러나 균등계수를 작게 할수록 원사(原沙)로부터 얻는 여과모래의 양이 적어지며, 균등계수 1.3 부근에서 체가름량이 급격하게 줄어든다. 그러므로 유효경이 0.6~0.7 mm인 모래의 경우 실제로는 1.3~1.6 정도의 균등계수를 채택하고 있다.

4) 세척탁도는 30 NTU 이하일 것

신규 여과모래의 깨끗한 정도(오염의 한도)를 세척탁도로 30 NTU 이하로 정한 것이다. 다만, 가공한 망간모래인 경우에는 이 항을 적용하지 않는다.

5) 강열감량은 0.75% 이하일 것

여과모래는 될수록 불순물이 적은 양질의 것이 바람직하다. 유기성 불순물이나 석탄입자, 석회석, 조개껍질 등 협잡물의 혼입에 대하여 비교적 간단하게 시험할 수 있는 방법으로 그 상한을 강열감량 0.75% 이하로 정하였다.

6) 염산가용률은 3.5% 이하일 것

전항과 같이 협잡물의 혼입한도를 염산가용률 3.5% 이하로 정한 것이다.

7) 비중(밀도)은 2.55~2.65의 범위일 것

자연모래의 비중은 2.6 전후이며, 비중이 2.55 이하인 모래는 유기성 물질이나 다공성 모래가 혼입되어 있는 경우가 있고, 비중이 2.65 이상인 모래에는 석회석이나 중금속류의 광석이 혼입되어 있는 경우가 있으므로 여과모래로서는 바람직하지 못하다.

8) 마모율은 3% 이하일 것

세척을 반복함에 따라 여과모래가 파쇄・마모되어 세척배출수 중에 유출되고 여과층의 입도구성이나 여과층 두께가 설계상태와 달라지는 것을 방지하기 위하여 여과모래의 마모율은 3% 이하로 정한 것이다.

9) 여과모래의 최대경은 2.0 mm를 넘지 않아야 하고 최소경은 0.3 mm를 내려가지 않아야 하며, 부득이한 경우라도 최대경을 넘는 것 또는 최소경을 밑도는 것이 1% 이하이어야 한다.

역세척을 반복함에 따라 표층에는 작은 입자의 모래가 많아지고, 하층에는 굵은 입자의 모래가 많아진다. 여과모래의 유효경과 균등계수만으로는 입도분포 중 10% 입경 이하와 60% 입경 이상의 분포에 관한 한계가 없으므로 분급의 경향이 극단적으로 커지는 것을 피하기 위하여 입경의 상・하한으로 0.3~2.0 mm를 정하였다.

여과지에 여재를 초기 투입할 때에 먼저 여재를 투입한 다음 팽창률 30%를 초과하지 않을 정도로 역세척을 2~3회 반복하여 표층에 모이므로 작고 가벼운 성분이나 점토 등을 몇 cm 보다 몇 cm 많이 깔아 넣는 것이 필요하다.

(7) 자갈층의 두께와 여과자갈

자갈층은 여과하는 과정에 여과모래가 하부집수장치를 통하여 유출거 등으로 누출되지 않도록 지지하기 위하여 설치하는 것이며, 또한 역세척할 때에는 하부집수장치로부터 분출되는 세척수를 균등하게 분산시키는 역할을 하는 것이다. 자갈층의 표준적인 구성은 표 8.5와 같다.

표 8.5 자갈층의 표준적인 구성

하부집수장치	최소경 [mm]	최대경 [mm]	층수	전층두께 [mm]	층 구성의 예
스트레이너형 및 휠라블록형	2	50	4층 이상	300~500	(4층인 경우) 1층 입경 2~5mm 두께 100mm 2층 입경 5~10mm 두께 100mm 3층 입경 10~15mm 두께 100mm 4층 입경 15~30mm 두께 150mm
유공관형	2	25	4층 이상	500	(4층인 경우) 1층 입경 2~5mm 두께 100mm 2층 입경 5~9mm 두께 100mm 3층 입경 9~16mm 두께 150mm 4층 입경 16~25mm 두께 150mm
유공블록형	2	20	4층	200	(4층인 경우) 1층 입경 2~3.5mm 두께 50mm 2층 입경 3.5~7mm 두께 50mm 3층 입경 7~13mm 두께 50mm 4층 입경 13~20mm 두께 50mm

또한 자갈층은 여과층을 지지하며 세척면으로 보아 경질이고 장방형인 것이 좋다.

① 외관은 먼지나 점토질 등의 불순물 또는 편평하거나 취약한 입자를 많이 포함하지 않아야 하고, 단단하고 둥그스름한 것이 바람직하다.

② 세척탁도는 30 NTU 이하일 것

③ 자갈의 형상은 최장축이 최단축의 5배 이상의 것이 중량비로 2% 이하일 것

④ 비중은 표면건조상태로 2.5 이상일 것

⑤ 염산가용률은 3.5% 이하일 것

⑥ 여과자갈의 입경은 각 층마다 설계최소경 이하의 입경과 설계최대경 이상의 입경에 대한 중량비를 합한 것이 합계로 15% 이하일 것

그리고 자갈층은 모래층을 지지하는 것이 목적이며, 자갈층 중에 여과모래가 침입하지 않도록 상부에 세립자갈을 깔고 하층으로 갈수록 조립자갈로 깔아서 성층시키는 것을 표준으로 한다.

(8) 하부집수장치

급속여과지 중·하부에 여과블록을 설치하여 여과지를 상부와 하부로 분리시켜 상부에서는 여과재(여과자갈, 여과모래, 안트라사이트 등)를 설치할 수 있는 구조로 하고, 하부는 여과수(정수)를 집수하여 정수지로 보내는 구조이다. 역세척시 세척수 및 공기를 균등배분하여 하부에서 상부로 분출시켜서 여과재를 세척시키는 역할도 하는데 이러한 기능을 갖도록 설비한 것을 **하부집수장치**라 한다. 또한 하부집수장치의 손실수두는 개구부의 면적, 유속 및 형상계수로 결정되며 그림 8.35와 같고, 그 기능은 다음과 같다.

① 여과지를 하부집수실과 상부여과실로 분리시킨다.

② 상부여과실에는 설치한 여과재를 지지 보호하며, 상·하부로 유출됨을 방지한다.

③ 침전지 월류수를 상부여과실에서 여과시켜 하부집수실로 보낸다.

④ 세척수 및 공기를 하부집수실로부터 상부여과실로 분출시켜 여과재를 깨끗이 세척시킨다.

⑤ 역세척수 및 공기를 여과실 전체에 균등압력으로 균일하게 분포시켜서 세척의 효과를 높이는 역할도 매우 중요하다.

하부집수장치에는 집수블록의 형태로 종류를 분리하거나 역세척방식에 의해 분리될 수도 있으며, 따라서 물로만 역세척하는 방식을 수세식, 물과 공기로 역세척하는 방식을 **수공세식**이라 한다. 현재 우리나라에서 사용하고 있는 방식은 다음과 같다.

- 하부집수장치
  - 물 역세척방식 : 휠러블록형, 스트레이너블록형, 티피블록형, 유공블록형
  - 물·공기의 세척방식
    - 스트레이너블록형(유럽형)
    - 유공블록형
      - 한국형
      - 미국형

또한 하부집수장치의 손실수두는 개구부의 면적, 유속 및 형상계수로 결정된다(그림 8.35 참조).

1) 유공블록형

바닥판에 분산실과 송수실을 갖는 성형블록을 병렬로 연결한 것으로 블록의 표준형상과 매설상황은 그림 8.36과 같다. 이 형식은 오리피스를 통한 2단구조에 의한 균압효과와 블록상면에 배열된 다수의 집수공에 의하여 평면적으로 균등한 여과와 역세척의 효과를 기대한 것이다. 유공블록은 휠러형에 비하여 블록이 가볍고 지주 등이 필요하지 않으므로 시공이 쉽고 압력실이 필요하지 않으므로 구조를 얕게 할 수 있으며, 또한 송수실의 단면 크기가 클수록 물 수송과정에서 균등압력이 유지되므로 집수공의 공경(孔徑)을 크게 하더라도 수량분산의 평면적 균일성을 유지할 수 있어서 결과적으로 하부집수장치에서 손실수두를 감소시킬 수 있다.

유공블록의 재질은 내식성, 내구성 및 내압성이 큰 도자기나 플라스틱이 사용되고 있다. 또 여과지의 중앙이나 관랑(관랑이란 관(管, pipe)이 지나가는 통로를 말함) 측에는 집수로를 설치하여 블록과의 사이에 물이 유출입하게 하고 있으며, 그 단면적은 여과면적의 1% 이상(역세척속도 0.6 m/min일 때)으로 하는 것이 바람직하다. 보통 사용되는 블록의 개구비(집수공 총면적에 대한 비)는 0.6~1.4%이다.

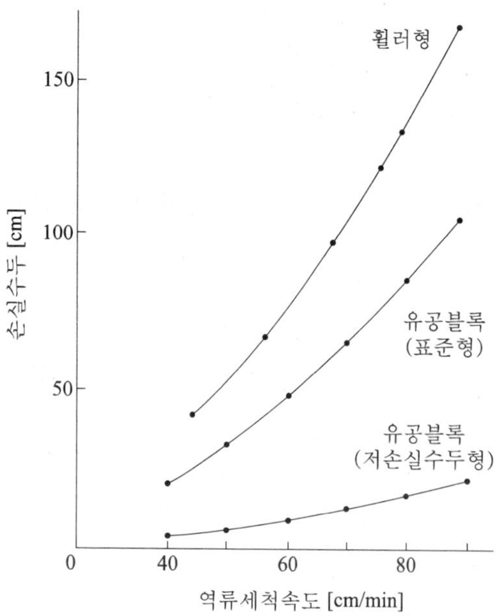

그림 8.35 하부집수장치의 손실수두

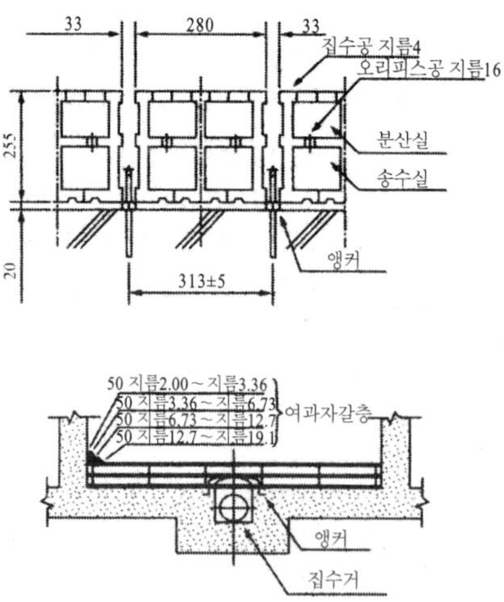

그림 8.36 유공블록형 하부집수장치(단위 : mm)

블록의 부설길이가 너무 길면, 위치에 의한 압력의 불균형이 크기 때문에 일반적으로는 5 m 정도가 적당하다. 또한 역세척할 때에는 블록의 일부에 상향력이 작용하기 때문에 적당한 간격으로 앵커(anchor)를 설치하여 고정시켜야 하며, 블록 사이는 누수되지 않도록 정교하게 시공해야 한다.

2) 스트레이너형

저판상에 매설된 관 또는 지지판에 스트레이너를 붙였고, 이 스트레이너를 통하여 여과수와 역세척수가 유출입하게 되는 것으로 이 표준형상과 매설상황은 그림 8.37과 같다. 관에 부착할 경우에는 관과 물이 유출입하는 집수거를 여과지 중앙에 설치한다. 관은 내구성이 강해야 하고, 부착할 때에는 스트레이너의 최하공 근처까지 콘크리트를 충전하여 물이 정체되는 부분을 없애야 하며, 스트레이너가 관에서 빠지지 않도록 충분히 고정시켜야 한다.

스트레이너의 간격은 너무 넓으면 균등한 여과와 세척이 이루어지지 않는다. 또한 너무 좁으면 비경제적으로 된다. 지금까지의 경험으로 보면 10~20 cm가 적당하다. 그리고 스트레이너의 부착높이가 동일하게 설치해야 한다.

스트레이너의 설치에 필요한 단관의 총단면적은 여과면적의 0.25~1.0%로 하며, 역세척할 때에 평면적으로 적당하고 균등한 수류를 얻을 수 있다.

스트레이너형 하부집수장치가 잘 유지되게 하기 위해서는 스트레이너의 부식과 폐색을 방지해야 한다. 부식방지에는 내식성이 강한 금속이나 합성수지재료를 사용하고, 스트레이너의 슬릿폭은 0.25~0.75 mm로 하는 것이 적당하다. 폐색방지에는 스트레이너의 슬릿 크기에 알맞은 굵기의 자갈과 적당한 두께의 자갈층을 유지함으로써 또는 여과할 때의 과대한 여과속도

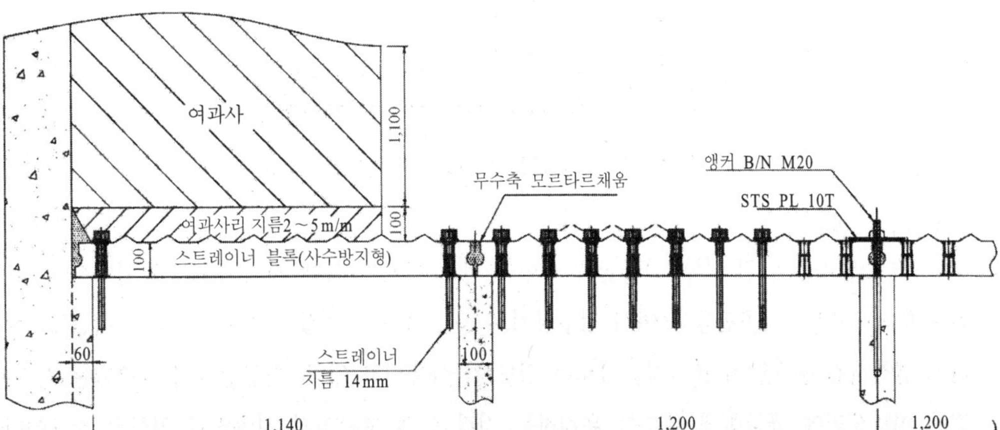

그림 8.37 스트레이너 하부집수장치의 예(단위 : mm)

를 피함으로써 세립자의 탈락을 예방한다. 스트레이너의 형상치수를 모래가 탈락 하더라도 폐색되지 않는 것을 선택하는 것이 좋다.

3) 유공관형

통수공을 개방시킨 관을 공(孔)이 아래쪽을 향하도록 저판 상에 지대를 설치하여 매설하는 것으로 그림 8.38과 같은 구조이다. 사용하는 관은 내식성, 내구성 및 내압성이 큰 재질로 만들어진 것으로 소공은 구경과 각도가 균등하게 개방된 것이라야 한다. 집수지관(集水支管)의 간격은 30 cm 이하로 하고 그 길이는 관지름의 60배 이하로 한다. 관지름에 비하여 관 길이가 너무 길면 역세척할 때에 관내 수압이 불균형하게 되어 균등한 세척이 어렵게 된다.

유공관형은 세척할 때에 관이 진동하기 쉬우므로 지대에 충분히 정착시켜야 한다. 또 역세척할 때의 집수관내 압력분포를 될수록 균등하게 유지하기 위하여 상호 연결하는 것도 좋은방법이다.

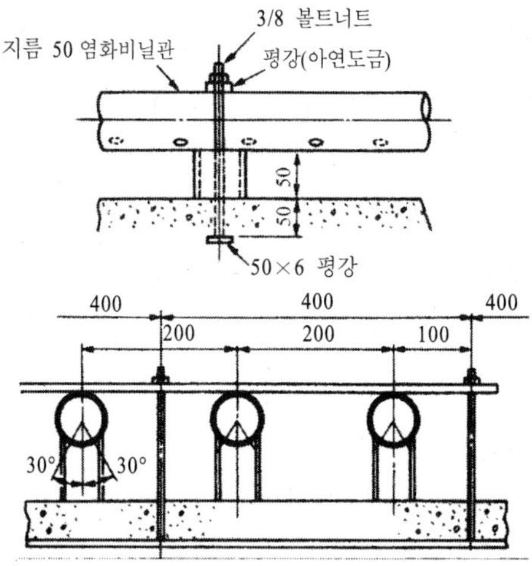

그림 8.38 유공관형 하부집수장치(단위 : mm)

4) 다공판형

지름이 몇 mm의 입상(粒狀)물질을 성형한 판으로 저판 상에 지벽(支壁)을 설치하여 압력실로 하고 지벽에 다공판을 붙여서 집수장치로 하는 것으로 입상물질로는 각을 깎아 둥그스름하게 접착시킨 용융알미나(긴지름 3 mm 정도)가 사용되고 있다. 다공판에서 요구되는 성질은 전체 여과상면에 균일하게 유수를 유지하는 것과 함께 통수성의 지속력과 역학적 강도이다.

다공판의 장점은 일반적으로 자갈층을 생략할 수 있으므로 구조물 깊이를 얕게 할 수 있으나 큰 면적의 여과지에서는 판의 수평성 확보 등 확실한 시공관리가 필요하다. 또한 수질에 따라서는 막히는 경우가 있다. 판의 가격이 다른 것에 비하여 고가이다.

5) 휠러형

휠러형(wheeler type)은 그림 8.39와 같이 여과지 바닥판상에 지주를 설치하고 그 위에 콘크리트 성형품을 고결시킨 것이 많고 성형품과 저판 사이에는 압력수실이 된다. 성형품의 상면은 도각추형(倒角錐形) 요부가 있다. 그 중에 대소 5개 또는 14개 자구(磁球)를 놓은 것이다. 이 형식은 초기 급속여과지에서 하부집수장치로서 많이 사용되어 왔다. 그러나 지금은 거의 사용하지 않는다.

도각추형의 중심간격은 지금까지 경험으로 20~30 cm 정도가 적당하다. 중앙부의 분출구 총단면적은 여과면적의 0.25~0.4% 정도가 바람직하다. 도각추형부에 들어가는 자구는 질이 견고하고 정확한 형태라야 하며, 보통 잘 소성된 경질자구가 사용된다.

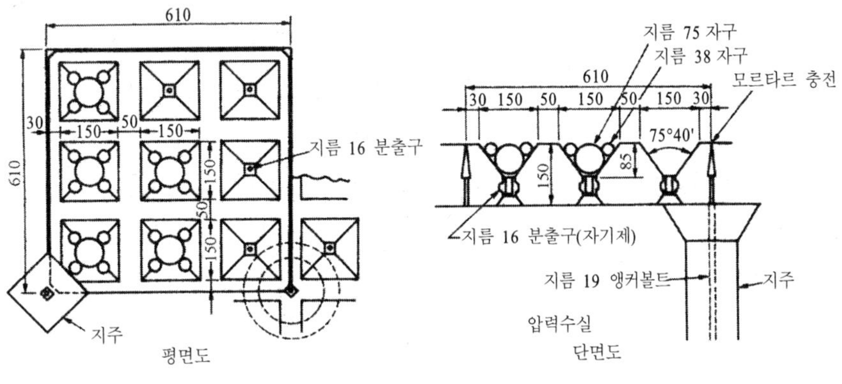

그림 8.39 휠러형 하부집수장치(단위 : mm)

(9) 수심과 여유고

현탁물질이 여재 공극 내에 억류되고 여재입자 간의 수로가 폐색되면 손실수두가 증가하여 여과층 내의 수압이 점차 저하되어 간다. 이 관계를 단층여과지에 대하여 모식적으로 나타낸 것은 그림 8.40과 같다.

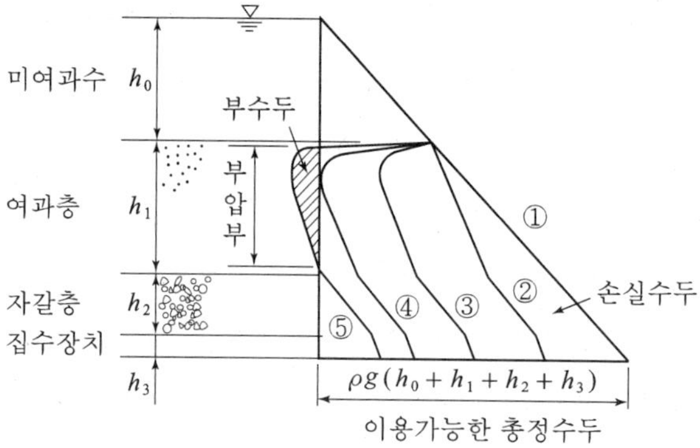

그림 8.40 여과층 내의 수압분포

그림 8.40에서 살펴보면 다음과 같다.

1) 직선 ① : 여과지에 물을 만수시키면 직선의 수압분포를 얻을 수 있다.

2) 직선 ② : 여과를 시작한 직후에는 여과층과 자갈층의 저항에 따른 수압분포를 표시한다.

3) 곡선 ③ : 여과를 계속하여 여과층 내에 현탁물질이 억류되면 여과층에 손실수두가 커진다. 여과층 내에서 현탁물질의 억류분포는 약품주입량, 플록의 크기와 강도, 여재 입경과 균등계수, 여과속도와 여과층의 두께 및 그 밖의 요인으로 차이가 있으나, 주로 표층부에 많은 현탁물질이 억류되는 방식으로 할 때가 많다. 그러므로 표층부에서의 손실수두가 그 외의 부분에 비하여 현저하게 크다.

4) 곡선 ④ : 총손실수두가 크게 되어 이용 가능한 총수두의 대부분이 소모된 상태에서 통수능력면에서 여과를 정지해야 할 상태이다. 실제 급속여과지에서는 총손실수두를 1~2 m 정도로 설정하여 여과하는 경우가 많다.

5) 곡선 ⑤ : 여과지 전체의 압력차가 통수능력을 유지할 수 있는 경우에도 많이 폐색된 여과층 부분에서 국부적으로 대기압보다 압력이 낮은 부(−)압부분이 발생할 때가 있다. 이와 같은 국부적 부압현상은 현탁물질이 여과모래층의 표면에 집중적으로 억류되는 경우나, 여재표면상의 수심이 과소한 경우에 발생하기 쉽다.

여과지 내에 부압수두가 발생하면 수중의 용존가스가 유리되고, 이들이 여과층 중에 집적되어 기포로 된다. 이와 같은 상태가 되면 통수면적이 줄어 들고 여과능력도 감소되며, 따라서 다른 부분에 과부하를 발생시키게 된다. 이러한 현상을 방지하기 위하여 일반적으로 급속여과지의 수심을 1~1.5 m로 유지하는 경우가 많다. 유출측의 수위가 여재표면보다 아래에 있는 여과지인 경우에 여과속도를 크게 하거나 여과지속시간을 길게 하고자 할 때에는 부압수두의 발생을 피하기 위하여 큰 수심을 필요로 한다.

한편 내부여과의 경향이 강하여 손실수두의 발달이 지연되는 경우나 또는 소정의 손실수두에 미달된 상태에 빈번하게 세척하는 경우 또는 유출부의 수심이 여재표면보다 높은 경우에는 부압수두의 발생이 없으면 여과지의 안정적인 운전을 위하여 여과초기의 수심을 표준보다 얕게 할 수 있다.

일반적으로 약품침전지에서 월류관을 설치하므로 급속여과지에서는 월류관을 설치하지 않는 것이 보통이지만 유량제어형 여과지, 소규모의 시설, 또한 침전지에 월류관이 없는 시설에는 여과지에 월류관을 설치하는 경우가 있다. 또한 수면변동의 흡수를 고려하여 고수위로부터 여과지 상단까지의 여유고를 30 cm 정도로 해야 한다.

(10) 세척방식

세척의 좋고 나쁨은 여과효과에 크게 영향을 미치므로 여과층 전체가 균등하고 유효하게 세척될 수 있는 방식을 선정해야 한다. 균등하고 유효한 세척이란 여과층 전체표면과 여과층 전체 깊이에서 될수록 청정한 여재를 유지하는 것이며, 세척효과가 불충분할 경우에 여과지속시간의 감소, 여과수질의 악화, 머드벌(mud ball)의 발생 외에 여과층의 균열, 여과층 표면의 불균일, 측벽과 여과층간에 공극발생 등 여러 장애요인이 발생되므로 주의해야 한다.

세척효과의 판정은 보통 세척배출수의 최종탁도로 하고, 병원성 미생물에 대한 대책으로 세척배출수의 최종탁도관리가 대단히 중요하며, 최종탁도는 10 NTU 내외를 목표로 하는 것이 바람직하다. 또한 여과개시 직후에는 여과지 내에 잔류하는 탁질이 원인으로 되어 탁도가 일시적으로 상승하는 경우가 있으므로 이를 억제하면서 여과층을 재성층하기 위한 대책으로서 세척종료 직전에 세척속도를 단계적으로 감소시키는 슬로다운(slow down)세척방식이 있다.

표준방식은 표면세척과 역세척을 조합한 것으로 여과층표면의 탁질을 수류에 의한 전단력으로 파괴하고 이어서 여과층이 유동상태로 될 때까지 역세척유속을 높여서 여재 상호간의 충돌마찰이나 수류에 의한 전단력으로 부착탁질을 벗겨서 여과층으로부터 배출시킨다.

그 밖에 공기세척과 역세척을 조합한 방식이 있다. 이것은 상승기포의 미진동으로 부착탁질을 벗긴 다음 역세척으로 여과층으로부터 배출시키는 방법이다.

탁질을 여과층 내부까지 침입시키는 여과지, 여과층이 깊은 여과지 또는 여재의 입경이 큰 여과지에서는 내부에 억류된 탁질을 효율적으로 제거시키는 방법이 필요하며, 이 때문에 공기세척이 유효하다.

1) 표면세척

표층부에 많은 탁질이 심하게 억류되어 있고 역세척만으로는 표면부에 탁질이 남아서 오랫동안 여과층 표면의 여재에 진흙과 같은 점토물질들이 축적되어 여과층의 탁질억류용량을 감소시킬 뿐만 아니라 결국은 머드볼이 형성되는 경우도 있다. 이와 같은 결점을 보완하기 위하여 역세척 외에 표면세척을 병용해야 충분한 세척효과를 얻을 수 있다.

표면세척은 여과층의 표층부에 압력수를 고속으로 분사시키고 강력한 수류에 의한 전단에너지(nadge)로 진흙상태인 표층부를 파쇄하여 세척효과를 높이고자 하는 것이다.

표면세척장치에는 고정식과 회전식이 있다. 고정식에는 수평관 자체에 구멍뚫기하여 살수시키는 방식과 수평관으로부터 수직관을 분기하고, 그 수직관의 선단(先端)에 다수의 분출공을 만들고 분출노즐을 붙여서 여기로부터 살수하는 방식이다. 전자의 방식으로 관을 사면상 5~10 cm의 높이에 수평간격 약 60 cm로 배치하고, 여기에 약 30 cm 마다 구멍을 양측에 설치하며, 후자의 방식으로는 60~90 cm 간격의 관지름 25 mm 관을 수직으로 배열하여 여과모래층의 표면보다 5~10 cm 위에 있는 관의 선단에 분출노즐을 붙인다.

회전식은 수직회전축의 하단에 붙인 수평회전관의 측면과 선단의 분출구멍에서 살수시키고, 그 압력으로 수평회전관을 회전시키는 방식이다. 중앙에 회전축을 갖는 관을 모래면상 5~25 cm의 높이에 배치하고 관의 측면과 끝에 분출노즐을 붙이며, 5~15회/min의 속도로 회전하는 구조로 한다. 또한 회전관은 팽창된 여과층 내에서 회전할 수 있는 높이로 설치한다. 또한 회전반지름이 큰 경우에는 여과지 모퉁이 부분이 충분히 세척되지 않기 때문에 고정식을 병용하는 경우도 있다.

2) 역세척

여과층 내에 억류되어 있는 탁질을 여재로부터 박리(剝離)하고 또 박리된 탁질을 여과층으로부터 분리하여 세정배수통으로 월류배출시키는데 필요하고, 충분한 역세척 유속과 균등한 수류분포가 유지되도록 하여야 한다. 역세척은 2단계로 되어 있으며, 1단계는 역세척수로 여과층을 유동상태로 하고, 국소적인 단락류나 작은 소용돌이에 의한 여재 상호간의 충돌과 마찰이나 수류의 전단력으로 부착탁질을 박리하여 분리하는 단계이다.

역세척에서는 먼저 여과층을 유동화시키는 것이 중요하며, 여과층의 하부로부터 역세척수를 보내면 어느 유속까지는 여과층이 정지되어 있으나 유속을 증대시킴에 따라 여재 입자가 도약하고 여과층이 유동화되기 시작한다. 더욱 유속을 증대시키면 여재입자가 유동화 상태로 된다. 유속을 더 한층 증대시킴으로써 여재입자의 운동은 활발하게 되고, 결국은 유동상태의 여과층에서 탁질이 떨어져 나오게 된다. 부착된 탁질의 박리나 여과층으로부터의 분리는 여과층을 20~30% 팽창시켰을 때에 가장 유효하고 세척효과가 좋다고 한다.

2단계는 여과층상으로부터 분리된 탁질을 조속히 세정배수통으로 배출시키는 단계로 세정배수통의 높이 및 간격의 영향을 받는다.

3) 공기세척

공기세척방식은 여과층의 하부에서 공기를 불어넣어 여재에 부착된 탁질을 박리시키는 방법으로 역세척과 병용하며, 이 경우에는 표면세척은 하지 않는 것이 보통이다.

공기세척방법의 예는 다음과 같은 것들이 있다.

예 1) 5분 정도 공기를 불어넣고 이것을 멈춘 다음 1분 정도 공기를 배출한 다음 물로 10분 정도 세척하는 방법으로 공기량은 0.8~1.5 $m^3/(min \cdot m^2)$, 역세수량은 0.6~0.8 $m^3/(min \cdot m^2)$이다.

예 2) 5분 정도 물과 공기로 동시에 세척하고, 그 다음 공기를 멈추고 물만으로 10분 정도 세척하는 방법으로 공기량은 0.8~1.0 $m^3/(min \cdot m^2)$, 역세수량은 0.3~0.5 $m^3/(min \cdot m^2)$이다.

예 3) 처음에 0.8~1.22 $m^3/(min \cdot m^2)$의 속도로 공기를 5~8분 불어넣는다. 공기를 불어넣기 시작하여 1~2분 후에 0.2~0.4 $m^3/(min \cdot m^2)$의 느린 속도로 물에 의한 세척을 시작하며 공기를 멈춘 뒤 0.6~0.8 $m^3/(min \cdot m^2)$의 빠른 속도로 5~8분간 물만으로 세척한다.

표 8.6 공기세척을 이용한 전형적인 역세척속도

여재 구성	역세척 순서	공기속도 [m/min]	물속도 [m/min]	비고
가는 모래 0.5 mm	공기, 물	0.62~0.92	0.62	팽창방식
가는 안트라사이트 1.0 mm 포함한 이중여재	공기, 물	0.92~1.22	0.62~0.82	팽창방식
굵은 안트라사이트 1.5 mm 포함한 이중여재	공기, 공기+물, 물	1.22~1.52 1.22~1.52	0.40 1.02	팽창방식
굵은 모래 1.0 mm (조립 심층)	공기+물, 물	0.92~1.22	0.25~0.28 동일속도 혹은 2배	비팽창방식
굵은 모래 2.0 mm (조립 심층)	공기+물, 물	1.83~2.43	0.40~0.48 동일속도 혹은 2배	비팽창방식
굵은 안트라사이트 1.5 mm (조립 심층)	공기+물, 물	0.92~1.52	0.33~0.40 동일속도 혹은 2배	비팽창방식

주) Cleasby, J.L. and G.S.Logsdon, 1999. Granular Bed and Precoat Filtration, in Water Quality and Treatment, 5th Ed.

공기+물로 역세척하는 경우에는 Collapse-Pulsing현상을 일으켜 역세척효율이 향상되는데, 여과층 팽창 유무에 따라 역세척속도는 표 8.6을 참고하여 결정할 수 있으며, 역세척후 여과수의 수질이나 여과지 운전효율을 판단할 수 있다.

(11) 여과지의 장애 요인

1) 머드벌현상

여과의 역세정의 되풀이 되어 행해지면 여과지인 표층에 여재입자와 점착성 물질로 된 덩어리인 머드벌(泥球, mud ball)이 생기며, 머드벌의 발생으로 인한 피해는 다음과 같다.

① 머드벌이 표층에 있을 때에는 해를 받는다.

② 여과지속시간이 감소

③ 여과유출 수질의 악화

④ 여층의 균열

⑤ 여층표면의 불균일 등의 현상이 발생

2) 공기장애

① 정의

공기장애(air binding)는 여과가 진행되면서 손실수두가 상승하는데, 여과지 전체의 압력차가 겨우 통수능력을 유지할 때 폐색이 일어난 부분에서 국부적으로 대기압보다 얕은 부분이 발생할 수 있다. 이러한 부압에 의해 수중의 용전가스가 유리되고, 이들이 여과층 중에 집적하여 기포가 발생한다.

② 발생원리

여층 내의 수온 상승이나 표면 폐색에 따라 여층내부가 부수두를 갖게 되면 수중의 용존공기가 압력강하로 유리되어 공기막을 형성한다.

③ 영향

여과지 내의 공기층은 물을 통과시키지 않으므로 여층의 여과면적을 감소시키며, 또한 수중의 용존공기가 물로부터 유리되므로 물과의 비중이 차이로 부상작용에 의하여 여상을 팽창시키고 여과표층의 안정된 여과막을 파괴하여 여과지 내의 물을 통하여 대기로 방출된다.

- 여재유실의 원인이 된다.
- 폐색되거나 통수단면이 작아져서 여과유속이 빠르게 된다.
- 유속이 어느 정도 이상이 되면 여층 내에 억류되어 있는 플록이 파괴되어 탁질이 여과수와 같이 유출되는 현상을 탁질누축(break through)현상이라고 한다.

④ 방지방법

여과지 표면근처에서 폐색이 일어나지 않도록 역세척 등을 충분히 하고 유량조절 등을 적절히 하여 부수두가 발생하지 않도록 한다. 또한 사면상의 수심을 크게 하여 부수두 발생을 억제하고 원수가 공기포화상태가 되지 않도록 하고 여과지 내에서 수온 상승이 일어나지 않도록 한다.

⑤ 여과지 부작용의 관계

여층폐색, 머드볼, 부두수, 공기장애, 탁질누출 현상들은 상관관계를 가지며 한 가지 현상은 다른 현상을 불러온다. 따라서 여과지 내부의 비정상 흐름이 하나라도 발생하면 악순환이 반복되어 여러 가지 부작용이 발생된다.

3) 탁질누출현상

① 정의

탁질누출(break through)현상은 여층 내의 유속이 어느 정도 이상이 되면 여층 내에 억류되어 있는 플록이 파괴되어 탁질이 여과수와 같이 유출되는 현상을 탁질누축 현상이라고 한다.

② 발생원리

여과가 진행됨에 따라 현탁물질이 여층의 간극 내에 억류되고 Mud Ball 등으로 여층이 폐색되면 국부적으로 대기압보다 압력이 작은 부분이 발생되며, 이러한 부수두의 발생으로 인해 여층 내에 공기장애 현상이 발생하여 여층 내의 간극이 폐색되거나 통수단면이 작아져서 좁은 통로로 물이 빠져나가고(piping현상) 여과유속이 빨라지게 된다.

유속이 어느 정도 이상이 되면 여층 내에 억류되어 있는 플록이 파괴되어 탁질이 여과수와 같이 유출되는 현상을 탁질누축 현상이라고 한다.

③ 영향

유속이 빨라지면 여층 내에 억류되어 있는 플록(floc)이 파괴되어 탁질이 여과수와 같이 유출되므로 처리수의 수질이 악화되고 이 통로위 저항이 작아져 이 부분으로 여과수가 집중 통과하므로 탁질누출과 다른 면이 여과를 방해하고 특히 이러한 현상이 계속되는 경우가 있다.

④ Al/T비와 탁질누출의 영향

탁질에 대한 응집제량의 비(Al/T)가 클수록 응집제량이 많아 탁질의 강도가 떨어지고 수류에 의한 탁질층 파괴로 탁질누출현상이 증가한다.

⑤ 대책

이러한 현상은 표면여과의 경우에는 거의 발생치 않으며 내부여과의 경우에 발생 가능성이 높다. 탁질누출현상을 방지하기 위해서는 여층폐색, 머드볼, 부수두 공기장애 현상을 방지해야 하며 따라서 역세척을 충분히 하고, 응집시 PAC등을 사용하면 플록의 강도를 강하게하고 흡착력이 강해져서 방지할 수 있다.

(12) 완속여과와 급속여과의 비교

표 8.7 완속여과와 급속여과의 비교

	완속여과	급속여과
여과속도	4~5 m/d	120~150 m/d
모래층 두께	70~90 cm	60~70 cm
세균 제거율	98~99.5%	95~98%
모래 유효경	0.3~0.45 mm	0.45~1.0 mm
균등계수	2.0 이하	1.7 이하
여과율	$3 \sim 6\ m^2/m^2 \cdot d$	$100 \sim 200\ m^2/m^2 \cdot d$
사상(砂上) 수심	90~120 cm	1 m 이상
여과작용	여과, 흡착, 생물학적 응결작용	응집, 침전, 여과

표 8.8 완속여과와 급속여과의 특징 비교

구 분	완속여과	급속여과
용지면적	크다	작다
세균제거	좋다	나쁘다
수 질	양호	-
약품처리	불필요	필요
손실수두	작다	크다
건설비	많다	적다
유지관리비	적다	많다
원수수질	저탁도	고탁도
여제 세척법	많이 소요	적게 소요
관리기술	불필요	필요

8.4.3 급속여과지 제원의 결정과 설계

(1) 여과지의 제원과 배열

소요 총여과면적을 구하는 방법은 완속여과지의 경우과 같다. 여과속도는 120~150 m/d를 표준으로 하고 있으나 보통 120 m/d 정도가 많으며 전처리가 충분히 행해져 실험상 여과수의 수질기준에 적합하면 여과속도를 올려서 정수를 처리하고 있다.

여과지수는 예비지를 포함하여 두 지 이상, 예비지는 10지마다 한 지의 비율로 하고 한 지의 면적은 150 m^2 이하로 한다. 이것이 너무 크면 여과와 사층의 세정이 불균등하게 되기 쉽고 세정 설비비가 크게 되어 비경제적이다. 형은 장방형으로 길이, 폭의 값은 일반적으로는 1.25~1.35로 하고 하부집수장치, 세정배수통(trough), 배수구, 표면세정방식 등을 고려하여 결정하는 것이 좋다. 여과지의 배치는 조작실의 한쪽 또는 양쪽에 병렬시킨다.

(2) 여과저항

수류가 여층을 통과하면 여층의 유입단(流入端)과 유출단(流出端) 사이에 수두차가 생기는데 이 수두차를 여과손실수도 혹은 **여과저항**이라고 한다. 시간의 경과와 함께 증대하며 대부분의 여과지에서는 여과저항이 설정치에 도달했을 때를 여과공정(濾過工程)의 종료시기로 하고 있다. 여과공정이 임의의 값 이하에 있고 여과수 수질도 허용치 이내에 있는 것을 알 수 있다면 여과를 정지하는 지표로서 여과저항을 사용하여도 여과수 수질은 보전된다. 또한 그림 8.41과 같이 최대여과저항(最大濾過抵抗)은 여과지의 깊이와 관계가 있다. 여과저항은 설계 시 구조물의 높이를 결정하고, 조작 시는 여과를 정지하는 시기의 지표로서 매우 중요하다.

최대여과저항으로서는 1.0~3.0 m 수주범위에 취할 수 있으나 일반적으로 1.5~2.0 m 손실수두를 많이 채택하고 있다.

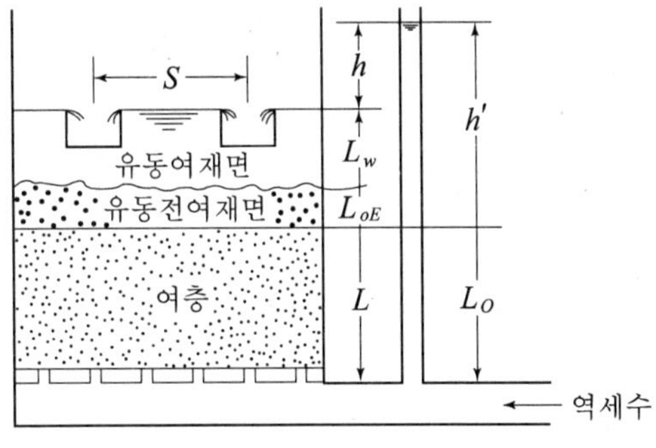

그림 8.41 역세압력의 방법

(3) 청징여과의 여과저항

여층에 현탁물질이 억류되어 있지 않은 상태의 여과저항로서 **초기손실수두**라고도 한다. 일반적으로 입상여층에 액체가 흐를 때의 손실수두를 나타내는 식으로서 Leava식 혹은 Fair-Hatch식이 사용되고 있다.

Leava식은 다음과 같다.

$$h_o = \frac{200\mu V L_o}{\rho_F g \phi^2 D^2} \cdot \frac{(1-\epsilon_o)^2}{\epsilon_o^3} \qquad (8\text{-}19)$$

$$Re = \frac{\rho_F DV}{\mu} < 10 \tag{8-20}$$

Fair-Hatch식은 다음과 같다.

$$h_o = 0.178 \frac{C_D}{g} \cdot \frac{v^2}{\epsilon_o^4} \cdot \frac{\alpha}{\beta} \cdot \frac{L_o}{D} \tag{8-21}$$

$$C_D = \frac{24}{Re} + \frac{3}{\sqrt{Re}} + 0.34 (\text{조건 } Re \geq 1) \tag{8-22}$$

$$C_D = \frac{24}{Re} (\text{조건 } Re < 1) \tag{8-23}$$

여기서, h_o : 청징여층의 여과저항[m], α : 여재 표면적에 관한 형상계수
β : 여재 체적에 관한 형상계수, V : 여과속도[m/s]
L : 여층두께[m], D : 여재입경[m]
φ : 여재 형상계수(-), ϵ : 여재 초기간극화(-)
ρ_F : 물의 밀도[kg/m^2], μ : 물의 점성계수[kg/m・s],
g : 중력가속도[m/s], Re : Reynolds 수

위의 식 중에서 일반적인 여과지에서 사용되고 있는 인자의 범위는 다음과 같다.

① 점성계수(μ) : 1.0×10^{-3} kg/m・s(20℃인 경우)
② 형상계수(φ) : 0.7~0.85
③ 형상계수(α/β) : 5.5~5.7
④ 공극비(ϵ_0) : 0.4~0.5

(4) 폐색여과의 여과저항

여과저항 h는 현탁물 억류항의 증가와 함께 증대한다. 표 8.9는 지금까지 보고된 여과저항식을 나타낸 것으로서 전부 Leava식과 같은 형의 Kozeny-Caman식을 기초로 하여 유도하면 식 (8-23)과 같다.

표 8.9 여과저항 계산표

연구자	계산식	비고
Ives (1960)	$\frac{\Delta h}{h_o}=\frac{f'}{f}\cdot\frac{r}{r_o}\left(\frac{\epsilon_0}{\epsilon_o-\sigma}\right)^2$ $\left(\frac{1-\epsilon_o+\sigma}{1-\epsilon_o}\right)^2\cdot\frac{\Delta z}{L}$	
Shektman (1961)	$\frac{\Delta h}{h_o}=\left(1-\sqrt{1-\frac{\epsilon_o-\sigma}{\epsilon_o}}\right)^3\frac{\Delta z}{L}$	$\frac{f'}{f}\left(\frac{\psi D}{\psi' D'}\right)^2=1$
Camp (1964)	$\frac{\Delta h}{h_o}=\left[\sqrt{\frac{\sigma}{3(1-\epsilon_o)}+\frac{1}{4}}+\frac{\sigma}{3(1-\epsilon_o)}+\frac{1}{2}\right]\left(\frac{\epsilon_o}{\epsilon_o-\sigma}\right)\left(\frac{1-\epsilon_o+\sigma}{1-\epsilon_o}\right)^2\frac{\Delta z}{L}$	$\frac{f'}{f}=1,\ \left(\frac{\psi D}{\psi' D'}\right)^2=\sqrt{\frac{\sigma}{3(1-\epsilon_o)}+\frac{1}{4}}+\frac{\sigma}{3(1-\epsilon_o)}$
Mackrle (1965)	$\frac{\Delta h}{h_o}=\left(1+\frac{p\sigma}{\epsilon_o}\right)^3\left(\frac{\epsilon_o}{\epsilon_o-\sigma}\right)^{1.5}\frac{\Delta z}{L}$	$\frac{\psi D}{\psi' D'}=\left(1+\frac{\sigma}{\epsilon_o}\right)^x\left(1-\frac{\epsilon_o}{\epsilon_o}\right)^y$, $x=1.5,\ y=0.75$
Sakthivadivel (1966)	$\frac{\Delta h}{h_o}=\frac{1}{\xi^2}\cdot\left(\frac{\epsilon_o}{\epsilon_o-\sigma}\right)^3\left(\frac{1-\epsilon_o+\sigma}{1-\epsilon_o}\right)^2\frac{\Delta z}{L}$	$\xi^2=\frac{f'}{f}\left(\frac{\psi D}{\psi' D'}\right)^2$
Mohanka (1969)	$\frac{\Delta h}{h_o}=\left(1+\frac{p\sigma}{\epsilon_o}\right)^2\left(\frac{\epsilon_o}{\epsilon_o-\sigma}\right)^{1.5}\frac{\Delta z}{L}$	$x=y=1,\ p=\frac{29}{(S')^{065}}$
Deb (1969)	$\frac{\Delta h}{h_o}=\left[1+G(1-10)^{-k\sigma}\right]\left(\frac{\epsilon_o}{\epsilon_o-\sigma}\right)^3\frac{\Delta z}{L}$	$\frac{f'}{f}\left(\frac{\psi D}{\psi' D'}\right)^2=1+\left[G(1-10)^{kG}\right]$ $G=3.2,\ k=13.3$
Fujita (1976)	$\frac{\Delta h}{h_o}=1+\left\{a\left(\frac{\eta_o\theta}{\epsilon_o}\right)+\left(\frac{\eta_o\theta}{\epsilon_o}\right)^2\right\}\frac{\psi D}{\eta_o L}$	전여과저항 a, b는 실험치
강용태 (1982)	$\frac{\Delta h}{h_o}=f\left(\frac{1-\epsilon_o+\sigma}{1-\epsilon_o}\right)^2\left(\frac{\epsilon_o}{\epsilon_o-\sigma}\right)^3\frac{\Delta z}{L}$	$f=a\exp(-b\sigma)$ $a=1.07,\ b=7.76$

그러나 실제의 여과저항은 각 여과저항 식으로부터 구한 여과저항 값보다 매우 작은 값을 나타내며 그림 8.42와 같다. 또한 현탁물은 여과초기에는 여재표면에 균일하게 부착하지만 시간이 경과할수록 공극(ϵ_0)이 좁아지기 때문에 여재입자 간의 실유속이 증대하여 점차 부착하기 어렵게 되고 여과저항은 서서히 증대한다.

연속여과실험을 행하면서 여층 내에 트레이서(tracer : 물질대사의 경로 또는 행동의 상태를 연구하는데에 사용하는 방사성 동위원소)를 주입하여 현탁물 억류량의 체적을 직접측정하는 것에 의해 여과저항 보정계수(濾過抵抗 補正係數)를 유도한다. 이 보정계수를 Kozeny-Caman식에 대입하여 미소여재의 여과저항식을 실측치와 일치하도록 하였다. 즉 임의의 미소

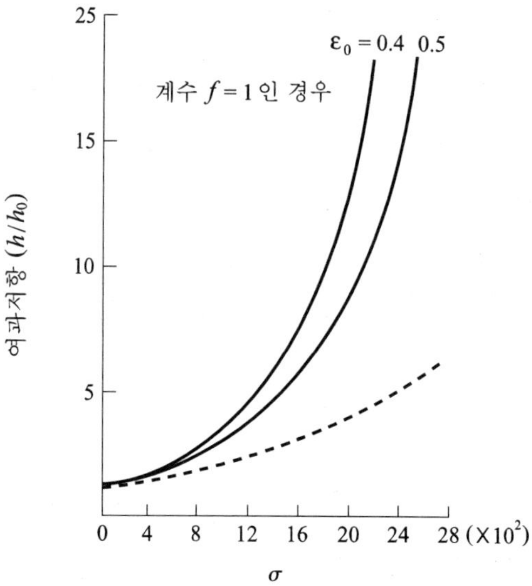

그림 8.42 여과저항

여재(Δz)의 여과저항을 Δh라고 하고 $t=0$의 Δh를 Δh_o라고 두면 여과저항식을 아래와 같이 나타낼 수 있다.

$$\frac{\Delta h}{h_o}=f\cdot\left(\frac{1-\epsilon_o+\sigma}{1-\epsilon}\right)^2\left(\frac{\epsilon_o}{\epsilon_o-\sigma}\right)^2\frac{\Delta z}{L} \tag{8-24}$$

$$f=1.07\exp(-7.76\sigma) \tag{8-25}$$

따라서 전층의 여과저항 h는 이들 식을 z에 관하여 0에서 L까지 적분하여 산출하면 다음과 같다.

$$h=\int_{\Delta=0}^{\Delta=1}dh=\int_0^1 f(\sigma)\,dz \tag{8-26}$$

여재의 단위체적당의 현탁물 억류량 σ의 값은 여층의 길이에 따라 다르기 때문에 식 (8-26)을 적분하기 위해서는 먼저 σ와 z의 관계를 알고서 여과방정식을 풀면 된다. 저여과저항을 무차원으로 나타내기 위해 저비율(沮比率) η와 현탁물 억류량 σ과의 관계 여과모델을 제안하고 그림 8.43과 같이 한계비 퇴적량(γ_c)이 0.3일 때 여재구성비와 저지율의 적(η_o, $L/\varphi D$) 및 무차원시간 $\left(\dfrac{T_o\nu t}{W\phi D}\right)$로부터 여과저항비($h_f/h_o$)를 구할 수 있도록 하였다.

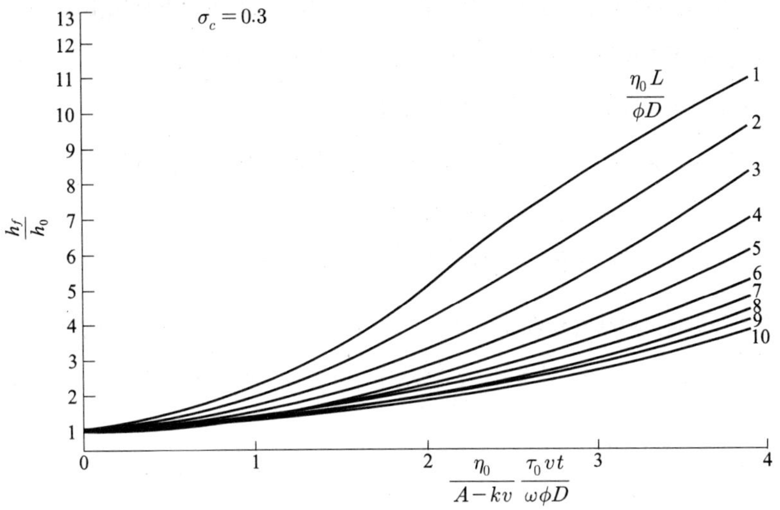

그림 8.43 전여과저항의 시간적 변화

(5) 역세정의 속도, 압력 및 시간

역세정에 있어서 가장 중요한 인자는 역세속도(逆洗速度)이며, 그 속도를 유지하기 위하여 필요한 역세압력(逆洗壓力)을 유지해야 한다. 역세정의 속도를 0에서 점차로 증가시키면 그 이상의 유속을 증가시켜도 압력의 증가는 보이지 않는다. 즉 유동층에서 소요되는 압력손실은 수중의 여재입자의 중량과 평형을 이루게 되고 이러한 관계를 식으로 나타내면 다음과 같다.

$$h_B = \frac{L_o}{\rho_F}(1-\epsilon_o)(\rho_S - \rho_F) \tag{8-27}$$

여기서, h_B : 여층에서 소비되는 압력손실[m], L_o : 본래의 여층두께[m],
ϵ_o : 본래 여층의 공극화, ρ_F : 물의 밀도[kg/m^3], ρ_S : 여재의 밀도[kg/m^3]

실제의 역세정에 있어 필요한 압력수두는 여층의 손실수두에 지지사리층(支持砂利層) 및 집수장치에서의 압력손실을 더한 것이므로 다음과 같이 나타낼 수 있다.

$$h = h_B + h_G + h_C \tag{8-28}$$

$$h_G = \frac{200\, L_G \mu u_B}{\rho_F\, g\, {\phi_G}^2 {D_G}^2} \cdot \frac{(1-\epsilon_G)^2}{{\epsilon_G}^2} \tag{8-29}$$

$$h_C = \frac{1}{2g}\left(\frac{u_B}{\alpha\beta}\right)^2 \tag{8-30}$$

여기서, h : 여과지에서의 압력손실 [m], h_G : 사리층의 압력손실 [m]

h_C : 집수장치의 압력손실 [m], L_G : 사리층 두께 [m]

u_B : 역세속도 [m/s], ϕ_G : 사리의 형상계수 [−]

D_G : 사리지름 [m], ϵ_G : 사리층의 공극화 [−]

α : 집수장치 분출공의 유량계수 [−]

β : 집수장치 분출공의 개구비(開口比)

역류세정의 효과는 여재입자끼리의 충돌횟수가 가장 많을 때 최대가 된다고 할 수 있으며, 유동화 세정방식에 있어서의 최적의 역세속도는 다음과 같이 표시된다.

$$u_B = \frac{u_t}{10} \qquad (8\text{-}31)$$

$$u_t = \left[\frac{4}{225} \cdot \frac{(\rho_s - {\rho_F}^2)\, g^2}{\rho_F \mu} \right]^{\beta} D \qquad (8\text{-}32)$$

위식에서 u_B : 최적의 역세속도 [m/s]

u_t : 여재 단일입자의 침강속도 [m/s],

D : 여재입경 [m]

그림 8.44는 상온에 있어서 최적의 역세속도와 여재입경과의 관계를 모래, 무연탄 및 석류석(石榴石, garnet)에 대해서 나타낸다. 상온 외의 세정 시는 그림 8.45에 의하여 보정계수를 구하여 그림 8.44에서 얻은 값에 곱한다.

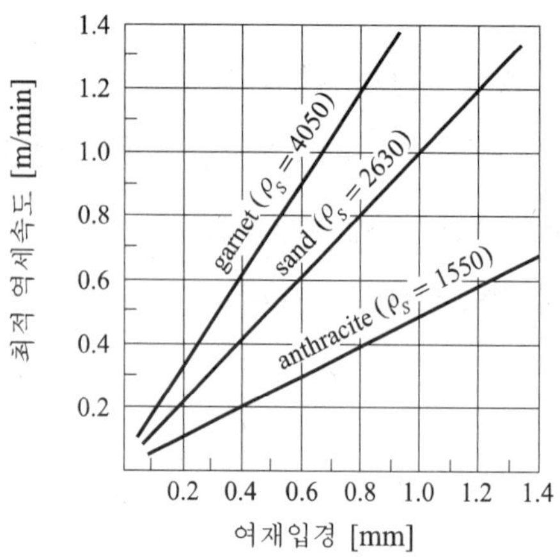

그림 8.44 정수의 상온에서의 최적의 역세속도

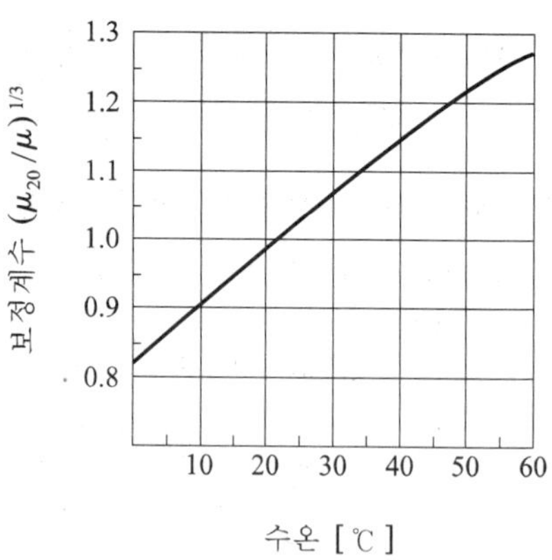

그림 8.45 온도보정계수

예제 8.5

지름 4 m인 원통형 가압여과장치를 사용하여 1일 3,000 m^3/d의 물을 여과하고 있다. 매일 10 ℓ/m^3 · s의 비율로 15분씩 역세척하고 있다.

1) 이 장치의 여과율(m/d)을 구하시오.

2) 역세척수량(m^3/d)을 구하시오.

3) 역세척수량은 처리수의 몇 %에 해당하는가?

풀이

1) 여과율 또는 여과속도[m/d]=유량(Q_f)/여과면적(A_f)

$$A_f(\mathrm{m}^2) = \frac{\pi \times (4)^2}{4} = 12.566\ [\mathrm{m}^2]$$

$$\therefore V_f = \frac{3{,}000(\mathrm{m}^3/\mathrm{d})}{12.566(\mathrm{m}^2)} = 238.73\ [\mathrm{m/d}]$$

2) 역세척수량[m^3/d]=역세척율×여과면적×시간

$$Q_{Rf}\left(\frac{\mathrm{m}^3}{\mathrm{day}}\right) = 10\left(\frac{\mathrm{L}}{\mathrm{m}^2 \cdot \mathrm{s}}\right) \times \frac{\pi \times (4)^2}{4}(\mathrm{m}^2) \times 10^{-3}\left(\frac{\mathrm{m}^3}{\mathrm{L}}\right) \times 15\left(\frac{\mathrm{min}}{\mathrm{day}}\right) \times 60\left(\frac{\mathrm{s}}{\mathrm{min}}\right)$$

$$= 113.1\ [\mathrm{m}^3/\mathrm{d}]$$

3) 역세척 수의 비율[%]=(역세척수량/처리수)×100

$$R_p(\%) = \frac{Q_{Rf}}{Q} \times 100 = \frac{113.1}{3{,}000} \times 100 = 3.77\ [\%]$$

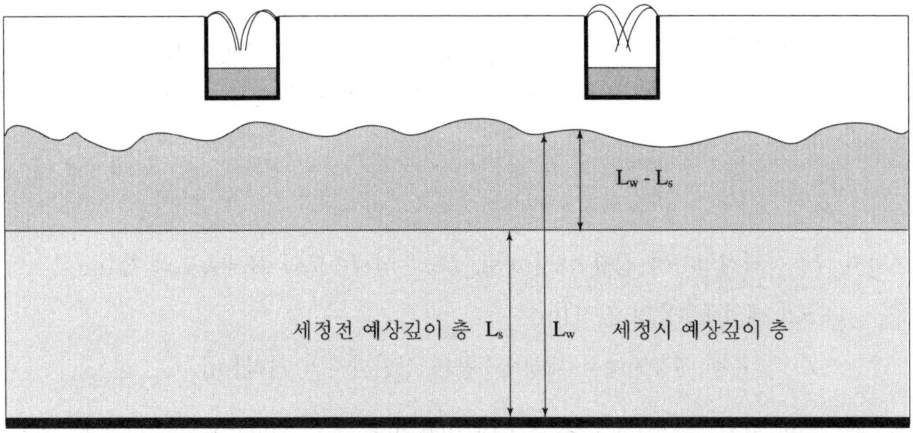

예제그림 8.5.1 사층의 팽창비

예제 8.6

모래여과지의 최소여사층 높이는 60 cm 이상이며, 충진여사량의 높이는 80 cm이다. 역류세정시 여사층 높이가 1,040 mm로 상승하면 여사층의 팽창비는 얼마인가?

풀이

$$P_R = \frac{L_w - L_s}{L_s} \times 100 = \frac{1{,}040 - 80}{80} \times 100 = 30\ [\%]$$

(6) 사층 팽창비

사층 팽창비는 적절하여야 하며, 너무 크면 세정효율이 저하되므로 적정 팽창비는 30~50% 정도로 하는 것이 좋다. 최적의 역세정속도가 주어지면 사층의 팽창비는 다음 식 (8-32)와 같이 표시할 수 있다. 즉 사층의 팽창비는 관계를 나타낸 것이 예제그림 8.5.1과 같다.

$$P_R = \frac{L_w - L_s}{L_s} \times 100 \tag{8-33}$$

여기서, L_s : 세정전 여상의 깊이 [m]

L_w : 세정시 여상의 깊이 [m]

(7) 세정배수통(though)

탁질입자는 배수되고 여재입자는 유실되지 않게 할 때 장방형 여과지에서 서로 팽창한 세정배수통의 높이와 간격은(그림 8.40 참조) 다음 식의 범위에 들도록 하여야 한다.

$$\frac{U_t}{U_d} < \frac{S}{L_w} < \pi \tag{8-34}$$

여기서, U_t : 탁질입자의 침강속도 [m/s], U_d : 역세속도와 표세속도의 합 [m/s]

S : 세정배수통의 간격 [m]

L_w : 유동 여층면에서 세정배수통의 상단까지의 거리 [m]

세정배수통의 크기 계산에는 다음 식들이 이용된다. C.N. Miller공식은 다음과 같다.

$$Q = 1.05B(h_a + l\tan\theta)^{1.5} = 1.05\,Bh^{1.5} \tag{8-35}$$

T.R. Camp공식은 다음과 같다.

$$h_a = \left[2h_c^{\ 2} + \left(h_c - \frac{\theta l}{3}\right)^2\right]^{1/2} - \frac{2}{3}\theta l \tag{8-36}$$

$$h_c = \left(\frac{\alpha Q^2}{g B^2}\right)^{\frac{1}{3}} \tag{8-37}$$

여기서, Q : 세정배수통의 유량 [m^3/s], h_a : 세정배수통 상류측의 수심 [m]

L : 세정배수통의 길이 [m], β : 세정배수통의 폭 [m],

θ : 세정배수통의 바닥의 수평과 이루는 각도

h_c : 한계수심 [m], α : 속도에너지의 보정계수(≒1.10)

(8) 표면세정의 속도와 압력

표면세정속도 및 압력으로서 보통 다음 값을 취한다.

① 고성식속도 : 0.15~0.20 [m/min]

② 압력 15~20 m 수주(水柱)

③ 회전식속도 : 0.05~0.10 [m/min]

④ 압력 30~40 m 수주

예제 8.7

그림과 같은 급속여과지에 있어서 다음과 같은 조건이 주어진다면 역세압력 h 의 크기는 얼마가 되는가?

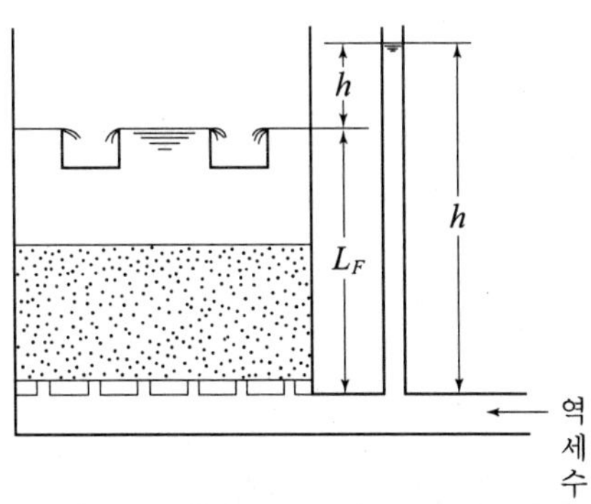

예제그림 8.7.1 급속여과지 단면

1) 여과재 입경 0.65 mm, 공극률 0.48, 두께 0.6 m, 밀도 2,630 [kg/m^3]

2) 지지자갈 제1층 입경 2.0 mm, 제2층 입경 4.0 mm, 공극률 0.40, 두께각 0.1, 형상계수 0.7
3) 집수장치 개구비 1%, 유량계수 0.62
4) 역세속도 0.65 [m/min]

풀이

$$\text{여과층 압력손실} = \frac{L_o}{\rho_F}(1-\epsilon_o)(\rho_s-\rho_F) = \frac{0.6}{10^3}(1-0.48)(2{,}630-1{,}000) = 0.51[\text{m}]$$

$$\text{자갈층 압력손실} = \frac{200\,L_o u\mu}{\rho_F\phi^2 D^2}\frac{(1-\epsilon_o)^2}{\epsilon_o{}^3}$$

$$= \frac{200\times 0.0108\times 10^{-3}}{10^3\times 9.8\times 0.72^2}\left\{\frac{0.1}{(2\times 10^{-3})^2}+\frac{0.1}{(4\times 10^{-3})^2}\right\}\frac{(1-0.4)^2}{0.4^3}$$

$$= 0.08\ [\text{m}]$$

$$\text{집수장치의 압력손실} = \frac{1}{2g}\left(\frac{u}{\alpha\beta}\right)^2 = \frac{1}{2\times 9.8}\left(\frac{0.0108}{0.62\times 0.01}\right)^2 = 0.16\ [\text{m}]$$

∴ 전손실수두 $h = 0.51+0.08+0.16 = 0.75$ [m]

예제 8.8

여과재 지름 0.6 mm, 여과재 두께 600 mm, 여과재 공극률 0.45로 할 때의 급속여과지의 초기손실수두를 여과속도 120 m/d 및 180 m/d에 대해서 구하시오.

풀이

(1) Fair-Hatch에 의한 경우

① 여과속도 $120\text{m/d} = 1.39\times 10^{-3}\text{m/s}$ 에서는

$$Re = \frac{\rho_F D_v}{\mu} = \frac{10^3\times(0.6\times 10^{-3})\times(1.39\times 10^{-3})}{10^{-3}} = 0.834 < 1$$

$$\therefore h = 0.178\times\frac{24}{Re}\times\frac{Lv^2}{g\epsilon^4 D}\frac{\alpha}{\beta}$$

$$= 0.178\times\frac{24}{0.834}\times\frac{0.6\times(1.39\times 10^{-3})^2}{9.8\times 0.45^4\times 0.6\times 10^{-3}}\times 5.5 = 0.135\ [\text{m}]$$

② 여과속도 $180\text{m/d} = 2.08\times 10^{-3}\text{m/s}$ 이므로

$$Re = \frac{10^3\times(0.6\times 10^{-3})\times(2.08\times 10^{-3})}{10^{-3}} = 1.25 > 1$$

$$C_D = \frac{24}{Re}+\frac{3}{\sqrt{Re}}+0.34 = \frac{24}{1.25}+\frac{3}{\sqrt{1.25}}+0.34 = 22.2$$

$$h = 0.178\times\frac{22.2\times 0.6\times(2.08\times 10^{-3})^2}{9.8\times 0.45^4\times 0.6\times 10^{-3}}\times 5.5 = 0.234\ [\text{m}]$$

(2) Leava식에 의한 경우 : Leava식의 적용범위는 $Re < 10$이기 때문에 위의 어느 경우도 1의 식으로 나타낸다. 여과제의 형상계수 $\varphi = 0.8$로 하면 다음과 같다.

$$h = \frac{200\mu Lv}{\rho_F g\,\psi^2 D^2}\frac{(1-\epsilon_o)^2}{\epsilon_0} = \frac{200\times10^{-3}\times0.6\times v}{10^3\times9.8\times0.8^2\times(0.6\times10^{-3})^2}\times\frac{(1-0.45)^2}{0.45^3} = 1.76\times10^2 v$$

$v = 120\text{m/일} = 1.39\times10^{-3}\text{m/s}$ 에서는

$\therefore h = 1.76\times10^2\times1.39\times10^{-3} = 0.244$ [m]

$v = 180\text{m/일} = 2.08\times10^{-3}\text{m/s}$ 에서는

$\therefore h = 1.76\times10^2\times2.08\times10^{-3} = 0.366$ [m]

예제 8.9

정수처리공정에 대해 설명하시오.

풀이

(1) 취수과정

상수도의 흐름계통도와 같이 취수된 원수는 가압장에서 가압을 하여 착수정에 도달하고 혼화지에서 약품을 교반한 후 침전지에서 불순물을 침전시키고 상등수를 여과지로 이송하여 여과한 후 배수지에서 각 수용가에 공급하게 된다. 착수정에서 시료를 채취하고 수질을 분석하는데 평균 4시간이 소요되고 있는데 이 과정에서 스컴 등의 이물질을 함유한 원수는 정수처리를 마치고 배수지로 송수되며, 현행 원수 취수 및 수질검사는 비효율적이나 취수 초기단계에서 이루어진다면 효과적인 수질검사를 할 수 있을 것이다.

(2) 정수처리 단계

취수된 원수가 정수시설에 도달하여 정수처리과정을 거치는데 몇 가지 단계가 있는데 기존의 운영방식으로는 다음과 같은 문제점이 생기는 것을 파악하였다.

1) 약품투입

약품투입은 검사자가 비이커에 소량의 시료를 채취하여 분석한 후 행하여지는데 문제점은 착수정에 도착한 다량의 물은 상층부와 하단의 온도차가 있게 되고, 온도차에 따라 수질의 성분은 각기 다른 차이가 나타나게 된다. 예제그림 8.9.1과 같이 현 지점에서 흐른 물과 뒤따라 흐르는 물은 서로 다른 특성을 나타냄에도 불구하고 기존의 수질검사방식은 검사자가 특정부분 소량의 원수를 채취하여 판정한 결과에 의하면 인위적인 부정확한 방식으로 이루어지고 있으나 검사 주기도 짧은 실정으로 수질분석 및 조류분석을 반복해서 계속적으로 이루어져야 하지만 현실적으로 불가능하고 특히 야간이나 홍수 시에는 사실상 관리가 어려운 실정이다.

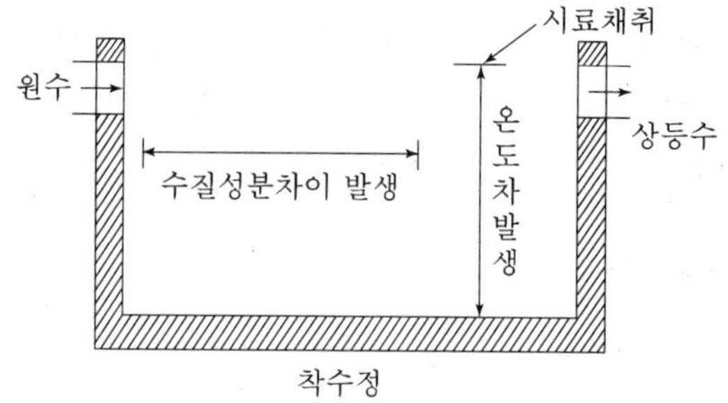

예제그림 8.9.1 **불균일한 원수의 특성**

2) 혼화

원수 내의 이물질에 응집제을 투여하여 화학적 반응을 일으키는 단계로 이러한 과정에서 이물질이 효과적으로 응집되기 위해서는 혼화지내 수 개의 회전판이 항상 1.5 m/s의 회전속도를 유지해야 하지만 현실적으로는 회전판 내부베어링의 마모에 의하여 균일한 속도를 유지한다는 것이 어려운 일이며 혼화지내 회전판은 통상 수중에 잠겨있으므로 육안으로 그 여부를 판별하기는 어려운 일이다.

3) 응집

응집지는 3단계로 구성되며 혼화지와 같이 각각 회전판을 가지고 미소한 이물질 플록을 침전시키기 위하여 회전판이 회전하면서 크게 성장시키는 역할을 하고 있다. 즉 단계별로 회전판을 0.75 m/s, 0.5 m/s, 0.25 m/s 정도로 속도를 달리 운영되는데 이로 인하여 플록은 점점 크기가 커진다. 그러나 회전판의 속도가 베어링 마모로 균형을 잃게되면 플록형성에 큰 장해를 일으키게 되며 기존의 운영시스템으로는 변동상태를 파악하기란 어려운 일이다.

(3) 침전단계

침전지에서는 응집과정에서 커진 플록들이 밀도가 높아서 쌓이는 작용은 예제그림 8.9.2와 같다.

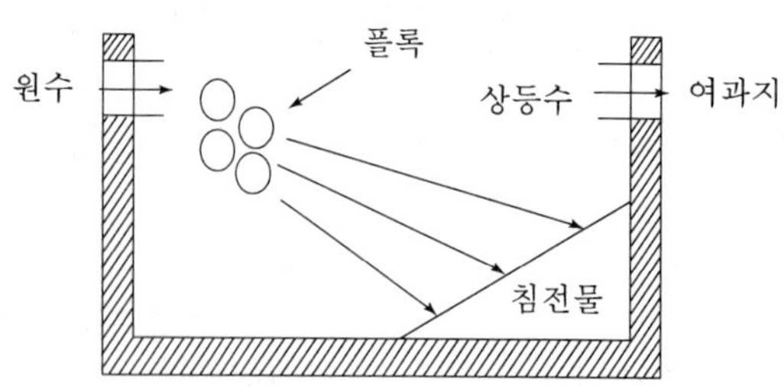

예제그림 8.9.2 **침전지 단면도**

그러나 침전지는 침전물의 균등한 농도유지를 위해 구분된 각각의 분배수로에 유입하는 수량이 사실상 서로 달라지며, 예제그림 8.9.3과 같이 분배수로 침전량도 달라지고 있다.

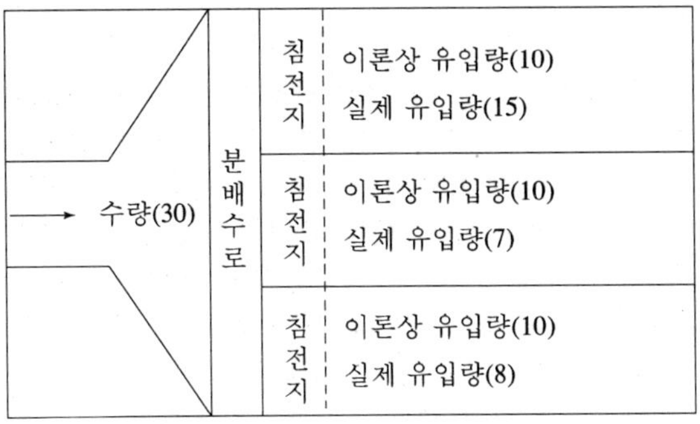

예제그림 8.9.3 침전지 평면도

이러한 문제가 발생되는 원인은 유입되는 수질의 성분 및 특성이 각 부분별로 다르며, 물질과 인력은 표면에서 특히 강하다는데 있다. 즉 이러한 수시 변동사항으로 처음 설계대로 유입량을 분배수로에 균등하게 유지한다는 것은 매우 어려운 일이다.

(4) 여과단계

침전지에서 취수된 상등수 중에도 미세한 이물질은 침전되지 않고 여과지로 유입되는데 평균 모래층에서 95% 이상의 이물질이 제거된다. 그러나 여과과정이 반복됨에 따라 여과지에 플록이 쌓이게 되면 여과수량이 적어지게 되며, A입구에 10의 물을 넣어도 B에서는 8~9의 수량밖에 얻을 수 없는 등의 여과단계의 효율성이 떨어지게 되는데 이때 B의 배출구를 통해 높은 압력으로 물을 거꾸로 역세척시켜 이물질을 여과지 밖으로 배출시키는 것이며, 여과지단면은 예제그림 8.9.4와 같다.

이러한 역세척은 각각의 여재들과 이물질이 역류된 수압에 의해 동시에 위로 떠오르고 그 과정에서 가볍고 밀도가 작은 이물질은 ①과 같이 밖으로 배출된다. 또한 밀도가 큰 여재들은 비중에 따라 순서대로 다시 전과같이 위치하게 되는 현상을 활용한 것인데 종래와 같이 운영요원의 인위적 방법에 의한 경우 다음과 같이 문제점이 발생할 수 있다.

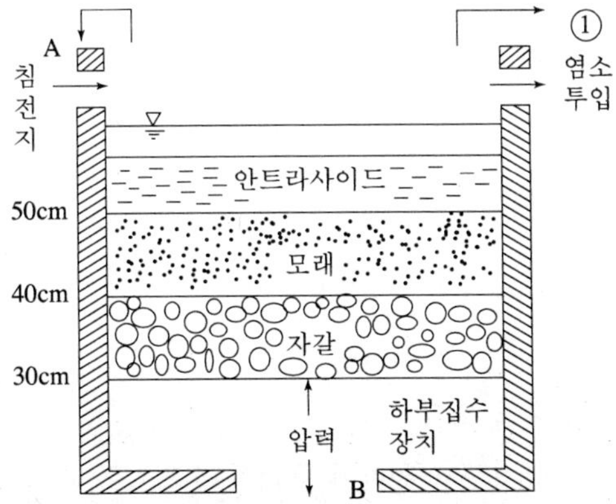

예제그림 8.9.4 여과지 단면도

1) 역세척

역세척을 자주할 경우 여재들 중 밀도가 작은 안트라사이트층이 이물질과 같이 예제그림 8.9.4의 ①과 같이 밖으로 유출되며 대상정수장의 경우 역세척으로 인해 보통(가로 8 m, 세로 8 m)여과지의 경우 약 300톤의 취수된 물이 소모된다. 또한 높은 압력으로 여재들이 마모, 수명이 단축되는 등 경제적 손실이 크게 발생하고 있다. 또한 역세척을 늦게 할 경우 상층부에 플록들이 얽혀 덩어리로 남게 되는데 이때 낮은 압력으로 역세척이 느리게 행하여질 경우 이러한 플록 덩어리는 분해되지 않은 채 안트라사이트 및 모래층보다 상대적으로 높아진 밀도에 의해 밖으로 배출되지 않고 예제그림 8.9.5에서 ②와 같이 여층내에 자리잡게 된다. 이때 빽빽히 들어찬 다른 여재들 사이로 부피가 큰 이물질이 자리하게 되어 여과기능을 충분히 수행치 못하여 물이 ③과 같이 빠른 유속으로 여과층을 통과하여 여재를 마모시키고 결국은 침전지를 훼손하여 수질을 악화시키는 주원인이 된다.

이러한 문제점은 역세척의 최적 시기에 판단을 인위적으로 행할 수밖에 없는 기존방식의 문제점이다.

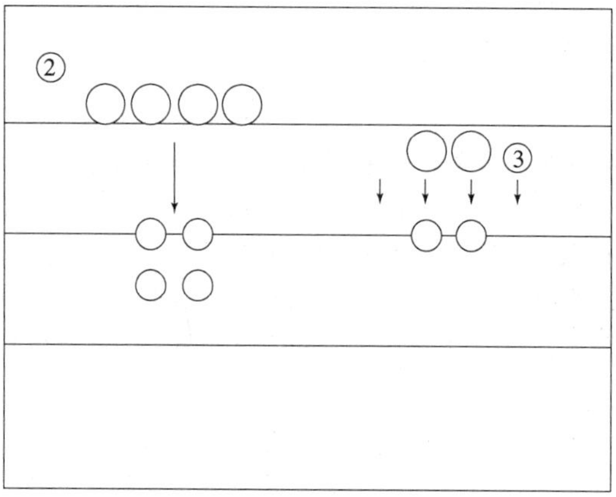

예제그림 8.9.5 늦게 역세척할 경우의 플록침강

8.4.4 하수도의 침전지

침전지는 고형물입자를 침전, 제거해서 하수를 정화하는 시설로서 대상 고형물에 따라 1차 침전지와 2차 침전지로 나눌 수 있으며, 1차 침전지는 1차 처리 및 생물학적 처리를 위한 예비처리의 역할을 수행한다. 2차 침전지는 생물학적 처리에 의해 발생되는 슬러지와 처리수를 분리하고, 침전한 슬러지의 농축을 주목적으로 한다. 소규모 하수처리시설에서는 처리방식에 따라서 1차 침전지를 생략할 수도 있다.

침전된 슬러지는 부패를 방지하기 위하여 슬러지 수집기를 이용하여 신속하게 제거하여야 하며, 부패된 침전슬러지의 부상 및 침전 불량으로 인하여 스컴이 발생할 수 있으므로 스컴제거장치를 설치할 수 있다. 또 2차 침전지의 경우 슬러지부상 유출에 따른 처리수의 악화를 방지하기 위하여 월류웨어의 배치에 유의하여야 한다.

(1) 1차 침전지

1) 형상 및 지수

① 형상은 원형, 장방형 또는 정사각형으로 한다.

② 장방형인 경우 폭과 길이의 비는 1 : 3 이상으로 하고, 폭과 깊이의 비는 1 : 1~2.25 : 1 정도로, 폭은 슬러지 수집기의 폭을 고려하여 정한다. 원형 및 정사각형의 경우 폭과 깊이의 비는 6 : 1~12 : 1 정도로 한다.

③ 침전지 지수는 최소한 두 지 이상으로 한다.

2) 구조

① 침전지는 수밀성 구조로 하며, 부력에 대해서도 안전한 구조로 한다.

② 슬러지를 제거시키기 위해 슬러지수집기를 설치한다.

③ 슬러지수집기를 설치하는 경우의 침전지 바닥기울기는 장방형에서는 1/100~2/100으로, 원형 및 정사각형에서는 5/100~10/100으로 하고, 슬러지호퍼(sludger hopper)를 설치하며, 그 측벽의 기울기는 60° 이상으로 한다.

④ 악취 대책 및 지역특성을 고려하여 복개를 검토할 수 있다.

⑤ 초기운전 대책으로 우회수로(by-pass)의 설치를 검토할 수 있다.

3) 표면부하율

표면부하율은 계획1일 최대오수량에 대하여 분류식의 경우 35~70 $m^3/m^2 \cdot d$, 합류식의 경우 25~50 $m^3/m^2 \cdot d$로 한다.

4) 유효수심

침전효과는 침전지의 표면적에 좌우되고 깊이에는 큰 영향이 없다고 하나, 실제 침전지 깊이가 너무 얕으면 유체의 흐름에 의해 영향을 받거나 슬러지를 제거할 때 슬러지가 부상할 수도 있다. 또한 온도, 풍향 등의 외적 환경영향을 크게 받을 수 있어 침전효과가 감소될 수도 있다. 유효수심이란 침전지에서 가장 얕은 부분의 수심을 말하며, 2.5~4 m를 표준으로 한다.

5) 침전시간

침전시간은 계획1일 최대오수량에 대하여 표면부하율과 유효수심을 고려하여 정하며, 일반적으로 2~4시간으로 한다.

침전시간에 대한 표면부하율과 유효수심의 상호관계는 표 8.10과 같다.

표 8.10 공기의 용해도

유효수심 / 표면부하율 [$m^3/m^2 \cdot d$]	침 전 시 간[hr]			
	2.5 [hr]	3.0 [hr]	3.5 [hr]	4.0 [hr]
25	2.4	2.9	3.4	3.8
30	2.0	2.4	2.8	3.2
40	1.5	1.8	2.1	2.4

침전시간을 길게 할수록 SS의 제거효율은 높아지는 반면 시간이 너무 길면 침전지의 크기가 커지는데 비해 효율이 별로 증가하지 않고 침전된 슬러지가 부패하여 오히려 수질악화를 초래하는 경우가 생긴다. 따라서 침전시간은 침전시키려는 하수의 수질 등을 고려해서 정하여야 하지만 분류식에 있어서 일반적으로 1.5시간 정도로 하며, 합류식의 경우에는 계획1일 최대오수량에 대하여 3시간 정도로 하면, 우천시 계획오수량에 대해 30분 이상의 침전시간 확보가 가능하게 되며, 표 8.11과 같다.

표 8.11 공기의 용해도

분류식 하수도	합류식 하수도	
계획1일 최대오수량	계획1일 최대오수량	우천시 계획오수량
1.5 시간	3.0 시간	0.5 시간

6) 여유고

여유고를 필요 이상 두게 되는 경우에는 시설비를 증대시키며, 유지관리상 불편하며, 여유고는 수위의 변화 및 바람에 의한 요소 등을 고려하여 40~60 cm 정도로 한다. 또한 구조보가 있을 경우의 여유고는 별도로 고려할 필요가 있다.

7) 정류설비

정류설비는 유입수를 단면전체에 대해 균등하게 분포시켜 침전지로 유입하는 유체의 흐름을 층류(laminar flow)로 유지시키기 위하여 설치하는 것이다. 정류설비 설치시 와류가 발생되지 않도록 하여야 하며, 침전지 내의 유효침전구역을 좁히지 않도록 하고, 침전지유입부는 그림 8.46과 같다.

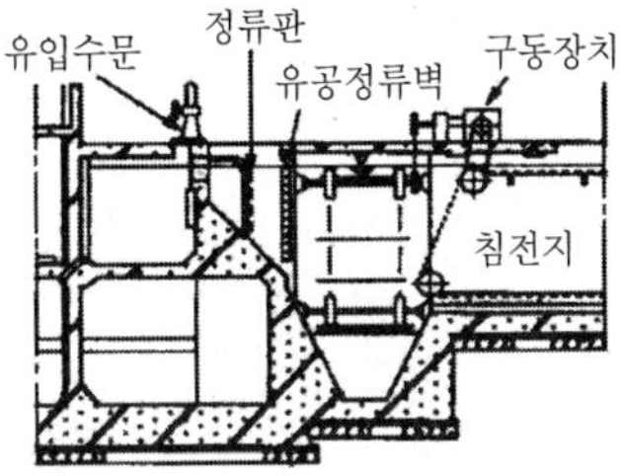

그림 8.46 침전지유입부의 예

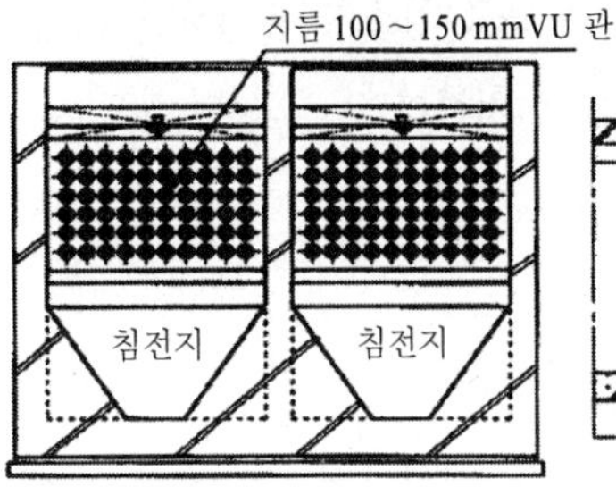

그림 8.47 유공정류벽의 예

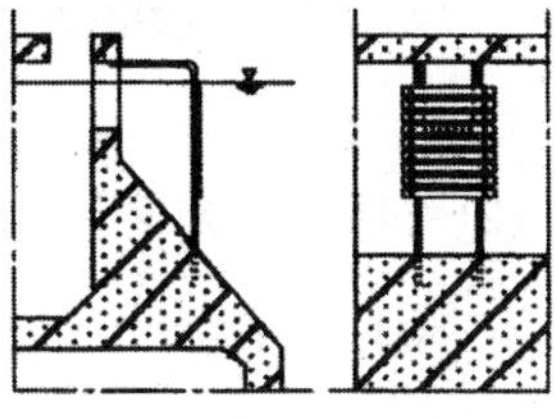

그림 8.48 정류판의 예

장방형 침전지의 경우는 유입된 하수가 침전지의 전체 폭에 균일하게 도달하게 하기 위해 유공정류벽(그림 8.47 참조)을 설치한다. 유공정류벽을 사용하는 경우에는 구멍의 면적을 저류판 면적의 6~20% 정도로 한다. 저류판(그림 8.48 참조)에 의해 유효침전구역으로 유입되는 하수의 유속은 0.08 m/s 이하가 되도록 하며, 유입지역에서의 유속은 1 m/s 정도로 한다. 2개 이상의 침전지인 경우는 유입량을 균등하게 하기 위해서 유입구에 수문을 설치하여 조정하는 것이 좋다. 또한 유입부에 스컴이 체류하지 않도록 구조적으로 고려하여야 한다.

또한 원형침전지의 정류동의 지름은 침전지 지름의 15~20%, 수면 아래의 침수깊이는 90 cm 정도가 되도록 설치한다. 정류통을 수면 아래로 너무 깊게 하면 침전된 슬러지를 부상시킬 우려가 있고, 너무 낮게 하면 단락류가 발생할 우려가 있으므로 주의해야 한다.

8) 유출설비 및 스컴제거기

① 유출부분에는 월류웨어와 스컴저류판(scum baffle), 스컴제거기를 설치한다.

② 스컴저류판의 상단은 수면위 10 cm, 하단은 수면아래 30~40 cm 가량 되도록 설치한다.

③ 월류웨어의 부하율은 일반적으로 250 m^3/m · d 이하로 한다.

9) 슬러지수집기

① 장방형지의 경우에는 연쇄(chain-flight)식이 좋다.

② 원형지 및 정사각형지의 경우에는 회전식으로 한다.

③ 수집기의 이동속도는 침전된 슬러지가 교란되지 않을 정도로 한다.

10) 슬러지배출설비

① 슬러지배출을 위해서 펌프를 사용한다.

② 슬러지배출관은 주철관 또는 이와 동등 이상의 기능을 갖는 재질의 관이어야 하며, 지름은 최소한 150 mm 이상으로 한다.

③ 배출관은 폐쇄되기 쉬우므로 청소가 용이하도록 배관하여야 하고, 적당한 장소에 점검구 및 압력수 세척배관을 설치한다.

(2) 2차 침전지

1) 형상 및 지수

① 형상은 원형, 장방형 또는 정사각형으로 한다.

② 장방형인 경우, 폭과 길이의 비는 1 : 3 이상으로 하고, 폭과 깊이의 비는 1 : 1 ~ 2.25 : 1 정도로, 폭은 슬러지수집기의 폭을 고려하여 정한다. 원형 및 정사각형의 경우 폭과 깊이의 비는 6 : 1 ~ 12 : 1 정도로 한다.

③ 침전지 지수는 최소한 두 지 이상으로 한다.

2) 구조

① 침전지는 수밀성 구조로 하며, 부력에 대해서도 안전한 구조로 한다.

② 슬러지를 제거시키기 위해 슬러지수집기를 설치한다.

③ 슬러지수집기를 설치하는 경우의 침전지 바닥경사는 장방형에서는 1/100 ~ 2/100으로, 원형 및 장방형에서는 5/100 ~ 10/100으로 하고, 슬러지호퍼(sludge hopper)를 설치하며 그 측벽의 기울기는 60° 이상으로 한다.

3) 표면부하율

2차 침전지에서 제거되는 SS는 주로 미생물 응결물(floc)이므로 1차 침전지의 SS에 비해 침강속도가 느리고, 따라서 표면부하율은 1차 침전지보다 작아야 한다. 지의 용량은 1차 침전지와 마찬가지로 우선 표면부하율을 정하고, 다음으로 유효수심과 침전시간을 고려하여 결정한다. 또한 처리공법상 고형물 체류시간(solids retention time, SRT)이 긴 경우나 포기탱크 혼합액의 부유물질(mixed liquor suspended solids, MLSS)농도가 높아 슬러지의 침강특성이 나쁜 경우에는 그 값을 15 ~ 25 $m^3/m^2 \cdot d$로 낮출 수도 있다.

4) 고형물 부하율

2차 침전지의 고형물 부하율은 110 ~ 125 $kg/m^2 \cdot d$로 하며, 침전되는 슬러지의 SS농도가 매우 크므로 지역침전(zone settling)현상이 일어난다. 특히 활성슬러지법인 경우, MLSS농도가 매우 높은 경우에는 침전속도가 매우 느리므로 표면부하율로 침전지를 설계하면 문제가 발생되는 경우가 있으므로 침전시키려는 고형물의 양을 토대로 하여 계산된 값과 표면부하율에 의하여 계산된 값을 비교하여 소요면적이 큰 것으로 침전지의 표면적을 결정한다. 고형물 부하는 유입하수의 성상 및 포기탱크 운전방법 등을 고려하여 산정하는 것이 좋으며, 슬러지의 침강성이 나쁜 경우는 부하를 낮추는 것이 좋다.

5) 유효수심

지의 유효수심은 2.5~4 m를 표준으로 하며, 표 8.12와 같다.

표 8.12 2차 침전지 지름과 유효수심

지 름[m]	유효수심[m]	
	최 소	적정치
12 이하	3.0	3.4
12~21	3.4	3.7
21~30	3.7	4.0
30~43	4.0	4.3
43 이상	4.3	4.6

6) 침전시간

2차 침전지는 생물학적 처리과정에서 발생되는 슬러지를 침전제거시켜 맑고 깨끗한 처리수를 얻는 것을 목적으로 하므로 표면부하율을 결정한 후 유효수심을 고려해서 정한다. 표준적인 표면부하율 및 유효수심의 경우는 3~4시간 정도, 침강특성이 양호하지 않을 경우는 4~5시간 정도 확보하여야 한다.

7) 여유고

침전지 수면의 여유고는 40~60 cm 정도로 한다.

8) 정류설비

① 장방형 침전지와 같이 하수의 유입이 평행류인 경우에는 저류판 혹은 유공정류벽을 설치한다.

② 원형 및 장방형 침전지에서와 같이 하수의 유입이 방사류인 경우에는 유입구의 주변에 원통형 저류판을 설치한다.

9) 유출설비 및 스컴제거기

① 유출부분에는 월류웨어와 스컴저류판(scum baffle), 스컴제거기를 설치한다.

② 스컴저류판의 상단은 수면위 10 cm, 하단은 수면아래 30~40 cm 가량 되도록 설치한다.

③ 월류웨어의 부하율은 일반적으로 190 $m^3/m \cdot d$ 이하로 한다.

④ 월류웨어 및 웨어수로에는 필요에 따라 조류증식 방지대책을 고려할 수 있다.

10) 슬러지수집기

① 장방형지의 경우에는 연쇄식, 주행 사이펀식을 이용하는 것이 좋다.

② 원형지 또는 정사각형지의 경우에는 회전식으로 한다.

③ 슬러지수집기의 속도는 침전된 슬러지가 교란되지 않을 정도로 한다.

11) 슬러지배출설비

① 슬러지를 배출하기 위해서는 수위차를 이용하거나 펌프 또는 주행 사이펀을 사용한다.

② 슬러지를 배출하기 위한 관은 주철관 또는 이와 동등 이상의 기능을 갖는 재질의 관이어야 하며 지름 150 mm 이상으로 한다.

③ 배출관은 폐쇄되기가 쉬우므로 배관에 특히 유의하며, 적당한 곳에 청소구를 설치한다.

(3) 다층식 침전지

① 형상은 장방형을 원칙으로 하며, 평행류로 한다.

② 유입부 및 월류부에 대해서는 상하 각 층에 균등하게 유입하도록 한다.

③ 유출설비는 월류웨어, 구멍난 관 등에 의하며 1차 침전지의 유출설비는 월류웨어방식으로 한다(그림 8.49 참조).

④ 상하층 분할 슬래브(slab)단에 스컴이 부착될 염려가 있으므로 슬러지수집기로 제거하는 것이 좋다.

⑤ 슬러지배출관은 수심이 커지므로 폐쇄에 대해 안전한 구조로 한다.

⑥ 유효수면적은 상하층의 평면적의 합계로 한다.

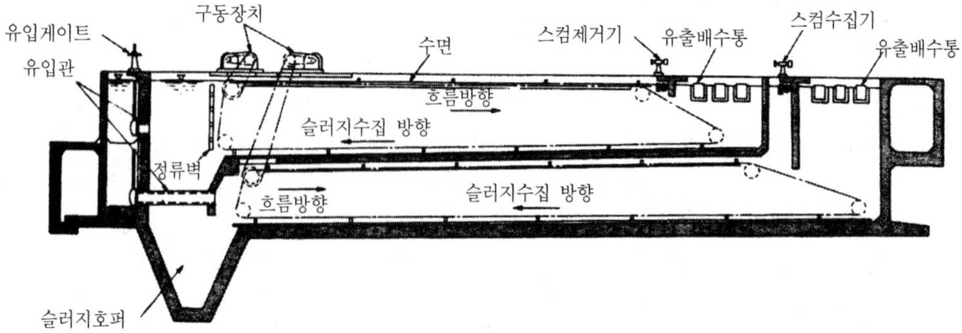

그림 8.49 2층식 침전지의 예

8.5 부상법

8.5.1 서설

부상법(浮上法, flotation)이란 침전과 반대로 물보다 가벼운 입자를 떠올려서 분리・제거하는 방법으로 침전지의 모양을 뒤집어 놓은 형태와 같다. 폐수의 현탁성(懸濁性) 부유물의 겉보기 비중이 1.0 정도이며, 용존불순물 중에서 유기물 특히 계면활성제가 많은 경우는 폐수에 거품을 다량 발생시키고 거품이 표면에 떠오르면서 현탁성 부유물과 용존불순물의 일부까지 거품 표면에 흡착시켜 떠오르게 하여 표면에 뜬 거품을 스키머(skimmer)로 걷어내어 분리한다. 이 거품을 부사(浮渣, scum)라고 한다. 입자의 부상분리의 장・단점은 다음과 같다.

1) 장점

① 무거운 고형물이나 가벼운 고형물을 동시에 제거할 수 있다.

② 표면부하율이 높고 체류시간이 짧아 장치의 콤팩트화가 가능하다.

③ 용존산소를 충분히 공급할 수 있으므로 악취발생을 줄일 수 있다.

④ 제거된 고형물은 재활용할 수 있고 중력침전에 비해 스컴슬러지의 농도가 높다.

2) 단점

① 부대시설이 요구되므로 유지관리비가 많이 든다.

② 운영상의 어려움이 많다.

③ 비중이 큰 입자에 대한 적용은 제한적이며, 제거효율도 중력식 보다 낮다.

8.5.2 부상법의 종류

미처리수 중에 현탁된 불순입자의 밀도를 어떤 계면현상(界面現象), 즉 미소기포의 부착현상(附着現象) 등을 이용하여 액체의 밀도보다 작게 만들어 부상분리하는 조작이며, 주로 폐수처리에 이용된다. 부상법은 분산공기부상법(分散空氣浮上法, dissolved air flotation)으로 구별한다.

분산공기부상법은 산기판(散氣板)이나 기타의 포기장치로서 기포를 현탁액 중에 도입하고 교반(攪拌)을 하여 기포를 분산시켜 기포의 표면에 현탁질을 부착시켜 기포와 함께 부상시키는 방법이다. 이 방법은 스컴을 형성하는 일부의 폐수를 제외하고는 별로 효과가 없으며, 용해

공기부상법에는 기포의 석출(析出)방법에 따라 진공부상법(眞空浮上法, vacuum flotation)과 가압부상법(加壓浮上法, pressure flotation)의 두 가지가 있다.

(1) 진공부상법

먼저 폐수를 단시간 포기하여 공기로 포화되도록 하며, 그 후 폐수를 진공탱크(眞空槽)에 유입한다. 탱크를 진공에 가깝게 진공시켜 수중의 용존산소가 과포화(過飽和)상태로 되어 미소 기포로 나타나서 현탁입자에 부착 부상되도록 한다. 이 방법으로 이용할 수 있는 공기량은 대기압하에서 용해하는 양에 불과하며, 대형의 진공분리탱크를 만들기 어렵다는 것과 부상분리한 입괴(粒塊)를 장치 밖으로 끌어내기 어렵고, 이 방법의 실용가치는 적으나 진공탱크 내에서 분리되므로 취기(臭氣)가 심한 폐수처리에서는 적당하다.

(2) 가압부상법

이 방법은 폐수의 일부 또는 전부를 압력탱크 중에 도입하여 2~5기압 정도의 압력으로 공기를 폐수 중에 용입시킨 다음 탱크밖으로 끌어내어 진공시켜 발생한 미소 기포가 현탁질에 부착하여 부상하도록 하는 방법이다. 이 방법은 다량의 공기를 용해시킬 수 있으며, 고가의 진공탱크를 요하지 않는 점, 부상분리한 스컴의 제거에도 문제가 없는 이점이 있기 때문에 실제

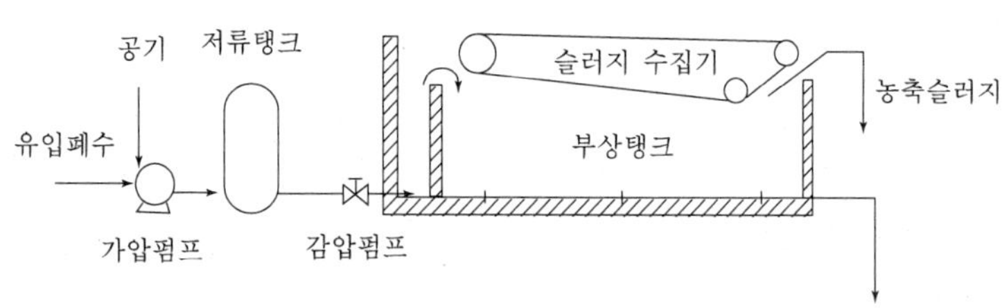

(a) 전원수 가압법

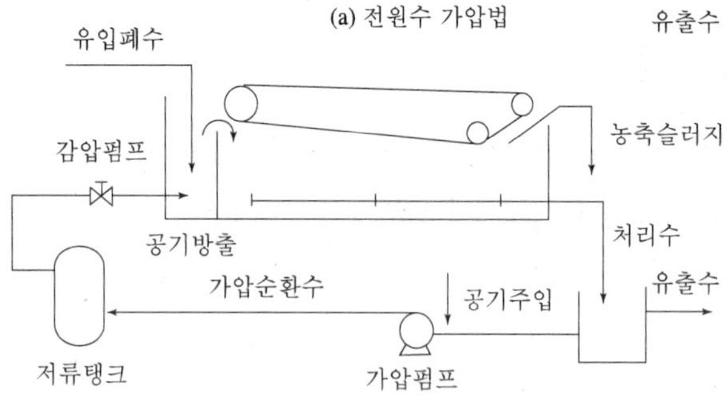

(b) 순환수 가압법

그림 8.50 가압부상법

폐수처리 부상법에서는 거의 이 방법을 채택하고 있다. 가압부상법은 공기의 가압용해를 원수에 적용함에 따라 전원수(全原水) 가압법, 원수분류 가압법, 순환수(循環水) 가압법으로 분류되며 이 방법의 대표적인 흐름은 그림 8.50과 같다.

설계를 위해서는 A/S(air/solids)의 비, 공기의 용해도, 운전 시의 압력과 압력탱크의 고형물의 농도 등을 고려하며 유출수를 압력탱크 내로 반송(返送)시켜서 사용하는 경우에는 반송률도 고려하여야 한다. 일반적으로(A/S)비와 다른 변수간에 다음 식의 관계가 있다.

$$A/S = \frac{1.3\,S_a(fP-1)}{S_c} \text{(비순환방식)} \tag{8-38}$$

여기서, S_a : 공기의 용해도(표 8.13 참조),

f : 압력 P 에서 용존되는 공기의 비율(0.5~0.8)

P : 압력 [atm], $P = \dfrac{p+101.35}{101.35}$ [KPa] 또는 $\dfrac{(p+14.7)}{14.7}$ [PSI],

S_c : 원수 내의 고형물질의 농도[mg/ℓ]이다.

또한 반송시키는 경우에는 다음과 같은 식으로 한다.

$$A/S = \frac{1.3\,S_a(fP-1)}{S_c} \cdot \frac{R}{Q} \text{(순환방식)} \tag{8-39}$$

여기서, A/S : 공기·고형물 비(mℓ 공기/mg 고형물), R : 가압순환유량[m^3/d]

Q : 폐수수유량[m^3/d], 순환이 없을 때 $R/Q=1$

P는 실제로 전달되는 압력 [atm]으로서 다음 식과 같다.

$$P = \frac{p+101.35}{101.35} \tag{8-40}$$

표 8.13 공기의 용해도

온도℃	0	10	20	30
mg/ℓ	29.2	22.8	18.7	15.7

예제 8.10

유량이 800 m^3/d인 폐수의 SS농도는 300 mg/ℓ이다. 실제 전달압력이 3기압인 가압부상탱크에 대한 다음 물음에 답하시오(단 f는 실제 전달압력에서 용존되는 공기의 비율로서 0.5를 사용한다).

1) 공기의 용해도가 18.5 cm^3/ℓ일 때 A/S비를 구하시오.

2) 공기의 용해도가 16.5 mg/ℓ일 때 A/S비를 구하시오.
3) 20(℃), 1(atm)에서 공기의 용해도가 18.7 mℓ/ℓ일 때 A/S비를 구하시오.
4) 용해도가 3)과 같을 때 최적 A/S비는 0.04(**kg/kg**)이었다. 반송유량 m^3/d은?

풀이

1) 부상속도의 일반계산 식은 다음과 같다.

$$A/S = \frac{1.3C_{air}(fP-1)}{SS} = \frac{1.3 \times 18.5 \times (0.5 \times 3 - 1)}{300} = 0.04$$

여기서, C_{air} : 공기의 용해도(mℓ/ℓ or cm^3/ℓ)=18.5

f : 압력 P에서 용존되는 공기의 비율=0.5

P : 절대압력(atm 또는 기압)=3, SS : 부유고형물의 농도(mg/ℓ)=300

2) 부상속도계산 식에 따르되 용해도의 단위에 유의한다.

$$A/S = \frac{16.5 \times (0.5 \times 3 - 1)}{300} = 0.028$$

여기서, C_{air} : 공기의 용해도(mℓ/ℓ 또는 cm^3/ℓ=16.5 mg/ℓ×1/1.3 [mℓ/mg])

3) 부상속도 계산식에 따르되 20(℃)의 용해도와 그 단위에 유의한다.

$$A/S = \frac{1.3 \times 17.424 \times (0.5 \times 3 - 1)}{300} = 0.038$$

여기서, C_{air} : 공기의 용해도(mℓ/ℓ 또는 cm^3/ℓ=18.7mℓ/ℓ×(273/273+20)=17.424)

4) 반송을 고려한 부상속도계산 식을 이용하여 반송유량(재순환 유량)을 구한다.

$$A/S = \frac{1.3C_{air}(fP-1)}{SS} \times \left(\frac{Q_R}{Q}\right)$$

$$= \frac{1.3 \times 17.424 \times (0.5 \times 3 - 1)}{300} \times \left(\frac{Q_R}{800}\right) = 0.04$$

$$\therefore Q_R = 847.64[m^3/d]$$

여기서, Q_R : 순환유량(m^3/d)= X, Q : 처리유량(m^3/d)= 800

예제 8.11

2,500 mg/ℓ의 고형물농도를 가진 폐수 2,000 m^3/d를 부상처리 하고자 한다. 다음 설계조건에 답하시오.

조건> ① 최적 A/S비 0.02 ② 공기의 용해도 18.7[mℓ/ℓ]

③ 포화율 : 0.5 ④ 표면부하율 : 12[ℓ/m^2 · min]

1) 부상지의 소요압력 [kPa]은 얼마인가?
2) 부상지의 면적 [m^2]을 구하시오.
3) 고형물 부하율 [kg/m^2 · hr]은 얼마인가?

풀이

1) $A/S = 1.3S_a(fP-1)/S$

$0.02 = 1.3 \times 18.7(0.5P-1)/2{,}500$

$P = 6.11[\text{atm}]$

$1\text{atm} = 101.32\,\text{kPa}$이므로

$\therefore 6.11\text{atm} \times 101.32\,\text{kPa}/\text{atm} = 619.1\,[\text{kPa}]$

2) $\text{부상지면적}[\text{m}^2] = \dfrac{2{,}000\text{m}^3/\text{d} \div 1{,}440\text{min}/\text{d}}{12\ell/\text{m}^2 \cdot \text{min} \times 10^{-3}\text{m}^3/\ell} \times 1.0 = 115.74[\text{m}^2]$

3) $\text{고형물 부하율}[\text{kg}/\text{m}^2 \cdot \text{hr}] = \dfrac{2{,}500\text{mg}/\ell \times 2{,}000\text{m}^3/\text{d} \times 10^{-3}\text{kg}/\text{g}}{115.74\text{m}^2} \div 24[\text{hr}/\text{d}]$

$= 1.80[\text{kg}/\text{m}^2 \cdot \text{hr}]$

8.5.3 부상법의 적용

부상법의 용도는 다양하며 현탁물이 기름과 같이 물에 젖기 힘든 것은 물론 상당히 친수성의 것도 가압법, 진공법으로 부상제거하고 있다. 원모세정폐액(原毛洗淨廢液)중 지방의 회수, 채유(採油), 석유정제(石油精製), 석유화학공장 폐액 중의 각종 유성물의 분리 · 제거, 석탄건유공장 폐액중 타르(tar)의 분리 · 제거, 기계공장폐수 중의 그리스(grease) 제거, 압연폐수(壓延廢水) 중의 유분제거(油分除去), 세탁폐수 중의 유성물질제거(油性物質除去) 등에 이용된다.

유수분리장치의 대표적인 것은 미국석유협회(american petroleum institute, API) 유수분리기(oil seperator)로서 그 구조는 그림 8.51과 같다.

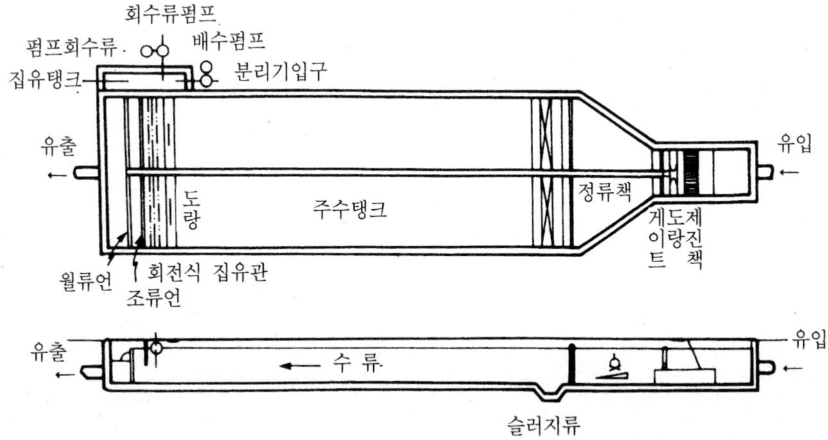

그림 8.51 API 유수분리기 구조

예제 8.12

탁질누출현상에 대해 설명하시오.
(1) 발생원인에 대해 설명하시오.
(2) 대책방법에 대해 설명하시오.

풀이

(1) 발생원인

급속여과지에서 여과가 어느 정도 진행하면 사층 내에 부수압(負水壓)이 발생하고 다음에 부수압의 범위가 확대되어 결국에는 전사층이 부수압으로 된다. 부수압으로 되면 수중에 용존한 기포가 되어 사립공극(砂粒空隙)에 남는 것을 **공기장애**(air binding)이라 한다. 이 현상이 일어나면 사층 내의 무수한 모관(毛管)의 일부가 폐쇄하고 혹은 모관의 단면은 점점 작아져서 모관 내를 흐르는 물의 유속이 커진다. 그리고 유속이 어느 한계유속(限界流速)을 넘으면 사립에 흡착된 탁질(濁質)이 세류(洗流)되며, 이때 여층중에 억류된 플록(floc)이 파괴되어 여과수와 같이 유출하는 현상을 **탁질누출현상**이라 한다.

(2) 대책방법

허용 최대손실수두에 도달하는 시간(t)=여과수 최대허용탁도에 도달하는 시간(t)이 될 수 있도록 여재의 크기, 여과속도, 응집조건을 설정한다.

1) $t_1 > t_2$이면
① 여재를 조대(粗大)한 것으로 한다.
② 여층의 두께를 되도록 얇게 한다.
③ 응집제 또는 응집보조제의 사용량을 줄인다.
④ 여과속도를 가능한 증가시킨다.

2) $t_2 > t_1$이면
① 여재를 미세한 것으로 사용한다.
② 여층의 두께를 증가시킨다.
③ 응집제 또는 응집보조제의 사용량을 늘인다.
④ 여과속도를 감소시킨다.

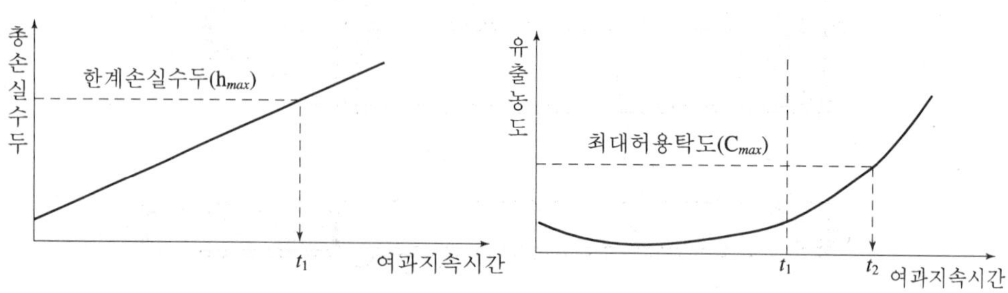

예제그림 8.13.1 탁질누출현상의 관계곡선

8.6 포 기

포기(曝氣, aeration)란 수중의 암모니아, 황화수소(黃化水素), 탄산가스(CO_2) 등 불필요한 기체를 공기 중에 방출함과 동시에 공기 중으로부터 산소를 수중으로 취입하는 것이다. 포기는 상수도를 정수처리, 하・폐수의 처리, 하천호소의 수질보존 등을 위한 단위조작(單位操作)으로 채용된다. 또한 정수처리에서는 물의 침식성제거(侵蝕性除去)를 위한 탄산가스제거, 이취미(異臭味) 제거를 위한 기타 휘발성(揮發性) 유기물제거, 용해성 철・망간의 산화 등에 포기법이 사용되고 있다. 그리고 하수나 폐수의 처리에 있어서는 생물학적 처리법에서 유기물의 산화를 위하여 필요한 산의 공급과 폐수로부터의 용매액(溶媒液)의 방산(放散) 및 황화수소(H_2S)나 고도합성수(highly composite number)와 같은 휘발성 기체의 제거를 위하여 포기법이 상용되고 하천이나 호소의 물에 산소용존량을 증가시켜 소정의 수질을 보존하기 위하여서도 포기법이 사용된다.

8.6.1 포기에 의한 산소용해기구

(1) 총산소이동용량 계수(K_{La})

포기에 의한 산소의 용해는 가스상 산소가 용액 중으로 확산하는 현상이며, 그 기구는 이중경막설, 표면갱 신설 등의 몇 개의 모형이 제안되고 있으며, 이것은 기체-액체 계면에서의 산소확산현상을 간단하게 정량화하기 위한 모형이다. 이와 같은 확산이론을 정리하면 활성슬러지법에 있어서 산소이동에 관한 식 (8-41)과 같다.

$$N = K_L \cdot A(DO_S - DO) \times 10^{-3} \tag{8-41}$$

여기서, N : 산소이동속도[kg/hr]

K_L : 액경막에 있어서의 총산소이동계수[m/hr]

A : 기체-액체 접촉면적[m^2]

DO_S : 액상의 포화용존산소농도[mg/ℓ]

DO : 액상의 용존산소농도[mg/ℓ]

또한 반응탱크의 단위부피당 산소이동속도를 고려하면 단위부피당 기체-액체 접촉면적(a)가 A/V이므로 식 (8-41)은 식 (8-42)와 같이 표현된다.

$$\frac{N}{V} = K_L \cdot \frac{A}{V}(DO_S - DO) \times 10^{-3} = K_L a(DO_S - DO) \times 10^{-3} \quad (8\text{-}42)$$

여기서, V : 반응탱크 용량[m^3]

$K_L a$: 총산소이동용량 계수$(= K_L \cdot \frac{A}{V})$[1/hr]

(2) $K_L a$에 영향을 주는 인자

$K_L a$는 각각의 포기장치 고유계수는 아니며 송풍량, 산기심도, 수온, 하수의 특성 등 많은 인자에 의하여 결정된다.

1) 송풍량과 산기심도

기포지름은 작고, 수중에서의 기포체류시간이 길면 $K_L a$는 증가한다. 반응탱크 단위체적당 기체-액체 접촉면적은 송풍량에 따라서 증가한다. 기포지름 및 기포상승속도가 송풍량에 관계없이 일정하면 송풍량과 기체-액체 접촉면적과의 관계는 기포발생속도와 단일 기포체적 및 깊체류시간으로부터 식 (8-43)으로 표현될 수 있다.

$$A = \frac{G_S}{\frac{\pi}{6} \cdot d_B^3} \cdot \pi \cdot d_B^2 \cdot \frac{H}{V_B} = 6 \cdot \frac{G_S}{d_B} \cdot \frac{H}{V_B} \quad (8\text{-}43)$$

여기서, G_S : 송풍량[m^3/hr], d_B : 기포지름[m]

H : 산기심도[m], V_B : 기포상승속도[m/hr]

H/V_B : 반응탱크(수중) 내의 기포체류시간, 즉 기체-액체 접촉시간[hr]

또한 K_L도 송풍량에 관계없이 일정하다고 가정하면 $K_L a$는 식 (8-43)을 이용하여 식 (8-44)와 같이 나타낼 수 있다.

$$K_L a \cdot V = K_L \cdot \frac{A}{V} = K_L \cdot \frac{6}{d_B \cdot V_{B \cdot G \cdot H = F \cdot G \cdot H}} \quad (8\text{-}44)$$

여기서, F : 비례상수

식 (8-44)에서 $K_L a \cdot V$는 송풍량과 산기심도에 비례하지만 Eckenfelder는 이들 사이의 관계를 식 (8-45)와 같이 정리하였다.

$$K_L a \cdot V = F' \cdot G_S^{(1-n)} \cdot H^{(1-m)} \tag{8-45}$$

여기서, F' : 비례상수

n, m : 계수

식 (8-45)에 있어서 $K_L a \cdot V$는 송풍량의 $(1-n)$승에 비례한다. 각종 포기장치의 $(1-n)$ 및 $(1-m)$의 값에 대한 측정결과는 표 8.14와 같다.

표 8.14 각종 포기장치의 (1-n) 및 (1-m)값

포기장치	[1-n]	[1-m]
산기관	0.95~1.2	0.71~0.77
Spacer	0.8~1.35	0.78

$K_L a \cdot V$가 산기심도의 0.7승에 비례하여 증대한다고 가정하면 산소이동속도(N)는 산기심도를 크게 하면 증가하지만 그것과 함께 단위공기량을 송풍하기 위하여 송풍기의 소요동력 P_S도 증가한다. 이 관계는 $P_S = H^q$로 표현되며 18 m까지는 $q = 0.67$의 값을 갖는다. 이 값은 전술한 $(1-m) = 0.7$과 유사한 값이기 때문에 산기심도가 증가하여도 동일한 산소이동속도를 얻기 위한 소요동력은 변화하지 않는다.

2) 수온

물에 대한 산소의 용해는 수온이 높을수록 용해속도는 증가하며 용해도, 즉 DO_S는 감소된다. $K_L a$는 일반적으로 수온 20℃에서의 값으로 나타내고, 임의의 온도(T℃)와의 관계는 식 (8-46)으로 나타낼 수 있다.

$$K_L a(T) = K_L a(20) \cdot \theta^{T-20} \tag{8-46}$$

여기서, $K_L a(T)$: 임의의 수온 T℃에서의 $K_L a$

$K_L a(20)$: 수온 20℃에서의 $K_L a$

θ : 온도보정계수

θ값은 1.016~0.047 범위로 알려져 있으며, 일반적으로는 1.02를 사용한다.

3) 하수중 함유성분과 농도

활성슬러지에서 포기를 행하는 경우 하수 중에 함유되어 있는 성분이나 그 농도에 의하여 $K_L a$값에 차이가 발생한다. 깨끗한 물에 대한 변화 정도를 계수 α로 표시하면 이 관계는 식

(8-47)과 같이 된다.

$$K_L a(\text{활성슬러지}) = \alpha \cdot K_L a(\text{깨끗한 물}) \tag{8-47}$$

활성슬러지에 대한 α값은 다음과 같다.

산기시 포기 경우　　0.3~0.9

기계교반식 포기 경우　0.6~1.2

(3) 하수의 포화용존산소농도

하수 중에 함유된 성분이나 그 농도에 의하여 DO_S에 차이가 발생한다. 깨끗한 물에 대한 변화 정도를 계수 β로 표시하면 이 관계는 식 (8-48)과 같다.

$$DO_{SW} = \beta \cdot DO_S \tag{8-48}$$

여기서, DO_{SW} : 하수의 포화용존산소농도[mg/ℓ]

DO_S : 하수와 동일 온도상태의 깨끗한 물의 포화용존산소농도[mg/ℓ]

계수 β값은 생하수에서는 0.8 전후이며, 처리수에서는 처리공정에 따라 다르고 약 1.0에 근사값을 나타낸다. Henry 법칙과 같이 산소의 용해도는 산소분압에 비례하지만 DO_S는 산기심도가 증가하면 증가한다. 일반적으로는 DO_S의 값을 식 (8-49)와 같이 보정한다.

$$DO_S = DO_{SA}\left(1 + \frac{\frac{H}{2}}{10.24}\right) \tag{8-49}$$

여기서, DO_S : 산기심도 H의 깨끗한 물의 포화용존산소농도[mg/ℓ]

DO_{SA} : 대기압 하에서 깨끗한 물의 포화용존산소농도[mg/ℓ]

(4) 포기장치효율

포기장치효율은 일반적으로 산소전달효율이나 산소이동동력효율로서 나타내는 경우가 많다. 동일 포기장치에 있어서도 효율은 포기조건에 따라 변화하기 때문에 효율을 나타내는 경우는 송풍량, 산기심도, 수온, 하수특성, 반응탱크의 크기 등 조건을 모두 포함하여 나타내는 것이 바람직하다.

1) 산소전달효율

산소전달효율(oxygen transfer efficiency)은 반응탱크에 송입된 산소중량에 대한 용해산소 중량의 비로서 표시할 수 있다.

2) 산소전달효율 측정

산소전달효율 측정에는 산소공급에 따른 DO 변화를 분석하여 전달효율을 평가하는 비정상상태분석법과 안정적인 DO 농도가 유지되는 상태에서 수면에서 배출되는 Off-Gas의 조성을 분석하여 전달효율을 평가하는 Off-Gas 분석법이 대표적인 방법으로 적용된다.

일반적으로 산기장치의 표준적인 산소전달효율은 청수상태에서의 산소전달효율로 제시되며, 주로 비정상상태분석법을 적용하여 측정한다. 그러나 산소전달율 값은 하수에 산기기를 설치하여 포기할 경우 어떠한 효율을 나타낼 것인지에 대해 정확한 지표가 될 수 없다. 따라서 포기탱크 운전상태 및 포기장비에 대한 성능평가를 위해서는 하수처리시설에 설치되어 정상적으로 운전되고 있는 산기시스템의 하수중 산소전달효율을 확인할 필요가 있다.

하수상태의 산소전달효율을 측정하는 대표적인 방법인 Off-Gas 분석법은 그림 8.52에 나타내었다. Off-Gas 분석법은 송풍기에서 포기탱크로 공급되는 공기 중의 상대적인 산소 조성과 하수를 통과하여 대기 중으로 배출되는 가스의 상대적인 산소의 조성을 측정하여 포기탱크 내

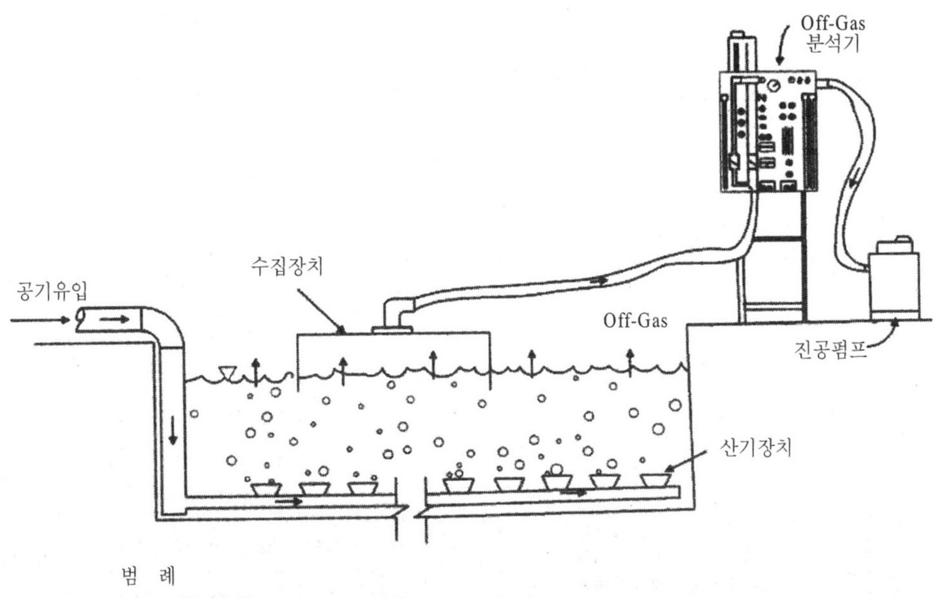

그림 8.52 Off-Gas 분석법 개요

에 설치된 산기장치의 산소전달효율을 평가한다.

(5) 포기장치의 종류와 특성

포기장치는 송풍기로부터 공급되는 공기를 미세한 기포로 반응탱크에 주입하여 활성슬러지의 침전을 방지하고 하수와 혼합시켜 하수와 공기와의 접촉면적을 크게하여 활성슬러지의 미생물이 필요로 하는 공기를 공급하는 장치이다. MLSS의 침전방지를 위해 포기탱크 내의 유속을 대략 0.3 m/s로 해야 하는데, 최소한 0.1 m/s 이상이 되어야만 한다. 활성슬러지공법에 사용되는 포기장치는 크게 산기식과 기계식으로 분류할 수 있다. 표 8.15는 각종 포기장치의 특징을 나타내었다.

표 8.15 포기장치의 종류와 특성

포기탱크의 종류	특 성	일반적인 포기기의 특성			산소전달효율 [kgO_2/kW-hr]
		적용범위	장 점	단 점	
산기식 포기탱크 A) 산기식 a. 미세기포 산기식	·매우 작거나 혹은 중간크기의 공기방울을 배출시키며 멤브레인이나 세라믹으로 된 판, 관 및 플라스틱 섬유관 또는 백(bag)으로 제작됨.	·고율, 재래식, 장기포기, 계단식, 수정식, 접촉안정법, 활성슬러지법에 적용됨.	·혼합정도가 좋고, 유지효과가 있고, 양호한 운전상 유동성으로 공기량을 조절할 수 있음.	·초기시설비 및 유지관리비가 크며, 공기여과가 필요. 주입된 공기가 나선형으로 이동되므로 반응탱크의 모양이 한정되어 있다.	0.82 ~ 1.14
b. 조대기포 산기식	·공기방울을 노즐, 밸브, 오리피스관(shear type)으로 방출하여 그 크기가 비교적 크다. 플라스틱에 체크밸브(check valve)를 설치한 경우도 있다.	·미세기포산기와 같다.	·산기기가 막히지 않으며, 수온 유지효과와 유지관리가 쉽다.	·초기시설비가 크다. ·산소전달효율이 낮고 전력비가 비교적 많이 지출된다. 간혹 공기방울이 조정 안되는 경우도 있다.	0.54 ~ 0.82
B) 관통형 (tubular)	·수직으로 설치된 관통을 통해서 공기가 유출될 때 물과 혼합되는 전단력을 이용한 것으로 플라스틱재료나 금속제품이다.	·포기식산화지에 주로 사용된다.	·경제성이 있다. ·산소전달효율이 높다. ·유지관리가 쉽다.	·포기탱크를 잘 혼합시킬 수 있는지가 의문이며 처리효과가 높은 생물학적 처리법에 적용가능여부가 확인되지 않고 있다.	0.82 ~ 1.18
C) 젯트(jet)형	·노즐을 이용해 압축된 공기와 펌프로 양수된 물을 혼합시키고 분출시킨다.	·산기식과 같다.	·깊은 포기탱크에 적합하고, 비용이 그리 높지 않다.	·사용하는 포기탱크의 모양이 제한되어 있으며 노즐이 막히는 경우가 있다.	1.14 ~ 1.59
기계식표면 포기탱크 A) 방사류 저속 (20~60rpm)	·저속, 지름이 큰 터빈으로 수중에 부상 및 고정형(fixed-bridge)에 설치가 능하고 감속기어가 설치된다.	·산기식과 같다.	·반응탱크모양에 크게 구별받지 않으며 양수용량이 크다.	·동절기에 결빙문제가 발생하며 축류형포기탱크보다 시설비가 고가이며 기아감속기의 유지관리가 힘들다.	0.91 ~ 2.04

포기탱크의 종류	특 성	일반적인 포기기의 특성			산소전달 효율 [kgO_2/kW-hr]
		적용범위	장 점	단 점	
B) 축류형 고속전동기 (300~1200rpm)	·고속, 지름이 적은 프로펠라식 사용 ·수중에 부상형 구조로 전동기에 직접 설치한다.	·포기식산화지와 재포기탱크	·시설비가 저렴하며 수위변화에도 운전이 쉽고, 운전에 융통성이 있다.	·동절기에 결빙문제가 발생하며 유지관리가 어렵고 혼합정도가 불충분할 수 있다.	0.91 ~ 1.14
C) 브러시 로터 (brush rotor)	·저속, 기어감속기 사용	·산화구, 포기식 산화지와 활성슬러지	·초기시설비가 중간정도이며, 유지관리가 쉽다.	·운전방법에 따라 효율이 감소될 수 있으며 사용되는 반응탱크모양에 제한이 있다.	1.14 ~ 1.59
수중형 포기기 (submerged turbine)	·저속터빈과 압력튜브 혹은 보통관을 통한 압축공기를 주입하는 형식. 고정형(fixed-bridge) 및 자립형으로 설치가능	·산기식과 같다.	·혼합정도가 좋으며 단위용량당 주입량이 크고, 깊은 반응탱크에 적용하며 운전에 융통성이 있다. 결빙문제나 유체가 튀지(splash) 않는다.	·기아감속기와 송풍탱크가 소요되어 전기료가 많이 든다.	0.77 ~ 1.14

주) 산소주입 가능량은 1기압 20℃에서 깨끗한 물을 기준으로 하였을 때 값이다.

1) 산기식 포기장치

산기식 포기장치는 공기의 산기판, 산기관, 다공관 및 미세산기판 등이 있다. 산기판 및 산기관류에는 공기의 분출방법, 기포의 크기, 부착위치 등에 의해 각종 구조 및 재질이 사용되고 있고, 미세기포장치와 조대기포장치로 구분된다. 통상 반응탱크는 미세기포장치가 채용되고 있으며 그림 8.53과 같다.

미세기포장치로는 세라믹제 혹은 합성수지제의 산기판 및 산기관 그리고 멤브레인 디퓨저 등이 있다. 이형식의 산기장치(그림 8.54 참조)는 기포가 미세함으로 하수와 공기와의 접촉면적이 커 산소전달효율이 크다. 산기판 및 산기관은 공기 중의 미세한 먼지, 기름 등에 의해 막힘현상이 일어날 가능성이 있으므로 송풍기의 흡입구에서 공기여과기를 설치하는 것이 바람직하다. 또한 송풍기정지시 하수의 역류로 인해 막힘현상이 다발할 가능성이 있다.

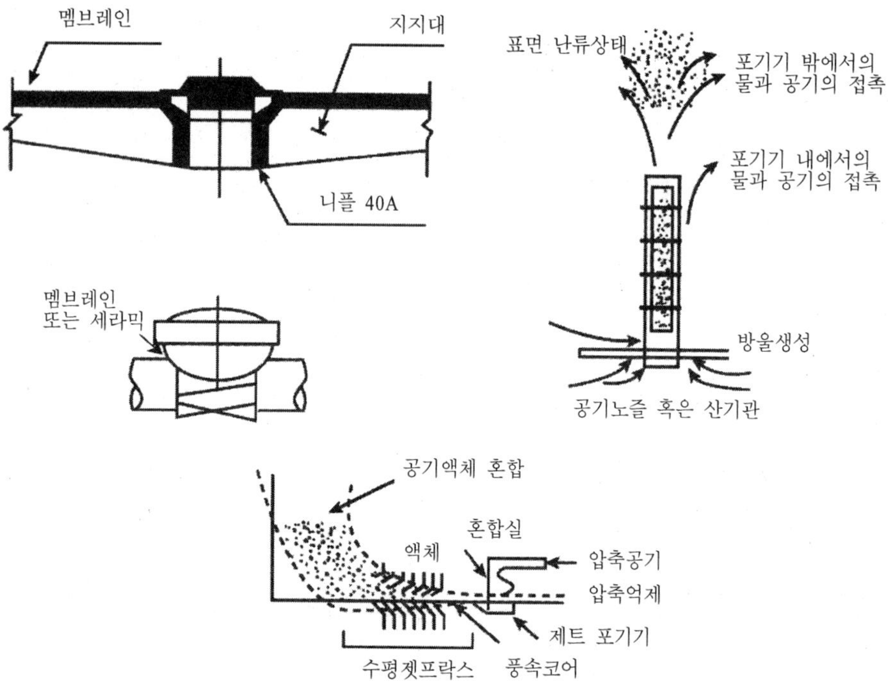

그림 8.53 산기식 포기기의 종류

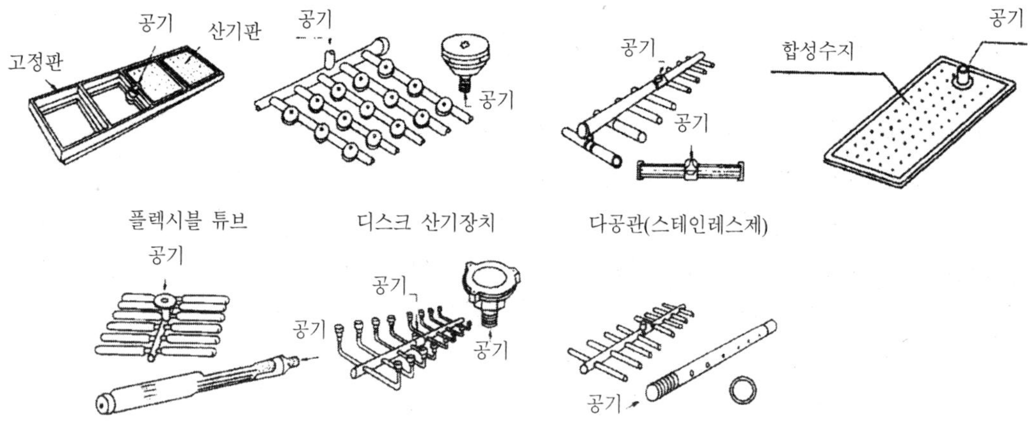

그림 8.54 산기장치의 예

① 산기판

산기판은 미세기포가 균일하게 발생하도록 균일한 기공을 가진 것으로 내충격성 및 내구성이 뛰어나 장시간 안정적인 통기성 등을 가져야 한다. 이를 위해 산기판에는 균일한 입경의 세라믹입자를 결합제와 같이 고온소성 시킨 다공성경질자기, 경질합성수지에 화학적 가공을 한 다공성경질합성수지 혹은 소성결합시킨 금속을 성형가공한 극미세기포장치 등 다양한 재료가 있고 형상은 구형 및 원형이 있다. 산기판의 특성은 일반적으로 건식통기량, 습식통기저항 및 항절력으로 나타낼 수 있다. 건식통기량은 건조상태의 산기판에 통기저항 0.5 kPa의 조건일 때 표준흡입공기(20℃, 101.2 kPa)의 통기량을 의미한다.

습식통기저항은 산기판의 표준통기량에 대하여 수중의 실 저항을 의미한다. 항절력은 산기판의 물리적인 강도를 나타내는 것으로, 일반적으로는 한편의 길이가 30 cm로 평형한 두 변을 지지한 상태로 980톤 이상의 하중을 견딜 수 있도록 하여야 한다.

표 8.16 산기장치의 사양 예

형 식	선회류식				전면산기식		
	산기판		산기관		산기판		
재 질	세라믹	합성수지	세라믹	합성수지	세라믹(구형)	세라믹(원형)	합성수지
표준통기량 [ℓ/min]	80~100/매	80~120/매	120~150/본	100~1500/본	20~40/매	30~40/매	40~80/매
기포지름 [μm]	200~400	100~400	200~450	100~400	200~260	150	150

따라서 설계시 적당한 통기량의 범위를 설정할 필요가 있고 이 양을 표준통기량으로 산기판의 설치수량 등을 결정하는데 이용하여야 한다(표 8.16 참조).

선회류식의 산기판의 설치는 반응탱크의 저부 혹은 중간수심의 벽측에 산기판 4~10장을 한 탱크로 하여 산기판고정판에 설치하여 송풍관의 말단과 산기판고정판을 연결한다. 산기판을 이용한 산기장치는 형상이 크고 중량이 무거워 고정식을 원칙으로 한다.

전면포기식의 산기판은 선회류식의 산기판보다 소형의 세라믹제 혹은 합성수지제를 많이 사용하고, 기포는 종래의 산기판보다 미세하다. 통기특성은 세라믹제의 경우 20~40 ℓ/min·매 정도로 통기저항은 종래의 산기판보다 약간 크고 기포는 극히 미세하다. 기공지름은 150 μm의 산기장치를 이용하는 경우 송풍기의 공기여과기에 대해 주의하여야 한다.

② 산기관

산기관은 미세기포가 균일하게 발생되도록 균일한 기공을 가진 원통으로 재질은 다공성자기 및 다공성경질합성수지로 되어 있다. 통기특성으로는 산기판의 경우와 거의 동일하다. 산기관의 설치는 반응탱크 저부 혹은 중간수심의 벽측에 산기관 4~32본을 한 탱크로 하여 송풍관과 연결된 연결관에 연결한다.

③ 다공관

조대기포를 발생시키는 산기장치로 스테인레스제 강관 등에 구멍지름은 4 mm 정도의 다수 뚫어 놓은 것으로 막힘현상 및 부식 등의 우려가 적은 산기관으로, 산소전달효율은 적지만 반응탱크의 교반 등을 목적으로 할 경우 많이 사용되는 산기장치이다.

8.7 흡착과 활성탄처리

8.7.1 흡 착

흡착(吸着, adsorption)이란 흡착제를 사용하여 용액으로부터 기질(基質, substrate)을 제거하는 것을 말한다. 활성탄(activated carbon)은 다양한 종류의 화합물을 흡착함으로 정수처리와 폐수처리, 유기산업수의 처리에 광범위하게 사용되는 흡착제이다. 정수처리에 있어서 활성탄은 불쾌한 맛과 냄새, 색깔을 유발하는 화합물을 제거하며, 또한 산업폐수처리에 있어서는 독성(毒性) 유기물질을 흡착하기 위해 사용되고 있다.

최근에 많은 도시하수나 산업폐수는 재래식 생물학적 처리로는 제거가 어려우며, 불가능한 저농도의 유해물질(취미를 발생하는 유기물, 합성세제(ABS), 페놀(Phenol), 중금속, 각종 농약 성분 등)을 함유한다. 이들 물질은 활성고체의 표면에 흡착시킴으로써 제거할 수 있다. 이 때 흡착되는 물질을 흡착질(吸着質), 흡착하는 고체를 **흡착매**(吸着媒) 또는 **흡착제**라 한다. 수처리용 흡착제로서는 활성탄, 합성흡착제, 석탄 및 가공물, 골탄(骨炭), 이온교환수지(交換樹脂) 등이 있으나 현재로는 가격면이나 성능면에서 활성탄이 가장 우수하며 많이 사용되고 있다.

기체나 용액과 접촉하고 있는 흡착제 표면은 전기적 흡인력(van der Waals)에 의하여 기체나 용질의 분자군을 흡착시키는 경향이 있다. 이것이 물리흡착이며, 흡착된 분자는 쉽게 흡착제 표면으로부터 이탈시킬 수 있고, 화학흡착은 흡착제 표면에 있는 분자의 잔여원자가(殘餘原子價)의 힘에 의하여 표면에 흡착질의 단분자층(單分子層)을 형성한다. 또 흡착된 분자는 잘 이탈되지 않는다. 물리흡착과 화학흡착이 동시에 일어나는 현상을 **수착**(收着, sorption)이라 한다.

8.7.2 활성탄

(1) 활성탄의 물성

활성탄의 각각 비표면적(非表面的), 세공경 분포(細空徑分布), 세공용적(細空容積), 공극률(空隙率)로 나타내는 특성 값들을 지니고 있다. 비표면적이란 1 g의 활성탄의 내부 세공표면적의 총합을 나타내며, 흡착이 세공의 표면에서 일어나는 현상인 만큼 비표면적의 크기는 1차적으로 활성탄 흡착량의 크기를 결정하는 물리적 수치로서의 의미를 지니게 된다. 비표면적은 통상 BET(brunauer emmett and teller)법에 의하여 액체 질소의 온도에서 질소가스를 사용하여 측정하게 된다. 세공경 분포는 Mercury Porosimeter 등에 의하여 세공의 크기에 따른 세공체적의 분포를 구하는 것이다. 세공경 분포의 의미는 피흡착물질(被吸着物質)의 분자가 활성탄 내에 발달된 공극사이에 물리적으로 확산되는 속도에서 찾을 수 있다. 우선적으로 피흡착 물질의 분자보다 작은 세공들은 목표 물질의 제거에는 전혀 무용한 표면적이 되며 세공의 입경이 피흡착물질이 접근을 허용하는 한에서는 입경이 작은 편이 피흡착물질의 확산거리를 줄여주며, 결과적으로 흡착속도를 증가시켜 준다. 흡착속도는 입경의 제곱에 반비례한다.

세공용적이란 활성탄 1 g 중의 세공(細空, pore)의 체적의 총합이며, 공극률이란 세공을 포함한 활성탄의 전체적에 대한 세공체적의 비율로 나타낸다. 세공용적과 공극률은 직접적으로 활성탄의 흡착량과는 관련하지 않으나 활성탄을 재생할 때 세공의 회복을 간단히 평가할 수 있는 수치로서 재생효율(再生效率)의 한 지표로서 사용될 수 있다.

Dubinin은 활성탄의 세공분포를 3분산의 **세공계**라 하고, 세공반지름의 크기에 따라 다음과 같이 분류하고 있다.

① 큰 세공반지름 1,000~100,000 Å(단, Å $= 10^{-10}$m $= 10^{-7}$mm)
② 변이 세공반지름 20~1,000 Å
③ 작은 세공반지름 20 Å 이하

(2) 활성탄 흡착

활성탄 흡착률은 피흡착제의 형태와 농도, 활성탄의 형태, 접촉시간(接觸時間), 온도, pH에 따라 결정되며 활성탄의 활성화 정도가 증가하면 흡착률도 증가한다. 활성탄의 내부구조를 나

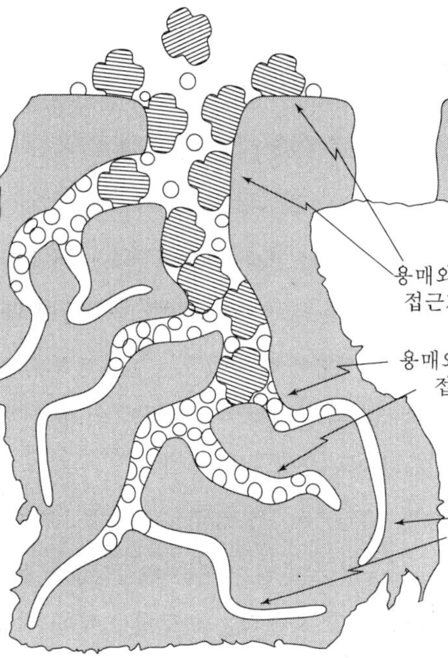

그림 8.55 활성탄 흡착형태

타내면 그림 8.55와 같다. 여기서 용액 중의 피흡착 물질이 활성탄에 흡착되는 현상은 액체내 확산, 액경막 확산, 세공내 확산, 흡착반응으로 나누어 고찰할 수 있다. 보통 피흡착 물질을 포함한 오염수 중에서의 피흡착 물질이 전기적 흡인력에 의해 흡착되는 시간 역시 피흡착 물질이액경막과 세공 내에서 확산되어 활성탄 표면에 이를 때까지 시간에 비하여 무시할 수 있는 경우가 대부분이라고 인정되고 있으므로 흡착속도는 액경막과 세공 내에서의 확산속도에 의해 결정된다.

액경막 확산은 활성탄과 액체의 경계면에 형성되는 액상 정체박막(thin stationary liquid film)을 통하여 피흡착 물질에 액상에서 활성탄 표면으로 확산되어 접근하는 현상으로 물체전달계수(mass transfer coefficient) K로 나타낸다. 그림 8.55와 같이 세공내 확산은 다시 세분하면 공극확산(間隙擴散, pore diffusion), 표면확산(表面擴散, surface diffusion), 미세 공극확산(微細間隙擴散, micropore diffusion)으로 나눌 수 있다.

공극확산은 피흡착제가 흡착을 제외하고는 공극의 벽과 어떤 상호작용도 없이 활성탄의 미세공극으로 통과하는 과정이다. 또한 표면확산은 미세공극의 벽에서 흡착된 물질이 공극의 벽을 따라 안쪽으로 밀려들어가는 과정이다. 그리고 여러 개의 벽사이에 상호작용에 의해 더 작은 공극으로 이동하게 되는 것이 미세 공극확산이다.

8.7.3 활성탄 흡착설비

(1) 분말활성탄 흡착설비

가. 서설

활성탄은 형상에 따라 분말활성탄과 입상활성탄으로 나누어진다. 분말활성탄과 입상활성탄은 처리형태에 따라 사용하는 것이 구분되지만 활성탄으로서 물성과 흡착기작 등은 동일하다.

1) 처리대상

활성탄처리는 응집, 침전, 모래여과 등 통상적인 정수처리로 제거되지 않는 맛·냄새의 원인물질(2-MIB, geosmin 등), 합성세제, 페놀류, 트리할로메탄(THM)과 그 전구물질(부식질 등), 트리클로로에틸렌 등의 휘발성유기화합물질, 농약 등의 미량유해물질, 상수원의 상류수계에서 사고 등에 의하여 일시적으로 유입되는 화학물질, 그 밖의 유기물 등을 제거하기 위하여 적용된다.

2) 특성

활성탄은 목재, 톱밥, 야자껍질, 석탄 등을 원료로 하여 탄화(carbonization)와 활성화(activation)과정을 거쳐 생산된 흑색 다공성의 탄소질 물질로서, 기체와 액체 중의 미량유기물질을 흡착하는 성질이 있다. 활성화는 원료를 900℃ 전후의 고온에서 수증기로 처리하는 수증기활성화법과 목질재료를 염화아연, 황산 등의 약품에 담근 후 탄화시키는 약품활성화법이 있으나 정수처리용 활성탄은 수증기에 의한 제조법이 주류를 이루고 있으며, 활성탄의 종류는 표 8.17과 같다.

활성탄은 다공질구조가 발달된 탄소재료로서 원료와 탄화방법 및 활성화 방법에 따라 물리·화학적 특성이 다르고, 흡착능력도 크게 다르다. 또 활성탄의 일반적인 성상으로 활성탄

표 8.17 활성탄의 종류

원 료	목탄 석탄 기타	·야자껍질, 목재, 톱밥 등 ·이탄, 아탄, 갈탄, 역청탄 등 ·석유피치, 합성수지, 각종유기질탄화물 등
활성화 방법	약품 가스 기타	·염화아연, 황산염, 인산, 수산화나트륨, 에탄올 등 ·수증기, 이산화탄소, 공기 등 ·약품과 수증기의 병용
형 상	분말탄 입상탄	·150μm 이하 ·150μm 이상

내부는 10^{-5}~10^{-7}m(10μm~100 nm) 정도의 지름을 가진 대세공(macropore)이 입체적으로 분포되어 있고, 대세공 벽면에는 10~0.1 nm 정도의 미세공(micropore)들로 구성되어 있다. 이들 세공의 내부표면적은 700~1,400 m^2/g으로 매우 크며, 이것이 흡착성능이 높은 이유이다. 정수처리에서는 이 흡착력을 이용하여 앞서 열거한 물질들을 제거한다. 활성탄의 물리적 특성은 공극률, 비표면적, 세공용적, 세공크기의 분포 등으로 나타낸다.

또 활성탄은 공기 중의 산소를 서서히 흡착하기 때문에 저장탱크 등의 밀폐용기 내에서는 산소가 고갈될 우려가 있으므로 보수하거나 점검할 때에는 주의가 필요하다.

3) 특징

활성탄의 특징은 수중에 용해되어 있는 유기물의 제거능력이 크며, 약품처리하는 경우와는 달리 처리수에 반응생성물을 남기지 않는다. 활성탄흡착 시설을 설계할 때에는 사전에 제거대상물질의 특성, 오염실태, 처리효과 등에 대하여 실험을 포함한 충분한 조사가 필요하다. 또 조사는 현재의 오염실태는 물론 제거대상물질의 장래 변화추이 등도 고려하여 공정배열, 처리설비의 규모 및 방식을 결정하여야 한다.

4) 활성탄의 종류와 처리특성

분말활성탄은 지름 1~20 nm 정도의 세공이 많고 입상활성탄은 10 nm 이하의 세공이 많다. 입상활성탄 중의 야자껍질을 원료로 하여 생산된 입상활성탄은 지름 3 nm 이하의 세공이 많고 30 nm 이상의 세공은 적다. 따라서 내부표면적은 크고, 세공용적은 작기 때문에 저분자량의 물질이 제거되기 쉬우며, 기체상의 용도로 많이 사용된다. 석탄계 활성탄은 3 nm부터 약간 큰 세공까지 폭 넓게 존재하므로 내부표면적은 다소 작지만 세공은 크기 때문에 비교적 큰 분자량의 물질이 제거되기 쉬우며, 수처리용으로 많이 사용되고 있다. 입상활성탄에는 0.1~수μm 크기의 대세공(macropore)이 존재하여 피흡착 물질의 입자 내로의 확산통로가 된다.

일반적으로 소수성이 강하고 분자량이 큰 물질일수록 활성탄에 흡착되기 쉽고, 또 물에 용해되기 쉽고 분자량이 작은 물질은 활성탄에 흡착되기 어려운 경향이 있다. 물에 잘 녹지 않는 농약은 활성탄에 흡착되기 쉬우나, 부식질(humic substance)과 같이 분자량은 크지만 물에 녹기 쉬운 물질은 활성탄으로 흡착되기 어렵다. 이와 같이 유기물질의 물에 대한 용해도나 활성탄의 세공크기 분포 등이 제거효율에 영향을 미친다.

5) 활성탄 처리방식

비상시 또는 단기간 사용할 경우에는 분말활성탄 처리가 적합하고 연간으로 연속 또는 비교적 장기간 사용할 경우에는 입상활성탄 처리가 유리하다고 알려져 있다. 또 활성탄의 흡착특성은 종류에 따라 다르기 때문에 사용목적에 적합한 품질의 제품을 선정해야 한다. 분말활성탄과 입상활성탄은 사용목적이나 처리기간에 따라 유지관리나 경제성이 다르며, 그 장·단점은 표 8.18과 같다.

표 8.18 분말활성탄 처리와 입상활성탄 처리의 장·단점

항 목	분말활성탄	입상활성탄
① 처리시설	·기존시설을 사용하여 처리할 수 있다.	·여과지를 만들 필요가 있다.
② 단기간 처리하는 경우	·필요량만 구입하므로 경제적이다.	·비경제적이다.
③ 장기간 처리하는 경우	·경제성이 없으며, 재생되지 않는다.	·탄층을 두껍게 할 수 있으며 재생하여 사용할 수 있으므로 경제적이다.
④ 미생물의 번식	·사용하고 버리므로 번식이 없다.	·원생동물이 번식할 우려가 있다.
⑤ 폐기시의 애로	·탄분을 포함한 흑색슬러지는 공해의 원인이다.	·재생사용할 수 있어서 문제가 없다.
⑥ 누출에 의한 흑수현상	·특히 겨울철에 일어나기 쉽다.	·거의 염려가 없다.
⑦ 처리관리의 난이	·주입작업을 수반한다.	·특별한 문제가 없다.

나. 정수처리공정과의 조합과 품질

분말활성탄 처리는 일반적으로 응집처리 전의 원수에 주입하여 물과 혼합접촉시킴에 따라 수중의 오염물질을 흡착제거하며 주입된 분말활성탄은 응집, 침전, 여과로 제거된다. 분말활성탄은 미세한 분말이므로 급속여과의 역세척 주기가 길어질 경우, 여과수 중에 활성탄이 누출될 수 있다. 특히 겨울철의 저수온 시에는 응집효과가 떨어지므로 폴리염화알루미늄(PAC)이나 응집보조제의 사용 또는 여과지 전에서의 2단응집 등으로 응집효과를 높여야 할 필요가 있다. 여과한 다음 활성탄의 누출 유무는 10배율 현미경으로 확인할 수 있으므로 수시로 점검하고 누출방지에 노력해야 한다.

전염소처리를 할 경우에는 활성탄으로 염소가 소비되므로(활성탄 1 mg은 염소 0.2~0.25 mg 정도 소비), 목표로 하는 잔류염소농도가 확보될 수 있도록 주입량을 조정해야 한다. 분말활성탄을 사용하면 일반적으로 정수처리과정에서 발생하는 슬러지의 탈수성이 좋아지고 냄새를 방지할 수 있지만, 탈수케익이 검게 되며 케익량도 증가한다.

또 위생적 측면에서 처리된 물의 수질에 나쁜 영향을 미치는 용해성 성분을 함유하지 않아야 하며, 보통 상수도용 분말활성탄은 수증기 활성화법으로 제조되고, 입도는 75μm(200 mesh) 간격의 체로 칠 때 통과하지 않는 양이 10% 이하인 것이 좋다.

표 8.19 분말활성탄 선정표준

항 목	선정표준	구입시방	비 고
pH	·4~11	·4~11	
전기전도도	·900μS/cm 이하	-	
염화물	·0.5% 이하	·0.5% 이하	
비소	·2wt ppm 이하	·2wt ppm 이하	
아연	·50wt ppm 이하	·50wt ppm 이하	
카드뮴	·0.5wt ppm 이하	·0.5wt ppm 이하	
납	·5wt ppm 이하	·5wt ppm 이하	
페놀가	-	·25 이하	
ABS가	-	·50 이하	
메틸렌블루탈색력	-	·150mL/g 이상	
요오드흡착력	-	·950mL/g 이상	
건조감량	·20~50%	·45~50%	
체거름 잔류량	·75μm 체에 잔류분10% 이하	·75μm 체에 잔류분10% 이하	200메쉬 체의 통과분

주 1) 수도용 분말활성탄은 처리수에 영향을 미칠 정도의 용해성 물질을 함유하고 있어서는 안된다. 처리수질에 특히 영향을 미치는 항목으로는 pH, 전기전도도, 염화물, 비소, 아연, 카드뮴, 납 등이 있다.
2) 수도용 분말활성탄의 흡착성능은 페놀가, ABS가, 메틸렌블루탈색력, 요오드흡착성능 등의 시험을 실시하여 판정한다.
3) 냄새유발물질을 제거하기 위하여 분말활성탄을 선정하는 경우에는 2-MIB값 또는 위의 흡착성능을 참고하여 검토하는 것이 바람직하다.

그리고 분진발생을 적게 하기 위하여 수분 50% 정도의 분말활성탄이 사용되기도 하나 수분 5~10% 정도의 활성탄(dry탄)이라도 밀폐상태에서 사용하면 분진발생은 억제된다. 수도용분말활성탄의 시험방법은 KS M 1413에 의하며 표 8.19에 선정표준이 있으므로 이에 준하여 판정할 수 있다.

다. 검수설비와 저장설비

분말활성탄의 검수설비와 저장설비는 다음 각 항에 적합하도록 하여야 한다.

① 분말활성탄의 성상 및 운반방식과 수량을 고려하여 적절한 검수용 개량장치를 설치한다.
② 반입된 분말활성탄을 저장설비에 이송하기 위한 설비를 설치한다.
③ 저장설비는 사용량과 수급관계를 고려하여 적절한 용량으로 한다.
④ 저장설비를 설치하는 건물은 내화성 구조로 하고 방진 및 방화대책을 강구한다.
⑤ 건조탄 저장탱크에는 가교(bridge)결합을 방지하기 위한 대책을 강구한다.

라. 주입설비

분말활성탄 주입설비는 다음 각 항에 적합하도록 하여야 한다.

① 주입지점은 혼화와 접촉이 충분히 이루어지고 또 전염소처리의 효과에 영향을 주지 않도록 선정하며, 필요에 따라 접촉지를 별도로 설치한다.

② 주입률은 원수수질 등에 따라 다른 실례(實例) 등을 참조하고 기본적으로 처리하고자 하는 물과 제거 목표물질에 대한 실험에 근거하여 정한다.

③ 슬러리농도는 2.5~5%(건조환산한 값)를 표준으로 한다.

④ 주입량은 처리수량과 주입률로 결정한다.

⑤ 주입방식으로는 습식과 건식이 있으며, 제어성과 작업성 등을 고려하여 선정한다.

⑥ 주입장치는 주입방식에 따라 적절한 설비구성으로 충분한 용량을 가져야 한다(그림 8.56 참조).

⑦ 주입장치의 총용량과 대수 및 주입계통의 구성은 최소주입량에서 최대주입량까지 적절하게 주입할 수 있도록 한다.

⑧ 습식주입에서 슬러리탱크는 충분하게 교반될 수 있는 구조로 적절한 용량이어야 한다.

⑨ 주입배관은 적절한 구경과 재질 등으로 시공한다.

⑩ 분말활성탄이 접촉하는 부분의 재질은 활성탄에 대하여 충분한 내식성과 내마모성이 있는 것으로 한다.

⑪ 주입설비실은 가능한 주입장소에 가까운 곳에 설치하고 설비의 유지관리가 용이한 넓이를 확보한다.

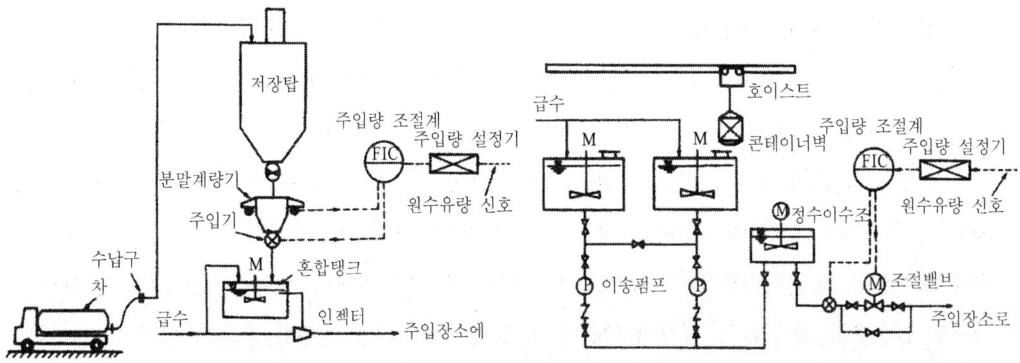

그림 8.56 분말활성탄 주입설비 구성도의 예

(2) 입상활성탄 흡착설비

가. 서설

입상활성탄 흡착설비는 흡착탑 또는 흡착지에 입상활성탄을 충전하고 여기에 처리할 물을 통과시켜 처리대상 물질인 오염물질을 흡착하여 제거하는데 이용된다.

1) 입상활성탄 처리방법

입상활성탄 처리방법에는 흡착효과를 주체로 하는 입상활성탄 방식과 생물활성탄 흡착방식이 있다. 흡착효과를 주체로 한 방식에서는 기본적으로 잘 발달된 활성탄 내부세공(pore) 표면에 오염물질이 이동하여 흡착됨으로써 액상(liquid phase)의 용존상태에서 고체상(solid phase)의 흡착상태로 상을 변화시켜 오염물질을 제거하는 공정이다. 원수 중에는 일반적으로 부식질과 같은 천연유기물질(natural organic matter, NOM)과 각종 미량유기물질이 다양하게 포함되어 있으며, 수질기준과 오염물질의 종류 및 농도에 따라 처리목표가 결정된다. 제거대상 물질의 분자량이나 소수성, 또한 활성탄의 세공분포에 따라 흡착능이나 수명이 달라진다.

생물활성탄 흡착방식에서는 활성탄의 흡착작용과 함께 활성탄층 내의 미생물에 의한 유기물 분해작용을 이용함으로써 활성탄의 흡착기능을 보다 오래 지속시키는 방식이다. 이 경우에 생물활동을 방해하지 않도록 전단에 염소처리를 하지 않는다.

입상활성탄 처리의 전단에 염소처리를 하지 않는 경우에는 입상활성탄층 내에 미생물이 번식하여 분해성유기물의 흡착뿐만 아니라 생물화학적 작용으로 이산화탄소까지 분해되는 경우가 있다. 이 생물화학적 작용에는 활성탄층 내에 용존산소가 충분히 존재하고 미생물 번식에 필요한 유기물의 공급이 필요하다. 또한 그 처리는 수온에 의하여 영향을 받는다.

생물활성탄 처리의 전단에 오존처리를 하면 난분해성 유기물을 분해성 유기물로 전환시키며, 오존처리된 처리수는 용존산소가 포화상태이므로 입상활성탄층 내에서 생물화학적 작용이 촉진된다. 또한 흡착된 유기물은 생물화학적으로 분해되어 자기재생기능으로 입상활성탄의 흡착성능이 장기간 유지된다.

활성탄의 오염물질제거 능력은 오염물질에 따라 큰 차이가 있으며 운전시간이 지남에 따라 흡착능력은 점차 감소하여 포화상태에 도달하고 처리목표달성이 어려워지는 시점에서 재생하거나 교체한다. 오존처리를 할 경우에도 생분해성 증가와 전체적인 오염물질제거율은 제한적이므로 원수수질, 통수조건, 제거대상 물질 및 농도, 처리효율, 경제성 등을 종합적으로 고려하여 입상활성탄의 흡착효과를 주체로 하는 방식과 생물활성탄 흡착방식 중에 어느 방식을 선정할 것인가를 결정하여 적절한 시설을 설계해야 한다.

8.7.4 흡착등온곡선

흡착등온곡선(吸着等溫曲線, adsorption isothermal curve)이란 일정 온도에서 용액 내의 피흡착제(被吸着劑)의 농도에 따른 흡착량의 변화를 알기 쉽게 표현하는 방법이다. 최초의 흡착등온곡선 모델은 Langmuir(1918)가 개발하였다. 이때의 가정은 단층흡착(單層吸着, single layer adsorption), 일정 에너지흡착(constant energy of adsorption) 그리고 피흡착제의 흡착제 표면에서의 전이불능 등이며, 이러한 가정은 실제 흡착현상에 비해서는 너무나 단순화된 가정이므로 Brunauer 등은 1938년에 BET 모델인 다층흡착을 고려한 흡착모델을 개발하였다. 이 BET모델은 흡착이 단층으로 이루어질 때는 Langmuir모델과 동일하게 변형이 되도록 되었다. 이러한 Langmuir이나 BET모델은 흡착현상의 동역학적 기초이론으로 유도되었다.

체계화하여 유도된 흡착모델인 Freündlich 흡착모델은 1967년 Adamson에 의해 이론적으로 뒷받침이 되었다. 이들 식의 이론적 차이는 Langmuir 흡착공식이 균일한 흡착에너지에 의한 단층 흡착이라면 BET공식은 단층위에 균일한 응축에너지(凝縮, condensation energy)에 의한 복단흡착(復單吸着)을 가정한 것이다. Freündlich공식은 경험적 흡착량 관찰로부터 유도된 공식이기 때문에 상당한 범위에서 실제 현상과 잘 부합되고 있으며, 공식에 사용되는 변수가 실험실에서 쉽게 측정할 수 있는 것들이므로 보편적으로 널리 이용되고 있다. 흡착량과 평형농도 사이의 관계를 나타내는 식은 다음과 같다.

(1) Henry 등온흡착식

기액(氣液)의 평형관계를 나타내는 Henry법칙과 같이 흡착량이 액의 농도에 비례하는 경우의 흡착평형관계를 Henry공식이라고 한다.

$$q = HC \tag{8-50}$$

여기서, H : 정수이다. Henry공식은 저농도의 미량물(微量物) 흡착에 적용된다.

(2) Freündlich 등온흡착식

수처리에 활성탄흡착을 이용할 때 평형관계가 다음의 Freündlich공식으로 표시할 수 있다.

$$q = \frac{X}{M} = K \cdot C^{\frac{1}{n}} \tag{8-51}$$

여기서, X/M : 흡착제 단위무게당 흡착된 피흡착제의 양
C : 흡착이 평형상태인 경우 용액 내에 남아있는 피흡착제 농도
K, n : 경험적인 상수

식 (8-51)에서 양변에 log를 취하여 선형으로 표시할 수 있다.

$$\log\left(\frac{X}{M}\right) = \frac{1}{n}\log C + \log K \tag{8-52}$$

여기서, 그림 8.57 흡착등온공식 (a)으로 나타나며 X/M와 C 사이의 대수 그래프가 직선이 되고 그 기울기와 절편으로부터 변수 n과 K를 결정할 수 있다. 또한 직선의 기울기가 0.5 이내이면 흡착이 용이하며, 그 이상이면 흡착이 곤란한 물질로 분류된다.

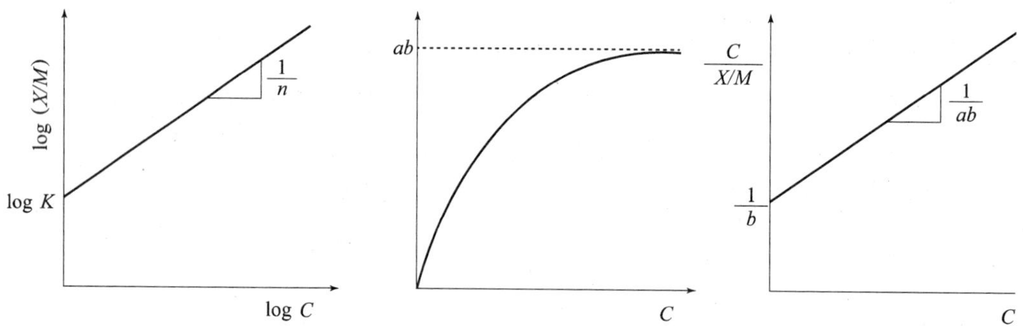

(a) (b) (c)

그림 8.57 흡착등온곡선

(3) Langmuir 등온흡착식

Langmuir는 흡착제 표면과 흡착되는 가스분자와의 사이에 작용하는 결합력이 약한 화학흡착에 의한 것이며, 흡착이 결합력은 단분자층의 두께에 제한된다고 생각되고 피흡착물질의 양과 가스압력간의 관계를 평형조건에 이루어진 것으로 가정하면 다음과 같다.

$$K_a(b-S)C(\text{흡착}) \tag{8-53}$$
$$K_dS(\text{탈착})$$

여기서, C : 용질의 평형농도$[y/\ell]$
S : 흡착제 질량당 흡착된 피흡착 물질의 질량$[mg/mg]$
a : 정수$[\ell/mg]$,

b : 피흡착 물질의 질량[g/g] 에너지에 관한 정수

K_a, K_d : 흡착 및 탈착 비례상수

Langmuir 등온선은 용질이 흡착제의 표면에 단분자층으로 흡착되는 공식이며, X/M와 C 와의 관계는 그림 8.57(b)와 같다.

또한 Langmuir공식은 다음과 같은 함수식으로 표현할 수 있다. 그림 8.57(c)의 그래프에서 절편과 기울기로부터 a, b를 구할 수 있다.

물질수지

$$\frac{dS}{dt} = K_a(b-S)C - K_dS$$

1) 정상상태로 가정하면 다음과 같다.

$$K_a(b-S)C - K_dS = 0$$

2) 흡착된 피흡착 물질의 질량에 대하여 구하면 다음과 같다.

$$S = \frac{K_abC}{K_aC + K_d} \Rightarrow S = \frac{(K_a/K_d)bC}{(K_a/K_d)C + (K_d/K_d)}$$

$$= \frac{(K_a/K_d)bC}{(K_a/K_d)C + 1} = \frac{abC}{1+aC}$$

3) 흡착제 질량당 흡착된 피흡착 물질을 X/M이라 하여 관계식을 만들면 다음과 같다.

$$\therefore \quad S = \frac{abC}{1+aC} \Rightarrow \frac{X}{M} = \frac{abC}{1+aC}$$

4) 이를 토대로 도시화하면 그림 8.57(b)와 같다.

$$\lim_{C\to 0} S = 0, \qquad \lim_{C\to\infty} S = ab$$

5) 이를 직선방정식으로 변환하면 다음과 같다.

$$\frac{X}{M} = \frac{abC}{1+aC}$$

$$\Rightarrow \frac{1}{X/M} = \frac{1+aC}{abC}$$

$$\Rightarrow \frac{1}{abC} + \frac{1}{b}$$

$$\therefore \quad \frac{1}{XM} = \frac{1}{ab}\left(\frac{1}{C}\right) + \frac{1}{b} \qquad (8\text{-}54)$$

여기서, X : 흡착된 피흡착 물질의 무게

M : 사용된 흡착제의 무게

C : 흡착후 액상에서 피흡착 물질의 농도

a : 정수

b : 최대 흡착량에 관한 상수

예제 8.13

어느 폐수의 잔류COD를 흡착법으로 제거하기 위하여 활성탄을 사용하였다. COD가 56 mg/ℓ인 원수에 활성탄 20 mg/ℓ을 주입한 결과 COD가 16 mg/ℓ로 되었다. 활성탄 52 mg/ℓ을 주입하였더니 COD가 4 mg/ℓ로 되었다. COD가 10 mg/ℓ로 되게 하기 위해서 주입하여야 할 활성탄의 양 mg/ℓ을 구하시오(단 Freundlich의 공식을 이용하시오).

풀이

Freundlich 등온 흡착식을 이용하면 다음과 같다.

공식> $\frac{X}{M} = K \cdot C^{\frac{1}{n}}$ 에서

① $\frac{(56-16)}{20} = K \times 16^{\frac{1}{n}}$ ② $\frac{(56-4)}{52} = K \times 4^{\frac{1}{n}}$

①÷②를 하면 $\frac{2}{1} = \left(\frac{16}{4}\right)^{\frac{1}{n}} \cdot n = \frac{\log 4}{\log 2} = 2$

$n = 2$를 ①식 또는 ②식에 대입하여 K값을 구하면 $K = 0.5$

따라서 $\frac{(56-10)}{M} = 0.5 \times 10^{\frac{1}{2}}$

$\therefore M = 29.1\,[\text{kg}/\ell]$

(4) BET 등온흡착식

Langmuir의 단분자(單分子)모델에 대해서 BET(Brunauer, Emmett & Teller) 등은 표면에 피흡착제 분자가 서서히 무한히 흡착되는 다분자층 흡착모델은 식 (8-55)의 흡착등온식을 유도하면 다음과 같고 BET의 등온흡착곡선은 그림 8.58과 같다.

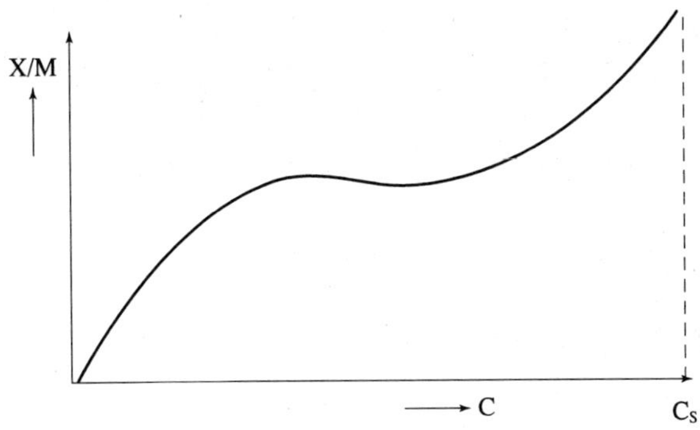

그림 8.58 BET의 등온흡착곡선

$$q = \frac{V_m A_m C}{(C_s - C)[1 + (A_m - 1)(C/C_s)]} \tag{8-55}$$

여기서, C_s : 포화농도

V_m : 단분자층이 흡착될 때 최대흡착량

A_m : 흡착에너지에 관한 상수

식 (8-55)를 보통 BET공식이라 한다. 이것을 다시 이용하면 식 (8-56)으로 된다.

$$\frac{C}{q(C_s - C)} = \frac{1}{A_m V_m} + \left(\frac{A_m - 1}{A_m V_m}\frac{C}{C_s}\right) \tag{8-56}$$

C가 C_s에 비하여 무시할 정도로 작을 경우는 다음과 같다.

$$A_m = b\,C_s\,(C_s > 1) \tag{8-57}$$

식 (8-54)를 다음과 같이 정리하여 이용할 수 있다.

$$q = \frac{V_m B C}{1 + bC} \tag{8-58}$$

식 (8-58)은 Langmuir 공식과 동형(同型)이며 BET 식은 활성탄의 물성(物性)을 표현하는 비표면적의 산출에 이용되고 있다.

예제 8.14

활성탄흡착 실험으로서 얻은 결과를 Lanagmuir의 등온흡착식에 적용하여 다음과 같은 자료로부터 답하시오.

예제표 8.15.1 활성탄흡착 실험자료

C [mg/ℓ]	10	20	30
X/M[g/g]	0.133	0.187	0.220

Langmuir 식 : $\dfrac{X}{M}=\dfrac{abC}{1+bC}$

여기서, $\dfrac{X}{M}$: 활성탄 단위중량당 흡착된 피흡착제의 양

C : 흡착후 용액의 평형농도

$a,\ b$: 경험적인 상수

1) 위의 자료를 사용하여 ①, ②, ③에 해당하는 답을 제시하시오.

C [mg/ℓ]	10	20	30
$\dfrac{C}{X/M}$ [mg/ℓ]	①	②	③

2) 위 표를 근거로 선형 그래프를 그리시오.
(단 그래프의 직선에는 절편과 기울기를 명시하여야 한다.)
3) 위에 작성한 그래프를 이용하여 상수 a, b를 결정하시오.

풀이

1) 위의 표를 계산하면 다음과 같다.

① $\dfrac{C}{X/M}=\dfrac{10}{0.133}=75.19$ [mg/ℓ]

② $\dfrac{20}{0.187}=106.95$ [mg/ℓ]

③ $\dfrac{30}{0.220}=136.36$ [mg/ℓ]

2) 주어진 Langmuir 식 $\dfrac{X}{M}=\dfrac{a\cdot b\cdot C}{1+b\cdot C}$에서 분모, 분자를 $a\cdot b$로 나누면

$$\frac{X}{M}=\frac{C}{\dfrac{1}{ab}+\dfrac{C}{a}}$$

$\dfrac{C}{X/M}=\dfrac{1}{ab}+\dfrac{C}{a}$의 함수식이 얻어진다.

그러므로 $\dfrac{C}{X/M}=Y,\ C=X,\ \dfrac{1}{a}=A,\ \dfrac{1}{ab}=B$로 놓고 함수식 $Y=AX+B$로 가정하면 기울기와 절편을 최소자승법에 의해 구하면 다음과 같다.

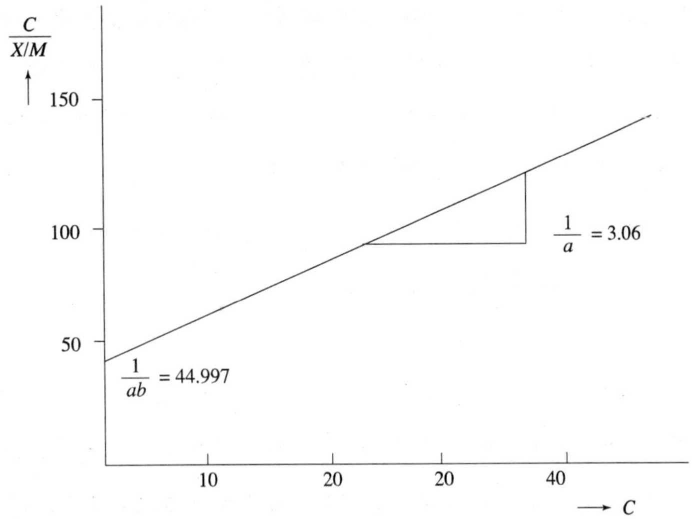

X	10	20	30
Y	75.19	106.95	136.36

$\sum X=(10+20+30)=60$

$\sum X^2=(10^2+20^2+30^2)=1,400$

$\sum Y=(75.19+106.95+136.36)=318.5$

$\sum XY=(10\times 75.19+20\times 106.95+30\times 136.36)=6981.7$

$$A=\frac{N\sum XY-\sum X\sum Y}{N\sum X^2-\sum X\sum X}=\frac{3\times 6,981.7-60\times 318.5}{3\times 1,400-60\times 60}=3.06$$

$$B=\frac{\sum X^2-\sum X\sum XY}{N\sum X^2-\sum X\sum X}=\frac{1,400\times 318.5-60\times 6,981.7}{3\times 1,400-60\times 60}=44.997$$

따라서 $A=\frac{1}{a}=3.06 \qquad \therefore a=0.327$

$B=\frac{1}{ab}=44.997 \qquad \therefore b=0.068$

Langmuir공식

$$\therefore \frac{X}{M}=\frac{abc}{1+bc}=\frac{0.022236\,C}{1+0.068\,C}=0.022C\times\frac{1}{1+0.68C}$$

8.7.5 흡착속도

(1) 흡착속도와 물질이동관계

활성탄표면과 외부 용액과의 사이에 경계면을 가상하면 물질이동의 현상을 설명할 수 있다.

경막의 두께는 10^{-2}~10^{-3} cm 정도이며, 경막 내에서는 피흡착물질은 확산(擴散)에 의하여 층 내에 이동하면 활성탄표면까지 이동한 피흡착물질은 일부는 입자 외부표면에서 흡착되고, 나머지는 입자 내의 세공을 입 내에 향하여 이동하면서 세공벽에 흡착된다. 활성탄에 의한 흡착속도(吸着速度)는 다음 세 가지 인자에 영향을 받는다.

① 활성탄 근방에 액체 경계면에서의 물질이동속도(物質移動速度)

② 활성탄 조립 내에서의 확산속도(擴散速度)

③ 흡착반응속도(吸着反應速度)

이 중에서 가장 늦은 속도를 갖는 과정에 의하면 전체의 속도가 지배된다. ③의 흡착반응속도는 ①, ②에 비하여 매우 빠르며 분말활성탄(紛末活性炭)은 미분상(微紛狀)이므로 ①이 흡착속도를 지배하는 일이 많고 활성탄과 피처리수(被處理水)의 접촉을 잘 시키고 접촉시간을 충분히 취해야 한다. 입상탄(粒狀炭)에서는 입자 내에의 피처리수의 확산속도 ②를 생각할 필요가 있다.

1) 액경막 물질이동계수

활성탄의 실용적을 ν_a [m^3], 밀도를 ρ_a [kg/m^3], 입자의 표면을 A_p [m^3]라 하고 활성탄 단위용적당의 외부 표면적 A_p/ν_a를 a_s, 외부 용액농도를 c, c에 대응하는 흡착질량을 q, 활성탄입자에 접촉하는 계면의 액농도를 c_i, 액경막 물질이동계수를 K_f [m/hr]라 하면 다음 관계식이 성립한다.

$$\rho_a(dq/dt) = k_f\, a_s(c - c_i) \tag{8-59}$$

활성탄 충전층(充塡層)의 경우에는 ρ_a와 ν_a 대신에 충전밀도, ρ_b와 충전층 용적 ν_b를 a_s 대신에 $a_\nu(A_p/\nu_b)$를 사용하면 다음 식이 된다.

$$\rho_b(dq/dt)\,a_s = k_f\, a_v(c - c_i) \tag{8-60}$$

식 (8-59)와 식 (8-60)에서 다음 관계의 식이 성립한다.

$$a_v(\rho_b/\rho_a)\,a_s = (1 - \epsilon_b)\,a_s \tag{8-61}$$

여기서, ϵ_b : 충전층의 공극률 $\epsilon_b = (v_b - v_a)/v_o$

구형입자(球型粒子)일 때는 입자 반지름을 r_o [m], 입자 지름을 d_p [m]라 하면 다음과 같다.

$$a_s = 4\pi r_o^{\,2}$$

$$\nu_a = 4/3\pi r_o^{\ 3}$$

$d_p = 2r_o$이므로

$$a_s = \frac{3}{r_o} = \frac{6}{d_p} \qquad (8\text{-}62)$$

$$\therefore a_v = \frac{6(1-\epsilon_b)}{d_p} \qquad (8\text{-}63)$$

2) 고체경막 물질이동계수

$$\rho_a(dq/dt) = k_p\, a_s(q_i - q) \qquad (8\text{-}64)$$

여기서, q_i : 활성탄입자와 표면의 흡착층, q : 입자내 평균흡착량

k_p : 고체경막의 물질이동계수 [kg/m^2 · hr]

활성탄 단위중량당의 표면적 a_p [m^2/kg—활성탄]를 사용하면 다음과 같다.

$$a_p = a_s/\rho_a \qquad (8\text{-}65)$$

위식에 의하면 식 (8-66)은 다음과 같이 된다.

$$(dq/dt) = k_p\, a_p(q_i - q) \qquad (8\text{-}66)$$

3) 총괄 물질이동계수

경막 물질이동계수를 사용하면 고체(固體)의 접촉저면 농도 c_i, q_i 를 실측하기 어렵고 이를 포함한 식은 직접 이용할 수 없으며, c_i, q_i 대신에 평형상태(C^*, q^*)를 이용하여 흡착속도를 총괄 물질이동계수를 사용하여 다음과 같이 표시한다.

$$\rho_a(dq/dt) = k_f\, a_s(c - c^*) \qquad (8\text{-}67)$$

$$\rho_a(dq/dt) = k_p\, a_s(q^* - q) \qquad (8\text{-}68)$$

여기서, k_f : 액막의 총괄 물질이동계수

k_p : 고체경막의 **총괄 물질이동계수**라 하고, $k_f\, a_s$ 를 **총괄 용량계수**라 한다.

4) 입내 유효확산계수

흡착질의 세공내 유효확산계수를 D_p [m^2/hr], 확산방향의 거리를 r [m], 세공내 액농도를 c [kg/m^2], 표면확산계수를 D_s [kg/m^2]라 하면 흡착용기준의 입내 유효확산계수 D_i'를 다음과

같이 정의한다.

$$D_i' = \frac{D_p}{(\partial q + \partial c)\rho_a} + D_s \tag{8-69}$$

액상에서 입자 내부에의 t 시간 후의 평형도달률(平衡到達率) $F(t)$는 Boyd 등에 의하면 $F(t)$ 0.05일 때 근사적으로 다음과 같이 표시된다.

$$F(t) = \frac{q_t}{q_i} = \frac{6}{r_o}\left(\frac{D_i' t}{\pi}\right)^{1/2} \tag{8-70}$$

여기서, r_0 : 입자 반지름 [cm],

q_i : 활성탄입자 외부 표면의 흡착량 [mg/ℓ]

q_t [mg/ℓ] : $0 \sim t$ 시간까지 액상에서 입자 내부에 이동한 피흡착분자의 평균흡착량

흡착전후의 액농도 변화가 작은 조건으로 Batch 식 흡착시험을 행하고 q_i로서 평형흡착량 (q_i)을 취하고, t 시간까지의 흡착한 양(q_t)을 식 (8-69)식으로 계산하면 식 (8-70)에 의하여 흡착량 기준의 입내 유효확산계수 D_i' [cm^2/s]를 구할 수 있다.

$$q_t = \frac{V}{M}(C_0 - C_t) \tag{8-71}$$

여기서, M : 활성탄 첨가량 [g]

C_0 : 초기농도 [mg/ℓ],

C_t : t 시간 후의 농도 [mg/ℓ]

Henry형의 평형이 성립할 때는 액농도기준의 입내 유효확산계수 D_i와 흡착량기준의 D_i' 간에는 다음 식이 성립한다. 식에서 Henry 정수이다.

$$D_i = \rho_a H D_i' \tag{8-72}$$

8.7.6 활성탄에 의한 수처리법

활성탄은 소수성(疏水性) 흡착제로서 수용액으로부터의 흡착능은 다른 용매(溶媒)로부터의 흡착능 보다 크므로 수처리에 적합한 흡착제이고 다른 수처리법과 같이 반응생성물이나 슬러지발생이 없어 유리하다. 흡착질의 농도가 극히 낮아 다른 수처리법으로는 효과가 없을 때 특히 유효하지만 흡착질 농도가 높을 때는 활성탄의 흡착능이 단시간에 포화상태가 되므로 다른

처리법으로 흡착질농도를 저하시킨 다음 활성탄 처리를 행해야 한다.

활성탄에 의한 수처리는 기상흡착(氣狀吸着)과 다르므로 많은 요인을 합하여 활성탄과 수용액 계면에서의 수착(水着)에 영향을 미치는 인자를 열거하면 다음과 같다.

① 용질(溶質)에 대한 활성탄의 인력
② 용질의 물에 대한 용해도(溶解度)
③ 회합
④ 이온화
⑤ 계면에서의 배향(配向)에 대하여 물이 미치는 영향
⑥ 각종의 용질이 계면에서 나타내는 경합작용(競合作用)
⑦ 각종 용질간의 상호작용
⑧ 공흡착(空吸着, co-adsorption)
⑨ 계내(系內) 각종 분자 크기
⑩ 활성탄의 세공분포

이들 인자들의 결합 결과는 흡착의 강약으로 나타고 상수처리에서는 pH의 변화를 생각할 필요가 없으며, 폐수처리에서 하나의 요인이 된다. 흡착질이 콜로이드이며, 알칼리(alkali)측에 등전점(等電點, zeta 전위차 *O* 인 점) 또는 등전 역을 갖는 경우는 알칼리성 영역에서 잘 흡착된다. 그러나 일반적으로 활성탄은 산성영역(酸性領域)에서 수착효과가 큰 것이 보통이다. 피처리액의 물성이 활성탄의 흡착에 미치는 영향은 크므로 개개의 처리액에 대하여 최적한 활성탄을 택하여 최적조건을 발견하고 장시간에 흡착 실험을 행하며, 필요시에는 재생실험도 실시함이 소정의 목적에 도달할 수 있다.

8.7.7 활성탄을 이용한 수처리

(1) 수처리 프로세스의 선정

활성탄흡착 장치를 설계할 때는 먼저 ① 활성탄의 선정 ② 흡착방식 ③ 전처리와 후처리 등을 결정해야 한다. 또한 활성탄의 선정에 있어서는 취급의 용이, 재생의 기능 때문에 입상활성탄의 이용이 많지만 입상탄 또는 분말탄을 선정할 때는 건설비, 용지, 흡착장치의 이용빈도(利用頻度), 운전비(運轉費), 활성탄의 입수방법 등을 종합적으로 검토하여야 한다.

일반적으로 피흡착 물질을 함유하는 하수처리수 등에는 석탄계의 활성탄이 적합하다. 화학흡착이 관여할 때는 실제의 폐수에 대한 흡착시험을 하여 최적의 활성탄을 선정해야 한다. 흡착방식으로서는 분말활성탄에는 교반탱크(攪拌槽)방식이 사용되며, 흡착한 후에 응집침전(凝集沈澱)시키고 필요에 따라서는 여과를 한다.

고정층(固定層)과 이동층(移動層)흡착법에서는 여러 가지 방식의 특징을 사용한다. 활성탄의 전처리로서 응집침전에 의한 현탁물질(懸濁物質), 고분자 유기물 등의 제거, 염소, 오존, 자외선(紫外線) 조사(照射) 등에 의한 유기물의 분해(分解) 및 살균(殺菌) 등은 매우 효과적이고 또한 고정층 내의 압력손실 증가를 피할 수 있다.

하수처리에 입상활성탄(粒狀活性炭)을 사용하는 일반적인 방법은 생물학적 2차 처리 후의 3차 처리에 활성탄을 물리화학적 공정으로 사용하는 것인데 공정에는 그림 8.59와 그림 8.60과 같다.

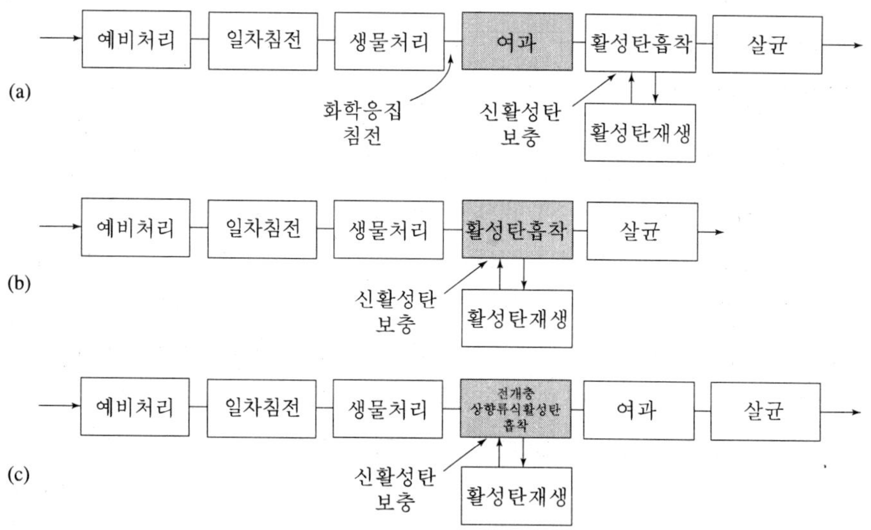

그림 8.59 고도처리로서의 활성탄흡착법을 사용한 대표적인 흐름도

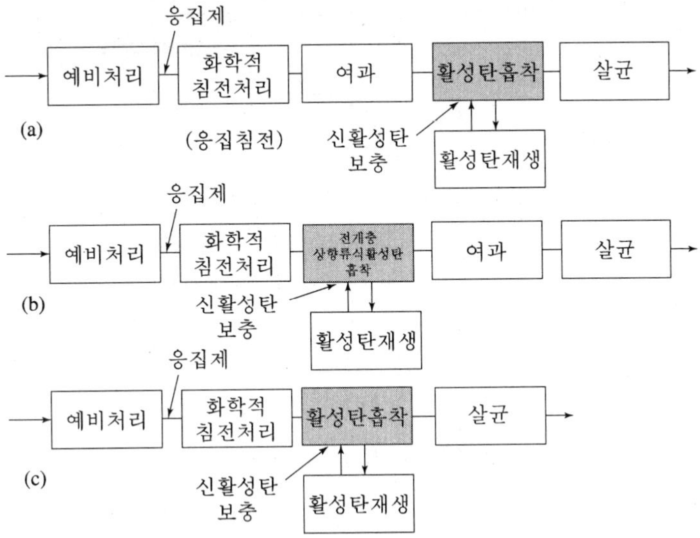

그림 8.60 대표적인 물리 · 화학적 처리법의 흐름도

(2) 흡착장치의 설계인자

흡착장치의 설계인자는 평형흡착(平衡吸着), 흡착속도, 통액시험(通液試驗) 등의 결과로부터 실제 처리할 물의 최적조건(最適條件)으로 정할 필요가 있다. 이하에는 많은 수처리 결과에서 얻은 일반적인 경험치로 다음과 같다.

1) 접촉시간

가장 중요한 설계조건은 접촉시간이다. 활성탄의 흡착속도는 제거할 물질과 그 농도 및 입경에 따라 다르며, 접촉시간은 10~50분 범위에서 선정한다. 그림 8.61에 의하여 10~30 mesh의 입경일 경우 최대제거율에 도달하는 30분이 보통이고, 접촉시간을 30분 이상으로 하면 다른 문제가 생기는데 혐기성조건(嫌氣性條件)하에서 발생하는 황산환원균(黃酸還元菌)에 의한 황화수소의 생성이며, 불쾌한 취기(臭氣)와 금속부식의 원인이 된다.

접촉시간은 유량과 상심(床深)을 변화시킴으로써 조정할 수 있다. 어떤 접촉시간에 대한 활성탄처리 효과는 수리부하율 2~10 gpm/ft^{2}의 범위에서는 수리부하율(水理負荷率)의 변화에 무관하다.

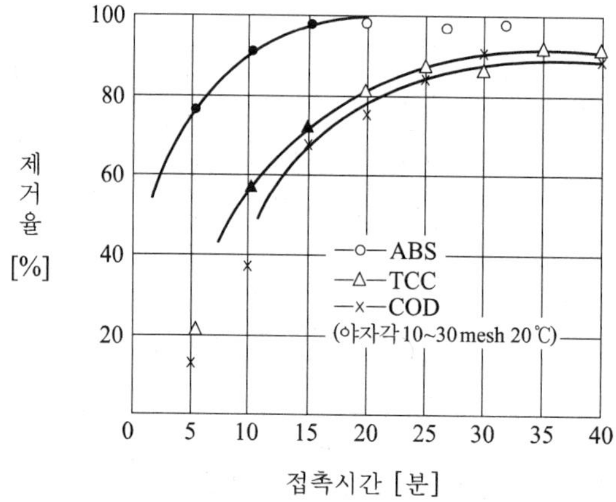

그림 8.61 활성탄의 흡착속도

2) 입경과 층고

활성탄의 입경이 감소하면 흡착률을 증가시키지만 손실수두, 역세팽창(逆洗膨脹) 등이 커지므로 입경결정에 신중을 기해야 하며, 작은 입경을 채택하면 여과유지 시간이 또한 감소된다. 일반적으로 고정층을 때 8×30 mesh, 이동층일 때 12×40 mesh, 기타 방식을 때 12×36 mesh가 많이 사용된다. 층높이는 3~10 m이고, 층높이와 지름의 비는 1 : 1~4 : 1 정도이다.

3) 유속

최적한 운전이 필요한 유속과 층고는 활성탄에 의한 폐수 불순물(不純物)의 흡착률에 의존한다. 유속(liner velocity)의 일반적인 범위는 5~25 m/hr(상수은 16~25 m/hr, 하폐수은 2~10 m/hr)이며 층고는 3~9 m 정도이다. 이론 분석과 실험자료에 의하면 5~25 m/hr의 범위에서 유속은 흡착속도에 대하여 제한 인자가 아니므로 유속이 증가하면 압력손실은 커지며 이 관계는 다음 식으로 표시한다.

$$\Delta P = \frac{K \cdot \mu \cdot Q \cdot L}{D_p^{\ 2} \cdot D_c} \tag{8-73}$$

여기서, ΔP : 압력손실 [kg/m^2], μ : 점성계수 [kg/m · s]
K : 정수, L : 층의 높이 [m]
D_p : 평균입경 [m], D_c : 활성탑 지름 [m], Q : 유량 [m^3/s]

압력손실은 처리수 중의 처리수가 많으면 단시간에 커지며 이것은 역세에 의하여 정기적으로 제거할 수 있으나 역세간격을 길게 하기 위해서 혹은 운전동력비(運轉動力費)를 적게 하기 위해서나 전처리로 되도록 부유물을 제거해야 한다.

$$\text{공탑속도(空塔速度, liner velocity)} = \frac{\text{통수량}[\mathrm{m^3/hr}]}{\text{활성탄충전의 단면적}[\mathrm{m^3}]}$$

$$\therefore \ V = \frac{Q}{A} \tag{8-74}$$

4) 역세

역세율과 빈도는 수량부하(水量負荷), 폐수 중의 부유물의 성질과 농도, 활성탄 입자의 크기, 접촉방향(上向流, 下向流)에 의존한다. 유속 17 m/hr로 운전하는 접촉탑은 과도(過度)의 압력강하를 일으키지 않도록 매일 역세한다. 부유물질 부하가 일정하고 유속 9 m/hr로 운전할 때는 2~3일 사이에 한번씩 역세한다.

상향류 상에서의 역세는 먼저 하향류로 저면의 부유물을 제거하고, 다음에 상향률 상팽창(床膨脹)에 의하여 부유물질을 월류시키며, 역세시간은 10~15분간, 유속은 보통 12~15 m/hr(8×30 mesh 활성탄일 때)를 25~30 m/hr로 하면 된다. 그림 8.62는 활성탄의 경우 역세유속과 팽창률을 표시한 것이다.

하향류 접촉탑의 활성탄의 표면에 축적한 고형물의 효과적인 제거하는 방법이 필요하다.

① 상표면(牀表面)에 고압수류(高壓水流)를 주기 위한 회전식(回轉式) 또는 고정식의 노즐을 이용한 표면세정 장치

② 공기와 물의 혼합세정

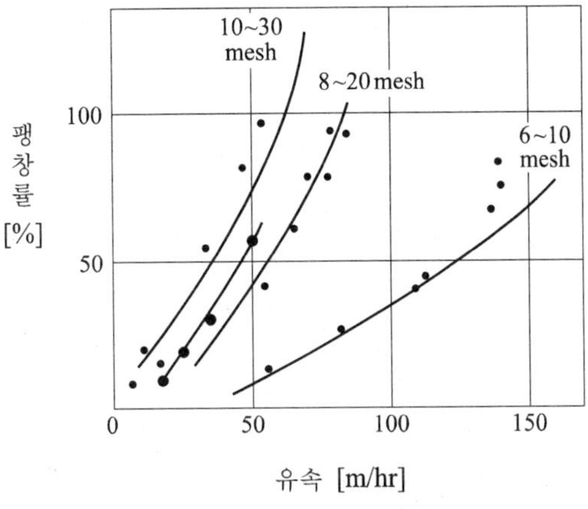

그림 8.62 역세 팽창률

표면세정이나 공기세정 시스템은 보통 10~15분의 역세의 최초 2~3분만 시행하며, 입상탄은 격렬(激烈)한 역세정 교반에 견딜 수 있는 경도(硬度)와 역세정 때 탄층(炭層)이 적당히 팽창할 수 있고 바로 여과를 개시할 수 있도록 신속히 침전할 수 있는 밀도를 가져야 한다. 기존의 급속사 여과지를 흡착사 여과지로 변환하고자 할 때 활성탄층의 두께가 제한되고 활성탄층의 최소한 30% 팽창이 가능하도록 탄층 표면과 역세수 트로프 사이는 적당한 공간을 두어야 한다.

8장

연습문제

1. 용 · 폐수처리에 있어서 고액분리의 중요성과 고액분리의 방법에 관하여 기술하시오.

2. 봉스크린(bar screen)에 의한 수두손실을 나타내는 식을 서술하시오.

3. Micro-strainer의 구조, 기능, 용도에 대하여 기술하시오.

4. 정수 중의 입자침강속도에 관한 Stokes법칙을 기술하고 침강속도에 제일 큰영향을 미치는 인자가 무엇이며 또 그것은 어떻게 표시되는지 기술하시오.

5. 상수 및 하수침사지를 기술하시오.

6. 고속응집침전지에 대해 설명하시오.

7. 침전지형상에 따른 종류 및 특징에 대해 설명하시오.

8. 이상적인 수평류침전지에서 유량과 수질조건이 정상적일 때 입자군의 제거율은?

9. 급속여과지에서 역세척을 실시해야 할 시기를 결정하는 방법을 열거하고 설명하시오.

10. 횡류식 침전지에서 플록의 월류(carry over)가 심하다. 그 원인과 대책을 설명하시오.

11. 부상분리법의 설계인자를 설명하고 하수처리시 부상분리법의 장 · 단점을 침전지와 비교하여 설명하시오.

12. 침전지에서 표면부하율(overflow rate)을 수식으로 쓰고 설명하시오.

13. 평균유속 V [m/s], 유효길이 L [m], 처리수량 Q [m^3/s]인 장방형 침사지에서 지내 체류시간 T [s], 침강시간 t [s], 수면적 부하 V [m/s]는 어떻게 표시되는지 나타내고 또 침강속도가 수면적 부하의 값보다 큰입자는 침전지 내에서 이론상 완전히(100%) 제거되는 이유를 설명하시오.

14. 비중이 2.65이고 지름이 0.0050 cm인 정사각형 입자가 10℃의 수중에서 침강하는 속도를 구하시오(단 수온 10℃ 때 물의 점성계수는 1.31×10^{-2} g/cm · s이고 물의 밀도는 1.0 g/cm^{3}이다. 또 이 입자에 대한 소류속도를 구하시오).

15. 침전의 4형식 특성과 각각의 적용처를 기술하시오.

16. 침전의 유입하는 현탁입자의 제거율 R을 식으로 표시하고 설명하시오.

17. 1일 최대오수량 45,000 m^3/d을 처리하는 장방형 침전지의 유효면적이 1,200 m^2, 길이 40 m, 폭 30 m, 깊이 3 m일 때 수면적 부하와 체류시간을 구하시오.

18. 경사판 침전장치에 있어서 원수의 이상과 처리수의 이상에 대한 각각의 대책을 설명하시오.

19. 침전지에 있어 다음 시설물은 어떤 역할을 하는가에 대하여 설명하시오.
1) 정류벽 2) 월류웨어 3) 경사판 4) 도류벽

20. 고속응집침전지의 3형식, 즉 Slurry형, Floc Blanket형, 복합형의 특징을 기술하시오.

21. 부상분리법의 종류와 내용을 대해 설명하시오.

22. 가압부상법의 원리와 특징을 기술하시오.

23. 최근 여과지에 있어서 자동운전제어에 대해 설명하시오.

24. 2단여과에 대하여 설명하시오.

25. 공기장해에 대해 설명하시오.

26. 역전과 K형 배열에 대해 설명하시오.

27. 활성탄에 의한 수처리법에 대하여 기술하시오.

28. 입상활성탄의 흡착처리에 관계되는 인자는 흡착용량, 흡착속도, 흡착조건 등이다. 이 중에서 물성(物性)을 쓰고 설명하시오.

29. 정수장의 여과지에서 유효입경과 균등계수에 대해 설명하시오.

30. 급속여과지의 하부집수장치에 대해 설명하시오.

31. 급속여과지 처리공정중 다층여과지에 대해 여과층의 구조적 특성과 여과의 효율성을 기술하고 보통 모래여과지와 비교하여 특징을 설명하시오.

32. 여과저항에 대해 기술하시오.

33. 급속여과지의 여과유량 조절방식에 대해 설명하시오.

34. 역세척 펌프산정에 대해 설명하시오.

35. 여과효력의 발현에 대해 설명하시오.

36. 상하류여과에 대해 설명하시오.

37. 산기식 포기장치에서 탱크 내의 평균적인 산소포화 농도치는 어떻게 표시되는가?

38. 다음 용어를 설명하시오.
1) 흡착 2) 흡착대 3) 등온흡착선 4) 공탑속도 5) 공간속도

39. 입상활성탄에 의한 수처리용도를 열거하시오.

40. 활성탄의 흡착속도를 지배하는 인자에 대해 설명하시오.

41. 최근 개발된 생물활성탄 접촉법의 특징과 장단점을 기술하시오.

42. 약품침전지의 유출웨어를 설계할 때 고려할 점을 기술하고 이유를 설명하시오.

43. 직접여과의 장단점을 일반여과와 비교 설명하고 우리나라에서 정수처리에 적용시 유의할 사항을 기술하시오.

44. 급속여과지의 역세척에 대하여 설명하시오.

45. 유효깊이 3 m, 체류시간 45분을 갖는 약품침전지를 계획하고자 한다. 이때 다음과 같은 시험관(cylinder) 분석치를 얻었다면 예상되는 부유물질의 제거효율은 얼마인가?

시간 [min] / 깊이[m]	표시된 깊이 및 시간에서의 부유물제거 [%]					
	15	32	45	60	90	120
0.6	15	65	69	72	73	74
1.2	31	56	64	67	72	73
1.8	20	49	61	64	69	72
2.4	16	41	57	62	67	71
3.0	15	37	52	61	65	69

Chapter 9

화학적 처리방법

9.1 화학적 안정화

화학적 안정화(化學的安定化, chemical stabilization)는 물의 pH, $[Ca^{++}]$ 및 알칼리도(alkalinity)를 탄산칼슘($CaCO_3$) 포화평형으로 조정함을 말한다. 물이 안정화되면 $CaCO_3$가 용해하지도 않고 침전하지도 않기 때문에 침식에 대하여 금속의 관을 보호할 수 있는 $CaCO_3$ 정제(coating)를 용해하여 손상하지 않고 $CaCO_3$ 침전물이 퇴적하여 관을 막히게 하지도 않는다. 평형조건은 다음 방정식으로 정의된다.

$$CaCO_3(s) + H^+ = Ca^{++} + HCO_3^- \tag{9-1}$$

$$\frac{[Ca^{++}][HCO_3]}{[H^+]} = K$$

또한 $CaCO_3$ 포화점은 다음 식으로 표현된다.

$$[H^+]_{eq} = [H^+]_s \quad \text{또는} \quad pH_{eq} = pH_s$$

위의 식에서 좌항과 우항은 각각 가정적 평형 또는 $CaCO_3$ 포화상태하에서의 H^+ 농도 또는 pH를 나타내며, 다음과 같은 식이 성립한다.

$$[H^+]_{eq} = \frac{[Ca^{++}][HCO_3]}{K} \tag{9-2}$$

pH_{eq} 이하 또는 $[H^+] > [H^+]_{eq}$일 경우에는 $CaCO_3$가 침전하지 않는다. 알칼리도와 경도가 낮고 CO_2 함량이 높은 자연수와 약품응집된 물, 이온교환법에 의한 연수(軟水), 탈염수(脫鹽水, demineralized water) 등은 위의 범주에 속한다. pH_{eq} 이상 또는 $[H^+] > [H^+]_{eq}$일 경우에는 $CaCO_3$가 침전한다. 그리고 탄산염이 배수본관, 보일러(boiler), 기타 장치, 여과지의 사력(砂礫) 등에 퇴적하게 된다. 물의 안정도(安定度, stability)를 나타내기 위한 수단으로 Langelier는 다음의 포화지수 LI를 제안하였다.

$$LI = pH - pH_s$$

$$pH_s = \log K_S - \log K_2 - \log Ca - \log A \tag{9-3}$$

여기서, K_S : $CaCO_3$의 용해도적, K_2 : 탄산의 제2해리 정수
Ca : Ca^{++}농도, A : 알칼리도

지수 LI는 물의 pH 측정치와 계산된 평형 pH치($pH_s = pH_{eq}$)의 차를 나타낸다. $LI = 0$이면 물은 평형상태이며, $LI > 0$이면 물은 과포화 상태로 $CaCO_3$가 퇴적하고, $LI < 0$이면 물은 비포화 상태로 침식성이다.

$CaCO_3$ 용해도와 탄산염 평형과 관련하여 다음 식들이 성립한다.

$$CO_2(s) + H_2O = H_2CO_3 : K \quad \cdots\cdots ①$$

$$H_2CO_3 = H_2CO_3^- + H^+ \quad : K_1 \quad \cdots\cdots ②$$

$$H_2CO_3^- = CO_3^- + H^+ \quad : K_2 \quad \cdots\cdots ③$$

$$CaCO_3(s) = Ca^{++} + CO_3^{--} : K_s \cdots\cdots ④$$

③식과 ④식으로부터 다음 식이 성립한다.

$$\frac{[Ca^{++}][HCO_3]}{[H^+]} = \frac{K_s}{K_2} \tag{9-4}$$

따라서 $CaCO_3$ 포화에 대한 pH는 다음과 같이 된다.

$$pH_s = \log(K_s / K_2) = \log[Ca^{++}] - \log[HCO_3^-] \tag{9-5}$$

HCO_3^-의 농도는 HCO_3^- 자체보다 측정이 용이한 변수(變數, parameter)를 사용하여 계산할 수 있다.

여기서, T : 총알칼리도 [eg/ℓ]이고 pH 8.5 이하에서 $[CHO_3^-] \approx T$

K_w : 물의 전리상수(電離常數)이다.

$$[HCO_3^-] = \frac{[T - K_w / [H^+] + [H^+]]}{[1 + 2K_2 / [H^+]]} \tag{9-6}$$

예제 9.1

수소이온농도가 2.5×10^{-4}mole/ℓ인 용액의 pH는 얼마인가?

풀이

$pH = -\log[H^+] = -\log[2.5\times10^{-4}] = 4 - \log 2.5 = 4 - 0.398 = 3.602$

9.1.1 중화 및 pH 조절

산성이나 알칼리성이 강한 물은 생물에 해롭고 철이나 콘크리트를 부식하므로 여러 가지 경우에 대해 pH의 허용범위가 정해져 있다. 따라서 물이 이 pH의 허용범위 외에 있을 때는 적당한 중화제(中和劑)를 가해 합격하도록 하여야 한다. 또한 금속의 부식이나 탄산칼슘 Scale 퇴적을 방지하기 위하여 Langelier 지수를 조절하게 되는데 pH를 바꾸어 이들 지수를 최적범위로 조절하는 경우가 많다.

표 9.1 pH의 허용범위

물의 종류	pH 허용범위
음용수(drinking water)	5.8~8.6
수산용수(하천)	6.5~8.5
수산용수(해역)	7.8~8.3
폐수(해역 이외에 방류하는 경우)	5.8~8.6
폐수(해역에 방류하는 경우)	5.0~9.0

Fe^{3+}, Al^{3+}, Cu^{2+}, Zn^{2+}, Fe^{2+}, Mn^{2+}, Cd^{2+} 등의 금속이온은 물의 pH를 높이면 수산화물로서 침전한다. 따라서 pH 조절은 금속이온(ion)제거법에 중요한 의미가 있다. 또한 용수(用水)·폐수처리에서는 금속이온을 응집제(凝集劑)로서 사용하는 경우가 많으나 금속이온의 응집작용이 pH에 따라 현저하게 변화하므로 pH조절이 중요하게 된다.

(1) 중화제

1) 산중화제의 종류와 특징

일반적으로 많이 사용되고 있는 산중화제의 종류와 특징은 표 9.2와 같다. 이 중 알칼리금속인 가성소다와 탄산소다는 용해도가 높으므로 용액으로 사용할 수 있으며, 반응성도 우수하다. 이에 반하여 생석회(生石灰, CaO) · 소석회(消石灰) · 석회석(石灰石) 등의 칼슘염은 용해도가 적으므로 미분말 또는 5~20% 현탁액으로서 사용한다. 이와 같은 칼슘염기는 알칼리금속염에 비해 반응성이 떨어지고 또한 첨가방법(添加方法)이 약간 번거롭지만 저렴함으로 많이 사용되고 있다.

칼슘염 중에서는 소석회가 가장 일반적이며, 반응성도 나쁘지 않지만 약간 엉키기 쉬운 경향이 있으므로 주의하지 않으면 첨가장치가 순조롭게 작동하지 않는 경우가 있다.

가성소다, 탄산소다, 생석회, 소석회 등은 모두 강알칼리이므로 이들의 첨가에 의해 용이하게 pH를 11 이상으로 할 수 있다. 그러나 석회석을 사용하여 산성수(酸性水)를 중화할 때는 중화 후의 pH가 4.5~5 정도 밖에 안 된다. 이것은 반응생성물인 탄산가스 때문이며, 포기함으로써 pH는 상승한다.

표 9.2 산중화제의 종류

	1당량의 그램 수	비고
가성소다	40.0 NaOH	·용해도가 크므로 용액으로서 사용할 수 있다. 반응성이 크다.
탄산소다	53.0 Na_2CO_3	상 동
생석회 (산화칼슘)	28.0 CaO	·용해도가 낮으므로 미분말로서 사용, 반응에 약간 시간이 걸림. 제품에 따라 반응성이 매우 나쁜 것이 있다.
소석회 (수산화칼슘)	3701 $Ca(OH)_2$	·용해도가 낮으므로 미분말 또는 5~10% 현탁액으로서 사용한다. 반응성은 별로 좋지 않다.
석회석 (탄산칼슘)	50.0 $CaCO_3$	·물에는 거의 녹지 않음. 미분말 또는 현탁액으로서 사용한다. 중화 후의 pH를 5 이상으로 할 때는 부적합하다.
Dolomite	46.1 $CaMg(CO_3)_2$	상 동

금속이온제거를 목적으로 중화하는 일이 있다. Fe^{3+}나 Al^{3+} 이온은 pH 5까지 중화하면 침전이 되므로 이를 제거하는 것이 제거목적인 경우는 석회석을 이용할 수 있다. 이때 얻어지는 침전은 소석회 첨가에 의해 얻어지는 침전에 비해 침강용적이 적다. 그러나 Fe^{2+}, Zn^{2+}, Mn^{2+}, Cd^{2+} 등을 침전시키기 위해 소석회 등의 첨가에 의해 pH를 더욱 높여야 하므로 탄산칼슘은

이용할 수 없다.

2) 알칼리 중화제

알칼리 중화제는 황산(黃酸) 또는 염산(鹽酸)이 사용된다. 탄산가스도 우수한 중화제이다. 탄산은 약산이므로 탄산가스를 지나치게 가해도 강산성으로 될 우려는 없다.

(2) 중화에 적용되는 관계식

1) 물의 이온화적 상수(Kw)

$$[H^+][OH^-] = 1 \times 10^{-14} = Kw$$
$$[H^+] = 10^{-7} = [OH^-] \rightarrow \text{중성}$$
$$[H^+] > 10^{-7} > [OH^-] \rightarrow \text{산성} \quad (9\text{-}7)$$
$$[H^+] < 10^{-7} < [OH^-] \rightarrow \text{알칼리성}$$

2) 수소이온농도(pH)

$$pH = -\log[H^+] = \log\frac{1}{[H^+]}$$
$$pOH = -\log[OH^-] = \log\frac{1}{[OH^-]}$$
$$pH + pOH = 14$$
$$pH = 14 - pOH = 14 - (\log[OH^-]) \quad (9\text{-}8)$$
$$pH = 14 + \log[OH]$$

3) 중화적정 관계식

$$N_a V_a = N_b V_b \quad (9\text{-}9)$$

여기서, N_a : 산의 규정농도(N 농도), V_a : 산의 부피

N_b : 염기의 규정농도(N 농도), V_b : 염기의 부피

N 농도 = g 당량/ℓ = eq/ℓ 이다.

4) pH가 다른 두 용액의 혼합시 농도계산

① 액성이 같은 용액 혼합식

$$N_1 V_1 + N_2 V_2 = N(V_1 + V_2)$$

여기서, N_1, N_2 : 각각의 $[H^+]$ 또는 $[OH^-]$

V_1, V_2 : 각각의 부피

N : 혼합시 $[H^+]$ 또는 $[OH^-]$

$$N = \frac{N_1 V_1 + N_2 V_2}{V_1 + V_2} \quad (9\text{-}10)$$

② 액성이 다른(산성+알칼리성)용액 혼합시

$$N_1 V_1 - N_2 V_2 = N(V_1 + V_2)$$

여기서, N_1, V_1 : 함량이 높은 쪽의 $[H^+]$ 또는 $[OH^-]$와 부피

N_2, V_2 : 함량이 낮은 쪽의 $[H^+]$ 또는 $[OH^-]$와 부피

N : 혼합시 $[H^+]$ 또는 $[OH^-]$

$$N = \frac{N_1 V_1 - N_2 V_2}{V_1 + V_2} \quad (9\text{-}11)$$

예제 9.2

NaOH 0.4(m)을 물에 녹여 500(mℓ) 용액을 만들었다. 다음 각 물음에 답하시오.

1) 몇 (mg/ℓ)인가?

2) 몇 (N)용액인가?

3) pH는 얼마인가?

4) 위의 용액 100(mℓ)을 중화하는데 0.2M-H_2SO_4 몇 mℓ가 소요되는가?

풀이

1) 농도(mg/ℓ)=용질(mg)/용액(ℓ)

$$\therefore C\left(\frac{mg}{\ell}\right) = \frac{0.4}{500}\left(\frac{g}{\ell}\right) \times 10^3\left(\frac{mg}{g}\right) \times 10^3\left(\frac{m\ell}{\ell}\right) = 800$$

2) N농도(eq/ℓ)=용질(eq)/용액(ℓ)

$$\therefore N\left(\frac{eq}{\ell}\right) = \frac{0.4}{500}\left(\frac{g}{m\ell}\right) \times \frac{1}{40}\left(\frac{eq}{g}\right) \times 10^3\left(\frac{m\ell}{\ell}\right) = 0.02$$

3) $\text{pH} = -\log[H^+] = 14 - pOH$

$$M\left(\frac{mol}{\ell}\right) = \frac{0.4}{500}\left(\frac{g}{m\ell}\right) \times \frac{1}{40}\left(\frac{mol}{g}\right) \times 1 \times 10^3\left(\frac{m\ell}{\ell}\right) = 0.02$$

$$\therefore \text{pH} = 14 - \log\left(\frac{1}{0.02}\right) = 12.3$$

4) $NV = N'V'$에서 $V' = \dfrac{NV}{N'}$

$$\therefore V'[\mathrm{m}\ell] = \frac{0.02 \times 100}{0.2 \times 2} = 5$$

---

(3) 중화장치

1) 용액 또는 슬러리상을 사용하는 경우

이 경우 약품주입설비(藥品注入設備), 반응탱크(反應槽)는 응집반응에서의 급속교반탱크(急速攪拌槽)의 경우와 같다. 응집의 경우 약품은 정량주입(定量注入) 또는 유입수량에 대하여 비례주입 되지만 중화의 경우는 유입수의 pH, 완충능(緩衝能)에 대응하여 중화제의 주입량을 조절할 필요가 있는 점이 다르다. 제어방식에는 중화 후의 pH에 따라 약품주입을 인가(on)-제거(off)하는 방식과 약품주입량을 조절하는 방식이 있다. 폐수의 완충능이 강할 경우에는 On-Off방식으로 pH 제어가 잘 되지만 완충능이 낮은 물을 강산이나 강알칼리로 중화시킬 경우에는 On-Off방식으로는 안정한 제어를 하기 어렵다.

그림 9.1에서 ①은 가장 기본적인 제어방식으로 중화제의 유입점에 중화제를 첨가하고 유출수의 pH를 검출 제어하는 것이다. 완충능이 크고 반응의 평형이 빠른 경우에는 정도 높은 중화를 할 수 있다.

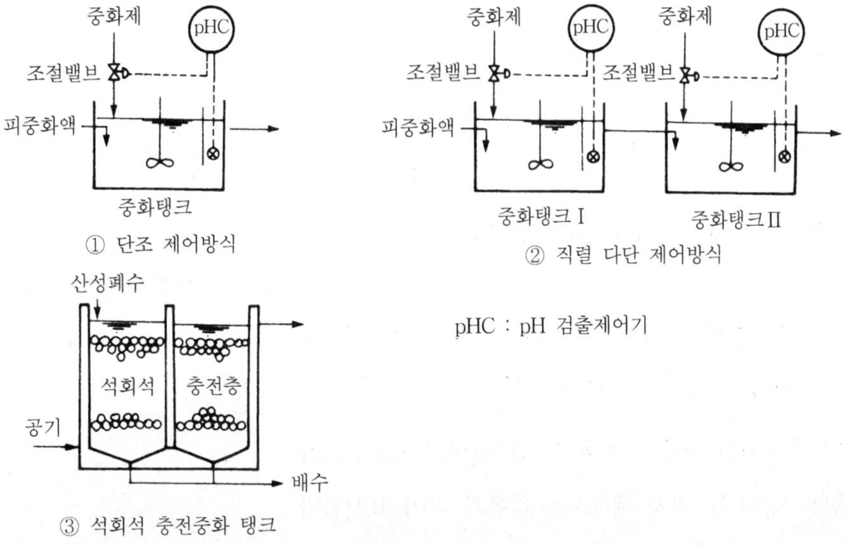

그림 9.1 중화장치

2) 석회석 충전량에 의한 중화

대량의 산성액을 중화할 경우에는 약품비를 절감시키기 위하여 석회석으로 pH 4 정도까지 예비중화 한다. 이 때 석회석 표면에 반응생성물인 탄산가스(CO2)나 불용성염이 부착하여 심하게 반응속도를 저하시키므로 하부로부터 공기를 불어넣어 반응을 촉진시킨다. ③은 그 한 예이다. 그림에서 pHC는 pH 검출제어기(pH controller)를 나타낸다.

9.2 산화와 환원

(1) 산화

산화(酸化)란 넓은 의미로는 각 원소가 갖고 있는 산화수(酸化數, oxidation number)의 증가라고 정의된다. 한편 산화수가 감소하면 환원(還元)되었다고 한다. 산화 · 환원은 동시에 화학량론적(化學量論的)으로 일어난다. 좁은 의미로는 화합물 또는 원소에 산소를 부가하는 것 또는 화합물 중에서 수소를 제거하는 것을 산화라 하며, 용액 중의 산화 · 환원력의 척도에 산화환원전위(酸化還元電位, oxidation reduction potential, redox potential, ORP)가 사용된다. 전위의 크기는 다음 식으로 나타낸다.

$$E = E_o + \frac{RT}{nF}\ln\left(\frac{O_x}{R_{ed}}\right)$$

$$\therefore E = E_o + \frac{0.05915}{n}\log\left(\frac{O_x}{R_{ed}}\right) \cdots\cdots [at\ 25℃, 1atm] \quad (9\text{-}12)$$

여기서, E_o : 표준상태에서의 전위[V]

R : 가스정수(8.313 J/mol · k), T : 절대온도, n : 반응에 관하여는 전자수

F : 페러디(faraday) 상수($1\ F$=93480 J/V-mol · e^-)

$[O_x]$, $[R_{ed}]$: 각각 산화체, 환원체의 몰농도

$[O_x]=[R_{ed}]$의 경우 $E=E_o$는 표준산화환원전위이다.

다음에 E_o의 몇 가지 예로서는 다음과 같이 표시한다.

$$F_2 + 2e \rightleftarrows 2F_2^-\ E_o = +2.87V \quad (9\text{-}13)$$

$$O_3 + 2H^+ + 2e \rightleftarrows O_2 + H_3(\text{중성 또는 산성})\,E_o = +2.07V \tag{9-14}$$

$$Cl_2 + 2e^- \rightleftarrows 2Cl\,E_o = +1.36V \tag{9-15}$$

위의 예에서 불소(弗素, fluorine)는 천연물질이다. 가장 높은 산화환원전위(ORP)를 갖고 있으며 가장 강한 산화제이다. 식 (9-14)의 오존(O_3)은 불소에 이어 산화환원전위가 높고 일반적으로 수처리에서 산화제로서 사용되고 있는 염소식 (9-15)에 비해 매우 산화력이 강하다. 산화반응을 이용하여 수중의 오탁물질을 분해・무해화시키는 소위 산화처리는 수처리에서의 중요한 역할을 차지하고 있다. 예를 들어 유해한 유기물을 완전산화하면 이산화탄소, 질소가스, 물, 질산, 황산과 같은 무해물질로 변화되고 Fe^{2+}, Mn^{2+}과 같은 수용성 금속이온은 산화하여 불용성의 수산화물로서 제거할 수 있다. 생물화학적 산소요구량, 화학적 산소요구량도 산소를 소비하는 성분을 산화함으로써 제거된다.

(2) 6가크롬의 환원

6가크롬(Cr^{6+})의 환원처리는 대표적인 환원반응에 의한 폐수처리 방법이다. 이 방법은 크롬 함유폐수에 철염($FeSO_4$)과 아황산소다(Na_2SO_3) 등의 환원제를 첨가하여 산성(pH 3)에서 Cr^{6+}을 환원시켜 Cr^{3+}으로 한 후 알칼리를 가하여 $Cr(OH)_3$으로 침전처리한다. 이 때 반응은 다음과 같다.

$$Cr_2O_7^{2-} + 14H^+ + 6e^- \rightleftarrows 2Cr^{3+} + 7H_2O$$

$$Cr^{3+} + 3OH^- \rightleftarrows Cr(OH)_3 \tag{9-16}$$

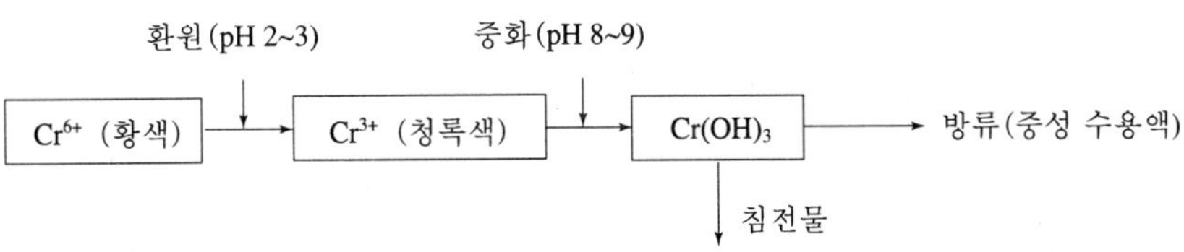

(3) 중금속류의 산화

페라이트(ferrite : 900℃ 이하에서 안정한 체심입방결정(體心立方結晶)의 철에 합금원소 또는 불순물이 녹아서 된 고용체(固溶體)이다)란 철(Fe)과 다른 두 개의 금속 M과의 복합산화물을 총칭하며, MFe_2O_4 또는 $MOFe_2O_3$으로 나타낸다. 수용액(水溶液) 중에서 철 이온(Fe^{2+})과 금속 이온(M^{2+})이 공존할 경우 동일한 양의 알칼리를 가한 후 적당한 조건하에서 공기(空氣)를 산화시키면 흑색(黑色)의 페라이트가 형성되는데 이를 침전을 제거함으로써 폐수 중의 중금속류를 제거하는 방법이다.

$$(3-X)Fe^{2+} + XM^{2+} + 6OH^{-} \rightarrow Fe_{3-x}M_{x}(OH)_{6} \qquad (9\text{-}17)$$

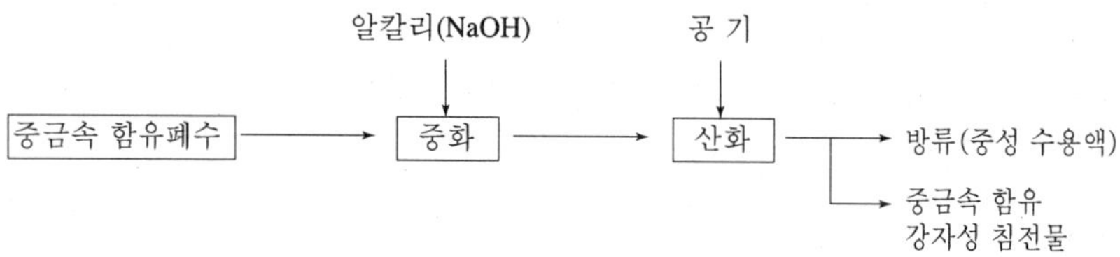

(4) 염소에 의한 산화

염소(Cl_2) 또는 차아염소산나트륨(NaOCl)과 같은 염소계 산화제는 살균과 시안(CN)의 분해에 사용되는 대표적인 산화제이다. 염소는 다음과 같은 반응 특성이 있다.

① 유기 · 무기물과 직접결합하는 특성이 있다.

② 유기 · 무기화합물을 산화시키는 특성이 있다.

③ 유기화합물의 성질을 변화시키거나 응집 · 침전을 촉진시킨다.

1) 유리염소 생성

염소는 수중에서 가수분해되어 아래 반응을 통해 차아염소산(HOCl), OCl^- 등으로 혼합되어 존재한다. 혼재(混在) 비율은 pH의 변화에 따라 달라지며, 산성으로 진행될수록 OCl^-보다 HOCl → Cl_2(pH 5 이하)의 생성비율이 증가하게 된다.

$$Cl_2 + H_2O \rightleftarrows HOCl + Cl^-$$

$$HOCl \rightleftarrows H^+ + OCl- \qquad (9\text{-}18)$$

2) 시안의 산화분해

시안은 수중에서 염소와 반응하여 CO_2와 N_2로 완전분해된다.

$$CN^- + HOCl \rightleftarrows CNCl + OH^-$$

$$CNCl + OH^- \rightleftarrows Cl^- + HOCN$$

$$2CNO + 3Cl^- + H_2O \rightleftarrows 2CO_2 + N_2 + 3Cl^- + 2OH^- \qquad (9\text{-}19)$$

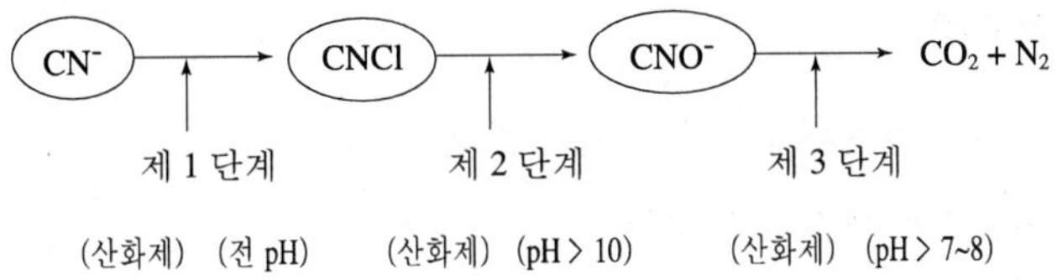

3) 질소의 제거

NH_3-N는 수중에서 염소와 반응하여 N_2 및 N_2O로 분해된다.

$$NH_3 + HOCl \rightleftarrows NH_2Cl \rightarrow NHCl_2 \rightarrow NCl_3 \cdots\cdots(\text{클로라민 생성})$$

$$NH_{2Cl} + NHCl_2 \rightleftarrows N_2 + 3HCl$$

$$NH_2Cl + NOCl \rightleftarrows N_2O + 2HCl \qquad (9\text{-}20)$$

(5) 용어설명

1) 폴리염화비페닐

PCB(poly chlorinated biphenyl)는 최근에 문제시 되고 있는 염소화물로서 물에 용해되기 어렵고 지용성이며 전기 절연성이 높고, 물리·화학·생물학적으로 매우 안정하다. 석유화학, 트랜스제조, 콘덴서제조 등에 관련된 공장에서 배출된다.

제거방법으로는 다음과 같다.

① 폐수 중에서 분리하는 방법

- ⓐ 응집침전법 : $Al_2(SO_4)$, Polypropylene사용
- ⓑ 활성탄흡착법
- ⓒ 용제추출법 : 아세톤, 에탄올, 핵산사용

② 분해하여 무해화 시키는 방법

- ⓐ 열분해 : 1,300~1,500℃
- ⓑ 광분해
- ⓒ 탈염소법
- ⓓ 퇴비 : 2개월 후 90% 분해

2) 합성세제

ABS(alkyl benzene sulfonate)는 합성세제를 말하며, 하수나 폐수 중에 함유 시에는 다음

과 같은 문제점이 있다.

① 물의 표면장력을 감소시켜 거품을 일으킨다.

② 세균이나 미생물의 생존에 영향을 미친다.

③ 지방이나 유지류를 유액상(乳液狀)으로 만들기 때문에 물과 분리가 잘 안된다.

④ 콜로이드를 응집하지 않는다.

제거방법으로는 다음과 같다.

① 활성탄에 의한 방법

② 오존을 1~3 mg/ℓ 투입하는 방법

③ 생물학적인 방법으로는 완속여과를 이용하는 방법 등이 있다.

3) 액체황산알루미늄

합성세제의 일종으로 최초에 사용된 합성세제인 ABS(alkyl benzene sulfonate)는 미생물에 의하여 쉽게 분해되지 않아 하수처리시설에 의하여 쉽게 제거되지 않음으로써 수원을 오염시키는 등 환경에 장애가 되었으나 LAS(linear alkyl benzene sulfonate)가 개발됨에 따라 오염의 영향이 줄어들게 되었다.

LAS는 미생물에 의하여 쉽게 분해되어 오염의 정도를 감소시킨다. 그러나 LAS도 생분해기간이 5~7일 이상이 되어야 90% 이상 분해되므로 하천연장이 짧은 우리나라의 경우 완전분해되기 전에 중첩되어 오염을 일으키게 된다.

4) 유기인(organic phosphate)

인의 유기화합물로서 원래 군사용의 독가스로서 개발되었으며, 독성이 강하고 침투성이 강하여 이화명충 등의 구충제로 사용된다. 수도시설기준으로 검출되어서는 안된다.

9.3 살 균

9.3.1 염소처리

살균(殺菌, disinfection)은 소독(消毒)과 같은 의미로 사용되며 원수의 살균, 바이러스, 원생동물 등 단세포 미생물을 사멸하여 무해화(無害化)하는 것을 의미한다. 오염된 원수는 침전과 여과만으로 세균이 100% 가까이 제거되어 음용수로 사용할 수 있으나 약간의 세균이 잔류하는 한 병원균이 포함되어 일반적으로 병원균은 여과에 대한 저항력이 약하므로 제거되나 완전히 제거되지는 않는다. 원수의 오염이 심해지므로 유해균은 사멸시켜야 할 필요가 있다. 즉 음용수의 안전을 보장하는 정수의 최후 안전밸브로서의 살균이 필요한 것이다. 또한 처음부터 청정한 정호수(井戶水) 등의 경우에는 살균이 유일한 처리가 되는 경우도 많다.

살균으로 유해균은 사멸되고 해가 없는 일반세균은 감소되나 완전히 제거되지 않는다. 이점에서 모든 세균, 생물을 완전 사멸시키는 멸균(滅菌, pasteurization(sterilization))과는 의미가 다르다.

정수시설에 살균이 처음으로 채용된 것은 1897년 영국 Maidstone 수도로 장티푸스 유행 시만 표백분(漂白粉)을 사용하면서 계속적인 소독은 1905년 영국 Lincoln 수도에서 표백분으로 시작되었다. 염소가스 소독법은 1910년 런던수도에 처음 사용하였다. 같은 해 Reading 수도에서 탈염소처리(脫鹽素處理)로서 활성탄 여과가 채용되었다. 이것은 당초 염소냄새(鹽素臭)를 제거하기 위한 노력이 필요하였다.

(1) 전염소처리의 목적

① 물의 세균을 감소시켜 안정을 높이고, 침전지나 여과지의 내부를 위생적으로 유지시킨다.

② 조류 및 세균 등이 서식하고 있을 때 사멸시키며, 번식을 방지한다.

③ 원수에 용존하고 있는 철·망간을 산화 제거시킨다.

④ 암모니아성 질소, 황화수소, 아질산성 수소, 페놀류, 유기물을 산화시킨다.

(2) 살균의 방법

살균에는 염소가 주로 사용되고 있으며, 유럽에서는 오존도 많이 이용되고 있다. 일반적으로 살균에 사용되는 방법은 가열살균, 산화제에 의한 살균, 산·알칼리에 의한 살균, 방사선에 의한 살균 등이 있다. 살균의 원리와 살균방법의 특징은 다음과 같다.

1) 물리적방법

① 가열살균 : 물을 고온으로 가열함으로써 세균은 살균이 된다. 정수용으로 이용되는 것은 아니지만 긴급 시에 가장 중요한 살균법이다. 동남아시아 등의 여러 나라에서는 염소에 의하여 살균된 음용수라 하더라도 음용으로 사용할 때는 만일의 사태에 대비하여 반드

시 끓여서 사용하도록 위생당국이 지도하고 있다.

② 자외선(ultraviolet rays, UV) 등에 의한 살균 : 태양광선에 장시간 노출시키는 것에 의해서도 자연적으로 살균이 진행될 수 있다. 2537Å의 자외선을 방출하는 수도용 램프(lamp)를 사용함으로써 유효한 살균이 가능하다. 이 경우에 물을 엷은 층으로 흐르게 하고 자외선을 흡수하는 색도성분이나 조사를 방해하는 탁도성분은 미리 제거하여야 한다.

2) 화학적방법

① 할로겐족 산화제 : 액화염소, 차아염소산나트륨, 클로라민, 유기염소제, 이산화염소 등 각종 염소화합물, 브롬

② 비할로겐족 산화제 : 오존, 과망간산칼륨($KMnO_4$), 과산화수소

③ 금속 : 은이온, 동이온

④ 계면활성제

⑤ 이온교환제 : 이온교환수지, 이온교환막

(3) 살균의 효과

1) 살균속도와 정도를 지배하는 요소

화학적 살균의 경우 그 진행속도, 도달정도를 지배하는 요소로서 다음과 같다.

① 살균의 대상이 되는 생물 : 세균이나 바이러스의 종류가 다르면 살균제의 효과가 달라진다. 아포성세균(芽胞性細菌, spore-forming bacteria)은 무아포성세균에 비하여 현저하게 저항성이 강하다. 대장균은 일반적으로 병원성 세균보다도 살균작용에 대해 저항성이 강하므로 수와 종류를 수질시험을 통하여 지표성세균으로 이용된다. 그러나 장내 바이러스의 대장균군(E. coli) 보다도 저항성이 강하며, 간염(肝炎) 바이러스 등이 가장 저항력이 강하다.

② 살균제의 종류와 반응상태 : 살균제의 종류가 달라지면 살균력도 달라지고 같은 살균제라 하더라도 작용 시의 상태에 따라 존재상태가 다르므로 살균작용이 달라지는데 특히 농도의 고저가 지배적이다.

③ 살균 대상수의 탁도 : pH, 공존 등의 상태에 의하여 살균제의 작용상태가 달라진다. 특히 살균제와 급속히 반응하여 환원성 물질이 존재하면 소요첨가량(所要添加量)이 많이 증가하게 된다.

④ 살균시간 : 살균의 진행은 농도와 시간경과에 주로 지배되며, 주어진 조건하에서 적정 살균률에 도달하는데 필요한 시간을 정하는 것은 매우 중요하다.

2) 살균속도식

살균제의 유효성과 대상 미생물의 저항력의 대소를 평가하는데 이용되는 살균속도의 일반식은 다음과 같다.

$$\frac{dN}{dt} = -kNt^{m}C^{n} \tag{9-21}$$

여기서, t : 살균시간[min], N : 시간 t 에서의 미생물의 개체농도[cells/cc]

k : 살균속도상수, C : 살균제의 농도[mg/ℓ], m, n : 상수

Chick의 법칙으로서 알려져 있는 살균의 사멸속도(死滅速度)를 나타내면 식 (9-22)은 식 (9-21)에서 $m = n = 0$ 인 경우이다.

$$\frac{dN}{dt} = -kN \quad \text{또는} \quad \ln\frac{N}{N_0} = -kt \tag{9-22}$$

$$\therefore\ N = N_o \times e^{-kt}$$

여기서, N_0 : $t = 0$ 일 때의 미생물의 농도

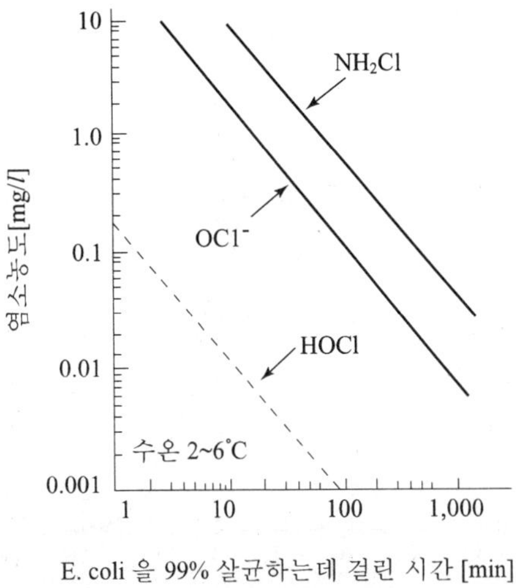

그림 9.2 염소농도와 살균시간과의 관계

이 법칙이 성립되면 실험치는 반대수 그래프 상에서 직선이 되며, 그림 9.2와 같다. 첨가염소 농도와 대장균을 99% 제거하는데 필요한 시간과의 관계를 여러 가지의 염소화합물에 대하여 실험적으로 구한 것이다. 직선관계로부터 $T(99\%) = k\,C^n$ 으로 된다. 여기서 $T(99\%)$는 99% 살균하는데 필요한 시간이다.

(4) 염소살균

1) 염소의 성질

정수시설이나 하수처리과정에 가장 많이 사용되는 살균제는 염소로서 기체상태의 염소는 20℃, 1기압하에서 물에 7,160 mg/ℓ 정도 용해하여 식 (9-23)와 같이 대부분 가수분해 한다.

$$\text{<가수분해>} \qquad Cl_2 + H_2O \rightleftarrows HOCl + H^+ + Cl^- \qquad (9\text{-}23)$$

HOCl은 물의 pH에 따라 다음과 같이 이온화한다.

$$\text{<차아염소산의 정리>} \quad HOCl \rightleftarrows H^+ + OCl^- \qquad (9\text{-}24)$$

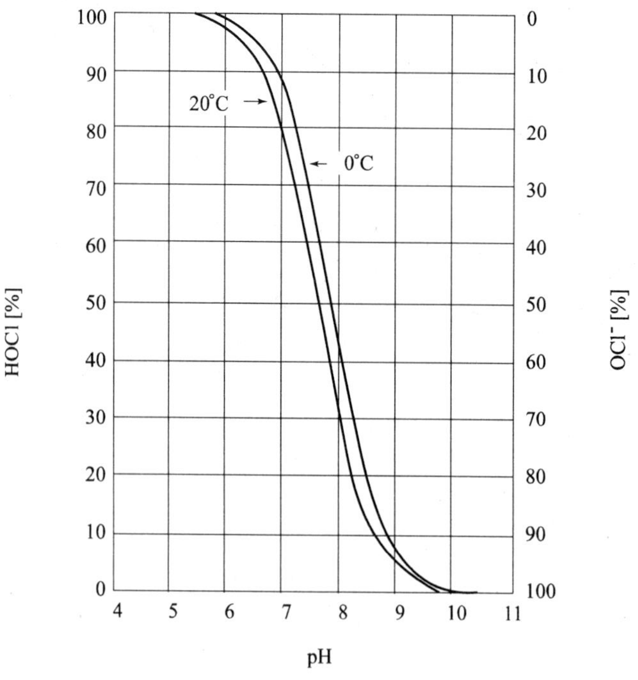

그림 9.3 pH 변화에 따른 유효염소의 생성

그림 9.3과 같이 수중의 염소는 물의 pH에 따라 차아산염소(HOCl)이나 차아염소산이온(OCl^-)으로 존재하는 비율이 달라진다.

수중에 암모니아가 존재하면 염소와 작용하여 다음 36개 식으로 표현할 수 있는 반응을 일으켜 염소소독(鹽素消毒, chloramines)을 형성하는데 이 때 형성되는 염소소독의 종류는 물의 pH, 암모니아의 양 그리고 온도에 따라 결정된다. 물 속에서 HOCl이나 OCl^-로 존재하는 염소를 **유리잔류염소**(遊離殘留鹽素, free available residual chlorine)라 한다. 암모니아나 유기성 질소화합물과 반응하여 존재하는 것을 **결합잔류염소**(結合殘留鹽素, combined available residual chlorine)라 한다. 물에다 가한 일정한 기간 후에 남아 있는 유리 및 결합잔류염소와의 차를 **염소요구량**(鹽素要求量, chlorine demand)이라 한다.

$$HOCl + NH_3 \rightarrow H_2O + NH_2Cl \quad \text{monochloramine : pH 8.5 이상} \tag{9-25}$$

$$HOCl + NHCl \rightarrow H_2O + NHCl_2 \quad \text{dichloramine : pH 8.5～4.5} \tag{9-26}$$

$$HOCl + NH_2Cl \rightarrow H_2O + NCl_3 \quad \text{trichloramine : pH 4.5 이하} \tag{9-27}$$

산화될 수 있는 물질과 암모니아를 함유하는 물 속에 염소를 주입하면 그림 9.4와 같은 곡선을 얻을 수 있다. 먼저 곡선의 AB구간에서는 수중의 환원제와 결합하므로 잔류염소의 양이 없거나 극히 적다. 계속해서 염소를 주입하면 염소소독이 형성되어 잔류염소의 양이 BC구간에서와 같이 증가하나 C점을 넘으면 주입된 염소가 염소소독을 NO, N_2 등으로 파괴 시키는데 소모되므로 곡선 CD구간과 같이 잔류염소량은 급격히 떨어진다. D점을 지나 계속 염소를 주입하면 더 이상 염소와 결합할 물질이 없으므로 주입된 염소량만큼 잔류염소량이 있게 된다.

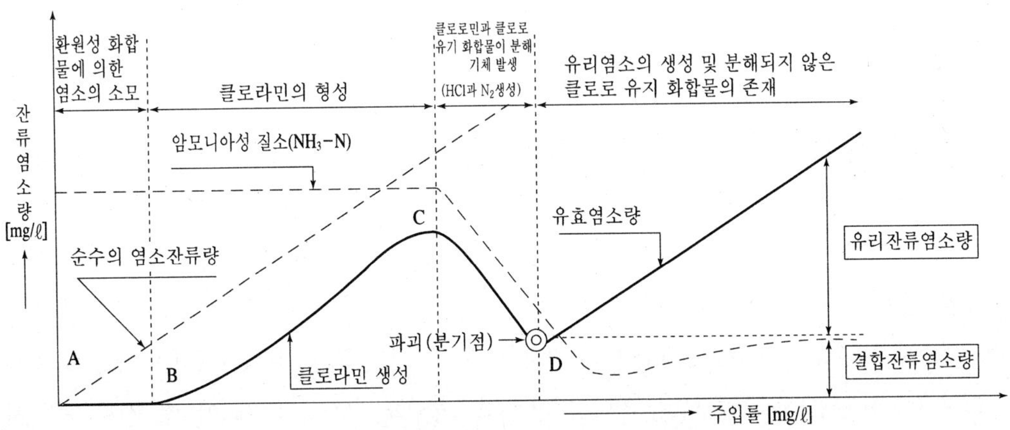

그림 9.4 잔류염소량과 파괴점

이 과정에서 점 D를 **파괴점**(break point)이라고 한다. 파괴점 이상으로 염소를 주입하여 살균하는 것을 파괴점 **염소주입**(breakpoint chlorination)이라 한다.

염소의 살균능력은 세균 생존에 중요한 한 요소의 능력을 파괴시킬 수 있는 염소의 능력에 기인하는데 살균율은 잔류염소의 농도와 형태, 물의 pH와 온도, 수중의 불순물농도, 접촉시간 등에 의하여 영향을 받는다. 살균능력은 HOCl이 가장 강하고, 그 다음 OCl^-, 결합잔류염소의 순이다.

(5) 염소제의 종류

염소제로는 액화염소, 차아염소산나트륨 및 차아염소산칼슘(고도표백분 포함) 등이 있으며, 차아염소산나트륨은 전해법으로 자가생성하여 사용하는 경우도 있다. 액화염소는 염소가스를 액화하여 용기에 충전시킨 것이다. 염소가스는 공기보다 무겁고 자극성 냄새를 가진 가스로서 독성이 강하므로 취급에 충분한 주의가 필요하며, 관계법령의 규정을 준수해야 한다. 액화염소 중의 유효염소성분은 거의 100%이므로 다른 염소제에 비하여 저장용량은 적어도 되며, 또한 품질도 안정되어 있다.

차아염소산나트륨은 유효염소농도가 5～12% 정도의 담황색 액체로 알칼리성이 강하며, 농도가 높은 것일수록 불안정하고, 저장 중에 유효염소가 감소된다. 액화염소에 비하면 안정성과 취급성이 좋으며, 법적규제는 없으나 용액으로부터 분리되는 기포(산소)가 배관 내에 누적되어 물의 흐름을 저해할 가능성이 있으므로 충분히 배려해야 한다.

차아염소산나트륨용액 중에 포함되는 식염분에 따라 일반식염(12.5% 이하)차아염소산나트륨, 저식염(4% 이하)차아염소산나트륨, 초저식염(1～2% 이하)차아염소산나트륨으로 분류된다. 식염분이 많을수록 차아염소산나트륨은 분해되기 쉽다. 수도에 사용되는 차아염소산나트륨의 식염분은 4% 이하가 바람직하다.

차아염소산나트륨의 자가생성장치에 의한 생산품은 유효염소농도가 1% 이하의 묽은 용액이므로 시판되는 차아염소산나트륨에 비하여 기포에 의한 장애는 적지만 장치설비비가 고가인 반면 처리비용은 낮고 운전관리도 용이하다. 차아염소산칼슘은 분말, 과립, 정제가 있으며 유효염소농도는 60% 이상으로 보전성이 좋다.

염소제를 선정할 때에는 전술한 바와 같은 각종 염소제의 특성, 유지관리의 난이도 및 재해시의 안전성 등을 고려할 필요가 있다. 일반적으로 중규모 이하의 상수도에서는 시판 또는 자가생성 차아염소산나트륨을 사용하는 것이 바람직하다. 비교적 대규모의 수도라도 시판되는 차아염소산나트륨을 많이 사용하고 있다. 수송할 때의 사고로 인한 2차 재해를 방지하기 위하여 자가제조하는 차아염소산나트륨을 사용하는 경우도 있다. 또 재해 등 비상용으로 준비해 두기에는 취급성과 화학적 안전성 측면에서 차아염소산칼슘이 바람직하다. 염소제의 품질은 표 9.3과 같다.

표 9.3 염소제의 품질표준

항목 \ 종류		액화염소 [KS M 1103]	수도용차아염소산나트륨	고도표백분 [클로칼키]	
				1호	2호
유효염소	[%]	99.5 이상	5이상	70 이상	60 이상
유리알칼리	[%]		2 이하		
불용해분	[%]		0.01 이하		
수은(Hg)	[mg/ℓ]		0.2 이하		
비소(As)	[mg/ℓ]		1 이하		
납(Pb)	[mg/ℓ]		1 이하		

(6) 염소에 의한 살균효과

염소의 살균효과는 화학반응을 지배하는 요소의 염소의 농도, 반응시간, 온도, pH, 염소를 소비하는 물질량에 따라 좌우된다. 온도, 반응시간, 염소의 농도가 증가하면 살균력도 증가한다. 그러나 살균력이 크게 좌우되는 것은 pH와의 관계이며 높을 때, 즉 OCl^-가 많고 차아염소산(HOCl)이 감소한 상태에서는 효력이 많이 감소한다. 동일 조건하에서 pH 10은 pH 5 보다 150배의 염소량을 주입해야만 같은 효과를 기대할 수 있다고 한다.

염소는 대장계통, 즉 소화기계통 전염병원균에 유효하게 작용하며 각종 살균시험 기록을 살펴보면 다음과 같다.

① 0.3 mg/ℓ 이상으로 1 cc중 10만개 정도의 E. coil은 순식간에 살균된다.
② 0.2 mg/ℓ 으로는 15분 후에 완전히 살균된다.
③ 0.1 mg/ℓ 으로는 5분 후에는 50 cc 중에서 30분 후에는 100 cc 중에서 생존하지만 1시간 후에 완전히 살균된다.
④ 이상의 모든 시험에서 1 cc에서는 전혀 검출되지 않았다.
⑤ 정수공급후 15시간 이내에 가정의 수도꼭지의 안전확보 시간이라 할 수 있다.
⑥ 정수의 시간변화에 따라서 잔류염소가 감소하고, 대장균군의 부활현상(復活現象, after growth : 염소소독할 때에는 세균이 사멸되었다가 일정시간이 경과하여 수중에 염소성

분이 없어지면 다시 증가하는 현상이며, 그 원인이 불분명하니 염소소실로 아포성 세균이 증식하면 세균을 잡아먹는 수중생물이 없어지고 조류가 사멸되어 영양원이 됨으로써 세균이 증식하는 것)은 잔류염소가 0.1 mg/ℓ 이하인 20시간 후에는 기하급수적으로 시간이 경과함에 따라 증가하고 있음을 나타내고 있다.

바이러스(virus)는 대장균보다 염소에 대한 저항력이 매우 강하며, 소아마비 바이러스는 사멸하지만 유행성 간염 바이러스는 응집후 여과할 때 이외는 소독효과가 없다고 한다.

하수 중의 바이러스는 농도는 대장균의 1/10 정도이다. 따라서 중정도의 오염에서 100 mℓ 당 한 개 정도의 바이러스가 원수 중에 있다면 일반적인 수처리로 농도가 1/2~1/3 정도로 낮아지므로 정수 중에서 거의 존재하지 않는다.

Morris, J.C에 의한 각종 염소상태에 대한 각종의 세균의 저항력은 표 9.4와 같다.

표 9.4 각종 세균의 염소에 대한 저항력

생물의 종류	필요농도[mg/l]				
	HOCl [차아염소산]	OCl^- [차아염소산이온]	NH_2Cl [모노클로라민]	유리염소 [pH 7.5]	유리염소 [pH 8]
장내 세균	0.02	2	5	0.04	0.1
바이러스	0.002~0.4	20까지	102	0.8 까지	2 까지
적리 아메바의 포낭	10	103	20	20	50
아포성 세균	10	> 103	4×102	20	50

1) 염소의 살균력에 영향을 미치는 인자

염소의 살균력의 인자로는 pH, 수온, 접촉시간, 알칼리도 또는 산도, 산화 가능 물질, 산소화합물, 암모니아 및 아민, 미생물의 성질, 유효염소의 형, 염소의 농도 등이 있으며 그들 사이에는 온도, 반응시간, 염소의 농도가 증가하면 살균력은 증가한다.

① 염소의 농도 및 접촉시간 : 농도가 높을수록, 접촉시간이 길수록 살균력은 증가한다.

② 수온 : 수온이 높을수록 살균력은 증가한다.

③ pH : pH에 따라 물 속에 존재하는 차아염소산(HOCl)과 OCl^-의 비가 다르며, HOCl이 OCl^-에 비하여 살균력이 80배 이상 높으므로 pH가 낮을수록 살균력은 증가한다.

④ 불순물 농도 : 물 속의 불순물은 미생물과 염소의 접촉을 방해하고, 병원균을 보호하므로 살균효과를 감소시킨다.

2) 염소의 살균력

① 물의 pH가 낮은 쪽이 살균효과가 높다.

② 접촉시간이 길수록 살균효과는 커진다.

③ 염소의 농도가 증가하면 살균력도 증가한다.

④ 염기성 세균에 대해서는 염소는 효력이 없다.

⑤ 수온이 높을수록 염소 및 클로라민의 살균력은 증대한다.

⑥ 산화 가능성 물질은 살균효과를 감소한다.

⑦ 산도는 살균효과를 증대하고 알칼리도는 살균효과를 감소한다.

⑧ 살균력은 차암염소산(HOCl) > 차아염소산이온(OCl^-) > 클로라민 순서로 높다.

(7) 염소의 주입량

염소의 적정주입량은 보통 1.5 mg/ℓ 정도이며, 수용가(관말)에 있어서 잔류염소량이 0.2 mg/ℓ 이상이 되도록 하여야 한다. 유리잔류염소량을 0.4 mg/ℓ(결합잔류염소 1.8 mg/ℓ) 이상으로 주입할 경우는 다음과 같이 강화하여야 한다.

① 소화기계통의 전염병이 유행할 경우

② 단수후 또는 감수압(減水壓)일 경우

③ 홍수로 원수수질이 급격히 악화되었을 경우

④ 정수작업에 이상이 있을 경우

⑤ 수도전계통을 통한 오염의 염려가 있을 경우

급수전에서 잔류염소를 갖도록 규정한 것은 정수장에서 염소주입후 적당한 접촉시간을 두면 살균으로서는 완전하지만 배수계통에 외부로부터의 오염에 대한 살균력을 갖도록 하여야 한다. 이와 같이 살균력이 후에까지 남는 것을 살균의 **잔류효과**라 한다. 염소 특유의 것으로 오존, 자외선 등의 살균법에는 없다.

(8) 염소의 주입설비

주입기용량은 최대주입량으로부터 최소주입량에 이르기까지 안정되고 정확하게 연속 주입할 수 있도록 용량과 대수를 정해야 하며, 주입기의 용량에 비하여 소요주입량이 적으면 계량기의 눈금 폭이 작으므로 조정기구가 부정확하게 되기 쉽고, 주입량이 불안정하기 쉬우므로 평상 시는 기계용량이 60~80% 범위 내에서 조작하는 것이 가장 안전하고 확실하다.

또 수돗물은 상시 확실하게 소독되어야 하기 때문에 주입기는 고장 등으로 염소소독을 중단하는 일이 없도록 하기 위하여 또한 염소소독을 수시로 강화시킬 수 있도록 하기 위하여 예비주입기를 설치하는 것이 필요하고 최소 두 대를 필요로 한다.

재해 시를 대비한 비상용 소독제로서 안정성이 좋고 장기보존에 견디는 차아염소산칼슘(고도표백분)을 상비해 두는 것이 바람직하다.

주입기는 사용하는 염소제의 성상과 설치조건에 따라 다음 중에서 선정한다.

1) 액화염소의 주입방식

염소주입기는 용기 또는 염소기화기로부터 연속적으로 공급되는 염소가스를 안전하고 정확하게 계량하여 주입하는 장치이며, 건식과 습식이 있다. 일반적으로 습식진공식 염소주입기가 가장 많이 사용되고 있다.

① 습식진공식 염소주입기

습식진공식 염소주입기는 인젝터와 압력조정기구에 의하여 전공을 발생하며, 진공상태로 염소가스를 계량하고 제어하여 인젝터 내에서 압력수와 혼합하여 염소수로서 주입점에 송액하는 장치이다. 대기압 이하의 압력에서 계량하고 제어하므로 염소가스의 누출이나 용기 내에 염소가 남는 경우가 있다. 인젝터의 급수압력이 저하하여 기 내의 진공압력이 정압으로 되면 자동적으로 염소주입을 정지시키는 등의 기능을 가지고 있다. 대표적인 염소주입기를 그림 9.5와 같다.

② 습식압력식 염소주입기

용기 중의 액화염소를 염소가스로 유출시켜 계량하고 이를 진한 염소수로 한 다음 처리할 수중에 주입하는 방식의 장치이다. 건식주입기에 비하여 염소가스의 혼화가 균등하게 이루어지며 과거로부터 소용량에 많이 사용되고 있다.

③ 건식압력식 염소주입기

용기 중의 액화염소를 염소가스로서 유출시켜 계량하고, 가스상태로 처리할 물에 직접 주입하는 방식의 장치이다. 가스자체를 수중에 방출하므로 용해되지 않은 염소가스가 공중으로 비산될 기회가 많다. 그러므로 주입률이 불균등하게 되기 쉬운 결점이 있으므로 거의 사용하지 않는다.

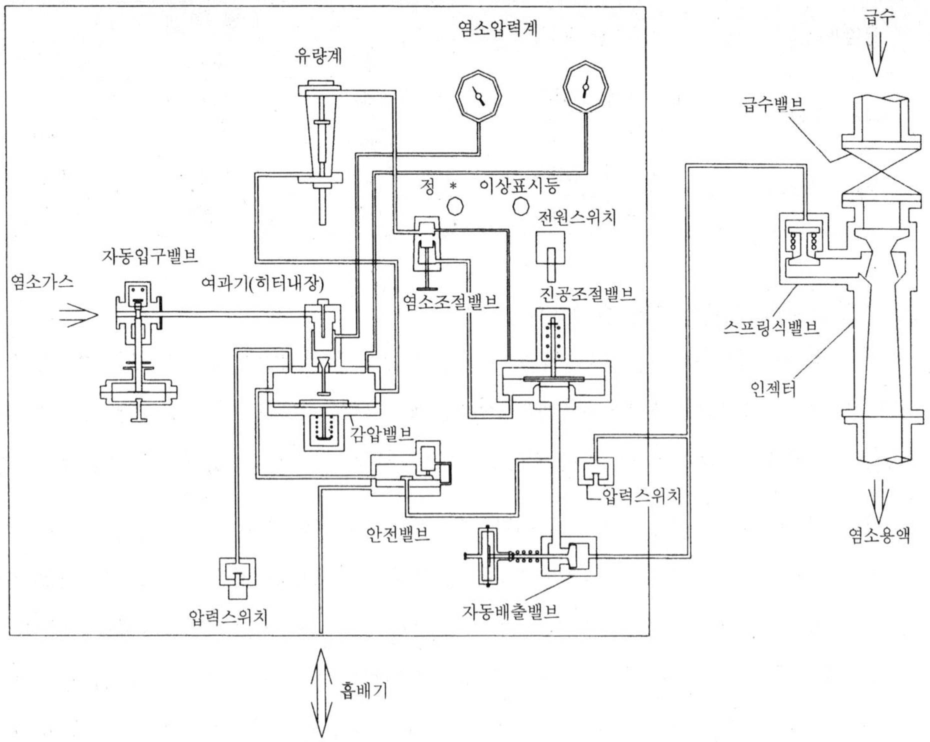

그림 9.5 건식경량(습식주입) 진공식 염소주입기

표 9.5 염소주입기 인젝터의 필요급수량과 급수압력

용량 [kg/hr]	급 수	배압 [MPa]		
		0	0.1	0.2
0.5 내외	급수압력 : MPa	0.15	0.33	0.48
	급수량 : L/min	13	20	24
1.0～2.0	급수압력 : MPa	0.29	0.51	0.70
	급수량 : L/min	29	38	45
3.0～5.0	급수압력 : MPa	0.34	0.48	0.58
	급수량 : L/min	62	75	80
6.0～10.0	급수압력 : MPa	0.29	0.47	0.76
	급수량 : L/min	115	145	185
15.0～20.0	급수압력 : MPa	0.29	0.48	0.76
	급수량 : L/min	165	210	265
30.0～50.0	급수압력 : MPa	0.29	0.49	0.78
	급수량 : L/min	330	420	550

용량 [kg/hr]	급 수	배압 [MPa]		
		0	0.1	0.2
60.0～100.0	급수압력 : MPa	0.29	0.49	0.78
	급수량 : L/min	550	700	900
120.0～200.0	급수압력 : MPa	0.29	0.49	0.78
	급수량 : L/min	1,000	1,200	1,500

2) 차아염소산나트륨용액의 주입방식

차아염소산나트륨용액의 주입방식에는 자연유하방식, 인젝터방식 및 펌프방식이 있다. 각 방식과 사용하는 차차염소산나트륨용액은 거품발생이 적고 분해로 인한 유효염소농도의 저하가 적은 저식염(4% 이하) 차아염소산나트륨용액을 사용하는 쪽이 안정적으로 주입할 수 있다.

① 자연유하방식 : 저장탱크 또는 분배탱크를 주입점 부근에 설치하며, 주입점의 수가 여러 점인 경우에는 각 주입점에 분배탱크를 설치하고 저장실의 저장탱크로부터 이송펌프로 각 주입점의 분배탱크에 이송한다. 분배탱크에서는 자연유하로 주입기(전자유량계와 유량조절벨브)에 보내서 계량 · 조절 · 주입하는 방식이다. 주입점 부근에 주입기를 설치하면 원액을 주입하기 때문에 주입량 변경에 대한 응답성이 좋으며 주입시간이 지체되지 않는다. 또 주입관 내에 기포장애가 적으며, 안정적으로 주입할 수 있다. 구조가 단순하기 때문에 주입량의 변동이 적은 소규모시설에 적합하다.

② 인젝터방식 : 압력수를 인젝터에 공급하여 차아염소산나트륨과 희석 혼합시킨후 주입점에 송액하는 방식이다. 주입점에서 혼합효과는 좋다. 인젝터에 공급하는 압력수는 희석혼합에 의한 스케일생성을 피하기 위하여 가능한 한 경도가 낮은 물을 사용한다. 차아염소산나트륨용액과 압력수의 희석배율은 100배 이상으로 한다.

차아염소산나트륨용액은 함유된 유리알칼리가 0.2～0.3% 정도로 가능한 한 낮은 용액을 사용하는 것이 스케일이 부착되지 않는다.

③ 펌프방식 : 계량펌프(다이어프램식, 일축(unconfined)편심 나사식, 기어(gear)식 등)로 주입점에 송액하는 방식으로 주입량의 제어범위가 넓다. 다만 펌프흡입부에서 기포가 발생할 수 있으므로 주의해야 한다.

3) 제조 차아염소산나트륨용액의 주입

이 방식은 포화소금물을 전기분해하여 발생된 차아염소산나트륨용액을 주입하는 방식으로 유효염소 농도는 발생방법에 따라 다르다. 이 방식은 전기분해할 때에 부산물인 수소가스가 발생한다. 수소는 가연성 가스이며, 제조설비에는 희석용 팬(fan)을 설치하여 옥외로 방출한다. 발생 차아염소산나트륨을 저장탱크로 이송하는 이송용 배관에는 수소의 혼입을 방지하는 장치를 설치하도록 한다. 제조설비의 용량에 따라 부산물인 수소발생량이 일정량을 초과하는 경우에는 법규제를 받는 경우가 있다.

발생방식으로는 무격막방식과 격막방식이 있으며, 소규모의 시설에서는 무격막방식, 대규모의 시설에서의 격막방식이 유리하다.

① 무격막방식 : 전기분해탱크에 양극판과 음극판이 설치되며, 두 판의 사이를 구분하는 격막이 없다. 공급된 소금물은 전기분해되어 양(+)극에서는 염소가 발생하고 음(-)극에서는 수소가스와 수산이온이 생성된다. 음극 측에서는 나트륨이온과 수산이온으로 수산화나트륨(NaOH)이 생성되며 양극에서 생성된 염소와 음극에서 생성된 수산화나트륨이 반응하여 차아염소산나트륨(NaClO)이 제조된다. 원리도는 그림 9.6과 같다.

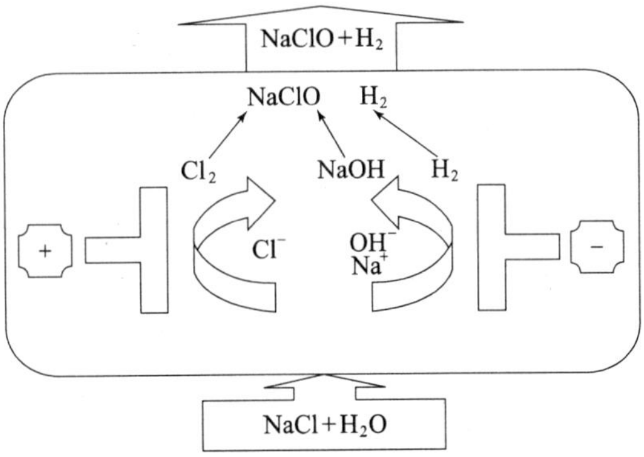

그림 9.6 무격막방식의 원리

제조된 차아염소산나트륨용액의 유효염소농도는 1.0% 전후로 시판품과 비교하여 낮다. 또한 미반응식염이 포함되기 때문에 염화나트륨량과 유효염소량과의 비는 시판 차아염소산나트륨용액보다 많다. 무격막방식으로 제조된 차아염소산나트륨용액은 약 알칼리(pH 약 9)이고, 시판용액과 비교하여 거품발생이나 스케일부착이 적어서 배관 도중에 막힘이 적다.

무격막방식에 의한 차아염소산나트륨 제조설비의 공정도 예는 그림 9.7과 같다.

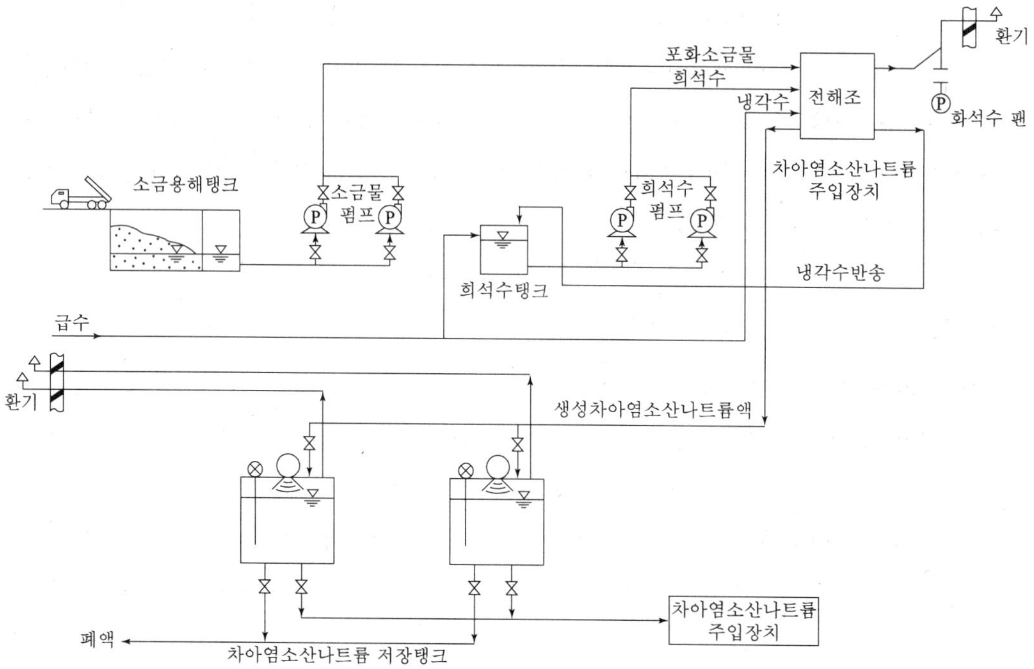

그림 9.7 **무격막방식에 의한 차아염소산나트륨 제조설비공정도의 예**

예제 9.3

종말침전지에서 유출되는 수량은 6,650 m^3/d이다. 여기에 염소처리를 하고자 유출수에 80 kg/d의 염소를 주입하여 15분 후 잔류염소농도를 측정하면 0.2 mg/ℓ이었다. 염소요구량은 몇 mg/ℓ인가?

풀이

① 주입염소농도$= \dfrac{80,000\text{g/d}}{6550\text{m}^3/\text{d}} = 12.2\text{g/m}^3 = 12.2\,[\text{mg}/\ell]$

② 염소요구량=염소주입량−잔류염소량$= 12.2 - 0.2 = 12.0\,[\text{mg}/\ell]$

예제 9.4

염소를 주입하면서 잔류염소를 측정하여 아래의 표를 얻었다. 파괴점을 찾으시오. 시료 A, B, C는 각각이 정수시설 원수의 오염이 최대, 평균, 최소인 것이며 파괴점 염소처리를 하는 경우 40,000 m^3/d의 정수시설의 염소주입설비를 설계하시오.

예제표 9.4.1 잔류염소 측정자료

주입염소율 [mg/ℓ]	1	2	3	4	5	6	7	8	9
시료 A	0.8	1.7	2.3	2.5	2.0	1.3	1.0	1.9	2.9
시료 B	0.7	1.3	1.7	1.4	0.7	1.3	2.2	3.2	–
시료 C	0.6	1.7	1.1	1.2	1.2	3.0	4.0	–	–

풀이

횡축에 주입염소량, 종축에 잔류염소량을 취하여 그래프를 그리면 파괴점은 시료 A, B, C에 대하여 7, 5, 3 mg/ℓ의 주입률의 점이다. 이 결과로부터 구하면 다음과 같다.

① 최대주입량 $= 40,000 \times 7 \times 10^{-6} = 280[kg_f/d]$

② 평균주입량 $= 40,000 \times 5 \times 10^{-6} = 200[kg_f/d]$

③ 최소주입량 $= 40,000 \times 3 \times 10^{-6} = 120[kg_f/d]$

따라서 염소주입설비는 다음과 같다.

④ 저류탱크 : 평균주입량 $= 200\,kg_f/d \times 10\,d = 2,000\,kg_f \rightarrow 1ton_f$ 탱크 3개(1개 예비 탱크)

⑤ 기화기 용량 : 12 kg/hr ……… $288\,kg_f/d$(최대주입량보다 크게 설계)

⑥ 주입기 : $5 \sim 12\,kg_f$ ……… $120 \sim 288\,kg_f/d$(최대 · 최소주입가능)

---

(9) THM의 생성과 대책

트리할로메탄(trihalomethane)은 정수처리나 폐수처리의 염소주입공정에서 발생하는 물질로 자연계에서 유래한 부식질계 유기물과 주입된 유리염소가 반응하여 생성된다. 폐수의 염소처리로 생긴 THM은 상수도 수원에 유출되어 문제를 야기한다. THM은 동물실험 결과 발암성물질인 것으로 입증되어 미국은 최대허용농도를 0.1 mg/ℓ로 규제하고 있다.

THM은 메탄의 유도체엔 유기할로겐 화합물로 4개중 3개가 염소, 브롬(Br), 요오드(I)로 치환된 것으로 화학식상 10가지 종류의 화합물이 존재할 수 있다. 이중 수도수에는 클로로포름($CHCl_3$), Bromodichloromethane($CHBrCl_2$), Dibromochloromethane($CHBr_2Cl$), Tribromochloromethane 및 Dickloroiodomethane($CHCl_2I$)가 존재한다는 것으로 확인되었는데 $CHCl_2I$의 양은 4종에 비해 매우 적다.

1) 전구물질

수중에 THM이 존재하지 않도록 처리하는 기본원리는 생성을 막는 방법과 생성된 THM을 제거하는 것이다. THM의 생성을 막는 방법의 원리는 THM의 반응물이 되는 물질의 존재를 제거하는 것으로 알려져 있다. 즉 전구물질(前驅物質)인 휴믹물질을 제거하거나 유리염소가 존재하지 않도록 살균처리하며, 생성된 THM을 제거하는 원리는 THM의 물리적 성질, 즉 휘발도 및 물 속에서의 확산정도를 이용하여 분리시키는 것이다. 이들은 화학 · 생물학적으로 분해가 잘 되지 않는 방향성 핵들이 가수분해하여 생성된 것이다

① 휴민(humin) : 부식질을 강염기로 추출하면 추출된 용액은 산성을 띠며, 이때 추출되지 않는 식물성 잔류물질을 **휴민**이라 한다.
② 휴민산(humic acid) : 추출된 산성용액에서 침전되는 물질을 **휴민산**이라 한다.
③ 펄빅산(fulvic acid) : 추출된 산성용액 중에 있는 유기물질을 **펄빅산**이라 한다.

2) THM의 생성반응

THM의 대표적인 생성반응은 할로포름(haloform) 반응으로 수중의 반향족 화합물이나 메틸케톤기(methyl ketone group)를 가지는 화합물질이 차아염소산과 반응하여 유해한 유기염소 화합물이 생성하게 되며 생성반응에 영향을 미치는 인자는 다음과 같다.

① 온도 : 온도가 높으면 생성량은 증가한다.
② pH : pH가 증가할수록 생성량은 증가한다.
③ 접촉시간 : 접촉시간이 짧을수록 생성량은 감소한다.
④ 전구물질의 농도 : 전구물질의 농도가 높을수록 생성량은 증가한다.
⑤ 염소주입량 : 염소주입량이 많을수록 생성량은 증가한다.

3) 생성량 예측

생성량의 주요 영향인자로써 유기탄소의 농도(TOC), 수온(t), 유효염소농도(Cl) 등을 이용하여 식 (9-28) 및 그림 9.8과 같다.

$$\mathrm{THM} = \mathrm{K} \cdot [\mathrm{C}]^{a} \cdot [\mathrm{TO}] \tag{9-28}$$

여기서, K : 계수
a, b, c, d : 지수
$a > 1$ → 환원성 유기물과 무기물이 동시에 염소를 소비하면서 THM을 생성하는 영역(②)
$a = 1$ → 첨가되는 염소농도에 비하여 THM의 생성량이 급증하는 영역(③)
$a < 1$ → THM의 생성량이 둔화되는 영역(전이영역)(④) → $b = 0 \sim 1$
$a = 0$ → THM의 생성량이 정지되는 영역(⑤) → $b = 1$

① 영역 : 각 영역은 환원성(還元性) 무기물에 의해 염소가 많이 소비되고 있는 상태로서 THM이 전혀 생성되지 않는 영역

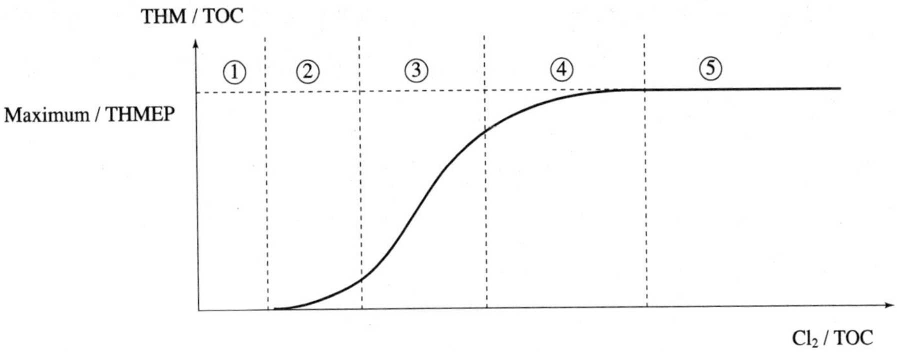

그림 9.8 THM의 형성과정

② 영역 : 환원성 유기물과 무기물이 동시에 염소를 소비하면서 THM이 생성되기 시작하는 영역

③ 영역 : 첨가 염소농도가 증가할 수록 직선적으로 THM생성량이 증가하는 영역

④ 영역 : ③의 영역에서 ⑤의 영역으로 전환하는 전이영역(轉移領域)으로로 구분할 수 있는 영역

⑤ 영역 : 염소를 과잉첨가하여 원수 중에 있는 유기물전량이 THM생성 반응에 관여하고 있기 때문에 더 이상 THM생성량이 증가하지 않는 영역

4) 방지대책

THM의 방지대책으로서는 억제법과 처리법이 있다.

① 억제법 : 소독방제법의 전환, 응집침전강화, 원수의 수질기준강화 등이며 오존 전처리, 활성탄처리 등에 의한 전구물질 제거가 이용되고 있다.

② 처리법 : 탈기법(脫氣法) 또는 자비법(煮沸法), 활성탄흡착법 등에 의한 THM의 제거 방법이 있다.

(10) 전염소·중간염소처리

1) 서설

염소는 소독목적으로 여과 후에 주입하지만, 소독이나 살조(殺藻)작용과 함께 강력한 산화력을 가지고 있기 때문에 오염된 원수에 대한 정수처리대책의 일환으로 응집·침전 이전의 처리과정에서 주입하는 경우 침전지와 여과지의 사이에서 주입하는 경우가 있다. 전자를 전염소처리, 후자를 중간염소처리라고 하며, 목적은 다음과 같다.

① 세균제거 : 원수 중의 일반세균이 1 mℓ 중 5,000CFU 이상 혹은 대장균군(MPN)이 100 mℓ 중 2,500 이상 존재하는 경우에 여과 전에 세균을 감소시켜 안전성을 높여야 하고 또 침전지나 여과지의 내부를 위생적으로 유지해야 한다.

② 생물처리 : 조류, 소형동물, 철박테리아 등이 다수 생식하고 있는 경우에는 이들을 사멸시키고 또한 정수시설 내에서 번식하는 것을 방지한다. 특히 응집하기 어려운 규조류인 멜로시라(melosira)나 시네드라(synedra) 등에 대해서는 전염소를 강화하여 충분한 살조처리한 다음에 응집침전처리하는 것이 바람직하다. 마이크로시스티스(microcystis)에는 염소처리로 군체가 깨져 세포가 분산되기 때문에 전염소처리를 하고 있는 경우에는 중간염소처리로 바꾸는 편이 좋다.

③ 철과 망간의 제거 : 원수 중에 철과 망간이 용존하여 후염소처리시 탁도나 색도를 증가시키는 경우에는 미리 전염소 또는 중간염소처리하여 불용해성 산화물로 존재 형태를 바꾸어 후속공정에서 제거한다.

④ 암모니아성 질소와 유기물 등의 처리 : 암모니아성 질소, 아질산성 질소, 황화수소, 페놀류, 기타 유기물 등을 산화한다.

⑤ 맛과 냄새의 제거 : 황화수소의 냄새, 하수의 냄새, 조류 등의 냄새 등을 제거하는데 효과가 있지만 종류에 따라서는 염소에 의하여 맛과 냄새를 더 강하게 하거나 새로운 냄새를 유발시키는 경우가 있다.

전염소와 중간염소처리는 위와 같은 목적으로 채택될 수 있으나 원수수질에 따라 충분한 효과를 얻지 못하는 경우도 있으므로 결정하기 전에 효과를 확인해야 한다.

또 원수 중에 부식질(humic substance) 등의 유기물이 존재하면 유리잔류염소와 반응하여 THM이 생성되기 때문에 이러한 우려가 높은 경우에는 응집과 침전으로 부식질을 어느 정도 제거한 다음 중간염소처리를 하는 것이 바람직하다.

또 완속여과방식에서는 염소가 여과막생물에 나쁜 영향을 미치기 때문에 원칙적으로 전염소 · 중간염소처리는 하지 않는다.

2) 전염소처리

전염소처리는 염소제를 침전지 이전에 주입하는 방법이므로 처리목적에 따라 적절한 장소에 주입한다. 특히 암모니아성 질소를 파괴하기 위하여 전염소처리를 할 경우에는 반응시간을 충분히 확보하기 위하여 염소혼화지를 별도로 설치하거나 착수정 이전에는 주입하는 방식을 고려할 수 있다. 이 경우 파괴점 이후에 잔류가능한 유리잔류염소에 의한 THM의 생성에 유의하며 필요에 따라 탈염소공정(분말활성탄 등)의 추가를 고려한다.

전염소주입률은 원수수질과 처리목적에 따라 다르므로 다음 사항을 결정한다.

① 처리목적에 따라 필요로 하는 염소량 : 이론상 철이온 1 mg/ℓ를 산화시키기 위해서는 0.63 mg/ℓ의 염소가 필요하며, 망간이온에 대해서는 1.29 mg/ℓ, 암모니아성 질소에 대해서는 7.6 mg/ℓ의 염소가 필요하다.

② 일정한 장소에서 유지해야 할 잔류염소농도 : 여과수에서 유지해야 할 전류염소농도는 소독을 목적으로 할 경우는 0.1~0.2 mg/ℓ 정도, 망간처리를 목적으로 할 경우에는 0.5 mg/ℓ 정도이다.

③ 침전지 등의 시설에서 소비되는 염소량 : 수중의 염소는 직사일광을 받으면 분해되기 때문에 계절, 날씨, 주야, 고속침강장치의 유무, 침전지의 형식 등에 따라 소비되는 양이 다르다. 또 염소와 분말활성탄을 동시에 주입하면 활성탄에 의하여 염소가 감소된다. 따라서 이러한 사항 등을 고려하여 플록형성지와 침전지 등의 시설에서 소비되는 염소량을 추정한다.

④ 원수의 염소요구량 : 전염소처리는 보통 암모니아성 질소를 제거할 목적으로 처리하는 경우가 많으며, 이 경우 파괴점 염소처리가 일반적이다.

일반적으로 염소주입률은 원수 중의 암모니아성 질소농도의 약 10배 내외가 되며, 여과수에서의 유리잔류염소 0.5 mg/ℓ 정도의 유지가 대체적인 목표이다. 그러나 원수수질과 처리목적, 후속 입상활성탄 흡착공정의 유무 등에 따라 다르므로 위의 ①~④를 참고로 하여 주입률의 범위(최고, 최저, 평균)를 결정하고 과도한 주입이 되지 않도록 배려해야 한다.

3) 중간염소처리

중간염소처리는 침전지와 여과지 사이에서 염소제를 주입하는 방식이다. 이 방식은 주로 ① 트리할로메탄의 전구물질(부식질 등) ② 곰팡이 냄새의 원인물질을 수중에 방출하는 남조류인 아나베나(anabaena)나 포르미디움(phormidium) 등 ③ 전염소처리를 하면 군체가 깨어져서 세포가 분산되어 여과수에 누출될 우려가 있는 남조류인 마이크로시스티스(microcystis) 등을 응집・침전으로 어느 정도 제거한 다음에 염소처리를 함으로써 THM과 곰팡이 냄새의 생성을 최소화하기 위하여 채택한다.

주입지점에 염소혼화지를 설치하는 방식이 바람직하지만 새로이 염소혼화지를 설치하는 것이 불가능한 경우에는 주입한 염소제가 잘 혼화되는 장소를 선정해야 한다.

침전지의 경사판이나 집수장치 등의 부속설비에서 조류 등의 번식으로 인한 장애가 우려되는 경우나 번식된 조류가 떨어져 나옴으로써 여과장애의 우려가 있는 경우에는 간헐적인 전염소처리를 할 수 있는 설비가 바람직하다. 또한 물로 세척할 수 있는 세척장치를 설치하는 것이 바람직하다.

중간염소처리를 기본으로 할 경우에는 원수에 용해성망간이 일정한 농도 이상 존재할 때 망간모래에 의한 접촉산화만으로는 제거하기 곤란하고, 장애가 발생할 우려가 있다. 이러한 경우에는 전염소처리로 바꾸거나 이산화염소나 오존 등의 산화제를 주입할 필요가 있다.

9.3.2 오존처리

오존(ozone, O_3)은 세 개의 산소원자로 되어 있다. 제 3원자는 결합이 약하여 쉽게 분리되어 산소발생기(酸素發生機, nascent oxygen)로 되는 성질이 있다. 오존은 염소에 비하여 강하고 바이러스에 대해서도 매우 유효한 소독제이다. 오존처리에 의해 생성되는 유기산화물이 건강에 미치는 영향에 대해서는 아직 규명되어 있지는 않으며, 염소에서 대체 하기에는 위험성이 있다. 오존은 염소에 비해 우수하다고 말할 수는 없으나 1886년 Dekartiens에 의해 최초로 오존소독이 실시되었고 1983년 올랜드에 있는 정수시설의 소독공정에 오존이 도입된 이래 유럽과 미국에서 널리 이용되고 있다.

우리나라에서는 염소에 의한 소독이 의무화 되어 있으며, 오존은 비용이 많이 들고 소독시 잔류효과가 없다는 두 가지 큰 결점 때문에 수도에서 적용되는 것은 이취미제거에 한정되어 있다. 그러나 취미, 유기염소 화합물, 바이러스 등을 대상으로 하여 고도정수처리의 소독과 양질의 물에 대한 공급의 필요성이 높아지고 있어 오존의 수요는 최근 고도처리에 많이 사용되고 있다.

(1) 오존주입의 효과

오존은 강력한 산화제로써 모든 금속과 미생물 및 유기물질 등을 산화시킨다. 오존주입의 효과는 다음과 같다.

① 살균효과가 높다.
② 철 · 망간 · 시안의 제거가 가능하다.
③ 맛 · 냄새물질과 색도제거의 효과가 우수하다.
④ 유기물의 생분해성을 증진시킨다.
⑤ 염소요구량을 감소시킨다.
⑥ 소독부산물의 생성을 유발하는 각종 전구물질에 대한 처리효율이 높다.

(2) 오존처리의 장·단점

수처리의 단위조작(單位操作)으로서 오존처리가 다른 처리법보다 우수하다고 생각되는 장·단점을 열거하면 다음과 같다.

1) 장점

① 이취미(異臭味), 색도 제거(色度除去)에 효과가 크다. : 염소로서는 제거가 완전하지 않는 물질로 인해 유발되는 냄새나 색도 또는 염소의 주입으로 냄새가 발생하는 클로로페놀류 등을 효과적으로 제거할 수 있다.

② 철, 망간의 제거능력이 크다.

③ 바이러스의 불활성화(不活性化, inactivation)에 우수한 효과를 갖고 있다.

④ 병원균에 대한 살균화가 크다.

⑤ 유기물의 생물분해성을 증대시킨다.

⑥ 유해한 유기물을 산화·분해할 수 있다. : 클로로포름 추출물질(抽出物質, CCE), 합성세제(ABS), COD 등을 효과적으로 분해시킬 수 있다. 또한 3, 4-benzpyrene, aldrin 등의 유해물질을 분해할 수 있다.

⑦ 슬러지를 생성시키지 않는다.

⑧ 주입장소에 제약이 없다. : 정수과정의 어떤 점에서 주입해도 상관없이 원수의 수질에 따라 오존의 처리효과를 최대로 하기 위해 주입점을 선택할 수 있다.

⑨ 염소요구량을 감소시킨다. : 염소주입 전에 오존을 주입하면 염소요구량이 감소한다.

⑩ 유기염소화합물의 생성을 억제할 수 있다.
오존처리를 적용하면 다음과 같은 효과에 의해 THM 등의 유기염소화합물의 생성량을 줄일 수 있다.
- ⓐ 유기염소화합물 생성량의 산화
- ⓑ 전염소처리의 대체효과
- ⓒ 용해성 유기물에 대한 응집효과의 향상
- ⓓ 활성탄처리 효과의 증대
- ⓔ 최종염소요구량의 감소

⑪ 응집, 여과, 활성탄흡착 등의 처리효과를 증진시킨다.

⑫ 안전하다. : 오존은 수처리약품 가운데 가장 안전한 것의 하나로 수 mg/ℓ 주입해도 30분 이내에 분해된다. 또 오존의 0.02~0.05 mg/ℓ의 매우 낮은 농도에서도 감지할 수 있다.

⑬ 유지관리가 용이하다. : 오존주입장치는 20~25년의 내구년수를 가지며, 보수도 용이하다.

2) 단점

① 효과의 지속성이 없으며, 상수에 대하여는 염소처리의 병용이 필요하다.

② 발생비용이 많이 들므로 비경제적이다.

③ 전력비용이 과다하다.

④ 후염소 주입설비가 필요하다. : 효과의 지속성이 결여되어 있기 때문에 이를 보완하기 위해 많은 정수시설에서 염소처리를 병용해서 잔류염소를 유지시키고 있다.

⑤ 수온이 높아지면 오존소비량이 증가한다.

⑥ 수중에 있는 유기물을 분해하여 미생물에 이용하기 쉬운 화합물로 변화시키므로 배수시스템 내에서 미생물이 증식할 우려가 있다.

오존의 장 · 단점을 말할 때 다른 살균제와 비교하는 경우가 많다. 정수시설에 이용되는 살균제로는 염소, 오존 외에 자외선(紫外線), 은(銀), 요오드, 철염산, 염화브롬 및 이산화염소 등이 있다. 그러나 이들 중 오존과 경합될 수 있는 것은 이산화염소 뿐이다.

각종 소독제의 소독력을 크기 순으로 나열하면 표 9.6과 같다.

표 9.6 주요산화제 효과 비교

구분	오존 [ozone]	이산화염소 [ClO_2]	차아염소산 [HOCl]	클로라민 [chloramine]
살균력	강한 순서 ⇨ O_3 > ClO_2 > HOCl > $HOCl^-$ > chloramine			
pH의 영향	영향이 적음	민감함	수용범위가 넓음	pH의 영향을 받음
	영향이 큰 순서 ⇨ Cl_2 > (chloramine) > (ClO_2)			
지속성	없음	있음	있음	있음
부식성	-	부식성	폭발성, 부식성	-
반응성	THM 생성 안됨	THM, 맛, 냄새	THM 생성이 안됨	THM 생성 안됨
인체영향	없음	발암성 가능	빈혈 및 적혈구 감소	알려져 있지 않음

(3) 오존주입률

오존은 원수(전오존), 침전수(중오존), 여과수(후오존)에 주입할 수 있으며, 원수에 주입하는 전오존처리는 접촉시간이 길기 때문에 특히 색도성분이 많은 경우에 적합하나 현탁물질에 의한 오존소비량이 많아지며 대기 중으로 오존방식에 따른 방지대책이 곤란하다. 따라서 일반적으로는 침전수 또는 여과수에 오존을 주입하는 예가 많으며, 주입점이 어디가 되더라도 필요한 혼화와 충분한 접촉시간을 확보해야 하고, 또 배오존이 대기 중으로 확산되지 않도록 밀폐식 접촉지를 설치해야 한다.

또한 주입률은 처리하고자 하는 물의 수질 및 제거 대상물질의 종류와 농도 등에 따라 다르며, 처리효과에도 큰 영향을 미친다. 따라서 문헌을 참고로 하고, 필요한 경우 예상되는 제거 대상물질의 농도범위에 대한 실험을 실시하여 여러 조건변화에 대한 적정주입률을 결정하여야 한다.

1) 맛·냄새물질제거

일반적으로 많은 정수시설에서 0.5~2 mg/ℓ의 주입률로 오존접촉시간은 10~20분 내외로 운전하고 있다. 실증 플랜트에서 운전한 결과로부터 오존주입률이 1.0 m/ℓ일 때 2-MIB와 Geosmin 처리효율이 높은 것으로 나타난 바 있으며, 특히 오존에 대한 Geosmin 처리효율이 더 높은 것으로 보고된 바 있다. 또한 후속공정에 입상활성탄 공정을 조합하여 운전할 경우 대부분의 맛·냄새유발물질이 제거되는 것으로 보고되고 있다. 오존처리와 활성탄흡착 처리는 실제 정수시설의 운전결과로부터 오존주입률이 0.5~3.0 mg/ℓ(평균 1.1 mg/ℓ)일 경우에 2-MIB가 거의 100% 제거되었다.

2) 트리할로메탄의 전구물질 및 트리할로메탄 저감

오존처리로 이미 생성된 THM의 저감효과는 거의 없다. 또 오존으로 트리할로메탄의 전구물질(부식질 등)이 증가하는 경우도 있지만 생물활성탄으로 유기물을 분해한 다음 염소소독을 실시하면 THM생성량은 적어진다.

3) 망간제거

원수 중에 용존되어 있는 Mn^{2+}이 산화되면 $Mn^{4+}(MnO_2)$ 또는 $Mn^{7+}(MnO_4^-)$가 되어 흑갈색 및 분홍색을 나타내며, 급속모래여과지로 망간을 제거하는 경우에는 염소에 의한 산화로서는 Mn^{7+}이 생성되며 Mn^{7+}이 공존 유기물을 산화하면 Mn^{7+}는 이산화망간으로 환원되어 수돗물 착색의 원인으로 된다. 망간을 효과적으로 제거하기 위해서는 침전수에 오존을 주입(여과공정의 앞)하고 급속모래여과지의 유입수에 오존이 잔류하지 않을 정도로 주입률(0.5~1.0 mg/ℓ)을 설정한다.

또 주입된 오존은 일부가 용존되지 못하고 가스상태로 배출되므로 밀폐된 연속식 실험장치를 이용하여 처리대상물질에 대하여 실험하고 주입점의 수와 주입위치 등을 정한다. 오존의 유효주입률은 직접 측정하기 어려우므로 주입오존농도와 배오존농도를 측정하여 수중에서 이용된 양을 산출한다.

$$\text{이용률[또는 흡수율, \%]} = \frac{\text{주입오존량} - \text{잔류오존량} - \text{배출오존량}}{\text{주입오존량}} \times 100 \qquad (9\text{-}29)$$

$$전달효율[\%]=\frac{주입오존량-배출오존량}{주입오존량}\times 100 \qquad (9\text{-}30)$$

(4) 오존발생장치와 주입설비

설비용량은 시간최대주입량에 여유분을 고려하여 결정하여야 하며, 장치는 원칙적으로 두 계통 이상으로 분할 · 설치하여야 고장 시에 보수가 용이하도록 한다. 오존처리시설의 예를 그림 9.9와 같다.

오존주입량을 제어하기 위하여 필요한 계측항목은 처리수량, 오존주입량(오존화 공기의 풍량과 오존농도), 잔류오존농도, 배오존농도, 오존소비특성 등이며 제어방식은 다음과 같다.

① 주입률을 설정하고 처리수량에 비례하여 주입하는 방식
② 처리수의 잔류오존농도를 설정하고 설정된 농도를 유지하는 방식
③ 접촉지의 배오존농도를 설정하고 설정된 농도를 유지하는 방식
④ 오존접촉지의 $C \cdot T$값을 설정하고 설정된 $C \cdot T$값을 유지하는 방식
⑤ 유입수와 처리수의 수질(TOC, DOC, UV 흡수물질 또는 오존소비특성인자 등)을 반영하여 오존주입량을 제어하는 방식

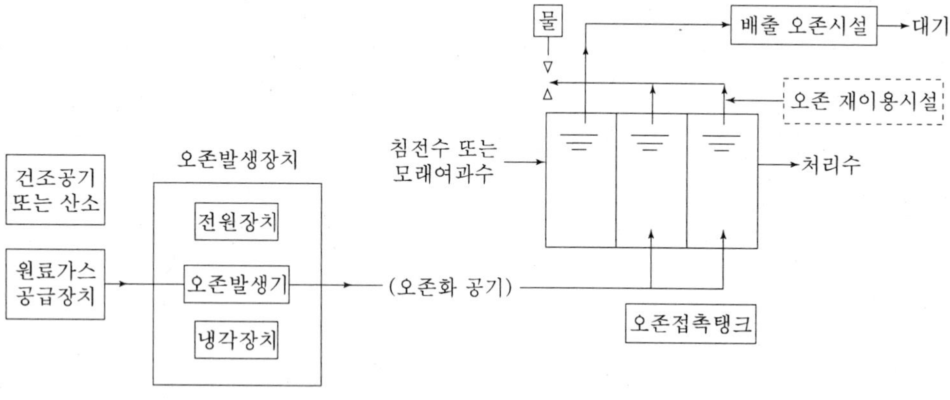

주 1) 오존 재이용시설은 이용효율을 높이기 위한 것으로서 필수는 아니다.
2) 2단 주입일 경우의 각 조별 오존주입비율을 1:1 정도로 하는 것이 일반적이다. 조별 주입비율은 조별 용존오존농도와 C · T값 및 처리수의 용존오존농도 등을 고려하여 실험을 통하여 결정하는 것이 바람직하다.
3) 오존접촉지의 단수를 1단 증가시킬 때 흡수효율의 상승효과는 1% 정도에 불과하므로 필요 이상으로 과다하게 증가시킬 필요는 없다.

그림 9.9 오존처리 시스템의 예

⑥ 오존소비특성을 이용한 오존요구량(kinetic $C \cdot T$)을 설정하고 설정된 값을 일정하게 유지하는 방식

실제 유입수질과 처리수량의 변화가 크지 않은 경우에는 ①의 제어방식으로 대처할 수 있다. ②의 잔류오존농도를 일정하게 설정하여 유지하는 방식이 일반적으로 적용되고 있으나 처리수량 변화가 클 경우에는 접촉지 내의 체류시간이 변동하므로 산화효율에도 영향을 미친다. 유입수질과 처리수량의 변화에 대처하여 보다 양호하고 안정적인 처리수질을 확보하기 의해서는 ④, ⑤ 또는 ⑥의 제어방식이 바람직하다.

오존농도의 측정기로는 자외선흡수법이나 격막전극법 등을 원리로 하는 것이 실용화되어 있다. 오존화공기, 잔류오존, 배오존 등 측정대상에 따라 적절한 측정범위와 정도(精度)를 가진 것을 선정한다. 또 유입수 정지시 잔류오존이나 배오존의 농도가 비정상적으로 증가할 경우에 오존발생기의 작동정지 등의 조치가 신속히 이루어지도록 계측제어설비에 반영한다.

오존은 산화력이 강하기 때문에 오존에 접촉하는 부분과 접촉할 가능성이 있는 부분의 재질은 충분한 내식성과 강도가 있어야 한다. 이러한 재질을 구체적으로 예시하면 다음과 같다.

① 오존접촉지 : 스테인리스강(STS304), FRP, 압축콘크리트

② 오존화공기 및 오존재이용 배관 : 스테인리스강(STS304, 316), 테프론튜브

③ 재이용용 송풍기 : 스테인리스강주강품(鋼鑄鋼品 SCS)

④ 배오존흡인덕트 : 경질염화비닐, 스테인리스강

⑤ 조인트와 패킹고무 : 에틸렌-프로필렌고무(EPM, EPDM), 클로로술폰화포리에틸렌(CSM), 불소고무(FPM), 이소부틸렌고무(ILR), 클로로피렌고무(CR)

⑥ 창틀 등 : 알루마이트 처리된 알루미늄

또한 오존발생용 원료가스공급장치는 공기법, 구입순산소법, 발생순산소법 및 고농도 산소공기법은 다음과 같다.

① 공기법은 대기를 공기압축기(송풍기 포함)로 가압·건조하여 오존발생기에 건조공기를 공급하는 방식이다. 이 방식의 원료가스공급장치는 단순하나 오존발생장치가 크게 된다.

② 구입순산소법은 구입한 순산소저류탱크와 기화장치로 구성되며 오존발생기에 산소를 공급하는 방식이다. 이 방식은 액체산소공급체제와 소비량 등에 부합되는 액체산소저류조가 필요하며, 또 가연성가스로서의 취급 등에 문제가 있다. 그러나 단시간 동안만 오존필요량이 많아지는 경우에는 이 방식을 병용하는 예가 있다.

③ 발생순산소법은 심냉분리법(深冷分離法)에 의한 제습건조 · 정제된 원료공기를 단열팽창으로 액화하고 질소와 산소의 비점차(질소-195.82℃ 산소-182.97℃)를 이용하여 산소와 질소를 분리시키는 장치와 액체산소저류탱크 및 기화기로 구성되며, 오존발생기에 산소를 공급하는 방식이다. 이 방식은 산소발생기가 필요하며 설비구성이 다소 복잡하지만 대용량의 액체산소 저류탱크는 불필요하다.

④ 산소부화공기법(酸素富化空氣法)은 흡착제에 대한 질소와 산소의 흡착선택성에 의하여 산소를 분리하며, 산소함유율을 95% 정도로 하여 오존발생기로 공급하는 방식이다.

원료가스에 따라 동일한 오존발생기에서 발생량이 다르고 ① 공기법을 100%로 하면 ②와 ③은 220% ④는 150% 정도가 된다(발생 오존농도는 ①에서는 20 g/Nm^3 ②~③에서는 50~100 g/Nm^{3}이다).

오존발생기(공기법)의 공정배열은 그림 9.10과 같다. 원료공기는 그림의 왼쪽 공기송풍기(컴프레서의 경우도 있음)로 공기를 압축하고 공기냉각기(1차, 2차)로 온도를 낮추어 제습장치에서 노점 -50℃ 이하로 건조된 공기를 오존발생기에 공급하여 전원장치로부터 공급되는 고압방전으로 오존이 발생되어 오존접촉지에 공급된다. 이 중 원료가스공급장치는 입구 필터 → 공기송풍기(blower) → 공기냉각기 → 제습장치까지이다.

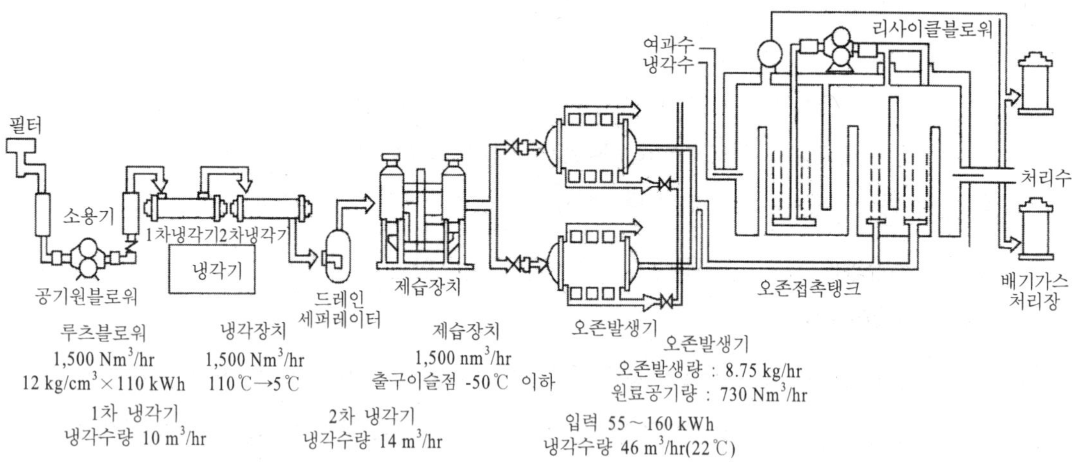

그림 9.10 오존처리공정 흐름도의 예

오존을 발생시키는 방법에는 광학법과 전해법 등이 있으며, 공업적으로 오존을 발생시키는 데 최적인 방법은 무성방전법이다.

오존의 생성반응은 $3O_2 \rightarrow 2O_3 \rightarrow 68$ kcal로 이론적 오존생성량은 1.2 kg/kWh이다. 그러나 무성방전에 의한 오존생성효율은 공기원료인 경우는 이론값의 7% 정도, 산소원료인 경우는 10~15% 정도로 나머지 대부분은 열로 변한다. 오존생성에 영향을 미치는 요소로는 방전공극의 길이 방전공간의 압력, 산소농도, 원료가스 중의 수분량(노점온도), 방전전력 등이다. 또 분해요인으로는 방전부의 온도와 오존농도가 있다. 방전부의 온도에 영향을 미치는 요소는 전극구조, 냉각수온, 방전공극의 길이, 단위방전면적당 방전력밀도(W/cm^2) 등이다. 오존수율(단위 전력당 오존발생량)은 방전부의 온도가 낮을수록 분해반응이 억제되어 높아진다.

일반적으로 최고오존농도는 공기원료로는 3~4 wt%, 산소원료로는 6~8 wt%인데, 발생오존농도의 상승과 함께 오존발생에 필요한 소비전력도 상승하므로 경제적인 오존농도는 공기원료는 1.5 wt%, 산소원료로는 4~8 wt% 정도이다. 소비전력은 공기원료에서 13~14 kWh/kgO_3, 산소원료에서 7~9 kWh/kgO_3이다. 위의 소비전력에는 원료가스공급장치 등의 소비전력은 포함되지 않았으므로 전원설비는 50~90% 정도 크게 해야 한다.

1) 전원장치

오존발생기에서는 전극간에 수 kV에서 수십 kV의 전압을 가한다. 이 때문에 소형기에서는 200~400 V, 50~60 Hz의 전원전압을 유도전압조정기(IVR)와 변압기로 승압조정하고 대형기(10 kg/hr 정도)에서는 200~400 V 또는 3,000~6,000 V, 50~60 Hz의 전원을 사용하여 인버터와 변압기로 전류와 주파수(600~1,000 Hz) 및 전압을 변화시켜서 오존발생량을 조정하는 방식이 일반적이다(그림 9.11 참조).

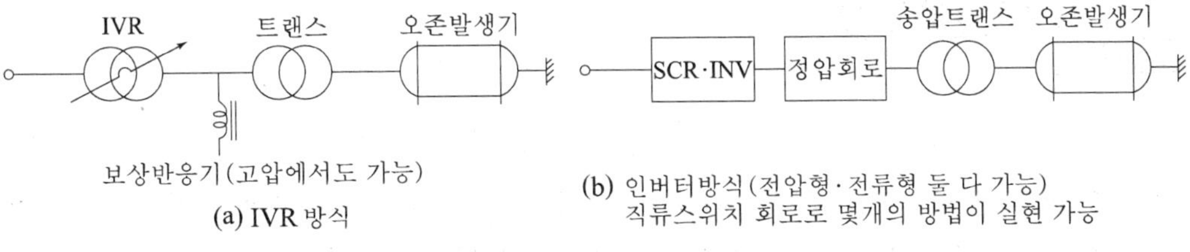

그림 9.11 전원전압의 조정방식

2) 오존발생기용 냉각장치

오존발생관의 직접냉각수는 순수(純水) 또는 무염소인 정수를 사용한다. 냉각용수는 사용수량이 3~5 m^3/(hr · kgO_3) 정도로 많기 때문에 대형기에서 직접냉각수는 폐순환방식으로 되어 있어서 이 물이 열교환기에 의하여 간접냉각수로 냉각되며 간접냉각수는 쿨링타워와 칠링유닛

(chilling unit)으로 냉각된다. 소형일 경우에는 공랭식도 사용된다.

3) 오존발생기

오존발생기는 일반적으로 튜브형 또는 플레이트형(plate)이 사용된다(그림 9.12 참조).

튜브형 방전관은 동심이중원통구조로 외관은 스테인리스 등의 금속제, 내관은 유리제(내면에 전극을 부착)로서 유전체로 되어 있는 것과 내관을 스테인리스로 하고 설치측 외관의 내면에 유전체를 라이닝하여 발생효율을 향상시킨 것이 있는데 어느 것이나 내관과 외관의 공극에 원료가스가 통과하고 양관사이에 교류전압을 가하여 방전(무성방전)시킴으로써 오존을 발생시킨다.

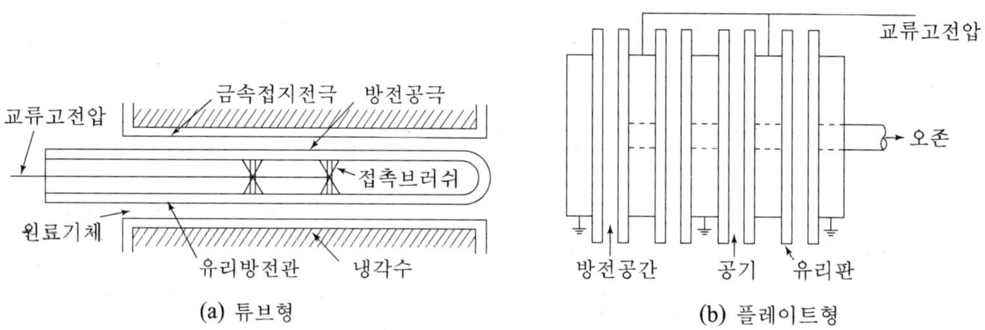

그림 9.12 오존발생기의 형상

9.4 약품응집침전

탁수(濁水)에 현탁하는 입자중 극미한 것과 콜로이드 입자(지름 0.001 mm 이하)나 비중이 작은 유기질의 미립자는 침전에 장시간을 필요로 하고 있다. 실제적 침전지의 체류시간으로는 침전하기 어렵다. 이 때 침전을 촉진하기 위하여 약품을 사용하는데 원리는 약품에 의하여 미립자를 집합시켜 플록을 만들고 플록은 함수율이 높고 비중이 작으나 입경이 크기 때문에 쉽게 침전하게 된다.

응집에 사용하는 약품을 **응집제**(凝集劑, coaglant)라 한다. 일반적으로 알루미늄이나 철의 염류가 사용되며 전해질이기 때문에 수중에서 전리하여 응집력을 발휘한다. 만일 콜로이드류에 하전(荷電)과 반대하전의 이온을 가하거나 반대하전의 콜로이드를 혼합하면 하전의 전위에 변화를 일으켜 입자가 불안정하게 되어 응집한다. 이 현상은 전기이중층 설로 설명된다. 반대이온의 응집력은 이온의 원자가 높을수록 급속히 증대한다. 이 때문에 주로 3가의 알루미늄이나 철의 염이 응집제로 사용된다. 원자가와 응집효과의 관계는 2가 이온은 1가 이온의 20~50배, 3가 이온은 1가 이온의 300~1,000배라 한다. Verwey등은 응결가 C와 이온 N간에는 $C \propto (1/N^6)$의 관계가 있다.

응집에는 1μ(1/1,000 mm) 이하의 콜로이드 물질이 존재함이 필요하다. 콜로이드가 아닌 큰 입자가 일단 전해질에 의하여 응집된 콜로이드 입자는 다시 전해질을 가하여도 응집을 일으키지 않는다. 그러나 이들 입자에 고분자 응집제, 활성규산 등을 혼합교반하면 흡착 및 가교 작용에 의하여 입자의 결합이 일어난다. 원수 중에 콜로이드 물질이 포함되지 않았거나 함량이 작은 형탁액에 대해서는 점토와 같은 콜로이드 물질을 가한 다음 전해질을 주입하거나 또는 고분자 응집제를 가함이 유효하다. 현탁액의 농도가 높은 편이 일반적으로 응집속도가 크고 분리액의 청징도(淸澄度)도 좋다.

보통 응집제로 사용되는 알루미늄이나 철의 염류는 상기와 같은 하천의 중화작용에 의하여 콜로이드 입자를 불안정화 하여 입자의 결합을 촉진함과 동시에 수중의 알칼리분과 화학반응을 일으켜 불용성 수산화물의 콜로이드를 형성하고 미소립자를 흡착하여 스폰지(海綿, sponge)상 혹은 응교체(凝膠體, jelly)상의 플록을 형성하여 침전한다. 이들 플록은 큰 표면을 갖고 있으므로 입자의 흡착효과가 좋다.

응집침전의 과정은 다음과 같은 각 단계로 된다.

1) 응집제의 수중첨가

2) 수중에서 응집제를 확산시켜 탁질입자와의 접촉을 위한 혼합교반

3) 입자들을 큰 플록으로 만들기 위한 교반

4) 응집을 침전시키기 위한 침전법이며, 공학적인 면에서 응집침전법은 다음 각 항목에 대하여 연구된다.

① 응집구조의 해명

② 응집제의 연구

③ 물리적 · 화학적 · 생물학적인 각 인자가 응집작용에 미치는 영향

④ 응집장치

⑤ 침전장치

응집침전장치는 응집제를 주입하는 약품주입장치, 응집제를 물전체에 확산 접촉시키는 확산 혼합장치, 플록형성을 촉진시키는 교반장치, 생성된 플록을 능률적으로 침강시키는 확산 혼합장치, 플록형성을 촉진시키는 교반장치, 생성된 플록을 능률적으로 침강시키는 침전장치, 각 장치를 제어하는 장치, 각 장치에 부대되는 설비 등으로 구성된다. 또 이들 각 장치를 평면적으로 각자 독립적으로 연결시킨 종래의 응집침전지형과 혼합응집장치와 침전장치를 하나의 장치로 조합한 급속응집 침전지형의 두 가지 형이 있다. 두 가지중 후자는 설치면적을 적게 차지하는 이점이 있으나 구조상으로 수리적 불안정성이 있고 수질변동의 대응에 있다. 따라서 입지조건, 수질조건, 처리조건 등을 생각하여 형식 선정을 해야 한다.

최근 수처리에 있어서 물에서 분리된 슬러지 문제가 공해와 결부되어 중요하게 되었으며, 슬러지처리와 처분에 대한 중요성이 증대되었다. 따라서 수처리공정의 선정은 물과 배출슬러지처리와 처분이 용이하고 슬러지발생량이 적은 방법을 선택하여야 한다.

9.4.1 콜로이드의 응집구조

응집제에는 화학적 응집설과 물리적 응집설이 있다. 화학적 응집설에서는 콜로이드 입자가 갖는 전하는 입자의 표면에 존재하는 이온에 의한 것이며, 응집은 콜로이드 상호의 화학작용에 의한 것이다. 이에 대하여 물리적 응집설에서는 입자의 표면에 전기이중층(電氣二重層, electrical double layer)을 가정하여 계면동전위(界面動電位, electro-kinetic potential)를 정의하고 응집의 현상을 동전학적(動電學的)으로 설명하고 있다.

수중의 현탁질이나 콜로이드 입자는 대개 표면이 부(負)로 전하되어 있으며, 입자에 가장 가까운 부분에서는 입자표면의 정전적 흡인력이 강하기 때문에 반대부호의 양이온이 입자표면에 흡착되어 고정층(固定層, fixed)을 형성한다. 이 고정층의 외측에서 양이온은 열운동에 의하여 확산되고 그 농도는 고정층으로부터의 거리에 따라 지수법칙적으로 감소한다. 이 층을 **확산층**(擴散層, diffused layer)이라 한다. 고정층과 확산층을 합하여 **전기이중층**이라 하며, Helmholtz에 의하여 제창되었다. 이와 같이 콜로이드 입자는 소화된 막층으로 둘러싸여 미포(微胞, micelle)를 형성하고 수중을 이동할 때는 미포로서 운동하므로 미포 표면에 전단면이 생긴다. 이 전단면에서의 전위를 ζ(動電, zeta-potential : 입자간에 서로 밀어내는 힘)라 한다. ζ-전위는 콜로이드 성질 특히 응집능력과 상관도가 크므로 수처리에서 널리 지표로 사용되고 있다. 그림 9.13은 콜로이드 입자에 대한 전기이중층의 전위곡선은 그림 9.13(b)에 파선으로 표시된 바와 같이 저하하여 ζ-전위도 ζ_1에서 ζ_2로 변화한다. 더 많은 전해질을 가하면

ζ-전위는 0에 가까워지고 결국 등전점(等電點, iso-electric potential, ζ-전위가 0)에 도달한다. ζ-전위가 등전점 부근에 가까워지면 동종의 대전위자간의 반발력이 적어지고 전기적 흡인력(van der waals force : 미립자 상호간에 작용하는 전기적 흡인력이며, 거리에 비례하여 급격히 감소함)나 커지므로 응집이 일어난다.

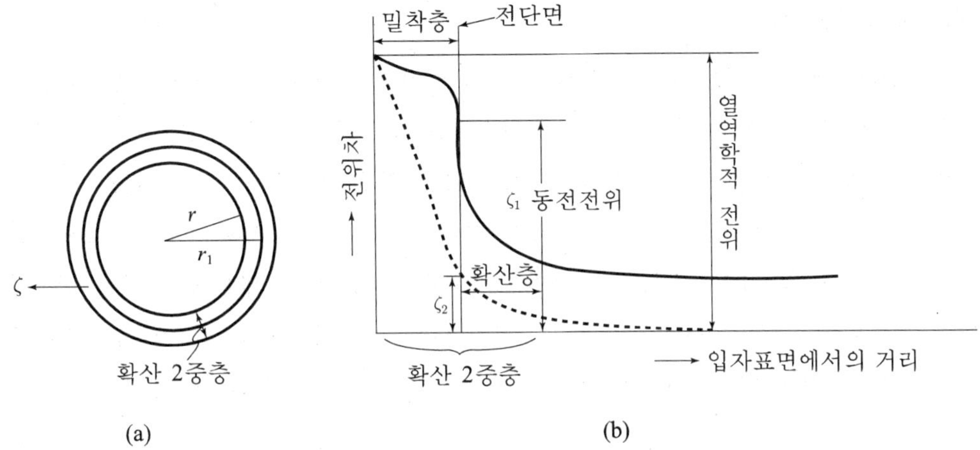

그림 9.13 콜로이드 입자의 표면상태의 정전위

석교다문(石橋多聞)에 의하면 응집은 화학적 반응이고 ζ-전위는 응집을 지배하는 요건이 아니라 1차 플록이 결합하여 대형화하는데 상당히 관계가 깊은 뿐이며, ζ-전위가 임계전위 내에 있어도 타의 화학적 요건이 구비되지 않으면 1차 플록의 대형화는 진행하지 않는다. 응집은 화학적이므로 수중의 각종 이온의 존재와 농도에 영향을 받으며 다음과 같은 제인자(諸因子)가 관련된다.

9.4.2 응집반응을 지배하는 제인자

응집작용에 관하여는 인자는 많은 연구에도 불구하고 아직 완전히 해명되지 못하고 있다. 비교적 중요한 인자로 취급되어 온 것은 응집처리 대상이 된 탁도나 색도 물질의 상태, 수온, 알칼리도, pH, 경도 및 유리탄산 등이다. 또 응집제의 첨가 농도와 순서, 교반조건 등이다.

(1) 수온

수온이 응집반응에 미치는 영향은 현탁물질이나 수질 등에 따라 다소 차이가 있지만 일반적으로 수온이 높아지면 물의 점도가 저하하여 이온확산이 빨라지므로 응집제의 화학반응이 촉진되어 응집효과도 좋아진다. 한편 수온이 낮으면 플록형성에 요하는 시간이 길어지고 응집제의 사용량도 많아진다. Comp와 Stein에 의하면 수온이 24℃에서 0℃까지 내려가면 플록생성 속도는 30% 정도 늦어진다고 발표하였다.

(2) 수소이온농도(pH)

어느 범위의 적정 pH치는 존재하고 알루미늄염의 경우 pH치는 6.0~7.5가 적당하다. 그러나 철염(鐵鹽)은 비교적 pH의 영향을 적게 받으며 pH치가 적정상태가 아니면 양호한 응집이 일어나지 않기 때문에 이 경우는 산 또는 알칼리로서 pH를 조정할 필요가 있다.

수산화알루미늄의 용해도는 pH 5.5~7.5 범위 내에서 용해도가 급격히 증가하며, 그림 9.14와 같다. 따라서 일반적으로 황산알루미늄을 응집제로 사용할 때 최적의 pH 범위는 5.5~7.5이다. 그러나 색도가 높은 니탄지(泥炭地)나 소택지의 물일 때는 pH 5 전후가 최적이다. 또 황산 제2철 $Fe(SO_4)_3 \cdot 9H_2$은 pH 8.5 부근, 제1철염은 pH 4가 최적 값이다.

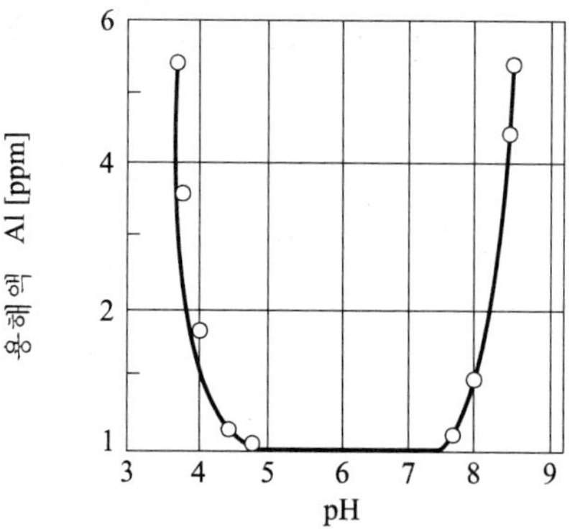

그림 9.14 수산화알루미늄의 용해도

예제 9.5

pH 4인 하수 1ℓ와 pOH 4인 하수 0.8ℓ를 혼합하면 pH는 얼마인가?

풀이

1) 혼합수의 수소이온(H^+) Mol수를 구하면

$$[H^+] = 10^{-4}(mol/\ell) \times 1\ell + 10^{-(14-4)}(mol/\ell) \times 0.8\ell \fallingdotseq 1 \times 10^{-4}[mol]$$

2) 혼합수의 총량= 1.8ℓ

혼합액중 수소이온의 mol농도(mol/ℓ)= 5.556×10^{-5}[mol]

$$\therefore pH = \log\frac{1}{[H^+]} = \log\frac{1}{5.556 \times 10^{-5}} = 4.3$$

---

(3) 알칼리도

금속 수산화물을 얻기 위하여 적정량의 알칼리도가 필요하다. 일반적으로 Al^{3+}, Fe^{3+} 등의 응집제를 첨가하면 알칼리도와 반응하여 수산화물이 되고, pH를 저하시키며, 충분한 알칼리도가 존재하면 완충작용에 의하여 pH치의 저하는 급격히 일어나지 않는다. 만일 원수 중의 알칼리도가 부족할 경우에는 소석회 또는 소다회와 같은 알칼리제를 원수에 주입하여 알칼리분을 보충하는데 이 때의 반응은 다음과 같이 나타난다.

소석회의 경우 : $Al_2(SO_4) + 3Ca(OH)_2 \rightleftarrows 2Al(OH)_3 + 3CaSO_4$ (9-31)

소다회의 경우 : $Al_2(SO_4)_3 + 3NaNO_3 + 3H_2O \rightleftarrows 2Al(OH)_3 + 3NaSO_4 + 3CO_2$ (9-32)

(4) 교반조건

응집반응에서 원수 중에 주입한 응집제를 균등히 분산시켜 균등한 반응이 일어나도록 하기 위하여 급속히 교반을 행하고 다음 단계에서 플록형상을 위한 기계적 교반을 행한다. 이 때 교반 에너지를 적당한 크기로 취하며, 미소 플록들의 충돌횟수가 증대하여 단시간에 큰 플록이 형성되어 신속히 침전한다. 일반적으로 응집반응속도는 입자간의 접촉횟수의 함수이며, 접촉횟수는 식 (9-33)으로 표시되므로 입자의 밀도와 지름을 크게 할 필요가 있다.

$$N = n_1 \cdot n_2 \cdot \frac{1}{6} \cdot G \cdot (d_1 + d_2)^3 \tag{9-33}$$

여기서, N : 단위용량에 대해서 단위시간 내의 입자의 접촉횟수[$1/m^3 \cdot s$]

n : 입자의 수[$1/m^3$], d : 입자의 지름[m], G : 속도경사[1/s]

G는 흐름방향에 직각인 거리 dy간의 속도차, dv로 표시되며 $G = dv/dy$이다. G는 교반을 위한 입력, P는 용기의 용적 V와 액체의 점성계수 μ의 함수이며 $G = \sqrt{(P/V \cdot \mu)}$ 로 표시되고 액체의 단위용적 $V = 1$에 대해서는 $G = \sqrt{p/\mu}$ 이다. 따라서 식 (9-34)는 다음과 같이 표시된다.

$$N = n_1 \cdot n_2 \cdot \frac{1}{6}\sqrt{\frac{p}{\mu}} \cdot (d_1 + d_2)^3 \qquad (9\text{-}34)$$

이 식은 Smoluchowski가 유도한 것으로 단위시간 내의 입자의 접촉횟수, 즉 플록형성의 속도는 입자의 농도와 입경과 교반입력이 클수록 크고, 점성계수가 클수록 작다. 일반적으로 탁도가 낮은 물보다 높은 물이 응집하기 쉽고 동계는 수온이 낮아 점성이 크므로 교반을 크게 할 필요가 있는 것은 이러한 이유 때문이다.

실험 결과에 의하면 G치는 $10\,s^{-1}$ 이상이 필요하며, 플록을 파괴하지 않게 하기 위해서는 $75\,s^{-1}$ 이하로 해야 하고, $30 \sim 60\,s^{-1}$가 최적치라 한다. 또 G치를 교반 도중에서 변화시킬 수 있을 때는 최초는 $100\,s^{-1}$ 정도로 높게 취하고 점차 약화시켜 최후에 $10\,s^{-1}$ 정도로 하는 것이 좋다. 또 응집처리에 있어 약품첨가 직후의 교반이 극히 중요하다. 플록형성을 위한 체류시간은 10분 이상이 필요하며 G치가 낮으면 30분 이상이 필요하다.

플록형성에는 우류식 개수로나 Paddle식 교반기가 사용되는데 이들의 평균속도경사 G가 Camp에 의하여 다음 각 식으로 표시한다. 우류수로의 연장이 l, 단면적이 a, 손실수두가 h이고 유량을 Q라 하면 다음과 같다.

$$P = \frac{Qwh}{(al)} = \frac{v \cdot wh}{l} = v \cdot \rho gs = \frac{wh}{t} = \frac{\rho gh}{t}$$

$$\therefore G = \sqrt{\frac{v \cdot \rho gs}{\mu}} = \sqrt{\frac{vgs}{v}} = \sqrt{\frac{gh}{vt}} \qquad (9\text{-}35)$$

여기서, ρ : 액체의 밀도 [g/cm³], g : 중력가속도 [cm/s²]
v : 액체의 동점계수 [cm²/s] s : 수면경사
t : 체류시간 [s], w : 물의 단위중량이다.

Poddle식 교반기에 있어서 입력은 Paddle의 액체에 대한 항력의 함수가 된다. 항력 D는 다음 식으로 표시한다.

$$D = \frac{C_D \cdot A \cdot wv^2}{2g} = \frac{C_D \cdot A\rho v^2}{2} \qquad (9\text{-}36)$$

여기서, C_D : Paddle의 Blade가 유체에 면하여 이동할 때의 항력계수
A : Paddle의 Blade를 합계한 면적
v : 유체에 대한 Paddle의 상대속도

V를 플록형성 탱크의 물용적이라면 물의 단위용적당 단위시간에 필요한 일량 p는 항력에

속도를 승하여 용적으로 제한 것과 같으므로 다음 식 (9-37)로 나타낼 수 있다.

$$p = \frac{C_D \cdot A\rho v^3}{(2V)} = \mu G^2$$

$$\therefore G = \left[\frac{C_D\, A v^3}{(2vV)}\right]^{1/2} \qquad (9\text{-}37)$$

에 있어서 Blade의 날개속도(翼端速度)는 15~60 cm/s가 최적치로서 사용되고 있다.

예제 9.6

응집침전처리에서 속도경사 G는 300 s^{-1}, 탱크의 용적 100 m^3, 점성계수 μ=1.31×10^{-2} g/cm・s, 효율은 60%의 급속혼합탱크가 있다. 교반기의 축동력은 몇 kW인가?

풀이

$G = \sqrt{\frac{p}{\mu V}}$ 이므로 $p = G^2 \mu V$

$\mu = 1.31 \times 10^{-2}$g/cm・s $= 1.31 \times 10^{-3}$ kg/m・s

$p = (300\text{s}^{-1})^2 \times 1.31 \times 10^{-3}$kg/m・s $\times 100\text{m}^3 = 11{,}790$ Watt $= 11.79$ [kW]

효율 60%를 고려하면 다음과 같다.

교반기 축동력 $= 11.79 \div 0.6 = 19.65$ [kW]

예제 9.7

용량 4,000(m^3)인 응집탱크에서 평균속도 경사(G)값을 50(s^{-1})로 유지하고 있다. 필요한 동력(W)을 구하시오(단 단위를 명확하게 하여야 한다. 그리고 폐수 15(℃)의 절대점도(℃)는 1.139×10^{-3}[N・s/m^2]이다). 또한 교반시간이 20분일 때 플록의 충돌횟수를 구하시오.

풀이

1) 속도 경사식 $G = \sqrt{\frac{W}{\mu}} = \sqrt{\frac{P}{V\mu}}$

동력(P)= $G^2 V\mu$

$$= \left\{(50)^2\left(\frac{1}{\text{s}}\right)^2 \times 4{,}000(\text{m}^3) \times 1.139 \times 10^{-3}\left(\text{N} \cdot \frac{\text{s}}{\text{m}^2}\right)\right\} = 11{,}390\left(\frac{\text{N} \cdot \text{m}}{\text{sec}}\right)$$

$$\therefore P(\text{Watt}) = 11{,}390\left(\frac{\text{N} \cdot \text{m}}{\text{s}}\right) \times \left(\frac{1\text{J}}{1\text{N} \cdot \text{m}}\right) \times \left(\frac{1(\text{W} \cdot \text{s})}{1\text{J}}\right) = 11{,}390\,[\text{W}]$$

$$P(\text{W}) = 11{,}390\left(\frac{\text{N} \cdot \text{m}}{\text{s}}\right) \times \left(\frac{1(\text{kg} \cdot \text{m})}{\text{N} \cdot \text{s}^2}\right) \times \left(\frac{1(\text{kW} \cdot \text{s})}{102.041(\text{kg} \cdot \text{m})}\right) \times \left(\frac{1(\text{forces} \cdot \text{s}^2)}{9.8(\text{m})}\right)$$

$$\times 10^3\left(\frac{W}{kW}\right) = 11390.0[W]$$

입자의 성장은 결국 충돌횟수와 충돌시간에 비례한다고 볼 수 있으므로 충돌횟수= $G \times t$ 로 계산된다.

∴ 충돌횟수= $50[s^{-1}] \times 20 \times 60[s] = 60{,}000$[회] → 적정범위 10,000~100,000회

---

(5) 공존물의 영향

응집처리에 있어서 공존물의 영향을 아는 것은 처리조건을 결정하는데 있어 하나의 지표가 된다. 수산화알루미늄 및 수산화철의 응집에 대하여 공존물질이 영향을 미치는데 연구 되었다. 그 영향중 하나는 응집을 일으키는 pH가 변화하는 일이다. 즉 황산이온, 후민산, 규산, 축합규산 등은 수산화알루미늄의 응집 최적 pH를 현저히 산성에 이동시킨다.

수산화철 용액(溶液, sol)은 pH 7.0 부근에서 가장 잘 응집하나 규산이나 알긴산 소다가 공존하면 응집이 일어나는 pH범위가 산성측에 이동하고 폭이 좁아진다. 한편 수산화철 용액은 Ca^{++}이 공존하면 응집을 일으키는 pH범위는 현저히 알칼리 측에 넓어진다

9.4.3 응집제의 종류와 성질

응집제의 요소로서 적정 응집효과 폭의 넓이, 응집소요시간, 침강성(沈降性), 여과에 대한 영향, 수질에 대한 보편성, 장기 저장에 대한 약품의 안정성, 경제성 등이 평가의 대상이 된다.

이와 같은 관점에서 알루미늄(Al) 화합물이 일반적이며, 상수도 및 공업용수에서는 황산알루미늄이 사용된다.

(1) 황산알루미늄

화학식은 $Al_2(SO_4)_3 \cdot nH_2O$로 표시되고, 구조수는 $18H_2O$가 일반적이다. 황산알루미늄(filter alum)은 다른 응집제에 비하여 다음과 같은 장점이 있다.

① 가격이 저렴하다.

② 탁도, 색도, 세균, 조류 등 거의 모든 현탁물 또는 부유물에 대하여 유효하다.

③ 독성이 없으므로 대량으로 주입할 수 있다.

④ 결정(結晶)은 부식성(腐蝕性)이 없어 취급이 용이하다.

⑤ 철염과 같이 시설의 상면(床面)이나 벽면을 더럽히지 않는다. 반면에 철염에 비하여 생

성한 플록이 가볍고 적정 pH폭이 좁은 것이 단점이다.

황산알루미늄의 수용액은 강한 산성을 나타낸다. 따라서 황산알루미늄의 저장탱크 및 계량, 주입장치 등은 모두 내산성의 것을 사용한다. 황산반토의 적량을 수중에 가하면 알칼리분과 다음과 같이 반응하여 수산화알루미늄의 콜로이드를 생성한다. 이 콜로이드가 응집에 소용된다.

$$Al_2(SO_4)_3 + 3Ca(HCO_3)_2 \rightleftarrows 2Al(OH)_3 + 3CaSO_4 + 6CO_2 \qquad (9\text{-}38)$$

$$Al_2(SO_4)_3 + 3Mg(HCO_3)_2 \rightleftarrows 2Al(OH)_3 + 3MgSO_4 + 6CO_2 \qquad (9\text{-}39)$$

이 반응에서 칼슘(Ca) 또는 마그네슘(Mg)의 중탄산염이 황산염으로 변하므로 일시경도가 영구경도로 변하나 총경도로서는 변화가 없다. 또 알칼리분이 소비되고 탄산가스가 발생하므로 수중의 유리탄산이 증가하여 물의 pH가 약간 저하한다. 수산화알루미늄은 응교체 상이고 함수율이 높으나 흡착력이 강하므로 상호충돌로 결합하여 큰 플록으로 성장한다. 또 미소한 부유물을 포섭하여 함께 침전한다.

수중에 알칼리분이 부족할 때는 상기 반응이 진행되지 않으므로 소석회를 첨가하여 다음 반응을 진행시킨다.

$$Al_2(SO_4)_3 + 3Ca(OH)_2 \rightleftarrows 2Al(OH)_3 + 3CaSO_4 \qquad (9\text{-}40)$$

이 때는 탄산가스가 발생하지 않고 영구경도가 새로 증가하는 점에서 전의 반응과 다르다. 소다회(soda ash)를 첨가하여 알칼리분을 보충하면 다음 반응이 일어난다. 이 때는 경도를 증가시키지 않음이 특징이며, 경도를 기피하는 수처리에 적용한다.

$$Al_2(SO_4)_3 + 3NaCO_3 \rightleftarrows 2Al(OH)_3 + 3NaSO_4 + 3CO_2 \qquad (9\text{-}41)$$

(2) 철염응집제

응집제로서의 철화합물은 폐수나 하수의 처리에 많이 이용되는데 황산반토에 비하여 플록이 무거워 침전하기 쉽고 가격이 저렴하다. 한편 단점으로는 제1철은 높은 pH가 아니면 안전한 플록이 생기지 않으며, pH 9.0 이상이 필요하므로 석회 등을 병용해야 될 때가 많다. 제2철염은 극히 침식성이 강하며, 저장법에 난점이 있다.

1) 황산 제1철

일반적으로 녹반(綠礬, copperas)이라 부른다. 분자식은 $FeSO_4 \cdot 7H_2O$이다. 황산 제1철(ferrous sulfate)은 원수중의 알칼리분과 반응은 하나 시간이 소요되므로 석회, 기타의 알칼리제를 첨가하여 수산화 제2철의 플록을 만든다. 이 반응은 다음과 같다.

$$FeSO_4 + 2Ca(OH)_2 + Ca(HCO_3)_2 \rightleftarrows Fe(OH)_2 + CaSO_4 + 2CaCO_3 + 2H_2O$$
$$4Fe(OH)_2 + O_2 + 2H_2O \rightleftarrows 4Fe(OH)_3 \qquad (9\text{-}42)$$

여기서 수산화 제1철이 제3철로 되는 산화반응은 pH가 7 이상이면 수중의 용액산소에 의하여 쉽게 진행된다. 원수 중에 용액산소가 적고 제1철 이온의 주입량이 많을 때는 제1철 이온이 수주에 남는다. 황산 제1철에 의한 최적응집 pH는 9.0~11.0이므로 원수의 알칼리도와 pH가 높고 탁도가 높은 물의 처리에 적합하다.

황산 제1철을 응집제로 사용할 때 주의할 점은 다음과 같다.

① 황산 제1철과 알칼리제에 의한 응집침전을 pH 9.5 이하에서 행하면 상등액 중에서 상당량의 Fe가 남는다.

② 산성이온인 제1철 용액의 중화상당량 점은 pH 8~11의 범위이며, 가수분해 생성물이 거의 실용적으로 석출을 끝마치는 pH는 9.5이다.

③ pH 9.5 이하의 낮은 pH 영역에서는 황산 제1철에 의한 응집침전은 높은 잔류철분 때문에 곤란하다.

④ 황산 제1철은 환원력이 있으므로 폐수처리에 유리할 때도 있지만 불리할 때도 있다.

⑤ 황산 제1철은 산성용액이므로 약품주입장치 등의 내약품성을 고려해야 한다.

2) 황산 제2철

황산 제2철(ferric sulfate)의 응집제는 보통의 물에 거의 용해되지 않고 산성용액에서 용해한다. 화학식은 $Fe(SO_4)_3$로서 수중의 알칼리분과 반응하여 불용성의 3가 수산화물을 만든다.

$$Fe_2SO_4 + 3Ca(HCO_3)_2 \rightleftarrows 2Fe(OH)_3 + 3CaSO_4 + 6CO_2 \qquad (9\text{-}43)$$
$$Fe_2SO_4 + 3Ca(OH)_2 \rightleftarrows 2Fe(OH)_3 + 3CaSO_4$$

이 약품은 금속에 대한 부식성이 강하므로 취급장치는 내산성의 고무나 연 등을 피복해야 한다. 또 냉수에는 용해하기 어려우므로 온탕을 사용해야 한다. 약품을 건조상태에서는 부식성이 없으므로 건식공급장치(供給裝置, feeder)를 사용할 수 있다. 플록생성, 침전시간은 황산토보다 훨씬 빠르고 응집하는 pH범위는 5~11로 넓다.

3) 염화 제2철

염화 제2철(ferric chloride) 화학식은 $FeCl_3$로서 하수슬러지의 응집에 널리 이용된다. 극히 부식성이 강하므로 장치는 내산성 재료를 사용해야 한다. 최적 pH범위는 5~11로 넓다. 플록의 생성, 응집, 침전 등에 요하는 시간이 짧고 플록이 잘 침전하므로 처리수 중의 잔류철분이 적다. 황화수소나 취미, 색도 등을 제거할 수 있다.

$$FeCl_3 + 3H_2O \rightleftarrows Fe(OH)_3 + 3HCl$$

$$\text{또는 } 2FeCl_3 + 3Ca(HCO_3)_2 \rightleftarrows 3CaCl_2 + 2Fe(OH)_3 + 6CO_2 \quad (9\text{-}44)$$

4) 염화녹반

이것은 염화 제2철과 황산 제2철의 혼합물로서 황산 제1철의 용액에 염소가스를 가하여 반응시킨 것이며, 반응식은 다음과 같다.

$$6FeSO_4 \cdot 7H_2O + 3Cl_2 \rightarrow 2Fe(SO_4)_3 + 42H_2O$$

염화녹반(chlorinated copperas)을 원수와 반응시킬 때의 반응식은 다음과 같다.

$$2FeSO_4 \cdot 7H_2O + 3Ca(HCO_3)_2 + Cl_2 \quad (9\text{-}45)$$

$$\rightleftarrows 2Fe(OH)_3 + 2CaSO_4 + CaCl_2 + 6CO_2 + 2H_2O$$

$$2FeSO_4 \cdot 7H_2O + 3Ca(OH)_2 + Cl_2$$

$$\rightleftarrows 2Fe(OH)_3 + 2CaSO_4 + CaCl_2 + 3CO_2$$

염화녹반은 공업용수나 폐수의 처리에 잘 사용된다. 특성은 ① 플록이 튼튼하여 폐쇄되는 경우가 적고 ② 플록침전이 잘되며 ③ 응집최적 pH범위는 6~9로 넓고 ④ 색도, 이온생태의 유분제거에 효과적이다. ⑤ 황화수소 및 냄새제거도 가능하나 ⑥ 매우 부식성이 강하므로 취급에 주의하고 약품주입장치나 파이프 등의 재질에 주의해야 되는 것 등이다.

9.4.4 응집보조제

응집제의 사용시 첨가량과 응집 및 침전에 요하는 시간을 되도록 줄여야 한다. 그런데 황산반토의 사용만으로는 첨가량이 상당히 커질 뿐만 아니라 응집이 잘 안 되는 경우도 있다. 이와 같은 원수에 대하여 각종의 응집보조제(凝集補助劑)를 병용함으로서 응집을 촉진하고 또 사용량을 절감할 수 있다.

(1) 점토 등

응집보조제는 보다 무겁고 따라서 신속히 침강하는 플록을 만들고 플록강도를 증가시키는 두 가지 목적으로 사용된다. 응집이 잘 이루어지지만 저수온(5℃ 이하)이나 가벼운 플록 때문에 침강속도가 낮을 때는 응집보조제로서 점토나 분쇄된 석회석을 응집이 시작하기 전에 첨가한다. 플록강도의 증가를 위해서는 고분자 응집제와 활성규산 등이 주로 사용된다.

(2) 알칼리제

응집작용의 원리에서 알루미늄은 수중의 알칼리분과 반응하여 아래 표 9.7과 같은 비율에 따라 소비되므로 원래 알칼리도보다 낮은 원수나 다수의 응집제를 사용하는 고탁도 시에 부족되는 알칼리분을 보충하여 알칼리도와 pH를 조정하고 충분한 응집효과를 나타내어야 한다.

표 9.7 응집제 1mg/ℓ 주입에 따른 알칼리도의 감소

종류	알칼리도의 감소 [mg/ℓ]
황산알루미늄(고체) [Al_2O_3 15%]	0.45
황산알루미늄(액체) [Al_2O_3 8%]	0.15
폴리염화알루미늄 [Al_2O_3 염기도 50%]	0.15

알칼리제로는 수도용 소석회, 수도용 소다회 및 수도용 액체 가성소다 등이 사용된다. 이중 소석회는 경제적이나 분말이므로 취급하기가 곤란하고 완속여과지에 사용하면 여사(濾砂)가 부착된다.

소다회는 입상(粒狀)일 때 취급하기가 쉽다. 액체 가성소다는 극약(劇藥)이므로 취급에 주의하여야 하며, 주입하기는 쉽다. 알칼리제에 대한 품질규격은 공업용에 대하여는 KS규격이 있으나 국내 정수용에 대한 규격은 표 9.8과 같다.

응집제 주입률을 결정할 때에는 동시에 원수의 알칼리도, 응집제 주입률과 Jar-Test 실험 시의 상징수 알칼리도(물의 부식성과의 관련상 300 mg/ℓ 이상 잔류함량이 좋다) 등으로부터 알칼리제의 필요여부, 필요할 때는 최고 최저 및 평균주입률도 정하여야 한다. 알칼리제의 주입률은 표 9.9에 표시한 바와 같이 알칼리제의 종류에 따라 달라지므로 다음 식에 의해서 산출한다.

$$W = [(A_2 + K \times R) - A_1] \times F \tag{9-46}$$

표 9.8 정수장 약품의 규격 성분 및 특성

약품명	화학식	통칭	주성분	성상	주요 용도	기타
염소 (Chlorine)	Cl_2	-	Cl_2 99.5% 이상	황록색의 액화 Gas	살균, 산화	독성이 강함, 수분 150 mg/ℓ 이하
오존 (Ozone)	O_3	-	-	독특한 냄새를 갖는 연청색 Gas	살균, 이취미 제거	공기 중에 약 1%의 오존이 있음. 불안정한 특성으로 사용시 생성
이산화 염소 (Chlorine Dioxide)	ClO_2	-	-	적황색 Gas	살균, 이취미 제거(특히 페놀에 유효)	Gas는 폭발성이 있어 용기 내에 저장할 수 없고, 사용시 발생시킴.
활성탄 (Activated Carbon)	C	-	10%(골탄) 90%(목탄)	흑색 분말 (400 mesh) 입상	아취미 제거	pH 5.0~8.0
수산화 칼슘 (Calcium Hydroxide)	$Ca(OH)_2$	소석회	CaO 72% 이상	자색 분말 (200~400 mesh)	알칼리제	pH 13.5
산화 칼슘 (Calcium)	CaO	생석회	CaO 93%(특) 90%(1호)	무색 용액, 백색	pH 조정	-
수산화 나트륨 (Sodium Hydroxide)	NaOH	가성소다	NaOH 45% 이상(용액) NaOH 94~98% (고형)	-	알칼리제	염소 중화용으로 18% 용액

여기서, W : 알칼리제 주입률[mg/ℓ], A_1 : 원수 중의 알칼리도[mg/ℓ]

A_2 : 처리 후에 남아 있어야 할 알칼리도[mg/ℓ],

K : 표 9.9에서 제시한 응집제 수치

R : 응집제 주입률[mg/ℓ], F : 알칼리제 수치

전염소처리를 할 경우에는 염소 1 mg/ℓ에 대하여 알칼리도는 이론상 1.4 mg/ℓ을 소비함으로 전염소 주입률이 높을 때는 보정이 필요하다.

소석회와 소다회는 건식주입을 하나 습식주입을 할 때는 소석회를 석회유(石灰油)로 하여 10~20%, 소다회는 5~10% 정도의 용액으로 하면 사용하기가 용이하다. 또한 액체 가성소다에서는 45% 원액은 5~10 이하에서는 표 9.9와 같이 결정(結晶)이 석출함으로 저장탱크(貯藏

槽) 등에서 가온하거나 또는 가성소다 20~25%로 희석하여 저장 사용한다.

표 9.9 알칼리도를 1mg/ℓ로 상승시키는데 필요한 알칼리제

종 류	알칼리제[mg/ℓ]
소석회(CaO, 72%)	0.77
소다회(Na_2CO_3, 99%)	1.06
액체 가성소다(NaOH, 45%)	1.78
액체 가성소다(NaOH, 20%)	4.00

예제 9.8

응집제로서 황산알루미늄, 알칼리제로서 소석회를 사용할 때 원수 중의 알칼리도 성분량을 무시하면 황산알루미늄 1 mg/ℓ에 대하여 소석회를 얼마나 주입해야 되는가?

풀이

황산알루미늄과 소석회의 반응은 다음과 같다.

$$Al_2(SO_4)_3 \cdot 18H_2O + 3Ca(OH)_2 \rightleftarrows 2Al(OH)_3 + 18H_2O$$

$$\text{소석회의 필요량} = \frac{3 \times 74}{666} = 0.333[mg/\ell]$$

93% 소석회에 대해서는 $0.333/0.93 = 0.36[mg/\ell]$

예제 9.9

황산알루미늄 1 mg/ℓ을 주입하면 알칼리도의 감소, 황산이온의 증가, 중탄산염으로부터의 탄산가스(CO_2) 증가, 탄산염으로부터의 CO_2 증가는 각각 얼마인가?

풀이

$$Al_2(SO_4)_3 \cdot 18H_2O + 3Ca(HCO_3)_2 \rightleftarrows 2Al(OH)_3 + 3CaSO_4 + 6CO_2 + 18H_2O$$

따라서 황산알루미늄 1 mg/ℓ을 첨가했을 때의 알칼리도의 감소는 다음과 같이 계산된다.

$3 \times Ca(HCO_3)$의 분자량 $CaCO_3$의 분자량

$$Al_2(SO_4) \cdot 18H_2O\text{의 분자량} \times Ca(HCO_3)_2\text{의 분자량} = \frac{3 \times 100}{666}$$

$= 0.45[mg/\ell]$ as $CaCO_3$

또 $Al_2(SO_4)_3 \cdot 18H_2O + 3NaCO_3 + 3H_2O = 2Al(OH)_3 + 3NaSO_4 + 3CO_2$

위의 알칼리도 감소를 구한 것과 같은 방식으로 황산이온 증가는 다음과 같다.

$$\text{황산이온 증가} = \frac{3 \times 100}{666} = 0.45[mg/\ell] \text{ as } CaCO_3$$

또 중탄산염으로부터의 $CO_2 = \frac{6\times 44}{666} = 0.396\,[mg/\ell]$ as CO_2

탄산염으로부터의 $CO_2 = \frac{3\times 100}{666} = 0.198\,[mg/\ell]$ as CO_2

예제 9.10

정인산형의 인농도 5 mg/ℓ, 알칼리도 50 mg/ℓ의 물에 황산반토를 가하여 응집침전으로 인산을 제거하려고 한다. 이 경우 인산을 완전히 제거하려면 Al/PO_4의 Mol비를 3으로 할 필요가 있다는 실험결과이다.

1) 필요한 황산반토의 주입량을 구하시오.
2) 응집침전 처리수의 알칼리도를 20 mg/ℓ로 유지하는데 필요한 석회의 주입량을 구하시오(단 알칼리도로서는 PO_4^{-3}에 의한 것은 고려하지 않았다.).

풀이

반응식은 다음과 같다.

$$3Al_2(SO_4)_3 \cdot 18H_2O + 2PO_4^{3-} + 6Ca(HCO_3)_2$$
$$\rightarrow 2AlPO_4 + 4Al(OH)_3 + 6CaSO_4^{2-} + 12CO_2 + 54H_2O$$

1) PO_4^{-3} 2 Mol에 대하여 $Al(SO_4)_3 \cdot 18H_2O$는 6 Mol 필요하며 인농도 5 mg/ℓ은 $(5/31)\times 10^{-3}$Mol의 PO_4^{-3}에 상당하므로 필요한 $Al(SO_4)_3 \cdot 18H_2O$의 주입량

$$\left(\frac{5}{31}\times 10^{-3}\right)\times \frac{6}{2}[mol] = \left(\frac{5}{31}\times 10^{-3}\right)\times \frac{6}{2}\times 10^{-3} = 322.4[mg/\ell]$$

2) 위 식에 의한 알칼리도의 손실은 P원자 1몰(mol)에 대하여 3몰이다. 알칼리도의 1몰은 100 g/ℓ이므로 알칼리도의 감소량은 다음과 같다.

$$\frac{5}{31}\times 10^{-3}\times 3[mol] = \frac{5}{31}\times 10^{-3}\times 3\times 100\times 10^{3}\,[mg/\ell] = 48.4[mg/\ell]$$

그러므로 필요한 석회주입량은 다음과 같다.

$$[20-(50-48.4)]\times \frac{Ca(OH)_2}{CaCO_3} = 18.4\times \frac{74}{100} = 13.6\,[mg/\ell]$$

9.4.5 응집반응의 결정

응집제 또는 응집보조제의 종류는 그림 9.15와 같은 Jar-test를 사용하여 시험을 행하며 응집효과, 수온, 시간 등을 충분히 검토하고 최량의 조건을 결정함이 필요하다. Jar-test의 요령은 그림 9.16과 같다.

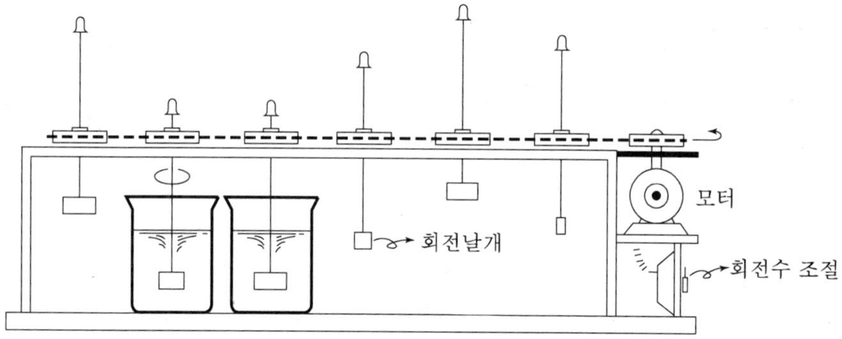

그림 9.15 Jar-test(교반시험)

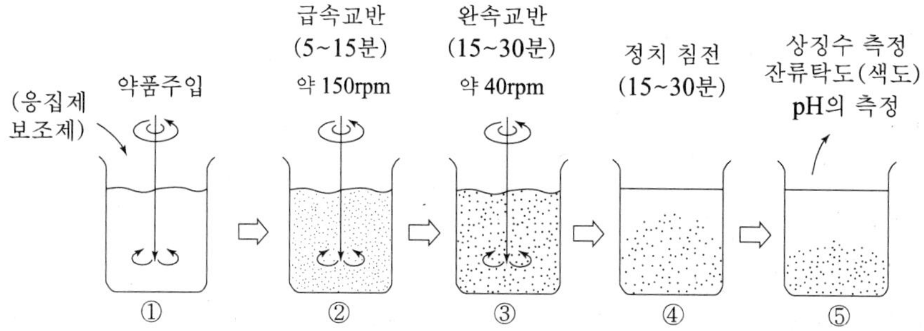

그림 9.16 Jar-test 순서

① 먼저 예비적으로 시료 원료의 수온, 탁도, 색도, 알칼리도, pH 등을 측정하고 응집제 용액 그리고 필요하면 응집에 사용할 알칼리 용액이나 성분액, 고분자 전해제 용액, 활성실리카용액(activated silica sol)등을 준비하고 이들 액의 농도를 측정하여 둔다.

② 1,500 mℓ 시료병(breaker) 6개와 Jar-test의 교반익(攪拌翼, strirring paddle)을 잘 씻어 수분을 제거한다.

③ 시료원수를 잘 흔들면서 1ℓ씩 재어 6개의 시료병에 담아 Jar-test 밑의 정위치에 놓는다.

④ 교반익을 빈병 속에 내리어 100~500 rpm(paddle 단속도 60 cm/s 정도)으로 급속교반을 시작한다.

⑤ 미리 만들어 놓은 응집제 용액을 시료 원수수질에 따라 여러 가지 상이한 이유로 6개의 시료병에 되도록 동시에 주입하고 양을 기록한다.

⑥ 플록을 육안으로 판단할 정도가 될 때까지 경과시간을 기록한다.

⑦ 필요하면 고분자 전해질을 0, 0.5, 0.1, 0.15, 0.20, 0.25 mg/ℓ 등의 비율로 각 시료병에

주입하고 3분간 100 RPM으로 급속교반한다.

⑧ 교반익의 회전속도를 40 RPM으로 감하고 15~30분간 완속교반한다. 이 기간에 시료를 잘 관찰하여 플록생성속도, 플록크기 등을 기록한다. 이 때 고분자 전해질 주입량 0인 시료병 내에 생긴 플록의 크기와 비교한다.

⑨ 교반을 정지하고 플록의 정치침전을 관찰하고 2분마다 상징수 수심을 기록한다.

⑩ 침전이 끝났을 때 각 시료병의 구면하 2.5 cm의 곳에서 100 mℓ 미량관(微量管, pipet)으로 상징액을 취하여 탁도와 색도, pH를 결정하고 이를 기록한다.

⑪ 활성실리카(activated silica)를 응집보조제로 사용하고자 할 경우 주입량은 1~7 mg/ℓ (평균 2.5 mg/ℓ)가 적당하며, 주입시기는 응집제 주입의 저 또는 후 어느 쪽이 좋은가를 실험에 의하여 미리 결정해서 ①~⑨에 따라 Jar-test를 시행한다.

⑫ 일반적으로 응집제나 각종 보조제의 주입적량을 발견하기 위해서 Jar-test를 다시 반복해야 한다.

9.4.6 응집제의 주입

응집에 있어서 일반적으로 현탁액에 약액의 주입, 첨가한 약액과 현탁액의 급속한 용해혼합을 위한 급속교반하여 입자군을 접촉시켜 집합 접착함으로써 플록을 형성시키는 급속교반을 위한 장치들이 필요하다.

응집제의 주입(注入)은 되도록 물과 약품이 충분히 혼화할 수 있는 곳을 택해야 하며, 보통 혼화탱크의 원수입구가 유효하다. 약품주입방식에는 습식과 건식이 있다. 습식장치에는 일정농도의 약액을 처리하고자 하는 물의 수질, 수량에 대응하여 정량 조절하면서 주입하는 방법과 용액농도를 조절하여 일정유량을 주입하는 두 가지 방법이 있다. 일정농도의 약액을 만들어 사용할 때 농도는 일반적으로 10% 용액을 채용하나 고탁도이고 다량의 약액을 만들어 주입할 때는 20~30% 용액을 주입량이 소량일 때는 3~5% 용액을 사용한다.

용액탱크는 두 개 이상 설비하고 용적은 각각 예상되는 최고탁도에 대한 1~2시간 분을 저유할 수 있도록 한다. 용해탱크 및 주입설비는 부식이 심하므로 내산처리에 유의해야 한다.

건식주입장치는 건조한 약품을 세미고체상태(細微固體狀態)로 정해진 주입률에 의하여 연속적으로 용량 또는 중량을 재면서 주입하는 장치로서 고체를 원수 중에 직접주입하는 경우와 방사기(放射器, ejector)를 사용하여 주입장소까지 유도하여 주입하는 경우가 있다. 건식주입방식에서는 약품의 종류 및 주입률을 변경할 때마다 일정 시간 내에 처리하는 약품중량을 결정하여 둘 필요가 있다. 또 이 방식은 흡수하기 쉬운 약품에 대하여는 부적당하다.

약품주입장치의 선정에 있어서는 다음 사항을 결정해야 한다.

① 장치의 기능 : 주입속도, 주입량의 정확도, 기록장치의 필요유무, 제어방식(자동식, 수동식) 등

② 저장탱크의 용량

③ 펌프사용 또는 중력사용

④ 장치의 재료

예제 9.11

어느 공장폐수를 대상으로 응집 · 교반시험(jar test)을 실시한 결과 시료 200(mℓ)에 대해서 (%) $Al_2(SO_4)_3$용액 10(mℓ)를 첨가했을 때 가장 좋은 결과를 얻었다. 반면에 0.5(%) 염화 제2철 용액은 15(mℓ)을 가했을 때 가장 좋은 결과를 얻었다. 다음 물음에 답하시오.

1) 최적주입농도가 낮은 약품은 어느 것인가? 또한 그 주입농도(mg/ℓ)는 얼마인가?

2) A공장의 폐수량이 1,500(m^3/d)이라면 선정된 응집제의 1일 소요량(kg_f)은 얼마인가?

풀이

1) 약품주입농도[mg/ℓ]=주입량[mg]/시료량[ℓ]

$$\text{Alum} = \left(\frac{\text{mg}}{\ell}\right) = \frac{0.1(\%) \times 10^4 \left(\frac{\text{mg}/\ell}{\%}\right) \times 10(\text{m}\ell) \times 10^{-3}\left(\frac{\ell}{\text{m}\ell}\right)}{200(\text{m}\ell) \times 10^{-3}\left(\frac{\ell}{\text{m}\ell}\right)} = 50$$

$$\text{염화 제2철}\left(\frac{\text{mg}}{\ell}\right) = \frac{0.5(\%) \times 10^4 \left(\frac{\text{mg}/\ell}{\%}\right) \times 15(\text{m}\ell) \times 10^{-3}\left(\frac{\ell}{\text{m}\ell}\right)}{200(\text{m}\ell) \times 10^{-3}\left(\frac{\ell}{\text{m}\ell}\right)} = 375$$

∴ 최적주입농도가 낮은 약품은 Alum이며 주입농도는 50[mg/ℓ]이다.

2) 약품주입량[kg_f/d]=주입농도[kg/m^3]×대상폐수량[m^3/d]

$$\text{Alum} = C\left(\frac{\text{kg}_\text{f}}{\text{m}^3}\right) \times Q\left(\frac{\text{m}^3}{\text{d}}\right)$$

$$= 50\left(\frac{\text{mg}}{\ell}\right) \times 10^3\left(\frac{\ell}{\text{m}^3}\right) \times 10^{-6}\left(\frac{\text{kg}_\text{f}}{\text{mg}}\right) \times 1{,}500\left(\frac{\text{m}^3}{\text{d}}\right) = 75\,[\text{kg}_\text{f}/\text{d}]$$

9.4.7 응결의 방법

(1) 응집지

1) 혼화지

주입되는 응집제를 보다 빠르고 안전하게 원수와 혼합시키기 위하여 설치되는 지로서 혼화는 가능한 급속으로 교반할 필요가 있다. 지의 용량을 무조건 증대시키는 것은 무의미하고 Paddle식의 경우 용량이 2 m^3 정도까지 프로펠러(propeller)식은 약 30 m^3 정도까지의 교반탱크에 적합하며, 혼화시간은 보통 1~5분으로 한다. 그리고 혼화지의 형상은 혼합방법에 의해서 결정된다.

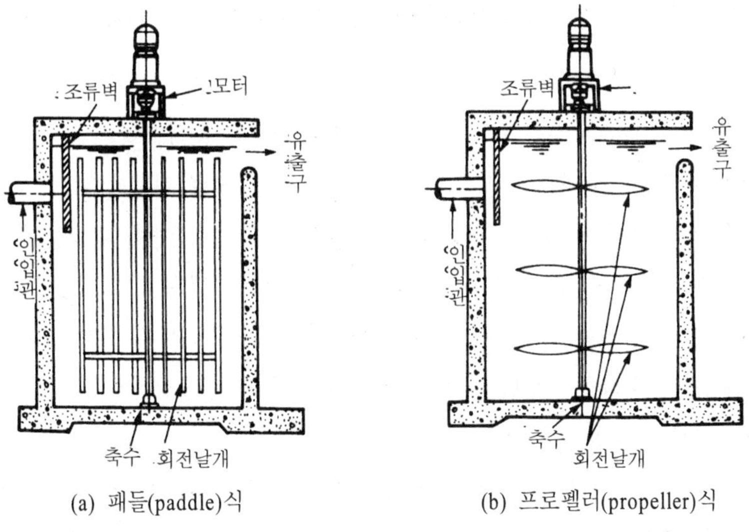

그림 9.17 수세혼합

교반익은 회전을 통하여 혼화시키는 기계식의 경우는 플록형성지에 인접한 깊이 3~5 m의 원형 또는 장방형의 지가 사용된다. 이 기계식 혼화장치를 **수세혼합**(水洗混合)이라 한다. 연직축의 주위를 회전하는 것과 수평축의 주위를 회전하는 것이 있지만 일반적으로 전자가 많이 이용되고 있다. 수세혼합에 대하여 나타내면 그림 9.17과 같다.

다음은 수로에 여러 개의 조류벽을 설치하여 물의 흐름을 좌우 또는 상하로 우류시켜서 혼화하는 방법으로 그림 9.18과 같다.

(a) 상하 우류식

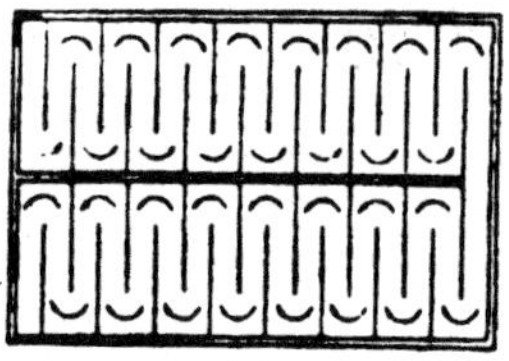

(b) 수평 우류식

그림 9.18 우류식 응집지

혼합법에는 기계교반법, 수로우류식, 확산펌프식, 도수식 등이 있다. 어느 방법이나 혼합시간은 1~5분, 혼화 시의 유속은 1.5 m/s 이상이 적당하다. 각 방법에 대하여 설명하면 다음과 같다.

① 기계교반식인 경우는 수심 3~5 m의 원형 또는 각형의 물탱크 중에 2~6매의 날개를 갖는 회전식 교반기를 설치하고 회전속도 1.5 m/s 이상으로 회전시킨다.

② 수로우회식인 경우는 1.5 m/s 이상의 유속을 갖도록 수로단면을 결정한다. 이것은 수평우류식(水平迂流式) 또는 상하우류식(上下迂流式)이 있다.

③ 수로 중에 급경사를 설치하고 3 m/s 정도의 유속으로 물을 유하시켜 하단에서 생기는 도수현상을 이용하여 혼합한다. 이 방법은 원수수로와 응집지간에 0.5~1.0 m 이상의 낙차가 없으면 채용할 수 없다.

④ 원수펌프 혹은 확산펌프를 이용할 때 흡입측에 약품을 주입하여 펌프내 및 펌프토출구의 난류를 이용하여 혼화한다. 단 사용하는 펌프의 내면 및 파이프는 내산성이 있는 구조이어야 한다.

2) 플록형성지

혼화지에서 형성된 플록을 큰 플록으로 만들기 위하여 혼화지 속에 접속하여 설치된 지이다. 플록 입자간의 충돌기회를 제공하기 위하여 원수를 교반하여야만 되지만 교반강도가 너무 크면 수류(水流)의 전단작용에 의하여 큰 플록은 형성되지 않을 뿐만 아니라 일단 형성된 플록마저 파괴되는 경우가 있다. 반면에 교반강도가 너무 약하면 플록의 침전이 플록형성지 내에서 일어나기 때문에 지 내에서 파괴침전이 일어나지 않도록 교반강도를 조절하여 행하여야 한다.

플록형성지의 용량은 계획정수량에 대하여 20~40분간 체류할 수 있게 설계하고 형상은 장방형으로 한다.

(2) 약품침전지

약품침전지(chemical sedimentation tank)는 플록형성지에 접속하여 설치하는 것이 원칙이지만 도수로가 중간에 위치하여 부득이한 경우는 최소한 거리를 짧게 하여 이미 형성된 플록의 파괴침전이 도수로 내에서 생기지 않도록 반드시 고려해야 한다. 그리고 어떠한 경우에도 플록형성지에서 침전지까지의 구간에서 원수의 흐름은 자연유하방식으로 하여야 한다.

약품침전지는 거의 대부분이 보통침전지를 기준으로 하기 때문에 침전지의 차이점은 다음과 같다.

침전지의 용량은 계획정수량의 3~5시간 분량으로 하고 지내 평균유속은 40 cm/s 이하를 표준으로 한다. 약품침전지는 보통침전지에 비하여 침전슬러지량이 많기 때문에 이로 인하여 지의 저부에 퇴적된 슬러지를 제거하기 위하여 보통슬러지수집기를 설치하여 사용하는 경우가 많다.

(3) 고속응집침전지

응집과 침전의 모든 공정을 단일 탱크 내에서 편성하여 장치 전체를 매우 소형으로 하고 또 침전시간을 극도로 단축한 것으로서 종래의 횡류침전지에 비하여 침전시간이 짧고 약제 사용량이 절약되고 침전수가 양질, 소요 수면적이 적어서 좋은 이점이 있지만 조작에 고도의 기술과 훈련을 요한다. 특히 수질의 탁도변동에 대응하기 힘들고 수질부하의 급변에 적용하기 어려운 점 등의 결점이 있다.

이 형태의 침전지는 상향류식으로 기계적 교반에 의하여 응집을 고농도의 슬러리 중에서 행하게 하여서 플록을 대형화시켜 상향류에 의하여 플록의 침강분리를 행하는 것이다. 기능상 슬러리순환형, 슬러지블랭키트형, 혼합형의 3종류로 분류된다.

1) 슬러리순환형

생성된 플록을 지에서 순환시켜두고 유입수의 응집과 플록성장을 하게 하는 것이다. 이 형의 대표적인 표준형 악세레이터의 기능과 특징은 그림 9.19와 같다.

원수는 제1차 교반실에 들어간다. 여기에서 슬러리가 혼입되어 있어서 원수와 교반실에 주입된 응집제가 슬러리와 더불어 교반날개에 의하여 균일하게 급속교반 되고 원수 중의 탁질입자가 응집하면 동시에 슬러리의 플록이 성숙되어 배수통 튜브를 하강하여 넓은 공간을 가진

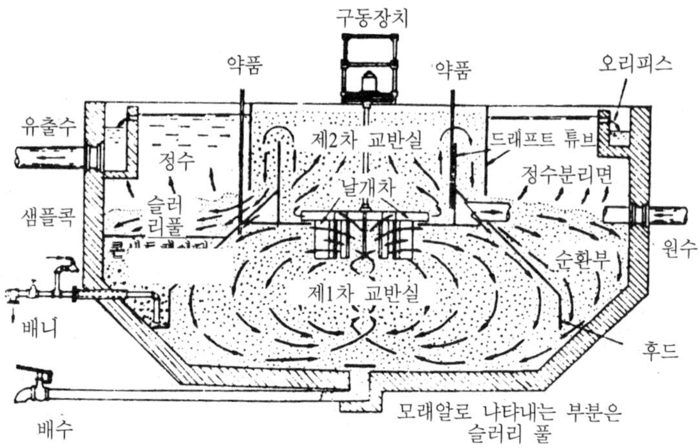

그림 9.19 슬러리순환형 고속응집침전지

순환부에 유출한다. 여기에서 플록은 침강분리되고 상징수는 상승하여 유출한다. 상징수로부터 분리한 슬러리의 대부분은 푸드 하단으로부터 제1차 교반실로 순환하여 원수 및 농축은 여러 개로 분할되어 각각 바닥 문짝을 가지며, 그것을 닫으면 슬러지가 퇴적하고 압밀농축되어서 자동배출 된다.

교반날개의 회전에 따라 교반과 슬러리의 순환이 행하여지며, 교반속도를 증감하면 순환량을 증감할 수가 있다. 이 장치의 특징은 수질변화에 따라서 교반속도와 슬러리의 순환량을 조정하고 탄력적인 조작이 가능한 것이다. 관리 상의 요점은 약품의 적정주입량, 슬러지농도의 상시 적정유지, 적정교반 등이다. 보통 평균체류시간은 약 1시간, 처리능력 4~5 $m^3/m^2 \cdot hr$이다.

2) 슬러지블랭키트형

1935년 미국의 C.H.S Paulding 박사의 개발로 Spaulding precipitator는 슬러지블랭키트형이었다. 슬러리순환형과 더불어 전 세계에 보급되어 있다. 처리능력은 50~50 m^3/d, 원수 탁도는 300도를 한도로 하고 처리수 탁도는 5~10도를 기대할 수 있다.

이 형은 상승류에 의하여 부유상태에 있는 슬러리의 아래로부터 주약된 원수를 상승시켜 청징화하는 것이다. 그림 9.20과 같이 원수는 중앙교반실에 들어가고 여기에 주입된 응집제와 더불어 교반혼합되어 상승하여 제1반응실에 들어가 반응이 촉진되면서 하강하여 제2반응실에 들어간다. 반응실 내에서 슬러리가 형성되어 성장해서 제2반응실의 밑으로부터 외주 분리실로 유출한다.

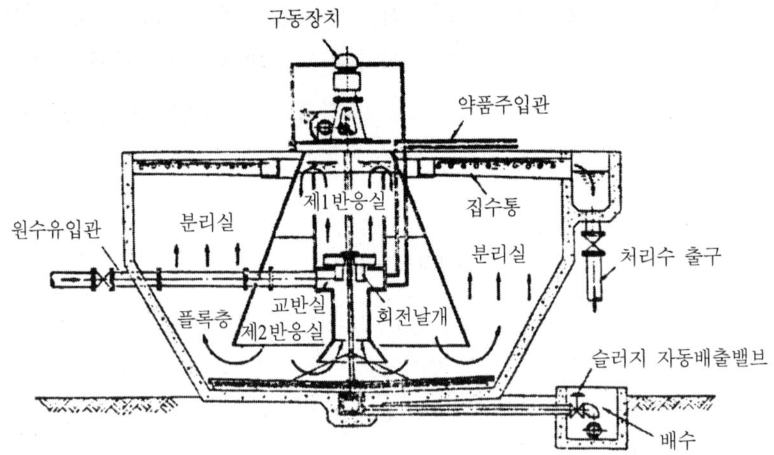

그림 9.20 슬러지블랭키트형 고속응집침전지

슬러리가 일정유량으로 슬러지층(blanket) 중을 상승 통과하는 사이에 슬러리에 함유되어 있는 새로운 플록은 슬러지와 접촉하여 포착되어서 물에서 분리한다. 이 경우 슬러지층은 부유하는 여과층과 같은 역할을 하여 플록을 저지하기 때문이다. 슬러지층은 점차로 농밀(濃密)하게 되어서 슬러지블랭키트를 형성하고 처리가 진행됨에 따라서 블랭키트 속의 슬러지는 점차 무겁게 되어서 침강한다. 침강 퇴적슬러지는 자동적으로 일정시간마다 배출된다. 원수수질이 일정하고 처리수량이 변하지 않는 경우에는 좋은 결과가 얻어지나 수질의 변화에 의한 플록의 경중이나 처리수량의 변화에 의한 슬러지층 중의 상승유속변화에 따라 슬러지층의 레벨(level)이 변동하여 불안정하게 되는 것이다. 일반적으로 배니는 슬러지블랭키트의 높이는 유량과 슬러지의 배출정도에 지배된다.

이 형식에는 원형 종형·각형 종형·장방형 종형·패키지형 등이 있다. 운전상의 요점은 적정한 약품주입, 교반날개의 적정회전, 슬러지블랭키트의 높이 조절, 슬러지블랭키트의 높이를 정위치에 위치하도록 행할 것 등이다.

3) 혼분 복합형

최초의 응집단계를 슬러리 순환방식에 의하여 행하고 슬러리막의 저부에서 슬러리를 분출상승(噴出上昇)시키는 것이다. 그림 9.21과 같이 원수는 중앙교반실에 들어가고 기성순환 슬러리와 접촉하여 응집하고 드래프트 튜브를 하강하여 살수 회전암으로부터 분출한다.

회전암은 슬러리를 분출하면서 동시에 슬러지스크레이퍼(sludge scraper)도 작용하여 슬러지를 슬러지 주머니에 긁어모은다. 회전암으로부터 상부에는 상향수류에 의하여 슬러지블랭키트가 형성된다.

이 형식은 악세레이터에 비하면 특별한 이점은 없는 것 같으나 슬러지블랭키트형과 비교하면 슬러리가 순환하고 슬러지를 수집하기 용이하다. 또 슬러지가 퇴적하지 않고 운전을 중지한 후 재개시에 회전암에 의하여 곧 균일한 슬러지블랭키트가 얻어지며, 슬러지블랭키트가 흐트러져도 슬러리의 순환에 의하여 회복이 빠른 이점이 있다.

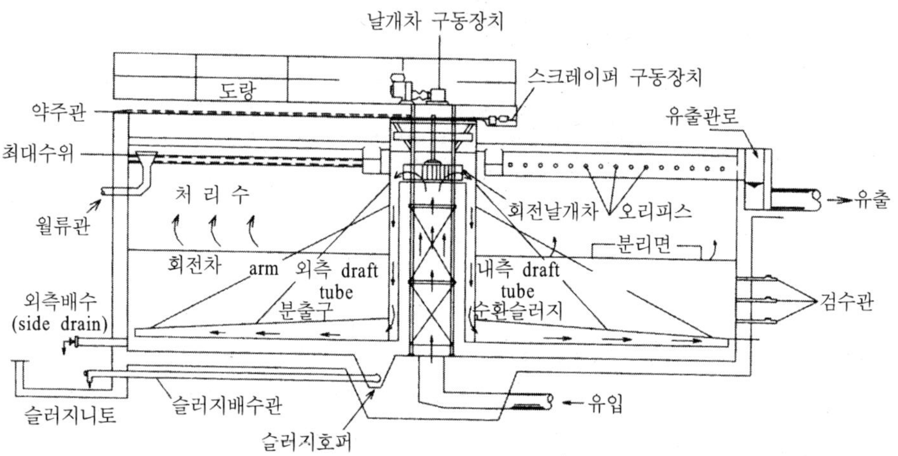

그림 9.21 **복합형 고속응집침전지**

4) 초고속응집침전 장치

초고속응집침전 장치는 처리능력이 2~3.5 $m^3/m^2 \cdot hr$가 표준이며, 최근에는 처리능력이 4~12 $m^3/m^2 \cdot hr$의 장치가 개발되어 현재 상하수도 및 배수처리 분야에서 실용화되어 있다. 이 장치는 분리기구 및 응집기구에 대한 특색의 두 장치가 있다.

분리기구에 의한 장치는 그림 9.22와 같이 원수에 약품을 주입하여 혼화시킨 후에 연속플록형성부 ①로 이송하여 유동교반에 의해서 플록을 형성시킨 다음 분리부 ②의 바닥보다 높은 위치에서 상향류로 주입시킨다. 이 플록을 기존플록에 의해 형성된 슬러리블랭키트층 ②-a로 통과(流過)시킴으로써 기존플록에 흡착되어 청징액과 분리된다. 따라서 청정수는 수면상의 트래프(trough)로 유출되고 잉여슬러리는 슬러리블랭키트층의 하단에 위치한 슬러리 침강관 ③을 통하여 하부농축탱크 ⑤로 유입되어 여기서 침전분리된 청정수는 청정수 상승관 ④를 통하여 상승한다. 이때 관 ④, ⑤ 내의 밀도차에 의해 생기는 밀도류가 추진력으로 바뀌어 잉여슬러리를 농축탱크로 보내는 역할을 한다. 따라서 밀도차의 대소에 따라서 농축탱크의 수량이 결정된다.

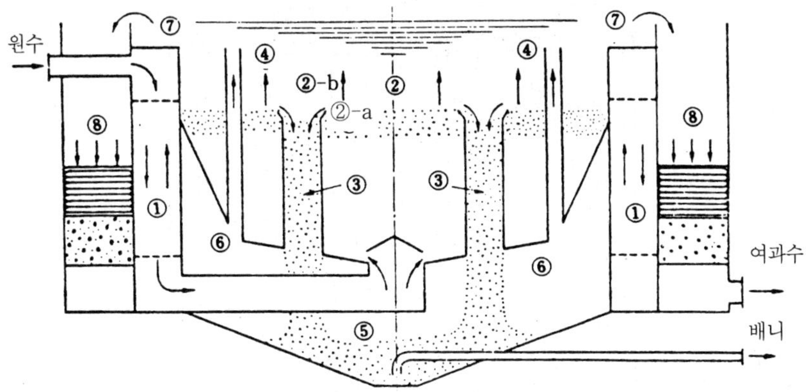

그림 9.22 High Aqua-Fine

이 장치는 청징분리 면적과 거의 동일 면적의 농축탱크를 본 장치의 하부에 설치한 2층식 구조로 되어 있기 때문에 처리능력을 크게 향상시킨다. 이외에 수량의 증가로 인하여 슬러리 블랭키트층이 팽창할 경우 밀도류가 효율적으로 유동하기 때문에 이러한 변동에 대해서는 안정성이 높다.

응집기구에 의한 장치는 응집탱크의 교반조건에 의해서 슬러지막(sludge blanket) 내의 플록군의 침강속도가 대폭으로 변하는 원리를 감안하여 만든 장치로 그림 9.23과 같다.

약품혼합 후의 원수는 응집코어(flocculation core)의 1단에 유입되어 수류교반에 의하여 응집시킨 후에 균등분배실과 분배관을 거쳐서 막저부로 유하시킨다. 이 때 원수가 저부로 충돌함으로 인하여 보유 에너지가 확산되어 성향하려는 원수의 상승유속이 서서히 감소되어 일정속도로 막부분을 통과한다. 잉여슬러리는 잉여슬러리 월류하여 농축탱크로 유입되어 농축된 후에 배니관(排泥管)으로 계외로 배출되는 한편 청징수는 상부집수통으로 집수되어 유출된다.

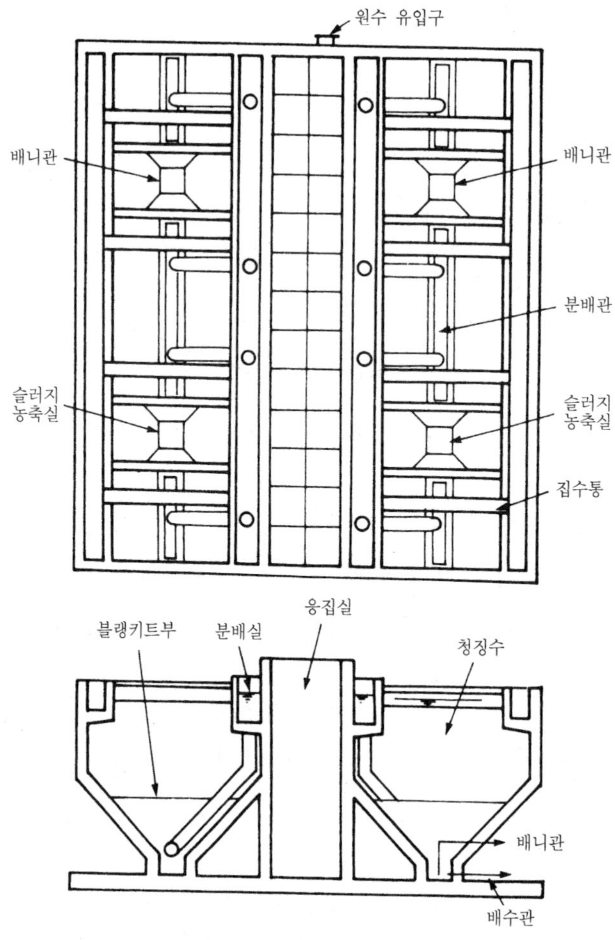

그림 9.23 Higher Rator

9.5 음용수 중 철, 망간 및 맛과 냄새의 제거

(1) 철 및 망간의 환경

지하수나 깊은 저수지의 정체대(停滯帶, hypolimnion)층의 물은 용해된 철(鐵)과 망간을 함유하는 경우가 있다. 철분과 망간의 농도가 각각 0.3 mg/ℓ와 0.05 mg/ℓ 이상이 되면 급수시설이나 피복(被覆)에 색깔을 나타내고 물 속에는 철박테리아가 서식해서 관 내에 점액(粘液, slime)층을 형성하며, 점액층이 부패(腐敗)하면 물에서 맛과 냄새를 내는 부작용을 일으킨다.

급수시 철 및 망간에 의한 문제가 생기면 이를 해결하는데 상당한 시간과 경비가 요구된다. 때로는 이들을 제거하지 않고 격리(隔離, sequester)함으로써 그들의 영향이 나타나지 않도록 하는 방법을 사용할 수도 있다. 이런 경우 철이나 망간이 1 mg/ℓ 존재하면 최소한도 2 mg/ℓ의 정도를 주입시킨다. 또한 배수관 내에 철박테리아가 많이 서식하면 배수관망에 슬라임(slime : 진흙)이 형성되어 슬라임이 부패하면 맛과 냄새를 유발하게 되는 경우에는 염소나 황산구리($CuSO_4$)를 주입시켜 해결한다.

(2) 철의 존재형태

1) 비용해성 : 무기점토성 입자 중 철, 생체 중의 철, 수산화물로서의 철, 3가 철(Fe^{+3})

2) 용해성 : 2가 철(Fe^{+2}), 철 이온, 광화합물

2가 철염 : FeO, $FeSO_4$, $FeCO_3$, $Fe(OH)_2$, $FeCl_2$ 등

3가 철염 : $FePO_4$, FeO, FeCl, Fe(OH) 등

3) 흙이나 광물 속의 용해성 철, 또는 탄산 제1철($FeCO_3$)이 수중의 탄산과 반응, 미량이 용해된다.

$$\underset{\text{탄산제1철}}{FeCO_3} + CO_2 + H_2O \rightarrow Fe^{++} + 2HCO_3^-$$

4) 수중에 용존산소가 존재하면, CO_2가 있더라도 철은 용해되지 않으나, 환원조건(혐기성 조건)에서 제2철(Fe^{3+})은 제1철(Fe^{2+})로 환원된 후 용해된다.

5) 망간(Mn)의 경우 흙에서 주로 이산화망간(MnO_2)으로 존재하며, CO_2를 포함하는 물 속에서는 극히 비용해성이다.

환원조건에서 Mn은 4가로부터 2가로 환원되어 용해된다.

(3) 제철, 제망간 공정

용해성을 비용해성으로 산화시켜 침전제거

$$Fe(HCO_3)_2 \underset{CO_2\text{감소}}{\longleftrightarrow} FeCO_3 \underset{\text{가수분해}}{\longleftrightarrow} Fe(OH)_2 \underset{\text{산화}(O_2)}{\longleftrightarrow} Fe(OH)_3(\downarrow)$$

1) 산화법

① 가용성 2가의 철은 알카리도가 있는 수중에서 유리탄산과 공존, 평형상태를 유지 :

$Fe(HCO_3)_2 \leftrightarrow FeCO_3+CO_2+H_2O$

② CO_2가 감소되어 평형이 깨지고, 산소에 의한 산화작용이 발생하면 비용해성 수산화제2철이 생산된다.

$FeCO_3+H_2O \rightarrow Fe(OH)_2+CO_2$

$4Fe(OH)_2+O_2+2HO_2 \rightarrow 4Fe(OH)_3\downarrow$

※$FeCO_3$ 및 $Fe(OH)_2$의 용해도는 수 mg/ℓ이지만, $Fe(OH)_3$의 용해도는 0.01 mg/ℓ 이하

③ 산화된 철, 망간은 약품침전, 급속여과로 제거된다.

2) 포기법

① 포기하여 CO_2 제거하여 pH를 높이면 탄산철이 생성된다.

② 탄산철은 물과 반응하여 수산화제1철 형성

③ 수산화제1철은 O_2를 공급하면 3가철인 수산화제2철로 산화

$4Fe^{2+}+O_2+H_2O \rightarrow 4Fe(OH)_3+8H^+$

3) **염소법** : 염소로 산화시켜 제거하는 방법으로 특히 망간제거에 유효하다.

① 철 1mg/ℓ : 염소 0.64mg/ℓ

$2Fe^{++}+Cl_2+6H_2O=2Fe(OH)_3\downarrow+2Cl^-+6H^+$

② 망간 1mg/ℓ : 염소 0.65mg/ℓ

$Mn^{++}+Cl_2+2H_2O=MnO_2\downarrow+2Cl^-+4H^+$

4) **과망간산칼륨법** : $KMnO_4$의 산화력을 이용(망간제거에 유효)

$Fe(HCO_3)_2+KMnO_4 \longrightarrow Fe(OH)_3\downarrow+MnO_2\downarrow$

(철 1 ppm : $KMnO_4$ 0.943 mg/ℓ)

$Mn(HCO_3)_2+KMnO_4 \longrightarrow MnO_2\downarrow$

(망간 1 mg/ℓ : $KMnO_4$ 0.943 mg/ℓ)

※MnO_2는 미소입자로 침전이 곤란하므로 황산반토를 이용 응집침전, $KMnO_4$는 유해하므로 잔류하지 않도록 주의하여야 한다.

5) 접촉산화법

① MnO_2를 인공적으로 부착시킨 망간사를 이용하여 여과하는 방법과 MnO_2를 함유한 광석(pyrolusite)를 여과사로 잔염소처리를 병용하여 여과

② 염소주입률은 이론적으로 망간량의 1.29배이지만 여과수에 유리잔유염소 0.5~1.0mg/ℓ이 되도록 주입하여야 한다.

9장

연습문제

1. 어떤 폐수의 pH를 4에서 7까지 올리기 위해서 공업용 가성소다(순도 약 94%)를 폐수 1 m^3당 몇 kg_f 정도 필요한가(단 NaOH의 분자량은 40이다)?

2. 수도용 알칼리제에 대해 설명하시오.

3. 응집제주입방법에 대해 설명하시오.

4. 응집제주입량 산출식을 설명하시오.

5. 응집제로서의 염화알루미늄에 대해 기술하시오.

6. 약품응집침전의 원리에 대해 설명하시오.
1) 응집제 2) 응집침전의 목적 3) 응집침전의 단계

7. 트리할로메탄의 정의를 설명하고 상수도에 있어서 THM 대책에 관하여 설명하시오.

8. 속도경사 G의 정의와 적용치를 기술하시오.

9. 자-테스트(jar test)에 대해 설명하시오.

10. 용량 2,000 m^3 플록형성지에 있어서, G치가 45 s^{-1}로 되게 paddle로 교반하는데 paddle blade 교반익(攪拌翼) 속도는 40 cm/s의 소요동력과 paddle의 면적을 구하시오(단 저항계수 1.8, 물의 밀도는 998.1 kg/m^3, 점성계수는 1.03×10^{-4} kg이다).

11. 고속응집침전지에 대해 설명하시오.

12. 다음 용어를 설명하시오.
1) 염소요구량 2) 전염소처리 3) 잔류염소 4) 불연속점 염소처리 5) 염소의 살균력

13. 전염소처리에 대해 설명하시오.

14. 염소주입에 의한 폐수처리에 관하여 설명하시오.

15. 상수에서 염소소독을 할 때 염소주입량과 잔류염소량과의 관계곡선을 도시하여 설명하시오.

16. 수돗물의 바람직한 불소함유량과 불소투입의 필요성 여부 및 방안에 대한 의견을 제시하시오.

17. 최근 소독용 염소주입 설비계획에 C×T의 개념을 많이 도입하고 있다. 이 C, T가 무슨 관수인지? 또 C×T의 개념에 대해 설명하시오.

18. 상수도 정수시설의 약품혼화 설비의 설계에서 G×T의 수치가 중요한 인자가 된다. 또 G는 일반적으로 $G = \sqrt{\frac{P}{\mu V}}$ 로 표시되는 바 G, t, P, μ, V 등은 무슨 관계인지 이에 대해 설명하시오.

19. 오존처리의 특징을 설명하시오.

20. 오존(O_3)처리 방법에 대해 설명하시오.

21. 질산화 · 탈질화법과 화학적 질소제거법을 설명하시오.

22. 철과 망간이 원수에 용해하는 과정을 설명하시오.

23. 망간 Zeolite법에 의한 제철(除鐵), 제망간의 원리를 설명하시오.

24. 상수의 약품침전지에서 혼화 및 응결에 대해 설명하시오.

25. 폐수의 중화처리에 대해 설명하시오.

26. 이온교환법(ion exchange)에 대해 설명하시오.

27. 입상활성탄의 흡착처리에 관계되는 인자는 흡착용량, 흡착속도, 흡착조건 등이다. 이 중에서 흡착용량에 관계되는 물성을 쓰고 설명하시오.

28. 고분자응집제에 대해 설명하시오.

Chapter 10

생물학적 처리방법

10.1 총 설

10.1.1 생물학적 처리방법

생물학적 처리방법(生物學的處理方法)은 폐수 내에 존재하는 유기물 중에서 생물에 의해서 분해가능(分解可能, biodegradable)한 유기물을 미생물을 이용하여 제거시키는 방법으로서 이 때 이용되는 미생물에는 원생동물(原生動物, protozoa), 조류(藻類, algae), 박테리아 등이 있다. 폐수를 생물학적으로 처리하는 단위공정(單位工程, unit process)에는 활성슬러지법(活性汚泥法, activated sludge process), 살수여상법(撒水濾床法, trickling filter process), 회전원판법(回轉圓板法, rotating biological contactor), 호기성(好氣性, aerobic) 및 혐기성(嫌氣性, anaerobic) 소화(消化, digestion), 산화지법(酸化池法, oxidation ditch), 부패탱크(腐敗槽) 및 lmhoff 등이 있다. 또한 폐수 내의 부유(浮游), 용존(溶存) 혹은 콜로이드 상태의 분해 가능한 유기물을 산화시켜서 H_2O나 탄산가스로 혹은 침전시킬 수 있는 2차 처리, 슬러지의 처리, 유기물을 많이 함유하는 공장폐수의 처리를 위하여 채택되고 있다.

폐수의 생물학적 처리법을 그림 10.1과 같이 여과법, 고정접촉법(固定接觸法), 활성슬러지법과 호기성 안정화는 대체적으로 호기성처리법에 포함된다. 여과법이란 일반적으로 입상의 매체(媒體, media)를 폐수가 통과할 때 흡착, 저지(沮止), 침전, 생물에 의한 산화 등의 작용으로 폐수를 안정화시키는 방법이다. 활성슬러지법은 탱크 내에서 활성적인 미생물군(微生物群)과 폐수를 안정화시키는 방법으로서 가장 많이 사용되는 방법이다.

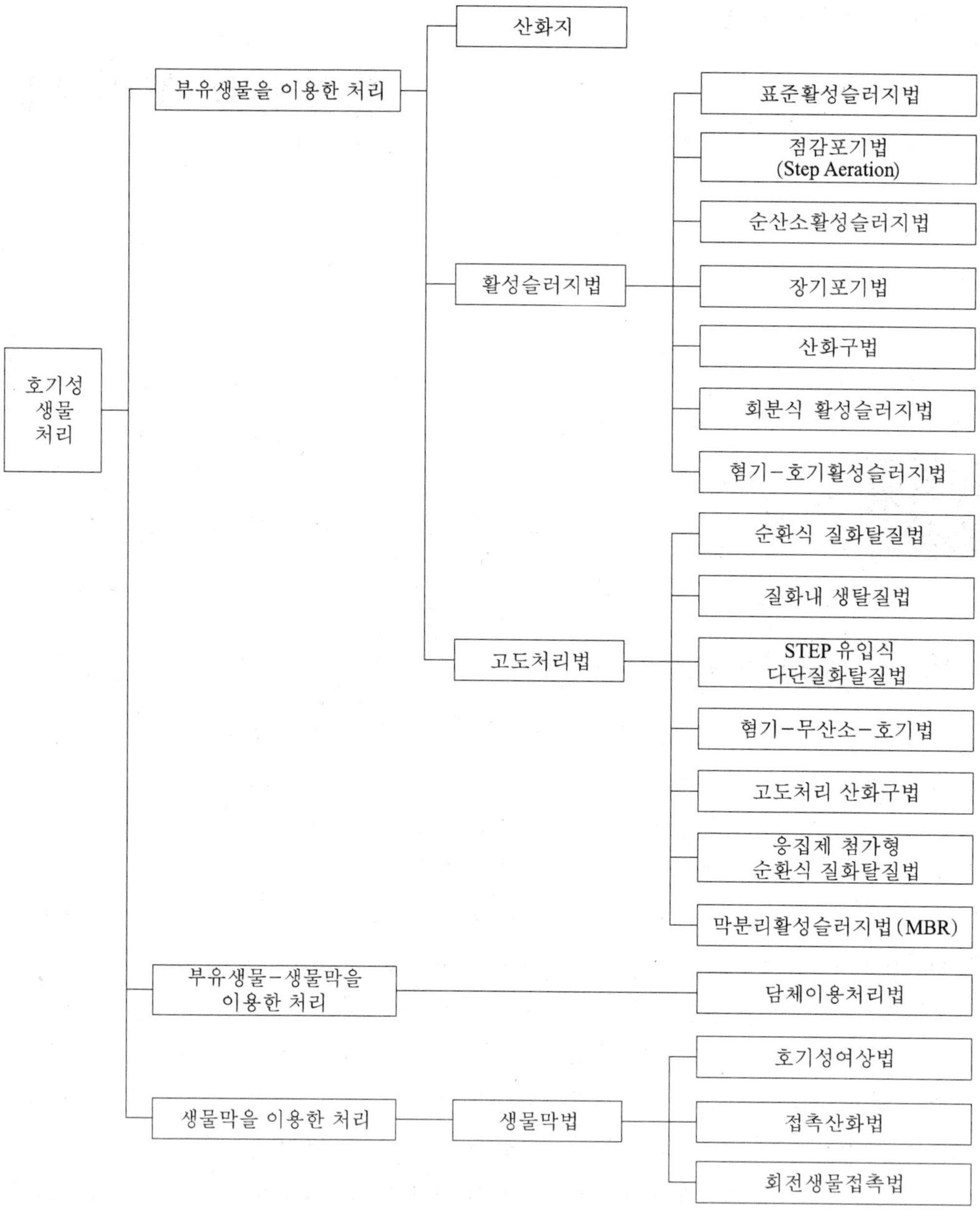

그림 10.1 호기성 생물처리법의 분류

활성슬러지법에서는 미생물군이 플록으로서 부유상태 산화반응을 하며, 원판이나 침착상(沈着床)에 미생물을 부착 고정시켜 생물막(生物膜, biological slime)을 형성하게 하고, 폐수가 생물군에 자주 접촉하게 함으로써 폐수를 정화시키는 방법이 고정접촉법이다. 또한 활성슬러지법이나 고정접촉법은 비교적 작은 탱크 내에서 밀접된 미생물군에 의하여 폐수를 처리하지만 넓고 비교적 얕은 지(池, basin)에 폐수를 유입시켜서 폐수를 처리하는 방법이 생물안정지법(生物安定池法)이다.

10.1.2 생물학적 처리방법의 기초이론

(1) 생물학적 처리를 위한 조건

생물처리법은 생물을 이용하여 하수나 공장폐수를 처리하는 것이며, 생물이 충분히 생육하고 활동하는 조건을 만족시켜야 한다. 이들 조건중 대표적인 것은 다음과 같다.

1) 영양염류

생물체는 탄소(C), 수소(H), 질소(N), 산소(O), 인(P), 황(S), 기타 각종 물질로 구성되어 있다. 이들은 외부에서 보급되며 실제상 오수 중의 존재 여부에 주의하여야 하는 것은 C, N과 P이다. 이중 C는 BOD값이 많이 사용된다. 일반적으로 BOD : N : P = 100 : 5 : 1이 오수처리를 위한 생물군에 좋은 조건이다.

2) 수온

극히 저온이거나 고온폐수는 보통 생물학적 처리에 잘 맞지 않는다. 20～30℃ 범위가 일반적으로 생물활동에 가장 적합한 경우이며, 생물의 종류에 따라서는 12℃ 이하에 적온범위를 갖는 것도 있다. 또한 33℃ 전후를 활동온도로 하고 있는 것도 있다. 또 혐기성 미생물 중에는 55℃ 전후를 활동영역으로 하는 고온성(高溫性) 미생물도 있다. 오수처리에서는 활동도와 온도간에 일정범위 내에서 다음 관계식이 성립한다.

$$K_T = K_{20}\,\theta^{(T-20)} \tag{10-1}$$

여기서, θ : 온도계수

K_T, K_{20} : 각각 온도 T[℃] 및 20℃일 때의 반응계수

3) 용존산소

호기성 미생물에 의한 수처리 시에 특히 주의를 요하는 것은 오수 중의 유기물을 산화하기 위해 필요한 질소의 보급이다. 처리조작의 편의상, 오수처리에 관여하는 생물의 호흡작용(呼吸作用)에 필요한 질소량과 제거 BOD의 세포합성(細胞合成)에 필요한 산소량의 두 가지로 나눌 수 있다.

4) 수소이온농도(pH)

미생물은 각각 일정한 pH범위 내에서 활성도가 최대치에 가까우며, pH범위를 벗어나면 활성도가 저하된다. 가정하수를 처리하는 활성슬러지는 pH 6.0～9.0에서 처리효과가 좋으나 최적범위는 6.5～7.5이다. 여러 가지 공업폐수에 대해서는 유효하게 처리할 수 있는 pH범위가 존재한다.

5) 공간

생물이 활동, 증식 등을 활발하게 하는데는 일정공간을 필요로 한다. 공간의 필요 크기는 처리법과 활동하는 생물의 종류에 따라 다르며, 또한 동일 처리법과 미생물군이라도 조작에 따라 대폭 변화된다. 활성슬러지에서는 활성슬러지생물이 차지하는 필요공간의 크기도 조작에 따라 1～8배 정도의 변동을 볼 수 있다. 비교적 처리공간을 크게 요하는 생물산화지(生物酸化池)에서는 활동이 충분히 행해지고 있을 때 3 m^3/kg-BOD 정도의 공간을 차지한다.

6) 접촉시간

생물과 오수 중의 오물이 되도록 균등하게 또는 적당한 빈도(頻度)로 접촉하는 것이 좋다. 살수여상에서의 살수, 활성슬러지법, 혐기성 소화탱크에서의 교반 등이 이와 같은 기능을 하고 있다.

7) 생물량

오수 중의 유기물질량은 처리에 관여하는 생물에게는 영양질량(營養質量)이며 유기물질량과 생물질량 간에서는 평형관계가 유지되어야 하고, 생물학적 처리시설에서는 양자간에 다음과 같은 식이 성립되고 있다.

$$P = a + bN \qquad (10\text{-}2)$$

여기서, P : 생물량, N : 유기물질량(BOD)

(2) 호기성 생물학적 처리의 원리

유기성 폐수가 미생물군과 접촉하면 여러 기구에 의하여 BOD가 제거된다. 정화기구(淨化機構)는 대체로 다음과 같은 3단계로 이루어진다.

1) 생물학적으로 활성상태에 있는 슬러지와 접촉할 때 생기는 고속도 초기제거

초기제거는 처음 1～20분간에 일어나며, 폐수 중의 부유성, 콜로이드상 물질 및 용해성 물질이 활성슬러지에 의하여 부착(附着), 흡착, 흡수(吸收)되면서 제거되고 이들 유기물은 세포(細胞)중에 저장된다.

2) 생물학적인 세포의 증식에 직접 비례하는 유기물제거

위와 같이 1단계에서 제거된 유기물의 일부는 합성되어 새로운 세포물질이 되고, 나머지는 산화(酸化)되어 합성과 생활을 위한 에너지원이 된다.

① 유기물의 산화(이화작용)

$$\text{유기물(COHNS)} + O_2 \xrightarrow{\text{효소}} CO_2 + H_2O + \text{기타 최종산물} + \Delta H \tag{10-3}$$

② 세포물질의 합성(동화작용)

$$\text{유기물(COHNS)} + O_2 + \Delta H \xrightarrow{\text{효소}} \text{세포물질}(C_5H_7NO_2) \tag{10-4}$$

3) 내호흡작용에 의한 세포물질의 산화(자산화작용)

유기물공급이 불충분할 때 미생물은 생존을 위하여 자기 자신의 세포물질을 산화한다.

$$\text{세포물질} + O_2 \rightarrow CO_2 + H_2O + NH_3 + \Delta H \tag{10-5}$$

여기서, ΔH : 에너지를 나타내며 정화기구는 그림 10.2와 같다.

초기제거량의 크기는 폐수와 접촉하는 미생물군의 상태에 따라 변화한다. 만일 폐수와 접촉하기 전에 미생물군이 충분한 시간동안 포기되지 않으면 이전에 축적된 BOD는 완전히 대사되지 않는다. 따라서 초기제거량은 감소된다. 연구에 의하면 활성슬러지와 폐수가 접촉된 후 30분간 포기할 때는 정화능(淨化能)은 점점 감소하며, 2시간 동안 포기할 때는 높은 정화능이 지속된다. 그러나 활성슬러지에 대한 포기시간을 길게 하면 고도의 내호흡작용이 일어나고 미생물에 의한 BOD제거율은 낮아진다.

Batch식으로 폐수와 활성슬러지의 혼합액을 계속 산화(酸化)하면 미생물의 양은 그림 10.3과 같은 S자형의 곡선에 따라 증식한다. 모든 생물집단(生物集團)은 이와 같은 모양의 증식곡선(增殖曲線)을 나타낸다. 이 증식곡선의 a~b 부분은 미생물량이 기하급수적으로 증식하는 것을 나타내며, 이를 **대수증식기**(對數增殖期, logarithmic growth phase)이라 한다. 이 증식상은 충분한 영양분(營養分)이 공급될 때 나타난다. 곡선의 b~c 부분은 이용할 양분이 거의 없어지고, 내호흡에 의하여 미생물량이 감소됨을 나타낸다. 이것을 **감소증식기**(減少增殖期, declining growth phase)라 하는데 미생물이 이용한 양분의 공급이 불충분함으로써 생기는 것이다. 곡선의 c~d 부분은 이용할 양분의 거의 없어지고 내호흡에 의하여 미생물량이 감소됨을 나타낸다. 이것을 미생물의 **내호흡기**(內呼吸期, endogenous respiration phase)라 한다.

폐수처리에 있어서는 어떤 상(相)을 이용함에 따라 여러 생물학적 처리법이 발달되었다.

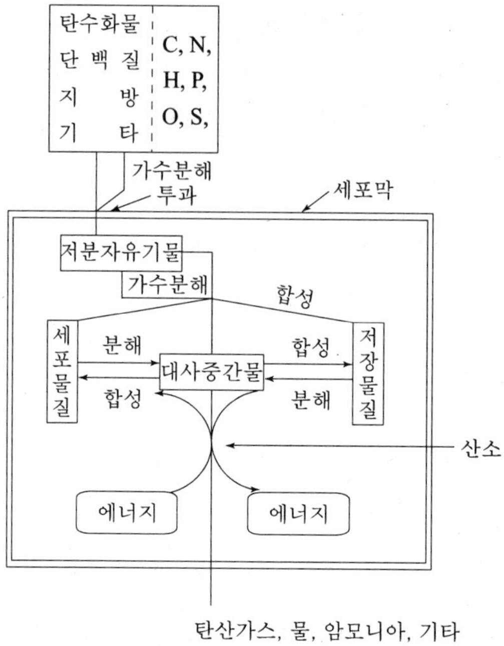

그림 10.2 유기물의 호기적 대사의 모식도

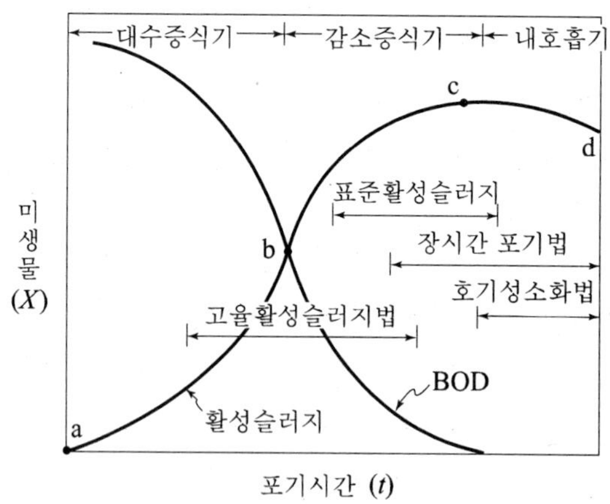

그림 10.3 미생물 증식기와 활성슬러지법

(3) 혐기성처리

역(逆)으로 공기와 폐수의 접촉을 막아 산소가 없는 상태로 유지하여 혐기성 미생물을 증식시킴으로써 오염물질을 분해 정화시키는 방법을 **혐기성처리**(anaerobic treatment)라 한다. 대표적인 방법으로서는 메탄발효법 등이 있다.

1) 혐기성처리의 원리

부패성이 강한 오・폐수를 호기성처리를 하기 위해서는 호기성처리의 한계범위까지 농도를 희석시켜야 된다. 그러나 혐기성처리에 있어서 산생성균(酸生成菌)의 작용에 의해서 유기산, 알코올, 알데히드 등으로 분해된다. 이들은 다시 메탄생성균에 의해 메탄과 탄산가스로 분해된다. 그리고 혐기성처리가 진행되려면 유기산의 액화와 가스화의 평형이 적절하게 유지되어야 한다.

일반적인 혐기성 미생물의 활동 식은 아래와 같다. 여기서 결합원소는 CO_3^{2-}, SO_4^{2-}, NO_3^-, PO_4^{3-} 등이 이용되고 있다.

$$\text{유기물} + \text{결합산소} \xrightarrow{\text{혐기성 미생물}} \text{새로운 세포} + \text{에너지} + CH_4 + CO_2 + \text{기타}$$

2) 혐기성처리의 조건

① 수온 : 혐기성처리의 적정온도는 30～35℃ 또는 50～55℃ 범위로서 온도가 높으면 혐기성처리 일수를 단축할 수 있다.

② pH : 메탄생성세균이 가장 좋아하는 pH 6.8～7.2범위가 되어야 한다. 그리고 소화과정에서 발생되는 유기산에 의해 pH가 저하하는 것을 방지하기 위해 알칼리도를 2,000 mg/ℓ 이상으로 유지해야 할 필요성이 있다.

③ 유기산의 농도 : 유기산은 혐기성분해과정의 지표로 이용된다. 따라서 유기산의 양적변화는 산생성균(酸生成菌)과 메탄생성균 간의 평형에 변화가 있음을 알 수 있으므로 관리자가 이에 잘 대응하면 평형상태가 깨어지는 것을 미연에 막을 수 있다. 그리고 유기산의 양은 300 mg/ℓ 정도로 유지하는 것이 바람직하고 3,000 mg/ℓ 이상이 되지 않도록 처리조건을 제어하여야 한다.

④ 저해물질 : 혐기성분해는 구리 1 mg/ℓ, 아연 5 mg/ℓ, 6가 크롬 50 mg/ℓ, 식염 1.5%, 질산염은 질소로서 50 mg/ℓ, 황산염은 50 mg/ℓ 이상이 되면 저해한다. 또한 황산염은 황산의 환원에 의해 황화수소(H_2S)를 발생시키므로 인해 악취 및 부식의 원인이 된다.

(4) 생물학적 처리의 동력학 모형

활성슬러지법에서는 유입수의 질・양의 일 변화와 수온, 반응탱크의 형태에 따라 반응탱크 내의 기질농도, 활성슬러지의 산소소비속도 및 용존산소농도가 변하며 그 결과 처리수질도 변화한다. 이러한 변화를 예측하는 수법으로 그림 10.4와 같이 활성슬러지법의 동력학 모형이 이용된다.

이 모형에 필요한 가정은 다음과 같다.

1) 하수 중의 BOD는 빨리 분해되는 저분자유기물(용해성기질)과 분자량이 커 가수분해를 경유함으로 천천히 분해되는 비용해성기질로 구성된다.

2) 용해성기질을 이용하는 미생물의 증식속도는 Monod 식에 따라 표현된다.

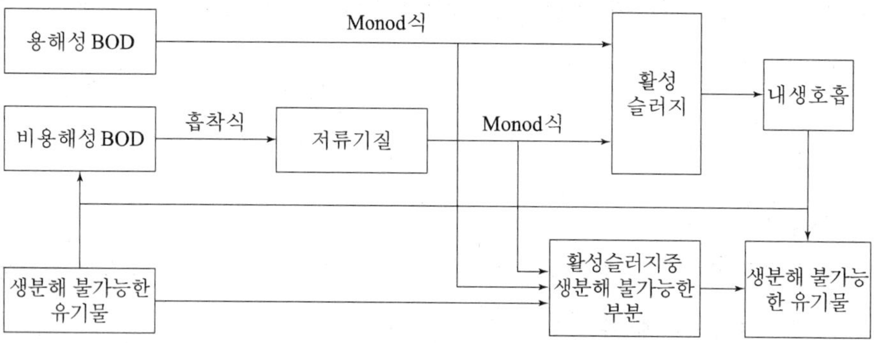

그림 10.4 활성슬러지법의 동력학 모형의 개념도

3) 비용해성기질은 미생물과 접촉되어 미생물의 표면에서 가수분해되어 저분자 유기물이 된다.

4) 비용해성기질을 이용하는 미생물의 증식은 다음과 같은 두 가지의 가정에 따라 성립된다.

① 활성슬러지 미생물에 의한 비용해성기질은 흡착후 가수분해되어 용해성기질이 되어 저류된다.

② 저류된 기질은 용해성기질과 마찬가지로 Monod 식에 따라 미생물에 의한 세포합성이 이루어진다.

5) 활성슬러지 미생물은 활성슬러지량에 비례하여 일정한 속도로 자기분해된다.

6) 자기분해에 의해 생분해되지 않은 활성슬러지의 일부분은 생분해 불가능한 유기물과 비용해성 BOD로 변환된다.

그림 10.5와 같은 관계를 반응탱크 내의 기질농도, 활성슬러지의 산소소비속도, 활성슬러지 미생물농도의 시간적 또는 장소적 변화율에 의해 나타낸 것이 반응속도식이다. 또한 시설구조와 운전조건이 다른 각종 활성슬러지법의 동력학 모형을 완성하기 위해서는 반응탱크 내의 기질, 활성슬러지 미생물 및 용존산소에 대한 물질수지 계산을 할 필요가 있다. 따라서 반응탱크

에서 미생물에 의한 오염물질의 생물반응을 쉽게 이해하기 위하여 다음과 같은 가정을 하여 SRT(Solid retention time)와 처리수의 기질농도(S), 그리고 미생물농도(X) 사이의 관계를 정량적인 가정으로 설명할 수 있다.

① 정상상태(시간적 변화 없음)

② 완전혼합형(장소적 변화 없음)

③ 미생물에 의한 오염물질제거 반응은 반응탱크에서만 발생

④ SRT 계산에는 반응탱크 부피만을 사용

⑤ 유입수 중의 미생물농도는 무시

⑥ 기질은 용해성이며, 단일 물질로 가정

대상이 되는 미생물의 비증식속도(μ)와 그 미생물의 제한 기질농도(S)의 관계를 Monod 식에 의하여 식 (10-6)과 같이 나타낼 수 있다(그림 10.5 참조). 이 경우에 대상이 되는 기질로서는 유기물제거에 있어서는 C-BOD 또는 COD_{cr}, 질산화에 있어서는 암모니아성 질소를 각각 대상으로 한다.

$$\mu = \mu_m \frac{S}{K_s + S} \tag{10-6}$$

여기서, μ : 비증식속도[1/d]

μ_m : 최대 비증식속도[1/d]

S : 성장제한 기질농도[mg/ℓ]

K_s : 포화정수[mg/ℓ]

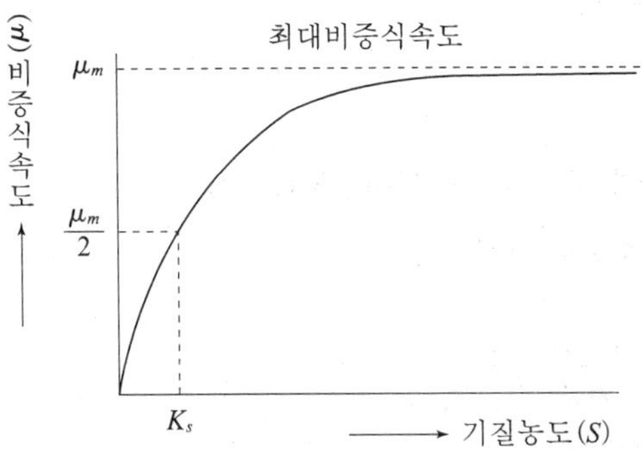

그림 10.5 미생물의 비증식속도에 미치는 기질농도의 영향

미생물의 증식속도(γ_g)는 $\gamma_g = \mu \cdot X$(X : 미생물농도)로 정의되므로 식 (10-6)은 식 (10-7)로 된다.

$$\gamma_g = \frac{\mu_m \cdot S \cdot X}{K_s + S} \tag{10-7}$$

여기서, γ_g : 미생물의 증식속도[mg MLVSS/ℓ · d]

X : 미생물농도[mg MLVSS/ℓ]

수율(Y) 즉 제거된 기질량에 대하여 증식된 미생물량의 비율은 식 (10-8)로 정의된다.

$$\gamma_g = Y\gamma_{su} \tag{10-8}$$

여기서, γ_{su} : 기질이용속도[mg MLVSS/ℓ · d]

Y : 수율[mg MLVSS/mg기질]

기질이용속도(즉 기질제거속도)는 식 (10-9)로 나타난다.

$$\gamma_{su} = \frac{\mu_m \cdot S \cdot X}{Y(K_s + S)} \tag{10-9}$$

최대 기질이용속도(k)를 $k = \frac{\mu_m}{Y}$로 정의하면, 식 (10-9)는 식 (10-10)이 된다.

$$\gamma_{su} = \frac{k \cdot S \cdot X}{K_s + S} \tag{10-10}$$

미생물의 자기분해속도(γ_d)가 식 (10-11)과 같이 일차 반응을 따른다고 가정하면 자기분해를 고려한 미생물의 증식속도($\gamma_g{}'$)는 식 (10-11) 또는 식 (10-12)가 된다.

$$\gamma_d = -k_d \cdot X \tag{10-11}$$

여기서, γ_d : 미생물의 자기분해속도[mg MLVSS/ℓ · d]

k_d : 자기분해속도상수[1/d]

$$\gamma_{su} = \frac{k \cdot S \cdot X}{K_s + S} \tag{10-12}$$

$$\gamma_g = Y\gamma_{su} \tag{10-13}$$

여기서, γ_{su} : 기질이용속도[mg MLVSS/ℓ · d]

활성슬러지법의 처리계통과 같은 슬러지반송이 있는 연속류식 완전혼합형 활성슬러지법 모형에 있어서는 반응탱크의 HRT와 SRT는 식 (10-14)와 식 (10-15)로 정의할 수 있다.

$$\gamma_g{}' = \frac{\mu_m \cdot S \cdot X}{K_s + S} - k_d \cdot X \tag{10-14}$$

$$\gamma_g{}' = Y \cdot \gamma_{su} - k_d \cdot X \tag{10-15}$$

여기서, $\gamma_g{}'$: 자기 분해를 고려한 미생물의 증식속도[mg MLVSS/ℓ · d]

활성슬러지법의 처리계통과 같은 슬러지반송이 있는 연속류식 완전혼합형 활설슬러지법 모형에 있어서는 반응탱크의 HRT와 SRT는 식 (10-16)과 식 (10-17)로 정의할 수 있다.

$$\theta = \frac{V}{Q} \tag{10-16}$$

$$\theta_c = \frac{V \cdot X}{Q_w \cdot X_R + (Q - Q_w) X_e} \tag{10-17}$$

여기서, θ : 반응탱크의 HRT[d]

θ_c : SRT[d]

V : 반응탱크용량[m^3]

Q : 반응탱크의 유입수량[m^3/d]

Q_w : 반응탱크로부터의 잉여슬러지량[m^3/d]

X_e : 처리수의 SS농도[mg/ℓ]

X_R : 반송슬러지농도[mg/ℓ]

한편 반응탱크의 미생물 물질수지는 식 (10-18)과 같다.

반응탱크에서의 축적율 = 유입율 − 유출율 + 증식율

$$\frac{1}{\theta_c} = Y \frac{r_{su}}{X} - k_d \tag{10-18}$$

여기서, X_0 : 유입수의 미생물농도[mgMLVSS/ℓ]

이 모형에서는 정상상태$\left(\frac{dX}{dt} = 0\right)$를 대상으로 하고 유입수 중의 미생물농도를 무시하는 것으로 가정하기 때문에 식 (10-18)은 식 (10-19)와 같이 변형될 수 있다.

$$\frac{1}{\theta_c} = Y \frac{r_{su}}{X} - k_d \tag{10-19}$$

또, 이 모형이 정상상태에서의 완전혼합형이기 때문에 기질이용속도는 식 (10-20)으로 표현된다.

$$\gamma_{su} = \frac{Q}{V}(S_o - S) = \frac{S_o - S}{\theta} \tag{10-20}$$

여기서, S_o : 유입수의 기질농도[mg/ℓ]

따라서 식 (10-19)와 식 (10-20)으로부터 미생물농도는 식 (10-21)로 나타낼 수 있다.

$$X = \frac{\theta_c}{\theta} \cdot \frac{Y(S_o - S)}{1 + k_d \cdot \theta_C} \tag{10-21}$$

또, 식 (10-19)는 식 (10-20)을 이용하면 식 (10-22)의 형태로도 나타낼 수 있다.

$$\frac{1}{\theta_c} = \frac{Y \cdot k \cdot S}{K_s + S} - k_d \tag{10-22}$$

식 (10-22)에 의하여 정상상태에서의 완전혼합형 활성슬러지법의 처리수농도(S)는 식 (10-23)과 같이 주어진다.

$$S = K_s \frac{1 + k_d \cdot \theta_c}{Y \cdot k \cdot \theta_c - (1 + k_d \cdot \theta_c)} \tag{10-23}$$

10.2 활성슬러지법

10.2.1 활성슬러지법의 원리

하수를 포기하면 하수 중의 유기물을 영양원으로 하여 각종 호기성 미생물이 번식하는데 포기에 의한 교반작용은 하수중의 부유물과 콜로이드상 물질을 응집시켜 하수처리에 효과적인 활성슬러지가 얻어진다. 이 슬러지는 다수의 호기성 미생물을 함유하는 미생물성 슬러지로서 유기물의 산화능(酸化能)과 흡착능(吸着能)이 뛰어나고 또한 침강성도 매우 높다. 활성슬러지법(活性汚泥法, activated sludge process)은 슬러지를 포기탱크에서 하수와 함께 포기하여 미생물의 대사작용을 이용해서 하수 내의 유기물을 제거하고 증가된 활성슬러지를 침전지에서 상징수(上澄水)와 활성슬러지로 분리한다. 상징수는 처리수로 방류하며, 침전된 활성슬러지는 포기탱크에 반송(返送)해서 다시 하수처리에 이용하는데 잉여슬러지(剩餘汚泥, excess sludge)는 슬러지처리시설에서 처리한다. 이와 같이 활성슬러지에 의한 처리는 포기탱크, 포기설비, 최종침전지 및 슬러지반송설비로 이루어지므로 각 부분의 기능을 충분히 발휘시키면서 활성슬러지를 순환이용해서 하수를 정화하는 방법이다.

그림 10.6은 표준활성슬러지법의 기본적인 처리 계통도를 나타낸 것이다. 포기탱크에서는 미생물 응결물과 유입하수 중의 유기물이 접촉하여 미생물이 성장하고 성장한 미생물을 침전지에서 침전시키는 과정을 나타내고 있다. 미생물의 건조중량은 70~80%가 유기물이고 10~30%가 무기물이다. 또한 포기탱크내 미생물의 분자식은 $C_5H_7O_2$로 나타낼 수 있으며, 무기물은 K 및 Na, Mg, S, Ca, Fe 및 미량원소(微量元素) 등을 포함한다. 하수의 특성, 환경조건(環境條件), 고정설계(工程設計) 및 조작방법(操作方法) 등에 따라 변하므로 처리장의 성공적인 운영여부는 제거하고자 하는 오염물질을 동화 하고, 중력침강(重力沈降)에 의해 쉽게 제거될 수 있는 응결물을 형성하는 미생물 군락(群落)의 성장 여부에 달려 있다.

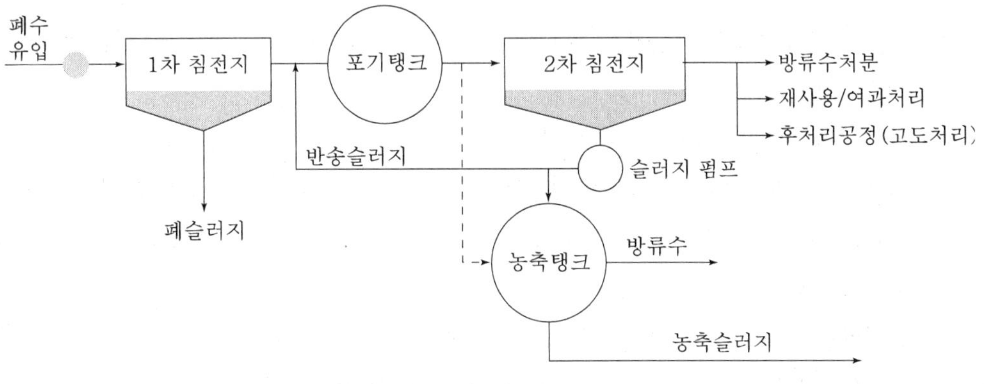

그림 10.6 표준활성슬러지법의 처리 계통도

(1) 표준활성슬러지법의 장·단점

1) 장점

① 설치면적이 적다.

② 처리수 수질이 양호하다.

③ 악취발생 및 파리발생이 적고 2차 공해의 우려가 적다.

④ BOD, SS의 제거율이 높게 나타나고 있다.

2) 단점

① 운전비용이 많이 든다.

② 유리관리에 숙련을 요하고 있다.

③ 수량 및 수질에 영향을 받는다.

④ 슬러지생성량이 많이 발생한다.

⑤ 슬러지팽화(sludge bulking)가 일어난다.

(2) 포기탱크 내의 MLSS

포기탱크 내의 MLSS(mixed liquor suspended solids : 활성오니법에서 포기탱크내 혼합액의 평균 부유물농도(mg/ℓ)를 말함)가 그대로 방류되는 경우에는 대부분이 부유상태의 유기물질로서 오염을 유발하므로 적절히 제거하여야 한다. 일반적으로 MLSS를 분리시키는 방법으로 침전지가 사용되고 침전된 슬러지의 일부를 다시 포기탱크로 반송시키고 있다. 이는 유입하수처리에 소요되는 충분한 미생물을 포기탱크에 확보하고 또한 폐기시켜야 할 슬러지량을 감소하기 위함이다. 그러나 계속하여 하수를 주입시킴으로써 미생물이 계속적으로 성장함에 따라서 결국 필요 이상의 미생물을 폐기한다. 한편 활성슬러지법에는 다음과 같은 기초적인 설비를 열거하면 다음과 같다.

① 한 개 이상의 포기탱크를 설치한다.

② 포기탱크 내에는 미생물 성장에 필요한 산소를 공급시켜야 한다. 산소공급원으로 산소가 포함된 대기 중의 공기 혹은 순산소가 사용될 수 있다. 공기는 포기탱크에서 잘 분산되도록 공급한다.

③ 유입하수가 포기탱크 내의 미생물로 잘 혼합되도록 한다.

④ 포기탱크로부터 유출된 MLSS를 침전지에서 분리한다.

⑤ 침전지 내에 침전된 슬러지는 침전지로부터 배출되며, 배출된 슬러지는 다시 포기탱크로 반송시키고 일부분은 폐기시킨다.

10.2.2 미생물

활성슬러지법에 활용되는 미생물(微生物)은 주로 세균(細菌, bacteria)이다. 이 외에 원생동물(原生動物, protozoa), 윤충(輪蟲, rotifer)류 등이 있다. 특히 섬유성 미생물로서 사상균(絲狀菌)과 진균류가 발생되는 경우도 있는데 이 때는 MLSS가 침전지에서 잘 침전되지 않으므로 각별히 유의해야 한다.

미생물의 성장은 주어진 먹이(有機物質)와 미생물의 양, 즉 F/M(food/microorganism)비가 크면 미생물은 대수성장을 하고 어느 정도의 F/M비가 비교적 적을 때는 내생호흡(內生呼吸, endogenous respiration)이 주가 되는 과정을 거친다. F/M비가 크면 미생물이 분산되어 성장하고 F/M비가 작으면 응결물을 형성하며, 성장하므로 침전으로 미생물을 분리시키기 위하여 적정한 F/M비를 유지한다.

F/M비가 크게 되면 미생물 성장률이 높아지고, 이에 따라 필요한 산소공급률이 높아져야 한다. 산소를 충분히 공급하지 못할 경우에 사상형(絲狀形) 미생물이 자라게 되어 최종침전지에서 슬러지의 침전과 농축이 나빠지는데 이러한 현상을 **슬러지팽화**(Sludge Bulking)라고 한다. 이는 F/M비가 큰 경우뿐만 아니라 낮은(pH 6.0 이하) 유입하수 내에 질소분이 적은 경우 용존산소가 낮은 경우 및 탄수화물이 많은 경우에 발생하는 특징이 있다. 특히 탄수화물 계통의 유기물질을 분해할 경우에는 분해속도가 매우 커져 용존산소의 부족상태(不足狀態)를 초래하여 슬러지팽화가 발생한다.

용해된 유기물질을 섭취하는 세균류와는 달리 원생동물은 하수 내의 유기물질을 직접섭취하지 않고 세균을 먹이로 섭취한다. 따라서 세균수가 증가하면 원생동물의 활동이 활발해지며, 결과적으로 세균수가 감소하게 된다. 한편 박테리아를 원생동물이 섭취하는 것과 마찬가지로 원생동물은 고등동물인 윤충의 먹이가 된다. 즉 포기탱크 내에서 박테리아, 원생동물, 윤충의 약육강식이 조성되어 미생물의 수가 평형을 유지하고 있다. 이것을 나타내면 그림 10.7 및 그림 10.8과 같다.

원생동물과 윤충은 포기탱크 내에서 유입하수에 의한 유기물질이 거의 제거되어야 성장된다. 따라서 윤충류가 포기탱크에 많이 서식하는 것은 활성슬러지의 운전상태가 좋다는 지표가 된다.

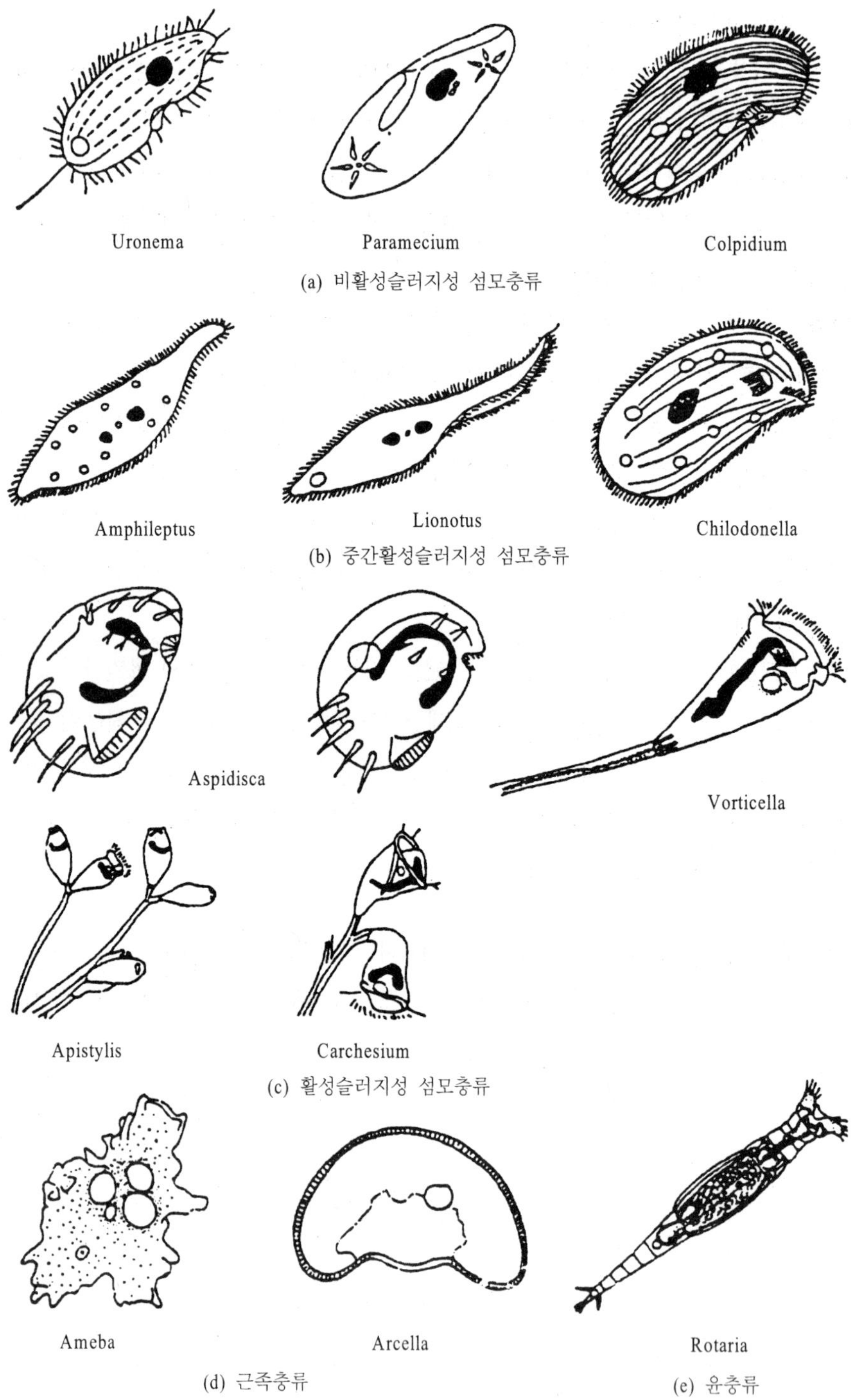

그림 10.7 포기탱크에서의 원생동물의 예

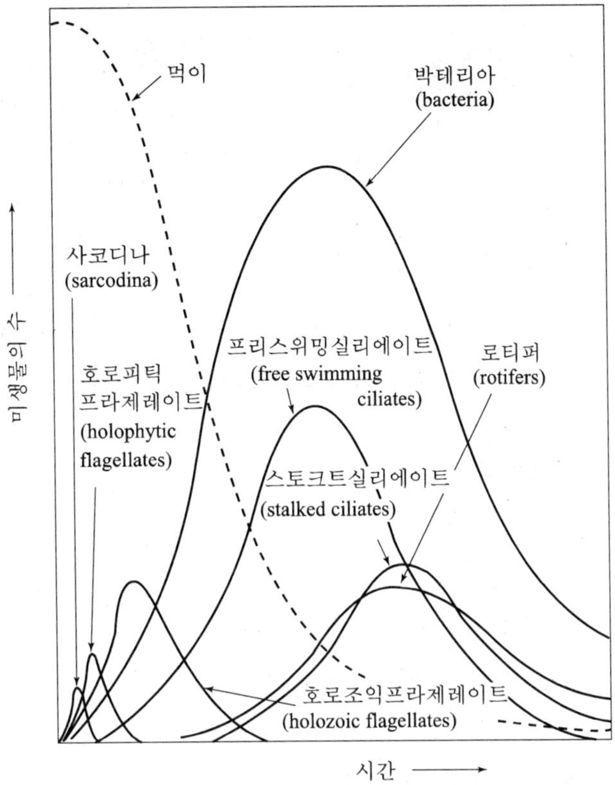

그림 10.8 포기탱크 내의 미생물 종류의 변화

10.2.3 활성슬러지법의 설계공식

(1) 설계와 운영을 위한 공식

활성슬러지법의 대표적인 계통도는 그림 10.9와 같다. 이 설계에 사용될 공식들은 완전혼합식 활성슬러지법에 의한 하수처리시설의 설계나 해석을 위해 적용된다. 포기탱크에서의 미생물 성장은 유기물의 섭취분해 결과 생긴 미생물의 양에서 내생호흡 결과 감소된 부분을 제외하며 식 (10-24)와 같다.

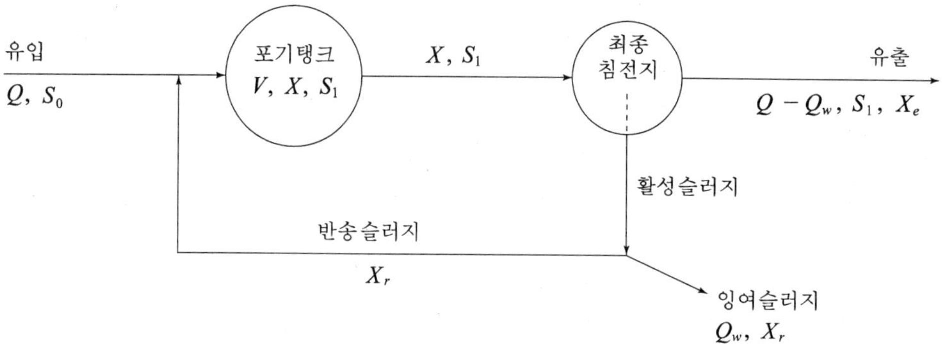

그림 10.9 활성슬러지법의 처리기구와 처리계통

1) 포기탱크 내의 미생물 증가

$$\frac{dX}{dt} = Y \cdot \frac{dF}{dt} - K_d \cdot X \tag{10-24}$$

여기서, dX/dt : 포기탱크 내에서의 미생물증가율

Y : 미생물증식계수[yield coefficient]

dF/dt : 미생물에 의한 유기물제거율

K_d : 미생물의 내생호흡률[d^{-1}]

X : 미생물의 농도

그런데 미생물에 의한 유기물제거율(dF/dt)은 식 (10-25)와 같이 대략적으로 표현할 수 있다.

$$\frac{dF}{dt} = \frac{K \cdot S_1 \cdot X}{K_s + S_1} \tag{10-25}$$

여기서, K : 단위시간 및 단위미생물 무게당 유기물제거량

S_1 : 포기탱크나 유출수의 유기물농도

K_s : 유기물제거율이 K의 반이 될 때의 유기물농도

한편 그림 10.9에서 미생물, 즉 슬러지가 시스템 내에 머무는 시간인 고형물 체류시간(固形物滯留時間, SRT)을 미생물이 특성인자로 표현해 보면 포기탱크에서의 미생물중량을 위한 평형방정식은 다음과 같다.

2) 포기탱크 내의 미생물량의 병형 방정식

포기탱크에서 미생물농도의 변화	=	포기탱크에서 미생물 순증가율	−	포기탱크로부터의 미생물 유실량

$$\left(V \cdot \frac{dX}{dt}\right) = \left(Y \cdot \frac{dF}{dt} - K_d \cdot X\right) V - \left[X_r \cdot Q_w + (Q - Q_w) X_e\right] \quad (10\text{-}26)$$

여기서, X : 포기탱크의 미생물농도[mg/ℓ], X_e : 유출수의 미생물농도[mg/ℓ]
V : 포기탱크의 부피[m^3], Q : 유량[m^3/d], Q_w : 잉여슬러지량[m^3/d]
X_r : 잉여슬러지의 미생물농도[mg/ℓ]

3) 포기탱크내 미생물농도, 폐슬러지량, 유출수, 유기물농도

평형상태(平衡狀態, steady state)에서는 2)의 식에서 X_e는 무시할 정도로 낮으므로 $dX/dt = 0$이므로 식 (10-26)은 식 (10-27)과 같이 요약된다.

$$Y \cdot \frac{dF}{dt} - K_d \cdot X = \frac{X_r \cdot Q_w}{V} \quad (10\text{-}27)$$

한편 포기탱크의 고형물 체류시간(solid retention time, SRT)은 다음과 같다.

$$\text{SRT} \fallingdotseq \frac{V \cdot X}{X_r \cdot Q_w}$$

식 (10-27)에 대입하면 다음과 같다.

$$Y \cdot \frac{dF}{dt} - K_d \cdot X = \frac{X}{SRT}$$

따라서,
$$\frac{1}{SRT} = Y \cdot \frac{dF/dt}{X} - K_d \quad (10\text{-}28)$$

한편 식 (10-25)를 식 (10-28)에 대입하면 포기탱크와 유출수의 유기물농도 S_1은 식 (10-29)와 같다.

$$S_1 = \frac{K_s(1 + K_d \cdot SRT)}{SRT(Y \cdot K - K_d) - 1} \quad (10\text{-}29)$$

한편 유기물제거율 dF/dt는 식 (10-30)으로 나타낼 수 있다.

$$\frac{dF}{dt} = \frac{Q}{V}(S_o - S_1) = \frac{S_o - S_1}{HRT} \tag{10-30}$$

여기서, HRT : V/Q로 수리학적 체류시간(hydraulic retention time, HRT)
S_o : 유입수 내의 유기물농도

식 (10-30)을 식 (10-28)에 대입시켜 포기탱크 내의 미생물농도 X을 구하면 식 (10-31)과 같다.

$$X = \frac{Y(S_o - S_1)}{1 + K_d \cdot SRT} \cdot \frac{SRT}{HRT} \tag{10-31}$$

식 (10-31)에서 보면 X는 Y와 $S_0 - S_1$에 비례하고 HRT에 반비례한다. 정상상태에서 잉여슬러지량($X_r \cdot Q_w$)은 새로 생긴 미생물량과 같아야 한다. 이 값은 포기탱크 내의 미생물량을 SRT로 나눈 값과 같으므로 단위시간당 잉여슬러지량 W_1은 식 (10-32)로 계산될 수 있다.

$$W_1 = \frac{V \cdot X}{SRT} = \frac{Y \cdot Q(S_o - S_1)}{1 + K_d \cdot SRT} \tag{10-32}$$

앞의 식들은 모든 조건이 이상적인 경우에 선정되며, 슬러지의 침강성이 좋지 않거나 포기탱크 내의 산소공급량이 불충분한 경우 그리고 미생물의 성장에 장해가 되는 독성물질이 존재하는 경우에는 잘 맞지 않으나 설계인자를 결정하는 기본적인 공식을 사용될 수 있다.

(2) 기타 활용공식

1) F/M비와 BOD용적 부하

BOD용적 부하는 활성슬러지법의 설계나 유지관리의 기본적인 지표가 된다. 활성슬러지법의 반응속도는 포기시간, 활성슬러지의 미생물량, 유기영양물질 등의 인자에 의해서 좌우되지만 일반적으로 이들 인자를 유기영양물질과 활성슬러지 미생물을 포기탱크 내의 MLVSS (mixed liquor volatile suspended solid : MLSS 속의 유기물질 평균부유물농도를 나타냄)농도로 하여 F/M비(food/microorganisms ratio)로 설계 및 유지관리의 지표로 사용하고 있다.

$$F/M\text{비 [kgBOD/kgMLSS} \cdot \text{d]} = \frac{\text{1일 BOD 유입량 [kgBOD/d]}}{\text{MLVSS량[kg]}} \tag{10-33}$$

여기서, F/M비를 BOD-SS부하라고도 하는데 이는 MLVSS 단위무게당 하루에 가해지는 BOD 무게로서 MLVSS농도, MLVSS와 유입수의 BOD농도, BOD를 사용하여 다음과 같이 구한다.

$$F/M\text{비} = \frac{BOD \cdot Q}{MLVSS \cdot V} \tag{10-34}$$

또한 F/M비 이외에 BOD 용적부하가 있는데 이는 단위포기탱크 용적당 1일 BOD 유입량이다.

$$\text{BOD 용적부하}[\text{kg BOD/m}^3 \cdot \text{d}] = \frac{\text{1일 BOD 유입량}[\text{kg BOD/d}]}{\text{포기탱크 용적}[\text{m}^3]}$$

$$= \frac{BOD \cdot Q}{V} \tag{10-35}$$

2) 고형물 체류시간

그림 10.9와 같이 최종침전지에서 분리된 고형물의 일부는 폐기되고 일부는 다시 반송되어 슬러지는 포기시간보다 긴 시간 동안을 포기탱크 내에서 체류하게 된다. 이를 **슬러지일령**(sludge age) 혹은 **고형물 체류시간**(solid retention time, SRT)이라 한다. 또는 **미생물평형 체류시간**으로도 표현된다.

SRT는 포기탱크에서 생성된 슬러지가 잉여슬러지로서 폐기될 때까지의 시스템 내에 머무는 평형 체류시간을 나타내는 것은 식 (10-36)과 같다.

$$SRT = \frac{V \cdot X}{X_r \cdot Q_w + (Q - Q_w)X_e} \tag{10-36}$$

식 (10-36)에서 통상 X_e는 대단히 낮으므로 무시될 수 있으므로

$$SRT \fallingdotseq \frac{V \cdot X}{X_r \cdot Q_w} \tag{10-37}$$

가 된다.

이와 같이 SRT는 활성슬러지가 포기탱크 내에서 체류하는 시간, 즉 활성슬러지를 구성하는 미생물이 증식하고 응결물을 형성하는 시간을 나타낸 것이다. 따라서 활성슬러지의 정화기능에 크게 관련된 미생물의 비증식속도(非增殖速度)를 고려하여 SRT를 관리할 필요가 있고 표준활성슬러지법의 경우에는 대개 5~10일 정도이다.

또 질화균(窒化菌)은 유기물을 제거하는 세균에 비해 비증식속도가 작기 때문에 SRT를 크게 하여야 질화가 진행한다.

3) 슬러지용적지수와 슬러지밀도 지수

슬러지지수는 활성슬러지 침전 특성을 나타내는 것으로 슬러지용적 지수(sludge volume index, SVI)와 슬러지밀도 지수(sludge density index, SDI)가 있다. 이들은 최종침전지에서 슬러지의 침강성을 알기 위해 매우 중요하며 슬러지용적 지수란 슬러지의 침강농축성을 나타낸 지표로서 포기탱크내 혼합액 1ℓ를 30분간 침전시킨후 1 g의 MLSS가 점유하는 침전슬러지의 부피[mℓ]를 나타낸 것이다.

$$SVI = \frac{30\text{분간 침강된 슬러지부피}[m\ell/\ell]}{MLSS\text{농도}[m\ell/\ell]} \times 100 \tag{10-38}$$

슬러지팽화 여부를 확인하는 지표로 사용하며 보통 SVI가 50~150일 때 침전성은 양호하다. 그리고 200 이상이면 슬러지팽화를 일으킨다. 또한 슬러지밀도 지수는 침전슬러지량 100 mℓ 중에 포함하는 MLSS를 그램(gram)수를 나타낸 것으로 슬러지용적 지수와 다음과 같은 관계가 있다.

$$SDI = \frac{100}{SVI} \tag{10-39}$$

4) 슬러지반송

포기탱크의 MLSS농도를 일정하게 유지하기 위해서는 침강슬러지의 일부를 다시 포기탱크에 반송하는데 가능한데 이를 **슬러지반송**이라 한다.

① 유입 SS를 무시하는 경우

$$\text{슬러지물질수지}: \ X(Q + Q_r) = X_r \cdot Q_r \tag{10-40}$$

양변을 Q로 나누고 반송률 $r = Q_r / Q$를 대입하면 다음과 같다.

$$X(1 + r) = X_r \cdot r \tag{10-41}$$

r에 대해 풀면 식 (10-42)와 같이 되어 r과 X의 관계를 알 수 있다.

$$r = \frac{X}{X_r - X} \tag{10-42}$$

또한 경험적인 관계로서 슬러지의 침강성(SVI로 표시)과 X_r의 관계는 식 (10-43)과 같다.

$$X_r = \frac{1}{SVI} \times 10^6\,[mg/\ell] \tag{10-43}$$

식 (10-43)을 식 (10-42)에 대입하면 식 (10-44)와 같다.

$$r = \frac{X}{\frac{10^6}{SVI} - X} \tag{10-44}$$

또한 경험적 수치인 침전율로부터 슬러지반송률을 계산하는 방법은 다음과 같다.

$$r = \frac{100 \times SV}{100 - SV} \tag{10-45}$$

② 유입 SS를 고려하는 경우

$$\text{슬러지물질수지 : } X(Q + Q_r) = X_r \cdot Q_r + Q \cdot X_i \tag{10-46}$$

양변을 Q로 나누고 반송률 $r = Q_r / Q$를 대입하면 다음과 같다.

$$X(1 + r) = X_r \cdot r + X_i \tag{10-47}$$

$$r = \frac{X - X_i}{X_r - X} \tag{10-48}$$

$$X_r = \frac{1}{SVI} \times 10^6 [\mathrm{mg}/\ell] \tag{10-49}$$

$$r = \frac{X - X_i}{10^6 / SVI - X} \tag{10-50}$$

③ 슬러지침강률 SV(%)에서 반송률 r(%) 계산은 다음과 같다.

$$r = \frac{100 \times SV}{100 - SV} \tag{10-51}$$

예제 10.1

BOD가 200 mg/ℓ인 폐수 10,000 $\mathrm{m^3}$/d을 활성슬러지법으로 처리할 때 포기탱크의 MLSS농도가 2,000 mg/ℓ, BOD부하가 0.4 kg BOD/kg MLSS · d이라면 포기탱크의 BOD용적 부하는 몇 kg/$\mathrm{m^3}$ · d인가?

풀이

$$BOD \text{ 슬러지부하} = \frac{BOD \cdot Q}{MLSS \cdot V}$$

$$V = \frac{BOD \cdot Q}{MLSS \cdot BOD \text{ 슬러지부하}}$$

$$= \frac{200\mathrm{mg}/\ell \times 10{,}000\mathrm{m^3/d}}{2{,}000\mathrm{mg}/\ell \times 0.4\mathrm{kg\,BOD/kg\,MLSS \cdot d}}$$

$$= 2{,}500\,[\text{m}^3]$$

$$\therefore BOD \text{ 용적부하} = \frac{BOD \cdot Q}{V} = \frac{0.2\text{kg/m}^3 \times 10{,}000\text{m}^3/\text{d}}{2{,}500\text{m}^3} = 0.8\,[\text{m}^3/\text{d}]$$

예제 10.2

BOD 200 mg/ℓ인 폐수를 포기탱크 BOD부하 0.3 kg BOD/kg MLSS · d인 활성슬러지법으로 8시간 포기할 때 MLSS농도는 얼마로 유지되겠는가?

풀이

$$BOD \text{ 슬러지부하} = \frac{BOD \cdot Q}{MLSS \cdot V} = \frac{BOD \cdot Q}{MLSS \cdot Q \cdot t} = \frac{BOD}{MLSS \cdot t}$$

$$0.3\text{kg BOD/kg MLSS} \cdot \text{d} = \frac{200\,\text{mg}/\ell}{\text{MLSS mg}/\ell \times \frac{8}{24}\text{d}}$$

예제 10.3

BOD 슬러지부하란 BOD 용적부하에 MLSS로 나눈 값을 말한다. 운전조건이 다음과 같을 때 BOD 슬러지부하를 계산하시오.

조건>

① 유입 BOD농도 : 400 mg/ℓ

② 유입수량 : 3,000 m^3/d

③ MLSS농도 : 3,000 mg/ℓ

④ 포기시간 : 8시간

풀이

$$BOD\text{용적 부하} = \frac{BOD \cdot Q}{V} = \frac{BOD \cdot Q}{Q \cdot t} = \frac{BOD}{t} = \frac{0.4\text{kg/m}^3}{\frac{8}{24}\text{d}}$$

$$= 1.2\,[\text{kg BOD/m}^3 \cdot \text{d}]$$

$$\therefore BOD\text{용적 부하} = \frac{BOD\text{용적 부하}}{MLSS\text{농도}} = \frac{1.2\text{kg BOD/m}^3 \cdot \text{d}}{3\text{kg/m}^3}$$

$$= 0.4\,[\text{kg BOD/kg MLSS} \cdot \text{d}]$$

예제 10.4

어느 식품공장의 평균 폐수배출량이 3,000 m^3/d이고 BOD와 SS농도가 각각 500 mg/ℓ, 300 mg/ℓ이다. 이 폐수를 활성슬러지법으로 처리하고자 할 때 처리시설 운영조건이 다음과 같다면 고형물 체류시간(SRT)은 며칠인가?

조건>

① F/M비 : 0.5 kg BOD/kg MLSS · d

② 포기시간 : 8시간

③ 최종침전지 슬러지농도 : 10,000 mg/ℓ

④ 슬러지폐기량 : 유량의 2%

⑤ BOD와 SS제거율 : 90%

풀이

$$SRT = \frac{V \cdot X}{X_r \cdot Q_w + (Q - Q_w)X_e} \text{ 에서,}$$

$$V = Q \cdot t = 3{,}000\,\mathrm{m^3/d} \times \frac{9}{24}\mathrm{d} = 1{,}000\,[\mathrm{m^3}]$$

$$X = MLSS = \frac{BOD \cdot Q}{V \cdot F/M} = \frac{500 \times 3{,}000}{1{,}000 \times 0.25} = 6{,}000\,[\mathrm{mg/\ell}]$$

$$X_r = 10{,}000\,[\mathrm{mg/\ell}]$$

$$Q_w = 3{,}000\mathrm{m^3/d} \times 0.02 = 60\,[\mathrm{m^3/d}]$$

$$X_e = 300(1 - 0.9) = 30\,[\mathrm{mg/\ell}]$$

$$\therefore SRT = \frac{1{,}000\mathrm{m^3} \times 6{,}000\,\mathrm{mg/\ell}}{10{,}000\mathrm{mg/\ell} \times 60\mathrm{m^3/d} + (3{,}000 - 60)\mathrm{m^3/d} \times 30\mathrm{mg/\ell}}$$

$$= 8.72\,[\mathrm{d}]$$

예제 10.5

MLSS농도 3,000 mg/ℓ의 혼합액을 500 mℓ 메스실린더에 취해 30분간 정치했을 때 침강슬러지가 차지하는 용적이 220 mℓ이다. 슬러지의 SVI 및 SDI는 얼마인가?

풀이

$$\mathrm{SVI} = \frac{\mathrm{SV}\,[\mathrm{m\ell/\ell}] \times 1{,}000}{\mathrm{MLSS}\,[\mathrm{mg/\ell}]} = \frac{(220 \times 2) \times 1{,}000}{3{,}000} = 146.7$$

$$\mathrm{SDI} = \frac{100}{\mathrm{SVI}} = \frac{100}{146.7} = 0.68$$

[참고] $\text{SDI} = \dfrac{\text{MLSS}\,[\text{mg}/\ell]}{\text{SV}\,[\text{m}\ell/\ell] \times 10} = \dfrac{3{,}000}{220 \times 2} = 0.68$

예제 10.6

MLSS농도가 2,500 mg/ℓ인 포기탱크 혼합액의 SVI가 100인 경우와 150인 경우 최종침전지에서 상등액량의 차이는 몇 m^3/d인가?
(단 포기탱크 혼합액 침전지유입량은 1,500 m^3/d이다.)

풀이

$$\text{SVI} = \frac{\text{SV}\,[\text{m}\ell/\ell] \times 1{,}000}{\text{MLSS}\,[\text{mg}/\ell]}$$

$$\text{SV}\,[\text{m}\ell/\ell] = \frac{\text{SVI} \times \text{MLSS}\,[\text{mg}/\ell]}{1{,}000}$$

$$\text{SV}_{100} = \frac{100 \times 2{,}500}{1{,}000} = 250\,[\text{m}\ell/\ell]$$

$$\text{SV}_{150} = \frac{150 \times 2{,}500}{1{,}000} = 375\,[\text{m}\ell/\ell]$$

1ℓ당 상등액차$= 37 - 250 = 125\,[\text{m}\ell/\ell]$

$\therefore$ 상등액량의 차이 $= 125\ell/\text{m}^3 \times 1{,}500\,\text{m}^3/\text{d} \times 10^{-3}\,\text{m}^3/\ell = 187.5\,[\text{m}^3/\text{d}]$

예제 10.7

포기탱크 혼합액 SVI=80, MLSS농도를 300 mg/ℓ로 유지한다면 반송률은 어느 정도가 요구되는가?
(단 반송슬러지농도 $X_r \fallingdotseq \dfrac{1}{SVI} \times 10^6$으로 가정한다.)

풀이

$$X(1+r) = X_r \cdot r$$

$$r = \frac{X}{X_r - r}$$

$$X = 3{,}000[\text{mg}/\ell]$$

$$X_r = \frac{1}{SVI} \times 10^6 \text{mg}/\ell = \frac{1}{80} \times 10^6 = 12{,}500\,[\text{mg}/\ell]$$

$$r = \frac{3{,}000}{12{,}500 - 3{,}000} = 0.31579$$

$\therefore$ 반송률 $r = 31{,}579\,[\%]$

---

5) 산소의 전달

포기에는 기본적으로 두 가지 방법이 있다. 하나는 공기나 산소를 물 밑에 있는 산기장치를 통해 불어 넣는 것이며, 또 하나는 기계적으로 하수를 교반하여 공기 중의 산소가 녹아 들어가게 하는 방법이다. 산소전달의 효율은 산기장치의 유공성, 발생되는 기포의 크기, 물밑 깊이의 요인에 의해서 결정된다. 일반적으로 미세기포(微細氣泡)의 산소전달의 효율이 굵은 기포의 효율보다 3~4배 높다. 즉 동일량의 산소전달을 위해서 미세기포식을 이용하면 굵은 기포식 포기보다 1/4~1/3의 동력이 소요된다. 최근 미국에서의 조사에 의하면 50% 이상이 산소의 전달이 높은 미세기포관 포기식을 선호하였고 25%는 준 미세기포관 포기식과 나머지는 큰 기포식이나 기계적 포기식을 선택한 것으로 나타났다. 물론 미세기포식의 사용으로 인하여 구멍이 막히는 경우가 있으므로 유지관리에 각별한 유의가 필요하다. 특히 포기의 효과는 산소전달만이 아니며, 교반의 효과도 겸하므로 최소의 교반조건을 만족하는지 검토해야 한다.

일반적으로 산기식 포기방식에서 교반을 위한 적절한 공기주입량은 20~30 $m^3/m^3 \cdot min$이고 수직교반 기계식 포기방식에서는 15~30 kW/1,000 m^3로 알려져 있다.

6) 산소요구량

유기물의 생물학적 산화에 있어서 산소는 호흡작용에 일부 사용되고 대부분의 경우는 합성작용을 위해 이용된다. 또한 미생물의 내생분해와 질화에도 산소가 필요하다. 따라서 총산소요구량은 식 (10-52)와 같이 표현된다.

$$O_r = Y \cdot S_r + K_d \cdot X + O_n \qquad (10\text{-}52)$$

여기서, O_r : 총산소요구량[질량/d]

Y : 산소계수[산소량/이용된 유기물질]

K_d : 내생호흡계수, 0.35~0.55이나 보통 0.5를 사용[산소량/미생물 · d]

O_n : 질화에 필요한 산소량[질량/d]

S_r : 제거된 유기물[질량/d]

식 (10-52)에서 종종 질화에 필요한 산소량은 탄소계 유기물제거와 내생호흡에 필요한 산소의 양과 비교하여 볼 때 비교적 적으므로 이 경우는 O_n 항은 생략된다.

10.2.4 활성슬러지법의 주요인자 및 조치사항

활성슬러지법에서 고려할 주요인자(主要因子) 및 조치사항은 다음과 같다.

(1) 원수에 폐효모 유입시

1) 영향

① 원수의 BOD증가

② pH저하

③ 조정탱크 및 특히 포기탱크에 거품 대량 발생으로 DO부족의 원인이 된다.

④ 최종 침전탱크에 Pin point floc이 많이 뜨고, Sludge zone이 상승하며, 처리수의 외관이 누렇게 변한다.

2) 판단

① 유입수가 적자색을 띈 것이 유입될 시

② 조정탱크에서 거품이 다량 발생할 시

3) 조치사항

① NaOH로 pH조정(7.5-8.0)

② 강포기로 거품막을 파괴시킨다.

③ F/M비를 감소시킨다.

④ 잉여오니를 다량 인출하여 부패된 효모와 발생된 부패균을 제거한다.

⑤ 부패된 효모는 농축탱크에서 농축오니의 침강을 방해하며 농축 상등액에서 다시 원수에 유입되므로, 이때는 농축 상등액이 원수에 유입되지 않도록 유의해야 한다.

(2) DO

1) 포기의 목적

① 호기성 환경유지

② 포기액 혼합

③ 포기액의 침전방지 등

2) DO가 너무 높을 때의 영향

① 과포기로 인한 오니해체 현상을 유발한다. 산화가 한꺼번에 진행되어 N2-gas가 다량 발생함으로써 Pin point floc의 Bulking을 유발하게 된다.

② 사상균 Bulking의 원인이 된다.

3) DO가 너무 낮을 때의 영향

① 최종침전탱크의 스컴(Scum)상승

② 처리수가 탁하고 포기탱크 및 침전탱크에서 부패취가 발생한다.

4) 적정 DO판단 및 관리

① 1일 3시간 간격으로 측정하고, 시간변화에 따른 DO변화를 0.5mg/ℓ 이내로 운전한다.

② 유입구와 출구의 DO차를 줄여야 한다.

③ 입구와 출구의 일정장소에서 DO를 측정하여 차이가 0.5mg/ℓ 이상일 경우엔 차이의 원일을 찾아 조치하여야 한다.

④ 각 포기탱크에 따라 DO차가 큰 경우에는 유입수를 분할 유입하여도 좋다.

(3) GR Test(Griss-Romizn:Nittrite Check)

① DO부족 시에는 적절히 산화가 진행되지 못하여 NO_2, NO_3농도가 너무 낮거가 불검출된다.

② DO과량시 NO_2, NO_3농도가 너무 높거나, 산화가 급격히 진행되어 오니해체 현상을 초래하게 된다. 정당한 이유없이 pH가 저하될시엔 과포기 여부를 Check해야 하며, NO_3농도가 0.5~0.75mg/ℓ 일 때가 이상적인 공기량이다.

(4) pH

① 갑작스런 pH변화시 미생물은 Shock를 받는다.

② 입구와 출구의 pH차이가 0.3 이상 시에는 과잉공기로 오니 해체현상을 유발하게 된다.

③ 입구와 출구의 pH차이가 적게 운전될 때가 적정공기량이다.

④ 일반적으로 질소분이 많은 폐수일수록 pH는 낮아지지만 두부폐수의 경우 올라간다.

(5) SV(Sludge Volume)

① 정상 시에는 출구의 SV값이 낮다.

② 출구의 SV값이 높을 때엔 과폭기 이거나 공기부족이다.

1) 공기량 부족시

① 출구의 SV값이 높다.

② 상등액이 탁하다.

③ 외관이 약간 누런빛

④ 오래 방치하면 부패의 징조가 나타난다.

2) 공기량 과잉시

① 출구의 SV가 높다.

② 상등액은 맑지만 솜털같은 플록(Floc)이 많이 존재한다.

③ 외관이 갈색

④ 실린더 밑부분을 두드리면 미세한 기포가 많이 발생한다.

⑤ 장시간 방치하면 Sludge zone이 상승한다.

(6) MLSS(Mixed Liquer Suspended Solid)

활성오니법에서 MLSS는 일반적으로 3000~5000mg/ℓ가 가장 적당하다.

① 동절기 : 4000~4500(15~20℃)

② 봄 · 가을 : 3500~4000(20~25℃)

③ 하절기 : 3000~3500(25~30℃)

④ 하절기 : 2000~2500(30℃ 이상)

(7) 저부하 과포기에 의한 슬러지 해체

과포기에 의한 오니해체는 BOD부하가 적고, 공기 취입량이 많으면 활성슬러지가 세분화되는데 이것을 슬러지 해체현상이라 한다. 슬러지 해체 시의 영향은 다음과 같다.

① 침강성이 극도로 저하된다. 심하면 최종치전지에서 Carry Over현상도 일어난다.

② 미생물이 Shock로 사멸 시에는 슬러지를 완전히 제거한 후 새로운 종균을 투입한다.

1) 과포기로 인한 해체현상 진잔법

① 육안판단법

ⓐ SV측정시 침강성과 상등액의 색상 관찰 : 침강성은 양호하나 Pin point floc이 많아 상등액이 혼탁하다.

ⓑ 상등액 색상이 Pin point floc 때문에 갈색을 띄게 된다.

ⓒ 침강슬러지의 실린더 바닥을 치면 기포가 많아 발생한다.

② SV 및 SVI측정 : SVI가 50 이하로 되거나 200 이상이 된다.

③ 최종침전탱크 관찰 : Carry Over 현상이 유발된다.

④ 처리수 여과 전후의 COD를 측정한다.

⑤ 1번, 3번 포기탱크의 DO차이가 0.3mg/ℓ 이상 시엔 슬러지 해체현상이다.

2) 슬러지가 아직 해체 전일 경우의 조치

① 해체현상은 대부분 BOD부하가 적고 과포기인 경우이므로 BOD부하를 서서히 상승시키고 공기취입량을 줄인다.

② 정도가 심할 시에는 유입수를 1번 포기탱크에 80%, 3번에 20%씩 분할 유입하고 상태에 따라 4번까지 분할 유입해준다.

3) 슬러지 일부분 해체시 조치

① 간헐운전 실시

② 유입수 중단과 함께 포기탱크 내의 활성설슬러지를 안정화 시킨다 : 일정 시간동안(약 3시간) 부하를 높게하여 포기를 실시한다. 위의 조작을 반복하면서 현미경을 관찰한다.

③ 야간엔 2시간 포기에 4시간 중단.

4) 슬러지 완전해체 시 조치

① 일부 해체 시와 같이 운전하면서 상태 양호한 슬러지 투여-해체된 슬러지제거량을 많이 해준다.

② 단순 과포기는 회복이 빠르지만 해체현상이 일어난 곳은 7~10일 이후라야 회복가능

③ 독성물질이 유입 되거나 pH가 산성인 경우에도 해체된다.

이들 인자들은 활성슬러지법의 설계운전에 있어 기본적 사항이다. 이에 대한 설명은 다음과 같으며 표 10.1과 같다.

표 10.1 활성슬러지법의 설계요소에 영향을 미치는 인자

설계요소	결정인자	영향인자
고형물 체류시간 (SRT)	처리수의 수질 운전온도 미생물반응속도	포기시간 혼합액 부유물(MLSS) 슬러지생산량 산소요구량
혼합액 부유물 (MLSS)	운전온도 슬러지반송률 반송슬러지농도	침전지 부하율 슬러지용적 지수(SVI) 고형물 체류시간(SRT) 포기시간 슬러지생산량
슬러지반송률	혼합액 부유물(MLSS) 반송슬러지농도	슬러지용적 지수(SVI) 침전지부하율

즉 활성슬러지법은 설계요소를 이용하여 설계할 때에 다음과 같은 과정으로 한다.

① 유입하수의 성질을 결정한다. 즉 최대유량과 평균유량과의 비, 유입평균 BOD, 총질소, SS농도, 최고(여름철) 및 최저(겨울철)의 수온 등 여러 가지 성질을 알아본다.

② 유출수의 목표수질을 결정하고 처리정도를 결정한다.

③ 포기탱크의 MLSS 운전농도를 결정한다. MLSS농도는 예상되는 슬러지용적 지수와 설계온도를 고려하여 결정한다.

④ 여름철에 질화를 일으키는 고형물 체류시간 값과 겨울철의 BOD제거를 위한 SRT값으로부터 설계에 적합한 SRT 범위를 선택한다.

⑤ SRT, 온도, 최초침전지의 처리정도를 기초로 하여 슬러지순생산량을 산출한다.

⑥ 포기탱크 내의 체류시간을 결정하기 위하여 겨울철과 여름철에 소요되는 SRT, MLSS 농도, 슬러지생산량을 산출한다. 또한 겨울철과 여름철에 서로 다른 SRT를 사용하게 되는 경우에는 겨울철과 여름철의 슬러지생산량을 산출한다.

⑦ 겨울철과 여름철의 산소요구량을 계산한다.

⑧ 결정된 SRT를 유지하기 위한 잉여슬러지의 생산량을 결정한다.

표 10.2 활성슬러지에 대한 유해물질농도

유해물질	BOD제거 과정	질화과정
Al	15～26	–
NH_3-N	480	–
As	0.1	–
B(boron)	0.05～100	–
Cd	10～100	–
Ca	2,500	–
Cr^{+6}	1～100	0.25
Cr^{+3}	50	–
Cu	1.0	0.005～0.5
CN^-	0.1～5	0.34
Fe	1,000	–
Pb	0.1	0.5
Mn	10	–
Mg	–	50
Hg	0.1～5.0	–
Ni	1.0～2.5	0.25
Si	5	–
SO_4^{-2}	–	500
Zn	0.08～10	–
phenol	200	4～10

또한 유입하수가 유독물질을 함유한 경우에는 활성슬러지법 운전에 영향을 미치므로 유입하수(최초침전지가 있는 경우에는 1차 처리수)의 유독물질 함유여부를 미리 판단하는 것이 중요하다.

현재 하수처리 관계법규에서는 질화 내지 탈질을 요구하지 않지만 포기탱크 내에서 질화과정을 이루기 위해서는 유독물질이 문제이므로 표 10.2를 참고로 하여야 한다.

10.2.5 각종 활성슬러지변법

(1) 표준활성슬러지법

활성슬러지법에는 반응탱크의 HRT, MLSS농도, F/M비, 반응탱크의 수심 및 형상 등에 따른 많은 방식이 있다. 현재 전국에서 가동되고 있는 하수처리시설에서 가장 많이 채용되고 있는 처리법이 표준활성슬러지법이다. 표준활성슬러지법은 처리수질, 시설의 건설비, 운전관리 등을 모두 고려할 때 중규모 이상의 하수처리시설에 경제적인 처리법으로 채용되고 있다. 표준활성슬러지법의 처리계통은 그림 10.10과 같다. 반응탱크에의 유입수는 반송슬러지와 함께 반응탱크에 투입되어 탱크 내에서 혼합되며 일정시간동안 연속적으로 포기가 이루어진다. 그 후 활성슬러지 혼합액은 2차 침전지에 유출되어 고액분리를 행하게 된다. 2차 침전지의 상징수는 처리수로서 월류되고 침전된 슬러지는 반송슬러지로서 반응탱크에 이송되어 다시 생물처리에 사용된다. 이 중 일부는 잉여슬러지로서 배출되게 된다.

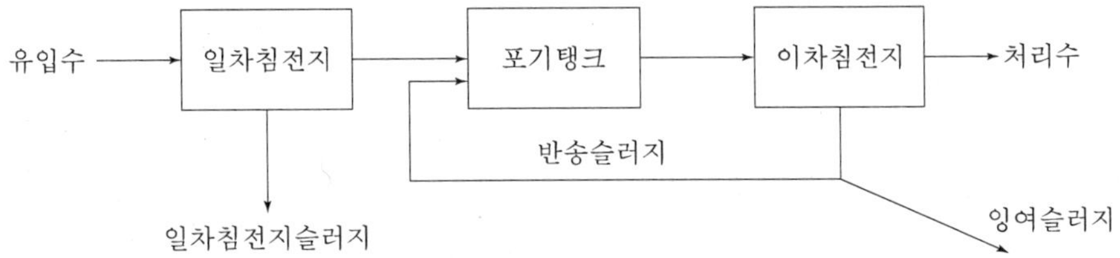

그림 10.10 표준활성슬러지법의 처리계통

표준활성슬러지법의 HRT는 6~8시간을 표준으로 한다. 단 유입수온이 낮거나 유입수질(용해성 BOD, SS)농도가 높아 처리수질을 만족할 수 없는 경우에는 필요한 SRT로부터 HRT를 구한다.

또한 반응탱크 내의 MLSS농도는 일반적으로 1,500~2,500 mg/ℓ의 범위로 운전하는 것을 표준으로 한다. MLSS농도가 너무 낮게 되면 처리가 안정되지 않고, 너무 높으면 필요 산소량이 증가하거나 2차 침전지의 침전효율이 악화될 우려가 있다.

그 주요한 사항은 다음과 같으며, 각 변법을 요약하면 표 10.3과 같다.

표 10.3 각종 활성슬러지법의 특징

처리방식	특 징	MLSS 농도 [mg/ℓ]	F/M비 [kgBOD/kgSS일]	반응탱크의 수심 [m]	반응탱크의 형상	HRT [시간]	SRT [일]	비고
표준활성 슬러지법		1,500 ~2,500	0.2~0.4	4~6	사각형 다단 완전혼합형	6~8	3~6	
계단식 부하법 (step aeration)법	유입수를 반응탱크에 분할유입시켜, 표준활성슬러지법과 동일한 F/M비에도 MLSS농도를 높게 유지하여 반응탱크의 용량을 작게 함.	1,000 ~1,500 (반응탱크 후단)	표준활성 슬러지법과 동일함	표준활성 슬러지법과 동일함	표준활성 슬러지법과 동일함	4~6	3~6	
순산소 활성 슬러지법	높은 유기물부하와 높은 MLSS농도를 가능하게 하기 위하여 산소에 의한 포기를 채용한 방법	3,000 ~4,000	0.3~0.6	4~6	사각형 다단 완전혼합형	1.5 ~3	1.5 ~4	
장기 포기법	1차 침전지를 생략하고, 유기물부하를 낮게 하여 잉여슬러지의 발생을 제한하는 방법	3,000 ~4,000	0.05~0.10	4~6	사각형 다단 완전혼합형	16 ~24	13 ~50	1차 침전지 없음
산화구법 (oxidation ditch)	1차 침전지를 생략하고, 유기물부하를 낮게 하며, 기계식 교반기를 채용하여 운전관리를 용이하게 한 방법	3,000 ~4,000	0.03~0.05	1.5~4.5	장원형 무한수로 완전혼합형	24 ~48	8 ~50	1차 침전지 없음
연속 회분식 활성 슬러지법	한 개의 반응탱크로 유입, 반응, 침전, 배출의 각 기능을 행하는 활성슬러지법의 총칭	고부하형에서는 낮고 저부하형에서는 높음	고부하와 저부하가 있음	5~6	사각형 완전혼합형 시간적인 플러그흐름형	변화 폭이 큼	변하 폭이 큼	1차 침전지 없음

(2) 계단식 포기법

계단식 포기법(step aeration)은 재래식공법을 수정한 것으로 재래식 압출형(plug flow reactor, PFR) 포기탱크에서 폐수가 유입구에서만 유입되어 부하율이 매우 높은 결함을 없애기 위해 그림 10.11과 같이 폐수를 전부 포기탱크 선단에 주입하는 대신 포기탱크 길이에 걸쳐 골고루 분할주입(分割注入)함으로써 산소요구량을 균등하게 하고 처리의 균등성을 기하게 된다. 따라서 이 방법의 근본 취지는 점감식 포기법과 같다. 이 방법의 특징은 다음과 같다.

① 같은 폐수의 BOD를 제거하는데 포기탱크용량을 표준법에 비해 아주 작게 할 수 있으며, 표준법과 동량의 반송슬러지로서도 포기시간을 2/3 정도로 할 수 있으므로 탱크용량도 2/3 정도로 감소시킬 수 있다. 이것은 활성슬러지법에 의한 BOD제거율은 BOD/ MLSS 부하에 따라 정해지고 포기시간에는 별로 영향을 받지 않는다.

② 표준법에 준한 처리수질이 기대되어 처리의 안정성은 표준법보다 떨어진다.

③ 슬러지 중의 휘발성분의 SVI의 증가, 감소 및 침전성 증가와 용존산소공급량을 감소시키고 과부하를 방지한다.

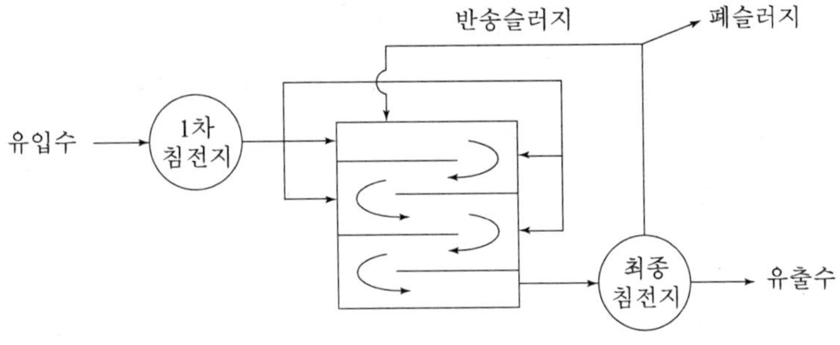

그림 10.11 계단식 포기활성슬러지법 계통도

(3) 순산소활성슬러지법

1) 원리

활성슬러지는 포기탱크 내에서 호기성 미생물을 부유시켜 하수와 접촉시키면서 하수를 정화시키는 방법이지만 공기공급방법으로는 산소공급능력에 한계가 있으므로 포기탱크 내에서 유지할 수 있는 MLSS농도에 한계가 있다. 하수의 정화능력은 MLSS농도와 관계가 있기 때문에 포기탱크내 혼합액의 농도를 높일 수 있다면 포기탱크를 작게 해도 정화가 가능할 것이다. 순산소 공급에 의한 순산소활성슬러지법은 이와 같은 요구를 만족시키기 위해 개발된 처리방식이다.

순산소활성슬러지법의 기본적인 원리는 공기 대신에 산소를 직접 포기탱크에 공급하는 방법으로 이것 이외에는 일반 활성슬러지법과 동일하며, 순산소활성슬러지법에는 산소분압이 공기에 비해 5배 정도 높으므로 포기탱크 내에서 용존산소를 높게 유지할 수 있다.

즉 순산소활성슬러지법은 공기에 의한 종래의 방법에 비해서 순산소활성슬러지법이 고농도의 하수에 대해 보다 적용성이 높고, 또한 동일한 성질의 하수라면 공기에 의한 종래의 방법과 비교해서 포기탱크의 용량을 작게 할 수 있다는 것을 뜻한다.

순산소활성슬러지법에서는 필요한 산소를 처리시설 내에서 순산소를 발생시켜 이용함에 있어서 포기시킨 산소가 충분히 이용될 수 있도록 개발되어 있는 방법은 다음과 같다.

① 포기탱크를 복개해서 기밀한 구조로 하여 순차적으로 기체산소를 액체 속으로 용해시켜 가는 밀폐형이 있다.

② 효율이 좋은 산기장치에 의해 액체 속에 산소의 전달효율을 높이는 방법 및 포기탱크의 수심을 깊게(10 m 이상) 해서 산소와 액체와의 접촉시간을 증가시켜 산소전달효율을 높이는 개방형이 있다.

순산소활성슬러지법의 시설은 1차 침전지, 반응탱크 및 2차 침전지의 산소발생장치로 구성되어 있다(그림 10.12 참조). 이 법은 기본적으로 공기에 의한 활성슬러지법과 유사하지만 공기 대신 산소를 이용하여 포기하기 때문에 처리장 내에 산소발생장치를 설치할 필요가 있다. 한편 표준활성슬러지법에 비해 반응시간이 짧아 유량변동의 영향을 받기 쉽기 때문에 필요에 따라 유량조정탱크를 설치할 수 있다.

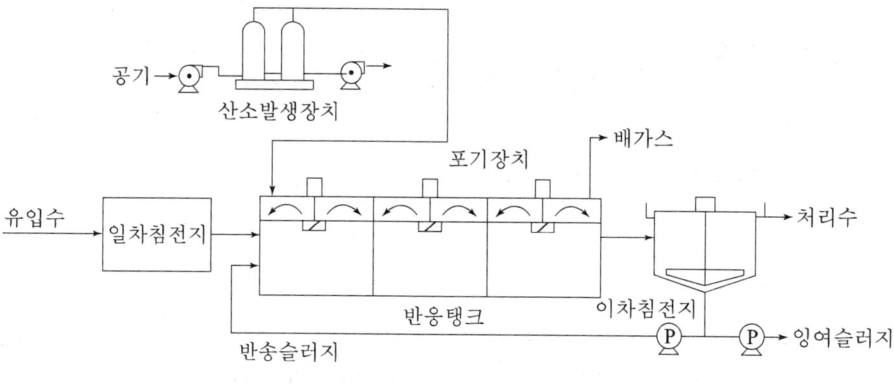

그림 10.12 순산소활성슬러지법

2) 특징

순산소활성슬러지법의 특징은 다음과 같다.

① 이 처리방법은 표준활성슬러지법의 1/2 정도의 포기시간으로도 처리수의 BOD, SS, COD 및 투시도 등을 표준활성슬러지법과 비슷한 결과로 얻을 수 있다.

② MLSS농도는 표준활성슬러지법의 두 배 이상으로 유지 가능함으로 BOD용적 부하를 1.0~2.0 kg BOD/m^3 · d 및 F/M비를 0.3~0.6 kg BOD/ kg MLSS · d로 운전할 수 있다.

③ 순산소활성슬러지법의 포기탱크 내의 SVI는 보통 100 이하로 유지되고, 슬러지의 침강성은 양호하다. 또 잉여슬러지 발생량은 슬러지의 체류시간에 의해서 큰 차이가 나므로 표준활성슬러지법에 비해서 일반적으로 적다. 또한 슬러지의 농축성도 양호하지만 탈수할 때의 여과속도는 표준활성슬러지법과 거의 동일하다.

④ 2차 침전지에서 스컴이 발생하는 경우가 많다.

3) 반응탱크의 용량

순산소활성슬러지법의 설계제원은 조사결과에 의하면 표 10.4와 같다.

표 10.4 반응탱크의 설계제원

항 목	제 원
HRT [hr]	1.5~3.0
MLSS농도 [mg/ℓ]	3,000~4,000
F/M비 [kg BOD/kg SS · d]	0.3~0.6
슬러지반송비 [%]	20~50
SRT [d]	1.5~4.0

4) 반응탱크의 형상, 구조 및 수

탱크의 형상 및 구조는 다음 사항을 고려하여 정한다.

① 기밀성의 철근콘크리트구조로 하며, 덮개를 설치한다. 또한 각 실의 형상은 정사각형을 표준으로 한다.

② 조류벽, 격벽 등을 설치한다.

③ 구조, 재질 등은 부식에 대한 안전한 것으로 한다.

④ 수는 두 개 탱크 이상으로 한다.

(4) 장시간 포기법

장시간 포기법(extended aeration process)은 잉여슬러지량이 현격히 감소되어 슬러지량을 감소시키기 위한 것으로 개발되어 주택단지 등에 많이 이용되는데 **전산화법**(全酸化法)이라고 한다. 이 처리방법은 표준활성슬러지법과 같으나 포기탱크에서의 체류시간이 18~24시간으로 길고, 0.03~0.05 kg BOD/kg MLSS · d로 낮은 BOD-SS부하로 운전하여 슬러지 미생물의 내생호흡을 통하여 잉여슬러지(excess sludge)의 발생을 억제하는 것이다.

이 방법은 포기탱크 내의 활성슬러지를 장시간 포기시켜 영양부족 상태를 유지하여 미생물의 자기분해에 의해 잉여슬러지 생성을 적게 하는 것이며, 그림 10.13과 같다. 즉 포기시간이 길어짐에 따라 포기탱크의 미생물은 내생호흡 단계에 도달해서 슬러지생산량이 매우 적어서 좋으나 산소소모량(酸素消耗量)이 크며, 포기탱크의 용적이 크고 운전비도 많이 들어 주로 소규모 처리시설에 대부분 채택되고 있다.

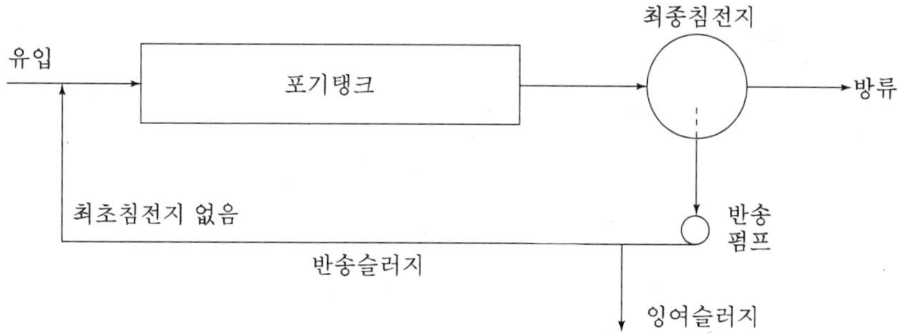

그림 10.13 장시간 포기법

(5) 산화구법

1) 개요

산화구(oxidation ditch)법은 1차 침전지를 설치하지 않고 타원형 무한 수로의 반응탱크를 이용하여 기계식 포기장치에 의해 포기를 행하며, 2차 침전지에서 고액분리가 이루어지는 저부하형 활성슬러지공법이다. 기계식 포기장치는 처리에 필요한 산소를 공급하는 이외에 산화구 내의 활성슬러지와 유입하수를 혼합 · 교반시키고 혼합액에 유속을 부여하여 산화구 내를 순환시켜 활성슬러지가 침강되지 않도록 하는 기능을 갖는다. 산화구법의 처리계통은 그림 10.14와 같다.

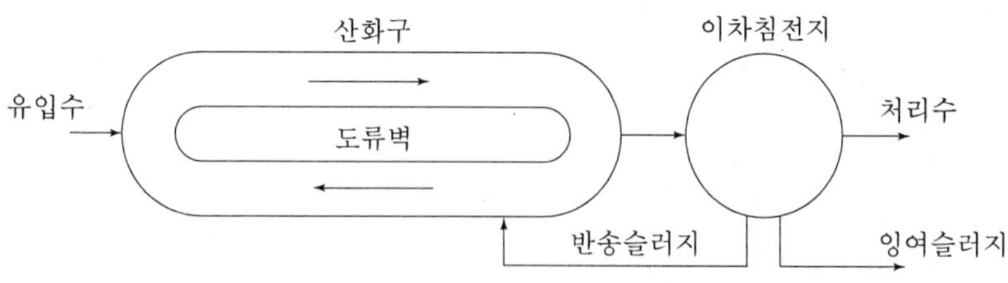

그림 10.14 산화구법의 처리계통 예

이 법은 저부하조건(F/M비 0.03~0.05 kg BOD/kg SS · d)에서 처리를 수행하므로 고형물체류시간(SRT)이 길어 질산화반응이 진행되기 쉽다. 또한 산화구 내에 무산소지역을 설치하여 질소의 제거를 기대할 수 있다.

산화구법은 다음과 같은 특징을 갖고 있다.

① 산화구법은 저부하(low load)에서 운전되므로 유입하수량, 수질의 시간변동 및 수온저하(5℃ 부근)가 있어도 안정된 유기물제거를 기대할 수 있다.

② 저부하조건의 운전으로 SRT가 길어 질산화반응이 진행되기 때문에 무산소조건을 적절히 만들면 70% 정도의 질소제거가 가능하다.

③ 질산화반응에 의해 처리수의 pH저하에 의해 처리수질의 악화를 방지하기 위하여 반응탱크내 무산소영역을 만들거나 무산소시간을 설정하여 탈질반응을 일으켜 질산화로 소비된 알칼리도를 보충할 수 있다.

④ 산화구 내의 혼합상태에 따른 용존산소농도는 흐름의 방향에 따라 농도경사가 발생하지만 MLSS농도, 알칼리도 등은 구(球) 내에서 균일하다.

⑤ 슬러지발생량은 유입 SS량당 대략 75% 정도이다. 이 비율은 표준활성슬러지법과 비교하여 작다.

⑥ 잉여슬러지는 호기성분해가 이루어지게 되므로 표준활성슬러지법에 비해 안정화되어 있다.

⑦ 체류시간이 길고 수심이 얕으므로 넓은 처리시설부지가 소요된다.

2) 용량, 형상, 구조 및 수

산화구의 용량 및 형상 등은 다음을 고려하여 정한다.

① 용량은 HRT가 24~48시간이 되도록 한다.

② 형상은 장원형 무한 수로로 하며, 수심이 1.0~3.0 m, 수로폭 2.0~6.0 m 정도가 되도록 한다.

③ 구조는 수밀한 철근콘크리트탱크를 표준으로 한다.

④ 수는 2지 이상으로 하며, 산화구의 설계제원은 표 10.5와 같다.

표 10.5 산화구의 설계제원

항 목	제 원
HRT [hr]	24~48
MLSS농도 [mg/ℓ]	3,000~4,000
F/M비 [kg BOD/kg SS · d]	0.03~0.05
슬러지반송비 [%]	100~200
필요 산소량	1.4~2.2
SRT [d]	8~50

(6) 연속회분식 활성슬러지법

1) 원리

연속회분식(sequencing batch) 활성슬러지법은 그림 10.15와 같다. 한 개의 반응탱크에 반응탱크와 2차 침전지의 기능을 갖게 하여 활성슬러지에 의한 반응과 혼합액의 침전, 상징수의 배수, 침전슬러지의 배출공정 등을 반복하여 처리하는 방식이다. 연속회분식 활성슬러지법에는 고부하형과 저부하형이 있다.

이 법은 다른 처리방식에 비해 유입수량변동의 영향을 받기 쉬우므로 관리를 용이하게 하기 위해서는 유량조정탱크가 필요하다. 또한 이 법은 원칙적으로 1차 침전지가 필요 없으므로 반응탱크 내의 큰 고형물의 축적이나 스컴부상 등을 방지하기 위해 반응탱크 유입수에 스크린 등을 설치하는 것을 고려하여야 한다. 또한 처리수의 방류가 간헐적으로 이루어지게 되므로 처리수탱크를 설치하여 소포수(포기탱크 표면의 과도한 거품제거 등을 목적으로 사용함) 등을 확보하여야 한다.

2) 특징

연속회분식 활성슬러지법의 특징은 다음과 같다.

① 유입오수의 부하변동이 규칙성을 갖는 경우 비교적 안정된 처리를 행할 수 있다.
② 오수의 양과 질에 따라 포기시간과 침전시간을 비교적 자유롭게 설정할 수 있다.
③ 활성슬러지 혼합액을 이상적인 정지상태에서 침전시켜 고액분리가 원활히 행해진다.
④ 단일 반응탱크 내에서 1주기(cycle) 중에 호기-무산소-혐기의 조건을 설정하여 질산화 및 탈질반응을 도모할 수 있다(그림 10.15 참조).

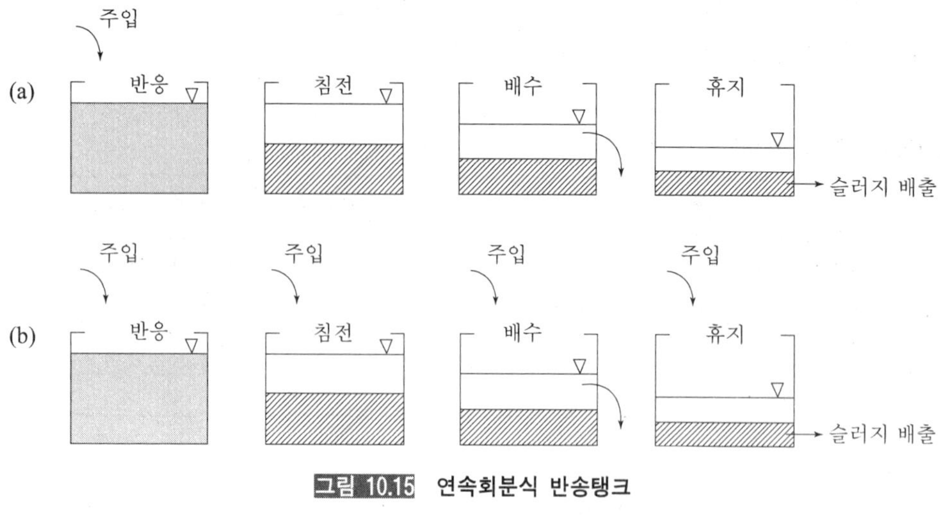

그림 10.15 연속회분식 반송탱크

⑤ 고부하형의 경우 다른 처리방식과 비교하여 적은 부지면적에 시설을 건설할 수 있다.

⑥ 운전방식에 따라 사상균팽화를 방지할 수 있다.

⑦ 침전 및 배출공정은 포기가 이루어지지 않은 상황에서 이루어짐으로 보통의 연속식 침전지와 비교해 스컴 등의 잔류가능성이 높다.

3) 시설의 구성

시설은 산기장치 및 상징수 배출장치를 설치한 회분탱크의 구성은 그림 10.16과 같다..

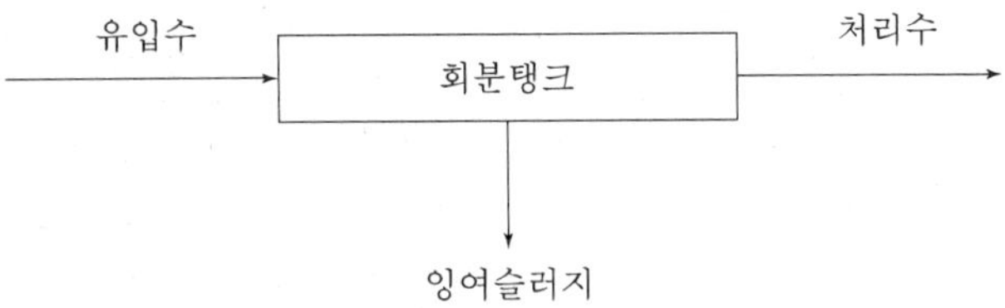

그림 10.16 연속회분식 활성슬러지법의 처리계통

4) 회분탱크의 형상, 구조 및 수

회분탱크의 형상, 구조 및 수는 다음의 각항을 고려하여 결정한다.

① 평면형상은 일반적으로 장방형 또는 직사각형으로 하며, 유효수심은 4~6 m 정도로 한다.

② 수밀성 구조로 하며, 부력에 대하여 안전한 구조로 한다.

③ 탱크의 수는 원칙적으로 두 개 탱크 이상으로 한다.

④ 단락류를 방지할 수 있도록 배치를 강구한다.

⑤ 상징수 배출장치 등을 고려하여 여유고를 설정한다.

5) 유입방식

회분탱크에의 오수유입방식에는 연속식과 간헐식이 있지만 소규모시설에서는 원칙적으로 간헐방식으로 한다. 연속방식은 회분탱크가 한 개 탱크인 경우에 사용되는 방법으로 오수는 모든 공정에 연속적으로 유입된다. 따라서 침전, 배수공정에 있어서 오수가 미처리된 상태로 방류되지 않도록 반응탱크의 구조에 유의할 필요가 있다. 이 방식은 유입수량의 변동이 매우 큰 경우에는 1일 1회의 주기로 운전하는 경우도 있다. 또한 1일 수회의 주기로 운전하는 경우는 단락류를 방지하기 위하여 회분탱크용량을 크게 할 필요가 있다.

간헐방식은 복수의 회분탱크를 이용하는 경우에 사용되는 방식으로 침전, 배수공정에 있어서도 한 개 탱크는 반드시 오수를 유입할 수 있도록 운전하는 방법이다. 또한 유입오수량의 시간변동에 대처하기 위해 주기 수, 각 처리공정의 공정시간을 타이머 등으로 조정할 수 있도록 한다.

6) 설계제원

회분탱크의 계획오수량은 계획1일 최대오수량으로 하며, 설계제원은 계획오수량에 따라 표 10.6을 표준으로 한다.

표 10.6 회분탱크의 설계제원

항 목	제 원	
	고부하형	저부하형
HRT	12~24	24~48
F/M비[kg BOD/kg SS · d]	0.2~0.4	0.03~0.05
MLSS농도[mg/ℓ]	1,500~2,000	3,000~4,000
유출비[1/m]	1/2~1/4	1/3~1/6
주기수[회/d]	3~4	2~3
필요 산소량[kg O_2/kg BOD]	1.4~1.7	1.8~2.2

예제 10.8

다음과 같은 설계조건에서 계단식 포기(step aeration) 활성슬러지공정을 설계하고자 한다. 다음 물음에 답하시오.

조건>

① 폐수량 : 8,500 m^3/d
② 유입수의 BOD 및 SS : 각각 200 mg/ℓ, 150 mg/ℓ
③ 포기시간 : 5시간
④ MLVSS/MLSS : 0.8
⑤ F/M비 : 0.25 N BOD/N MLVSS · d
⑥ 슬러지반송률 : 25%
⑦ 포기탱크 유출수 MLSS농도 : 1,600 mg/ℓ
⑧ 공정도

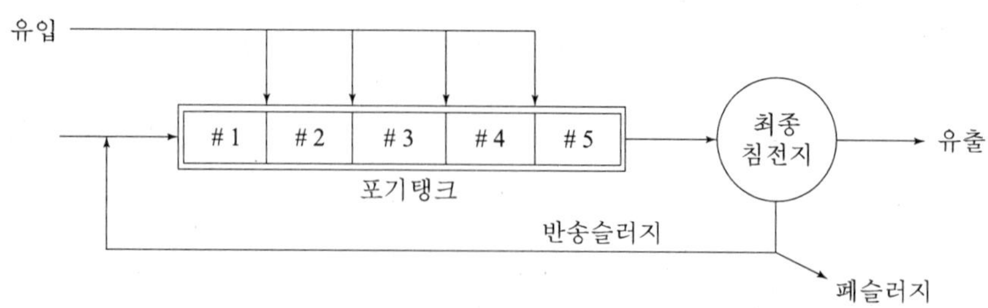

1) 포기탱크용량은 몇 m^3인가?
2) BOD 용적부하[kg BOD/m^3 · d]는 얼마인가?
3) 포기탱크의 MLSS는 평균 몇 mg/ℓ인가?

4) 반송슬러지 SS농도 [mg/ℓ]는 얼마이겠는가?
5) 포기탱크#1～#5의 각 단계에서 MLSS농도를 산출하시오.
6) 반송슬러지량 [m^3/d]은 얼마인가?

풀이

1) $V = Q \cdot t = 8{,}500\text{m}^3/\text{d} \times \dfrac{5}{24}\text{d} = 1{,}771\,[\text{m}^3]$

2) BOD 용적부하 $= \dfrac{BOD \cdot Q}{V} = \dfrac{0.2\text{kg/m}^3 \times 8{,}500/\text{d}}{1{,}771\text{m}^3}$
$= 0.96\,[\text{kgBOD/m}^3 \cdot \text{d}]$

3) F/M비 $= \dfrac{BOD \cdot Q}{MLVSS \cdot V}$ 에서,

$$MLVSS = \frac{BOD \cdot Q}{F/M \cdot V} = \frac{200\text{mg}/\ell \times 8{,}500\text{m}^3/\text{d}}{0.25 \times 1{,}771\text{m}^3} = 3{,}840[\text{mg}/\ell]$$

$\therefore MLVSS = 3{,}840/0.8 = 4{,}800[\text{mg}/\ell]$

4) 유입수량$= Q$, 유입 SS농도$= X_i$, 반송슬러지량$= Q_r$, 반송슬러지농도$= X_r$, 포기탱크 유출수의 SS농도$= X_e$ 라 하여 물질수지식을 세우면 다음과 같다.

$X_r Q_r + X_i Q = X_e (Q + Q_r)$

양변을 Q로 나누고 반송률 $\gamma = \dfrac{Q_r}{Q}$ 을 적용하면

$X_r \cdot \gamma + X_i = X_e (1 + \gamma)$,

$$X_r = \frac{X_e(1+\gamma) - X_i}{\gamma} = \frac{1{,}600(1+0.25) - 150}{0.25} = 7{,}400\,[\text{mg}/\ell]$$

5) #1～#5단계의 MLSS를 $X_1 \sim X_5$라 하면

① $X_i = X_r = 7{,}400\,\text{mg}/\ell$

② X_2는 #2단계의 물질수지 식을 세우면

$X_i \cdot 0.25\,Q + X_1 \cdot Q_r = X_2(0.25\,Q + Q_r)$이므로

$$\therefore X_2 = \frac{X_i\,0.25Q + X_1 Q_r}{0.25Q + Q_r} = \frac{150 \times 0.25Q + 7{,}400 \times 0.25Q}{0.25Q + 0.25Q} = 3{,}775\,[\text{mg}/\ell]$$

③ X_3는 $X_2 \cdot 0.5Q + X_i \cdot 0.25Q = X_3(0.5\,Q + Q_r)$이므로

$$X_3 = \frac{3{,}775 \times 0.5Q + 150 \times 0.25Q}{0.5Q + 0.25Q} = 2{,}567\,[\text{mg}/\ell]$$

④ X_4는 $X_3 \cdot 0.75Q + X_i \cdot 0.25Q = X_4(0.75\,Q + Q_r)$이므로

$$X_4 = \frac{2{,}567 \times 0.75Q + 150 \times 0.25Q}{0.75Q + 0.25Q} = 1{,}963\,[\text{mg}/\ell]$$

⑤ X_5는 $X_4 \cdot Q + X_i \cdot 0.25Q = X_5(Q + Q_r)$이므로

$$X_5 = \frac{1{,}963 \times Q + 150 \times 0.25Q}{Q + 0.25Q} = 1{,}600\,[\text{mg}/\ell]$$

6) $Q_r = Q \times \gamma = 8{,}500\,\text{m}^3/\text{d} \times 0.25 = 2{,}125\,[\text{m}^3/\text{d}]$

10.3 생물막법

생물막법은 대기, 하수 및 생물막의 상호 접촉양식에 따라 살수야상법, 회전원판법, 접촉산화법으로 분류된다.

10.3.1 살수여상법

(1) 서 설

살수여상법(撒水濾床法, tickling filters process, TFP)은 역사적으로 처리수의 질이 생물학적 산소요구량과 부유물에 있어서 20~40 mg/ℓ인 것으로 알려져 있다. 최신의 기술로는 고도처리 수준까지 처리 가능하여 10 mg/ℓ의 BOD와 SS 또한 1 mg-N/ℓ의 암모니아까지 배출할 수 있다. 살수여상의 장점은 침투유량(浸透流量)으로 처리시스템의 실패가 야기되지 않는다는 점이다. 때로는 간이살수여상을 활성슬러지 앞에 사용하여 활성슬러지공정의 BOD부하를 완화시키는 것에 사용한다. 특히 살수여상으로 용존 BOD를 제거하면 활성슬러지에서의 팽화(膨化)를 제어할 수 있다. 이 사실은 많은 산업폐수를 처리하는 살수여상/활성슬러지 연계시스템으로 활용하고 있으며, 살수여상의 작용원리는 그림 10.17과 같다.

어떤 하수를 살수여상으로 처리하는데 있어서 처리 가능성은 폐수의 부유물, 콜로이드농도와 용존유기물농도의 비율에도 관련된다. 즉 살수여상은 부유물과 콜로이드성 입자를 응결, 흡착 등에 의하여 신속히 제거하고 용존유기물중 단당류, 유기산(有機酸), 알코올 등 소분자 유기물은 살수여상을 흘러내려가는 짧은 시간안에 제거시킨다. 살수여상을 위한 플라스틱 여재(濾材)의 등장으로 기존 암석여재를 이용할 때와 비교하여 수리적 및 유기물부하의 범위가 대폭 넓어졌으며, 두 가지 중요한 특성의 변화는 비표면적(表面的/單位體積)과 공극률의 증가이다. 큰 비표면적은 단위표면적당 생물막(生物膜)의 양이 커지는 것을 의미하고 큰공극률은 수리적 부하를 높일 수 있고 산소전달(酸素傳達)이 잘 될 수 있음을 의미한다.

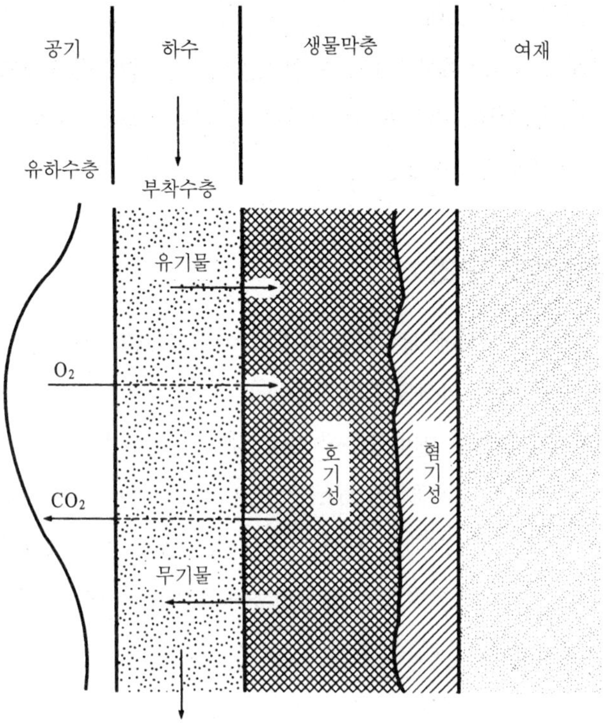

그림 10.17 살수여상의 작용 원리

(2) 살수여상법의 장·단점

1) 장점

① 슬러지의 팽화가 발생하지 않는다.

② 조건의 변동에 따른 내구성이 좋다.

③ 슬러지량과 공기량의 조절이 불필요하다.

④ 슬러지생성량이 적게 발생한다.

⑤ 운전이 용이하다.

⑥ 건설 및 유지관리비가 적다.

⑦ 부하 변동·독성물질의 유입에 강하다.

2) 단점

① 여재 비표면적이 적다.

② 처리효율이 활성슬러지법에 비하여 낮다.

③ 처리공정의 손실수두가 크다.

④ 활성슬러지법보다 정화능력이 낮다. 즉 발생슬러지는 쉽게 안정화되지 않는다.

⑤ 생물막의 공기유동저항이 크므로 산소공급능력(산소결핍)에 한계가 있다.

⑥ 매체 폐쇄현상이 일어날 수 있다.

10.3.2 살수여상법의 구조

살수를 이용한 처리법은 여상에 살수되는 폐수가 여재 사이를 유하하는 동안에 여재표면에 부착성장(附着成長)하고 있는 미생물군의 작용에 의하여 폐수 중의 유기물이 제거되는 미생물적처리법이다. 살수여상은 살수기의 종류에 따라 형상이 정해지며, 회전살수기(回傳撒水機)를 사용할 때는 원형여상으로는 지름 3~36 m 정도로, 하고 최대지름 45 m의 한도로 하고 있다. 고정 노즐식이나 주행식(走行式)을 사용할 때는 정방형 또는 장방형여상으로 하고 그 폭과 길이는 필요에 따라 적절히 결정한다. 살수여상의 일반적인 구조는 그림 10.18과 같으며, 각 부분의 구조에 대한 설명은 다음과 같다.

(1) 여상벽

여재를 채우기 위하여 여재위의 둘레에 벽을 만든다. 또 폐수를 살포할 때 오수가 비산(飛散)하지 않도록 적당한 높이로 하고 또한 곤충류(昆蟲類)의 발생을 방지하기 위해 용이하게 만수(滿水)할 수 있는 구조가 바람직하다.

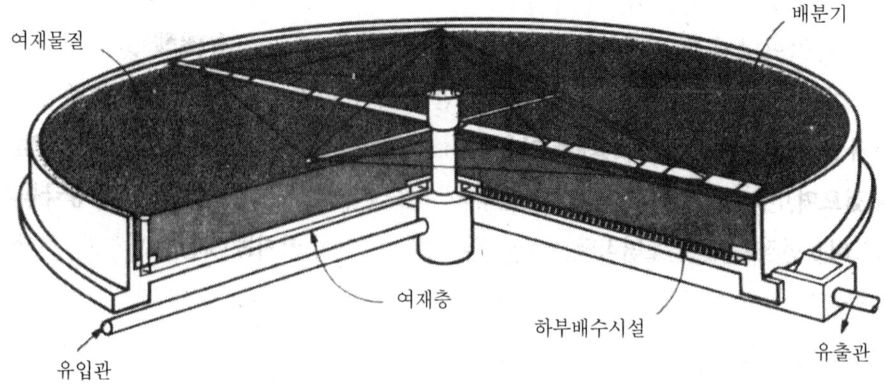

그림 10.18 살수여상의 구조

(2) 여상바닥

여상바닥은 설치하는 여재, 살수장치 등을 지지(支持)하는데 충분한 강도를 가져야 한다. 여상바닥은 배수를 위하여 1~2.5%의 경사를 두며, 통기(通氣)를 겸한 배수관을 설치한다. 보통 통기를 좋게 하기 위해 거단면(渠斷面)은 최대방류 시에도 여수가 차지하는 단면적의 3배 이상 또한 배수로의 외면 개구면적(外面開口面積)은 여상표면적의 5% 이상으로 취한다.

(3) 여재

여재의 표면에는 미생물이 서식하게 되어 이 미생물에 의하여 유기물이 제거되므로 여재의 표면이 거칠어서 미생물이 잘 서식할 수 있어야 하고, 되도록 표면적이 넓어 많은 미생물을 부착시킬 수 있어야 한다. 또한 여재는 미생물에 의하여 분해되지 않는 재료로 사용하며 이러한 재료로는 석영조면암(石英粗面岩), 안산암(鞍山岩), 황강암(花崗巖) 등과 같은 암석여재(쇄석은 일반적으로 5~8 cm)를 사용하지만 비표면적이 적기 때문에 최근에는 플라스틱여재가 활발히 개발되고 있다. 표 10.7은 각종 여재의 물리적 특성을 비교한 것이다.

그림 10.19는 살수여재에 사용되는 대표적인 플라스틱여재를 보여주고 있다. 1980년대 이후 가장 많이 쓰이는 여재는 XF형이며, VFC 형은 높은 농도의 하수나 여상의 부하가 높은 경우에 주로 사용한다. 사용하는 여재의 지름이 작을수록 비표면적은 증대되나 공극률이 감소되어 여상이 폐쇄되기 쉽다. 따라서 쇄석의 지름은 표준살수여상에서는 25~50 mm 정도로 하며, 고속살수여상(고율식살수여상)에서는 유기물 부하가 커서 폐쇄 가능성이 더 증대되므로 여재의 지름을 50~60 mm 정도로 증대시켜 사용한다. 여재의 배열은 상부에는 큰 것을 하부에는 작은 것을 위치시키는 것이 좋으나 실제적으로는 상하부에 같은 크기의 여재를 위치시키는 것이 좋다. 특히 하부의 밑바닥인 유공판(有孔板)으로부터 20~30 m의 높이까지는 지름이 100~150 mm의 굵은 쇄석을 설치하여 유공판이 폐쇄되지 않도록 한다.

살수여상의 여재를 충전할 때에 지름이 비교적 작은 여재가 혼입될 수 있는데 작은 지름의 여재가 여재 사이의 공극을 폐쇄시킬 가능성이 크므로 되도록 혼입되지 않도록 주의한다.

여재로서 쇄석을 사용할 때는 일반적으로 여재의 깊이를 늘리는 것이 여재를 항상 습윤(濕潤)상태로 유지하기 위한 최소유량을 낮추는데 유리하며 처리수의 재순환량(再循環量)을 줄일 수 있다. 깊은 살수여상에서 부하가 높은 경우 여재의 상단부에서 산소부족(酸素不足)현상이 일어날 수 있으므로 적절한 환기와 수리적 세척(洗滌)으로 악취 등의 문제를 예방할 수 있다.

수평형(HO)

수직형(VSC)

60도 교차흐름형(XF)

수직형(VFC)

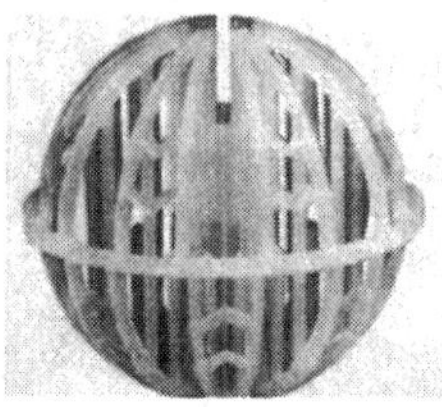

불규칙형(RA)

암석형(RO)

그림 10.19 살수여상법에서 사용되는 대표적인 여재의 종류

표 10.7 각종 여재의 물리적 성질의 비교

여재	공칭크기 [mm]	비중 [kg/m^3]	건조 비표면적 [m^2/m^3]	공극률 [%]
플라스틱	600×600×1200 600×600×1200	32~80 64~96	89~105 138~148	95 94
암석	25~95	1440	62	50
암석	25~95	1440	62	50
암석	50~100	1600	46	60
불규칙형 플라스틱		32~64 48~80	82~115 138~164	95 94
목재	1200×1200×48	165	46	-

(4) 살수장치

살수기로는 고정 노즐식, 회전식, 주행식 등이 있다. 회전식 살수기는 팔(arm)에 있는 노즐을 이용하여 하수를 여재면에 분출시키는 살수기로서 수리학적 회전식의 경우에는 최저유량에 대해 30~60 cm 이상의 수두가 필요하다. 대체적으로 살수기의 팔과 살수면의 거리는 살수기에서는 30 cm를 유지시켜야 하는 경우도 있으며, 대체로 15 cm 정도이다. 또한 여재의 결빙(結氷) 등이 예측되는 경우에는 살수기의 팔과 원주위면(圓周圍面)과도 적절한 거리를 둔다.

살수기는 공통적으로 다음과 같은 조건으로 만족시키는 것이 좋다.

① 균일하게 여재전면에 살수할 수 있을 것
② 살수구멍(撒水孔)이 개폐(開閉)되지 않을 것
③ 살수 시에 공기와 잘 접촉할 것
④ 오수량이 적을 때도 잘 살수할 수 있을 것

고정노즐식은 소규모여상에 이용되며, 노즐과 노즐간의 살수구역이 다소 중복되는 경우가 좋다. 그러나 살수구멍이 비교적 막히기 쉬운 결점이 있다. 주행식은 대규모의 장방형 여상에 사용되고 일반적으로 회전식 살수기가 많이 사용된다.

10.3.3 살수여상의 분류

살수여상은 수리적 부하율과 기질부하율에 따라 표준살수여상과 고속살수여상 및 초고속살수여상으로 구분한다. 이들의 특징을 다음과 같다.

(1) 표준살수여상

① 구조와 설비가 간단하고 동력의 소모가 적다.
② 질소화합물도 고도로 산화시킬 수 있다.
③ 슬러지의 생성량이 적다. BOD 제거율(최고 85%)이 높은 것이 특징이다.
④ 부하율이 낮은 관계로 소요면적이 많이 들고 여재의 막힘이 종종 발생한다.
⑤ 악취 및 파리의 이상번식 등이 문제로 제기되고 있다.

(2) 고속살수여상

① 표준살수여상법 보다 단위용적당 기질제거율이 매우 높다.
② 혼합유출수를 1~3%로 재순환시킴으로써 생물막의 탈리도를 증가시킨다.

③ 동력소모량이 많으며 정체적인 BOD 제거율(80%)이 저속살수여상에 비해 낮다.
④ 체류시간이 짧고 기질부하율이 높아서 질산화 세균의 증식이 억제된다.

(3) 초고속살수여상

① 구조물은 3~12 m 정도의 탑형으로 채택되고 있다.
② 비표면적과 공극률이 큰 플라스틱여재를 사용하여 실용화한 방법이다.
③ 연속으로 운전되고 있으며, 고농도 폐수 및 대규모 폐수처리에 많이 채용되고 있다.
④ 악취발생 및 여상파리의 번식을 감소시켜 살수기의 자동화가 가능하다.
⑤ 유입폐수의 유량, 온도, 유독물질의 영향이 적다.

10.3.4 처리방식 및 처리시설의 조합

표 10.8에서 살수여상법은 수리학적 부하율과 유기물 부하율에 의하여 표준살수여상법과 고율살수여상법으로 구분되며 또한 살수여상을 단계별(竝列)로 사용하는 경우도 있다. 살수여상법의 운전 시에는 악취가 발생하므로 이에 대한 계획을 고려하며 요구되는 처리수의 수질을 고려하여 적절한 살수여상법을 택하며 또한 병렬로 연결하시켜야 한다.

표 10.8 살수여상법에 구분과 특성

구분	표준	중간	고율	초고율	약식
수리학적 부하율 [$m^3/m^2 \cdot d$]	1~3.7	3.7~9.4	9.4~37	14~86	57~171
유기물 부하율 [$gBOD/m^3 \cdot d$]	80~240	240~480	480~2400	4800 이상	1600 이상
BOD 제거요율 [%]	80~85	50~70	40~80	65~85	40~85
여상깊이 [m]	1.8~2.4	1.8~2.4	0.9~2.4	12 이하	0.9~1.6
여재	쇄석	쇄석	쇄석	플라스틱	쇄석/플라스틱
처리수 순환	거의 안함	대부분	항상	대부분	없음
여막 탈리	간헐적	간헐적	계속적	계속적	계속적
질산화 정도	잘됨	부분적	NO_2 단계	거의 없음	없음
반송	최소	대부분	항상	대부분	없음
파리	발생함	불규칙	거의 없음	거의 없음	거의 없음

저율(低率)여상은 비교적 간단한 장치로서 유입수의 수질에 따라 처리수의 수질에 차이가 있다. 여상 내에는 많은 질산화세균(窒酸化細菌)이 번식하며 유출수에는 암모니아 성분이 적고 질산성 및 아질산성(亞窒酸性) 성분이 많다. 여상의 손실수두는 1.5~3.0 mm에 이르고 평지에서는 불리하나 경사지에서는 자연유하식을 채택하면 유리하다. 저율여상에서는 일반적으로 악취가 난다. 특히 하수가 오래된 것이거나 부패했을 때 또는 날씨가 더울 때는 악취가 심하다.

고율여상(高率濾床)에서는 여상 유출수나 최종유출수를 순환시키기 때문에 높은 유기물질 부하가 가능하다. 살수여상의 여러 가지 흐름 모식도는 그림 10.20 및 그림 10.21과 같다. 그중에서 그림 10.20의 ①은 저율여상법이고, 나머지는 고율여상법이다. 여상유출수의 순환은 여러 미생물을 여상에 반송(返送)하게 되어 처리효과를 증진시키는 결과를 가져온다. 순환은 또한 여상 내에서의 저류(貯留)를 방지하고 악취와 파리에 의한 피해를 감소시킨다.

초고율(super-high rate)살수여상은 높은 수리학적 부하와 유기물부하로 운전되며, 고율살수여상보다 부하가 크고 깊이는 더 깊다. 그 이유는 가벼운 플라스틱여재를 사용하기 때문이다. 살수여상들은 대부분 여재충진 타워의 형태이기 때문이다.

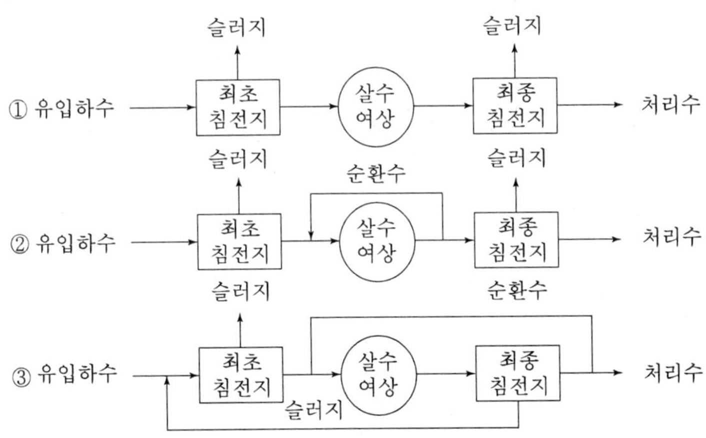

그림 10.20 1단 여상의 흐름 모식도

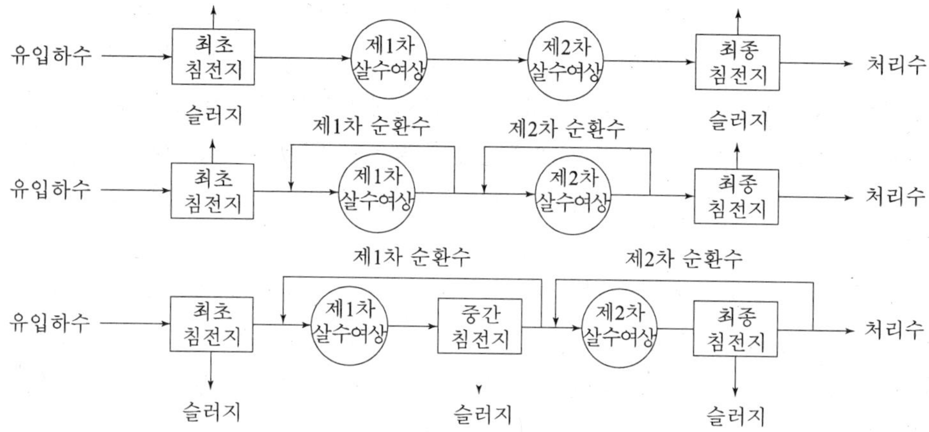

그림 10.21 2단 여상의 흐름 모식도

10.3.5 살수여상의 기능 및 기본적 성능

(1) 살수여상의 기능

살수여상법의 주요기능은 다음과 같으며, 단계적 처리는 표 10.9와 같이 나타낼 수 있다.

① 여막생물(濾膜生物)에 의한 흡착 및 흡수

② 여막생물에 의한 흡수물질의 생물학적 제거 및 여막의 흡착력 재생

표 10.9 단계적처리

단계	생물학적 반응
제1단계 → 탄소질의 산화	$BOD_5 + NH_4^+$ + 다량의 미생물 생성 ↓ O_2 타가 영향성 세균
제2단계 → 질산화작용	$CO_2 + H_2O + NH_4^+$ + 미생물 ↓ O_2 자가 영양성 세균
제3단계 → 탈질작용	NO_3^- + 극소의 미생물 ↓ 유기 탄소원 임의성 세균 $CO_2 + N_2$ + 소량의 미생물 생성

제1의 작용은 청징작용(清澄作用)하며 온도 기타에 의한 영향이 적고 단시간에 행해진다. 제2의 작용은 약간 속도가 늦지만 순수한 생물화학적 작용이며 세포합성, 합성성분의 이화작용 등이다. 저율살수여상법에서는 탄소성분(炭素成分)의 산화 뿐만 아니라 질소성분의 산화도 일어난다. 대규모 처리시설에서는 살수여상법을 제1단계, 제2단계, 제3단계로 분리하여 시행할 수 있다.

(2) 살수량

살수량은 일반적으로 여상 단위면적당의 1일 살수량으로 표시하면 다음과 같다.

$$L_A = \frac{(1+R)\,Q}{A} \text{(반송을 하는 경우)} \quad (10\text{-}53)$$

여기서, Q : 계획살수량[m³/d], A : 여상면적[m²], R : 반송비 또는 순환비

L_A : 단위면적당 살수량[m³/m² · d]

일반적으로 면적부하는 표준살수여상 2 m³/m² · d, 고속살수여상 10∼25 m³/m² · d 정도이지만 폐수성질에 따라 다르며, 크기는 정화효율에도 큰 영향을 미친다. 접촉시간 · 여상 · 깊이 · 살수량 사이에는 다음 식이 성립한다.

$$t = \frac{CD}{Q^n} \quad (10\text{-}54)$$

여기서, t : 접촉시간, D : 여상의 깊이

Q : 단위표면적당 살수부하량

C와 n은 실험적 상수

(3) BOD면적 부하

$$BOD\text{면적 부하}[\mathrm{kgBOD/m^2 \cdot d}] = \frac{\text{1일 BOD유입량}[\mathrm{kgBOD/d}]}{\text{여상면적}[\mathrm{m^2}]}$$

$$= \frac{BOD\text{농도}[\mathrm{kg/m^2}] \times \text{유입수량}[\mathrm{m^2/d}]}{\text{여상면적}[\mathrm{m^2}]}$$

$$= \frac{BOD \cdot Q}{A} \quad (10\text{-}55)$$

(4) BOD용적 부하

$$BOD\text{용적 부하}[\mathrm{kgBOD/m^2 \cdot d}] = \frac{1\text{일 BOD유입량}[\mathrm{kgBOD/d}]}{\text{여상유효 용적}[\mathrm{m^3}]}$$

$$= \frac{BOD\text{농도}[\mathrm{kg/m^3}] \times \text{유입수량}[\mathrm{m^3/d}]}{\text{여상유효 용적}[\mathrm{m^3}]}$$

$$= \frac{BOD \cdot Q}{V} = \frac{BOD \cdot Q}{A \cdot H} \qquad (10\text{-}56)$$

(5) 폐수가 여상을 통과하는데 필요한 시간(체류시간)

$$t\,[\mathrm{hr}] = \frac{\text{여상유효 용적}[\mathrm{m^3}]}{\text{살수량}[\mathrm{m^3/d}]} \times 24\mathrm{hr/d} = \frac{V}{Q} \times 24 \qquad (10\text{-}57)$$

여기서, A : 여상의 표면적[$\mathrm{m^2}$], Q : 여상표면에 가해지는 살수유량[$\mathrm{m^3/d}$]
t : 체류촉시간[hr], D : 여상의 깊이[m]

일반적으로 표준살수여상에서는 0.1~0.4, 고속살수여상에서는 0.8~1.5 정도이며 반드시 일정하지는 않다. 여러 단계가 있고 또한 공장폐수처리 등에서는 2 $\mathrm{kg_f}$을 넘을 때도 적지 않다.

예제 10.9

A공장의 폐수를 재순환형 살수여상으로 처리하고자 한다. 처리해야 할 폐수유량은 400 [$\mathrm{m^2/d}$], 폐수중 BOD_5는 1,000 [mg/ℓ]이다. 살수여상으로 처리후 최종적으로 방출되는 배수중 BOD_5는 48 [mg/ℓ], 재순환률은 2.5이다. 또 살수여상의 수량부하가 20 [$\mathrm{m^2/m^2 \cdot d}$], 살수여상 깊이가 2.5 [m]일 때 살수여상의 평균 BOD부하 [$\mathrm{kg \cdot BOD/m^3 \cdot d}$]값을 구하시오.

풀이

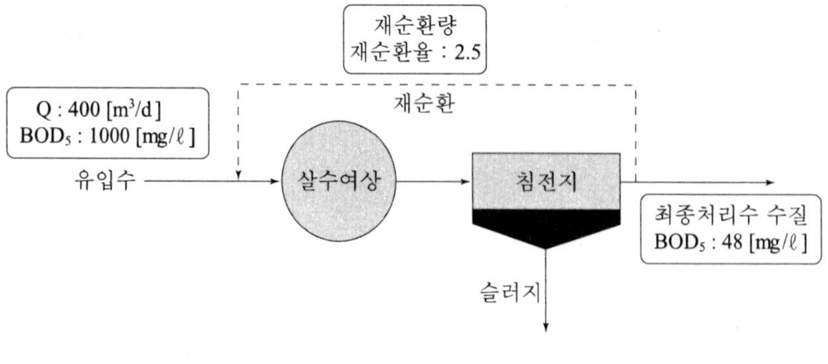

<공식> BOD용적 부하 $L_V = \dfrac{BOD_e \cdot Q}{A \cdot D}$

1) BOD_e : 유입되는 BOD농도 $= \dfrac{1{,}000[mg/\ell] \times 400 + 48[mg/\ell] \times 400 \times 2.5}{(400 + 400 \times 2.5)}$

2) Q : 살수유량$= 400 + 400 \times 2.5 = 1{,}400[m^3/d]$

3) $A \cdot D$= 여상의 표면적×여상의 깊이

$= A \times 2.5 \leftarrow \cdots \; A = Q/L_A = \dfrac{1{,}400[m^3/d]}{20[m^3/m^2 \cdot d]} = 70\,[m^2]$

$= 70 \times 2.5 = 175\,[m^2]$

$\therefore \; L_V = \dfrac{320 \times 10^{-3}[kg/m^3] \times 1{,}400[m^3/d]}{175\,[m^3]} = 2.56\,[kg/m^3 \cdot d]$

예제 10.10

처리하수량 20,000 m^3/d, 유입량 BOD 150 mg/ℓ, 처리수 BOD 40 mg/ℓ을 얻도록 고율살수여상을 설계하시오.

풀이

소요 BOD제거율 $= \dfrac{150 - 40}{150} \times 100\,[\%] = 73\,[\%]$

즉 1단계 살수여상이 좋으며 순환비는 1로 하면 다음과 같다.

여상에 유입하는 BOD $= 150\,g/m^3 \times 20{,}000\,m^3/d + 40\,g/m^3 \times 20{,}000\,m^3/d$
$= 3800[kg/d]$

BOD부하는 1.2 $kg/m^3 \cdot d$이므로

필요 여재량 $= \dfrac{3{,}800kg_f/d}{1.2kg_f/m^3 \cdot d} = 3{,}170[m^3]$

살수부하를 20 m/d로 하면 다음과 같다.

소요면적 $= \dfrac{20{,}000 + 20{,}000m^3/d}{20m/d} = 2{,}000[m^2]$

여재깊이 $= \dfrac{3{,}170m^3}{2{,}000m^2} = 1.59[m]$

이상에서 살수여상의 크기는 다음과 같이 된다.

지름×두께×지수=26 m×1.59 m×4지

---

(7) 폰딩

폰딩(ponding)현상은 살수여상에 많이 발생하는 현상으로 여재가 막혀서 여상표면에 물이 고이는 현상을 말한다.

1) 원인

① 여재가 너무 작거나 불균일한 경우
② 여재가 견고하지 못하여 부서지는 경우
③ 최초침전지에서 현탁 고형물의 제거가 충분하지 않은 경우
④ 미생물이 과도하게 탈리되어 여재공간을 메우는 경우
⑤ 유기물질 부하량이 과도한 경우

2) 대책

① 여재를 잘 긁을 것
② 고압수증기로 잘 씻을 것
③ 고농도의 염소를 1주 간격으로 야간에 수시간씩 주입하여 볼 것(유입수의 잔류 염소농도 5 mg/ℓ 정도)
④ 여상에 1일 이상 침수할 것
⑤ 별도의 처리시설이 있는 경우는 폰딩된 여상을 1일 이상 건조시킬 것
⑥ 여재를 교환할 것

10.3.6 살수여상의 이론공식

살수여상법의 설계에 있어서는 유기 및 수량부하와 처리정도를 생각하여야 한다. 여기에 대한 많은 연구가 되었으며, 대표적인 공식을 열거하면 다음과 같다.

(1) Atkinson 공식

생물막(生物膜, slime layer)에의 기질확산(基質擴散, substrate diffusion)이 반응속도를 지배하고 액막을 통한 농도경사는 없다는 가정하에서 Atkinson 등은 생물막에서의 기질이동률(基質移動率, rate of substrate flux)을 다음 식으로 표시하였다.

$$\gamma_s = -\frac{E h k_0 S}{K_m + S} \tag{10-58}$$

여기서, γ_s : 생물막에의 기질이동률, E : 유효계수($0 \leq E \leq 1$), h : 생물막의 두께[m]

k_0 : 최대반응률[d^{-1}], S : 여상내 기질의 평균 BOD, K_m : 반응속도계수

유효계수 E는 폐수의 BOD농도에 근사적으로 비례하므로 식 (10-58)은 다음과 같이 표시할 수 있다. 살수여상의 해석도와 회귀직선의 기울기는 그림 10.22와 10.23과 같다.

$$\gamma_s = \frac{-f\,h\,k_0\,S^2}{(K_m + S)} \tag{10-59}$$

여기서, f 는 비례상수이다.

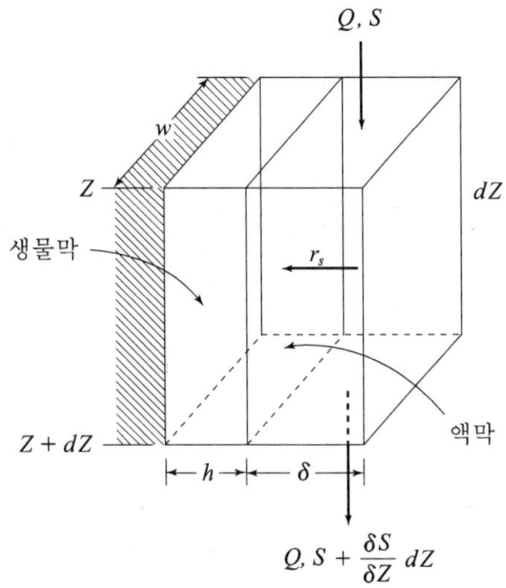

그림 10.22 살수여상의 해석도

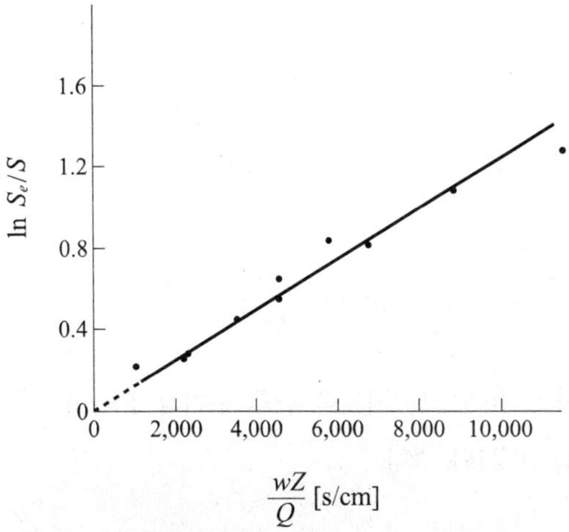

그림 10.23 회귀직선의 기울기

식 (10-59)를 살수여상의 물질수지 해석에 응용하면 다음과 같다.

여상내 기질의 축적	=	여상 내에의 기질의 유입량	−	여상 내로부터의 기질유출량	+	생물막에의 기질이동률

$$\frac{\partial S}{\partial t} dV = QS - Q\left(S + \frac{\partial S}{\partial Z} dZ\right) + dZw\left(-\frac{fhk_0 S^2}{K_m + S}\right) \tag{10-60}$$

여기서, Q : 기질유량

W : 생물막의 폭

Z : 여상의 깊이

정상상태로 살수여상이 운전되는 것으로서 식 (10-60)은 다음과 같이 된다.

$$Q\frac{dS}{dZ} = -fk_0 hw \frac{S^2}{K_m + S} \tag{10-61}$$

만일 K_m 이 S에 비하여 상당히 작다면 다음과 같은 식이 성립된다.

$$\frac{dS}{dZ} = -\frac{fhk_0 wS}{Q} \tag{10-62}$$

유출수의 기질농도를 S_e [mgℓ], 유입수의 기질농도를 S_i [mg/ℓ]라 한다. $S_e \to S_i$ (대응하는 여상심 $O \to Z$) 사이에 관하여 식 (10-62)를 적분하면 다음과 같은 식을 얻는다.

$$\frac{S_e}{S_i} = \exp\left[-(fhk_0)\frac{wZ}{Q}\right] \tag{10-63}$$

위식을 이용하려면 계수 f, h, k_0을 알아야 하며 여기서 식 (10-63)을 변형하면 다음 식이 된다.

$$-\ln\frac{S_e}{S_i} = \exp\left[-(fhk_0)\frac{wZ}{Q}\right] \tag{10-64}$$

(wz/Q)치들에 대한 $(-\ln S_e/S_i)$치들을 반대 수치상에 플롯트하여 생기는 회귀직선의 기울기는 fhk_0이며 그림 10.24와 같다.

(2) Eckenfelder공식

Eckenfelder는 살수여상이 압출류흐름(plug flow)형의 반응기이며, 기질이용을 1차 반응이라고 가정하여 1차 반응지연형(retardant form) 모델을 식 (10-65)와 같이 제안하였다.

$$\frac{S_e}{S_i} = \exp\left[-KZS_a^m (A/Q)^n\right] \tag{10-65}$$

여기서, K : 반응속도계수(보통 pilot plant study에서 얻음)

Z : 여상깊이[m]

S_a : 여상의 표면적([m²]/여상체적 V[m³])

A : 여상의 단면적[m³]

Q : 폐수유량[m³/d], m, n은 경험적 상수

식 (10-64)와 식 (10-65)에서 $fhk_0 Z/Q$항과 $KZS_a^m (A/Q)^n$항은 서로 대응한다.

(3) Bruce-Mertens공식

식 (10-64) 및 식 (10-65)는 용적 부하율 $Q_v = (Q/V)$을 도입함으로써 여상깊이 Z을 소거한 식으로 변형할 수 있으며, Bruce-Mertens는 다음 식을 제안하였다.

$$\frac{S_e}{S_i} = \exp(-K_T {S_a}^m Q_v^{-b}) \tag{10-66}$$

여기서, S_e : 여상처리한 침전유출수의 BOD[mg/ℓ]

S_i : 여상에의 유입수 BOD[mg/ℓ]

K_T : 경험적 반응계수[m/d], S_a 및 b는 경험상수($b = 1.0$)

Q : 유량[m³/d]

V : 용적[m³]

A_s : 살수여상의 표면적[m²]

10.3.7 플라스틱여재법

(1) 플라스틱여재

재래의 살수여상법에 사용된 쇄석여재의 결점을 보완하기 위하여 개발된 플라스틱(plastic)

여재는 형상을 마음대로 만들 수 있다. 형상 및 기능상 랜덤(random)형과 오더(order)형의 2종으로 분류된다. 랜덤형이란 일정 형상의 여재를 무질서하게 채운 것으로 구조적으로는 재래의 쇄석여재와 유사하다. 한편 오더형은 규칙적인 형상으로 가공한 여재를 통기 및 유하수의 방향에 맞추어 일정한 형상을 유지하도록 쌓아올린 것이다.

기능상 오더형은 박리생물(剝離生物) 등에 의한 공극의 막힘이 없으며, 통기성도 좋으므로 높은 BOD부하의 운전이 가능하다. 랜덤형은 막히지 않도록 주의하며 통기도 강제 통풍을 요할 때가 있다. 또한 단위여재당(單位濾材當)의 표면적이 크므로 저부하운전(低負荷運轉)에 적합하다. 또 오더형의 최대의 특징은 압축강도가 크므로 여재의 고층화가 쉽고 설치면적을 유효하게 이용할 수 있는 점이다.

(2) 오더형의 기능

1) 비표면적과 공극률

비표면적(m^2/m^3)과 공극률은 서로 반비례의 관계이다. 이들은 형상의 제약을 받아 보통 비표면적은 88~100 m^2/m^3이며, 공극률은 90~97%이다. 쇄석여재에 비하여 높은 BOD부하(3~4 $kg/m^3 \cdot d$ 가능)에 충분히 대응하는 특징 및 공극률과 형상의 고안에 기인한다. 일반적으로 통기속도(m/min)가 쇄석여재의 수십 배를 넘는다.

2) 비중량과 압축강도[kg/m^3]

재질은 일반적으로 약간의 강화수지를 포함하는 염화비닐이며, 비중량(kg/m^3 여재)은 30~50 kg/m^3 여재이다. 가능한 한 비중량을 적게 하기 위하여 1 mm 이하의 박판(薄板)을 사용한다. 이것을 규칙적으로 일정한 형상을 유지하도록 성형하면 충분히 여재의 고층화를 할 수 있다.

단위여재당의 미생물의 부착면적을 크게 하기 위하여 박판을 파형(波形)으로 성형하는데 파형의 강도를 올리기 위하여 평판을 보강재로 하는 수가 있다. 구조에서는 여재의 도중에 지지용의 보(beam)가 없어도 7 m까지 쌓아올릴 수 있으며 좌굴강도(挫屈强度)도 3,500 N/m^2 이상에 달한다. 또 파판(波板)만의 구성으로도 형상을 잘 만들면 2,400 N/m^2로 강화되고 여상 높이도 6 m으로 할 수 있다.

3) BOD제거 효과

플라스틱여재의 고속살수여상도 기술적으로 최종처리수의 BOD농도를 5 mg/ℓ까지 정화할 수 있으나 경제성을 고려하여 10~20 mg/ℓ 정도를 한도로 한다. 활성슬러지법과 근본적으로 다른 특징인데 여재에 대한 BOD부하를 임의로 설정함으로써 목적에 대응한 처리농도를 얻을 수 있다. 우유가공시설의 폐수처리는 그림 10.24와 같고 이 방법에 대한 폐수처리의 표준흐름도는 그림 10.25와 플라스틱여상은 그림 10.26과 같다.

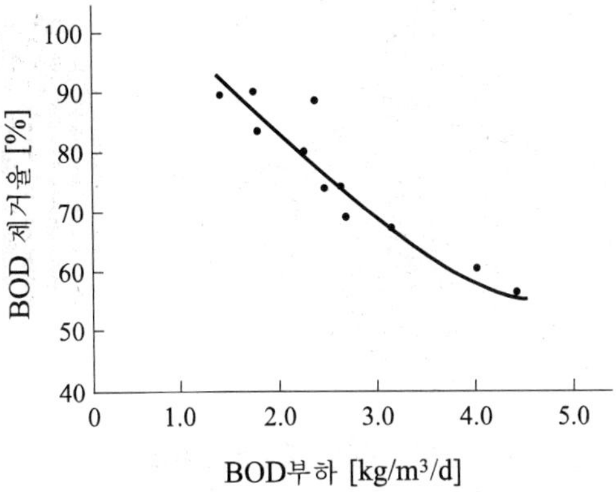

그림 10.24 플라스틱매체 고속살수 여재에서의 BOD부하와 BOD제거율의 관계

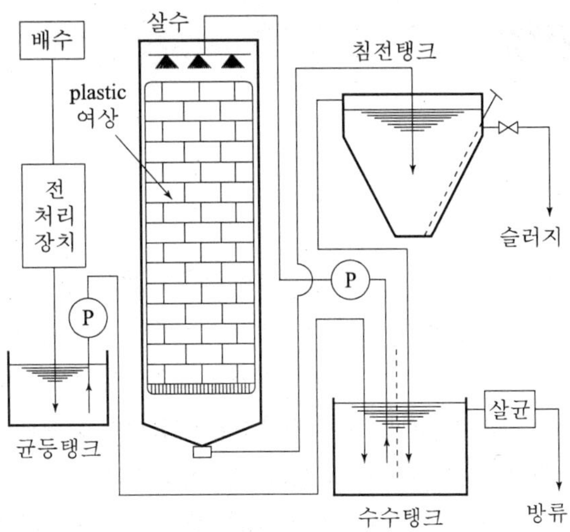

그림 10.25 표준흐름도

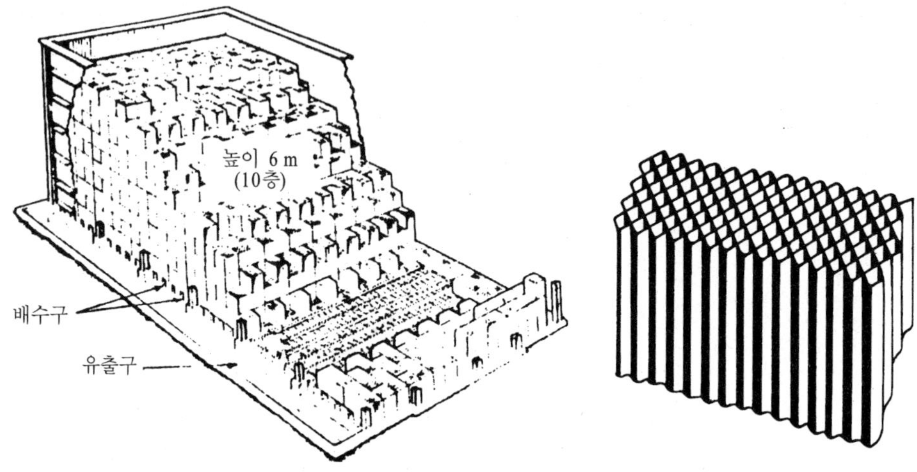

그림 10.26 플라스틱여상

10.4 회전원판법

10.4.1 서설

회전원판법(回轉圓板法, rotating biological contactor, RBC)은 1960년 독일 Stuttgart 공대에서 개발된 것으로 살수여상법과 같이 생물막을 이용하여 하수를 처리하는 방식으로서 원판이 폐수면 아래 40% 정도의 일부가 수면에 잠기도록 원판을 설치하여 이를 천천히 회전시키면서 원판위에 자연적으로 발생하는 호기성 생물을 이용하여 하수를 처리하는 것이다. 원판이 회전함에 따라서 생물막 위의 하수막에 용해되는 공기중의 산소를 부착생물(附着生物)이 흡수하고 하수 중의 유기물을 흡착하여 산화 및 동화작용(同化作用)을 통해 하수를 정화시킨다. 또한 원판의 회전으로 인해 부착생물과 회전판 사이에 전단력(剪斷力)이 생겨 과잉의 부착생물은 자연적으로 떨어지게 된다(剝離作用). 이러한 작용에 의하여 회전판 표면이 부착생물로 완전히 폐쇄(閉鎖)되는 것이 방지되며, 회전판에 일정한 두께의 부착생물이 유지된다. 처리방식의 구조는 얇은 원판을 수평축으로 고정시켜 이를 회전시키는 구동장치(驅動裝置)와 회전판을 하수에 접촉시키는 조로 구성되어 있다. 회전판 표면에 대한 모식도는 그림 10.27과 같으며, 회전원판법의 특징 및 장 · 단점은 다음과 같다.

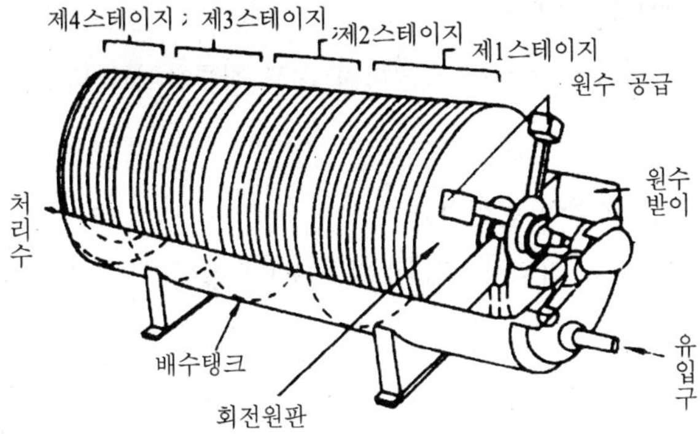

그림 10.27 회전원판 파일럿 플랜트

(1) 회전원판법의 특징

① 운전관리상 조작이 간단하다.

② 소비 전력량은 소규모 처리시설에서는 표준활성슬러지법에 비하여 적다.

③ 집산화가 일어나기 쉬우며, 이로 인하여 처리수의 BOD가 높아질 수 있으며, pH가 낮아지는 경우도 있다.

④ 활성슬러지법에서와 같이 팽화(膨化, bulking)으로 인한 다량의 슬러지가 유출되는 현상이 없다.

⑤ 활성슬러지법에 비해 2차 침전지에서 미세한 SS가 유출되기 쉽고, 처리수의 투명도가 나쁘다.

⑥ 살수여상과 같이 여상에 파리는 발생하지 않으나, 하루살이가 발생할 수가 있다.

(2) 회전원판법의 장·단점

1) 장점

① 포기 및 슬러지의 반송을 필요로 하지 않는다. 동력비가 저렴하고 운전관리상 조작이 간단하다.

② 소비전력량은 소규모처리시설에서는 표준활성슬러지법에 비하여 적다.

③ 질소(N)·인(P) 등의 제거가 가능하다.

④ 활성슬러지법에서와 같이 팽화로 인해 최종침전지에서 일시적으로 과잉슬러지의 발생량이 적다.

⑤ 충격부하 및 부하변동에 강하며 저농도 및 고농도 BOD처리가 모두 가능하다.

⑥ 잉여슬러지의 생성량이 적다.

⑦ 살수여상과 같이 여상에 파리는 발생하지 않고 하루살이가 발생하는 수가 있다.

2) 단점

① 생물량의 인위적인 조절이 곤란하다.

② 질화(窒化)가 일어나기 쉬우며, 처리수의 BOD가 높아질 수 있고, pH가 내려가는 경우도 있다.

③ 활성슬러지법에 비해 최종침전지에서 미세한 부유물(SS)이 유출되기 쉬우며, 처리수의 투명도가 나쁘다.

④ 운영상의 문제점으로 구동축 파손, 베어링 손상, 원판 손상, 악취발생 등이다.

10.4.2 시설의 조합

회전원판의 기본적인 조합(組合)을 유입수 및 유출수의 수질을 고려하여 나타내면 그림 10.28과 같고, 시설의 조합 예는 그림 10.29와 그림 10.30에 나타나 있다.

최종침전지에서의 고액분리(高液分離)가 불충분한 경우는 최종침전지 뒤에 여과시설을 설치하는 경우가 있다. 또한 최종침전지 대신에 여과시설을 설치하는 경우도 고려할 수 있다. 여과방식은 급속여과지, 스크린, 스트레이너(strainer) 등이 있다.

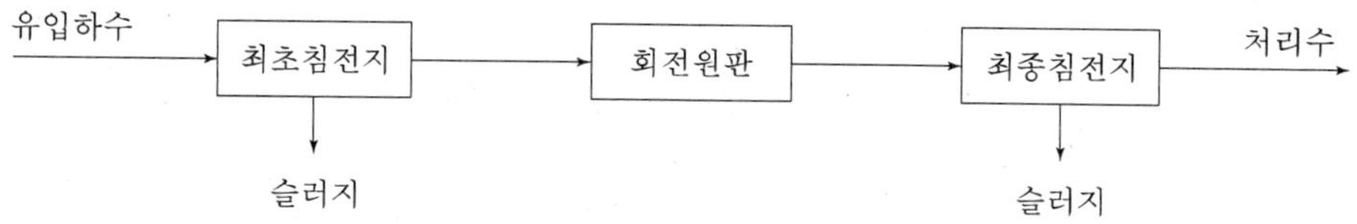

그림 10.28 회전원판법의 흐름도 예

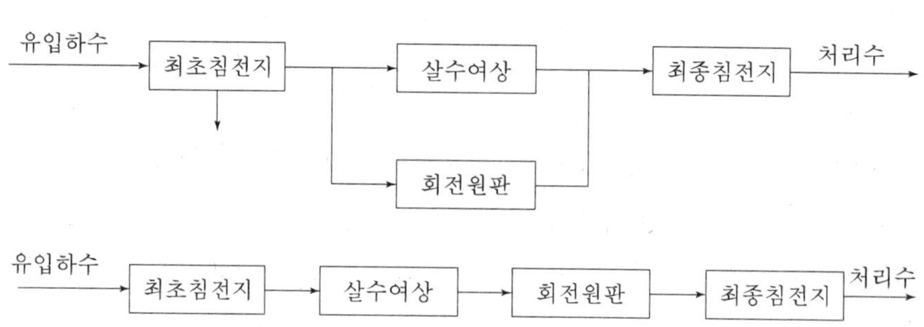

그림 10.29 기존살수여상에 회전원판법을 추가시킨 경우

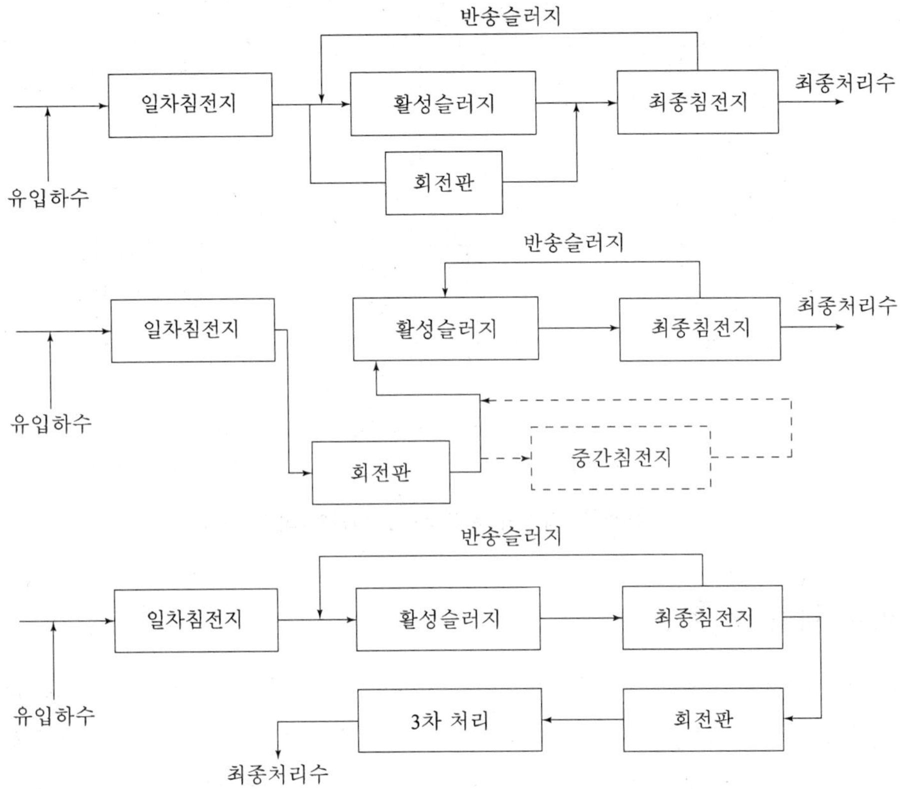

그림 10.30 기존살수여상에 회전원판법을 추가시킨 경우

10.4.3 기수 및 처리단계

회전원판의 기수(基數) 및 처리단계(處理段階)는 다음 사항을 고려하여 정한다. 회전원판의 기수는 일반적으로 유량규모(流量規模), 점검(點檢), 수리(修理), 청소(淸掃) 등을 위해 가동중지와 단계적 시공에 맞추어 결정되지만 보통 2기 이상으로 하는 것이 좋다. 회전판은 탱크(槽) 1기를 분할하여 직렬다단(直列多段)으로 되게 하며, 처리단수는 보통 3~4단으로 한다. 또한 회전원판은 운전변수가 적으므로 여과시설의 반지름 또는 단계(段階, step) 유입에 의해 운전방법을 변경시킬 수 있도록 하는 것이 좋다. 하수의 유입방향에는 축직각류, 축직각역류, 축평행류의 3종류를 나타내며 그림 10.31과 같다.

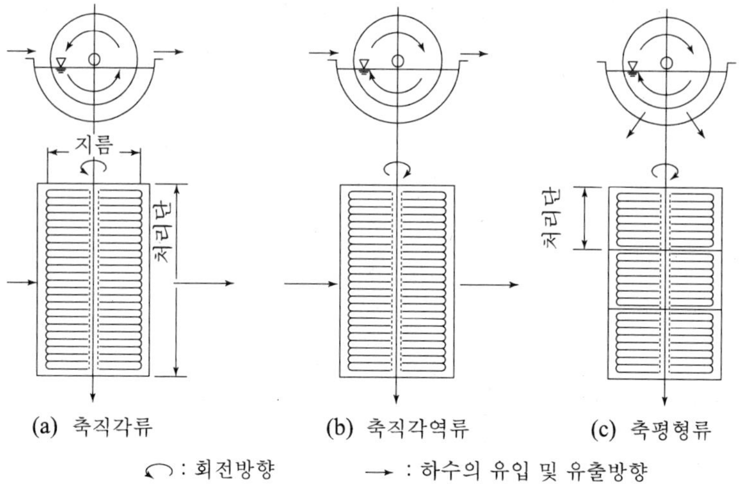

그림 10.31 하수의 유입방향과 원판의 회전방향

10.4.4 재질 및 형상

회전원판의 재질(材質)에는 일반적으로 가볍고 부식(腐蝕)에 강한 합성수지(合成樹脂)가 사용되며, 회전원판의 지름은 보통 3.0~4.0 m이다. 지름을 크게 할수록 단위축 길이당 회전원판의 면적을 증가시킬 수 있지만 조립(組立), 운반(運搬), 탱크(槽)의 크기 등 때문에 한계가 있다. 회전판의 두께는 폴리에틸렌이나 염화비닐의 경우에 0.7~2.0 mm, 폴리스틸렌인 경우는 7 mm 정도이다. 회전원판의 조립방법에는 직접축에 부착시키는 방법과 분할시켜 회전원판을 조립하는 방법 등이 있다.

회전원판의 간격은 보통 15 mm 이상으로 하고 회전원판의 간격이 너무 좁으면 부착생물에 의해 폐쇄되어 처리효율이 악화될 수 있다. 부착생물의 두께는 부하, 회전속도 등의 변수에 영향을 받는다. 특히 최초처리에서는 생물막이 두꺼워지므로 원판의 간격을 크게 하는 것이 좋다.

10.4.5 탱크의 형상 및 구조

탱크의 단면에는 장방형 및 반원형이 있다. 장방형은 떨어지게 된 슬러지가 퇴적하지 않도록 구석에 45°의 헌치(haunch)를 설치하면 좋고 회전판과 주벽(周壁) 그리고 저부와의 간격은 10~45 cm 정도로 하는 것이 좋다. 또한 조에는 세정장치(洗淨裝置)와 배수장치를 설치한다.

탱크의 구조는 수밀성 철근콘크리트구조로 하며, 주벽의 끝은 지반 높이보다 15 cm 이상 높게 하고 지표수가 탱크에 유입되는 것을 방지하도록 한다.

10.4.6 면적 및 탱크의 용량

(1) 소요면적

BOD면적 부하(일반적으로 5~12 g/m^2 · d)는 유량부하(일반적으로 50~100ℓ/m^2 · d) 및 체류시간과 함께 회전원판의 처리성에 관계되는 변수이다. BOD면적 부하는 회전원판 단위면적당 1일 BOD량으로 정의하고 식 (10-67)과 같다.

$$L_A = \frac{Q_s \cdot C_s}{A} \tag{10-67}$$

여기서, L_A : BOD면적 부하[g/m^2 · d]

Q_s : 계획하수량[m^3/d]

C_s : 탱크유입수의 평균 BOD농도[mg/ℓ]

A : 유효원판면적[m^2]

회전원판의 소요면적은 BOD면적 부하를 기초로 식 (10-67)로 계산한다. BOD면적 부하는 유입수의 BOD농도와 처리목표수질에 따라서 정해진다. 또 회전원판의 소요면적은 유량부하를 기초로 설계할 경우도 있다. 유량부하는 회전원판 단위면적당 1일 공급되는 하수량으로 정의하고 식 (10-68)과 같이 표현할 수 있다.

$$I = \frac{Q_s}{A} \times 10^3 \tag{10-68}$$

여기서, I : 유량부하[ℓ/m^2 · d]

식 (10-67)과 식 (10-68)에서 BOD면적 부하와의 관계는 식 (10-69)와 같다.

$$L_A = C_s \cdot I \times 10^{-3} \tag{10-69}$$

(2) 탱크의 용량

탱크의 용량과 체류시간의 관계는 식 (10-70)과 같다.

$$T = \frac{V}{Q_s} \times 24$$

$$= 24{,}000 \cdot \frac{V}{A} \cdot \frac{1}{I} = 24 \cdot G \cdot \frac{1}{I} \tag{10-70}$$

여기서, T : 체류시간[hr]

G : 액량 면적비[ℓ/m²]

V : 탱크의 실용적(탱크의 용적에서 회전원판의 침적부 체적을 뺀 값, m³)

I : 유량부하[ℓ/m² · d]

액량 면적비는 탱크의 실용적과 회전원판 면적과의 비이다. 일반적으로 회전원판의 액량 면적비는 5ℓ/m² 이상이 많으며, 탱크의 실용적도 식 (10-70)에서 구할 수 있다.

예제 10.11

생물학적 회전판의 지름이 3 m이며, 740매로 구성되어 있다. 유입폐수량이 1,000 m³/d이며, BOD가 150 mg/ℓ일 경우 수량부하와 BOD부하는 각각 얼마인가?

풀이

$$\text{수량부하}[\ell/\text{m}^2/\text{d}] = \frac{\text{유입수량}[\ell/\text{d}]}{\text{원판표면적}[\text{m}^2]}$$

$$\text{원판표면적} = \frac{\pi D^2}{4} \times 2(\text{양면}) \times \text{매수} = \frac{3.14 \times 3^2}{4} \times 2 \times 740 = 10{,}456\,[\text{m}^2]$$

$$\therefore \text{수량부하} = \frac{1{,}000{,}000\,[\ell/\text{d}]}{10{,}456.2\,[\text{m}^2]} = 95.6\,[\ell/\text{m}^2 \cdot \text{d}]$$

$$\text{BOD유입량} = 150\,\text{g/m}^3 \times 1{,}000\,\text{m}^3/\text{d} = 150{,}000\,[\text{g/d}]$$

$$\text{BOD부하} = \frac{150{,}000\text{g/d}}{10{,}456.2\text{m}^2} = 14.3\,[\text{g/m}^2 \cdot \text{d}]$$

예제 10.12

계획하수량 5,000 m³/d, 유입수의 BOD농도 140 mg/ℓ, BOD면적 부하 5 g/m² · d이면 회전판의 소요면적 및 탱크의 용량은 얼마인가?

풀이

소요면적은 식 (10-67)에서

$$A = \frac{Q_s \cdot C_s}{L_a} = \frac{5{,}000 \times 140}{5} = 140{,}000\,[\text{m}^2]$$

이 때 유량부하는 식 (10-68)에서 다음과 같이 구한다.

$$I=\frac{5,000}{140,000}\times 10^3 = 36\,[\ell/\mathrm{m}^2\cdot\mathrm{d}]$$

여기서, 액량 면적비를 $5\ell/\mathrm{m}^2$으로 하면 체류시간은 식 (10-70)에서 다음과 같이 구한다.

$$T=24\times 5\times(1/36)=3.3\,[\mathrm{hr}]$$

따라서 탱크의 실용적은 식 (10-70)으로 구하면 $700\mathrm{m}^3$이 된다.

$$V=\frac{5,000\times 3.3}{24}\fallingdotseq 700\,[\mathrm{m}^3]$$

예제 10.13

A도시의 급수인구가 10,000명이다. 1인당 평균급수량이 $300\ell/\mathrm{d}$, 급수보급율이 70%이며, 배출되고 있는 총하수량은 20%의 손실이 있다. 이 하수를 회전원판법으로 처리할 경우 다음에 대해 계산하시오(단 1인당 BOD배출량은 60 g/d, 1차 침전지의 BOD제거 효율은 20%, 원판의 BOD면적 부하는 $6\,\mathrm{g}\cdot\mathrm{BOD}/\mathrm{m}^2\cdot\mathrm{d}$이다.

1) BOD농도(mg/ℓ)는 얼마인가?
2) 원판의 소요면적(m^2)을 구하시오.
3) 원판에 가해지는 수리학적 부하($\ell/\mathrm{m}^2\cdot\mathrm{d}$)를 구하시오.

풀이

1) $$\text{BOD농도}[\mathrm{mg}/\ell]=\frac{\text{BOD량}[\mathrm{mg}]}{\text{유량}[\ell]}$$

① $$\mathrm{BOD}[\mathrm{mg/d}]=\frac{60\,[\mathrm{g}\cdot\mathrm{BOD}]}{[\mathrm{d}\cdot\text{인}]}\left|\frac{10,000\text{인}}{}\right|\frac{10^3\,[\mathrm{mg}]}{[\mathrm{g}]}=6\times 10^8\,[\mathrm{mg/d}]$$

② $$\text{유량}[\ell/\mathrm{d}]=\frac{300\,[\ell][\text{급수}]}{[\mathrm{d}\cdot\text{인}]}\left|\frac{10,000\text{인}}{}\right|\frac{70\,[\text{보급}]}{100\,[\text{급수}]}\left|\frac{(100-20)\,[\text{하수}]}{100\,[\text{보급}]}\right.$$

$$=1,680,000\,[\ell/\mathrm{d}]$$

$$\therefore\ \text{BOD농도}=\frac{6\times 10^8\,[\mathrm{mg/d}]}{1,680,000\,[\ell/\mathrm{d}]}=357.14\,[\mathrm{mg}/\ell]$$

2) $$\text{BOD면적 부하}[\mathrm{g}/\mathrm{m}^2\cdot\mathrm{d}]=\frac{\text{BOD 유입량}[\mathrm{g/d}]}{\text{접촉면적}[\mathrm{m}^2]}$$

$$\therefore\ L_A=\frac{S_o\cdot Q\times 10^{-3}}{A}$$

$$6\,[\mathrm{g}/\mathrm{m}^2\cdot\mathrm{d}]=\frac{357.14\,[\mathrm{mg}\cdot\mathrm{BOD}]}{[\ell]}\left|\frac{80}{100}\right|\frac{1,680,000\,[\ell]}{[\mathrm{d}]}\left|\frac{10^3[\mathrm{g}]}{[\mathrm{mg}]}\right|\frac{1}{\mathrm{A}[\mathrm{m}^2]}$$

따라서 $A=79,999.36\,[\mathrm{m}^2]$

[주의] BOD농도 계산시 하수량중 20(%)의 손실량이 보정되었으므로 유량 또는 BOD에 대하여 재차 보정할 필요가 없다.

3) 수리학적 부하[$\ell/m^2 \cdot d$] = 처리유량[ℓ/d]/회전원판의 표면적[m^2]

$$= \frac{168,000\,[\ell]}{[d]} \frac{1}{79,999.63\,[m^2]} = 21.0\,[\ell/m^2 \cdot d]$$

10.4.7 침적률 및 회전속도

(1) 침적률

침적률(浸積率)은 총회전원판 면적에 대한 수중부분의 회전원판 면적비로서 식 (10-71)로 나타낸다.

$$W = \frac{A_w}{A} \times 100 \tag{10-71}$$

여기서, W : 침적률[%], A : 총회전원판 면적[m^2]

A_w : 수중부분의 회전원판 면적[m^2]

침적률은 일반적으로 35~45% 정도로 한다.

(2) 회전속도

회전속도(回轉速度)는 부착생물이 떨어지게(剝離) 탱크 내의 혼합 및 산소공급 등과 관계된다. 회전속도가 너무 작으면 부착생물에 의한 폐쇄, 떨어진 슬러지의 퇴적, 단회로, 탱크 내의 혐기화(嫌氣化) 등의 문제가 발생할 수 있다. 또한 회전속도가 너무 크면 소비전력이 증가하는 단점이 있다.

10.4.8 슬러지팽화(sludge bulking)

(1) 개 요

팽화현상이란 포기탱크 중의 DO, BOD, pH, 영양소 등의 불균형으로 인하여 푼지(fungi)가 과다 번식하거나 미생물이 대수(분산) 성장단계로 되어 최종침전지에서 슬러지의 응집성이 악화되어 침전이 곤란하게 되며, 반송슬러지의 농도가 낮아져서 포기탱크 내 MLSS의 관리 및 슬러지의 인출상 문제가 발생하게 되는 현상을 말한다.

(2) 팽화의 원인

① 오수의 물리적 성상 : 폐수의 유입량 또는 유기질 농도의 급격한 변동, pH, 온도, 부패도, 영양염류의 균형 등이다.

② 처리시설의 결함 : 포기장치 공기의 공급능력, 최종침전지의 설계, 반송슬러지의 펌프의 능력, 포기탱크의 단락흐름, 불충분한 교반 등이다.

③ 운전관리상의 요인 : 포기탱크내 DO의 부족, BOD-MLSS농도의 과대 혹은 과소현상

(3) 팽화의 영향

활성슬러지의 팽화현상이 일어나면 처리수질은 큰 영향은 없으나 팽화가 진전되면 최종침전지에서 슬러지가 유출되어 유출슬러지에 의해서 수질이 악화되는 결과를 가져오며, 팽화 시에는 SVI가 200 이상을 나타낸다.

(4) 팽화의 종류

1) 미생물 형태에 의한 분류

① 사상성 팽화 : Sphaerotilus 등 사상균 또는 사상형태를 취하는 미생물의 증식에 의하여 일어남

② 비사상성 팽화 : 점성, 유분과다, 펩틴에 의한 잘 침전하지 않은 현상

2) 침전특성에 의한 분류

① 응집성 결함형 : 고액경계면이 불확실하고 상등액이 현탁(분산성장, 핀플럭 발생)

② 밀도 결함형 : 슬러지 겉보기 밀도가 작아 침전슬러지가 중간에 떠있고 일단 침강한 뒤 재부상(슬러지 rising, 부유슬러지 등)

③ 압밀 결함형 : 슬러지가 솜처럼 부풀어 오르며, SV가 100 이상으로 상등액 부분이 매우 작음(사상성 슬러지)

(5) 슬러지 팽화 제어방법

1) 약품 투입법

① 사상성균에 의한 팽화 : 염소계(반송슬러지에 10~20 mg/ℓ의 염소주입), 과산화수소, 기타 키토산 등

② 비사상성균에 의한 팽화 : 중량개량제(소석회, 고분자 전해질, 활성탄, 규조토 등)을 주입

2) 처리공정 및 운전개선

① MLDO(혼합액 DO)를 2 mg/ℓ 이상 유지한다.

② BOD-MLSS부하를 적정하게 제어하는 방법은 슬러지반송률 등을 조정, BOD부하를 감소시키며, 포기탱크의 체류시간을 증가시킨다.

③ 시설의 과부하를 가능한 한 줄이고 부하를 균일하게 유지한다.

④ 영양염류의 균형을 유지하기 위하여 부조 영양염류를 첨가한다.

⑤ 소화액 첨가법 : 포기탱크 유입부에 충분히 소화된 슬러지 투입

⑥ 완전혼합형 연속처리공정을 플러그타입 연속처리공정으로 개선

⑦ 회분식 처리탱크의 경우 간헐식 포기방식으로 개선

3) 기타

① 미생물의 체류시간 감소

② 사상균 성장을 방해하기 위한 선택탱크를 설치한다.

③ 경쟁상대 능력이 있는 미생물을 투여한다.

④ 질산화를 유도하거나 화학약품을 투여하여 포기탱크 pH를 조절한다.

⑤ 팽화슬러지를 전량 폐기하고 새로운 활성슬러지로 바꾼다.

10.4.9 부대시설

바람, 비, 햇빛 등에 의한 악영향(惡影響)을 막기 위해 덮개를 설치한다. 그러나 회전원판을 옥내에 설치하는 경우는 덮개를 반드시 설치할 필요는 없다. 일반적으로 덮개를 설치함으로써 저온효과, 하루살이의 발생방지, 악취방지(惡臭防止) 등의 효과를 얻을 수 있다. 덮게는 통기구멍과 점검용 창을 설치하며, 재질로는 강화 플라스틱 등이 있다.

10.5 접촉산화법

10.5.1 서설

(1) 원리

접촉산화법은 생물막을 이용한 처리방식의 한 가지로서, 반응탱크 내의 접촉제 표면에 발생 부착된 호기성미생물(이하 '부착생물'이라 칭함)의 대사활동에 의해 하수를 처리하는 방식이다. 일차침전지 유출수 중의 유기물은 호기상태의 반응탱크 내에서 접촉제 표면에 부착된 생물에 흡착되어 미생물의 산화 및 동화작용에 의해 분해 제거된다.

부착생물의 증식에 필요한 산소는 포기장치로부터 탱크 내에 공급된다. 접촉제 표면의 과잉 부착생물은 탈리되어 이차침전지에서 침전 분리되지만, 활성슬러지법에서처럼 반송슬러지로서 이용되는 것이 아니라 잉여슬러지로서 인출된다.

(2) 특징

접촉산화법의 특징은 다음과 같다.

① 반송슬러지가 필요하지 않으므로 운전관리가 용이하다.
② 비표면적이 큰 접촉제를 사용하여 부착생물량을 다량으로 보유할 수 있기 때문에, 유입 기질의 변동에 유연히 대응할 수 있다.
③ 생물상이 다양하여 처리효과가 안정적이다.
④ 슬러지의 자산화가 기대되어 잉여슬러지량이 감소한다.
⑤ 부착생물량을 임의로 조정할 수 있어서 조작조건의 변경에 대응하기 쉽다.
⑥ 접촉제가 탱크 내에 있기 때문에 부착생물량의 확인이 어렵다.
⑦ 고부하에서 운전하면 생물막이 비대화되어 접촉제가 막히는 경우가 발생한다.

이러한 접촉산화법의 장 · 단점은 표 10.10과 같다.

표 10.10 접촉산화법의 장단점

장점	단점
• 유지관리가 용이하다 • 탱크내 슬러지 보유량이 크고 생물상이 다양하다. • 분해속도가 낮은 기질제거에 효과적이다. • 부하, 수량변동에 대하여 완충능력이 있다. • 난분해성 물질 및 유해물질에 대한 내성이 높다. • 수온의 변동에 강하다. • 슬러지반송이 필요없고 슬러지발생량이 적다. • 소규모시설에 적합하다.	• 미생물량과 영향인자를 정상상태로 유지하기 위한 조작이 어렵다. • 반응탱크내 매체를 균일하게 포기교반하는 조건설정이 어렵고 사수부가 발생할 우려가 있으며 포기비용이 약간 높다. • 매체에 생성되는 생물량은 부하조건에 의하여 결정된다. • 고부하시 매체의 폐쇄위험이 크기 때문에 부하조건에 한계가 있다. • 초기 건설비가 높다.

1) 시설의 구성

접촉산화법의 시설구성을 그림 10.32에 나타내었다.

접촉산화법에 있어서 유입수량의 일간변동이 큰 경우는 유량조정조를 설치할 수 있다. 이차침전지에서의 고액분리가 불충분하게 되는 경우에는 경제성, 유지관리성 등을 검토하여 이차침전지 뒤에 여과시설을 설치할 수 있다. 여과의 방법으로는 급속여과지, 스크린, 스트레이너 등이 있다.

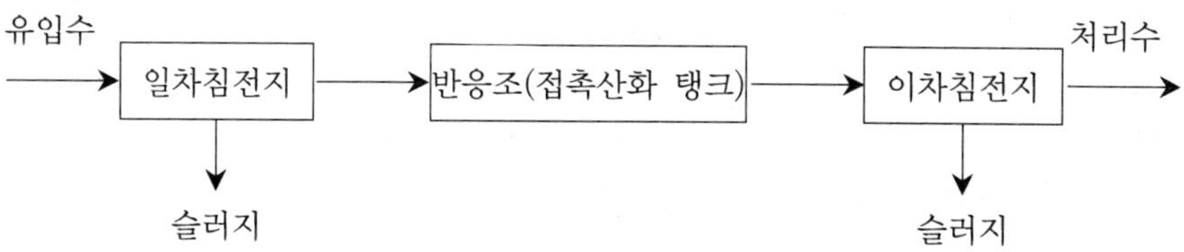

그림 10.32 접촉산화법의 처리계통

2) 침전지

일차 및 이차침전지의 설계제원은 표 10.11 및 표 10.12와 같다.

표 10.11 접촉산화법의 일차침전지의 제원

항목	제원
수면적 부하 ($m^3/m^2 \cdot d$)	20~30
유효수심 (m)	2.5~4.0
월류부하 ($m^3/m \cdot d$)	100 이하

표 10.12 접촉산화법의 이차침전지의 제원

장점	단점
수면적 부하 ($m^3/m^2 \cdot d$)	20~30
유효수심 (m)	2.5~4.0
월류부하 ($m^3/m \cdot d$)	80 이하

3) 반응탱크의 형상, 구조 및 수

조의 형상, 구조 및 수는 다음의 각항을 고려하여 결정한다.

① 형상은 장방형 또는 정방형으로 하며, 유로의 폭은 수심의 1~2배의 범위내에 결정한다.

② 유효수심은 3~5m를 표준으로 한다.

③ 수는 2기 이상으로 한다.

④ 반응탱크의 실수는 2실 이상으로 한다.

⑤ 수밀한 철근콘크리트탱크로 제작하며, 탱크의 최상단은 지면으로부터 15cm 이상으로 한다.

4) BOD용적 부하

접촉제의 비표면적이 커지면 이에 따라 BOD용적 부하를 높게 하는 것이 가능하며, 부하가 높아지게 되면 접촉제의 공극부위에 슬러지가 과잉 축적되어 탱크의 막힘을 야기하기 때문에 안정된 저리효과를 기대하기 어렵게 된다. 이렇게 탱크의 막힘을 방지하고 안정된 처리를 유지하기 위해서는 반응탱크의 BOD용적 부하를 계획 1일 최대오수량에 대하여 $0.3kg/m^3 \cdot d$ 정도로 한다.

5) 송풍량

접촉제의 설치형식은 고정형과 유동상형이 있으며 고정형에는 전면설치, 양측설치 및 , 편측설치의 3종류가 있으며, 그림 10.33과 같다.

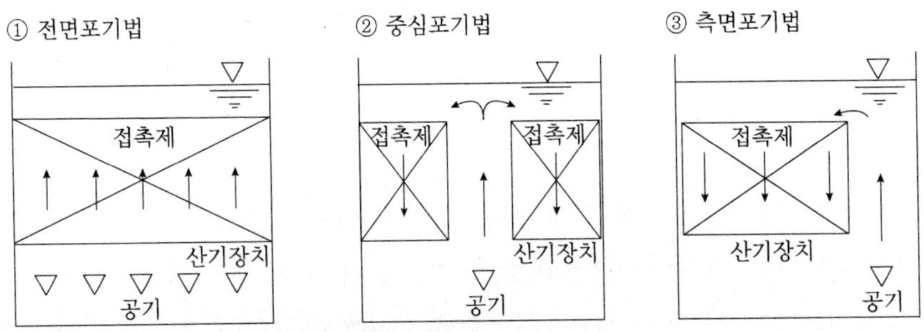

그림 10.33 접촉제의 설치방법

전면 설치형식의 경우에 있어서 공기량은 탱크 내의 오수를 균일하게 교반하고, 탱크 유출구에서의 용존산소를 2~3mg/ℓ 정도로 유지하기 위해 계획오수량의 8배 정도가 필요하다. 그러나 양측설치 및 편측설치의 경우는 선회류를 유지하기 위해, 송풍량을 더욱 늘려야 할 필요가 있다. 고부하운전을 계속하면 생물막이 비대화되어서 접촉제가 막히게 되는 경우가 있다. 이 경우에는 접촉제 바로 밑에 배치한 역세용 공기배관을 통하여 공기로 세척해냄으로써 비대화된 생물막을 탈리시킨다.

6)접촉제의 형상 및 재질

접촉제는 오수가 접촉제와 균등하게 충분하게 접촉할 수 있도록 균질하고 공극률이 충분하여야 하며 생물막이 부착하는 비표면적이 큰 것을 사용하는 것이 바람직하다. 또한 수류에 의해서 손상되니 않는 강도를 가져야 하고, 오수에 의한 변질이 생기지 않도록 화학적 강도를 갖는 재질을 선정할 필요가 있다.

접촉제의 형상은 튜브모양, 끈모양, 망모양, 망상골격체모양, 평판모양, 공모양 등의 다양한 종류가 있으나 이러한 형상에 따라 처리 특성과 충전방법 및 포기 방법이 달라진다. 따라서 유입오수의 특성에 적합한 접촉제를 선정하고 그 접촉제에 적합한 산기장치의 설치를 검토한다. 일반적으로 반응탱크 확인해보기 내의 접촉제의 충전율은 55% 정도로 하며, 접촉제는 1실과 2실의 종류를 다르게 하여 1실에는 공극률이 크고, 2실에는 작은 것을 사용하는 것이 바람직하다.

또한 접촉제의 재질은 일반적으로 가벼우며 부식성이 없는 합성수지제품을 사용하는 것을 표준으로 한다. 접촉제표면의 부착미생물량을 확인하기 위해 접촉제의 일부분을 들어올려 확인할 수 있도록 하는 것이 바람직하다.

10.6 하수의 고도처리

10.6.1 서 설

고도처리는 유기물제거를 주목적으로 하는 2차 처리에서 얻어지는 처리수질 이상의 수질을 얻기 위하여 행해지는 처리이며, 이는 활성슬러지법 등에 의한 2차 처리를 행한 후 부가적으로 수행되는 처리를 의미하였지만, 최근 기술개발에 의하여 단독공정으로도 2차 처리 이상의 수질을 얻을 수 있는 처리기술들이기 때문에 3차 처리라는 용어 대신에 고도처리라는 용어를 사용하고 있다.

고도처리를 도입하는 이유는 다음과 같다.

(1) 방류수의 수질환경기준의 달성

도시하천과 같이 고유유량이 적고 하수처리수로서 수량의 대부분이 점유되는 경우와 폐쇄성 수역 및 수질의 총량규제가 이루어지는 경우에는 방류수역의 수질환경기준 혹은 수질의 방류기준을 달성하기 위하여 BOD, COD, SS, 질소, 인 등을 대상으로 하는 고도처리가 필요하다.

(2) 폐쇄성 수역의 부영양화 방지

항만의 안쪽 및 호소 등과 같은 폐쇄성 수역에서는 적조 또는 수화(water bloom) 등 플랑크톤의 발생 등에 의한 이수상의 피해를 방지하기 위해서 그 원인이 되는 질소, 인의 유입부하량을 줄여야 할 필요가 있으므로 폐쇄성 수역에 처리수를 방류하는 경우에는 질소, 인을 대상으로 하는 고도처리가 필요하게 된다.

(3) 방류수역의 이용도 향상

방류수역의 이수상의 이유에 의해 고도의 방류수질이 요구되는 경우가 있으며, 고도처리의 제거 대상 물질은 부유물, 유기물, 영양염류 등이 있고, 각각의 제거 대상 물질에 대하여 다양한 처리방식이 존재한다.

(4) 처리수의 재이용

하수처리수의 재이용에는 수세용수, 살수용수로서의 이용과 조경용수로서의 이용이 있으며, 재이용에는 그 이용 목적에 따라 처리대상 물질이 다르게 된다. 따라서 각 용도에 맞는 고도처리를 행하는 것이 필요하다.

고도처리시설 설치시 검토는 다음과 같다.

1) 기존하수처리시설에 고도처리시설을 설치하고자 할 때는 기본설계과정에서 처리시설의 운영실태 정밀분석을 실시한 후에 이를 근거로 사업추진방향 및 범위 등을 설계에 반영하고,

그 결과가 수록된 설계보고서를 설계자문 요청시 제시하여야 한다.

2) 기존하수처리시설의 고도처리시설 설치사업은 운전개선방식에 의한 추진방안을 우선적으로 검토하되 방류수수질기준 준수가 곤란한 경우 시설개량방식으로 추진하여야 한다.

3) 기존하수처리시설에 고도처리시설을 설치할 경우에는 하수처리시설의 부지여건을 충분히 고려하여 고도처리시설 설치계획을 수립하여야 한다.

4) 기존하수처리시설에 고도처리시설을 설치할 경우에는 기존시설물 및 처리공정을 최대한 활용하여 중복투자가 발생하지 않도록 하여야 한다.

5) 표준활성슬러지법이 설치된 기존처리시설에 고도처리시설을 도입할 경우에는 개선대상 오염물질별 처리특성을 감안하여 효율적인 설계가 되도록 하여야 한다.

6) 신설하수처리시설에 고도처리시설을 설치할 경우의 검토사항도 기존하수처리시설에 고도처리시설을 설치할 때의 검토사항을 동일하게 적용한다.

10.6.2 처리방식의 선정

고도처리의 처리방식은 처리대상에 따라서 잔류 SS 및 잔류 용존유기물 제거공정, 질산화공정, 질소제거공정, 인제거공정, 질소 및 인 동시 제거공정과 같은 공법들 중에서 다양하게 선정하게 된다. 따라서 처리시설의 방류수역 조건, 경제성, 유지관리의 용이성 등 제반조건을 고려하여 적절한 공법을 선정할 필요가 있다.

처리대상에 따라서 제거공정으로는 표 10.13에서 표 10.14와 같다.

표 10.13 잔류 SS 및 잔류 용존유기물제거

구 분	공 법	비 고
잔류 SS제거	급속여과법	
잔류 용존유기물제거	막분리법	
	활성탄흡착법	
	오존산화법	

표 10.14 질소제거공정

구 분	공 법	비 고
탈질전자공여체에 의한 구분	순환식질산화 탈질법	
	질산화 내생탈질법	
	외부탄소원 탈질법	
기 타	단계혐기호기법	
	연속회분식 활성슬러지법	
	간헐포기법	
	산화구법	
	탈질생물막법	
	기타 공법	

표 10.15 인제거공정

구 분		공 법	비 고
화학적공정		응집제첨가 활성슬러지법	
		정석탈인법	
생물학적공정	Mainstream공정	혐기성 호기탱크합법	
	Sidestream공정	반송슬러지 탈인화학 침전법	

표 10.16 생물학적 질소, 인 동시 제거공정

구 분		공 법	비 고
생물학적공정	Mainstream공정	혐기무산소 호기탱크합법	
		응집제병용형 순환식질산화 탈질법	
		응집제병용형 질산화 내생탈질법	
	Sidestream공정	반송슬러지 탈질탈인화학 침전법	

10.6.3 잔류 SS 및 잔류 용존유기물제거

(1) 급속여과법

1) 개요

급속여과법은 안정된 처리성능을 얻을 수 있고, 운전도 용이하며, 2차 처리수질의 향상을 기대할 수 있는 고도처리의 기본공정이다. 급속여과법은 모래, 모래와 안트라사이트, 섬유사, 폴리에틸렌 등의 여재로 이루어진 여층에 비교적 높은 속도로 유입수를 통과시켜 부유물을 제거하는 방법이다.

활성슬러지법 등에 의한 하수의 2차 처리수에는 통상 5~20 mg/ℓ 정도의 미생물플록을 주체로 한 SS가 포함되어 있다. 이 SS를 제거하면 더욱 청정한 처리수를 얻을 수 있다. 또한 질소, 인제거를 목적으로 한 처리공정의 처리수 중에 포함된 SS를 제거함으로써 보다 안정된 질소, 인제거를 기대할 수 있다. 더욱이 처리수의 재이용에 있어서 SS의 제거에 의해 탁도가 감소되어 처리수의 미관이 향상되며, 소독 전에 부유물을 제거함으로써 소독의 효과가 증대한다.

급속여과지의 형식은 주로 세 가지의 요인에 의해 분류할 수 있다.

① 여과압의 확보방법에 따라서 중력식 및 압력식으로 구분한다.
② 여과방향에 따라서 하향류, 상향류, 수평류 및 상하향류로 구분한다.
③ 여층의 운동방식에 의해 고정상형 및 이동상형으로 구분한다.

처리수의 처리장 내의 재이용을 위한 여과시설로서는 압력식 여과 등이 사용되고 있으며, 고도처리 및 재이용을 위한 대형시설로서는 고정상 및 이동상을 포함한 중력식 하향류(down-flow) 여과 및 상향류(upflow) 여과가 많이 채용되고 있으며, 표 10.17과 같다.

표 10.17 급속여과지의 형식의 분류

- 급속여과지
  - 중력식
    - 하향류 — 고정상형(간헐세척방식), 이동상형(연속세척방식)
    - 상향류 — 고정상형(간헐세척방식), 이동상형(연속세척방식)
    - 수평류 — 이동상형(연속세척방식)
  - 압력식
    - 하향류 — 고정상형(간헐세척방식)
    - 상향류 — 고정상형(간헐세척방식)
    - 상하향류 — 고정상형(간헐세척방식)

2) 설계 및 유지 관리상의 유의점

이 법의 계획처리수량은 고도처리로서 전량여과를 행하는 경우는 계획1일 최대여과수량(계획1일 최대처리수량), 재이용 등을 위해 처리수의 일부를 여과하는 경우에는 목표로 하는 최대수량으로 한다. 계획유입수질은 충분히 조사하여 결정한다. 여과지 유입수의 시료를 얻기 어려운 경우에는 SS농도를 20 mg/ℓ로 한다. 여과속도는 압력식 여과를 포함하여 모래여과인 경우 계획1일 최대여과수량에 대하여 300 m/d를 상한으로 하고, 계획시간 최대오수량에 대하여 450 m/d을 상한으로 정하나 기타 여과재를 사용하는 경우 그 이상으로 할 수 있다. 여과를 계속하게 되면 포착된 부유물질에 의해 여층의 손실수두가 증대하기 때문에 설정수두에 도달하거나 정기적으로 세척할 필요가 있다. 여과를 개시한 후 세척을 하기 전까지 여층에 포착된 SS량을 **SS포착량**이라 한다. SS포착량은 하향류에서는 2~5 kg/m^2(여상면적) 정도, 상향류에서는 사용여재가 크고, 여층이 깊기 때문에 그 값이 보다 커진다. 여과지의 세척방법에는 일반적으로 표면세척, 공기세척 및 물 역세척 등의 조합으로 구분하나 공기세척 없이 물 역세척으로만 세척하는 방법이 있다. 하수처리시설에 있어서는 일반적으로 공기세척, 공기·물 동시세척으로 여층 내에 포착된 부유물을 이탈시키고, 물 역세척으로 부유물의 배출과 여층의 성층화를 행하는 방법이 사용되고 있다. 상향류는 격자에 의해 여층의 팽창이 억제되어 하향류보다 세척이 어렵다. 때문에 상향류는 세척이 복잡하고 소요시간이 길다. 통상 상기의 조합을 2회 정도 반복하여 수행한다. 세척수는 하향류에서는 여과수를, 상향류에서는 2차 처리수를 사용한다. 2차 처리수의 SS농도가 높으면 여층이 단시간에 막히게 되어 세척빈도가 증가한다. 또한 미세입자와 콜로이드는 처리되기 어려우며 처리효율을 저하시킨다. 따라서 급속여과지를 정상적으로 운영하기 위해서는 2차 처리의 적정한 관리가 불가결하다.

3) 계획여과수량

급속여과시설의 설계유량은 표 10.18과 같다.

표 10.18 급속여과시 계획여과수량

시 설	계획여과량	적 용
급속여과지	계획1일 최대여과수량	시설규모, 세척용 펌프, 송풍기
처리시설 연결관로	계획시간 최대여과수량	원수양수 펌프

4) 급속여과장치

일반적으로 중력식 여과장치는 여과지 내에 자유수면을 가지며, 지 내의 수위와 유출수 수위의 수두차를 이용해서 여과가 이루어지고, 강재 또는 철근콘크리트재로 제작된다. 압력식 여과장치는 밀폐구조로 되어 있는 여층의 위쪽 면에 압력이 걸리게 되어 있다. 중력식에서는 손실수두를 크게 취하기 위해 측벽을 높게 하지만 압력식에서는 유입압력을 높이는 것만으로도 여과조작이 가능하다. 그러나 압력식에서는 내압이 걸리므로 재질은 강판이어야 하고, 형상도 원통형으로 하는 것이 일반적이다. 또 계획수량이 비교적 적은 경우에 주로 사용되고 있으며, 급속여과장치는 표 10.19와 같고 압력식 및 중력식 여과장치는 그림 10.34와 같다.

여재 및 여층의 구성은 여재가 모래, 안트라사이트(anthracite)로 한정되었으나 폴리에틸렌, 섬유사 등 다양한 국내·외의 다양한 여재기술 및 여과방식의 개발로 여과효율의 증대, 유지관리의 편의성을 도모하게 되어 2차 처리수의 수질 및 양을 면밀히 검토하여 유지관리성 및 경제성을 고려하여 선정하여야 한다.

표 10.19 급속모래여과장치

여과의 형식			여층의 구성	최대여과속도 (m/d)
여과압의 종류	여과의 방향	여층의 형태		
중력식	상향류	이동상형	① 여재로서 모래를 사용할 경우, 모래의 유효경은 1.0 mm 정도를 표준으로 한다. ② 단층 여과장치를 표준으로 하고, 여사두께는 1m를 표준으로 한다. ③ 모래의 균등계수는 1.4 이하로 한다.	300
		고정상형	① 여재를 모래로 할 경우 단층을 표준으로 하고 여사두께는 1.0~1.8m를 표준으로 한다. ② 여사는 유효경 1~2mm 정도, 균등계수 1.4 이하를 표준으로 한다. ③ 여층표면하 10cm에 Grid를 설치한다.	
압력식	하향류		① 안트라사이트와 모래로 된 2층 여과지를 표준으로 하고 모래층의 두께는 안트라사이트층의 60% 이하로 한다. ② 안트라사이트의 유효경은 1.5~2.0 mm를 표준으로 한다. ③ 안트라사이트의 유효경은 모래 유효경은 모래 유효경의 2.7배 이하로 한다. ④ 안트라사이트와 모래의 균등계수는 1.4 이하로 한다. ⑤ 안트라사이트와 모래로 된 여층의 두께는 60~100 cm로 한다.	

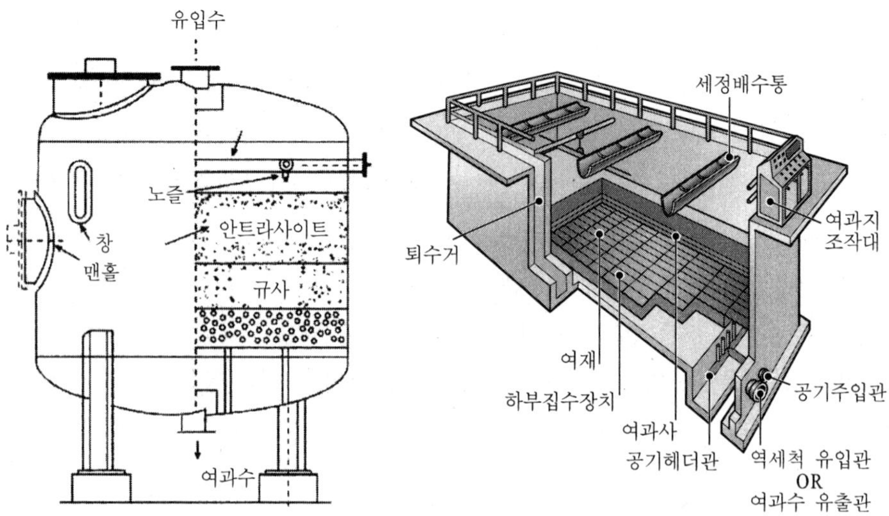

(a) 압력식 (b) 중력식

그림 10.34 여과장치의 예

모래여과인 경우 일반적으로 하향류식 여과의 경우에는 안트라사이트(anthracite)와 모래로 구성된 2층 구조로 사용하고, 상향류식 여과의 경우에는 모래로만 된 단층으로 사용한다.

또한 여과속도는 2차 처리수와 여과수의 수질, 여재의 SS의 포획 능력 및 여과지속시간이 다르므로 유지관리 및 경제성을 고려하여 여과속도를 정해야 하며, 모래여과기인 경우 여과속도는 일반적으로 300 m/d 이하를 사용하나 폴리에틸렌, 섬유사인 경우 역세척 수의 발생량을 적도록 개발하여 여과지속시간을 짧게 하는 대신 여과속도를 약 500 m/d까지 사용하기도 한다.

그리고 여층의 세척방법은 역세척은 여층의 하부에서 역세척 수를 주입하여 여층의 상부에서 배출하는 방법이 일반적이다.

역세척의 방법으로는 여재 및 그 방법에 따라 조금씩 차이는 있으나 역세척 수(여과수 또는 2차 처리수)만으로 역세척하는 방법과 역세척 수와 공기세척을 병용하는 방법으로 대별할 수 있다.

급속모래여과에서는 역세척을 촉진하기 위해 하향류(upflow)식 여과에서는 표면세척과 공기세척을 함께 하고, 상향류(downflow)식 여과에서는 여층의 하부에서 역세척 수와 공기를 동시에 주입하여 세척한다.

5) 여과지면적, 지수 및 기종

여과면적은 계획여과수량을 여과속도로 다음과 같이 나누어서 계산한다. 계획여과수량을 Q (m^3/d), 여과속도를 v (m/d)라 하면 소요여과면적 S (m^2)는 식 (10-72)와 같다.

$$S = \frac{Q}{v} \tag{10-72}$$

또한 급속여과장치는 기종에 따라 역세척과 동시에 여과를 할 수 있고, 역세척 운전시간 3분 이내로 매우 짧은 경우도 있으므로 예비를 반드시 둘 필요는 없다. 그러나 여과장치의 보수, 점검 등 유지관리를 고려하여 원칙적으로 2대 이상을 설치하는 것이 좋다.

$$(n_{\min} - 1) \cdot A \cdot v_w = A \cdot I \tag{10-73}$$

여기서, $n_{\min}$: 예비지를 포함하지 않는 최소지수

I : 세척 시간중 평균세척 속도[m/d]

A : 1지당 여과면적[m^2]

v_w : 1지 세척할 때 남아있는 다른 여과지의 여과속도[m/d]

식 (10-73)에 의하여 $n_{\min}$은 식 (10-74)로 구할 수 있다.

$$n_{\min} = \frac{1}{v_w} + 1 \quad (10\text{-}74)$$

2차 처리계통으로 반송되는 역세척 폐수의 수량, 부유물, BOD 등의 부하를 균등하게 2차 처리계통에 반송하기 위한 역세척 폐수탱크를 설치하지 않고, 또한 2차 처리계통이 역세척 폐수에 의해 과부하로 되지 않게 하기 위해서는 저수량 시에 여과지의 역세척을 하는 것이 바람직하다. 저수량 시에 1지씩 연속세척을 한다고 가정하면 식 (10-75)가 성립된다.

$$T = t \cdot n_{\max} \quad (10\text{-}75)$$

여기서, T : 역세척 가능시간[min], t : 1지당 역세척 시간[min]

$n_{\max}$: 예비지를 포함하지 않는 최대지수

식 (10-75)에 의해 $n_{\max}$는 식 (10-76)으로 구할 수 있다.

$$n_{\max} = \frac{T}{t} \quad (10\text{-}76)$$

1지가 역세척되고 있는 경우, 다른 여과지의 여과속도(v_w)는 식 (10-77)과 같다.

$$v_w = \frac{n}{n-1} \cdot v \quad (10\text{-}77)$$

여기서, v : n지가 모두 운전되고 있을 때의 여과속도[m/d]

위의 식 (10-77)에 의하면 n=4, 6, 8, 10의 경우 1지 역세척에 의해 다른 여과지의 여과속도는 역세척 전과 역세척 중의 유입수량에 변화가 없다고 하면 역세척 전의 여과속도의 1.33, 1.20, 1.14, 1.11 배가 된다. 역세척에 의한 여과운전중 여과지의 여과속도 증가로 인해 여과수질이 나빠지지 않도록 지수를 결정해야 한다. 그리고 급속여과장치는 처리시설의 규모, 처리수질의 조건, 유지관리 및 경제성을 고려하여 기종을 정하여야 한다.

6) 여재

여과란 부유물, 특히 침전으로 제거되지 않는 미세한 입자의 제거에 가장 효과적인 방법으로 다공성 물질에 액체를 통과시켜 여재의 공극보다 더 큰 입자가 제거되며 공극보다 더 작은 입자는 부착, 응결, 침전, 거름 등에 의해 제거되는데 원수가 여재의 공극 사이를 통과할 때 일부 미세 부유물은 모여서 응결되어지는 과정, 커진 부유물은 공극부에 침적되는 과정, 축적된 부유물의 거름현상 유발과정 및 일부 유입부유물의 직접여과에 의해 제거된다. 또 여재는 그 종류에 따라 제거율이 다르고 같은 조건에서도 공극률, 비표면적이 크고 균등계수가 균일하면

처리유량을 크게 할 수 있다.

또한 여과가 계속되면 압력손실이 증가하여 제거된 입자들이 농축되어 여재가 폐색되면 여과공정을 중단하고 역세공정을 행해야 한다. 여과지속시간은 원수의 부유물농도, 형상, 성질 등과 여재의 공극률, 여재의 충전높이에 따라 다르다.

유입수 중의 플록(floc)이 크고 탁도가 높은 경우에는 표면제거가 일어나며, 공극 공간은 급속히 막히게 되어 상대적으로 여과상의 운영시간이 짧아지게 된다. 유입수의 플록이 작고 탁도가 낮은 경우에는 심층제거가 일어나는데 부유물질이 여과상 내부로 깊이 스며들며, 여과지속시간이 길어지게 된다.

또한 같은 충전 높이라도 여재의 특성에 따라 여과효율 및 여과지속시간이 달라지므로 여재의 특성을 고려하여 설치하여야 한다.

(2) 막분리법

1) 개요

압력차에 의해서 막을 통과시켜 물질을 분리하는 방법이 **막분리법**이라 하며, 막의 두께는 보통 0.05~2 mm 정도이다. 한외여과시설이 고분자량 물질의 분리를 목적으로 하는 것에 비하여 역삼투시설에서는 저분자량의 이온영역까지의 분리를 목적으로 한다. 나노여과(nano filter)는 역삼투의 변형으로 분리범위도 역삼투와 비슷하나 주로 조대(租大) 유기분자들이 제거된다. 정밀여과막(micro filtration membrane)에서 분리되는 입경이 가장 크며 주로 부유물, 박테리아, 효소 등이 제거된다. 막의 분리기구는 용질의 입자가 단순히 기계적으로 막의 표면에 부착하는 것과 막표면이나 내부에 흡착되는 것으로 나누어진다. 부착・흡착된 입자는 모두 용매의 투과속도를 저하시키지만 전자의 기구로 제거된 입자는 비교적 간단히 역세척에 의해 제거된다. 그러나 흡착에 의한 막힘은 적절한 약품처리에 의해서만 제거 가능하다. 막분리시설에서는 고압축에 제거물질이 농축되기 때문에 시간이 지날수록 막면에 제거물질이 침착하여 겔층이 형성되어 간다. 겔층의 형성은 막면을 막히게 하기 때문에 막면을 세척하지 않으면 안 된다. 하수의 고도처리에서는 일반적으로 원수 중의 SS, 콜로이드입자(탁도유발물질), 고분자 유기물 및 박테리아 등은 막의 세공을 통과할 수 없기 때문에 농축액으로 분리되나, 무기염류나 저분자량의 유기물은 막을 투과수와 같이 통과한다.

2) 고려사항

일반적으로 역삼투막(reverse osmosis membrane)을 제외한 막의 분리성능은 막에 의해 거의 완전히 저지되는 물질의 입경 또는 분자량으로 나타낸다. 이것은 분자량 또는 입경을 알고 있는 표준물질을 이용하여 그 값을 정한다. 이것을 지표로 하여 대상물질에 다른 막의 종류를 선택할 수 있다. 정밀여과막에서는 입경인 공칭분획경(pore size)으로, 한외여과막(ultra filtration membrane)에서는 분자량 크기인 분획분자량으로, 역삼투막에서는 특정조건의 운전조건에서의 염제거율(예로서 공급수 1,500 mg/ℓ 식염수, 압력 30 MPa, 온도 25℃, 회수율 75%)로 나타낸다.

막의 투과능력은 막면적당 투과수량인 투과유속, 또는 투과계수 등으로 나타내며, 그 관계는 다음 식 (10-78)과 같다. 단 모듈에서는 모듈당 순수투과수량으로 통상 표시한다.

$$J = A \times \Delta P \tag{10-78}$$

여기서, J : 투과유속($m^3/m^2 \cdot d$), A : 투과계수
ΔP : 막에 걸리는 압력차(MPa)

온도별 압력과 투과유속의 관계는 그림 10.35와 같은데 투과유속은 압력에 비례하고 온도에 의존하는 것을 알 수 있다. 이 그림에서 기울기가 투과계수이다. 투과능력은 온도의 영향을 받기 때문에 통상 25℃에서의 값으로 처리특성을 평가한다.

또한 막의 수명은 막의 폐쇄에 의한 투과수량의 감소 또는 막의 물리적 손상이나 화학변화에 의한 분리성능의 저하로 결정된다. 한외여과막은 물론 역삼투막도 응집침전 및 모래여과

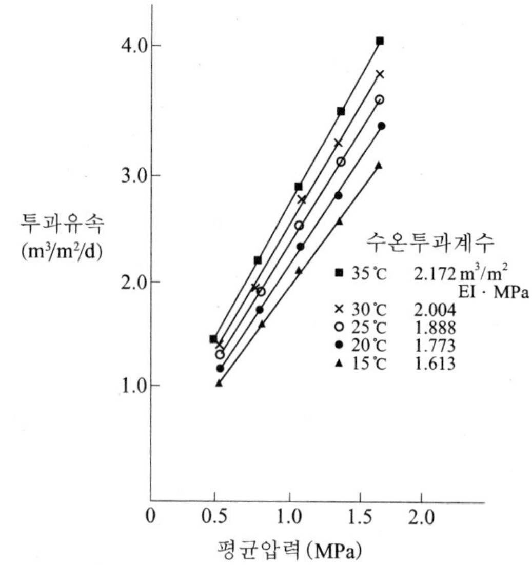

그림 10.35 한외여과막의 압력-투과유속 관계

등으로 수질개선을 철저히 한뒤에 막에 공급하면 이론상 10,000시간 이상 경과해도 성능저하는 적으나 제작회사에 따라 큰 차이가 있다.

3) 종류

한외여과는 용존물질 또는 콜로이드물질을 제거하기 위해 다공성막을 이용하여 가압운전하는 시설로서, 보통 콜로이드물질과 분자량 5,000 이상인 고분자의 제거에 이용된다. 한외여과막 공경의 크기는 보통 0.001~0.02μm이다. 이 시설은 역삼투보다 상대적으로 낮은 압력에서 운전되는데 일반적으로 0.1~1.0 MPa 정도이다. 한외여과의 응용분야로는 물로부터의 기름제거와 유색 콜로이드로부터의 탁도제거 등이 있다. 그림 10.36은 가압에 의해서 처리수 중의 미립자가 물과 분리되는 상황을 모델적으로 표시한 것이다. 이 방식을 교차(cross)흐름방식이라 하며, 흐름의 방향과 압력이 걸리는 방향이 수직이다. 유입수는 투과수와 농축액으로 분리된다. 한외여과법에서의 막의 투과기구는 세공설에 의해 설명할 수 있다. 한외여과막은 막에 다수의 세공을 가지고 있는데 용매는 다공성막을 통과하나 다른 성분, 즉 용질은 막표면에 걸리게 되는 성질에 의해 용매로부터 물리적인 여과에 의해 분리된다. 한외여과막에 의해 분리되는 물질은 막의 구멍의 크기와 용질의 분자의 크기 및 형상에 의해 좌우된다. 한외여과막으로는 셀

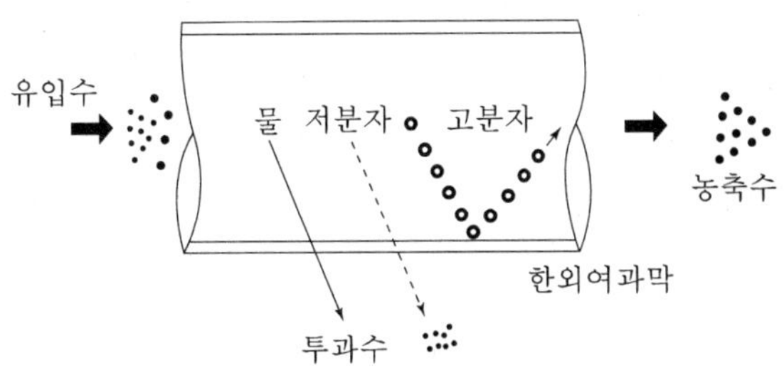

그림 10.36 교차흐름방식에 의한 막분리 예

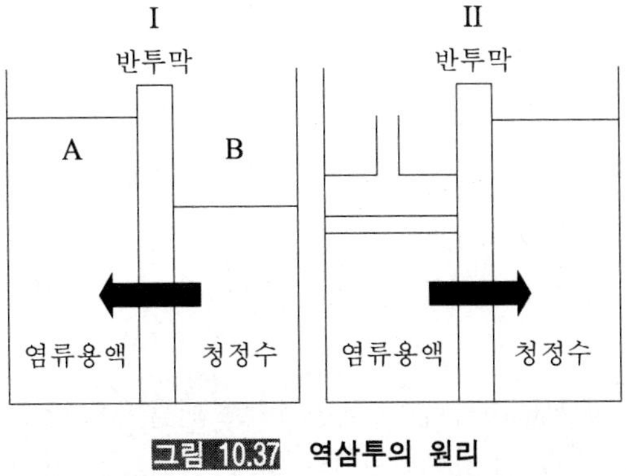

그림 10.37 역삼투의 원리

룰로즈 아세테이트, 폴리아미드, 폴리술폰, 폴리비닐클로라이드 등이 사용된다.

역삼투(reverse osmosis, RO)시설은 용매는 통과하지만 용질은 통과하지 않는 반투막 성질을 이용한 처리시설이다. 원리를 나타내면 그림 10.37과 같다. 물은 자유롭게 통과하지만 용질은 통과하지 않는 반투막에 의해서 두 개의 실로 나눈 용기 A에 염류용액을, B에는 물을 넣은 경우 B의 물 일부는 A의 용액으로 침입하여 평행에 달한다. 이때 A, B 사이에서 압력차가 발생하여 I의 상태로 된다. 이 압력차를 **삼투압**이라고 하며, 이 삼투압에 견딜 수 있는 만큼의 외압을 농후 용액측에 가하면 II와 같이 역으로 용액 중의 용매가 수측으로 이동한다. 이 현상을 **역삼투**라고 한다. 이것을 이용하여 용액에서 용매를 분리하는 방법이 **역삼투법**이다. 삼투압과 농도와의 관계에는 다음 식 (10-79)가 성립한다.

$$\Pi = \Delta CRT \tag{10-79}$$

여기서, Π : 삼투압[Pa], ΔC : 농도차[mol/m^3]

R : 기체상수=8.314[J/mol/K]

T : 절대온도[K]

그리고 정밀여과시설은 주로 현탁입자, 각종의 균체 등의 분리에 넓게 사용되고 있다. 역삼투막과 한외여과막에 비하여 낮은 압력으로 큰 여과속도를 얻는 것이 가능하다. 막의 공경은 0.01~수μm 정도로 분리 대상은 입자이며 정밀여과는 제거대상이 입자이기 때문에 제거대상물이 현탁성분, 박테리아이고 역삼투막의 전처리로 사용되기도 한다. 막의 투과기구 및 운전방법은 한외여과와 유사하다.

4) 분리막 모듈의 형식

막에는 막 자체만으로 구성된 것으로, 얇은 막과 그것을 지지하는 다공층이 하나로 되어 있는 비대상막, 얇은 막과 지지막을 별도로 만들어 조합시킨 복합막이 있다. 복합막은 얇은 막과 지지막의 조합을 자유롭게 할 수 있기 때문에 최근에 개발은 이 경향으로 향하고 있다. 이러한 투과막을 공업적으로 이용 가능하도록 한 장치를 **모듈**(module)이라 한다.

판형은 그림 10.38과 같이 평면상의 막을 여러 장 겹쳐서 조이는 형이며, 구조가 간단하고 조립되어 있어 분해하여 보수하기가 용이하다. 한외여과용에 주로 사용되고 대상 원액은 슬러지에서 고분자용액까지 비교적 폭이 넓다. 원수 유로의 폭을 매우 좁게 하는 것으로 유속을 크게 하여 막면에 겔층이 부착하는 것을 방지한다. 물리적 세척은 불가능하고 약품세척을 실시한다.

관형은 그림 10.39에 나타낸 것과 같이 원통형으로 만들어진 막을 같은 원통형의 통수성을 갖는 내압지지체의 내측 또는 외측에 장착하고 있다. 안지름은 10~20 mm, 길이는 1.5~3 m

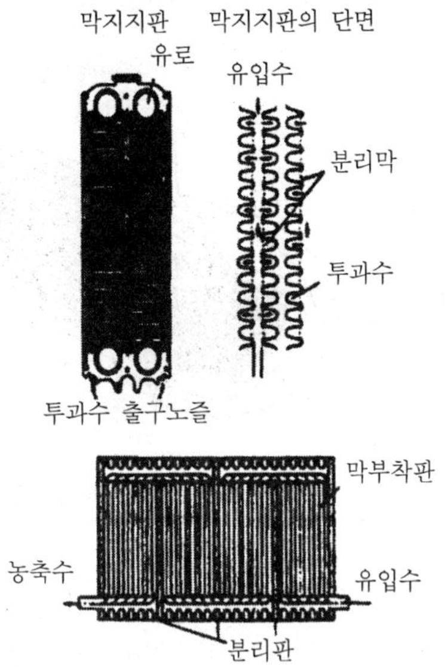

그림 10.38 판형 모듈

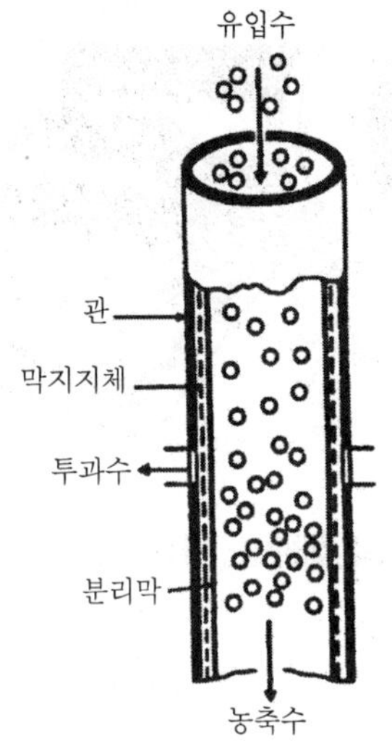

그림 10.39 관형 모듈

의 것이 많이 사용되고 있다. 단관식과 복수로 구성된 다관식 모듈이 있다. 공급액의 유로폭이 크기 때문에 전처리는 조대입자를 제거하는 것만으로 충분하다. 공급액의 유속을 크게 하기 쉽고 막면에 스케일 부착이 적다. 세척이 용이하며 물리적 세척법을 적용할 수 있다. 약품세척도 수시로 병용한다. 막교환은 용이하지만 막면적당 장치용량이 크고 설비용적도 커진다. 통상 고유속으로 운전하기 때문에 여과량당 소비동력이 크다.

나선형(소용돌이상) 모듈은 그림 10.40과 같이 막, 막지지체, 스페이서, 투과액 채수관 등으로 이루어진다. 평막 사이에 통수성 지지물질을 끼워 넣고 막의 외측면에는 망상의 스페이서를 겹치고 막의 세 변을 접착제로 봉하여 투과액 채수관을 중심으로 말아 넣은 것이다. 원수는 스페이서부에 들어가고 막을 통과한 액은 지지체부에서 투과액 채수관을 통과하여 배출된다. 나선형 모듈은 모듈당 막면적이 크고 투과속도로 빠르기 때문에 장치의 콤팩트화가 가능하다. 스페이서는 활류촉진효과를 갖고 있기 때문에 막으로의 공급량이 적어도 막면에서 의 유속이 커지고 염분이 막표면 부근에 농축되어 염분제거율이 저하되는 농도분극현상을 방지할 수 있다. 따라서 소비동력이 적게 드는 에너지절약형이다. 반면 유로단면이 작기 때문에 유로 폐쇄를 방지하기 위한 전처리를 필요로 한다.

중공사형은 그림 10.41과 같이 내면적 중의 한면 또는 외측면이 0.1～1μm 정도의 활성막면으로 되어 있는 중공사 여러 개를 하나의 모듈에 수납하고 있다. 다른 형식과는 달리 지지체를 사용하지 않고 자기 지지구조로 되어 있기 때문에 막자체에 어느 정도이 기계적 강도가 요구

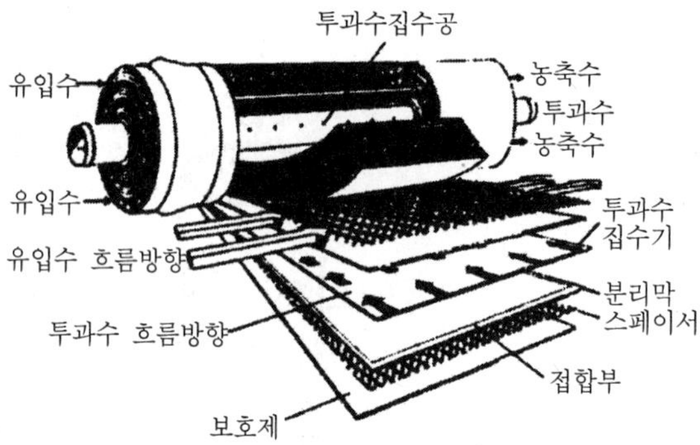

그림 10.40 나선형 모듈

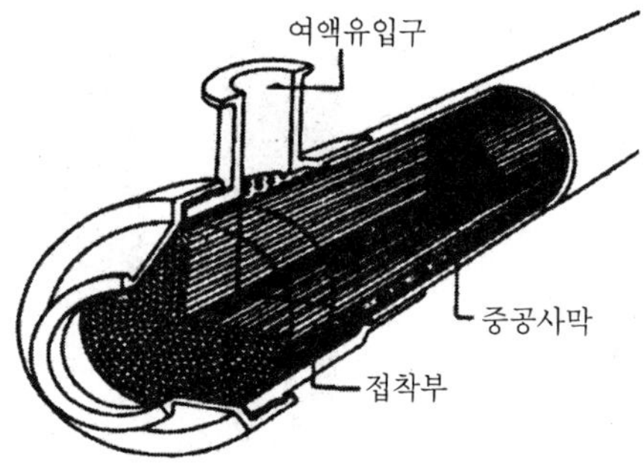

그림 10.41 중공사형 모듈

된다. 원수가 중공사의 외측과 내측에 공급되는 두 가지 형이 있다. 단위용적당 유효면적이 크고, 보다 낮은 압력으로 소정의 처리 능력을 달성할 수 있어 소비동력이 적다. 출구측에서 압입하는 역세척과 약품세척을 실시한다.

5) 막분리시설의 구성

막분리시설의 기본흐름을 그림 10.42와 같이 원수는 펌프로 가압되어 모듈로 보내지고 투과수와 농축수로 분리된다. 농축수는 순환해서 유입수와 혼합하여 재투과시키는 경우도 있다. 또 유입수는 응집침전, 모래여과 등으로 전처리하는 경우가 많다. 실용적으로는 단일막으로 처리하는 경우가 적고, 여러 단에서 투과수를 통과하는 것이 보통이다. 모듈의 배열이 그림 10.43과 같이 단을 직렬 또는 병렬로 여러 단을 연결하여 처리한다. 예로서 제일단에서 50%를 회수하여 그 농축수를 제2단에 통과시키고 25%를 회수하여 다시 제3단에 통과시켜 합계 85% 정도를 회수한다.

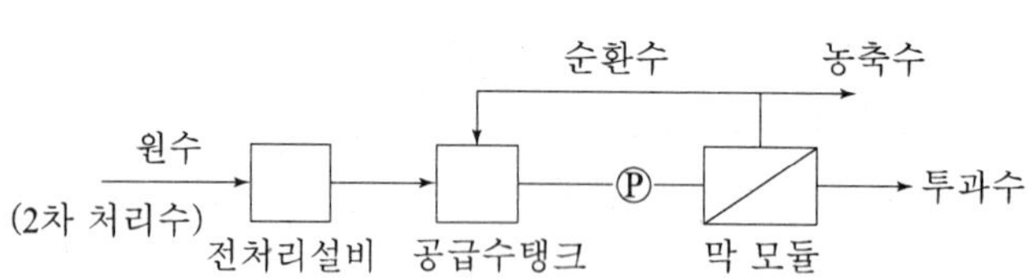

그림 10.42 막분리법의 기본흐름도

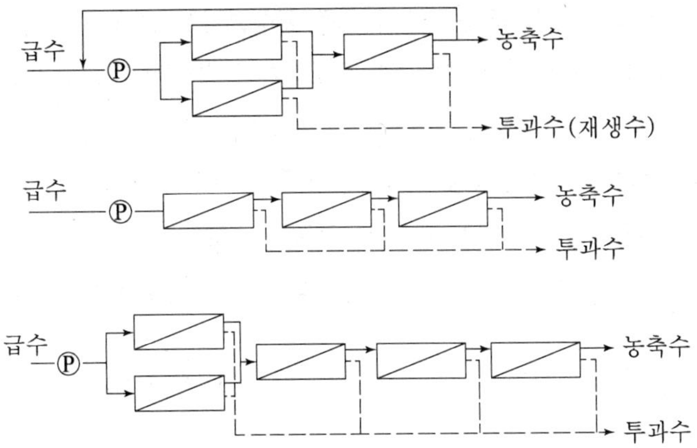

그림 10.43 모듈배열의 예

10.6.4 질산화공정

(1) 질산화

활성슬러지법에 의한 하수의 처리는 일반적으로 유기물의 제거를 목적으로 하기 때문에 유기물을 에너지원으로 하는 종속영양미생물이 주가 되며, 활성슬러지 중에는 유황, 질소, 철 및 그 화합물을 산화하여 얻는 에너지를 이용하여 성장하는 미생물군도 존재한다. 이것들을 종속영양미생물과 대응하여 **독립영양미생물**이라 부른다. 활성슬러지법에 의한 하수처리에는 질소화합물을 산화하는 질산화미생물에 의한 질산화반응이 일어나는데 이러한 질산화반응에 관여하는 미생물인 질산화균이 바로 독립영양미생물 중의 하나라고 할 수 있다.

하수 중에 포함되어 있는 질소화합물에는 유기성 질소, 암모니아성 질소(NH_4-N+NH_3-N), 아질산성 질소(NO_2-N), 질산성 질소(NO_3-N) 등이 있다. 유기성 질소와 암모니아성 질소를 포함하는 TKN(2, 3-dichloroprop-1-ene) 화합물은 하수 중의 질소화합물의 대부분을 차지한다. 유기성 질소는 주로 식물류와 분뇨에 함유된 단백질과 분해생성물로부터 유래한다. 단백질 등이 미생물에 의해 분해되면 식 (10.72)와 같이 탈아미노반응에 의한 암모니아성 질소가 생성된다.

(산화적 탈아미노반응의 예)

$$\begin{array}{l} R-CH-COOH+O_2 \rightarrow R-COOH+CO_2+NH_3 \\ \quad\ \ | \\ \quad MH_2 \end{array} \qquad (10\text{-}80)$$

이 반응에는 1 g의 암모니아성 질소의 생성에 따라서 3.57 g의 알칼리도($CaCO_3$로서)가 생성된다. 질산화 미생물의 증식속도는 통상적으로 활성슬러지 중에 있는 종속영양미생물보다 늦기 때문에 활성슬러지 중에서 그 개체수가 유지되기 위해서는 비교적 긴 SRT를 필요로 한다. 또 질산화 미생물의 증식속도는 수온, 용존산소농도, pH 등에 의해 크게 영향을 받는다. 질산화 미생물에는 암모니아성 질소를 아질산성 질소로 산화하는 암모니아산화 미생물(nitrosomonas)과 아질산성 질소를 질산성 질소로 산화하는 아질산산화 미생물(Nitrobacter)이 있으며, 이러한 질산화 미생물에 의한 질산화 반응을 반응식에 의해 표현하면 아래 식과 같다.

$$NH_4^+ + \frac{3}{2}O_2 \xrightarrow[\text{Nitrosomonas}]{} NO_2^+ + H_2O + 2H^+ \tag{10-81}$$

$$NO_2^+ + \frac{1}{2}O_2 \xrightarrow[\text{Nitrobacter}]{} NO_3^- \tag{10-82}$$

$$NH_4^+ + 2O_2 \xrightarrow[\text{Overall}]{} NO_3^- + H_2O + 2H^+ \tag{10-83}$$

식 (10-82)의 반응은 식 (10-81)의 반응에 비해 속도가 빠르기 때문에 식 (10-83)의 전체 반응속도는 식 (10-81)의 반응속도에 따라 결정된다.

유기물의 제거를 대상으로 하는 활성슬러지 미생물의 비증식속도와 BOD와의 관계가 질산화 미생물의 비증식속도와 암모니아성 질소와의 관계에도 성립된다. 활성슬러지 중의 질산화 미생물을 측정하는 것은 실제상 곤란하기 때문에 일반적으로 단위 활성슬러지량당 암모니아성 질소(NH_4-N)의 감소속도, 또는 아질산성 질소(NO_2-N)+ 질산성 질소(NO_3-N)의 증가속도로서 질산화 반응의 속도가 표시되는 경우가 많다. 질산화는 질산화 미생물에 의한 암모니아성 질소의 산화작용이며, 기질로서의 암모니아성 질소농도에 관하여 식 (10-84)로 표현할 수 있다.

$$R_L = R_{L\max}\frac{L}{K_L + L} \tag{10-84}$$

여기서, R_L : 질산화 속도정수[mg N/g SS시]

$R_{L\max}$: 최대질산화 속도[mg N/g SS시]

L : 암모니아성 질소농도[mg/ℓ]

K_L : 암모니아성 질소의 포화정수[mg/ℓ]

K_L은 식 (10-85)로부터 주어지며, 예를 들면 T(수온 ℃)가 15℃일 때 0.4 mg/ℓ로 상당히 작은 값이기 때문에 고형물 체류시간(solid retention time, SRT)이 충분히 큰 반응탱크 내에 질산화 미생물이 충분히 존재하는 경우에는 질산화 반응은 암모니아성 질소농도에 대해 실제로 0차 반응이라고 볼 수 있다.

$$K_L = 10^{0.051T - 1.156} \quad (10\text{-}85)$$

질산화 미생물의 증식속도는 유기물을 분해하는 미생물의 증식속도와 비교하여 상당히 작은 값이기 때문에 생물학적 질산화·탈질공정에서 BOD의 산화분해와 질산화를 동일한 탱크 내에서 하는 경우에는 질산화 미생물을 계 내에서 유지하는 것에 주의해야 한다. 질산화 미생물의 유지에 최저한도로 필요한 SRT는 식 (10-86)으로 나타낼 수 있다.

$$SRT_c \geq 1/(\mu_N - b_N) \quad (10\text{-}86)$$

여기서, SRT_c : 질산화 미생물을 계 내에서 유지하기 위해 필요한 SRT[d]

μ_N : 질산화 미생물의 비증식속도[1/d]

b_N : 질산화 미생물의 사멸속도[1/d]

활성슬러지 중의 질산화 미생물의 양은 적기 때문에 활성슬러지법 시스템의 SRT는 일반적으로 질산화 미생물의 양의 다소에 거의 영향을 받지 않는다. 즉 활성슬러지법의 질산화 반응의 예측은 다음과 같은 사항이 고려되어야 한다.

1) 활성슬러지 중에 존재하는 질산화 미생물량은 SRT와 수온에 따라 크게 변화한다. 때문에 단위활성슬러지량 당질산화 속도로는 질산화 반응을 정확하게 예측하기 힘들다.

2) 실제로 유기물제거량으로부터 구한 SRT를 사용하여 질산화 미생물의 증식 가부를 예측하는 것이 가능하다.

질산화 미생물이 증식 가능한 조건이면 암모니아성 질소의 농도에 영향을 받지 않는 0차반응으로서 취급되기 때문에 질산화 반응이 완전하게 진행한다고 생각된다. 그러나 질산화를 촉진하는 것을 전제로 활성슬러지법의 공정을 설계하는 경우에는 외적영향조건에 대해 필요한 SRT값을 결정해야 한다.

질산화 미생물의 증식속도는 수온의 영향을 받기 때문에 저수온기에는 질산화 미생물을 시스템 내에 유지하기 위해 필요한 SRT는 길어진다. 표준활성슬러지법으로 설계된 하수처리시설에서 질산화반응에 대한 수온과 SRT의 영향의 예는 그림 10.44와 같다.

그림 중의 직선은 질산화율((유입수의 TKN농도-처리수의 TKN농도)×100/유입수의 TKN농도(%))가 80% 이상의 자료에서 각 수온에 대한 SRT값의 하한값을 보여주고 있다. 이 선보다 상부 영역이 충분한 질산화를 시키는 조건임을 의미하고 있다. 이 그림을 사용함으로써 충분한 질산화가 가능한 수온마다의 SRT값을 경험적으로 정량화하는 것이 가능하다.

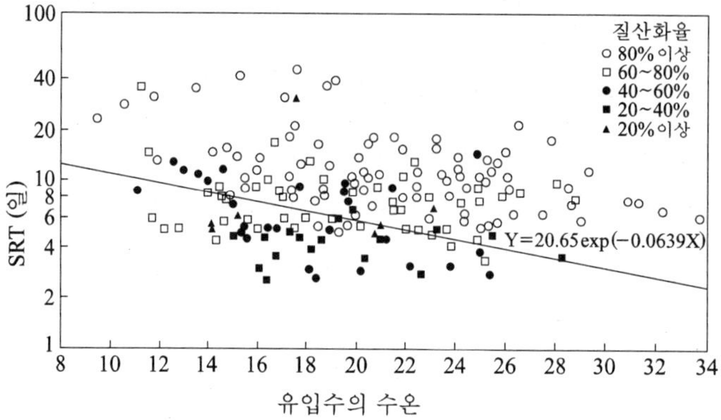

그림 10.44 질산화 및 수온과 SRT의 영향

(2) 질산화공정

질산화공정은 BOD제거와 질산화기능의 분리능력에 따라 분류될 수 있는데 BOD제거와 질산화가 하나의 반응탱크에서 일어나는 것을 단일단계(single-stage) 질산화공정, 다른 반응탱

표 10.20 질산화공정의 비교

공정의 형태		장 점	단 점
단일단계 질산화	부유성 장식	-BOD와 암모니아성 질소 동시제거가 가능하다. -BOD/TKN 비가 높아서 안정적인 MLSS운영이 가능하다.	-독성물질에 대한 질산화 저해방지가 불가능하다. -온도가 낮을 경우에는 반응탱크용적이 매우 크게 소요된다. -운전의 안정성은 미생물반송을 위한 2차 침전지의 운전에 좌우된다.
	부착성 장식	-BOD와 암모니아성 질소 동시제거가 가능하다. -미생물이 여재에 부착되어 있으므로 안정성은 2차 침전과 무관하다.	-독성물질에 대한 질산화 저해방지가 불가능하다. -유출수의 암모니아농도가 약 1~3 mg/ℓ 정도이다.
분리단계 질산화	부유성 장식	-독성물질에 대한 질산화 저해방지가 가능하다. -안정적 운전이 가능하다.	-운전의 안정성은 미생물반송을 위한 2차 침전지의 운전에 좌우된다. -단일단계 질산화에 비해 많은 단위공정 필요하다.
	부착성 장식	-독성물질에 대한 질산화 저해방지가 가능하다. -안정적 운전이 가능하다. -미생물이 여재에 부착되어 있으므로 안정성은 2차 침전과 무관하다.	-단일단계 질산화에 비해 많은 단위공정 필요하다.

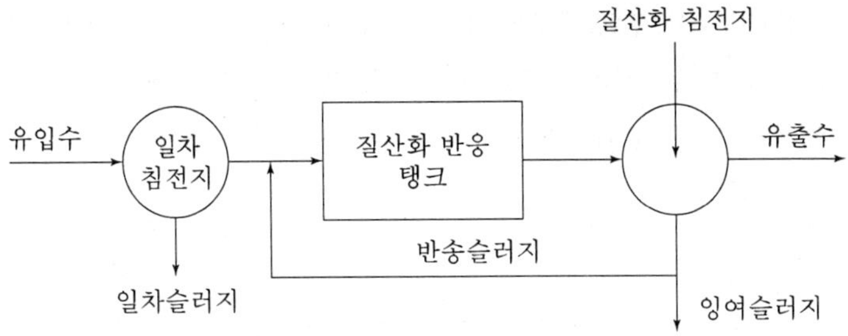

(a) 단일단계 질산화공정

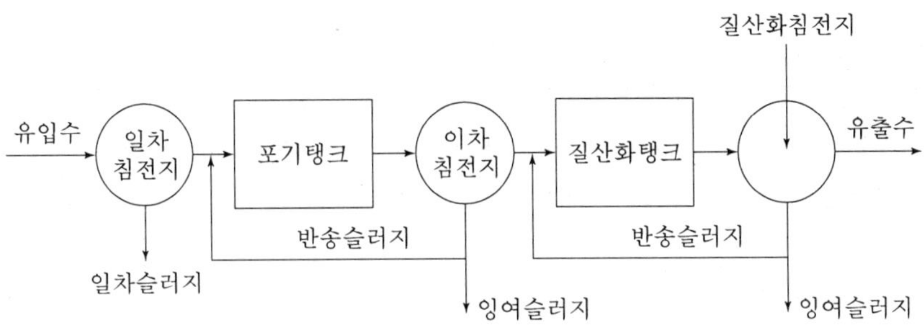

(b) 분리단계 질산화 공정

그림 10.45 전형적인 질산화공정

크에서 일어나는 것을 분리탱크(separated-stage) 질산화공정이라 하며 이에 대한 비교를 표 10.20과 그림 10.45와 같다.

(3) 질산화 촉진형 활성슬러지법

질산화 촉진형 활성슬러지법은 단일단계 질산화공정으로 기본적인 처리계통은 표준활성슬러지법과 같다. 본법의 처리계통은 그림 10.46과 같다.

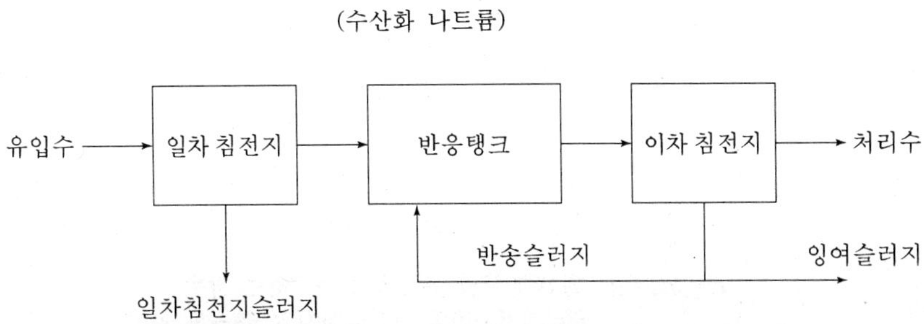

그림 10.46 질산화 촉진형 활성슬러지법의 기본처리계통

이 처리법에 있어서 1년 내내 암모니아성 질소를 제거하기 위해서는 질산화 미생물에 의한 질산화 반응을 연중 유지시키는 것이 중요하다. 그러므로 저수온 시에도 질산화가 촉진되는 SRT를 설정할 필요가 있으며, 연간의 최저기온을 기록한 동기의 조건(수온 및 수량)이 설계 대상이 된다.

1) SRT

질산화 반응의 예측은 SRT를 이용한다. SRT는 동절기의 최저수온 등에 따라 적절히 설정한다.

2) HRT

질산화 촉전형 활성슬러지법의 반응탱크 용량은 목표로 한 SRT를 얻기 위해 필요한 수리학적 체류시간(hydraulic retention time, HRT)값으로부터 결정한다. 반응탱크의 HRT는 반응탱크 유입수의 BOD와 SS농도, SRT 및 MLSS농도를 설정하여 식 (10-87)로부터 구한다.

$$\theta = \frac{\theta_c(a \cdot S_o + b \cdot S_{ss})}{(1 + c \cdot \theta) \cdot X} \tag{10-87}$$

3) MLSS농도의 슬러지반송비

MLSS농도를 일정하게 유지할 수 있는 반송슬러지의 SS농도와 슬러지반송비의 관계는 그림 10.47과 같다. 또한, 이 처리법에서는 긴 SRT가 필요하기 때문에 MLSS농도를 2,000~3,500 mg/ℓ로 설정하는 것이 바람직하다.

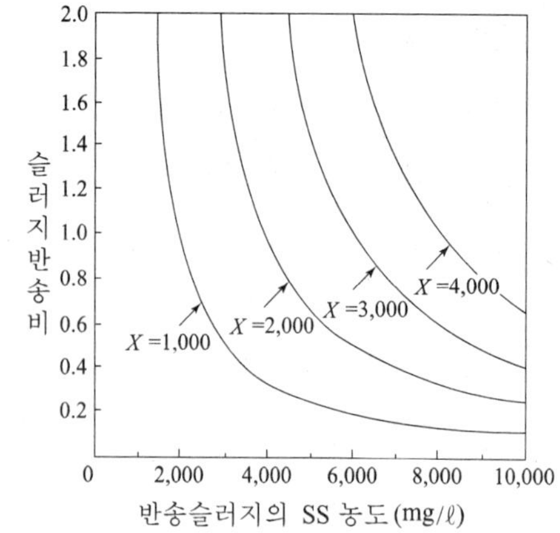

그림 10.47 MLSS농도를 일정하게 유지하는 경우 슬러지반송비와 반송슬러지의 SS농도 관계

4) 산소공급량

질산화 촉진형 활성슬러지법의 경우 필요산소량이 증가하기 때문에 특히 반응탱크의 용존산소농도가 적절히 유지될 수 있도록 주의해야 한다. 질산화 속도와 용존산소농도와의 관계는 질산화를 촉진하기 위해서는 용존산소농도를 항상 1 mg/ℓ 이상이 되도록 유지해야 하며, 용존산소계에 의해 송풍량을 제어하는 것이 바람직하다.

5) 알칼리도

유입하수의 질소농도 및 알칼리도에 따라서 질산화가 진행됨에 따라 반응탱크의 pH가 저하된다. 반면 질산화 반응은 pH에 의해 영향을 많이 받게 되는데 pH가 저하함에 따라 질산화속도가 저하된다. 통상, 반응탱크의 pH를 6.5에 유지하는 것이 필요하며, 이를 위해서는 그림 10.48과 같이 질산화 반응 종료시 수치계산을 행하여 알칼리도가 부족한 경우에는 수산화나트륨을 첨가해야 한다.

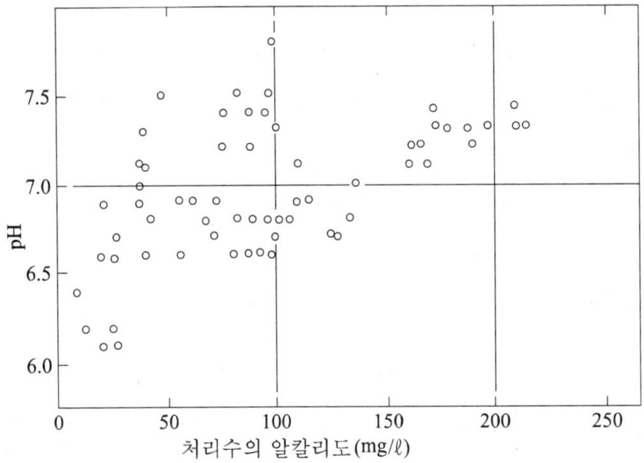

그림 10.48 처리수의 알칼리도와 pH와의 관계 예

본법의 반응탱크 말단에 있어서 활성슬러지 혼합액의 알칼리도($C_{ALK,\ A}$)는 질산화가 이미 반응탱크에서 수행되었고, 반응탱크에서의 탈질이 없는 경우 식 (10-88)에서 구한다.

$$C_{ALK,\ A} = C_{ALK,\ in} - 7.14C_{ALK,\ n} + 3.75C_{ALK,\ am} \tag{10-88}$$

여기서, $C_{ALK,\ A}$: 반응탱크 말단에서의 활성슬러지 혼합액의 알칼리도[mg/ℓ, $CaCO_3$]

$C_{ALK,\ in}$: 유입수의 알칼리도[mg/ℓ]

$C_{ALK,\ n}$: $\alpha \cdot C_{TN,\ in}$

$C_{ALK,\,am}$: $(\alpha-\beta)\cdot C_{TN,\,in}$

α : $C_{TN,\,in}$의 질산화되는 질소의 비율

$C_{TN,\,in}$: 유입수의 총질소농도[mg/ℓ]

β : 유입수의 총질소농도에 대한 암모니아농도의 비율

식 (10-88)의 우변의 제 2항은 반응탱크에서의 알칼리도 소비량, 제 3항은 유기성 질소의 탈아미노화에 의하여 알칼리도가 생성되는 양을 나타낸 것이다.

잔류 필요 알칼리도를 50 mg/ℓ로 하려면 식 (10-89)가 만족되지 않으면 안된다.

$$50 < C_{ALK,\,A} \tag{10-89}$$

식 (10-89)가 만족되지 않는 경우에는 식 (10-90)과 같이 알칼리도의 부족분 $C_{ALK,\,L}$(mg/ℓ)를 반응탱크에 첨가할 필요가 있다.

$$C_{ALK,\,L} = 50 - C_{ALK,\,A} \tag{10-90}$$

이 부족량을 수산화나트륨 C_{OH}'(%)용액으로 보충하는 경우 설계유입수량과 반송슬러지량과의 합계량에 대한 농도로서 그 첨가량 $R_{ALK,\,L}$(mg/ℓ)은 식 (10-91)과 같다.

$$R_{ALK,\,L} = 0.8C_{ALK,\,L} \times \frac{100}{C_{OH}'} \tag{10-91}$$

10.6.5 질소제거

질소제거에는 크게 탈질, 순환식질산화 탈질법, 질산화 내상탈질법, 외부 탄소원탈질법, 단계혐기호기법, 연속회분식 활성슬러지법, 간헐포기법, 산화구법, 탈질생물막법 등이 있다. 이 절에는 두 가지만 소개한다.

(1) 탈질

활성슬러지에 포함되어 있는 종속영양미생물 중에는 혼합액 중의 용존산소가 결핍되더라도 질산성 질소에 함유된 산소(결합산소)를 이용하여 유기물을 분해하는 미생물군이 있다. 이 미생물군은 산소이용 형태에 따라 통성혐기성 미생물로 분류된다. 통성혐기성 미생물군이 유기물을 이용하여 아질산성 질소와 질산성 질소를 질소가스로 환원하는 반응을 생물학적 탈질소 반응이라 하며, 이 반응에 관여하는 미생물군을 **탈질미생물**이라 부른다.

탈질반응은 용존산소가 존재하지 않는 조건하에서 통성혐기성 미생물의 호흡(질산성 호흡 또는 아질산성 호흡)이며, 식 (10-92)~(1-94)과 같이 나타낼 수 있다.

$$(NO_3^- \rightarrow NO_2^-)\ 2NO_3^- + 2(H_2) \rightarrow 2NO_2^- + 2H_2O \qquad (10\text{-}92)$$

$$(NO_2^- \rightarrow N_2)\ 2NO_2^- + 3(H_2) \rightarrow N_2 + 2OH^- + 2H_2O \qquad (10\text{-}93)$$

$$(NO_3^- \rightarrow N_2)\ 2NO_3^- + 5(H_2) \rightarrow N_2 + 2OH^- + 4H_2O \qquad (10\text{-}94)$$

위의 반응에 있어서 (H_2)는 수소공여체(기질)로부터 주어지게 된다. 이 수소공여체는 하수 중의 유기물, 메탄올 등의 유기물과 미생물계내 축적물 등의 분해에 의해 공급되는 것이다. 이 탈질반응이 진행되기 위해서는 활성슬러지 혼합액에 용존산소가 존재하지 않아야 하고, 활성슬러지 혼합액 또는 반응에 관여하는 미생물 내에 산화의 대상이 되는 유기물이 존재해야 한다.

식 (10-94)의 탈질반응에 따라 1 g의 질산성 질소로부터 3.75 g의 알칼리도가 생성되고, 1 g의 질산성 질소를 환원하기 의해서는 2.86 g의 BOD에 해당하는 유기물이 필요하다. 최근에는 질산화 반응과 이러한 탈질반응을 이용하여 하수로부터 질소를 제거하는 방법이 고안되어 실용화되고 있다. 생물학적 질소제거방법은 수소공여체인 유기탄소와 중화체인 알칼리도의 절감

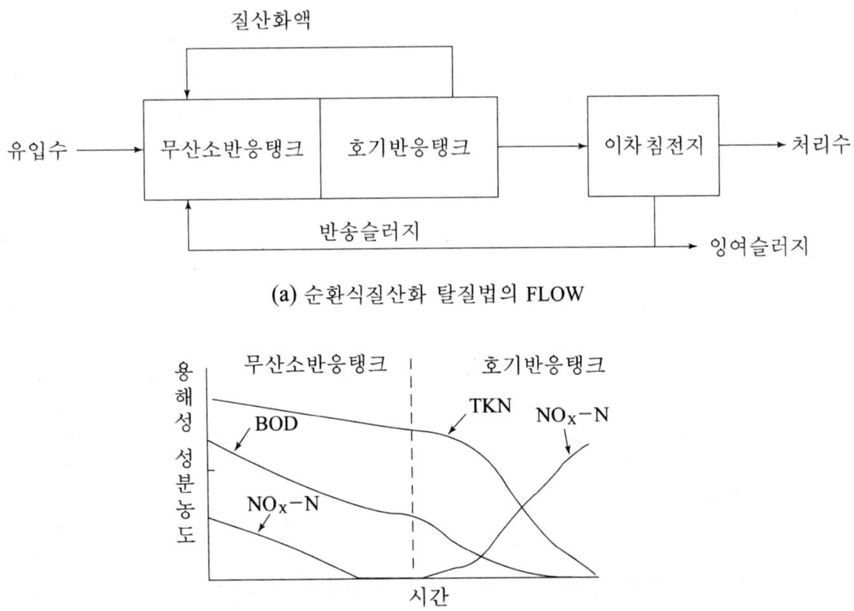

(a) 순환식질산화 탈질법의 FLOW

(b) 순환식질산화 탈질법의 반응탱크에 있어서 BOD와 질소의 거동

그림 10.49 생물학적 탈질의 원리

등을 목표로 하여 각종 공정에 제안되고 있지만 크게 나누어 보면 직렬방식, 순환방식 및 이것들을 조합시키는 방법으로서 분류된다. 생물학적 탈질의 원리는 그림 10.49와 같다.

(2) 순환식질산화 탈질법

1) 개요

순환식질산화 탈질법은 그림 10.50과 같이 반응탱크를 무산소(탈질)반응탱크, 호기(질산화)반응탱크의 순서로 배열하여 유입수 및 반송슬러지를 무산소반응탱크에 유입시키고 한편으로는 연속되는 호기반응탱크의 질산화 혼합액의 일부를 무산소반응탱크에 순환시켜 처리하는 방식이다. 호기반응탱크에서는 유입된 암모니아성 질소가 아질산성 질소로 그리고 다시 질산성 질소로 산화되며, 무산소반응탱크에서는 질산성 질소가 유입수 중의 유기물의 산화반응에 의해서 질소가스로 환원된다. 이 법은 하수 중의 유기물의 일부가 탈질반응시 수소공여체로 이용되기 때문에 질산화 촉진형 활성슬러지법에 비해 BOD제거에 필요한 산소공급량이 적어지게 된다.

또한 질소제거율 향상을 목적으로 그림 10.51과 같이 2단 순환방식이 있다. 이 방식에서는 무산소반응탱크 및 호기반응탱크를 2단 직렬로 조합시켜 유입수를 각단의 무산소반응탱크에 단계유입시킴으로써 높은 MLSS농도와 긴 SRT를 가능하게 한다. 이와 같은 조작에 의해 전단의 질산화반응탱크로부터의 유출수를 후단의 무산소반응탱크로 유입시키는 것이 가능하여 높은 질소제거율을 얻을 수 있다(Bardenpho공법은 이 방식에서 (a)의 Step 유입 및 (b)의 질산화액 순환이 없는 방식임).

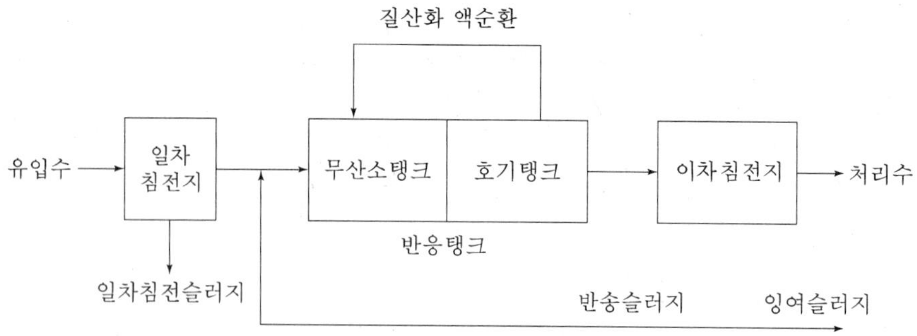

그림 10.50 순환식질산화 탈질법의 처리계통

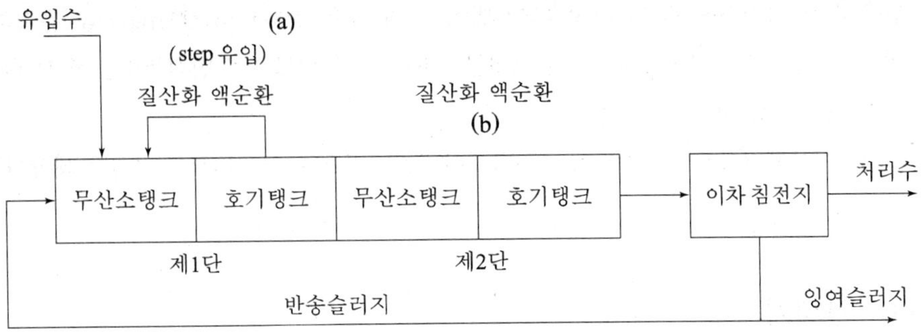

그림 10.51 2단 순환방식의 처리계통

2) 처리 특성

일반 도시하수의 경우 유입수(1차 침전지 유출수)에 대하여 총질소(T-N)제거율은 연평균 60~70%를 기대할 수 있으며, 동시에 표준활성슬러지법과 비교해서 BOD, SS에 대해서도 제거율이 높은 편이다.

3) 설계 및 유지 관리상의 유의점

이 법의 질소제거 성능은 유입수의 수온, 유입수의 질소 및 유기물농도, 호기반응탱크의 고형물 체류시간(SRT), 순환비, MLSS농도, 호기반응탱크 용존산소농도, pH 등에 의해 지배된다. 그러므로 설계목표수질을 정하는 경우에는 이러한 사항을 충분히 고려할 필요가 있다. 다단식의 순환법을 채용하는 경우 총질소제거율은 단단식에 비해 10% 정도 향상되지만 질소제거 성능은 전술한 인자들 뿐만 아니라 각단에의 단계유입비, 전단과 후단의 반응탱크용량비 등에 의하여 크게 좌우되기 때문에 운전관리는 매우 난이하다.

이 법(단단)의 설계 및 유지관리상 유의점은 다음과 같다.

① 질소제거율의 목표치를 60~70%로 설정한 경우 반응탱크의 용량을 표준활성슬러지법의 반응탱크의 용량에 비하여 크게 한다.

② 무산소반응탱크는 무산소상태가 항상 유지될 수 있는 구조로 하여야 한다.

③ 질산화액을 순환시키기 위해 펌프 등이 필요하다. 질산화액의 순환방법으로는 순환펌프를 사용하면서 호기반응탱크의 포기와 동반한 에어리프트효과에 의한 순환류를 이용하는 방법이 있다. 단 이 경우는 순환수량의 파악이 어렵기 때문에 반송수유입 게이트의 형상 등에 대하여 검토를 요한다.

④ 강우 시와 사용개시 시점의 대책으로 무산소반응탱크에 필요한 유기물을 확보하기 의해서 유입수가 1차 침전지를 우회하는 우회수로(By Pass)를 설치한다.

⑤ 반응탱크의 MLSS농도는 활성슬러지법에 비해 높은 2,000~3,500 mg/ℓ를 유지하여야 한다. 따라서 2차 침전지에의 유입고형물부하가 크게 되므로 수면적부하를 작게 하고 유효수심을 크게 할 필요가 있다.

⑥ 무산소반응탱크에서 스컴(scum)의 발생이 많은 것으로 보고되므로 스컴파쇄장치의 설치가 바람직하다.

10.6.6 인제거

인제거에는 응집제 첨가 활성슬러지법, 정석탈인법, 생물학적 탈인법, 혐기호기조합법, Side-stream공정 등이 있으나 인제거법에서는 응집체첨가 활성슬러지법과 정석탈인법을 소개한다.

(1) 응집제 첨가 활성슬러지법

1) 개요

응집제 첨가 활성슬러지법의 인제거기작은 3가 금속이온이 하수 중의 3가 인산이온과 반응하여 난수용성의 인산염을 생성하는 반응에 기초를 둔다.

$$M^{3+} + PO_4^{3-} \rightarrow MPO_4 \downarrow$$

일반적으로 중성부근에서 침전물을 생성하는 알루미늄염이나 3가 철염이 응집제로 사용된다. 이와 같은 원리에 기초한 제거공정은 응집제와 하수와의 혼화, 플록형성 및 침전분리의 3가지 공정이 필요하지만, 이 법에서는 혼화 및 플록형성은 반응탱크 내의 흐름에 따라 이루어지고 생물플록과 합쳐진 플록을 형성하며, 이것이 2차 침전지에서 침전분리된다. 이 법에 적용가능한 응집제로서는 황산알루미늄, 폴리염화알루미늄(PAC), 염화제이철, 황산제일철 등이 있다. 이 법의 기본적인 처리계통은 그림 10.52와 같다.

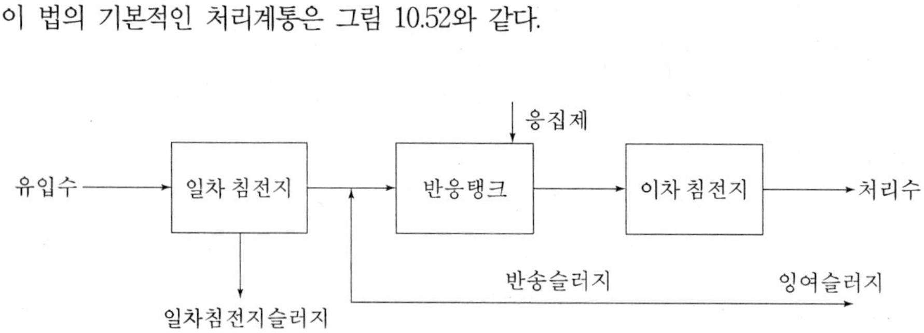

그림 10.52 응집제 첨가 활성슬러지법의 처리계통

이 법은 활성슬러지법에 의한 처리시설에 응집제 주입설비와 배관, 제어시스템 등을 부가한 방식이다. 따라서 기존의 처리시설에도 간단히 적용가능하다. 또한, 응집제 첨가 위치는 응집제로서 알루미늄염, 제이철염 등을 사용하는 경우는 반응탱크의 말단부분에 첨가한다. 응집제로서 제일철염을 사용하는 경우는 제일철이 반응탱크의 말단부분에서 제이철로 산화되는 것이 가능한 위치로 한다.

2) 처리특성

① 인의 제거 : 적절한 운전조건을 선택하면 용해성 총인농도 0.3 mg/ℓ 이하, 총인농도 0.5 mg/ℓ 이하의 처리수를 얻는 것이 가능하다.

② 유기물제거 : 이 법과 표준활성슬러지법 사이에 유기물제거에 대하여는 특별한 차이가 없다.

3) 설계 및 유지관리상의 유의점

① 응집제의 선정 : 응집제의 선정에 있어서는 응집제의 성질, 처리시설의 특성, 응집제의 가격 등을 고려하여 선정한다.

② 응집제 첨가 몰(mole)비 : 유입수의 용해성 총인농도에 대한 응집제의 첨가 Mole비는 목표 처리수 인농도와 응집제 몰비의 관계로부터 설정한다. 응집제의 종류에 따라 첨가 Mole비는 달라진다.

③ 생물에의 영향 : 각종 응집제가 활성슬러지 미생물의 생물활성에 거의 악영향을 주지는 않지만 어느 응집제를 사용하여도 이 법에 의한 처리 개시 시에는 활성슬러지의 응집제에 대한 순응이 필요하다. 이 법의 응집반응에 동반되는 알칼리도 소비에 따라 질산화반응이 저해를 받을 가능성이 있으며, 반응탱크 말단에 첨가하는 경우에는 그런 가능성이 거의 없다.

④ 슬러지발생량 : 응집제로서 알루미늄염을 사용하는 경우는 첨가한 알루미늄량의 5배 정도의 SS가, 철염을 사용하는 경우에는 첨가된 철의 3.5배의 SS가 발생하여 잉여슬러지량이 증가하게 된다. 이 법에서는 2~4 g Al^{3+}/m^3의 알루미늄염을 첨가하는 경우 잉여슬러지량이 5~20% 증가한 사례가 있다. 잉여슬러지의 농축성, 탈수성은 표준활성슬러지법의 잉여슬러지와 거의 같다.

(2) 정석탈인법

1) 개요

정석탈인법의 인제거 원리는 정인산이온이 칼슘이온과 난용해성의 염인 하이드록시아파타이트($[Ca_{10}(OH)_2(PO_4)_6]$, 이하 「아파타이트」라 칭함)를 생성하는 반응에 기초를 둔다.

기본적인 화학반응식은 식 (10-95)와 같다.

$$10Ca^{2+} + 6PO_4^{3-} + 2OH^- \rightarrow Ca_{10}(OH)_2(PO_4)_6 \qquad (10\text{-}95)$$

이 법에 있어서 아파타이트의 제거 메카니즘은 다음과 같다.

어느 물질의 과포화용액에 그 물질의 결정을 넣으면 용질이 결정을 핵으로 하여 석출되는 원리를 응용한 것이다. 그림 10.53과 같이 인산과 칼슘이 혼합된 용액은 각각의 성분의 농도에 따라서 아파타이트를 검출하는 경계, 즉 용해도 곡선이 존재한다. 또한 준안정지역이 존재하여 이 지역의 경계이상으로 칼슘이온을 첨가하면 아파타이트가 응집침전되기 시작한다. 보통 석회응집침전법은 이 불안정지역에서의 반응을 응용한 것이다. 준안정지역의 상태에서 그 용질과 동일하거나 유사한 물질의 종결정이 존재하면, 결정표면에 아파타이트가 석출되어 그 결과로서 인신과 칼슘이 제거된다.

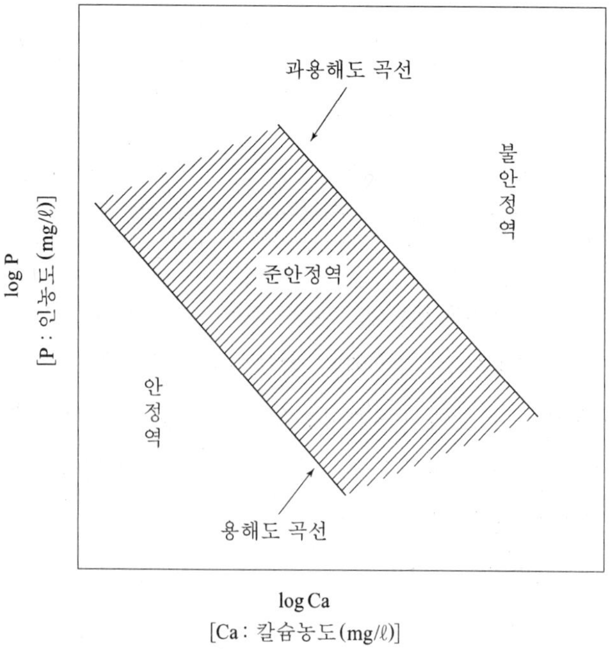

그림 10.53 정석반응과 인산 및 칼슘 이온농도(pH 일정)

정석탈인법의 이점은 응집침전법에 비하여 석회의 주입량을 30~90 mg/ℓ로 적게 할 수 있으며, 따라서 슬러지의 발생이 적어지게 된다. 이 법에 의해 2차 처리수 중의 총인농도를 0.5 mg/ℓ 이하로 할 수 있는 것이 확인되었지만 하수 중에 포함되어 있는 총탄산이온의 알칼리도가 정석반응을 방해하기 때문에 전단에 산첨가에 의한 탈탄산공정이 필요하다.

이 법의 기본적인 처리계통은 그림 10.54와 같다.

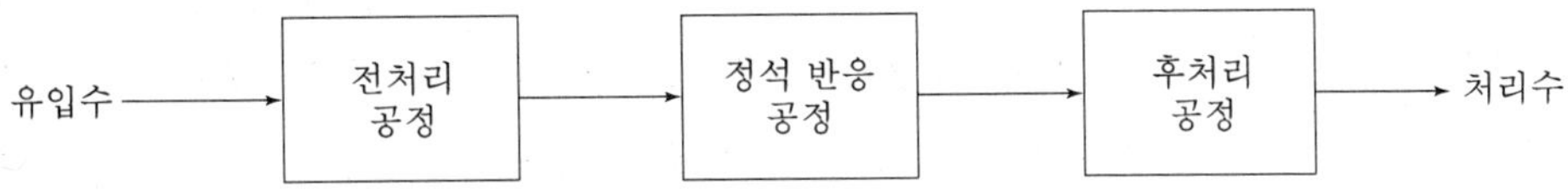

그림 10.54 정석탈인법의 처리계통

10.6.7 질소, 인제거

(1) 혐기무산소 호기조합법

1) 개요

혐기무산소 호기조합법은 생물학적 인제거공정과 생물학적 질소제거공정을 조합시킨 처리법으로 활성슬러지 미생물에 의한 인 과잉섭취현상 및 질산화, 탈질반응을 이용한 것이다. 이 법에 적용한 인제거공정은 혐기호기조합법이며, 혐기반응탱크, 무산소(탈질)반응탱크, 호기(질산화)반응탱크의 순서로 배치하여 유입수와 반송슬러지를 혐기반응탱크에 유입시키면서 호기반응탱크 혼합액을 무산소반응탱크에 순환시키는 방법이다.

이 법의 기본적인 처리계통은 그림 10.55와 같고, 이런 기본적인 처리계통을 토대로 하여

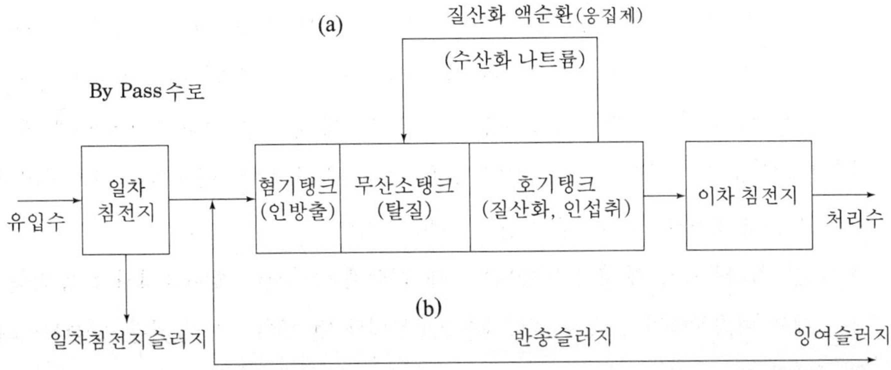

그림 10.55 혐기무산소 호기조합법의 처리계통

(a)와 같이 무산소탱크로부터 혐기탱크로의 순환을 추가하고 (b)와 같이 반송슬러지 유입을 무산소탱크로 변경하여 적용한 특허공법 등이 있으며, 호기탱크 이후에 무산소탱크와 호기탱크를 추가한 특허공법 등이 있다.

2) 처리특성

표준 도시하수의 경우 1차 침전지 유출수에 대하여 총질소제거율 60~70% 정도, 총인제거율 70~80% 정도가 기대된다. 인제거율 또는 인제거량은 잉여슬러지량과 잉여슬러지의 인함량에 의해 결정되지만 이를 지배하는 인자는 유입하수의 BOD-P비, SRT, BOD-SS 등이다. 또한 수온에 의한 인제거율의 영향은 적지만 우수가 유입되는 경우에는 인제거 성능이 저하되는 경우가 많다. 이러한 원인은 우수에 포함된 DO의 영향과 유기물농도 저하 등으로, 혐기탱크에서의 인방출이 불충분해지기 때문이다. 이 공법의 질소, 인제거는 유입하수의 질소, 인농도, 유기물농도, 슬러지처리 계통으로부터의 인 반류부하 등에 지배된다. 이 법의 처리 성능, 특히 인 제거성능은 우천 시에 저하하는 경향이 있기 때문에 보다 안정적인 처리수의 인농도를 확보할 필요가 있는 보완적 설비로서 응집제 첨가 등의 물리화학적인 제거공정의 병용이 필요한 경우가 많다. 또한 기존의 생물반응탱크 말단에 응집제를 첨가하여 인제거를 행하는 처리장에 이 법을 채용하여 응집제의 절감이 가능하다.

3) 설계 및 유지관리상의 유의점

이 법의 설계 및 유지관리상의 유의점은 다음과 같다.

① 우천 시나 공용개시 시의 초기대책으로 혐기반응탱크 또는 무산소반응탱크에 필요한 유기물을 확보하기 위해 유입수가 1차 침전지를 우회하는 우회수로(by-pass)를 설치하는 것이 바람직하다.

② 표준 도시하수의 경우에는 탈질을 위한 메탄올이나 pH 조정용의 수산화나트륨 등의 첨가가 필요 없지만 유역특성에 의해 유입수 중의 알칼리도가 낮은 경우나 강우 등의 영향이 큰 경우에는 알칼리제나 메탄올 등의 탈질보조제의 주입 설비가 필요하게 된다.

③ 질산화액의 순환은 기본적으로 순환펌프에 의하지만 호기반응탱크의 산기에 동반된 에어리프트효과에 의한 순환류를 이용할 수도 있다.

④ 인제거를 효과적으로 행하기 위해서는 1차 침전지 슬러지와 잉여슬러지의 농축을 분리하는 것이 바람직하며 슬러지 처리계통으로부터의 인 반류부하가 적은 슬러지처리공정을 선택할 필요가 있다.

⑤ 방류수의 인농도를 안정적으로 확보할 필요가 있는 경우에는 호기반응탱크의 말단에 응

집제(PAC 등)를 첨가할 설비를 설치하는 것이 바람직하다.

4) 기존활성슬러지법시설의 개량

기존활성슬러지법 처리시설을 이 법으로 개량할 경우에는 다음과 같은 장치를 고려하여야 한다.

① 혐기탱크 및 무산소탱크의 교반장치
② 질산화액의 순환장치
③ 생물반응탱크 내의 격벽
④ 스컴제거장치
⑤ 1차 침전지의 우회수로(by pass)
⑥ 1차 침전지의 슬러지 투입배관
⑦ 수질계측장치
⑧ 보완설비(응집제, 수산화나트륨 등 첨가설비)

(2) 응집제 병용형 생물학적 질소제거법

1) 개요

응집제병용형 생물학적 질소제거법은 생물학적 질소제거법의 순환식 질산화탈질법 또는 질산화내 생탈질법의 생물반응탱크에 응집제를 첨가하여 기존의 생물학적 처리기능에 인제거기능을 부가한 고도처리공정이며 인 및 질소를 동시에 제거할 수 있는 공정이다. 인의 제거기작에 대해서는 응집제첨가 활성슬러지법의 항을, 질소의 제거기작에 대해서는 순환식 질산화-탈질법 및 질산화내 생탈질법이 있다.

순환식 질산화 탈질법 및 질산화내 생탈질법의 기본적인 처리계통은 그림 10.56 및 10.57과 같다.

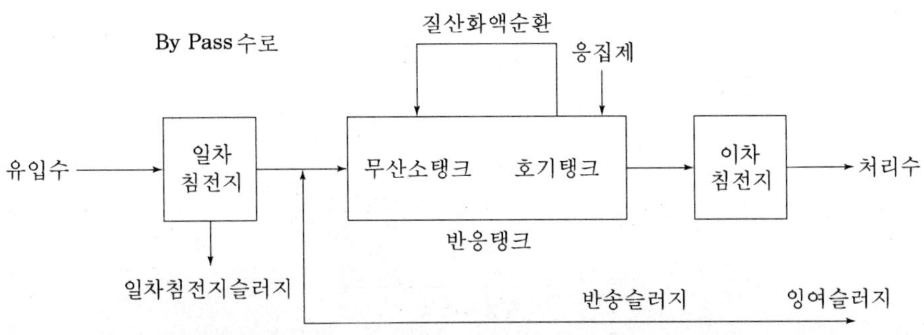

그림 10.56 응집제병용형 순환식 질산화탈질법의 처리계통

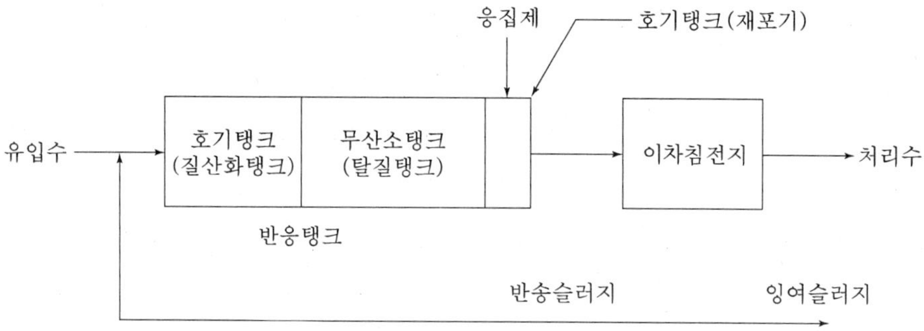

그림 10.57 응집제병용형 질산화내 생탈질법의 처리계통

2) 처리특성

① 응집제병용형 순환식 질산화-탈질법

표준 도시하수의 경우 유입수(1차 침전지 유출수)에 대한 총질소제거율은 60~70%, 총인제거율은 70~80%로 기대할 수 있다.

(3) 측류공정

질소와 인을 동시에 제거하고자 고안된 측류공정(側流工程, sidestream)공정은 기존의 Phostrip공법에서 탈인탱크 앞에 탈질탱크를 설치하여 탈질과 후속되는 탈인탱크에서 질산성 질소의 영향의 최소화하여 탈인 효율을 높인 수정 Phostrip공법, 이에 더하여 포기탱크 이전에 미생물 선택 탱크를 추가하여 낮은 F/M비에 의한 사상성 미생물의 슬러지팽화를 방지하는 공법 등이 있다. 수정 Phostrip공법은 그림 10.58과 같다.

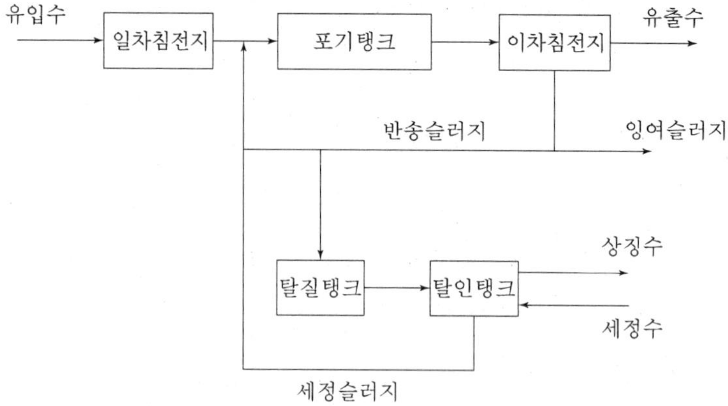

그림 10.58 질소, 인 동시제거 측류공법의 예

10장

연습문제

1. 호기성 생물학적 처리의 원리를 설명하시오.

2. 미생물증식에 관한 Monod 식을 설명하시오.

3. 미생물의 증식률, 기질제거율, 체류시간에 관한 식들을 표기하시오.

4. 활성슬러지 고정설계에 대해 설명하시오.

5. 활성슬러지 처리장 운영시 유의할 점에 대해 설명하시오.

6. 슬러지팽화의 원인과 대책에 대해 설명하시오.

7. F/M비와 BOD 제거율에 대해 설명하시오.

8. 슬러지일령 및 슬러지 체류시간에 대해 설명하시오.

9. 활성슬러지 처리시설의 유지관리에 대해 설명하시오.

10. 활성슬러지법의 MLSS와 BOD용적 부하에 대해 계산하시오.

11. 살수여상의 기능을 서술하시오.

12. 살수여상의 운영상 문제점과 대책에 관해 설명하시오.

13. 횐전원판법의 특징 및 장단점을 설명하시오.

14. 회전원판법의 설계인자 계산에 대해 기술하시오.

15. 산화지의 종류와 특성에 대해 기술하시오.

16. BOD가 200 mg/ℓ인 하수를 표준살수여상으로 처리하는데 1차 침전지의 BOD제거율

40%, 여상의 면적 부하율 $3\,m^3/m^2 \cdot d$, 여상깊이를 1.6 m으로 할 때 살수여상의 BOD제거율은 몇 %인가?

17. BOD 1,200 mg/ℓ의 폐수 $100\,m^3/d$를 살수여상법으로 처리하는데 BOD용적 부하를 0.3 kg/m^3로 취하면 여상의 용적은 얼마인가?

18. 하수 $45\,m^3/d$을 처리할 때 순환율을 0.5로 한다면 살수여상에 가해지는 하수유량은 얼마인가?

19. MLSS가 3,000 mg/ℓ의 혼합액을 1ℓ의 메스실린더에 채우고 30분 후에 침전된 슬러지의 용적이 2,400 mg/ℓ이었다. 이 활성슬러지의 SVI는 얼마인가?

20. 하수 $4{,}500\,m^3/d$를 활성슬러지법으로 처리하는데 포기탱크가 $2{,}000\,m^3$, MLSS가 3,500 mg/ℓ, 세포증식계수가 Y : 0.6, 내호흡속도는 0.05/일, 유입하수의 BOD가 400 mg/ℓ이다. 그 중에서 85%가 제거된다면 이 활성슬러지법의 슬러지 체류시간 SRT는 얼마인가?

21. 활성슬러지법에서 MLSS는 3,000 mg/ℓ, 반송슬러지농도 10,000 mg/ℓ, 최초침전지 유출수의 SS가 80 mg/ℓ일 때 반송률은 얼마인가?
(단 포기탱크내 슬러지생산 및 유출수 중의 SS는 무시한다.)

22. BOD 1 kg_f을 제거하는데 필요한 산소량은 1 kg_f이다. 또 공기 $1\,m^3$에 함유되는 산소량은 0.277 kg_f이다. 포기탱크에서의 용해율이 5%라면 산기식활성슬러지법에서 BOD 1 kg_f를 제거하는데 필요한 공기량은 얼마인가?

23. 폐수의 혐기성처리에 대해 설명하시오.

24. 혐기성 접촉법에 대해 설명하시오.

25. 임호프탱크(Imhoff tank)에 대해 설명하시오.

26. 혐기성처리의 영향인자에 대하여 기술하시오.

27. 접촉산화법에 대해 설명하시오.

28. 하수의 고도처리 급속여과법에 대해 설명하시오.

29. 하수의 고도처리 막분리법에 대해 설명하시오.

30. 질산화공정에 대해 설명하시오.

31. 질소제거방법에 대해 설명하시오.

32. 인제거방법에 대해 설명하시오.

33. 질소, 인 동시 제거에 대해 설명하시오.

Chapter 11

슬러지처리

11.1 슬러지처리

11.1.1 서설

상・하수처리과정에서 발생한 슬러지를 무해한 형태로 처분하는 과정을 **슬러지처리**(汚泥處理, sludge treatment)라고 한다. 정수시설에서 발생하는 슬러지는 종래에는 점토성 무기물질이 주성분이지만 최근에는 정수시설 및 하수슬러지와 같이 유지성분을 함유한 부패성 물질로 구성되어 있다. 그러므로 상・하수도처리과정에서 발생하는 것이므로 발생한 슬러지를 효율적, 영구적으로 처리하여야 한다.

일반적으로 슬러지성상은 수분 외에 자연석에 근접한 무기물조성과 비료가 될 수 있는 유기물로 구성되어 있으며, 유기물당 석탄과 비슷한 발열량을 내는 유용한 자원이다. 이와 같은 특성을 갖는 슬러지의 바람직한 처리형태는 녹지 및 농지이용, 건설자재 및 에너지이용 등으로 유효하게 이용될 수 있다.

또한 사회 경제활동의 고도화로 폐기물 발생량의 증대, 폐기물 최종처분시설의 신규입지 확보의 어려움 등으로 최종처분시설의 잔여공간 부족현상이 예상되므로 최종처분량을 줄이기 위해서는 하수슬러지의 효율적 처리 및 유효이용 등의 방법으로 감량화를 추진할 필요가 있다.

향후 온실가스인 이산화탄소, 메탄, 일산화이질소 및 다이옥신류 등의 배출억제에 한층 더 총력을 기울어야 하며, 소화가스발전 및 슬러지소각열의 유효이용에 의한 자원순환형 사회형성을 위하여 하수처리의 에너지 절약화 및 하수도의 자원 에너지화에 적극적인 활용과 노력이 필요하다.

11.1.2 배출수 및 슬러지처리시설

(1) 설치목적과 처리시설의 선정

정수시설에서 발생되는 배출수(排出水)는 역세척과정에서 발생하는 역세척수와 침전지에서 배출되는 침전슬러지가 대부분이며, 기타 정수공정별 월류수 또는 배수(排水)도 포함된다. 수도시설은 「수질환경보전법」에 의거한 폐수배출시설에 해당되며, 정수시설에서 발생되는 폐수 즉 배수(排水)는 적정한 오염방지시설(배출수처리시설 등)을 설치하여 배출허용기준치 이하로 오염도를 저감하여 공공수역에 방류하거나 재활용해야 한다. 또한 슬러지처리를 통하여 발생되는 케익은 사업장 폐기물이며, 「폐기물관리법」에 따라 적정하게 수집·운반 및 처분되어야 한다. 이러한 처리시설은 정수처리와 관련되므로 정수시설의 계획단계에서 하나의 시스템으로 통합하여 계획해야 한다.

이들 처리방식은 정수처리공정, 원수수실, 배출수의 양과 질, 슬러지의 성상, 발생케익의 처분방법, 유지관리의 편의성, 소요부지면적, 건설비 및 지역의 환경여건을 고려해야 하며 기본적인 처리방법은 다음과 같다.

1) 자연건조(천일건조상, 라군)
2) 기계탈수
3) 탈수·열건조
4) 위탁 또는 하수처리장 이송처리

배출수처리시설을 계획하고 설계할 시의 고려사항은 다음과 같다.

① 발생된 케익은 처분 또는 재활용이 가능하도록 한다.
② 원수의 탁도변화가 큰 시설에서는 고탁도 시에 발생된 고형물을 일시 저류시켜 평상 시에 처리할 수 있도록 고려해야 한다.
③ 처리시설과 처분시설의 입지는 지역의 자연환경과 사회환경 등을 고려하고 장기적인 관점에서 유리한 지역을 선정한다.

(2) 원수수질과 슬러지량의 파악

표류수를 취수하는 정수장은 강우특성과 계절에 따른 원수수질의 변화 또는 상수원의 오염정도에 따라 처리성이 달라진다. 또한 침전지의 형식에 따라서도 슬러지량과 성상이 달라진다.

슬러지의 질이나 양을 파악하기 전에 원수수질 특히 부유물질량을 파악하는 것이 중요하다.

슬러지의 고형물농도, 밀도, 농축특성 및 탈수성은 원수 특성에 크게 영향을 받고 계절에 따라서도 변한다. 고탁도일 때에 발생하는 슬러지는 농축성과 탈수성이 좋은 반면에 저탁도 또는 조류가 번성할 때 발생하는 슬러지는 침강·농축성 및 탈수성이 나쁘다.

정수시설의 슬러지성분은 대부분 무기질로 구성되어 있으나, 오염된 하천수나 부영양화된 호소수는 유기물질이 많이 포함되어 있다(표 11.1 참조). 장래 수질변화로 유기물질이 증가되는 경우에는 탈수기운영에 영향을 미치므로 장래의 수질을 예측해야 한다.

표 11.1 알럼(alum)슬러지의 화학적 조성

성 분	BOD [mg/ℓ]	COD [mg/ℓ]	Al_2O_3 [%]	SiO_2 [%]	유기물 [%]
함 량	30~300	30~5,000	15~40	35~70	15~25

출처 : Integrated design and operation of water treatment facilities(Kawamura)

슬러지발생량은 원수수질 특성과 함께 다음과 같은 시설의 특성을 고려하여 예측하여야 한다.

1) 정수시설 기본계획과 시설현황

① 계획정수량 : 정수시설 운영현황, 평균 정수생산량

② 침전지 : 약품침전지, 고속응집침전지, 경사판침전지 등

③ 여과지 : 급속여과지, 철·망간을 제거하기 위한 여과지, 활성탄접촉탱크, 막여과설비

④ 기타 : 세사기, 마이크로스트레이너 등

2) 약품의 종류와 주입상황

① 응집제 : 황산알루미늄, 폴리염화알루미늄(PACl), 폴리수산화황산 알루미늄(PAHCS), PASS, 폴리유기황산 알루미늄마그네슘(PSO-M), 의학영상 정보시스템(PACS) 등

② 응집보조제 : 알긴산나트륨, 폴리머

③ 알칼리제 : 소석회, 수산화나트륨

④ 기타 : 분말활성탄

정수시설의 특성과 운전방식 등에 따라 배출수의 양과 성상에 차이가 있으므로 슬러지처리설비를 계획할 때에는 운영 중인 시설로부터 배출된 역세척 배출수와 침전슬러지의 특성을 파악하는 것이 필요하다. 알럼(alum)슬러지는 압축성이 나쁘기 때문에 0.1~1% 정도의 고형물

농도를 나타내며, 1개월 이상 침전지에 축적되면 4~6% 농축되기도 한다.

역세척과정에서 발생하는 역세척 배출수의 발생량은 정수생산량의 1~5%(평균 2%) 정도이며, 고형물량으로는 정수공정에서 제거되는 전체고형물의 1.0~1.5%를 차지한다. 역세척 배출수의 슬러지물성은 표 11.2와 같다.

표 11.2 역세척 배출수의 슬러지물성

성 분	BOD[mg/ℓ]	COD[mg/ℓ]	Al_2O_3[%]	SiO_2[%]	유기물[%]
함 량	2~10	28~160	25~50	24~35	15~22

(3) 침강·농축·탈수성의 조사

정수시설로부터 배출된 슬러지의 성상은 슬러지처리설비를 설계할 때 매우 중요하므로 실험을 통하여 슬러지의 침강·농축특성과 슬러지의 탈수성 등을 조사해야 한다. 슬러지의 침강·농축특성을 조사하기 위해서는 통상 실린더-테스트를 실시하며, 10 cm(D)×100 cm(H) 원통에 슬러지를 넣고 침강계면을 외부에서 관찰하는 방법이다.

슬러지의 탈수성 조사는 실제 탈수기를 사용하는 방법이 가장 좋으나, 리프테스트(leaf test)를 실시하여 슬러지의 여과성을 나타내는 비저항치를 구하는 방법도 유효한 방법이다. 비저항치가 크면 수분이 슬러지를 통과하기 어려워 탈수성이 나쁘다는 의미이다. 비저항치 실험결과를 활용하여 탈수기의 기종을 어느 정도 추정할 수가 있다.

슬러지의 탈수성에 크게 영향을 미치는 인자로서는 응집제주입량과 탁도의 비를 나타내는 Al/T비(Al은 응집제 내의 알루미늄의 양을 말하며, 정수시설 슬러지탈수성을 조사하는데 필요함)이다. Al/T비가 낮을수록 비저항 값이 적어서 탈수성이 양호하다는 의미이다. 탈수성은 겨울철에 저하되는 등 계절별로 다르므로 4계절에 조사하는 것이 바람직하며, 고탁도 시와 평상 시에 대해서도 반복 실험하는 것이 좋다. 상수원의 부영양화로 유기물이 증가하면 비저항치가 커져서 탈수성이 나빠진다. 그림 11.1은 Al/T비와 비저항과의 관계를 나타내었다.

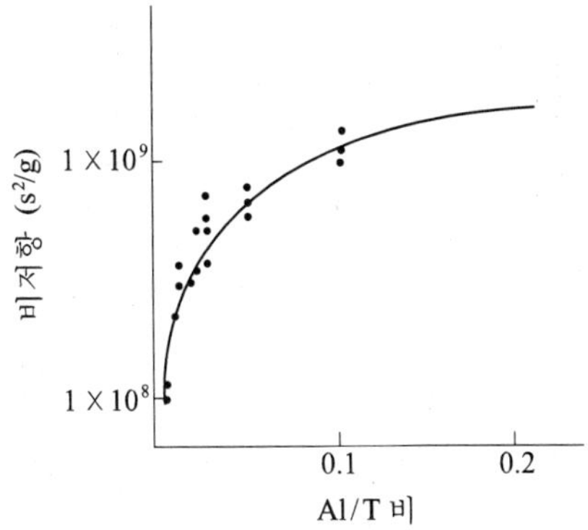

그림 11.1 Al/T비와 비저항과의 관계

(4) 배출수처리시설의 구성과 기능

배출수처리시설에는 정수처리공정으로부터 역세척 배출수와 침전슬러지가 유입되어 처리수의 하천방류, 원수로서의 회수, 발생케익의 매립, 해양배출 또는 재활용 등의 처분으로 종료하게 된다.

지금까지는 세척배출수를 침전지로부터 배출되는 침전슬러지와 함께 혼합하여 처리하는 방법을 채택하여 왔으나 이러한 방법은 이미 농축된 슬러지를 세척배출수 중에 희석시키기 때문에 바람직하지 않다. 침전슬러지의 고형물농도는 0.5~1.5%로서 원수로부터 추출되어 침전된 미생물, 유기화합물, 중금속들이다. 이에 비하여 세척배출수의 고형물농도는 0.01~0.04%이다. 이 두 가지를 혼합하면 배출수의 탁도는 증가하고 침전슬러지와 세척배출수를 환합시켜 처리하는데 더 많은 처리약품이 필요하게 된다. 또한 처리한 상징수를 재이용하는 경우에는 바람직하지 않은 화학물질이 순환・축적되고 침전슬러지의 불쾌한 맛・냄새가 정수에 남을 가능성이 있다. 그러므로 침전지로부터 배출되는 슬러지는 순환되는 세척배출수와 섞어서는 안되며, 슬러지처리시설로 배출시켜야 한다.

배출수처리시설에서 여과지 역세척 배출수는 배출수지를 통하여 회수하고 슬러지처리공정에는 조정, 농축, 탈수 및 처분공정의 전부 또는 일부로 구성되며 이들 처리공정의 개념도를 그림 11.2와 같다.

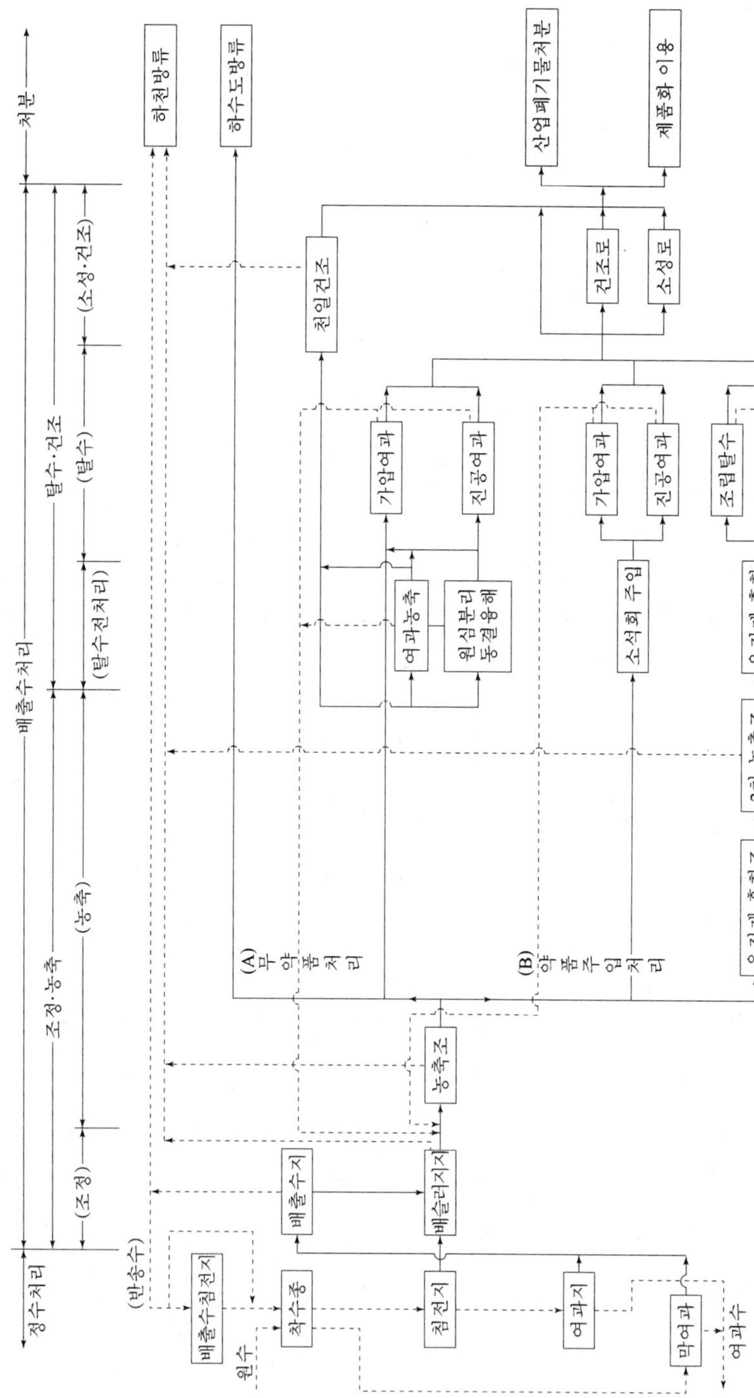

그림 11.2 배출수처리방식의 개념도

1) 여과지 역세척 배출수의 처리

미국의「지표수처리규칙」에서는 여과지 역세척 배출수를 반송시키기 전에 플록형성과 침전 및 소독처리 등의 고도처리를 하도록 규정하여 정수처리를 더욱 엄격하게 규제하고 있다. 또한 회수지점도 여과지 유입지점이 아니라 착수정으로 반송하도록 규정하고 있다.

세척배출수 처리시설을 설계할 때에는 반송수의 수질문제로 정수처리에 장애를 초래하지 않도록 고려해야 한다. 특히 여과지 폐색을 일으키는 규조류발생 시에는 반송으로 인한 조류의 농축현상으로 문제가 악화될 수 있으므로 배슬러지지 또는 농축탱크로 배출할 수 있도록 고려하여 해야 한다.

2) 정수시설에서 발생되는 슬러지의 처리와 처분

정수시설에서 발생되는 슬러지는 원수 중의 탁질과 응집약품에 의한 약품슬러지로 분류되며, 주로 불활성물질로 구성되어 있다. 대부분의 정수장은 알루미늄계통의 응집제를 사용하고 있으며 이를 **알럼(alum)슬러지**라고 한다. 알럼슬러지는 탈수가 어렵고 건조된 슬러지는 요변성(搖變性)이 있어서 물과 함께 흔들리면 현탁액으로 되돌아갈 수 있다. 설계자는 비용대 효과가 최적이며, 실행가능한 슬러지처리(조정, 농축, 탈수)와 처분방법을 채택해야 하고, 정수장에 인접하여 하수처리시설이 있는 경우에는 관련부서와 협의하여 하수처리시설로 이송하여 처리할 수도 있다.

3) 조정시설

조정시설은 배출량을 조정하는 과정이며, 배출수지와 배슬러지지로 구성된다. 통상 급속여과지로부터 역세척 배출수를 받아들이는 시설을 배출수지, 약품침전지나 고속응집침전지 또는 역세척 배출수 침전지시설로부터 슬러지를 받아들이는 시설을 **배슬러지지**라고 한다(지금까지는 이를 구별하지 않았으며 양자로부터 배출수와 슬러지를 함께 받아들이는 경우는 배슬러지지라고 함). 배출수지와 배슬러지지는 배출량의 시간적 변화를 조정하고 이후의 공정에서 일정한 처리로 이어지도록 조정하는 시설이다.

침전슬러지가 단시간에 유입되는 배슬러지지에서는 고액분리가 어려울 뿐 아니라 슬러지의 부패로 인한 맛·냄새문제의 발생, 크립토스포리디움 등 원생동물의 오염이 우려되므로 배슬러지지의 상징수를 정수공정으로는 반송하지 않는다.

4) 농축시설

① 여과지 역세척 배출수

역세척 배출수처리공정의 형식은 기본적으로 통상의 응집·침전공정과 소독공정으로 구성된다. 내부순환류를 갖는 고속응집침전지는 공정효율이 좋으며, 충격부하에도 내성이 있다. 또한 슬러지의 농축성이 높고 슬러지제거가 쉬우며, 필요로 하는 부지면적이 작다.

일반 횡류식 장방형 침전지가 배출수를 취급하기는 쉽지만, 수리적 허용부하량이 낮아서 고속응집침전지보다 큰 부지면적이 필요하다. 미세모래 고속침강공정(high-speed microsand settling process)도 고려해 볼만하다. 이 침전시설에서 발생된 슬러지는 배슬러지지 또는 슬러지농축시설로 보낸다.

② 슬러지농축시설

슬러지농축시설에서는 슬러지를 농축시키는 것을 목적으로 하고, 농축처리와 재응집처리가 이루어지는 시설이 농축탱크(thickener, tank)이다. 일반적으로 배슬러지지로부터 슬러지는 농축탱크의 중앙에 위치한 유입부로 이송되고 농축된 슬러지는 중앙 저부로부터 배출되며, 상징수는 농축탱크의 상부로부터 유출된다.

농축슬러지의 농도가 높으면 탈수효율이 향상되어 케익의 함수율을 저감시킬 수 있으며, 자연건조인 경우에는 건조상 면적이 적어지고 기계탈수에서는 탈수기의 여과포 면적을 줄일 수 있다. 농축탱크를 설계할 때 인발되는 슬러지의 농도와 농축성을 가장 우선적으로 고려해야 한다. 농축탱크는 탈수기가 간헐적으로 운전되는 경우에는 슬러지의 저류기능도 겸한다.

농축성이 특히 나쁜 경우에는 응집처리로 농축 전처리하거나 고형물부하를 줄여 운전하는 방법도 있다. 응집처리는 고분자응집제를 사용하여 슬러지의 농축성을 높이는 과정이며, 탈수기의 탈리여액을 농축탱크의 유입부로 반송하여 탈리액 중의 잔류응집제를 재이용할 수 있다.

5) 농축슬러지 저류탱크

저류탱크는 슬러지의 농도를 균등하게 유지시켜 후속 공정인 탈수시설과 건조시설의 처리효율을 향상시키고, 운영의 편의성을 도모하기 위한 목적이다. 저류탱크는 슬러지가 균일하게 혼합될 수 있도록 공기 또는 기계식 교반기를 설치해야 한다.

6) 탈수시설

탈수시설은 농축슬러지로부터 다수 수분을 감소시켜 케익으로서 최종처분방법에 적합한 성상이 되도록 하거나, 용적과 수분을 감소시켜 운반 등 취급이 편리하도록 하는 것을 목적으로 운영된다. 탈수시설의 범위는 탈수처리뿐만 아니라 건조처리과정과 탈수에 필요한 전처리과정까지 포함된다. 탈수시설에는 자연건조, 기계탈수 및 열처리 등의 각종의 방법이 있으나, 정수장의 규모, 슬러지성상, 처분조건 등을 우선 고려하고 수반되는 전처리방법을 고려하여 최적의 탈수방법을 선택해야 한다.

기계식 탈수방법에는 가압여과(벨트프레스, 필터프레스), 진공여과, 원심분리, 조립탈수 등이 있다. 탈수효율은 슬러지의 탈수성으로 좌우되기 때문에 탈수성 실험결과를 토대로 결정한다. 특히 슬러지는 계절별로 성상이 다르기 때문에 일년에 걸쳐 계절별로 탈수성 실험을 실시하는 것이 바람직하다.

건조공정에는 자연건조방식과 열건조방식이 있다. 전자는 슬러지의 탈수공정을 생략하고 건조상에 의하여 탈수・건조시키는 방식으로 소요부지면적이 크고, 기상조건에 영향을 많이 받는다. 후자는 탈수공정에서 충분하게 탈수할 수 없는 경우나 재활용을 위하여 함수율을 낮추어야 할 필요가 있는 경우에 적용되는 방식으로 기계설비가 많고 복잡하며, 에너지 소비가 크다.

7) 처분시설

처분시설은 발생한 케익 등을 적절히 수집・운반하여 최종처분하거나 유효하게 재활용하는 것을 목적으로 한다. 배출수처리의 계획단계에서 어떠한 처분방법을 취하는 가를 충분히 검토한다. 케익의 처분방법에 따라 배출수처리방법, 케익의 함수율, 처분계획 등이 결정되기 때문이다.

최종처분방법으로 현재까지 많이 적용되는 매립방식은 최근 들어 매립지확보가 곤란하며, 해양배출방식도 국제협약으로 규제가 강화되고 있어서 정수시설 슬러지의 재활용방안을 적극 강구할 필요가 있다. 재활용방안으로는 시멘트의 원료, 재생벽돌, 녹생토, 상토재(재활용방안으로 미네랄이 풍부한 쌓기재), 쌓기재 및 매립제 등으로 이용이 가능하다.

처분시설은 수도사업체의 규모, 배출수처리시설의 유지관리능력, 정수시설 입지조건, 정수처리량과 슬러지의 성상 등을 고려하여 결정한다. 중소규모 정수시설은 농축공정까지만 처리하고 이후 공정은 다른 시설에 위탁하는 방안도 검토할 수 있다. 또한 인근에 하수처리시설이 위치하거나 하수처리구역 내에서는 하수도관리청과 협의하여 하수처리시설으로 이송하여 처리할 수도 있다.

11.1.3 계획배출수처리량

배출수처리시설은 계획처리 고형물량을 기초로 하여 설계하며, 그 양은 다음 식으로 구할 수 있다.

$$S = Q(T \cdot E_1 + C \cdot E_2) \times 10^{-6} \qquad (11\text{-}1)$$

여기서, S : 계획처리 고형물량[ton_f/d의 건조중량]

Q : 계획정수량[m^3/d]

T : 계획원수탁도[NTU]

E_1 : 탁도와 부유물질(SS)의 환산율

C : 응집제주입률[산화알루미늄으로서의 주입률, mg/ℓ]

E_2 : 수산화알루미늄과 산화알루미늄의 비 1.53

또한 발생한 배출수는 전량처리하는 것이 원칙이며, 원수의 최고 SS와 그 변동폭이 큰 정수시설에서는 전량 즉시 처리하는 것은 평상시의 시설가동률로부터는 비경제적이다.

그러므로 계획탁도는 연간탁도분포의 상황에서 연간탁도와 고탁도의 발생빈도를 조사하고, 다음 사항도 고려하여 결정한다.

1) 원수조정지에 의한 고탁도 시의 취수, 회피나 탁도의 저감화 가능성

2) 정수시설의 여유, 침전지에 의한 슬러지의 저류가능량

3) 두 개 이상의 수원이나 정수장이 있는 경우, 도 · 송 · 배수시설의 상호연결관에 의한 상호융통의 가능성

4) 배출수처리시설에서 슬러지의 저류가능량

경험적으로는 연간평균치의 4배 탁도를 계획탁도라고 하면 연간일수의 95% 이상을 감당할 수 있는 경우가 많다.

11.1.4 배출수지

배출수지에서 받아들이는 배출수는 여과지의 세척배출수가 대부분이며, 여과지의 세척은 통상 1지마다 교대하여 세척하게 되므로 배출수지는 적어도 여과지 1지 1회분의 세척배출수를 받아들일 수 있는 용량이어야 한다.

여과지세척에 따르는 1지당의 세척배출수량은 다음 식 (11-2)로 산출할 수 있다.

$$Q_f = A(v_1 T_1 + v_2 T_2) + a \tag{11-2}$$

여기서, Q_f : 배출수량[m^3/회 · 지]

A : 여과표면적[m^2/지]

v_1 : 표면세척속도[m/min, 단위시간, 단위면적당 표면세척수량=m^3/m^2/min]

v_2 : 역세척 속도[m/min]

T_1 : 표면세척 시간[min/회]

T_2 : 역세척 시간[min/회]

a : 여과지 역세척 전후의 잔류수량의 차[세척배출수거의 수량]

배출수지의 용량은 조정(regulator)기능을 갖기 위해서는 크게 하는 쪽이 좋지만 다음 사항을 고려하여 정한다.

1) 침강분리하지 않는 경우

1회 세척배출수량 분은 반드시 확보해야 하며, 여과지 수가 많은 경우에는 두 지 이상 동시세척이나 연속세척을 고려하여 정한다. 이러한 경우에 반송펌프 등에 의한 용량을 감안하여 감소시키더라도 가능하다.

2) 침강분리하는 경우로서 연속적인 경우

① 용량과 침강에 요하는 시간 내에 세척배출되는 수량을 더한 것으로 한다.

3) 침강분리하는 경우로서 회분식인 경우

유입, 정치, 상징수 집수, 배슬러지의 1사이클(cycle)에 요하는 시간을 고려하여 항상 한 지가 세척배출수를 받아들일 수 있도록 한 지당 용량과 지의 수를 정한다. 통상 한 지당 용량은 1회 세척으로 배출되는 양을 받아들일 수 있는 용량으로 한다.

또 배출수지로부터 배출수침전지(또는 착수정)로 반송하는 경우, 원수에의 부하를 되도록 균일하게 하기 위하여 반송수량이나 배출수지의 용량을 검토한다.

배출수지를 청소하거나 보수하기 위하여 배출수지를 두 지 이상으로 하는 것이 바람직하나 소규모 정수장에서는 한 지 2구획 또는 한 지로 할 수 있다. 배출수지의 유효수심은 유입되는 세척배출수를 균질하게 하기 위한 교반 또는 침강분리된 상징수를 집수하기 위한 침강분리역으로서의 수심이 필요하며, 지금까지 경험으로 2~4 m으로 한다. 또한 여유고는 단시간에 대량의 세척배출수가 유입됨으로써 급격히 수위가 상승하기 때문에 안전을 고려하여 60 cm 이상으로 하여야 한다.

그리고 배출수지에 배출수침전지(또는 착수정)로 반송하거나 하천방류 등을 위한 반송수관, 슬러지배출 및 청소 등 유지관리작업을 위한 배슬러지관, 배출수지나 부속설비의 수리 등을 고려한 우회관을 각각 설치할 필요가 있다.

11.1.5 농축탱크

농축탱크의 체류시간을 48시간 이상으로 하더라도 경험적으로 농축효과가 오르지 않는다. 한편 고형물부하가 20 kg/m^2 · d 이상에서는 농축분리가 잘 이루어지지 않는다. 농축탱크의 소요면적은 청징조건을 만족하는 면적과 농축조건을 만족하는 면적을 처리대상 슬러지에 대하여 침강농축시험을 하여 구하고, 이들 중 큰 쪽의 값을 채택한다. 청징조건을 만족하는 면적은 농축탱크 내의 슬러지가 침강하는데 필요한 수평단면적을 말한다. 또 농축조건을 만족하는 면적은 농축슬러지의 침강속도가 느린 슬러지를 바닥에 빨리 침강시키기 위하여 필요한 수평단면적을 말한다.

시험결과로부터 농축탱크의 면적을 계산하는 방법도 이상(理想)상태에서 개략치를 주는 것으로 실제 시설에서 최적치를 얻는 것이 아니다. 따라서 원수의 종류에 따라 발생되는 슬러지의 농축특성에 큰 차이가 있으므로 되도록 실제 시설에 가까운 실험으로 고형물부하 값을 구하여 필요면적을 구하는 등으로 처리대상 슬러지의 농축특성으로 결정한다.

또 고탁도시 대책으로서 농축슬러지를 일시 저류하는 경우에는 그 용량을 고려하여 농축탱크의 크기를 결정하고, 농축탱크에서 처리되는 슬러지의 양은 통상의 세척배출수나 침전슬러지 외에 침전지나 배출수지, 배출수침전지, 배슬러지지의 청소작업시 배출수도 포함시켜야 하므로 농축탱크의 수를 2개 탱크 이상으로 하는 것이 바람직하다.

농축탱크에서 청징조건을 만족하는 면적은 식 (11-3)으로부터 구한다.

$$A_1 = \frac{Q}{v_1} = \frac{Q_f - Q_u}{v_1} \fallingdotseq \frac{Q_f}{v_1} \qquad (11\text{-}3)$$

$$Q_f \gg Q_u$$

여기서, A_1 : 청징조건을 만족하는 면적[m^2]

Q_f : 유입슬러지량[m^3/d]

Q_u : 농축슬러지량[m^3/d]

v_1 : 침강농축시험에서 구한 등속침강구간에서의 계면침강속도[m/d]

또한 농축조건을 만족하는 면적은 식 (11-4)로부터 구한다.

$$A_i = \frac{Q_f C_f}{v_i}\left(\frac{1}{C_i} - \frac{1}{C_u}\right) \qquad (11\text{-}4)$$

여기서, A_f : 농도 C_i의 슬러지에 관해 농축조건을 만족하는 면적[m^3]

C_f : 유입슬러지농도[kg/m^3]

v_i : 농도 C_i 슬러지의 침강속도[m/d]

C_u : 배슬러지농도[kg/m^3]

농축탱크의 면적은 식 (11-3)의 A_i와 (11-4)의 농도 C_i를 변화시켜 얻어지는 A_i 중에서 최대의 A값을 채택한다. 안전율로서 1.2~1.5로 본다.

농축탱크를 청소하거나 보수하기 위하여 두 개 탱크 이상으로 하는 것이 바람직 하지만 배슬러지지가 어느 정도 침강분리기능을 하면서 저류용량이 있는 경우에는 한 개 탱크로도 가능하고, 농축탱크의 형상은 고농도의 슬러지를 농축하고 배출하며, 슬러지수집기의 조작성을 좋게 하기 위하여 원형구조로 하며, 슬러지를 중앙에서 유입시키는 방사류식이 바람직하다. 또한 유효수심은 청징역과 침강농축역의 수심을 고려하여 3.5~4 m로 하고, 여유고는 유입슬러지의 양에 급격한 변동이 없고 급격하게 수위가 상승하는 것은 없지만 풍파 등을 고려하여 30 cm 이상으로 한다.

바닥경사는 슬러지수집기에 걸리는 부하가 너무 크기 않고 농축슬러지가 원활하게 배슬러지피트 내로 유입되도록 1/10 이상으로 한다. 또한 배슬러지피트는 일반관이나 슬러지수집방법 등을 고려하여 슬러지를 원활하게 인발할 수 있는 구조로 한다.

농축방식에는 회분식(batch)과 연속식의 두 가지가 있으며, 농축탱크의 개념도를 그림 11.3과 연속식 농축탱크의 구조는 그림 11.4와 같다.

(1) 회분식 농축탱크

배슬러지지 등으로부터 슬러지가 간헐적으로 배출되는 경우나 처리해야 할 슬러지가 소량인 경우에 채택하는 방식이며, 회분식 농축탱크는 중앙 또는 한편에서 슬러지를 탱크 내부에 채운 다음 일정한 시간동안 정치하여 고액분리하여 상징수를 인발하기 때문에 수위변동이 크고 가동식의 상징수인발장치가 필요하지만 일반적으로 운전관리가 간단하고 용이하다.

일반 침전지에서 슬러지배출이 1일 내지 수일에 1회의 비율로 이루어지는 경우에는 침강분리기능을 가진 배슬러지지를 설치하고 농축탱크를 연속식으로 하는 경우가 많다. 이 경우에는 배슬러지지를 회분식 농축탱크의 기능을 갖게 하는 것으로 본다.

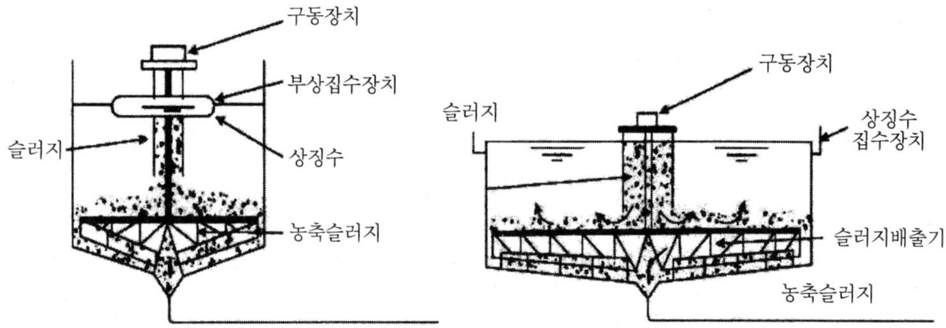

그림 11.3 농축탱크의 개념도

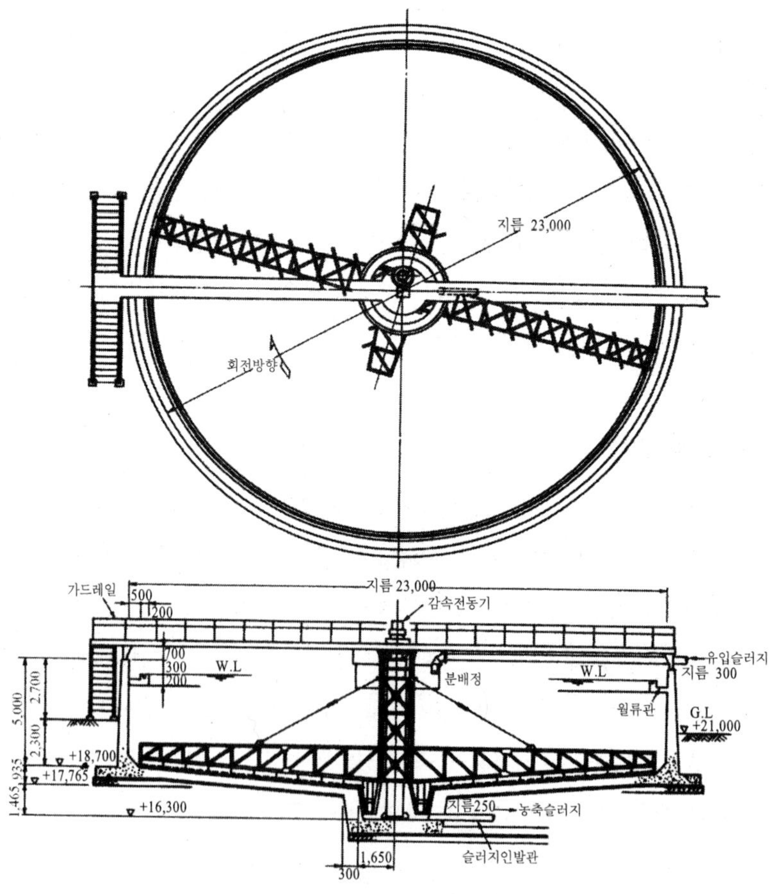

그림 11.4 농축탱크(연속식) 구조의 일례

(2) 연속식 농축탱크

배슬러지지 등으로부터 슬러지가 연속적으로 배출되는 경우나 처리해야 할 슬러지가 다량인 경우에 채택하는 방식이며, 연속식 농축탱크는 탱크의 중앙으로 연속적으로 슬러지를 공급하고, 하부바닥으로부터 간헐적으로 농축된 슬러지를 인출한다. 상징수의 인출은 회분식과 다르게 수위가 거의 일정하므로 월류웨어 등의 고정식 상징수 인출장치를 채택한다.

11.1.6 천일건조상

천일건조상은 상징수를 배제하고 여과하여 함수율을 낮춘 다음 증발로 건조되게 하는 시설로써, 일반적으로 배슬러지지 또는 농축탱크에 의하여 슬러지를 농축시킨 다음 천일건조상에 슬러지를 투입하는 처리방식이다. 처분하는 케익의 운반과 처분지의 매립작업을 위하여 케익의 함수율은 85% 이하로 탈수하는 것이 필요하다.

천일건조상에 대해서는 1일 처리능력이 100 m^3를 초과하는 것은 산업폐기물처리시설로서 기술상의 기준이 적용되며, 이 처분방식은 중·소규모의 정수시설에서 슬러지의 배출빈도가 적고 입지와 기상조건도 좋고 용지확보가 용이한 경우에는 유지관리면과 경제적인 면에서 대단히 유리한 방식이다. 또 대규모 정수시설에서도 용지확보가 가능한 경우에는 다른 탈수방법에 비하여 유리한 점이 많으므로, 고탁도 시의 저류 겸 건조시설로서 이용할 수 있다.

또 천일건조상과 같은 것으로 **라군**(lagoon)이라고 하는 것도 있다. 라군의 경우 정수시설에서 배출되는 침전슬러지 등을 직접 받아들이는 시설로 조정·농축기능을 합쳐서 가지고 있다.

그리고 천일건조상의 면적은 슬러지부하량, 목표로 하는 함수율, 슬러지의 성상, 날씨, 기온 등의 기상조건, 입지조건, 건조상의 구조 등에 차이가 있으므로 실험이나 다른 도시에서의 실적 등을 충분히 조사하여 결정한다. 일반적으로 1지당 100~1,000 m^2 정도의 실시 예가 있다.

건조상에 대해서는 자연탈수효율은 유입되는 슬러지의 깊이와 슬러지의 농도에 좌우된다. 일반적으로는 슬러지부하가 동일하더라도 주입할 때에 슬러지농도를 높게 하고 슬러지 깊이를 얕게 하는 편이 탈수효율이 좋다.

$$\text{슬러지부하}[kg/m^2] = \text{주입깊이}(m) \times \text{슬러지농도}[kg/m^3]$$

또 건조상의 면적은 식 (11-5)로 구한다.

$$A = \frac{D_s \times T}{S} \tag{11-5}$$

여기서, A : 건조상 면적[m^2]

D_s : 1일 발생 고형물량[kg_f/d]

T : 건조일수[d]

S : 슬러지부하[kg/m^2]

위의 식에서 T에 대해서는 지역성과 구조 등에 따라 다르기 때문에 실험으로 구한다.

11.2 하수의 슬러지처리

11.2.1 서설

하수슬러지의 처리(sewer sludge treatment) · 처분(處分, disposal)은 오래 전부터 곤란한 문제로 되어 왔다. 하수처리에서 하수를 정수와 슬러지로 분리한다. 이 슬러지의 처리 · 처분을 완전히 함으로써 하수처리가 완료되는 것이다. Morgan과 Thomson에 의하면 하수처리에서 가장 어려운 것은 끊임 없이 발생하는 슬러지의 처리 · 처분으로 생각하고 있다. 이와 같이 하수처리의 판정 여부는 바로 슬러지의 처리 · 처분에 직결되고 하수종말처리시설의 중심적 핵심이 되는 것이다. 또한 슬러지의 처리 · 처분법에는 여러 가지의 흐름으로서 다양화하고 지역의 특성을 고려해서 가장 유효적절하고 경제적인 방법을 선정하여야 한다. Frazee에 의하면 슬러지의 처리 · 처분문제는 근대적 설비에서 어떠한 방법으로 운전하여도 비용이 높은 것으로 나타나고 있다.

11.2.2 슬러지와 처리계획

하수슬러지는 좁은 의미로는 최초침전슬러지(raw sludge), 약품침전슬러지, 잉여활성슬러지(excess activated sludge), 살수여상침전슬러지 등을 말한다. 또한 넓은 의미로는 스크린(screen) 찌꺼기, 침사(沈砂, grit or detritus), 스컴(scum)등을 포함한다. 이들의 처리 · 처분에 대해서 행해지고 있는 방법은 다음과 같다.

1) 늪처분(池沼處分, lagooning)

오목한 지대에 슬러지를 일년 정도 방치하였다가 건조된 후에 반출해서 처분하는 것으로 넓은 장소가 필요하다.

2) 구매립처분(溝埋立處分, trenching)

구거(溝渠) 등을 슬러지로 매립하는 방법

3) 해양투기처분(海洋投棄處分, dumping into ocean)

4) 압착처리(壓搾處理, pressing)

슬러지를 포대 등에 넣어서 압착하는 것.

5) 자연건조처리(自然乾燥處理, drying)

건조상(乾燥床, drying bed)을 만들어서 슬러지를 유입시켜 자연건조 시키고, 수분은 암거(暗渠)로 집수하여 재처리한다.

6) 원심력 탈수처리(centrifugal dewatering)

원심력을 이용해서 수분과 고형물을 분해하는 방법

7) 진공여과처리(vacuum filtration)

진공을 만들고 여과기를 통해서 슬러지의 수분을 흡취하는 방법

8) 열건조처리(heat drying)

수분을 적게 한 슬러지를 가열하여 건조하는 방법으로 시멘트(cement) 소성로(燒成爐)와 같은 회전로(回轉爐, rotary kiln)를 사용한다.

9) 소각처리(燒却處理, incineration)

수분을 적게 해서 소각하는 방법

10) 부패처리(腐敗處理, putrefaction)

밀폐탱크(槽) 내에 슬러지를 넣고 혐기성균의 작용에 의해서 분해시키는 방법, 황화수소 냄새가 나며 금속을 부식한다.

11) 발효처리(醱酵處理, fermentation)

호기성균에 의해서 분해한다.

11.2.3 슬러지처리시설용량

하수처리과정에서는 수중 부유물이 물로부터 분리되어 별도로 처리 및 처분되는데 이것이 **슬러지**(sludge)이다. 슬러지는 수중의 부유물이 중력작용에 의하여 침전지의 바닥에 침전한 고형물로서 고형물의 양에 비하여 훨씬 많은 양의 수분을 함유하고, 이와는 반대로 부력에 의해서 침전지의 표면에 뜬 것을 **스컴**(scum)이라고 하며, 스크린에 걸린 큰 부유물을 **협잡물**(screenings)이라고 하는데 이들도 보통 슬러지와 함께 처리되므로 광의적으로 슬러지에 포함시킨다. 하수처리과정에서 발생한 슬러지는 유기물을 다량 포함하므로 그대로 방치하면 부패하여 악취를 유발함으로 위생 및 환경오염의 관점에서 위해성을 잠재하고 있으므로 슬러지의 부피를 감소시키고 안정화시킨 후에 최종처분하여야 한다.

슬러지처리시설의 처리용량은 수처리시설, 고도처리시설 및 우수저류지 등에서 발생하는 계획발생슬러지에 각 슬러지처리시설로부터의 반송 및 처리과정에서 발생하는 증감량을 고려하여 정한다.

계획발생슬러지량은 표 11.3과 같이 수처리방식에 따라 다르다. 또한 표준활성슬러지법과 비교해 볼 때 응집제첨가 활성슬러지법은 약 2배 정도 슬러지발생량이 증가하고, 혐기호기활성슬러지법은 표준활성슬러지법과 비슷한 정도로 슬러지가 발생하며, 순환식질산화 · 탈질산화법보다는 약 2% 정도 슬러지발생량이 감소하고 있다.

표 11.3 처리방법별 제거 SS량당 슬러지발생률

수처리방법 \ 발생률	제거 SS량당 슬러지발생률[%]
표준활성슬러지법	100
회분식활성슬러지법(고부하)	100
회분식활성슬러지법(저부하)	75
산화구법	75
장기포기법	75
호기성여상법	100
접촉산화법	93
회전생물접촉법	93

자료 : 下水汚泥處理綜合計劃策定 매뉴얼, 日本下水道協會, 1991

활성슬러지법에 있어서 계획발생슬러지량은 다음과 같다.

1) 1차 침전지에서 제거되는 고형물량과

2) 생물반응탱크 및 2차 침전탱크에서 제거 및 생성되는 고형물량의 합으로 계산되지만, 여기에서 2)에 의해 생성되는 고형물은 다음과 같이 분류된다.

① 하수 중에 포함된 고형물중 미생물에 이용되지 않는 불활성한 것

② 하수 중의 유기물 중에서 미생물에 이용되고 균체로 전환되는 것

③ 수처리과정에 있어 새롭게 추가된 약제 등이 고형물화된 것

이와 같은 ①~③의 값은 하수의 특성, 수처리방식, 수처리 및 슬러지처리에 첨가하는 시약에 따라서 달라진다.

활성슬러지법에 있어 잉여슬러지발생량(ΔX) 예측식으로는 식 (11-6)이 있다.

$$\Delta X = a \cdot \text{용해성 } BOD\text{량} + b \cdot SS\text{량} - c \cdot LMSS\text{량} - \text{방류수 중의 } SS\text{량} \quad (11\text{-}6)$$

여기서, a : 용해성 BOD량에 대한 슬러지전환율

b : SS에 대한 슬러지전환율

c : 활성슬러지 미생물의 내생호흡에 의한 감량을 나타내는 계수

식 (11-6)은 생물반응탱크의 SS가 그대로 슬러지가 되고, 여기에 용해성 BOD로부터 전환된 슬러지가 첨가된 것에서 활성슬러지 미생물의 내생호흡에 의한 슬러지감량분 및 방류수 중의 SS를 배제한 것이다.

그러나 실용적으로는 수처리시설 전체에서의 슬러지발생량은 SS제거량을 기준으로 한 식 (11-7)로 계산해도 된다.

$$\begin{aligned}&\text{계획발생슬러지량[고형물량 } ton_f/d] = \text{계획1일 최대오수량}[m^3/d]\\&\times \text{계획유입 SS농도}[mg/\ell] \times 1/10^8\\&\times \text{수처리시설에서의 종합 SS제거율}[\%] \times m \qquad (11\text{-}7)\end{aligned}$$

여기서, m : 제거 SS량당 슬러지발생률

식 (11-7)에서 제거 SS량당 슬러지발생률은 수처리방식에 따라 다르고, 표준활성슬러지법의 경우 1.0으로 하고, 장기포기법이나 산화구법 등은 1.0보다 작은 값을 이용한다(표 11.3 참조). 수처리시설에서 총SS 제거량은 표 11.4와 같다.

표 11.4 처리방법별 제거율

처리과정	처리방법	BOD[%]	SS[%]	COD[%]	비 고
일차처리	침전법	30~50	40~60	30~50	
이차처리	표준활성 슬러지법	90~95	90~95	75~85	산소활성슬러지법, 호기성여상법, 접촉산화법 및 일차처리를 생략한 산화구법, 장기포기법, 회분식활성슬러지법 등은 비슷한 처리효율을 나타냄.

또한 용해성 BOD가 일반적인 하수와 비교할 때 높은 경우나 급속여과법 등의 고도처리 및 우수저류지 등에서 제거되는 슬러지량은 별도로 고려한다. 그리고 습윤상태의 계획발생슬러지는 다음 식 (11-8)로 구한다.

$$\text{계획발생슬러지량}[m^3/d] = \text{계획발생슬러지량}[\text{고형물량 } ton_f/d] \times 100/\text{슬러지농도}[\%] \div \text{비중량}[ton_f/m^3] \qquad (11\text{-}8)$$

슬러지농도는 표 11.5와 같으며, 일반적인 습윤상태의 슬러지비중은 1.0 ton_f/m^3로 한다.

표 11.5 처리방법별 슬러지농도

수처리방법 \ 슬러지농도	제거 SS량당 슬러지발생량[%]		
	초침슬러지	잉여슬러지	혼합슬러지
표준활성슬러지법	2~4	0.5~1.0	1.0
회분식활성슬러지법(고부하)	-	1.0	-
회분식활성슬러지법(저부하)	-	0.5~1.0	-
산화구법	-	0.5~1.0	-
장기포기법	-	0.5~1.0	-
호기성여상법	-	-	1.0
접촉산화법	2	0.8	1.0
회전생물접촉법	2	0.8	1.0

슬러지처리시설에서 하수처리시설로 반송되는 상징수, 탈리액, 여액 등에 의한 SS부하량은 슬러지처리방식이나 운전상황에 따라 유입하수에 수반되는 SS의 부하량에 대하여 100% 이상 해당하는 경우도 있으나, 양호한 슬러지처리가 되면 20~40% 정도에 해당한다. 또한 BOD부하량도 20% 이하로 된다.

각 슬러지처리시설의 용량산정 시에는 각 시설에서의 반송부하나 가스화 등에 의한 감소, 약품첨가 등에 의한 증가를 고려한 슬러지처리시설 전체의 고형물 물질수지를 기초로 슬러지의 함수율, 체류시간, 운전시간 등을 고려해야 하며 반송되는 고형물량은 최소한의 양을 계획 슬러지량에 고려하도록 한다. 특히 슬러지탈수설비는 처리장 내에 반송되는 슬러지의 양이 증가되지 않도록 하기 위한 중요한 시설이므로 탈수성능 설정 시에는 슬러지의 함수율이나 질의 변동을 고려하여 결정해야 한다.

실태조사에 따른 고형물수지의 예는 그림 11.5와 같다. 여기에서 (a)는 직접 탈수소각방식(농축 - 원심탈수 - 유동소각)의 경우이고, (b)는 소화탈수방식(농축 - 소화 - 벨트프레스탈수)의 경우를 나타낸다.

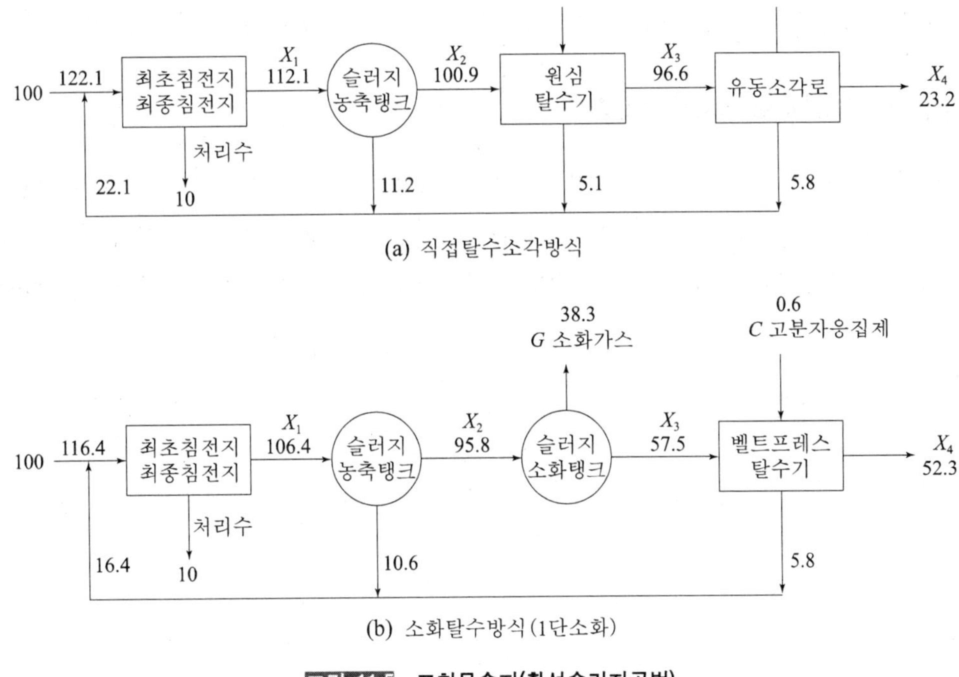

그림 11.5 고형물수지(활성슬러지공법)

슬러지처리시설의 고형물 물질수지를 구하기 위해서는 각 처리과정의 고형물 회수율을 고려하는데 이것은 전후의 처리과정이나 슬러지성상에 따라 변동된다. 양호한 처리가 이루어진 경우의 처리공정별 고형물 회수율의 예는 표 11.6과 같다.

표 11.6 각 처리공정의 고형물 회수율의 예

처리공정	고형물회수율	
슬러지농축	중력농축(혼합슬러지, 최초슬러지)	80~90%
	원심 및 벨트식 농축	90% 전후
	부상농축(가압부상)	85~95%
	부상농축(상압부상)	95% 이상
슬러지소화	가스화 등에 의한 고형물 감소율	30~40%
소각	가스화 등에 의한 고형물 감소율	40~80%
	소각 후의 회수율	80~90%
슬러지탈수	가압탈수, 벨트프레스	95% 전후
	원심탈수기	95% 전후

11.2.4 슬러지의 처리·처분

슬러지의 처리(處理)·처분(處分)은 슬러지처리방법 및 처리시설의 규모, 슬러지의 최종처분방법, 입지조건, 건설비, 유지관리비, 관리의 난이 및 공해대책 등을 고려해서 결정한다. 생슬러지는 함수율 98% 전후에서 처리수량의 약 1~2%가 발생한다. 다량의 유기물을 함유하여

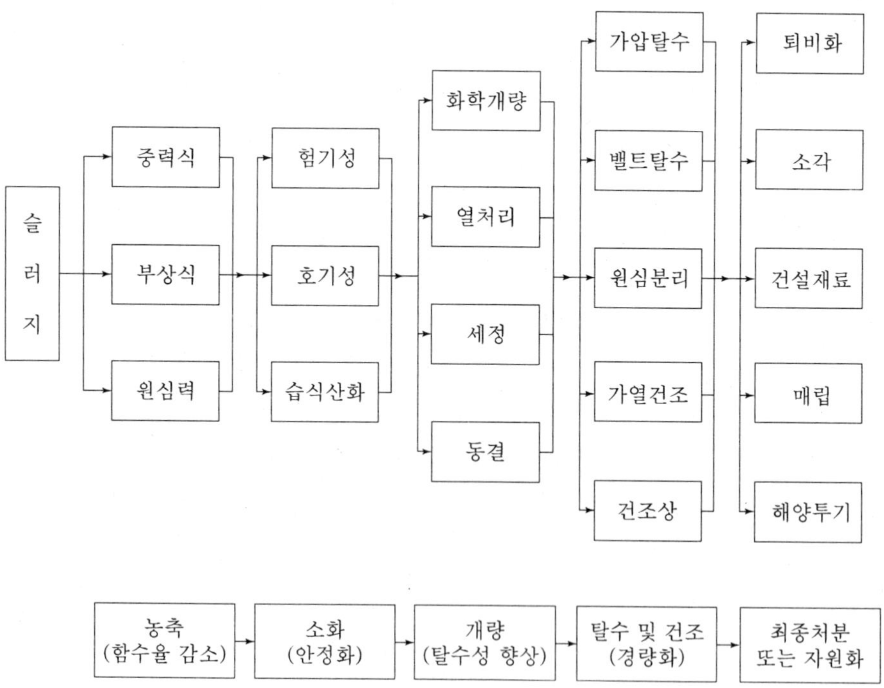

그림 11.6 슬러지처리 계통도

방치하면 악취를 발산하며 위생상 위험도 있기 때문에 슬러지의 부피를 감소하고 위생적으로도 안정화하여 최종처분하기 위한 전처리로서 슬러지처리가 필요하다.

슬러지의 처리방법에는 농축, 개량, 소화, 탈수, 소각 등 여러 가지가 있으며 이들 방법은 보통 그림 11.6과 같으며, 다음의 계통도와 같다.

그림 11.6의 순서를 참고하여 그림 11.7과 같이 요구되는 방법을 선택조합하여 사용할 수 있다. 슬러지처리시설의 건설비 및 유지관리비는 매우 높으므로 소화가스를 이용하거나 슬러지 소각에서 생기는 재를 슬러지개량시 응집제로 재사용하는 등의 방법을 최대한 고려하여 경비를 절감하도록 노력하여야 한다.

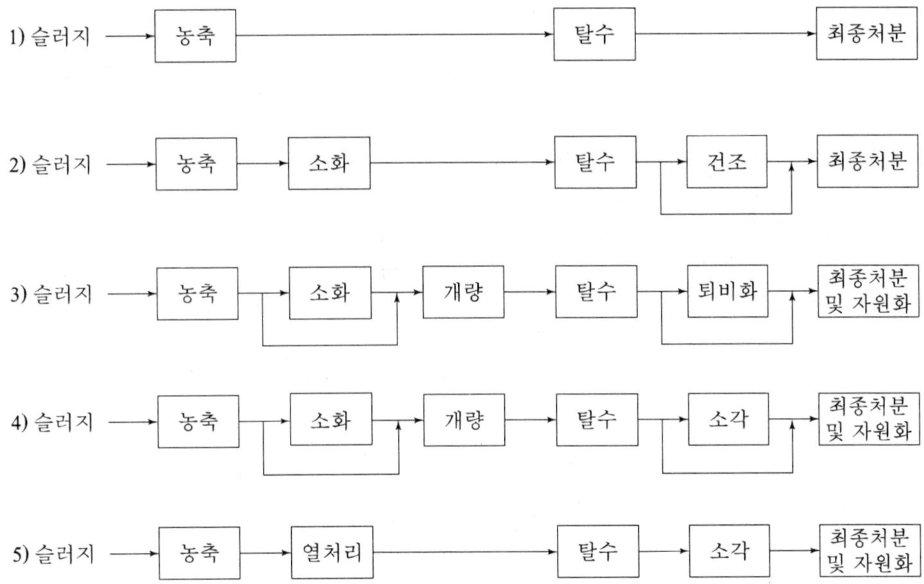

그림 11.7 슬러지처리 · 처분방법의 예

슬러지의 최종처리 · 처분방법에는 그림 11.7과 같이 여러 방법이 있으며 현재 우리나라에서는 주로 2)번과 같은 농축 → 소화 → 탈수 → 육상매립의 형태를 취하고 있다. 그러나 앞으로는 슬러지의 VS함량, 매립지의 확보 가능여부 등을 충분히 고려하여 슬러지의 재사용(퇴비화 등), 건조, 소각을 이용한 경제적인 최종처리 · 처분이 이루어져야 할 것이다. 각 방법별 특질을 설명하면 다음과 같다.

1) 슬러지를 함수율만 낮추어서 최종처분하는 것으로 슬러지 내의 유기물이 안정화되어 있

지 않으며, 위생적으로도 안전하지 못하나 소규모시설에 이용가능하다. 원심농축탈수기를 이용하여 별도의 농축공정 없이 직접 탈수하기도 한다.

2) 슬러지를 소화시킨후 탈수 · 건조시켜 최종처분하는 것으로 유기물을 안정화시키고 슬러지부피도 감소시킬 수 있다. 보통슬러지의 건조를 위해서는 건조기가 건조상을 이용하여야 하지만 경제성 또는 부지확보의 어려움 때문에 잘 적용하지 않는다.

3) 탈수케익을 퇴비로 사용하는 것으로 탈수케익은 함수율이 높아 퇴비화가 곤란하므로 수분함량을 조정하여야 한다. 슬러지를 녹지에 투여하는 경우에는 슬러지의 직접 주입이 고려되는 경우도 있다.

4) 탈수후 소각하는 방법으로 도시지역 등과 같이 매립지확보가 어렵거나 매립처리가 어려운 강우에 검토할 필요가 있다. 슬러지를 소각하는 경우에 혐기성 소화의 채택 여부는 슬러지 소화시 슬러지의 감량화로 인한 후속 처리시설규모의 축소, 소화가스의 이용, 슬러지의 저류효과 등의 장점과 수처리시설에 미치는 상징수의 영향, 슬러지발열량의 저하, 가온의 필요성, 부지면적, 시설의 복잡 정도 등의 단점을 종합적으로 판단해서 결정한다.

5) 열처리에 의해 탈수성을 향상시키는 것으로 가열에너지가 필요하므로 슬러지소각시 발생하는 폐열이용을 전제로 하며, 탈리액은 BOD가 높고 슬러지에서는 독특한 악취가 난다. 또한 유지관리가 어려운 단점이 있다.

슬러지의 각 단위공정에 의한 슬러지부피의 감량화 계산은 표 11.7과 같다.

표 11.7 슬러지처리공정에 따르는 잉여슬러지의 부피감소의 계산 예

처리공정	조 건	부피감소율		비 고
		전체[1)]	DS[2)]	
잉여슬러지	함수율 99%	100 (1)	1	
농축	농축후 함수율 97%	33 (1/3)	1	농축후 부피$=\dfrac{DS}{100-\text{함수율}}\times\dfrac{1}{100}$ $=\dfrac{1}{0.03}=33$
소화	VSS 60% 소화율 50% 소화후 함수율 96%	18 (1/6)	0.7	소화후 DS$=1.0\times0.6\times0.5+1.0\times0.4=0.7$ 소화후 부피$=\dfrac{0.7}{0.04}\fallingdotseq 18$
탈수	약품주입률 30% 탈수후 함수율 78%	4 (1/25)	0.9	탈수후 DS$=0.7\times1.3\fallingdotseq 0.9$ 탈수후 부피$=\dfrac{0.9}{0.22}\fallingdotseq 4$

처리공정	조 건	부피감소율		비 고
		전체[1)]	DS[2)]	
소각	외관비중 0.8	0.8 (1/125)	0.6	소각감량분=케익 중의 유기성분 $=1.0\times0.6\times0.5=0.3$ 소각후 무게$=0.9-0.3=0.6$ 소각후 부피$=\frac{0.6}{0.8}\fallingdotseq0.8$

주 1) 잉여슬러지 전체부피에 대한 부피감소율, ( )는 분수 표시
2) DS : 건조슬러지

하수슬러지의 처리 및 처분에는 여러 가지 방법이 있으나 궁극적으로는 최종부산물의 자원화를 목표로 감량화가 이루어져야 한다. 슬러지부산물의 자원화방법으로는 건설자재로의 이용과 녹·농지 이용 등을 들 수 있는데 제품의 안전성과 유통과정에 대한 검토가 필요하다.

효과적인 감량화방법으로는 소각을 고려할 수 있는데 이 경우 환경오염방지시설이 필요하다. 또 슬러지반출 및 작업환경 등의 공해대책을 고려하여 설계 및 시공되어야 한다.

효과적인 슬러지처리·처분을 위하여 슬러지 광역처리도 고려할 필요가 있다. 슬러지의 광역처리란 여러 개의 중·소규모 하수처리시설에서 발생하는 슬러지를 수송관이나 운반차량에 의해 한 곳의 처리시설에 모아 처리하는 방법으로 그 개념은 그림 11.8에 나타내었다. 슬러지 광역처리의 장점으로는 광역화로 처리의 경제성이 높아지며, 악취 등의 환경문제를 최소화시킬

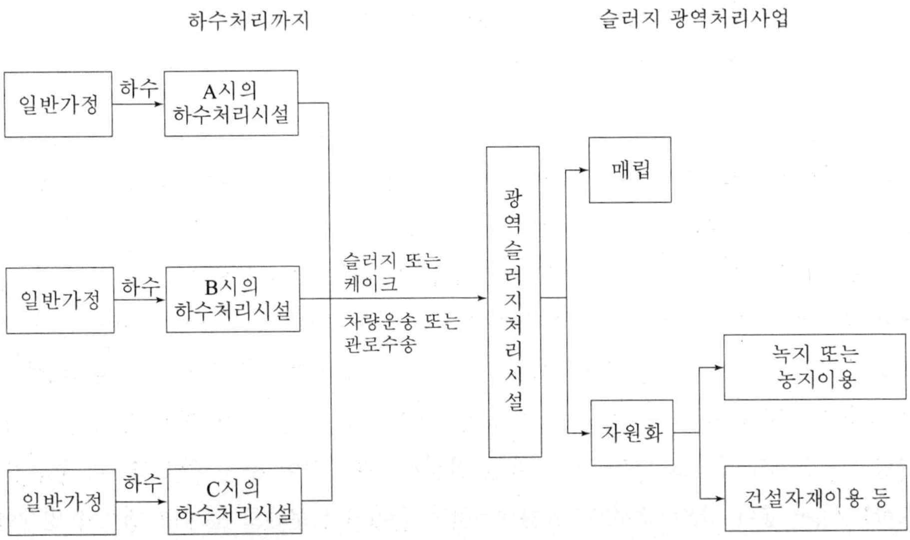

그림 11.8 하수슬러지 광역처리사업의 개념도의 예

수 있고, 슬러지의 자원화를 추진하기 유리하다는 점을 들 수 있다. 슬러지 광역처리를 실시할 때의 대표적인 수송방법으로는 탈수슬러지의 운반, 액상슬러지의 운반, 수송관에 의한 수송을 고려할 수 있다. 탈수슬러지는 양이 적으므로 다량의 슬러지가 발생하는 경우에 적합하며, 액상슬러지 운반은 비교적 소규모 처리시설에서 발생되는 슬러지에 적합하다. 수송관에 의한 장거리 수송은 발생량이 많을 때 장기적인 관점에서 유리하며, 수송슬러지농도는 1% 내외가 적당한 것으로 알려져 있다. 이는 슬러지의 농도가 증가하면 마찰손실이 급격히 증가되기 때문이다.

11.3 슬러지의 저류

슬러지를 수송하여야 하는 경우에는 그 기능에 맞는 용량으로 슬러지 저류탱크를 설치한다. 슬러지 저류탱크는 다음의 항목을 고려하여 결정한다.

1) 슬러지저류탱크의 용량은 그 기능을 고려하여 결정한다.
2) 철근콘크리트구조로 하며, 내식(耐蝕) 기능을 고려하여 방식피복을 한다.
3) 탱크의 수는 두 개 탱크 이상을 한다.
4) 슬러지의 부패 및 침전을 고려하여 교반장치를 설치한다.
5) 실내의 악취 및 탈취를 고려하여 교반장치를 설치한다.

슬러지를 수송하는 경우, 수송하여야 할 슬러지를 제때에 수송할 수 없는 경우에 대비하고 슬러지펌프의 운영을 원활히 하기 위해서는 슬러지저류탱크가 필요하다. 슬러지저류탱크의 용량은 단위시간당 저류탱크에 유입되는 슬러지의 양과 저류탱크에서 유출되는 양을 고려하여 결정하여야 한다. 슬러지는 모래나 섬유질과 같은 부유물을 함유하므로 슬러지를 수송하는데 지장을 초래할 수 있다. 따라서 슬러지저류탱크에서 이들을 제거하기 위한 시설이 필요하다.

저류탱크에서 수송되는 슬러지의 농도를 균일하게 만들어주기 위해 교반 등의 간단한 방법으로 저류탱크 내의 슬러지를 혼합시킬 필요가 있다. 청소, 부속기기의 점검, 수리 등을 위하여 저류탱크는 충분한 공간을 갖추어야 하며, 원칙상 두 개 이상이 좋을 뿐만 아니라 월류장치를 설치하는 것이 좋다. 또한 슬러지저류탱크에서는 슬러지의 부패로 인하여 냄새가 발생할 수 있으므로 필요한 경우에는 복개를 하여야 하며, 환기시설을 고려하여야 한다.

또는 침강하여 하부에 슬러지가 축적된다. 이를 방지하기 위해 공기를 주입하거나 교반하기도 한다. 설치하는 장소에 따라서는 모래제거장치 및 스크린설비를 설치하는 방법도 있다.

부속설비로서는 제사(除沙)・제진설비(除塵設備)・교반장치・계량기를 설치하고 취기대책을 충분히 하여야 한다.

저류탱크의 용량결정은 단위시간당의 유입량과 유출량을 고려해서 정하면 다음과 같다.

$$V = \frac{(Q_1 + Q_2)}{2} \times T \tag{11-9}$$

여기서, V : 저류탱크의 용량[m^3], Q_1 : 유입슬러지량[m^3/hr]
Q_2 : 유출슬러지량[m^3/hr], T : 체류시간[hr]

체류시간은 6~12시간 정도이며, 장시간이 되면 부패해서 수면에 스컴이 발생한다. 스컴의 발생을 방지하기 위한 장치로는 다음과 같은 방법이 있다.

① 공기교반에 의하는 방법
② 수면을 사수(射水)에 의해서 교반하는 방법
③ 수면 소집(掻集)을 기계적으로 하는 방법

예제 11.1

슬러지소화탱크에 TS가 8%, 유기물 함유율이 70%인 생슬러지를 200 m^3/d로 유입시켜 25일간 체류한 후 유기물의 50%를 소화시킨 함수율 90%의 소화 슬러지를 얻고자 한다. 소화탱크의 용적[m^3]을 계산하시오(단 슬러지의 비중은 1이다).

풀이

1) 소화탱크의 용량은,

$$V[\text{m}^3] = \frac{Q_1 + Q_2}{2} \times t$$

여기서, Q_1 : 소화탱크로 유입되는 오니량=200[m^3/d]
t : 소화일수 또는 체류시간=25[일]
Q_2 : 소화탱크에서 인발되는 오니량=FS+소화후 잔류 VS+수분[m^3/d]

① 소화후 잔류하고 있는 고형물의 양(TS)

$$\text{FS} = \frac{200\,[\text{m}^3]}{\text{d}}\left|\frac{1{,}000\,[\text{kg}]}{\text{m}^3}\right|\frac{8}{100}\left|\frac{30}{100}\right. = 4{,}800\,[\text{kg/d}]$$

$$\text{분해후 VS} = \frac{200\,[\text{m}^3]}{\text{d}}\left|\frac{1{,}000\,[\text{kg}]}{\text{m}^3}\right|\frac{8}{100}\left|\frac{70}{100}\right|\frac{50}{100} = 5{,}600\,[\text{kg}_\text{f}/\text{d}]$$

② 소화슬러지간의 함수율이 90%이고, 비중이 1.0(밀도 1,000[kg/m³])이므로 이를 보정은 다음과 같다.

$$VS = \frac{(4,800+5,600)\mathrm{kg\,[TS]}}{\mathrm{d}}\left|\frac{1,00\,[\mathrm{SL}]}{(100-90)\,[\mathrm{TS}]}\right|\frac{1\,[\mathrm{m^3}]}{1,000\,[\mathrm{kg}]} = 104\,[\mathrm{m^3/d}]$$

2) 소화탱크용적을 구하면 다음과 같다.

$$\therefore V[\mathrm{m^3}] = \frac{200+104}{2}\times 25 = 3,800\,[\mathrm{m^3}]$$

11.4 슬러지의 농축

슬러지농축의 역할은 수처리시설에서 발생한 저농도슬러지를 농축한 다음 슬러지소화나 슬러지탈수를 효과적으로 기능하게 하는데 있으며, 농축하는 슬러지는 1차 침전지에서 발생하는 1차 침전지 슬러지와 2차 침전시에서 발생하는 잉여슬러지가 있다.

슬러지농축에는 중력식, 부상식, 원심분리식, 중력식벨트 농축으로 크게 나눌 수 있다.

슬러지의 함수율은 식 (11-10)과 같다.

$$H_w(\%) = \frac{W}{S+W}\times 100 \tag{11-10}$$

여기서, S : 슬러지 중의 건조고형물량

W : 슬러지 중의 수분중량

슬러지농축이 충분하지 못하면 슬러지처리 효율저하를 초래하는 것뿐만 아니라 상징수 중에 다량의 부유물이 포함되어 반송되므로 처리수의 수질악화의 원인이 되므로, 이를 위해 중력농축이 어려운 잉여슬러지 등은 원심농축기나 부상농축탱크 등에서 기계농축한다. 특히 농축슬러지의 함수율이 98% 이상이 되는 경우에는 분리농축에 대한 검토가 필요하며, 슬러지농축방법들의 장 · 단점은 표 11.8과 같다.

표 11.8 슬러지농축방법의 비교

구 분	중력식 농축	부상식 농축	원심분리 농축	중력벨트 농축
설치비	크다	중간	작다	작다
설치면적	크다	중간	작다	중간
부대설비	적다	많다	중간	많다
동력비	적다	중간	크다	중간
장점	-구조가 간단하고 유지관리 용이하다. -1차 슬러지에 적합 -저장과 농축이 동시에 가능하다. -약품을 사용하지 않는다.	-잉여슬러지에 효과적이다. -약품주입 없이도 운전이 가능하다.	-잉여슬러지에 효과적이다. -운전조작이 용이하다. -악취가 적다. -연속운전이 가능하다. -고농도로 농축 가능하다.	-잉여슬러지에 효과적이다. -벨트탈수기와 같이 연동운전인 가능하다. -고농도로 농축이 가능하다.
단점	-악취가 발생한다. -잉여슬러지의 농축에 부적합하다. -잉여슬러지의 경우 소요면적이 크다.	-악취가 발생한다. -소요면적이 크다. -실내에 설치할 경우 부식문제가 유발된다.	-동력비가 높다. -스크류 보수필요 -소음이 크다.	-악취가 발생한다. -소요면적이 크고 규격(용량)이 한정되어 있다. -별도의 세정장치가 필요하다.

자료 : WEF & ASCE, Design of MWTP, Vol.Ⅱ, 1992)

(1) 중력식 농축탱크

중력식 농축탱크는 탱크 내에 슬러지를 체류시켜 중력을 이용하여 농축한 후 바닥에 침강한 농축슬러지를 슬러지제거기(sludge, scraper)로 배출구에 모으는 것이다(그림 11.9 참조). 중력식에 의한 슬러지농축은 계절변화의 영향을 받으므로 안정적인 운전이 어렵고, 특히 수온이

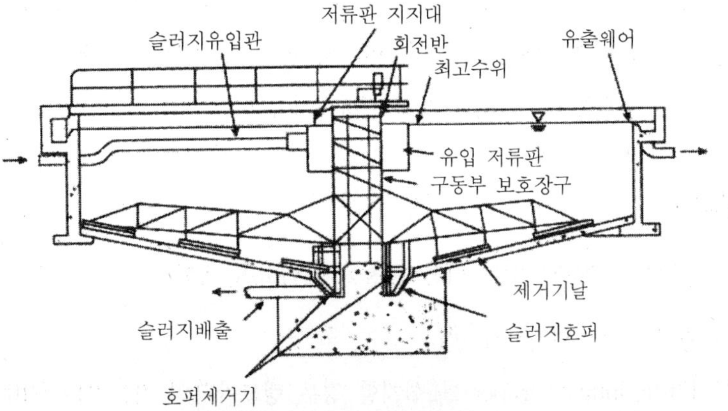

그림 11.9 중력식 농축탱크의 예

상승하는 여름에는 슬러지가 부패하기 쉬우므로 겨울에 비해 농축하기 어려운 것이 일반적이다.

중력식 슬러지농축탱크는 주로 1차 슬러지, 석회슬러지 그리고 1차 슬러지와 잉여슬러지의 혼합물을 농축시키기 위하여 채택되며, 잉여슬러지만을 농축시키기 위해서는 별로 채택되지 않는다. 이는 1차 슬러지는 잉여슬러지와 비교해 무기분이 많고 입자도 크므로 농축하기 쉬우나, 잉여슬러지는 유기분이 많고 농축하기 어렵기 때문이다. 1차 침전지에 잉여슬러지를 유입시켜 침전시킨 슬러지의 농축성은 앞에 말한 슬러지들의 중간 정도이다.

잉여슬러지는 농축이 어려우며 생분해로 인한 가스에 의해 슬러지부상을 초래하므로 1차 슬러지와의 분리농축이 요망되나 기온이 20℃ 이상이며, 고형물 체류시간이 20일 이상인 경우에는 분리농축을 피해야 한다.

소규모 처리시설에서 슬러지농축시 유의사항은 다음과 같다.

① 중력식의 경우에는 슬러지농도가 낮아지는 경우가 있으므로 슬러지소화탱크, 슬러지탈수설비 등의 용량에 여유를 둔다.

② 중력식의 경우 용량이 작으면 호퍼식으로 하여 슬러지제거기를 설치하지 않을 수도 있으며, 슬러지의 성질에 따라 수중펌프 또는 에어리프트펌프로 배출할 수도 있다.

③ 슬러지펌프의 용량에 여유를 두어 폐쇄를 방지하고, 슬러지호퍼용량을 충분히 확보하고, 저류판(baffle) 등을 설치함으로써 슬러지의 고형물질 및 슬러지농축탱크의 표면류의 단회로현상을 방지하도록 한다.

④ 1차 침전지의 슬러지호퍼용량이 충분한 경우에는 슬러지농축탱크를 별도로 설치하지 않아도 1차 슬러지의 농축효과를 기대할 수 있다.

⑤ 중력식 농축탱크에서는 수처리방식이나 수온에 따라 슬러지농도가 낮아지거나 상징수의 농도가 높아지는 경우가 있으므로 슬러지의 처리 및 처분을 감안하여 부상식 농축탱크 또는 원심분리식 농축설비의 설치를 고려하여야 한다.

(2) 형상과 수

중력식 농축탱크의 형상과 수는 다음 사항을 고려하여 정한다.

1) 형상은 원칙적으로 원형으로 한다.

2) 슬러지제거기(sludge scraper)를 설치할 경우 탱크바닥의 기울기는 5/100 이상이 좋다.

3) 슬러지제거기를 설치하지 않을 경우 탱크바닥의 중앙에 호퍼를 설치하되 호퍼측벽의 기

울기는 수평에 대하여 60° 이상으로 한다.

4) 농축탱크의 수는 원칙적으로 두 개 탱크 이상으로 한다.

(3) 용량

농축탱크의 용량은 고형물부하, 수리학적부하 등을 고려해서 정하는 경우가 많다. 대부분 탱크의 용량을 계획슬러지량의 18시간 분량 이하로 하는 것이 무난하다.

또한 중력식 농축탱크에서 슬러지가 농축될 때 그림 11.10과 같이 상징구역, 침강구역 그리고 농축구역의 세 부분이 형성되며 침강구역에서는 지역침전, 농축구역에서는 농축침전이 일어난다. 따라서 슬러지농축탱크의 소요면적은 상징구역에서 넘치는 물이 부유물을 상승시키지 않을 정도로 커야 하며, 침전 및 농축에 필요한 소요면적을 비교해 큰 면적을 사용하여야 한다.

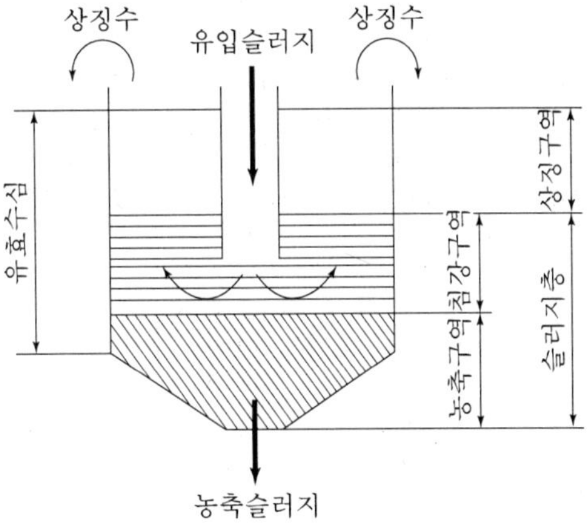

그림 11.10 슬러지농축탱크의 침강농축 영역

대체적으로 농축탱크로 유입되는 슬러지의 농도가 낮은 경우에는 상징구역에서의 수면적부하가 소요면적의 결정을 지배하고, 반대로 농축되는 슬러지의 농도가 높은 경우에는 침강구역에서의 고형물부하가 소요면적의 결정에 영향을 크게 미친다. 농축탱크로 유입되는 슬러지의 고형물질량이 일정하더라도 함수율에 따라서 슬러지량이 크게 변한다. 슬러지의 함수율이 크면 슬러지의 양은 증가하나 경계면침강속도는 빠르게 되며, 함수율이 감소하면 그 반대가 된다. 따라서 농축탱크로 유입되는 슬러지의 농도가 낮으면 고형물부하가 적으며, 농도가 높으면 수면적 부하가 적게 된다. 우리나라 하수처리시설의 중력식 농축탱크에 관한 자료를 보면 고형물부하율은 평균 $60\,kg/m^2 \cdot d$ 정도로 설계되고 있으나 실제는 약 $40\,kg/m^2 \cdot d$ 정도로 운전되고 있음을 알 수 있다.

수리학적 부하율은 미국의 경우에는 1차 슬러지에 대하여 16~32 $m^3/m^2 \cdot d$, 잉여슬러지에 대하여 4~8 $m^3/m^2 \cdot d$이 사용되고 있다. 특히 잉여슬러지의 경우에 미생물의 활동을 억제시키기 위해 농축탱크의 체류시간은 18시간 이하가 되어야 한다.

표 11.9에 의하면 황산반토나 철염 등의 응집제를 사용해서 얻은 슬러지는 석회를 응집제로 사용한 경우보다 농축시키기가 어려움을 알 수 있다. 사용한 화학약품의 양은 슬러지의 특성에 큰 영향을 미치는 전형적인 응집제주입률은 표 11.10과 같다.

표 11.9 우리나라 하수처리시설의 중력식 농축탱크 설계 및 운전자료

배제방식	농축시간 [hr]		고형물부하 [$kgTS/m^2 \cdot d$]		농축슬러지농도 [%TS]	
	설계치	평균	설계치	평균	설계치	평균
분류식	12.6	20.1	76.7	6.7	3.5	0.5
분류식	54.0	205.2	60.0	4.5		3.9
분류식	54.0	29.1	60.0	16.5		5.1
합류식(차집관로)		39.9		20.5	3.0	1.1
합류식(차집관로)		82.5		69.3		3.3
합류식(차집관로)	13.4	12.5	60.8	100.1	3.0	1.5
합류식(차집관로)	13.4		60.8			
합류식(차집관로)	12.0		60.0		3.0	
합류식(차집관로)	12.0	28.7	60.0	28.7	5.0	
합류식(차집관로)	14.9	13.9	72.2	5.3		
합류식(차집관로)	12.0	14.5	60.0	22.4	4.0	
합류식(차집관로)	13.9	40.8	53.4	27.1	4.0	
합류식(차집관로)	12.0	28.2	60.0	97.4	4.0	5.3
합류식(차집관로)	12.7		62.1	6.4	4.0	
합류식(차집관로)	48.0	13.9	40.0	23.7	3.4	
합류식(하 천)	12.7	12.8	68.6	59.8		3.2
합류식(하 천)	16.9	7.3	47.0	133.5		4.0
합류식(차집관로)	12.0	67.8	60.0	17.5	4.0	2.6
평 균	20.4	41.0	60.1	40.0	3.7	3.1
최 대	54.0	205.2	76.7	133.5	5.0	5.3
최 소	12.0	7.3	40.0	4.5	3.0	0.5

자료 : 한국건설기술연구원, 하수도시설의 유지관리개선방안에 관한 연구, 1990

표 11.10 슬러지농축방법의 비교

슬러지의 종류	슬러지의 특성과 화학약품 주입률			
	생슬러지		혐기성소화 슬러지	
	$FeCl_3$ [mg/ℓ]	CaO [mg/ℓ]	$FeCl_3$ [mg/ℓ]	CaO [mg/ℓ]
1차슬러지	1~2	6~8	1.5~3.5	6~10
1차＋잉여슬러지	1.5~2.5	7~9	1.5~4.0	6~12
잉여슬러지	4~6	-	-	-

자료 : WEF & ASCE, Design of MWTP, Vol.Ⅱ, 1992)

슬러지농축탱크의 소요단면적은 유량과 고형물부하 두 가지 조건을 만족시켜야 하는데 고형물부하에 의한 농축탱크의 소요단면적은 식 (11-11)에 의하여, 그리고 수면적 부하에 의한 값은 식 (11-12)에 이하여 구할 수 있다.

$$A = \frac{Q_f C_f}{V}\left(\frac{1}{C} - \frac{1}{C_u}\right) \tag{11-11}$$

$$A = \frac{Q_0}{V_0} = \frac{Q_f - Q_u}{V} \tag{11-12}$$

여기서, A : 소요단면적[m^2]

Q_f : 유입슬러지량[m^3/d]

C_f : 유입슬러지의 농도[kg/m^3]

Q_u : 농축슬러지량[m^3/d]

C_u : 농축슬러지의 농도[kg/m^3]

Q_0 : 월류수량[m^3/d]

C_0 : 월류수의 고형물농도[kg/m^3]

V : 경계면 침강속도[m/d]

식 (11-11)과 식 (11-12)를 이용하려면 슬러지농도 C와 경계면 침강속도 V와의 관계를 알 수 있으므로, 침전관 실험을 실시하여 여러 가지 슬러지농도에 대한 슬러지의 침전속도를 측정하여야 하며, 각각의 C값에 대하여 얻은 V값을 식 (11-11)에 대입하여 A값을 구하고 여러 가지 A값 중에서 가장 큰 것을 식 (11-12)로부터 구한 A와 비교하여 둘 중에서 큰 값을 소요단면적으로 취한다.

예제 11.2

고형물농도 9 kg/m^3, 함수율 99.1%, 유량 1,000 m^3/d인 슬러지를 고형물농도가 45 kg/m^{3}이고 하수율이 95.5%인 슬러지로 농축시키고자 하는 경우 요구되는 농축탱크의 단면적을 구하시오.

풀이

Q_f : 1,000 [m^3/d]

$$Q_u : \frac{Q_f C_f}{C_u} = \frac{9.0 \times 1,000}{45} = 200\,[\mathrm{m^3/d}]$$

C_f : 9 [kg/m^3]

C_u : 45 [kg/m^3, $1/C_u = 0.022$]

여러 가지 슬러지농도 C에 대한 경계면 침강속도 V를 실험에 의하여 구해야 하며, 그 값들을 식 (11-11)에 대입시켜 각각의 단면적을 구한 결과가 다음 표와 같다.

예제표 11.2.1 슬러지농축을 위한 소요단면적 계산 예

실험번호	C [kg/m^3]	V [m/d]	1/C	1/C-1/Cu	A [m^2]
1	9.1	18.72	0.110	0.088	41.8
2	12.0	9.60	0.083	0.061	57.2
3	15.4	7.44	0.065	0.043	52.0
4	22.3	2.40	0.045	0.023	53.8
5	43.0	1.20	0.023	0.001	7.5

고형물부하에 의한 슬러지농축탱크 최대 소요단면적은 C가 12.0 kg/m^3 · d일 때 57.2 m^{2}이라는 것을 알 수 있으므로 이 조건에서 수면적 부하에 의한 소요단면적을 식 (11-12)에 의해 구하면 83.3 m^{2}가 된다.

$$A = \frac{Q_f - Q_u}{V} = \frac{1,000 - 200}{9.6} = 83.3\,[\mathrm{m^2}]$$

따라서 소요단면적이 57.2 m^2 대신 83.3 m^{2}이 되어야 한다. 만약 동일한 조건에서 수면적 부하를 6~8 m^3/m^2 · d로 하면 소요단면적은 다음과 같다.

$$A = \frac{1,000}{6 \sim 8} = 167 \sim 125\,\mathrm{m^2}$$

그리고 고형물부하는,

$$\frac{9.0 \times 1,000}{167 \sim 125} = 54 \sim 72\,[\mathrm{kg/m^2 \cdot d}]$$

체류시간을 14시간으로 할 경우 탱크의 용량은 다음과 같다.

$$1,000\,\mathrm{m^3/d} \times \frac{14}{24} \fallingdotseq 584\,[\mathrm{m^3}]$$

그리고 유효수심은 다음과 같다.

$$\frac{584}{167\sim125}=3.5\sim4.7\,[\mathrm{m}]$$이다.

(4) 구조

농축탱크는 지하에 설치하는 경우가 많으므로 철근콘크리트구조물로 하되 지하수의 침투하지 않는 구조로 하며, 또한 슬러지는 부패성이 높으므로 농축탱크 내면은 내식도장(耐蝕塗裝) 등을 한다.

(5) 부대장치

중력식 농축탱크의 부대장치는 다음의 사항을 고려하여 정한다.

1) 피켓(pickets)을 설치하는 것이 좋다.

2) 탱크 안지름이 작은 경우에는 현수식 제거기, 안지름이 15m를 넘는 경우에는 자주식 제거기를 설치하며, 속도는 3m/min 정도로 한다.

3) 슬러지배출은 펌프로 하는 것을 원칙으로 한다. 슬러지배출펌프의 최소지름은 80 mm로 한다.

4) 슬러지배출관은 최소관지름 150 mm 이상으로 한다.

5) 슬러지배출관에는 관이 폐쇄될 경우를 대비해서 적당한 곳에 청소구를 설치한다.

6) 수면에 스컴제거장치를 설치한다. 또한 월류웨어의 청소가 가능하도록 고려한다.

7) 필요한 경우에 복개하고 환기 및 탈취설비를 한다.

8) 탱크 내의 슬러지경계면이 파악되도록 하는 것이 좋다.

예제 11.3

98%의 수분을 함유한 슬러지 250 m^3을 탈수해서 수분 80%로 했을 때 슬러지용적은 몇 m^3이 되겠는가(단 슬러지 비중은 각각 1이다)?

풀이

$$V_2=\frac{V_1(100-W_1)}{(100-W_2)}=\frac{250(100-98)}{(100-80)}=25\,[\mathrm{m}^3]$$

예제 11.4

1일 최대오수량 424,000 m^3/d, 유입오수의 SS가 250 mg/ℓ, 제거율이 92%일 때 농축탱크의 소요면적을 구하시오.

풀이

제거할 SS농도 $= 250\,\text{mg}/\ell \times 0.92$

1일발생 고형물량 $= 424{,}000 \times 250 \times 0.92 \times 10^{-6} = 97.52\,[\text{m}^3/\text{d}]$

$$\therefore \text{농축탱크 소요면적} = \frac{97.52 \times 1{,}000}{60 \sim 90\,\text{kg/m}^2 \cdot \text{d}} = (1{,}084 \sim 1{,}626)\,[\text{m}^2]$$

11.5 슬러지의 소화

슬러지 중의 유기물이 혐기성분해를 하여 가스화, 액화 및 무기물화하는 것을 말하며, 생성된 이상물을 **소화슬러지**(digested sludge)라 한다. 양호한 소화슬러지는 암흑색을 나타내고 부패취기도 감소되며 휘발성 물질(灼熱減量)은 50% 전후가 된다.

11.5.1 슬러지의 소화

슬러지의 소화(消化)방법은 혐기성 소화, 고효율(高效率, high-rate) 소화, 호기성 소화로 구분된다.

(1) 소화의 공정

그림 11.11과 같이 슬러지는 혐기성 상태에 두면 다음의 3단계를 경유하면서 부패한다.

1) 산성발효기

슬러지 중의 당분 · 용해성 전분 · 섬유소(cellulose) 및 용해성 질소화합물 등이 분해하여 부패취기를 발산한다. 유기산, H_2S, CO_2, N, 중탄산염이 형성되며 pH 6.8~5.1까지 저하하고 약 2주간 정도가 소요된다.

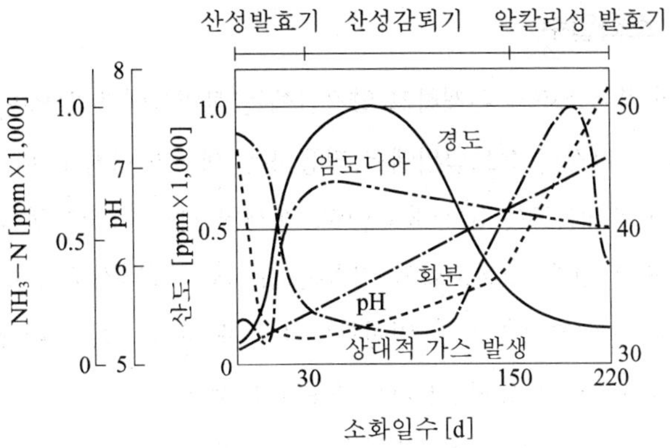

그림 11.11 슬러지의 소화과정

2) 산성감퇴기

유기산 질소화합물이 분해해서 암모니아(ammonia)성 질소와 소량의 CO_2, H_2를 형성하며, 산도는 감소하여 pH 6.6~6.8 정도까지 상승한다. BOD가 최고에 달하며 흑갈색을 띄며 발포고형물(發泡固形物)은 부상하고 약 3주간이 소요된다.

3) 알칼리성 발효기

단백질 아미노산 유지 등 분해하기 어려운 물질이 분해하는 과정이며, pH는 7~7.4 정도까지 상승해서 흑색으로 변하여 타르(tar)냄새를 발산한다. BOD는 감소하고 메탄가스발생이 심해지고 소화슬러지가 되며, 약 1개월이 소요된다.

(2) 슬러지소화의 특징

슬러지소화는 메탄균 및 기타의 여러 세균이 공생하여 유기물의 액화나 가스화가 가능하다. 미생물의 활발한 증식상태를 유지하고, 기능을 충분히 발휘하기 위해서는 pH조절 · 소화 온도(heating) · 종 슬러지혼합(種汚泥混合, seeding)부하와 소화일수 및 유해물질에 대해서 주의하고 소화탱크의 유지관리에 주의한다. 슬러지소화의 특징은 다음과 같다.

① 순수배양은 필요치 않는다. 메탄균은 다른 여러 균과 공생(共生)해서 작용한다.

② 기질에 대해서 극단한 선택성은 없다.

③ 발효는 넓은 범위의 온도에서 이루어진다.

④ 발생가스나 소화슬러지는 이용가치가 있다.

⑤ 유지관리가 쉽고 연속운전이 가능하다.

(3) 소화온도와 소화일수

Fair는 고온소화와 중온소화가 존재하고 양자간에는 불연속대가 있으며, 그림 11.12와 같다고 보고하였다. 그리고 각각의 온도범위에서 작용하는 세균의 종류도 다르다.

슬러지 중온소화의 최적온도는 33~37℃이며, 실제의 슬러지 소화탱크는 32℃ 또는 약간 높은 온도에서 운전되고 있다. 고온소화의 최적온도는 50~57℃정도이다. 고온소화는 가스발생량 및 부하의 증대 등 이점이 있으나 열원확보의 문제, 온도변화에 대해서 민감한 것, 냄새가 심한 것, 탈수가 곤란한 것 등의 이유로 사용되지 않고 있다.

소화탱크의 소화일수는 소화의 정도, 소화슬러지의 압밀 · 탈수성 등을 고려하여 결정한다. 각 소화온도와 일수 및 가스발생량 관계는 그림 11.12와 그림 11.13과 같다.

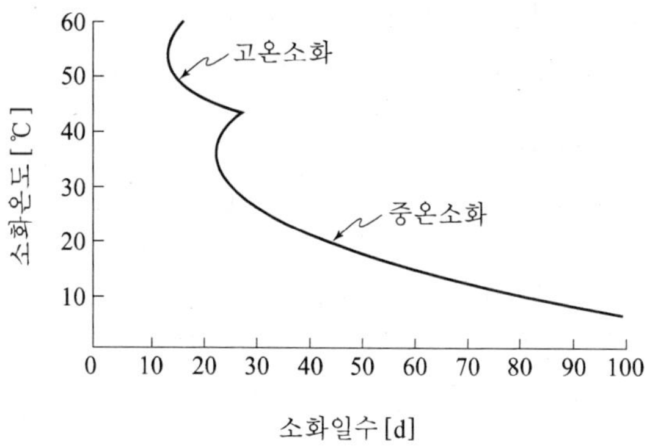

그림 11.12 소화온도와 일수

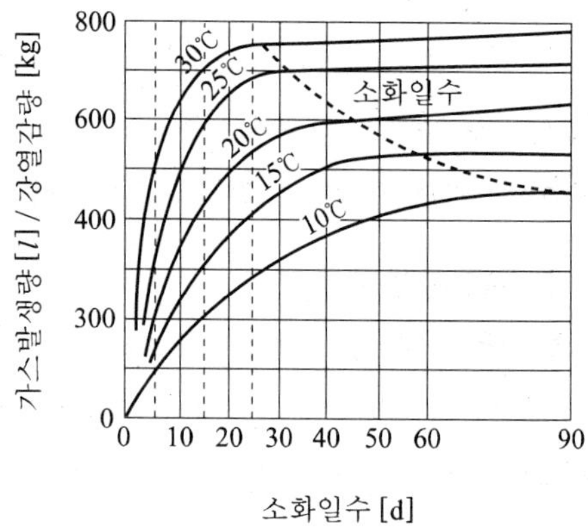

그림 11.13 온도별 소화일수와 가스발생량과의 관계

(4) 고율소화

슬러지의 소화처리에서 가장 불리한 점을 분해속도가 늦고 소화탱크의 용적이 큰 입체구조로 되며, 건설비가 많이 든다는 것이다. 또 슬러지 중에 혼입된 토사의 침전과 스컴형성 등으로 슬러지 소화에 지장이 많다. 이와 같은 과정에서 슬러지 소화의 혐기성공정을 경유하지 않고 직접탈수, 기타의 공정을 채용하는 방식을 **고율소화**(高率消化, high-rate digestion)라 한다. 그러나 혐기성공정을 경유하는 것을 **표준소화**(標準消化, conventional digestion) 또는 **보통소화**라고도 한다.

그림 11.14는 고율소화탱크의 내용을 연속적 또는 단속적으로 완전하게 혼합해서 슬러지가

분리하지 않는 혼합액 상태로 유지할 것, 고농도슬러지를 투입할 것, 투입을 연속해서 할 것 등이 중요한 기초로 되어 있다. 완전한 혼합액으로 하기 위한 교반에는 가스순환법과 기계교반법이 있다.

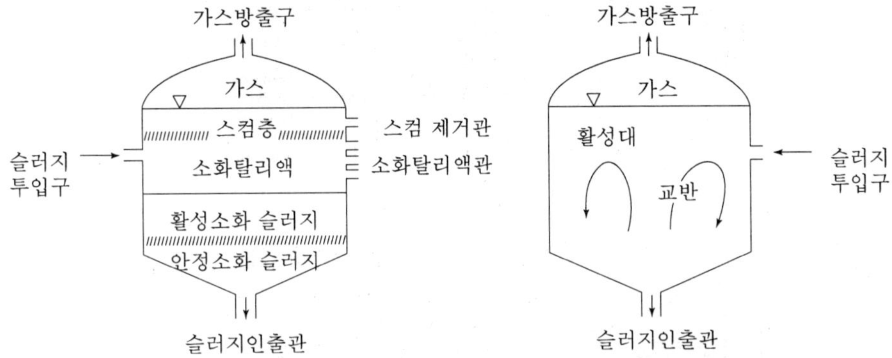

	표준소화	고율소화
1인당 탱크용량	70~140 m^3/1,000인	14 m^3/100인(약 1/10)
소화온도	30~35℃	30~35℃
소화일수	20℃30일 정도	10~15일 정도
고형물 부하량	0.5~1.2 kg/m^3 · d	0.5~1.2 kg/m^3 · d 이상
VS부하량	평균 0.84 kg/m^3 · d	3.3~4.2 kg/m^3 · d(약 4배)

그림 11.14 표준소화와 고율소화

11.5.2 슬러지소화 탱크

(1) 형식

소화탱크는 가온식과 무가온식으로 대별되며 가온 슬러지소화 탱크(sludge digestion tank)에는 발달 단계에서 전조식 · 2단식 및 고율소화 탱크 등이 있다. 구조적으로는 같으나 소화탱크의 뚜껑, 가스집포장치, 가온장치, 교반 및 스컴파쇄장치 등에 각각의 특색이 있다. 소화탱크가 경제적으로 건설되기 위해서는 용적을 최소로 할 필요가 있다. 즉 입지조건, 소화 후의 처리공정 및 최종처분, 하수처리시설 규모 등을 고려하여 소화일수, 유기물의 부하에 탄력성을 가지고 계획하여야 하며 슬러지소화 탱크의 구조에는 그림 11.15와 같다.

현재 선진 외국에서 널리 채용되고 있는 방식은 고율소화에 의한 2단식 소화탱크이다. 이것은 1차 탱크와 2차 탱크로 구성된다.

1차 소화탱크는 다음 사항에 주의할 필요가 있다.

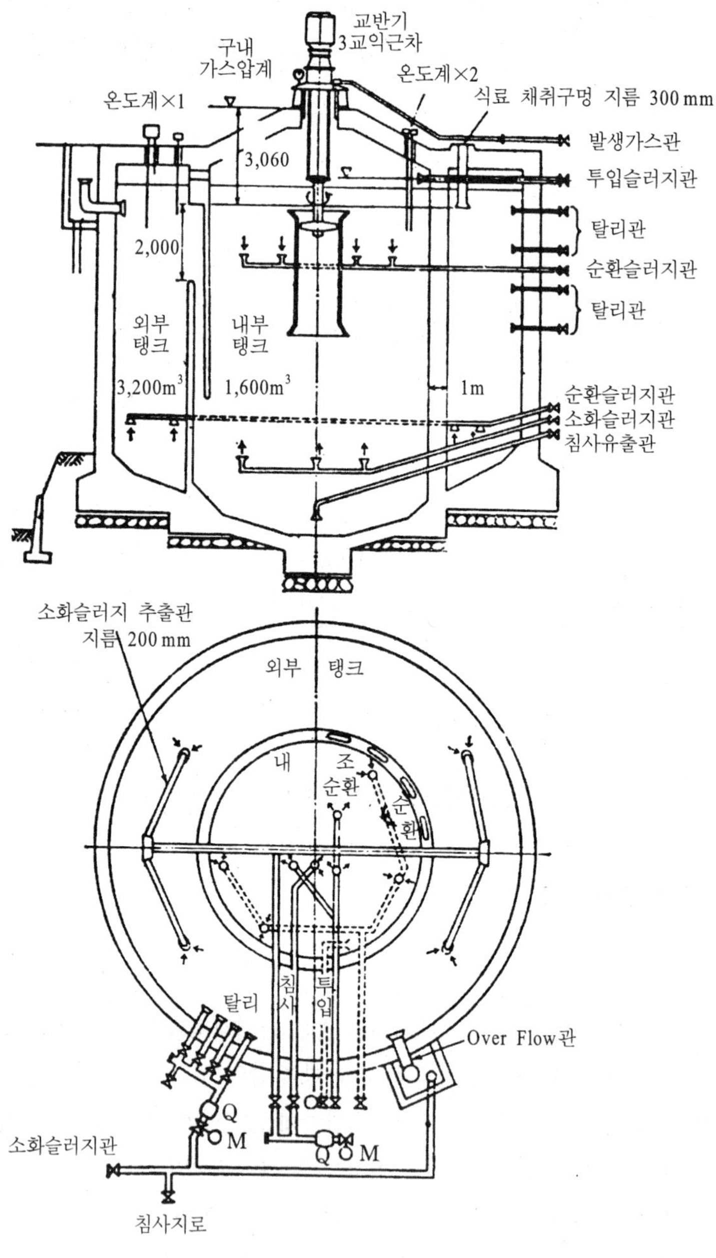

그림 11.15 슬러지소화 탱크의 구조 예

① 탱크 내의 온도분포를 균등하게 유지하여 플록이 파괴되지 않도록 천천히 교반한다.

② 스컴이 쉽게 파괴된다.

③ 탱크바닥(槽底部)에 소화슬러지가 침전하지 않도록 한다.
④ 슬러지를 탱크의 정부(頂部) 및 저부의 양면에서 인출할 수 있도록 한다.
⑤ 가스가 정부(頂部)로 쉽게 모이도록 한다.
⑥ 열손실을 최소한으로 방지할 수 있도록 한다.

2차 탱크의 주된 목적은 다음과 같다.

① 소화슬러지의 침강분리
② 소화슬러지의 압밀
③ 소화과정의 숙성
④ 투입슬러지량의 변동에 대한 이유
⑤ 슬러지처분을 정기적으로 하기 위한 소화슬러지의 저장
⑥ 가스화의 평형화

(2) 소화탱크의 형상, 수 및 구조

탱크의 형상은 원형으로 하고 구조는 5~6 m으로 한다. 바닥의 경사는 30~25°로 하며, 슬러지소집기를 설치할 경우에는 다소 완만하게 할 수 있다. 탱크의 수는 원칙적으로 두 대 이상으로 한다. 구조는 수밀하고 견고한 철근콘크리트조로 하여 고정 또는 부상뚜껑(fixed or floating cover)을 설치한다.

(3) 용량

탱크의 용량은 소화할 수 있는 슬러지의 고형물질, 소화일수, 소화의 정도, 소화방법 등을 감안하여 결정하며 다음 식에 의하여 계산할 수 있다.

1) 일단소화탱크의 용량은 식 (11-13)과 같다.

$$V = \left[\frac{V_1 + V_2}{2} \right] \cdot T_1 + V_2\, T_2 \qquad (11\text{-}13)$$

여기서, V : 소화탱크의 전체용량 [m^3]

V_1 : 소화탱크의 주입되는 슬러지의 유량 [m^3/d]

V_2 : 소화탱크에 축적되는 소화슬러지의 유량 [m^3/d]

T_1 : 슬러지소화기간 [d]

T_2 : 소화슬러지저장기간[d]

2) 고율 이단소화탱크의 용량은 식 (11-14)와 식 (11-15)를 이용하여 계산한다.

$$V_{\mathrm{I}} = V_1 \times T \tag{11-14}$$

$$V_{\mathrm{II}} = \left[\frac{V_1 + V_2}{2}\right] \cdot T_1 + V_2\, T_2 \tag{11-15}$$

여기서, V_{I} : 1단계 소화탱크의 용량[m^3]

V_{II} : 2단계 소화탱크의 용량[m^3]

V_1 : 소화탱크로 주입되는 슬러지의 유량[m^3/d]

V_2 : 소화탱크에 축적되는 소화슬러지의 유량[m^3/d]

T : 슬러지소화기간[d]

T_1 : 소화슬러지의 농축기간[d]

T_2 : 소화슬러지의 저장기간[d]

재래식 일단소화탱크의 용량은 그림 11.16을 이용하면 합리적으로 산출할 수 있다. 즉 유입 슬러지는 V_1(m^3/d)의 유량으로 소화탱크에 유입되어 T_1(d) 동안 소화를 거치면서 유기물의 분해, 상징수의 제거 등으로 인하여 유량 V_2(m^3/d)로 감소된다. 소화된 슬러지는 바로 소화탱크에서 제거되는 것이 아니고 후속 처리나 처분을 위하여 T_2 동안 같은 소화탱크 내에 머물러 있게 된다. 따라서 요구되는 소화탱크의 전체용량은 식 (11-13)으로 구하면 된다.

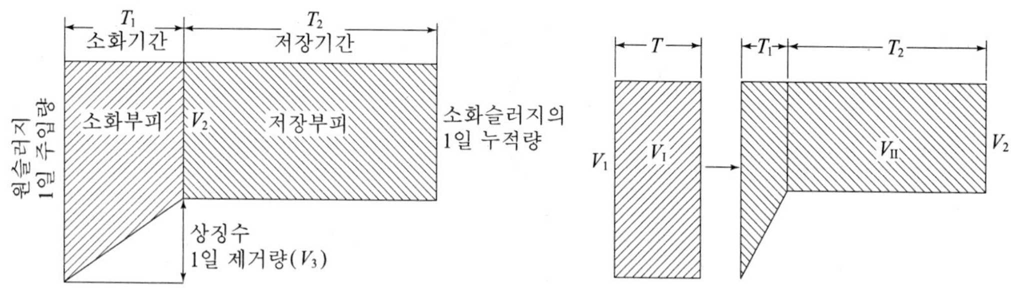

(a) 재래식 일단소화탱크 (b) 고율 이단소화탱크

그림 11.16 소화탱크의 용량결정

고율 이단소화탱크는 두 개의 탱크로 구성되므로 1단계 소화탱크의 용량은 식 (11-14)를 이용하고, 2단계 소화탱크의 용량은 식 (11-15)를 이용하여 구하면 된다. 유량 $V_1(m^3/d)$인 슬러지는 1단계 소화탱크에 유입된 다음 T(d) 동안 소화를 거치나 상징수의 제거가 없으므로 유량변화가 없다. 1단계 소화탱크에서 소화된 슬러지는 2단계 소화탱크로 이동된 다음 T_1(d) 사이에 침전농축되어 유량 V_2로 줄어들며, 그 후 T_2(d) 동안 저장되다가 후속처리를 위해 배출된다.

그러나 실제 소화처리되어야 할 슬러지의 양과 특성, 소화슬러지의 양 등을 추정하기가 곤란하므로 소화탱크의 용량은 표 11.11과 같이 등가인구(population equivalent)에 기준을 두고 정하는 수도 있다.

표 11.11 재래식 및 고율 이단소화탱크의 설계범위

항 목	재래식	고율 이단소화탱크
고형물 체류시간[SRT, d]	30~60	10~20
고형물부하[kgVSS/m^3 · d]	0.5~1.1	1.6~6.4
소화탱크의 용량[m^3/인]		
1차 슬러지	0.057~0.085	0.038~0.057
1차 슬러지+살수여상슬러지	0.11~0.14	0.076~0.096
1차 슬러지+잉여슬러지	0.11~0.07	0.076~0.11
유입슬러지(1차+잉여슬러지)의 농도	2~4	4~6
소화슬러지의 농도(%, 건조중량기준)	4~6	4~6

1단계 소화탱크는 체류시간이 20일 정도면 충분한 소화가스가 발생한다. 2단계 소화탱크는 고액분리를 주된 목적으로 함으로 체류시간은 10일 정도면 좋다. 그러나 슬러지의 성상 및 소화 후의 슬러지 처리·처분형태 등 운전상의 편의를 위하여 체류시간을 적절히 조절할 수가 있다. 소화탱크 하부의 원추부분에는 그리트가 퇴적되기 쉬우며 소화탱크 상부에는 스컴과 소화가스가 모이는 여유공간이 있어야 하므로 이 부분은 유효용량에서 제외되는 경우가 많다.

예제 11.5

소화탱크에 총고형물이 6%, 유기물질 함유량이 60%인 생슬러지를 500 m^3/d로 유입시킬 때, 이 슬러지를 15일간 체류시켜 유기물질을 50%까지 소화시킬 경우 소화슬러지의 함수율은 93%이다. 이 때 소화탱크의 용적을 구하시오(단 슬러지의 비중은 1이다).

풀이

① 소화주입량 TOD 슬러지량$= 500\,m^3/d \times 1\,t/m^3 = 500\,[ton_f/d]$

② TS량= $500 \times 0.06 = 30\,[ton_f/d]$
③ VS(유기물)량= $30 \times 0.6 = 18\,[ton_f/d]$
④ FS(무기물)량= $30 - 18 = 12\,[ton_f/d]$
슬러지를 소화시키려면 TS중 VS(유기물)이 가스화 또는 액화되어 감소하고 FS는 소화전후 변함이 없다.
소화후 잔존고형물(TS)량= $12 + 81(1 - 0.5) = 21[ton_f/d]$
⑤ 소화슬러지량 $= 21\,[ton_f/d] \times \dfrac{100}{100-92} \div 1\,[ton_f/m^3] = 300\,[m^3/d]$
⑥ $\therefore V = \dfrac{(V_1 + V_2)}{2} \times T$
여기서, 투입슬러지량 $V_1 = 500\,[m^3/d]$, 소화슬러지량 $V_2 = 300\,[m^3/d]$
∴소화탱크용적 $V = \dfrac{(500 + 262.5)}{5} \times 15 = 2{,}400\,[m^3]$

11.5.3 소화가스의 포집과 저장

소화가 원활하게 이루어지는 경우의 소화가스량은 1차 슬러지의 경우에는 1.0 m^3가스/(kgVS제거), 잉여슬러지는 0.75 m^3가스/(kgVS제거)이다. 소화가스의 성분은 소화상태에 따라 다르나 표 11.12와 같으며, 약 3~15배 정도의 공기가 혼입되면 폭발할 위험성을 지니고 있으므로 소화가스 포집시설은 정압하에 유지되어야 한다.

표 11.12 소화가스 성분의 예 [v/v %]

메탄	이산화탄소	수소	질소	황화수소
55~65	25~35	0~2	0~6	0.01~0.1

슬러지의 소화상태, 슬러지의 유입, 소화슬러지의 제거 및 상징수의 배출 등에 따라 슬러지 소화탱크 내에서의 가스발생량 및 가스압이 현저히 변하며, 부압이 생기는 경우에는 소화탱크로 공기가 혼입되어 가스폭발의 위험이 생길 수도 있다. 그러므로 슬러지소화탱크 내의 가스압이 항상 100~300 mmHg 이상 유지되도록 배관계통이 설계되어야 하며, 그 한 예는 그림 11.17과 같다.

또한 슬러지 소화탱크에서 가스를 채취하려면 슬러지 소화탱크의 중앙부에 가스돔을 설치하여 가스포집관으로 가스를 포집, 계량한다. 포집관의 위치는 슬러지 소화탱크의 최고수위로부터 최소한도 1 m 정도 높아야 하며, 포집관으로 거품, 스컴 등이 유입되어서는 안된다.

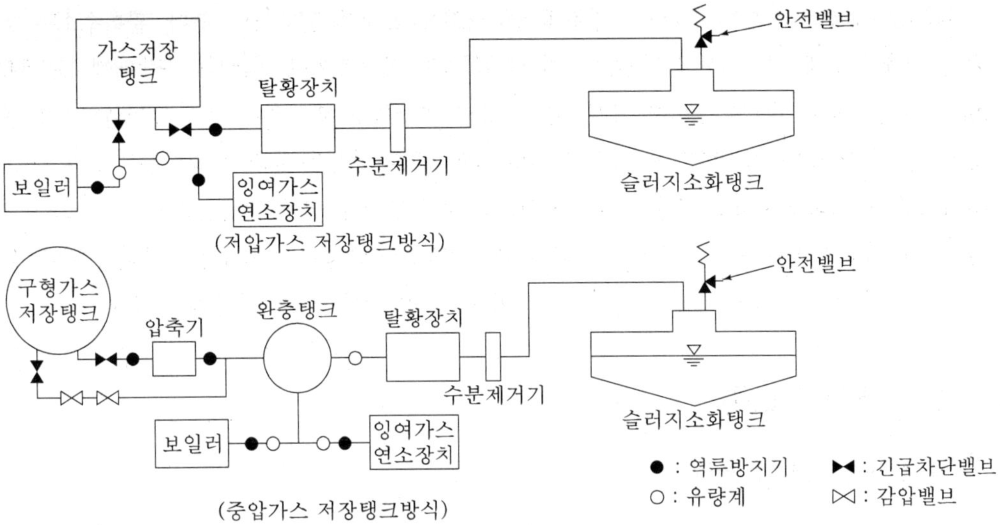

그림 11.17 소화가스 포집설비 계통도의 예

가스압력이 계속 변동하여 이상고압이 발생함으로써 소화탱크를 파괴시키는 것을 방지하기 위하여는 감압밸브를 설치하여 소화탱크를 보호하는 것이 좋다. 또한 가스돔의 내면은 방식성 도장을 하거나 방식성 재료를 사용하여 보호하여야 한다.

슬러지소화탱크에서는 가스포집, 소화슬러지 및 상징수의 제거 등에 의하여 수위가 내려가며, 이때 소화탱크 내의 가스압이 부압이 될 경우가 있으므로 소화탱크 상호 및 가스저장탱크 간에는 충분한 관경의 연결관을 설치하여 부압이 발생하지 않도록 하여야 한다. 또한 단기간에 다량의 가스가 발생할 수도 있으므로 가스포집관의 안지름은 100~300 mm 정도가 되도록 한다.

소화가스 중의 포화증기는 온도가 내려가면 응축하여 물이 되어 가스포집관 내에 모이게 되어 가스의 이동에 방해가 되므로 배관은 가스 흐름방향에 따라 약 1/200 정도의 기울기를 가져야 하며, 관의 수직부분 바로 앞에는 제수밸브를 위치시켜야 한다. 또한 사고시 화염이 번지는 것을 방지하기 위하여 보일러 등 중요부분에는 프레임트랩이나 수봉식(水封式) 안전밸브 등의 역화방지장치를 설치하여야 한다. 지하실에 설치된 가스펌프에서 관 내의 응축수 배수시 소량으로 누출되는 메탄가스가 누적되는 경우 지하실 작업시 질식 및 폭발의 위험이 있으므로 배수관은 지하실 밖으로 설치해야 한다. 한냉지역에서는 동결에 대비하여 부동액, 가온, 연속 급수 등을 고려해야 한다.

그리고 소화가스 내의 황화수소(H_2S)농도는 통상 100~200 mg/ℓ 이나 처리상황에 따라 400

~600 mg/ℓ, 분뇨와 혼합처리하는 경우 1,000~2,000 mg/ℓ에 달하기도 한다. 황화수소는 무색의 기체로 부패취가 심하고 비중(공기비)이 1.2이며, 유독성이다. 특히 습윤상태에서는 600 mg/ℓ의 농도에서 급속히 금속을 부식시킨다. 또한 연소하면 부식성이 강한 아황산가스가 발생하므로 소화가스는 일반적으로 탈황시킨다. 소화가스의 탈황은 황화수소의 부식성 및 연소 후의 영향을 고려해 50 mg/ℓ 정도 이하가 되도록 하는 것이 바람직하며, 일반적으로 소화가스를 알칼리세정 하거나 또는 탈황제를 통과시키면 황화수소 함유율은 10 mg/ℓ 이하가 된다. 소화가스 내의 황화수소를 제거하기 위한 방법에는 건식탈황법과 습식탈황법이 있다.

11.5.4 호기성 소화

(1) 호기성 소화의 원리

슬러지를 호기성으로 소화시키는 주목적은 생슬러지나 부분적으로 산화된 슬러지를 안정화시키고 차후의 처리 및 처분에 알맞은 슬러지를 만드는데 있다. 보통 가온되는 혐기성 소화에 비하여 호기성 소화는 가온시키지 않고 슬러지를 장기간 포기시킴으로써 달성된다. 슬러지의 혐기성 소화에 비하여 호기성 소화는 최초 시공비가 낮고, 처리된 슬러지에서 악취가 나지 않으며, 상징수의 BOD농도가 낮을 뿐만 아니라 운영이 비교적 간단하다. 그러나 슬러지의 호기성 소화는 가온되는 혐기성 소화에 비하여 최초 시공비는 낮으나 포기를 위한 동력요구량 때문에 운영비는 더 높을 수 있다. 또한 수온이 낮은 겨울철에는 처리효율이 떨어지는 단점을 가지고 있으며, 표 11.13과 같다.

슬러지의 호기성 소화와 혐기성 소화간의 차이는 주로 관련 미생물의 물질대사 특성에 의해서 생긴다. 혐기성 소화에는 임의성 또는 순수한 혐기성 박테리아가 복합유기물을 최종적으로

표 11.13 혐기성 소화법과 비교한 호기성 소화법의 장 · 단점

구 분	호기성 소화법
장 점	- 최초시공비 절감 - 악취발생 감소 - 운전용이 - 상징수의 수질 양호
단 점	- 소화슬러지의 탈수불량 - 포기에 드는 동력비 과다 - 유기물 감소율 저조 - 건설부지 과다 - 저온 시의 효율 저하 - 가치있는 부산물이 생성되지 않음.

탄산가스, 메탄 그리고 물로 분해시킨다. 한편 호기성 소화에서는 호기성 및 임의성 미생물들이 산소를 이용하여 분해가능한 유기물과 세포질을 분해시킴으로써 에너지를 얻는다. 양분이 제한된 상태에서 미생물체를 포기시키면 미생물들은 체 내에 저장해둔 양분을 이용하여 생존하게 되며, 점차로 오래된 미생물은 분해되고 그 결과 다른 미생물에게 먹이가 되는 유기물을 방출시키게 된다. 호기성 소화의 최종생성물은 주로 탄산가스, 물 그리고 미생물에 의하여 분해되지 않는 유기물들로서 이들 유기물을 폴리싸카라이드(polysaccharides), 헤미셀룰로오스(hemicellulose) 그리고 셀룰로오스(cellulose)로 구성된다. 그리고 소화 중에 생기는 암모니아는 아질산 및 질산으로 산화된다. 이 과정에서 알칼리도가 상당히 파괴되어 pH가 떨어질 수 있으므로 알칼리도 소모량을 추정하여 부족한 경우에는 보충해 주어야 한다.

슬러지의 혐기성 및 호기성 소화의 근본적인 목적은 생물학적 고형물을 안전화시켜서 최종처분에 알맞은 물질로 바꾸는 것이다. 호기성 소화는 혐기성 소화에 비해서 운전이 쉽고 상징수의 수질이 좋으며, 최종처분에 알맞은 고형물을 생성시킬 뿐만 아니라 더 짧은 체류시간에서도 동일한 휘발성 고형물 감소율을 얻을 수 있으며, 또한 1차 슬러지보다는 농도가 낮은 잉여슬러지에 적용하는 경우 슬러지의 탈수능력이 향상된다. 호기성 소화는 장기포기식 소규모 하수처리시설에서 성공적으로 이용되어 왔으며 최근에는 대규모 하수처리시설에서도 채택되고 있다.

(2) 용량

호기성 소화탱크의 용량은 식 (11-16)을 사용하여 계산할 수 있다.

$$V = \frac{Q_i\,(X_i + Y \cdot S_i)}{X\left(b \cdot P_v + \dfrac{1}{SRT}\right)} \tag{11-16}$$

여기서, V : 호기성 소화탱크의 실용적[m^3]

Q_i : 평균슬러지유입량[m^3/d]

X_i : 유입슬러지의 부유물농도[mg/ℓ]

Y : 유입슬러지의 BOD 중에서 1차 슬러지가 차지하는 비율

S_i : 유입슬러지의 BOD[mg/ℓ]

X : 소화탱크의 부유물농도[mg/ℓ]

b : 내호흡률[d]

P_v : 소화탱크의 부유물 중에서 휘발성 고형물이 차지하는 비율

SRT : 고형물 체류시간[d]

잉여슬러지를 호기성으로 소화시키는 경우 고형물을 기준으로 약 15일의 체류시간이 요구되며, 약 10일 이상 소화시키면 슬러지의 탈수성이 좋아진다. 그러나 슬러지의 특성과 소화요구 정도에 따라 소화기간이 다를 수도 있다. 어떤 경우이든 슬러지의 전단계 처리과정(예를 들어 활성슬러지 처리과정에서의 체류시간)을 고려하여 호기성 소화탱크의 체류시간을 결정하여야 한다. 또한 잉여슬러지가 포기탱크에서의 체류시간이 대단히 길었다면 호기성으로 소화시킬 미생물 양이 크게 감소한다.

소화탱크의 체류시간이 슬러지의 호기성 소화에 미치는 영향을 평가하기 위하여 많은 연구가 실시되고 있으며, 그 결과 그림 11.18과 같이 10~15일의 체류시간을 주면 휘발성 고형물의 제거효율이 요구되는 정도가 된다.

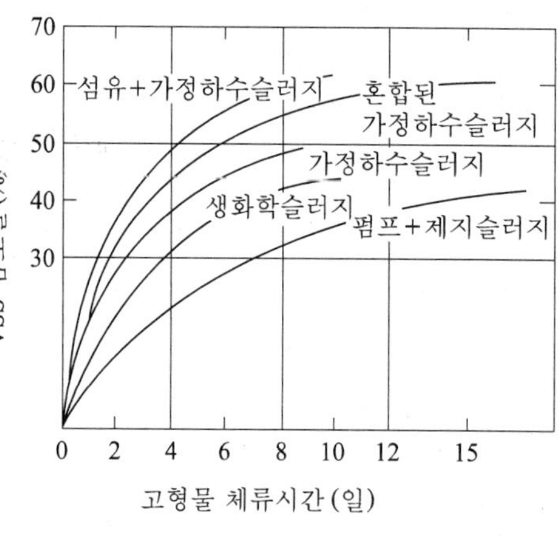

그림 11.18 호기성 소화에서 체류시간이 휘발성고형물 제거효율에 미치는 영향

그림 11.19는 연속흐름형 호기성 소화시설의 개념도로서 침전지는 소화된 슬러지를 농축시키는 역할을 한다. 연속흐름형에서는 활성슬러지법에서와 같이 침전지로부터 농축된 슬러지를 제거한 다음 일부는 소화탱크로 반송시키고 나머지는 시스템에서 제거시킨다. 그림 11.20에서 소화탱크와 침전탱크에 대하여 물질수지를 취하면 식 (11-17)과 식 (11-18)이 성립된다.

$$Q_i \cdot X_i + R \cdot X_u + Y \cdot S_i \cdot Q_i = b \cdot X \cdot V \cdot P_v + (R + Q_i)X \quad (11\text{-}17)$$

$$(R + Q)X = (R + Q_w)X_u + Q_d \cdot X_c \quad (11\text{-}18)$$

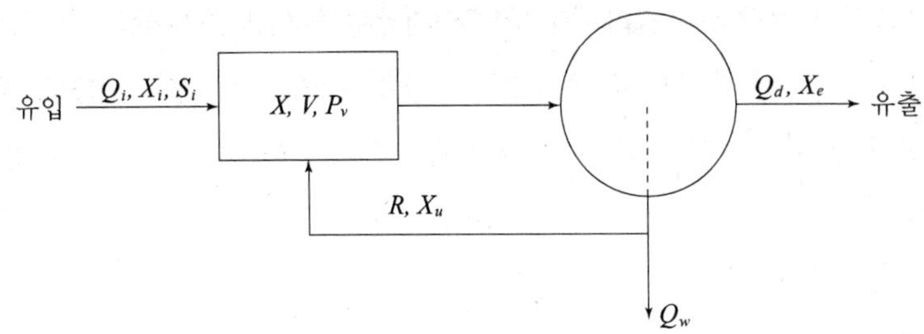

그림 11.19 호기성 슬러지 소화탱크의 개념도

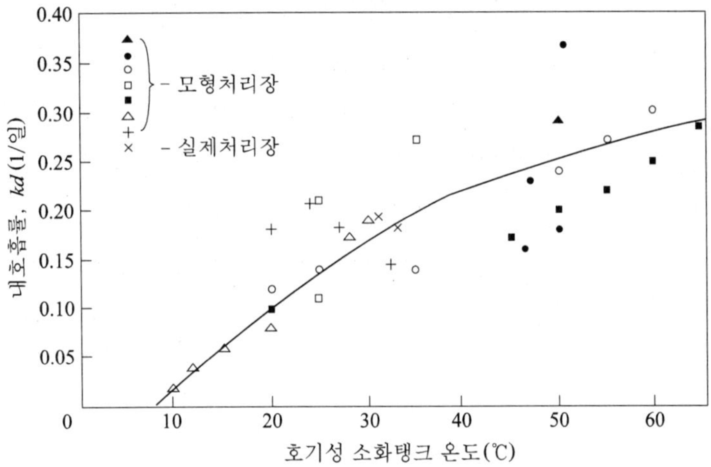

그림 11.20 호기성 소화탱크의 운전온도에 따르는 내호흡률

한편 고형물체류시간(SRT)은 식 (11-19)과 같이 정의된다.

$$SRT = \frac{X \cdot V}{Q_w \dot{X}_u + Q_d \cdot X_e} \tag{11-19}$$

여기서, R : 반송슬러지의 유량[m^3/d]

X_u : 농축슬러지의 농도[mg/ℓ]

Q_w : 폐슬러지의 유량[m^3/d]

Q_d : 침전지의 상징수[m^3/d]

X_e : 상징수의 부유물농도[mg/ℓ]

위의 3개의 방정식을 연립으로 정리하면 식 (11-16)과 같이 호기성 소화탱크의 부피계산을 위한 식을 얻을 수 있다.

호기성 소화탱크에 유입되는 슬러지가 1차슬러지같은 유기성 슬러지를 함유하지 않고 단지 잉여슬러지만 함유한다면 식 (11-16)에서 $Y \cdot S_i$항을 0이라고 가정할 수 있다. 결과적으로 호기성 소화탱크의 부피는 유입슬러지의 특성인 Q_i, X_i, Y, b 및 S_i 그리고 운영시 요구되는 SRT와 X를 식 (11-16)에 대입시켜 계산할 수 있다.

(3) 수와 형상

소화탱크의 수는 소화탱크의 전체용량과 융통성의 필요정도에 따라 결정되어야 하며 최소한 두 개를 준비해서 청소, 수리시에도 나머지 하나로 계속 처리가 가능하도록 하여야 하고, 호기성 소화탱크는 혐기성 소화탱크와는 달리 원형뿐만 아니라 장방형도 될 수 있으며, 이런 점에서 활성슬러지법에서의 포기탱크와 비슷하다. 슬러지 제거를 용이하게 할 수 있도록 원형인 경우 바닥은 10~25%의 기울기를 갖는 것이 좋다.

또한 소화탱크의 측심은 여러 가지 조건에 의하여 결정되겠지만 포기탱크와 비슷하게 5 m 정도가 알맞으며, 때때로 심하게 발생하는 거품에 대비하여 0.9~1.2 m의 여유고를 제공하는 것이 안전하다. 혐기성 소화탱크와는 달리 호기성 소화탱크는 지붕이 불필요하며, 가온시킬 필요성도 없다.

예제 11.6

슬러지처리방법 중의 혐기성 소화방식에 대해 설명하시오.

풀이

1) 장점

① 산소공급이 불필요함 : 포기에 소요되는 동력비를 절감할 수 있다.
② 슬러지생성량이 적다. : 세포생산계수 Y값이 활성슬러지법의 1/10 정도이다.
③ 물리적 한계 내에서 고농도의 기질처리가 가능 : 산소전이속도에 제한을 받지 않는다.
④ 유용한 메탄가스의 생산이 가능 : 생성되는 메탄가스는 유용한 에너지원으로 활용

2) 단점

① 반응속도가 느려 긴 반응시간이 필요함 : 용적이 큰 반응탱크가 요구되므로 설치면적이 많이 소요된다.
② 악취발생이 일으킨다. : 휘발산 · 황화수소 · 암모니아 등에 의해 악취가 발생한다.
③ 침강성이 불안정 : 반응 후기 혼합액의 가스발생이 활발하여 세포물질의 침강이 어렵다.
④ 반응탱크를 가온하여야 할 필요성 : 반응온도 35℃를 유지하기 위해 가온장치가 사용된다.
⑤ 처리수의 BOD, SS 등이 높다. : 후속처리 시설로 호기성 분해시설이 소용된다.
⑥ 고형물농도가 1% 이상이 아니면 부적당하다. : 4~5% 정도면 적절하다.

⑦ 운전이 용이하지 못하다. : 혐기성 반응은 충격부하 pH, 온도, 독성물질에 대해 민감하다.

11.6 슬러지의 탈수

슬러지를 최종처분하기 전에 부피를 감소시켜 취급이 용이하도록 만들기 위해서 탈수를 하여야 하며, 일반적으로 농축슬러지 혹은 소화슬러지의 함수율은 96~98% 상태인데 이 슬러지를 함수율 80%로 탈수하면 케익상태가 되고, 슬러지용량은 1/5~1/10로 감소하게 되어 취급하기 쉽게 된다. 슬러지를 탈수시키는 방법에는 기계를 이용한 기계탈수와 태양열이나 바람 등의 자연에너지를 이용한 천일건조가 있다.

천일건조는 소화슬러지의 건조에 적합하며 동력비가 들지 않아 경제적인 방법이지만 설치면적, 주변환경 등의 입지조건적인 제약이 있으므로 현재는 기계탈수를 많이 이용한다. 기계적

표 11.14 각 탈수기의 종류별 비교

항 목	가압탈수기		벨트프레스탈수기	원심탈수기
	Filter Press	Screw Press		
유입슬러지 농도	2~3 g/ℓ	0.4~0.8 g/ℓ	2~3 g/ℓ	0.8~2 g/ℓ
케익 함수율	55~65%	60~80%	76~83%	75~80%
용량	3~5 kgDS/m^2·hr	-	100~150 kgDS/m^2·hr	1~150 kgDS/m^2·hr
소요면적	많다	적다	보통	적다
약품주입률 (고형물당)	$Ca(OH)_2$ 25~40% $FeCl_3$ 7~12%	고분자응집제 $FeCl_3$ 10%	고분자응집제 0.5~0.8%	고분자응집제 1% 정도
세척수	수량 : 보통 수압 : 0.6~0.8MPa	보통	수량 : 많다 수압 : 0.3~0.5MPa	적다
케익의 반출	사이클마다 여포실 개방과 여포이동에 따라 반출	Screw가압에 의해 연속반출	여포의 이동에 의한 연속반출	스크류에 의한 연속반출
소음	보통(간헐적)	적다	적다	보통(팩키지포함)
동력	많다	적다	적다	많다
부대장치	많다	많다	많다	적다
소모품	보통	많다	적다	적다

인 방법에는 진공탈수, 가압(filter press)탈수, 벨트프레스(belt press)탈수, 원심탈수 등이 있는데 그 중 진공탈수는 국내외에서 거의 사용되고 있지 않다. 가압탈수는 여포형 탈수(filter press) 및 스크류프레스(screw press) 탈수방식으로 분류할 수 있다. 슬러지탈수기의 특성들을 비교하면 표 11.14와 같다.

11.6.1 가압탈수설비

가압탈수는 여포형 탈수(filter press) 및 스크류프레스(screw press) 탈수방식으로 분류할 수 있다.

(1) 여포형 가압탈수기

여포형 가압탈수기(filter press)로 여포를 2매의 주철제 탈수판에 붙여서 하나의 탈수실이 되도록 한 것으로서 필요 용량에 맞추어 실수를 증가시키면 되고, 그림 11.21과 같다.

가압탈수방법에는 단면탈수와 양면탈수가 있는데 두 방법 모두 탈수를 실시할 경우에는 유압으로 탈수판 전체를 연결시킨 다음 탈수판의 가운데에 있는 구멍으로 유입펌프를 이용하여 슬러지를 각 탈수실 내로 유입시키고, 탈수실 전체에 슬러지가 가득 찰 때까지 가압이 계속되며, 탈수실 내에 슬러지가 가득 차게 되면 슬러지의 공급이 정지되고 유압실린더에 의해 탈수

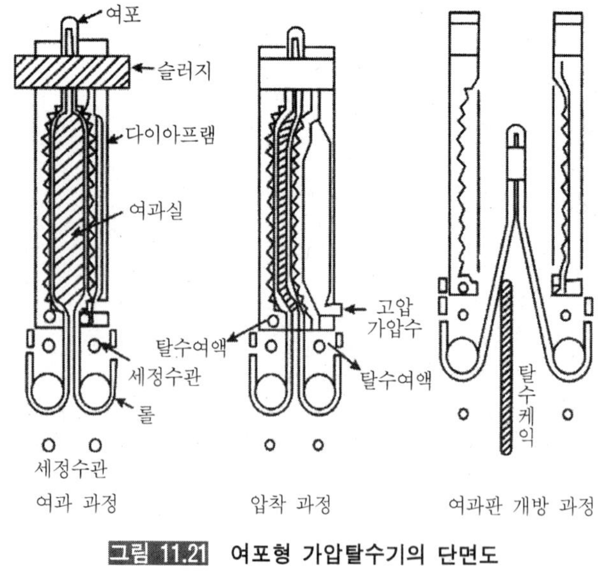

그림 11.21 여포형 가압탈수기의 단면도

판이 가압되어 슬러지에 포함된 수분을 압출시켜서 탈수가 실시된다. 탈수판을 분리시키면 케익은 여포에서 박리되어 밑으로 떨어지고, 탈리액은 탈수판 상에 파여있는 다수의 작은 홈을 통하여 탈수판 밑에 있는 탈수여액 배출구로 빠져 나간다.

가압탈수기의 운전방식에는 수동, 반자동 및 완전자동이 있으며, 슬러지의 진공탈수 시와 마찬가지로 가압탈수 시에도 미리 슬러지를 개량시키는 경우가 많다. 가압탈수의 계통도는 그림 11.22와 같다.

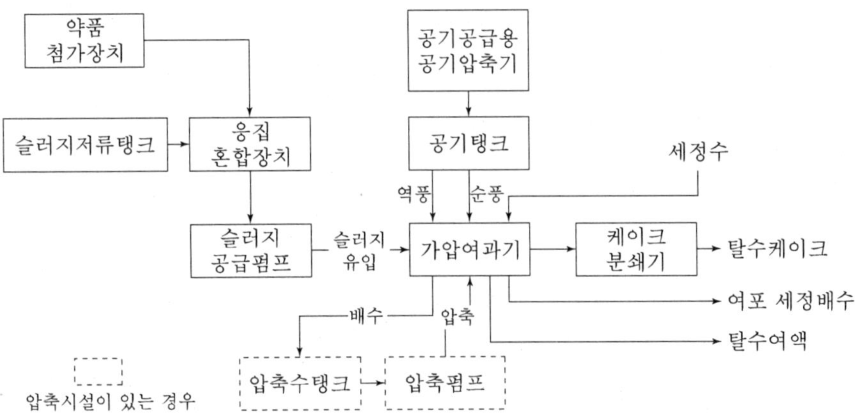

그림 11.22 여포형 가압탈수 계통도의 예

1) 가압탈수기

탈수면적으로 표시되는 여포형 가압탈수기의 용량은 식 (11-20)을 이용하여 구할 수 있다.

$$A = \frac{1,000(1 - W/100) \cdot Q}{V \cdot t} \tag{11-20}$$

여기서, A : 탈수면적[m^2]

W : 슬러지함수율[%]

Q : 유입슬러지량[m^3/d]

V : 탈수속도[kg/m^3 · hr]

t : 일 운전시간[hr/d]

$$N = \frac{A}{a}$$

여기서, N : 대수[대]

a : 1대당 유효탈수면적[m^2/대]

가압탈수기의 탈수속도를 결정하기 위해서는 슬러지유입, 공기주입, 탈수판의 개폐, 기타 과정에 요구되는 시간을 모두 포함시킨 순환기간(cycle time)을 고려하여야 하는데 압축기구가 있으면 탈수시간이 단축되어 20~40분 정도가 1사이클이 될 수 있다.

슬러지의 유입압력은 압축기구의 유무에 상관없이 통상 0.3~0.5 MPa를 사용하며, 그림 11.23과 같다.

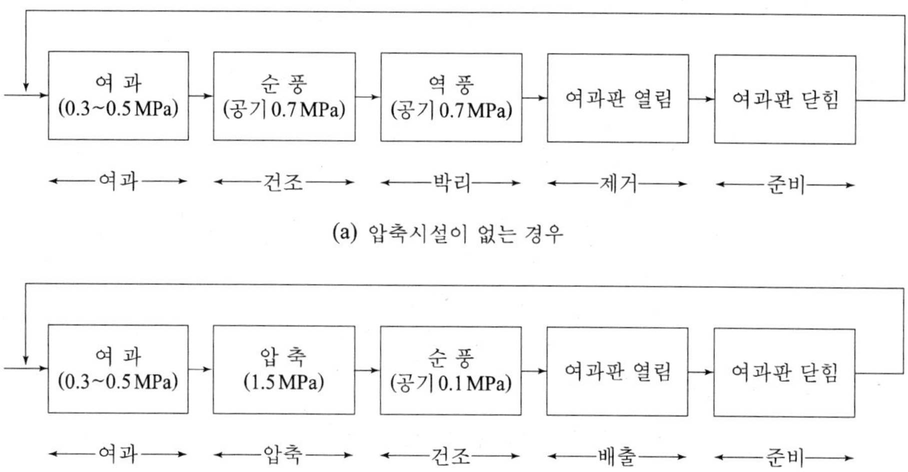

(a) 압축시설이 없는 경우

(b) 압축시설이 있는 경우

그림 11.23 여포형 가압탈수기의 탈수과정

슬러지를 탈수시키는 경우 여포는 표면이 매끈하고 눈이 잘 막히지 않아야 하며, 탈수상태가 끝까지 변하지 않고, 케익의 박리가 용이한 합성섬유제의 여포를 많이 사용한다. 여포는 다음과 같은 구비요건을 갖추어야 한다.

① 내구성이 좋아야 한다.

② 화학적으로 안정성이 높아야 한다.

③ 마찰, 휨, 인장 등에 대한 강도가 높아야 한다.

④ 저항계수가 낮아야 한다.

⑤ 케익의 박리가 용이해야 한다.

⑥ 청징도가 높은 탈리액을 얻을 수 있어야 한다.

2) 슬러지의 유입펌프

슬러지유입펌프는 회전식 슬러지펌프가 유지하기에 간편하나 토출량이 많은 경우에는 왕복운동식펌프를 사용하며, 왕복운동식 또는 다이어프램펌프의 경우 토출관에다 안전밸브를 설치하나 일정압력 이상이 되는 경우에는 펌프의 흡입측에다 배관한다. 또한 회전식펌프의 경우 유입이 시작되는 최초에는 저양정이므로 실제토출량은 겉보기 토출량보다 많으나 시간이 흐름에 따라 감소하므로 유입슬러지량/시간곡선의 평균토출량을 기준으로 한다. 왕복운동식 펌프의 경우는 일정한 용량이므로 유입슬러지량/시간곡선의 평균토출량의 약 두 배를 기준으로 한다. 그리고 펌프의 동력은 회전식펌프의 경우 유입이 시작되는 최초에는 양정이 낮아서 큰 동력을 요구하므로 기준양정에서 소요동력의 약 두 배로 한다.

3) 공기압축기

송풍용 공기압축기는 다음의 사항을 고려하여 정한다.

① 토출공기량은 탈수실용량 1 m^3당 대기압하에서 약 2 m^3/min으로 한다.

② 토출압력은 0.7 MPa 정도로 한다.

③ 대수는 예비를 포함해 두 대 이상으로 한다.

(2) 스크류프레스 탈수방식

1) 스크류프레스 탈수기

스크류프레스(screw press) 탈수기는 스크류프레스 탈수방식의 원형으로 원통의 스크린과 스크류 날갤 구성되며, 양자간의 용적은 탈수슬러지 유출부에 가까울수록 축소 압축되어 탈수된다. 분리된 탈수여액은 원통스크린을 통해 배출된다. 스크류의 회전수는 2회/min 정도이고, 스크린의 세정은 탈수종류 후에 수행한다. 또한 응집제의 투입은 양이온 고분자응집제를 1.0~1.3%로 함수율은 76~82%의 범위로, 회전수가 높을수록 탈수양을 증가하나 함수율은 높아진다.

2) 다중판형 스크류프레스 탈수기

다중판형 스크류프레스 탈수기는 고정축에 의해 스크류의 내통을 형성하는 고정판과 고정판 사이에서 편심축에 의해 편심운동을 하는 유동판(링)과 내통 사이에서 저속 회전하는 스크류에 의해 이송 및 압축하여 슬러지를 출구방향에 이송하면서 탈수가 진행되는 탈수기이다.

이 탈수기는 응집제 투입시설, 탈수기 본체, 조작반등 슬러지공급펌프 등이 하나의 유닛으로 구성되어 있어 시설이 콤팩트하며, 탈수기 본체는 최대 5본까지 하나의 유닛으로 구성된다. 이 탈수기의 특징은 다음과 같다.

① 사용되는 응집제는 고분자응집제와 철염을 동시에 사용하며, 철염투입량은 탈수슬러지의 함수율에 따라 달라지나, 80% 이하로 유지하기 위해서는 철염의 투입량이 DS 기준으로 10~15%이다. 따라서 탈수용량을 설정시 철염투입에 따른 잉여슬러지발생량 증가에 대해 고려하여야 한다.

② 이 탈수기의 탈수성능은 DS당 응집제 투입량에 민감하게 반응하므로, 슬러지성상(슬러지농도, 강열감량 등)이 안정된 슬러지의 탈수에 적합하여 생물반응탱크로부터 직접 탈수하는 방식에 사용되며, 소규모 처리시설에 적합하다.

③ 탈수기능력은 안지름 200 mm 기준으로 탈수 본체 본당 6~8 kg ds/hr 정도이다.

④ 기타 특징은 스크류프레스 탈수기와 유사하다.

11.6.2 탈수기

정수시설에서 발생되는 슬러지를 처리하는 탈수기의 종류로는 그 기구 또는 원리상으로 가압형탈수기, 진공탈수기, 원심분리기 및 조립(造粒)탈수기 등으로 분류할 수 있다. 탈수기의 종류별 주요 특성은 표 11.15와 같다.

표 11.15 탈수기의 종류

항목 \ 기종	진공탈수기	가압형 탈수기			원심분리기	조립탈수기
		필터프레스	벨트프레스	스크루프레스		
형식	벨트형이 주로 사용	횡형, 종형	-	-	데칸타형이 일반적임.	드럼형
탈수기구	감압여과	슬러지공급 압력	여과포의 압착력과 전단력	스크루압착	원심분리에 의한 고액분리	슬러지응집과 중력이용
슬러지 공급방법	연속	간헐	연속	연속	연속	연속
전처리	석회산 처리후석회 동결용해	석회산 처리후석회 (고분자응집제)	석회산 처리후석회 (고분자응집제)	석회산 처리후 석회 (고분자응집제)	고분자응집제 동결융해	고분자응집제 (또는 물글라스 첨가)
기타	슬러지성상에 따른 영향이 크다.	슬러지성상에 따라 전처리를 하지 않아도 된다.	전처리는 필수적이다.	-	건조와 소성 공정이 필요한 경우가 있다.	슬러지 농도가 낮아도 사용된다.

탈수기를 선정할 때에는 탈수성능뿐만 아니라 유지관리의 난이도, 비용, 케익의 재활용, 매립지 등을 고려하여 결정한다.

(1) 가압탈수기

가압탈수기는 슬러지에 기계적 압력을 가하여 압착함으로써 탈수하는 장치이며, 가압탈수의 전처리로 소석회를 주입하는 방법과 주입하지 않는 방법이 있다. 전자는 탈수효율이 좋지만 발생케익의 pH가 높고 매립처분하는 경우에는 환경상의 문제가 없도록 관리형 매립지에 최종 처분해야 한다. 정수처리에 사용되는 가압탈수기는 필터프레스식이 많다. 기본 구성으로는 가압탈수기와 다음과 같은 보조기기의 조합으로 이루어진다.

① 압입펌프(injection pump)
② 압입탱크(injection tank)
③ 유압펌프 유니트
④ 공기압축기
⑤ 여과포 세척장치

가압형 필터프레스의 운전방식은 탈수기의 여실 내에 슬러지 원액을 케익두께(20~30 mm) 정도가 되도록 주입하여 여과포에 의한 고액분리, 슬러지층의 필터작용으로 탈수한다. 최종 가압은 1.0~2.0 MPa 정도로 가압한다.

가압압착형 필터프레스에는 종형과 횡형이 있으며, 가압형 필터프레스에 비하여 다이어프램과 압력수 펌프가 부가되기 때문에 구조가 복잡하다. 가압압착형 필터프레스의 운전방법은 여실 내에 슬러지를 3~10분간, 케익의 두께를 3~5 mm 정도가 되도록 주입하고, 그 다음 가압수를 다이어프램에 공급하여 여실 내의 슬러지를 압착한다. 슬러지의 압입압력은 최초 0.3~0.5 MPa, 다이어프램에 의한 압착압력은 1.2~1.5 MPa이다. 탈수공정은 여과, 압착, 배출이 1 사이클이며 탈수소요시간은 약품처리가 없는 경우에는 단시간형으로 약 1시간, 장시간형인 경우에는 수십시간이 소요되고 소석회 등을 사용하는 경우에는 20~30분간이 일반적이다. 일반적으로 케익의 함수율은 55~65%이며, 압착기구가 있는 것은 여기서 5~10% 정도를 추가로 제거할 수 있다. 가압탈수기에서는 여과포 부근의 슬러지는 빨리 탈수되지만 입자사이에서는 압밀이 생겨 탈수가 어렵게 된다. 이러한 문제를 해소하기 위하여 전기침투현상을 이용하여 기존의 기계적 압착압력보다 적은 압착압력은 약 0.1~0.4 MPa으로 탈수가 가능한 가압여과기도 있다.

벨트프레스식에서 벨트의 속도가 빨라지면 탈수시간이 짧아져서 수분이 많은 케익이 생성되며, 벨트의 인장력이 증가되면 더욱 건조된 케익이 생성되나 벨트의 마모가 심해진다. 또한 폴리머의 사용량을 증대시키면 더욱 건조된 케익이 생산된다. 슬러지의 주입량을 증대시키기 위해서는 벨트의 속도를 증대시켜야 한다. 또한 성글(sangler)은 여과막을 사용하면 보다 건조된 케익을 얻을 수 있으나 SS회수율은 낮아진다(그림 11.24 참조).

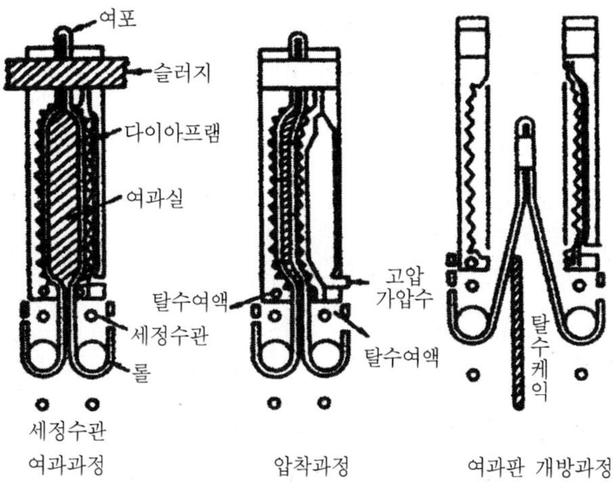

(a) 필터프레스식의 단면도

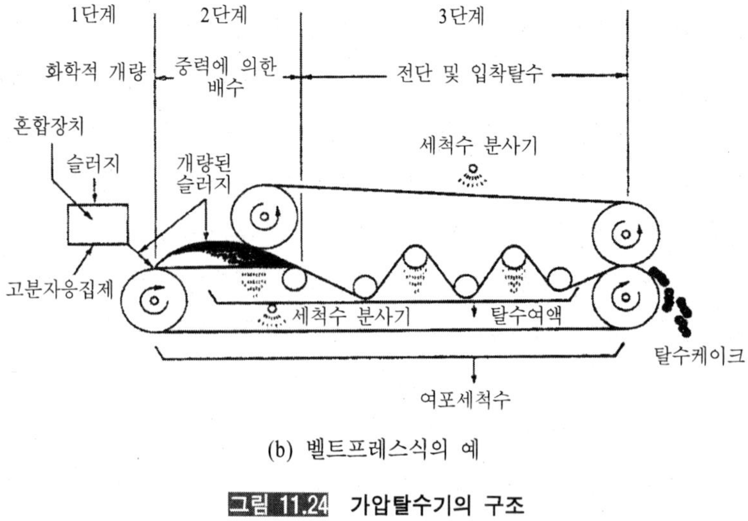

(b) 벨트프레스식의 예

그림 11.24 가압탈수기의 구조

벨트프레스식 탈수기의 용량은 식 (11-21)로 구할 수 있다.

$$B = 1{,}000\left(1 - \frac{W}{100}\right) \cdot \frac{Q}{V} \tag{11-21}$$

여기서, B : 유효여과포 폭[m]

W : 슬러지함수율[%]

Q : 유입슬러지량[m^3/hr]

V : 탈수속도[$kg/m^2 \cdot hr$]

예제 11.7

수분 95%의 하수오니를 1일당 120 m^3 탈수한다. 염화제1철 및 소석탄을, 오니중 고형물의 건조중량당 각각 5% 및 20% 가하고 여과속도 15 kg/hr로 탈수하여, 수분 75%의 탈수오니를 얻는다. 이때에 진공여과기 여과면적과 탈수오니 용적을 구하시오.

풀이

1) 하수오니의 고형물량을 하수오니의 단위중량을 1,000 kg/m^3로 하고,

$$120\,m^3/d \times \frac{100-95}{100} \times 1{,}000\,kg/m^3 = 6{,}000\,[kg_f/d]$$

2) 응집체 첨가후의 고형물량은,

$$6{,}000\,kg_f/d \times \left(1 + \frac{5+20}{100}\right) = 7{,}500\,kg_f/d = 312.5\,[kg/hr]$$

3) 필요 여과면적 A는,

$$A = 312.5\,kg/hr / 15\,kg/m^2hr = 2\,[m^2]$$

4) 탈수케이크의 용적 Q는 탈수오니의 단위중량을 1,000 kg/m^3으로 생각하고,

$$7{,}500\,kg_f/d = Q\left(\frac{100-75}{100}\right) \times 1{,}000\,[kg/m^3]$$

따라서, $$Q = \frac{7{,}500\,kg_f/d}{1{,}000\,kg/m^3 \times 0.25} = 30\,[m^3/d]$$

(2) 그 외에 탈수기

1) 진공탈수기

진공탈수기는 드럼과 진공장치 및 여과포로 구성되며, 드럼의 표면에 있는 슬러지를 여과포를 통하여 진공력을 주어 탈수하는 방식이다. 진공탈수기는 소석회 등의 약품을 사용하든지 동결융해법 등의 탈수전처리가 필요하다. 또 케익의 함수율은 슬러지의 성상과 탈수전처리에

의한 영향이 크며 60~80% 정도이다.

2) 원심탈수기

원심탈수기는 회전드럼 내에 고분자응집제 등으로 전처리한 슬러지를 공급하고 원심력으로 고액분리하는 방식이다. 이 방식은 건조 · 소성의 공정을 조합하면 처분에 유리한 탈수방법이다.

3) 조립탈수기

조립탈수기는 슬러지에 고분자응집보조제(폴리아민계) 등을 첨가하여 회전드럼 내에서 천천히 회전시키며, 슬러지 중의 입자를 응집하여 크게 하고 입자간의 수분을 중력으로 드럼의 외부로 배출시키는 방법이다. 케익의 함수율이 80% 정도로 높아 건조공정과의 조합이 필요하다. 탈수기의 성능을 정확히 파악하기 위하여 여름철 고탁도 시와 겨울철 저탁도 시에 현장에서 실험할 필요가 있다.

일반적으로 용량결정은 고탁도 시를 대상으로 하는 경우가 많으나 일반적으로 겨울철 슬러지는 탈수성이 나쁘기 때문에 저탁도 시에서의 검토도 필요하다. 탈수기에 공급되는 슬러지의 농도는 탈수기에 따라 정확한 범위가 있고 그 범위 외에는 처리가 불가능한 경우도 있다. 탈수기의 운전시간은 관리체제를 고려하여 설정한다. 장기적인 관점에서는 연간슬러지발생량과 연간운전가능일수와의 관계를 충분히 파악하여 계획처리량에 맞는 탈수기를 설치한다. 운전시간 설정에 대해서는 기계의 가동시간에 시작 준비작업시간과 종료 청소작업시간으로 각각 30~60분을 더한다.

여과(脫水, dehydration)주기(cycle time)는 슬러지의 압입, 압착(압착기구를 부착한 경우), 공기주입(건조), 여과판 열림, 배출 및 여과판 닫힘의 각 공정으로 한 사이클이 되기 때문에 이 모든 공정들을 종합한 시간으로 산출한다.

가압탈수기의 용량(여과면적)은 식 (11-22)로 구한다.

$$A = \frac{S}{V \cdot t} \tag{11-22}$$

여기서, A : 여과면적[m^2]

S : 슬러지량[kg-D.S./d]

V : 여과농도[kg-D.S./m^2/hr]

t : 실가동시간[hr/d]

$$N = \frac{A}{a}$$

여기서, N : 소요대수[대]

a : 탈수기의 여과면적[m^2/대]

가압탈수기에 사용되는 여과포(필터프레스 천)에는 폴리프로필렌, 나일론, 테프론 등의 합성섬유가 많고 섬유의 크기, 직조방법(織造方法, weaving : 어떤 연속적인 물체를 가지고 조직을 형성하여 짜서 만드는 의미), 여과포의 구멍 크기 등이 다르기 때문에 실험으로 최적의 여과포를 선정한다. 안정되게 탈수를 하기 위해서는 여과포가 폐색되지 않는 것이 좋으나 여과포의 구멍 크기가 크게 되면 여액이 탁해지고 처리효과가 감소되기 때문에 주의해야 한다. 여과포에는 상당한 장력이 걸리기 때문에 충분히 견딜 수 있는 강도로 한다. 가압탈수기의 여과포는 다음의 선정조건을 기초로 결정한다.

① 내산성, 내알칼리성일 것
② 강도, 내구성이 클 것
③ 안정된 여과속도가 가능할 것
④ 사용 중에 팽창과 수축이 적을 것
⑤ 여과포의 폐색이 적고 케익의 탈착이 좋을 것
⑥ 탈수여액에 청징도가 높을 것
⑦ 재생이 가능할 것

11.6.3 벨트프레스 탈수설비

벨트프레스 탈수기는 슬러지에서 물을 짜내기 위하여 벨트(belt)와 로울러(roller)를 사용하여 압력을 가하는 방법이며, 탈수할 때 여포를 연속이동시키면서 여포 위에 고분자응집제를 첨가시킨 응집슬러지를 공급하면 응결물 사이의 간극수가 중력에 의해 탈수되고 이동된 슬러지는 상하의 여포압축에 의해 탈수된다. 탈수케익은 제거기에 의해 여포에서 박리된다. 탈수케익이 박리된 여포는 압력수로 세척되어 다시 탈수부에 돌아가며 다시 앞의 과정이 연속적으로 반복된다. 벨트프레스탈수의 계통도는 그림 11.25와 같다.

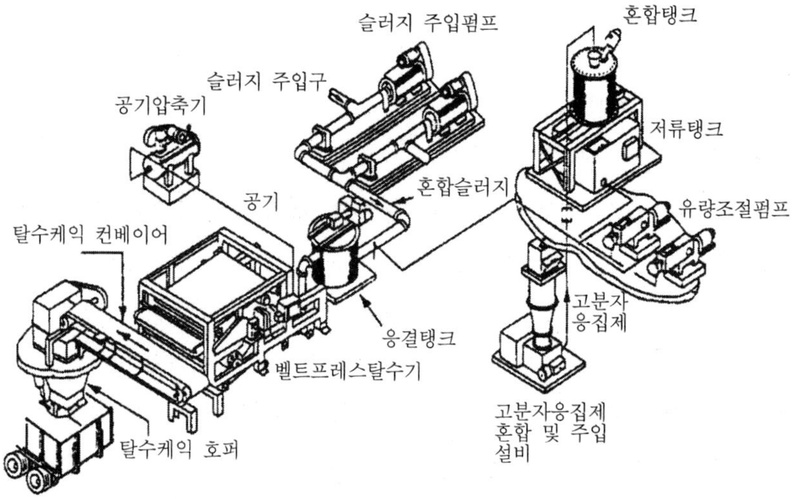

그림 11.25 벨트프레스 탈수설비 계통도의 예

(1) 벨트프레스 탈수기

벨트프레스 탈수기의 용량은 식 (11-23)에 의해 구한다.

$$B = \frac{1,000(1 - W/100) \cdot Q}{V \cdot T} \tag{11-23}$$

여기서, B : 유효여포폭[m]

W : 슬러지함수율[%]

Q : 유입슬러지량[m^3/d]

V : 탈수속도[kg/m^2 · hr]

t : 일 운전시간[hr/d]

$$N = \frac{B}{b}$$

여기서, N : 대수[대]

b : 1대당 유효여포폭[m/대]

여포폭은 슬러지성상변화에 따른 탈수실험결과와 벨트프레스 탈수기의 운전실적으로부터 탈수속도를 정하며, 대수는 점검 및 수리 유지관리를 고려하여 예비를 두는 것은 바람직하나 장비가 고가이고, 비경제적이므로 근무시간 상시 가동기준으로 두 대 이상을 설치한다.

또한 탈수슬러지의 함수율은 슬러지의 종류, 슬러지농도, 유기물함유율 등의 슬러지 특성과 약품종류, 약품첨가량, 벨트속도 등의 운전조건에 의해 달라진다. 탈수슬러지함수율 선정은 가능하면 낮게 하는 것이 좋으나, 처리슬러지 특성과 탈수슬러지처리방법, 경제성을 유의하여 적당한 함수율을 설정한다(표 11.16 참조).

표 11.16 벨트프레스 여과기 성능 예(표준형)

슬러지 종류		중력농축 혼합슬러지	기계농축 혼합슬러지	혐기성 소화슬러지
슬러지성상	Ts	1.5~2.5%	약 3.5%	2.0~2.5%
	VTs	75~80%	75~80%	60~65%
약품첨가율		1.0~1.3%	1.0~1.3%	1.1~1.3%
여과속도		90~120 kg/m · h	약 130 kg/m · h	70~90 kg/m · h
탈수슬러지함수율		80~83%	79~82%	81~83%
SS회수율		93% 이상	93% 이상	90% 이상

최근의 경향은 슬러지의 난탈수화 · 탈수슬러지처분비의 저감 등을 감안하여 탈수슬러지함수율의 저감화를 목적으로 한 고효율형 벨트프레스 여과기를 사용하는 처리시설이 증가하고 있다. 고효율형은 탈수기 내의 유효탈수시간이 길고, 또한 슬러지를 전압하기 위한 최고 면압도 높아서 표준형에 비하여 탈수슬러지의 함수율을 약 3% 정도 낮게 탈수성능을 발휘할 수 있다. 이러한 조건을 만족시키기 위해서는 구조적으로 탈수에 기여하는 많은 롤의 수가 필요하고, 또한 여포의 길이도 길게 된다.

(2) 벨트프레스 탈수기실

벨트프레스 탈수실은 작업하기에 충분한 넓이로 환기, 조명, 배수가 좋아야 하며, 탈수케익의 반출이 편리한 위치에 설치한다.

(3) 탈수케익 수송장치

벨트는 수평벨트를 표준으로 하며, 내마모성과 내약품성을 갖춘 것으로 벨트폭은 보통 40~90 cm 정도를 사용하고, 수송하는 탈수케익이 벨트에서 떨어지지 않도록 컨베이어와 트랩의 각도는 20° 정도로 하며, 필요에 따라서는 케익의 낙하방지를 위해 컨베이어 밑에 탈수케익 낙하방지 트랩을 설치하는 것이 바람직하다. 또 탈수케익 낙하방지 트랩에는 세척장치를 하기도 한다. 벨트컨베이어의 기울기는 슬러지 케익의성상에 따라 다르나 벨트에서 미끄러지지 않도록 20° 이하로 한다.

(4) 부대설비

부대장치로서 슬러지저류탱크, 압축설비, 여포세척, 약품주입 및 슬러지공급펌프, 탈수케익 이송 및 저장설비 등을 설치한다.

11.6.4 슬러지탈수의 전처리

슬러지에 약품을 첨가하여 중력가속도의 2,000~3,500배의 원심력으로 원심분리시키면 슬러지가 탈수된다. 중력에 의한 입자의 침강속도는 Stokes의 법칙에 따라 식 (11-24)로 구할 수 있다.

$$V = \frac{g\,(\rho_s - \rho_w)}{18\mu} \cdot d^2 \qquad (11\text{-}24)$$

여기서, V : 중력에 의한 침강속도[m/s]

g : 중력가속도[m/s^2]

ρ_w : 액체의 밀도[kg/m^3]

ρ_s : 입자의 밀도[kg/m^3]

μ : 액체의 점도[kg/m · s]

d : 입자의 지름[m]

원심력에 의한 침강속도는 g대신에 $r \cdot \omega^2$을 넣으면 식 (11-25)를 얻을 수 있다.

$$U_r = \frac{r \cdot \omega^2}{d\theta} = V \cdot \frac{r \cdot \omega^2}{g} = V \cdot Z \qquad (11\text{-}25)$$

여기서, U_r : 원심력에 의한 반지름방향의 침강속도[m/s]

r : 원통의 반지름[m]

ω : 원통의 각속도[rad/s]

θ : 시간[s]

V : 중력에 의한 입자의 침강속도[m/s]

Z : 반지름 r의 원심효과

원심력에 의한 침강속도는 고체입자 지름의 자승에 비례하므로 응집제를 첨가해 슬러지입자의 크기를 증대시키고 Z를 크게 할수록 빨라진다. 분리특성은 슬러지의 입자지름, 밀도 및 교반작용에 따라 변화한다. 원심탈수기는 고액분리기능과 침강분리된 고형물의 함수율을 낮추는 탈수기능으로 나눌 수 있다. 원심탈수기는 그림 11.26이며, 원심탈수기의 계통도는 그림 11.27과 같다.

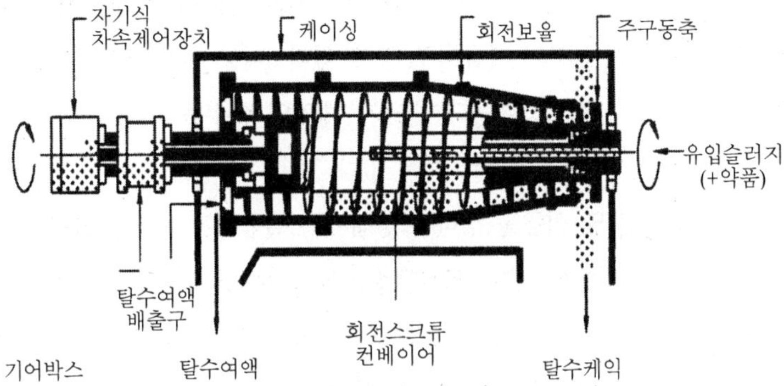

그림 11.26 **원심탈수기의 예**

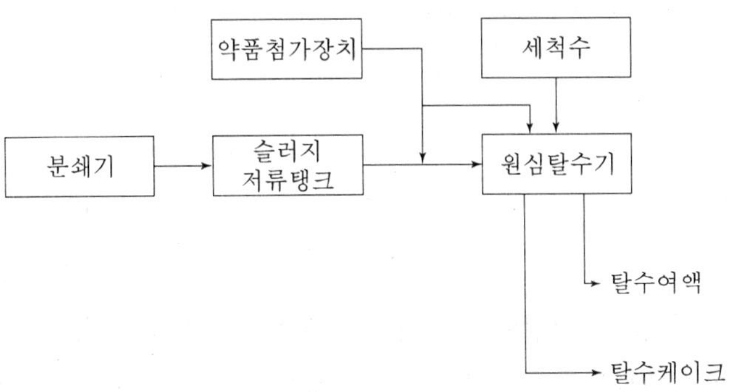

그림 11.27 **원심탈수기 계통도의 예**

(1) 원심탈수기

원심탈수기에 의한 탈수효율을 증가시키기 위해서는 다음 사항을 고려하여 설계한다.

탈수기의 용량은 슬러지의 성상, 고형물의 농도 및 운전시간을 고려하여 결정하며, 대수는 식 (11-26)을 이용하여 구할 수 있다.

$$N = \frac{Q}{q \cdot t} \qquad (11\text{-}26)$$

여기서, N : 대수[대]

Q : 유입슬러지량[m^3/d]

q : 1대당 처리용량[m^3/개 · hr]

t : 일 운전시간[hr/d]

원심탈수기의 탈수효율에 영향을 미치는 기본변수에는 슬러지 유입률, 입자의 크기와 밀도, 고형물농도, 온도 그리고 응집제의 사용여부 등이 있다. 이들 변수들의 영향은 주어진 슬러지 유입류에서 얻을 수 있는 고형물회수율과 슬러지 케익의 함수율로 표현되는데 고형물의 특성은 탈수효율에 영향을 미치지만 통제할 수는 없다.

또한 탈수기의 탈수조건 및 성능을 정하는 방법에는 실험운전, 원심분리실험, 기존 원심탈수기의 운전자료 등에 의한 방법이 있다. 원심탈수기의 용량 및 성능을 결정하기 위해서는 슬러지의 성상, 고형물의 농도 및 운전시간을 고려하여 결정한다. 제작업체마다 슬러지성상에 따른 원심효과, 보울과 스크류 컨베이어간의 속도차, 액측수심 등이 다르므로 선정시 주의하여야 한다. 원심효과가 중력가속도의 2,000~3,000배일 때 1대당 슬러지 최대처리용량이 150 m^3/hr 정도의 것도 개발되어 있으며, 동일 처리용량에 대한 시설면적이 다른 기종보다 적게 드는 장점이 있다.

(2) 부대설비

탈수슬러지의 함수율은 슬러지량 성상, 슬러지량, 원심효과, 약품종류, 약품첨가량에 따라 달라진다. 탈수슬러지 함수율 선정은 가능하면 낮게 하는 것이 좋으나, 처리슬러지 특성과 탈수슬러지처리방법, 경제성을 유의하여 적당한 함수율을 설정한다(표 11.17 참조).

기계농축슬러지 등의 고농도슬러지를 탈수하는 경우 탈수기 내의 고형물부하량이 탈수기 고유의 허용부하량을 넘어 분리액측면에 고형물입자의 갈라짐이 발생하여 SS회수율이 떨어지게 되므로 투입슬러지량을 표준보다 낮은 농도로 운전한다.

또한 슬러지의 난탈수화 · 탈수슬러지처분비의 저감 등을 감안하여 탈수슬러지함수율의 저감화를 목적으로 한 고효율형 원심탈수기를 사용하는 처리장이 증가하고 있다.

표 11.17 원심탈수기 성능 예(표준형)

슬러지 종류		중력농축 혼합슬러지	기계농축 혼합슬러지	혐기성 소화슬러지
슬러지성상	Ts	1.5~2.5%	약 3.5%	2.0~2.5%
	VTs	75~80%	75~80%	60~65%
약품첨가율		1.0~1.3%	1.0~1.3%	1.1~1.3%
탈수슬러지함수율		80~83%	80~83%	82~84%
SS회수율		95% 이상	95% 이상	95% 이상

11.7 슬러지의 소각

슬러지의 소각은 슬러지에 열을 가함으로써 산화 가능한 유기물질을 이산화탄소와 수분으로 전환시켜 제거하는 것으로 슬러지처분량의 감소 및 안정화를 도모하는 것이다. 슬러지소각의 장·단점은 다음과 같다.

1) 장점

① 위생적으로 안전하다(병원균이나 기생충의 사멸).

② 부패성이 없다.

③ 탈수케익에 비하여 혐오감이 적다.

④ 슬러지용적이 1/50~1/100로 감소된다.

⑤ 다른 처리법에 비해 소요부지면적이 적다.

2) 단점

① 대기오염방지를 위한 대책이 필요하다.

② 유지관리비가 상당히 높다.

③ 주변환경에 영향을 줄 수 있다.

④ 소각장을 건설할 경우 처리장의 입지조건을 충분히 검토하여야 한다.

슬러지소각방식은 열조작방식에 따라 소각, 용융, 건류, 습식산화 등으로 분류된다. 또한 소각로의 구조에 따라 다단소각로, 회전소각로(로타리킬른), 기류건조소각로, 유동층소각로, 분무소각로, 사이클론소각로, 그리고 열분해(pyrolysis) 등이 있다. 습식산화는 슬러지를 액상 그대로 고압에서 공기를 공급해 산화시키고, 액상의 재를 탈수하는 방법이다. 주요 소각로의 특성의 비교는 표 11.18과 같다.

표 11.18 주요 소각로의 종류별 특성 비교

항목 \ 종류	다단소각로	유동층소각로	회전소각로	기류건조소각로
건설비	중	중	중	대
내구성	대	대	중	중
처리량범위(습윤기준)	50~6,000 kg_f/hr	50~6,000 kg_f/hr	100~3,000 kg_f/hr	100~3,000 kg_f/hr
소각의 용이성	아주 용이	아주 용이	비교적 용이	용이하지 않음
승온시간	40분~1시간 정도	20~40분	30~50분	40분~1시간 정도
공기비	1.4~2.0	1.3	2.4~3.2	2~3
열부하량[kcal/m^3 · hr]	70,000~150,000	150,000~450,000	70,000~100,000	-
소각온도[℃]	700~900	750~850	700~900	700~900
소각건조병행	가능	가능	가능	가능
보조연료사용량	중	적음	많음	많음
분진발생량[g/Nm^3]	0.85~2	5~30	3~6	-
혼합소각가능성	가능	가능	가능	가능

슬러지를 혐기성 소화 및 소각시킬 것인가를 판단하기 위해서는 신중한 고려가 필요하다. 혐기성 소화와 소각처분은 각각 장 · 단점을 지니고 있으며 이러한 처분방법의 결정에는 건설비와 장기적인 유지관리비, 슬러지의 최종처분방법, 지역적 규모와 특성, 운전관리 능력, 매립지의 확보 가능 여부 등의 종합적인 요소를 고려하여야 한다. 하수슬러지의 처리방식에 따른 에너지측면에서 유지관리비를 비교해보면, 일반적으로 슬러지처리 시에 소요되는 에너지량은 하수처리장의 총전력사용량의 약 10~20%를 차지하는 것으로 알려져 있으며, 슬러지를 소각하는 경우 소각로의 형식, 운전조건 등에 따라 소요 에너지량도 다르게 나타난다.

11.7.1 다단소각로

다단소각로 내부는 내화설 물질로 만들어진 구조물로서 6~12단 정도의 내화성 수평로상, 방열을 막는 노벽, 탈수케익을 혼합이동시키는 중앙축, 혼합기팔(arm) 및 보조연료장치, 구동장치 등으로 구성되어 있다. 다단소각로의 구조는 그림 11.28과 같다.

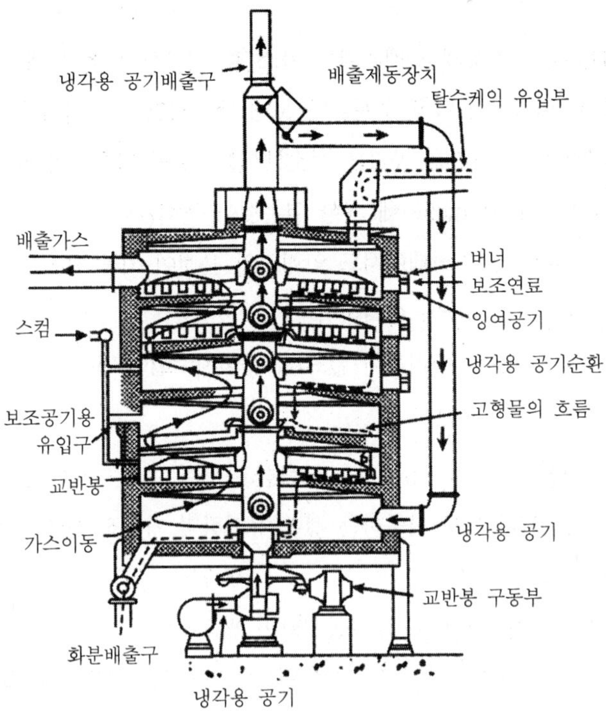

그림 11.28 다단소각로의 예

다단소각로는 형태나 방식에 따라 다음의 네 가지로 구분된다.

① 입형원통형 다단로

② 회전디스크형 다단로

③ 각형 다단로

④ 열분해형 다단로

노(爐)에 공급된 탈수케익은 중앙측에 고정된 혼합기팔의 회전에 의해 각 단의 노상위에 뿌려져서 타면서 밑의 단으로 떨어지는 과정을 계속해 점차적으로 건조, 소각 및 냉각의 과정으로 이행한다. 또 탈수케익은 건조과정에서 연소가스와 역류접촉되어 건조되고, 연소가스는 수증기를 많이 포함한 250~350℃ 정도의 가스로서 노의 위로 배출되고 탈수케익은 소각용공기와 노측면에서 나오는 1,000℃ 정도의 조연용 열풍에 의해 700~900℃에서 연소된다. 소각재는 냉각과정에서 신선한 공기와 역류접촉하여 냉각되며, 노의 외부로 배출된다.

다단소각로의 장·단점은 다음과 같다.

1) 장점

① 단순히 습식세정을 사용해도 배출되는 가스 중 입자상 물질이 매우 적다.

② 유량의 변화에 민감하지 않고 고형물의 노내 체류시간이 3~4시간 정도로 안정되어 있다. 또한 중앙부에서 차가운 공기를 재순환시킴으로써 열수지의 유지가 가능하며, 역류로 운전되므로 스모크(smoke)에 의한 열손실이 줄어든다.

③ 정상적인 부하보다 낮은 상태에서도 안정적인 운전이 가능하다.

④ 상대적으로 에너지 소비량이 합리적이다.

⑤ 소각로를 운전하는데 별 어려움이 없으며, 슬러지주입이 용이하다.

2) 단점

① 노가 상당히 많은 열적 비활성물질을 포함하고 있어 운전시작시 많은 양의 보조열이 필요하다. 따라서 연속적으로 가동하는 것이 유리하며 가급적 간헐적 운전 및 운전중지는 피하는 것이 좋다.

② 50~80% 정도에 이르는 많은 잉여공기량이 필요하다.

③ 400℃ 정도의 낮은 온도로 운전할 경우 열회수가 어렵고 회수 시에도 특별한 장치가 필요하다.

④ 대기 중으로 악취를 발산할 우려가 있다.

(1) 노상면적, 단수 및 기수

단단로 내로 투입되는 슬러지케익은 건조 · 소각 및 냉각을 거쳐서 소각이 달성되므로 다단로의 소요상면적은 각 과정을 수행하는데 필요한 면적의 합이 되며, 다음 식들로 구할 수 있다.

$$A_h = A_d + A_b + A_c \tag{11-27}$$

$$A_d = \frac{F_w}{V_w} \tag{11-28}$$

$$F_w = F_f \frac{W - W'}{100 - W'} \tag{11-29}$$

$$A_b = \frac{F_b}{V_b} \tag{11-30}$$

$$F_b = F_f \frac{100 - W}{100 - W'} \tag{11-31}$$

여기서, A_h : 전체 노상면적[m^2]

A_d : 건조단의 상면적[m^2]

A_b : 소각단의 상면적[m^2]

A_c : 냉각단의 상면적[m^2]

F_w : 건조단에서의 증발수량[kg/hr]

V_w : 건조단에서의 평균수분증발량[$kg/m^2 \cdot hr$][일반적으로 25~30 $kg/m^2 \cdot hr$]

F_f : 탈수케익의 공급량[kg/hr]

W : 노에 공급되는 케익의 함수량[%]

W' : 소각단의 입구에서 케익의 함수율[%]

F_b : 소각단에서의 소각되는 물질의 양[kg/hr]

V_b : 소각단에서의 평균소각률[$kg/m^2 \cdot hr$][일반적으로 25~30 $kg/m^2 \cdot hr$]

단 건조과정에서 소각과정으로의 이행은 케익이 완전히 건조되기 전에 실시하며, 소각단 입구에 케익의 함수율은 일반적으로 30~50% 정도 한다.

냉각단의 노상면적은 다음의 관계식을 만족하도록 고려하는 것이 좋다.

$$\frac{A_c}{A_d + A_b} = 0.1 \sim 0.3 \tag{11-32}$$

따라서 식 (11-27)에 식 (11-28)~(11-32)를 대입시키면 다음 식들을 얻을 수 있다.

$$A_h = (1.1 - 1.3)F_f \cdot \frac{1}{100 - W'}\left(\frac{W - W'}{V_w} + \frac{100 - W}{V_b}\right) \tag{11-33}$$

$$A_h = \frac{F_f}{V} \tag{11-34}$$

$$V = \frac{1}{(1.1 - 1.3)} \cdot \frac{100 - W'}{\dfrac{W - W'}{V_w} + \dfrac{100 - W}{V_b}} \tag{11-35}$$

여기에서 V는 다단로의 케익면적부하율($kg/m^2 \cdot hr$)을 고려한 것으로 일반적으로 30~40 $kg/m^2 \cdot hr$의 값으로 한다.

또 노의 단수는 전노상면적과 노의 지름에 의해 정해지는데, 일반적으로 6~12단 정도이며, 위에서부터 건조·소각 및 냉각의 영역으로 구분된다. 단간격은 다음 식에 의하여 결정할 수 있다.

$$H \geq \frac{Q_t}{A_b \cdot L_b} + H' \tag{11-36}$$

여기서, H : 노의 단사이의 간격[m]

H' : 내화물질의 두께[m]

Q_L : 노에 투입되는 전체열량[kcal/hr]

L_b : 소각실 부하율[kcal/m^3 · hr]

A_b : 소각단의 상면적[m^2]

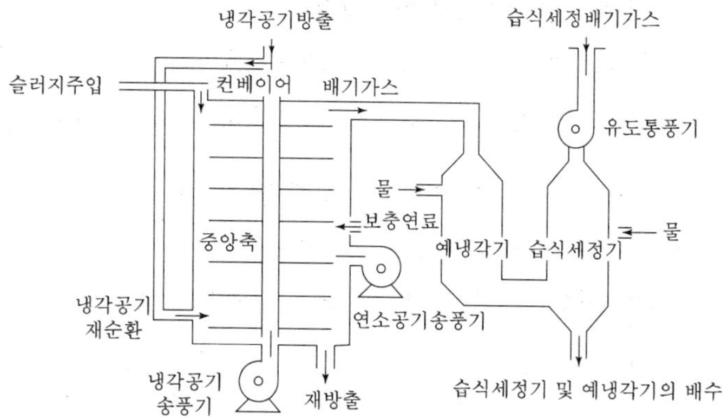

그림 11.29 다단로에서의 물질의 이동 및 계통도

다단로의 경우 투입되는 전체열량은 소각단의 부하이므로 소각실 용적부하율은 150,000~300,000 kcal/m^3 · hr의 값이 요구된다. 또한 H'의 값은 최소 0.3 m, $H-H'$의 값은 노의 작업을 고려하여 최소 0.4 m가 필요하다. 따라서 다단로에서 단간격은 일반적으로 0.6~1.2 m로 한다.

(2) 구조와 재질

다단로의 구조와 재질은 다음 사항을 고려하여 정한다.

1) 소각로는 자립형으로 지지부와 쉘(shell) 저부는 자중, 적재하중, 풍압, 지진력, 적설하중 등에 충분히 견딜 수 있어야 한다. 또한 쉘바닥의 벽돌에 접하는 부분에서는 벽돌의 열팽창에 의한 응력발생을 충분히 고려한다.

2) 바닥벽돌과 내화벽돌은 내화성과 고온강도를 충분히 가져야 한다. 내식, 내마모성의 것이어야 한다. 또한 내화벽과 쉘 사이에는 내화 및 내열재를 이중구조로 하는 등 단열층을 설치하면 좋다.

3) 노의 측부에는 수리를 위하여 출입구를 설치한다.

4) 다단로 내의 중앙구동축과 혼합기팔, 혼합기의 이(teeth)는 내열성과 내식성이 충분히 있어야 하며 축과 팔은 이중관 구조로 하여 내부공냉식이 되도록 한다.

5) 중앙구동축의 회전수는 분당 0.5~2 rpm 정도로 한다.

6) 비상시를 대비하여 긴급개방밸브를 설치한다.

11.7.2 회전소각로

회전소각은 **로터리킬른**(rotary kiln)이라 불리는 내화재를 내부에 설치한 원형회전 본체, 고정부인 공급후드 그리고 소각후드로 구성된다. 본체의 기울기와 회전운동에 의해 탈수케익이 점차적으로 건조 및 소각과정으로 이루어진다.

공급된 탈수케익은 건조영역에서 분쇄되며 섞이면서 소각가스와의 역류접촉에 의해 건조되고 소각영역에서 교반되면서 소각된 후 냉각된 소각재로서 소각후드의 밑으로 배출된다. 본체는 가운데가 빈 원통구조이므로 탈수케익의 공급구, 건조영역 및 소각영역 등 노내 전과정을 한눈으로 볼 수 있다. 또 소각부하의 변동에 대한 운전제어는 주로 보조연료의 증감으로 인한 온도제어로서 비교적 제어조건이 적다. 보조연료는 소각후드에 부착된 버너로 공급한다.

원칙적으로는 연속운전으로 하지만 간헐운전의 경우는 내화재의 온도변화를 막기 위해 정지시간 중이라도 보온을 위한 가온이 필요하다.

(1) 공정개요

원통형 소각로를 수평으로 설치하여 연속적으로 회전시키면서 소각하는 방법으로 건조와 소각을 동시에 할 수 있다. 노는 역류직화식 형태로 사용하며 전체적으로는 부압상태에서 운전된다. 노의 운전상태를 외부로 배출되는 가스의 온도를 검사하여 조절하는데 대략 850℃ 정도를 유지한다.

소각부하에 대한 운전제어는 주로 보조연료의 증감에 의한 온도제어로 비교적 제어조건이 적은 편이며, 원칙적으로 연속운전으로 하지만 간헐운전인 경우에는 내화재의 온도변화를 막기 위해 정지시간 중이라도 보온을 위한 가온을 필요로 한다. 아래 그림 11.30은 회전건조소각로의 흐름도를 나타내고 있다.

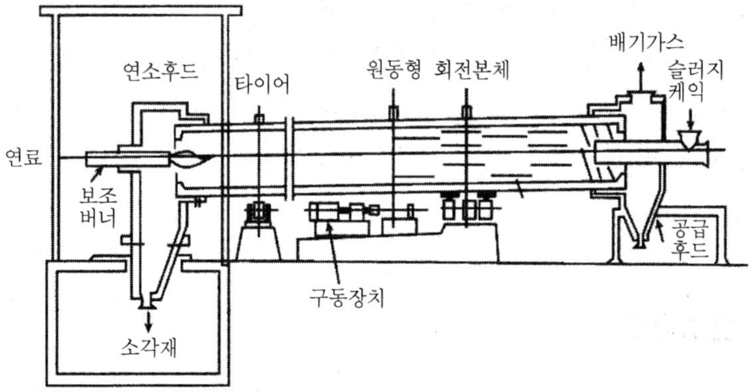

그림 11.30 회전건조소각로의 흐름도

회전소각로는 비교적 효율이 좋은 편이지만 설치시에는 다음과 같은 단점을 주의깊게 고려할 필요가 있다.

① 설비를 위해 비교적 넓은 부지가 필요하다.
② 탈수성이 나쁜 케익을 사용하면 덩어리가 생겨 건조가 불충분하여지기 쉽다.
③ 투자비에 비해 소각능력이 다소 떨어진다.
④ 열방사에 의한 외부 열손실이 상대적으로 크다.
⑤ 주입되는 슬러지나 건조고형물농도의 변화에 능동적으로 대처하기 어렵다.
⑥ 악취발생의 소지가 있으며, 배기가스를 통제하기 위하여 사이클론과 제거장치가 필요하다.
⑦ 노에서 회수되는 회분이 매우 불균질하다.

반면, 다음과 같은 장점도 있다.

① 수분이 많은 슬러지나 점성이 있는 슬러지의 소각에 사용할 수 있고 일반적으로 범용성을 가진다.
② 구조가 간단하고 취급이 용이하다.
③ 동력비 및 운전비가 적게 소요된다.
④ 소각재를 소결(燒結)시킬 수 있다.

(2) 형상, 용적 및 대수

역류직화식은 열가스를 탈수케익의 진행방향과 반대방향으로 흐르게 하는 방식으로 열가스를 탈수케익의 건조와 가열에 이용할 수 있으며, 회전소각로에서 노에 주입된 슬러지케익은 건조와 소각의 과정을 거쳐 소각되므로 노의 용적은 각 과정을 수행하는데 필요한 용적을 합한 것이며, 식 (11-37)과 같이 구할 수 있다.

$$V_h = V_d + V_b \tag{11-37}$$

여기서, V_h : 전체용적[m^3]

V_d : 건조영역의 용적[m^3]

V_b : 소각영역의 용적[m^3]

$$V_d = \frac{V}{K \cdot \Delta T_m} \tag{11-38}$$

여기서, V : 건조영역에서의 열량[kcal/hr]

K : 열용량계수[100~200 kcal/m^3 · ℃ · hr]

ΔT_m : 건조영역의 입구와 출구에서의 가스와 케익과의 대수평균온도차[평균 250~350℃]

식 (11-38)의 V를 개략적으로 계산하기 위하여 식 (11-39)를 이용할 수도 있다.

$$V = 590 \times \frac{W}{100} F_f \tag{11-39}$$

여기서, W : 케익의 함수율[%]

F_f : 케익소각량[kg/hr]

소각영역의 용량은 식 (11-40)으로 구하면 된다.

$$V_b = \frac{Q_i}{L_b} \tag{11-40}$$

여기서, Q_i : 노에 투입되는 전체발열량[kcal/h]

L_b : 소각실부하율[일반적으로 70,000~90,000 kcal/m^3 · hr]

식 (11-40)에서 Q_i를 개략적으로 계산하기 위하여 다음 식을 이용할 수 있다.

$$Q_i = Q \cdot F_f \left(1 - \frac{F}{100}\right) \tag{11-41}$$

여기서, Q : 고형물발열량[kcal/kg]

단 소각영역 및 소성영역의 용적은 소성온도와 소성시간 간의 관계를 실험으로 구하여 결정한다. 이때 노의 용적은 보조연료소비량 등을 결정하는데 필요한 탈수케익의 조성에 관한 다음 항목을 구한다.

① 고형물의 불연성분의 합
② 불연성분의 조성

그리고 회전소각로는 회전체이므로 그의 단면은 원형이며 강철제로 만들어야 하나 길이를 길게 하면 열효율은 좋지만 지지점, 기초 등의 시공, 고정 등이 곤란하다. 또한 단면을 너무 크게 하면 강도 및 제작 기술상 곤란한 점이 있으며 열효율도 좋지 않다.

지름과 길이는 식 (11-42)를 이용하여 구할 수 있다.

$$D = \left(\frac{4}{\pi} \cdot \frac{F_i}{V_d}\right)^{\frac{1}{2}} \tag{11-42}$$

$$L = (V_d + V_b) \cdot \frac{4}{\pi \cdot D^2} \tag{11-43}$$

여기서, D : 노의 안지름[m]

L : 노의 길이[m]

F_i : 건조영역 입구의 총가스량[kg/hr]

V_d : 건조영역 가스질량속도[kg/m^2 · hr][2,500~3,500 kg/m^2 · hr]

$K \cdot D$는 200~300이다. 설계 순서는 다음과 같다. 소각영역 출구의 가스온도를 700~900 ℃의 범위로 정하고, 노에 들어가는 입열과 출열과의 열수지를 계산한 후 보조연료사용량을 산출하여 가스질량을 산정한다. 이로부터 식 (11-38)과 식 (11-40)을 이용하여 전체용적을 계산한 후 식 (11-42)로 노의 안지름을 계산한다. 소각영역 직후의 탈수케익의 함수율은 약 30~50%이며, 1기당 소각능력은 슬러지케익 기준 25~50 ton$_f$/d 정도가 된다.

(3) 구조와 재질

회전건조소각로의 구조와 재질은 다음 사항을 고려하여 정한다.

1) 노는 정하중 및 동하중 등에 충분히 견딜 수 있어야 하며, 부등침하가 생기지 않도록 견고한 기초 위에 설치한다.

2) 노의 벽은 열손실이 적은 내화재 구조로 하여야 하며, 열팽창에 의한 응력 발생을 충분히 고려한다.

3) 노의 회전수는 2 RPM 정도로 하며, 기울기는 2/100를 표준으로 한다.

11장

연습문제

1. 슬러지농축공정에 대해 설명하시오.

2. 슬러지의 개량에 대해 설명하시오.

3. 슬러지의 호기성 소화에 대해 설명하시오.

4. 하수처리시설 슬러지의 혼합농축 및 분리농축을 비교 설명하시오.

5. 슬러지처리방법중 혐기성 소화방식에 대해 설명하시오.

6. 슬러지농축방법중 부상식농축에 대해 설명하시오.

7. 슬러지의 탈수방법에 대해 설명하시오.

8. 소화탱크 슬러지의 교환법에 대해 설명하시오.

9. 소화탱크 슬러지의 가온법에 대해 설명하시오.

10. 소화탱크 내에 생기는 스컴은 소화에 어떤 장애를 주며, 스컴형성을 방지하는 방법은 무엇인가?

11. 슬러지소화가스의 성분과 용도에 대해 기술하시오.

12. 슬러지농축탱크의 구조와 운영방법을 기술하시오.

13. 슬러지처분법에 대하여 설명하시오.

14. 고속혐기성 소화에 있어 메탄발효를 위한 최적환경조건에 대해 설명하시오.

15. 비정성적으로 작동하는 소화탱크에 석회석를 주입하는 이유를 설명하시오.

16. 함수율 70%인 탈수슬러지를 1일 $10\,m^3$ 퇴비처리할 때, 함수율 45%인 압축이 1일 4톤 제조되었다. 탈수슬러지중 유기물은 어느 정도 분해하는가? 또한 증발한 수분량은 어느 정도인가?

17. 상수도정수시설의 슬러지처리에 관하여 기술하시오.

18. 슬러지의 수분함수량을 97%에서 95%로 감축하고자 한다. 근사법 및 정확한 방법으로 부피감소율을 구하시오. 또한 고형물질의 비중이 1.0인 유기물질 70%와 비중이 2.0인 무기물질 30%로 구성되어 있는 것으로 가정할 때 97% 및 95% 슬러지의 비중을 구하시오.

19. 아래의 1차 침전슬러지의 발열량을 구하시오.

(1) 약품을 첨가하지 않았을 때의 경우

(2) 응집고형물질량이 건조슬러지질량의 10%일 때의 경우, 휘발성고형물 함유율은 75%이다.

20. 인구 10,000명의 지역에 슬러지를 처분하고자 한다. 이 지역의 고형폐기물과 함께 1차 슬러지를 퇴비화하는 것이 타당한지 검토하고 타당성이 없다면 다른 방법을 제시하시오. 현재 이 지역 생물처리공정의 폐슬러지는 1차 침전지에서 농축하고 있으므로 아래 자료를 이용하여 검토하시오.

(1) 고형폐기물의 자료

① 폐기물생산량 : 2.2 kg/인·d

② 퇴비화 가능성분의 함유율 : 55%

③ 퇴비화 가능수분의 함유율 : 22%

(2) 슬러지생성량 자료

① 슬러지생성량 : 0.15 kg/인·d

② 1차 침전지의 슬러지농도 : 5%

③ 1차 슬러지의 비중 : 1.08

(3) 퇴비

① 슬러지 - 고형폐기물 혼합물의 최종수분 함유율 : 55%이다.

Chapter 12

유지관리

12.1 배수관망

12.1.1 계 획

(1) 배치

배수관의 배치는 격자식(格子式, gridiron system)과 수지상식(樹枝狀式, branching system)의 두 종류가 있으며, 이 관계들을 **관망**(管網, pipe network)이라 한다. 격자식은 그 물눈과 같이 서로 연결되어 있어 물이 정체하지 않고 대수압도 유지하기 쉽고 화재 때 특히 유리하다.

수지상식은 관이 서로 연락되어 있지 않고 나뭇가지 상으로 각각 갈라져서 말단으로 갈수록 관이 좁게 되므로 수압은 서로 보완할 수 없고 수압의 저하가 나타난다. 결국 큰관을 필요로 하기 때문에 비경제적이다. 또 관의 말단은 물이 정체하여 취미 · 적수(赤水) 등의 원인이 되므로 경우에 따라 소화전을 열어서 방수할 필요가 있다. 그러나 수리계산은 간단하고 차단밸브가 적다는 이점이 있다. 수지상식은 농어촌지역 등에서 지형상 부득이한 경우에는 사용하며, 일반적으로는 격자식으로 계획하지 않으면 안 된다.

실제 도심지에서는 주변부나 골목 등에서는 부분적으로 수지상식으로 되지 않을 수가 없다. 수지상형으로는 말단 니토관(泥吐管)이나 소화전을 설치해서 방수되도록 하면 좋다.

(2) 수압

2층 건물에서 직결급수를 가능하게 하기 위해서는 배수관의 최소동수압은 0.15~0.208 MPa를 표준으로 하며, 저수탱크에 대한 위생상의 문제나 에너지를 유효하게 이용하기 위하여 직결급수의 범위를 확대할 경우에는 수도사업자가 스스로 급수구역 내에 건축물의 분포나 지역 특성을 고려하여, 직결급수대상의 범위와 배수관의 최소동수압을 결정해야 한다. 또한 3층, 4층 및 5층에 대한 표준 최소동수압은 각각 0.208~0.255, 0.255~0.306 및 0.306~0.357 MPa이다.

2층 건물에 직결직압식으로 급수하기 위하여 수도사업자가 현시점에서 보장할 최저서비스 수준으로 급수관 분기지점에서 최소동수압을 0.153 MPa로 하였지만, 지형조건으로부터 국소적으로 0.153 MPa를 밑도는 경우가 있더라도 급수에 지정이 없도록 조치되어 있는 경우에는 문제가 없다.

또한 소방용수 이용에 대해서도 소화전을 사용하고 있는 경우에는 배수관 내에 정압이 확보되어야 하는 것은 필요하지만 화재 시에도 0.10 MPa 정도의 최소동수압을 유지할 수 있다면 이상적이다.

동수압의 상향조정은 배수관망 중에 노후관이 혼재되어 있을 경우에는 누수사고가 발생하거나 누수량이 증가될 우려가 있으므로 배수관 정비를 착실히 진행시키는 것과 함께 급수관도 정비하여 관로 전체를 고수압에 견딜 수 있도록 개량하거나 교체해야 한다.

배수관으로 사용되는 일반적인 관종류에는 덕타일주철관, 동관, 스테인리스동관, 경질염화비닐관 및 수도용 폴리에틸렌관 등이 있다. 이들 관의 최고사용압력은 덕타일주철관 및 강관, 스테인리스강관은 1.00 MPa, 경질염화비닐관이나 수도용 폴리에틸렌관은 0.75 MPa로 되어 있다.

배수관망의 중에서는 이들 관종이 혼재되어 있으므로 최대정수압으로서는 현재 사용되고 있는 급수장치로 보호하는 관점에서 허용할 수 있는 수치로서 0.71 MPa를 설정하였다. 다만 지형조건으로부터 국소적으로 이 값을 초과하는 경우가 있더라도 급수에 지장이 없도록 조치된 경우에는 가능하며, 이러한 경우에는 덕타일주철관, 강관 등을 채택하도록 검토할 필요가 있으며 직결급수범위의 확대에 따른 최소동수압의 상승을 고려하여 최대동수압은 최고를 0.61 MPa 정도까지로 하는 것이 바람직하다.

12.1.2 배수관망의 계산

배수관망(配水管網, distribution network)은 격자식의 경우는 그림 12.1(a)에 나타낸 바와 같은 단위 폐관로의 집합으로부터 성립하고 있다. 이와 같은 복잡한 관수로의 수리학적 해석은 송수관이나 도수관과 같은 단일관로의 경우와는 다르므로 매우 복잡하다. 배수관망의 수리학적 해석은 관의 지름, 유속계수, 관망의 유입수량을 부여하여 각 관로의 유량과 손실수두를 구하는 것이다. 그리고 관망에서의 각점 동수도가 충분 한가 확인하고 관지름이 과대 혹은 과소하지 않는가를 조사하는 것이다.

관망계산을 할 때는 먼저 관망 각점에서 유출하는 소비수량을 정하며, 관지름을 가정하여 수리계산을 하여야 한다.

(1) 관망의 구성

수도 전체의 시간 최대급수량이 정해져도 급수구역 내의 인구밀도나 1인당 사용수량은 지구(地區)에 따라 다르며, 각 지구마다 시간 최대급수량을 구할 필요가 있다. 지역별로 현재 인구에서 계획인구를 구하여 계획인구의 밀도를 나타낸 지도를 만든다. 이 지도에 지구별 1인당 시간 최대급수량을 기입한다. 이때에 공장 · 사무소 특히 대량의 급수량이 예상되는 것은 시간 최대급수량을 기입해 둔다. 다음으로 배수관망중 관망계산에 넣어야 할 간선배수관의 노선을 결정한다. 이 때 간선으로 되는 큰 지름(대구경)의 배수관이 매설위치 또는 도로폭 · 기설의 지하매설물 · 교통량 등을 고려하여 검토한다. 주요 간선배수관은 수압의 평균화를 도모하기 때문에 환상(環狀, loop)으로 배치하도록 하고, 배수구 몇 개로 분할되어 있을 경우에는 비상 시의 상호지원을 위하여 각각의 배수구를 연결하는 간선도 고려한다.

1) 격자식(格子式, gridiron system)

배수관을 그물 모양으로 서로 연결하여 포설하는 방법으로 특징은 다음과 같다.

① 물이 정체되지 않고 수압유지가 용이하며 수압보완(水壓補完)이 가능하다.

② 배수량을 상호 보충할 수 있어 화재시 특히 유리하다.

③ 단수시 대응하기 쉽고, 현재 널리 사용되고 있다.

④ 배수관망계산이 복잡하고 제수(制水)밸브가 많이 소요된다.

2) 수지상식(樹枝狀式, branching system)

배수관이 서로 연결되지 않고 나뭇가지 모양으로 포설하는 방법으로 특징은 다음과 같다.

① 설계가 용이하다.

② 배수관망계산이 간단하고, 제수(制水)밸브가 적게 소요된다.

③ 농촌 등 지형적으로 부득이한 곳에 사용할 수 있다.

④ 급수량(給水量)이 적을 때는 관내 물이 정체되기 쉽고, 수질과 물의 유통에 나쁜 영향을 초래한다.

⑤ 관망간의 배수량을 상호 보충할 수 없으며, 관 끝(管末)으로 갈수록 관지름(管徑)이 작아지게 되고, 손실수두가 증가하기 때문에 수압이 현격하게 낮아지는 결점이 있다.

⑥ 사고 및 단수시(斷水時) 대응하기 어렵다.

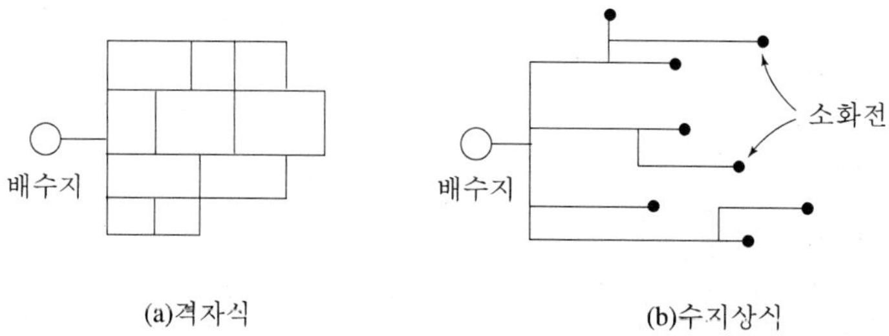

그림 12.1 배수관망의 예

이와 같이 간선배수관망이 정해지면 앞에 작성해 두었던 인구와 시간 최대급수량의 밀도를 나타내는 지도로부터 각각의 배수관이 부담할 블록별의 급수량을 산출하는 순서로 된다. 급수는 배수관에 수 m간격으로 거치되는 급수장치를 통하여 행하여지므로 엄밀히 말하면 배급수의 유량은 급수장치의 거치마다 유량이 감소하기 때문이다. 그러나 이와 같이 세밀히 유량계산을 하는 것은 복잡하고 실용적 가치도 없다.

배수관에서 유출하는 유량은 모두 배수관의 교점인 관망의 절점으로만이 유출하는 것이라고 가정하여 계산한다.

그림 12.2와 같이 절점을 중심으로 하여 그 절점으로 교차되는 배수관 연장중앙부까지의 구역을 그 절점의 분할면적으로 하여 이 면적내 계획인구를 구해 1인당 시간 최대급수량을 곱하여 급수량을 구하고 이것을 ℓ/s 단위로 환산하여 그 절점으로부터 유출량으로 한다.

이와 같이 관망의 유입 · 유출의 각 수량이 절점마다 정해지는 것이다. 이 때에 지반고를 기입해 두면 후에 유효동수경사를 구할 수 있다.

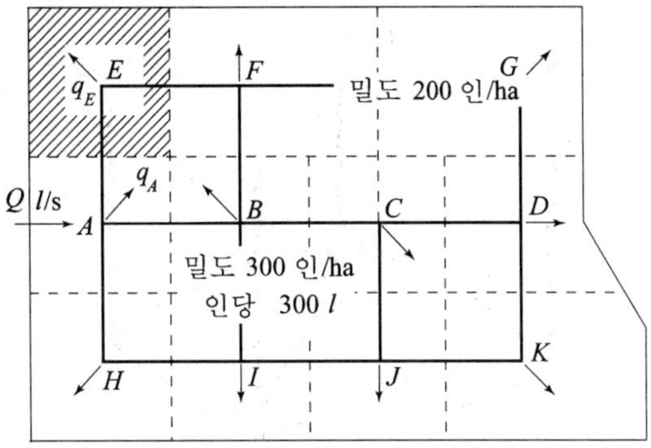

그림 12.2 관망절점의 분담급수량

(2) 수리계산

수지상식 배관의 경우는 단일관로로 도수관・송수관의 경우의 계산법과 같다. 관로 말단의 동수압을 0.15 MPa으로 하여 각 관로의 손실수두를 이것에 가하면 필요한 배수지의 저수위를 구할 수가 있다.

사용하는 평균유속의 공식에는 Hazen-Williams공식, Ganguillet-Kütter공식, 일본의 이께다(池田)공식 등이 있으나 일반적으로 Hazen-Williams공식이 많이 사용되고 있다.

배수관이 배관망을 구성하고 있을 경우의 계산에서도 그림 12.3과 같이 배수관망을 적당히 단절해서 수지상식 배관으로서 취급하여 계산하여 방법도 있다. 이 경우 계산은 간단하나 손실수두가 크게 되어 큰관이 필요하게 되므로 비경제적으로 된다. 격자식의 관망으로서 계산하는 경우에는 다음 몇 가지방법이 있다.

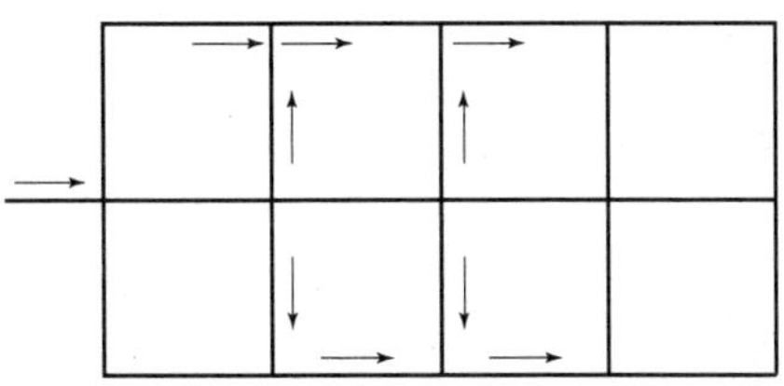

그림 12.3 격자식 배관을 수지상식으로서 계산하는 법

1) 수학적 해석법

그림 12.4와 같은 관망이 있을 경우 관지름을 가정하면 기지량은 Q와 각 관로의 간격 d와 연장 n만이나 미지량은 다음 10개로 된다.

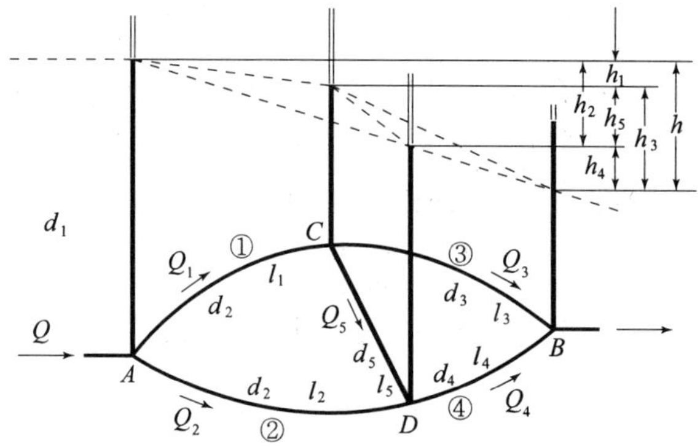

그림 12.4 관망의 수리

각 선유량 ……………… Q_1, Q_2, Q_3, Q_4, Q_5

각 손실수두 ……………… h_1, h_2, h_3, h_4, h_5

관망의 각 절점의 있어서 유입수량과 유출수량이 서로 같다는 것과 임의의 2절점 사이의 손실수두는 어느 경로를 통과 하더라도 대등하기 때문에 다음 방정식이 성립된다.

$$\left.\begin{aligned} Q &= Q_1 + Q_2 \\ Q_1 &= Q_3 + Q_5 \\ Q_4 &= Q_2 + Q_5 \end{aligned}\right\} \tag{12-1}$$

$$\left.\begin{aligned} h_2 &= h_1 + h_5 \\ h_3 &= h_4 + h_5 \end{aligned}\right\} \tag{12-2}$$

$$\left.\begin{aligned} h_1 &= \gamma_1 \ Q_1^n \\ h_2 &= \gamma_2 \ Q_2^n \\ h_3 &= \gamma_3 \ Q_3^n \\ h_4 &= \gamma_4 \ Q_4^n \\ h_5 &= \gamma_5 \ Q_5^n \end{aligned}\right\} \tag{12-3}$$

여기서 n, γ은 Hazen-Williams공식의 정수

이 방정식을 수학적으로 풀면 필요한 수리계산이 된다. 그러나 이 방정식은 유량과 손실수두의 관계가 1.85차 방정식이 되므로 풀 수는 없다.

이 때문에 방정식에 ΔQ인 미소변화를 부여하는 2항 정리에 의거 전개하여 식 (12-5)의

형으로서 근사적으로 계산한다. 이것이 연립 1차 방정식에 의한 해법이다. 2항 정리에 의한 전개일 때는 2차 항까지 취해서 오차를 적게 하여 푸는 방법이 연립 2차 방정식의 해법이다.

2) Hardy Cross법

1936년 Hardy Cross에 의하여 제창된 방법으로 그 후 G.M.Fair, Howland & Farr C. Hurst, K. 등에 의하여 개량되었다. 관망이 복잡한 경우, 관망에서 유량과 손실수두를 정확히 계산할 때 이 방법은 초기에 적절한 배수관망의 형상을 배치한 후 관망을 구성하는 각 관로의 안지름, 연장, 관의 조도를 알 수 있을 때와 관망의 각 절점에서 유입 또는 유출하는 유량이 주어질 때 각 관로의 유량과 손실수두를 구하는 방법이다.

이 방법의 이론을 소개하면 지금 한 개의 관수로를 생각했을 경우 Hazen-Williams공식에 의하여 손실수두 h와 유량 Q 사이에는 다음 관계가 있다.

$$h=\gamma \cdot Q^{n} \tag{12-4}$$

여기서, n : 유량의 지수(1.75~2.00으로 Hazen-Williams공식에서는 1.850)

γ : 유수저항 또는 단위유량에 대한 손실수두(관의 연장 · 지름 · 조도에 관계하고 주어진 관로에 대해서는 정수로 된다).

이 관로에 있어서 $Q \rightarrow Q+\Delta Q$로 변화했다고 하면 h도 h만큼 증가하므로 우변을 이항정리 하여 전개하면 다음과 같다.

$$h+\Delta h=\gamma\,[Q^{n}+n\,Q^{n-1}]\cdot \Delta Q+\frac{n(n-1)}{1\cdot 2}Q^{n-2}\cdot(\Delta Q)^{2} + \frac{n(n-1)(n-2)}{1\cdot 2\cdot 3}\cdot Q^{n-3}\cdot(\Delta Q)^{3}+\cdots\cdots \tag{12-5}$$

ΔQ는 Q에 비하여 극히 소량이므로 제3항 이하를 생략하면 다음과 같다.

$$h+\Delta h \fallingdotseq \gamma Q^{n}+\gamma nQ^{n-1}\cdot \Delta Q \tag{12-6}$$

식 (12-4)을 대입하여 정리하면 다음과 같다.

$$\Delta h \fallingdotseq n\gamma Q^{n-1}\cdot \Delta Q = n\frac{h}{Q}\cdot \Delta Q$$

또는

$$\Delta Q \fallingdotseq \frac{\Delta h}{nh/Q} \tag{12-7}$$

다음 그림 12.5와 같은 두 개의 분류관으로 본다.

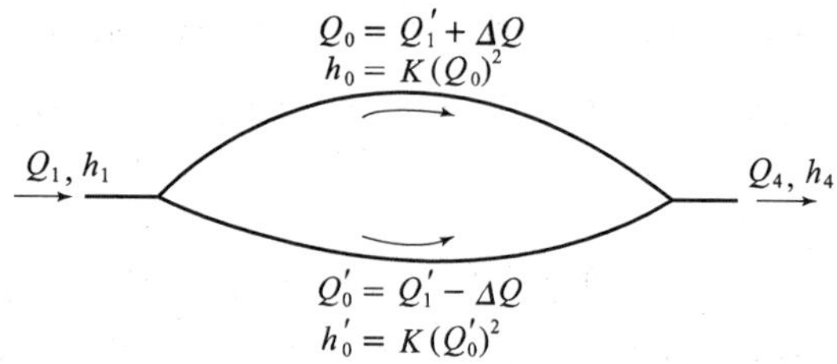

그림 12.5 진유량과 가정유량

$Q_0,\ Q_0'$ ………… 진유량

$Q_1,\ Q_1'$ ………… 가정유량

ΔQ ………… 가정유량의 진유량에 대한 오차

$Q = Q_0 + Q_0' = Q_1 + Q_1'$

$Q_0 = Q_1 + \Delta Q,\ Q_0' = Q_1 - \Delta Q$

h_0 ……………… Q_0 에 대한 손실수두

h_0' ……………… Q_0'에 대한 손실수두

로 하면 $h_0 = h_0'$

h_1 ……………… Q_1에 대한 손실수두

h_1' ……………… Q_1'에 대한 손실수두로 하면 $h_1 = h_1'$(오차 ΔQ 때문에)

단일관로의 경우와 같이

$$h_0 = \gamma Q_0^n = \gamma (Q_1 + \Delta Q)^n \fallingdotseq \gamma Q_1^{n-1} \cdot \Delta Q$$

$$h_0' = \gamma' Q_o'^n = \gamma' (Q_1' + \Delta Q)^n$$

$$\fallingdotseq \gamma' Q_0'^n + \gamma' Q_1'^n + n\gamma' Q_1'^{n-1} \cdot \Delta Q \tag{12-8}$$

그러나 $h_1 = \gamma Q_1^n,\ h_1' = \gamma' Q_1'^n,\ h_0 - h_0' = 0$으로 되기 때문에

$$h_0 - h_0' = (h_1 - h_1') + n(\gamma Q_1^{n-1} \cdot \Delta Q + \gamma Q_1'^{n-1} \cdot \Delta Q) = 0$$

$$h_1 - h_1' = -n\Delta Q(\gamma Q_1^{n-1} + \gamma' Q_1'^{n-1})$$

$$\Delta Q = -(h_1 - h_1')/n(\gamma Q_1^{n-1} - \gamma' Q_1'^{n-1}) \tag{12-9}$$

일반적으로 관수로가 많아도 하나의 회로에 대하여는 가정유량에 대한 보정유량 Q는 다음 식으로 표시된다.

$$\Delta Q = -\sum h / n \sum \gamma Q^{n-1} = -\sum \gamma Q^{n} / n \sum \gamma Q^{n-1} \tag{12-10}$$

Fair의 개량법에서는 $\gamma Q^{n-1} = \gamma Q^{n} / Q = h / Q$ 의 관계를 사용하면 다음과 같다.

$$\Delta Q = -\sum h / n \sum \frac{h}{Q} \tag{12-11}$$

일반적으로 식 (12-11)를 사용해서 H.W.공식에서는 $n = 1.85$ 이므로 다음과 같다.

$$\Delta Q = -\sum h / 1.85 \sum \frac{h}{Q} \tag{12-12}$$

식 (12-12)의 분자는 유수방향에 관계가 있고 분모는 이것에 관계가 없다. 이 식에 의하여 구한 ΔQ 을 각 가정유량에 더하여 제1차 보정유량으로 KS다. 그리고 $\sum h \fallingdotseq 0$ 으로 될 때까지 시간을 반복해서 $\sum h \fallingdotseq 0$ 일 때의 Q, h 가 구하는 진유량으로 된다. 단 회로가 몇 개 식이나 인접하고 있는 실제의 관망에서는 인접하는 관로가 옆회로 보정유량의 영향을 받으므로 관망 전체의 회로가 각각 $\sum h \fallingdotseq 0$ 으로 되기 위하여서는 많은 횟수의 시산을 반복할 필요가 있다.

특히 가정유량이 가지는 오차가 클수록 유속이 저하되며, Cross법은 식의 유도에 있어서 2항 정리로서 전개할 때에 제3항 이하를 생략하고 있으므로 이 경우도 유속을 느리게 하는 원인으로 되어 있다. 보통 $\sum h / h$ 가 10% 이하 정도로 되면 계산을 끝마쳐도 실용상 지장이 없다.

또 Cross법에서는 회로수가 증가할수록 계산의 손실이 배가 하므로 후에 기술할 등치관법을 이용하여 회로수를 될 수 있는 대로 감해서 적용하는 것이 좋다. 연산도중에 잘못을 발견해도 최종적으로 시정되므로 관계없다. 오차가 크면 유속이 힘들게 된다.

가정유량의 결정방법에 대하여는 일본의 센다(扇田)나, 미쓰다(松田)의 연구가 있고 계산의 간이화에 대하여 기누가와(絹川)의 연구가 있다. 기누가와는 인접 관망으로부터의 보정유량을 그대로 사용하지 않고 이것에 공통관의 h / Q 의 $\sum h / Q$ 에 대한 비율을 곱하여 보정하여 사용하는 편이 유속이 빠르다고 하고 있다.

일본의 아오끼(青水)는 Hardy Cross법이 제3항 이하를 생략한 근사식이기 때문에 유속이 나쁜 것을 지적해서 제3항까지 넣어서 연립 2차 방정식을 사용하여 이것을 연립 1차 방정식으로 변형해서 Cross법에 의하여 풀면 거의 1회 계산 예를 나타내며 다음과 같이 된다.

표 12.1 회로의 관망계산

	회로 No	관로 No	φ [mm]	L [m]	C	Q [ℓ/s]	I [%]	$h(\sum h)$	$h-Q$	$1.85h$ Q	ΔQ	수정해야 할 ΔQ_R
(a) 가중치에 의한 계산	①	A−B	100	400	140	+3.00	1.83	+0.732	0.244			+0.95
		B−C	75	300	140	+0.50	0.27	+0.081	0.162			+0.95−0.60
		C−A	75	500	140	−3.00	7.41	−3.075	1.235			+0.95
		계						−2.892	1.641	3.04	+0.95	
	②	D−C	75	400	140	−3.00	7.41	−2.964	0.988			+0.60
		C−B	75	300	140	−0.50	0.27	−0.081	0.162			+0.60−0.95
		B−D	75	500	140	+1.50	2.06	+1.030	0.687			+0.60
		계						−2.015	1.837	3.40	+0.60	
(b) 제1차 수정치에 의한 계산	①	A−B	100	400	140	+3.95	3.04	+1.216	0.308			+0.15
		B−C	75	300	140	+0.85	0.72	+0.216	0.254			+0.15−0.07
		C−A	75	500	140	−2.05	3.66	−1.830	0.893			+0.15
		계						−0.398	1.455	2.69	+0.15	
	②	D−C	75	400	140	−2.40	4.91	−1.964	0.818			+0.07
		C−B	75	300	140	−0.85	0.72	−0.216	0.254			+0.07−0.15
		B−D	75	500	140	+2.10	3.83	+1.915	0.912			+0.07
		계						−0.265	1.984	2.67	+0.07	
(c) 제2차 수정치에 의한 계산	①	A−B	100	400	140	+4.10	3.26	+1.304	0.318			+0.01
		B−C	75	300	140	+0.93	0.85	−0.255	0.274			+0.01−0.02
		C−A	75	500	140	−1.90	3.18	−1.590	0.837			+0.01
		계						−0.031	1.429	2.64	+0.012	
	②	D−C	75	400	140	−2.33	4.65	−1.860	0.799			+0.02
		C−B	75	300	140	−0.93	0.85	−0.255	0.274			+0.02−0.01
		B−D	75	500	140	+2.17	4.08	+2.040	0.940			+0.02
		계						−0.075	2.013	2.73	+0.020	
(d) 제3차 수정치에 의한 계산	①	A−B	100	400	140	+4.11	3.27	+1.380				
		B−C	75	300	140	+0.92	0.83	+0.249				
		C−A	75	500	140	−1.89	3.15	−1.575				
		계						+0.018				
	②	D−C	75	400	140	−2.31	4.58	−1.832				
		C−B	75	300	140	−0.92	0.83	−0.246				
		B−D	75	500	140	+2.19	4.14	+2.070				
		계						−0.011				
(e) 결정치	①	A−B	100	400	140	+4.11		+1.32				
		B−C	75	300	140	+0.92		+0.25				
		C−A	75	500	140	−1.89		−1.57				
		계						±0				
	②	D−C	75	400	140	−2.31		−1.83				
		C−B	75	300	140	−0.92		−0.25				
		B−D	75	500	140	+2.19		+2.08				
		계						±0				

그림 12.6은 같은 관지름 및 C값이 이미 정해져 있는 두 개의 회로로 되는 관망에 대하여 계산을 시도하면 표 12.1과 같다. 가정유량에 대등해야 하므로, Q와 h는 수류방향의 우회전을 (+)로 하고 좌회전을 (−)라고 정하여 계산한다.

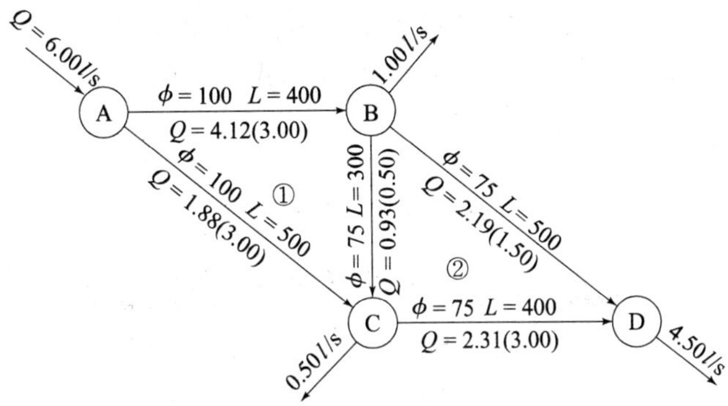

그림 12.6 관망의 계산 예(2회로)

H.W. 공식의 유량 표를 이용하여 각 관로에 대하여 가정유량을 흐르게 하는 경우의 동수경사도 I을 구하고 I을 거리 L에 곱해서 손실수두 h 가정하여 진다. 이 h을 Q로 나누어 $\sum h/Q$을 구하여 이것에 1.85를 곱한다. 구하는 ΔQ는 $\sum h/1.85\sum h/Q$의 식에서 산출한다. 이렇게 하여 얻어진 ΔQ는 그 단일 회로 내에서의 보정유량이다. 관망중 인접회로와 공통 관으로 되어 있는 관로(예에서는 BC)에 대하여는 인접회로와 보정유량은 (a)의 경우에 +0.95와 +0.06에 의한 수정을 향한다. 이때에 공통 관으로서의 수류는 회로 ①과 회로 ②에서는 방향이 역으로 되었으므로 인접회로로부터의 보정유량을 도입할 때에는 그 부호를 대체하는 것으로 한다. 그리고 유량을 수정해야 할 값이 얻어지면 다음의 계산 단계에 들어가며 Q을 전기의 수정치로 수정해서 각 절점마다에 유입수량과 유출수량이 일치하는가를 확인하고 앞에 것과 똑같은 순서로 계산하여 간다. 이와 같이 하여 $\sum h$가 거의 0으로 되었을 때의 h나 Q의 값이 그 관망에서 진가로 되는 것이다.

3) 등치관법

등치관(equvalent pipe)이란 어떤 관로나 회로와 같은 값을 가지고 같은 유량에 대해 동일 손실수두를 주도로 한 관로를 말한다. 실제 관에 대해 등치인 가상관로를 생각하는데 따라 관망의 해석을 하는 방법을 **등치관법**이라 부르고 있다. 한 개의 관로가 도중에서 몇 개로 분류하고 있는 경우 또는 한 개의 관로가 몇 단으로 지름을 달리하고 있는 경우에 쓰면 편리하고 Cross법을 적용할 때에 이 법을 이용하여 회로수를 감하면 편리하다.

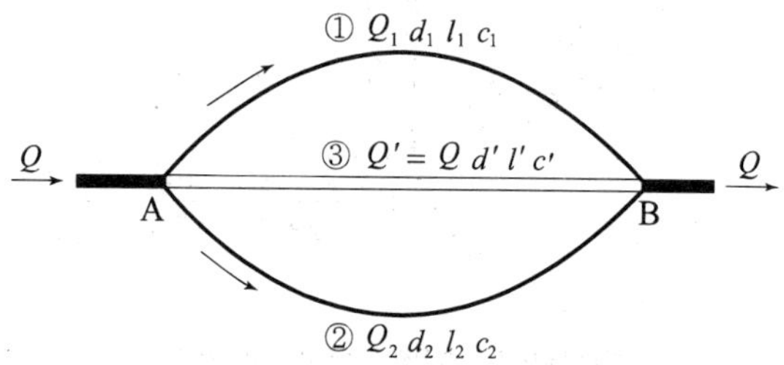

그림 12.7 2관로의 합성

그림 12.7과 같이 ①, ②의 두 개로 나누어진 분류관을 한 개의 관 ③으로 합성할 경우를 생각한다. Hazen-Williams면 다음과 같다.

$$
\begin{aligned}
Q &= 35.882 \times 10^{-8} C \cdot D^{0.54} \\
&= (35.882 \times 10^{-8} C \cdot D^{2.63} \cdot l^{-0.54}) h^{0.54} \qquad (12\text{-}13)
\end{aligned}
$$

여기서, Q : 유량[m^3/s], l : 길이[m], C : 유속계수,
D : 관안지름[mm], h : 손실수두[m]

식 (12-13)의 괄호 안은 어떤 관로에 대하여는 정수이므로

$$Q = s \cdot h^{0.54}$$

각 관로에 따라

$$Q_1 = s_1 \cdot h^{0.54}$$

$$Q_2 = s_2 \cdot h^{0.54}$$

$$Q' = s' \cdot h^{0.54}$$

그러나 $Q = Q_1 \cdot Q_2$

$$s' = s_1 \cdot s_2 \tag{12-14}$$

일반적으로 분류관이 몇 개 있어도 $s' = \sum s$로 되고, 등치관은 정수가 $\sum s$의 값을 가진 관로란 것이 된다. 실제의 계산법으로서는 AB사이의 손실수두가 $h = 1\text{m}$로 되는 가상유량(가상 동수경사도를 100/ℓ의 값 a를 $\alpha = 1{,}000$으로 나타냈을 때의 유량)을 유량 표에서 구하면 이것이 s의 값이 되므로 매우 쉽게 계산된다. 등치관의 s'을 그대로 하여 다음의 합성하는 데는 s'을 그대로 하여 다음의 합성계산을 진행하면 된다.

등치관을 실제 관으로 환원하는데는 $s = 35.882 \times 10^{-8} C \cdot D^{2.63} \cdot l^{-0.54}$의 관계로부터 C, D, L 주의 2개를 가정하고 남은 값을 구한다. Q를 기지로 분류량 Q_1, Q_2, ……를 구하는데는

$$Q_1 : Q_2 : Q_3 \cdots\cdots \quad s_1 : s_2 : s_3 \cdots\cdots \quad Q_1 + Q_2 + Q_3 + \cdots\cdots Q$$

이므로

$$Q_1 = s_1 / s' \cdot Q, \; Q_2 = s_2 / s' Q, \; Q_3 = s_3 / s' \cdot Q, \; \cdots\cdots$$

로 된다.

다음 그림 12.8과 같은 이종관 합성의 경우를 생각한다.

$$h_1 = \gamma_1 Q$$

$$h_2 = \gamma_2 Q$$

$$h' = \gamma' Q'$$

그러나

$$Q_1 = Q_2 = Q, \; h = h' = h_1 + h_2$$

그러므로

$$\gamma' = \gamma_1 + \gamma_2 \tag{12-15}$$

위와 같이 유량 표에 의거하여 $Q = 1\text{m}^3/\text{s}$에 대한 h을 구하면 이것이 γ의 값으로 되고 이것을 합계하면 γ'을 알고서 등치관의 Q, 또는 h을 구하는데는

$$Q = \gamma^{-0.54} \cdot h^{0.54}$$

의 식에 의하면 좋다.

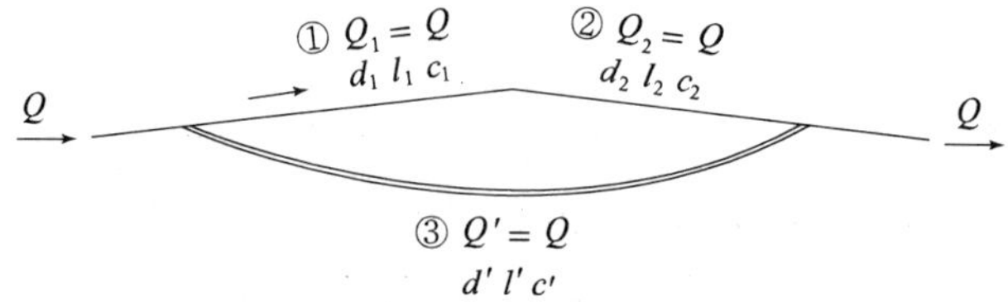

그림 12.8 이종관의 등치관

h을 알고 있고, h_1, h_2, ………를 구하는데는

$$h_1 : h_2 : h_3 \cdots\cdots\cdots \quad \gamma_1 : \gamma_2 : \gamma_3 \cdots\cdots\cdots \quad h_1 + h_2 + h_3 + \cdots\cdots = h$$

이므로 $h_1 = \gamma_1 / \gamma' \cdot h$, $h_2 = \gamma_2 / \gamma' \cdot h$, $h_3 = \gamma_3 / \gamma' \cdot h$ 로 된다.

일본의 센다(扇田)는 등치관법 계산을 쉽게 하는 각종 도표를 마련해서 관로의 합성분해를 도표만으로 행하도록 하였다. 등치관법을 사용하면 그림 12.9와 같이 축자적으로 관로를 합성하여 관망으로 해석할 수가 있지만 회로 내에 분기관이 있는 형에는 합성되지 않는 결점도 있다. 일상 일어나는 배수관 등의 합성 · 분해는 편리하며, Cross법 적용시 관망의 간이화에는 크게 도움이 된다.

등치관법을 응용하여 관망의 경제적인 설계를 하는 방법이 Tong, A.L.들에 의하여 1961년에 발표되었다. 이 개량법이 Raman들에 의하여 1966년에 발표되었다. 이것을 소개하면 Hazen-Williams공식에 의하여 구한다.

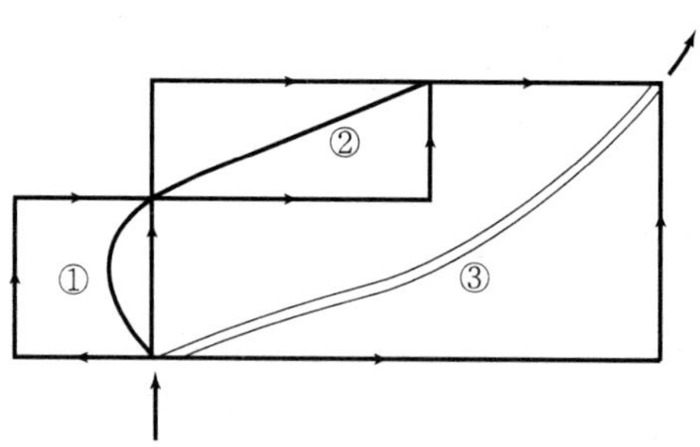

그림 12.9 등치관법에 의한 관망 해석

$$h = 10.666\, C^{-1.85} \cdot D^{-4.87} \cdot l \cdot Q^{-1.85} \qquad (12\text{-}16)$$

지금 $C = 100$, $D = 0.2\text{m}$ 의 기준관을 생각하여 임의 관을 기준으로 등치하면 등치관의 연장 l_0는 다음과 같이 된다.

$$l_0 = l\left(\frac{100}{C}\right)^{1.85}\left(\frac{0.2}{D}\right)^{4.87} \tag{12-17}$$

따라서 식 (12-16)은

$$h = 5.4\,l_0\,Q^{1.85} = a\,l_0\,Q^{1.85} \tag{12-18}$$

로 바꾸어서 어느 관로에서도 등치관에 적합되는 식이다.

그림 12.10과 같은 회로에서 관로 ①의 등치관으로 $h = a\,l_{01} \cdot Q_2^{1.85}$

관로 ②의 등치관으로 $h = a\,l_{02} \cdot Q_2^{1.85}$ (손실수두는 모든 구간에서 동일하므로)

$= d\,l_{02} \cdot (Q - Q_1)^{1.85}$ ($Q = Q_1 + Q_2$ 이므로)

지금 회로 전체의 등치관장을 y로 하면 다음과 같다.

$$y = l_{01} + l_{02}$$

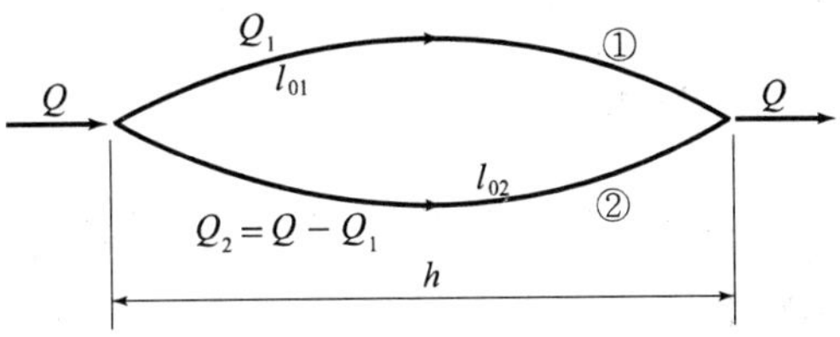

그림 12.10 2항로로 되는 회로

즉

$$y = \frac{h}{\alpha\,Q_1^{1.85}} + \frac{h}{\alpha\,(Q - Q_1)^{1.85}} = 0 \tag{12-19}$$

손실수두를 일정으로 하여 가장 경제적인 회로를 설계하는 데는 y을 최소로 하는 조건을 구하면 좋다. 즉 함수 y을 Q_1으로 미분하여 0으로 두면 h, Q, α는 정수이므로 다음 식을 얻을 수 있다.

$$\frac{dy}{dQ_1} - - \frac{1.85\,h}{\alpha\,Q_1^{1.85}} + \frac{1.85\,h}{\alpha\,(Q - Q_1)^{1.85}} = 0$$

이므로, $l_{01} = \dfrac{h}{\alpha\,Q_1^{1.85}}$, $l_{02} = \dfrac{h}{\alpha\,(Q - Q_1)^{1.85}}$

$$-\frac{l_{01}}{Q_1}+\frac{l_{02}}{\alpha(Q-Q_1)}=0$$

즉, $-\frac{l_{01}}{Q_1}+\frac{l_{02}}{Q_2}=0$

$$\sum\left(\frac{l_0}{Q}\right)=0 \tag{12-20}$$

$\frac{d^2y}{dQ_1^{\ 2}}$ 을 조사하면 항상 (+)가 되므로 이 조건은 y 의 극소치를 만족하는 조건으로 된다.

다음에 1회로를 구성하고 있는 몇 개 관로의 당초 가정유량을 Q_1, Q_2, ………, Q_n 으로 하면 식 (12-18)을 고쳐 사용하면 다음 식과 같다.

$$\frac{l_0}{Q}=\frac{I}{\alpha}\cdot h\cdot Q^{-2.85} \tag{12-21}$$

$$\sum\left(\frac{l_0}{Q}\right)=\frac{I}{\alpha}\cdot h_1\cdot Q_1b^{-2.85}+\frac{I}{\alpha}\cdot h_2\cdot Q_2^{-2.85}+\cdots+\frac{I}{\alpha}\cdot h_n\cdot Q_n^{-2.85}$$

$$=f(Q_1,\ Q_2,\cdots\cdots,\ Q_n) \tag{12-22}$$

지금 미소유량 ΔQ가 이 회로에 증가했다면 이 경우에도 $\sum\left(\frac{l_0}{Q}\right)=0$은 만족되어야 하기 때문에 다음 관계가 성립된다.

$$f(Q_1+\Delta Q,\ Q_2+Q,\cdots\cdots\cdots\ Q_n+\Delta Q_n)=0 \tag{12-23}$$

이 식을 Tayor 급수로 전개하고 ΔQ는 미소이므로 고차 항을 생략하면 다음과 같다.

$$f(Q_1,\ Q_2,\ \cdots,\ Q_n)+\left(\frac{df}{dQ_1}+\frac{df}{dQ_2}+\cdots\cdots+\frac{df}{dQ_n}\right)\Delta Q=0 \tag{12-24}$$

그러나 식 (12-21), (12-22)에 의하여 $\frac{df}{dQ_i}=-2.85\cdot\frac{h_i}{\alpha}Q_i^{\ 3.85}=-2.85\frac{l_{10}}{Q_i^{\ 2}}$

그러므로 식 (12-25)와 같다.

$$\sum\frac{l_0}{Q}-2.85\left(\sum\frac{l_0}{Q_2}\right)\cdot\Delta Q=0$$

$$\therefore\Delta Q=\frac{\sum\left(\frac{l_0}{Q}\right)}{2.854\sum\left(\frac{l_0}{Q_2}\right)} \tag{12-25}$$

결국 가정유량에 대한 수정유량 Q는 전식으로 나타낸다. Q에 대한 부호를 우회전의 흐름에 대해 (+)로 하고 좌회전을 (−)로 한다. Q는 h와 같은 부호로는 부호를 갖지 않는다. 식(12-25)은 Cross법에서의 수정치와 같은 뜻을 가지며, 이 식을 사용하여 Cross법과 같이 관망의 해석이 가능하게 된다.

그림 12.11과 같은 회로를 본 법으로 응용해 풀면 표 12.2와 같다. Cross법과 달리 최초에 각 절점의 동수두를 바람직한 값으로 설정하고 이 동수를 유지하면서 소요유량을 흐르게 하기 위한 관지름을 구하는 것이다.

계산법은 Cross법과 동일하며 먼저 가정유량을 주어서 계산하게 하고 순차적으로 보정하여 $\sum l_0/Q$가 0에 접근했을 때 각관의 유량이 최적치로 된다.

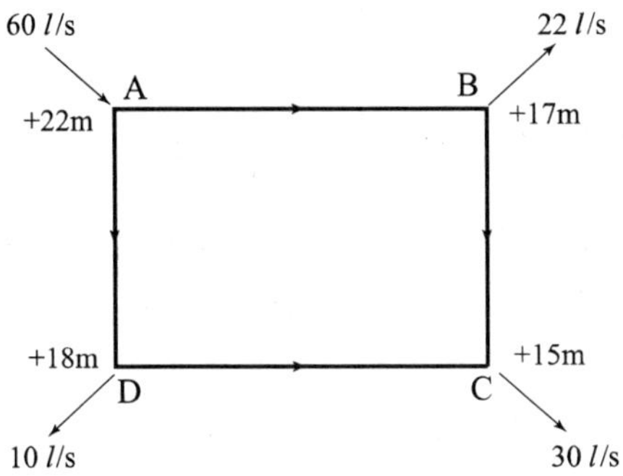

그림 12.11 등치관 길이로 한 해석

표 12.2 관망계산의 예

관번호	가정용량 (1) h[m]	(2) Q[l/s]	(3) l_0[m]	(4) l_0/Q	(5) l_0/Q_2	(6) ΔQ
A−B	5	33	509	15.4	0.47	0.61
B−C	2	13	1,140	87.7	6.75	0.61
C−D	3	−17	1,040	−61.2	2.60	0.61
D−A	4	−27	590	−21.8	0.81	0.61
				20.1	11.63	
제1차 보정						
A−B	5	33.61	494	14.7	0.44	0.032
B−C	2	13.61	1,050	77.3	5.67	
C−D	3	−16.39	1,110	−67.7	4.13	
D−A	4	−26.39	615	−23.3	0.88	
				1.0	11.22	

관번호	가정용량 (1) h[m]	(2) Q[l/s]	(3) l_0[m]	(4) l_0/Q	(5) l_0/Q_2	(6) ΔQ
제2차 보정						
A−B	5	33.64	493	14.7	0.44	≒0
B−C	2	13.64	1,050	77.0	5.60	
C−D	3	−16.36	1,120	−68.5	4.20	
D−A	4	−26.36	617	−23.3	0.89	
				−0.1	11.3	
비고	l_0는 $C=100$의 지름 200 mm관을 기준관으로 했을 때의 등치관 길이					

다음에 이 유량과 두 절점간의 h와 실제거리, ℓ의 관계로부터 관지름을 구하면 된다.

관로 BC에 대하여서는

$Q = 13.64\ell/s,\ h = 2\mathrm{m}$

$l = 95\mathrm{m}$로 하면 동수경사도(1/1,000)$= 2 \times \dfrac{100}{95} = 21$

유량 표에서 동수경사도가 21/1,000으로 $Q=13.64\ell$/s에 가까운 관지름을 구하면 125 mm로 21/1,000일 때 14.41ℓ/s를 흐르게 하므로 지름 125 mm로서 충분하다.

예제 12.1

안지름 150 mm이며, 길이가 300 m인 관을 안지름 200 mm인 등치관으로 바꾸면 길이는 얼마인가?

풀이

지름 D_1, 길이 L_1인 관을 지름 D_2인 등치관으로 바꿀 때 Hazen-Williams의 식에 의하면,

$$\therefore L_2 = L_1 \left(\frac{D_2}{D_1}\right)^{4.87} = 300 \times \left(\frac{200}{150}\right)^{4.87} = 1{,}217.79\,[\mathrm{m}]$$

12.1.3 배수관

수리학공식에 의하여 관수로에서의 전손실수두 h는 다음 식과 같다.

$$h = \left(1.5 + f\,\frac{d}{l}\right) \cdot \frac{v^2}{2g} \qquad (12\text{-}26)$$

여기서, h : 전 손실수두(速度水頭 · 流入損失水頭 · 摩擦損失水頭)

f : 마찰계수

g : 중력가속도

그러나 $l/d > 3,750$ 이면 1.5는 생략하여도 오차는 1% 이하 이므로 긴 관수로에서는

$$h = f\frac{l}{d} \cdot \frac{v^2}{2g} \tag{12-27}$$

를 쓰고 있다. 이것이 Darcy-Weisbach 식이라고 말하는 관수로의 기본식이다. f 의 값은 레이놀즈수(Re)와 관벽마찰을 규정하는 상대조도 k/d(k 는 관벽의 절대조도, d 는 관지름)의 함수이다.

$$Q = \frac{\pi d^2}{4} v = \frac{\pi}{4}\sqrt{\frac{2fh}{fl}d^5}\ d = \left(\frac{8flQ^2}{\pi^2 gh}\right)^{1/5} \tag{12-28}$$

이 식들에 의하여 다음과 같은 것을 알 수 있다.

① 단면적은 d^2 에 비례하나, 유량은 $d^{5/2}$ 에 비례하므로 관지름이 크게 되며, 유량은 단면적 이상으로 증대한다.

② f 도 d 도 증대와 더불어 감소하므로 관지름이 크게 되는 것은 점점 더 유리하게 된다. 또 관지름의 중량은 d 의 1.6승에 비례하여 증대할 뿐이므로 관지름이 큰관은 더 한층 유리하게 된다는 것이다.

배수관의 설계에 사용되는 유속공식으로서는 전술한 바와 같이 Hazen-Williams공식이 가장 많이 사용되고 있다. 철판은 내부에 생기는 축적에 의하여 단면적이 작아지므로 조도를 증대시키므로 쌍방의 영향을 받아서 유량을 감하게 된다.

축적의 발생은 수질에 의한 영향이 크고 침식성 유리탄산(遊離炭酸)이나 산소가 많이 함유되는 물의 경우는 축적의 발생량이 크다. 또 같은 수질의 경우에는 큰관일수록 축적발생량이 적다. 소관으로 물이 정체하는 것이 많은 관일수록 축척이 많다. 이것은 철관 내면에 발생한 녹의 미립자, 즉 부용해성의 수산화 제2철은 발생한 직후에 유속이 큰 경우는 운거되어서 철관 표면에 고착하여 축척을 형성시키기 힘들기 때문이라고 생각된다.

축척에 의한 유량감소의 영향을 철관수명(鐵管年齡)으로 나타낸 유속공식으로 일본의 이게다(池田) 공식으로 나타내면 식 (12-29)와 같다.

$$v = Cp^{y/R} R^m S^m \tag{12-29}$$

여기서, v : y 년 후의 단면을 신관 단면과 동일하게 했을 경우의 가상 평균유속

C : 신관의 유속계수, R : 신관의 경심, S : 신관의 동수경사

$$p \text{ : 녹흑계수} = \left(\frac{Q_2}{Q_1}\right)\frac{R}{y_2 - y_1}, \text{ 또는 } \left(\frac{v_2}{v_1}\right)\frac{R}{y_1 - y_2}$$

여기서, v_1, Q_1 : y_1 연도의 유속 및 유량

v_2, Q_2 : y_2 연도의 유속 및 유량

p 는 관재료의 수질에 의하고 주철관의 경우는

$$v = 81.60\,(0.9978)^{y/R} \cdot R^{0.581}\,S^{0.507}$$

Hazen-Williams공식의 C값 경년변화에 대하여 미국에서는 표 12.3과 같이 선정하면 좋다. 위에서 서술한 바와 같이 수질과의 연관이 크므로 적용할 때에는 주의가 필요하다. 배수관 재료의 선정에 있어서는 다음 사항에 관하여 검토할 필요가 있다.

표 12.3 Hazen-Williams공식의 C값 경년변화

년수	지름 [mm]								
	100	150	200	250	300	400	600	900	1,500
0	130	130	130	130	130	130	130	130	130
10	106	108	109	110	110	111	112	112	112
20	88	92	94	96	97	98	99	99	100
30	75	80	83	85	86	87	89	90	91
40	64	71	74	76	78	79	81	83	84
50	56	63	67	69	71	73	75	76	78

① 배수관은 연장도 길고 도로포장 밑에 부설되어 장래 대체 부설에는 막대한 경비가 소요되며, 내구성이 있고 방충법을 고려하여 관의 종류를 선택한다. 철관에는 모르타르 라이닝을 실시한 관이 바람직하다.

② 배수관에는 급수장치가 접속되어 분수전의 장치에 소요되는 비용도 고려하여 관비용의 경제성 비교를 행한다. 관두께가 얇으면 분수전을 장치할 필요가 있다.

③ 이음은 굴곡성이 있는 편이 진동 · 지진에 대하여 좋다.

④ 부설하는 토지의 토질에 의해서는 황산염 환원균 때문에 급속관이 침식되든가 시멘트 관의 약알칼리분이 소실하는 경우도 있다.

예제 12.2

아래 그림과 같은 수지상식 배관에 있어서 각 점의 수두를 구하시오. 시간 최대급수량을 250ℓ/cpita/d로 하고 각 점에 지반고 및 구간의 인구와 관지름은 표와 같다. 그리고 Kutter의 조도계수는 n=0.013으로 마찰손실수두 이외의 손실을 무시한다.

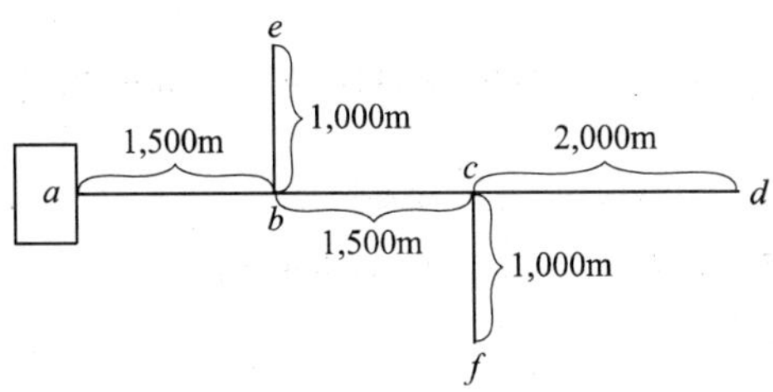

예제그림 12.2.1 배관도

예제표 12.2.1 지반고 및 구간인구

지점	높이[m]	구간	인구	관지름[mm]
배수지의 저수위	+45.000	b~e	5,000	200
b의 관 중심높이	+20.000	b~c	3,000	300
e의 관 중심높이	+25.000	c~f	5,000	200
c의 관 중심높이	+20.000	c~d	7,000	250
f의 관 중심높이	+15.000			
d의 관 중심높이	+10.000	a~b	0	350

풀이

(1) 일반적인 공식에 의한 계산

$$h = f \cdot \frac{l}{d}\frac{v^2}{2g}$$

여기서, $f = 8gn^2/R^{1/3}$

1) a~b 사이 : (a~b 사이의 부담인구 20,000명)

Q= 250ℓ/cap/d× 20,000명 = 5,000 m^3/d = 57.8 [ℓ/s]

자료 관지름 d = 350mm 이므로

$$V_1 = \frac{Q}{A} = \frac{0.0578}{0.9621} = 0.601\,[\mathrm{m/s}]$$

$$\frac{V_1^{\,2}}{2g} = \frac{(0.601)^2}{19.6} = 0.018[\mathrm{m}]$$

$$R_1 = \frac{0.35}{4} = 0.0875\,[\mathrm{m}],\ l_1 = 1{,}500\,[\mathrm{m}]$$

$$f_1 = \frac{8 \times 9.8 \times (0.013)^2}{(0.0875)^{1/3}} = 0.0298$$

$$h_1 = 0.0298 \times \frac{1,500}{0.35} \times 0.018 = 2.299\,[\text{m}]$$

따라서 b점에 있어서 입력수두는 마찰수두의 속도수두를 고려하면 다음과 같다.

$$\therefore 45.000 = 20.000 - h_1 - \frac{{v_1}^2}{2g} = 25.000 - 2.299 - 0.018 = 22.683\,[\text{m}]$$

2) b~c 사이 : (b~c 사이의 부담인구 15,000명)

$Q = 250\ell/\text{cpa}/\text{d} \times 15,000$명 $= 3,750\,\text{m}^3/\text{d} = 43.5\ [\ell/\text{s}]$

관지름은 300 mm이며

$$v_2 = 0.615\,\text{m/s},\ \frac{{v_2}^2}{2g} = 0.019\,\text{m},\ R_2 = 0.075\,[\text{m}],\ l_2 = 1,500,\ f_2 = 0.0313$$

따라서

$$h_2 = 0.313 \times \frac{1,500}{0.3} \times 0.019 = 2.971\,[\text{m}]$$

그러므로 c점에 있어서 압력수두는 다음과 같다.

$$\therefore 45.000 - 20.000 - (h_1 + h_2) - \frac{{v_2}^2}{2g}$$
$$= 25.000 - 2(2.299 \times 2.974) - 0.019 = 19.708\,[\text{m}]$$

3) c~d 사이 : (c~d 사이의 부담인구 7,000명)

$Q = 250\ell/\text{cap}/\text{d} \times 7,000$명 $= 1,750\,\text{m}^3/\text{d} = 20.3\ [\ell/\text{s}]$

관지름은 250 mm이며

$$v_3 = 0.413\,[\text{m/s}],\ \frac{{v_3}^2}{2g} = 0.09\,[\text{m}],\ R_3 = 0.0625\,[\text{m}],\ l_3 = 2,000\,\text{m},\ f_3 = 0.0333$$

따라서

$$h_3 = 0.33 \times \frac{2,000}{0.25} \times 0.009 = 2.298\,[\text{m}]$$

그러므로 d점에 있어서의 압력수두는 다음과 같이 계산된다.

$$45.000 - 10.000 - (h_1 + h_2 + h_3) - \frac{{v_3}^2}{2g} = 35.000 - (2.299 + 2.974 + 2.398) - 0.009$$
$$= 27.320\,[\text{m}]$$

4) b~e사이

$Q = 250\ell/\text{cap}/\text{d} \times 5,000$명 $= 1,250\,\text{m}^3/\text{d} = 14.5\ [\ell/\text{s}]$

관지름은 250 mm이며

$$v_4 = 0.461\text{m/s},\ \frac{{v_4}^2}{2g} = 0.011\text{m},\ R_4 = 0.05\,[\text{m}],\ l_4 = 1,000\,\text{m},\ f_4 = 0.0358$$

따라서

$$h_4 = 0.0358 \times \frac{1,000}{0.2} \times 0.011 = 1.969[\text{m}]$$

그러므로 e점에 있어서의 압력수두는 다음과 같이 계산된다.

$$45.000 - 25.000 - (h_1 + h_4) - \frac{v_4^2}{2g} = 20.000 - (2.299 + 1.969) - 0.011$$

$$= 15.721[\text{m}]$$

5) c~f사이

$Q = 250\ell/\text{cap}/\text{d} \times 5,000$명 $= 1,250\,\text{m}^3/\text{d} = 14.5\,[\ell/\text{s}]$

4)와 마찬가지로

$$h_5 = 1.969\text{m}, \; \frac{v_5^2}{2g} = 0.011[\text{m}]$$

이므로 f에 있어서 압력수두는 다음과 같이 계산된다.

$$45.000 - 15.000 - (h_1 + h_2 + h_3) - \frac{v_5^2}{2g} = 30.000 - (2.299 + 2.974 + 1.969) - 0.011$$

$$= 22.747[\text{m}]$$

(2) Hazen-Williams공식에 의한 계산은 다음과 같다.

$$I_{0.54} = \frac{v}{0.84935 \times C \times R^{0.63}}$$

지금 a~b사이에 대하여 생각하며($C = 130$으로 함)

$$I_{0.54} = \frac{0.601}{0.84935 \times 130 \times (0.0875)^{0.63}} = 0.02525$$

$$\therefore I = 0.011003$$

$$\therefore h_1 = 1,500 \times \frac{1.1003}{1,000} = 1.651[\text{m}]$$

(1)의 Manning공식의 h_1 값보다 작게 계산된다.

12.2 배수·급수의 관리

12.2.1 교차연결

수도사업자가 경영하는 수도와 위생관리가 잘 된 전용수도는 서로 배수관(配水管)을 연결하여 물을 공급하여도 되나 위생관리가 불충분하고 음용수로서 부적당한 물을 공급하는 공업용 수도와 배수관을 상호연결하는 것을 금지하고 있다. 오염의 원인이 되기 쉬운 우물에 급수관을 연결하여도 안 된다. 이들의 연결관에 제수밸브나 역지(逆止)밸브 등을 설치하여도 밸브의 고장이 생기면 제수밸브의 조작착오(操作錯誤) 등으로 오염수가 혼입하는 위험이 생긴다.

그림 12.12는 건축물의 도시수도와 욕탕(浴湯)의 사설수도간에 발생하는 교차연결을 예로 보인 것으로 사설우물에 물이 충분할 때는 이를 사용하고 갈수기에는 상수도수를 쓰는 것으로 제수밸브 A, B의 개폐에 따라 물이 바꾸어 진다.

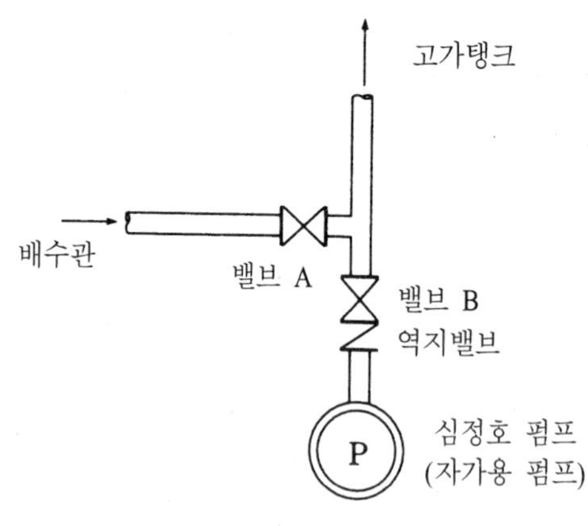

그림 12.12 사설수도와 교차연결

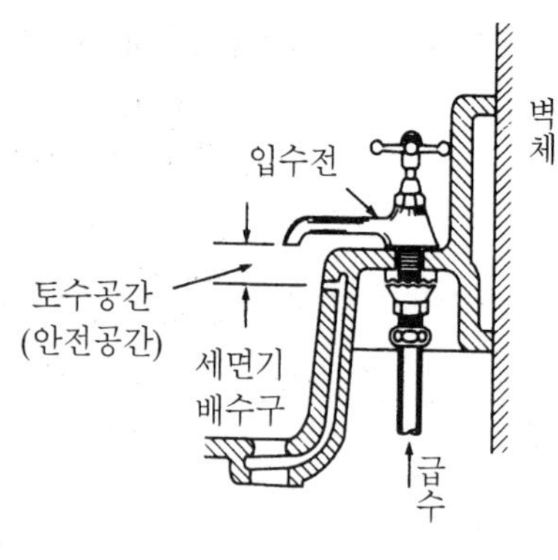

그림 12.13 토수공간

이 방식이 위험한 것은 제수밸브 A의 고장이나 조작자의 실수로 사설(私設) 우물물이 역류하여 도시수도수가 오염될 염려가 있기 때문이다. 교차연결은 상기의 직접연결 이외에 급수기구와 오염원간에 간격이 있어도 좁아서 배구관 내에 부압이 발생할 때 오염원의 오수가 역으로 급수기구에 흡입되게 한배관도 포함한다. 그림 12.13은 오염원의 오수가 역으로 급수기구에 흡입되게 한 배관도 포함한다. 토구(吐口)와 월류선(spill line)간에 안전공간(air gap)을 두어 역류흡인(逆流吸引, back siphonage)을 방지해야 한다. 이와 같이 구조가 적절치 않아 일어나는 오수흡인(汚水吸引)을 **교차연결**(cross connection)이라 한다.

(1) 교차연결 발생원인

1) 수압의 저하

배수관내 수압은 안정된 것이 가장 이상적이며, 실제로 매우 변동이 심한 원인으로서는 다음과 같다.

① 물의 사용량이 급변(急變)할 때 수압이 변동한다.
② 소화전(消火栓)을 열었을 때 급격한 수압변동(水壓變動)이 일어난다.
③ 배수관이 사고에 의하여 파열(破裂)되거나 훼손되면 그 근처의 수압이 저하한다.
④ 배수관의 수리(修理) 때문에 니토관(泥吐管)을 열면 수압이 현저히 저하한다.
⑤ 지반의 고저차(高低差)가 심한 급수구역에서는 높은지대(高地區)에서 수압저하가 일어난다.
⑥ 배수관에 직접연결되어 가압(加壓)펌프의 운전에 따라 상류측(上流側)에 압력저하가 일어난다.

이러한 압력저하가 생기면 급수장치에 연결시킨 사설수도의 수압이 공공수도(公共水道)의 수압보다 높아지므로 제수밸브가 불완전할 때 공공수도 쪽으로 역류한다. 또한 사설수도와 교차연결이 되어도 배수관이 단수상태가 되면 배수관보다 높은 위치에 있는 공급장치 내의 물이 배수관 내로 흘러들어가 급수관 내의 압력이 저하되거나 진공상태로 인하여 배수관이나 급수관 내의 수격현상(水擊現象, Water Hammer)에 의해서도 발생한다.

2) 진공발생

배수관 내의 압력저하가 만일 대기압보다 작아지면 진공이 발생한다. 다음 그림 12.14와 같은 원리에 의해서 높은 건물이나 고지대에 있어서는 급격히 진공이 발생하는 경우가 있다. 그 진공지속시간은 배관 내의 기압불량에 따라서 다르고 배수관의 수압이 낮으면 배수관에 연결된 급수관이 녹이 슬어서 손실수두가 큰 경우에 낮은 쪽의 수전으로 대량의 물을 방류하면 높은 곳의 물을 끌어내리게 된다.

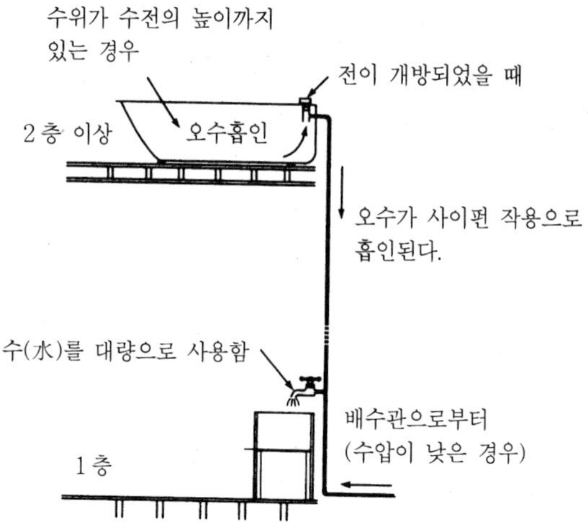

그림 12.14 오수가 흡인되는 원리

배수관에 연결된 급수관의 구경이 작을 때 많은 수전을 동시에 열면 급수관 내에 부분적으로 진공현상이 일어난다. 큰관이 급격히 진공상태가 되면 한 개소 정도의 수전이 열려 있어 공기가 들어가도 완전하게 진공이 없어지지는 않는다. 이와 같이 급수장치 내의 물이 공공수도의 배수관 내로 유입하여 물이 다시 다른 수요자(需要者)의 급수전으로 흘러나올 가능성이 있다. 진공이 생길 때 급수전에 연결된 고무호스가 오수에 잠겨 있어나 급수전 그 자체가 물에 잠겨 있든가 하면 물을 빨아올린다.

또한 급수전이 물에 잠겨있지 않아도 수면과의 간격이 가까우면 공기를 빨아들일 때 흡인기(吸引器, aspirator)의 작용을 일으켜 동시에 물을 빨아올려 세면수, 목욕탕물, 수세식 화장실의 물을 흡인한다.

3) 급수장치의 수압상승

급수장치에는 다음과 같은 장치가 포함되어 있으며, 이러한 장치와 공공수도를 연결시킬 때 역지밸브가 완전하지 못하고 역지밸브조작을 잘못하면 역류가 생긴다.

① 여과장치(濾過裝置), 연수(軟水)장치 때문에 펌프를 설치하는 경우
② 온수(溫水), 냉수(冷水)장치용으로 펌프를 설치하는 경우
③ 공기조절(空氣調節)장치용으로 펌프를 설치하는 경우
④ 냉동장치의 냉각수나 그 밖의 공업용, 영업용 설비에 펌프를 설치한 경우
⑤ 소화 스프링쿨러용으로 펌프를 설치하는 경우

⑥ 고압가스의 세정(洗浄)장치에서 가스압 때문에 역류가 생기는 경우

이러한 펌프류는 특별계통의 장치로 되어 있지만 보통양정이 공공수도의 수압보다 높기 때문에 역지밸브 등을 통하여 역류가 생긴다.

(2) 교차연결방지의 착안점

교차연결을 일으키기 쉬운 배관의 개소를 열거하면 다음과 같다.

① 수세식 화장실의 플러시 탱크의 급수전과 물넘이 기슭사이의 간격 및 플러시 밸브
② 병원의 감균기(減菌器)
③ 치료용 목욕탕(전수전이 월류선 위에 있는 경우)
④ 병원의 오물세정탱크(전수전이 월류선 위에 있는 경우)
⑤ 지하실배수를 수압을 이용한 방사기(放射器, ejector)로서 행하는 경우
⑥ 치과병원 등에서 사용되는 오수용 방사기
⑦ 목욕탕, 화장실, 개수대, 세탁기 등에서 급수전이 월류선보다 위에 있는 경우
⑧ 병원에 있는 여과기(濾過器), 증류기(蒸溜器), 흡인기, 수술대(手術臺) 등이 월류선 이하에 급수전을 설치하였을 경우
⑨ 사설수도와 양수 혼합전 등으로서 연결되어 있는 경우
⑩ 수세정을 이용한 상면배수
⑪ 풀장에서 지표면 흐름(over flow) 이하에 급수구가 위치하고 순환용 파이프가 직접연결되어 있을 때
⑫ 소화전이나 살수전(撒水栓)이 오수 중에 잠겨 있을 때
⑬ 자가용 수도와 연결되어 있을 때
⑭ 수도수를 사용하는 공장에서 각종 탱크의 급수구가 월류선 보다 위에 위치하여 소요공극이 없을 때
⑮ 급수전에 호스가 부착되어 호스가 오수 내에 열려 있을 때
⑯ 하수관 근처에서의 수도관의 누수가 있을 때
⑰ 지하식 소화전의 보호상(保護箱) 내의 배수가 되지 않을 때
⑱ 하수펌프의 봉수용(封水用) 급수, 슬러지관을 세정하기 위한 급수관이 연결되어 있을 때
⑲ 급속여과지의 역세정을 직접급수관에서 하고 있을 때

(3) 교착연결의 방지

교차연결의 방지를 위해서는 배관에 대한 세심한 주의가 필요하다. 오염 가능성이 있는 다른 배수계통과 직접연결 시키지 않아야 함은 물론이며, 간접적으로도 흡인(吸引)에 의하여 오염을 발생케 하는 가능성을 가진 일체의 배관을 하지 말아야 한다. 역지(逆止)밸브에 이물질이 들어가게 되면 제기능을 발휘하지 못하므로 교차연결 방지를 위해서는 다음과 같은 방법이 있지만 신설공사를 할 때에 충분히 주의하는 것이 매우 중요하며, 공사가 끝난 후에 발견하기 어려울 뿐만 아니라 공사비용도 증가하게 된다.

① 수도본관에 진공이 발생하는 경우에 이것을 제거하는 공기밸브를 부착시킨다.
② 수세식 화장실의 플러시(flush)밸브에는 진공브레이크(vacuum breaker)를 부착시키든가 또는 진공이 발생하였을 때 자동적으로 밸브가 닫히는 피스톤형을 사용한다.
③ 급수를 받은 기존물의 월류면과 급수전 사이에 공간을 두며 그 간격은 관지름 이상으로 한다.
④ 공장 등에 급수하는 경우 공장 내의 장치가 역류를 일으킬 염려가 있을 때에는 일단 저수탱크에 직접 넣어야 한다.
⑤ 수도관과 하수관을 같은 위치에 매설하지 않도록 한다.

12.2.2 누수방지

정수하여 배수한 것이 누수되어 손실은 수도사업의 경영상 대단히 클 뿐만 아니라 수자원의 유효 이용이라는 점에서도 문제가 된다. 또한 손실은 그것뿐이 아니고 누수 되는 곳은 단수(斷水) 시의 음압발생(陰壓發生) 시에 오수를 역흡인(逆吸引)하므로 위생상의 중대한 문제가 되며 배수관의 용량을 그만큼 크게 하지 않으면 안 된다. 누수를 감소시키면 그 만큼의 수량을 간접적으로 확장공사에 의하여 증량시킨 것과 동일한 효과를 나타낸다.

누수는 지상누수와 지하누수로 구별되며 전자는 발견하기도 쉽고 수리도 빨리 할 수 있지만 후자는 발견이 곤란하므로 누수방지(漏水防止, leak detection) 대책중 대부분의 일은 이에 속한다. 누수조사작업은 주로 야간에 행하여야 하며 노력 · 경비의 점에서 어려움이 많다. 가장 경제적인 최량의 누수방지대책은 최량의 공사에 있고 시공시 수압시험(水壓試驗)을 반드시 실시해야 한다.

(1) 누수장소와 그 원인

누수발생장소는 관의 이음부나 관과 기구의 접합부가 대부분을 차지하자만 그 외에 훼손·파열(破裂)·부식(腐蝕) 등의 관 자체의 결함의 원인이 되는 것도 많이 있다. 배수관계통의 주된 누수장소와 그 원인을 열거하면 다음과 같다.

1) 접합누수

접합의 시공불량에 의한 누수는 경질염화비닐관, 동관(銅管)에 있으며 접합누수(接合漏水)는 아니지만 폐기된 수전(水栓)의 잔존관(殘存管) 정리가 되지 못할 때 발생한다.

① 소켓이음(socket joint) : 지반침하, 지진(地震), 진동(振動)에 의하여 접합부의 납(鉛)이 떨어져 나가면 누수가 일어난다. 이 때 납을 떼고 이음을 바꿔 넣어 수리한다. 메카니컬 접합(mechanical joint)으로 개조하는 방법도 있으며, 이렇게 하면 재차의 벌어짐을 방지할 수 있다. 적용은 PVC관, 흄관, PSC관, 강관 등 600 mm 이하의 작은 관의 접합에 채용되고 있다.

② 메카니컬이음(mechanical joint) : 이 접합은 원래 굴소성(屈燒性)이며, 포설이 정상적이면 진동에 의한 누수는 방지할 수 있다. 직선부에서의 누수는 고무패킹의 삽입불량(挿入不良)이나 모래 등의 이물이 들어가기 때문에 생기는 것이 대부분이지만 여기에 더하여 볼트(bolt)를 잘못 잠갔든가 죄지 않았을 때에 사고가 많으며, 곡선부나 관말의 전에서는 방도가 분출하거나 고정이 잘 안되는 것이 원인이 된다. 또한 접윤(接輪)이 관의 말단부에서 중심을 벗어나는 것이 원인이 되는 수도 있다. 적용은 주철관, 덕타일 주철관등의 접합에 채용되고 있다.

③ 타이튼이음(tyton joint) : 접합에서의 누수는 작은 편이지만 누수원인은 이음부가 관의 말단부에서 중심이 벗어나는 경우라던가 고무링의 삽입이 나쁘거나 모래 등의 이물질이 들어가든가 볼트가 잘 죄어지지 않은 경우이다. 수압이 높고 진동이 많은 장소에서 자연히 고무링의 일부가 튀어나오는 사고도 가끔 일어난다.

④ 플랜지이음(flange joint) : 제수변 주위 또는 펌프 주위에 배관을 접속할 때 사용되고 있으며 관을 붙이거나 떼어내기 쉬우나 가소성이나 신축성이 없어 지진에 매우 약한 결점을 가지고 있다. 적용은 주철관, 덕타일 주철관, 강관 등의 접합에 채용되고 있다.

⑤ 칼라이음(collar joint) : 대부분 흄(hume)관의 접합에 사용되고 있으나 수밀성이 부족하고 하중이 작용할 때는 접합부분의 균열 등의 문제가 발생한다. 많은 인력이 소요되고 철저한 현장관리가 요구되고 있다.

2) 관의 파열, 부식

관의 사고는 관의 종류에 따라 다르며 연관(鉛管), 동관(銅管)은 부식이 당연히 많고 연관에서는 외상, 파열이 많은 것이 특징이다. 동관에서도 부식사고는 발생한다. 동관의 누수는 부식에 의한 핀홀(pin hole)에서의 누수가 많다. 도장(塗裝)이 나빠서 자연히 부식하든가 외상 때문에 도장이 벗겨져 나가든가 전식(電蝕)이 원인이 되어 부식한다.

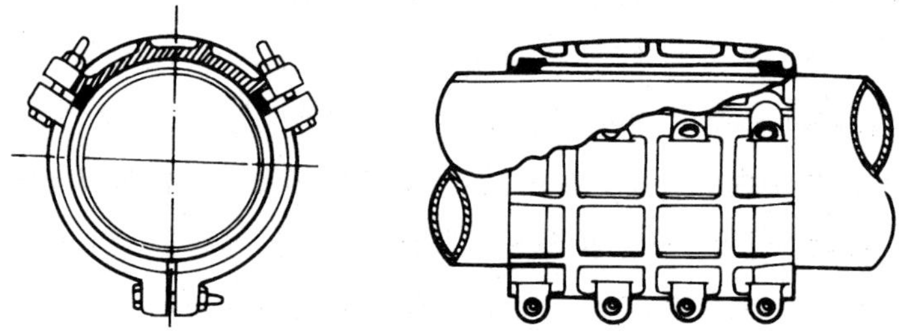

그림 12.15 보호륜

부식이 진행이 주철관(鑄鐵管)보다 훨씬 빠른 특징이다. 부분적인 누수는 그림 12.15와 같이 보호륜으로 수리되지만 관 전체가 부식된 경우에는 관을 다시 포설(布設)하여야 한다.

3) 관의 훼손 및 귀열

주철관이나 석면시멘트관일 때 지반침하가 원인이 되거나 고형물질이 침상(沈床)으로 관밑에 존재하여 큰 교통하중을 받게 되며 다른 공사 등에 의하여 발생하는 일이 많다. 관을 제거(除去)하여 계륜(繼輪)을 설치하거나 포설한 대로 두고 그림 12.15와 같은 보호륜으로 수리한다.

4) 지수밸브의 누수

패킹(packing)의 부식에 의한 경우와 지수밸브와 관의 접합부가 늘어져서 생기는 일이 많다. 패킹은 면사(綿絲)를 쇠기름(fat)으로 끓인 것으로 어느 정도 세월이 경과하면 쇠기름이 소실되어 누수가 생기게 된다. 고무제 O-Ring을 사용한 접합방식으로 개조하는 것이 좋다.

5) 소화전의 누수

소화전의 누수는 패킹불량으로 인한 것이 대부분이다. 패킹의 재질이 불량하든가 모래 등의 이물질에 의한 손상으로 누수한다.

6) 분수전, 지수전

분수전에서는 단관(單管)의 헐거움이나 패킹의 마모(磨耗)에 의한 사고가 대부분이며, 분수전 자체의 훼손이 그 다음이다. 지수전에는 접합부의 헐거움이나 패킹불량이 가장 많고 다음으로 패킹마모가 많다.

7) 수도미터

연결부에서 단관의 패킹마모가 많다.

8) 급수전

일반 급수전에서는 고무패킹의 마모나 패킹에 철관의 조각, 모래 등의 이물질이 들어가기 때문에 누수가 많으며, 수도꼭지에 외상이 생기면 패킹을 교환하여도 지수가 완전하지 못하다.

(2) 누수방지

누수를 방지하기 위해서는 먼저 누수조사가 필요하다. 누수방지는 계획적으로 진행되어야 한다. 누수율의 한도는 정해져 있지는 않지만 선진외국에서는 약 10% 이하이면 양호하며, 우리나라 대도시의 경우는 전체의 누수율은 약 10% 정도로 보고 있다. 누수율은 배수량에 따라 다르므로 연간평균을 생각해야 한다.

누수방지를 계획적으로 하려면 급수구역을 몇 개의 조사구로 분할하여 3~5년에 한번씩 각 조사구를 순차적으로 조사하는 것이 좋다. 누수방지를 한번 해도 누수량은 시간이 지남에 따라 다시 복원하기 때문이다.

조사는 야간에 행하며 조사대상 블록(block)에 유입하는 모든 지수밸브를 닫고 한 소화전에 블록 외의 소화전을 호스로 연결한다. 이 때 호스 중앙에 계기를 달아 유량을 측정한다. 소화전 대신 급수전이나 분수전을 이용할 수도 있다. 각 수용가의 지수전을 미리 닫도록 하여 급수전에 물이 흐르지 않도록 할 때 계기에 물이 흐르면 이것이 누수량이 된다.

조사 블록의 누수량이 허용치 이내이면 문제가 없으나 초과할 때에는 누수원인을 찾아야 한다. 이 때 청음조사(聽音調査)를 하면 봉상청음기(棒狀聽音器, stethoscope)나 전기누수탐지기 같은 기계를 사용하여 누수음을 확대하여 들음으로써 누수장소를 탐지할 수 있다.

12.3 관로

12.3.1 하수관로의 매설위치

공공도로(公共道路) 내에 하수관로(下水管路)를 매설할 때는 매설위치(埋設位置) 및 깊이를 도로관리자와 협의하고, 관로가 하천바닥을 횡단하는 경우는 하천관리자와 협의하여야 한다. 또한 철도횡단의 경우 관로가 교통하중 및 진동을 직접 받지 않도록 충분한 깊이로 매설하여야 한다. 그리고 관로를 사유지 내에 매설 시에는 토지소유자와 협의하여야 한다. 공사계획에 있어서 매설위치 및 깊이에 관하여 계획표준도는 그림 12.16 및 그림 12.17처럼 여러 가지 방법이 있으나 도시가스, 상 · 하수도, 지하공동구, 전기, 전화용 등의 지하매설위치는 다음 사항을 고려해서 결정하여야 한다.

간선
T : 통신케이블
E : 전기케이블(고압 · 저압 있음)
W : 상수도
S : 하수관로(합류관 또는 오수관)
R : 하수관로(우수관로)
G : 가스관

지선
t : 통신케이블
e : 전기케이블
w : 상수도
s : 하수관로(합류관 또는 오수관, 오수받이)
r : 하수관로(우수관로, 빗물받이)
g : 가스관

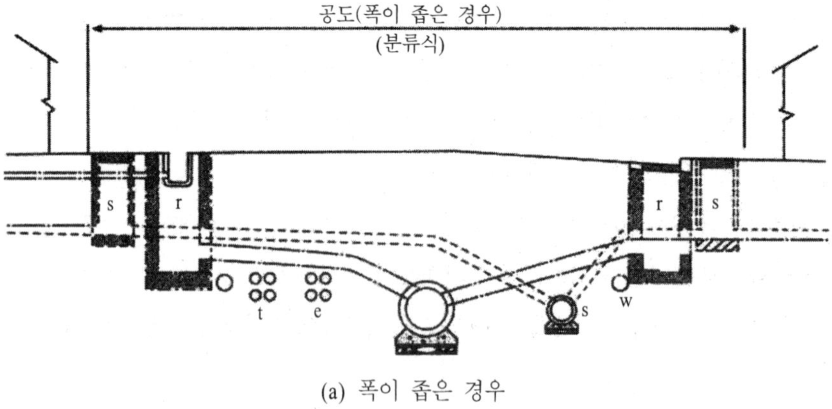

(a) 폭이 좁은 경우

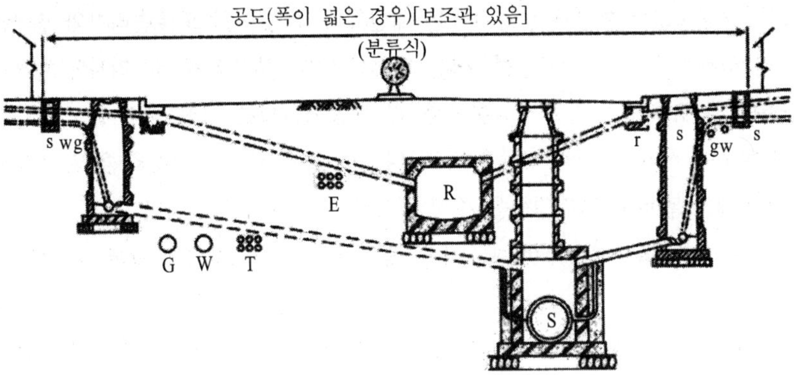

(b) 폭이 넓은 경우

그림 12.16 계획표준도의 참고 예(분류식)

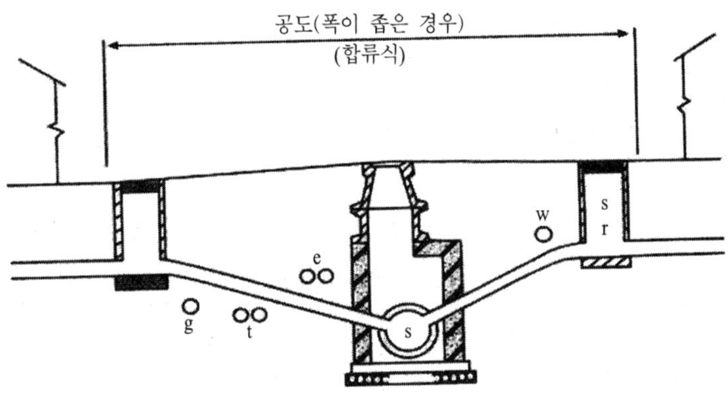

(a) 폭이 좁은 경우

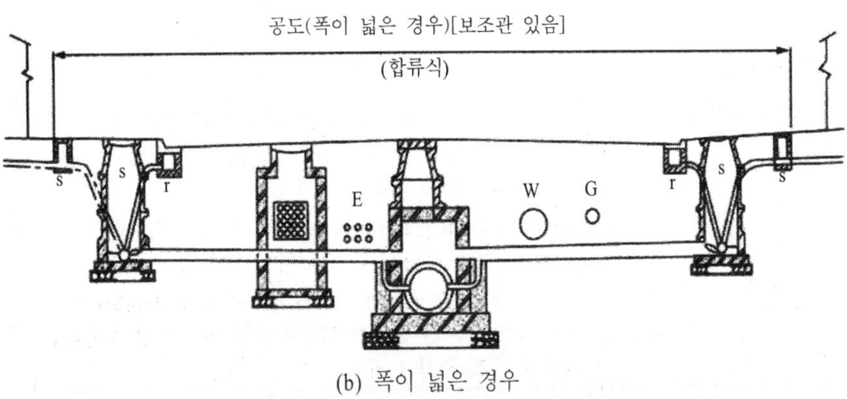

(b) 폭이 넓은 경우

그림 12.17 계획표준도의 참고 예(합류식)

① 관로를 공공도로에 매설하는 경우에는 매설위치 및 깊이를 도로관리자와 협의해야 한다.
② 관로가 하천바닥을 횡단하는 경우에는 매설위치 및 깊이를 하천관리자와 협의해야 한다.
③ 철도횡단의 경우에는 관로가 교통하중 및 진동(振動)을 직접 받지 않도록 충분한 깊이로 매설해야 하며, 종단경사(縱斷傾斜)의 특수성에 의하여 교통하중 및 진동이 작용하는 경우에는 관로에 직접영향을 주지 않도록 방호공을 설치한다.
④ 관로를 사유지(私有地) 내에 매설하는 경우에는 토지소유자와 협의해야 한다.

관로가 하저를 횡단하는 경우도 매설위치 및 깊이에 관해서 하천관리자와 협의 하거나 하천법에 의한 절차에 따라야 하며, 때로는 철도를 횡단해야 할 경우도 있다. 이 때는 관로가 윤하중 및 진동을 받는 경우에는 관로에 직접영향을 주지 않도록 보호공을 하여야 한다. 역시 철도관리자와 충분한 협의가 있어야 하고 승인을 받아야 한다.

12.3.2 매설깊이

관로의 최소 흙두께 결정에 있어서는 연결관, 노면하중, 노반두께 및 다른 매설물의 관계, 기타 도로점용조건을 고려하여 적절한 흙두께로 할 필요가 있다. 공공도로 내에 매설하는 관로에 대해서는 도로법시행령 제24조제1항의「하수도관의 본선을 매설하는 경우에는 그 윗부분과 노면까지의 거리를 3 m(공사 시행으로 인하여 부득이한 경우에는 1 m) 이상으로 할 것」으로 규정되어 있다.

덕타일주철관, 흄관(외압 1종, 2종관), 강화플라스틱복합관, 경질염화비닐관, 도관의 관종류에서 300 mm 이하 하수도관의 매설에 대해서 전선, 수도관, 가스관 또는 하수도관을 도로의

표 12.4 얕은층 매설기준

하수관 종류별		관로 윗부분과 노면과의 거리
하수관의 본선		해당 도로의 포장두께에 0.3m를 더한 값(해당 값이 1m에 이르지 않는 경우에는 1m) 이하로 하지 않을 것
하수관의 본선 이외의 선	차도	해당 도로의 포장두께에 0.3m를 더한 값(해당 값이 0.6m에 이르지 않는 경우에는 0.6m) 이하로 하지 않을 것
	보도	0.5m 이하로 하지 않을 것. 단 절하부가 있고 0.5m 이하가 되지 않을 경우에는 미리 충분한 강도를 갖는 관로 등을 사용하는 경우를 제외하고 방호 조치가 필요

주) 흄관(외압 1종)을 사용하는 경우에는 해당 하수도관과 노면의 거리는 1m 이하로 하지 않을 것.
차량의 통행이 많은 간선도로, 륜하중이나 진동의 영향을 받는 궤도부내 또는 부득이하게 흙두께가 적어지는 경우에는 관로의 안전성을 확인하고 동시에 고강도관의 채용이나 적절한 방호공을 검토할 필요가 있다.

지하에 설치하는 경우 매설의 깊이 등에 대해서 최소 흙두께를 표 12.4에 준하여 운용하면 되지만, 도로관리자에게 얕은층 매설기준의 운용에 대한 확인이 필요하다.

12.3.3 관로의 표시

지하매설물굴착에 따른 사고를 방지하기 위해서는 환경부제정 「하수도공사 시공관리요령」을 참고로 하여 우·오수관의 식별이 용이하도록 하여야 하며, 관로 매설후 관로 탐지장치 등으로 탐지가 가능하도록 설계·시공시 적극 고려한다. 관과 맨홀의 식별을 위하여 맨홀뚜껑에 관명칭, 관리자, 사업자 등을 기록하고 사업자, 일련번호, 부설년도 등이 표기된 명판을 맨홀벽체 상단에 부착한다. 시공완료후 맨홀, 관로 등의 위치를 측량법에 준하여 측량을 실시하고 사업규모, 사업기간 등을 고려하여 필요한 경우 공공측량성과 심사를 받아 준공도를 작성한다.

최근에는 하수도시설 운영관리의 효율화 및 통합화 추세에 따라 지리정보시스템(GIS)을 기반으로 하수도시설물 전반에 대하여 도형과 속성에 대한 데이터베이스를 구축하고 있으며, 관로 설계도 작성 시부터 3차원좌표계를 도입, 수평·수직의 위치(x, y, z)를 명확히 한다.

각종 지상·지하매설물 중에서 하수도관로의 상대적 위치를 정확하게 파악할 수 있는 정보를 얻게 되면 관로의 신설 및 보수나 교체시 단시간 내에 경제적으로 시행할 수 있을 것이다. 상수도관로, 도시가스, 전력선 및 통신선로 등 다른 계통의 사업자에게 관로의 위치를 정확하게 제공하여 하수도에 대한 신뢰성을 도모할 수 있을 것이다.

12.3.4 관로의 접합과 연결

(1) 관로의 접합

관로의 설계에 있어서는 관로의 방향, 경사, 관지름이 변화하는 장소 및 관로가 합류하는 장소에는 맨홀을 설치해야 한다. 또한 관로 내의 유수(流水)를 수리학적으로 원활하게 유하시킬 필요가 있다. 유수의 충돌이나 심한 와류(渦流), 난류(亂流) 등을 일으키면 손실수두가 증가되어 유하능력이 저하되고 아울러 합류점(合流點) 또는 지형이 험한 경우에는 접합방법이 올바르지 못하면 맨홀로부터 하수가 분출하는 등 예측치 못한 사고가 발생할 수도 있다. 따라서 관로를 접합(接合)할 때에는 충분한 주의가 필요하다.

관로의 관지름이 변화하는 경우 또는 두 개의 관로가 합류하는 경우의 접합방법은 원칙적으로 수면접합 또는 관정접합(管頂接合)으로 한다. 관로의 접합에는 일반적으로 그림 12.18과 같으며, 이러한 접합방법은 각각의 특성을 갖고 있으므로 배수구역내 노면의 종단경사, 다른

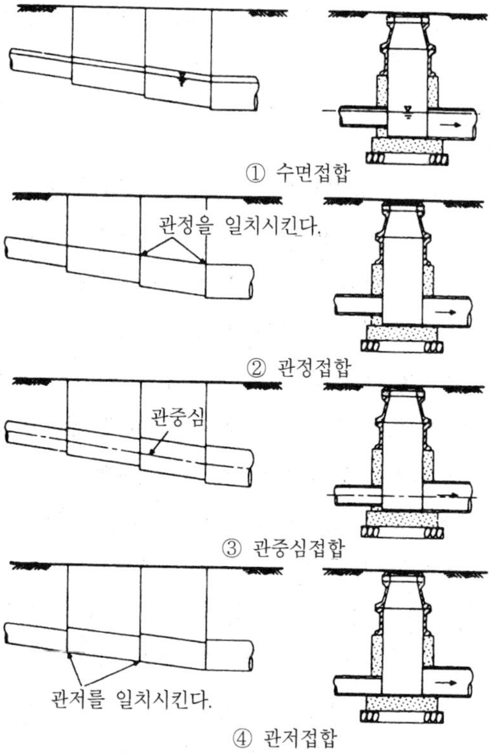

그림 12.18 관로의 접합종류

매설물, 방류하천의 수위 및 관로의 매설깊이를 고려하여 가장 적합한 방법을 선정해야 한다. 특별한 경우를 제외하고는 원칙적으로 수면접합(水面接合) 또는 관정접합으로 하는 것이 좋다. 각 접합방법의 특징은 다음과 같다.

1) 수면접합(水面接合)

에너지 경사선이나 계획수위를 일치시키는 접합방법이다. 수리학적으로 가장 이상적인 정류(整流)를 얻을 수 있으나 계산방법이 복잡한 것이 결점이다.

2) 관정접합(管頂接合)

관정을 일치시켜 접합하는 방법으로 유수의 흐름이 원활하고 계산은 비교적 쉽다. 그러나 굴착 깊이가 증가되므로 공사기간 및 공사비가 증대되고 펌프로 배수하는 지역에서는 양정이 높게 되는 단점이 있다. 따라서 수위저하가 크고 지세가 급한 곳에 채용하는 것이 좋다.

3) 관중심접합(管中心接合)

관중심을 일치시키는 방법으로 수면접합과 관저접합의 중간적인 방법이다. 이 접합방법은 계획하수량에 대응하는 수위를 산출할 필요가 없으므로 수면접합에 준용되는 경우가 있다.

4) 관저접합(管底接合)

관로의 내면 바닥이 일치시키도록 접합하는 방법이다. 이 방법은 굴착깊이를 얕게 함으로 공사비용을 줄일 수 있으며, 수위 상승을 방지하고 양정고를 줄일 수 있어 펌프배수지역에 적합하다. 그러나 상류부에서는 동수경사선(動水傾斜線)이 관정보다 높이 올라갈 우려가 있다.

지표의 경사가 급한 경우는 관지름 변화의 유무에 관계없이 원칙적으로 지표의 경사에 따라서 단차접합 또는 계단접합으로 한다.

지표의 경사가 급한 경우 관 내의 유속조정과 최소토피를 유지하며 상류쪽의 굴착깊이를 줄이기 위해 지표의 경사에 따라서 적당한 간격으로 맨홀을 설치하여 단차접합 혹은 계단접합을 하면 그림 12.19와 같다.

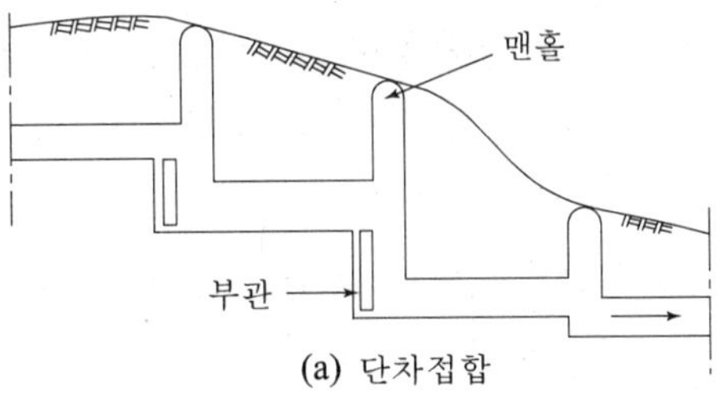

(a) 단차접합

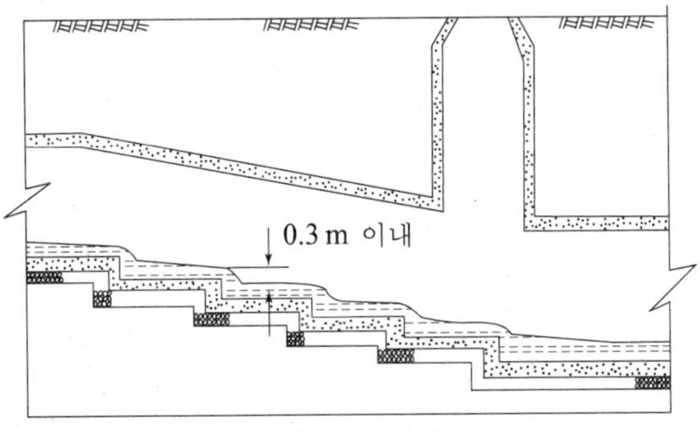

(b) 계단접합

그림 12.19 지표의 경사가 급한 경우의 접합

(2) 지표의 경사가 급한 경우

관지름변화 유무에 관계없이 지표의 경사에 따라 단차접합 또는 계단접합으로 한다.

1) 단차접합(段差接合)

지표의 경사에 따라 적당한 간격으로 맨홀을 설치한다. 맨홀 한 개당 단차는 1.5 m 이내로 하는 것이 바람직하며 단차가 0.6 m 이상인 경우에는 부관을 설치한다.

2) 계단접합(階段接合)

통상 큰관로 또는 현장타설관로에 설치한다. 계단의 높이는 1단당 0.3 m 이내 정도로 하는 것이 바람직하지만 지표의 경사와 단면에 따라 계단의 길이와 높이를 변화시킬 수 있다.

두 개의 관로가 합류하는 경우의 중심교각은 될 수 있는 한 60° 이하로 하고 곡선을 갖고 합류하는 경우의 곡률반지름은 안지름의 5배 이상으로 한다. 큰관로(大口經管路)와 큰관로가 합류하는 경우에는 유수를 원활하게 하도록 유의하고 유속이 크게 되는 것에 주의해야 한다. 또한 큰관로에 작은관로(小口經管路)가 합류하는 경우에는 유속이 작은 작은관로의 유수가 큰관로의 큰유속에 지장을 받아 작은관로의 상류부에 유속이 정체되어 예상치 못했던 지장을 일으킬 수도 있으므로 가능한 한 작은 중심교각을 갖고 합류시키도록 주의해야 한다. 이 때 중심교각은 30~45°가 이상적이지만 도로의 폭, 그 밖의 장해물과의 관계를 고려하여 60° 이하로 하는 것이 바람직하다. 한편 큰관로에 작은관로가 합류하는 경우 작은관로의 지름이 큰관로의 지름의 1/2 이하이고 수면접합 혹은 관정접합 의한 접합 이상으로 낙차를 붙이는 경우 중심교각은 90°까지 하여도 지장이 없다.

또한 곡선을 갖고 접합하는 현장타설 철근콘크리트관로 등의 경우에는 내에서 부착되지만

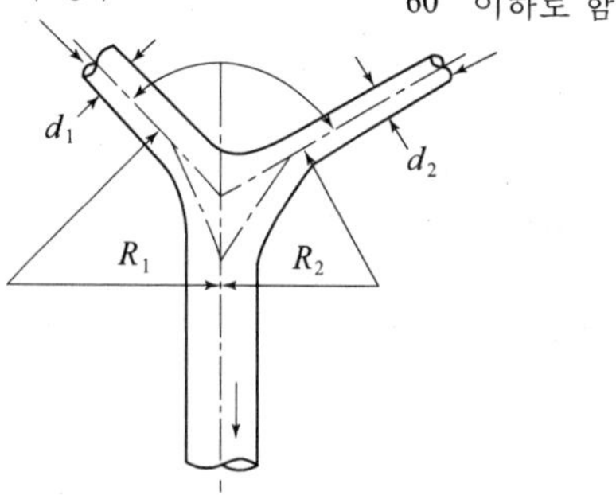

(a) 관로가 곡절하거나 또는 곡선으로 합류한 경우의 곡률반지름

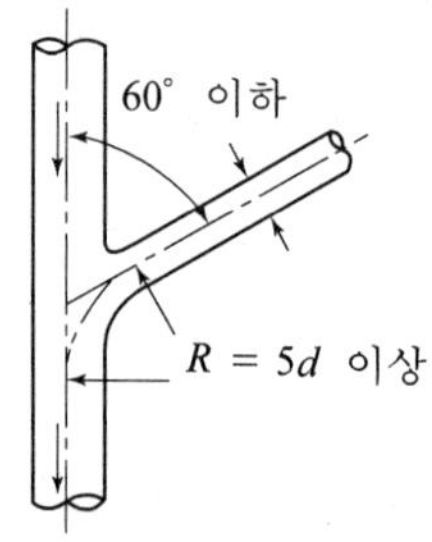

(b) 관로가 합류하는 경우의 중심선의 교각

그림 12.20 관로가 합류할 때의 중심교각과 곡률반지름

큰관로가 합류하는 경우의 곡률반지름은 특수맨홀 또는 현장타설 철근콘크리트관로를 설치해야만 부착되는 경우가 많다. 또한 관로가 단순히 곡절(曲折)하는 경우도 이와 같은 사항을 고려할 필요가 있으며 그림 12.20과 같다.

또한 반대방향의 관로가 곡절하는 경우나 관로가 예각으로 곡절하는 경우의 접합도 이와 같은 사항을 고려하며, 이상적으로 2단계로 곡절하는 것이 바람직하다. 그리고 관로 합류 때의 중심교각과 곡률반지름은 그림 12.21과 같다.

반대방향의 관로가 합류하여 곡절하는 경우

관로가 예각으로 곡절하는 경우

그림 12.21 관로가 합류할 때의 중심교각과 곡률반지름

12.3.5 관로의 이음

관로(管路)는 다른 매설물에 비하여 매설깊이가 깊은 경우가 많다. 그러므로 지하수위가 높고 연결이 불완전한 경우에는 지하수가 다량으로 관 내에 침입한다. 따라서 펌프배수의 경우는 펌프의 증설을 필요로 하게 되고 배수경비를 증가시키는 결과를 낳게 된다. 또한 지하수의 침입은 관로 용량의 부족 및 여유의 감소를 초래하여 관 기능에 예상치 못했던 지장을 줄 뿐만 아니라 처리장 기능을 저하시킬 우려가 있으므로 충분한 주의가 필요하다.

특히 지하수위가 높은 곳에서는 이음이 불완전하고 접합이 불량한 부분으로 지하수가 관로 내에 침입하면서 관로 주위의 지반을 불안정하게 하거나 토사를 끌어들여 관로 내에 쌓이게 하고 때로는 부등침하, 노면함몰(路面陷沒), 다른 지하매설물 등에 피해를 주는 경우가 있다.

이 때문에 이음은 기초공과 함께 토질 및 지하수위를 고려하여 가장 적합한 방법을 선택하고 시공상에 있어서도 관의 종류(種類) 및 연결구조에 따라 정확하고 면밀한 접합을 하여 항상 수밀성이 있는 동시에 내구성이 있는 것이어야 하며, 필요하면 수밀성시험을 하도록 한다.

또한 이음방법은 다양하여 여러 종류가 있으나 일반적으로 사용되고 있는 연결방법 중 그 대표적인 특징은 다음과 같으며, 그림 12.22와 같다.

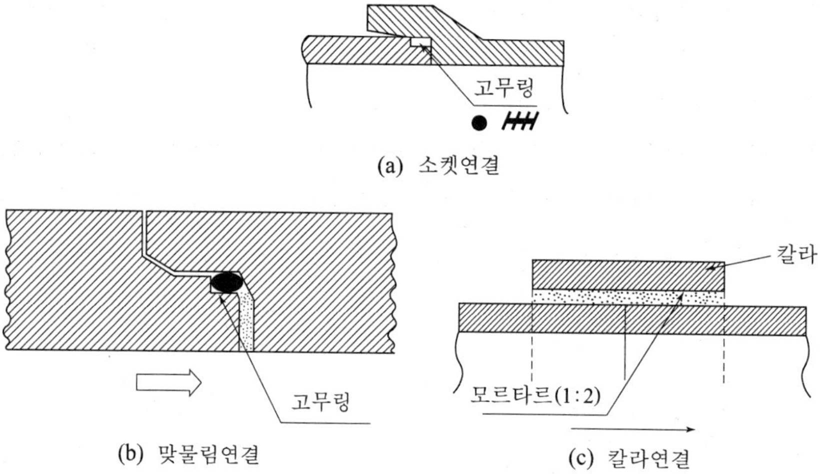

그림 12.22 관로의 이음방법

1) 소켓이음

시공이 쉽고 고무링이나 압축조인트를 사용하는 경우에는 용수배수가 곤란한 곳에서도 시공이 가능하며, 수밀성도 높다. 소켓용 관로의 운반 시에는 소켓이 파손될 우려가 있으므로 주의가 요구된다. 종래에는 이음부를 모르타르로 충전하였으나 수중접합이 곤란하고 시공상 숙련을 필요로 하기 때문에 최근에는 고무링이나 합성수지제의 패킹을 사용한 압축조인트가 채용되고 있어 시공성, 수밀성(水密性) 및 내구성(耐久性)이 향상되고 있다.

2) 인롱이음(bath and joint)

중간지름(中口徑) 및 큰 지름의 시공이 쉽고 용수배수가 곤란한 곳에서도 시공이 가능하다. 수밀성도 있지만 이음부의 관두께가 얇기 때문에 이음부가 약하고 연결시에 고무링이 이동하거나 꼬여서 벗겨지기 쉽고 이음부에도 이것의 원인으로 누수되는 수가 있다.

3) 칼라이음(collar joint)

이음부의 강도는 높으나 소성이 부족하고 특히 용수배수가 곤란한 곳에서는 시공이 어렵고 공사기간은 소켓이음 보다 오래 걸린다.

그러므로 지반의 부등침하 시에 이음부가 파손되는 경우는 다음 이음에 비해 교환이 용이하여 순수하게 우수배제(雨水排除)를 위한 분류식의 우수관로에서는 경제적인 방법이나 시공관리를 철저히 하여 수밀성이 확보되도록 하여야 한다. 칼라이음 시에 주의할 것은 관을 매설하기 전에 매설현장의 지상에서 관과 칼라를 이음하여 그림 12.23의 ①과 ②의 소켓모양으로 만든 후에 매설한다.

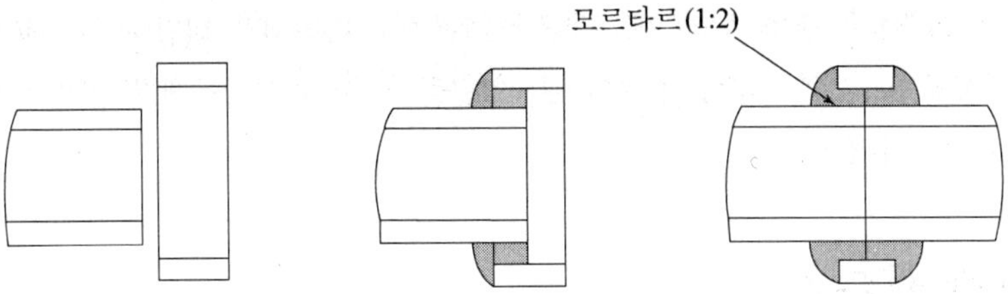

그림 12.23 관망의 수리

(1) 충전재

관로 이음부의 수밀성을 유지하기 위해 접합에 충전하는 재료는 고착성(固着性), 지수성(止水性) 및 내구성(耐久性)이 뛰어나고 시공성이 좋은 것을 사용한다. 일반적으로 모르타르가 사용되어 왔으나 강성(剛性)이 있고 수축하기 쉬우며, 균열이 일어나기 쉽다는 단점이 있으므로 콤포모르타르(compo mortar, 시멘트와 물의 비율 1 : 2)로 하여 수밀성을 높일 수 있다. 충전재는 토질조건 지하수위 등을 고려하여 선정하며, 부등침하가 예상되는 토질의 지반에서의 충전재로는 연성(軟性)의 재질이 좋고 역청계(歷青系)인 것으로는 가열주입형을 사용한다. 이 외에 두 가지 액을 혼합해서 사용하는 합성수지계(合成樹脂系)의 상온주입형도 있다.

12.3.6 관로의 보호 및 기초공

하수도는 자연유하에 의해서 배제하는 것이므로 부설한 관로의 부등침하는 피해야 하며, 이것은 기초 여하에 좌우되는 것이다. 경질(硬質)의 좋은 지반에서 지내력(地耐力)이 10 ton/m^2 이상의 지역이면 별 문제가 없으나 간선관로(幹線管路)가 부설되는 곳 또는 저지에서는 지반이 좋지 못하다. 이와 같이 불량지반에 하수관로를 부설할 때는 지질 · 관로의 크기 · 노면하중 · 매설깊이 등을 고려해서 기초공을 시공하여야 한다.

기초공이 불완전하면 부등침하가 생기고 하수의 유통이 저해되며 이음이 파손되어 누수(漏水) 또는 지하수의 침입(侵入)이 증가하고 심하면 외압(外壓)으로 인해 하수관로가 파괴되기도 한다. 또 적절한 기초공이면 관로 강도가 증가하며 이음의 시공도 쉬워진다.

(1) 외압에 대한 관로의 보호

현장타설을 제외한 관로는 일정한 하중조건에 따라 제조되므로 그 조건을 벗어나 안전율(安全率)을 저하시키는 경우에는 콘크리트 또는 철근콘크리트로 바깥둘레를 쌓아서 외압에 대하여 관로를 보호하여야 한다. 특히 궤도횡단(軌道橫斷), 하천제방 회단(河川堤防橫斷) 또는 하저횡단(河底橫斷) 시의 바깥둘레 쌓기에는 철근콘크리트로 바깥둘레를 쌓아서 종방향의 보강을 충분히 하여야 한다.

(2) 관로의 내면보호

관로부식의 주요원인은 황화수소와 결부되어 있다. 관로 내가 혐기성 상태(嫌氣性狀態)가 될 때 혐기성균이 하수에 포함된 황을 환원시켜 황하수소를 발생시키고, 이 황화수소는 관로의 천정부근에서 또 다른 종류의 균에 의해 산화되어 황산이 되면서 관로를 부식시키는 관정(管頂)부식이 일어나게 된다. 이와 같은 관정부식을 방지하기 위하여 관로 내가 혐기성 상태가 되지 않도록 예방하는 방법이 있으나 비용이 많이 들게 된다. 따라서 관로의 내면이 마모(摩耗) 및 부식 등에 의해 손상될 위섬이 있을 때에는 내마모성, 내식성 및 내약품성이 우수한 관을 사용하거나 합성수지(合成樹脂)나 모르타르 등으로 라이닝하여 관 내면을 보호할 필요가 있다. 부식에 대한 보호로서 코팅도 일반적으로 이용되며 코팅재료로는 역청재, 콜타르 생성물 및 합성수지가 주로 사용된다. 또한 철제관을 전철궤도나 변전설비의 주변에 매설하는 경우에는 미주전류(迷走電流, stray current)의 영향을 받을 수가 있으므로 절연문제를 고려해야 하며, 상황에 따라서는 전기방식(電氣防蝕)을 고려할 필요가 있다.

(3) 기초공

기초공은 사용하는 관로의 종류, 토질, 지내력, 시공방법, 하중조건 및 매설조건 등에 따라 정하지만 기초공의 선택은 공사비용에 큰 영향을 미치게 되므로 관로의 내구성 및 경제성을 충분히 검토하여 적절한 방법을 선택하도록 한다.

관거의 기초공은 철저히 시공하는 것이 중요하며, 관로의 부등침하는 하수의 정체(停滯), 부패(腐敗) 및 악취(惡臭)를 발생시키는 원인이 되고 최악의 경우에는 관로가 파손(破損)되어 누수가 일어나거나 지하수의 침입을 초래하며 관로 주변의 토사가 유입하여 유지관리 면에서 큰 장해가 되거나 심하면 도로가 함몰하는 현상이 나타나므로 기초공은 특히 중요하다. 표 12.5 관의 종류(管種)에 따른 기초를 분류한 것이지만 실제에서는 관체(管體)의 보강과 부등침하의 방지를 위하여 각각의 기초를 조합하여 시공되는 경우도 있다.

표 12.5 관의 종류에 따른 기초

관종 \ 지반		경질토 보통토	연약토	극연약토
강성관	철근콘크리트관	벼개동목 쇄석동목 모래기초	콘크리트기초	말뚝기초 철근콘크리트기초
	도관	벼개동목 쇄석동목 모래기초	쇄석기초 콘크리트기초	철근콘크리트기초
연성관	경질염화비닐관	모래기초	모래기초 Bed Geotextile 기초 Soil Cement 기초	Bed Geotextile기초 Soil Cement기초 사다리동목기초 말뚝기초 콘크리트+모래기초
	덕타일 주철관 강관	모래기초	모래기초	모래기초 사다리동목기초 콘크리트+모래기초

주 1) 암반에 매설하는 경우는 응력을 균등히 분포시킬 수 있는 구조의 기초로 한다.

1) 강성관로의 기초공

강성관(剛性管)에서 사용되는 기초공의 종류는 그림 12.24과 같다.

① 벼개동목기초 : 보통지반에서 관로의 경사를 정확히 유지하고 접합(接合)을 용이하게 하기 위한 목적으로 주로 철근콘크리트관에 사용하는 매우 단순한 기초방식이다. 일반적으로 벼개동목(胴木)기초의 구조는 한 개관에 대하여 2~3개의 받침을 놓고, 그 위에 관을 부설하여 쐐기로 안정시키는 방법이다. 시공 시에는 횡목설치에 유의하여야 하며 횡목을 견고하게 지반에 고정하고 동시에 일정한 높이로 설치되도록 하여야 한다.

<table>
<tr><th>구 분</th><th colspan="2">경질토/보통토</th><th colspan="2">연 약 토</th><th colspan="2">극연약토</th></tr>
<tr><td rowspan="3">강성관</td><td colspan="2">• 벼개동목기초
• 쇄석기초 • 모래기초</td><td colspan="2">• 콘크리트 기초
• 쇄석기초</td><td colspan="2">• 말뚝기초
• 철근콘크리트기초</td></tr>
<tr><td colspan="6">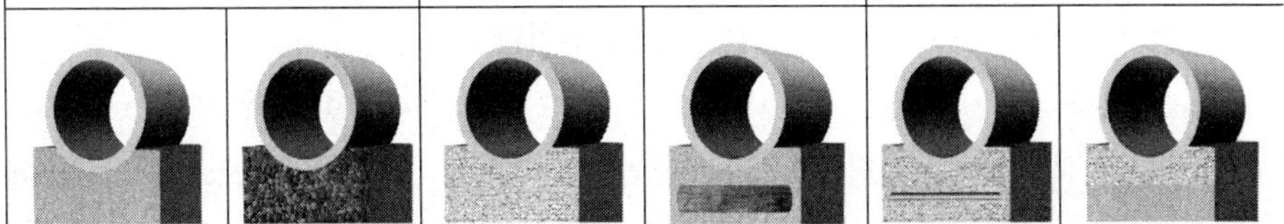</td></tr>
<tr><td>모래</td><td>쇄석</td><td>콘크리트</td><td>벼개동목</td><td>철근콘크리트</td><td>콘크리트+모래</td></tr>
</table>

구 분	경질토/보통토	연 약 토	극연약토
연성관	• 모래기초 • 석분	• 벼개동목기초 • 베드토목섬유기초 • 소일시멘트기초	• 베드토목섬유기초 • 소일시멘트기초 • 사다리동목기초 • 말뚝기초 • 콘크리트+모래기초

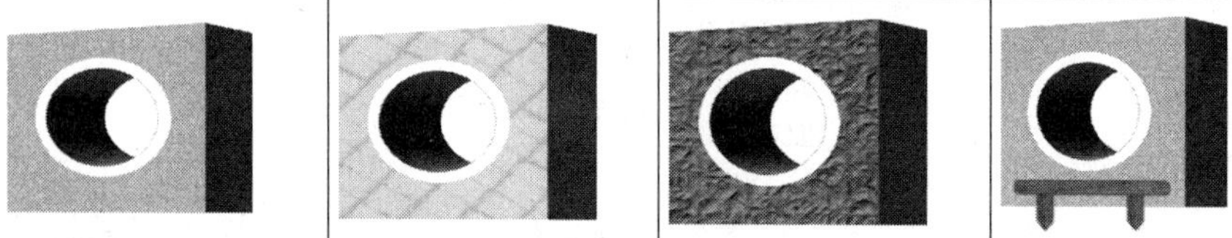

모래,석분	베드토목섬유	소일시멘트	모래+사다리동목

그림 12.24 토질에 따른 관종류별 기초 종류

2) 지반의 구분을 나타내면 표 12.6과 같다.

표 12.6 지반의 구분 예

기반	대표적인 토질
중질토	경질염토, 역습토 및 역습사
보통토	모래, 롬(laom) 및 사질점토
연약토	실트(silt) 및 유기질토
극연약토	매우 연한 실트 및 유기질토

② 모래기초 및 쇄석기초 : 지반이 연약한 경우 및 관로에 미치는 외압이 큰 경우에 채용한다. 모래 또는 쇄석 등을 관거 외주에 밀착되도록 견고히 관로를 지지한다. 이 기초가 관로에 접하는 폭(받침각)에 의해 관로의 보강효과는 다르며, 받침각이 클수록 내하력이 증가한다. 이 경우에 주의할 점은 필요한 받침각을 확보을 위해 시공상의 받침각을 크게 할 필요가 있다. 또한 관로 하단의 기초두께는 최소 100~200 mm, 또는 관로 바깥지름의 0.2~0.25배로 하는 것이 바람직하며 관로의 매설지반이 암반이 경우의 기초두께는 이 범위보다 다소 두껍게 하는 것이 안전하다.

③ 콘크리트기초 및 철근콘크리트기초 : 지반이 연약(軟弱)한 경우 및 관로에 미치는 외압이 큰 경우에 채용한다. 관로의 저부를 콘크리트로 둘러싸는 것으로 외압하중에 의한 관로의 변형(變形)을 충분히 보호할 수 있어야 한다. 이 경우에도 받침각이 클수록 내하중은 증가한다.

④ 콘크리트+모래기초 : 극연약지반(極軟弱地盤)에서 지지층이 매우 깊고 동목받침이 비

경제적인 경우 굴착구(掘鑿構) 바닥에 콘크리트 상판을 타설해 상부하중(上部荷重)을 바닥으로 분산(分散)시켜 지반침하를 방지하는 방법이다. 이 경우 상판에 직접관을 설치하면 관 저부가 점받침이 하중이 집중하게 되므로 상판에는 기술한 모래기초 등을 하도록 한다.

3) 연성관로의 기초공

연성관에서 사용하는 기초공의 종류는 그림 12.26과 같다. 경질염화비닐관 등의 연성관에서도 강성관의 기초와 마찬가지로 관체의 보강 혹은 관로의 침하방지를 주목적으로 하는데 연성관의 기초공은 원칙적으로 자유받침의 모래기초로 한다. 또한 관 하단에 부설하는 모래의 두께는 100~300 mm로 하는 것이 바람직하다.

① 관체의 보강을 주목적으로 한 기초 : 지반의 조건에 따라서 관체 측부 흙의 수동저항력(受動抵抗力)을 확보하기 위해 소일시멘트(soil cement)기초, 베드 토목섬유(bed geo-textile)기초 등을 이용하기도 한다.

4) 관로의 부등침하방치를 주목적으로 한 기초

연약한 지반에서 부등침하 우려가 있는 경우에는 말뚝기초 및 콘크리트+모래기초 등에서 기술한 기초공을 병용할 수 있지만 동목, 콘크리트+모래기초와 관계 사이에 충분한 모래를 깔아 틈이 없게 할 필요가 있다. 말뚝기초란 극연약지반으로 거의 지내력을 기대할 수 없는 경우에 사용되며, 사다리동목의 밑을 말뚝으로 받치는 형태이다.

12.3.7 관로의 부설공사

관로 부설을 위한 시공법은 전면굴착공법과 터널공법으로 대별된다. 전면굴착공법은 가장 확실하고 공사비도 비교적 저렴하므로 널리 행해지고 있다. 그러나 교통사정 · 지하매설물의 상태 · 굴착깊이 등의 관계에서 전면굴착공법이 곤란한 경우는 연장 · 관지름 등을 고려해서 추진공법 · 프론트재킹(front jacking)공법 · 실드공법 등 특수공법을 채택하여야 한다.

(1) 전면굴착공법

전면굴착은 흙막이공 · 굴착공 · 수체공(水替孔 : 물퍼내기) · 관기초공 · 관부설공 등으로 구성된다. 하수관로는 일반적으로 매설깊이가 깊고 저지대에서 지하수위가 높은 연약한 곳에 매설되는 경우가 많으므로 흙막이공에는 특별한 주의가 필요하다. 흙막이공으로는 나무널말뚝(wooden sheet pile)공, 강널말뚝(steel sheet pile)공, 강말뚝(steel pile)공, 횡널말뚝공이 일반적으로 행해진다. 시가지에서 도로 폭이 협소하고 널말뚝의 타설에 의한 진동, 물퍼내기로 인한 지반침하 등의 이유로 널말뚝을 할 수 없을 경우는 지중벽공법을 채택할 때도 있다. 굴착토공이 끝나면 전술한 각종 기초중 적절한 것을 선정하여 관로 경사에 맞추어 시공하고 관의 거치공사를 한다. 관의 거치는 경량의 경우는 받침목을 걸치고 로프(rope)를 사용해서 기초위에 얹어두고 쐐기 등으로 움직이지 않도록 고정시킨다. 중량이 있는 관은 윈치(wintch) 등을 사용하며, 그림 12.25와 같다.

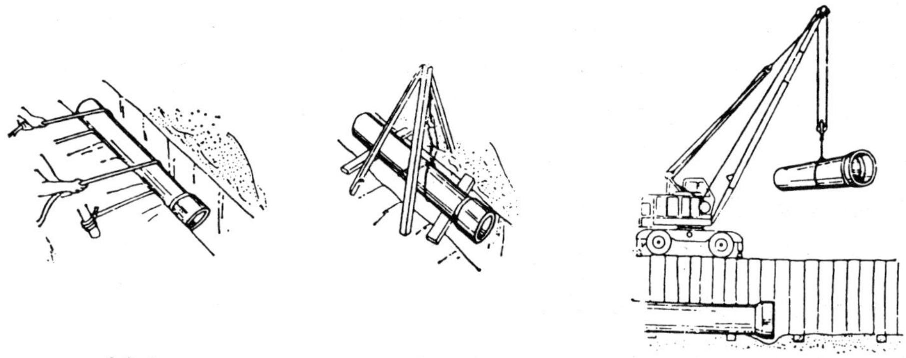

(a) 작은관 (b) 중간관 (c) 큰관

그림 12.25 관로의 부설공사

(2) 추진공법

이 공법은 추진공법용 흄(hume)관을 사용해서 그 선단에 강철제 삽날 링(ring)을 붙이고 입갱(入坑) 내에 설치한 강력한 잭(jack)에 의해서 관체를 지중에 압입하는 방법이다. 관 내에 압입된 토사는 굴착해서 바깥으로 반출하고 특제의 강철 칼라로서 관을 접속하면서 순차 압입하여 관로를 형성해 나간다. 압입연강이 긴 경우는 삽날 링 대신에 실드를 장착하든가 또는 관로 도중에 중간용 잭을 설치해서 삽입하는 경우도 있다.

추진이 완료되면 관에 만들어 두었던 주입공으로 관과 재래지반 사이의 빈틈에 모르타르 주입을 한다. 이것을 나타내면 그림 12.26과 같다.

이 공법은 교통량이 많은 경우 복잡한 도로나 철도궤도(鐵道軌道, rail)의 횡단, 매설물의 보호가 곤란하고 또 이설이 곤란한 경우 도로 폭이 좁을 때, 폭이 좁은 하천의 횡단 등에 사용되고 어느 것이나 연장이 짧은 경우가 적합하다. 관지름 · 지질에 따라 다르나 한방향으로 추진할 수 있는 연장은 평균 50 m 정도이며, 오차의 고정관계로 500 mm 이하의 관은 부적당하고 대체로 600~1800 mm까지는 시공이 가능하다.

또한 이 공법을 채용함에 있어서는 시공에 앞서 상세한 사전조사가 필요하다. 즉 지질 · 지하수위 · 용수(湧水)의 정도 · 호박돌의 유무 등을 조사하고 시공상 지반개량법(地盤改良法),

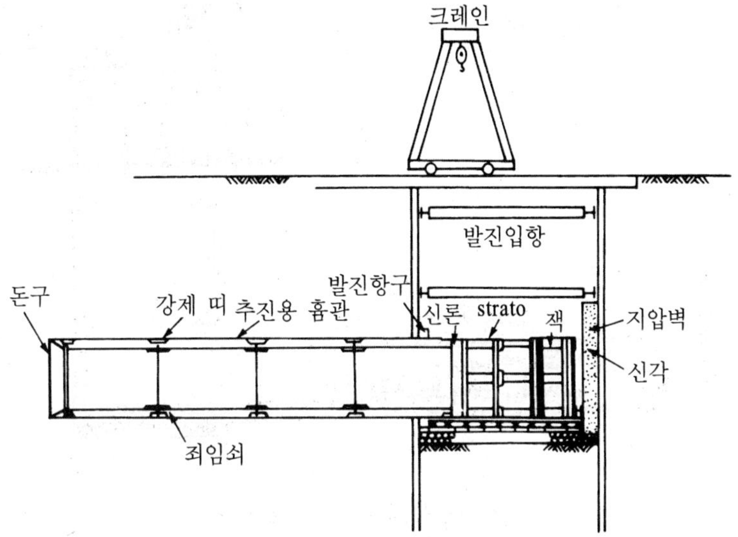

그림 12.26 추진공법의 예

웰포인트(well point)공법, 그라우트(grout)법의 필요 여부를 검토한다. 또한 공사구역 내의 지하매설물의 상황을 확실히 파악해두는 것이 매우 중요한 것이다.

(3) 프론트재킹공법

프론트재킹(front jacking)공법은 전방 잭견인공법이라고도 한다. 추진공법과는 반대로 앞쪽에서 PC(prestressed concrete)강선 등으로서 관을 끌어 당겨서 굴진시키는 방법이다. 추진공법에 비해서 잭 능력이 낮아도 좋고 관체를 끌어당기는 방향을 바르게 할 수 있어 견인력의 낭비가 없으며 관지름이 클수록 또 인접거리가 길수록 경제적으로 된다. 또한 관과 흙 사이에 빈틈이 생기지 않으므로 그라우팅의 필요가 없으며, 시공속도도 종래의 추진공법에 비해 빠르다.

(4) 실드공법

실드(shield)공법은 터널외형 단면크기의 실드라고 부르는 강철제의 견고한 원통을 사용해서 그 전면에는 굴착을, 후부에서는 1차 복공(覆工)의 세그멘트(segment) 조립(組立)을 번갈아 행하면서 실드 내에 장치되어 있는 잭으로서 전진하여 터널을 구축하는 공법이며, 그림 12.27과 같다.

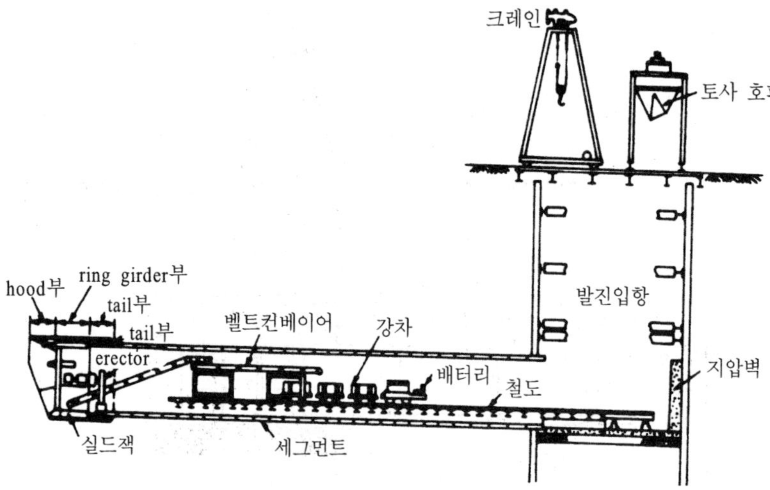

그림 12.27 실드공법

실드에서는 인력굴착식(人力掘鑿式) · 기계굴착식(機械掘鑿式) · 개방식(開放式) · 개폐식(開閉式) · 니수(泥水) 가압력 등의 종류가 있고 세그멘트(segment : 지보공에 상당하는 것임)에는 강철제와 콘크리트제가 있다. 이 공법은 연약한 지반에서 터널을 만드는데 적합하고 용수(用水)가 있는 곳에는 갱내(坑內)에 압축공기를 주입하는 압기 실드공법을 할 때가 많다.

추진공법과 같은 조건의 곳에 사용되는 것이나 추진공법과는 달리 시공설비가 대규모적이고 1공구의 연장이 큰 경우에 접합하다. 보통 100 m 이상의 간선공사에 사용되고 곡선부도 설치할 수 있다.

시공가능한 입경은 하수도의 경우 적어도 1,500 mm 이상이다. 1차 복공의 완료후 콘크리트 라이닝(concrete lining)에 의한 2차 복공이 있으며, 흙덮이는 적어도 실드 바깥지름과 같은 정도가 바람직하다.

12.4 관로의 부대시설

12.4.1 측구

측구(側溝)는 주로 도로, 택지 등의 하수배제를 위해 설치되는 배수시설로서 보도 · 차도의 구별이 있는 도로에서는 보차도에 경계선에 구별이 없는 곳에서는 공사유지(公私有地)의 경계선에 설치한다.

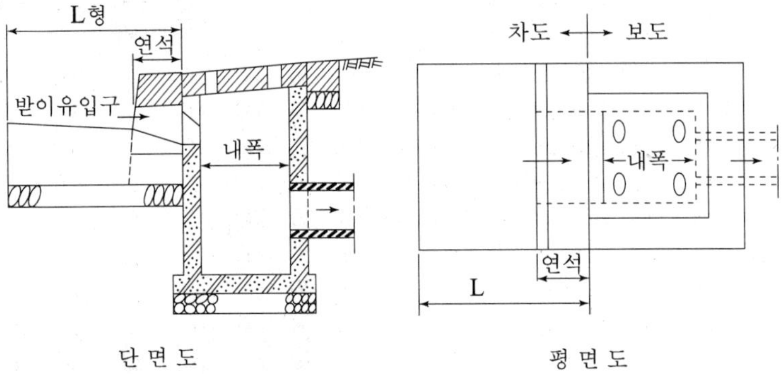

그림 12.28 L형 축구

표 12.7 L형 축구(KSF 4005)

호칭		치수										철근				참고 중량 [kg]	균열 하중 [kg]
												종철근		횡철근			
		a	*b*	*c*	*d*	*e*	*f*	*g*	*h*	*i*	*l*	경	수량 [본]	경	수량 [본]		
콘크리트 L형	250	250	100	100	100	450	75	100	100	105	600	—	—	—	—	72	3,400
철근 콘크리트 L형	250	250	100	100	450	555	100	155	80	85	600	4	5	4	5	58	2,200
	300	300	100	100	500	55	100	155	85	90	600	4	5	4	6	66	2,100
	350	350	100	100	550	55	100	155	90	95	600	4	5	6	5	73	2,000

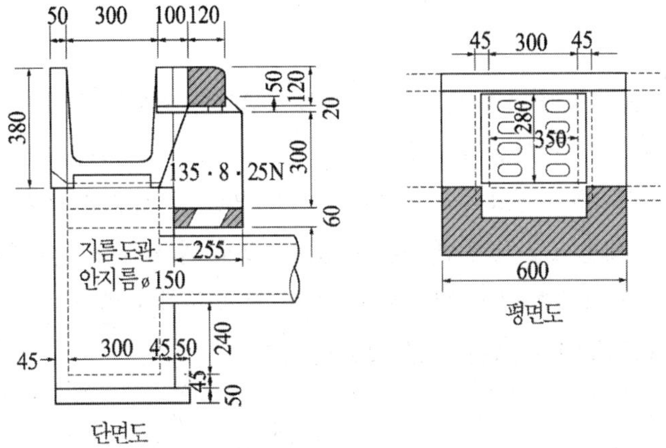

그림 12.29 U형 축구

표 12.8 U형 측구(KSF 4016)

호칭		치수									철근				참고중량 [kg]
											종철근		횡철근		
		a	b	c	d	e	f	g	r	l	지름	수량 [본]	지름	수량 [본]	
철근 콘크리트 U형	150	150	140	150	30	35	35	160	30	600	2.6	5	2.6	5	25
	180	180	170	180	35	40	40	190	50	600	2.6	5	3.2	5	33
	240	240	220	240	45	50	50	240	50	600	3.2	7	3.2	5	56
	300A	300	260	240	50	60	60	300	50	600	3.2	9	4.0	5	71
	300B	300	260	300	50	60	60	300	50	600	3.2	9	4.0	5	81
	300C	300	260	360	50	60	65	300	50	600	3.2	11	4.0	7	94
	360A	360	310	300	50	65	65	360	50	600	4.0	11	4.0	6	94
	360B	360	310	360	50	65	65	360	50	600	4.0	11	4.0	8	105
	450	450	400	450	55	70	70	430	70	600	4.0	13	5.0	8	139
	600	600	540	600	70	80	80	600	70	600	6.0	15	6.0	8	196

측구에는 L형, U형, LU형 및 LO형 등이 있으며, 제작과정으로 보아 현장 철근콘크리트탱크와 규격제품으로 분류된다. 규격제품에는 L형 측구는 KSF 4005에, U형 측구는 KSF 4016에 규격화되어 있으며, 그 상세는 표 12.7이고 그림 12.28, 표 12.8와 그림 12.29와 같다. 그 외에 철근콘크리트 Flume이 KSF 4010에 규격화되어 있다. 측구는 단면 · 경사는 도로의 경사 및 우수의 집수면적(集水面積) 등을 고려해서 결정한다.

L형 측구에서 도로 폭 6 m 이하의 경우는 250 mm를 사용하고 6 m를 초과하는 경우는 300 mm 혹은 350 mm를 사용하며 U형 측구는 유량계산을 한 연후에 그 단면과 경사를 결정토록 한다. 일반적으로 측구는 도로경사에 맞추어서 부설할 때가 많으므로 평탄지에서는 측구경사를 충분히 잡지 못하는 경우가 많다.

이로 인하여 U형 측구에 가정오수가 유입해서 청전시는 오수가 정체하여 악취가 발생하고 슬러지가 퇴적하는 등 도시환경의 장해가 되는 경우도 있으므로 주의하여야 한다. 한편 굴곡점, 경사의 급변지점, 맨홀 연결지점 등에서 유수가 U형 측구로부터 넘쳐흐르는 위험도 있으므로 가급적 유수방향을 원활하게 변경할 수 있는 구조로 할 필요가 있다. U형 측구는 안전상 덮개를 하는 것이 원칙이며 KSF 4017에 규격되어 있고 두께에 따라 1종 · 2종으로 분류하고 있다. 측구부설 표준도 및 부표는 그림 12.30과 같다.

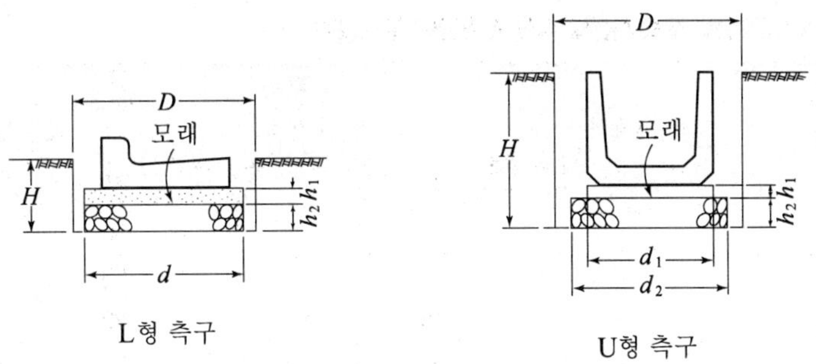

그림 12.30 측구부설 표준도 및 부표

12.4.2 우수받이와 연결관

우수받이(inlet)는 도로·택지 등의 하수를 유집(流集)해서 연결관(連結管)에 의하여 하수관로로 유하시키기 위해 설치되는 시설로서 그 기능에 따라 우수받이와 빗물받이(우수받이)로 나눈다. 받이중 공공도로 내에 설치되는 것을 **공설받이**(public inlet)라 한다. 그리고 지방자치단체가 유지관리를 하고 사유지(私有地) 내에 설치되는 것을 사설받이라고 하여 원칙적으로 건물 또는 토지 소유자가 유지관리한다.

우수받이는 연결관의 소제(掃除)나 검사가 용이하고 관이 원활하게 적합하며, 하중에 대해서 충분한 강도를 가지는 구조로 하여야 한다.

(1) 빗물받이

1) 우수받이의 설치

우수받이는 도로 옆의 물이 모이기 쉬운 장소나 L형 측구의 유하방향 하단부에 반드시 설치한다. 단 횡단보도(横斷步道) 및 가옥의 출입구 앞에는 되도록 설치하지 않는 것이 좋다.

우수받이의 설치위치는 보(步)·차도(車道)의 구분이 있는 경우에는 그 경계를 하고 보·차도의 구분이 없는 경우에는 도로와 사유지의 경계에 설치하고, 우수받이는 도로 내의 빗물을 모아서 공공하수도로 유입시키는 시설로서 원칙적으로 공도 내에 설치하지만 분류식에 있어서는 우수배제에 기존우수관로 또는 도로측구 등을 이용하는 경우도 있으므로 지역의 실정·유지관리 등을 충분히 고려하여 정하는 것이 바람직하다. 또한 합류식의 경우 사유지 내의 우수지내 우수배제는 차도측의 도로배수와 별도로 고려하며 택지내 우수도 택지 내에 설치된 우수받이에 연결하여 유하시키는 것이 바람직하다. 종단경사가 큰(약 5% 이상) 곳에서는 우수의 차집능력(遮集能力)을 고려하여 낙수공(落水孔) 면적이 큰 2호 빗물받이를 차도측에

표 12.9 빗물받이의 크기별, 도로 차선별 적정 빗물받이 설치간격

도로차선 [편도]	유입부 규모 [cm]	간 격(m)														
		측구 횡경사 4%					측구 횡경사 7%					측구 횡경사 10%				
		평지	종경사 2%	종경사 5%	종경사 7%	종경사 10%	평지	종경사 2%	종경사 5%	종경사 7%	종경사 10%	평지	종경사 2%	종경사 5%	종경사 7%	종경사 10%
2	30×40	*	*	*	*	*	20	20	20	20	20	30	30	30	30	30
3		*	*	*	*	*	15	15	15	15	15	25	25	25	20	20
4		*	*	*	*	*	10	10	10	10	*	20	20	20	15	15
2	40×50	20	20	20	15	15	30	30	30	30	25	30	30	30	30	30
3		15	10	10	10	10	30	30	30	20	20	30	30	30	20	20
4		10	10	10	*	*	25	25	20	15	15	30	30	25	15	15
2	40×100	30	30	30	30	30	30	30	30	30	30	30	30	30	30	30
3		30	25	25	25	25	30	30	30	30	30	30	30	30	30	30
4		30	20	20	20	20	30	30	30	30	30	30	30	30	30	30

주) *는 부적정/노면의 횡경사가 2%일 때의 값임.

설치하도록 한다.

또한 노면배수의 빗물받이 간격은 대략 20～30 m 정도로 하나 도로 폭 및 경사 등을 고려하여 적당한 간격을 설치하며, 설치간격은 표 12.9와 같다.

2) 형상 및 구조

① 형상 및 재질은 원형 및 각형의 콘크리트 또는 철근콘크리트제, 플라스틱제로서 표 12.10을 표준으로 한다.

② 빗물받이의 규격은 내폭 30～50 cm, 깊이 80～100 cm 정도로 한다.

③ 빗물받이의 저부에 깊이 15 cm 이상의 이토실(泥土室)을 반드시 설치한다.

④ 빗물받이의 뚜껑은 강제, 주철제(ductile 포함), 철근콘크리트제 및 그 외의 견고하고 내구성이 있는 재질로 한다.

표 12.10 빗물받이의 형상별 용도

명 칭	내부치수[mm]	용 도
차도측 1호 빗물받이	300×400	L형 측구의 폭이 50 cm 이하의 경우에 사용
차도측 2호 빗물받이	300×800	L형 측구의 폭이 50 cm 이하의 경우에 사용 교차로나 도로의 종단경사가 큰 곳에 사용
보도측 빗물받이	500×600	도로의 종단경사가 급하지 않은 곳에 사용 차도측 1호 및 2호 빗물받이 적용이 곤란한 곳에 사용

빗물받이는 종경사 10%일 때를 표준형상으로 하고, 차도측 1호, 2호 및 보도측 빗물받이 구조표준도가 있으며, 대표적인 차도측 1호는 그림 12.31과 같다. 한편 빗물받이는 감독관의 승인하에 프리캐스트제품을 사용할 수도 있다.

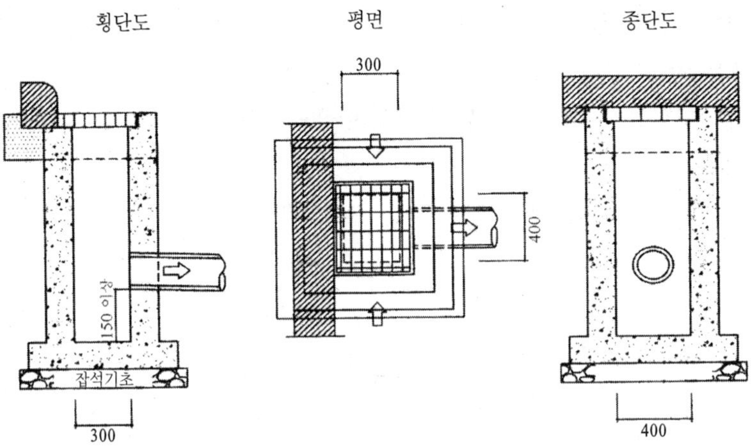

그림 12.31 차도측 1호 빗물받이(내부치수 30×40cm) 구조표준도

(2) 집수받이

집수받이는 무개배수로(開渠)와 암거(暗渠)를 접속하는 경우 및 횡단하수구 등에 설치하며, 표 12.11을 표준으로 하고, 집수받이는 빗물받이의 일종으로서 U형 측구 등과 같은 무개배수로와 관로 및 급경사 도로의 횡단하수구에 설치하는 것으로서 집수받이 저부에 15 cm 이상의 니토실을 설치하고 필요에 따라 발디딤쇠를 설치할 수 있다. 한편 집수받이는 감독관의 승인하에 프리캐스트제품을 사용할 수도 있고 1호, 2호, 3호 있으며, 그 대표적인 1호 집수받이 구조표준도는 그림 12.32와 같다.

표 12.11 집수받이의 형상별 용도

명칭	내부치수[mm]	용도
1호 집수받이	300×400	폭 300 mm까지의 U형 측구에 사용
2호 집수받이	450×450	폭 300~450 mm까지의 U형 측구에 사용
3호 집수받이	450~450	폭 450 mm까지의 U형 측구에 사용

(3) 연결관

1) 재질 및 배치

① 재질 : 재질은 도관, 철근콘크리트관, 경질염화비닐관 또는 이것과 동등 이상의 강도 및 내구성이 있는 것을 사용한다.

② 평면배치 : 부설방향은 본관에 대하여 직각으로 부설하며, 본관 연결부는 본관에 대하여 60° 또는 90°로 한다.

③ 경사 및 연결위치 : 연결관의 경사는 1% 이상으로 하고, 연결위치는 본관의 중심선보다 위쪽으로 한다.

④ 관지름 : 연결관의 최소관지름은 150 mm로 한다.

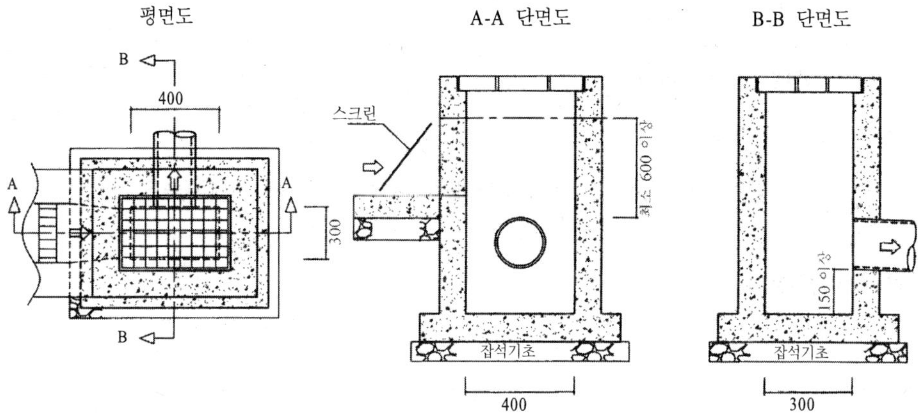

그림 12.32 1호 집수받이(내부치수 30×40cm) 구조표준도

2) 연결부의 구조

본관이 도관 및 철근콘크리트관인 경우에는 지관 또는 가지달린 관을 사용하며, 합성수지관인 경우는 접속용 이형관 등을 사용한다.

연결관에서의 지하수 침입 및 다른 지하매설물공사에 의한 파손의 위험이 가장 크기 때문에 연결관의 재질은 내구성, 내식성 및 수밀성이 있는 것을 사용한다. 연결관의 부설방향은 그림 12.33과 같이 본관에 대하여 직각이며, 직선적으로 연결한다.

또한 연결관은 관로 내의 유수를 잘 흐르도록 하기 위하여 흐름방향에 대하여 원칙적으로 60°로 하지만, 본관이 큰관로인 경우는 90°로 연결하여도 된다. 경사는 부유물질 등의 침전 및 퇴적이 생기지 않도록 하기 위하여 1% 이상이 적절하며, 연결관의 관저가 본관의 중심선보다

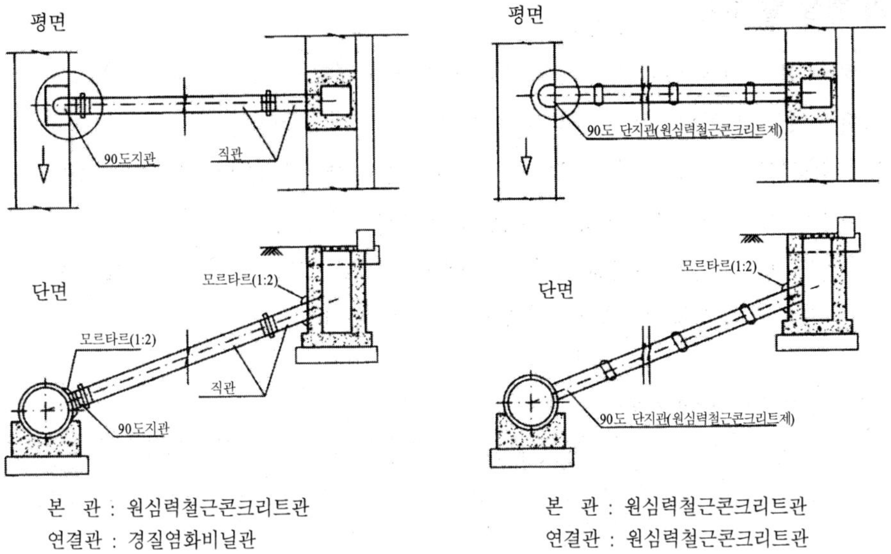

그림 12.33 관연결도의 예

낮게 되면 유수에 저항을 일으켜 소정의 유량을 흐르게 할 수가 없다. 또한 평상시 연결관 내에 본관으로부터의 배수를 받아 그 부분에 부유물질 등이 침전 및 퇴적하여 연결관을 폐쇄시킬 우려가 있으므로 본관의 중심선보다 위쪽에 연결한다. 연결관의 최소관은 150mm를 표준으로 하고 국소적인 하수량의 증가가 장래에 걸쳐 예상되지 않는 경우는 본관을 150 mm로 하고 연결관은 100～150 mm로 한다.

12.4.3 오수받이

(1) 오수받이의 설치

오수(汚水)받이의 목적 및 기능상 공공도로와 사유지의 경계부근에 설치한다. 한편 분류식의 경우 오수받이는 오수만을 수용하도록 하고 우수의 유입은 방지될 수 있는 구조로 설치한다. 합류식의 경우에도 택지 내의 우수(雨水)・오수를 분류시켜 각각의 우수・오수받이에 연결하여 배치시킨다. 또한 단독주택 지역의 경우 오수받이의 설치간격은 유지관리상 1필지당 하나가 바람직하나 택지와 도로의 상화에 2필지당 하나를 설치할 수도 있다.

(2) 형상 및 구조

① 형상 및 재질은 원형 및 각형의 콘크리트 또는 철근콘크리트, 플라스틱제로서 표 12.12을 표준으로 한다.

② 오수받이의 규격은 안지름 200~700 mm, 깊이 700~1,000 mm 정도로 한다.

③ 오수받이의 저부에는 인버트(invert)를 반드시 설치한다.

④ 오수받이의 뚜껑은 주철제(鑄鐵製, ductile 포함), 철근콘크리트제 및 그 외의 견고하고 내구성이 있는 재료로 만들어진 밀폐뚜껑으로 한다.

표 12.12 오수받이의 형상별 용도

명 칭		형상치수	용 도
콘크리트제	1호 오수받이	안지름 300 mm 원형 또는 안지름 300×300 mm 각형	연결관 안지름 150 mm, 깊이 1.2 m 미만의 경우에 사용
	2호 오수받이	안지름 500 mm 원형 또는 안지름 500×500 mm 각형	연결관 안지름 150 mm, 깊이 1.2 m 미만의 경우에 사용
	3호 오수받이	안지름 700 mm 원형 또는 안지름 700×700 mm 각형	연결관 안지름 200 mm 이상인 곳에 사용
플라스틱제	경질염화비닐제 오수받이	안지름 200 mm 원형 안지름 300 mm 원형 안지름 350 mm 원형	연결관 안지름 150 mm 이하인 곳에 사용
	폴리프로필렌 오수받이	안지름 300 mm 원형 안지름 350 mm 원형	연결관 안지름 150 mm 이하인 곳에 사용

표 12.13 소형 오수받이의 크기

구 분		소형 오수받이의 안지름 [mm]
배수관의 안지름 [mm]	설치깊이 [m]	
75	0.60 이하	125 이상
100~150	0.90 이하	150 이상
200	1.20 이하	200 이상

물받이의 형상은 원형(圓形) 및 각형(角形)을 사용할 수 있으나 일반적으로 원형을 많이 사용하고 있다. 그 이유는 구조적인 안정성과 물받이로 연결되는 오수관의 연결을 용이하게 하며 1호 오수받이 구조표준도는 그림 12.34와 같다.

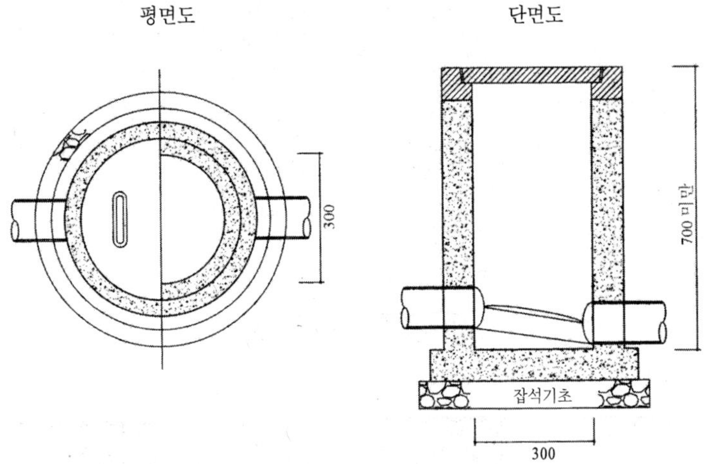

그림 12.34 1호 오수받이(안지름 30cm) 구조 표준도

(3) 우수유입구

측구를 흐르는 우수는 우수유입구로부터 빗물받이로 신속히 유집할 필요가 있다. 우수유입구 각종 형식에 의한 우수유입량변화에 관해서는 외국에서의 실험적 연구(johns hopkins 대학에서의 방식)도 있으나 우리나라 도로 폭은 일반적으로 외국에 비해서 좁기 때문에 주로 받이 뚜껑에서 유집하는 거터(gutter)방식이 많다. 그림 12.35는 외국에서 널리 채용되고 있는 수평방식과 수평수직 병용방식이고, 개구부도 비교적 크며, 미관상에도 좋으므로 권장할만한 것으로 생각된다. 빗물받이의 뚜껑은 KSF 4014에서 규격화 되어 있고 그림 12.36에서와 같이 대형 · 중형 · 소형의 3종이 있고 재료는 주철 또는 철근콘크리트를 사용한다.

(4) 연결관

연결관이란 받이와 하수관로를 연락해서 하수를 본관(本管)에 유집시키기 위해서 도로를 횡단하여 매설하는 관을 말한다. 사용 관의 종류는 시작과 종료가 쉬운 도관 혹은 콘크리트관이 비교적 많고 때로는 철근콘크리트관 또는 흄(hume)관을 채용하는 경우도 있다.

관의 매설방향은 본관에 대해 직각 또는 약간 예각으로 하나 연결부에서는 흐름방향에 대하여 60~90°로 한다. 안지름 250~400 mm(최소지름 150 mm) 정도의 관을 사용하되 경사 1/50 이상으로 본관의 중심선으로부터 위에 접속시킨다.

연결관의 시공은 흔히 부대공사적인 취급을 하는 경향이 있으나 그 매설과 접합은 신중히 하여야 한다. 시가지에서는 지하 매설물이 복잡하고 U형 측구의 밑을 통과해야 할 경우도 있

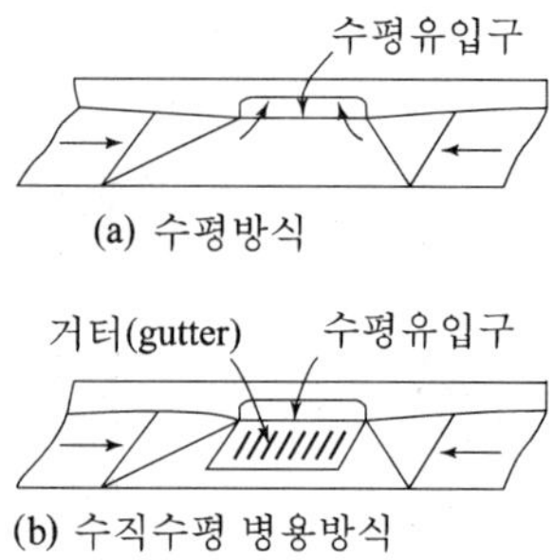

그림 12.35 우수유입구

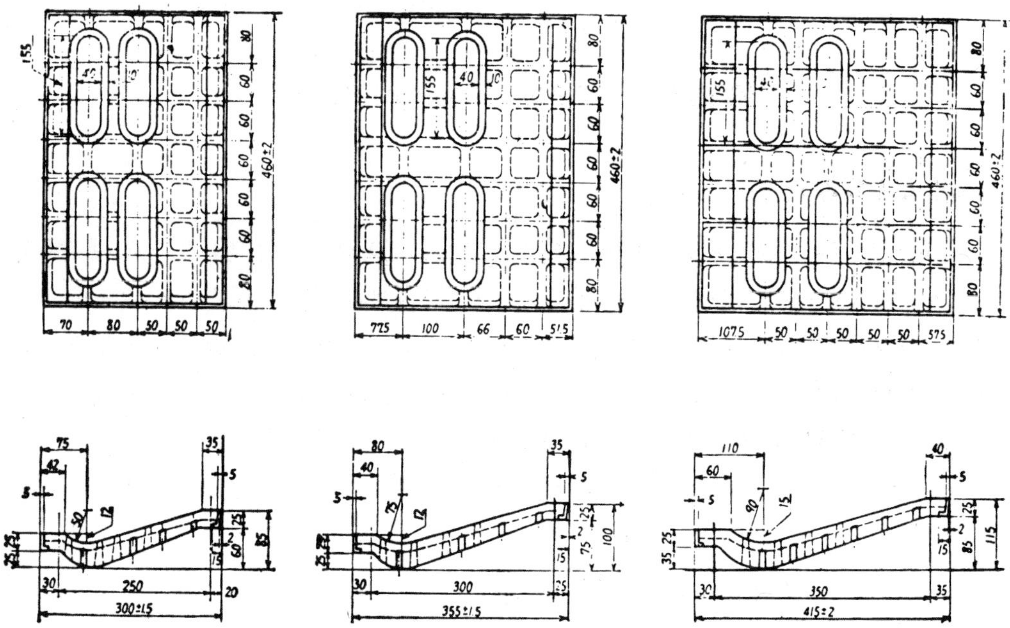

(a) 소형(L형 250용) (b) 중형(L형 300용) (c) 대형(L형 350용)

그림 12.36 우수받이 뚜껑(KSF 4014)

으며 하수관의 매설깊이가 깊으면 연결관의 공사가 어려워질 때도 있다. 지하수위가 높은 지역에는 접합개소로부터 지하수의 침입이 없도록 시공의 완벽을 기해야 한다. 연결관의 흙덮이가 적은 경우 노면하중이 크면 연결관이 파손할 우려가 있기 때문에 특별한 보호공을 하여야 한다.

12.4.4 맨홀

맨홀(manhole, 人孔)은 하수관로의 청소(淸掃), 점검(點檢), 장해물의 제거, 보수(補修) 등을 위해 사람의 출입과 통풍(通風), 환기(換氣) 등을 주목적으로 하고 관거의 연결, 결합을 위해서라도 필요한 시설이며, 맨홀 각부에 명칭을 나타내면 그림 12.37과 같다.

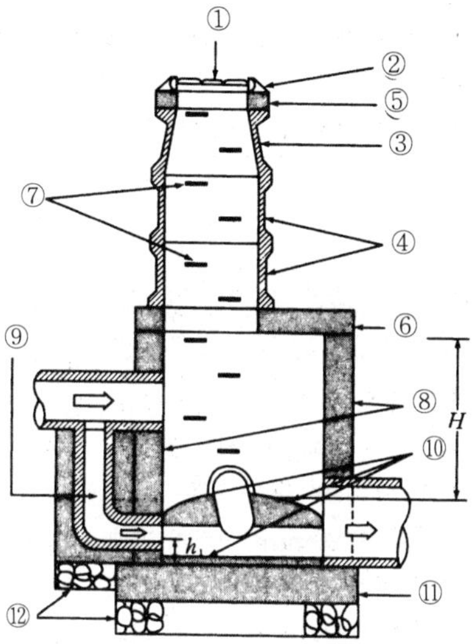

① 맨홀 뚜껑
② 맨홀 뚜껑틀
③ 맨홀 사벽
④ 맨홀 직벽 $h = 60$ cm
⑤ 높이조절용 콘크리트
⑥ 상판 슬래브
⑦ 발 디딤쇠
⑧ 벽 세움부
⑨ 부관
⑩ 인버트
⑪ 바닥 슬래브
⑫ 잡석기초

그림 12.37 맨홀 각부의 명칭

(1) 배치

① 맨홀은 관로의 기점, 방향, 경사 및 관지름 등이 변하는 곳 또는 단차(段差)가 발생하는 곳에 관로가 회합하는 곳이나 관로의 유지관리상 필요한 장소에 반드시 설치한다.

② 관로 직선부에서도 맨홀의 최대간격은 600 mm 이하 관에서 최대간격 75 m, 600 mm 초과 1,000 mm 이하에서 100 m, 1,000 mm 초과 1,500 mm 이하에서 150 m, 1,650 mm 이상에서 200 m를 표준으로 한다.

(2) 종류 및 구조

맨홀의 종류는 접합관에 따라 표 12.14는 표준 맨홀에 준하며, 지형의 특성, 지하매설물과의 관계 미관로의 구조 등에 따라 특수한 맨홀을 필요로 하는 경우에는 표 12.15를 표준으로 한다.

표 12.14 표준맨홀의 형상별 용도

명 칭	치수 및 형상	용 도
1호 맨홀	안지름 900 mm 원형	관의 기점 및 600 mm 이하의 관로 중간지점 또는 안지름 400 mm까지의 관로 합류지점
2호 맨홀	안지름 1,200 mm 원형	안지름 900 mm 이하의 관로 중간지점 및 안지름 600 mm 이하의 관로 합류지점
3호 맨홀	안지름 1,500 mm 원형	안지름 1,200 mm 이하의 관로 중간지점 및 안지름 800 mm 이하의 관로 합류지점
4호 맨홀	안지름 1,800 mm 원형	안지름 1,500 mm 이하의 관로 중간지점 및 안지름 900 mm 이하의 관로 합류지점
5호 맨홀	안지름 2,100 mm 원형	안지름 1,800 mm 이하의 관로 중간지점

표 12.15 특수맨홀의 형상별 용도

명 칭	치수 및 형상	용 도
특 1호 맨홀	내부치수 600×900 mm 각형	흙두께가 특히 적은 경우, 다른 매설물 등의 관계 등으로 1호 맨홀이 설치 안 되는 경우
특 2호 맨홀	내부치수 1,200×1,200 mm 각형	안지름 1,000 mm 이하의 관로 중간지점에서 원형 맨홀이 설치 안 되는 경우
특 3호 맨홀	내부치수 1,400×1,200 mm 각형	안지름 1,200 mm 이하의 관로 중간지점에서 원형 맨홀이 설치 안 되는 경우
특 4호 맨홀	내부치수 1,800×1,200 mm 각형	안지름 1,500 mm 이하의 관로 중간지점에서 원형 맨홀이 설치 안 되는 경우
특 5호 맨홀	내부치수D×1,200 mm 각형 (D는 안지름+인버트 폭)	현장여건상 표준 맨홀 및 특 1, 3, 3, 4호 맨홀이 설치 안 되는 경우에 600 mm 이상의 흄관에 적용
현장타설 관로용 맨홀	안지름 900, 1,200 mm 원형	장방형, 말굽형거 및 실드(shield) 공법에 의한 하수관거의 중간지점
부관붙임 맨홀		관로의 단차가 0.6 m 이상인 경우

맨홀 각부의 명칭은 그림 12.38과 같이 맨홀은 관로 내의 점검, 청소 및 환기 등을 위해 필요한 뿐만 아니라 관로의 접합을 위해 반드시 설치해야 하며, 맨홀의 설치장소 및 간격은 유지관리의 편리성이 우선적으로 고려되어야 한다. 관로의 직선부에서도 되도록 많이 설치하는 것이 유지관리상 용이하지만 이로 인한 공사비용의 증가와 시공상의 어려움이 많으며, 분류식의 오수관로의 경우는 우천 시에 맨홀뚜껑의 구멍 등을 통해 우수가 유입하는 등의 문제도 있으므로 직선부 관로에서는 관지름별 최대간격으로 하는 것이 바람직하다. 큰관로 또는 장방형 관로 등의 현장타설관로의 경우도 표 12.15에 준하나 현장의 상황 등에 따라 적당한 간격을 둘 수도 있다.

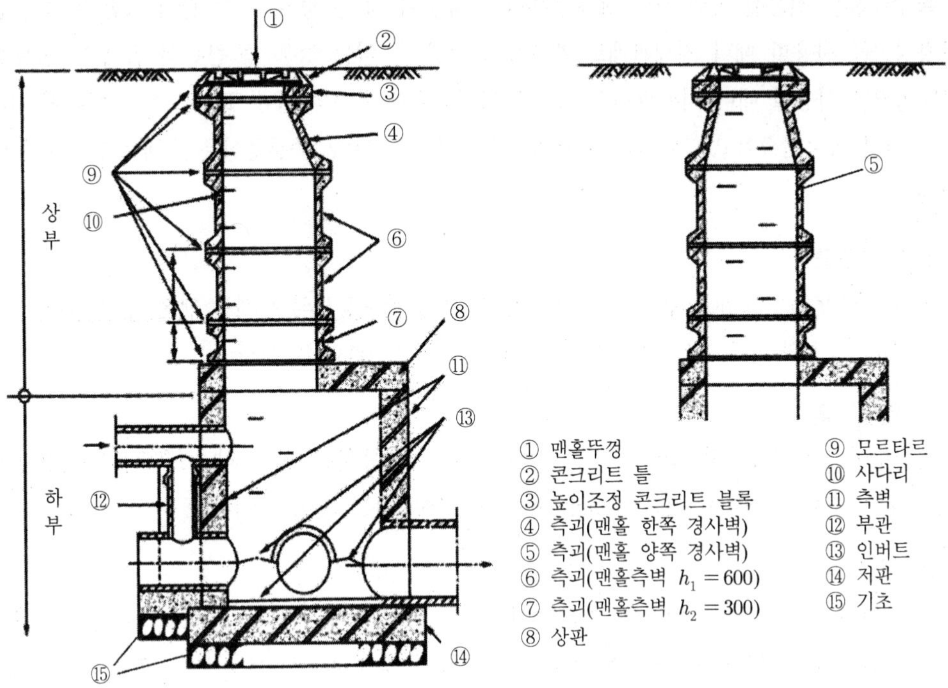

그림 12.38 맨홀 각부의 명칭

또한 관지름이 300 mm 이하이고 청소용 차량이 진입할 수 없는 좁은 도로 및 보행자 전용 도로에서의 청소작업 등은 인력으로 하는 경우가 있기 때문에 이 때에는 작업효과를 좋게 하기 위해 특례적으로 맨홀간격을 최대 30 m 정도로 하는 경우도 있다.

맨홀의 종류는 관지름에 따라 표 12.15는 표준맨홀을 기준으로 하며 도시의 설정, 매설물의 관계 및 관로의 구조 등에 따라 특수한 형태는 1호부터 5호 맨홀과 특수 1호부터 5호 맨홀까지 구조표준도가 제시되고 있다.

또한 표준맨홀에는 중간맨홀과 합류맨홀이 있는데 중간맨홀이란 한 개의 유입관과 한 개의 유출관이 일직선상으로 위치하는 맨홀이며, 합류맨홀이란 유입관과 유출관이 일직선상으로 위치하지 않거나 두 개 이상의 관이 유입되는 형태의 맨홀을 말한다.

특수맨홀은 역사이펀실, 터널암거, 박스암거 및 우수토실 등에 이용되는 특수고조의 것이 있다.

또 맨홀 내의 승각용으로는 발디딤쇠를 설치하되 부식에 견딜 수 있는 재질의 것을 사용해야 하며 양질의 도료를 칠해서 보호토록 하고, 지름 22 cm 정도의 굵기로 간격은 30 cm를 표준으로 한다.

특수맨홀은 전술한 바와 같이 표준맨홀을 설치할 수 없는 경우, 즉 큰관의 접합 및 합류점, 장방형거를 사용할 때나 지세관계로 계단을 설치할 수 없는 경우 즉 큰관의 접합 및 합류점, 장방형거를 사용할 때나 지세관계로 계단을 설치하든가 우수의 월류 또는 분수를 위하여 설치하는 것인 특수맨홀이고 그때마다 현지에 적합토록 설계한다. 종류형상은 대체로 다음 것들이 있다.

1) 낙하맨홀

낙하맨홀(drop manhole)은 지표경사가 급한 곳에 관로경사의 관계로 맨홀 내에 낙차를 붙여 유속을 조정하기 위해서 설치되며 이 때는 부관(by pass)을 둔다.

2) 연통맨홀

장방형이거나 마제형의 측벽 한쪽을 이용해서 마치 연통처럼 축조한다. 실용으로는 **장방형거맨홀** 또는 **마제용맨홀**(chimney manhole)이라고 호칭하는 것이 편리하다.

3) 계단맨홀

큰 지름관로에서 관저 차가 큰 경우에 채용되며, 관로가 커짐에 따라 유량도 많아지고 유수작용도 심해져 수격작용(水擊作用, water hammer) 등에 의해서 관로 내에 진공부가 생기고 때로는 지상으로 우수가 분출하는 경우도 있으므로 수세(水洗)완화를 위해서 관저에 대략 30 cm 정도의 계단을 설치하는 것이다. 계단폭은 유심 · 유속에 따라 다르나 다음 식 (12-30)를 이용해서 정할 수 있다.

$$x = V \cdot t,\ x = V\sqrt{2y/g},\ y = \frac{1}{2}gt^2 \qquad (12\text{-}30)$$

여기서, g : 중력가속도, t : 낙하에 요하는 시간[s]

4) 측면맨홀

측면맨홀(side manhole)은 전차궤도나 교통량이 매우 많은 도로아래 하수관로가 있어서 그 위에 출입구를 설치할 수 없을 때 측면으로 유도해서 출입구를 만든 것이다.

표 12.16 중간맨홀

관의 안지름[mm]	명칭	치수 및 형상
안지름 ≤ 600	제 1 호 맨홀	안지름 900 mm 원형
600 < 안지름 < 900	제 2 호 맨홀	안지름 1,200 mm 원형
900 < 안지름 < 1,200	제 3 호 맨홀	안지름 1,500 mm 원형
1,200 < 안지름 < 1,500	제 4 호 맨홀	안지름 1,800 mm 원형
1,500 < 안지름 < 1,800	제 5 호 맨홀	안지름 2,100 mm 원형

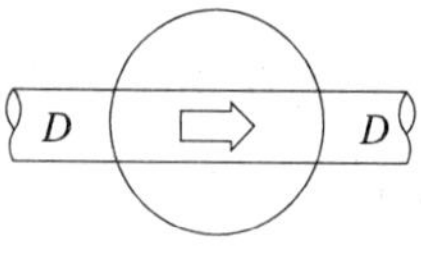

표 12.17 합류맨홀의 선정표

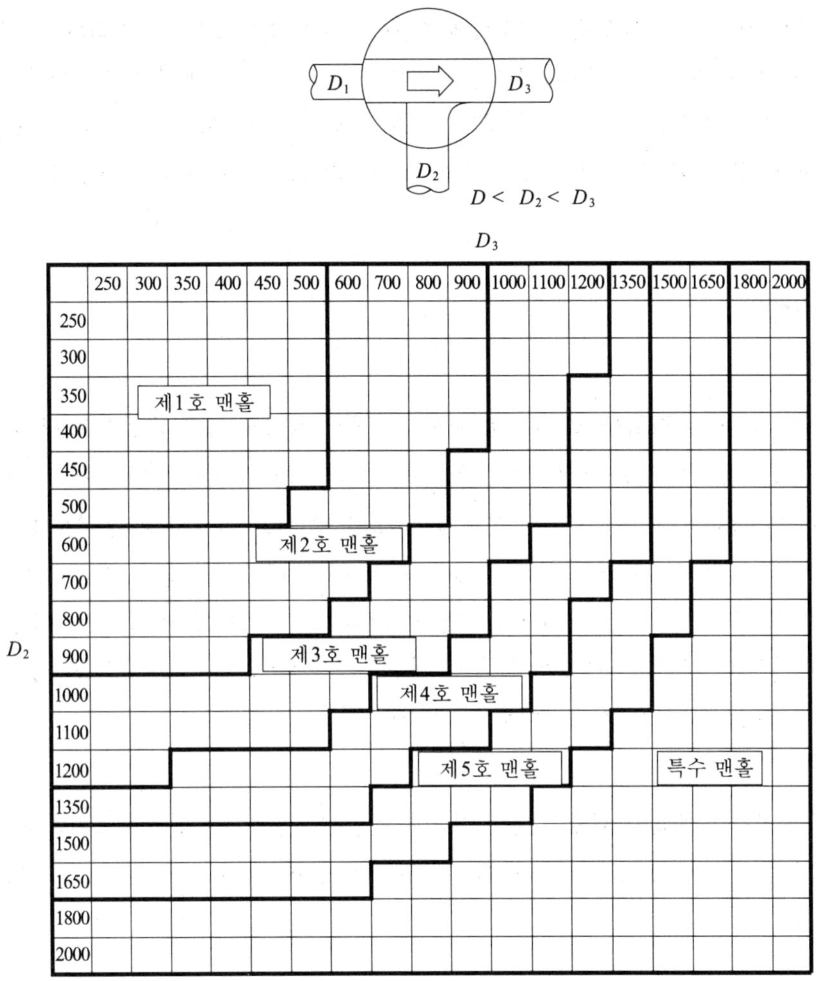

또한 표준맨홀에는 중간맨홀 표 12.16과 합류맨홀이 있는데 중간맨홀이란 한 개의 유입관과 한 개의 유출관이 일직선상으로 위치하는 맨홀이며, 합류맨홀이란 유입관과 유출관이 일직선상으로 위치하지 않거나 두 개 이상의 관이 유입되는 형태의 맨홀을 말한다. 한편 합류맨홀은 표 12.17로 하여 선정한다. 특수맨홀에는 표 12.15와 같은 표준적인 것과 역 사이펀실, 터널암거, 박스암거 및 우수토실 등에 이용되는 특수구조의 것이 있다.

맨홀의 상판높이(인버트의 상단-맨홀상판)는 유지관리상 작업원이 서서 작업할 수 있도록 1.8~2.0 m 정도로 하는 것이 바람직하나 현장 여건상 불가피한 경우에는 그 이하로 할 수 있으며 블록을 쌓아두면 노면정비 때 높이를 조절하는데 편리하다. 저부는 하수의 원활한 유하를 도모하기 위해 관로의 접합이나 회합의 상황에 다라 인버트를 설치한다. 또한 지표의 경사가 급하여 단차가 0.6 m 이상인 경우에는 유하량에 적합한 부관을 붙임맨홀을 고려한다. 분류식 하수도의 우수관로는 맨홀에는 부관을 사용치 않으며, 맨홀은 종래부터 맨홀전체를 현장타설하는 방법과 하부는 현장타설, 상부는 블록쌓기로 하는 방법이 이용되고 있으나 시공을 간편하게 하고 공사기간을 단축시키기 위하여 전체를 프리캐스트(precast)로 하는 것이 바람직하다.

(3) 맨홀 부속물

1) 인버트

유지관리를 위해 작업원이 작업을 할 때 맨홀 내에 퇴적물이 쌓이게 되면 상당히 불편하고 하수가 원활히 흐르지 못하게 하고 부패시 악취를 발생시킨다. 이를 방지하기 위해서는 바닥에 인버트를 설치하여 하수의 흐름을 원활히 하고 유지관리가 편리하도록 하는 것이 필요하다. 인버트(invert)의 종단경사는 하류관(下流管)의 경사와 동일하게 하며, 상류관(上流管)의 저부와 인버트 저부에는 일정한 낙차를 두어야 하는데 이는 인버트의 재질변화에 따른 조도계수의 증가와 하수의 수위가 인버트 높이 위로 흐를 때 발생하는 수두손실을 감안한 것으로 중간맨홀에서는 3 cm 전도, 합류맨홀에서는 3～10 cm 정도로 한다.

2) 발디딤쇠

발디딤쇠는 맨홀 내부로 출입을 위해 만든 시설로서 편리성과 안정성이 충분히 고려되어야 한다. 따라서 부식이 발생하지 않도록 피복(被覆)하거나 부식성 재질을 피하고 견고히 고정될 수 있도록 부착시켜야 한다.

3) 맨홀뚜껑

맨홀뚜껑은 작업원의 출입, 기구 및 장비 등의 반입을 위해 설치되며 재질은 KS 규격의 탄소주강과 주철제가 있다. 맨홀뚜껑에는 환기용 구멍을 두어 하수도에서 발생하기 쉬운 악취 및 폭발성 기체를 방출할 수 있는 구조가 되도록 한다.

맨홀뚜껑은 일반적으로 원형(안지름 64.8 cm 혹은 76.6 cm)을 사용하며, 특수한 경우에는 직사각형이 사용된다. 그러나 최근도로의 미관을 좋게 하기 위해 다양한 맨홀뚜껑이 개발 보급되고 있으며, 보도측에도 주철제 맨홀을 설치하는 도시가 증가하고 있으므로 구조적 안전성과 경제성을 함께 고려한다. 또한 방류수면(放流水面)의 수위가 높아져 관로가 압력관이 되는 장소나 고수부지의 차집관로(遮集管路)와 같이 지하수위가 높거나 범람(氾濫) 등으로 인해 관로내로 침입수가 유입될 우려가 있는 지역에서는 압력뚜껑을 사용하고 환기시설을 설치한다. 한편 도로상에는 많은 종류의 맨홀이 설치되므로 하수도용 맨홀임을 알 수 있는 표기를 한다. 특히 분류식 지역에서의 하수도 맨홀뚜껑에는 오점을 방지하고 유지관리시 착오가 없도록 우수 · 오수 맨홀을 명확히 구분할 수 있는 표기를 한다. 그리고 모든 공공하수도용 맨홀의 뚜껑에는 유지관리의 책임이 있는 관리단체를 알아 볼 수 있는 고유 표기식을 나타내야 한다.

(4) 우수토실

합류식에서 우수유출량(雨水流出量)의 전량을 처리장으로 보내 처리하는 것은 관로 및 처리시설의 증대를 초래하여 비경제적이기 때문에 우수토실을 설치하여 오수를 취급하는 하수량(雨天時 計劃汚水量) 이상의 오수는 바로 또는 관로에 의하여 하천, 해역 및 호소 등으로 방류하도록 하고 있다.

1) 우수토실을 설치하는 위치의 차집관로의 배치

우수토실의 위치는 되도록 방류수역 부근에서 계획외 수위 경우에도 충분히 방류될 수 있는 곳을 택하는 것이 바람직하다. 따라서 차집관로는 하천, 해역 및 호소 등의 방류지역 부근에 배치한다. 그러나 지형에 따라 방류관로를 압소관으로 하여 원거리에서 방류하는 경우도 있으며 방류수로 인하여 하천, 해역 및 호소 등이 오염될 우려가 있으므로 하천, 해역 및 호소 등의 흐름방향, 상수원, 수영장 및 어업 등에 영향을 주지 않도록 우수토실의 위치를 선정한다.

우수토실은 비교적 큰 구조물이므로 부지확보에 유의하여야 하며 도로, 교대, 호안 및 지하매설 등에 지장을 주지 않는 장소를 선정한다. 또한 우수토실은 너무 많은 수를 설치하는 것보다 어느 정도까지 통합설치 하여 방류량을 다량으로 만들어 방류하는 것이 건설 및 유지관리면에서 유리한 경우가 많다.

2) 우수토실에서 우수월류량

작은 강우시 또는 강우의 초기에는 오수는 우수에 의해 그다지 희석(稀釋)이 되지 않으며, 또 강우초기의 우수는 도로면의 오물(汚物), 먼지 등을 포함하고 있으므로 이들 우수를 방류하면 방류수역을 오염시킬 염려가 있다. 우수량이 상당히 커져 오수가 희석되면 이와 같은 위험성은 적어지며, 또한 다량의 우수까지 처리장으로 도입하는 것은 처리장의 시설이 팽창(膨脹)해지므로 처리작업 상에도 여러 가지 장애를 일으켜 비경제적이 된다. 오수로서 취급하는 하수량은 일반적으로 시간 최대오수량의 3배 이상으로 하는 것이 바람직하다. 그러므로 우수토실에 의한 우수월류량은 계획하수량에서 우천시 계획오수량을 뺀 양이 된다.

3) 우수월류 웨어의 웨어 길이를 계산할 때는 식 (12-31)에 의한다.

$$L = \frac{Q}{1.8\,H^{3/2}} \qquad (12\text{-}31)$$

오수유출관로

여기서, L : 웨어(weir) 길이[m], Q : 우수월류량[m^3/s], H : 월류수심[m]

유입관로에서 월류가 시작될 때의 수심은 수리특성곡선에서 구하며, 이 수질을 표준으로 하여 웨어 높이를 정한다. 우수토실의 웨어는 완전월류를 원칙으로 한다. 월류웨어의 평면형은 될 수 있는 한 직선으로 하는 것이 좋으나 웨어가 길어지고 우수토실이 커질 때에는 월류웨어를 곡선으로 하여 우수토실이 커지는 것을 방지하며, 이것은 그림 12.39와 같다.

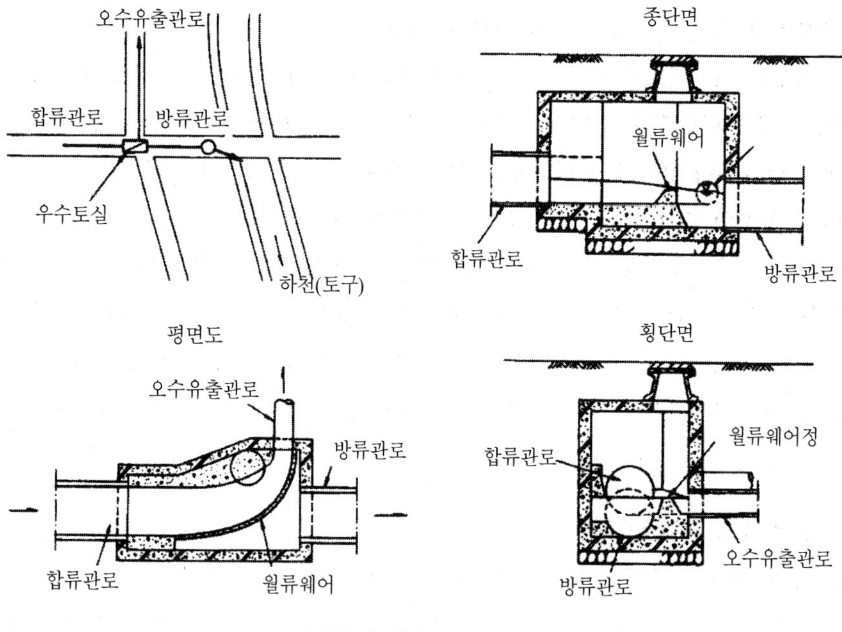

그림 12.39 우수토실의 예

월류개시 시의 유량에 대한 수심은 계획하수량과 월류개시 시의 유량과의 비에 의해 수리특성곡선에서 구해진다. 오수유출관로의 수위는 월류웨어 높이보다 낮게 하며, 오수유출 관로의 관저고는 유입관로의 관저보다 높지 않게 하여야 한다. 그림 12.40과 같다. 수중웨어인 경우 웨어길이의 계산은 식 (12-32)와 같으며 그림 12.41과 같다. 또한 방류수역에서 우수토실로 역류되지 않도록 주의한다.

$$L = \frac{Q}{1.8\,(H_1 + 1.42\,H_2)}(H_1)^{1/2} \tag{12-32}$$

여기서, L : 웨어 길이[m], Q : 우수 월류량[m^3/s]

H_1, H_2 : 수심[m]

우수토실에는 출입구를 만들어 월류웨어 또는 오수유출관로(汚水流出管路)의 상태를 점검할 수 있도록 한다. 우수토실의 출입구는 맨홀의 출입구와 같이 지름 60 cm 정도의 원형으로 하는 것이 좋고 위치는 오수유출구와 월류웨어가 동시에 보이는 장소로 한다. 또한 우수토실에 방조문비를 병설할 때에는 수리할 때에 큰재료나 기계 및 기구를 갖고 들어갈 수 있도록 출입구를 크게 하거나 혹이 좁고 길이가 긴 것으로 하고 우수토실의 상부상판(上部上板)을 떼어낼 수 있도록 한다.

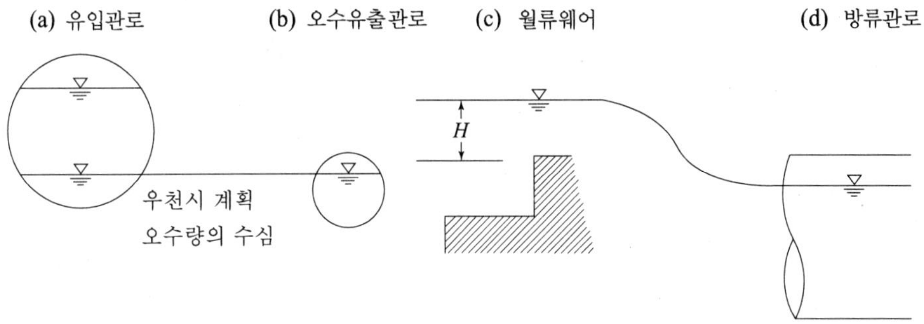

그림 12.40 우수토실의 구성 예

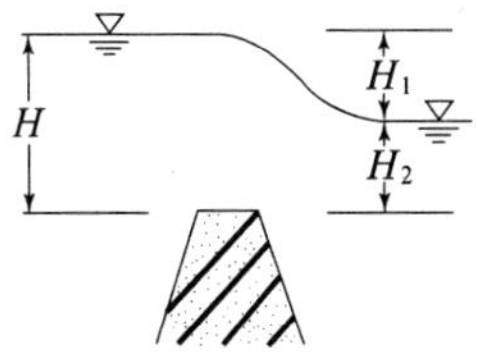

그림 12.41 수중웨어

또한 우수토실의 오수유출관로에는 소정의 유량 이상이 흐르지 않도록 하려면 우수토실의 오수 유량관로는 우천시 우수토실의 수위가 상승하면 일반적으로 압력관로가 될 위험성이 있으므로 오리피스(orifice) 등의 적당한 방법으로 유량을 조정하는 것이 바람직하다.

12장

연습문제

1. 배수관망시 수리계산에 대하여 기술하시오.

2. 상수관망의 유지관로에 대하여 설명하시오.

3. 교차연결(cross commection)에 대하여 기술하시오.

4. 세관(cloeming)에 대하여 기술하시오.

5. 배수관망의 Block System에 대하여 기술하시오.

6. 누수방지(leak detection)에 대하열 기술하시오.

7. 관로의 접합과 연결에 대하여 설명하시오.

8. 관로의 이음(joint)에 대하여 설명하시오.

9. 관로의 보도 및 기초공에 대하여 설명하시오.

10. 관로의 부설공사에 대하여 설명하시오.

1) 전면굴착공법
2) 추진공법
3) 프론트재킹(front jacking)공법
4) 실드(shield)공법

11. 배수관망의 설계에 있어서 다음 사항에 답하시오.
1) 합리적인 설계조건은 무엇인가?
2) 종래에 시행하는 관망해석과 현재 가장 많이 사용되고 있는 해석방법을 기술하시오.

12. 하수관로의 접합에 대하여 설명하시오.

1) 접합의 기본원리를 기술하시오.
2) 각종 접합법과 그 특징을 기술하시오.

13. 하수관로의 부속장치들의 역할과 구조에 관하여 기술하시오.
1) 오수받이와 우수받이에 대하여 설명하시오.
2) 인공맨홀에 대하여 설명하시오.
3) 역사이펀에 대하여 설명하시오.
4) 우수분류탱크에 대하여 설명하시오.

14. 하수관망의 설계에 있어서 관로의 단면과 경사를 결정할 때 고려할 사항을 열거하시오.

15. 하수도시설기준에 의한 하수관의 최소한의 매설깊이에 대해 설명하시오.

16. 하수관로의 관정부식에 대해 설명하시오.

17. 콘크리트재질의 하수관로에서 일어나는 부식형태에 대해 설명하시오.

18. 일반적인 상수도부식방지에 대해 설명하시오.

19. 역사이펀설계 시의 주위사항에 대해 설명하시오.

20. 맨홀에 관한 사항을 상세히 설명하시오.

참고문헌

1. 김상용(1997) “하수도공학”, 학문사
2. 강용태(1995) “상 · 하수도공학”, 형설출판사
3. 대한토목학회(1998) “토목용어사전”
4. 박중현(2008) “상수도공학”, 동명사
5. 박중현(2009) “하수도공학” 동명사
6. 박선명 · 이형기(1992) “하수도공학연습”, 기술경영사
7. 박선명(1995) “상수도공학연습”, 기술경영사
8. 박석순(2003) “수질모델 이론”, 대한상하수도학회지
9. 정수시설운영관리사(2010) “정수시설수리학”, 시대고시기획
10. 조성안 · 운영봉(2012) “상 · 하수도기술사”, 예문사
11. 성안당(2003) “수질환경 기사 · 상업기사”
12. 백서 및 상하수도통계학(2018~2022) 환경부
13. 이원환(1987) “수리학”, 기문당
14. 이양규(1990) “관로 흐름 추적에 의한 하수관망 해석, 중앙대학교 대학원, 박사학위논문
15. 이양규(1993) “활성탄 합성세제 흡착특성에 관한 연구”, 대한상하수도학회논문집
16. 이양규(1997) “안양시 관내하천 수질모형 예측에 관한 연구”, 대한상하수도학회 논문집
17. 이양규(2000) “안양천의 생태학적 수질오염 실태 분석”, 대한토목학회 논문집
18. 이양규(1997) “상 · 하수도공학해설”, 보문당
19. 이양규 · 김갑진(2003) “상수도공정에서의 스컴발생량 저감을 위한 실험적 연구”, 대한토목학회 논문집
20. 이양규 · 김건협(2006) “상향류 및 하향류 생물막여과공정의 처리특성에 관한 연구, 대한상하수도 학회논문집
21. 이양규(2010) “토목시공학”, 보문당
22. 양상현(2004) “상 · 하수도공학”, 동화기술
23. 이승원 외 2인(2010) “수질환경기사”, 성안당
24. 윤용남(2007) “수문학”, 청문각
25. 최영박 · 엄원탁(1994) “상수도공학”, 형설출판사
26. 한국상하수도협회(2010) “상수도시설기준”, 환경부
27. 한국상하수도협회(2011) “하수도시설기준”, 환경부
28. 환경정책기본법 시행령 제2조(2018) “환경기준” 환경부
29. E. W. STEEL(1979) “Water Supply and Sewerage”, McGraw-Hill
30. F. S. MERRIT(1983) “Civil Engineering”, McGraw-Hill
31. M. L. ALBERTSON(1978) “Drainage Manual”, Colorado

32. M. S. ELZABETH(1985) "Hydrology in Practlce", Van Nos Zrand Reinhold
33. R. K. LINSLEY(1958) "Hydrology of Engineering", McGraw-Hill
34. V. T. CHOW(1964) "Handbook of Applied Hydrology"
35. T. CHOW(1959) "Open Channel Hydraulics", McGraw-Hill
36. N. B. C(1978) "Storm Sewer System Design", Illinois, USA
37. www.mltm.go.kr
38. www.me.go.kr
39. www.mltm.go.k
40. blog.naver.com
41. www.kwater.or.kr
42. www.seahero.org
43. www.Roplant.co.kr
44. www.terms.nave.com

찾아보기

【ㄹ】

【ㅁ】

【ㅂ】

【ㅅ】

【기타】

▣ 저자약력

이양규(李梁圭, Yang-Kyu Lee)

◇ 재직
- 현재, 대림대학교 건설환경공학과 공학박사/정교수

◇ 학력
- 중앙대학교 공과대학 토목공학과 졸업(공학사)
- 중앙대학교 대학원 졸업(공학석사)
- 중앙대학교 대학원 졸업(공학박사)

◇ 강의
- 중앙대학교 공과대학 토목공학과, 강사 역임
- 중앙대학교 대학원 및 건설대학원, 강사 역임
- 건설기술교육원, 외래교수 역임
- 현재, 스마트건설교육원, 외래교수
- 현재, 건설산업교육원, 외래교수
- 현재, 건설교육원, 외래교수

◇ 심의 · 자문 · 기술 · 평가위원
- 국토교통부서울 · 부산 · 대전 · 원주 · 익산지방국토관리청기술자문위원회, 자문위원
- 국방부특별건설기술 및 건설본부심의위원회, 심의위원
- 조달청최적가평가위원회, 평가위원
- 해양수산부기술심의위원회, 심의위원
- 행정중심복합도시건설청기술자문위원회, 자문위원
- 한국환경관리공단설계자문위원회, 자문위원 외 공단다수
- 한국토지주택공사기술심의위원회, 심의위원 외 공사다수
- 현재, 한국환경기술원평가심의위원회, 평가위원
- 현재, 한국건설교통진흥원평가원, 평가위원
- 현재, 국토교통부중앙건설기술심의위원회(제8, 9, 10, 13, 14, 16, 17기), 심의위원
- 현재, 행정안전부기술자문위원회, 자문위원
- 현재, 국토안전관리원국토안전자문위원회, 자문위원
- 현재, 경기도지방건설기술설계심의위원회, 심의위원

◇ 저서 및 논문
- 제8판 상 · 하수도공학, 보문당
- 제7판 토목시공학, 보문당
- 건설공사관리학, 보문당

• SCI and Proceedings, A급 등재 논문, 학술발표회, 학술기사 등 : 총 145편

◇ 수상

• 국토교통부 장관 표창 수상
• 국토교통부 국무총리 표창 수상
• 국토교통부 대통령 표창 선정
• 2010 우수학술도서 선정, 문화관광부
• (사)대한토목학회 우수논문상, 2007, 2020